역사를 잇다

한양에서 서울

역사를 잇다

한양에서 서울

HISTORY AND TECHNOLOGY OF HAN RIVER BRIDGES

장승필 지음
김인식, 김영수, 김석기 감수

이 책은 한강 다리가 서울의 근대화 과정과 함께 어떠한 기술적 진보를 이뤄왔는지를 보여준다. 강을 건너는 단순한 구조물이 아니라, 새로운 재료와 시공법, 그리고 시대의 요구가 반영된 공학적 산물로서 다리는 도시의 성장과 궤를 같이했다. 한강 다리의 변천사는 곧 우리나라 교량 기술의 발전사이며, 이 책은 그 기술적 흔적을 따라가며 서울의 역사를 다시 읽어낸다.

KSCE PRESS
KOREAN SOCIETY OF CIVIL ENGINEERS PRESS

머리말

강원도 태백시 금대산 검룡소에서 발원한 한강은 옛 한성 남쪽의 용산을 지나 494km를 흐른 후 서해로 들어간다.
삼국 시대부터 한강은 우리나라의 중요한 정치 무대였다. 백제는 수도를 하남 위례성으로 옮기며 한강을 차지하였고, 신라는 백제와의 동맹을 깨고 한강 하류를 점령해 중국과의 교역로를 열었다. 고구려는 한강변 아차산성을 축조하여 백제와 신라의 공격을 방어하였다. 고려 시대에 이르러 한양의 지위는 신라의 서라벌보다 높아져 정치적 가치가 커졌고, 이에 따라 자연히 개경에서 삼남으로 연결되는 도로의 관문 격인 한강 나루터들이 점점 더 중요한 의미를 띠게 되었다. 조선이 도읍을 한양으로 정하면서 한강 나루터의 역할은 더욱 커졌다. 세종 때에는 대마도 정벌 출정식이 두모포에서 거행되었고, 인조 때에는 삼전도에서 임금이 청 태종에게 아홉 번 절을 하였다. 조선 시대 한강 나루터는 삼남에서 올라오는 세곡선의 종착항으로서 기능하였다.

18세기 후반, 지구 반대편에서는 산업혁명이 일어나 철로 다리를 세우고 있을 때, 우리는 한강 위에 나무로 배다리를 만들며 국력을 총동원하였다. 그러나 그것조차 조선 후기 유능한 지도자를 만났기에 가능했던 일이다. 무능한 왕들이 이어지던 조선 말, 한성의 도로 폭은 통일신라 시대 경주의 길보다 더 좁고 지저분하였다고 전해진다.
그 와중에도 박정양, 이하영 같은 인물들이 철도의 중요성을 일깨워 주었고, 그 결과 1900년 7월 한강에 우리나라 최초의 현대식 철교가 건설되었다. 그러나 불과 10년 뒤인 1910년, 일본 제국에 나라를 빼앗기고 36년간 온갖 수모를 겪게 되었다.

1945년 8월 15일, 일제로부터 해방이 된 기쁨도 잠시, 1950년 6월 25일 새벽 북한 인민군의 남침으로 전쟁이 발발하였다. 3년간의 참혹한 전쟁은 그나마 한강에 건설되어 있던 제1한강철교(B선), 제2한강철교(A선), 제3한강철교(C선), 한강인도교, 광진교를 동시에 무너뜨렸다.

6·25 전쟁은 1953년 7월 27일 휴전협정으로 막을 내렸고, 대한민국 정부는 1960년대까지 전쟁 중 파괴된 사회간접자본 복구에 전력을 기울였다. 1951년 6월에는 한강철교 A선이, 1952년 2월에는 B선이 긴급 복구되었으며, 1957년 7월에는 C선이 완전히 복구되었다. '한강의 기적'은 1961년 제3공화국 시절 '조국 근대화' 정책에서 시작되었다. 5·16 군사정변 이후 대통령이 된 박정희는 '경제개발 5개년 계획'을 세워 대한민국을 농업국가에서 공업국가로 탈바꿈시켰다. 그 과정에서 일터를 잃은 많은 실향민들이 일자리를 찾아 서울로 몰려들었다. 인구 급증은 정부와 서울시에 큰 부담이 되었고, 처음에는 억제 정책을 폈다가 뜻대로 되지 않자 한강 남쪽 경기도 땅을 서울에 편입시켜 개발하였다. 이로써 서울은 세계 굴지의 국제도시로 성장하는 서막을 열었다.

서울은 '경제개발 5개년 계획'의 성공과 그 하드웨어인 사회기반시설(화학·철강·기계단지와 원자력 발전소, 수력댐 및 고속도로)을 완비하며 '한강의 기적'을 만들기 시작하였다. 특히 소양강댐과 제3한강교의 건설은 강남 개발의 결정적 계기가 되었고, 나아가 막강한 일본을 제치고 1988년 제24회 서울올림픽을 유치하면서 대한민국은 세계사의 변두리에서 세계사의 본류에 합류하였다.

그러나 유럽이 300~400년에 걸쳐 이루어낸 경제 발전을 불과 수십 년 만에 따라잡으려 한 대가는 1994년 10월 성수대교 붕괴로 혹독하게 치러야 했다. 이 사고는 우리나라 교량 기술사에 커다란 전환점을 남겼다. 이후 국내 여러 공과대학 토목과 교수들은 대오각성하여 대학원 과정을 통해 우수한 젊은 교량 공학자를 배출하였고, 그 결과 2000년 서해대교가 국내 기술진의 설계(삼우기술단, 김우종)와 시공으로 완공되었다. 이는 우리 교량 기술의 자립기를 여는 계기가 되었다. 나아가 2020년에는 튀르키예의 차나칼레교(대림산업㈜)가 국내 기술진의 손으로 건설되면서, 한국의 교량 기술은 세계적으로 인정받게 되었다. 지난 20여 년간의 부단한 노력 끝에 월드컵대교(2023년)와 고덕토평대교(2025년)가 준공되며, 우리나라의 교량 기술은 명실상부하게 세계 선진국 수준에 이르렀다.
이 책은 이러한 우리나라 교량 기술의 발전을 한강 위 다리들을 중심으로 살펴보고자 여섯 개의 장으로 구성하였다.

제1장 현 교량들이 놓이기 이전, 한강 나루터의 지리적 여건과 조선 시대의 도로·교통 인프라 정황을 간략하게 소개하였다.

제2장 조선 말부터 일제강점기를 거쳐 6·25 전쟁 이후까지를 우리나라의 '여명기'로 보고, 이 시대의 교량 역할을 기술하였다.

제3장 '한강의 기적'을 일으킨 1960년대부터 1979년까지 '조국 근대화 시기'에 건설된 교량들이 국가 경제에 미친 영향을 살폈다.

제4장 서울을 세계의 도시로 알리는 계기가 된 '88 서울올림픽'과 한강 교량 건설의 관계를 조명하였다.

제5장 국내 교량 엔지니어들이 본격적으로 선진국 대열로 진입하고자 노력한 1990년대 '교량 기술 자립화 시기' 한강 교량 기술 발전 과정을 다루었다.

제6장 드디어 국내 교량 기술이 세계 수준에 도달한 '교량 기술 선진화 시기'의 한강 교량 건설을 논하였다.

현재 양수리 아래 한강에 건설된 교량은 철도교 5개, 전철교 5개, 도로교 29개, 그리고 올림픽대로와 강북 강변도로에 건설된 다리들이 있다.
이 책에서는 총 41개의 교량을 다루었다. 철도교 5개(한강철교 A·B·C·D선, 마곡대교)는 별도로 설명하고, 전철교 중 당산철교를 제외한 4개(잠실철교·동작철교·동호철교·

청담철교)는 동시에 건설된 도로교와 함께 다루었다. 잠실철교는 전철교와 도로교를 하나의 절로 포함하였다. 또한 한강 교량 기술사에서 빼놓을 수 없는 올림픽대로상의 노량대교, 강북 강변도로의 노량대교와 두모교 등 두 개의 교량을 포함하였다.

한강 교량을 논할 때 흔히 "이 다리는 한강의 몇 번째 교량인가?"라는 질문이 따라붙는다. 예컨대 2025년 1월 1일 개통된 고덕토평대교는 나무위키에는 '33번째 한강 교량'으로 소개되어 있다. 그러나 한국철도공단 기준으로 한강철교를 A·B·C·D선 4개의 개별 교량으로 본다면, 고덕토평대교는 35번째가 된다. 저자는 건설 목적과 시기가 서로 다른 4개의 철도교를 단순히 인접해 있다는 이유로 하나로 묶는 것은 타당하지 않다고 본다. 이에 본서에서는 철도교(전철교 포함)와 도로교를 분리하여 서술하였다. 또한 반포대교와 잠수교는 기획 단계에서 하나의 구조로 계획되었으므로 동일한 교량으로 취급하였다.
각 장(Chapter)에서는 다리가 세워진 사회적 배경과 설계·시공 기술을 중심으로 내용을 구성하였다. 교량 유지보수를 위해서는 부대시설이 매우 중요한 요소이므로 그 내용을 본문에서 다루려고 했으나, 책의 분량이 너무 커져 모든 교량의 부대시설에 대해서는 부록에서 논하기로 하였다.
또한 부록에는 취급한 41개 교량의 기술된 내용을 한눈에 볼 수있도록 요약하여 표로 정리해 두었다.

저자가 이 책을 저술하게 된 가장 큰 동기는, 우리 선배들이 지난 100년 동안 한강 교량 건설을 통해 대한민국의 교량 기술 발전에 얼마나 큰 헌신적 노력을 기울여 공헌했는지를 후배들에게 전하기 위해서다. 그래서 이 책은 일반 독자보다는 공과대학 토목 관련 학과의 고학년, 대학원생, 그리고 사회에 갓 진출한 교량 엔지니어를 주된 독자로 삼았다. 가능한 한 초급 기술자들이 전체적인 기술의 맥락을 이해할 수 있도록 폭넓게 내용을 담았다. 참고로 한강 교량에 관하여 인문학적 관점에서 살펴보려는 독자에게는 『한강 개발사』(이덕수, 2016)를 적극 추천한다.

지난 과거는 점점 희미해지는 기억에 불과하고 앞으로 다가올 미래는 여전히 불확실하다. 누구에게나 지금 이 순간이 생에서 가장 중요한 때라고 하지만, 선배들이 걸어온 길을 돌아보고 지금 자신의 위치를 확실하게 파악하면 불확실한 미래의 길도 보일 것이라는 믿음으로 이 글을 썼다. 교량 공학을 공부하는 후배들에게 이 책이 조금이라도 참고가 될 수 있다면 더 바랄 바가 없겠다.

6·25 전쟁 후 성수대교 붕괴사고 이전까지 서울 발전의 기관차 역할을 한 주역들은 서울시 기술직 공무원들이었다. 특히 교량 건설과 유지관리를 담당한 공무원들의 헌신과, 독학으로 쌓은 설계기술로 한강의 다리를 현실화시킨 교량 엔지니어들의 노력이 전쟁의 폐허 속에서 70년 만에 세계적 기술 수준에 도달하게 한 원동력이 되었다.

저자는 1976년 서울대학교 토목공학과 조교수로 사회생활을 시작한 이후, 김인식, 김영수, 김석기, 민병천, 고인석, 조성일 등 서울시 기술공무원들, 그리고 이들과 협력하여 교통 인프라를 성공적으로 설계·건설한 최진택(제일엔지니어링), 이광민(동일엔지니어링), 신경범(대한기술공단), 조남철(건화엔지니어링), 이태양(삼우기술단), 정회용(청석엔지니어링), 김형목(동부엔지니어링) 등 기라성 같은 인재들과 같은 전공 분야에서 한 생을 함께할 수 있었던 것을 늘 감사히 여긴다.

한강 교량 기술 발전의 중심이 서울시 기술직 공무원에서 학계와 산업계의 신진 교량 엔지니어로 옮겨간 시점은 1994년 10월 성수대교 붕괴 이후 감리제도가 본격 도입되면서부터라고 할 수 있다. 2000년대 이후에는 변화가 더욱 뚜렷해져, 오늘날 월드컵대교(㈜유신, 이명재)와 고덕토평대교(DM엔지니어링, 김창수) 같은 세계적 최첨단 사장교를 국내 기술로 완성할 수 있게 되었다.

한편, 지난 120년 동안의 한강 교량사를 정리하는 과정에서 옛 자료를 찾아내는 일이 가장 어려웠다. 그 과정에서 많은 분들로부터 도움을 받았다. 윤석구(서울과학기술대), 임충근(서울시), 최영환(한국철도공단), 이택근(서울시), 이진영(서울시), 유호식(㈜유신), 김기부(제일엔지니어링), 최혁진(한국도로공사), 서석구·변윤주(삼우기술단) 등 모든 분께 깊이 감사드린다.

끝으로, 『한양에서 서울, 역사를 잇다』를 집필할 수 있도록 물심양면으로 도와주신 DM엔지니어링 김우종 대표, 조경식 사장, 김지상 전무를 비롯한 모든 동료들께 큰 빚을 지었다. 또한 이 책의 편집을 맡아주신 대한토목학회 전지연 부장과 도서출판 씨아이알의 최장미 편집자께도 심심한 감사의 말씀을 전한다.

2025년 12월
관악산 기슭에서
如岩 장승필(張丞弼)

목차

2 | 전쟁과 복구, 다리의 여명기

대한제국 말기부터 6 · 25 전후의 교량 건설과 재건

3 | 근대화의 물결
산업화와 도시 확장 속의 교량 건설

4 | 올림픽과 한강, 남침 트라우마에서 벗어나다
88 서울올림픽을 앞둔 대규모 교량 건설

5 | 교량기술 자립
80년대 후반과 90년대, 국산 기술이 뿌리내리다

이 책에 수록된 한강의 다리들

- 한강철교(B선, A선, C선, D선)
- 한강대교
- 광진교
- 양화대교
- 한남대교
- 마포대교
- 잠실대교
- 영동대교
- 천호대교
- 잠수교/반포대교
- 행주대교
- 성수대교
- 잠실철교
- 성산대교
- 원효대교
- 당산철교
- 동작대교
- 동호대교
- 노량대교
- 올림픽대교
- 강동대교
- 팔당대교
- 서강대교
- 김포대교
- 청담대교
- 두모교
- 방화대교
- 가양대교
- 일산대교
- 미사대교
- 마곡대교
- 구리암사대교
- 월드컵대교
- 고덕토평대교

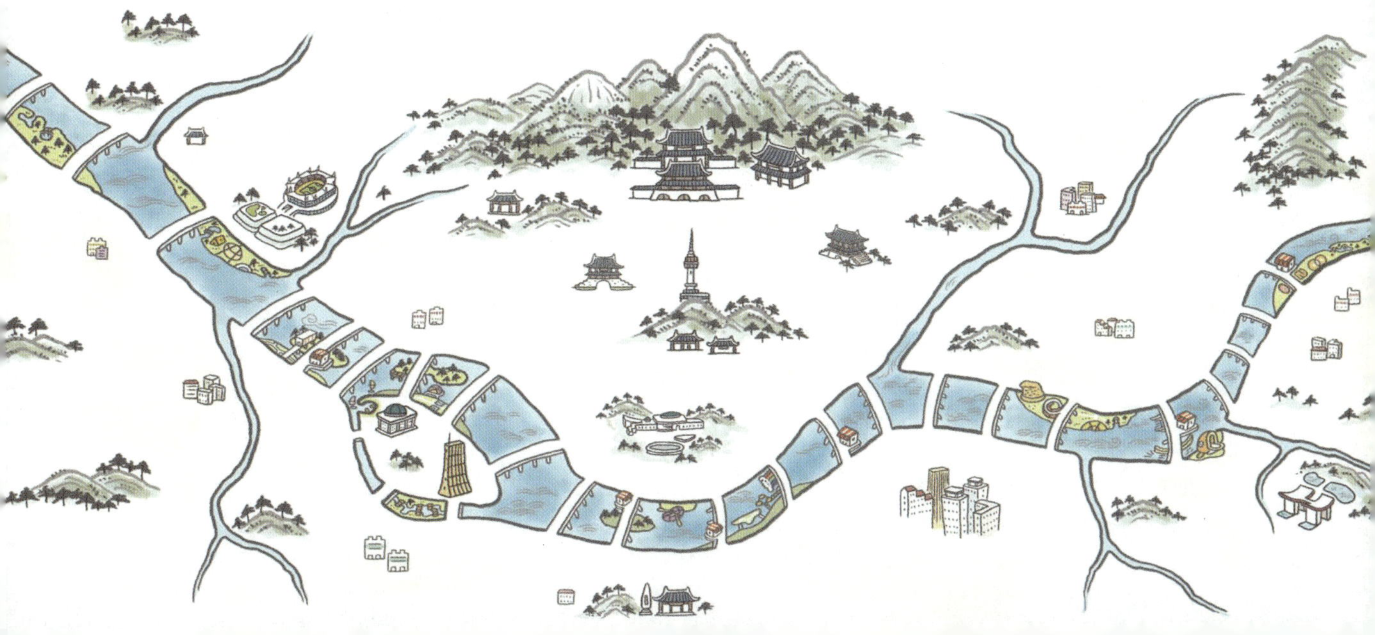

1 | 한강 교량의 기원

한강과 다리, 이야기의 서막

1.1

한강의 지리적 조건

한강은 남한강과 북한강이 양수리에서 합류한 뒤, 한강 하류에서 임진강과 만나 서해로 흘러든다. 따라서 한강의 발원지는 두 강에서 각각 찾아야 하지만, 학계에서는 한강의 본류를 남한강으로 보고 그 발원지를 한강의 발원지로 정하고 있다.

조선 시대까지만 해도 여러 기록에서는 남한강의 발원지를 오대산 우통수(于筒水)[1]로 기록하고 있다. 그러나 20세기에 들어서면서, 강 하구에서 가장 먼 거리에 있는 '최장 발원지(最長發源地)' 개념이 도입되었다. 이에 따라 조선총독부 임시토지조사국은 1918년 현대적 측량기법으로 실측한 자료를 바탕으로, 한강의 가장 긴 물줄기는 오대산 수정암 우통수가 아니라 태백산 지역에 있다는 사실을 밝혔다. 이후 건설교통부 국립지리원은 1987년에 태백시 금대산 북쪽 계곡에 있는 검룡소(劍龍沼)를 한강의 발원지로 공식 인정하였고〈그림 1.1.2〉, 이 소(沼)를 2010년 8월 18일 대한민국 명승 제73호로 지정하였다.

1.1.1 조선 시대까지 한강의 발원지로 알려진 평창 오대산 우통수
평창군

검룡소는 강원도 태백시 창죽동 금대봉 자락 해발 950m 고지에 위치한다. 검룡소에서 시작된 한강은 정선의 골지천, 영월의 동강을 거쳐 단양·충주·여주를 지나 경기도 양수리에서 북한강과 합류한 뒤, 서울을 관통하여 김포에서 임진강과 합쳐진 후 장장 494km를 흘러 서해로 들어간다〈그림 1.1.3〉.

한강의 유역은 한반도 중앙부를 동서로 관통하는 큰 강이기 때문에, 우리나라 역사상 일찍부터 고구려·백제·신라 삼국의 각축장이 되었다. 또한 고려는 936년 후삼국을 통일한 뒤 이 지역의 군사·경제적·지리적 이점을 고려하여 남경(현 서울)으로 천도하려고 하였으며, 조선 태조 이성계 역시 한양으로 천도한 후 한강을 정부 재정을 지탱하는 세곡(稅穀)의 운송로로 적극 활용하였다.

그림 1.1.2 태백시 검룡소(금대산 북쪽 계곡)

그림 1.1.3 검룡소에서 발원한 한강

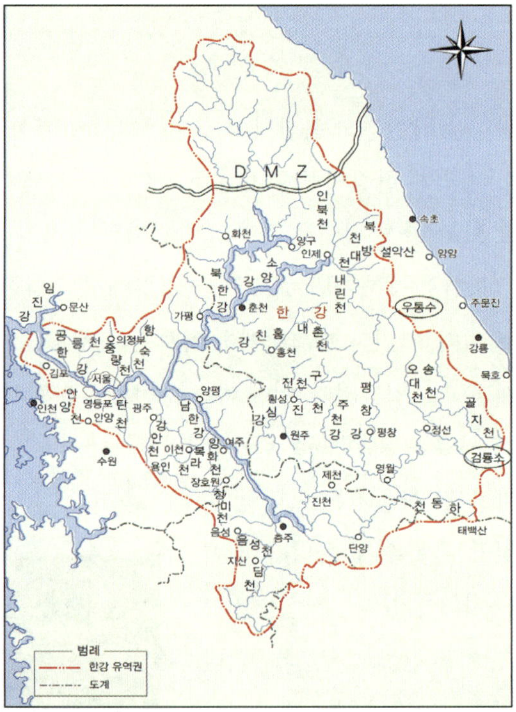

하류를 통해 호남·경상·충청 등 지방에서 올라오는 세곡과 더불어 남한강·북한강 상류를 통하여 충청북도와 강원도의 나무 등 화물 역시 뱃길을 따라 한양으로 운송되었다. 이러한 이유로 한강 유역에는 여주·충주 등 대도시가 발달되고〈그림 1.1.3〉, 자연스레 이 도시들과 한양을 잇는 도로가 발달됨에 따라 경강(京江)[2] 주변에 많은 상인이 집결하여 한강변 용산·마포·서강 등지에

상업이 크게 발달하였다. 두모포와 뚝섬은 목재와 숯의 집산지였다. 강남 쪽 송파는 각 지방에서 올라오는 미곡(米穀)·땔나무·토산품의 집산지로 유명하였다〈그림 1.1.4〉.

그림 1.1.4 조선 시대 한강 주변 상인 집결지
서울특별시사편찬위원회, 2000, 『서울의 하천』, 82쪽

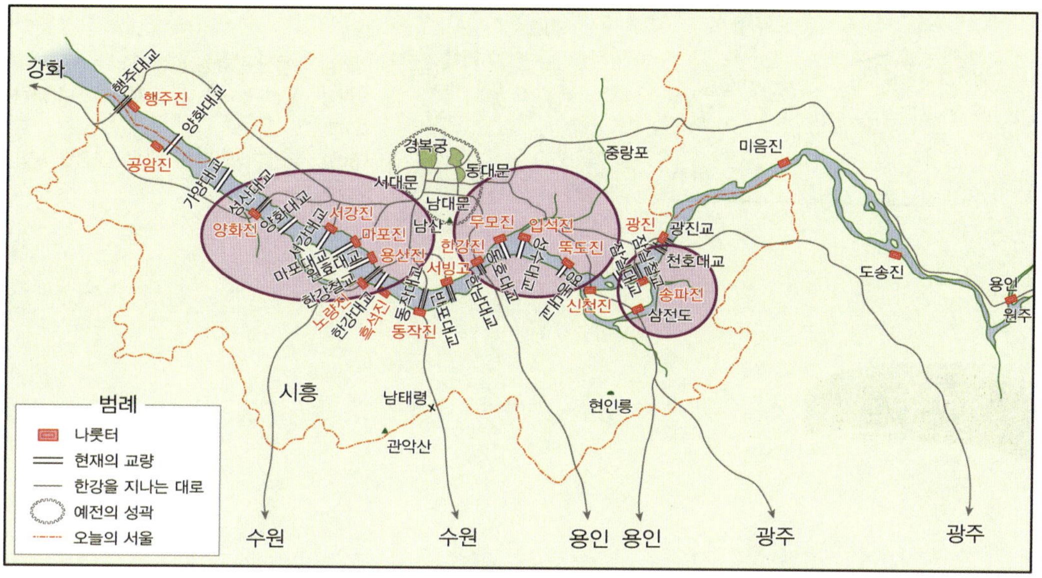

경강 중에서도 삼강변의 나루터 일대〈그림 1.1.5〉에는 〈그림 1.1.6〉에서 보이는 것처럼 전국에서 거두어들인 세곡과 물자를 보관하는 창고와 이를 관리하는 관청들이 있었다.[3] 홍수의 피해를 줄이기 위해 창고와 관청은 언덕에 위치하고, 점포는 나루터와 접근성을 위해 배가 닿는 강변에 자리 잡았다.

그림 1.1.5 1985년 삼강변 나루터

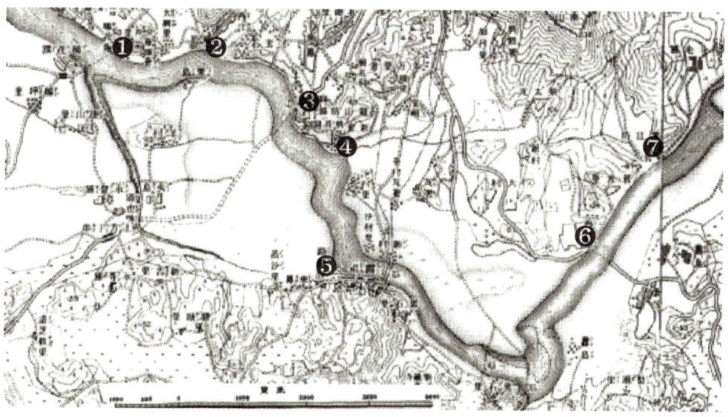

① 양화진 : 마포구 합정동 대건로 567일대
② 서강진 : 마포구 신정동 창전로 73일대
③ 마포진 : 마포구 마포동 토정1길 9일대
④ 용산진 : 용산구 원효로4가 원효로 227일대
⑤ 노량진 : 동작구 본동 노량진동 6일대
⑥ 서빙고진 : 용산구 서빙고동 두무개길 5일대
⑦ 한강진 : 용산구 한남동 남계천길 79일대

그림 1.1.6 삼강변에 분포하는 창고와 관청(1895)

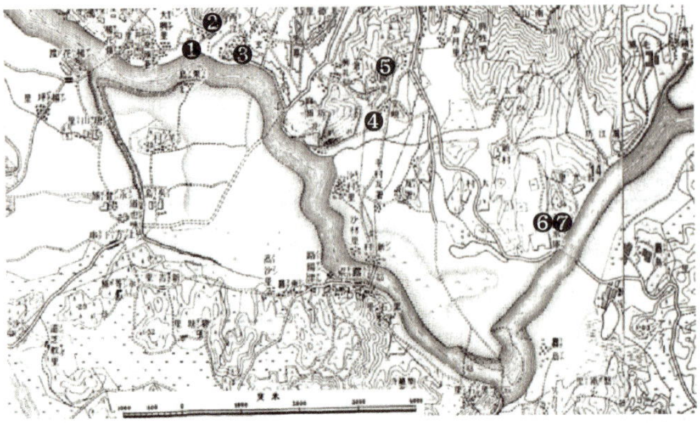

① 점검청 : 마포구 상수동 토정길 193(신구강변연가아파트)
② 광흥창 : 마포구 창전동 창터1길 17-3(서강시범아파트)
③ 공세청 : 마포구 신정동 새샘1길 12(농은오피스텔)
④ 군자감 : 용산구 용산구 원료로 41가길(KT용산IDC)
⑤ 만리창 : 용산구 효창원로 161
⑥ 창희정 : 용산구 서빙고동 둔지메길 2-1(대원서빙아파트)
⑦ 서빙고 : 용산구 서빙고동 서빙고로 247 서빙초등학교 뒷산

미주

[1] 오대산 우통수는 강원특별자치도 평창군 진부면 동산리 산 1번지에 위치해 있다. 오대산(五臺山)의 오대(五臺) 중 서대(西臺)에 자리한 수정암(水精庵)에 있는 가로·세로 각 600mm, 깊이가 630mm인 사각형 샘으로 편마암 바닥 돌과 흑운모 화강암으로 조성되어 있다. 이 샘에 대한 기록으로 고려 말 『삼국유사』(일연, 1281)에는 불교 유적으로 되어 있고, 조선 시대에는 『세종실록』(1474), 『신증동국여지승람』(이행 등, 1530), 『동국여지지』(유형원, 1622~1673), 『택리지』(이종환, 1714), 『청구도』(김정호, 1834), 『대동지지 및 대동여지도』(김정호, 1861) 등에서 한강의 발원지로 기록하고 있으며, 『세종실록』에는 봄·가을로 공무원을 파견하여 제사를 지냈다는 기사가 있다(강원대학교 중앙박물관 및 평창군, 2004, 유적조사보고 23집). 조선 시대 궁중에서는 우통수 물을 탕약의 약수로 사용하였으며, 그 물을 강심수(江心水)라 불렀다고 전해진다(유본례, 1830).

[2] 경강(京江) : 한양 주변을 감싸 흐르는 광진에서부터 시작하여 양화진까지 한강 줄기를 부르는 명칭

[3] 이지혜, 2010, 「한강변 주거경관의 현대적 변천 과정 : 마포진·용산진·한강진 일대를 중심으로」, 한국교원대학교 교육대학원 석사학위 논문

조선 시대의 한강나루

경강의 폭은 평균적으로 1.0~1.5km에 이르며, 깊은 곳은 수심 약 2.5m에 달했다. 이러한 지형적 조건 때문에 고려 시대에는 사평나루에 배다리를 놓았고, 조선 시대에는 왕들, 특히 정조가 배다리를 가설한 경우를 제외하면, 오늘날 우리가 생각하는 반영구적 다리를 한강 위에 건설한 적이 없었다.

그림 1.2.1 조선 시대 한강나루와 현 한강 다리
서울특별시사편찬위원회, 2000, 『서울의 하천』, 82쪽

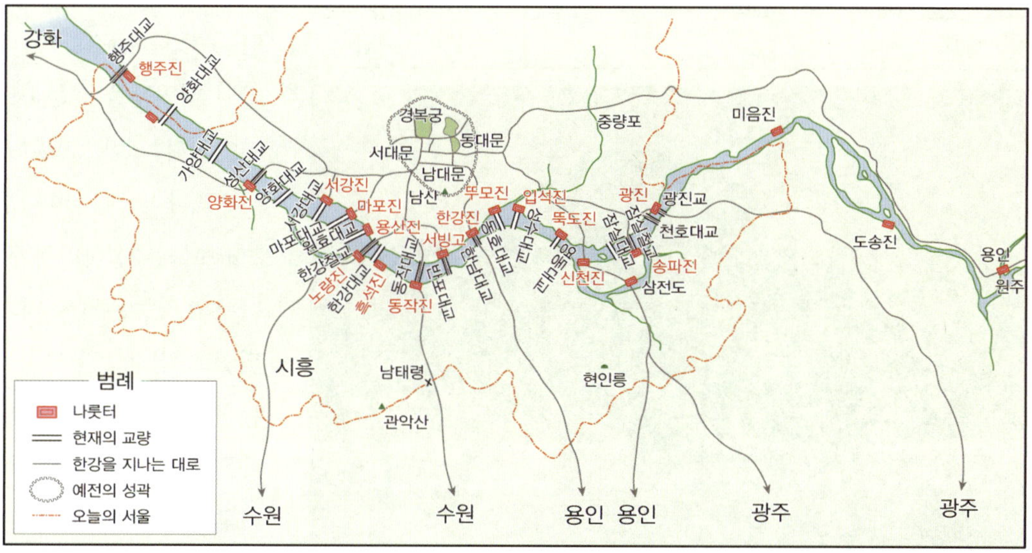

이로 인해 조선 시대 한양에서 남쪽으로 여행하려면 누구든 반드시 한강을 배로 건너야만 했고, 그 결과 한강 변에는 여러 나루가 번성하였다. 이후 한강을 건너는 교통수단이 배에서 다리로 바뀌었지만, 다리가 놓인 위치는 결국 예전 나루가 있던 자리였다〈그림 1.2.1〉.

조선 시대 한양에서 경상도로 가는 길은 두 갈래가 있었다. 하나는 흥인문(현 동대문)을 나와 살곶이다리를 건너 광진을 지나 광주(현 하남)와 여주를 거쳐 충주를 지나 문경새재를 넘는 길이었다. 다른 하나는 흥인문이나 광희문을 나와 현재 한남대교가 있는 한강진에서 한강을 건넌 뒤, 양재와 용인을 거쳐 진천·충주를 지나 문경새재로 이어지는 길이었다. 한편 한양에서 충청도와 호남으로 향하는 길은 한양에서 숭례문(현 남대문)을 나와 노량진에서 한강을 건너 수원과 천안으로 내려가는 길과 흥인문을 나와 한강진·사평진을 거쳐 양재와 용인, 오산을 지나 호남 지방으로 향하는 길이 있었다. 이들 나루 중 고려 시대 서울이 남경으로 승격되기 전까지 가장 중요하게 여겨졌던 한강나루는 광나루였다.

1.2.1 광나루(廣津)

조선 시대에도 고려 때와 마찬가지로 행인들은 한양도성을 나와 중랑천을 건넌 뒤, 광나루에서 배를 타고 한강을 건너 광주를 거쳐 경상도나 강원도로 왕래하였다. 광나루는 현재의 광진교가 놓인 한강 북쪽에 위치하였다. 광진(廣津)은 조선 태종 때부터 한강과 북한강, 남한강 유역의 조운을 관리하던 좌도수참(左道水站)[1] 별감이 상주하던 곳으로, 한강을 왕래하던 행인들을 검문하던 곳이었다〈그림 1.2.2〉.

그림 1.2.2 겸재 정선의 『경교명승첩(京郊名勝帖)』 「광진」(현 워커힐 호텔 부근)
간송미술관

그러나 세종이 삼밭나루(三田渡)를 개설하면서 광나루의 기능은 점차 약화되었고, 병자호란 이후에는 행인들이 삼전도의 사용을 꺼리면서 대신 송파나루가 크게 발전하였다.

조선 후기에는 광나루가 쇠퇴하고 송파나루가 번성하였으나, 고려 시대부터 이어진 교통의 요지로서의 입지는 지금까지도 여전히 유지되고 있다. 현재 이 나루 부근에는 광진교〈그림 1.2.3〉와 천호대교〈그림 1.2.4〉 두 다리가 놓여 있다.

그림 1.2.3 광진교

그림 1.2.4 천호대교

1.2.2 삼밭나루(三田渡)

삼밭나루는 조선 시대 탄천(옛 숯내)과 한강이 합류하는 현 잠실종합운동장 근처에 있었던 나루였다. 한성에서 한강 남쪽의 요새지인 광주로 가는 가장 빠른 길은 서울 동대문(한성 흥인문, 興仁門)을 나와 살곶이다리를 건넌 후 삼밭나루를 지나는 길이었다. 서울에서 경상도로 여행하던 행인은 광주까지 와서 이천을 거쳐 충주로 해서 문경새재를 넘었다. 만약 강원도로 갈려면, 이 길이 바로 이천에서 여주, 원주 및 강릉으로 연결되기 때문에 삼밭나루에는 항상 많은 행인이 붐비었다. 특히 이 나루는 세종이 아버지 태종의 묘 헌릉(獻陵)을 참배하러 갈 때 주로 이용했던 나루이고, 그 후 조선의 왕들이 세종의 묘 영릉이 있는 여주로 행행(幸行)을 할 때나 제9대 성왕의 묘가 있는 강남 선릉(宣陵)으로 참배하러 갈 때도 이용했던 나루터였다. 조선 11대 중종 때에는 배다리를 가설하여

그림 1.2.5 삼전도 청 태종 공덕비(조선 인조 17년, 1639)
현재는 석촌호수 서호 동북단으로 옮김

이용했을 정도로 조선 정부에서 중히 여겼던 나루터였다. 그러나 병자호란이 일어나 인종이 청 태종에게 항복하고 삼전도비(三田渡碑)가 세워진 후로는〈그림 1.2.5〉 바로 옆 상류에 새로 생긴 송파나루로 행인들이 몰리게 되면서 삼전나루는 그 역할을 내려놓게 되었다.

1.2.3 송파나루(松坡津)

1520년 큰 홍수가 발생하여 한강 숯내(炭川)[2]와 성내천 사이, 뚝섬 쪽으로 샛강이 생기면서 잠실도(부리도)라는 섬이 생겼다. 그러나 당시 한강의 주 흐름은 샛강이 아니라, 여전히 현재의 석촌호수 일대를 지나 탄천과 만나 뚝섬으로 흘러가고 있었다. 오늘날의 신천동, 잠실동 및 종합운동장 일대는 당시 한강 한가운데 위치한 섬이었다〈그림 1.2.6〉.

1971년에는 잠실 남쪽으로 흐르던 물길을 막아 공유수면을 매립하여 이 지역을 육지화하였으며, 잠실도 북쪽의 물길은 넓히고 정비하여 현재와 같은 한강의 물줄기로 바꾸어 놓았다〈그림 1.2.7(b)〉.

그림 1.2.6 1920년대 한강의 섬들
서울특별시사편찬위원회, 2000, 『서울의 하천』, 46쪽

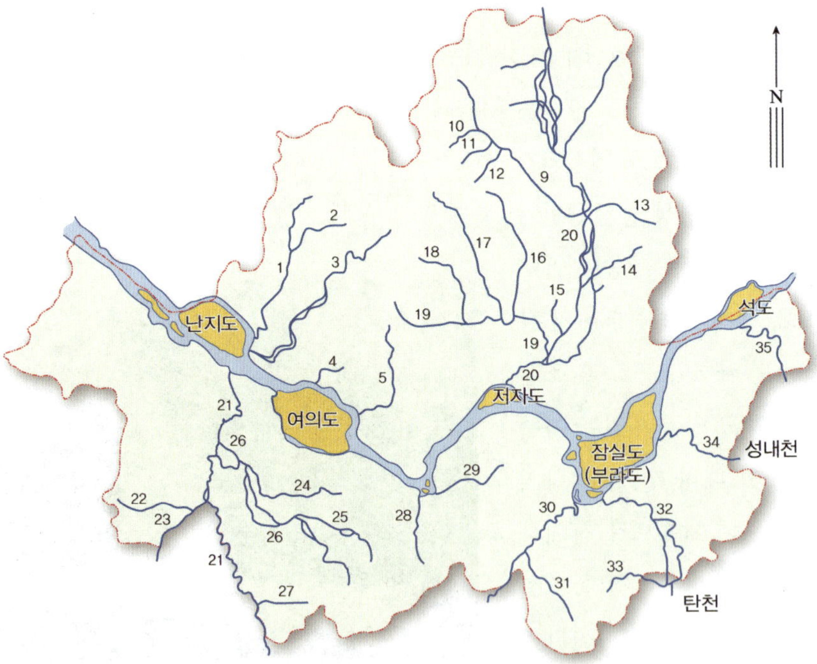

그림 1.2.7 잠실지역 수계 변화
서울특별시사편찬위원회, 2000, 『서울의 하천』, 383쪽

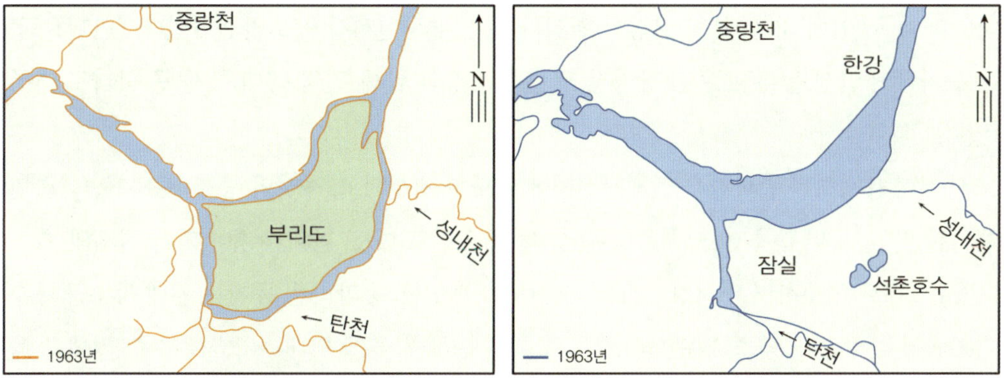

1971년 개발 전　　　　1971년 개발 후

송파나루는 현재 석촌호수 부근에 있었던 나루로, 조선 초부터 있었던 나루는 아니었다〈그림 1.2.8〉. 조선 후기 병자호란이 끝난 뒤, 삼전도의 치욕을 잊지 못한 백성들이 삼밭나루의 사용을 꺼리면서 송파나루가 그 역할을 대신하게 된 것이다.

그림 1.2.8 겸재 정선의 『경교명승첩』 「송파진」
간송미술관

조선 후기에는 경강 상인들의 활동이 두드러지면서 한강 상류를 오르내리는 뱃길과 육로를 따라 강원도와 충청도 일대에서 올라오는 곡식과 목재, 과일 등 각종 토산물이 나루터 중심으로 집결하였다. 이로 인해 처음에는 5일장이 열리다가 점차 상설시장으로 발전하였다. 『만기요람』[3]에는 송파장이 안성 읍내장, 은진 강경장, 덕원 원산장과 함께 '전국 15대 장시' 중 하나로 기록되어 있다.

조선 시대 융성하던 송파장은 일제강점기에 철도가 개설되고, 경성의 경제 구조가 변화하면서 침체기를 맞았다. 더욱이 1925년 을축년(乙丑年) 대홍수로 마을 전체가 훼손되어 현재의 가락동 410번지 일대로 이주하면서 시장 규모가 크게 축소되었다. 송파라는 동네는 원래 광주군 동부면 선리(船里)에 있었으나, 인조 25년(1647) 장마로 마을 전체가 물에 떠내려가 석촌호수 일대로 옮겨 왔다고 전해진다. 그러나 을축년 홍수 때 다시 큰 수해를 입은 것을 보면, 이 '송파(送波)'라는 이름의 유래를 새삼 되새겨볼 필요가 있을지도 모른다는 엉뚱한 생각을 해본다. 이후 6·25 전쟁 이후 송파장은 모란시장과 천호시장과의 경쟁에서 밀려 시장 기능을 상실하였고, 1960년대 사라졌다.

그러나 조선 시대 교통의 요지였던 송파나루는 오늘날에도 그 역할을 이어가고 있다. 현재 이 자리에 나루 대신 잠실대교와 잠실철교가 놓여 있으며〈그림 1.2.9, 그림 1.2.10〉, 1963년에는 과거 경기도에 속했던 송파나루 일대가 서울특별시에 편입되었다. 이후 송파장은 1986년 6월 개장한 가락시장을 통하여 그 명맥을 이어가고 있다.

그림 1.2.9 잠실대교

그림 1.2.10 잠실철교

1.2.4 뚝섬나루(纛島津)

뚝섬나루는 현재 영동대교가 지나가는 뚝섬선착장 부근에 있었던 나루터로서 독백(禿白)이라고도 불리었다. 이곳에서는 영동대교가 1973년 11월 8일에 준공되기 전까지 건너편 청숫골나루까지 나룻배를 운영하였다고 한다.

그림 1.2.11 뚝섬나루

뚝섬나루 위치(영동대교 북단)

뚝섬나루 표석

광진과 마찬가지로 뚝섬나루에도 경상도나 강원도에서 걷은 세곡을 운반하는 세곡선(稅穀船)이 드나드는 선착장이 설치되고 〈그림 1.2.11〉, 조선 제17대 효종 때에는 이곳에 수세소(收稅所)를 두었다. 조선 후기에 뚝섬나루는 주로 한강 상류에 있는 강원도 지방으로부터 한강 물길을 따라 운송한 목재와 땔감의 집산지가 되었다〈그림 1.2.12〉. 일제강점기 때까지도 목재와 땔감을 전문으로 취급하는 점포가 많이 남아 있었다고 한다.

그림 1.2.12 1959년 뚝섬나루 풍경
서울역사아카이브(홍순태 作, 1969)

1.2.5 입석포(立石浦)

입석포[4]는 한강 본류와 중랑천이 합류하는 지점, 서울 성동구 응봉동 한강변에 있었던 조선 시대의 작은 나루였다. 『동국여지승람』에는 입석포가 두모포 상류에 있다고 기록되어 있는데, 두모포는 현재 옥수동 한강변 동호대교 북단 부근에 있던 포구를 말한다.

그림 1.2.13 입석포 표석 위치도

한강변의 큰 바위들이 사람처럼 서 있다 하여 '입석포'라 불렸으며, 우리말로는 '선돌개'라고 하였다. 나루 뒤편에는 응봉(鷹峯)[5]이 높이 솟아 있고, 강변 곳곳에 기암괴석이 펼쳐져 예로부터 경치가 빼어났다. 때문에 옛날부터 많은 시인과 묵객이 찾아들어 풍광을 예찬한 명소이기도 했다. 〈그림 1.2.14〉는 조선 후기 화가 김석신[6]이 그린 선유도(船遊圖), 일명 『가고중류도(笳鼓中流圖)』의 일부이다.

입석포는 천연의 낚시터로도 이름이 높았다. 입석포 앞 한강에는 '저자도(楮子島)'라는 섬이 있었는데, 닥나무가 많아 그런 이름이 붙었다. 저자도는 절경을 자랑하는 명승지로, 유람객이 끊이지 않았다. 고려 말 문신 한종유(韓宗愈)의 별장이 있었고, 조선 세종은 이 섬을 둘째 딸 정의공주에게 하사하였다. 1930년대만 해도 저자도는 동서 길이 2km에 달했으나, 1970년대 강남 개발 시기의 무분별한 골재 채취로 현재는 형태만 간신히 남아 있다.

그림 1.2.14 김석신의 『가고중류도』(1805)
한국데이터산업진흥원

입석포의 동남 쪽으로는 뚝섬과 광나루를 잇는 드넓은 살곶이벌(전관평) 평야 지대가 펼쳐져 있어 그 풍치 또한 매우 뛰어났다. 조선 시대 입석포는 강 너머 압구정동으로 건너가려는 행인들과 저자도 유람객, 입석포에서 낚시와 경치를 즐기려는 사람들로 붐볐다. 여인들은 입석포의 입석(선돌, 선바위)에 치성을 드렸고, 아이들은 그곳을 놀이터로 삼았다. 그러나 한때 수려했던 입석포의 경관은 국철 1호선 경원선 철로 아래에 묻히면서 사라졌다〈그림 1.2.15〉.

그림 1.2.15 응봉산과 압구정 옛 모습
간송미술관

압구정 쪽에서 바라본 응봉산(선돌개(입석)는 보이지 않음)

『경교명승첩』「압구정(狎鷗亭)」

1.2.6 두모포(豆毛浦)

두모포는 현재 옥수동 일대의 옛 이름으로, 동쪽에서 흘러오는 한강 본류와 북쪽에서 내려오는 중랑천이 합류하는 지점에 자리잡고 있다. 도성에서 동남쪽으로 약 5리 떨어져 있던 작은 나루로, 두모포는 일명 '동호(東湖)' 또는 '두뭇개'라고도 불렸는데, '두뭇개'가 한자 음화되어 두모포가 되었다〈그림 1.2.16〉.

그림 1.2.16 1922년 제작된 경성도(두모리와 저자도)
서울역사박물관

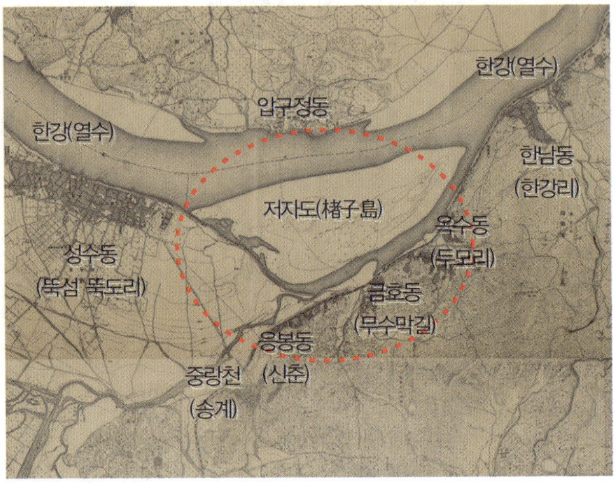

임진왜란 이전까지 두모포는 한성을 출발해 일본으로 향하던 4개 도로 중 하나였다. 세종 원년(1419) 5월, 세종이 대마도 원정을 단행할 때 왕이 친히 나와 이곳에서 잔치를 베풀고 이종무(李從茂) 등 여덟 장수를 전송한 역사적 장소이기도 하다. 성동구 주민은 이러한 뜻깊은 역사를 기념하기 위하여 대마도 정벌 600주년을 맞은 2020년, 옥수역 인근 옛 나루터에 기념비를 세웠다〈그림 1.2.17〉.

그림 1.2.17 2020년 세워진 두모포 기해동정 기념비(豆毛浦 己亥東征)
옥수역 3번 출구 서쪽 50m 지점 소재

두모포는 경상도와 강원도 지역에서 남한강을 따라 한양으로 올라온 세곡선이 집결하던 곳으로, 이곳에서 다시 용산진으로 운행되었다고 한다. 또한 두모포에는 빙고(氷庫)가 있어 얼음을 실은 배들이 드나드는 집결지였으며, 조선 중기 이후에는 뚝섬과 함께 고추, 마늘, 감자 등 각종 농산물과 목재, 땔감이 모여드는 주요 물자 집산지로 발전하였다. 두모포에서 건너편 압구정동으로는 개인 나룻배를 타고 도강할 수 있었다.

앞서 설명한 바와 같이 1960년대 한강이 본격적으로 개발되기 전까지만 해도 두모포 앞에는 한강과 중랑천에서 쓸려 내려온 토사가 쌓여 형성된 저자도가 있었다. 그러나 저자도는 1960년대 서울 강남 개발 과정에서건설용 모래 채취로 수면 위에서 사라졌다.

두모포에는 조선 시대 젊은 학자들의 학문 도량인 독서당이 있었다. 독서당은 젊은 수재를 위하여 도서관 기능을 수행한 일종의 '공부방'으로, 세종 8년(1426) 집현전 대제학 변계량이 왕명을 받아 설치하였다. 이후 성종 23년(1429)에 서울 용산 한강변에 남호독서당(南湖讀書堂)을 세워 상설 국가기관으로 발전시켰고, 이어 중종 10년(1515)에는 지금의 성동구 옥수동 자리인 동호 월송암 서쪽 기슭에 동호독서당(東湖讀書堂)을 세웠다〈그림 1.2.18〉.

동호독서당은 1592년 임진왜란이 발발하기 전까지 약 75년간 학문 연구와 도서 열람 기능을 담당하며 300여 명의 문사를 배출하였다. 이곳에 선발된 인재들은 휴가를 받아 1개월에서 5개월 동안 책을 읽고 정책 대안을 제시하였다. 율곡 이이 역시 동호독서당(두모진 독서당)에 머물며 왕도정치의 이상을 실현하기 위한 방도를 적은 정치개혁 보고서 『동호문답(東湖問答)』을 집필하였다.

그림 1.2.18 동호독서당

영남대학교 박물관 / 서울대학교 규장각

19세기 전반 동국여도 도성도첩 도성도 부분도
(두모포와 응봉 사이에 독서당이 위치)

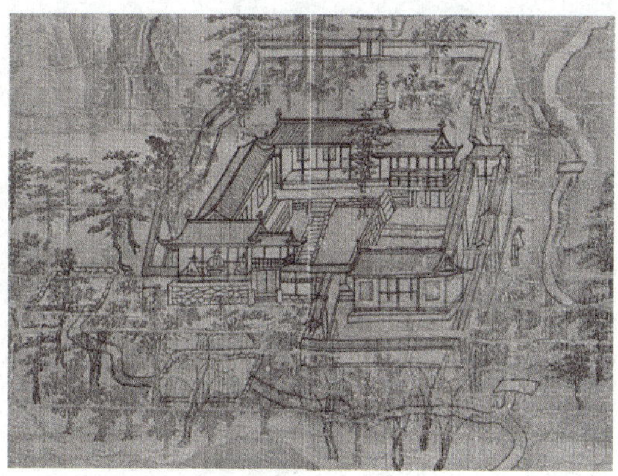

『독서당계회도』 속의 동호독서당(1572)

동호독서당과 남호독서당은 한강변에 있었기에 '동호'와 '남호'라는 이름이 붙었는데, 이는 한 당시 선비들이 유속이 느린 한강을 하나의 '큰 호수'로 인식했기 때문이다. 그러나 동호독서당은 이괄의 난(인조 2년, 1624)과 병자호란(인조 14년, 1636)을 거치며 기능이 위축되고, 정조 때 규장각이 건립되며 기능이 소멸되었다. 현재는 두모포의 나루 역할을 동호대교가 대신하고 있다〈그림 1.2.19〉.

그림 1.2.19 동호대교 전경

1.2.7 한강나루(漢江津)와 사평나루(沙坪渡)

조선 시대에는 한양 남산 남쪽 기슭, 지금의 한남동 앞을 흐르는 강을 '한강'이라 하였다. 따라서 이곳에서 강 건너편 사평리까지 배를 타고 건너던 도선장(渡船場)을 '한강나루'라 하였다. 이 나루는 '한강진(漢江津)' 또는 '한강도(漢江渡)'라고도 불렀다.

도성에서 광희문을 나서면 바로 한강을 건너 용인·충주로 갈 수 있는 영남대로상에 있었기 때문에, 한강나루는 군사적·정치적으로 매우 중요한 요충지였다. 조선 초부터 이곳에는 별감을 파견하여 행인들의 편의를 돕는 동시에, 범인을 색출하기 위한 검문·검색을 실시하였다. 조선 초기에는 관선 10척을 관리하였는데, 조선 후기로 들어서면서 15척으로 늘리고 이곳에 진(鎭)을 설치하여 훈련도감이 직접 관리함으로써[7] 군사적 기능을 강화하였다.

한강나루는 고려 시대 때 한양이 남경으로 승격된 이후, 조선 시대를 지나 지금까지도 한반도에서 가장 중요한 교통 요지로 취급되고 있는 곳이다. 강 건너편 나루는 신라 시대 때 '북독(北瀆)'이라 불렸으며, 고려 시대에는 '사평나루' 또는 '사리진(沙里津)'이라 하였다. 현재 한강 나루터가 있던 자리를 표시하는 표석은 한남역 1번 출구 앞 주차장 지나 '정겨운 마을마당'이라는 작은 공원 횡단보도 우측 숲속에 세워져 있다〈그림 1.2.20〉.

현재는 과거 한강나루터에서 운행되던 배를 대신해, 폭 16차로에 달하는 한남대교가 그 역할을 대신하고 있다〈그림 1.2.21〉. 한강나루 건너편에는 고려 시대부터 사평나루가 있었으며, 그 상류 쪽에 새말나루가 있었다고 한다. '새말(新村)'이란 새로 생긴 마을이라는 뜻이므로, 이곳 앞의 나루를 굳이 역사가 깊은 사평나루와 구분하여 따로 취급하는 것이 타당한지는 모르겠다.

그림 1.2.20 한강나루터 표석

그림 1.2.21 한남대교 전경

어찌 되었든 1914년 이후에는 강압적인 행정구역 개편으로 두 나루가 '신사도선장(新沙渡船場)'으로 통합되었고, 새말과 사평리 두 마을도 이름의 첫 글자를 따서 '신사동(新沙洞)'으로 통합되었다. 고려 시대부터 '사평도(沙平渡)'라는 이름으로 운영되었던 사평나루는 고구려 때 장수왕이 남진 정책을 펴며 건넜던 곳이며, 신라 진흥왕 역시 백제 성왕과의 협약을 깨고 한강 북쪽으로 도강한 곳으로 전해진다. 인조는 이괄의 난을 피해 이곳을 통해 남쪽으로 달아났고, 6·25 전쟁 중에는 국군 제17연대와 미 제7사단 제32연대 병력이 1950년 9월 25일, 경기도 광주군 언주면 신사리 나루에서 서빙고 방면으로 한강을 건너 서울로 진격하였다.[8]

사평리에도 송파장과 같은 향시(鄕市)인 '사평장'이 섰는데, 『만기요람』에 따르면 전국 15대 장시 중 하나로 기록되어 있다. 그러나 1925년 을축년 대홍수로 마을의 가옥들이 모두 떠내려가 사평리는 순식간에 황량한 모래밭으로 변했다. 6·25 전쟁 이후 피난민들이 이곳에 정착하였고, 강남 개발 이전까지는 밭농사를 지으며 서울 시내에 채소 등을 공급하였다고 한다.

1.2.8 서빙고나루(반포대교)

지금의 반포대교 북단 작은 가로공원에는 서울과 삼남지방을 잇던 서빙고나루가 있었음을 알리는 표석이 세워져 있다〈그림 1.2.22〉. 이곳 인근, 현재의 서빙고동 둔지산(屯智山) 기슭 한강변에는 얼음을 저장하던 서빙고(西氷庫)가 있었다. 서빙고에는 8개의 저장고가 설치되어 있었으며, 총 134,974정(丁)의 얼음이 보관되었다. 이는 동빙고(東氷庫)[9]의 12배, 내빙고(內氷庫)[10]의 3배가 넘는 규모였다. 동빙고가 국가 제사용 얼음을 보관하고, 내빙고가 궁중 전용 얼음을 저장한 데 비해, 서빙고는 궁중과 문무백관은 물론 환자나 죄수들에게까지 배급할 얼음을 저장하였다. 얼음 저장은 한강의 얼음 두께가 4치(≒약 12cm)에 이르는 12월(양력 1월)에 시작되었으며, 이듬해 3월부터 빙고를 열고 반출이 이루어졌다.

그림 1.2.22 서빙고 나루터 옛터
현재는 표지석이 사라짐

이곳은 또한 남한강을 따라 올라온 세곡선(稅穀船)이 정박하던 곳이기도 하였다. 그러나 경원선 철도가 부설되면서〈그림 1.2.24〉 서빙고동에는 역이 생겼고, 이후 잠수교와 반포대교〈그림 1.2.25〉가 건설되면서 서빙고나루는 점차 그 역할을 잃고 역사 속으로 사라지게 되었다.

그림 1.2.23 서빙고 전경

현재는 길가에 표지석만 남음

그림 1.2.24 1920년대 서빙고동 강변 경원선 철도와 서빙고 나루터

그림 1.2.25 잠수교와 반포대교 전경

서울연구데이터서비스

1.2.9 동작나루(銅雀津)

'동작나루'란 옛말로 '동재기 나루'라 불렸다. '동재기'란 이 일대에 검붉은 구릿빛 돌이 많아 붙여진 이름으로, '동작나루'는 '동재기 나루'를 한자음으로 옮기는 과정에서 변형된 표기다. 동작나루는 오늘날 서울특별시 동작구 동작동 근처, 한강 남안에 있었던 나루터로, 일명 동작진(銅雀津) 또는 동작도(銅雀渡)라고도 불렸다〈그림 1.2.27(a)〉.

동작나루는 중요 간선도로는 아니었으나, 서울에서 과천·수원·평택을 거쳐 호남으로 내려가는 길목에 위치하여 사람의 이용이 잦았다. 당시에는 인근 노량진 관할하에 속했으며, 호남·호서 지방의 과객(過客)과 사대부들의 왕래가 빈번한 곳이었다. 그러나 사선(使船) 몇 척만 운용되어 교통이 불편하였고, 영조 22년에 이르러서야 노량진의 나룻배 3척을 배급받아 나루터로서의 면모를 갖추게 되었다. 이후 1857년에는 철종이 이곳에 주교(舟橋)를 설치하여여 인릉(仁陵)[11] 행행(行幸)에 이용하였으며, 20세기 초반까지 나루의 명맥을 유지하였다. 이수천 입구에 해당하는 동작진은 예전에는 수심이 깊었고, 인근에는 모노리탄(毛老里灘)과 기도(碁島)[12]가 자리하였다. '모노리탄'은 넓은 모래사장을 뜻하며, '기도'는 오늘날 반포 한강공원 내 서래섬 자리에 있었던 실존 섬이다〈그림 1.1.27(b)〉. 조선 시대에는 관원들이 숙직 당번 중 바둑을 두다 적발되면 '기도'로 하루 유배를 보냈다는 야화가 전해진다.

이곳은 고려 태조 초에는 과주(果州)로 불렸으나, 조선 태조 때 마을 이름을 정비하면서 과천(果川)으로 개칭되었다. 조선 시대에는 경기도 과천군 상북면 포춘리에 속했으며, 후기에 시흥군 북면 동작리로 편입되었다가 여러 차례의 행정 구역 개편을 거쳐 1980년 동작구로 편입되어 오늘에 이르고 있다. 한강에 여러 다리가 건설되면서 동작나루의 역할은 사라졌으며,

그림 1.2.26 겸재 정선의 『경교명승첩』 「동작진(銅雀津)」
간송미술관

특히 인근에 동작대교가 설치되면서 이 일대는 한강을 남북으로 잇고 과천으로 통하는 주요 교통로의 역할을 이어가고 있다.

그림 1.2.27 동작 나루터와 동작대교

(a) 동재기 나루터 표석

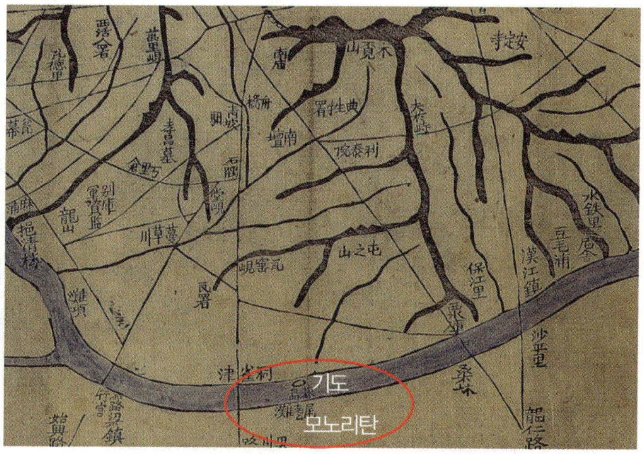

(b) 김정호 『대동여지도(大東輿地圖)』 「경조오부도(京兆五部圖)」

(c) 현 동작대교

1.2.10 흑석진(黑石津)

흑석진은 서울특별시 동작구 흑석동에 있었던 나루로, '흑석나루'라고도 불렸다. 현재의 효사정[13] 산기슭 동쪽, 흑석체육센터 인근에 자리하였다〈그림 1.2.28〉. 흑석나루는 조선 태종 때 세금으로 거둔 곡물을 운반하기 위해 용산과 충주 사이에 설치된 7개의 수참(水站, 곡물보관소) 중 한 곳이었다. 조선 초기에는 민간인들도 흑석나루를 많이 이용하였으나, 조선 후기에 수참이 폐지되고 인근에 동재기나루(銅雀津)가 개설되면서 점차 사람들의 발길이 끊어졌다.

『과천현읍지』에는 "흑석진(黑石津, 검은돌 나루)은 현(縣) 북쪽에 있다. 수참(水站)이 있고, 참선(站船) 15척이 있다"라고 설명하고 있다.

그림 1.2.28 흑석진(1890년대 노들나루 모습)
동작구청

1.2.11 노들나루(露梁津)

노량진(露梁津) 또는 노도진(露渡津)이라 불린 노들나루는 오늘날 한강인도교 남단과 한강철교 남단 사이, 현재의 노량진 수원지 일대에 자리 잡고 있었다〈그림 1.2.29〉. 노들나루는 서울에서 과천과 시흥을 거쳐 충청도와 전라도로 통하는 대로의 길목에 있어, 조선 태종 4년 (1414)에는 상류의 광나루와 함께 별감(別監)을 배치하여 서울 출입 인원을 통제하는 등 국방상으로도 중요한 역할을 담당하였다.

조선 시대 노들나루에는 사선(私船) 10척과 관선(官船) 15척이 속해 있었고, 행정구역상으로는 과천현(果川縣)에 속하였다. 이후 1914년 일제의 행정구역 개편으로 시흥군 관할이 되었으며, 해방 후 1946년에는 영등포구로 편입되었다. 1973년 관악구 신설 시 그 관할에 들어갔다가, 1980년 관악구에서 분리되어 신설된 동작구에 속하게 되었고 오늘에 이르고 있다.

나루 북쪽의 강변에는 넓은 백사장이 펼쳐져 있었는데, 이곳은 일찍부터 사형장으로 이용되었다. 세조 때 사육신이 이곳에서 처형되었으며, 근세에는 많은 천주교 신자들이 순교한 장소이기도 하다. 근대에 들어서면서 노들나루에는 배를 대신한 교량이 세워졌다. 1900년 한강철교가 처음 건설되어 경인선·경부선 및 전철 1호선이 이 구간을 통과하게 되었고, 이어 1917년 한강인도교가 세워지면서 1번 국도가 이곳을 지나가게 되었다.

그림 1.2.29 노량진 나루터와 한강대교

김정호, 1861, 『대동여지도(大東輿地圖)』 「경조오부도(京兆五部圖)」, 서울역사박물관 소장

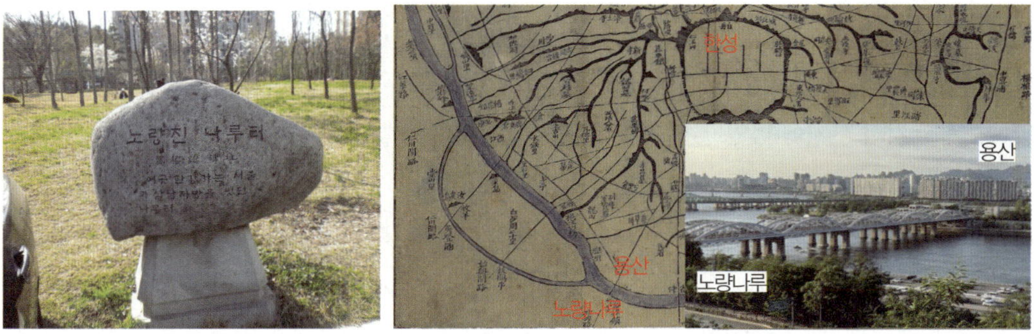

1.2.12 용산나루(龍山津)

만초천과 한강이 합류하는 지점에 자리한 용산나루는 '용산진(龍山津)'이라 불리기도 하였다. 용산진은 도성과 가까우면서도 포구가 구릉을 따라 굽어진 만입부에 발달하여〈그림 1.2.30〉 각종 선박이 정박하기에 유리한 지형이었다. 그러나 여울이 많고, 물살이 세며 자갈이 깔려 있었기 때문에, 마포진과는 달리 일반인들이 이용하는 공식 나루터로는 기능하지 못하였다. 즉, 용산진은 행인들 통행보다는 전국 각지에서 세곡을 운반하는 조운선(漕運船)[14]과 상선이 집결하는 선착장으로서의 성격이 강하였다. 또한 강원도에서 오는 뗏목, 잠실·뚝섬·송파 일대에서 실어온 각종 채소와 과일, 김포에서 들어오는 쌀 등을 실은 배들도 이곳에 머물렀다. 특히 서해를 따라 한양으로 올라오던 배들이 조수(潮水)의 흐름을 이용하여 쉽게 용산진에 출입할 수 있었다.

그림 1.2.30 용산나루

용산역사박물관 및 용산구청

1904년 1930년대

조선 정부는 물자의 원활하고 안전한 수송을 위하여 이곳에 수로전운소(水路轉運所)[15]를 설치하였고, 이곳으로 모인 세곡은 군자감(軍資監) 창고와 만리창(萬里倉) 등 대형 창고에 보관하였다가 관리의 녹봉 등으로 활용되었다. 이러한 창고들은 홍수 피해를 막기 위해 강변보다 높은 산천동·신창동·도원동 일대의 산기슭에 배치되었다. 특히 가장 큰 창고였던 군자감 창고는 지금의 원효로 3가 KT 원효지사 부지에 있었고, 인근의 용문시장 자리에는 쌀시장이 형성되어 있었다. 그러나 시간이 흐르며 용산강의 물길이 변하고 모래가 쌓여 용산강의 수위가 낮아짐에 따라 선박의 출입이 어려워졌다. 이에 따라 용산진의 상권은 점차 마포나루나 서강나루로 이동하였다. 특히 용산역 일대가 식민 통치의 거점으로 개발되면서 군사기지와 철도기지가 들어서자, 용산진은 상업의 새로운 중심지가 되었고 이전의 물류 중심지로서의 기능을 상실하게 되었다〈그림 1.2.31〉. 참고로 현재 현대자동차 원효로 서비스센터 자리는 과거 강원도에서 내려오는 뗏목의 집결지였다.

그림 1.2.31 시대별 한강 유로 변화

이지혜, 2010, 「한강변 주거경관의 현대적 변천 과정 : 마포진·용산진·한강진 일대를 중심으로」, 한국교원대학교 교육대학원 석사학위 논문

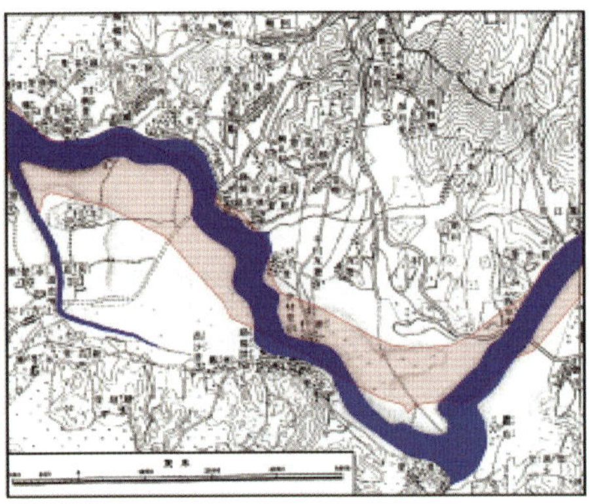

1895년

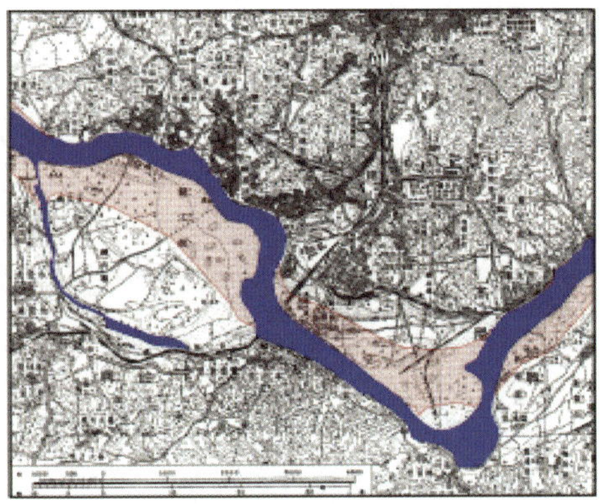

1918년

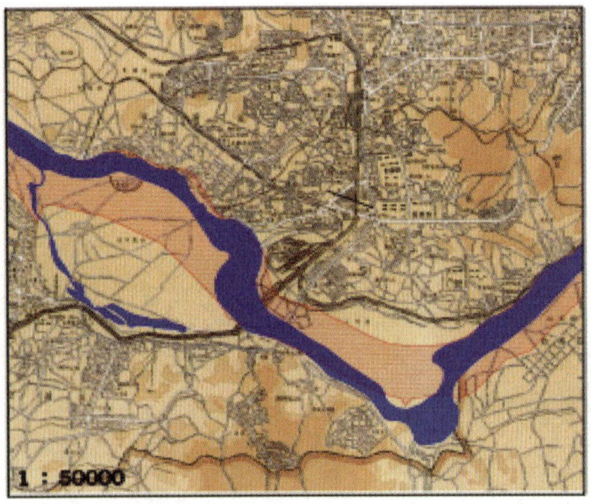

1960년

2009년

1.2.13 마포나루(麻浦津)

마포나루는 도성 밖 10리 지점, 오늘날 마포대교 북단의 마포주차장 부근에 자리잡고 있었다. 마포 일대에는 본래 용호(龍湖)·마호(麻湖)·서호(西湖) 등 세 개의 포구가 있었는데, 이를 통틀어 '삼개(三浦, 3개의 포구)'라 불렀다. 이후 이 지명을 한자로 표기하는 과정에서 '마포(麻浦)'라는 명칭이 유래한 것으로 전한다. 이 포구는 남쪽으로 여의도 백사장을 지나 시흥을 거쳐 수원으로 향하는 주요 교통로상에 위치하여, 한강을 오가던 행인과 상선의 왕래가 잦았다〈그림 1.2.32〉.

그림 1.2.32 마포나루

국가기록원 / 정남영 미육군대위 촬영

김학수 『마포범주(麻浦泛舟)』에서 마포진 전경

해방 당시의 마포나루터

조선 초에는 주로 용산진에 조운선들이 정박하였으나, 시간이 지나면서 강바닥에 모래가 쌓여 나루로서 역할을 할 수 없게 되자 18세기부터는 마포나루가 서강나루와 함께 한양으로 유입되는 조세와 물화의 집산지로 발전하였다. 이와 함께 쌀, 생선, 젓갈 등을 판매하는 시장이 크게 형성되어 마포 일대는 상업의 중심지로 번성하였다. 마포진은 남쪽에 있는 밤섬이 파랑을 막아주는 방파제 역할을 하였고, 용산진과 달리 여울이 없어 유속이 일정하여 선박이 정박하기에 유리하였다. 이러한 지리적 조건 덕분에 마포는 한강의 대표적인 대규모 나루터로 자리매김할 수 있었다. 구한말에는 인천항과 마포진 사이를 오가는 중국 증기선 두 척이 운항할 정도로 도성의 주요 관문 역할을 하였다. 그러나 1900년 이후 철도교통이 발달하면서 점차 그 기능을 상실하였고, 이후에는 새우젓 등 젓갈류의 판매장소로 명맥을 이어갔다. 당시 마포의 대표적 상징은 '새우젓'이었다.

마포 시장이 번성하자 한 일본인이 마포나루와 여의도를 잇는 배다리를 설치하고 쌀 반 되에 해당하는 통행료를 받자, 생계를 위협받은 뱃사공들과의 갈등이 발생하기도 하였다. 1907년에는 청량리를 출발점으로 하는 전차 노선이 서쪽 마포나루 인근까지 연장되면서 '마포종점'이라는 이름이 시민들에게 익숙해졌다.

마포항은 1925년 을축년 대홍수를 비롯한 여러 차례의 홍수 피해와 육상교통의 발달, 6·25 전쟁으로 인한 재해 등을 겪으며 역사 속으로 사라져버렸다. 현재 마포진의 흔적은 거의 남아 있지 않으며, 다만 용강시범아파트(마포구 용강동 토정3길 6) 앞에 세워진 '삼개나루터' 표석만이 외로이 옛 나루의 존재를 전하고 있다. 이곳은 『토정비결』로 널리 알려진 토정 이지함 선생이 거주하던 동네이기도 하다. 이후 마포 일대는 정부가 1967년부터 추진한 한강종합개발사업의 일환으로 도로교통의 중심지로 재편되었으며, 1980년대에는 여의도와 함께 금융과 상업의 중심지로 성장하였다. 과거 마포나루가 담당했던 역할은 오늘날 마포대교가 이어받고 있다〈그림 1.2.33〉.

그림 1.2.33 마포대교 전경
대한민국 역사박물관

1.2.14 서강나루(西江津)

서강나루는 조선 시대에 모악산(母岳山)이라 불렸던 서울 서대문구의 안산(鞍山)에서 서남쪽으로 흘러 내려온 창천(滄川)이 와우산의 광흥창(廣興倉) 앞을 지나 한강으로 합류하는 지점, 즉 오늘날 서강대교 북단 신정동 강변에 있던 나루터이다〈그림 1.2.34〉. 마포나루에서 양화나루에 이르는 한강을 '서강' 혹은 '서호'라고 불렀는데 동호대교 북단 옥수역 부근을 예전에는 동호라고 했던 것과 대비되는 이름이다. 서강 나루터 표지석은 한강공원 상수나루목 강변 쪽에서 찾을 수 있다.

그림 1.2.34 서강 나루터
서울역사박물관

(a) 서강나루터 표석

(b) 서강나루 위치도

서강나루는 단순한 여객 나루가 아니라 조운의 종착역으로서, 서해안과 인천으로 통하는 주요 길목이었다. 전라·경상·충청 3도와 함께 경기 하류 지역에서 올라온 세곡선(稅穀船)이 이곳으로 모여들었다. 이에 따라 서강에는 점검청(點檢廳), 공세청(貢稅廳)과 광흥창 등 조운 관련 관청과 창고가 설치되어 있었다. '점검청'은 각 지방에서 운반되는 조운선의 출입을 감독하고, 삼남과 황해도에서 조달된 공미(貢米)를 검사하던 조선 때 호조 산하의 관청이었다. 조선 후기에는 화물에 대해서도 관세를 부과하였다. '공세청'은 서강나루로 들어오는 선박에 대한 세금을 부과하던 기관이었고, '광흥창'은 조선 태조 원년(1392)에 관리들의 봉록미(俸祿米)를 저장하기 위해 처음으로 설치된 창고로 『동국여지비고(東國輿地備考)』[16]의 한성부 편에 의하면, "도성 밖 서쪽 13리 와우산 남쪽"에 있었다고 기록되어 있다. 서강나루는 마포 일대 삼개나루(용호, 마호, 서호)의 하나로 서강진이라고도 했는데, 조선 후기에 이르러 조운의 중심지로 번성했으나, 서강대교가 놓이면서 나루로서의 기능은 점차 사라지고 역사 속으로 흡수되었다〈그림 1.2.35〉.

그림 1.2.35 서강대교 전경
서울연구데이터서비스

1.2.15 양화나루(楊花鎭)

양화나루는 일명 양화도(揚花渡)라 불렸으며, 현재의 서울특별시 마포구 합정동 일대에 있었던 나루터이다. 오늘날 양화대교 북단 부근에 해당하며, 나루터 주변에 갯버들(버들꽃)이 많아 '버들꽃나루', '양화나루'라 불리게 되었다. 나루의 서쪽에는 잠두봉과 선유봉이 있고, 이곳에서 한강으로 완만히 이어지는 모래톱이 조성되어 있어 배들이 드나들기 매우 편리하였다〈그림 1.2.36〉.

양화나루는 한강을 건너 양천(陽川)[17]을 지나 강화로 향하는 교통의 요충지로, 고려 시대부터 조선 시대에 이르기까지 중요한 간선도로 위에 있었다. 조선 초기에는 바닷물이 용산까지 밀려와 한때 용산나루가 으뜸가는 나루로 활약했지만, 한강이 홍수를 거듭할 때마다 계속해서 바닥이 높아지면서 대형 선박이 더 이상 용산까지 직접 올라오지 못하게 되자, 양화나루가 자연스럽게 용산나루를 대체하게 되었다. 이후 경상도·전라도·충청도·경기도 등지에서 올라오는 세곡을 서강 광흥창까지 운반하는 조운(漕運)의 중간 항구이자, 각지의 농산물 집산지로 크게 번성하였다. 조선 숙종 36년(1710)에는 어영청(御營廳)에서 별장을 파견하였고, 영조 30년(1754)에는 한강과 한성의 방어를 강화하기 위하여 양화진을 설치하였다. 이는 송파진(松坡鎭), 한강진(漢江鎭)과 함께 한강 방어 체계의 삼대 관방(關防)[18]을 이루었으며, 관선 10척을 배정하여 나루를 운영하면서 도강하는 행인들을 감시하는 초소적 기능도 수행하였다.

양화나루는 또한 한강의 대표적 경승지로 이름이 높았다. 조선시대의 문인과 사대부들은 이곳에 정자를 짓고 풍류를 즐겼으며, 강 건너 선유봉 일대는 이름 그대로 신선이 노닐 만한 '선유지(仙遊地)'로 일컬어졌다. 그러나 이러한 한적한 풍광의 이면에는 근대사의 비극적 사건들도 서려 있다. 개화기에는 개화사상의 선각자 김옥균(金玉均, 1851~1894)이 이곳에서 처형되었으며, 또한 천주교 전래 초기에 많은 신자들이 순교한 장소로도 알려져 있다. 고종 3년(1866)에는 프랑스 극동함대가 한강으로 침입하여 양력 9월 26일(음력 8월 18일) 양화진을 거쳐 서강까지 올라왔다가 중국으로 되돌아가는 사건이 있었다. 이후 시대가 변함에 따라 양화나루의 기능은 점차 사라지고, 오늘날 그 자리를 양화대교와 성산대교가 이어받아 도심 서쪽의 교통로 역할을 담당하고 있다〈그림 1.2.37〉.

그림 1.2.36 겸재 정선의 『경교명승첩』 「양화진(楊花津)」
간송미술관

그림 1.2.37 성산대교와 양화대교

성산대교 야경

양화대교

1.2.16 공암나루(空岩津)

공암나루는 현재의 서울특별시 강서구 개화동 한강 남안에 있었던 나루터로, 조선 시대 한강 연안의 나루 가운데 서울 경계 안에서는 가장 하류에 위치한 나루였다. '공암(孔巖)'이라는 이름은 '구멍이 뚫린 바위'에서 유래한다. 이곳에는 자연적으로 구멍이 형성된 형성된 절벽 바위굴이 있었는데〈그림 1.2.38〉, 옛날 신석기 시대 사람들이 한강에서 조개와 물고기를 잡으며 생활했던 동굴로 추정되는 바위구멍이다. 또한 양천 허씨(許氏)의 시조 허선문(許宣文)이 이곳에서 태어났다는 설화도 전해져서, 일명 허가바위(許哥岩)라고도 불렸다.

그림 1.2.38 공암바위

공암나루는 행주산성 동쪽 창릉천(昌陵川)이 한강으로 닿는 지점 북쪽에 있던, 행주나루와 연결되어 양천·김포(金浦)와 고양(高陽) 간의 길목 역할을 하던 나루터로, 교통의 요지 역할을 하였다. 고려 시대 때 이미 개성과 남도를 연결하는 교통의 요충지로 이용된 기록이 남아 있고, 조선 시대에는 양화도 관할하의 나루로 편제되어 전선(官船) 5척이 배속되어 있었으며, 서해에서 서울로 가는 뱃길로, 양화진과 연결되는 중간 기착지(中間站)로 기능하였다. 조선 후기에 들어 관선 제도가 폐지되고 사선(使船)이 정부의 허가를 받아 사람과 화물을 운송하면서, 강화도 방면으로 오가는 행인들은 주로 공암나루를 이용하였다.

그림 1.2.39 겸재 정선의 『경교명승첩』 「공암층탑(孔巖層塔)」
간송미술관

공암층탑

소악루(小岳樓)

그러나 근현대로 들어서면서 한강의 물길은 크게 변했고, 올림픽대로 건설과 도시 확장으로 인해 공암나루 일대의 지형 또한 사라졌다. 과거 탑산(塔山)과 광주바위(廣州岩)[19]가 한강 절벽을 따라 이어져 강물이 탑산 기슭까지 흘렀다고 전하나, 탑산은 올림픽도로 공사로 사라지고 광주바위는 현재 탑산초등학교 뒤편 인공호수 안에 남아 주민들의 휴식처 역할을 하고 있다〈그림 1.2.40〉.

그림 1.2.40 호수 속 광주암(올림픽대로 건설로 육지화됨)
최용수 촬영

공암나루의 흔적은 오늘날 서울 강서구 허준로5길 15(가양동 1468), 영등포공업고등학교 정문 맞은편 허가바위 앞 보도에 세워진 표석에서 확인할 수 있다. 이 일대에는 조선 시대 명의 구암(龜巖) 허준(許浚)을 기리기 위한 구암공원(龜巖公園)이 조성되어 있으며, 공암바위에서 도보로 약 5분 거리에 구암나들목, 그로부터 다시 5분 남짓 동쪽으로 이동하면 가양대교 남단에 이르게 된다.

조선 시대 북쪽으로 많은 행객이 지나던 옛 공암 나루터 인근에는 오늘날 가양대교가 가설되어 도심 서단의 교통로 역할을 담당하고 있으며, 옛 공암 나루터는 그 기능을 상실한 지 오래로 옛 뱃길이 남긴 마지막 흔적으로 남아 있다.

그림 1.2.41 가양대교
서울연구데이터서비스

1.2.17 행주나루(幸州津)

행주나루는 한강 하류, 행주산성 북서쪽 기슭 아래 한강변에 있는 나루터이다. 옛 행주나루의 위치는 행주대교 북단 교각에서 상류 쪽으로 400m쯤 떨어진, 현 강서구 개화동 '갯모랭이' 마을 앞에 있던 나루터 이름이다. '갯모랭이'는 갯가 모퉁이에 있는 마을이라는 뜻이다. 행주대교가 놓이기 전에는 옛 양천현 공암진(개화산 부근)나루와 연결되며, 한강 하류에 잇는 일산 이산포 나루와 함께 중요한 나루터였다. 남쪽으로는 부평, 부천과 북쪽으로는 고양, 파주를 연결해주는 육상교통로의 중요한 나루이자 한강 수운을 이용하는 세곡선들이 서해안 조수간만의 차를 이용하여 잠시 쉬어 가던 나루였다.

한강 하류는 인천만의 바닷물이 들어와 소금기가 있어서 강변이지만 갯가라고 하였다. 덕양산 앞에서부터 강의 폭이 넓어져 마치 호수(湖水)를 이루고 있다고 해서 행주산성 바로 앞 아래를 흐르는 한강을 행호(杏湖)라 불렀다. 이 풍경을 겸재 정선은 「행호관어도杏湖觀魚圖」에서 상세히 전하고 있다〈그림 1.2.42〉.

그림 1.2.42 겸재 정선의 『경교명승첩』 「행호관어도(杏湖觀漁圖)」 속 행주나루
간송미술관

행주나루는 고양과 한양을 오가던, 삼국 시대부터 있었던 오래된 민물 포구이다. 겸재의 「행호관어도」에서 보여주듯이 이곳 행주에 살던 사람들은 농사와 고기잡이를 겸업을 할 수 있어 꽤 풍요롭게 살 수 있었다. 행주대교에서 김포대교까지 2.5km 구간은 바닷물과 민물이 만나는 구간으로 회유성 어종인 장어, 참게, 황복, 웅어 등이 서식한다. 조선 시대에는 고양 행주에서 웅어가 많이 잡혔다. 웅어는 조선 말기 정부에서 '위어소(葦魚所)'[20]를 설치하여 관리할 정도로 귀한 고기이었으나, 1982년 신곡보(新谷洑) 설치로 수면 상승과 함께 갈대밭이 사라져 웅어의 서식지가 파괴되고, 오염된 한강의 수질 탓에 웅어는 옛날 가지고 있던 상품 가치를 모두 잃어버렸다. 나아가 행주나루는 1978년 행주대교 구교가 건립되면서 나루의 기능을 잃어버리고, 지금은 단지 나루터 표석만 '행주가든(행주나루 개화동로 221)'이라는 음식점의 주차장 입구에 서 있다.

1.2.18 이산포(二山浦)

한강 하구에 행주나루와 더불어 포구 역할을 하였다는 이산포는 19세기 이후에 등장한 지명이다. 두 산이 보이는 포구라고 해서 붙여진 이름이라고 하는데, '두 개의 산' 중 한 산은 고봉산이 확실하지만, 이산포 주위에 특별하게 눈에 띄는 나머지 산이 없어 이름의 출처가 불분명하다. 아마도 고려 시대부터 조선조 후기까지 고양시에서 김포평야로 가는 길로 행주나루로 충분하다가, 19세기 후반 김포에서 파주 쪽으로 올라가는 빠른 길을 개척하면서 생긴 포구가 아닌가 하는 추측을 할 수 있다. 지금은 경기도가 경기도 북서부 지역의 교통을 위하여 민간투자사업으로 일산대교를 건설 운영 중이다〈그림 1.2.43〉.

그림 1.2.43 일산대교 전경
일산대교 주식회사 제공

미주

[1] 수참(水站) : 전라도, 경상도 및 충청도 등에서 세곡(稅穀)을 서울로 운반할 때 중간에 배를 쉬게 하던 곳

[2] 서울의 경강(京江)에는 세 곳의 대표적인 백사장이 있었는데, 광나루 백사장, 뚝섬 백사장, 용산 백사장이 그것이다. 한편 뚝섬 건너편에는 '부리도(富里島)' 라 불린 마을이 있었는데, 현재의 서울 종합운동장이 자리한 곳이다. 이 지역은 1988년 서울올림픽을 앞두고 대규모 개발이 이루어지면서 마을이 사라졌다. 부리도 마을에서는 강원도에서 한강을 따라 내려온 풍부한 목재를 활용해 숯을 굽는 일이 활발하였다. 마을 옆을 흐르는 하천은 이러한 숯 굽는 일과 관련되어 '탄천(炭川)' 이라 불리게 되었다.

[3] 『만기요람(萬機要覽)』: 순조 8년(1808)에 심상규와 서영보가 왕명으로 편찬하였다. 국왕이 국정을 총관하여 파악하기 위한 자료로 국가 재정의 출납과 관련된 재용편(財用篇)과 군대 편제 등 국방과 관련된 군정편(軍政篇)으로 구성되어 있다.

[4] 입석포는 서울특별시 성동구 응봉동 267-6, 응봉산 정상 팔각정 옆 음수대 왼쪽에 위치해 있다.

[5] 응봉(鷹峯) : 응봉산에는 매(鷹)가 많이 살아서, 조선 시대 왕들은 현재 응봉동일대와 뚝섬을 매 사냥터로 삼았다 한다.

[6] 김석신(金碩臣, 1758~?) : 조선 후기 개성 출신의 화가이다. 주로 서울 근교의 실정을 그렸다.

[7] 서울특별시사편찬위원회, 2000, 『서울의 하천』, 86쪽

[8] 국방부 전사편찬위원회, 2009, 『6·25 전쟁사』 제6권 제3장 "인천상륙작전과 반격 작전", 172쪽

[9] 동빙고는 처음 태조 5년(1396)에 서빙고와 함께 두모포(현 옥수동)에 설치되었는데, 연산군 10년(1504)에 현 동빙고동으로 이전되었다.

[10] 내빙고는 창덕궁 요금문(曜金門) 안에 있었다. 해마다 2만여 정(丁)의 얼음을 저장하였다.

[11] 인릉 : 조선 33대 순조와 순원황후의 능

[12] 기도(碁島) : 반포 한강공원에 위치한 인공섬인 서래섬 자리에 실존했던 섬이지만, 한강 개발로 사라졌다<그림 1.1.27(b)>. 조선 시대 관원들이 숙직 당번을 서면서 바둑을 두다 적발되면 '기도' 로 하루 유배를 보냈다는 야화가 전해진다.
모노리탄(毛老里灘) : 모노리 모래사장

[13] 효사정(孝思亭) : 세종대에 우의정을 지낸 노한의 별서(別墅). 현 원불교회관 위치에 지어졌던 정자를 말한다.

[14] 조운선 : 세곡선이라고도 하며 조선 시대 세금으로 정부에 바치는 쌀 등 곡식을 나르는 선박을 말한다.

[15] 수로전운소(水路轉運所) : 조선 시대 세곡 운송의 편리함을 도모하기 위한 시설로 태조 4년(1395)에 용산에서 충주 금턴까지 설치, 태종 14년(1414)에 수참으로 명칭을 바꾸고 충주 금천(金遷), 여주 여강(驪江), 천령 이포(梨浦), 양근 사포(蛇浦), 광주 광진(廣津) 및 한강진과 용산진 등 7곳에 설치하였다.

[16] 『동국여지비고(東國輿地備考)』: 19세기 이후 국가와 서울의 지리적·제도적·인문적 사항을 기록한 지리서를 말한다.

[17] 양천(陽川) : 지금의 경기도 김포시 공암진 근처이다.

[18] 관방(關防) : 국경의 방비를 위하여 설치한 진(鎭)이나 영(營), 보(堡), 책(柵) 등 군사적 목적의 시설을 말한다.

[19] 광주바위는 공암나루 끝 한강변, 탑산 바로 옆에 자리한 바위로, 강물 속에 두 개의 바위가 나란히 서 있다. 높이는 약 12m로 크지 않지만, 예로부터 강서구의 대표적인 경승지로 손꼽혀 왔다. 옛날에는 서해로 드나드는 크고 작은 배들이 이곳을 지나며 아름다운 경관에 매료되어 노를 멈추고 잠시 머물렀다고 전한다. 선유객들 또한 이곳에서 풍류를 즐기며 도원경을 노래하였다고 한다.
'광주바위' 라는 이름에는 '넓은 들' 을 뜻하는 의미가 담겨 있으며, 전해지는 바에 따르면 원래 경기도 광주에 있던 바위가 큰 홍수 때 떠내려와 이곳에 자리 잡았다고 한다. 홍수가 그친 뒤 광주 관아에서는 떠내려간 바위가 본래 광주 관할이므로 양천현에서 세금을 납부해야 한다고 주장하였다. 이에 양천현에서는 매년 싸리비 세 개를 만들어 세금으로 바쳤다고 한다. 그러나 어느 날 양천현의 현령이 "바위 섬이 아무 소용이 없으니 다시 광주로 가져가라" 고 통보하자, 광주 관아는 관할권을 포기하고 광주바위의 소유권을 양천현으로 넘겼다고 한다.
현재는 올림픽대로 건설로 인해 한강 일부가 육지화되면서, 옛날의 수변 경관과 광주바위 주변의 원형은 상당 부분 사라진 상태이다<그림 1.2.40>.

[20] 위어소 : 조선 말기 궁중 진상품인 웅어를 관리하기 위해 설치된 관청이다.

1.3

한강의 근현대 다리

우리나라 역사 기록상 가장 오래된 다리는 장수왕 2년(427년) 평양 천도와 거의 같은 시기에 축조되었을 고구려 대동강 나무다리다〈그림 1.3.1〉.

그러나 우리나라 역사상 한강에 고정된 다리가 설치된 기록은 현재까지 발견되지 않고 있다. 다만, 고려 말 사평나루에 배다리가 가설되었고, 조선 초에 와서는 잠시 사용하는 배다리가 매우 활발하게 가설하였던 것으로 보인다. 그러므로 우리가 생각하는 일반적인 한강 다리의 역사는 1900년 7월 7일 한강철교(B선)가 개통과 함께 시작되어, 지금까지 팔당부터 한강 하류까지 건설된 다리는 지금 건설 중인 고덕토평대교까지 합하여 한강을 횡단하는 도로교는 29군데, 순수 철도교 5곳 및 전철교 5곳 등 모두 39곳에 건설되어 있다. 그중에서 팔당대교, 미사대교, 김포대교, 일산대교를 제외하면 순수 서울시 경계 안에 지어진, 한강을 도강하는 다리는 모두 35곳이 된다. 여기서 한강철교A, B, C 및 D선은 건설된 시기에 차이가 있어 도로교와는 달리 같은 위치에 있더라도 별개의 4개 교량으로 취급하였다.

그림 1.3.1 상상 속의 고구려 대동강 나무다리

그림 1.3.2 한강 하구에서 팔당댐 사이에 지어진 교량 현황
여기서 노량대교와 두모교는 이 책에서 취급한 강변도로 교량이다.

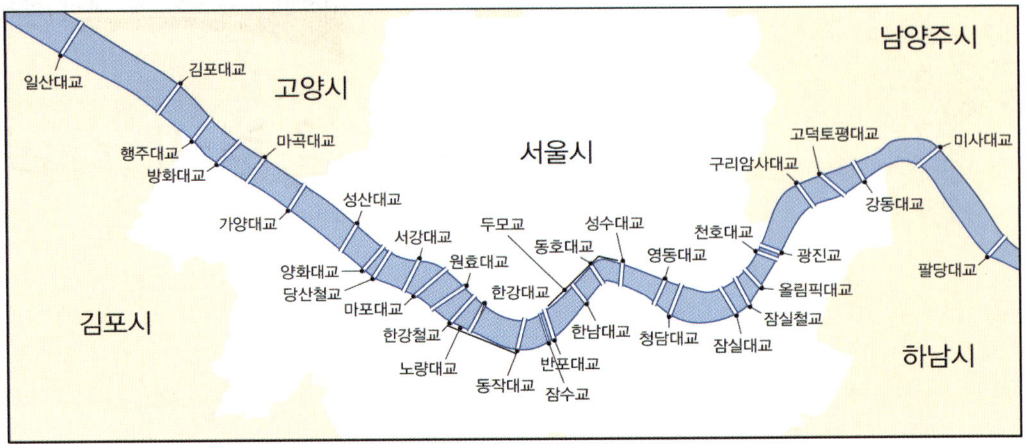

다만, 이 책에서는 도로교와 철도 공용으로 사용되는 교량을 도로교와 철도교 별개의 다리로 취급하여, 한강을 도강하는 39개의 다리[(철도교[1] 및 전철교[2] 10곳, 서울시계 도로교 25곳,[3] 경기도계 도로교 4곳[4])]와 국내 처음으로 신공법을 사용한 노량대교와 두모교를 포함하여 전체 41곳에 건설된 교량을 취급하였다〈부록 표 1.3.1〉. 특히 잠실철교 옆에 가설된 도로교는 그 기능이 작다고 판단은 되지만 아직도 도로교로의 역할을 하고 있어 별도의 교량으로 취급하였다. 반포대교는 원래 잠수교를 건설할 때 이미 상부에 교량 건설을 염두에 두었던 교량이었기 때문에 한 개의 다리로 취급하였다.

이 책에서는 동작대교, 동호대교, 잠실철교, 청담대교 등 도로교-철도교 병용 교량에서 서로 기능이 다른 도로교와 철도교를 분리해서 기술하였기 때문에 한강을 도강하는 다리를 39곳으로 취급하였다. 만약 도로와 전철교를 분리하지 않고 한 교량으로 취급하면 한강을 도강하는 다리는 35개의 교량이 되고, 여기서 다시 한강 노량진과 용산에 놓인 한강철교 A, B, C, D선을 1개의 교량으로 취급하면 한강을 통과하는 교량은 모두 32개가 된다. 즉 2025년 1월 1일에 개통된 고덕토평대교는 32번째 한강 다리가 되는 셈이다.

또 한 가지 한강에 놓인 교량 중 우리나라 경제개발이 시작되는 과정에서 건설된 교량들은 서울 인구의 급속한 증가에 맞추어 많은 교량이 구교를 보강하거나 새로 짓고, 그 옆에 신교를 새로 지어 확장하였다. 이러한 경우에 구교와 신교를 별개로 취급하기에는 원고를 편집하는 과정이 너무 복잡하여 이 책에서는 구교와 신교를 한꺼번에 묶어서 1개의 교량으로 취급하였다.

참고로 책을 읽는 독자의 이해를 돕기 위하여 한강 교량의 현황(부록 1), 교량의 부대시설(부록 2), 한강 교량 시설물 현황 종합 정리(부록 3), 교량의 시공법(부록 4) 등은 부록으로 정리해 놓았다.

미주

[1] 한강상 철도교(5곳) : 한강철교 A, B, C, D, 마곡대교

[2] 한강상 전철교(5곳) : 당산철교, 잠실철교, 동작철교, 동호철교, 청담철교

[3] 서울시계 한강상 도로교(25곳) : 행주대교, 방화대교, 가양대교, 월드컵대교, 성산대교, 양화대교, 서강대교, 마포대교, 원효대교, 한강대교, 동작대교, 반포대교(잠수교), 한남대교, 동호대교, 성수대교, 영동대교, 청담대교, 잠실대교, 잠실철교-도로교, 올림픽대교, 광진교, 천호대교, 구리암사대교, 고덕토평대교, 강동대교

[4] 경기도계 한강상 교량 : 팔당대교, 미사대교, 김포대교, 일산대교

2 | 전쟁과 복구, 다리의 여명기

대한제국 말기부터 6·25 전후의 교량 건설과 재건

2.1

대한민국 최초의 근대 교량, 한강철교 B · A선

2.1.1 우리나라 철도교의 기원

우리나라에 철도가 처음 소개된 것은 1876년 병자수호조약 체결 이후였다. 같은 해 일본에 다녀온 예조참의(禮曹參議)[1] 김기수(金綺秀)는 귀국 후 보고서인 『일동기유(日東記遊)』에서 기차를 '화륜거(火輪車)'라 소개하며 철도라는 새로운 문물을 기록하였다.

2.1.1.1 개항과 열강의 진출

병인양요와 신미양요 두 차례 침략에도 열리지 않던 조선의 문은 조선은 일본의 운요호사건에 의해 1876년 일본과 강화도조약(조일수호조규)을 체결하며 강제로 열리게 되었다. 조약에는 일본인의 자유로운 왕래와 통상을 허가한다는 조항이 포함되어 있었고, 이에 따라 1876년 부산, 1880년 원산, 1883년 인천이 차례로 개항되었다. 그러나 조선은 개항에 대한 준비가 미비하였고, 일본은 이를 발판으로 정치 · 경제적 영향력을 빠르게 확대하였다.

1880년대 들어 서양 열강 또한 한반도에 진출하였다. 이로써 인천의 한적한 어촌은 세계열강들이 물밀듯이 들어오게 되며 급격한 변화의 소용돌이에 휘말리게 된다. 1883년 개항 이후 한반도에 진출한 열강들은 자신들의 이권을 위해 침탈했다. 그중에 교통수단은 물자를 수송하는 중요한 역할이기에 서로 차지하기 위해 쟁탈전을 펼쳤다.

2.1.1.2 철도 부설 논의의 시작

그러나 철도의 필요성이 국내에 본격적으로 제기된 것은 1882년 무렵, 여러 열강이 조선에 철도 부설권을 요구하면서부터였다. 당시 왕실의 재정고문(財政顧問) 묄렌도르프(Möllendorff)는 국고 부족을 이유로 철도 건설을 보류할 것을 고종에게 건의하였고, 그의 의견이 받아들여지면서 철도 부설에 대한 논의는 잠시 중단되었다.

이후 1885년 서울-인천 간 전기통신사업이 추진되면서 신사유람단 일원이었던 박정양이 전기 시설과 철도 부설 비용 문제를 제기하며 철도의 필요성이 다시 부각되었다. 1889년 친일파 이하영(李夏榮)이 정교하게 제작된 철도 모형을 가지고 귀국해 고종과 대신들 앞에 보이며 철도의 편리함과 효용성을 설명하였다. 이를 계기로 고종과 대신들은 철도의 필요성을 인식하게 되었고 이후 철도 부설 특허 요구를 긍정적으로 생각하기 시작하였다. 이후 1892년 고종은 이하영에게 미국인 제임스 모스(James R. Morse)를 초청하도록 허락하여, 이완용과 함께 철도 문제를 의논하게 했으나, 대신들의 반대로 실제 성사되지는 않았다.

2.1.1.3 청일전쟁과 철도 부설권 경쟁

1894년 동학농민운동을 계기로 청과 일본이 각각 출병하면서 청일전쟁이 발발했다. 일본은 평양 전투와 해전에서 승리하며 조선에 대한 주도권을 장악하였고, 전쟁 이후 '근대화'라는 명분으로 철도 부설권을 요구했다.

같은 해 조선 정부가 재정적 여유가 없으므로 일본정부에서 경인선과 경부선 철도를 부설한다는 내용의 '조일잠정합동조관(朝日暫定合同條款)'을 통해 일본은 서울-인천, 서울-부산 간 철도 부설을 위한 실측 작업을 진행하였다. 그러나 경인철도 부설권은 미·영·독·러 등 4개국이 일본의 독점권에 이의를 제기하였고, 이른바 삼국간섭[2]으로 일본의 영향력은 일시적으로 약화되었다. 또한 1895년 을미사변(乙未事變, 명성황후 시해 사건)[3]으로 반일여론이 비등한 와중에, 1896년 아관파천(俄館播遷)[4] 50일 만인 3월 29일 고종은 미국인 모스에게 철도 부설권을 허가하였다. 사실 미국인 기업가 모스가 우리나라의 서울-인천 간 철도 부설권을 위해 교섭을 시작한 해는 1891년 이후부터이다. 하지만 일이 진척되지 않자 모스는 주한 미국 공사 알렌을 통해 조선의 대신급 인사를 포섭 내지는 매수하려 했었으나 일본의 완강한 반대로 이루어지지 못하였다. 그러던 중 1896년 아관파천이 일어나자 미국이 외교적 교섭을 통해 당시 친러파 내각의 중진인 이완용을 매수하여 그해 3월 29일로 서울-인천 간 철도 부설권을 따낸 것이다.

2.1.1.4 경인철도의 착공과 한강철교의 완공

모스는 1897년 3월 22일 인천 우각리(牛角里, 현 도원역 부근)에서 약 350명의 인부와 함께 경인철도 기공식을 거행하였다〈그림 2.1.1〉. 그러나 모스는 일제의 집요한 매수 공작[5]과 자금난으로 1897년 5월 4일 일본의 '경인철도인수조합'에게 경인철도 부설권을 양도하였다.

이후 일본은 조합을 '경인철도합자회사'로 개칭하고 1899년 4월 8일 공사를 개시하였다. 같은 해 9월 18일 인천-노량진 간 33.2km의 광궤식 철도(廣軌式鐵道)[6]가 개통되었는데, 이는 한반도 최초의 철도, 즉 '경인철도'였다. 이어 노량진-용산 구간의 한강철교가 1897년에 착공되었고 1900년 7월 준공되면서 서울과 인천이 철도로 처음 연결되었다. 이로써 조선은 비로소 철도 교통의 시대에 들어서게 되었다. 경인철도의 건축한계는 다음과 같다.

그림 2.1.1 1887년 경인철도 기공식
(사)한국철도건설공학협회, 2007, 『한국철도사진 108년사』, 28쪽

그림 2.1.2 경인철도 건축한계
(사)한국철도건설공학협회, 2007, 『한국철도사진 108년사』, 철도건설규칙 제14조 제1장, 28쪽

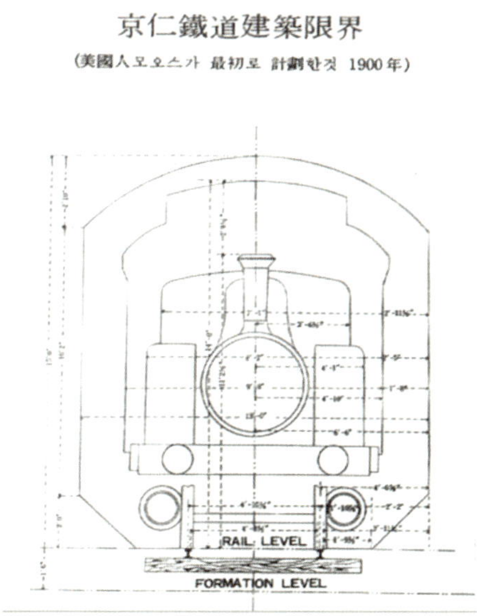

(a) 최초 경인철도 건축한계

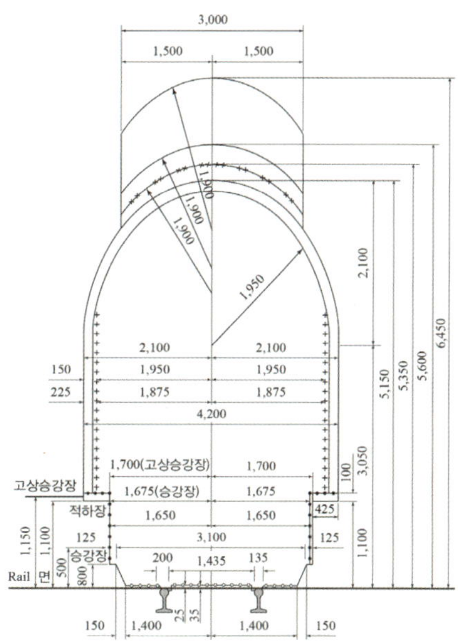

(b) 현재 철도건축한계

2.1.2 제1한강철교

2.1.2.1 한강철교 구교

한강철교의 역사는 경인철도 부설권을 얻은 제임스 모스의 계획에서 시작된다. '경인철도 허가서' 전문 13조는 이완용과 조병직의 명의로 허가되었는데, 제1조와 제2조의 내용은 다음과 같다.

- 제1조 : 조선 제국은 한강을 잇는 교량부설권을 포함하여 조선 제국 내의 서울과 제물포 사이의 철도부설 운영 및 유지에 관한 특허권을 미국 시민 제임스 모오스에게 이를 위임하는 바이며 또한 아래 기술한 조건으로 그의 양수인(讓受人)에게 위임하는 바이다.
- 제2조 : 위에서 기술한 철도선과 교량의 위치는 제임스 모스와 그의 양수인 측에 의한 기사들에 의하여 행하여질 그 지방의 경인선 부설 및 한강교 가설 지점 측량 결과로 추후 결정될 것이다. 위에서 기술한 교량은 보행자들의 편의를 도모하기 위하여 길 한쪽 또는 양쪽에 보도를 시설할 것이며 그 외에 또 선박들의 운항을 위하여 개폐부를 시설하거나 한강의 통상적인 항행의 장해가 없도록 충분한 높이로 가설되어야 한다.

이러한 조건을 바탕으로 모스는 서울-제물포 간 철도 부설 계획을 수립하고 1897년 기공식을 거행하고 공사에 착수했다. 그러나 얼마 지나지 않아 투자 유치에 실패하며 자금난으로 공사가 중단되었다. 게다가 철도 부지 문제를 둘러싼 일본인 지주들과의 갈등으로 노선을 변경하는 등 여러 어려움에 직면하였다. 이러한 상황을 파악한 일본 측은 발빠르게 경인철도 인수조합을 조직하여 1897년 5월 8일 모스와 '향후 18개월 안에 공사를 마치고 인수조합에 인도하는 조건'으로 '경인철도양도계약'을 체결하였다. 그러나 일본의 과중한 기술적 요구와 촉박한 기한으로 조합과 충돌이 잦아지자 모스는 끝내 공사를 포기하고 1898년 12월 17일에 조합에 현 상태의 인도를 제의하였다. 당시 공사 상황은 경인선 부설공사는 토목공사가 반 정도 완료되었고, 한강철교의 양 교대와 교각 3기를 구축 중이었는다. 인수조합은 결국 '경인철도합자회사'로 개칭하고, 1989년 4월 23일 제물포에서 2차 기공식을 거행하고 본격적으로 공사를 재개하였다.

많은 우여곡절 끝에 1899년 9월 18일, 비로소 경인철도가 개통되었다. 이후 경인철도 중 한강철교 구간도 1900년 7월 5일 완공되었다. 이렇게 하여 한국 최초의 근대식 교량인 한강철교가 세상에 모습을 드러냈다〈그림 2.1.3〉.

한강철교 가설 당시 한강 만조 시 강폭은 약 426m(평상시 약 109m), 최대 수심은 약 4.9m로 기록된다.[7] 상부구조는 미국산 강재로 제작된 길이 200ft(약 60.8m)의 단선 볼티모어 트러스(Boltimore Truss), 10연(連)

으로 설계되었다. 트러스 주 부재 간 평균 너비는 약 5.1m, 높이는 11.3m였으며, 교량 두 교대 사이의 총연장 L = 623.9m에 달했다. 초기 설계에는 철로 한쪽 또는 양쪽에 폭 1.2m의 보행 통로가 포함되어 있었으나, 일본 측이 부설권을 인수한 이후 공사비 절감을 이유로 이를 삭제하였다.

그림 2.1.3 한강철교(1900)
(사)한국철도건설공학협회, 2007, 『한국철도사진 108년사』, 110쪽

교량의 하부구조는 2개의 교대와 9개의 교각으로 구성되었다〈그림 2.1.3〉. 노량진 측 남쪽 교대는 자연 암반 위에 화강석을 쌓아 만들었고, 북쪽 교대는 자갈층 위에 철근콘크리트로 시공하였다. 오늘날 한강의 물길이 노량진 쪽으로 치우친 것과 달리, 1900년대 초반 당시 한강의 수로는 한강의 중심부 수심이 가장 깊었었다고 추정된다. 이러한 수심 분포는 교각의 위치와 기초 형식 선정에도 직접적인 영향을 미쳤다.

교각의 수면 윗부분은 화강암과 벽돌을 쌓아 올렸으며〈그림 2.1.4〉, 수면 밑 교각의 하부기초는 남쪽의 제1호 교각부터 제4호 교각까지 긴 지름(長徑) 9.15m, 짧은 지름(短徑) 4.9m의 트랙형 우물통 기초를 사용하였다.

우물통기초란 시공 중 상하부가 모두 개방된 콘크리트 몸체〈그림 2.1.5〉 하단에 절단 날(Cutting Edge)을 부착하여, 강바닥의 충분한 지지층까지 케이슨을 가라앉히는 기초 공법이다. 깊은 시공이

그림 2.1.4 한강철교 공사 현장

1899년경 공사 현장

1900년경 공사 현장

가능하고 비용이 저렴하다는 장점이 있으나, 케이슨 내부의 혼탁한 흙탕물 속에서 우물통의 시공 상태를 잠수부가 판별해야 했기 때문에 1980년대까지만 해도 시공 정밀도와 신뢰도에 논란이 있었다. 이러한 한계에도 불구하고 우물통기초는 20세기 중반까지 교량 시공의 표준으로 사용되었으며, 현재는 건설 장비의 발달과 함께 그 단점이 상당 부분 보완되었다.

그림 2.1.5 우물통기초 개념도

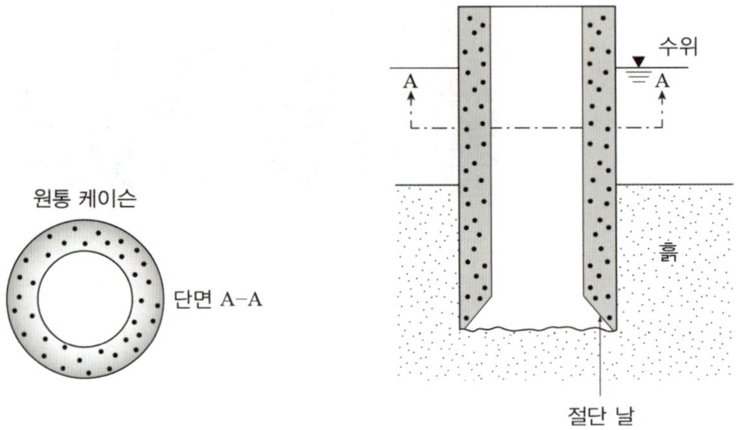

수심이 깊은, 노량진 측 교대로부터 셈하여 제5호부터 제8호 교각까지는 우물통을 사용하지 못하고, 같은 크기의 강재로 제작한 공기케이슨(鐵製函)을 사용하였다고 한다. 일반적으로 공기케이슨은 하부에 작업실이 따로 있는 케이슨으로, 하부가 열려 있는 오픈 케이슨을 사용하면 굴착된 흙보다 더 많은 흙이 밀려들 것이 예상되는 곳에 사용된다. 요즘에 공기케이슨은 일반적으로 15~40m 정도의 깊이에 사용된다. 한강철교 건설 당시 한강의 최고 수심이 4.9m라 하니 철제로 케이슨을 만들기에 그리 어려움은 없었을 것으로 생각된다. 다만, 공기케이슨 하부에 최소한 3m 깊이의 작업실이 필요하고, 작업실의 기압은 물과 흙의 유입을 방지할 수 있는 정도여야 하고, 케이슨 내 압력이 대기압보다 100kN/m^2 정도 높으면 작업자가 무난하게 작업을 할 수가 있다. 그러나 만약 약 300kN/m^2 정도로 압력이 높은 경우, 1시간 30분에서 2시간 이상 작업실에서 작업하면 위험하다. 작업자는 사다리를 이용하여 강재 통로로 출입을 하는데 이 통로는 굴착된 흙을 제거하거나, 또는 콘크리트 타설에도 이용된다. 케이슨의 규모가 큰 경우에는 하나 이상의 통로가 필요하며, 그 각각 공기압 조절실(Airlock)이 필요하다. 공기케이슨은 굴착 진행과 함께 점점 깊이 박히고, 지지층에 도달하면 작업실을 콘크리트로 채운다〈그림 2.1.6〉.

그림 2.1.6 공기케이슨 기초 단면도

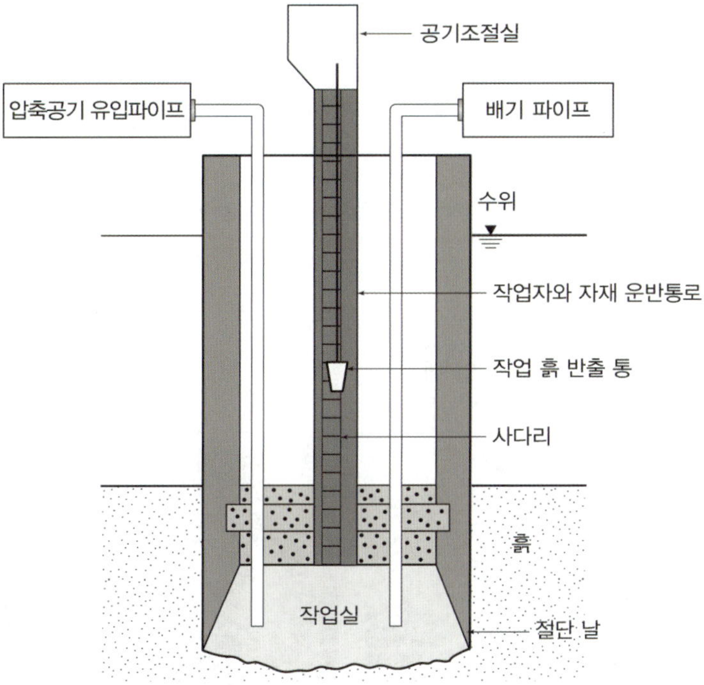

이와 같이 일반적인 수중 공사에 대한 상식을 가지고 제1한강철교 교각 기초의 내용을 기술하고 싶었으나, 안타깝게도 한강철교 구교 교각 기초에 사용되었던 공기케이슨에 대한 정보가 없어 그 구조를 알 수가 없다. 다행히 비슷한 시기 건설된 압록강 철교에 적용되었던 철제 케이슨 기초 시공 과정으로부터〈그림 2.1.7〉 한강제1철교의 하부기초 공사 과정을 유추할 수는 있겠다.[8]

그림 2.1.7 압록강 철도교
(사)한국철도건설공학협회, 2007, 『한국철도사진 108년사』, 129쪽

압록강 철도교

압록강 철도교 가설공사 현장

유속이 빠른 곳에 세워질 교각 기초시공을 위해 미리 제작된 철제 케이슨을 강물 속으로 매달아 내려 지반에 설치한 후 작업자의 출입 탑과 자재-승강탑을 설치하고, 케이슨 하단에 설치된, 밀폐되어 있는 공간 내부에 압축공기를 들여보내 물을 밖으로 빼낸다〈그림 2.1.8〉. 그 후 케이슨 안에서 지반을 굴착하여 케이슨이 일정한 깊이에 도달하면 강철판 두 겹으로 구성된 케이슨 두 차수벽 사이에 콘크리트를 타설하고, 같은 시공과정을 계속 반복하여 케이슨 하단 절단 날(cutting edge)이 암반 속 원하는 깊이에 도달하면 지반 굴착을 중단하고, 케이슨 내 비어 있는 공간을 콘크리트로 채워서 교각 기초공사를 완료한다.

그림 2.1.8 압록강 철교 공기 케이슨 작업 현장

(사)한국철도건설공학협회, 2007, 『한국철도사진 108년사』, 127쪽

강재 케이슨(잠함)을 강 아래로 놓는 작업

잠함 내의 작업(1908년)

제9호 교각의 기초는 널말뚝박기 공법을 사용하여 견고한 자갈에 이르도록 시공하였다.[9] 말뚝기초에 사용되는 말뚝은 강재, 콘크리트 또는 목재로 만들어지는데, 상부 지층이 연약층이어서 독립기초나 띠 기초로는 상부 구조물의 하중을 바로 지탱하지 못할 때 말뚝기초가 쓰인다. 지지력이 큰 암반층이 지표면 아래 바로 있으면 좋지만, 지표면 아래 적절한 깊이에 있지 않은 경우에도 말뚝기초는 말뚝과 흙의 접촉면에서 발생하는 마찰저항력으로 상부에서 내려오는 하중을 말뚝 주변을 통하여 점진적으로 지반에 전달할 수 있다.

교각은 아래쪽 장축 길이 8.2m, 단축 2.1m의 판형 구조로 되어 있다. 위쪽의 장축 길이는 7.6m, 단축 길이는 1.8m인 트랙형 형태로, 횡단면으로 보면 사다리꼴 모양을 하고 있다. 교각 높이는 수면으로부터 11.2m이고 수면 아래 잠기는 교각의 깊이는 가장 짧은 교각인 교각 9호의 3m, 가장 긴 것은 제5호 교각의 12.8m가 되어 교각의 전체 높이가 18m에서 24m에 이른다〈그림 2.1.4(a)〉.

한강철교를 위해 투입된 재료는 강철 1,200톤, 벽돌 120만 장, 석재 5만 개, 시멘트 5,000포, 받침목 3,000개 기타 목재 6,000척으로 총공사비는 약 40만 원이었다.

2.1.2.2 한강철교 B선

1905년 경부선이 완공되자 철도 물동량이 급격히 늘어 한강철교의 통과하중 빈도가 커짐에 따라 피로하중에 대한 철도교 구조안전성 문제가 대두되었다. 이에 1913년 기존의 트러스 부재를 철거하고 더 높은 피로강도(Fatigue Strength)를 지닌 강재를 사용하여 새로운 트러스를 제작 교각 위에 거치하였다. 이때 일부 교각의 개축(改築)도 이루어졌다. 그 후 1925년 발생한 을축년 대홍수로 인하여 본교와 용산 쪽 사이에 있었던 제방이 유실되자 기존의 제방을 대신하여 이 구간에 판형교를 설치하여 628.9m였던 교량 길이를 1,110.7m로 연장하였다. 홍수 때 탁류가 교량 받침 60cm 아래까지 올라왔기 때문에 설계 홍수위를 14.73m로 정하고 기존 교량 지점 높이를 약 90cm 들어 올렸다.[10] 성능이 개선된 한강철교는 제3한강철교가 1944년에 준공된 이후에 한강철교 B선으로 명명하게 되었다.

2.1.3 한강철교 A선(제2한강철교)[11]

1880년대부터 경부철도 건설을 구상하던 일본은 1892년 일본 부산주재 총영사 무로다 요시부마가 첫 번째 경부철도 노선 예정지 답사를 시작한 후 총 5번에 걸친 노선 답사가 이루어졌다. 이들은 경부철도 노선 선정 기준을 한반도 남부 지역을 정치·사회, 군사, 경제의 모든 면을 지배할 수 있는 동시에 만주 침략을 염두에 둔, 부산~만주 간 열차 시간의 단축에 두었다. 이렇게 오늘날 경부선의 노선이 정해진 것이다. 이때 한국 정부는 철도국 설치와 더불어 1896년 7월 17일, 「국내 철도 규칙」 칙령 제31호를 반포하여

그림 2.1.9 제1한강철교(B선, 왼쪽)와 제2한강철교(A선, 오른쪽)
(사)한국철도건설공학협회, 2007, 『한국철도사진 108년사』, 111쪽

철로의 궤도를 표준궤로 채택하고 미국 카네기사로부터 75파운드 레일을 수입하였다.[12]

노선과 궤도가 결정되자 일본은 '경부철도주식회사'를 설립하고 바로 경부철도 부설공사에 착수하였다. 북부 기공식은 영등포에서 1901년 8월 20일에, 그리고 남부 기공식은 이보다 약 1개월 후인 9월 21일에 부산 초량 고관에서 거행되었고, 준공식은 1905년 5월 25일 서울 서대문 정거장 구내에서 거행되었다.

경부선은 건설된 이후 해를 거듭할수록 물동량이 급진적으로 증대하고 열차의 운전 빈도가 가중됨에 따라 한강철교의 안전성 문제가 대두되어, 피로강도를 상향할 필요성이 있어 기존 강재를 고강도(高强度, High strength) 부재로 교체해야 했다. 참고로 부설된 미터당 30kg의 철도 레일은 1897년 9월 미국 일리노이 철강주식회사에서 제작하였고, 당시 경인 철로 위에 운행된 기관차는 미국 브룩스(Brooks)사에서 제작된 모걸(Mogul) 탱크형 기관차[13]로 중량은 34.3톤, 최대견인력은 6,545kg이었다〈그림 2.1.10〉.

그림 2.1.10 국내 최초 운행 모걸 탱크 증기기관차
(사)한국철도건설공학협회, 2007, 『한국철도사진 108년사』, 28쪽

그림 2.1.11 1899년 9월 18일 노량진-제물포(33.6km)를 최초로 운행한 기관차(목재 객차 3량 연결, 1시간 30분 운행)
(사)한국철도건설공학협회, 2007, 『한국철도사진 108년사』, 405쪽

한강 두 번째 교량(한강철교 A선)을 복선으로 기존 교량의 상류에 건설하기로 하고 공사비 90만 2,000원을 투입하여 연장 1,113.6m 길이의 철교를 1911년 7월에 착공하여 1912년 9월에 준공하였다.[14]

제1한강철교와 제2한강철교는 모두 처음 건설 당시에는 노량진 쪽으로부터 630m 구간에 10경간(10@60.8m) 단순 와렌 트러스로 건설하였고, 나머지 용산 쪽에는 제방과 피일교(避溢橋)로 되어 있었으나 1925년 7월 17일 을축년 대홍수 때 이 제방이 유실되자 〈그림 2.1.12〉 제방을 대신하여 교각을 새로 세웠다. 또한 기존 교량의 주부재를 90cm 높여, 9경간 판형교(9@24.4m)와 12경간 판형교(12@18.3m)로 개량하였다. 그 결과 양안의 선로 기면이 높아졌고 교량의 전체 길이가 1,113.60m로 연장되었다. 이때 한강 최고

홍수위는 14.73m로 하여 설계에 반영하였고 설계 철도 하중은 LS-22를 채택하였다.[15]

을축년 홍수 이후 한강철교 A, B선은 1926년 9월 7일 복구공사를 시작하여 1928년 3월 15일에 준공하였는데 하행선(A선)은 1927년 5월 15일부터 열차 운전을 개시하고, 상행선(B선)은 1927년 12월 1일부터 열차 운행을 개시하였다. 을축년 대홍수로 한강인도교는 아치 3경간, 광진교는 판형 7경간이 파괴되었다.

그림 2.1.12 1925년 7월 을축년 대홍수 때 파괴된 한강철교
한국철도공사, 2020, 경부선 용산-노량진 간 한강철도교 B선 정밀안전진단

2.1.4 6·25 전쟁 후 한강철교 A, B선 복구

1945년 해방 이후 좌·우 이념 갈등으로 사회적 혼란이 극에 달한 1948년, 한반도 이남에는 UN 결의에 따라 대한민국 정부가 수립되었다. 소련과의 직접적 군사적 충돌을 꺼린 미군이 1949년 6월 500명의 군사고문단만 남긴 채 철수하자 북한은 이를 미국이 한반도에서 손을 떼었다고 판단하고, 1950년 6월 25일 새벽 38선 전역에서 남침(南侵)을 감행하였다.

수도 서울 함락을 1차 목표로 삼은 북한군은 적 3·4단을 주공(主攻)부대로 하여 전곡과 연천을 돌파하고, 동두천과 포천을 차례로 점령한 뒤 의정부를 거쳐 불과 3일 만에 서울로 진입하였다. 6월 28일 새벽 1시 45분, 미아리 방어선이 무너지고 적 탱크 부대가 돈암동으로 진입했다는 보고가 채병덕 참모총장에게 전달되었다. 채병덕은 정황을 제대로 파악하지 않은 채[16] 최창식 공병감에게 전화해 "즉시 한강다리를 폭파하라"고 지시했다. 이 명령에 따라 새벽 2시 30분, 한강대교와 철교 3선이 일제히 폭파되었다〈그림 2.1.13〉. 하지만 5개의 교량 중 3개의 교량만이 폭파됐고 임진강 철교, 춘천 모진교, 서울 한강 교량이 인민군의 수중에 넘어가게 되었다. 다리 폭파 소식을

접해들은 6개 사단, 4만 4천명 가량의 병력들은 퇴로가 끊긴 채 중장비는 물론 소총까지 모두 버리고 각자 뿔뿔이 흩어졌고, 다수는 행방불명되었다. 교량을 폭파하며 서울은 인민군에게 완전히 점령당했다. 이 폭파는 서울 방어를 위한 군사적 불가피한 조치였으나, 동시에 수많은 병력과 민간인이 고립되는 비극을 낳았다.

6·25 전쟁으로 도로·철도 및 교량 등 군보급로(軍補給路)로 사용된 인프라 시설은 집중 폭격과 반복되는 점령·후퇴 과정에서 거의 전면적으로 파괴되었고, 모든 철도의 교량이 제 기능을 할 수 없을 정도로 결정적인 타격을 입었다. 전쟁 발발 당시 남한 전역의 철도 교량은 총 3,352개, 총연장 71,657m였다. 그중 트러스 구조(장대교량) 연장은 4,666m, 판형류(중소형 교량)는 66,737m에 달했다. 그러나 전쟁이 끝날 무렵에는 전체 판형 교량의 5.3%에 해당하는 3,554m가 손상되었다. 또한 피해는 관공서뿐만 아니라 일반 주택도 치명적이었는데, 전쟁 전 서울의 주택 191,000호 중 29%에 해당하는 55,082호가 파괴되었다.

한편, 1950년 6월 28일 서울을 점령한 인민군은 약 일주일 뒤인 7월 6일경부터 한강철교 복구를 시도하였다. 당시 한강철교 A선은 우리가 상상한 만큼 손상을 입지는 않았던 모양이다. 실제 〈그림 2.1.13〉을 살펴보면 거의 손상을 입지 않은 것으로 보인다.

인민군 복구팀은 한강철교 A선 영등포 방면 끝단의 60m 길이 한 경간 트러스교만 복구하면 될 것으로 판단하였다. 인민군 서울철도국장은 "3일이면 임시 복구가 가능하다"는 보고를 받고 7월 7일부터 복구작업을 개시하였다. 그러나 실제 현장은 강한 유속과 불안정한 교각 기반으로 인해 작업 여건이 열악했다. 그럼에도 불구하고 약 14일 만에 임시 복구를 완료하였다.

복구 후 인민군은 먼저 15톤 무개화차(無蓋貨車)에 자체 중량을 제외한 3톤 정도의 화물을 실어 시험 운행을 실시하였다. 이후 점차 화물 중량을 늘려 6톤까지 적재하였고, 이후 소련제 모터카 2량을 연결 운행했을 때도 교량이 버티자, 8월 초에는 소형 기관차가 화차 6량을 견인하며 주행시험을 실시하였다. 그러나 과도한 하중으로 인해 결국 3경간 전체가 무너져 교량 전체가 강바닥으로 추락하였다.[17] 이 일화는 전시 상황에서의

그림 2.1.13 6·25 전쟁 때 폭파된 한강철교 A, B, C선

기술적 무리와 판단 착오가 어떤 결과를 초래할 수 있는지를 보여주는 대표적 사례로 남았다.

한편 낙동강 방어선까지 밀려났다가 9월 15일 인천상륙작전[18] 이후 유엔군의 총반격이 개시되자, 경부선과 중앙선 등 주요 철도의 복구가 국가적 최우선 과제로 떠올랐다. 이에 철도당국은 전선 돌파 직후 한강철교 A선과 왜관 낙동강교 상선을 임시로 복구하여 열차 운행을 재개하였다. 경부선의 기타 교량과 선로 역시 복구대가 주야로 작업을 진행한 결과, 1950년 10월 8일에는 서울-부산 간 열차 운행이 가능해졌다.

그러나 1950년 11월 중공군이 개입하면서 전선이 다시 북에서 남으로 밀려나자, 각 지역 철도의 보강과 보전이 군사 전략의 핵심이 되었다. 이 시기 정부는 UN군의 군수자재로 비축되어 있던 I형강(Beam)을 대량 활용하여 충북선, 충남선, 경부선의 주요 교량을 신속히 복구했으며, 1952년 7월까지 전체 피해 교량의 약 78%가 복구되었다. 그동안 교통부가 제작·개조·재생한 교량은 총 233연[19]으로, 이 중 신규 제작이 10연, 판형 개조 38연, I형 개조 및 조성 8연, 인양 재생이 177연이었다. 또한 추락한 판형을 인양하여 재생산한 무게는 3,040톤에 달했다.

1951년 1·4후퇴 이후부터 본격화된 교량 복구는 왜관 낙동강 하행선을 위시하여 한강 A·B선, 양수리 북한강, 임진각(자유의 다리), 낙동강 상선, 신찬진·섬진강 등 강 트러스 교량은 1953년 말까지 영구 복구공사가 계속 진행되었다.

2.1.4.1 한강철교 A선의 복구

전쟁 전 한강에는 한강철교 A·B·C선의 3개 철교가 운용되고 있었다. 복선인 C선은 경부선 전용, B선과 A선은 각각 경인선 상·하행선으로 사용되었다. 6·25 전쟁 중 서울이 점령된 3개월 동안 한강철교는 군사적 요충지로서 집중 폭격을 받아 대부분의 트러스와 교각이 파괴되었다. 9·28 서울 수복 직후 정부는 부산-영등포 구간을 우선 복구 대상으로 지정하고, 미 공병단의 협조를 얻어 한강에 임시 가교를 설치하였다. 1950년 11월 본격적인 복구공사가 시작되었으나, 1·4 후퇴로 인해 공사가 중단되었다가 1951년 4월 재개되었다.

이때 A선의 복구는 미군 공병단과 한국 교통부 복구대의 공조 체제로 추진되었으며, 완전히 추락한 60m 트러스 3연은 미군이 담당하고, 나머지 트러스 1연과 파손된 교각 9기, 판형교, 교대는 교통부가 수행하였다. 1951년 4월 12일 착공된 복구는 두 달 만에 완료되어, 6월 12일에 한강철교 A선이 재개통되었다.[20]

2.1.4.2 한강철교 B선의 복구[21]

한강철교 A선의 단선 운행만으로는 급증한 군수물자 수송을 감당할 수 없자 정부는 B선의 복구를 서두를 수밖에 없었다.

6·25 전쟁 중 한강철교 B선의 60m 경간 트러스 4연(連, unit)은 완전하게 파손되어 바닥으로 추락하고, 3연은 심각하게 그리고 3연은 중간 정도로 파손되었다. 교각 4기와 교대 1기 파손도 심각한 상태였고, 또한 판형교의 판형 3연도 완전하게 파손되어 추락한 상태였다.

이에 따라 한강철교 B선은 1952년 2월, 역시 미군 공병단의 협조를 받아 긴급 복구를 착수하였는데, 하부구조는 미군 공병단, 그리고 상부구조는 국내 복구대가 각각 담당하여 그해 6월 30일에 준공하였다〈그림 2.1.14〉.[22] 이어서 B선이 긴급 복구된 4개월 후인 1952년 10월에 C선 복구공사를 착공하여 1957년 7월에 공사를 마쳤다. C선의 복구공사가 완료된 후 그동안 임시로 복구된 A선과 B선의 사용을 중단시키고 한강철교로는 C선만 사용하였다. A선과 B선의 완전 복구공사는 1967년 8월 28일 착공하여 1969년 6월 28일에 완공되어 용산과 영등포 간 6.0km의 경인선 복선이 완공되었다.

A선과 B선 철교의 하부구조 복구는 수중 콘크리트 타설에 유리한 프리팩트 콘크리트를 사용하

그림 2.1.14 1952년 7월 한강철교 B선 가복구 개통
이승만 대통령이 한강철교 테이프 커팅 후 기차에 시승하여 한강을 건너고 있다.
국가기록원

였다. 상부 구조물 가운데 일부 사용할 수 없는 부품은 매각·처분하고, 재사용이 가능한 일부는 수리하여 경북선 석천교에 4연, 포항종합제철 인입선 형산강 제2교에 4연, 그리고 경부선 하선 대황교천에 1연을 전용하였다.[23] 새로 복구된 경간 61m의 트러스는 단순 와렌 트러스 형식이며, 특히 고강도 강재를 일부 사용함으로써 강재를 12% 절약하였다. 경간 24.4m의 판형 역시 재래의 것은 드와프 형식(하로 판형교)이었으나 이번에는 고강도 강재를 사용함으로써 단순 판형교(상로 판형교)로 제작하였다.

복구 보강공사는 A선과 B선 모두 각각 경간 60m의 트러스 10연, 24.4m 판형 9연, 그리고 18.3m의 판형 12연으로 구성되어 A, B선의 총연장은 1.113.55m가 되었다〈그림 2.1.17〉.

그림 2.1.15 1970년 한강철도교 A·B선 복구를 끝마치고

전긍렬, 2013, 『그 외길 토목인생(자서전)』

설계자 故 전긍렬(사진의 중앙, (주)유신 회장)

1952년 2월에 임시 복구되었던 B선은 1967년 8월부터 1969년 6월에 완전하게 복구되었다〈그림 2.1.15〉. 한강철교 B선은 용산구 서부 이촌동에서 시작하여 동작구 본동 258까지 총연장 L = 1,113.5m인 철도교로 31개의 경간으로 구성되어 있다〈그림 2.1.16, 그림 2.1.17〉.

그림 2.1.16 한강철교 A, B선 강판형교 구간 종·평면도

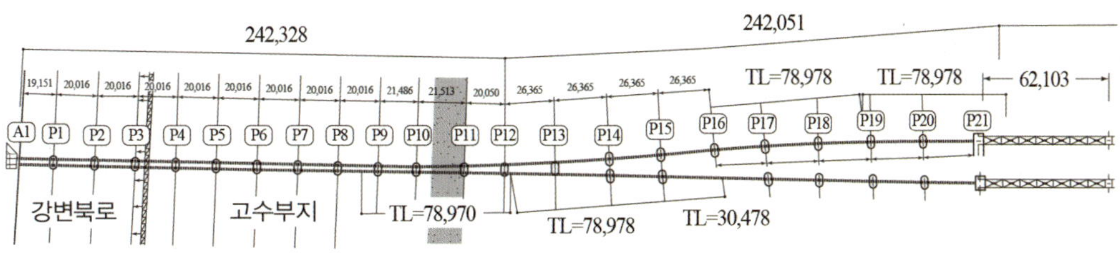

(a) 강판형교 구간 평면도

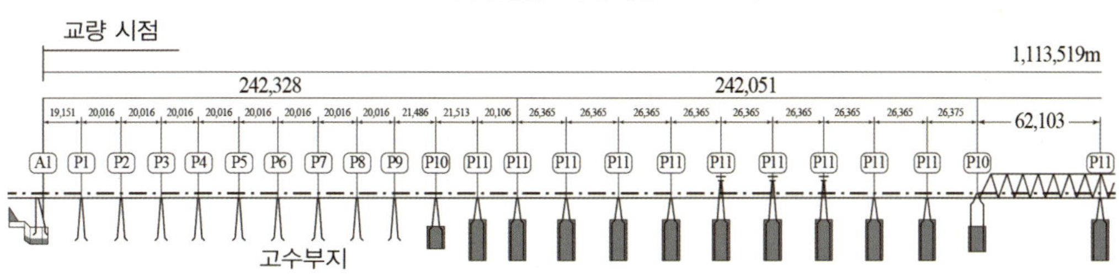

(b) 강판형교 구간 종단면도

L = (19.151 + 8 @ 20.016 + 21.486 + 21.513 + 20.016) + (8 @ 26.365 + 25.375)

+ 4.756(이웃 교량 사이 거리의 합) + (62.103 + 8 @ 63.246 + 62.103)

= 1,113.519m

철도교 설계는 L-22 하중을 적용하였으며 레일은 60kgf/m(장척 50.00m 레일)을 사용하였다.

그림 2.1.17 한강철교 A, B선 트러스 구간 종·평면도

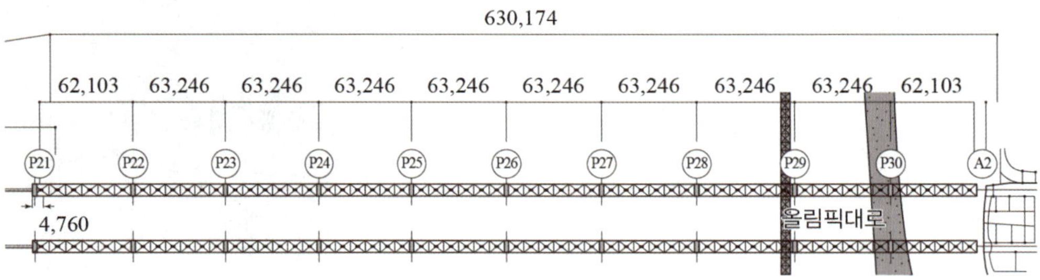

(a) 트러스 구간 평면도

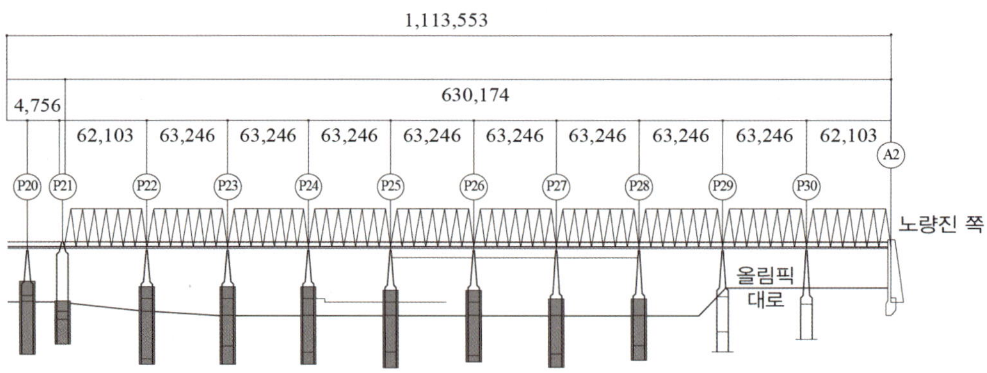

(b) 트러스 구간 종단면도

1) 상부구조

상부구조는 상로 강판형(Steel Plate Girder) 구간과 하로 와렌 트러스(Warren Truss) 구간으로 나누어져 있다.

상로 강판형 구간 $L_{\text{강판형}}$ = 12 @ 19.20(Type I) + 9 @ 25.40(Type II) = 459.00m

하로 와렌 트러스 구간 $L_{\text{강트러스}}$ = 10 @ 61.95 = 619.50m

또 강판형교도 Type I 구간과 Type II 두 구간으로 나누어져 있는데, Type I 구간은 교대 A1부터 교각 P12까지로 각 지간의 길이는 19.20m이다〈그림 2.1.18(a)〉. Type II 구간은 교각 P12부터 교각

P21까지를 나타내는데, 이 구간에서의 강판형교 지간 길이는 25.40m로 설계되어 있다〈그림 2.1.19(a)〉. 여기서 지간으로 측정한 상부구조 본체의 길이는 L = 459.00 + 619.50 = 1,078.50m로 한강철교 B선 전체 길이 1,113.5m(양측 교대 사이 길이)보다 35m나 짧다.

그림 2.1.18 한강철교 A, B선 강판형교 Type Ⅰ 구간 종·횡단면도

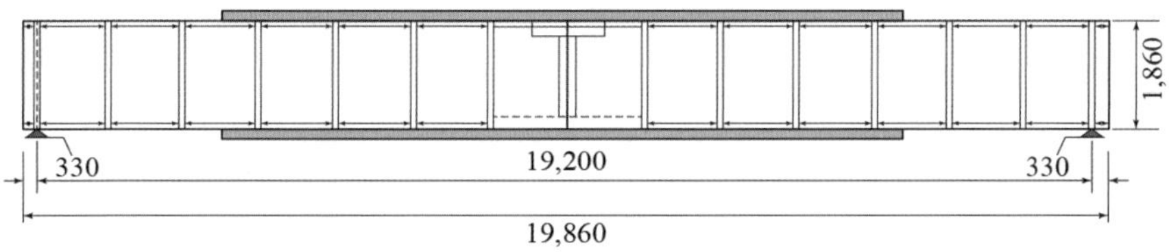

(a) Type Ⅰ 구간(A1~P12) 정면도

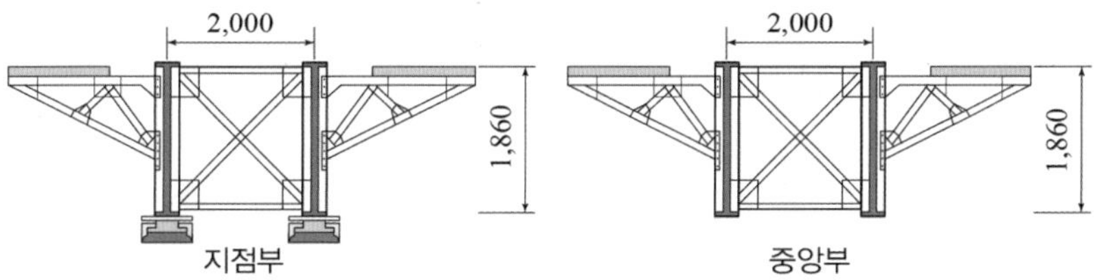

(b) Type Ⅰ 구간(A1~P12) 횡단면도

그림 2.1.19 한강철교 A, B선 강판형교 Type Ⅱ 구간 종·횡단면도

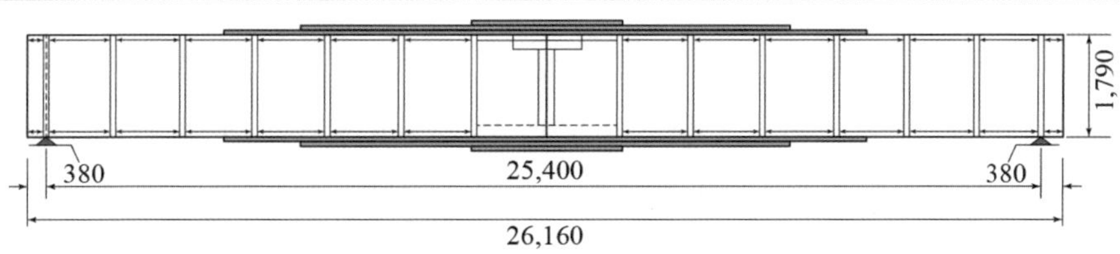

(a) Type Ⅱ 구간(P12~P21) 종단면도

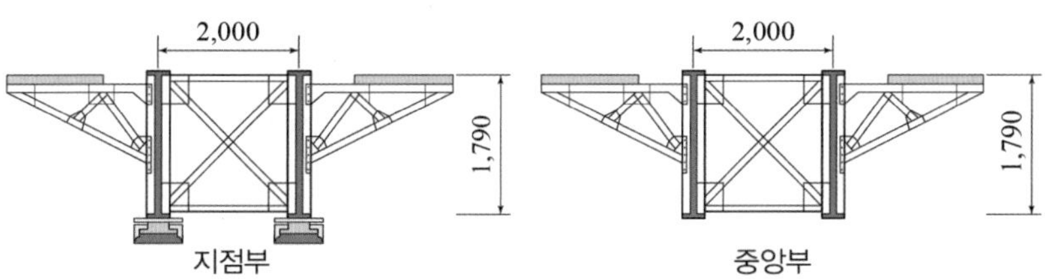

(b) Type Ⅱ 구간(P12~P21) 횡단면도

판형교의 횡단면도 두 구간으로 나누어져 구성하는데, 〈그림 2.1.18(b)〉에서 보이는 단면과 〈그림 2.1.19(b)〉 단면에서 보이는 두 가지 표준 단면으로 나타낼 수 있다.

한강철교 B선 와렌 트러스교의 지간 길이는 L = 61.950m, 높이 H = 9.50m 규모로 그 중심 간격 B = 5.20m 떨어진 2개의 트러스 평면으로 구성되어 있다.

상부 상현재 구간에는 두 개의 표준 단면을 선정하여 설계하였다. 상현재 구간의 양쪽 외측 단면은 각각 4개의 L형강 100×100×13과 2개의 강판 P450×12로 조립된 조립부재를 제작하여 사용하였고, 중앙부 4개 구간은 4개의 L형강 L-100×100×13(SM50A)과 2개의 강판 P-450×12(SM50A), 그리고 상·하 플랜지에 4개의 강판 P-150×12(SM50A)로 제작한 조립 상자형 부재를 사용하고, 부재 조립은 모두 리벳 SV50A를 사용하였다〈그림 2.1.20〉.

그림 2.1.20 트러스 종단면도

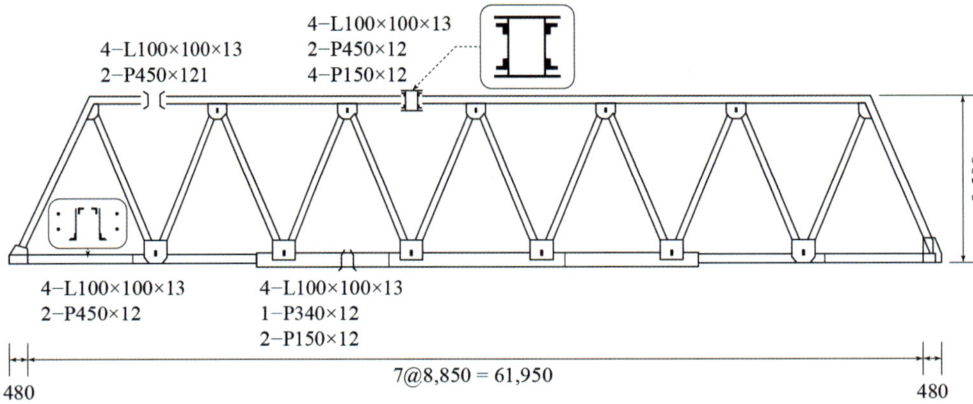

트러스 사재(斜材)들 중 맨 외측 두 개의 사재 단면은 L형강 4개(4-L100×1×13)와 복부판 강재 2장(2-P450×12) 그리고 상·하 플랜지에 각각 강판 'PL-150×12' 2개씩 사용하여 리벳으로 조립하였다. 나머지 사재 단면은 4개의 복부판 강판과 상·하 플랜지 강판을 조합하여 만든 박스형 단면으로 만들어져 있으며, 그 제원은 사재마다 조금씩 다르다.

하현재의 길이는 7@8.850 = 61.950m로 하현재의 단면도 상현재의 단면처럼 두 개의 조립단면으로 조립·제작·설치되어 있다. 7개의 구간 중〈그림 2.1.9(b)〉 외측 두 구간에는 높이 450mm, 두께 12mm인 2개의 복부 강판(2-P 450×12)과 상·하 플랜지로 각각 2개의 L 형강으로 단면을 구성하고, 중앙 4개 구간에는 2개의 복부판 2-P 450×12와 하부 플랜지 강판 'P-340×12' 1장 그리고 상부 플랜지로 두 개의 강판 P-450×12를 4개의 L형강, 4-L100×100×13을 사용하여 조립 박스형 단면으로 제작하였다. 트러스 상·하현재에 사용된 모든 부재는 SM50A 강재로 제작되었다.

트러스의 절점마다 길이 5.20m, 높이 1.34m인 가로보가 설치되어 있고〈그림 2.1.21(a)〉, 그리고 가로보와 가로보 사이에 설치되는 세로보의 길이는 8.850m이고 높이는 1.150m로 제작되었다〈그림 2.1.21(b)〉. 여기서 세로보의 길이는 트러스 절점 간의 거리와 같다.

그림 2.1.21 트러스교 바닥틀 하부 평면도 및 가로보와 세로보

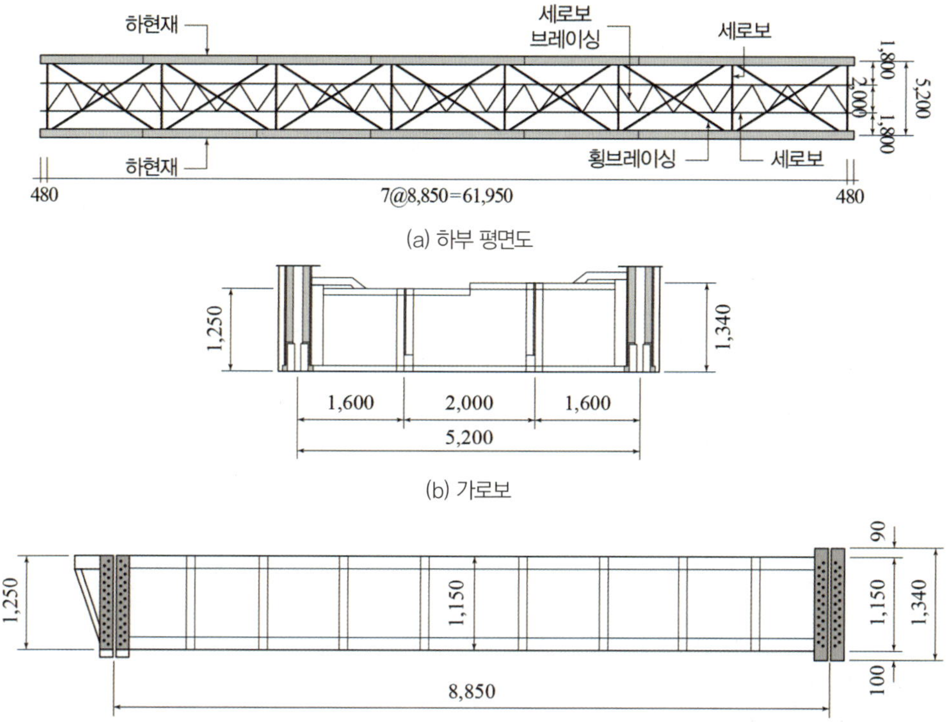

(a) 하부 평면도

(b) 가로보

(c) 세로보

2) 하부구조

① 교대

교대 기초는 직접확대기초로 시공하고, 교대는 중력식 교대 형식으로 설계되었다. 한강철교 A선과 B선 북쪽 교대는 같은 교대 A1을 사용하고 있어 교대의 반쪽은 B선, 나머지 반쪽은 A선 교량 받침을 지지하고 있다.

교대 A1 높이는 13.732m이고, 정면에서 본 상부 폭은 7.925m로 사다리꼴 형태를 하고, 하부기초는 9.908m×6.050m의 직사각형 형태를 취하고 있다.

한강철교 A선과 B선은 북측 교대 A1에서는 같은 교대를 사용하지만, 노량진 측(남측) 교대 A2에서는 2개의 교대를 각각 사용하고 있다. 따라서 교대의 폭 B = 7.315m로 북측 교대 폭 7.925m보다 그 크기가 작기는 한데, 그렇다고 교대 구조상 아주 작지는 않게 설계되었다.

그림 2.1.22 한강철교 교대 A1 일반도

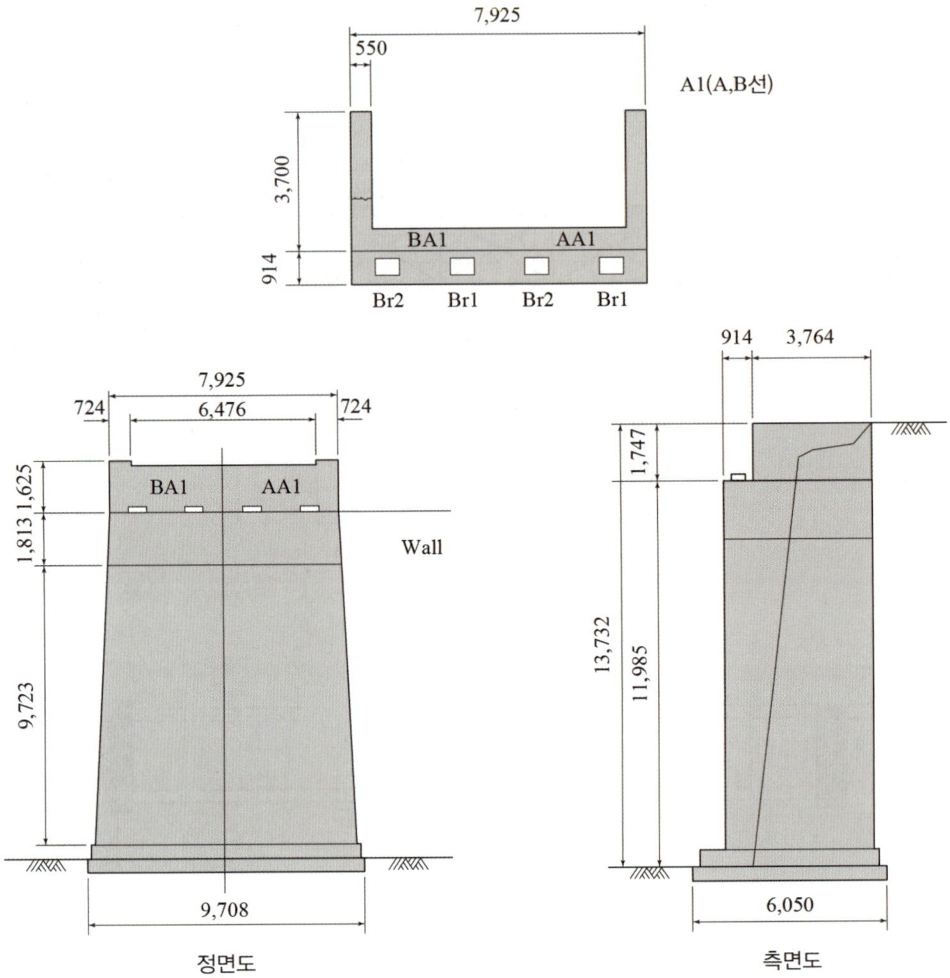

② 교각

한강철교의 수중 구간에 설치된 모든 교각은 벽식 교각으로 되어 있고〈그림 2.1.24(a)〉, 그 하부기초는 모두 우물통기초로 되어 있다. 두 노선이 노량진 쪽에서 트러스로 평행하게 오다가 한 교대 방향으로 모이는 평행한 구간에서의 판형교 교각과 하부기초의 규모가 작아진다〈그림 2.1.24(b)〉.

교각과 하부기초는 3구간으로 나누어져 세워졌는데, 용산 측 구간에는 같은 교각을 사용하기 때문에 기초 위에 문형 교각을 세우고 그 위에 벽식 교각을 올려 건설하였다〈그림 2.1.24(c)〉.

교량 받침으로는 강판형 구간에는 스페리컬 교량 받침, 트러스 구간에는 핀·롤러 받침을 사용하였다.

그림 2.1.23 한강철교 A선 교대 A2 일반도

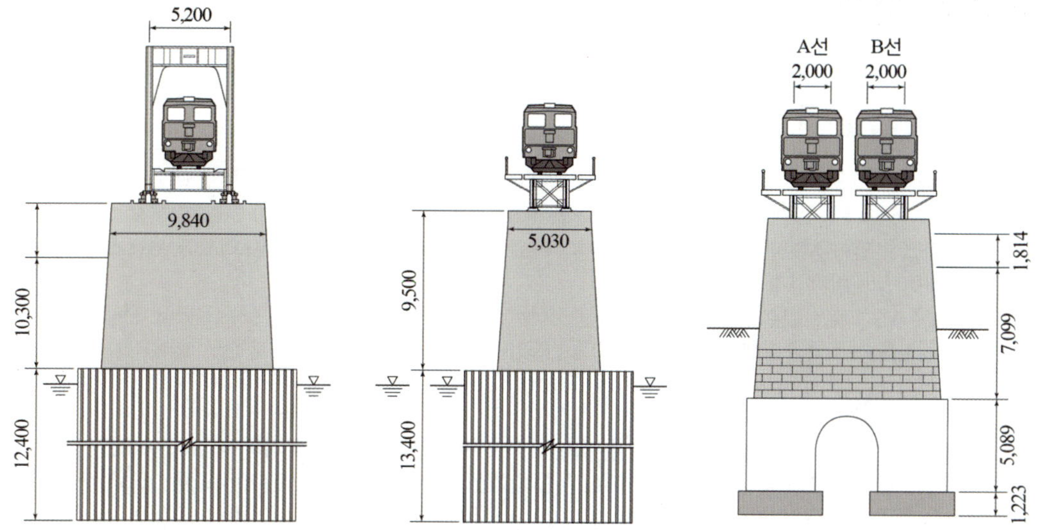

(a) 수중부 트러스 구간 교각 정면도 (b) 하로 판형교 교각 정면도 (c) 용산측 강판형교 교각 정면도

미주

[1] 예조참의 : 예조에 종사한 종삼품(從三品) 벼슬, 예악이나 제사, 연향(宴享), 조빙(朝聘), 학교, 과거 일들을 맡아 보았다.

[2] 삼국간섭 : 1895년 청일전쟁에서 승리한 일본이 랴오둥 반도(遼東半島)를 차지하자 러시아, 프랑스, 독일 3국이 반대하여 청에 반환하게 한 사건을 말한다.
1895년 4월 17일, 일본과 청은 청일전쟁을 종결짓는 시모노세키 조약(강화조약)을 체결했다. 전쟁에서 승리를 거둔 일본은 이 조약을 통해 청으로부터 랴오둥 반도(遼東半島), 타이완(臺灣), 펑후 열도(澎湖列島)를 할양받고, 중국 은화 2억 냥(兩)의 배상금을 받아내었다. 또 사스(沙市), 충칭부(重慶府), 쑤저우시(蘇州市), 항저우부(杭州府)의 4개 항구를 개항시켰다.
이와 같은 조약의 내용이 알려지자 러시아는 일본이 랴오둥 반도를 차지할 경우 자국의 남하 정책에 장해가 될 것으로 판단하여 프랑스, 독일에게 일본에 대한 공동 간섭을 제안했다. 삼국은 일본이 랴오둥 반도를 점령할 경우 조선의 독립은 유명무실해지며, 유럽 각국의 상업상의 이익에 방해되고 동양의 평화에 장애가 된다는 것을 이유로 일본의 랴오둥 반도 할양에 반대하며 청에 반환할 것을 요구했다. 군사적으로 삼국에 대응할 수 없다고 판단한 일본은 삼국의 요구대로 랴오둥 반도를 청에 반환하기로 결정하였지만, 이후 1897년 독일의 자오저우 만(膠州灣) 조차(租借)를 시작으로 열강은 청의 영토를 본격적으로 분할하기 시작했다. 일본이 반환했던 랴오둥 반도 역시 1898년 러시아에게 조차되었다.

[3] 을미사변 : 1895년 일본의 자객들이 경복궁을 침입하여 명성황후를 시해한 사건

[4] 아관파천 : 1896년 2월 11일부터 2월 25일까지 고종황제와 세자가 러시아 공사관으로 옮겨서 거처한 사건

[5] 일본은 경인철도의 중요성을 파악하고 나서 의도적으로 흑색선전을 펼쳤다. 조선은 매우 불안정하며 정치적 상황이 악화되었다는 거짓 소문을 미국에 퍼트리기 시작했고, 이는 곧 제임스 모스의 투자자들에게 부정적 영향을 미쳤다. 투자자들은 투자금을 서서히 회수하기 시작했고, 모스는 재정난에 시달릴 수밖에 없었다. 결국 모스는 부설권을 다른 이에게 넘겨야 하는 상황에 달했고, 부설권을 판매해서라도 약간의 이득을 챙기려 한다. 이때 '경인철도인수조합' 이 모스에게 접근하여 부설권 인수계약을 추진하였다. 경인철도인수조합은 모스의 조급한 심리를 이용해 1897년 5월, 5만 달러라는 헐값에 경인철도 부설권을 인수하였다. 이후 뒤늦게 잘못된 가격 책정임을 깨달은 모스는 인수조합에 항의했지만 받아들여지지 않았다.

[6] 광궤식 철도 : 궤간이 좁은 협궤(1,067mm)보다 넓은 철도를 말하며, 일반적으로 표준궤(4피트 8½인치, 1,435mm) 이상을 가리킨다. 여기서는 표준궤를 포함한 광궤식 철도를 의미한다.

[7] 서울특별시사편찬위원회, 1979, 『서울 600년사』 제3권, 282~283쪽

[8] 한국철도시설공단, 2005, 『한국철도건설백년사(상)』, 96~107쪽

[9] 조선총독부철도국, 1915, 『조선철도사』 제1권, 창시 시대, 249~252쪽; 서울특별시사편찬위원회, 1979, 『서울 600년사』 제3권, 283쪽; 한국철도시설공단, 2005, 『한국철도건설백년사(상)』, 82쪽

[10] 한국철도시설공단, 2005, 『한국철도건설백년사(상)』 90쪽, 398~399쪽

[11] 제2한강철교가 한강철교 A선으로 불리게 된 시기도 B선과 마찬가지고 세 번째 한강철교 경부선 전용 복선 철교 C선이 1944년 6월 8일 이후인 것으로 추측된다.

[12] 한국철도시설공단, 2005, 『한국철도건설백년사(상)』, 83~91쪽

[13] 1899년 7월 인천공장에서 조립하였으며, 석탄과 물을 직접 기관차에 적재한 소형 기관차이다(미국 브룩사 제작, 최대폭 2,642mm, 최대속도 55km/h, 최대높이 3,405mm).

[14] 한국철도시설공단, 2005, 『한국철도건설공사 백년사(상)』, 90쪽

[15] 한국철도시설공단, 2005, 『한국철도건설공사 백년사(상)』, 399쪽

[16] 이 폭파로 50대 이상의 차량이 물에 빠지고 최소 500명이 폭사하였다. 당시의 전황으로 볼 때 6~8시간 동안 서울 시민들이 전쟁을 피해 이동할 수 있는 여유가 있었음에도 불구하고 조기 폭파로 인명 살상은 물론 병력과 물자 수송에 막대한 타격을 입혔다는 비판이 대두되자, 이승만 정권은 당시 폭파 책임을 맡았던 공병감인 대령 최창식을 '적전비행죄'로 체포해 9월 21일 사형을 집행하였다. 최창식은 12년 만에 재심을 거쳐 1962년 무죄 판정을 받아 사후 복권되었다. 한강대교(인도교)의 폭파로 시민들은 오도가도 못하게 되었기 때문에 지금까지도 정부의 이 같은 실책은 비판을 받고 있다.

[17] 박길수, 1988, 『나의 생애(자서전)』, 성문사

[18] 북한군의 불법 남침과 동시에 개최된 유엔 안전보장이사회의 긴급 결의를 통해 한국에 대한 군사 지원을 승인하고, 6월 27일 미군전투사령부를 설치하였다. 이와 함께 미 극동군사령관 더글러스 맥아더(Douglas MacArthur) 장군이 유엔군 사령관으로 임명되었다. 전쟁 초기, 북한군은 단기간에 남하하여 낙동강 전선까지 점령했으나, 1950년 9월 15일 맥아더의 인천상륙작전이 성공하면서 전세는 급격히 역전되었다. 서울은 9월 28일에 수복되었고, 한때 북진이 이루어져 압록강 인근까지 진격하기도 했다. 그러나 이후 중국군의 참전으로 전선은 다시 남하하여 중부지방에서 공방이 이어졌고, 전쟁은 장기 교착 상태에 빠졌다. 3년간의 치열한 전투 끝에 1953년 7월 27일, 판문점에서 휴전협정이 체결되었다. 전쟁 발발 이후 3년 1개월 만이었다. 이로써 한반도는 남북으로 분단된 채 휴전 상태가 유지되었으며, 그 분단선은 오늘날까지도 이어지고 있다.

[19] 연(連) : 교량 상부구조 한 경간 구성단위

[20] 전긍렬, 2013, 『그 외길 토목인생(자서전)』

[21] 한국철도공사, 2020, 경부선 용산-노량진 간 한강철도교 B선 정밀안전진단 보고서

[22] 이덕수, 2016, 『한강 개발사』, 한국건설산업연구원, 252~259쪽

[23] (사)한국철도건설공학협회, 2007, 『한국철도사진 108년사』, 356~356쪽

2.2

대한민국에서 가장 아름다운 아치교, 한강대교

한강대교는 서울특별시 용산구 이촌동 한강로3가에서 동작구 본동을 잇는, 총연장 1,005m(중지도 165m 포함)의 한강상 교량이다〈그림 2.2.1〉. 한강대교는 1916년 5월 착공하여 1917년 7월 9일 완공되었으며, 같은 해 10월 7일 공식 개통하면서 '한강인도교(漢江人道橋)'라는 이름을 얻었다. 이후 1962년 양화대교가 완공되자 두 교량을 구별하기 위하여 한강인도교를 '제1한강교', 양화대교를 '제2

그림 2.2.1 한강대교 위치도

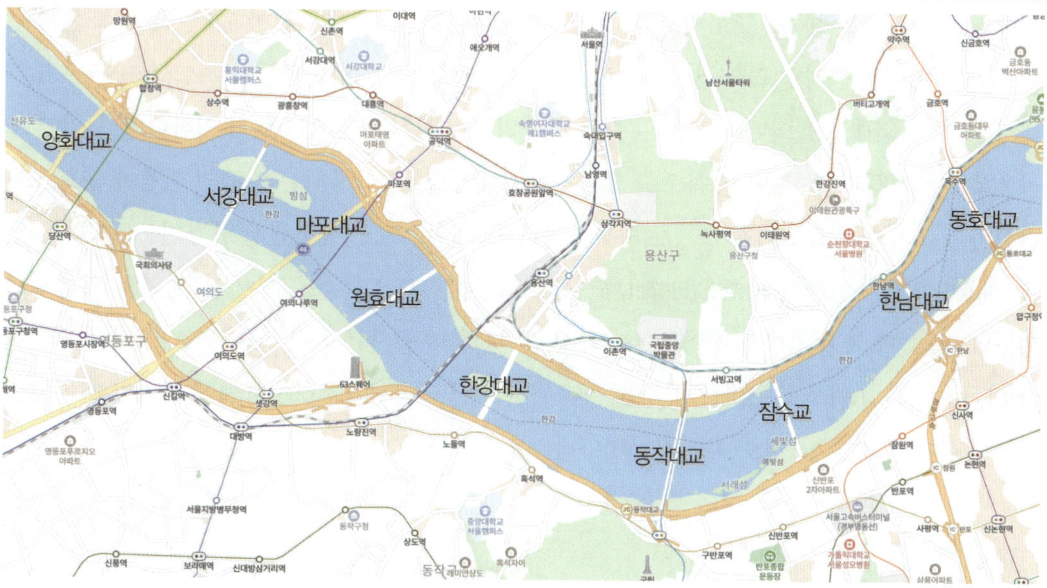

한강교'라 부르게 되었고, 이어 1969년 한남대교가 건설되면서 이를 '제3한강교'로 칭하였다. 1984년 한강종합개발사업이 추진되면서 명칭 체계가 정비되어, 제1한강교는 '한강대교', 제2한강교는 '양화대교', 제3한강교는 '한남대교'로 명명되었다.

2.2.1 개요

1900년 7월 한강철교가 개통된 이후 15년 동안, 한강을 건너는 도로 교량은 건설되지 않았다. 일본이 만주 침략을 염두에 두고 철도 중심의 교통망 확충에만 관심을 기울였던 것도 한 이유였지만, 당시 조선에는 1911년 기준 단 2대의 자동차만 있었을 정도로 자동차 문화가 아직 성숙하지 못했던 탓이 크다.

사실 1900년 7월 한강철교가 처음 개통된 뒤로 12년이 지난 1912년에 이르러서야 민간 영업용 자동차가 처음 서울에 들어왔다. 우리나라 최초의 자동차 운송사업은 1911년 12월 29일, 일본인 에가와(江川)가 경남 마산-진주, 진주-삼천포 간의 승합차 영업허가를 받으면서 시작되었다. 이어 1913～1914년에는 평양-진남포 등 9개 노선에서 버스 운송사업이 개시되었다.[1]

『조선총람(朝鮮總攬)』(1933)[2]과 『조선토목지(朝鮮土木誌)』(1937)에 따르면, 일제강점기 당시 조선의 자동차는 1903년 고종황제가 소유한 미국산 1대에서 출발해 1911년 2대, 1913년 31대, 1917년 114대로 늘었다. 비록 빠른 증가세를 보였다고는 하나, 그 수는 여전히 미미하여 한강에 인도교를 건설할 만큼의 수요는 아니었다.

이러한 사정을 반영하듯, 조선총독부가 1911년부터 1915년까지 추진한 5개년 도로 노선 개선사업(治道事業)에는 한강인도교 건설사업이 포함되지 않았다. 그러나 자동차 보급이 1915년 70대에서 1917년 114대로 늘어나자, 도로 운송망 확충의 필요성이 점차 인식되기 시작하였다. 이에 조선총독부는 경성과 부산, 인천, 목포를 연결하는 주요 도로가 합류하는 지점인 한강에 인도교를 건설할 필요가 있다고 판단하고 당초 5개년 계획을 7개년으로 연장하면서 한강인도교 건설사업을 '제1기 치도사업계획(第1期治道事業計劃)'[3]에 포함시켰다. 조선총독부는 이 계획의 일환으로 1916년 5월 27일 오전 10시, 한강인도교 기공식을 거행하며 공사를 공식 착수하였다. 공사는 약 1년 반 뒤인 1917년 10월 7일 오전 11시, 강변 광장에서 열린 낙성식(落成式)과 함께 준공되었으며, 일반 시민의 통행은 같은 날 정오부터 시작되었다.

그림 2.2.2 1917년 준공된 한강인도교(1918~1924 사이, 용산에서 노들섬 방향 촬영)
서울역사아카이브

인도교 개통 후 모습(조선 명소)

용산 한강인도교 가로등

한강인도교는 노량진 쪽의 강에 지간[4] L = 60.6m짜리 핀 프랫 트러스(Pin Pratt Truss) 7연으로 이루어진 한강교(漢江橋, L = 440.62m)와 용산 쪽에는 피일교(避溢橋) 용도의 지간 60.6m짜리 트러스 3연(L = 188m)으로 구성된 한강소교(漢江小橋)를 각각 가설하였다〈그림 2.2.3〉. 두 교량 사이는 흙을 쌓아 제방(堤防)으로 연결하였으며, 이 제방이 훗날 '중지도'로 불리다가 현재의 '노들섬'이 되었다.

그림 2.2.3 한강인도교 구교 종단면도
서울특별시, 1958, 제1한강교 설계도

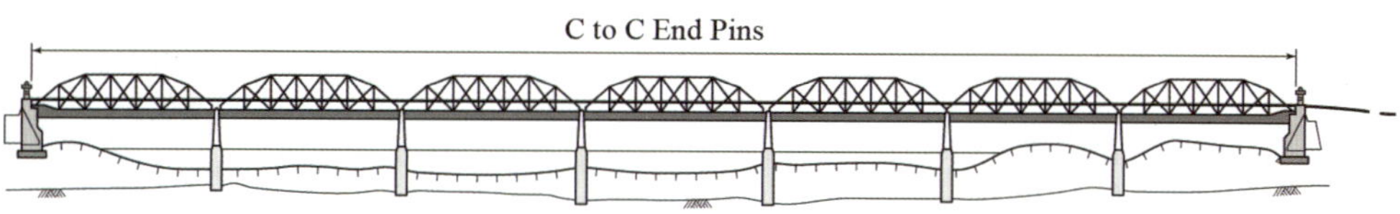

(a) 노량진 구간 종단면도

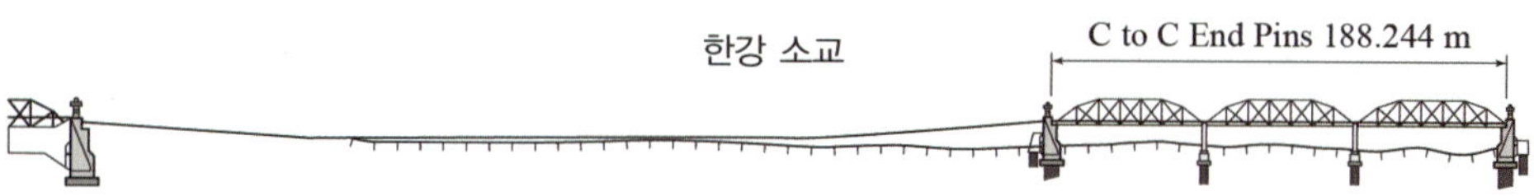

(b) 용산 구간 종단면도

이 노들섬에는 원래 고양군 한지면에 속하는 신초리(新草里)라는 마을이 있었는데, 1913년 이후 철도 공사로 인해 신초리에 살던 사람들이 쫓겨났다고 한다.[5] 1910년 초 철도국은 경부선의 열차 운행이 잦아지고, 기관차의 표준설계 활하중이 커짐에 따라 철교의 피로파괴의 위험을 방지하고자 처음에 설치된 한강철교(B선)를 철거하고 새로운 상부 트러스를 설치하기로 하였다. 이때 조선

그림 2.2.4 경성 용산 한강인도교(조선의 명소)

총독부는 철거된 한강철교의 구 트러스 10연을 철도국에서 매입하여, 각각 7연과 3연을 피로파괴 위험이 적은 한강인도교와 한강소교에 설치하였다〈그림 2.2.3〉. 건설공사는 기후 등의 여건이 좋아 예정보다 빨리 진행되었으며, 총공사비는 일본 화폐 864,000엔에 마칠 수 있었다.

한강인도교가 완성되자 경성전기주식회사(京城電氣株式會社)는 교량 입구 양쪽에 가로등을 세우고 가로등 기둥마다 다섯 개의 등(燈)을 부착하는 조명 시설을 설치하여 이곳을 관광 명승지로 만들었다. 이는 우리나라 최초의 교량 조명 시설로, 한강인도교는 조명을 통해 야간에도 조형미를 드러낸 우리나라 최초의 다리가 되었다〈그림 2.2.4〉.

2.2.2 한강인도교 개축(改築)

1917년에 개통된 최초의 한강인도교는 구 한강철교의 트러스 부재를 옮겨 놓은 것이기 때문에, 중앙 차도의 폭이 4.5m에 불과했고, 양측 보도도 각각 1.6m밖에 되지 않았다. 이러한 협소한 구조로는 노량진과 영등포 일대 개발, 급속한 자동차의 보급에 따르는 교통량을 감당하기 어려웠다. 더욱이 1925년 을축년(乙丑年) 대홍수로 중지도의 일부가 유실되자, 일제는 지금의 노들섬 북쪽에 새로운 교량을 건설하기로 하였다. 이에 길이 L = 459m, 너비 B = 18m인 게르버 강판형교를 1927년 5월에 착공하여 1929년 9월에 준공하였다〈그림 2.2.5〉. 이 공사 과정에서 옛 신초리 마을이 있던 자리를 확실한 섬 형태로 정비해 공원화하고, 이곳에 경성전차역을 세웠다.

이후 한강소교가 있던 자리에 강판형교(한강교)가 대신 들어서면서 한강인도교의 교통량은 더욱 증가하였다. 이에 조선총독부는 중지도와 노량진 사이에 신교를 추가로 건설하기로 하고, 1934년 8월 공사를 시작하였다. 약 2년여 공사 끝에 1937년 10월 23일 준공식이 열리며 새로운 다리가 완성되었다〈그림 2.2.6〉.

그림 2.2.5 1927년 신축 한강인도교 판형교 구간 일반도

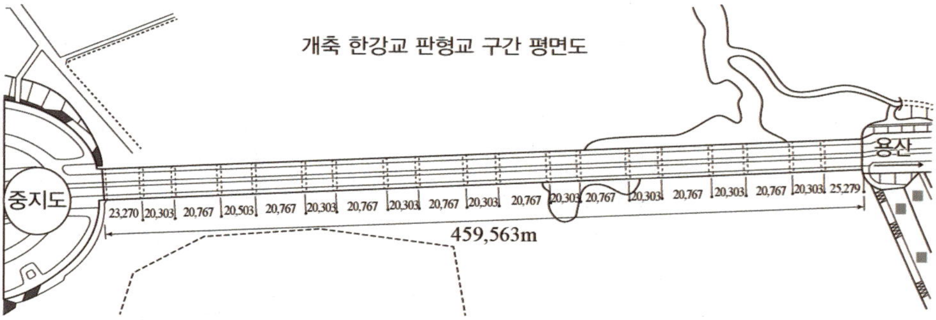

(a) 개축 한강교 판형교 평면도(용산 측 L=459.56m)

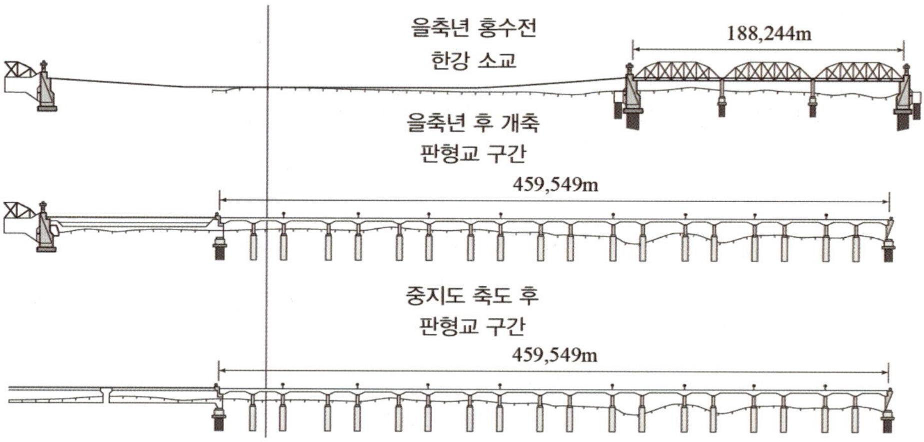

(b) 한강 소교 종단면 변천도

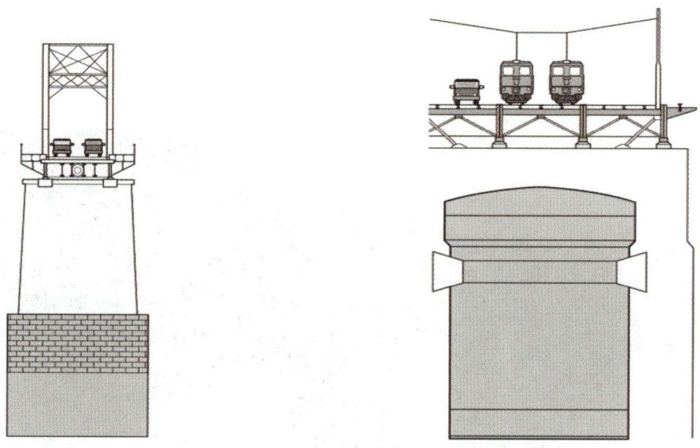

(c) 을축년 개축 후 한강대교(아치교)와 한강교(판형교)의 단면도

그림 2.2.6 신축 한강인도교(1937년 준공)
서울특별시, 1958, 제1한강교 설계도

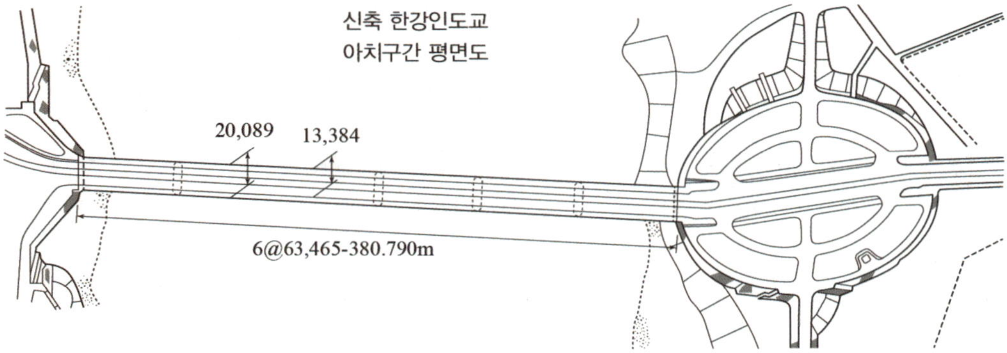

(a) 1936년 신축 한강인도교 아치 구간 평면도

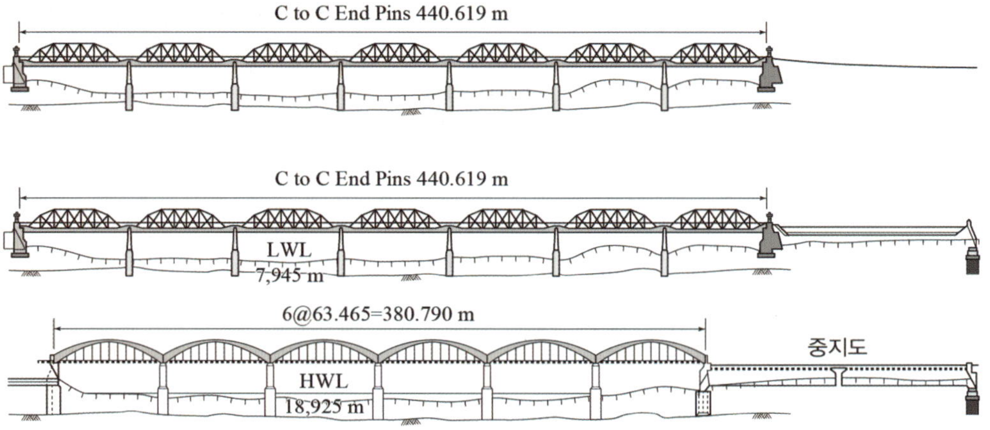

(b) 한강인도교 종단면 변천도

(c) 1936년 신축 아치교 전경

한강인도교 신교는 교폭 B = 20,069m(차도폭 13,634m)이고, 전체 길이는 중지도(中之島) 164m를 포함해서 1,005m(노량진 쪽 6 경간 타이드 아치 + 중지도 + 용산 쪽 19 경간 판형교)가 되는 장대교량이 되었다. 제2차 교량공사 때에는 리벳팅 타이드 아치(Tied Arch) 강구조로 최대경간 L = 63.55m인 아치 구간〈그림 2.2.6〉과 최대경간 L = 28.787m인 강판형 게르버교가 가설되었고, 하부 기초 공법은 아치교 교각 밑에는 압축공기를 사용하는 철재 케이슨 공법을 사용하고 판형교에는 우물통 공법을 적용하였다.

이 과정에서 그전까지는 흙을 쌓아 올린 제방으로 되어 있던 모래 언덕을 둑을 쌓아 섬 형식으로 제대로 정비하고 그 후부터 이곳을 중지도, 즉 가운데 섬으로 부르게 되었다. 그러나 1995년부터 역사바로세우기 운동으로 '노들섬'으로 바꾸어 부르기로 하였다.

신교의 상부구조는 트러스교 형식에서 타이드 아치 형식으로 바꾸었는데, 그 조형미는 현재까지도 한강 다리 중 가장 아름다운 다리로 인식되고 있다〈그림 2.2.6(c)〉. 이 새로운 인도교에도 조명 시설을 했던지 『경기지방의 명승사적(京畿地方の名勝史蹟)』(경기도, 1937)에 의하면 "…(중략)… 교량의 중앙 중지도(中之島)는 녹지대를 이루어 산책자의 휴식에 편하고 한 여름 염서(炎署)의 철에는 전교의 전식(電飾)이 강면(江面)에 비추어 말할 수 없이 아름다운 경성인사의 절호(絶好)한 납량지(納凉地)이다"라고 그 당시 한강인도교의 밤 풍경을 묘사하고 있다.

2.2.3 한국 전쟁 속의 한강인도교

1937년부터 서울의 관문으로 사용되었던 한강인도교는 6·25 전쟁 중 북한군의 남진을 막기 위한 군사적 목적으로 한강인도교 일부를 폭파하였고, 같은 날 광진교마저 폭파하였다.

이로 말미암아 타이드 아치 3경간과 판형 일부분이 파괴·추락되어 1950년 9월 28일 서울 수복과 함께 유엔군에 의하여 복구공사가 진행되다가 다시 1951년 1·4 후퇴 때 일시 중단되었다. 그동안은 임시 가설된 가교(假橋)와 마포와 서빙고 등에 가설한 군용 부교로 도강을 할 수 있었다〈그림 2.2.7〉.

그림 2.2.7 폭파된 한강인도교 하류 가설된 군용 부교
국가기록원

설치 부교 전경

부교 설치비(한강대교 북단 하류측)

2.2.4 1958년 한강인도교 복구

인도교 복구 공사는 1957년 9월 12일에야 착공할 수 있었다. 미국 ICA(International Cooperation Administration) 원조계획에 따라 1958년 5월 15일 마침내 새로운 모습의 한강인도교가 준공되었다. 6·25 때 폭파된 지 7년 11개월 만의 일이다.

1958년 전후 복구가 완료된 후 20여 년이 지난 1979년 1월 5일 한강인도교 확장공사가 착공되었다. 4차로를 8차로도 확장하면서 기존의 타이드-아치교와 쌍둥이인 길이 L = 1,005m, B = 20m(4차로)인 신교가 건설되어 1981년 12월 24일 개통하였다.

1958년 복구공사 때 적용한 설계하중은 D-12Ton이었고, 아치교 전체 길이 L = 380.75m, 교폭 B = 18.45m로 설계하였다〈그림 2.2.8〉. 1917년에 준공된 제1 한강교 구교는 핀 프랫 트러스 7연으로 건설된, 전체 길이 L = 440.62m인 다리이다〈그림 2.2.3〉.

그림 2.2.8 복구된 한강인도교 아치교 종단면도(1958년 5월 복구)
서울특별시 종합건설본부, 1983, 제1한강교(구교) 보수공사

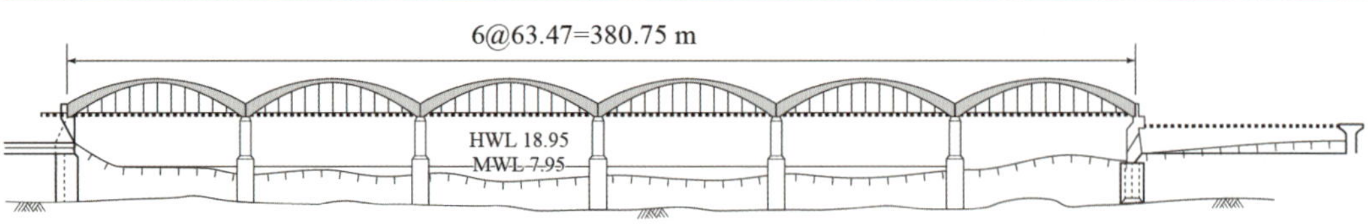

이에 비하여 1938년에 건설된 신교의 주 구간은 타이드 아치(Tied Arch) 6연으로 전체 길이가 구교보다 약 60m가 줄어든 전장 380.75m로 신축되었다〈그림 2.2.8〉. 이는 노들섬의 크기가 구교가 가설되었을 때보다 60m 정도 노량진 쪽으로 늘어났기 때문이다.

그림 2.2.9 복구된 케르버 판형교 종·평면도(1958년 5월 복구)

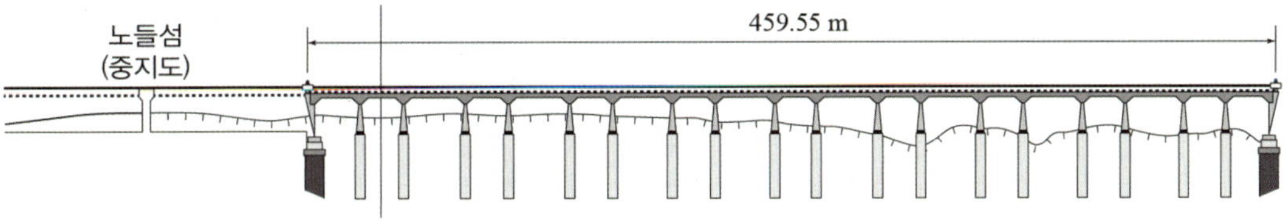

2.2.5 한강인도교(제1한강교) 구조 설계

2.2.5.1 상부구조

가. 아치교

트러스를 철거하고 새로 만든 한강인도교의 노량진 구간 아치교는 아치 리브 하단에 발생하는 수평 반력을 인장 부재로 잡아주는, 하로 아치교 설계에서 가장 많이 선택되는 타이드 아치 형식을 취하였다.

아치교 양 지점 간 길이는 62.04m, 아치교 전체 길이는 63.232m이다. 아치의 높이가 10.30m이므로 아치 높이와 지간장의 비 f/L = 1/6.1 정도로 다른 아치교에 비하여 상대적으로 높이가 높은 편이다. 또한 행어 간의 간격은 5.17m로 비교적 촘촘한 편이다〈그림 2.2.10〉.

그림 2.2.10 한강인도교(타이드 아치교) 종·평면도

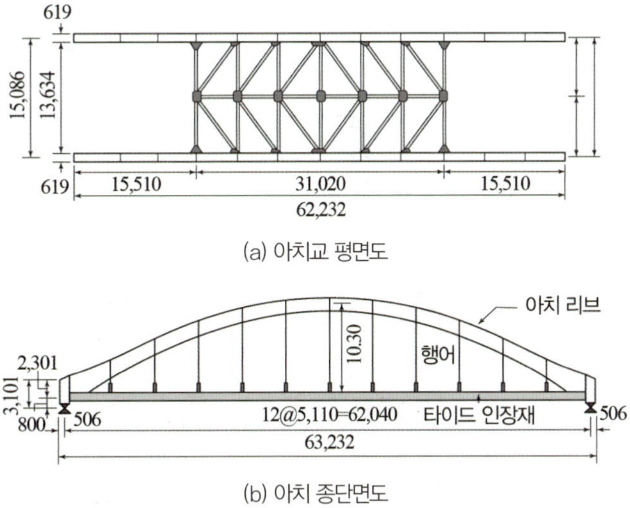

(a) 아치교 평면도

(b) 아치 종단면도

한강인도교 아치교 리브 사이의 간격은 15.086m, 아치 리브 복부판의 간격은 619mm로 제작되었고 바닥에서 교문 브레이싱까지의 높이는 7.725m로 기획되었다〈그림 2.2.11(a)〉. 한강인도교 주 교량을 구성하는 한 개의 아치교는 그 길이가 63.232m이고, 교량 폭은 20.34m인데, 이는 보도폭 6.820m(양측)와 차도폭 13.520m로 구성되어 있다. 아치교 바닥틀은 아치 보강형 5.170m마다 배치된 가로보 13개와 교량 축 방향으로 11개의 세로보를 1.30m의 간격으로 설치하고 격자형 바닥틀을 형성하고 있다〈그림 2.2.12〉. 또한 바람 등에 의한 횡방향 변위를 제어하기 위하여 24짝의 X-브레이싱을 설치하여 세로보, 가로보와 더불어 바닥틀 구조의 강성을 높이고 있다.

그림 2.2.11 한강인도교 아치교 횡단면도

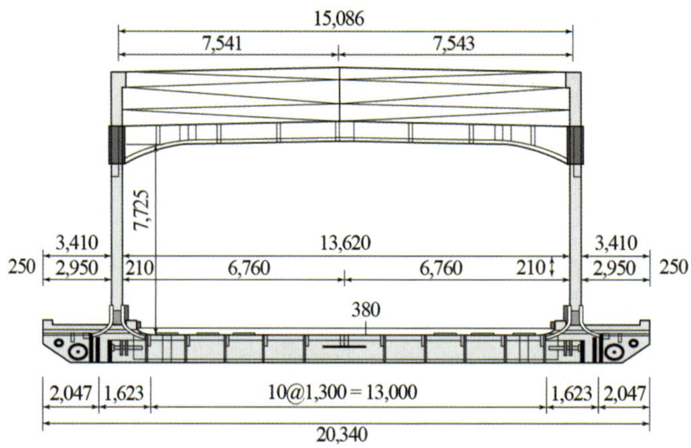

(a) 노량진 구간 교량 입구 횡단면도

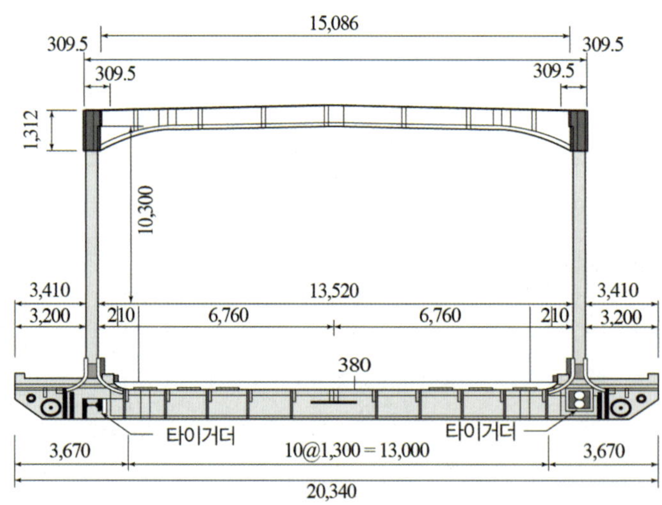

(b) 트러스 중앙부 횡단면도

그림 2.2.12 아치교 바닥틀 부재 배치도

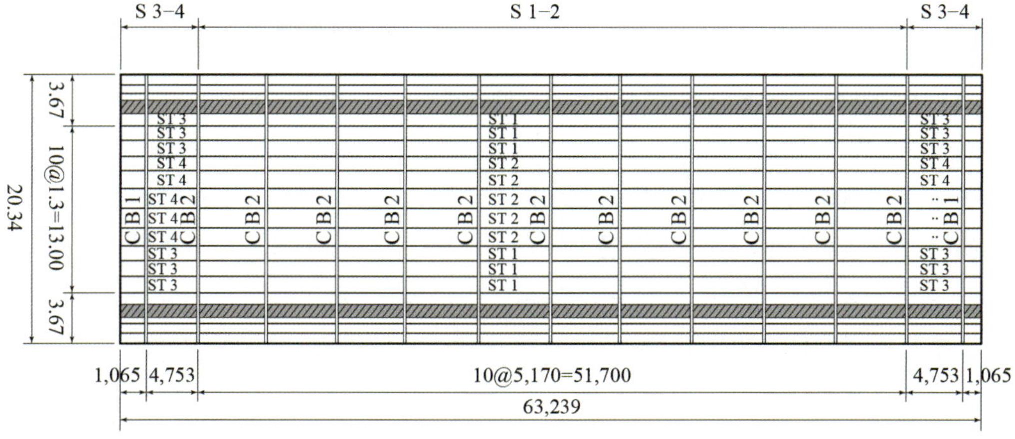

• ST: 세로보(Stringer) • CB: 가로보(Cross Beam)

한강인도교 바닥판은 1.3m 간격으로 설치된 세로보의 상부 플랜지에 스터드(Stud)를 설치하고 그 위에 콘크리트를 타설하여 강성을 증가시킨 강합성 콘크리트 바닥판으로 시공되었다〈그림 2.2.13〉. 세로보는 4가지 종류로 제작되었는데 아래는 바닥틀 중앙부에 설치된 세로보 ST2의 종단면을 보여주는 그림이다〈그림 2.2.13〉. 세로보 위에는 지름 Φ 22mm, 높이 150mm인 스터드를 가로보 사이에 24개 배치하였다.

그림 2.2.13 세로보 ST 2번

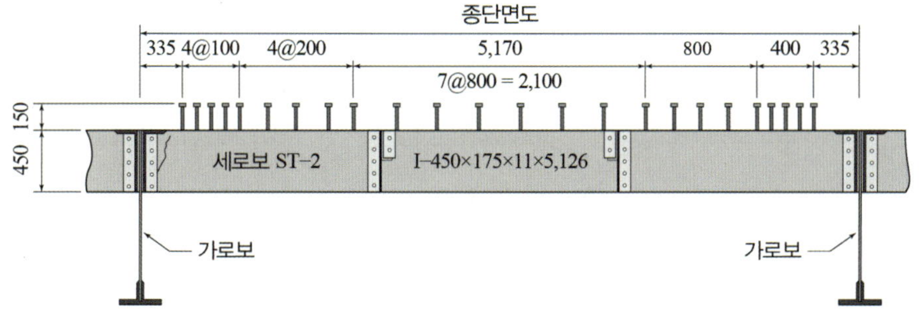

나. 판형교(용산 측 구간)

한강인도교 신교 용산 측에는 전체 길이 L = 459.60m의 강판형 교량이 게르버 형식으로 가설되었다. 즉, 〈그림 2.2.14〉에서 보듯이 2개의 이웃한 라멘교 사이에 1개의 단순교가 얹혀 있는 형태로 교량이 구성되어 있다. 전체 교량이 강합성 판형교로 설계되어 있는데 라멘교 상부구조 길이는

32.48m이고 두 라멘교에 얹혀 있는 게르버 단순교의 길이는 16.62m다. 따라서 전체 교량 경간은 다음과 같이 구성되어 있다.

$$L = MB1(17.18m) + 8 \times MB2(l = 49.10m) + 32.48m + MB1(17.18m) = 459.64m$$

그러나 도면에서 한강인도교 강북 측 교량의 길이를 mm까지 계산하면 L = 459.64m되고, "한강대교 안전진단에 따른 보수공사 실시설계"(서울시, 1997)에서는 459.90m로 주어지고 있다. 한강 강북 측 교량의 길이는 주어진 자료마다 L = 459.46m부터 459.90m까지 다양하게 기록되어 있는데, 이는 각 측량 주체마다 조금씩 측정오차를 보이는 것으로 판단된다.

그림 2.2.14 한강인도교 게르버 판형교 종단 구성도(용산 측)

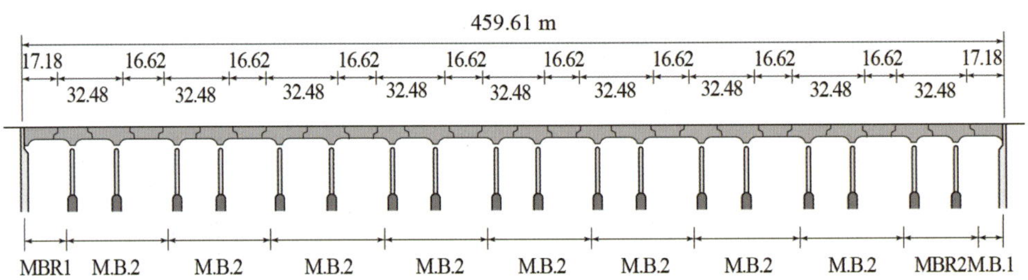

(a) 게르버교 종단면도

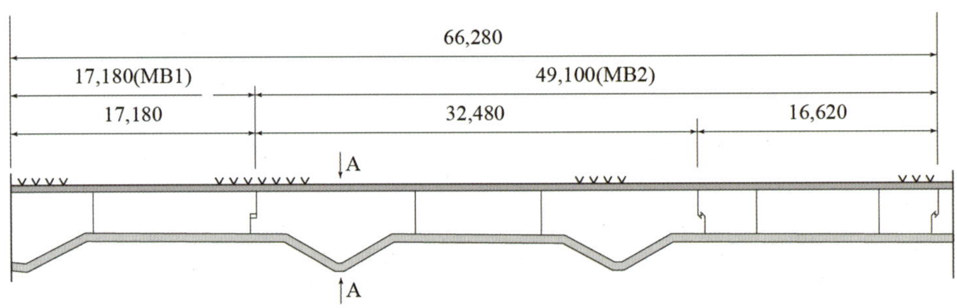

(b) 게르버교 종단면도

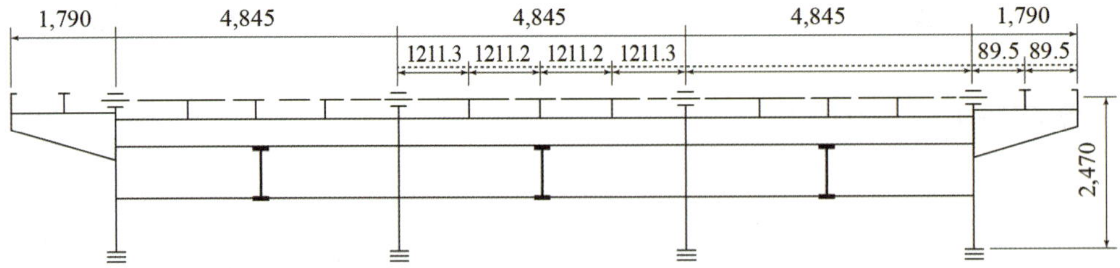

(c) 게르보교 교대부 횡단면도

한강인도교 게르버 라멘교의 횡단면은 너비 B = 18.12m, 그 높이는 교각 위에서는 H = 2.47m, 그리고 게르버 중앙부에서는 H = 1.52m로 되어 있다〈그림 2.2.14(b)〉. 강합성 판형교는 4개의 주형이 세로방향(다리 길이 방향)으로 약 4.85m 간격으로, 그리고 그사이 사이에 가로보(Floor Beam)가 가로 방향으로 약 5.2～5.4m 간격으로 설치되어 있다. 그 가로보 위에는 주형 사이에 세로보(Stringer)를 대략 1.211m 간격으로 3개씩 설치하여 바닥틀을 형성하였다〈그림 2.2.15〉. 그리고 양측으로 유지보수용 보도를 각각 0.895m씩 설치하였다. 게르버 판형교의 상부구조는 3가지 형태로 이루어져 있으나, 대부분 구간에서 사용된 형태는 〈그림 2.2.15〉와 같이 구성되어 있다.

그림 2.2.15 복구 게르버 판형교 상부구조 표준 단면도
서울특별시, 1983, 제1한강교(구교)

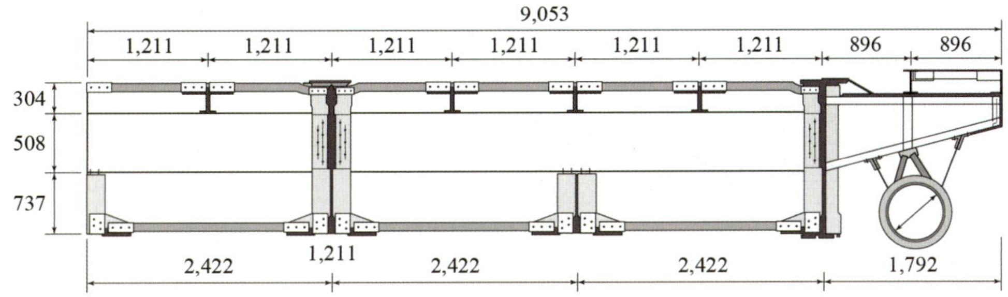

1958년 복구된 한강인도교 판형교의 바닥틀 구조가 우리의 흥미를 끄는 것은 복구 판형교 중앙에는 전차 궤도가 부설되어 있었다는 사실이다. 아쉽게도 이 전철 궤도는 1968년 11월 29일 저녁 8시에 전차 운행이 중단되면서 아스팔트 아래로 사라져버렸다. 그러나 1958년 서울시 한강인도교 설계도에는 또렷하게 그 흔적이 남아있다〈그림 2.2.16〉. 전차 궤도는 하중 28톤을 기준으로 설계되었다.

그림 2.2.16 전차 궤도 횡단면도
서울특별시, 1958, 제1한강교 설계도

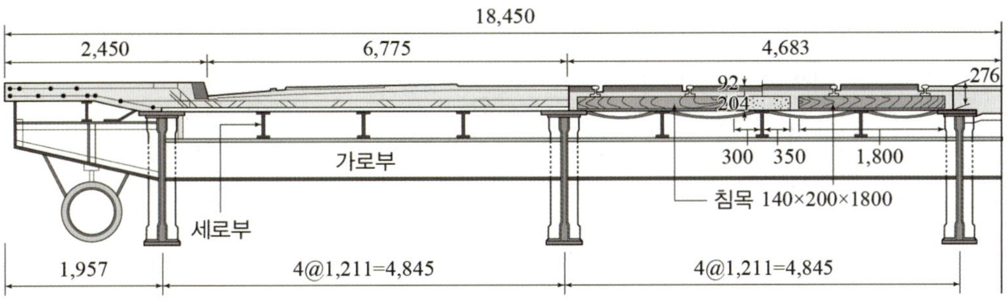

2.2.5.2 하부구조

가. 우물통기초

아치교의 구간에 서 있는 *Π*형 교각 6개는 각각 2개의 우물통기초 위에 가설되었다〈그림 2.2.17〉.

그림 2.2.17 복구된 한강인도교 아치교(수중부) 하부구조 일반도
서울특별시, 1958, 제1한강교 설계도

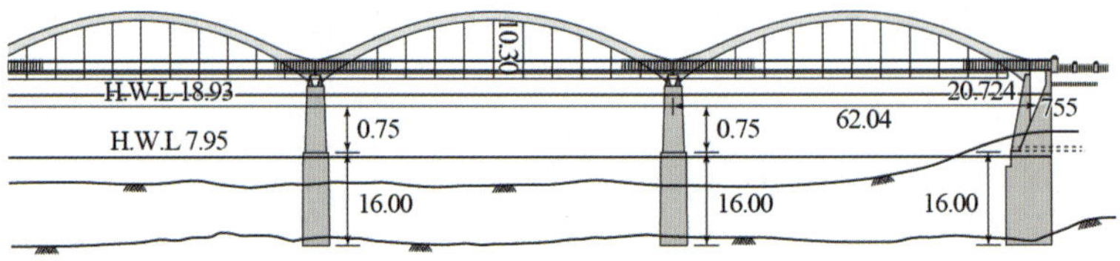

(a) 타이드 아치 구간 종단면도 부분도

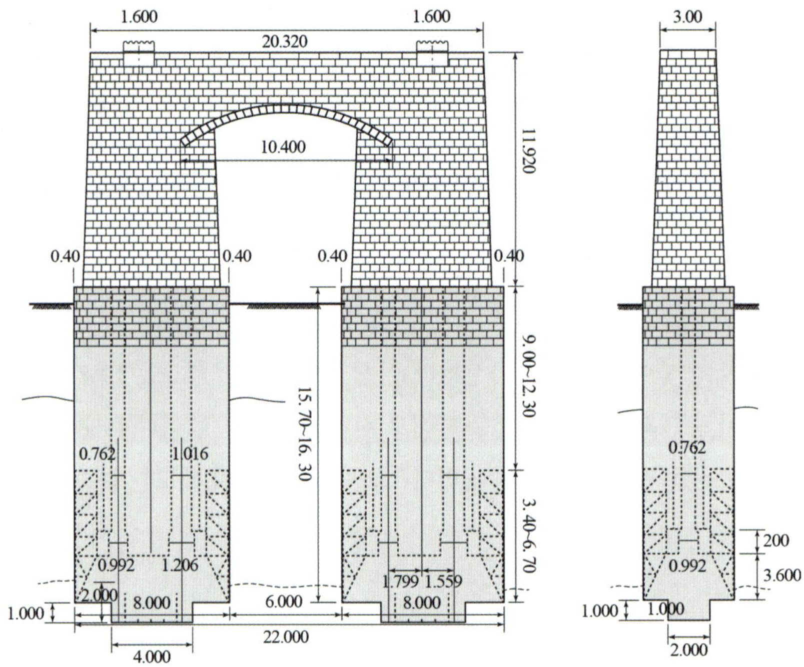

(b) 하부구조 정·측면도

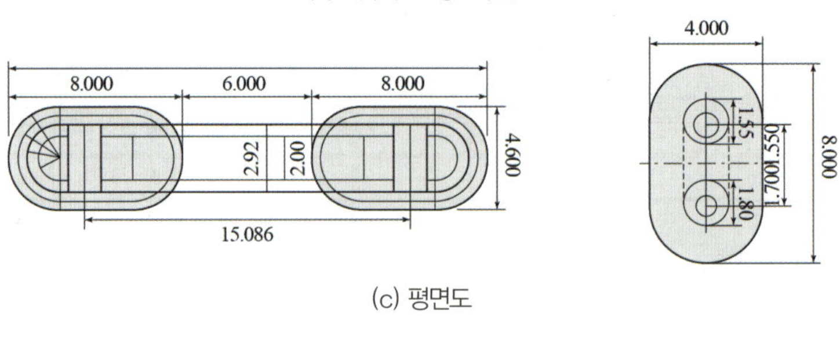

(c) 평면도

기록에 의하면 1937년에 건설된 한강인도교 수중부 기초는 강재 공기케이슨 공법으로 시공되었고 그 시공 방법은 한강철교 때 사용했던 공법과 큰 차이는 없을 것으로 판단된다. 우물통의 깊이는 대략 H ≈ 16.00m 정도된다〈그림 2.2.17(b)〉.

높이 H = 11.920m 되는 교각은 트랙형 형태를 취하는 2개의 우물통기초 위에 세워졌는데, 우물통의 긴 변은 8.0m 그리고 물 흐르는 방향으로는 4.6m의 폭을 가지고 있다(〈그림 2.2.17(c)〉. 교각 윗면에는 교량 받침을 놓아야 하는 받침대가 두 곳에 설치되어 있다.

한강대교 아치교 교각 기초 구조에 특이한 점은 일반 우물통의 구조와는 달리 우물통 상단에 덮개 콘크리트를 설치하지 않았다. 그 대신 바닥 수중 콘크리트와 두께 t = 1.40m 인 우물통 구체를 1 : 3 : 6(시멘트: 자갈: 모래)으로 콘크리트를 타설하여 우물통기초 작업을 시행하였다. 이에 더하여 작업구로 추측되는 원형 구멍에 1 : 3 : 6 비율의 현장타설콘크리트로 기둥을 4개 만들어 세웠다. 이는 현재의 우물통 설계 기술로는 이해할 수 없지만, 옛 선배들이 우물통 구체만으로는 교각을 지지하기 어렵다고 판단해서 추가적으로 기둥을 4개 세웠다고 추측해 본다.

한강인도교 아치교 노들섬 측 교대는 중력식 교대로 별다른 특징을 가지지는 않는다〈2.2.18〉.

그림 2.2.18 한강인도교 아치교 북측(노들섬 쪽) 교대
서울특별시 종합건설본부, 1983, 제1한강교(구교)

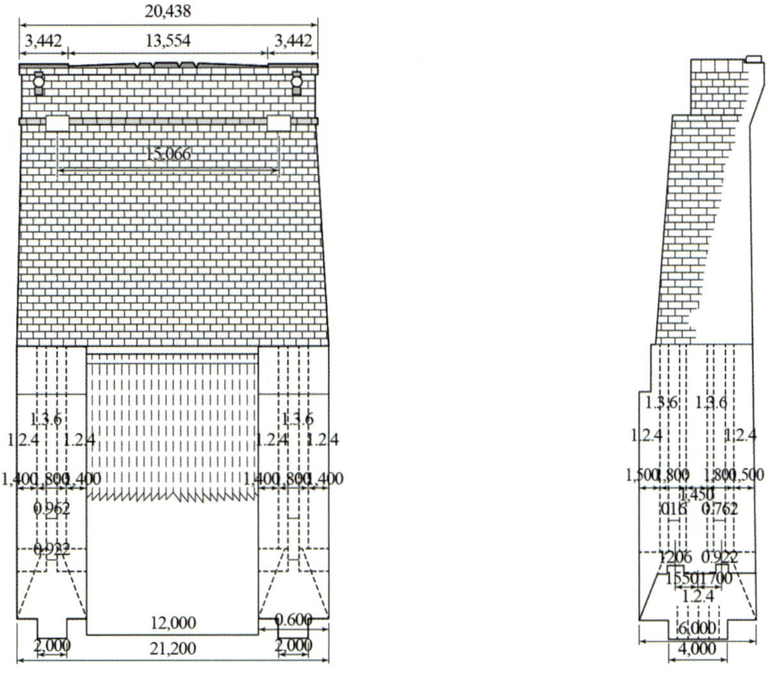

(a) 정면도　　(b) 외측 측면도

그림 2.2.18 한강인도교 아치교 북측(노들섬 쪽) 교대(계속)
서울특별시 종합건설본부, 1983, 제1한강교(구교)

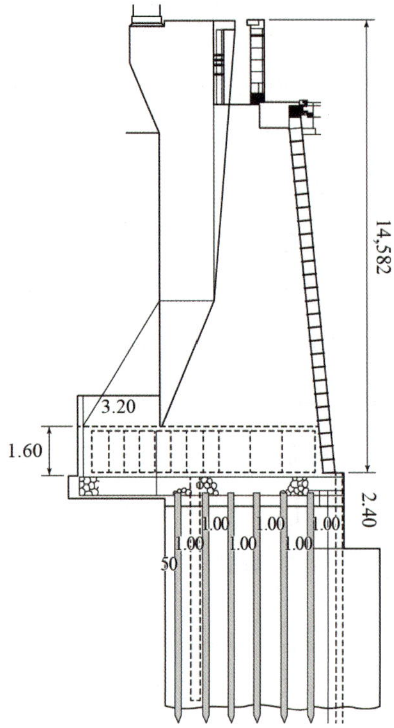

(c) 교대 중앙부 측면도

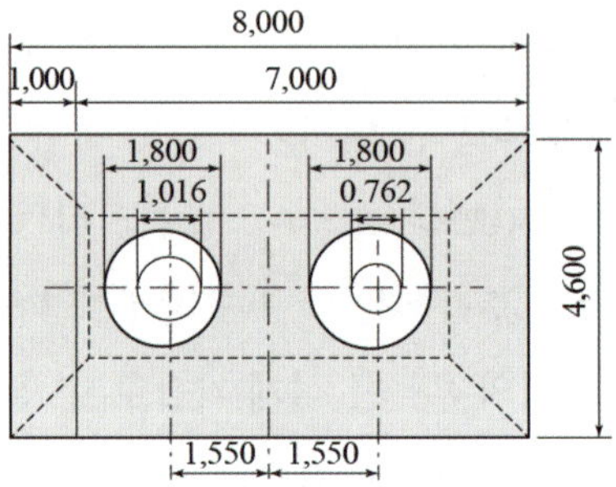

(d) 평면도

그러나 그 아래 축조된 기초는 매우 흥미롭게도 우물통기초〈그림 2.2.18(b)〉와 말뚝기초를 섞어 사용하였다. 이 말뚝기초는 현재 지반 보강용으로 많이 사용되고 있다. 아니면 한강인도교 아치교 북측 교대 밑 자갈밭에 축조한 기초를 우물통으로만 시공하는 것보다는 교대의 중앙부는 말뚝기초〈그림 2.2.18(c)〉로 처리하고, 교대 양쪽 외측으로 2개의 우물통기초를 만드는 것이 가장 공사비가 작게 든다고 현장 설계 책임자가 판단한 것으로 생각되기도 한다.

다만, 우물통은 일반적으로 원형으로 설계하는데 한강인도교 노들섬 교대에는 우물통이 직사각형의 모양을 하고 있다. 수중부 교각 기초와 마찬가지로 교대에서는 우물통 본체 두께가 T = 1.40m로 시공되었음에도 도면〈그림 2.2.18(a)/(d)〉에 보이는 2개의 원형 점선 기둥은 왜 필요했던 것인지 설계 엔지니어의 의도를 파악하지 못했다. 다만 일반 우물통과 달리 우물통 상단에 덮개 콘크리트를 설치하지 않고 양쪽에 각각 2개씩 현장타설말뚝 역할을 하는 기둥으로 사용했을 것이라는 추측을 해본다.

나. 게르버 판형교 교각

한강인도교 용산 측 게르버 판형교 교각은 문형 형식으로 설계되었다. 교각 기둥은 2층으로 이루어져 있고, 교각 상부에는 강성이 매우 큰 멍에(Coping)가 2개의 기둥과 함께 라멘 구조를 형성하고 있고, 교각 중간에 또 강성이 큰 가로보를 설치하여 횡방향 하중에 안전하게 견디도록 설계되어 있다〈그림 2.2.19〉. 교각 상부에는 4개의 판형을 받치는 4개의 교좌장치 설치 공간이 마련되어 있다.

그림 2.2.19 한강대교 게르버 판형교 구간 교각

서울특별시 종합건설본부, 1983, 제1한강교(구교) 보수공사

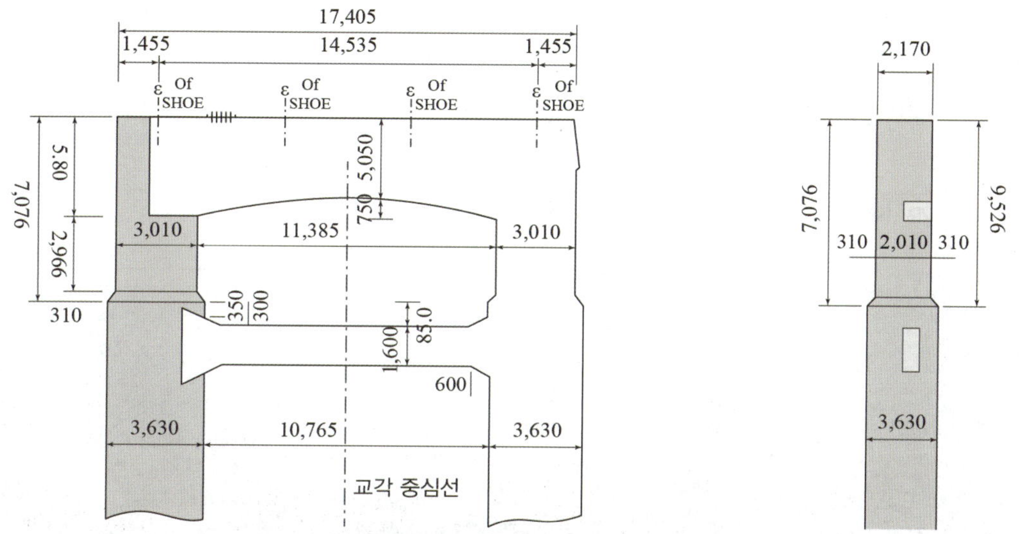

(a) 판형교 구간 교각 정·측면도

(b) 판형교 구간 교각 전경

2.2.6 제1한강교 확장(쌍둥이 다리의 신축)

한강인도교를 '제1한강교'라 부르기 시작한 것은 6·25 전쟁 이후인 1958년, 마포-영등포 간 제2한강교(양화대교) 건설 계획이 발표된 시점부터로 보인다. 그러나 이 계획이 박정희 군사 정변으로 무산되었다가, 1965년 1월 제2 한강교가 준공되면서 기존의 한강인도교를 제1한강교, 현 양화대교를 제2한강교, 한남대교를 제3한강교로 부르게 되었다. 이후 1984년 전두환 정부가 한강종합개발사업을 추진하면서 제1한강교의 명칭을 '한강대교'로 공식 변경하였다.

서울의 인구 급증과 교통량의 빠른 증가 추세에 따라 1979년 1월, 기존 4차선 교량을 8차선으로 확장하는 공사가 착수되어 1981년 12월 완공되었다〈그림 2.2.20〉. 1981년에 확장된 교량은 한강 하류에 제1한강교와 동일한 6경간 타이드 아치를 건설하고, 상류 측 노들섬-용산 구간에는 19 경간의 게르버 판형교를 가설하여 전체 규모를 두 배로 확장하였다〈그림 2.2.21〉.

그림 2.2.20 1980년대 후반 한강대교 전경(한강종합개발 사업 마무리 후)
서울특별시

확장된 아치교의 상부구조는 모양과 형식 면에서 1958년 전후 복구된 제1한강교와 동일하게 설계되었으나, 부재 간 연결 방법을 리벳 연결에서 고장력 볼트 연결과 용접 이음으로 변경하고, 또한 아치 구간에서의 하부 기초공법을 잠함 공법이 아닌 일반 우물통 공법을 사용한 점이 상이하다.

한강대교 복구공사와 확장공사 입찰에 성공한 현대건설은 이를 계기로 무명의 건설회사에서 국내 굴지의 건설회사로 도약하게 되었다.

그림 2.2.21 확장 한강대교 신교 종·평면도

서울특별시 종합건설본부, 1983, 제1한강교(구교) 보수공사

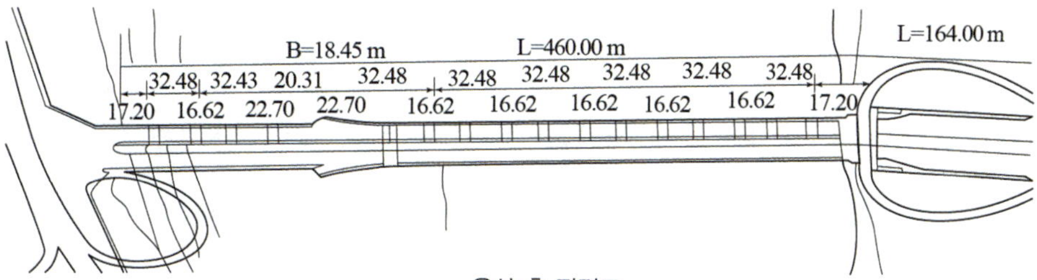

용산 측 평면도

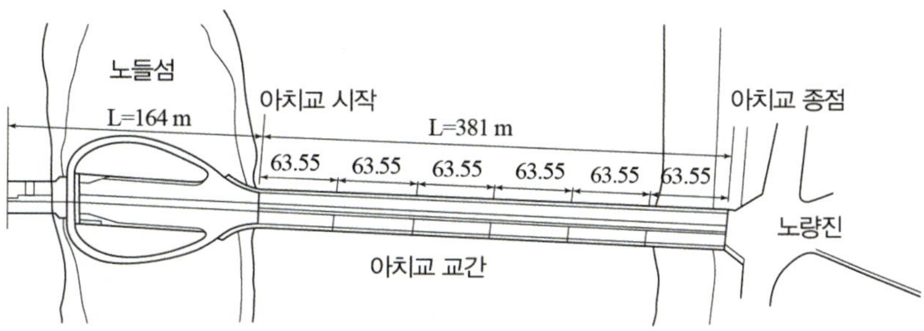

노량진 측 평면도

(a) 확장 한강대교 평면도

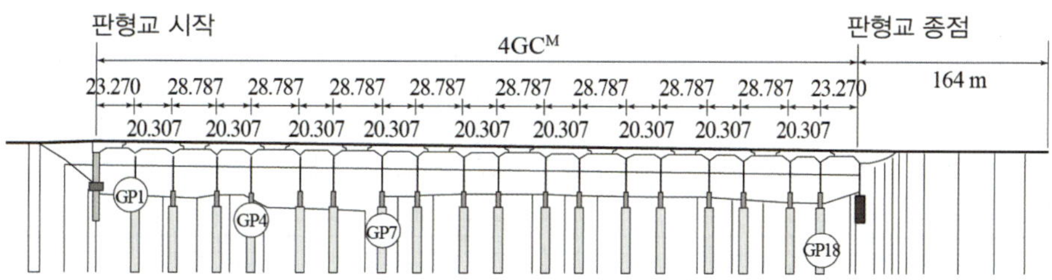

용산 측 종단면도

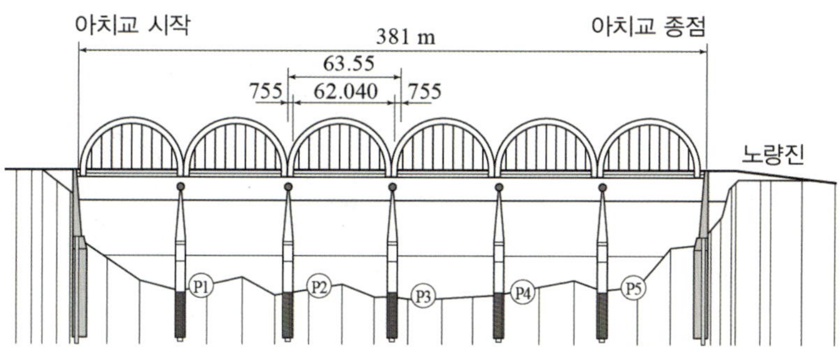

노량진 측 종단면도

(b) 확장 한강대교 종단면도

확장 인도교 아치교 구간의 경간 구성은 6·25 복구 교량과 같은 구성을 하고 있어,

L = 6@63.55 = 381.3 ≈ 381.0(m)

그리고 용산측 판형교의 경간 구성도는 다음과 같으며, 6·25 복구 판형교와 동일하게 경간이 구성되었다〈그림 2.2.21〉.

L = 17.18 + 8 @ 32.48 + 9@16.62 + 17.18 = 459.78 ≈ 460.0(m)

2.2.6.1 상부구조

가. 아치교

확장 아치교의 모든 제원도 1937년에 만들어진 한강인도교 아치교의 제원과 거의 일치한다〈그림 2.2.11〉. 다만, 부재 연결을 리벳이음에서 고장력 볼트나 용접이음으로 변경하여 작업한 시공법에 차이가 있다〈그림 2.2.22〉.

그림 2.2.22 확장 한강인도교 아치교 단부 일반도

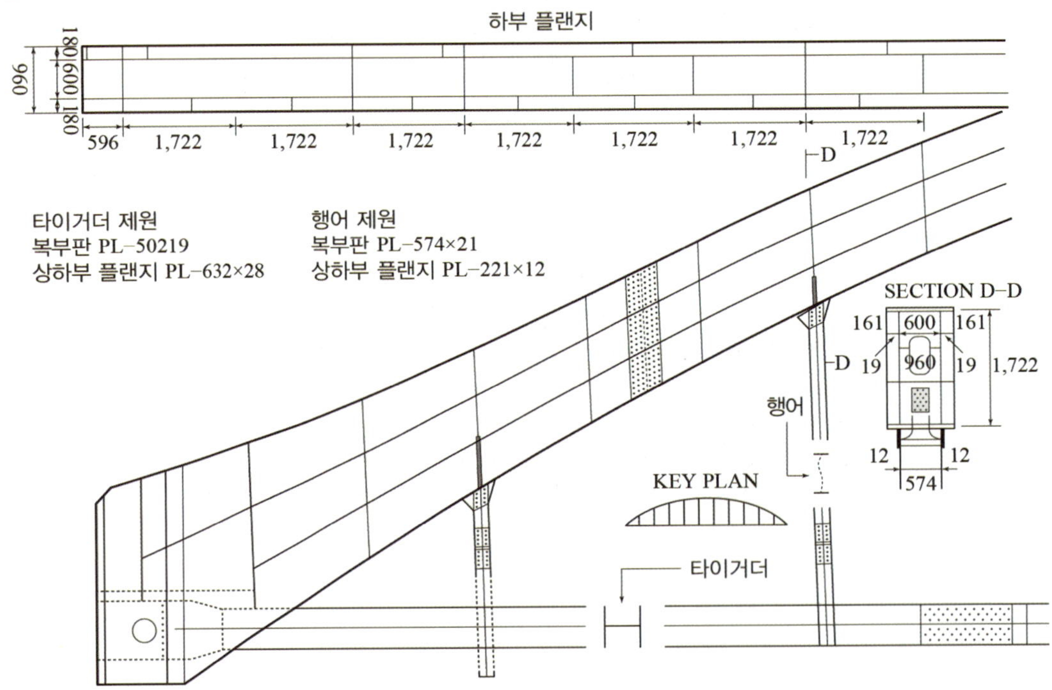

나. 용산 측 게르버 판형교

확장 한강인도교 판형교는 세 가지 종류의 경간장으로 구성되어 있는데 주형 G1의 길이는 LG1 = 23.169m, 주형 G2의 경간장은 LG2 = 20.307m이고, 게르버 지점이 설치되어 있는 주형 G3의 경간장은 LG3 = 28.787m로 구성되어 있다. 교각으로부터 게르버 지점까지의 거리는 6.086m이다〈그림 2.2.23〉. 따라서 판형교 전체 길이는 다음과 같다.

$$L_{판형교} = 17.084 + 9 \times 32.477 + 16.615 \times 8 + 17.384 \simeq 460m$$

그림 2.2.23 확장 한강인도교 게르버 판형교 종단면도

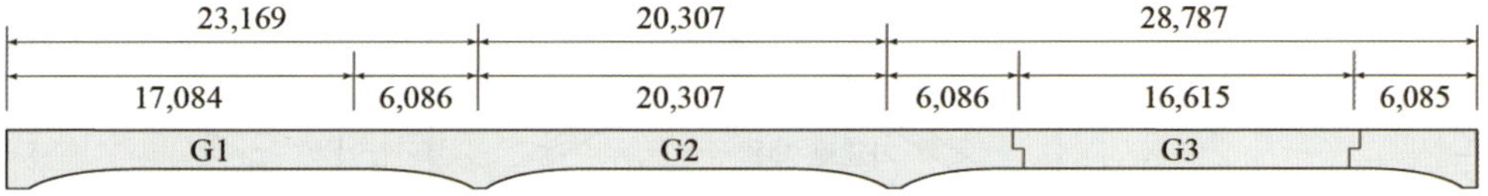

교량 확장 전 건설된 한강인도교 신교 게르버 구간 횡단면은 고전적 설계의 개념에 따라 4개의 판형을 4.8m 간격으로 세워 주형으로 삼고, 약 5.5m 간격으로 가로보(Floor Beam)를 주형과 연결하고, 가로보와 가로보 사이에는 1.2m 간격으로 9개의 세로보(Stringer)를 교축방향으로 설치하여 바닥틀을 구성하였다〈그림 2.2.24〉. 차도부 양쪽으로는 폭 1.8m의 보도를 각각 설치하였다.

그림 2.2.24 개축 한강대교(확장 전) 한강인도교 판형교 단면 개념도

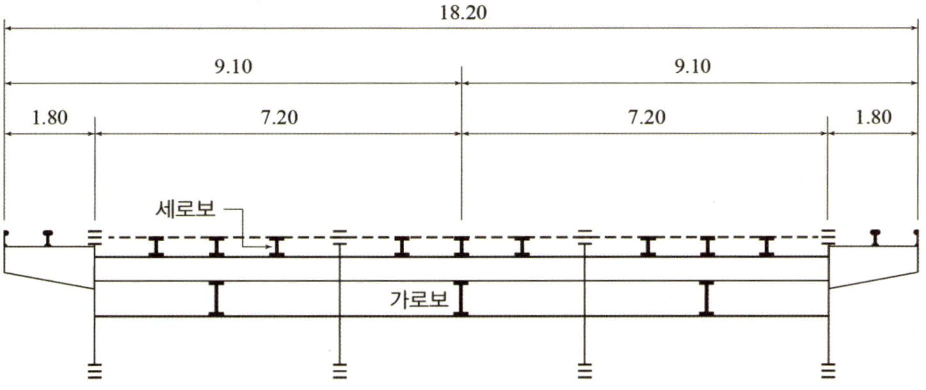

그러나 확장된 판형교의 단면은 주형과 약 5.5m 간격으로 연결된 가로보 위에 1.2m 간격으로 세로보를 배열하는 설계가 아니라 가로보의 상부 플랜지와 세로보의 상부 플랜지가 맞닿도록

바닥틀을 구성하였다〈그림 2.2.25(a)〉.

세로보와 콘크리트 바닥판과의 연결은 길이가 500mm인 직경 Φ16짜리 철근을 세로보 상부 플랜지에 용접하여 사용하였다. 또한 주형들 사이에 L = 130×130×9짜리 앵글을 브레이싱으로 사용하여 횡방향 강성을 증가시켰다.

그림 2.2.25 확장 한강대교 신교 게르버 판형교 경간 중앙부 횡단면도

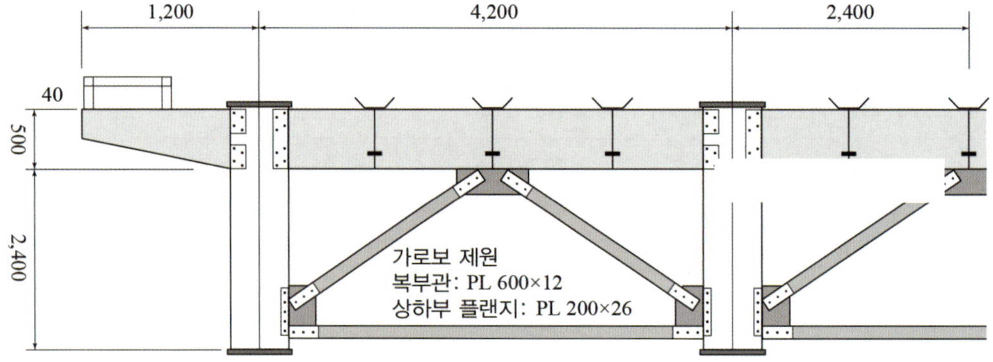

(a) 확장 게르버교 지점부 횡단면도

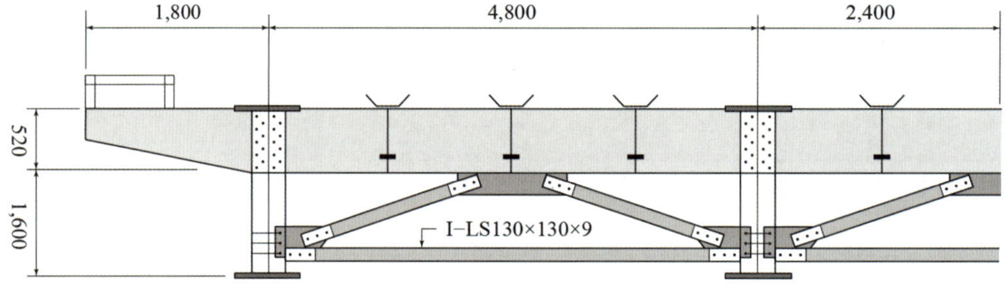

(b) 확장 게르버교 중앙부 횡단면도

2.2.6.2 하부구조

가. 아치교

1) 교대

한강대교 신교 아치교 교대는 A1, A2 교대 모두 중력식 교대로 축조되었다〈그림 2.2.26〉. 교대의 기초는 설계강도 σ_{ck} = 240kg/cm^{2}인 수중 콘크리트로 지반을 강화하고 그 위에 중력식 교대를 설치하였다. 여기서 수중 콘크리트의 그 깊이는 설계도에 기재되어 있지 않은 걸로 미루어 현장 조건에 맞게 시공한 것으로 생각된다.

그림 2.2.26 확장 한강대교 신교 아치교 교대 A1, A2 정·측면도

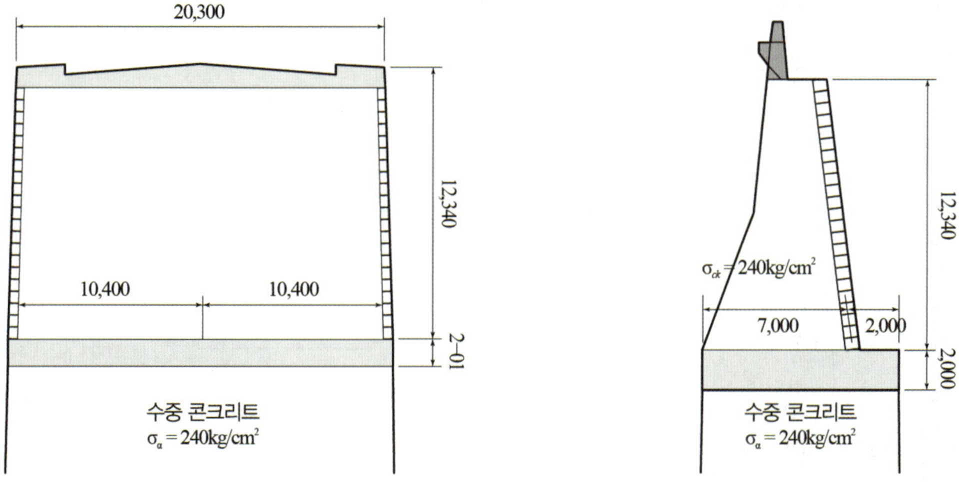

2) 교각

신교 아치교 수중부 교각은 기존 교량 교각과 마찬가지로 2개의 독립된 우물통기초 위에 문형으로 건축되었다〈그림 2.2.27〉.

그림 2.2.27 확장 한강대교 신교 아치교 하부구조 표준 단면도(교각 P1~P5, 〈그림 2.2.21(b)〉)

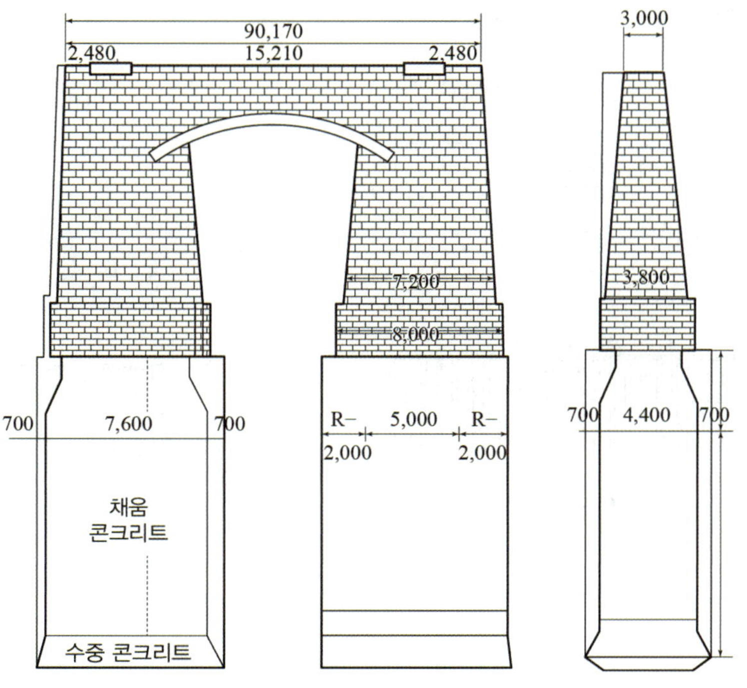

나. 판형교(게르버교)

한강대교 신교 용산 측 판형교 구간에 놓인 교대는 중력식 교대 형식을 취하고 있고, 그 교대 기초 설계에는 말뚝기초를 적용하였다〈그림 2.2.28〉.

1) 교대

그림 2.2.28 확장 한강대교 신교 교대 게르버 판형교 교대 GA1 정·측면도

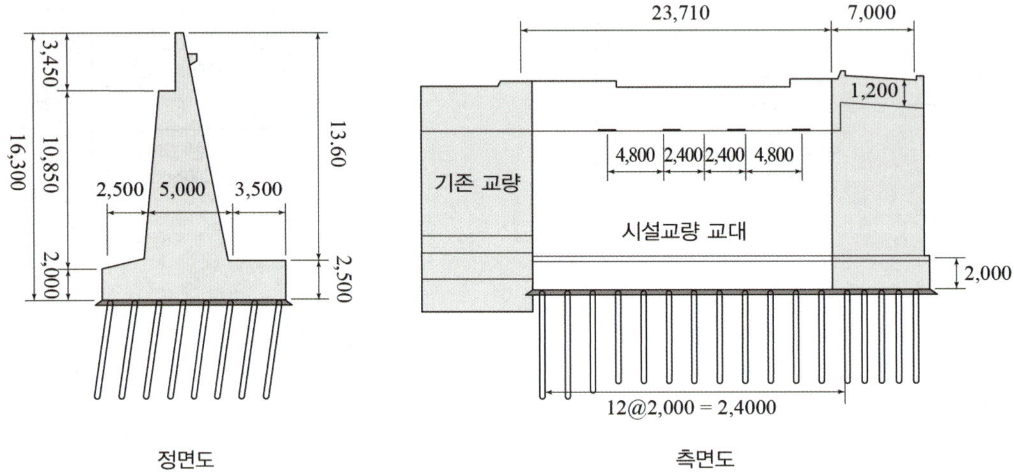

그림 2.2.29 확장 한강대교 신교 게르버 판형교 교대 GA2 정·측면도

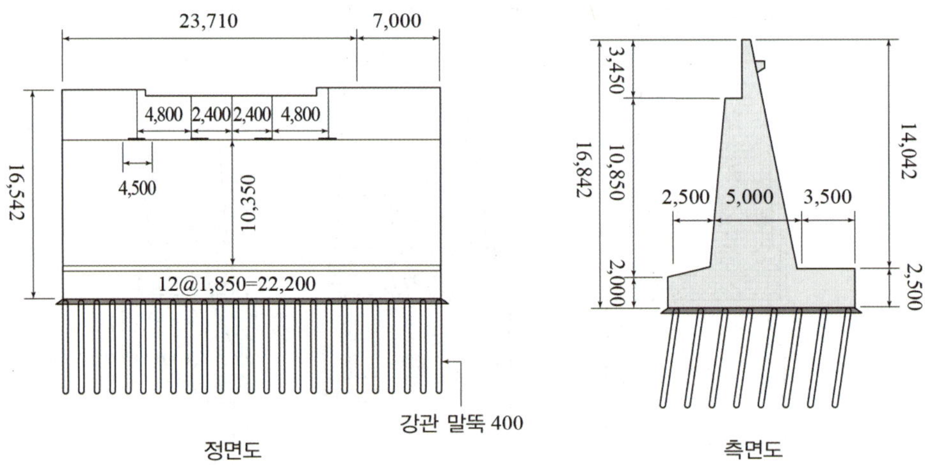

2) 교각

확장 한강대교 대부분 하부기초는 우물통기초로 되어 있고, 1개의 문형 교각 아래 2개의 독립 우물통기초를 세웠다. 우물통기초는 원형 기초로 그 직경 Φ = 5.20m로 하였고, 그 상부에 2.0m 두께의 우물통 덮개 콘크리트를 설치하였다. 그 위에 길이 a = 3.0m, 폭 b = 2.2m인 타원형 교각 기둥을 세우고 두 교각을 멍에로 강결하여 문형 교각 형태를 취하였다〈그림 2.2.30〉. 교각 멍에의 폭 B = 17.20m로 하고 4.8m 간격으로 4개의 교량 받침대를 설치하였다.

그림 2.2.30 확장 한강대교 신교 판형교 구간 하부기초 표준 단면도(GP 1~GP4, GP7~GP18〈그림 2.2.21(b-1)〉)

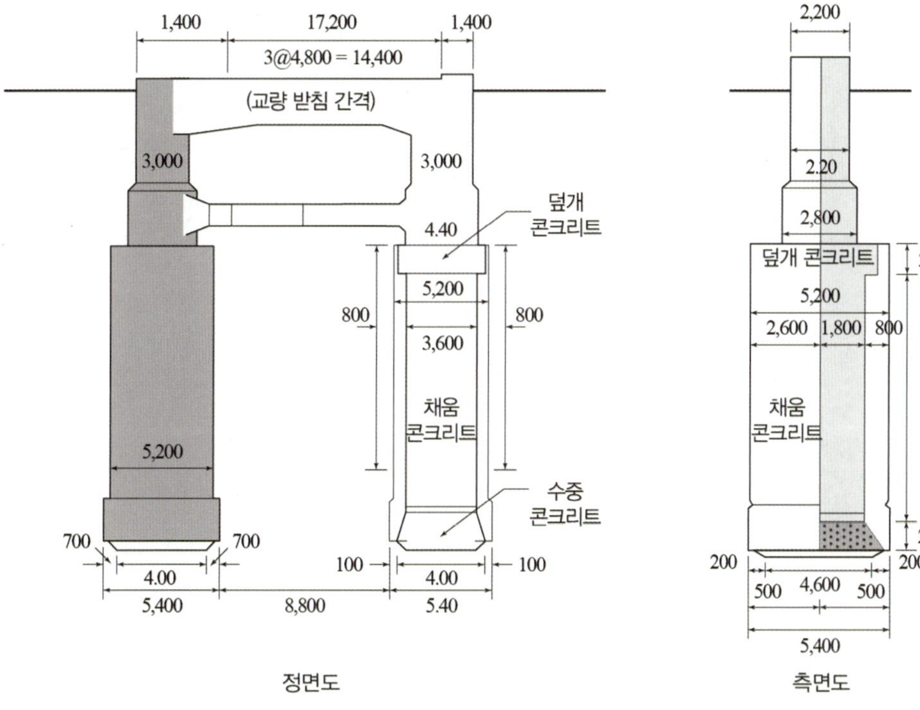

미주

[1] 윤준모, 1975, 『한국자동차 70년사(韓國自動車70年史)』, 교통신보사, 34~35쪽

[2] 이덕수, 2016, 『한강 개발사』, 264쪽 〈표 11〉, 한국건설산업연구원

[3] 조선총독부에 의한 제1기 치도사업 : 조선총독부가 1911~1915년까지 전국 26개 노선을 골라 이룩하려고 했던 도로 사업을 말한다. 한강인도교는 제1기 치도사업 계획에는 포함되지 않았으나, 1914년 사업 추진상황을 재검토하고 5개년 계획을 7개년 계획으로 변경하면서 한강가교공사를 제1기 공사로 앞당기고 그 대신 동래-경주 간, 전주-논산 간의 신작로 사업을 제2기 사업으로 늦추었다(조선총독부, 1937, 『조선토목사업지』, 109~111쪽 참고).

[4] 지간 : 교량 받침과 받침 사이의 거리
경간 : 교량이 설치되어 있는 교각과 교각 중심선 사이 거리

[5] 서울특별시 내 손안에 서울, 2022.10.17., 「'용산에서 노량진까지' 한강 가로지르는 최초의 인도교」, https://mediahub.seoul.go.kr/archives/2005902 (2025.11.20. 검색)

2.3

영남대로로 가는 길, 광진교

2.3.1 개요

조선 시대 사람들은 한양을 출발하여 현재의 한양대학교 앞 살곶이다리를 지나 광나루에서 한강을 건넌 뒤 광주와 충주를 거쳐 경상도 남단의 동래로(東萊路)로 향하거나, 혹은 원주를 지나 강원도 동해안으로 이어지는 평해로(平海路)를 따라 왕래하였다〈그림 2.3.1〉. 이처럼 광나루는 한양에서 충청도·경상도 그리고 강원도로 통하는 교통의 요충지였기 때문에, 조선 태종은 이곳에 북한강, 남한강과 하류의 한강 유역을 관리하며 조운(漕運)을 담당했던

그림 2.3.1 김정호의 『대동여지도』 부분도
서울대학교 규장각

좌도수참(左道水站)[1]의 책임자인 별감을 상주시켰다.

광나루의 위상은 세종 때 삼밭나루가 새로 개설되면서 기능이 다소 약화되었다. 이후 인조가 삼전도에서 청나라 임금에게 항복한 뒤 백성들이 삼밭나루를 꺼리게 되면서, 자연스럽게 송파나루에 그 옛 영광을 물려주었다.

그러나 일제강점기에 들어서면서 광나루는 다시 교통의 요지로 주목받았다. 1920년에는 나룻배를 발동기선으로 끌어 화물차나 버스와 같은 중량 화물도 건널 수 있게 되었고 1930년대에 이르러서는 교통량이 급증하여 자동차, 우차(牛車), 손수레가 수백 대에 이를 정도로 붐볐다. 홍수라도 나면 며칠씩 교통이 마비될 만큼 불편이 심해지자, 경기도는 이 지점에 다리를 건설하기로 정하였다.

이렇게 건설된 광진교(廣津橋)는 서울특별시 광진구 광장동과 강동구 천호동을 잇는 길이 L = 1,056m, 너비 B = 20m의 왕복 4차로 교량으로, 1976년 천호대교가 개통되기 전까지는 국도 3호선에 속해 있었다.

그림 2.3.2 광진교 위치도

2.3.2 광진교 구교

광진교는 서울 동쪽 지역을 통과하는 물류유통(物類流通)의 요로(要路)로서 1934년 8월 14일에 착공하여 1936년 9월 30일에 일본 기술자들에 의해 준공되었다〈그림 2.3.3〉. 이 다리 공사에는 공사비가 843,000원이 사용되었다.[2] 광진교의 착공과 준공 시기는 한강인도교 개축공사의 착공과 준공 시기와 거의 일치한다. 또한 광진교의 전체 길이도 L = 1,037.6m, 교폭 B = 9.45m로 한강인도교 L = 1.005m 보다 조금 더 길기는 하지만 큰 차이는 없다. 구 광진교의 길이는 철근콘크리트 T형교(게르버교) L = 608.1m(28 경간)와 강트러스교 L = 429.5m 총 L = 1,037.6m로 되어 있었다.

그림 2.3.3 일제강점기 '구천보통학교' 소풍 사진 속 옛 광진교
서울특별시 강동구

구체적으로 강 중심부에 놓인 광진교의 철재 트러스 7 경간은 강재 트러스로 그 경간 구성은 L = 49.5m(서부 교대 측) + 5 × 66m(유심부 구간) + 49.5m(동부 트러스 시작) = 429.5m로 되어 있었다〈그림 2.3.5〉. 한편 T형 라멘교는 L = 13.35 + 26@22 + 22.75 = 608.1m로 경간이 구성되어 있었다. 구 한강인도교〈그림 2.3.4〉의 철재 트러스 길이가 L = 7@60.6m = 424.2m이기 때문에 항간에는 광진교에 사용된 교량 트러스 부재가, 개축을 위하여 철거된 구 한강인도교 트러스 부재일 수도 있다고 생각하는 사람들도 있었다. 그러나 구 한강인도교의 트러스 형태는 단순지지된 강재 트러스인데〈그림 2.3.4〉, 광진교의 상부구조는 다경간 연속 트러스의 형태를 취하고 있어〈그림 2.3.3〉 전혀 다른 형태의 상부구조를 가지고 있고, 또한 구 한강인도교에 사용되었던 교량의 폭 B = 7.7m이고 광진교의 교량 폭 B = 9.40m로 단면의 차이가 있다. 마지막으로 구 한강인도교에서는 트러스를 구성하는 복부 사재

그림 2.3.4 옛 한강인도교

(Diagonal Member)로 두 줄의 인장 강봉(鋼棒)을 사용하고 있으나 광진교에서는 I형 단면을 사용한 것으로 보인다.

이러한 세 가지 이유에서 구 한강인도교 강재 트러스와 광진교에 설치되었던 강재 트러스는 상부구조가 전혀 다른 형태의 교량이라고 판단되고, 만약 광진교에 구 한강인도교 자재를 사용했더라도 광진교 트러스 구조 형태를 변경하려면 좀 더 긴 공사 기간이 필요했을 것으로 생각된다.

그림 2.3.5 옛 광진교 종단면도(7경간 강트러스교와 28경간 R.C[3] 게르버교)
대한토목학회, 1993, 광진교 하부구조 안전진단 연구 중간보고서

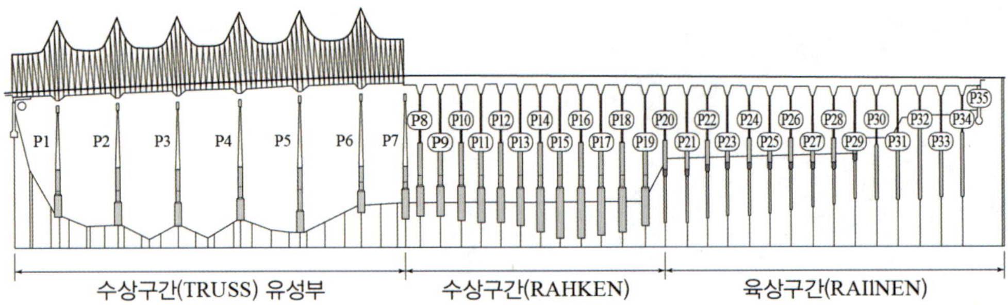

2.3.3 6·25 전쟁과 복구

광진교는 1936년 10월 준공된 이후 계속해서 서울의 동쪽 관문 역할을 해왔었다. 그러나 6·25 전쟁이 시작되고 바로 3일 후 1950년 6월 28일에 우리 군은 북한군을 저지하기 위해 한강대교, 한강철교와 함께 한강 유심부에 세워진 광진교의 7경간(Span) 주 트러스를 폭파할 수밖에 없었다. 그러나 중공군의 참전으로 전쟁이 고착되면서 중·동부 전선의 보급로 확보가 절실했던 미8군은 1952년 광진교의 유심부 7경간 강트러스 경간〈그림 2.3.5〉을 본래 있던 중력식 교대 사이에 라멘 구조의 교각을 가운데 하나씩 끼워 넣어 14경간(429.5m)을 게르버 형식의 강판형교로 재시공하였다〈그림 2.3.6(a)〉. 원래 강 트러스가 있던 강 유심부 경간장이 L = 66m였던 것을 중간에 교각을 하나 세워 경간장을 절반으로 줄인 다음, 2개 경간 중 한 경간에 게르버 지점을 둔 두 개의 단순보를 만들어 게르버 구조 시스템을 구성하였다. 즉 두 교각 위에는 길이 L = 44.8m, 높이 H = 1.8m의 강판형을 올려놓고〈그림 2.3.7〉, 그 옆에 길이 L = 21.20m 구간에는 높이 H = 1.22m의 강판형을 게르버 지점에 얹어 원래 강 트러스일 때의 경간 길이 66.0m와 일치시켰다〈그림 2.3.8〉. 따라서 복구 광진교 주경간 구성은 다음과 같이 변경되었다.

L = 16.5 + 11@33 + 22.5 + 27 = 429m

처음 광진교가 세워졌을 때 교폭 B = 9.40m였다〈그림 2.3.6(b)〉. 그러나 복구 과정에서 교폭 B = 9.45m로 조금 늘어나 차도폭 7.15m와 인도 2×1.15 = 2.30m로 시공되었다〈그림 2.3.7〉. 복구 과정에서 모든 강판형의 제작은 리벳 연결로 시행되었다.

그림 2.3.6 6·25 전쟁 중 복구된 광진교(1952년)
서울특별시, 1988, 『서울의 다리』, 84쪽

(a) 게르버 강판형교(유심부 구간)

(b) 콘크리트 게르버 구간

그림 2.3.7 44.8m 게르버 강판형(Steel Plate Girder) 종·횡단면도

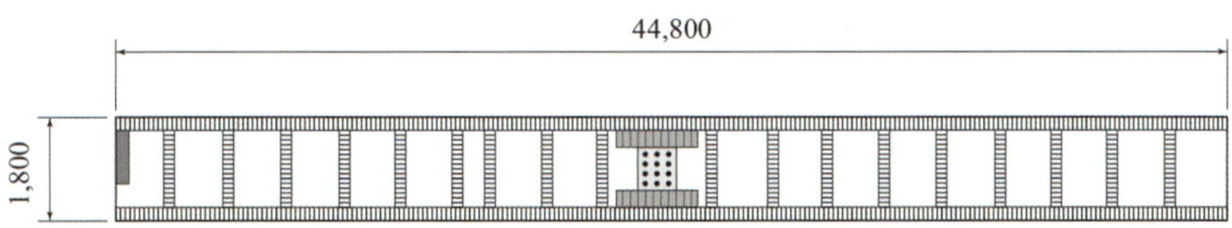

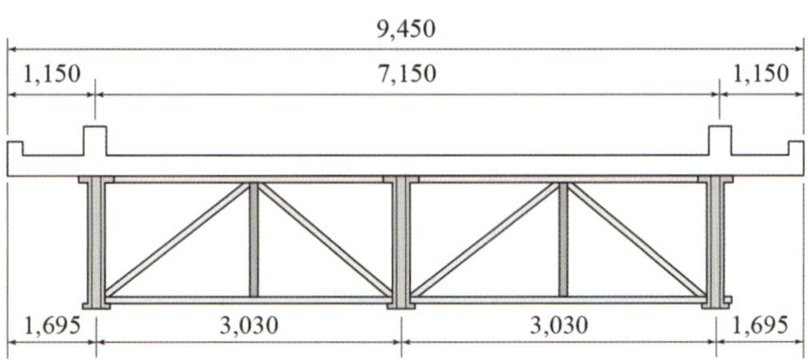

횡단면도

그림 2.3.8 21.20m 강판형 종·횡단면도

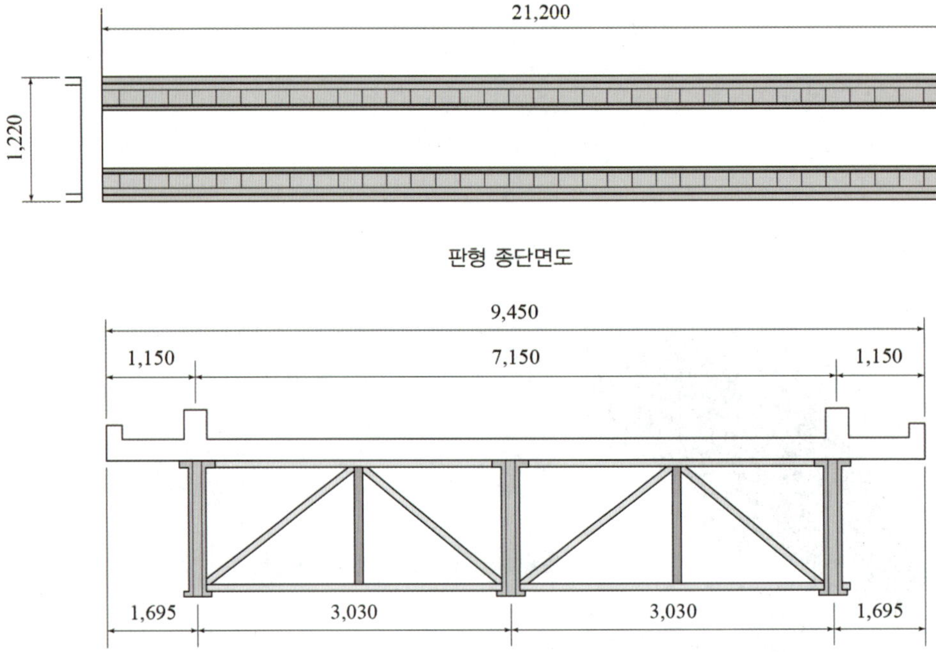

판형 횡단면도

나머지 구간, 교각 P15부터 P42까지 608.1m는 28 경간 게르버 형식의 T형 철근콘크리트 빔 형태로 응급 복구되었다. 이때 라멘 형태의 콘크리트 교량 경간장은 L = 23m로 설계되었고, 게르버 교의 받침은 〈그림 2.3.9〉에서 보는 것처럼 라멘 교각 중심선에서 외측으로 5.20m 떨어져 설치하였다. 따라서 복구 광진교 콘크리트 T형 게르버교 구간의 경간 구성은 L = 5 + 25@23 + 5 = 608m로 정리할 수 있다.

그림 2.3.9 콘크리트교 게르버 받침 위치

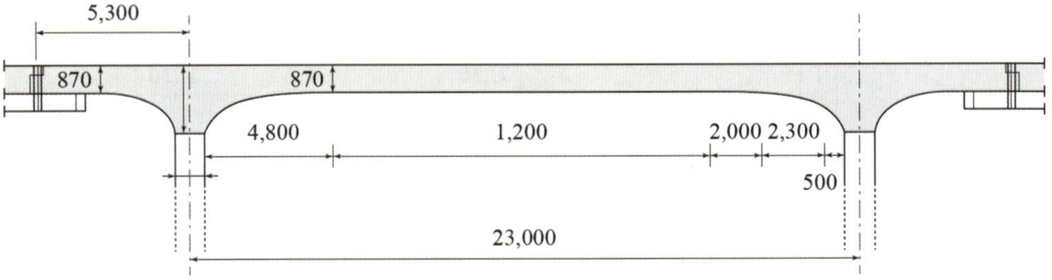

시간이 흐르면서 교통량이 증가하고 구조물이 노후화되었으며, 홍수 등 자연재해가 겹치면서 여러 차례의 손상이 발생했다. 1960년에는 11번 교각이 침하되어 임시 복구를 실시하였고〈그림 2.3.10〉, 1972년에는 철근콘크리트 게르버 받침이 파손되어 I빔으로 보수하였다〈그림 2.3.10〉.

이후에도 보수공사가 반복되었으며, 1984년 9월에는 홍수로 인해 광진교 11번 교각에 다시 심한 처짐이 발생하였다〈그림 2.3.11, 그림 2.3.12〉. 이에 따라 서울시는 다음 해인 1985년 침하한 11번 교각을 강재 교각으로 보강하고, 1.5톤 이하 소형 차량의 통행만 허용하기로 하였다.

그림 2.3.10 I빔 보강 콘크리트 게르버교
서울특별시, 1988, 『서울의 다리』, 84쪽

그림 2.3.11 1984년 대홍수로 11번 교각이 침하된 광진교 종단면도(14경간 단순 판형교 + 28경간 R.C 게르버교)
서울특별시, 1985, 광진교 안전진단보고서, 5쪽

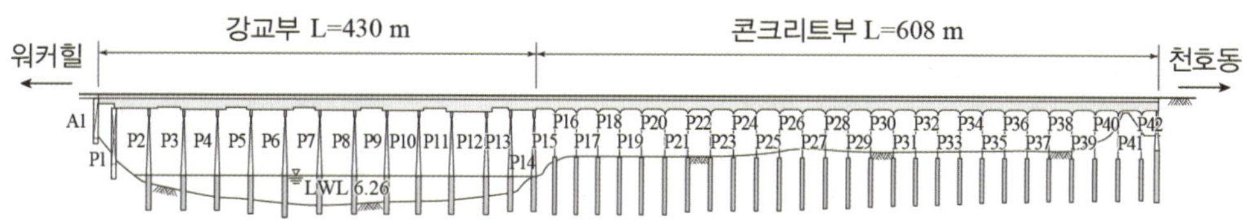

그림 2.3.12 11번 교각(P11) 침하 상세도

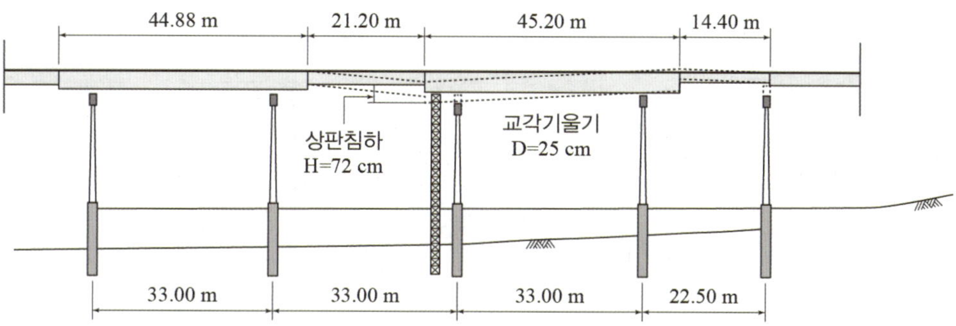

6·25 전쟁 중에 복구된 광진교의 교각은 크게 중력식 교각과 라멘형 교각으로 대별되는데, 〈그림 2.3.11〉의 교각 번호 2, 4, 6, 8, 10, 12는 중력식 교각으로 1936년에 구축된 교각이고〈그림 2.3.13(b)〉, 교각 번호 3, 5, 7, 9, 13은 1952년에 건설된 교각이다〈그림 2.3.13(c)〉. 교각 번호 15부터 41까지는

라멘형 교각〈그림 2.3.13(d)〉으로 1936년에 구축되었을 것으로 보인다.

콘크리트 기초는 1935년에 공사한 것이며, 당시에는 교량 기초는 암반까지 도달하도록 관입시키는 것이 관례였다. 유심부의 교각 기초는 그 반수가 1953년 5월 응급 복구로서 준공된 것이고, 〈그림 2.3.11〉에서 교각 기초 12번부터 26번까지는 평화 시에 건립한 것이다.

그림 2.3.13 전쟁 중 복구된 광진교 하부 구조도

(a) 구 광진교 전경

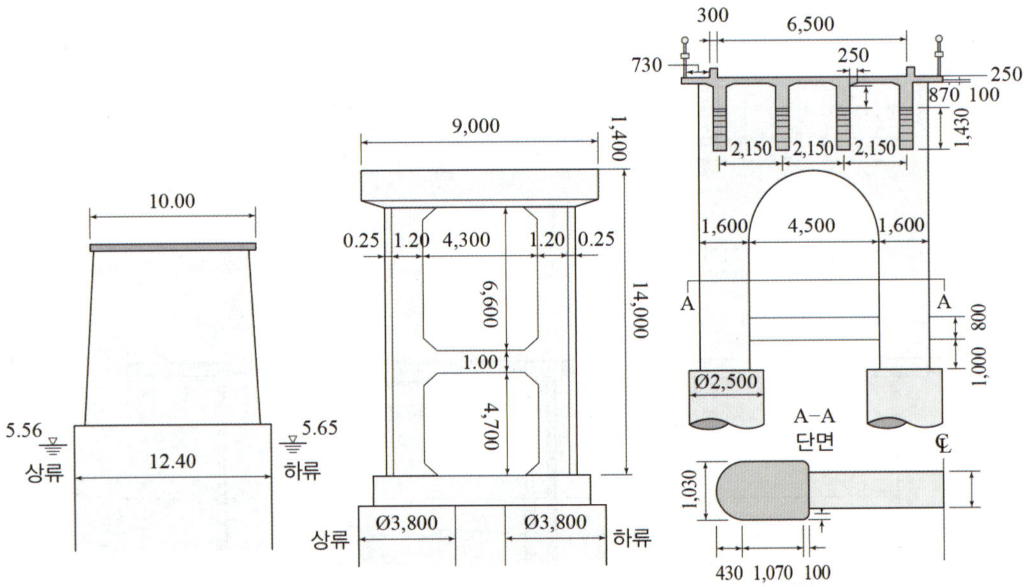

(b) 교각 번호 2, 4, 6, 8, 10, 12　(c) 교각 번호 3, 5, 7, 9, 13, 14　(d) 교각 번호 15~41(콘크리트교 하부 구조도)

서울시는 1992년 12월에 다시 전면 개수공사를 착공하고, 전체 슬래브와 라멘교 27기 및 중력식 교각 7기를 철거하였다. 철거 당시 기존 광진교의 길이 L = 1037.60m, 교폭 B = 1.2(보도) + 7.0(2차선 차고) + 1.2(보도) = 9.4m였고, 설계하중은 DB-9를 기준으로 설계하였다.

2.3.4 광진교 신교

서울시는 서울시 동부지역의 남과 북을 연결하는 기존 교량을 확장하여 천호대교의 교통량을 분사시키고, 동시에 암사동 및 명일동 지역의 교통 흐름을 우회 처리하기 위하여 기존 광진교를 철거하고 길이 L = 1,055.85m, 폭 B = 20.0m인 새로운 교량을 1997년 3월 18일에 착공하여 2004년 12월 22일에 준공하였다.

6·25 전쟁 시작과 함께 폭파된 광진교는 미8군의 도움을 받아 응급 복구하였으나, 1960년에는 교각 11번이 침하되어 임시 보수하였다. 1972년에는 철근콘크리트 게르버교 힌지 부분이 교통량 증가와 홍수 등 자연재해로 손상되어 여러 번에 걸쳐 I형 보로 보수하였다. 1973년 8월 19일에는 철근콘크리트 게르버 교량에서 버스가 추락하는 사고가 일어나고, 1984년 9월에는 예기치 못한 홍수에 11번 교각이 다시 파손되어 서울시는 광진교 위에 차량 통행을 제한할 정도로 다리의 훼손이 심각한 상태였다. 그러나 서울시는 전쟁이 끝난 후 노량진-영등포를 잇는 경인선 축으로만 팽창하고, 박정희의 제3공화국 시절에도 서울은 경부 축으로 확장되었다. 이런 상황에서 서울의 강동지역은 정부로부터 외면당하는 꼴이 되면서 광진교는 매우 열악한 보존상태에 놓이게 되었고, 이에 따라 구조적 안전 문제가 계속해서 크게 대두되었다. 그러다가 서울시는 1994년 성수대교 붕괴사고 이후 실시한 한강 교량의 정밀안전진단에서 광진교의 심각한 구조 안전의 문제가 제기되자 당산철교와 같이 철거하기로 결정하였다. 이후 서울시는 1997년 3월에 공사를 시작하여 2004년 12월, 길이 L = 1,056m, 너비 B = 20m인 4차로 규모의 지금 우리가 보는 광진교 신교를 개통하였다〈그림 2.3.14, 그림 2.3.15〉. 전체 공사비는 10,180,000,000원이 소요되었다.

그림 2.3.14 광진교 신교 전경

2005년 광진교

2023년 광진교

2.3.4.1 광진교 신교 교량구조 설계

광진교 신교의 구성은 L = 118.25(BR 1) + 132.00(BR 2) + 184.25(BR 3) + 176.00(BR 4) + 176.00(BR 5) + 167.35(BR 6) + 102.00(BR 7) = 1,055.85m로 되어 있다〈그림 2.3.15〉.

경간 구성에서 강북 측 유심부 7 경간 434.50m(BR 1 + BR 2 + BR 3)는 강상형교(Steel Box Girder Bridges)로 되어 있고〈그림 2.3.16〉, 나머지 고수부지 12 경간 519.35m(BR. 4 + BR 5 + BR 6)과 올림픽대로 횡단부 102.00m(BR7) 5경간은 강판형교(Steel Plate Girder Bridges)로 구성되어 있다〈그림 2.3.17〉.

그림 2.3.15 광진교(신교) 종·평면도

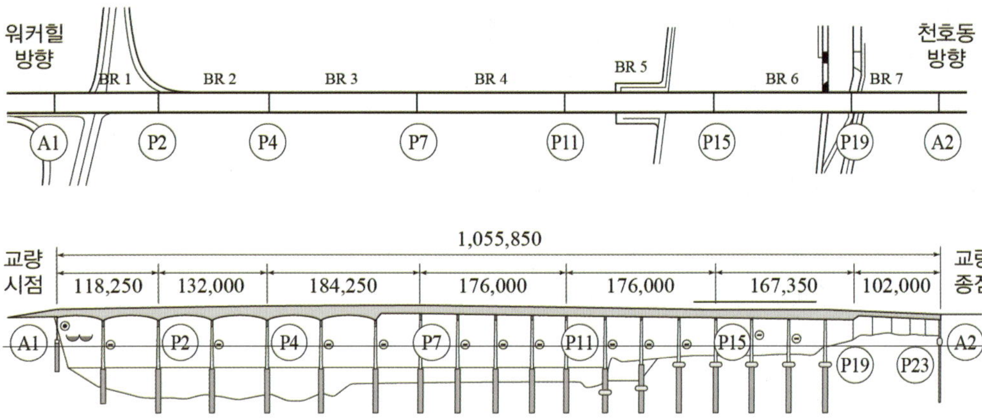

여기서 교량의 길이는 각각 다음과 같다.

BR 1 = 52.25 + 66.00 = 118.25m

BR 2 = 2@66.00 = 132.00m

BR 3 = 2@66 + 52.25 = 184.25m

BR 4 = 4@44.00 = 176.00m

BR 5 = BR 4 = 176.00m

BR 6 = 3@44 + 35.35 = 167.35m

BR 7 = 18.00 + 3@22 + 18.00 = 102.00m

삼환기업에서 시공한 광진교 신교의 경간 구성은 총 24경간으로 L = (52.25 + 66) + (2@66) + (2@66 + 52.25) + (2@4@44) + (3@44 + 35.35) + (18 + 3@22 + 18) =1,055.85m로 되어 있다.

여기서 주경간 상부구조는, 유심부에서는 강상형교로 그리고 둔치구간에는 강판형교로 시공되었고, 연결도로에는 강합성형교와 라멘교가 건설되었다.

구조 설계 방법으로는 강교의 경우에는 허용응력설계법[4]을, 그리고 철근콘크리트 구조는 강도설계법을 적용하여 설계하였다. 이때 설계 차량하중은 DB-24를 적용하였고 또한 내진설계도 함께 수행되었다. 차량의 제한통행하중은 40톤으로 하였다.

가. 교량 신교의 상부구조

광진교(신교)의 설계를 책임진 제일 ENG 구조 설계팀은 교량 상부구조 형식을 두 구간으로 나누어 선정하였는데, 교대 A1부터 교각 P7까지 L = 434.50m 구간은 강합성 강상형교(Steel-Concrete Composite Box Girder Bridge)로 그리고 교각 P7부터 교대 A2까지 L = 621.35m 구간은 강합성 판형교로 하였다. 광진교 신교의 교량폭은 B = 20.0m로 왕복 4차선 도로교이다. 각 차선폭은 3.25m로 정하고, 측대(보호길어깨)를 포함한 차로폭은 2 × 7.5 = 15.0m로 하고. 양옆에 설치된 인도폭은 각각 2.50m(연석과 난간 포함)로 정하였다〈그림 2.3.16〉.

그림 2.3.16 광진교 신교 강상형교 표준 단면도

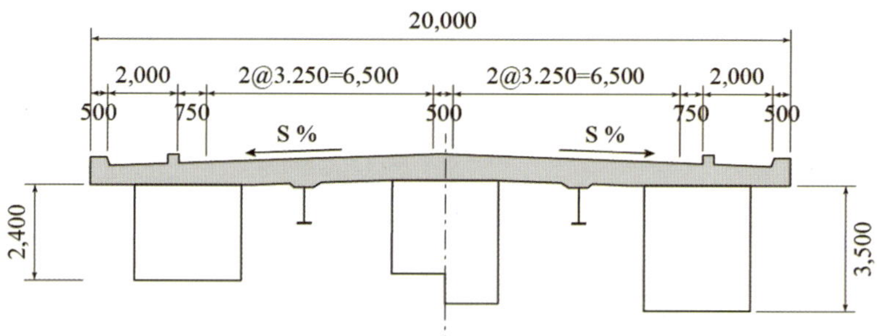

(a) 본선 강상형 표준 단면도

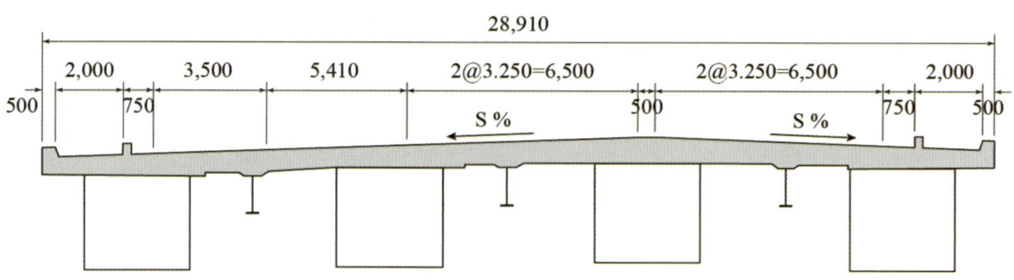

(b) 본선 확폭부 강상형 표준 단면도

강상형 구간에서는 표준 단면으로 높이 H = 3.50m의 강상형(Stell Box Girder) 3조(組)를 세우고〈그림 2.3.16〉, 강판형교 구간에서는 높이 H = 2.4m인 판형(Plate Girder) 8조를 설치하였다〈그림 2.3.17〉.

그림 2.3.17 광진교 신교 강판형교 표준 단면도

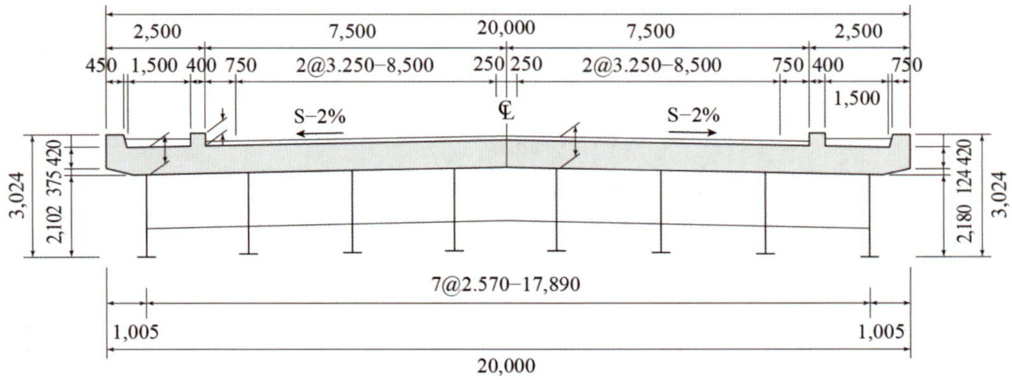

(a) 판형교 단 지점부 표준 단면도

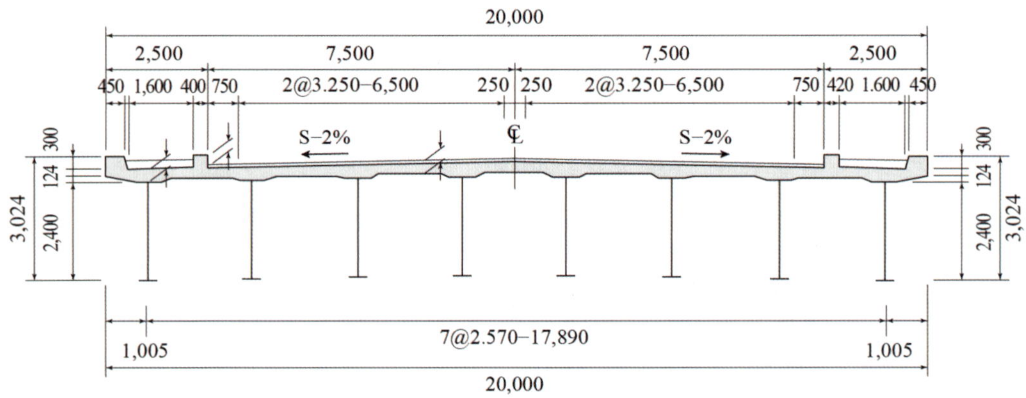

(b) 판형교 정모멘트부 표준 단면도(Br.4/Br.5)

광진교 본선과의 연결도로는 강합성형교와 라멘교로 건설하였다〈그림 2.3.18〉.

그림 2.3.18 연결도로 교량 형식

대한토목학회, 2004, 『한국 토목 걸작선』

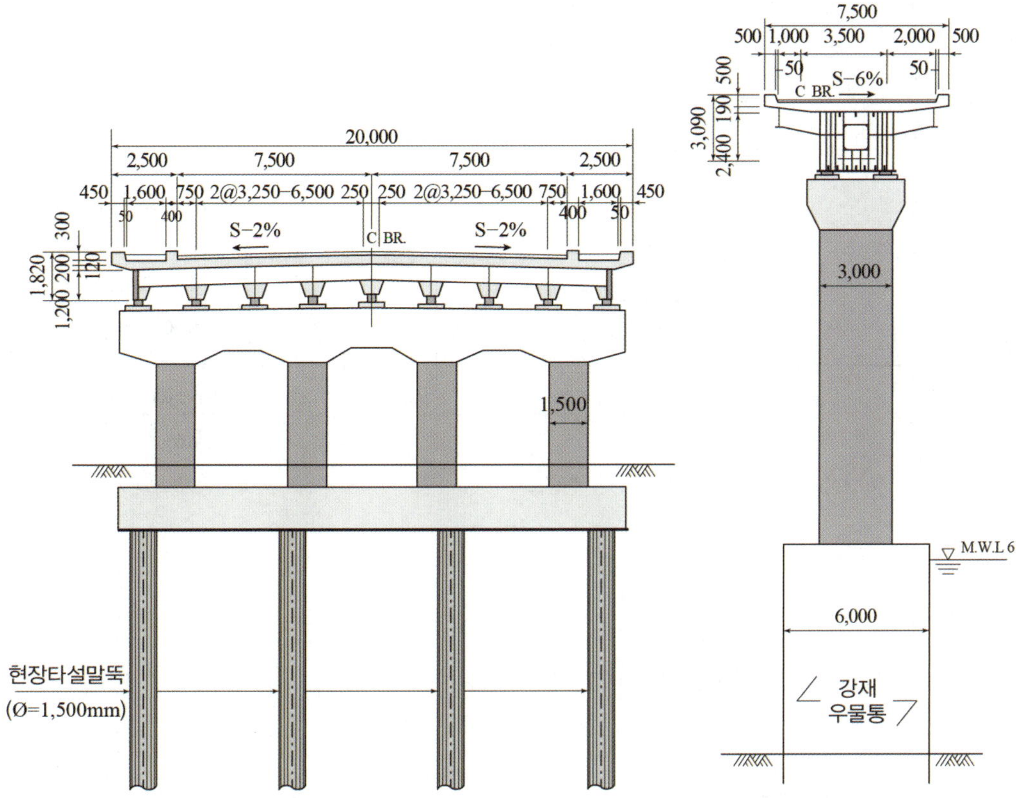

강판형교(올림픽대교 횡단구간)　　　강 박스거더 램프교(천호동 구간)

나. 하부구조

하부구조는 강도설계법이 적용되었고, 내진 1등급으로 설계하였다. 적용된 재료 강도로는 콘크리트 강도 σ_{ck} = 240kg/cm^2, 철근 인장강도 σ_y = 3,000kg/cm^{2}를 기준으로 하였다.

1) 교대

광진교 신교 교대는 시점 측에는 높이 H = 9.0m, 종점 측에는 높이 H = 9.2m인 역 T형 단면을 갖게 설계되어 있는데, 교대 기초의 형식은 시점 측에는 직접확대기초로, 그리고 종점 측에는 강관파일 말뚝기초로 시공되어 있다.

그림 2.3.19 광진교 신교 시점부(워커힐 방향) 교대 A1 정·측면도

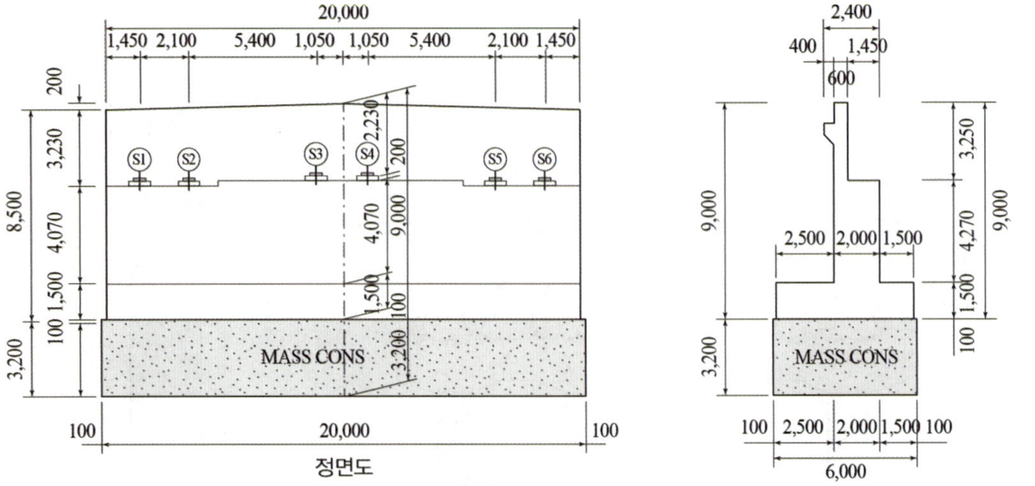

(a) 시점부(워커힐 방향) 교대 A1 정·측면도 (b) 종점부(천호동 방향) 교대 A2 정·측면도

2) 교각 기초와 교각

① 교각 기초

교각 기초 형식으로는 교각 P1에서 P19까지 모두 우물통기초를 설치하였다. 교각 P1부터 교각

그림 2.3.20 강재 우물통 정·측면도(P1, P4, P5)

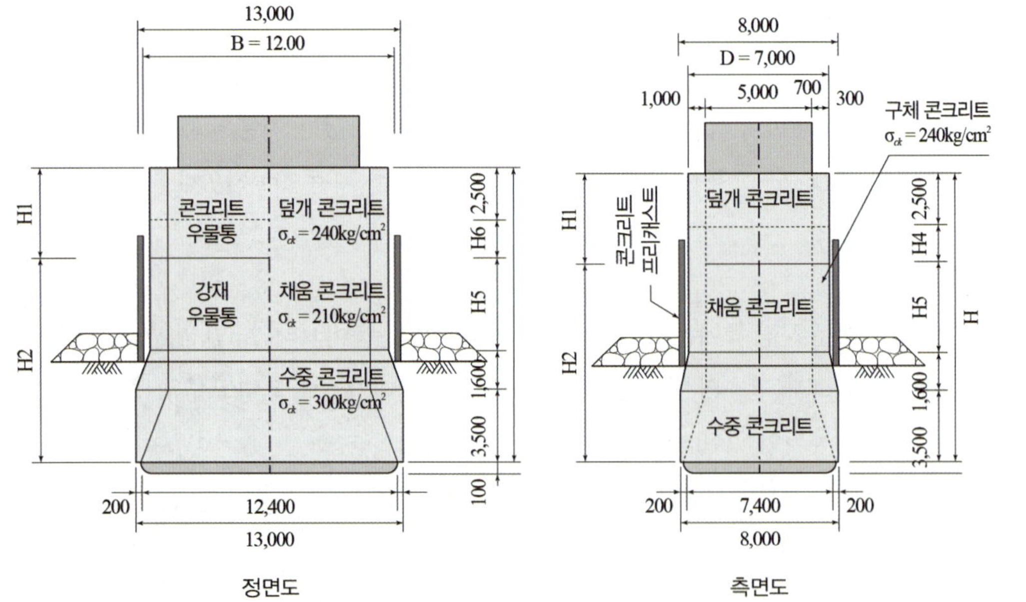

P13까지는 강재 우물통으로, 그리고 나머지 교각 P14부터 교각 P19까지는 콘크리트 우물통기초로 시공되었다. 기존의 우물통기초는 하상까지 철거하였다. 그리고 나머지 교각 P20에서 교각 P23(4주식 교각)까지와 교대 A2 아래에는 강관파일 말뚝기초 Φ = 508× 12T로 시공하였다.

유심부에서 일반부 교각에 사용된 트랙형 우물통은 D = 7.0m(B = 12.0m)를 적용하였고〈그림 2.3.20〉, 확폭부 교각 트랙형 우물통은 D = 7.0m(B = 20.5m, 16.5m)로 하였다.

이때 우물통 몸체의 콘크리트 설계강도는 σ_{ck} = 240kg/cm^{2}를 기준으로 하였다〈그림 2.3.20〉. 그리고 올림픽대로 횡단부에 위치한 4주식 교각에는 강관말뚝기초 Φ = 508× 12T는 연암 하단 1.0m까지 근입하도록 하였다.

② 교각

광진교 수중부 하부 교각의 형식은 경사진 2개의 기둥과 멍에(코핑)를 라멘 형태로 일체화한 V형 모양의 교각으로 구성되어 있고〈그림 2.3.21(a)〉, 확폭부 구간에는 다주식 라멘교 형식을 취하고 있다〈그림 2.3.21(b)〉.

그림 2.3.21 광진교 신교 교각 정·측면도

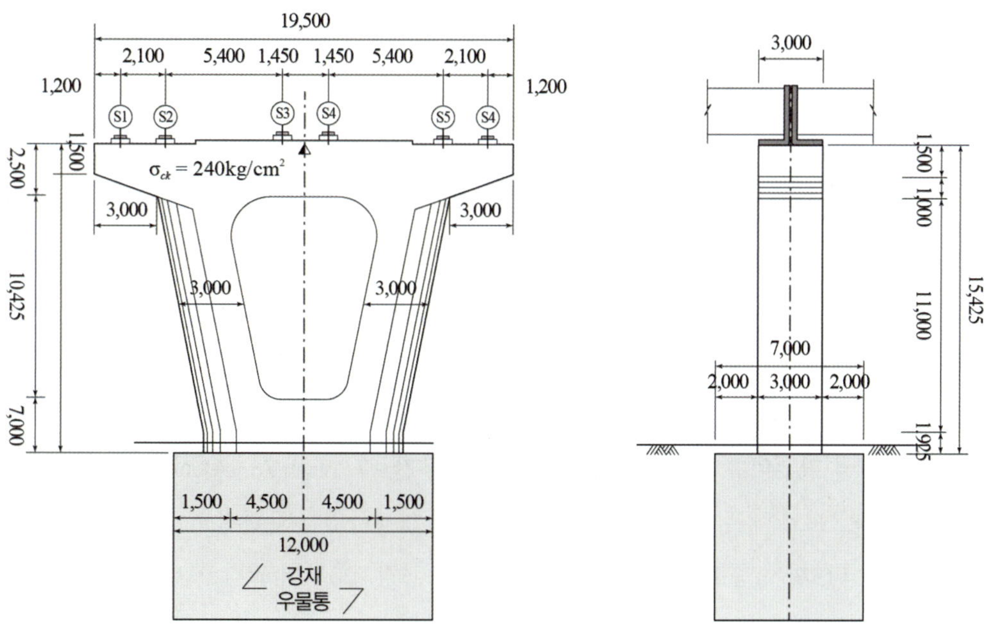

(a) 본선 일반부 교각 정·측면도(P7)

그림 2.3.21 광진교 신교 교각 정·측면도(계속)

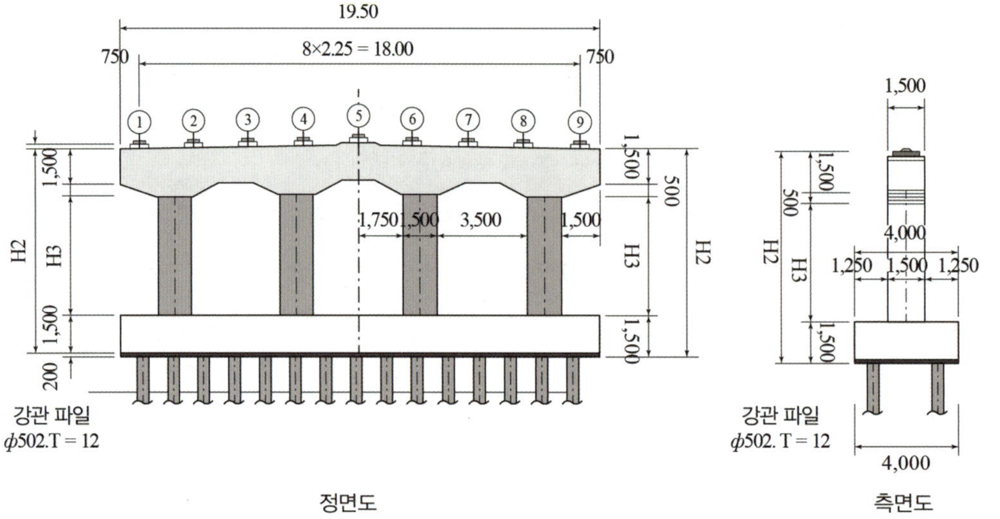

(b) 확폭부 교각 정·측면도(P20, P22, P23)

2.3.4.2 시공

가. 하부구조 기초

교각 기초는 대부분 우물통기초로 설계되었다. 우물통기초를 만드는 방법은 크게 축도를 이용하는 방법과 강재 거푸집을 제작하여 가설하는 방법이 있는데, 광진교에서는 강재 거푸집을 제작하는 방법을 선택하였다.

광진교 우물통을 설계할 때는 우물통 강재 거푸집 높이를 하상 지반고에서 평수위(EL. 6.30m)의 차이 값에 여유 높이 1.0m를 더하여 산정하였다. 강재 우물통은 육상에서 제작하고, 바지선에 적재한 후 정해진 위치까지 운반하여 교각 위치에 정확하게 안치한 후 강재 거푸집 내에 콘크리트를 타설하여 가라 앉힌다. 그 후 크람셸로 지반을 굴착하여 우물통기초의 바닥 심도가 각 기초의 연·경암 하단 5.0~2.0m에 다다르면 우물통 내부는 콘크리트로 채웠다.

우물통 모체 부분 평수위를 기준으로 수위가 변하는 구간, 즉 Splash Zone(EL. 0.00~3.50)은 콘크리트 열화 속도가 빠르므로 에폭시(Epoxy)로 도막을 형성하여 보강하였다.[5] 광진교 신교 하부기초는 교각 P1부터 교각 P19까지 축조된 40개의 우물통기초로, 교각 P20부터 교각 P23 구간과 교대 A2 아래에는 현장타설말뚝으로 시공되었다〈그림 2.3.22〉.

그림 2.3.22 광진교 육상부 현장말뚝시공 현장

나. 교각 시공

광진교는 멍에와 기둥을 일치시킨 V형태의 아름다운 철근콘크리트 교각을 가지고 있는데, 교각 사이의 간격은 최대 66m, 교각의 높이는 최고 21m로 교각의 간격과 높이가 아름다운 비례로 설계되었다〈그림 2.3.23〉.

그림 2.3.23 V교각 배치(둔치 구간)

교각 공사는 바지선 위에 설치된 크레인을 이용한 거푸집 공법을 적용하는 고전적인 방법을 택하였다〈그림 2.3.24〉.

그림 2.3.24 광진교 수중부 V형 교각 시공 현장

다. 상부구조

광진교 신교의 상부 주형은 높이가 2.4~3.5m인 강상형(Steel Box Girder)과 높이 1.2~2.4m인 강판형교로 되어 있어 단위 미터당 자중을 약 2.2톤으로 가정하고 한 번에 작업할 수 있는 거더의 길이를 72m로 잡을 때 한 번에 들어야 하는 전체 무게는 158톤으로 예상되었다. 그래서 일단 교각이 시공되면 상부구조 공사는 교각 위에 강상자형이나 강판형을 한 경간씩, 1,000톤급 바지 2대 위에 설치된 200톤급 크레인 2대를 사용하여 일괄 설치하는 방법을 택하였다〈그림 2.3.25〉. 이때 크레인이 끌어 올려야 하는 무게는 최대 158톤으로 예상하였다.

그림 2.3.25 기시공된 교각 위에 강상형 설치 광경

한편 천호동 측 고수부지의 44m경간 연속교에는 높이 2.4m인 강판형을 가설해야 했는데 판형의 단위 미터당 무게를 0.55톤으로 가정하여 50톤급 크레인 2대로 인양하여 경간별로 일괄 거치하였다.

2.3.5 광진교 8번가와 편의시설

광진교는 2009년 7월 '걷고 싶은 다리' 조성 공사를 통해 대대적인 변화를 맞이하였다. 기존 4차로 도로를 상·하행 각 1차로씩 총 2차로로 축소하고, 보도는 기존 3m에서 10m로 확장, 여기에 폭 2.5m의 자전거 전용도로를 신설하였다. 교량 상부에는 1,921m² 규모의 녹지공간이 조성되었으며 〈그림 2.3.26〉, 8번 교각 위에는 546m² 규모의 전망대 '광진교 8번가'가 설치되었다〈그림 2.3.27〉.

전망대 바닥은 삼중 강화유리로 되어 있어, 발아래로 흐르는 한강을 내려다볼 수 있다. 또한 야간에는 조명이 더해져 한강의 야경 명소로 자리잡았다〈그림 2.3.28〉.

그림 2.3.26 광진교(신교) 녹지 전경
서울연구데이터서비스 및 서울특별시 도시기반시설본부

그림 2.3.27 광진교 8번가
내 손안의 서울

그림 2.3.28 광진교 신교 야간 경관

서울연구데이터서비스

아울러 태양광을 이용한 가로등이 설치되고〈그림 2.3.29〉, 공원 내 화장실이나 편의시설을 쉽게 이용할 수 있도록 설계에 고려하는 등 공원 방문자들에 대한 지방자치단체의 세심한 배려가 돋보이는 설계가 이루어졌다. 이러한 개선을 통해 광진교는 한강 교량 가운데 처음으로 보행과 문화예술이 공존하는 다리로 새롭게 거듭났으며, 미래 한강 교량의 비전을 제시하는 상징적 사례가 되었다.

그림 2.3.29 공원 편의시설

(a) 태양광 시설

(b) 공원 내 수도시설과 화장실

저자가 대학생이던 1960년대 초 여름, 광나루의 넓은 백사장에서 텐트를 치고 수영을 즐기던 여름날의 낭만은 이제는 찾아보기 어렵다. 그러나 대신, 오늘날의 광진교와 주변 공원은 풍부한 문화시설과 여가 공간을 갖춘 현대 서울의 새로운 문화 풍경을 보여준다.

2025년 현재, 광진교는 단순한 교량을 넘어 시민과 한강을 잇는 문화의 통로로 기능하고 있다. 앞으로는 이곳에 순찰선만 띄우지 말고, 보트나 유람선 운영 등 한강과 더욱 친숙하게 어울릴 수 있는 프로그램을 도입하면 어떠할까 하는 생각을 해본다.

미주

[1] 좌도수참(左道水站) : 조선 시대 경상도, 전라도, 충청도 등의 세곡을 서울로 운반할 때 중간에 배를 쉬게 하던 곳이다. 여기서 좌도란 각 도(道)를 2개의 행정구역을 나눌 때 그 왼쪽 구역을 뜻한다.

[2] 서울특별시사편찬위원회, 1981, 『서울 600년사』 제4권, 403쪽

[3] R.C : Reinforced Concrete(철근 콘크리트)

[4] 2003년 광진교가 가설될 때까지 우리나라 도로교 설계기준에는 강교 설계에는 허용응력설계법을 그리고 철근콘크리트 교량 설계에는 강도설계법과 허용응력설계법을 모두 적용할 수 있었다. 2012년부터 건설재료와 관계없이 교량의 설계법에는 한계상태설계법이 적용되고 있다.

[5] 서울특별시, 1996, 광진교 확장공사 실시설계 종합보고서

2.4

일제의 만주침략 수단, 한강철교 C선(제3한강철도교)

2.4.1 개요

제3한강철교는 1944년 6월 8일에 준공된, 전체 길이 L = 1,112.80m의 철도교로 이때부터 한강철도 C선이라고 불렸다는 사실 외에는, 언제 무슨 목적으로 착공되었는지 그 건설 배경에 대해서 알려진 바가 많지 않다. 다만 1937년 7월 말 일본이 중국과 전면 전쟁을 시작한 이후 일제는 중국 만주로 원활한 군수물자 수송이 절대적으로 필요했기 때문에 부산에서 신의주로 가는 철도의 필요성을

그림 2.4.1 제3한강철교(한강철교 C선, 맨 오른쪽 하류 철교)

크게 느꼈을 것이다. 이러한 시대적 요구에 일본은 한강에 좀 더 내하력이 큰 복선의 철도교 건설을 추진했을 것으로 추측된다. 그렇게 군사적 목적을 가지고 태어난 제3한강철교 C선은 21경간 481.90m〈그림 2.4.2〉 연속 강판형교 구간과 큰 내하력을 지닌 10경간 630.85m 〈그림 2.4.3〉의 트러스 구간, 총 31개의 경간으로 구성되어 있다.

그림 2.4.2 한강철교 C선 강판형교 종·평면도(A1~P21)

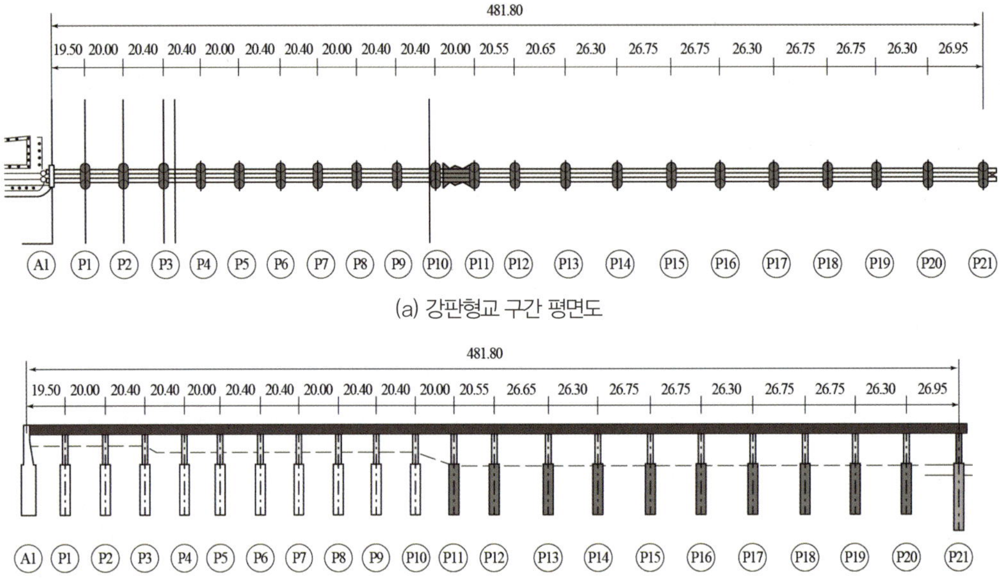

(a) 강판형교 구간 평면도

(b) 강판형교 구간 종단면도

도면에 의하면 강판형교의 경간 구성은 다음과 같다.

$$
\begin{aligned}
L_{강판형교} &= (19.50 + 20.00 + 20.40) + 2 \times (20.40 + 20 + 20.40) + (20.40 + 20.00 + 20.55) \\
&\quad + (26.50 + 26.30 + 26.75) + (26.75 + 26.30 + 26.75) + (26.75 + 26.30 + 26.95) = 481.80\text{m}
\end{aligned}
$$

한편 트러스 구간의 경간 구성은 다음과 같다.

$$L_{트러스} = (55.40 + 78.50 + 55.60) + 2 \times (55.60 + 78.50 + 55.60) + 61.95 = 630.85\text{m}$$

따라서 한강철교 C선의 전체 길이는 공식적으로 $L = 481.80 + 630.85 = 1{,}112.65\text{m} \simeq 1{,}113.0\text{m}$로 알려져 있다〈그림 2.4.3(b)〉.

그림 2.4.3 한강철교 C선 트러스교 종·평면도(P21~A2)

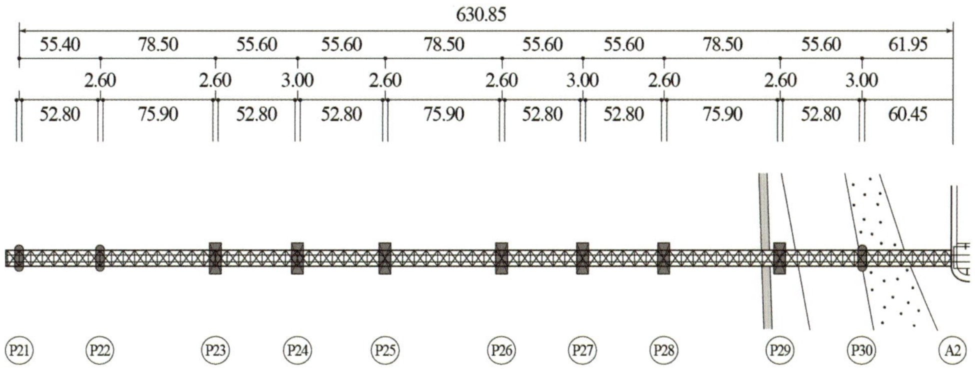

(a) 트러스 구간 평면도(P21~A2)

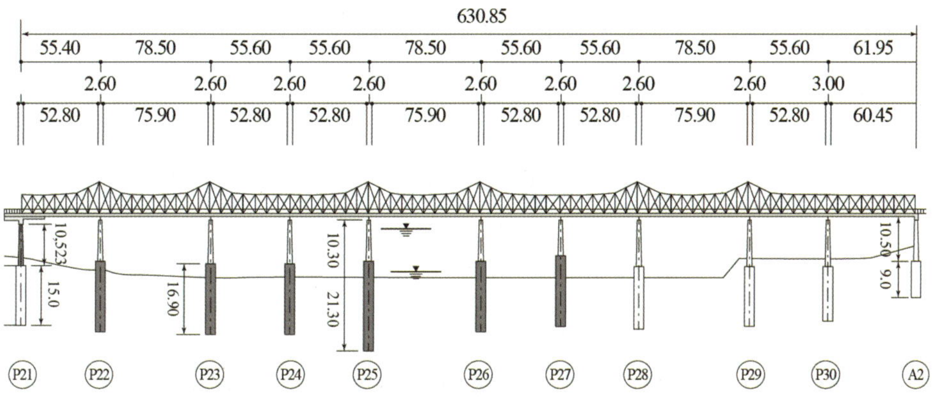

(b) 트러스 구간 종단면도(P21~A2)

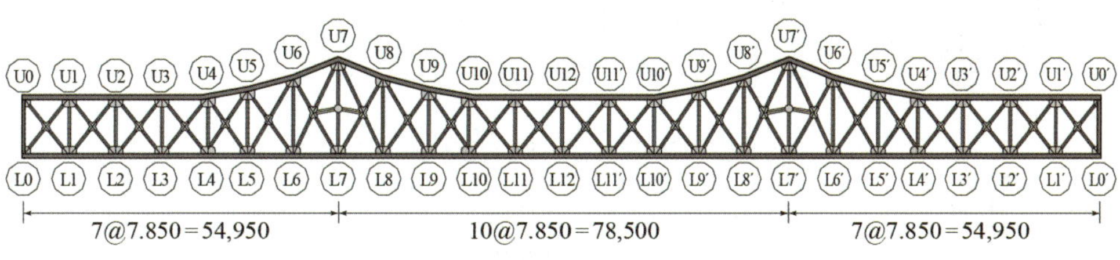

(c) 3경간 트러스 1련 종단면도

2.4.2 교량 설계

C선 교량 상부구조는 1944년 6월에 준공된 3경간 연속 하로판형교(L = 60.8m) 4련과 26.3m 3경간 연속 하로판형교(L = 79.80m) 3련 및 내탄(耐彈) 구조 트러스 188.4m(3경간 연속) 3련 그리고 62.0m 트러스 1련으로 구성되어 있다〈그림 2.4.3〉.

2.4.2.1 상부구조

가. 강판형교

강판형교는 L형강과 강판을 리벳으로 조립하여 만든 조립 단면 부재이다. 주형은 높이 h = 2.60m, 두께 t = 16mm인 강판(1 P 2,600×16×9,000)과 폭 b = 200mm, 두께 t = 20mm인 L형강 4개를 조립하여 만든 조립부재다.

복부판에는 수직 보강재를 약 3m 간격으로 배치하여 복부판의 전단좌굴을 방지하고 있고, 교량 단면은 중심 간격이 9.00m 떨어진 두 개의 판형으로 구성되어 있다〈그림 2.4.4(b)〉. 연속 하로판형교의 중앙 경간 지간장은 L = 26.30m(= 2.65 + 7@3.0 + 2.65)로 구성되어 있다〈그림 2.4.4(a)〉.

이 교량을 구성하는 두 주형 사이에는 높이 h = 1.110m의 가로보 7개가 설치되어 있다. 첫 번째 가로보는 지점으로부터 2.65m 떨어진 위치에 설치되어 있고, 나머지 6개의 가로보는 그다음 3.00m 간격으로 설치되어 있다〈그림 2.4.4(a)〉. 2개의 주형 사이에는 길이 l = 2.57m의 I형강(I 450×175×11) 세로보 4개가 2.00m 간격을 두고 설치되었고〈그림 2.4.4(b)〉, 그 세로보 상부수평브레이싱이 트러스 형태로 연결되어 있다〈그림 2.4.4(d)〉. C선의 도상 구조는 무도상 궤도로 되어 있다.

그림 2.4.4 한강철교 C선 강판형교 일반도

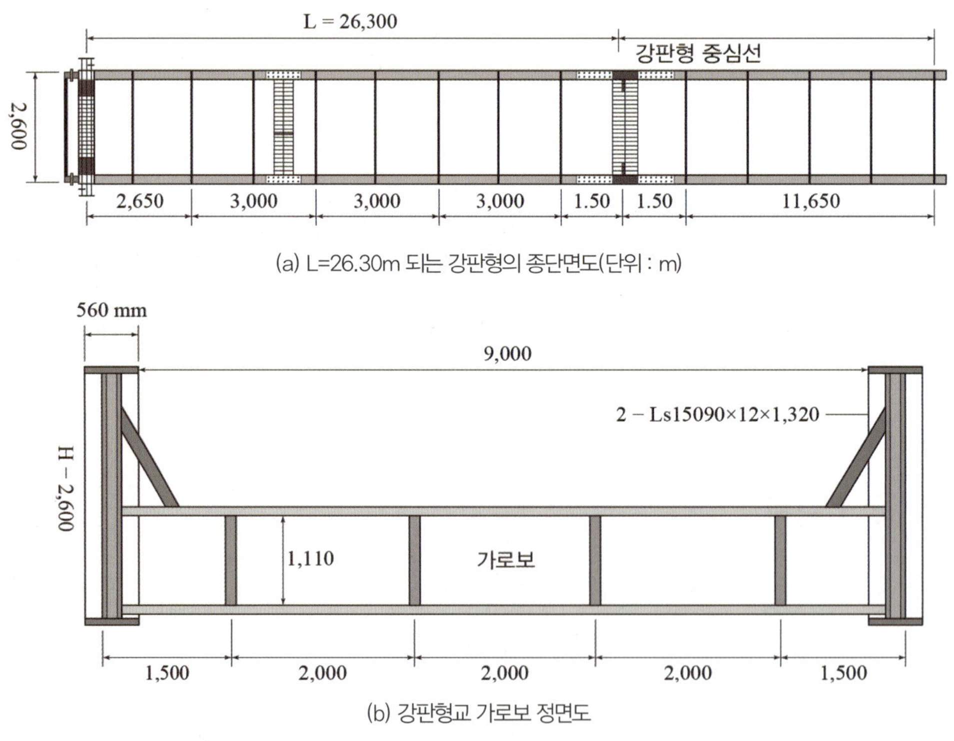

(a) L=26.30m 되는 강판형의 종단면도(단위 : m)

(b) 강판형교 가로보 정면도

그림 2.4.4 한강철교 C선 강판형교 일반도(계속)

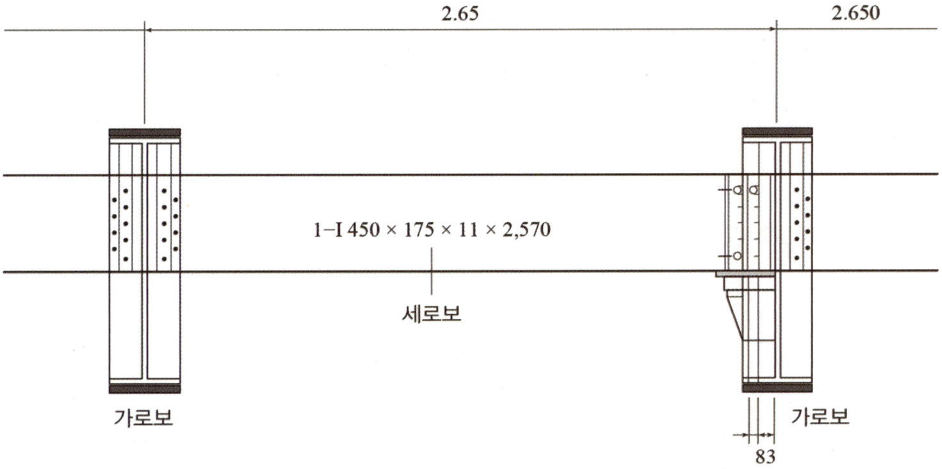

(c) 강판형교 가로보 사이에 설치된 세로보

나. 3경간 연속 복사재 트러스교

한강철교 C선 트러스 본선 구간은 3경간 연속 복사재 트러스(지간장 L = 188.4m) 3련과 한 개의 단순 트러스(지간장 L = 60.45m)로 이루어져 있다〈그림 2.4.5〉.

한강철교 C선 트러스교의 각 절점 간의 간격은 l = 7.84m이고 3경간 연속교의 길이는 다음과 같다.

$$L = 7 @ 7.85 + 10 @ 7.85 + 7 @ 7.85 = 188.4m$$

트러스의 상·하 현재 중심선 사이의 간격은 단부 수직재(U0-L0)에서는 h = 9.30m, 그리고 중앙지점(U7-L7)에서는 h = 17.00m로 설계되었다〈그림 2.4.5(b)〉.

구간 U0-U1 사이의 상현재는 400mm 간격으로 세워진 두 강판, 2-PL 550×16 위아래에 각각 4개의 L형강, 4-Ls 100×100×13을 사용하여 리벳으로 조립하고 그 상부에 다시 1개의 강판, PL 680×16을 덮어 변형된 형태의 Π형 단면을 조성한다〈그림 2.4.6(a)〉.

그림 2.4.5 한강철교 C선 연속 트러스교 일반도 부분도

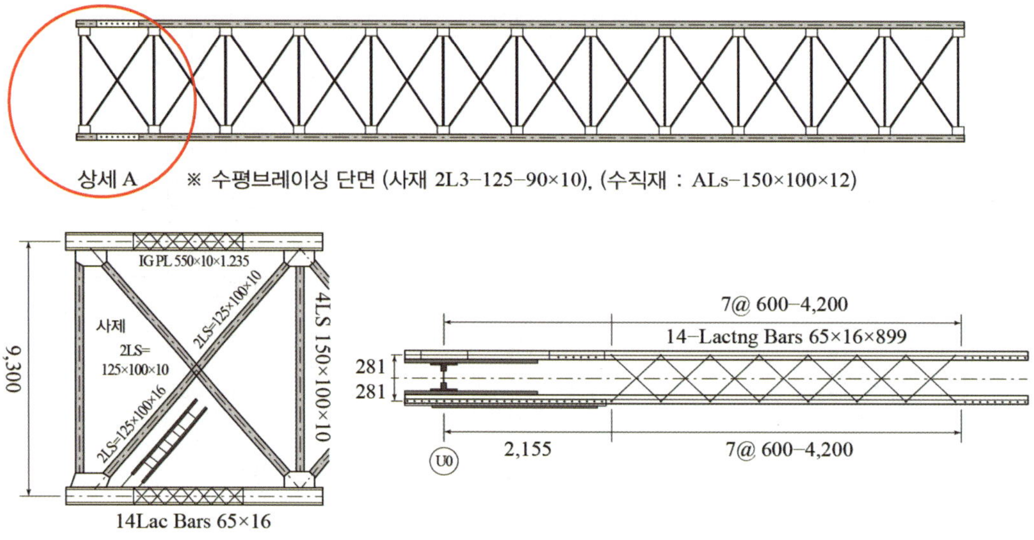

(a) 트러스교 상현재, 상면 브레이싱(U0~U12)

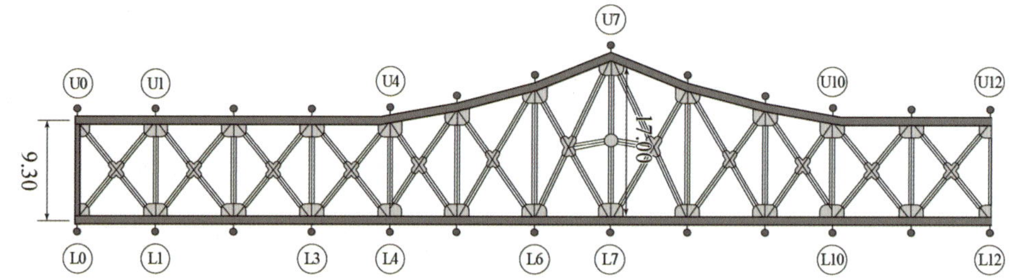

(b) 트러스교 종단면도 부분도

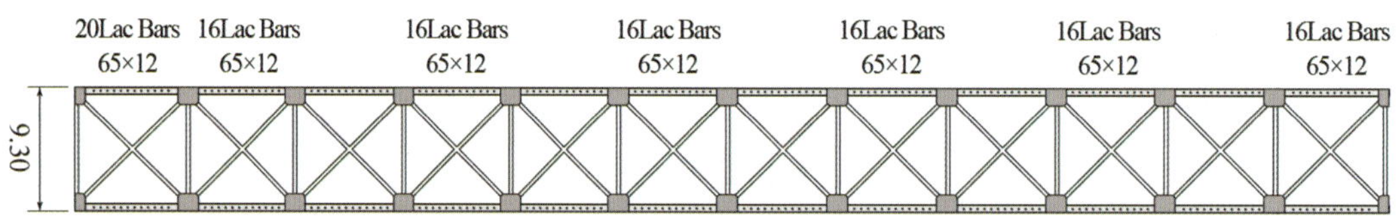

(c) 트러스교 하현재, 하부 수평 브레이싱 부분도(L0~L12)

그러나 그 *Π*형 단면의 상부 플랜지가 절점 U0-U1 전 구간에 걸쳐 설치되어 있는 것이 아니라 상현재 절점 U0과 U1 사이에 4.2m(= 7@0.60) 구간은 4개의 구형 단면의 강봉(BAR 65×16×900)을 트러스 형태로 설치하였다〈그림 2.4.5(a)〉. 한강철교 C선이 건설될 당시만 해도 강재 가격이 노무비에 비해 월등히 비쌌으므로, 재료비가 전체 공사비에 건설 자재가 미치는 영향이 커서 강재 사용량을 줄이기 위하여 복잡한 설계가 이루어졌을 것으로 판단된다.

절점 L0-L1 사이의 하현재는 〈그림 2.4.6(b)〉에서 보이는 것처럼 400mm 간격을 두고 세워진 2개의 강판과 2-PL 550×16 상단과 하단에 각각 2개의 L형강, 2-Ls 100×100×13을 리벳으로 조립하고 그 머리에 강판(1-PL 320×9)을 씌워 모자와 같은 단면 형태를 만든다. 하현재에서도 절점 L0로부터 2.430m만 표준 단면을 설치하고〈그림 2.4.6(b)〉 그 이후 5.0m 구간은 하현재 하부 플랜지 대신에 65×12의 단면의 강봉을 X 형태로 설치했다.

한강철교 C선 복부는 수직재와 복사재(Double Diagonal Member)로 구성되어 있다. 여기서 맨 좌측 수직재 U0-L0에는 두 강판 2-PL 550×10을 400m 간격으로 세우고 그 상·하부에 4개의 Ls 90×90×10과 강판 2-PL 600×10을 플랜지로 조립하여 박스형 단면을 만들었다. 박스 단면 중앙부에 다시

그림 2.4.6 한강철교 C선 첫 번째 구간(L0–U0) 부재 단면도

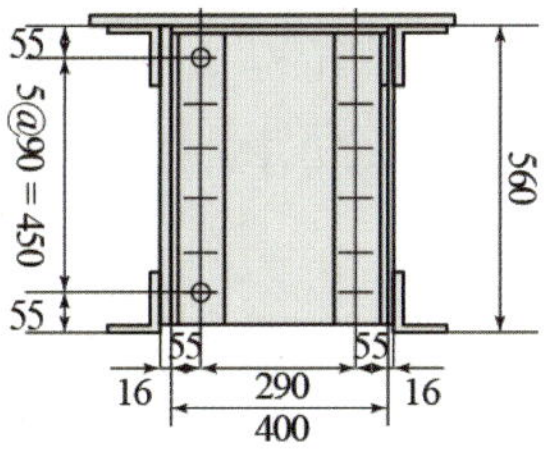

상현재
1–PL 680×16×2.335
1–PL 680×16×3.230
2–Ls 100×100×13×9.865
2–PL 550×16×9.865

칸막이
2–Ls 90×90×10×530
1–PL 370×10×530
2–Ls 100×100×13×9.115

(a) 상현재 단면 상세도

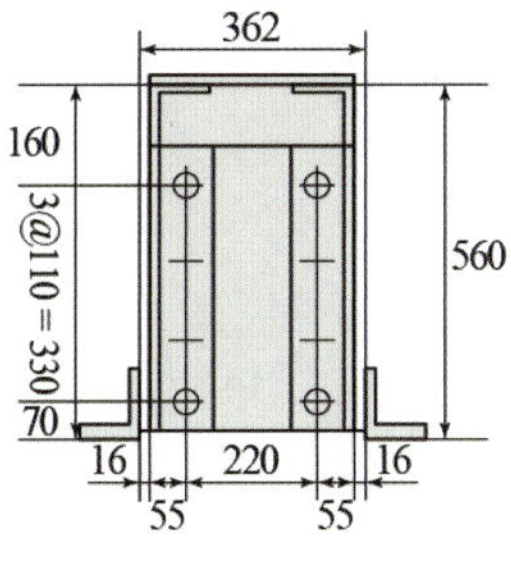

하현재
1–PL 320×9×9.520
2–Ls 100×100×13×9.520
2–Ls 100×100×13×7.780
2–PL 550×16×10.265
2–PL 430×9×2.430(하현재 하부 플랜지가 좌측 단에서 2.430m 구간만 강판으로 설치되어 있다)

칸막이
2–Ls 90×90×10×420
1–PL 300×9×410

(b) 하현재 단면 상세도

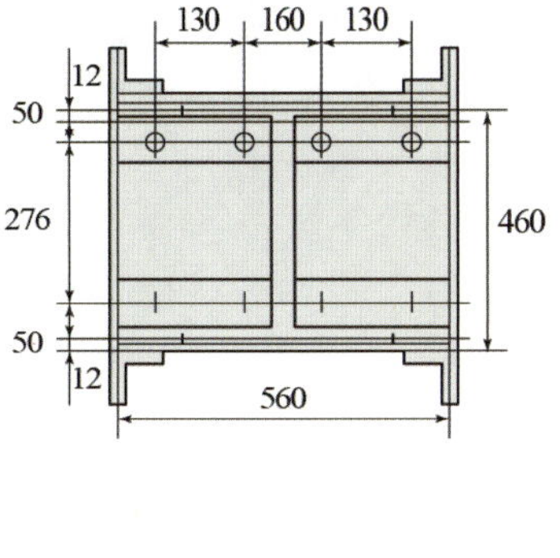

수직재 단면
4–Ls 90×90×10×10.495
2–PL 550×10×9.860
4–Ls 150×90×12×10.550
1–PL 360×10×10.490

칸막이
4–Ls 90×90×10×235
2–PL 360×9×235
4–채움재(Filler) 90×12×90

(c) 수직재 단면 상세도

L형강과 강판을 사용하여 칸막이를 만들어 수직재 박스 단면의 횡 비틀림 강성을 보강하였다〈그림 2.4.6(c)〉.

2.4.2.2 하부구조

가. 하부 무물통기초

한강철교 C선의 교각 기초는 교각 P1부터 교각 P30까지 모두 우물통기초로 시공되었고, 양단에 설치된 교대 A1과 교대 A2 교대 기초도 모두 우물통기초로 건축하였다〈그림 2.4.2, 그림 2.4.3(b)〉.

나. 교대와 교각

1) 교대

한강철교 C선 트러스 구간 두 교대 A1과 A2는 구체의 무게에 의하여 상부 하중이 지지되는 중력식 벽체 교대로 설계되었다〈그림 2.4.7〉. 또한 두 교대 사이에 축조된 교각 역시 교대와 마찬가지로 1930년대 일반적으로 설계되던 중력식 벽체 교각으로 시공되었다〈그림 2.4.8〉.

그림 2.4.7 한강철교 C선 트러스 교대 일반도

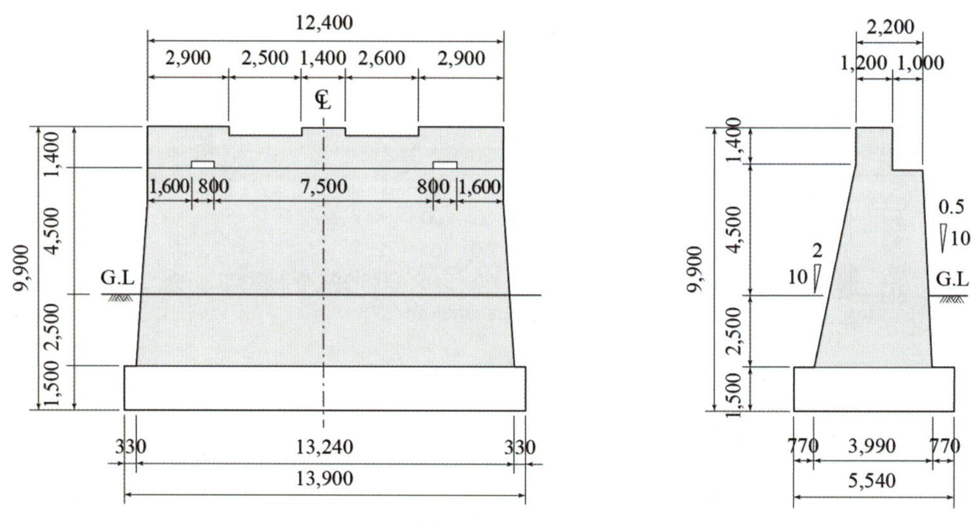

(a) 교대 A1 일반도

그림 2.4.7 한강철교 C선 트러스 교대 일반도(계속)

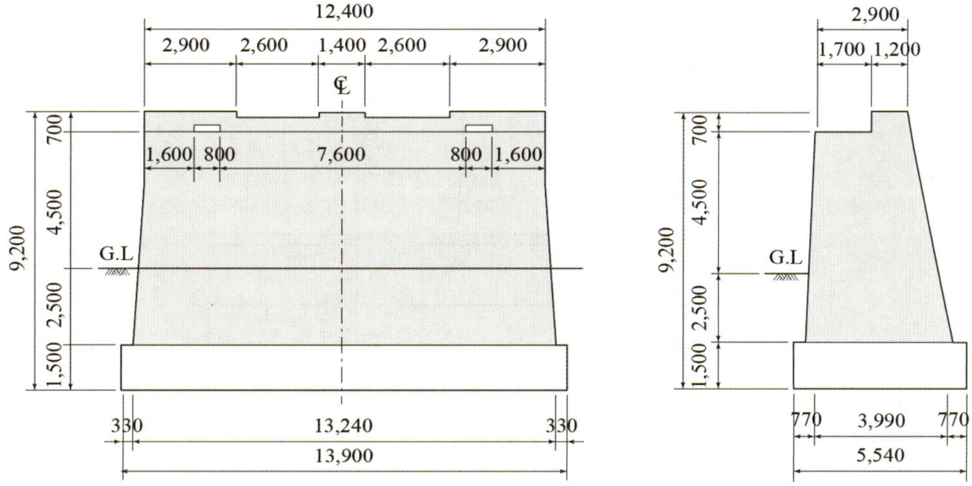

(b) 교대 A2 일반도

2) 교각

한강철교 C선에 적용된 교각의 형태는 모두 판형 교각으로 강판형교 구간에서는 두 개의 독립 우물통기초 위에 교각이 세워졌고〈그림 2.4.8(a)〉, 트러스교 구간에서는 두 개의 독립된 우물통기초를 한 통으로 묶고, 그 위에 판형 교각을 얹는 형태의 하부구조를 만들어서 사용하였다〈그림 2.4.8(b)〉. 한강철교 C선 교각의 규모는 위치에 따라 일정하지 않다.

그림 2.4.8 한강철교 C선 교각 일반도

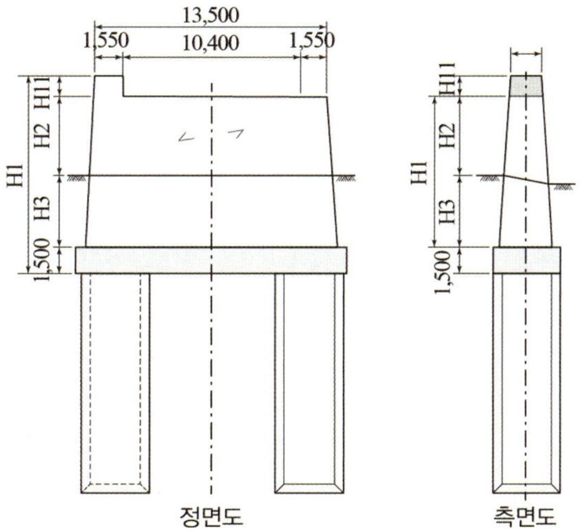

(a) 강판형교 교각(P1, P2, P4, P5, P7, P8) 일반도

그림 2.4.8 한강철교 C선 교각 일반도(계속)

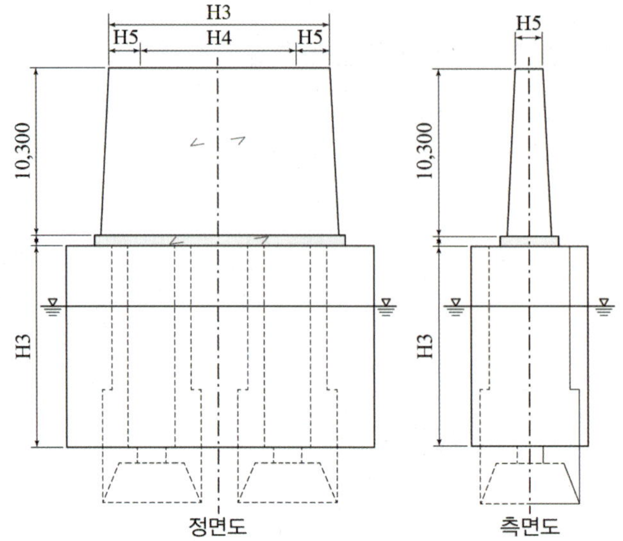

(b) 트러스 구간 교각(P25, P26) 일반도

2.4.2.3 교량 받침

교량 받침(교좌장치)이란 교량의 상부구조에서 전달되는 하중을 하부구조로 전달하는 장치로 받침(支持), 회전(回轉) 및 미끄러짐(移動)을 그 기본 기능으로 갖는다.

교량 받침의 형식에는 고정식과 이동식이 있는데 고정식은 교량의 수평 방향으로의 움직임을 제어하는 교좌장치를 말하고, 이동식이란 수평방향으로 일방향 또는 양방향의 이동이 가능한 기능을 갖는 교좌장치를 말한다. 최초 한강철교 C선의 트러스 구간에는 핀·롤러 받침이, 그리고 판형교에는 스페리컬 받침이 사용되었다. 그러나 몇 번의 안전진단 결과 받침들의 손상이 심하여 현재는 판형교에 스페리컬 교량 받침은 보이지 않는다.

이 이동식 교량 받침 중에는 1개 또는 여러 개의 롤러(Roller)를 사용하는 교량 받침이 있는데 1930년대 만들어진 이동식 교좌장치는 한강철교 C선에서 사용된 복열 롤러 교좌가 흔하게 시공되었다〈그림 2.4.9〉. 그러나 주물 생산으로 제작이 가능한 롤러 교좌장치는 가격이 매우 고가이기 때문에, 현재는 포트 베어링 같은 제작이 비교적 간편한 고무 계통의 교좌장치가 주로 사용된다.

그림 2.4.9 한강철교 C선 교량 받침 상세

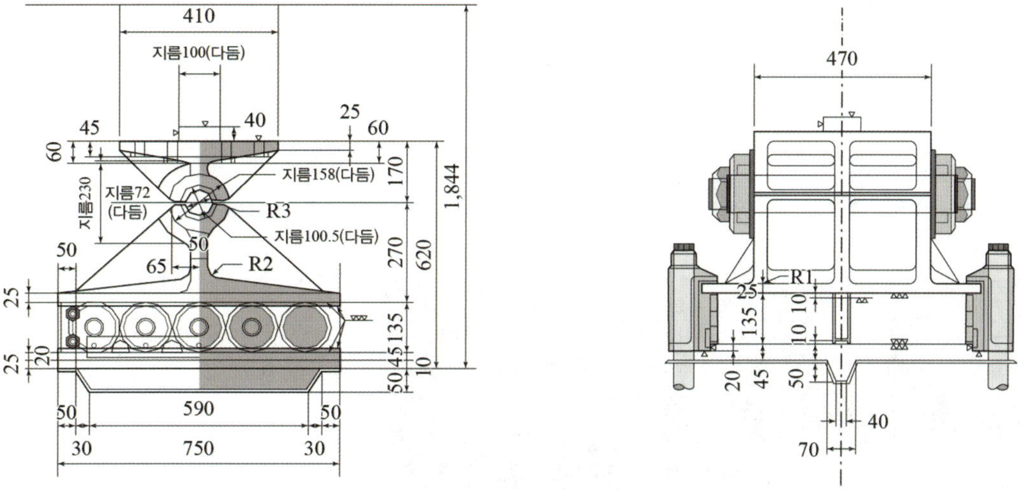

(a) 판형교 교좌장치 상세(215톤)

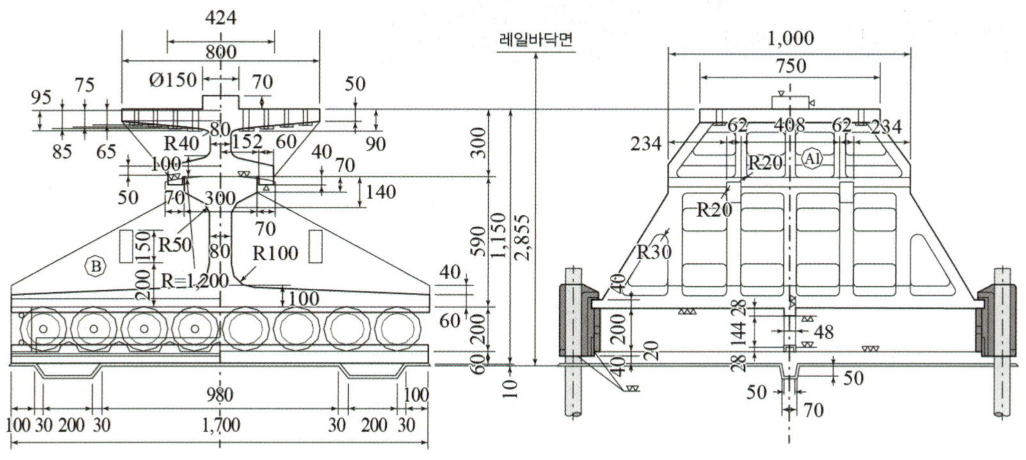

(b) 트러스교 교량 받침 장치 상세(1,200톤)

2.4.3 한강철교 C선 복구공사(경부복선)

준공되고 1년 만에 전화(戰火)에 휩싸이지 않고 해방을 맞았던 한강철교 C선은, 그러나 불행하게도 1950년 6월 27일 6·25 전쟁 중에 국군의 군사적 목적에 따라 폭파되며 심각한 피해를 입었다. 총연장 1,113m에 달하는 이 교량은 부정정 구조로 된 지간 188.4m의 3경간 연속 트러스 3련과 62m 단순 트러스 1련 및 지간 26m의 3경간 연속 판형교 3련, 지간 20m의 3경간 연속 판형교 3련으로 구성되어 있었다.

전쟁 당시 188.4m 3경간 연속 트러스 3련 중 1련은 완전히 파괴되어 강으로 추락하고, 2련은 대파되었다. 또한 26m의 3경간 연속 판형교도 3련 중 1련이 전파되어 추락했으며, 나머지 판형교도 부분적으로 심하게 손상되었다. 교각 4기는 대파되고, 1기는 심각한 균열이 생겼으며, 각 부재에는 수만 발의 탄흔이 남았다〈그림 2.4.10〉. 세 교량의 피해를 합산하면 약 5,000톤의 강재와 5,000m^{3}의 콘크리트가 파괴되었고, 피해액은 당시 기준으로 약 200만 달러에 달했다.[1]

그림 2.4.10 파괴된 C선 철교와 군용 부교 전경
서울역사박물관

복구는 1952년 10월 5일, 추락한 부재를 인양하는 제1단계 작업부터 시작되었다. 1953년 10월까지 인양을 완료하고, 이 중 약 200톤의 강재를 재생해 사용하였다. 같은 해 12월 21일에는 교각 보강 등 하부구조 복구 제2단계 공사를 착수했으며, 1954년에는 FOA(Foreign Operation Administration) 원조사업에 책정되어 총 공사비가 확보되었다. 이에 따라 본격적인 복구 공사가 추진되어〈그림 2.4.11〉, 1954년에는 피해 교각 5기의 복구와 판형의 수리를 완료하였고, 62m짜리 단순트러스를 인양·가설 완료하였다.

이후 1955년에는 전파된 188.4m의 3련 연속 트러스 중 1련을 새로 제작하고, 대파된 2련과 62m 단순 트러스 1련을 보수하여 1957년 7월 5일 개통하게 된 것이다〈그림 2.4.12〉. 총공사비는 외자

그림 2.4.11 한강철교 C선 복구작업장 전경
전긍렬, 2013, 『그 외길 토목인생(자서전)』

658,583달러, 환화 736,661,618환(1환 = 약 0.1원)이 소요되었고, 교통부원 6,005명과 노무자가 연 96,629명이 동원되었다. 주요 자재로는 시멘트 33,902포대, 철근 21톤, 강재 2,460톤, 목재 350,300개, 시트파일 617장, 교량 침목 5,474정, 기타 침목 3,373정이 사용되었다.

그림 2.4.12 한강철교 C선 완전 복구 개통(1957년 7월)
국가기록원

한강철교 C선 상부구조 판형교와 트러스 구조는 일제강점기에 제작된 것으로, 전쟁 중 도면이 모두 소실되었다. 복구설계를 맡은 고 전긍렬(전 (주)유신 코퍼레이션 회장)은 일본 제작소에서 일부 도면을 입수하고, 현장에서 부재를 하나하나 실측하여 계산서와 대조하면서 설계도를 복구해야 했다.

이 과정에서 그는 복사재구조(Double Diagonal Truss Structure)의 특징과 피해 부재의 변형 및 탄흔 등을 조사해 부재의 조합, 접합부(Connection Point) 및 격점부(格點部, Joint Structure)의 개선점을 제안했으며, 이후의 트러스 설계에 참고하기도 하였다. 결과적으로 복사재 구조는 내적 부정정 구조로서 높은 내구성을 지닌 구조라는 사실이 입증되었다. 상부구조 단면 설계에는 활하중 LS-22(1종 교량) 기준이 적용되었다.[2]

2.4.4 용어 해설

2.4.4.1 판형교

- 강판형(SPG, Steel Plate Girder) : 레일과 침목에서 전달되는 열차하중을 지지하는 주 부재
- 수직 보강재(VS, Vertical Stiffner) : 강판형의 좌굴현상을 방지하기 위하여 강판형 복부판에 수직으로 설치하는 수직부재
- 상·하부 수평 브레이싱(Upper & Lower Lateral Bracing) : 상·하부 플랜지와 상·하부 스트럿을 대각선으로 연결하여 바람이나 지진과 같은 횡방향 하중에 저항하는 부재

- 상·하부 스트럿(US & LS, Upper & Lower Strut) : 양쪽 판형(Plater Girder)의 상·하부 플랜지에 수평으로 연결하여 수평 브레이싱과 함께 횡방향 하중에 대하여 트러스 구조를 형성하면서 동시에 판형의 간격을 유지
- 수직 브레이싱(SB, Sway Bracing) : 양쪽 판형 사이를 위·아래로 경사지게 연결하는 부재로 강판형의 찌그러짐을 방지하는 부재

그림 2.4.13 강판형 부재 명칭

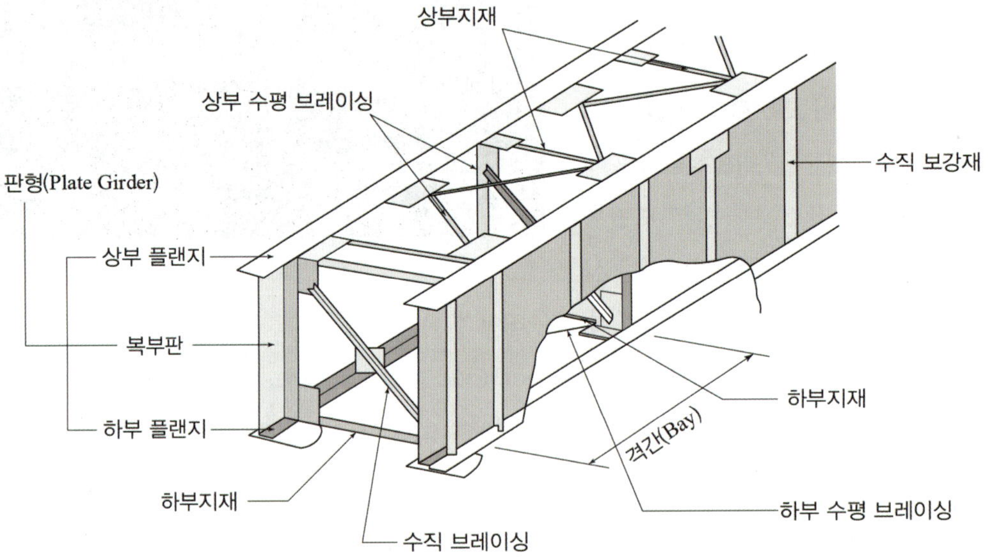

2.4.4.2 트러스교

- 상현재(UC, Upper Chord) : 트러스 구조의 상부 수평 주부재
- 하현재(LC, Lower Chord) : 트러스 구조의 하부 수평 주부재
- 사재(D, Diagonal) : 트러스 측면의 대각선 부재
- 수직재(V, Vertical) : 가로보에서 전달되는 하중을 사재와 하현재로 전달하는 부재
- 단주(EVC, End Vertical Column) : 단부에 설치된 기둥으로 교량 받침 장치에 연결됨
- 상부 스트럿(US, Upper Strut) : 양쪽 상현재를 직각으로 연결하는 수평부재로 트러스의 간격을 유지하면서, 횡방향 하중을 교면 브레이싱으로 전달
- 상·하부 수평 브레이싱(ULB & LLB, Upper & Lower Lateral Bracing) : 상·하현재에 작용하는 수평력을 교각으로 전달하기 위하여 설치하는 브레이싱

- 교문 브레이싱(Bridge Gate Bracing) : 트러스 교량 양단 상부 양쪽 상현재를 연결하는 수평 브레이싱으로 상부 스트럿과 상부 수평 브레이싱으로부터 전달되는 횡방향 하중을 교문 브레이싱 양쪽에 세워진 두 기둥을 통하여 교량 받침으로 전달하는 역할을 하는 중요한 부재
- 세로보(ST, Stringer) : 레일과 침목에 전달되는 열차하중을 가로보에 전달하는 부재로 가로보와 가로보 사이에 설치
- 세로보 브레이싱(STB, Stringer Bracing) : 세로보의 상부 플랜지를 직각 또는 대각선으로 연결하는 부재로 세로보 간격을 유지하는 역할
- 가로보(CB, Cross Beam) : 세로보에서 전달된 하중을 트러스 구조를 수직재로 전달하는 휨 부대

그림 2.4.14 트러스교 부재 명칭

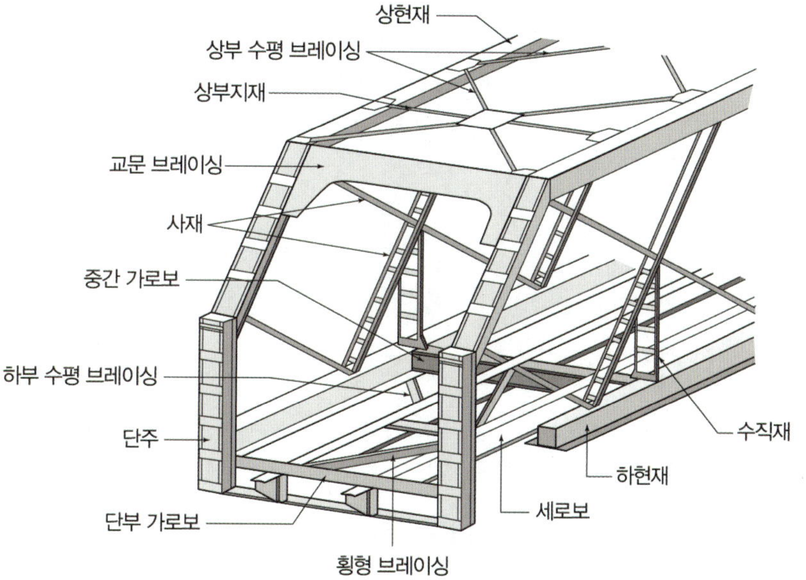

미주

[1] 한국철도시설공단, 2007, 『한국철도건설 백년사(상)』, 194쪽

[2] 한국철도공사, 2019, 경부선 용산-노량진 간 한강철도교 C선 정밀안전진단 보고서

3 | 근대화의 물결

산업화와 도시 확장 속의 교량 건설

3.1

군사 전용 교량, 양화대교(제2한강교)

3.1.1 개요

양화대교는 한강을 횡단하여 마포구 합정동과 영등포구 양평동을 잇는 다리로, 서울 남서부 외곽 지역과 인근 위성도시의 균형 발전에 크게 기여하였다.

그림 3.1.1 양화대교 위치도

양화대교는 구교와 신교로 이루어져 있다. 준공 당시 '제2한강교'라 불린 양화대교 구교는 1962년 6월 현대건설이 착공하여 30개월 만인 1965년 1월 완공되었다. 이후 급증하는 교통량을 감당하기 위해 서울시는 구교 하류 쪽에 교폭 B = 16.10m, 전장 L = 1,053m인 신교를 신축하였으며, 이 공사는 삼부토건이 시공하여 1982년 12월 완공되었다.

양화대교 구교는 전장 L = 1,048m, 교폭 B = 18.0m의 교량이다. 이 중 교각 P9부터 선유도에 설치된 교각 A2까지 448.0m 구간은 길이 112.0m(= 35 + 42 + 35)인 3경간 연속 강판형(Steel Plate Girder) 구조로 되어 있고, 나머지 600.0m 구간은 지간이 25.0m인 단경간 R.C 박스거더 구조로 이루어져 있다〈그림 3.1.2〉. 여기서 강판형은 상판 슬래브와 비합성 구조로 설계되었으며, 강구조의 연결에는 볼트가

그림 3.1.2 양화대교(하행선) 종단면도

서울특별시 건설안전관리본부, 1996, 양화대교 성능개선공사 실시설계

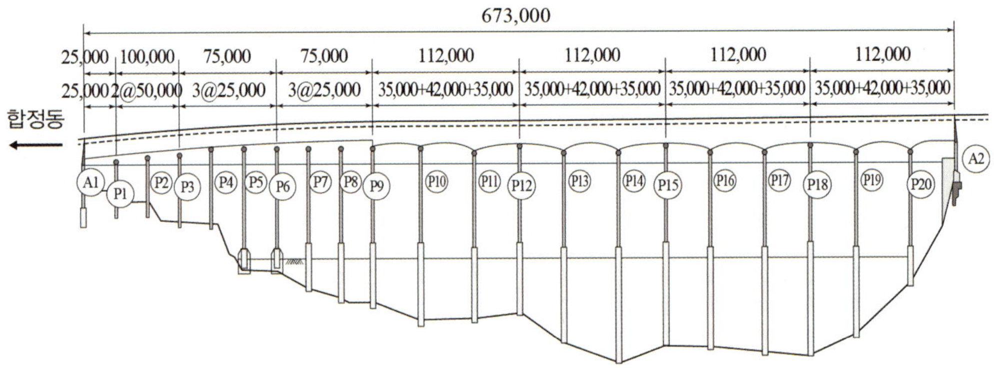

(a) 양화대교 종단면도 부분도(합정동 구간)

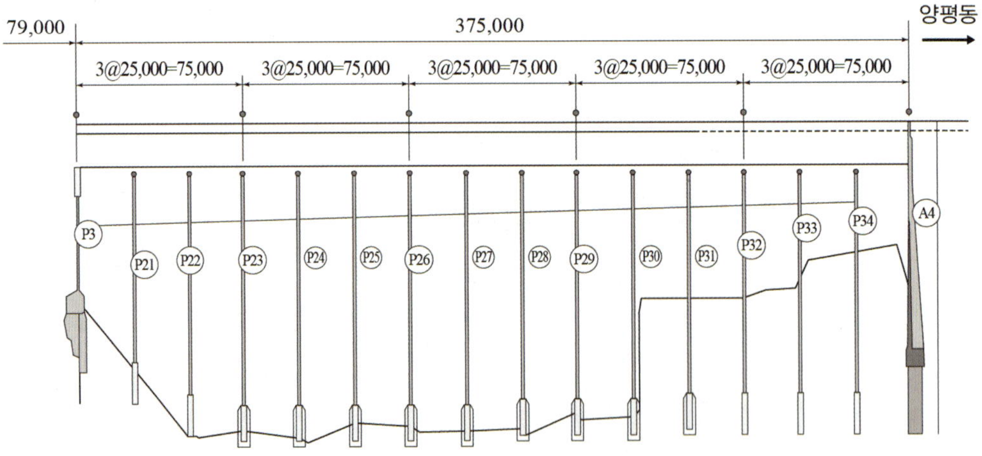

(b) 양화대교 종단면도 부분도(양평동 구간)

아닌 리벳(Rivet)이 사용되었다.

양화대교 신교는 전장 L = 1,053.0m, 교폭 B = 16.10m 규모로 설계되었는데, 합정동 교대 A1에서 교각 P1까지는 R.C 라멘 구조로, 나머지 1,028.0m 구간은 단경간·2경간 연속 및 3경간 연속 강판형 구조로 설계되었다〈그림 3.1.2〉. 이 가운데 단경간 강판형은 상판 콘크리트 슬래브와 합성단면을 형성하지만, 나머지는 비합성 구조로 시공되었다. 강구조의 현장 이음에는 고장력 볼트가 사용되었다.

우리나라에서 최초의 종합 경제개발 계획은 6·25 휴전 직후 UNKRA(UN Korea Reconstruction Agency)가 전후 복구를 위해 1953년부터 1959년까지 5개년 계획으로 작성한 '한국경제재건계획'이었다. 그러나 이 계획은 실천되지 못했다. 이후 이승만 정부는 1958년 4월 '산업개발위원회'를 발족하고 '경제개발 3개년 계획안(1960~1963)'을 독자적으로 마련했으나, 4·19 혁명으로 무산되었다. 뒤이어 집권한 민주당 정부는 1962년을 제1차 연도로 하고 1966년을 목표연도로 하는 새로운 경제개발 계획을 발표했지만, 박정희의 5·16 군사 쿠데타로 역시 추진되지 못했다. 그러나 군사정권은 국토건설단을 조직하여 이전 정부에서 추진하던 국토건설사업을 1962년부터 시작된 '제1~2차 경제개발 5개년 계획'에 포함시켜 본격적으로 추진하였다. 이 과정에서 국토건설사업은 1962년부터 1997년까지 7차에 걸쳐 추진된 경제개발 단계에 따라 국가의 계획 목표와 밀접한 관계를 맺으면서 전개되었다. 경제개발 초기에 국가정책 목표는 경제성장 촉진이었고, 그 핵심 수단은 수출산업 육성이었다. 이에 따라 우리나라 산업 구조를 농업경제 체제에서 공업경제 체제로 전환하는 것이 절실했으며, 산업생산을 위한 기반 시설이 턱없이 부족했던 그 당시 여건에서는 국토건설사업도 공장건설을 위한 공업단지 조성과 공장에 필요한 물과 전기를 공급하기 위한 댐과 발전소 건설, 그리고 생산된 물동량을 소화하기 위한 도로와 철도 및 항만 건설 등이 중점적으로 이루어졌다. 그렇게 해서 울산 석유화학공업단지(1967년)가 조성되고, 경부고속도로(1970년)가 건설되었으며, 소양강댐(1973년) 등이 완공되었다.

이처럼 우리나라 도로와 교량 건설사업은 1962년에 시작된 '제1차 경제개발 5개년 계획'과 밀접한 관계를 맺고 있었지만, 제2한강교인 양화대교는 제3공화국의 경제개발 계획과는 무관하게 그 이전부터 계획되온 사업이 군사정권에 들어서면서 본격적으로 실행된 사례였다.

제2한강교는 당시 마포구 합정동과 영등포구 양평동을 잇는 교량으로, 한강 인도교와 광진교에 이어 한강 위에 세 번째로 놓인 도로교이다. 기공식은 1962년 6월 20일 오후 2시 당산동 공사 현장에서 거행되었으며, 당시 박정희 군사혁명 최고회의 의장은 "300만 인구가 거주하는 서울시의 교통난 해소와 산업 발전 및 인구 분산 등의 견지에서 제2한강대교가 절실했다"라고 교량 건설의 목적을 피력하였다. 그러나 원래 '제2한강인도교' 건설 계획은 자유당 정부에서 1957년 말 처음 발표한 것이었다.

서울의 인구는 해방 당시인 1945년 90만 여 명에서 1962년 약 298만 명으로 급증하였고, 자동차 대수도 1946년 1,648대에서 1960년대에는 11,411대로 가파르게 늘어났다. 이에 따라 서울시는 '제2한강인도교'를 건설하여 서울~인천 간 거리를 단축하고 용산·노량진 방면으로 집중되는 교통량을 다른 방향으로 분산시킬 필요가 있었다.

아울러 6·25 전쟁 후 서울 시민들 사이에는, "북한군이 재침할 경우 남쪽으로 피난갈 수 있는 길이 오직 2개의 다리밖에 없다"라는 불안감이 퍼져 있었고, 정부는 이러한 심리상태를 안정시킬 필요가 있었다. 한편 군사적으로도 북한군 기갑부대의 주 공격로가 될 것으로 예측되는 서부전선(문산)과 중부 전선(동두천) 일대로 군수 물자를 원활하게 수송하기 위해서는, 서울 시내를 거치지 않고 영등포에서 북쪽으로 곧바로 연결되는 군사 전용 다리가 절실했다. 이러한 배경 속에서,고려와 조선 시대 이래 전통적 간선도로였던 개성-파주-고양-양화진-영등포-김포로 이어지는 도로 선상에 한강 다리를 건설하는 발상은 매우 자연스럽고 합리적이었다.

이승만 정부는 '제1한강교' 복구공사를 전후해서 상당한 교통 혼잡을 겪으며, 한강에 신 교량 건설을 계획하였다. 1957년 11월 내무부를 통해 마포-영등포를 잇는 약 1,300m 길이의 '제2한강교'를 1958년 착공하겠다고 발표했으나, 정부가 의존했던 ICA 개발차관기금(Development Loan Fund)에서 1960년까지도 차관 승인이 지연되어 착공하지 못했다. 그러다 1961년 5·16 군사 쿠데타가 발생했고, 새로 들어선 제3공화국 정부는 서울을 인구 500만의 국제도시를 만들겠다는 청사진을 제시하며, 서울의 관문인 김포공항에서 영등포를 지나 서울 시청으로 연결되는 새로운 한강 다리 건설을 시급한 과제로 설정하였다. 이에 따라 '제2한강교'는 1962년 6월 20일 착공하여 2년 8개월의 공사 끝에 1965년 1월 25일에 준공되었다.

그림 3.1.3 제2한강교 건설 현장
서울역사박물관

아이러니 한 것은 '제2한강교'는 제3공화국의 '경제개발 5개년 계획'과 아무런 연관 없이 계획되었지만,

결과적으로는 군사 정권 '제1차 경제개발 5개년 계획'의 첫 번째 성공 사례로 상징적인 성과물이 되었다는 점이다. '제2한강교'는 설계부터 시공까지 모든 과정이 순수 국내 기술자에 의해 이루어진 최초의 다리라는 점이 크게 부각된다.[1] 설계는 대한설계공단, 시공은 현대건설이 맡았다. 개통 당시 다리 길이 1,128m(선유도 공원길 포함), 폭 18m(차도 13.6m, 보도 4.4m)의 4차선 교량이었다. 교량의 하부는 우물통기초로 되고, 상부는 3경간 연속 강판형(steel plate girder) 구조로 되어 있었다.

이 다리 건설에는 일일 평균 13명의 직원과 150명의 기능공이 참여하여 연인원 17만 명이 투입되었다. 주요 자재로는 시멘트 9,500톤, 철근 3,900톤, 강재 2,336톤이 소요되었다.

그림 3.1.4 유엔군 참전 기념탑
서울기록원

제2한강교가 개통되기 7달 전인 1964년 6월 25일에 '재건국민운동본부'는 6·25 전쟁 제14주년에 맞추어 조각가 김세중(金世中)씨가 설계하고 조각한 '유엔군자유수호참전기념탑'의 제막식을 거행하였다. 탑의 높이는 53m로 당시 국내 기념탑으로는 가장 큰 규모를 자랑했다. 탑신은 승리는 상징하는 V자로 되어 있고, 탑 전면과 후면에는 각각 '평화의 여신상'과 '승리의 남신상'이 조각되었고, 탑 꼭대기에는 둥근 유엔기가 있었다. 탑 하부는 다리 넷이 도로 양쪽으로 뻗쳐 내렸고, 네 군데에 성화대가 설치되어 노산 이은상의 탑문이 음각(陰刻)되어 있었다. 네 개의 기둥은 '해방'과 '6·25', '국토수복' 및 '건설'을 상징했다고 한다. 유엔군자유수호참전기념탑은 1962년 10월 24일, 유엔 데이(UN day)에 착공하여 6·25 전쟁 14주년이 되던 날 제막되었다〈그림 3.1.4〉. 그러나 탑이 세워지고 17년이 지난 1981년 6월, 제2한강교의 확장공사가 진행되면서 철거되었다. 제2한강교와 김포가도를 잇는 당산동 교차점에는 1965년 11월 초에 입체교차로〈그림 3.1.5〉가 건설되었는데, 이 교차로는 우리나라 최초의 입체교차로라는 점에서 여론의 주목을 받았다.

그림 3.1.5 당산동 쪽 입체교차로(1965년 우리나라 최초의 입체교차로)
e영상역사관

개통된 지 약 13년이 지난 1978년 10월, '제2한강교'의 상판에 폭 40cm, 길이 10m가량의 큰 구멍이 뚫려 교량의 사용성에 심각한 문제가 드러났다. 이에 서울시는 급격한 교통량 증가와 교량의 노후화를 이유로 1979년 1월부터 다리 폭을 34.1m로 확장하는 공사에 착수하였다. 확장공사라 하지만 기존 4차선 교량 상류 쪽으로 교폭 B = 16.2m(4차로), 전장 L = 1,053m 규모의 새로운 다리를 잇대어 건설하는 방식이었다. 공사는 37개월 만에 완료되어 1982년 2월 준공되었다〈그림 3.1.6〉.

서울시는 이와 같은 상류 쪽 4차로 증설·확장 준공을 계기로 1984년 11월 '제2한강교'의 명칭을 '양화대교(楊花大橋)'로 변경하였다. 이는 한강종합개발사업[2]의 일환으로 결정된 조치였다.

그림 3.1.6 양화대교 전경(아치교 설치 전)
서울특별시, 2010, 양화대교 아치교 공사지

2002년 성능 개선 후 양화대교 전경

1980년대 후반 양화대교 전경

신교의 준공이 있은 후 1996년 6월에는 하류 쪽 옛 다리의 상부구조를 전면 철거한 후 재시공하고, 하부구조도 성능을 개선하여 2000년 6월 26일 재개통하였다. 그 후 상류 쪽 신교도 바로 보수·보강을 시작하여 2002년 4월에 재개통하였다. '제2한강교'와 같이 1960년대 건설된 다리의 바닥판이 쉽게 손상되는 주된 이유는 부실 시공과 완전치 못한 교량 바닥판 설계 규정 때문이라고 판단된다.

요사이와는 달리 1960년대 초반만 해도 레미콘으로 콘크리트 공사하는 현장은 거의 없었고, 주로 철판에 모래와 자갈 그리고 시멘트를 물과 함께 인력으로 섞어 콘크리트를 만들었다. 그런 이유로 콘크리트의 강도는 순전히 현장 인부들의 숙련도에 의하여 결정되었다. 또 그 당시 정부에서는 다리 준공일을 삼일절이나 광복절 같은 국가 기념일로 정하는 경향이 있었는데, 주어진 준공일에 맞추기 위해서는 콘크리트 겨울 공사를 무리하게 할 수밖에 없는 경우가 많았다. 비유하자면 엄마가 아이를 뱃속에서 열 달을 채우기도 전에 강제로 출산해야 하는, 교량 공학적으로

보면 도저히 있을 수 없는 일들이 수시로 일어났었다. 게다가 그 당시 교량 기술자의 기술 수준이 낮아, 『도로교 표준시방서』에서 규정한 강교의 콘크리트 바닥판 최소 두께를 18cm로 규정하여 사용하고 있었는데[3] 그 후 연구한 결과에 의하면 이 바닥판 두께 18cm는 너무 얇아 전단에 의한 균열 발생을 막을 수 없었다. 이 여러 가지 상황을 고려해 본다면 1960년대 건설된 교량의 콘크리트 바닥판에 균열이 발생하고 심지어는 구멍이 뚫린 것은 매우 당연한 사건이었다.

2006년 7월 제33대 서울특별시장으로 취임한 오세훈 시장은 '디자인 서울'을 본인의 핵심 정책으로 제시하였다. 그러한 맥락에서 그는 2009년 2월에 서울을 이른바 '역동적인 항구도시' 프로젝트 계획을 발표하였다. 그는 중국의 웨이하이[威海]와 칭다오[淸津] 및 상하이[上海]까지 직항로를 개설하기 위해 국제여객터미널을 여의도와 용산에 각각 2011년부터 2016년까지 건설하겠다고 공언하였다. 이를 위하여 한강 깊이를 5m에서 6.3m 깊이로 파서 최대 5,000톤급 국제 크루즈가 용산항까지 운항할 수 있도록 할 계획이었다. 그해 2009년 11월에 경인아라뱃길과 '서해비단뱃길(행주대교-여의도구간 15km)'을 연결하여 여객선이 자유롭게 드나들 수 있도록 양화대교와 행주대교의 교각을 높이겠다고 발표하였다. 이에 따라 양화대교 가운데 구간 상판 112m를 걷어내고 이를 지지하던 교각 2열을 해체한 후 경간 105m의 로제 아치(Lohse Arch)를 설치하는 공사를 시작하여 2012년 10월 14일에 완공되었다〈그림 3.1.7〉.

로제 아치의 교체를 위하여 추가로 투입된 공사비는 501억 원이었다. 새로 설치한 아치는 육상에서 제작하여 3대의 바지선에 실어 다리까지 운반했다. 신·구교에 설치된 아치는 길이가 둘 다 L = 112m이고 교폭 B = 17 ~ 22.8m 그리고 높이 H = 21m인 규모로, 24개의 크로스빔과 64개의 행어로 구성되었다. 사용된 강재의 무게는 각각 1,430톤씩이다.

그림 3.1.7 양화대교 아치교 전경(2010년 2월 부분 교체 공사 시작하여 2012년 12월 준공)

양화한강공원

합정동 당산철교 방향

3.1.2 교량 설계

3.1.2.1 상부구조(2002년 확장 이후)

양화대교 구교는 마포구 합정동 쪽 구간 673.0m와 영등포구 양평동 쪽 구간 375.0m 구간으로 되어 있고, 이 두 구간 사이에 79.60m 길이의 선유도공원을 지나가고 있다〈그림 3.1.8〉. 이 모두를 합하면 양화대교의 길이는 L = 1,127.6m가 되지만 순전히 교량 구간만 고려하면 양화대교 구교의 길이와 경간 구성은 다음과 같다.

$$L = L_{\text{합정동 쪽}} + L_{\text{양평동 쪽}} = 1{,}048\text{m}$$

$$L_{\text{합정동 쪽}} = 25 + 50(= 2@25) + 150(= 2\times(3@25)) + 448(= 4@(35 + 42 + 35)) = 673.0\text{m}$$

$$L_{\text{양평동 쪽}} = 5\times(3@25) = 375.0\text{m}$$

그림 3.1.8 양화대교 상행선 평면도(성능 개선 후)
서울특별시 건설안전관리본부, 1996, 양화대교 성능개선공사 실시설계 종합보고서

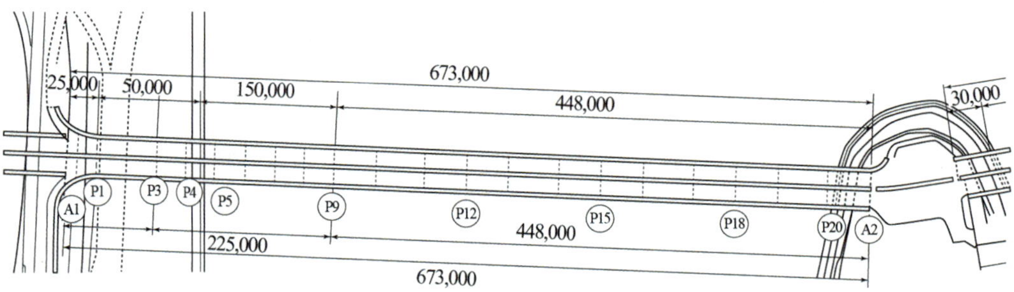

(a) 양화대교 평면도 부분도(합정동 측 구간)

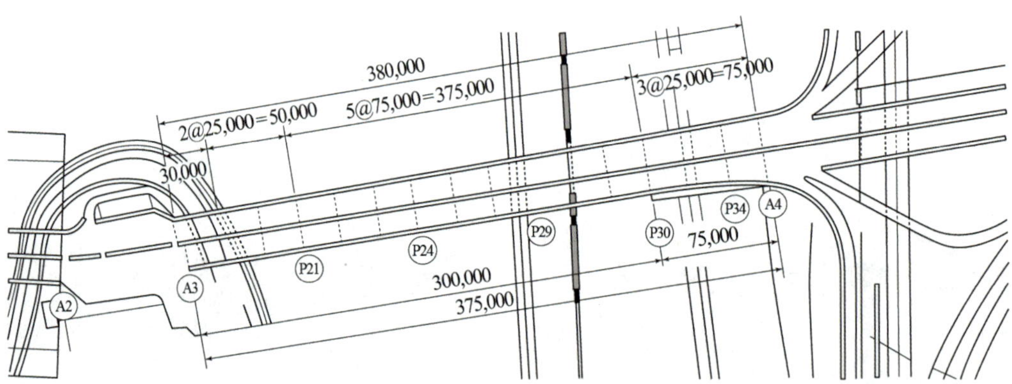

(b) 양화대교 평면도 부분도(영등포 측 구간)

양화대교 구교는 1962년 당시 2등교(DB-18, DL-18)로 설계되었는데, 2002년 성능 개선을 하며 1등급 교량으로 상향 조정하여 설계 활하중을 DB-24(DL-24)로 하였다. 그러나 교폭은 18.0m로 그대로 유지하였다.

양화대교 구교 상류에 신설한 신교는 모든 경간에서 구교와 같은 길이를 갖게 설계하였으나 다만 선유도에 설치한 교대의 위치가 구교의 교대 A3 설치 위치보다 5m 더 북측에 설치되어 길이가 L = 1,053m로 늘어나게 되었다. 신교의 교폭은 B = 17.0m로 설계되었는데, 그 이유는 신교의 한쪽 보도부(B = 2.20m)를 설치하지 않아서 생긴 일이다.

새로 확장하여 준공된 다리(상행선)는 교폭이 B = 17.0m, 높이가 H = 12m의 4차선 교량이다. 전 길이가 L = 1,052m인 강판형교〈그림 3.1.8〉 형식의 양화대교 신교의 횡단면 구성은 B = 2.30(보도: 난간, 연석 포함) + 0.85(측대) + 13.00(= 4 @ 3.25)(차도) + 0.95(측대, 중앙분리대 포함) = 17.00m로 되어 있다.

새로 확장된 상행선은 본래 제2한강교(하행선)와 10cm 떨어져 건설되어, 양화대교의 전체 횡단면 너비는 34.10m가 되었다. 위에서 언급한 바와 같이, 확장되기 전 제2한강교 구교의 너비는 18.0m(차도: 13.6 + 보도: 4.4)였는데 1996년 6월에 상부구조를 재시공하는 과정에서 한쪽 보도폭을 줄이면서 너비가 17.0m로 축소되었다. 이같이 성능이 개선된 양화대교의 상부구조는 상·하행선을 각각 분리하여 두 개의 다리로 만들어져 있다〈그림 3.1.9〉.

그림 3.1.9 양화대교 본선 표준 단면도(성능 개선 후)

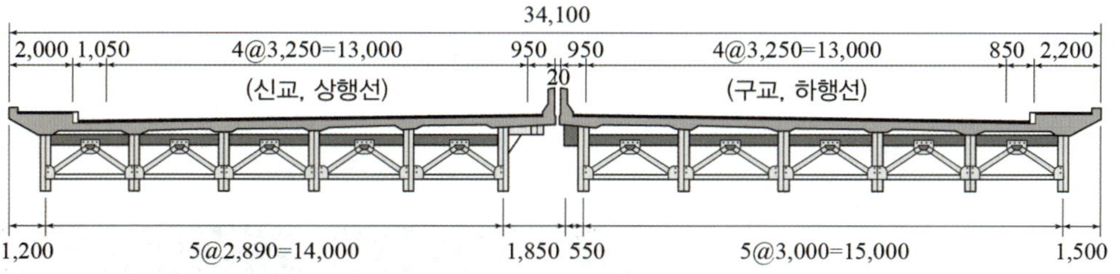

새로 구교 상류에 건설한 신교의 상부구조는 전 구간 대부분 강판형교〈그림 3.1.9〉로 구성되었으나, 북측 교대 A1부터 P1 사이만은 R.C 슬래브교로 시공되었다. 양화대교 신교가 본선 전 구간이 강판형교로 설계되어 있는 것과 달리, 양화대교 구교는 선유도에 설치된 교대 A2부터 교각 P9까지만 강판형교〈그림 3.1.9〉로 되어 있고, 나머지 구간 교대 P1～P8, 교대 A3～A4까지 전 구간은 R.C 박스 단면으로 구성되었다〈그림 3.1.10(b)〉. 다만, 가장 북측에 시공된 교대 A1부터 교각 P1까지는 신교와 마찬가지로 R.C 슬래브/R.C 박스교로 시공되었다.

양화대교 본선 강판형교의 상부구조는 하행선(구교)과 상행성(신교) 각각 2.8m와 3.0m 간격으로 설치된 6개의 강판형(Steel Plate Girder)으로 이루어진 다주형 강합성 구조로 되어 있다〈그림 3.1.9〉. 이제2한강교가 건설되던 1960년대 초에는 P.C(Prestressed Concrete) 교량 설계기술이 발달하지 못했던 시절이라 서울시에서는 통상적으로 강판형교로 설계하였다.

3.1.2.2 하부구조(2002년 확장 이후)

가. 교대

양화대교는 4개의 교대가 설치되어 있는데〈그림 3.1.7〉, 그들 중 신·구교 모두 교대 A1~A3까지는 중력식 교대로 건축되었고, 교대 A4는 뒷 부벽식 교대로 시공되었다.

교대 A2와 A3 아래 축조된 기초는 모두 우물통기초로 시공된 것에 비하여 양 가에 설치된 교대 A1과 A4의 기초는 모두 파일 기초로 이루어져 있다.

나. 교각과 교각 기초

1) 교각

양화대교 신·구교 교각은 모두 *Π* 형 교각 형태를 가지고 있다〈그림 3.1.10〉. 다만, 교각 P1만은 신교의 경우 다주식 교각, 구교에서는 일주식으로 설계하였다.

2) 교각 기초

신교 교각 기초는, 교각 P1~P6 구간과 교각 P21~P34까지 파일 기초로 시공되었고〈그림 3.1.11(a)〉, 교각 P7부터 P15까지, 그리고 교각 P21~22 원형 2기 우물통기초로 되어 있고, 교각 P16부터 P20까지는 트랙형 우물통기초로 시공되었다〈그림 3.1.11(b)〉. 구교 교각 P1~P4까지와 교각 P32~P34에는 파일 기초로 시공하였고, 교각 P7~P16 및 교각 P22~P22 하부기초는 독립된 원형 2기의 우물통기초로 되어 있다.

그림 3.1.10 양화대교 문형 교각 P28

한편 합정동 측의 교각 P17과 교각

P20 사이에는 트랙형 우물통기초(P17~P20)가 축조되고, 교각 P5~P6 및 교각 P23~P31까지 기초는 보강된 파일 기초로 시공되었다.

그림 3.1.11 양화대교 교각과 하부기초 단면도

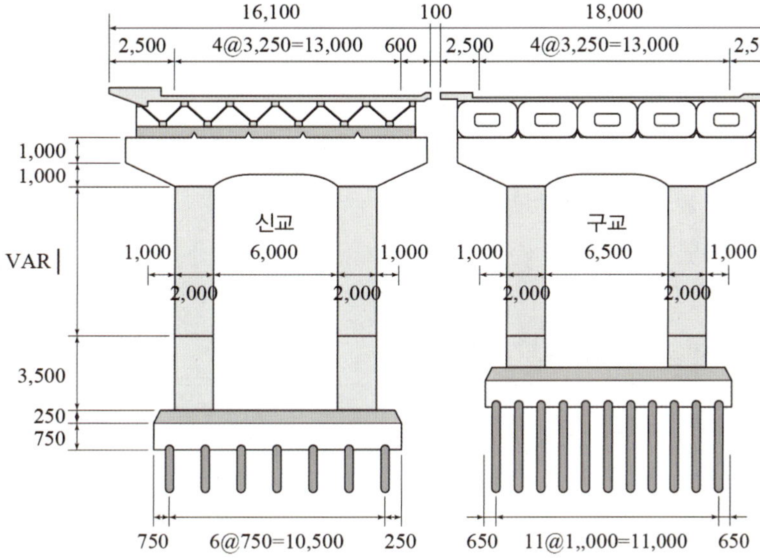

(a) 교각 하부 파일 기초

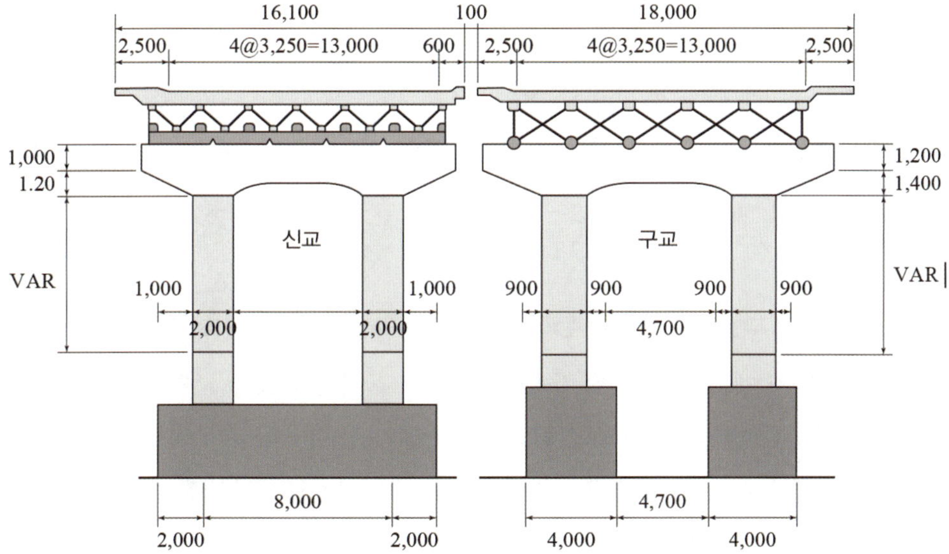

(b) 교각 하부 우물통기초(교각 P16)

3.1.3 서해 연결 한강 주운 기반 조성과 양화대교 구조 개선

서울시는 서울의 미래를 대비하여, 2010년 2월부터 중국으로 가는 주운 기반 시설을 조성하기 위하여 여의도와 용산에서 한강 하류 신곡수중보까지 연장 15km의 주운 수로를 조성하였다〈그림 3.1.12〉. 이 과정에서 기존 행주대교 일부를 철거하고, 양화대교의 구조를 개선하였다.

양화대교의 기존 교량 경간장(Span Length)이 L = 42.0m에 불과하여, 서울시가 구상하는 5,000DWT급 여객선의 일방 통행이 불가능하였다. 이를 해결하기 위해, 서울시는 선박이 안전하게 통행할 수 있도록 양화대교의 교각 P12에서 교각 P15까지 3경간, 총 112.0m를 철거하고〈그림 3.1.2(a)〉, 해당 위치의 교각과 우물통기초 4개소를 철거하였다. 그리고 그 자리에 길이 L = 112.0m의 하로 아치교를 신설하기로 하였다.

그림 3.1.12 서울시 한강 주운 계획도

신설된 아치교는 1등교로 설계되었으며, 표준트럭하중 DB-24와 차선하중 DL-24를 기준으로 하였다. 또한 지진하중에는 내진 1등급 가속도계수 0.154를 적용하였다. 교량 구조해석에는 국내에서 개발한 유한요소해석법 범용프로그램인 MIDAS/CIVIL을 사용하였다. 새로 신설된 아치교를 포함한 개선된 양화대교 합정동 구간 총 길이 L = 673m이며, 아치교 구간을 제외하면 기존 경간 구성이 달라진 것은 없으며, 경간은 다음과 같다〈그림 3.1.13〉.

$$L = 25 + 2@25 + 2\times(3@25) + (35 + 42 + 25) + 112 + 2@(35 + 42 + 35) = 673.0m$$

그림 3.1.13 양화대교 신교 종·평면도(합정동 구간)
서울특별시 건설안전관리본부(1996), 양화대교 성능개선공사 실시설계 종합보고서

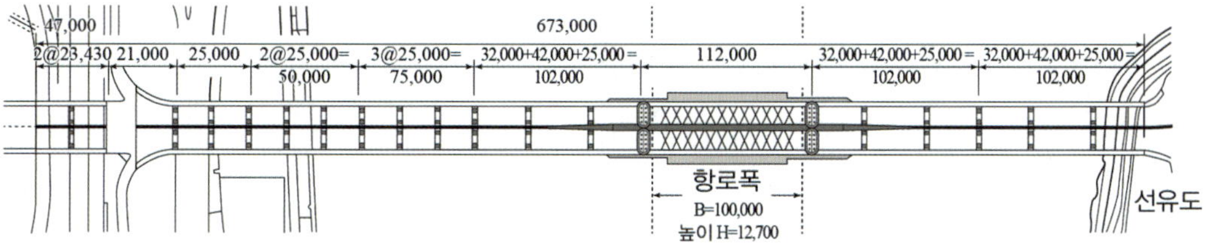

(a) 평면도

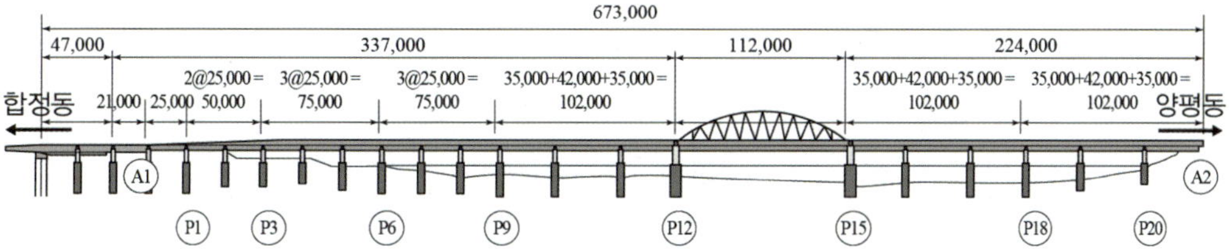

(b) 종단면도

서울시는 양화대교 개선 구간에 신설할 다리의 형태를 결정할 때 ① 구조적 안전성, ② 조형미, ③ 경제성, ④ 시공성, ⑤ 기능성, ⑥ 유지관리의 용이성 등을 종합적으로 고려하였다. 이에 따라 신설 아치교는 길이 L = 112.0m, 아치 높이 f = 19.0m인 하로 아치교로 설계되었으며, 교량 아래는 운행할 선박의 항로를 확보하기 위하여 항로폭 B = 100.0m, 높이 H = 12.7m를 확보하였다〈그림 3.1.14〉.

그림 3.1.14 양화대교 신교 상행선 아치 정면도

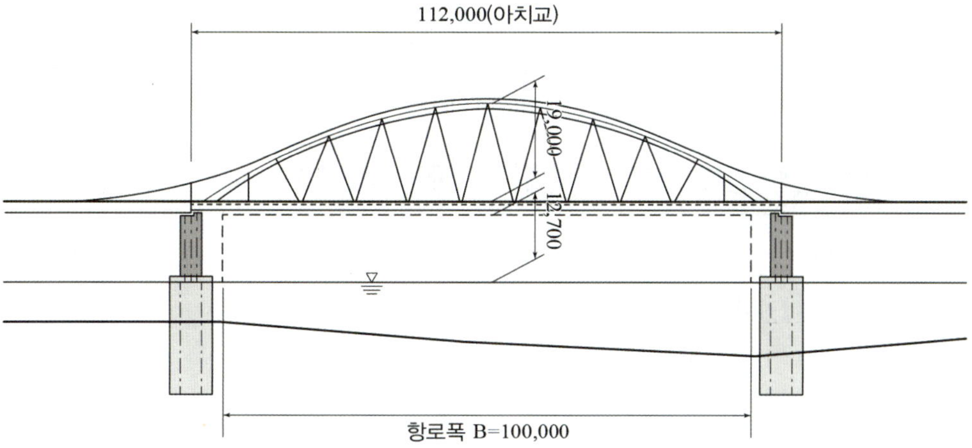

3.1.3.1 아치교 설계

가. 상부구조 설계

서울시에서는 미래 용산국제여객터미널로 운항이 가능하도록 양화대교 합정동 쪽으로 3개 경간을 줄이고, 112.0m 경간의 하로 아치교를 신설하였다. 이때 그 아래 항운에 필요한 공간 100.0×12.7m의 공간을 필수적으로 확보하였다〈그림 3.1.14〉.

그림 3.1.15 신설 아치교 종·횡단면도

서울특별시 건설안전관리본부, 1996, 양화대교 성능개선공사

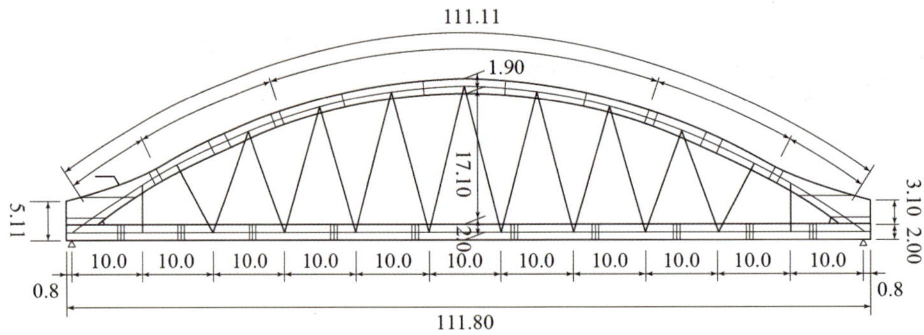

(a) 양화대교(신교, 구교) 아치교 종단면도

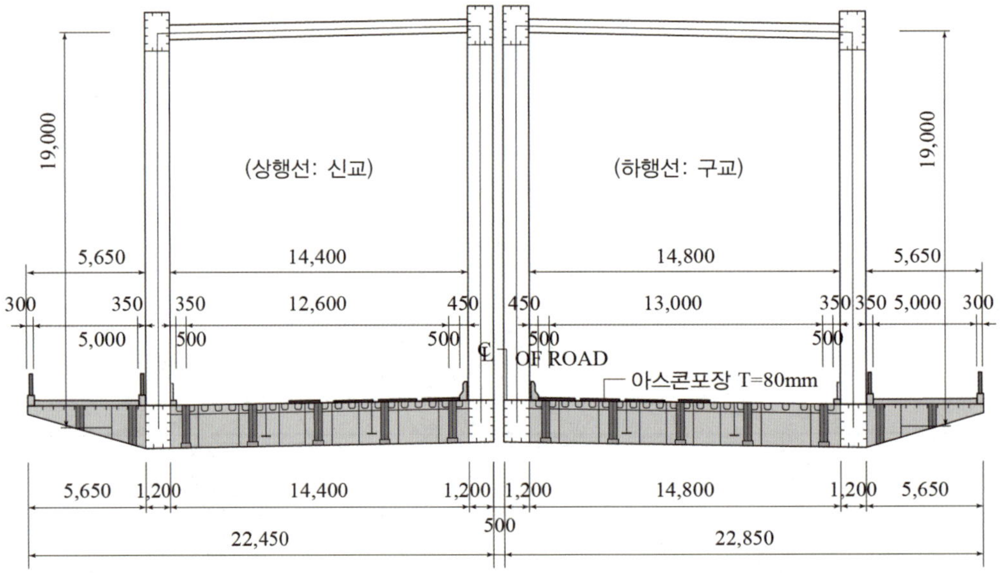

(b) 신설 아치교의 횡단면도

신설된 아치교의 길이는 L = 111.80m이고, 아치의 높이는 보강형 축선에서 아치 리브 축선까지 높이 f = 19.00m로 정하였다.

아치 리브 단면의 높이 $h_{리브}$=1.8m이고 보강형의 높이는 $h_{보강}$ = 2.0m로 설계되었다. 아치교의 보강형의 표준 너비나 아치 리브의 표준 폭은 모두 b = 1.20m로 하고, 아치의 리브 곡선은 포물선을 그리며, 보강형 축선으로부터 시작되는 포물선 곡선은 다음과 같이 표시된다.

$$y = \frac{4fx^2}{L^2}$$

여기서, L : 아치교의 길이

f : 아치의 높이

x : 주목점에서 아치 중앙점까지의 거리

행어 케이블은 아치교 전체의 휨강성을 높이기 위하여 트러스 형식으로 거치되었는데, 보강형 위에서의 절점 간의 간격은 10.0m로 설치되었다〈그림 3.1.15(a)〉.

양화대교 아치교는 너비 B = 22.45m를 갖는 상행선(신교)과 너비 B = 22.85m를 갖는 하행선(구교) 2개의 교량이 나란히 설치되었다〈그림 3.1.15(b)〉. 이 아치교의 상행선과 하행선의 너비가 다른 것은 상행선에서는 4차선 차선폭을 12.60m(4@3.15)로 선정했으나 하행선에서는 통상적으로 4차선 차선폭을 13.00m(4@3.25)로 정했기 때문이다. 양화대교 아치교의 상행선의 차선폭은 통상적으로 도로 설계할 때 선정하는 도로 너비보다 10cm가 작다. 양화대교 아치교는 상·하행선 차선폭에서만 차이가 있을 뿐 나머지 규모는 모두 같다.

1) 행어 케이블 배치도

신교와 구교에 설치된 아치교에는 각각 32개씩 케이블이 트러스 형태로 배치되어 있다〈그림 3.1.16(a)〉. 케이블은 15.7mm의 폴리에틸렌 피복 강연선을 고밀도 폴리에틸렌 관속에 평행하게 배치한 P.S.S(Parallel Strand System)인 멀티 스트랜드(Multi Strand) Φ 168.3×19EA(허용인장강도 1,665MPa)인 규격 19HD15를 사용하였다. 이 강선의 인장강도는 1,770MPa와 1,860MPa의 두 종류를 사용하였고, 계산에 적용된 탄성계수 E = 1.95×10^5MPa를 적용하였다.

행어 케이블의 길이는 위치에 따라 변하지만 교차하는 두 케이블은 각각 아치 리브의 중심축 선이나 보강형의 중심축 선에서 만나게 설계되어 있다〈그림 3.1.16(c)〉.

그림 3.1.16 아치교 행어 케이블 배치도

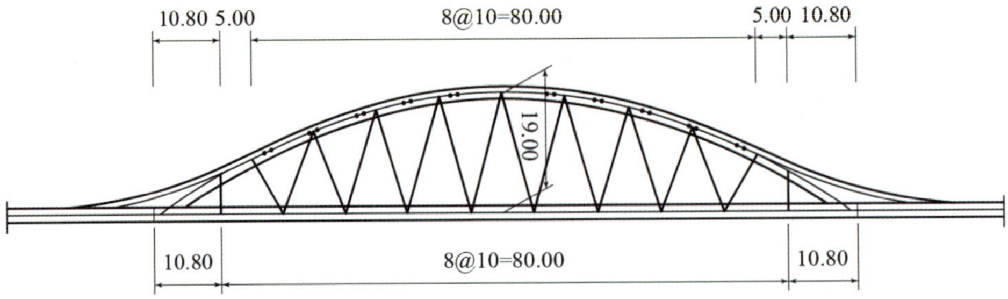

(a) 행어 트러스형 케이블(단위 : m)

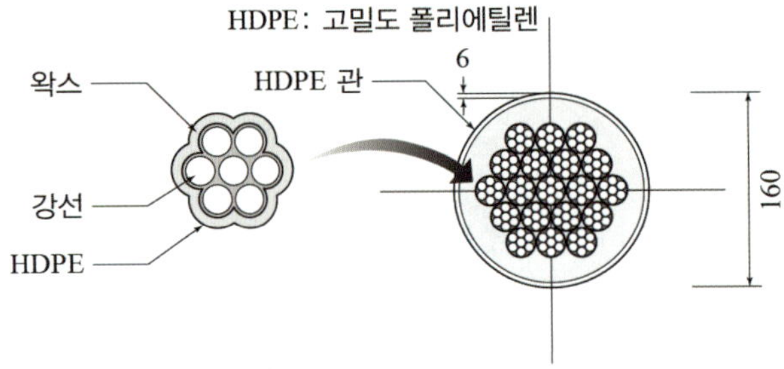

(b) 행어 케이블 구성 요소

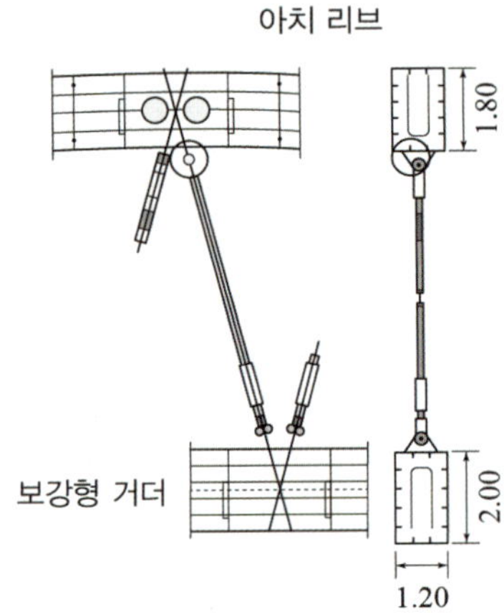

(c) 행어 케이블 정착 방법

2) 스트럿

예전 컴퓨터가 발달하지 않았던 시절에는 교량의 구조해석을 모두 수작업으로 수행해야 했기 때문에, 구조해석 모델을 가능한 한 간단하게 평면화하였다. 예를 들어, 아치교를 설계할 때는 실제로는 양쪽에 평행하게 가설되는 두 개의 아치를 단순화하여, 하나의 아치 평면만으로 구조해석을 진행하는 방식이었다. 그러나 계산 수단이 발달한 현대에는 이러한 제약이 사라져, 한 평면씩 따로 해석할 필요 없이 전체 아치교를 입체적으로 통째로 해석할 수 있게 된 것이다.

양화대교는 이러한 현대적 설계 철학을 충실히 반영한 사례로, 두 개의 아치 리브와 보강형뿐 아니라 바닥판과 행어, 스트럿까지 전체를 한 번에 연결된 구조체로 설계하였다. 이를 실현하기 위해서는 두 개의 평면으로 서 있는 아치 리브를 좀 더 확실하게 연결해 줄 필요가 있었다. 이에 따라 양화대교의 설계 엔지니어들은 스트럿을 아치 리브 사이에 평행하게 배열하지 않고 〈그림 3.1.17〉에서 보듯 트러스(Truss) 형태로 설치하였다.

그림 3.1.17 아치교 스트럿

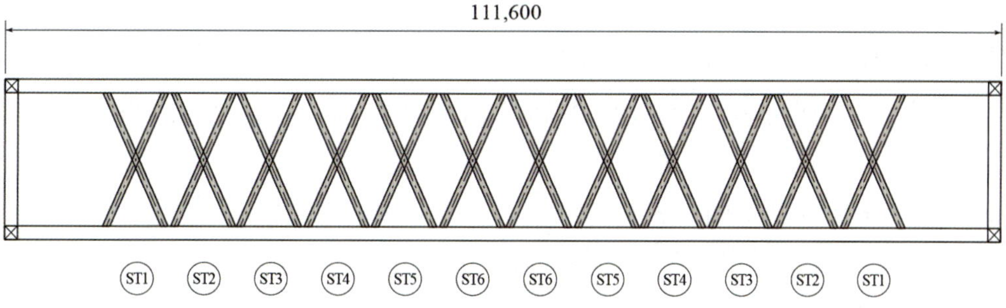

(a) 스트럿 배치도

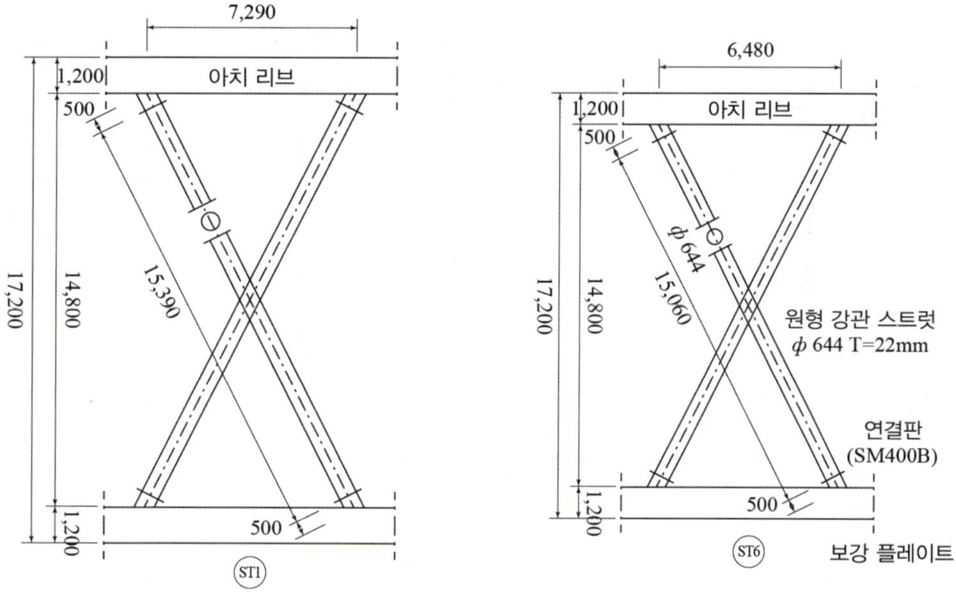

(b) 스트럿 ST1과 ST6

양화대교 아치교 스트럿 시스템은 두께 T = 22mm이고 지름 Φ = 644mm인 강관으로 된 X형태의 트러스로 12짝으로 이루어져 있다〈그림 3.1.17〉. 강관은 SM 400B 강재를 사용하여 제작하였다. 스트럿의 길이는 아치 리브 사이의 일정한 거리 때문에 그 규모 면에서 크게 차이가 나지는 않는다.

3) 강바닥판 구조

일반적으로 교량의 바닥판을 강상판으로 만들려면 주형과 가로보(Floor Beam), 세로 리브(Stringer) 및 강바닥판(Steel Deck Plate)을 통째로 작용하게 하는 직교이방성(Orthogonal) 강바닥판으로 제작한다. 양화대교에서 신설한 아치교의 강바닥판 설계도 그 선례에서 크게 벗어나지 않는다〈그림 3.1.18〉.

그림 3.1.18 아치교 구교 바닥틀 구조 부분도

서울특별시 건설안전관리본부, 1996, 양화대교 성능개선공사

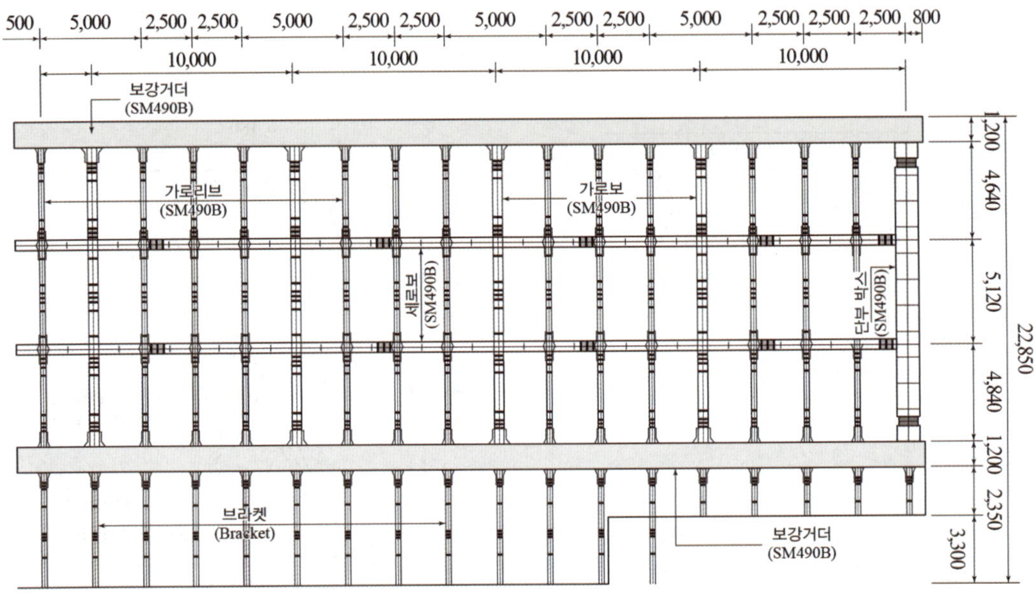

양화대교 아치교에서는 행어가 보강거더에 연결되는 부분에 강성이 큰 가로보(Cross Beam)가 요구된다〈그림 3.1.19(a)〉. 그러나 그 행어 사이의 간격이 10m나 되기 때문에 비록 매우 큰 강성의 가로보를 사용했다 해도 강상판의 교축 직각 방향의 휨 강성이 부족하므로 이를 보강하기 위하여 큰 강성의 가로보와 가로보 사이, 2.5m 되는 곳에 가로 리브를 3개 더 설치하였다〈그림 3.1.19(b)〉.

바닥틀 단부에는 강성이 매우 큰 가로 박스거더(Cross Box Girder)를 설치하여 바닥틀을 완성하였다. 그리고 아치 행어 케이블이 연결되는 보강형도 횡방향 강성이 큰 구형 박스거더 형태를 가지며 폭 B = 1.2m, 높이 H = 2.0m의 크기를 갖고 있다.

그림 3.1.19 아치교(구교) 가로보와 가로 리브 횡단면도

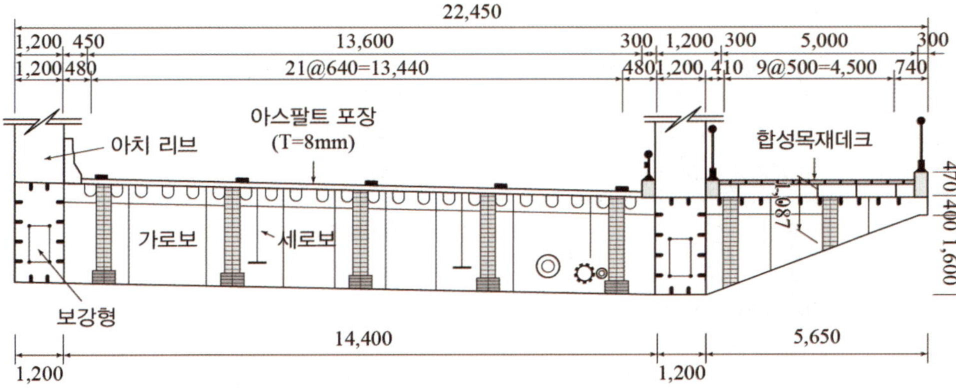

(a) 아치교(구교) 강바닥판 강성 큰 가로보 횡단면도(행어와 행어 사이에 10.0m 간격으로 설치된 가로보)

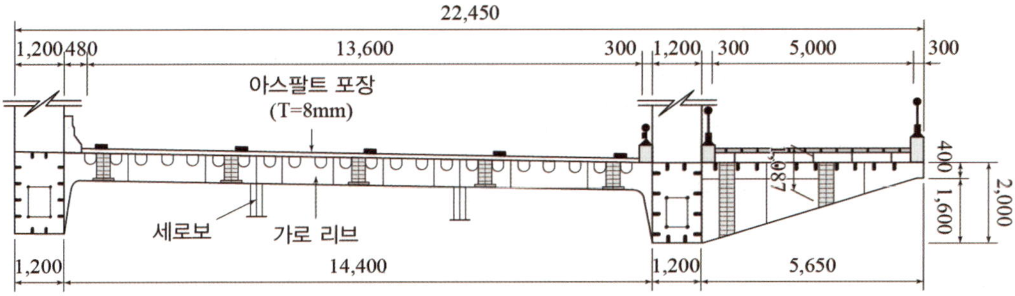

(b) 아치교(구교) 강바닥판 가로 리브 횡단면도(가로보 사이에 2.5m 간격으로 설치)

나. 하부구조

현재 양화대교 신교와 구교, 두 개 교각 아래에는 각각 트랙형 우물통기초가 놓여 있다. 그중 구교의 교각은 기존 우물통 위에 세워져 있고, 신교 우물통(가로 16.10m, 세로 7.70m)은 기존 두 개의 우물통(지름 4.50m, 두께 0.80m) 바깥에 1.60~2.00m 두께로 콘크리트를 덧씌워 트랙형 기초로 만들었다〈그림 3.1.20〉. 하지만 신교의 교각이나 구교의 교각이나 규모 면에서는 큰 차이가 없다. 다만, 구교 교각 상부 평면 폭이 신교의 교각 평면 폭보다 40cm가 더 넓은데, 그 이유는 신교의 차선폭이 구교의 차선폭보다 한 차선당 10cm씩 작기 때문이다. 이에 따라 두 교각 위에 놓인 교량 받침의 간격에서도 차이를 보인다〈그림 3.1.21〉.

그림 3.1.20 아치교 교각 P12 우물통기초(일반도)

서울특별시 건설안전관리본부, 1996, 양화대교 성능개선공사

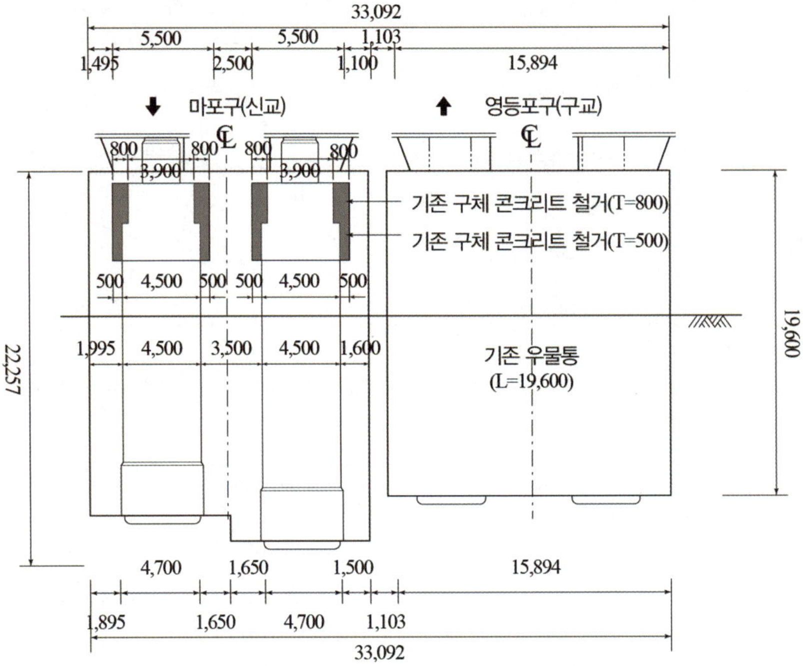

(a) 아치교 신구 교량 우물통기초 횡단면도

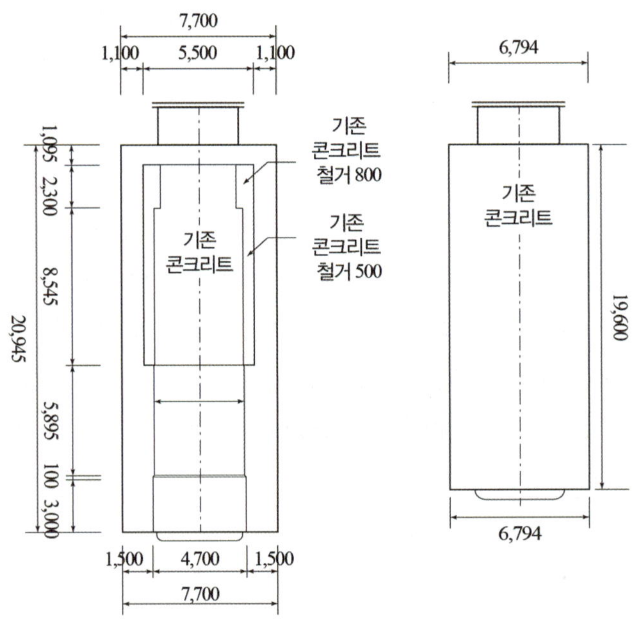

(b) 신구 우물통기초 좌측면도

그림 3.1.20 아치교 교각 P12 우물통기초(일반도) (계속)

서울특별시 건설안전관리본부, 1996, 양화대교 성능개선공사

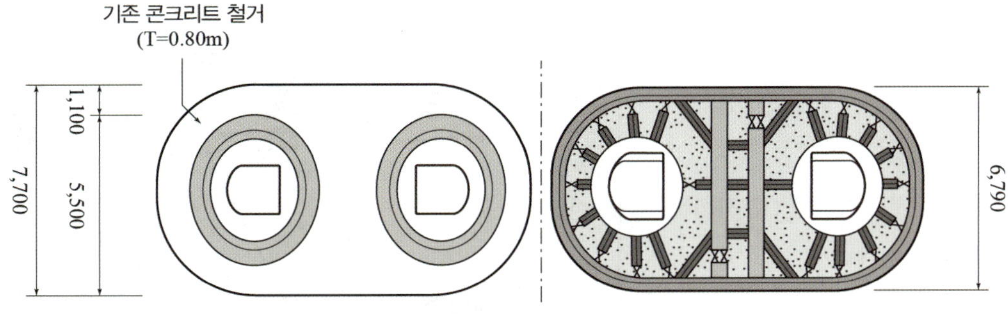

(c) 아치교 신구 교량 우물통기초 평면도

그림 3.1.21 아치교 교각 일반도

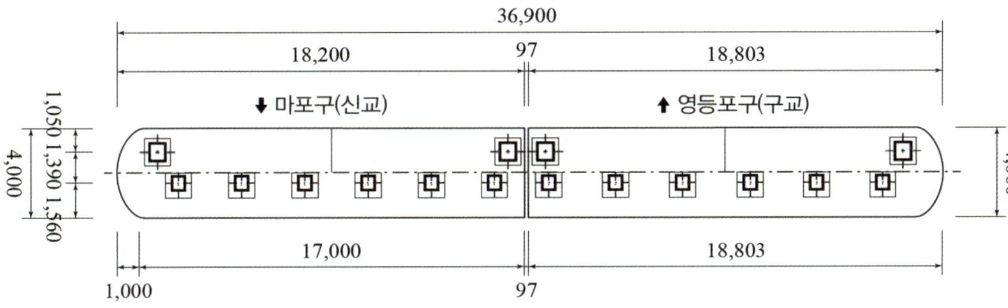

(a) 평면도

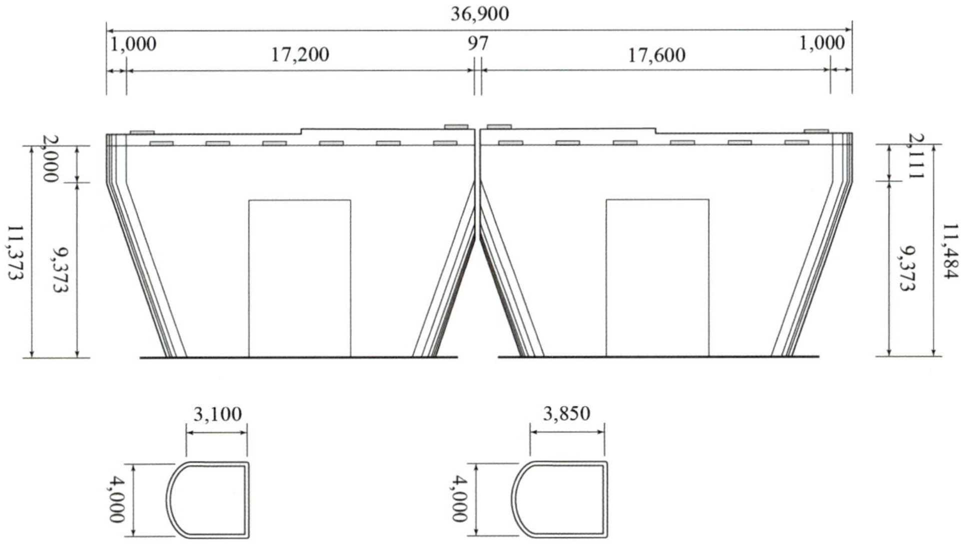

(b) 정면도

3.1.3.2 상부구조 가설

아치교 상부구조 가설을 위하여 대선식 일괄가설공법을 적용하였는데, 그러기 위하여 먼저, 선유도 상·하류 남쪽 강변에 각각 한 곳씩 야적장 및 조립장을 설치하였다〈그림 3.1.22〉.

그림 3.1.22 양화대교 대선식 가설공법을 위한 야적장과 조립장

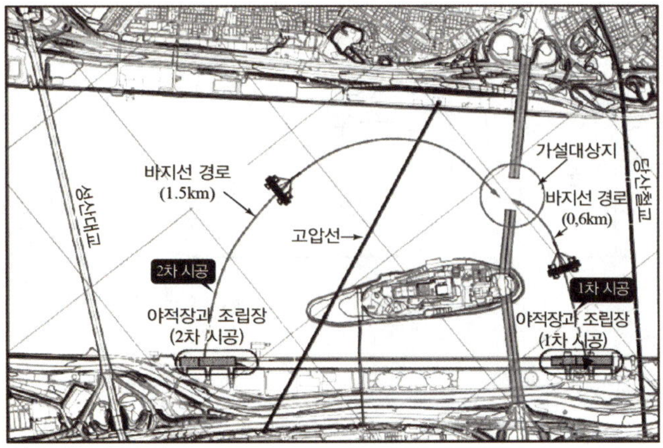

상부구조 가설 제1단계로는 조립장에서 조립된 상부구조를 바지선까지 옮기기 위한 로드아웃(Loadout) 거더를 설치하고 그 위에 레일과 대차를 설치했다〈그림 3.1.23(a)〉.

공장에서 제작되고 선유도 옆 조립장에서 조립된 상부구조는 강변에 미리 만들어진 레일을 이용하여 부두로 옮겨〈그림 3.1.23(b)〉, 수중에서 대기하는 바지에 옮긴 후, 미리 제작되어 있는 가벤트 위에 올려놓는다〈그림 3.1.23(c)〉. 상부구조가 바지선에 옮겨지면 바지선은 타우 보트(Tow Boat)로 현장으로 수송되고〈그림 3.1.23(d)〉, 가설 현장에서 2m 후방으로 진입하여〈그림 3.1.23(e)〉, 준비한 크레인으로 공중으로 들어 올린 다음, 가설 위치로 들어가 상부구조를 정위치에 내려놓고, 정위치시킨 후 바지선이 철수하면 양화대교 아치교 대선식 일괄가설이 완료된다〈그림 3.1.23〉.

그림 3.1.23 아치교 상부구조 가설 개념도

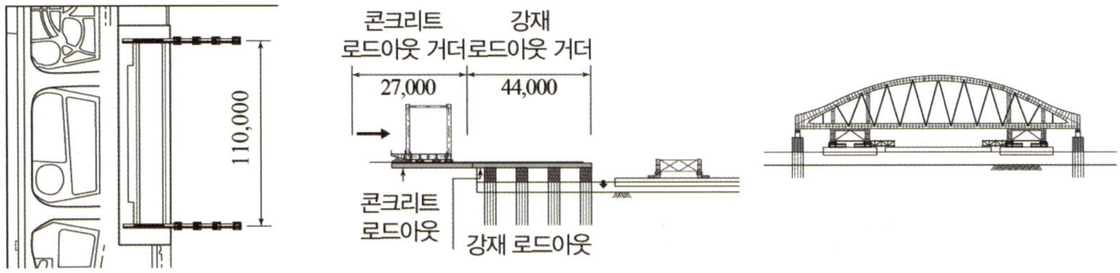

(a) 제작장 조성과 교량 상부현장 조립 (b) 레일을 이용하여 부두로 이동 (c) 바지선 가설벤트에 상부구조 인하

그림 3.1.23 아치교 상부구조 가설 개념도(계속)

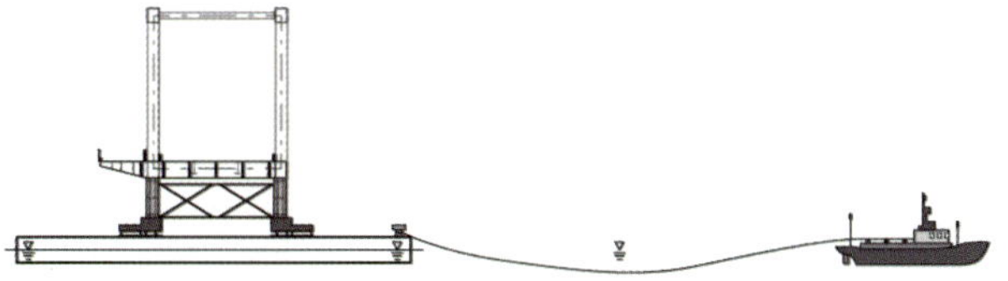

(d) 타우 보트로 상부구조 태운 바지선 운송

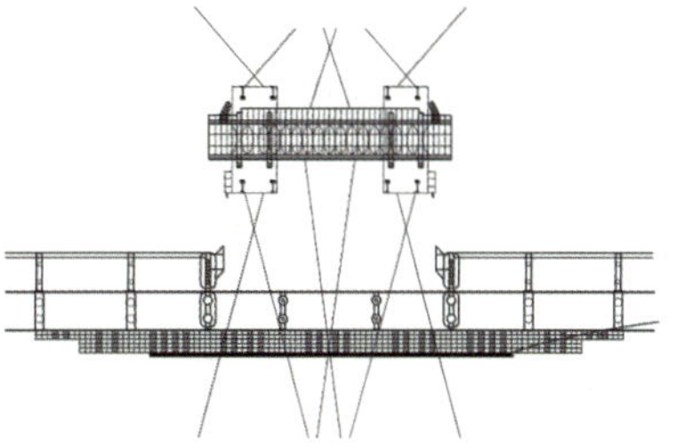

(e) 가설 위치 2m 후방으로 바지선 진입

3.1.4 기타 시설

3.1.4.1 계측 유지관리

우리나라에서 '교량 계측관리 시스템(BHMS, Bridge Health Mornitoring System)'이 처음 도입된 것은 신행주대교 건설 때였다. 당시 공사 중 발생할 수 있는 사고를 예방하기 위하여 도입된 이 시스템은, 해외 신기술을 무분별하게 적용하던 시기 정부의 정책적 배경 속에서 시작되었다. 그러나 국내 엔지니어들이 선진 기술을 충분히 소화하지 못하면서 신행주대교 붕괴사고와 같은 대형 참사가 발생하기도 했다.

이후 신행주대교 사장교의 재시공 과정에서는 서울대학교 공과대학 교량연구실이 자체 개발한 계측 프로그램과 국산 센서를 적용하여 국내 최초의 BHMS를 구축하였다. 이 시스템은 시공 중 구조물의 이상을 실시간으로 감지하고 경고할 수 있도록 설계되어, 단기적인 성능 측면에서는 성공을 거두었다. 다만 장기 계측에서는 센서의 내구성과 안정성 문제가 드러났다. 특히 콘크리트 내부 매입 센서의 절반 이상이 설치 3개월 만에 기능을 상실해, 장기적인 거동 모니터링에는 한계가 있던 것이다. 그러나 1944년 성수대교 붕괴사고 이후 교량 안전과 유지관리 기술은 급속히 발전했다. 현재의 BHMS는 구조물의 거동을 장기적으로 모니터링하는 핵심 기술로 자리 잡았으며, 세계 시장에서도 경쟁력을 인정받고 있다.

따라서 1990년대 초반과는 달리 현재는 BHMS이 교량의 유지관리 계측시스템으로 완전히 자리 잡았다고 보아야 할 것이다. 장기적으로 교량 거동을 모니터링하기 위해서는 먼저 정기적인 세굴, 콘크리트 구조물의 균열 파악, 상부구조의 처짐과 진동, 케이블 강선의 긴장 상태 등을 지속적으로 측정하여 교량의 내구력을 신속하게 평가할 수 있어야 한다〈그림 3.1.24〉.

그림 3.1.24 양화대교 아치교 계측관리 구성도

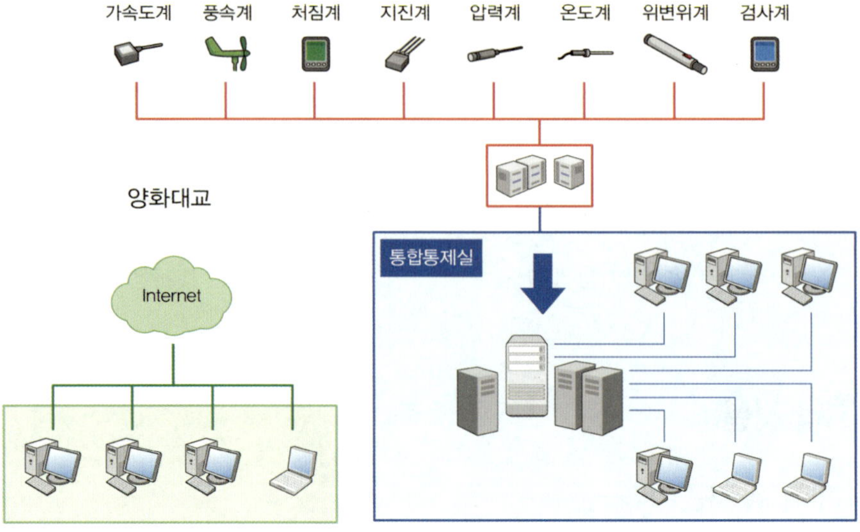

현대 BHMS는 교량에 부착된 센서를 통하여 가속도, 풍속, 처짐, 지진, 응력, 온도, 변위 및 주부재의 기울어진 경사각 등을 실시간으로 계측한다. 이 정보는 데이터 로거로 전송한 다음 이들 데이터를 가공하여 물리적인 양으로 변환시킨다. 이를 토대로 교량 구조물의 안전성을 평가한다. 중앙 통제실은 연결된 모든 계측시스템으로부터 전용 인터넷망을 통하여 데이터를 수신하고, 관리기준치 내에 들어 있는 데이터들은 저장한다. 이들 데이터는 분석 및 평가시스템을 거쳐 이상 징후가 발견되면 경보를 발생하여 사고를 사전에 방지한다.

예를 들어, 양화대교 아치교에는 1) 아치 리브 3분할 지점 상부의 동하중 변화를 측정하는 무선 아치 가속도계 3개, 2) 행어 케이블 강선 긴장력 측정계 10개, 3) 아치 보강재에 설치한 보강재 동적 및 정적 거동 측정 응력계 20개가 설치되어 있다. 이와 같은 정밀 계측 시스템은 교량의 안전성과 내구성 확보를 위한 필수 기술 인프라로 발전하였다.

3.1.4.2 경관조명

서울시는 양화대교 아치교 건설을 위하여 세 차례의 심의 과정과 자문위원회를 거쳐, 서울을 대표하는 열린 공간에서 공원과 수공간을 이용하는 시민들에게 쾌적한 환경을 제공하기로 하였다. 이를 위하여 주변 공간과의 통일성을 갖춘 아치교를 제안하였으며, 특히 교량의 조형미와 쾌적함, 부드러움과 편안함, 여유로움을 시민들에게 전달할 수 있는 야관 경관을 창출하기로 하였다 〈그림 3.1.25〉.

그림 3.1.25 양화대교 아치교의 조명설계

기존 교량의 이미지

아치교를 통한 이미지 창출

조명 시설

양화대교 아치교는 접속교와 아치교의 시점부와 종점부가 부드럽고 완만한 곡선으로 이어지는 점이 매우 인상적이다.

3.1.4.3 편의시설

서울시는 양화대교를 감상하는 일반 관람객을 위하여 다리 남단에 2009년 11월 문을 연 전망 쉼터 카페 진정성을 조성하였고〈그림 3.1.26〉, 둔치에서 교상 및 쉼터로 오를 수 있도록 21인승 엘리베이터를 설치하였다. 엘리베이터는 교량 남단 좌우 두 곳과 합정동 방면 하행선 측 한 곳에 설치되어 양화한강공원을 방문하는 시민들의 편의를 돕고 있다. 그러나 실제로 방문해보니 21인승 엘리베이터만으로는 공간이 충분치 않다는 느낌을 받았다〈그림 3.1.27〉.

그림 3.1.26 전망 쉼터(카페 진정성)

카페 진정성 전경(구교 측)

쉼터 내부 광경

그림 3.1.27 양화대교 편의시설

엘리베이터 건물(서측)

21인승 엘리베이터

미주

[1] 한국건설산업연구원, 2017, 『한국건설통사』, IV권, 대한건설협회, 213~217쪽

[2] 1981년 9월 30일, '88 서울올림픽' 개최가 확정되었다. 전두환 정부는 서울올림픽 준비를 위하여 1982년 9월 28일부터 1986년 9월 10일까지 4년간 대대적인 한강 정비계획을 세우고 추진하였는데, 이 사업을 '한강종합개발사업' 이라고 한다.

[3] 건설교통부, 1986, 『도로교표준시방서』, '6.1.5 바닥판의 최소두께', 265쪽

3.2

한강의 기적 시작점, 한남대교

3.2.1 개요

3.2.1.1 서울 인구집중 억제

조선 시대 한남대교 북단 한남동에는 광나루, 삼전나루, 노들나루, 양화나루와 함께 오강진로(五江津路)에 하나였던 한강진이 있었으며, 그 맞은편 남단 신사동에 사평나루가 있었다. 사평나루 상류 방향으로 가까이, 지금의 동호대교 남단 쪽에 새말(新村)나루가 있었는데 일제강점기 시절 이들 '신촌'과 '사평'의 앞 글자를 따서 지금의 신사동이라는 동명으로 통합했다. 한양에서 남소문[1] 또는 광희문으로 나와 한강진을 건너 현재 강남대로를 따라 남쪽으로 가는 길은 신경준의 『도로고(道路考)』 경성동남저동래4로(京城東南抵東萊四路)에 해당하는 전통적인 영남대로의 노선 중 하나였다〈그림 3.2.1〉.

그림 3.2..1 한강진(『대동여지도』 부분도)
규장각 한국학연구원

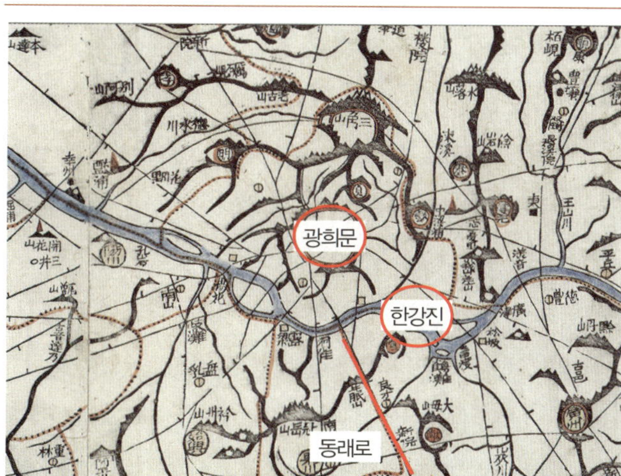

지금 이러한 역사·지리적 사실을 비추어보면 옛 한강진과 사평진

그림 3.2.2 한남대교 위치도

에 나루 대신에 다리를 세우는 것은 매우 당연한 결과였기 때문에, 제3공화국 시절에 조국 근대화를 위하여 건설한 경부고속도로와 서울 도심을 연결하는 이 노선을 제3한강교를 통과하게 기획했던 사실은 그리 놀라운 일이 아니다.

한남대교는 이렇게 용산구 한남동과 강남구 신사동을 잇는, 네 번째로 한강을 건너는 도로교로 원래 이름은 제3한강교였다. 1981년 9월 30일에 '88 서울올림픽' 개최가 확정됨에 따라 전두환 정부가 정권 홍보 수단으로 '한강종합개발계획'을 세우고 한강의 유로정비를 본격화하였다. 그 과정에서 정부는 1984년 한강에 설치된 다리의 명칭을 모두 개명하기로 하면서 한강인도교는 한강대교로 제2한강교는 양화대교 그리고 제3한강교는 한남대교로 부르게 되었다.

현대건설에서 건설한 한남대교(교장 L = 915m, 교폭 B = 27m(보도 4m + 차도 23m)의 6차로)는 1966년 1월 19일에 착공한 뒤 만 3년 11개월만인 1969년 12월 25일 준공(26일 개통)되었다. 제3한강교가 건설된 이유는 크게 두 가지로 생각할 수 있다. 그 하나는 '제1차 경제개발 5개년 계획'이 실행됨에 따라 우리나라 산업구조가 농업경제에서 공업경제로 이전하는 과정에서 필연적으로 발생하는, 지방 농민들의 수도권으로 이동 현상과 이에 대한 서울시의 고민을 해결하는 방법으로 '남서울을 개발해야만 만원이 되어버린 서울의 인구 문제를 해결할 수 있다는 절박감'이었다〈그림 3.2.3〉.

또 다른 큰 이유로는 군 쿠데타로 집권한 군사정권의 고위직 대다수가 군인 출신들이었고, 이들이 가지고 있던 북한군 남침에 대한 트라우마를 들 수 있다.[2]

1961년 5·16 군사 쿠데타로 정권을 잡은 박정희는 군정 2년 7개월 만에 민정 이양을 단행하고, 1963년 10월 15일 대통령 선거에 김대중 후보에게 승리함으로써, 그해 12월 17일부터 우리나라에 제3공화국이 시작되었다. 제3공화국 출범과 함께 서울 시장에는 대한민국 초대 내무부 장관을 지낸 윤치영이 임명되었다. 당시 서울의 인구는 300만을 넘어섰고, 1962년부터 시행된 제1차 경제개발 5개년 계획으로 일거리를 찾아 지방에서 서울로 몰리는 인구가 급증하면서 교통·주택·상하수도·쓰레기 처리 등 다양한 도시 문제들이 심각하게 대두되었다. 정부는 이러한 문제를 해결하기 위해 서울 주변 경기도 지역을 서울로 편입하여 개발하고, 유입 인구를 분산시키려 하였다.

사실 서울 근교, 특히 한강 남쪽 지역인 강남 지역 개발을 처음으로 제안한 사람은 화신산업을 경영하던 기업가 박흥식이었다. 해방 전 우리나라에서 최고의 사업가로 평가받던 그는 1961년 5·16 군사 쿠데타 직후인 5월 23일, 첫 번째 부정축재 혐의자로 가회동 자택에서 구속되었다. 군사정권 부정축재처리위원회는 체포 43일 만에 박흥식을 석방하면서, '예상되는 서울의 인구 증가에 대비한 민간 차원의 주택건설계획을 구상할 것'을 조건으로 내걸었다. 박흥식이 일제강점기에 이미 1935년부터 불광동부터 수색 일대에 신도시를 조성하고 그곳에서 인왕산 밑으로 터널을 뚫어 지하철로 관통하는 '신도시개발계획'을 구상했었던 것을 군사정권에서 알고 나서, 그의 아이디어를 이용하고자 한 것이다. 이에 박흥식은 중앙정부가 주도해 한강 남쪽 경기도 시흥군 과천면·신동면(현 서초구 일대)과 광주군 은주면(현 강남구 일대)·중대면(현 송파구 일대) 2,400만 평 부지에 인구 약 30만 명 이상을 수용할 수 있는 이상적 신도시 건설 계획을 제안하였다. 그러나 이 제안을 검토한 국가재건최고회의는 마침 '제1차 경제개발 5개년 계획'을 막 추진하던 시기였기에, 재정 여건상 중앙정부가 직접 이 사업을 추진하는 것이 불가능하다고 판단하였다. 대신 정부는 박흥식에게 외국 상업차관을 통한 민간 사업 추진을 허락하며, 개인 사업으로 추진할 것

그림 3.2.3 강남 개발 구상(서울특별시, 1966년 1월)
손정목, 2003, 『서울 도시계획 이야기』 3, 한울, 73쪽

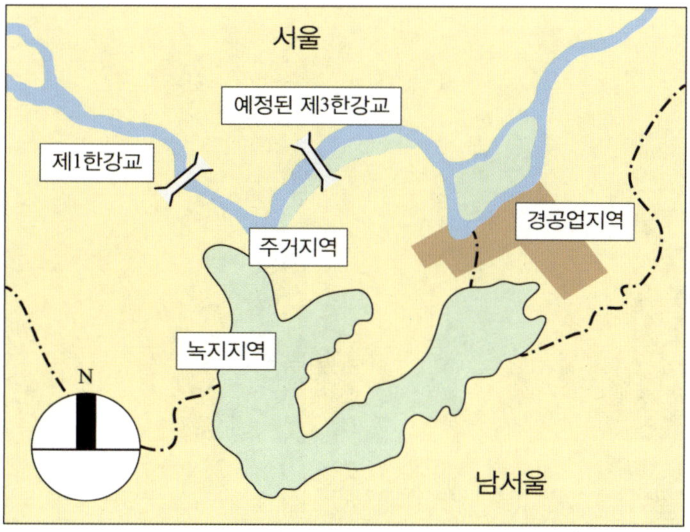

을 지시하였다. 박흥식은 1963년 8월 '흥한도시관광 주식회사'를 설립하고, 1964년 4월 일본 경제계 주요 인물들과의 인맥을 동원하여 일본 측의 '대한 도시계획 교역회사단'과 10년 동안 5천만 달러의 구상무역협정(求償貿易協定)[3]에 성공하였고 2천만 달러의 선차물자(先借物資) 수입 계약을 체결하였다. 1964년 8월까지 박흥식의 '남서울지구 도시계획사업' 제안서에 긍정적인 의지를 보이던 정부는 그 후 제출된 사업계획을 건설부장관이 주재하는 심의위원회를 통해 구체적으로 검토하였고, 그 결과 1965년 1월 16일 경제부처 각료회의에서 이 사업의 실질적인 허가 불가 방침을 결정하였다. 대신 서울시는 군사적 목적으로 제3한강교를 건설하겠다는 의견을 1965년 5월 초에 건설부장관에게 상신하였다.

실제로 서울시는 1965년 제3한강교 교각 1개를 건설할 수 있는 500만 원의 예산을 이미 편성하고 있었다. 박흥식으로서는 최악의 상황을 맞은 것이다. '흥한도시관광 주식회사'가 남서울의 대상 토지를 일괄 매수하기 전에 제3한강교 건설이 시작되면 개발지역의 땅값이 천정부지로 솟아 신도시개발사업을 추진할 수 없기 때문이었다. 박흥식에게는 1965년 9월 공식적으로 '남서울 도시계획사업 실시계획 인가신청서'를 자진 취하하라는 지시가 떨어졌다. 1961년 9월부터 만 4년 동안 애쓴 박흥식의 노력은 안타깝게도 아무런 성과 없이 끝난 것이다.

당시 서울시의 행정을 책임지고 있던 윤치영 시장도 농촌에서 서울로 무작정 상경하는 인구 이동을 억제해야 한다고 생각하고 있었다. 그는 지방에서 서울로 이주할 사람은 각 도지사의 사전 허가를 받고, 서울에 들어오기 전에는 서울 시장의 허가도 받는 입법 조치를 국회에 요구하였다. 동시에 1966년 1월 7일, 서울 도심으로의 인구집중을 막기 위하여 박흥식이 제안한 남서울 개발을 그대로 채택하지 않고, 서울시가 독자적으로 개발하겠다고 기자 회견을 열었다. 그리고 12일이 지난 1966년 1월 19일, 제3한강교 건설 기공식이 거행되었다.

그림 3.2.4 박흥식의 남서울계획 중 도로망도 『도로계획사업 계획서』
서울역사박물관, 2011, 『강남 40년: 영동에서 강남으로 - 서울반세기종합전 II』, 19쪽(1963, 최종현 소장)

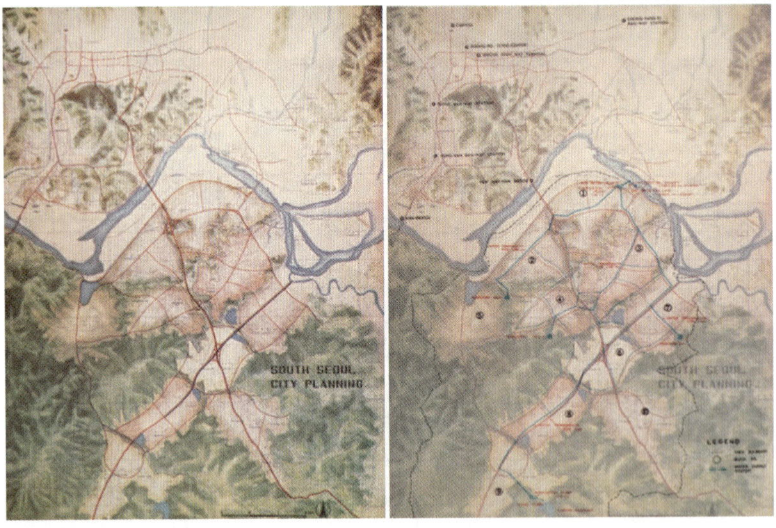

3.2.1.2 전쟁 이후의 북한 남침 트라우마

한편 윤치영 시장의 국회 발언을 전해 들은 박정희 대통령과 측근들은 인구 집중 현상과는 별개의 차원에서 사태가 심각성을 인식하기 시작하였다. 그 배경에는 6·25 전쟁 당시 서울 시민이 한강을 건너 피난하던 '쓰라린 경험'이 여전히 집단적 공포로 남아 있었기 때문이다. 전쟁이 발발한 지 10여 년이 지났음에도 불구하고, 많은 서울 시민은 여전히 "인민군이 다시 쳐들어오면 어떻게 하지?"라는 불안을 공유하고 있었다.

그림 3.2.5 제3한강교 위치도(1967년 7월 31일)

6·25 전쟁 당시 약 170만 명으로 집계된 서울 시민들이 피난을 가기 위해 건널 수 있었던 다리라곤 제1한강교와 광진교뿐이었다. 이로 인해 시민들이 겪은 피난의 혼란과 고통은 깊게 각인되었다. 그런데 서울시가 1960년대 초 추정한 바에 따르면, 1969년 서울의 인구는 350만 명을 넘어설 것으로 예상되었고, 만약 전쟁이 다시 발발한다면 기존의 두 교량만으로는 피난 인파를 감당할 수 없을 것이 분명했다. 서울에서 불과 40km밖에 안 떨어진 전방 휴전선을 따라 북한과 무력으로 대치하고 있는 상황에서, 이러한 우려는 정부 고위 관료들에게 자연스러운 문제의식이었다.

이와 같은 배경 속에서 박정희 정부는 1964년에 20개 항목으로 구성된 '대도시 인구집중 방지책'을 발표하였으나, 그의 집권 말기까지 실질적인 성과를 거두지 못했다. 그나마 다행이었던 것은 제2한강교(양화대교)가 1965년 1월 25일 준공되어 한강에 인도교가 3개나 된 것이었다. 그러나 제2한강교는 전시 상황에서 군 작전용으로 활용하기로 계획되어 있었으므로, 실제로 일반 시민이 피난 시 이용할 수 있는 교량은 여전히 제1한강교와 광진교 두 곳뿐이었다. 이 때문에 서울 시민들 사이에서는 위급 시를 대비한 제3의 교량 건설 필요성이 강하게 인식되었다.

한편 6·25 전쟁의 집단적 트라우마와 함께 서울의 인구는 1953년 약 100만 명에서 1965년 347만 명으로 폭발적으로 증가하였다. 서울시는 이러한 도시 과밀 문제를 해결하기 위한 방안으로 강남 개발로 행정구역의 확장과 대규모 신규 시가지 개발을 검토할 수밖에 없었다. 서울시의 강남 개발은 이미 박흥식이 제안한 '남서울 도시계획' 외에도, 김현옥 시장 시절인 1966년 8월 '새서울

백지계획'과 '대서울백서'가 발표되었다. 이와 같이 1960년대 초부터 서울 구시가지 과밀을 막기 위해서 구상된 강남 개발은 결국 1968년에 착수된 '영동지구 구획정리사업'을 통해 오늘날의 강남으로 구체화되었다.

정부는 군사적 목적과 인구 분산 효과의 두 가지 목적을 동시에 충족시킬 수 있는 방안으로 제3 한강교 건설을 최종 결정하였다. 이 시기는 '제1차 경제개발 5개년 계획'이 성과를 거두고, '제2차 경제개발 5개년 계획'이 추진되고 있던 1968년이었다. 경부고속도로 착공과 함께 한남대교가 그 종점으로 지정되면서, 서울시의 '인구분산정책'은 새로운 활로를 찾게 되었다. 이로써 전국 주요 지역이 일일생활권으로 편입되고, 강남 지역은 대규모 개발의 시대를 열게 되었다. 이는 결과적으로 수도 서울이 세계적인 도시로 도약하는 전환점이 되었다.

그러나 아이러니하게도 그 당시 서울 시민 누구도 한강의 기적을 일으키는 기폭제가 된 한남대교 착공에 관심이 없었고, 따라서 한남대교 건설이 강남 개발의 계기가 되고 또한 경부고속도로의 기점이 된다는 사실을 예측한 사람은 우리나라에 아무도 없었다. 그 당시에는 박정희 대통령, 윤치영 서울 시장, 공사를 담당했던 현대건설까지도 알지 못했다고 전해진다.

그림 3.2.6 한남대교 가설 장소(1966.1.4.)
서울역사박물관, 2011, 『강남 40년: 영동에서 강남으로 - 서울반세기종합전 II』, 24쪽

3.2.2 한남대교 교량 설계

3.2.2.1 구교

한남대교는 처음에 너비 20m의 4차선 교량으로 설계되었다〈그림 3.2.7〉. 그리고 하부기초는 우물통기초로 설계되어, 공사 초기에 기초공사가 한창 진행되고 있었다〈그림 3.2.8〉.

그림 3.2.7 도로공사의 일반 도로교 표준 단면도(경부고속도로 건설 당시, 지간장 100m 이하)

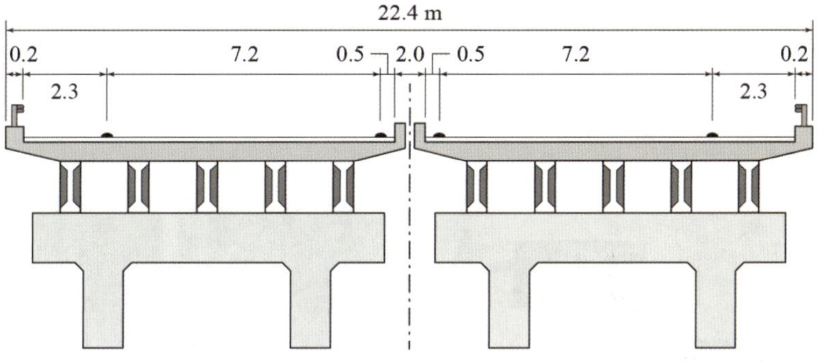

그림 3.2.8 제3한강교 기초공사(1966.4.13.)
서울역사박물관, 2011, 『강남 40년: 영동에서 강남으로-서울반세기종합전 II』, 24쪽

그러나 착공 후 약 3개월이 지난 어느 날, 건설부에서 서울시로 교량의 너비를 20m에서 27m, 즉 6차선으로 확대하라는 지시가 내려왔다. 그 배경에는 건설부 국토보전국장이 '대동강에 폭 25m짜리 다리가 건설되었다'는 소식을 들은 사실이 있었다고 한다. 그러나 당시 우리나라 전체 차량 수가 겨우 2만 7천~8천대에 불과했기 때문에 서울시는 '6차선 교량은 비경제적'이라며 반대했다. 하지만 '북한보다 앞서가야 한다'는 건설부 의지를 막을 수는 없었다. 지금 돌이켜보면 결과적으로 이 결정은 탁월한 선택이 되었다. 왜냐하면 이후 한남대교보다 늦게 기공식(1968년 11월 20일)을

가진 경부고속도로의 종점이 한남대교로 결정되었고, 이 도로 폭이 22.4m로 시공되었기 때문이다. 만약 제3한강교가 처음 계획대로 폭 20m의 4차선 교량으로 지어졌다면, 고속도로와의 접속에 큰 문제가 생겼을 것이다. 경부고속도로 건설 당시 도로 설계기준 설계속도는 1급 120km/h, 2급 100km/h, 3급 80km/h 이었으며, 설계하중은 DB18로 기준을 정했고,[4] 도로 노면 폭은 22.4m로 설계되었다〈그림 3.2.7〉.

그림 3.2.9 재설계된 강판형교 횡단면도와 다리 전경
서울특별시, 1988, 『서울의 다리』, 88쪽

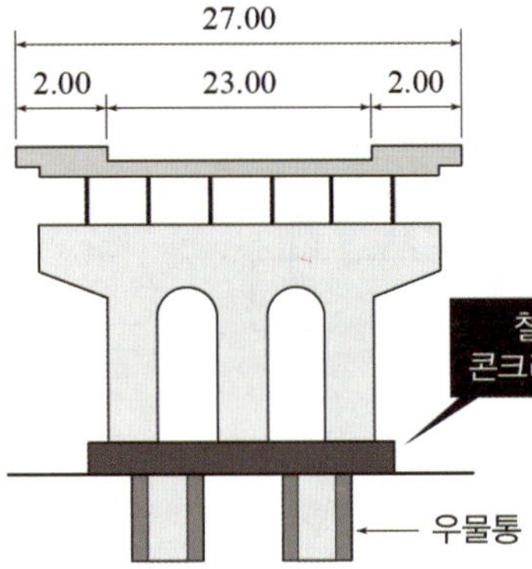

한남대교 구교 횡단면도(다주형 판형교)

한남대교 구교 전경

이렇게 처음에는 경부고속도로의 종점이 한남대교 남단으로 계획되었으나, 정부는 이후 양재동에서 한남대교 남단까지 도로 구간을 영동구획정리사업 구간에 포함시켜 서울시가 관리하도록 하였다. 그 결과 2002년 12월 5일, 경부고속도로의 공식 종점은 현 양재 IC로 변경되었다. 현재 한남대교 남단은 양재 IC에서 북쪽으로 이어지는 자동차 전용도로(시속 80km/hr)의 종점, 즉, 경부간선도로 종점으로 바뀌었다.

경부고속도로 건설은 1967년 5월 2일, 대통령선거 하루 전에 발표되었고, 1968년 2월 1일 원지동에서 기공식을 열었다. 이후 1969년 12월 26일 준공을 마치고, 1970년 7월 7일 서울-부산 간 428km 구간이 공식 개통되었다.

한편 한남대교가 제3한강교로 착공될 당시에는 한남동 측 유심부는 디비닥(DYWIDAG) 공법으로 시공하는 10경간 P.S.C 박스거더교로 설계하였다. 또한 남측 고수부지 구간에는 길이 30m의 P.C 빔 18경간을 설치하는 계획이었다〈그림 3.2.10〉. 하부기초는 대부분 우물통기초로, 교각은 *II* 형 교각으로 구성되었다.[5]

그림 3.2.10 한남대교 건설 계획도 『도시계획사업 계획서』
서울역사박물관, 2011, 『강남 40년: 영동에서 강남으로 - 서울반세기종합전 II』, 22쪽(1963, 최종현 소장)

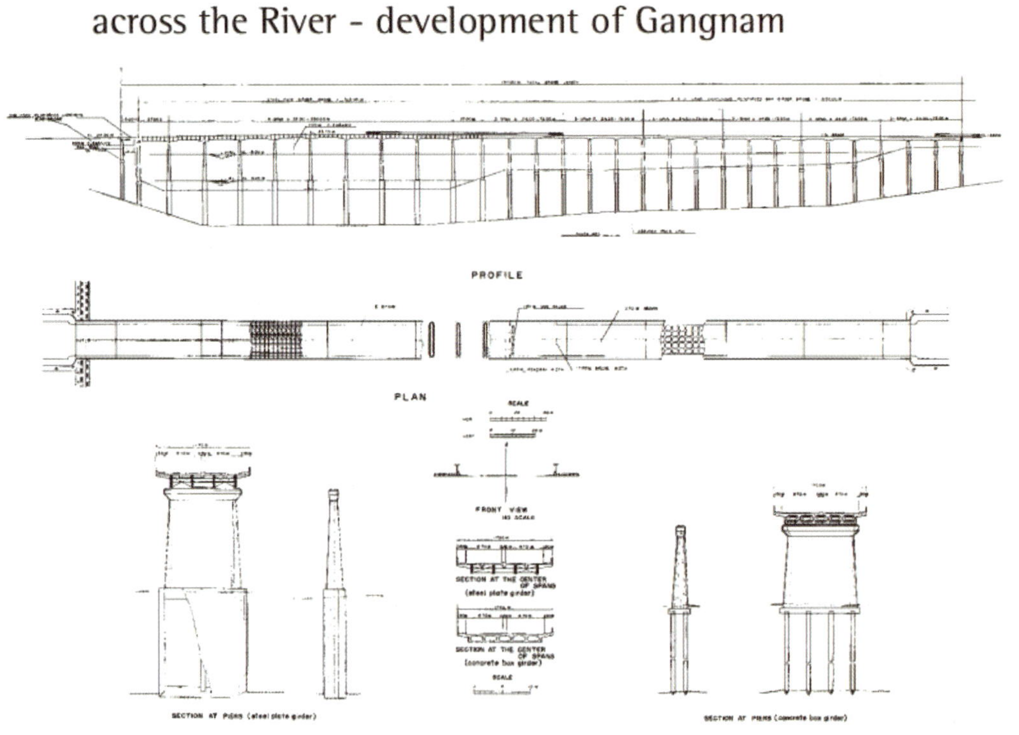

공사는 남측 고수부지 구간의 우물통기초 공사부터 진행 중이었었는데〈그림 3.2.8〉, 당시 김현옥 서울시장의 심통으로 공사가 일시 중단되었다. 그는 한남대교 건설을 탐탁하게 여기지 않았다고 전해진다. 그러나 경부고속도로 건설이 급속히 진행되고, 영동지구 구획정리사업이 본격화되면서 제3한강교의 완공이 시급해졌다. 준공 기한과 예산의 압박 속에서 서울시는 그 당시 잘 알려지지 않은 디비닥 공법(원효대교에서 처음 국내 적용됨)을 포기하고 국내 기술자들이 익숙한 강판형교(Plate Girder Bridge)로 설계를 변경하여 시공하였다〈그림 3.2.9〉.

한남대교 구교는 동성기술공단에서 설계하였으며, DB-18을 활하중으로 설계하였다. 전체 경간 구성은 다음과 같다.

$$L = 23.4 + 2\times(40.4 + 50 + 40.4) + 7\times(3@30) = 915m$$

상부구조는 일반 다주형 판형교(Multi Main Plate Girder Bridge)의 교량 형식을 취했으며, 교폭은 27m로 계획되었다. 기초는 우물통 26기, 직접기초 13기, 파일기초 1기가 적용되었다. 교각은 3개의 기둥을 사용하여 라멘형으로 구성하였다.

상부구조의 판형(Steel Plate)은 일청(一淸) 구권자금으로 일본에서 제작되었고, SM 50Y 용접강으로 제작하여 현장으로 운송되었다. 부재 간의 연결은 현장에서 리벳(Rivet) 연결[6]로 처리하였다. 한편 교폭이 20m에서 27m로 확대되면서 이미 시공된 우물통기초의 처리 문제가 제기되었다. 검토결과, 기존 우물통은 그대로 살려두고, 횡방향 두 우물통 위에 강성이 충분한 철근 콘크리트 보(지대석)를 가로질러 설치한 뒤 그 위에 3개의 기둥을 세워 교각을 구성하는 방식으로 해결하였다〈그림 3.2.9(a)〉.

한남대교는 김현옥 시장 취임 이후 지지부진하다가 1968년 11월 20일에 기공식을 거행[7]하였다. 그러나 서울시가 1968년도 예산에 한남대교 건설비로 1천만 원만 배정했기 때문에, 그해 말인 12월 23일까지는 교각 1개만 시공할 수 있었다.

김현옥 시장은 "경부고속도로의 종점인 제3한강교는 전국 국민이 이용하는 국가적 시설이므로, 건설비는 서울시가 아닌 국고 부담이 옳다"고 주장하였다.하지만 실제로는 같은 시기에 추진 중이던 여의도 개발과 서울대교(현 마포대교) 건설에 더 큰 관심을 두고 있었던 것으로 전해진다.

결국 제3한강교 건설에는 총공사비 11억 3,300만 원이 투입되었고, 길이 915m, 너비 27m(차도 23m, 보도 4m), 철근 3,410톤(접속구간 포함), 시멘트 30만 포대, 상판 강재 2,956톤, 연인원 20만 명, 크레인·불도저 등 중장비 연 8,500대, 바지(Barge) 900여 척이 동원되었다.

그림 3.2.11 제3한강교 구교 전경
서울역사박물관, 2011, 『강남 40년: 영동에서 강남으로 – 서울반세기종합전 II』, 25쪽 / 서울특별시, 1988, 『서울의 다리』, 89쪽

1969년 12월 26일 개통

한남대교 구교 전경

이후 1990년대 중반, 한남대교의 교통 혼잡과 안전 문제가 항상 서울의 시정 현안 과제로 떠올랐다. 경부고속도로와 강남대로의 교통량이 폭주하면서 한남대교의 병목현상이 심각한 지경에 이르게 된 것이다. 당시 서울의 인구는 1,000만 명을 넘었고, 국민 1인당 GDP는 11,470달러(1995년 기준)에 이르렀다. 1965년 105달러였던 1인당 GDP가 30년 만에 108배 이상 성장한 셈이다.

서울시는 결국 1996년 12월, 마포대교와 함께 한남대교의 성능 개선 및 확장 공사를 시작하였다. 기존 교량 하류 쪽에 길이 919m, 폭 25.5m의 6차선 다리를 새로 만들어 2001년 3월 8일 개통하였다〈그림 3.2.12〉. 그 결과 한남대교는 총 28경간, 12차로(폭 51.2m) 규모의 대형 교량으로 확장되었으며, 하루 23만 대의 차량 통행을 감당할 수 있는 서울의 대표적 다리로 거듭났다.

그림 3.2.12 한남대교 신교 건설 현장
대림산업주식회사·(주)유신코퍼레이션, 2002, 『韓國의 橋梁(Bridges in Korea)』, 151쪽

3.2.2.2 구교의 성능 개선

1969년 준공된, 원래 한남대교 구교는 전체 길이 L = 915.0m의 강판형교로 건설되었다. 그 경간 구성은 다음과 같고〈그림 3.2.13〉, 모든 경간에 건설된 상부구조는 강판형교 형식으로 건설되었다.

$$L = 23.4(= 1@23.4) + 261.6[= 2\times(40.4 + 50 + 40.4)] + 630.0(= 7\times(3@30) = 914.60 \approx 915.00\text{m}$$

그림 3.2.13 성능개선 이전 한남대교 구교와 신교 평면도

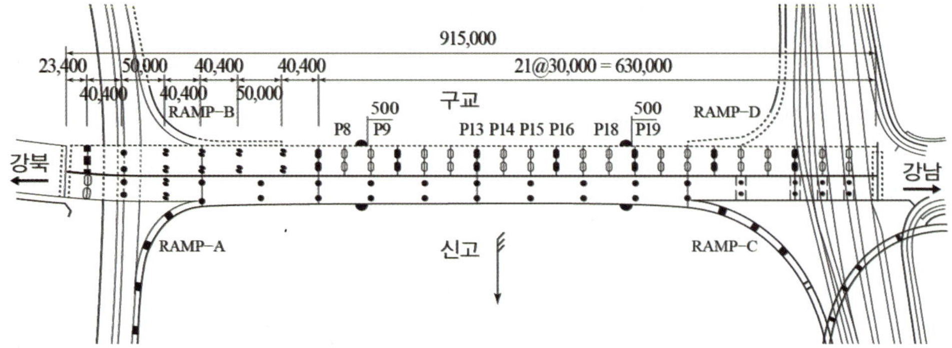

성능이 개선된 한남대교 구교도 역시 28개의 경간으로 구성되었으나,[8] 그 전체 길이는 918.98m로 늘어났다〈그림 3.2.14〉.

$$L = 27.46 + 261.60\{= 2(40.4 + 50.0 + 40.4)\} + 540(= 6 \times 3@30) + 89.92(= 2@30 + 29.92)$$

$$= 918.98\text{m}$$

그림 3.2.14 한남대교 구교 성능개선 후 종·평면도(상류에 있는 다리가 구교임)

서울특별시 건설안전본부, 2005, 한남대교(구교) 성능개선공사 준공도

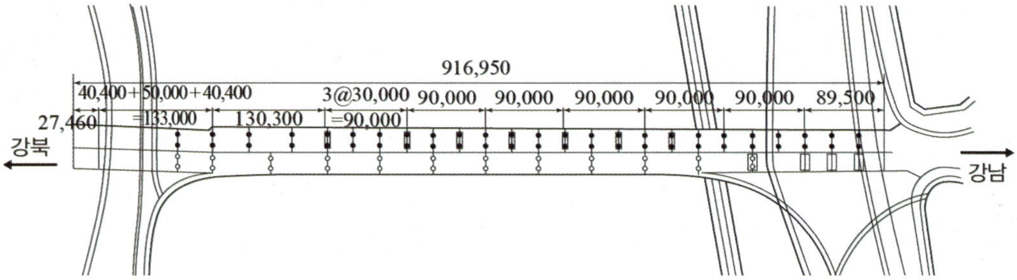

(a) 평면도

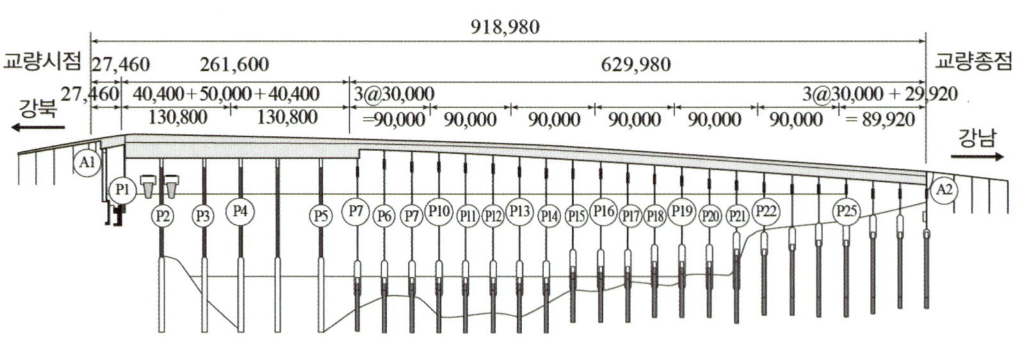

(b) 종단면도

한남대교 보수·보강 전 교폭은 B = 27.0m로 일정하고〈그림 3.2.15〉, 교량 받침은 롤러 받침, 그리고 신축이음장치는 핑거형(Finger Type) 신축이음으로 시공했었다.

그림 3.2.15 한남대교 구교 횡단면도

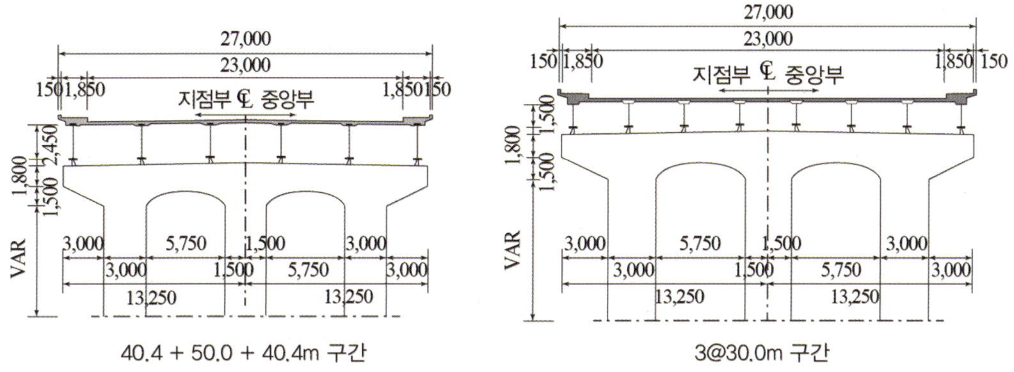

가. 개선된 구교의 상부구조

그러나 신교가 2001년 3월에 새로 구교 하류에 건설되고, 동시에 구교의 성능을 전면 개선하면서, 27.0m이었던 다리의 폭은 25.7m로 축소되었다〈그림 3.2.16〉. 이는 기본적으로 2개였던 보도를 1개로 줄이면서 가능했다.

한남대교 구교 교각 P2부터 교대 A2까지 구간에 시공된 교폭은 B = 25.70m로 모두 동일하며 그 바닥면은 다음과 같이 구성되었다.

B = 1.10(자동차 보호책 + 측대) + 21.00(차도 = 6@3.5) + 0.50(측대) + 3.00(보도) + 0.10(난간)
= 25.70m

한남대교 구교 상부 슬래브는 철거 후 전면 신설하였는데, 개선된 구교의 콘크리트 바닥판 위에는 전 구간 마모층 t = 80mm 두께로 아스팔트 포장을 시행하였다.

성능이 개선된 구교의 횡단면은 크게 3개의 구간으로 설계되었는데, 강북으로부터 첫 번째 단순교 구간 27.40m의 횡단면(단면 형태-1)과 두 번째, 세 번째 경간 261.60m의 횡단면(단면 형태-2)을 제외하면 교각 P7부터 교대 A2까지 나머지 구간 629.92m의 횡단면의 크기가 일정하다(단면 형태-3).

그림 3.2.16 보수·보강 전후 한남대교 횡단면도

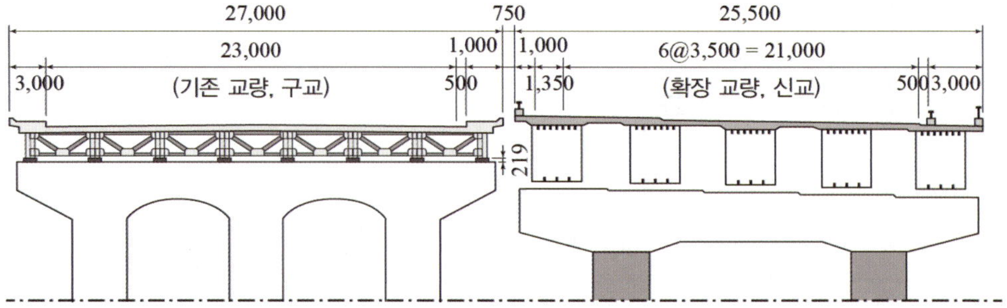

(a) 보수·보강 전 한남대교 구교와 확장 신교

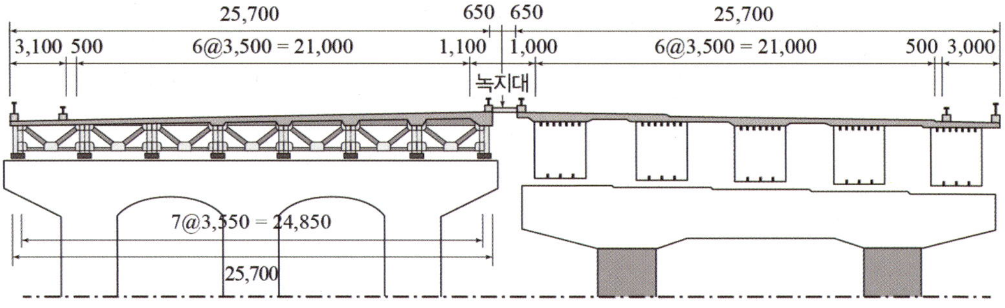

(b) 보수·보강 후 한남대교 구교와 신교

교대 A1부터 교각 P1 사이의 단면 형태-1〈그림 3.2.17(a)〉을 구성하는 판형(Plate Girder)은 모두 11개가 사용되었다. 판형 사이의 간격은 b = 2.20m로 되어 있고, 중앙 지간에 설치된 최외측 판형의 높이 h = 1.50m 그리고 지점부에 위치한 판형의 높이는 각각 h = 1.30m로 하였다. 11개의 강판형은 모두 바닥 콘크리트와 합성시켰으며, 바닥 콘크리트의 두께 t = 240mm로 하였다.

교각 P1부터 교각 P7까지 두 개의 3경간 연속교량의 단면 형태-2〈그림 3.2.17(b)〉는 6개의 강판형을 두께 T = 280mm 콘크리트 바닥판과 합성시킨 단면으로 각 판형 간의 간격은 b = 5.0m로 되어 있다. 판형의 플랜지 폭은 b = 735mm와 770mm를 섞어 사용하였다.

교각 P7부터 교대 A2까지의 상부구조 횡단면(단면 형태-3)은 8개의 판형을 3.55m 간격으로 세우고 이를 바닥 콘크리트와 합성시켜 만든 교량이다. 이때 바닥 콘크리트의 두께는 240mm로 하고, 콘크리트의 설계강도는 f_{ck} = 270MPa로 선정하였다〈그림 3.2.17(c)〉.

그림 3.2.17 개선된 한남대교 구교 횡단면도

서울특별시 건설안전본부, 2005.11, 한남대교 구교 성능개선공사 준공도(시공 현대건설(주), 도면 청석엔지니어링)

(a) 한남대교 북단 첫 번째 교량 판형교 전경(교대 A1~교각 P1)

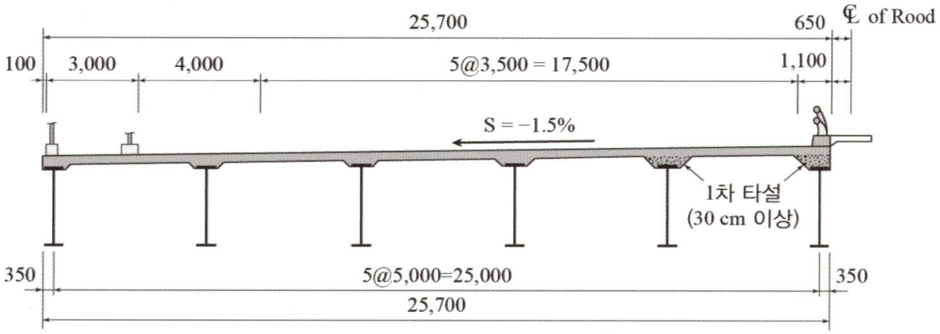

(b) 교각 P3 위 상부구조 횡단면도(단면 형태 2)

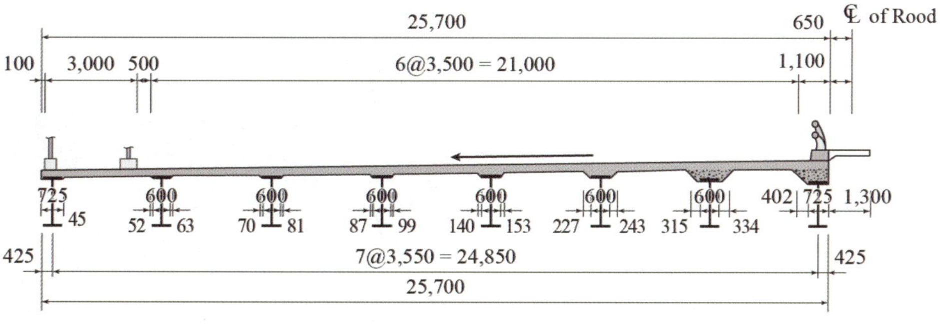

(c) 교각 P8 위 상부구조 횡단면도(단면 형태 3)

나. 개선된 구교 하부구조

보수보강 후 한남대교 구교의 하부구조 기초는 우물통기초, 현장타설 콘크리트 말뚝기초(ϕ150mm), 강관파일 말뚝기초(ϕ508mm) 및 직접확대기초 등 여러 가지 기초 형식을 혼합하여 시공하였다.

1) 교대

구교의 교대 A1은 반중력식 역 T형〈그림 3.2.18(a)〉, 교대 A2는 기둥식 역 T형으로 축조되었는데 〈그림 3.2.18(b)〉, 안전진단 결과 교대 상단과 교대 흉벽이 우수 유입으로 인한 손상이 심하여 교대

그림 3.2.18 한남대교 교대 측면도 및 전경

서울특별시 한남대교(상류교) 현황판 및 구조물지도

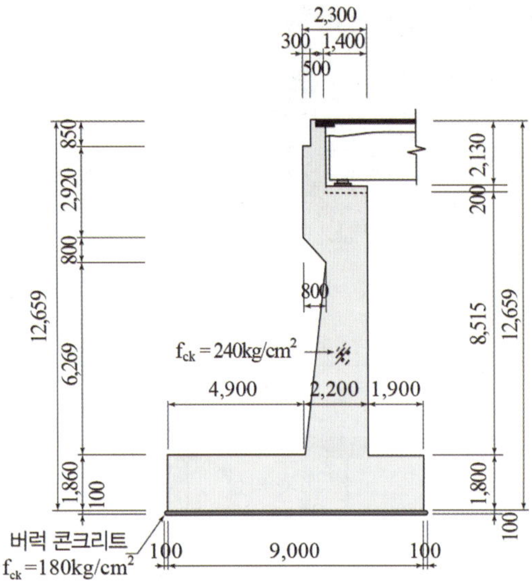

(a) 교대 A1 측면도와 전경

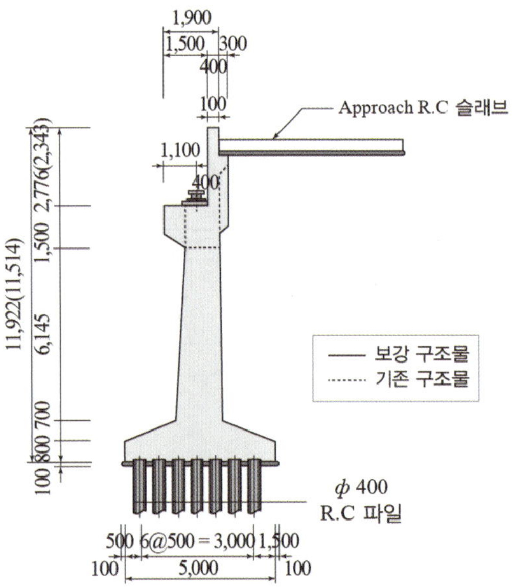

(b) 교대 A2 측면도와 전경

A1은 전면 철거 후 같은 역 T형 교대로 신설하고 교대 기초는 직접확대기초로 설계하였다. 교대 A2도 일부는 철거한 후 새로 짓고, 벽체는 대대적인 보수작업을 하였다.

2) 교각

교각 형식은 라멘 구조로 상부구조 형식에 따라 교각 기둥이 2개(P3~P6)와 3개인 교각 형식으로 시공되었다〈그림 3.2.19, 그림 3.2.20〉. 정밀안전결과에 의하여 교각 P1~P27 교각 중 교각 손상상태가 극심한 P1는 교각부를 신설하고, 나머지 26개 교각은 '단면복구공법', '표면처리공법' 및 '균열주입공법' 등으로 보수·보강 후 재사용하였다.

그림 3.2.19 보수·보강된 2주식 교각
서울특별시 한남대교(상류교) 현황판 및 구조물지도

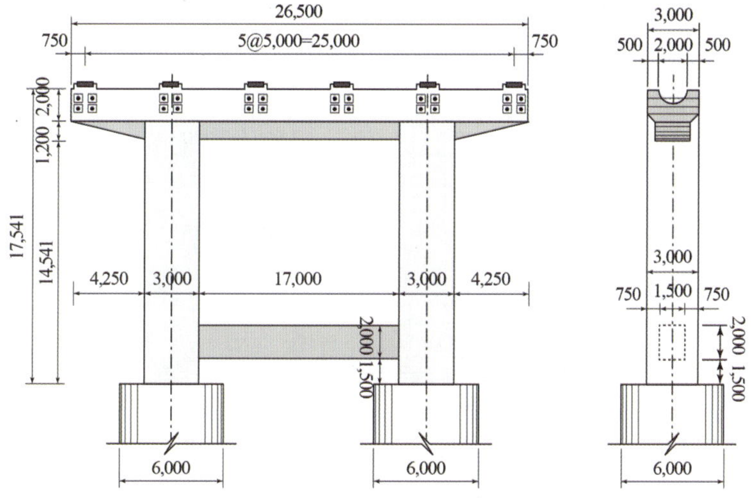

(a) 2주식 교각(P4) 정·측면도

(b) 2주식 교각 전경

이들 교각 중 신축이음장치가 설치된 구간(P4, P7, P10, P13, P16, P19, P22, P25)에는 지진에 대비하기 위하여 기존 교량 받침을 면진 받침으로 교체하고, 연단거리를 확보하기 위하여 멍에(Coping) 단면을 교축 방향으로 400mm씩 증설하였고, 단 교각 P4만은 단면을 500mm 키웠다.

면진 받침은 재현주기 1,000년, 지진가속도 a = 0.154g(내진 1등급교)을 기준으로 설계하였다. 신축이음장치가 없는 교각 위의 교량 받침도 모두 면진 받침으로 교체하였다.

그림 3.2.20 보수·보강된 3주식 교각 정·측면도(P10, P13, P16, P19, P22, P25)
서울특별시 한남대교(상류교) 현황판 및 구조물지도

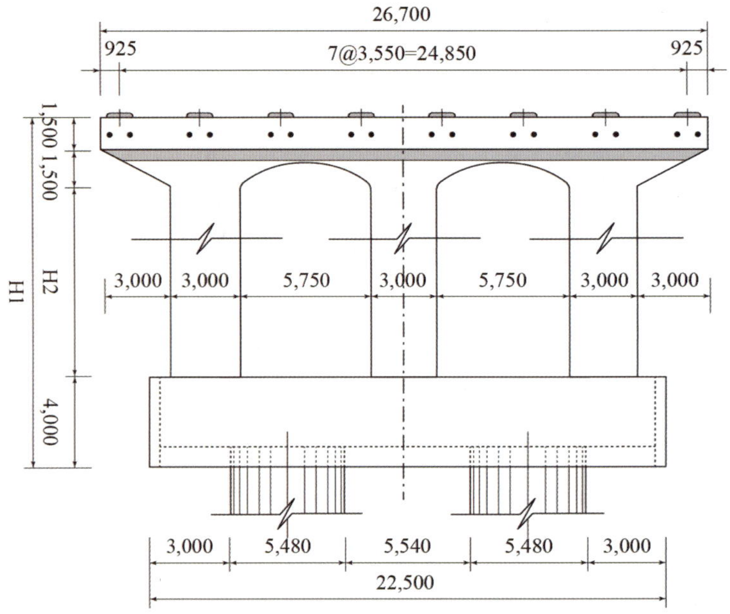

(a) 정면도

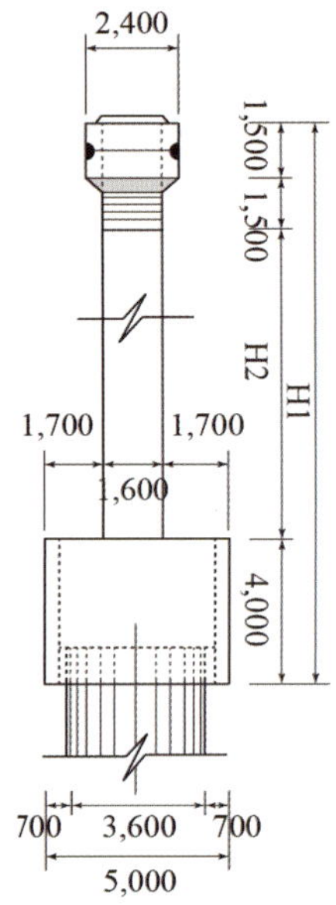

(b) 측면도

3) 기초

한남대교 구교의 교각은 총 27개소로 구성되어 있으며, 이 중 연속 지점부가 18개소, 단지점부가 9개소이다. 교각의 형식은 2주식 Π형과 다주식 형태로 구분되며, 기초 형식은 교각 P1 직접기초를 제외하면 26개소에 우물통기초로 시공되어 있다〈그림 3.2.21〉.

2000년 5월에 실시한 정밀안전진단 결과에 따르면, 한남대교 구교에 축조된 우물통기초는 우물통기초 본체의 전반적인 상태는 매우 양호한 것으로 나타나지만, 수면과 접촉하는 부분에서는 표면 침식 등 손상이 나타나고 있어 본선 우물통 27기 중 수중부에 위치한 19기에 대하여 보수 공사를 시행함으로써 장기 내구성을 확보하였다.

그림 3.2.21 교각 P1 직접기초

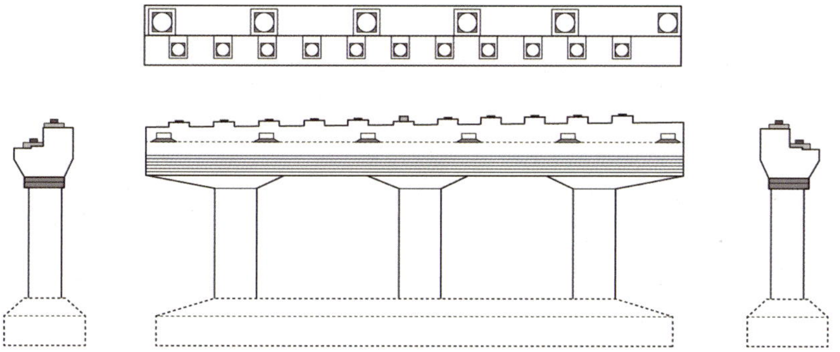

3.2.2.3 한남대교 확장

한남대교 하행선 확장 공사는 1990년대 이후 급증한 도심 교통 수요와 한강 교량의 노후화 문제에 대응하기 위하여 추진되었다. 특히 기존 한남대교는 서울 도심과 강남 지역을 연결하는 주요 간선 교량으로서 교통량 증가에 따른 상시적인 혼잡과 구조적 피로 누적이 계속적으로 지적되어 왔다. 이에 따라 서울시는 한남대교의 기능 개선과 교통 처리 능력 증대를 목적으로, 마포대교와 함께 단계적인 성능 개선 및 확장 공사를 계획하였다.

한남대교 하행선은 1996년 12월, 마포대교와 함께 한남대교 성능 개선 및 확장 공사가 착공되어 2001년 3월 최초로 개통되었다. 하행선 개통과 동시에 상행선(구교)의 상부 슬래브를 전면 철거하고, 주형과 우물통기초에 대한 보강·보수를 병행하면서 구교의 성능 개선 공사를 지속적으로 수행하였다. 그 결과 2004년 8월 한남대교는 전면 재개통되었으며, 준공식은 이듬해인 2005년 11월 30일에 거행되었다.[9]

현재 한남대교는 상·하행선 각각 6차로, 총 12차로 규모로 운영되고 있다. 한남대교 확장 신교는 총연장 L = 919.12m이며, 구조 형식은 강상형교와 강판형교로 구성되었다. 이 중 강상형교(Steel Box Girder Br.)와 강판형교(Steel Plate Girder Br.)의 경간 구성은 다음과 같다.

$$L_{강상형} = 39.221 + 51.2 + 2@65.4 + 9@80.0 = 801.821m$$

$$L_{강판형} = 27.5 + 3@30.0 = 117.5m$$

여기서, 강판형교 27.5m는 강북 측 단경간교에 해당하며, 강판형교 90m 구간은 강남 측에 위치한 3경간 연속교로 계획되었다〈그림 3.2.22〉.

그림 3.2.22 한남대교 하행선(신교) 종·평면도

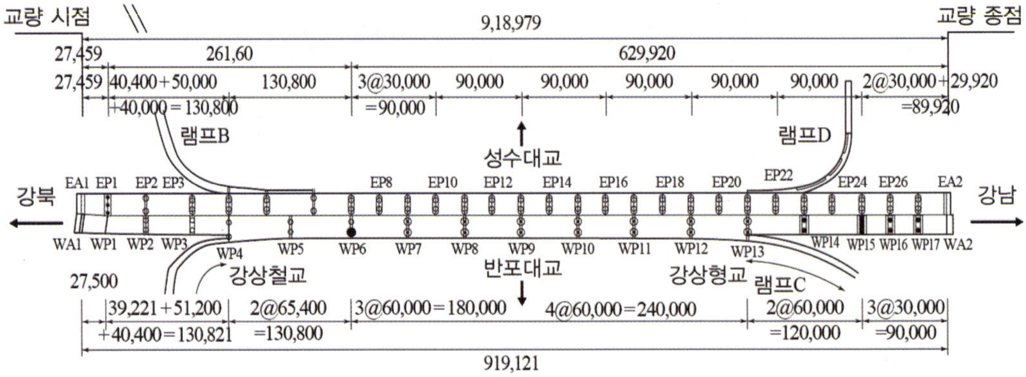

(a) 평면도

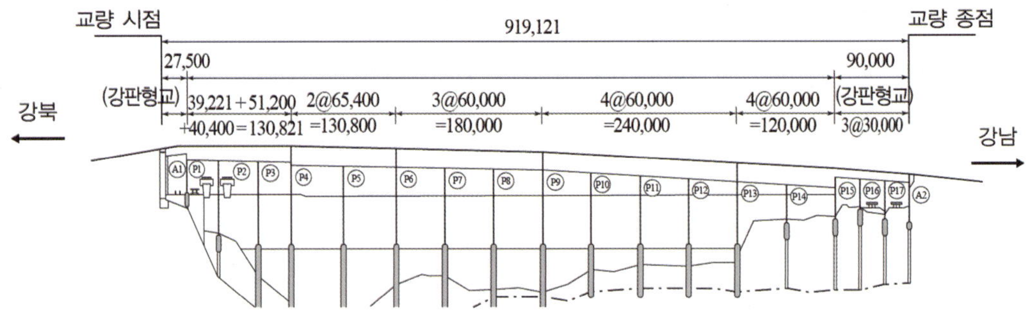

(b) 종단면도

상부구조 강상형교와 강판형교의 높이는 각각 h = 2.5~3.2m와 h = 1.5m로 제작되었다. 모든 지점의 교량 받침은 포트 받침(Pot Bearing)으로, 그리고 신축이음장치는 모두 핑거형(Finger Type)으로 선정하였다.

가. 상부구조

2001년 3월 8일 준공된 한남대교 신교의 교량의 길이 L = 918.98m로 구교와 같은 길이로 시공되었다. 다만 구교의 경간 구성을 신교에서는 다음과 같이 변경하였다.

$$L_{구교} = 23.4(=1@23.4) + 261.6(=2\times(40.4+50+40.4)) + 630.0(=7\times(3@30)) = 915.00m$$

$$L_{신교} = 27.459 + 130.80(=40.4+50.0+40.4) + 130.80(=2@65.4) + 540\{=3\times(3@60)\}$$
$$+ 89.920(=2@30+29.92)$$
$$\cong 919.00m$$

한남대교 신교의 최대 경간장은 65.m로 기존의 50m보다 15.4m 증가시켰다. 설계는 1등교로, DB-24 하중을 기준으로 하였고, 수중부 상부구조는 강합성 강상형교(Steel-Concrete Composite Box Girder Bridge) 형식을 취하였다〈그림 3.2.23〉. 한남대교 상부구조는 신교 총연장 919m 중 수중부 801.6m는 강상형으로〈그림 3.2.27〉, 그리고 양측 교대와 연결되는 북측의 27.5m와 남측의 3@60 = 90.0m는 강판형교로 되어 있다.

그림 3.2.23 한남대교 신교 수중부 전경

하류측 신교 전경(남서 방향에서)

하류측 신교 전경(북서 방향에서)

강상형교에서도 교각 P4와 교각 P13에서 램프교가 연결되므로 교각 P1부터 교각 P4 사이와 교각 P13에서 교각 P15까지의 교폭은 B = 22.00m로 축소되어 4개의 강상형 주형으로 바닥판을 받치고 있지만〈그림 3.2.24(a)〉, 수중부 구간 교각 P6부터 교각 P13까지는 교폭이 B = 25.50m로 일정하다〈그림 3.2.24(b)〉. 다만 램프교와 연결되는 교각 P5~P6와 교각 P12~P13 사이의 교폭은 B = 28.995m까지 자연스럽게 확폭된다〈그림 3.2.24(c)〉.

나. 하부구조

한남대교 신교 두 개의 교대는 모두 역 T형으로 시공되었는데 그 아래 기초들은 교대 A1에는 한남대교 구교와 마찬가지로 직접기초가 만들어졌고, 강남 측 교대 A2의 기초는 강관파일 말뚝기초로 시공되었다. 한남대교 신교의 두 개의 교대는 각각 구교의 교대와 같은 위치에 같은 형식으로 구축되었기 때문에 신구 교대의 형태 차이는 찾아보기 어렵다.

교각은 17개소 모두 *II* 형 형식으로 설계되었는데 그 아래에 축조된 기초로는 우물통기초 11개소(P3~P13), 현장타설 콘크리트말뚝 5개소(P2, P14~P17) 직접확대기초 1개소(P1)가 각각 마련되었다.

그림 3.2.24 한남대교 신교 강상형교 횡단면도

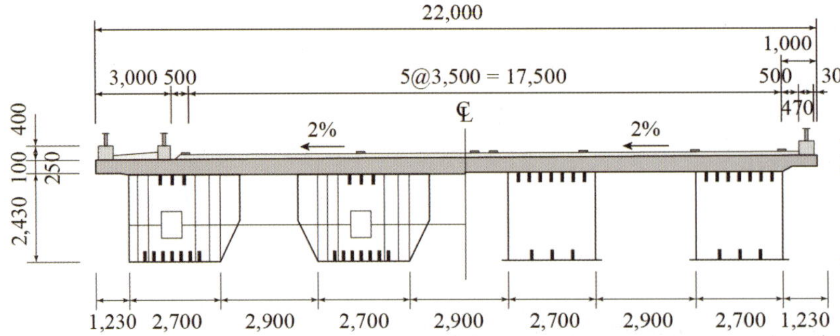

(a) 한남대교 신교 강북·강남측 강상형교 횡단면도(교각 P1~P4, P13~P15)

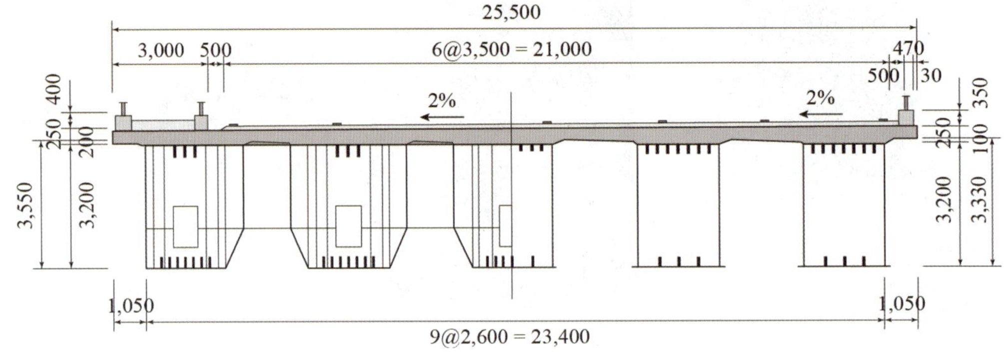

(b) 한남대교 신교 수중부 강상형교 횡단면도(P6~P12)

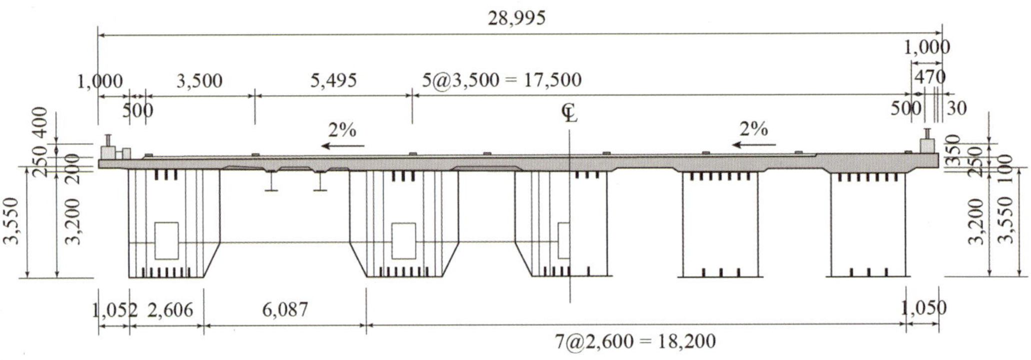

(c) 한남대교 신교 확폭부 횡단면도(P5~P6, P12~P13)

그림 3.2.25 한남대교 신교 기초형식

서울특별시, 한남대교(하류교) 현황판 및 구조물 지도

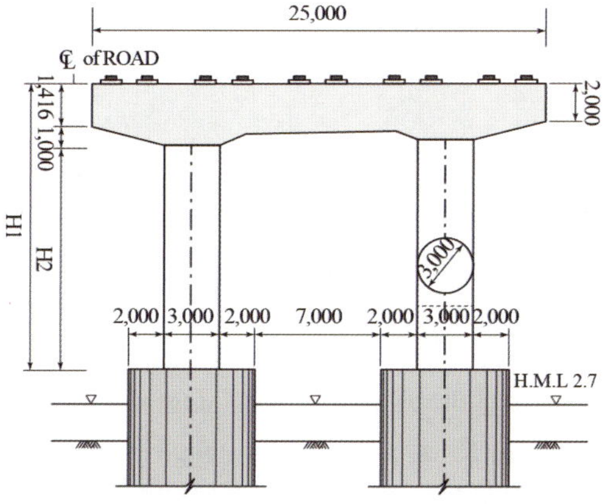

(a) 우물통기초(교각 P7, P8, P11, P12 정면도)

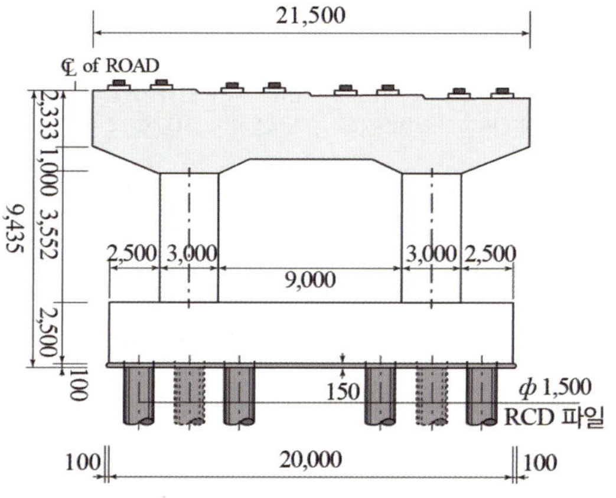

(b) 현장타설 콘크리트 말뚝(교각 P14 정면도)

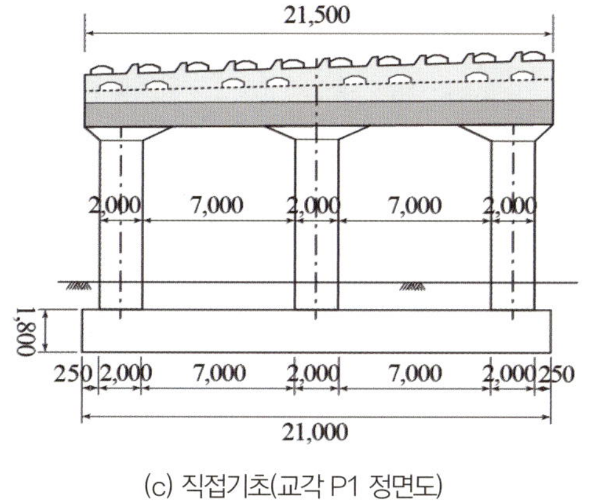

(c) 직접기초(교각 P1 정면도)

미주

[1] 남소문은 한강나루에서 광희문까지 도성으로 들어오는 길이 험한 산길이라 광희문을 보조할 목적으로 세조 3년(1457)에 개설하였다가 예종 1년(1468)에 폐쇄한 작은 문이다.

[2] 손정목, 2005, 『한국 도시 60년의 이야기』 1, 한울

[3] 구상무역 주요 내용 : 한국은 일본에서 시멘트 · 페인트 · 위생기기 · 철근 · 철강재 · 파이프 · 전선 · 발전기 · 기계류 등을 수입하고 그 대신 한국은 매년 1천 달러 상당액의 소 · 돼지 · 김 · 무연탄 등을 일본에 수출한다.

[4] 한국도로공사, 2009, 경부고속도로 변천사(1968~2009), 44쪽

[5] 〈그림 3.2.9〉는 1963년 최종현이 소장한 한남대교 건설계획도 『도시계획사업계획서』의 제3한강교 표준도를 보여준 것인데 이 내용은 실제로 현장에서 시공된 내용과 달라 실제로 설계되기 전에 제시된 설계안으로 추측된다(서울역사박물관, 2011, 『강남 40년: 영동에서 강남으로 - 서울반세기종합전 II』).

[6] 부재 간의 연결은 기계적 이음과 용접이음이 있는데, 기계적 이음에는 리벳과 볼트가 사용된다. 한남대교 현장에서는 리벳 이음을 사용했는데, 이 경우에는 볼트 이음보다 연결되는 부위의 강도(强度)도 떨어지고, 또한 3명이 한 조로 작업해야 하므로 인건비도 비싸기 때문에 지금은 특수한 경우를 제외하고는 사용하지 않는다. 우리나라에서도 한남대교 건설 이후 마포대교 건설부터는 고장력 볼트이음으로 연결방법을 바꾸어 사용하고 있다.

[7] 한남대교의 착공식은 이미 윤치영 시장 시절 1966년 1월 19일에 거행되었다. 그러나 그의 후임자인 김현옥 시장은 자의적으로 한남대교 공사를 지연시켰다가, 경부고속도로 종점 문제와 맞물려 공사를 재개할 수밖에 없는 처지가 되었는데, 이때 그는 공사가 끝난 우물통기초가 땅 위로 드러나지 않은 사실을 이용하여, 마치 자기가 한남대교를 착공하는 것처럼 한남대교 공사 재개가 아닌 기공식을 새롭게 거행한 것이다.

[8] 서울특별시 건설안전본부, 2005, 한남대교(구교) 성능개선공사 준공도

[9] 서울특별시 도로시설과, 2014, 한강 교량 현황

3.3

여의도 개발의 주역, 마포대교

마포대교는 서울특별시 마포지역과 여의도지역을 연결하는 한강상 교량으로 북측 마포로와 도시고속도로 강변도로 등이 연계되고, 남측으로는 88 올림픽도로, 영등포로 등 지역 간에 연계되는 중요한 교량으로 원효대교, 서강대교 등 주변 한강 교량의 교통량을 분산시켜 원활한 교통소통에 큰 역할을 하고 있다〈그림 3.3.1〉.

그림 3.3.1 마포대교 위치도

3.3.1 개요

조국 근대화라는 기치를 든 제3공화국이 정권의 미래를 걸고 발표한 '경제개발 5개년 계획'은 우리나라 산업경제 시스템을 농업경제에서 공업경제로 탈바꿈하겠다는 강력한 의지를 나타내고 있다. 이 '경제개발 5개년 계획'은 1962년 1월 13일에 시작하여 1997년 폐지될 때까지 총 7차에 걸쳐 단행되었다. 제3공화국 경제정책 중 가장 먼저 시작했던 '제1차 경제개발 5개년 계획(1962~1966)'의 목표는 전력·석탄 등 에너지원과 사회간접자본의 충실한 실행으로 경제개발의 토대를 마련하는 것이고, '제2차 경제개발 5개년 계획'은 식량의 자급자족, 산림녹화, 화학·철강·기계공업의 고도화 등에 목표를 두었다. 이 두 차례의 경제정책을 실행하기 위하여 정부는 울산에 화학단지, 포항에 제철소 건설을 결정하고, 이 단지들에 전기와 용수를 공급하기 위한 원자력발전소와 댐 및 고속도로 건설이 정부의 시급한 과제이었다.

그 당시 정부가 해결하여야 했던 시급한 또 다른 과제 중 하나는 매년 홍수 때마다 한강, 낙동강 등 큰 강의 범람으로 인한 막대한 인명 손실과 재산피해 경감시키는 작업이었다. 제3공화국뿐만이 아니라 우리나라 역사상 모든 정부는 매년 7~9월에 집중되는 호우로 인한 홍수피해를 막으려 강변에 제방을 축조·보수하였다. 실제로 1925년 '을축년 대홍수'로〈그림 3.3.2〉 경기도와 강원도 주민 404명이 사망하고, 침수 가옥이 52,938동이나 되고, 남대문 앞까지 범람한 후[1] 조선총독부는 1926년부터 최고 높이 약 16m, 상단에 너비 약 5.5m의 제방을 신용산·원효로 사이에, 그리고 강 건너편에는 노량진·영등포 사이에 축조하였다. 강북 강변에는 동부이촌동부터 현재 용산가족공원까지 짧은 제방을 쌓았다. 용산가족공원부터는 경원선 철길이 제방 역할을 하였다. 1970년

그림 3.3.2 을축년 대홍수
서울역사박물관, 1925년 7월 18일, 『경성 부근 대수해 실황 사진엽서』

용산 이촌동 부근의 침수 상황

침수된 용산 철도관사

이후 1972년 8월과 1984년 9월 초에도 집중호우로 두 차례 한강이 범람하는 큰 홍수재해가 있었다. 제3공화국 정부는 한강의 홍수를 조절하고 수력발전 및 용수공급을 목적으로 높이 123m, 만수위 198m, 제방길이 530m, 총 가용 저수량 29억 톤의 소양강댐을 1967년 4월 15일에 착공하여 1972년 10월 15일에 완공하였다. 소양강댐은 353kwh의 전력을 생산하고, 수도권과 중부지역에 12억 톤의 용수를 공급할 수 있다.

소양강댐은 완공 당시 동양 최대의 사력댐이었다. 사력댐이란 댐 중앙부에는 점토로 쌓아 물새는 것을 막고, 그 바깥쪽으로 자갈과 모래로 다져 쌓아 올린 후 그 바깥쪽으로 다시 돌을 쌓아 만든 댐을 말하는데, 필자는 대학 학창 시절 은사님들로부터 콘크리트 댐은 북한군의 폭격으로 쉽게 폭파될 수 있지만 사력댐은 폭탄이 떨어진 자리에 웅덩이만 생기고 말 것이기 때문에 안보상의 이유로 소양강댐을 사력댐으로 정했다는 뒷이야기를 들은 기억이 난다. 그러나 소양강댐 건설에 직접 1년 동안 참여하였던 강종수(전 ㈜유신 코퍼레이션 부사장)의 증언에 의하면 사력댐으로 건설한 가장 큰 이유는 댐 건설 현장에서 쉽게 모래와 큰 자갈을 구할 수 있어 경제적인 댐 건설이 가능했기 때문이었다고 한다. 북한강 상류에 소양강댐을 다목적댐으로 건설한 것과 같은 이유로 남한강 상류에는 1980년 1월 10일에 충주 콘크리트댐을 착공하고 1985년 10월 17일에 준공하여 27억 5천만 톤의 물을 담을 수 있게 되었다. 소양강댐의 착공과 함께 정부는 '한국수자원공사'를 1967년 11월에 설립하여 수자원을 종합적으로 개발·관리하도록 함으로써 한강의 홍수 통제가 가능하게 되었다.

다른 한편 정부는 홍수 예방 차원에서 댐 건설과 별도로 한강 양안에 한강 제방도로를 건설하기로 하였다. 이 사업을 최초로 추진한 사람은 1966년 4월에 서울시 시장을 임명된 김현옥이었다. 그는 1967년 3월 17일에 제1한강교 남단에서 영등포 입구까지 길이 3,720m, 너비 20m의 자동차 전용도로를 착공하고 그해 9월 23일 완공하였다. 이 도로는 한강 제방의 역할도 하게 설계되었다. 제방의 높이는 한강 홍수위보다 2m 더 높은 15m로 축조하였다. 참고로 을축년 대홍수 때 한강 최고 수위는 뚝섬에서 13.59m, 한강인도교 11.66m 그리고 용산구 강변에서 12.74m이었다. 이를 기준으로 본다면 강변1로 건설 때 적용했던 한강 홍수위는 소양강댐과 충주댐이 건설되기 이전의 홍수위를 적용한 것으로 보인다. 한강 유역은 1990년 9월 또 큰 홍수피해를 경험했다. 제17호 태풍 '토드'가 서울을 포함한 중부지방에 정체함으로써 많은 비를 집중적으로 뿌렸기 때문이다. 1990년 9월 9일부터 12일까지 사흘간 중부지방에 집중적으로 호우가 내리면서, 한강 수계 댐들의 방류량 증가로 일산 제방 하단이 무너져 고양군 일대가 물바다가 되었고, 한강대교 수위는 11.27m를 기록하였다. 이때는 1986년 9월 올림픽대로의 건설과 함께 강변제방도로가 모두 축조되어 한강의 폭이 1925년 을축년 대홍수 때보다 많이 좁아진 상태였다. 그럼에도 소양강댐과 충주댐이 완공되어 물관리가 가능한 상황이었기 때문에 왜 일산 일대의 제방이 무너졌는지 정부에서는 확실한 연구 결과를 내놓고 있질 않았던 것으로 기억된다. 그러나 다행히 그 이후부터는 한강 제방이 범람하는 사고는 없었다. 제3공화국 정부에서 내세운 '제1차·제2차 경제개발 5개년 계획'의 성공으로 한강 유역의 홍수피해도 방지할 수 있게 된 것이다.

강변 제방도로가 건설되기 전까지 홍수가 발생하면 한강의 폭은 1,800~2,000m에 달하였다. 현재 석촌호수가 있는 잠실섬 중심으로 한 일대는 현재의 구의역에서 석촌호수 남단까지가 한강이었으니 그 강폭은 3.5km에 달하였다가, 7월부터 9월까지의 우기가 지나가면 한강은 커다란 백사장으로 변하였다. 그러나 김현옥 시장이 강변1로를 건설한 후에는 이 일대의 한강 폭이 평균 약 1km로 줄어들었다. 1967년 3월 17일에 착공한 '제1한강교-영등포 간 연안도로'가 완성되어 갈 때쯤 새로 생긴 강변도로와 기존의 제방 사이에 넓은 공간이 생김에 따라 2만 4천 평이라는 새로운 택지가 생겨났다. 이를 본 김현옥 시장은 여의도(汝矣島)[2] 120만 평 건설을 결심하고 '한강개발 3개년 계획'을 1967년 9월 22일에 발표하였다.[3]

여의도 개발 기공식은 1967년 12월 26일에 거행되고, 여의도 윤중제(輪中堤) 공사의 준공식은 1968년 6월 1일에 있었다. 한강 위에 5번째 도로교로 건설된 제4한강교(마포대교)도 '한강개발 3개년 계획'에 포함되어 여의도개발의 가장 먼저 추진해야 하는 인프라로 지정되었다. '한강개발 3개년 계획'을 추진했던 당시 김현옥 시장은 제3한강교 건설보다는 여의도 개발에 더 관심을 쏟았다. 실제로 그는 전임 윤치영 서울시 시장에 의해 이미 공사가 진행 중인 제3한강교의 가설공사를 고의적으로 지연시켰다. 그는 1967~1968년 서울시 예산 편성 때 제3한강교 건설비를 대폭 삭감하였다. 그 결과 제3한강교의 건설은 사실상 중단되는 상태가 되었다. 제3한강교의 건설은 경부고속도로의 준공 시기와 맞추기 위해 1968년에 재개되지만, 예산 부족으로 지지부진할 수밖에 없었다. 그 당시 여의도 개발에 꽂힌 김현옥 시장은 한강 물의 범람을 막기 위하여 둑을 높이 쌓고, 그리고 여의도와 서울 도심, 그리고 여의도와 영등포를 잇기 위한 다리 건설에 심혈을 기울였다. 이러한 배경을 가지고 생겨난 다리가 제4한강교인 오늘날 마포대교이다. 한강 5번째 도로교인 마포대교는 1968년에 착공하여 서울대교라는 이름으로 1970년 5월 16일에 완공되었다. 이 다리는 여의도를 경유하여 마포구 용강동과 영등포구 여의도동을 이어주는 역할을 하고 있다.

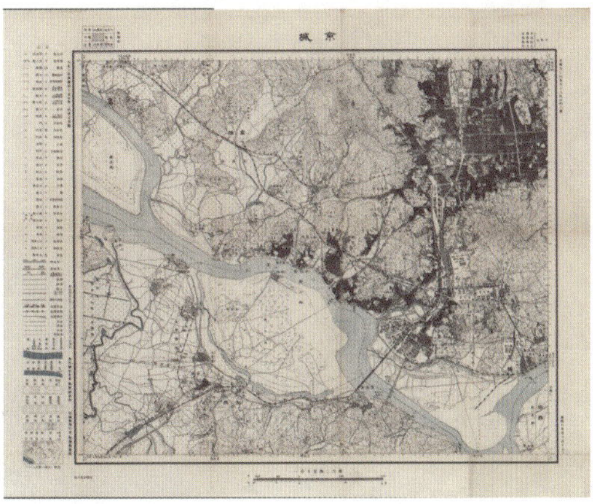

그림 3.3.3 1929년 여의도(경성지도)

조선총독부 육지측량부에서 1914년에 1차, 1926년에 2차 측도를 진행하여 1929년에 인쇄한 지도이다.
여의도 비행장이 건설되기 전의 모습이 담겨 있다.
서울역사박물관, 2021, 『모래섬, 비행장, 빌딩숲 여의도 - 서울반세기 종합전』, 41쪽

제4한강교 건설 목적(서울시)

- 첫째 : 제1한강교의 폭주 교통량을 분산 흡수한다.
- 둘째 : 경인 및 서울 안양선을 최단거리로 연결한다.
- 셋째 : 영등포 방면과 마포 만리동 경유 서울역 후방을 직결한다.
- 넷째 : 여의도종합개발의 중심이 되어 여의도 신흥도시 형성에 기여한다.

마포대교는 마포지역과 여의도지역을 연결하는 한강상 교량으로 북측 마포로와 도시고속도로 강변도로 등이 연계되어, 남측으로는 88 올림픽도로, 영등포로 등 지역 간에 연계되는 중요한 교량으로 원효대교, 서강대교 등 주변 한강 교량의 교통량을 분산시켜 원활한 교통소통에 큰 역할을 하고 있다. 서울대교로 착공했던 이 다리는 당초 '제4한강교'라는 이름으로 구상되고 계획되었다. 이는 1965년 1월 제2한강교(양화대교) 개통식에 박정희 대통령이 치사하는 과정에서 "…앞으로 제3, 제4한강교가 준공되어 발전하는 대한민국에 더한층 이바지해야 한다."라고 언급하면서 한강에 4번째로 세워지는 의미에서 제4한강교라고 명명했다. 그러나 1968년 2월 건설공사를 시작하면서 '서울대교'라 명명했고, 1984년 11월 7일 서울시가 가로명을 모두 정비할 때 다시 이 다리 북단에 예전 마포나루가 있던 것에 착안하여 이 다리를 마포대교로 개명하게 되었다.

18세기 중·후반부터 경강상인(京江商人)들의 본거지가 되어 도성으로 거래되는 소금과 젓갈을 모두 이곳에서 공급하고, 19세기 말에는 마포와 인천 사이를 운행하는 증기선(蒸氣船)이 취항할 정도로 한강 상권의 중심지였던 마포는 한강에 철도와 인도교가 건설되면서 몰락했다가〈그림 3.3.4〉, 서울대교(구 마포대교)의 건설로 다시 교통의 요충지가 되었다.

그림 3.3.4 마포에서 바라본 여의도

가운데 보이는 산은 양말산으로 현재 국회의사당이 있다.

1884년 보스턴미술관. 서울역사박물관, 2021, 『모래섬, 비행장, 빌딩숲 여의도 - 서울반세기종합전』, 31쪽 재인용

여의도는 원래 한강의 토사가 퇴적된 모래땅으로 고려 시대 때부터 소나 말의 방목장으로 쓰였다. 그러다 1916년 군용비행장이 들어서면서 1958년에 국제공항으로 승격되었으며, 그 후 1971년 2월까지 공군

비행장으로 이용됐던 여의도에 폭 100m의 관통도로가 생기고, 이 길은 바로 시청 앞까지 일직선 교통로로 연결되었다〈그림 3.3.5〉.

여의도에는 1971년 여의도 시범아파트 준공을 계기로 본격적인 개발이 시작되면서, 1975년 9월에는 국회의사당이 준공되고 1976년에는 한국방송공사(KBS)를 필두로 동양방송(TBC)과 문화방송(MBC)이 차례로 이전해 정착하였다. 1979년에는 전경련 회관이 준공되었고, 한국증권거래소(현 한국거래소)와 증권협회가 입주하였다. 1980년대 들어와서는 한국산업은행 본점, 중소기업회관, 수출입은행 등이 들어섰다. 또한 1991년에 서울방송(SBS)이 개국함으로써 상암디지털미디어시티가 개발될 때까지 한국 방송의 중심이 되었다. 이렇게 여의도는 1980년대가 지나면서 예전에 목장밖에 없던 모래밭에서〈그림 3.3.6〉 대한민국 정치·금융·방송의 중심지가 된 것이다〈그림 3.3.7〉.

그림 3.3.5 1970년대 초 여의도
이오봉 촬영

그림 3.3.6 1890년대 여의도 목장(『경성부근지도』)
1890~1897년 사이에 제작된 것으로 추정되는 『경성부근지도』에도 여의도 지역에 '목양(牧羊)'이 표기되어 있다. 대한제국기까지도 여의도는 목축지로 활용되었음을 알 수 있다.
서울역사박물관, 2021, 『모래섬, 비행장, 빌딩숲 여의도-서울 반세기종합전』, 28~29쪽, 허영환 기증

그림 3.3.7
2021년 여의도 전경. 마포대교, 서강대교, 양화대교가 뒤로 보인다.

3.3.2 교량 설계

3.3.2.1 상부구조

가. 구교

1970년 5월 16일에 개통된 서울대교(현 마포대교)는 전 길이 L = 1,389.6m, 너비 B = 25m인 6차로 규모로 다리 바닥판 양쪽으로 각각 2m씩의 보도를 갖추었다. 다리의 최대 경간장은 L = 52.5m로, 다리의 형태는 다경간 연속 강판형(Steel Plate Girder)교와 장경간 강상형교(Steel Box Girder Bridge)로 설계되었다.[4] 그러나 개통한 지 20년이 지나고 교통량이 급속하게 증가되자 마포대교 구교 하류에 교량을 확장 신축(2000년 7월)하였다. 그 확장공사가 끝난 직후부터 서울시는 마포대교 구교를 철거하고 하류 신교와 같은 경간 구성으로 새롭게 건설하였다(2005년 10월). 전면적인 보수·보강 공사를 마친 마포대교 구교(상류) 상부구조의 경간 구성은 다음과 같다〈그림 3.3.8〉.

L = ES1(강변북로 통과 구간) + ES2(강변북로 통과 구간) + ES3(강변 고속도로 통과 구간) + ES4(유심부) + ES5(유심부) + ES6(유심부) + ES7(여유고(2.0m) 확보를 위한 구간) + ES8(여의도측 확폭구간)

= 123.60(= 3 @ 24 + 26.6 + 25) + 71.0(=43+28) +280(=4@ 70) + 210(=3@ 70) + 210(=3@ 70) + 315(= 5 @ 63) + 90(= 41 + 49) + 90(=2@ 45)

= 1389.60m

여기서, ES1구간은 교폭이 B=21.0m로 강상형을 3열만 배치하여 강상형 사이에 세로보(Stringer)를 배치하였고, 또한 확폭 구간인 ES2와 ES8에서는 교량 폭이 각각 22.75～30.50m와 22.75～31.18m로 넓어지는데도 불구하고 강박스를 4개만 배치하여 강박스 사이에 간격이 너무 벌어지므로 그 사이에 세로보를 추가로 설치하였다.

바닥판은 두께 18cm의 철근콘크리트 슬래브로 설계되었다. 교량의 하부기초는 우물통기초 또는 현장타설콘크리트 파일 기초로 연암 층에 정착시켰으며, 그 위에 철근 콘크리트 반중력식 교대 2기와 *Π* 형 철근콘크리트 라멘 교각 38기를 설치하였다. 다리 북단은 개통 후 10년 뒤인 1980년 교통량을 예상하여 서울역·서대문 방향으로는 6차로 폭으로 연결하고, 용산·서교동 방면으로는 2차로로 접속시켰다.

그림 3.3.8 마포대교 종·평면도

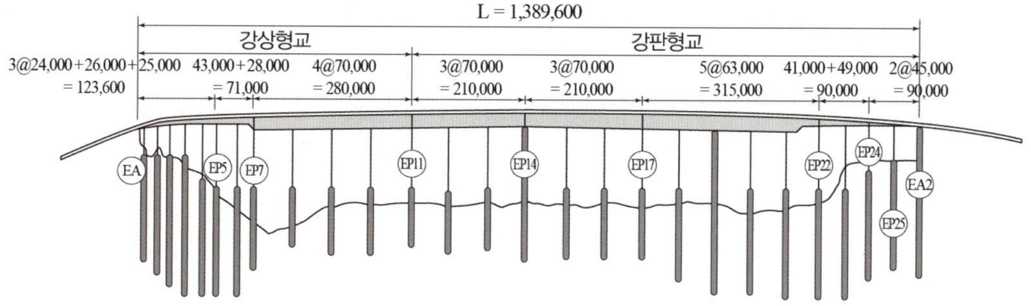

(a) 상행선 종단면도

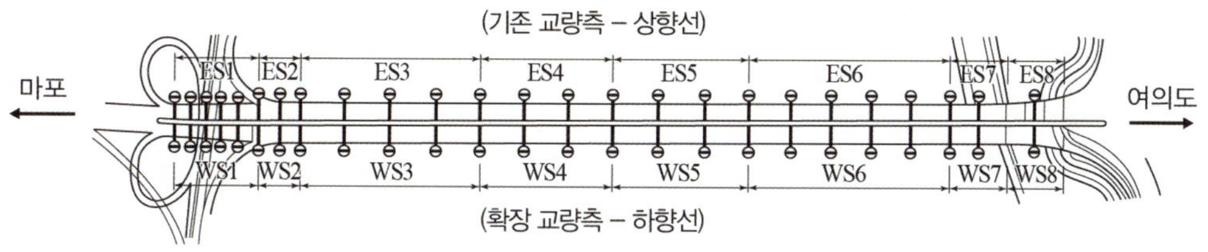

(b) 평면도(E 동쪽, W 서쪽)

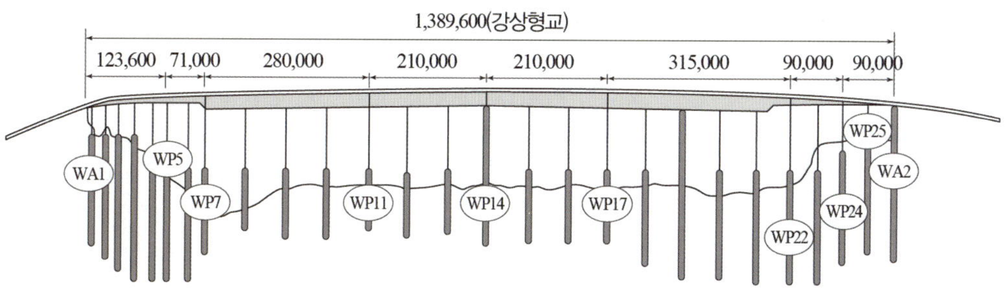

(c) 하행선 종단면도

그 당시 도로교 설계기준에 의하면 설계하중은 DB-18, 차량의 설계속도는 60km/hr이었고, 접속도로의 설계속도는 40km/hr이었다. 공사를 위하여 서울시는 총 15억 9,800만 원(내자 11억 1,400만 원, 외자 4억 8,400만 원) 예산이 투입되었다. 이 돈은 모두 여의도 땅을 팔아서 충당하였다. 공사 현장에는 연 4,000명의 잠수부가 투입되었고, 연인원 23만 5,000명의 인력과 1만 9,600대의 크레인 등 각종 중장비가 동원되었다. 또한 시멘트 27만 6,000포대, 철근 3,357톤, 강재 4,480톤 등 건설 자재가 투입되었다.

나. 확장교(신교)와 구교의 신축

여의도가 급속도로 개발됨에 따라 마포대교의 교통량도 급속하게 늘어났다. 특히 1986년 '한강종합개발사업'의 일환으로 올림픽대로가 개통되면서 1986년에는 하루에 약 15만 대의 차량이 이 다리를 통과할 정도로 교통량이 폭주하여 1996년 12월 전면적인 보수 보강 및 확장공사가 이루어졌다. 하류 쪽 새 다리는 2000년 7월 3일에 개통(길이 1,390.6m, 폭 5차로 22.8m, 높이 16.9m)되고 상류 쪽 다리는 전면 철거되고 재건축 공사를 2005년 10월 17일에 끝마쳤다. 이들 교량은 각각 26 경간에 최대 경간장 70m로 구성하였다.

2009년에는 다리 양쪽에 폭 2m의 자전거 전용도로를 개설했으며, 2011년 4월에는 다리 남단 하류 쪽 보행로에 전망시설인 107m^2 크기의 쉼터를 설치했다.

마포대교 구교의 재건설 후 다리는 2005년 10월 18일 왕복 10차선으로 최종 개통하였다. 왕복 6차선짜리 다리 2개를 놓았으니 도로 12차선 운용이 가능했다. 하지만 양단 두 차선을 인도로 사용하기 위하여 현재 도로를 10차선으로 운용하고 있다.

새로 건설된 마포대교 구교(상행선)의 상부구조는 신교와 같이 강상형교로 모두 교체하였다. 그래서 마포대교 신교의 경간은 기존 구교의 경간 구성과 동일하게 구성되었으며, 다음과 같다.

L확장 = WS1(강변북로 통과 구간) + WS2(강변 도시고속도로 통과 구간) + WS3(유심부) + WS4(유심부) + WS5(유심부) + WS6(유심부) + WS7(여유고(2.0m)확보를 위한 경간 분할) + WS8(여의도 측 확폭구간)

= 123.60(= 3 @ 24 + 26.6 + 25) + 71.0(= 43 + 28) + 280(= 4 @ 70) + 210(= 3 @ 70) + 210(= 3 @ 70) + 315(= 5 @ 63) + 90(= 2 @ 45) + 90(= 2 @ 45)

= 1389.60m

마포대교 신교는 모두 26 경간으로 이루어져 있으며, 그 상부구조 모두 강상형교(Steel Box Girder Bridge)로 구성되어 있다〈그림 3.3.9〉. 개선된 다리는 1등교로 설계되어 DB-24하중을 기준으로 하였다.

구교(상행선) 상부구조는 건설 초기에는 강상형교(EA1~P11)와 강판형교(교각 P11~교대 A2)로 되어 있었다. 강변북로를 통과하는 구간(ES1)에서는 형고 H = 1.50m, 강변 고속도로를 통과하는 구간에서는 H = 1.80m, 그리고 수중부(ES3, ES4, ES5, ES6)에서는 모두 H = 3.0m로 제작되었다. 나머지 구간인 여의도 측 확폭 구간에서는 주형의 높이를 H = 2.0m로 시공하였다.

그림 3.3.9 마포대교 구교 상부구조 횡단면도

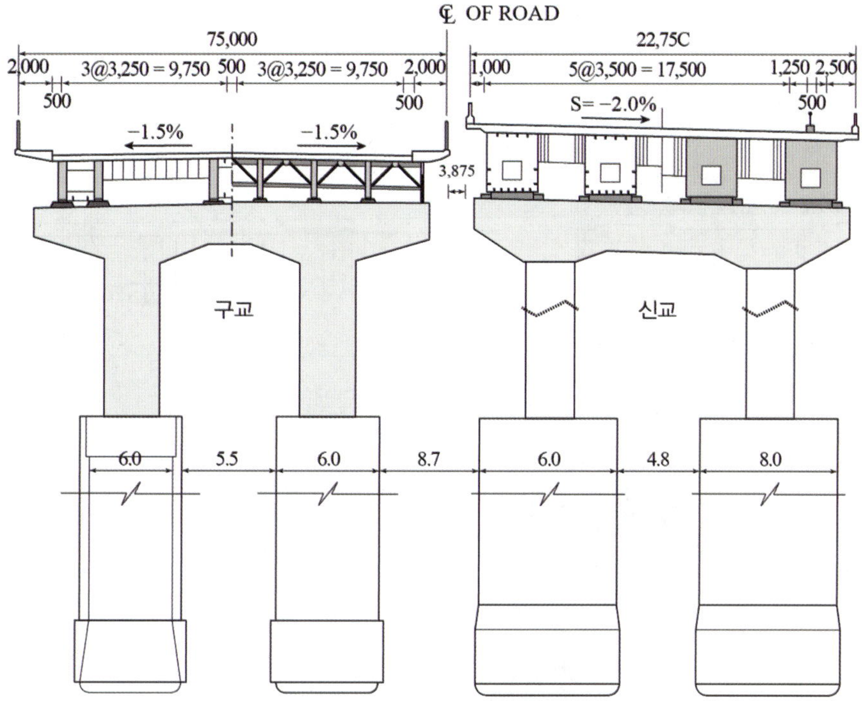

(a) 마포대교 구교 신축 전 구조물 단면도(EP11~EA2)

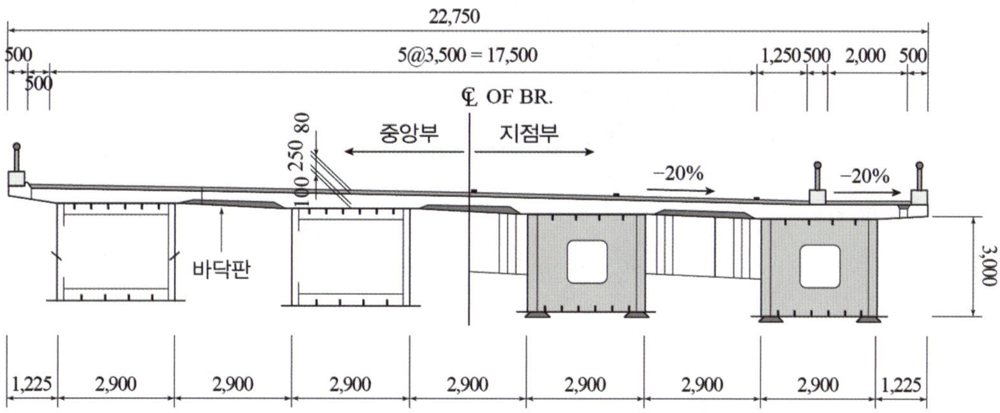

(b) 구교 신축 후 수중부 상부구조 횡단면도(EA1~EP11)

그림 3.3.10 마포대교 구교 ES1 구간 상부구조 횡단면도
서울특별시, 2006, 마포대교 확장공사 최종감리보고서

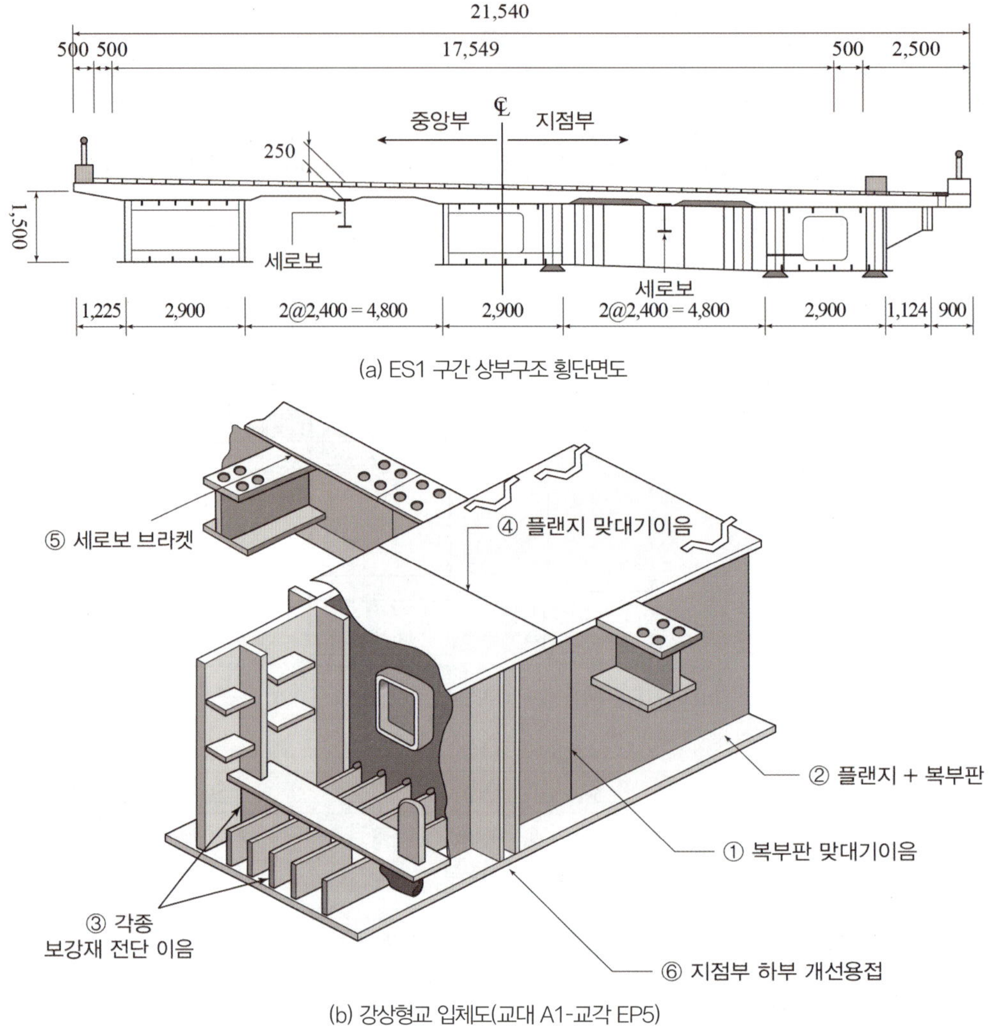

(a) ES1 구간 상부구조 횡단면도

(b) 강상형교 입체도(교대 A1-교각 EP5)

신교(하행선) 모두 강상형교(Steel Box Girder Bridge)로 구성되어 있는데, 주형의 높이는 경간별로 구교의 상부구조 높이와 같게 하였다. 마포대교 구교 하류에 신교를 신축한 이후에는 곧바로 구교를 철거하고 신축하였다. 구 마포대교를 철거하기 전(2002년)에는 구 교량의 표준단면을 B = 25.0m로 되어 있었으나, 철거하고 신축하는 과정에서 구교의 인도교를 한쪽만 설치하면서 신축된 구교의 교폭은 B = 25m에서 B = 22.75m로 축소되었다. 따라서 구교가 철거되고 새로 건설된 이후에는 마포대교 상·하행선 교량 표준단면은 각각 너비가 B = 22.750m로 되었다. 따라서 상·하행선 모두 그 횡단면은 다음과 같이 구성되어 있다〈그림 3.3.9〉.

B = 3.0(= 보도 2.0 + 난간 0.5 + 방호책 0.5) +17.50(= 5차선 도로, 5 @ 3.50) + 0.5(측대)
+ 0.5(자동차 보호책) = 22.75m

바닥판은 T = 250mm 두께의 철근 콘크리트 슬래브로 구성하고, 그 위 차도에는 마모층으로 두께 T = 80mm의 아스팔트 포장을 하였다. 보도는 난간과 자동차 보호책을 포함하여 3.0m로 정하고, 보도 포장은 두께 50mm 아스팔트로 포장하였다.

콘크리트 바닥판 아래에는 강박스형 주형은 4기가 설치되어 있는데 그 폭은 공장에서 제작한 후 건설 현장까지 육로 운반을 고려하여 각각 B = 2.90m로 하였다. 마포대교 주경간장이 70m인 장경간 교량인 점을 감안하여 박스 주형 사이에 세로보를 설치하지 않고 가로보(Cross Beam)를 연결하여 횡 분배를 고려하였다. 그러나 교량 양단에 가까워질수록 확폭이 됨에도 불구하고 강 상형을 4줄만 사용하거나 또는 교량 북단 확폭이 끝난 북쪽 구간에는 강상형을 3줄만 사용하였으므로 이웃하는 강 박스 사이의 거리가 2.90m 이상으로 멀어져 그 사이에 상부 바닥판의 지간을 줄이기 위하여 교량 길이 방향으로 세로보를 설치하기도 했다〈그림 3.3.10〉. 강상형의 높이는 H = 1.50m(A1)부터 3.0m(EP22)까지 위치에 따라 변한다.

3.3.2.2 하부구조

가. 구교

마포대교 구교의 하부구조는 교대 2기와 교각 25기(북단 육상 4기, 수상 18기, 남단 육상 3기)와 그 하부기초로 되어 있다. 이들 중 A1과 A2 두 교대 기초와 교각 P1-P3 및 P21-P25까지 7기의 교각 기초로는 콘크리트 말뚝기초가 적용되었고, 나머지 교각 P4-P20까지 18기의 교각 기초는 우물통기초로 건설되었다.

마포대교 구교(기존 교량)의 하부구조 기초로는, 콘크리트 현장타설말뚝과 강관파일 말뚝기초 및 우물통기초가 적용되었는데, 마포 측 육상부(EA1~EP3)에는 처음에는 강관파일말뚝(S.I.P 공법)으로 계획하였다가 All Casing + R.C.D 공법을 적용한 현장타설 콘크리트 말뚝(Φ = 1.5m)으로 설계변경되었다.

기존 구교의 재건축 시 우물통기초는 원칙적으로 보강하여 재사용하려 하였으나, 경간 조정을 위해서 기존 우물통을 제거하고 신설하는 경우가 생겨서, ① 처음부터 신설한 2 주식 교각4기와 강재 우물통기초 8기와 ② 보강해서 재사용한 우물통 7기, ③ 철거하고 신설한 우물통기초가 3기로 구성하여, 모두 우물통 26기가 사용되었고, 그 위에 교각 17기가 세워졌다.

위에서 보강 우물통 설치 공사는 먼저 ① 시트 파일과 가시설을 설치하고 나서 ② 기초 콘크리트를 타설하고 ③ 철근을 조립한 후 ④ 콘크리트를 타설하는 순서로 진행했다.

나. 신교

마포대교 신교(확장 교량)의 하부구조 구성은 구교에서와 마찬가지고 마포 측 육상부와 여의도 측 육상부에 강관파일기초가 각각 WA1～WP2와 WP21～WA2까지 적용되었다.

마포대교 구교와 마찬가지로 신교에서도 교대는 2기(북단 1기, 남단 1기) 축조되었고, 교각은 모두 25기 세워졌는데, 그중 육상부에 7기(북단 4기, 남단 3기)를 세웠다. 그리고 유수부에 우물통기초 37기와 18기의 교각을 만들었다.

우물통기초는 하상 정도 높이까지는 강재 우물통을 육상에서 제작하여 운반 거치하고 그 속에는 콘크리트를 타설하여 가라 앉혔다. 우물통의 직경은 Φ = 8.0m를 원칙으로 한다.

마포대교 기초설계에서 가장 흥미를 끄는 기초는 교각 EP24 아래 시공된 말뚝기초다. 일반 말뚝기초는 현장타설 콘크리트 말뚝기초이거나 또는 강관파일을 사용하는 강관말뚝일텐데, 이 마포대교 있는 교각 EP24 아래에는 강관말뚝과 콘크리트 말뚝을 혼합하여 기초를 만든 것 같이 보인다. 그러나 이 말뚝기초는 처음부터 콘크리트 말뚝과 강관말뚝을 혼합하여 설계한 것이 아니라, 마포대교 본래 있던 다리 옆 하류 쪽에 신교를 새로 만들고 나서, 옛 구교를 보수하는 과정에서 본래 교량의 기초만 남겨놓고, 상·하부 구조를 모두 철거하고 난 뒤에 기존 구교 기초를 그대로 사용하려 하였으나, 기존에 설치된 콘크리트 파일만으로는 요구되는 지지력을 감당할 수 없게 되자, 맨 외측 콘크리트 파일은 그대로 둔 채 안쪽으로 있는 3줄의 콘크리트 파일 사이 사이에 강관파일을 추가로 보강하는 의미에서 3×13 = 39개를 추가 설치하였다. 기존 콘크리트 말뚝은 지름 Φ = 350mm에 길이가 L = 10.0m이고, 추가로 보강된 강관파일로는 지름 Φ = 508mm에 길이 L = 24.7m, 강판의 두께 T = 12mm인 강관을 사용하였다〈그림 3.3.11〉.

그림 3.3.11 마포대교 구교 교각 EP24 기초 일반도

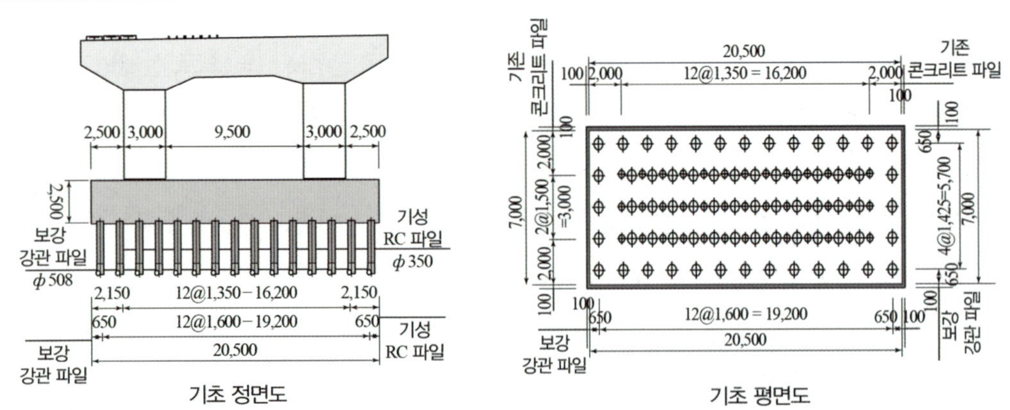

교각 EP5의 기초는 기존의 지름 Φ = 5.0m의 3개의 우물통 아래 3.0m 밑부분을 잘라내고, 그 아래에 높이 2.0m 되게 구형 파일 캡을 새로 만든 다음, 다시 그 아래 지름 Φ = 1,500mm의 콘크리트 파일을 암반까지 내려 세웠다〈그림 3.3.12〉. 이러한 거추장스럽게 보이는 보강작업은 구 마포대교를 기초만 남겨두고 모두 철거한 후 새로 다리를 건설하는 과정에서 기존 기초의 부족한 지지력을 확보하기 위하여 생긴 일이다.

1960년대만 하더라도 한강에 우물통기초를 공사할 때 우물통 공사 중 우물통 안 물속에서는 거의 바로 앞도 볼 수 없을 정도로 탁도가 심했기 때문에 잠수부들도 손으로 더듬으면서 우물통 슈(Shoe)가 바닥 암반에 잘 정착했는지를 판단했다고 한다. 아마도 마포대교가 처음 건설될 1965년에도 상황은 크게 다르지 않았을 것으로 판단되는데, 그래도 그 당시에는 한강 바닥에 모래가 많이 쌓여 있어서 우물통기초 때문에 생기는 사고는 없었다. 그러나 1982년 9월부터 1986년 9월까지 만 4년 동안 전두환 정권이 '한강종합개발사업' 과정에서 준설한 한강의 자갈과 모래는 6,369만m^3에 달했는데, 그 과정에서 모래 속에 묻혀 있던 우물통의 바닥이 드러나면서 한강의 많은 교량에 안전 문제가 대두되었고 정부는 이에 대한 대책으로 우물통 보수작업을 대대적으로 시행하였다. 구 마포대교 우물통도 같은 처지에 있었다.

그림 3.3.12 마포대교 구교 교각 EP5 복합기초

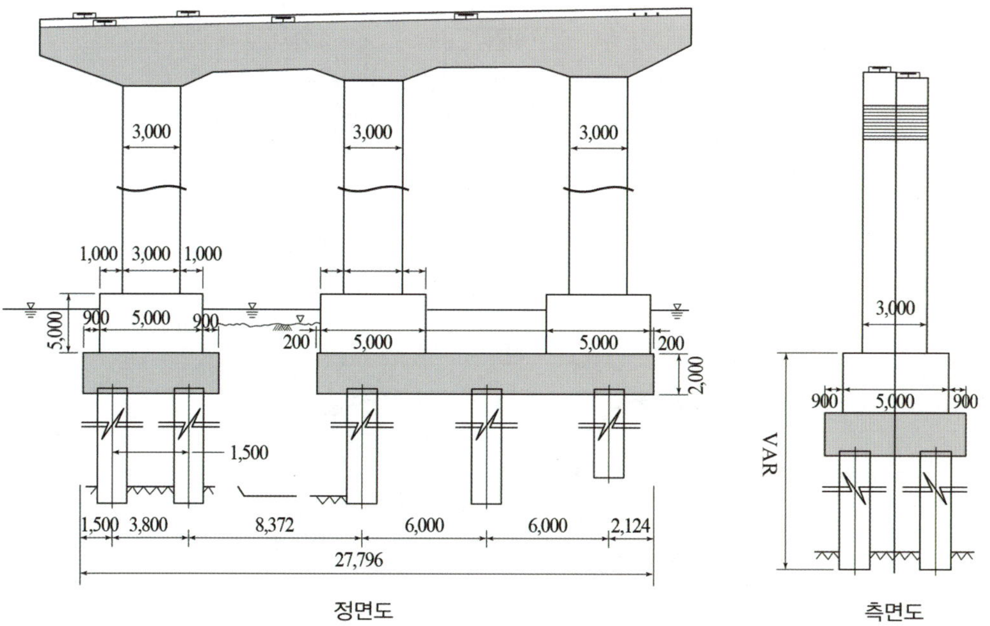

교각 P6부터 P22까지는 우물통기초의 크기도 위치에 따라서 서로 다른데 주로 지름이 Φ=8.0m인 경우〈그림 3.3.13〉가 7개로 가장 많고, 마포 쪽으로 가면 지름이 Φ=8.5m로 상대적으로 커진다. 그중에는 교각 EP5와 마찬가지로 구 마포대교 공사 때 설치되었던 우물통의 지지력이 의심되는 교각 EP8, EP11, EP12, EP13, EP15, EP16, EP17 아래 축조한 7개의 우물통은 기존의 우물통 바깥쪽으로 타원형으로 감싸 기존우물통을 보강하고, 그 트랙형으로 보강된 우물통 상부에 다시 지름 Φ = 8.0m의 우물통을 세워 기초를 완성하였다〈그림 3.3.14〉.

그림 3.3.13 마포대교 구교 교각 EP7 우물통 기초(보강 전)

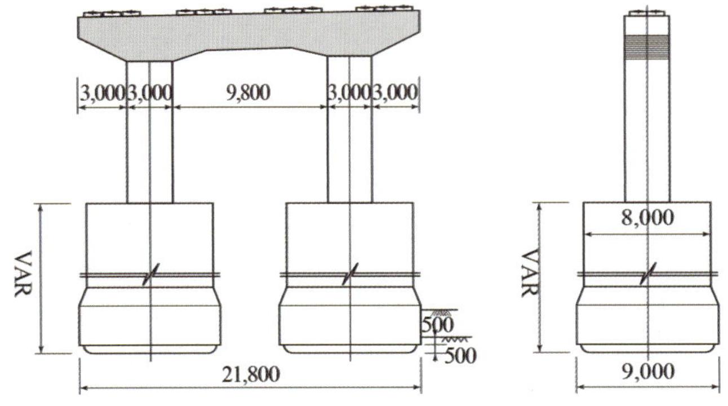

그림 3.3.14 교각 EP11 타원형 우물통기초(확장 공사 후) 정·측면도
서울특별시, 2005, 마포대교 확장공사

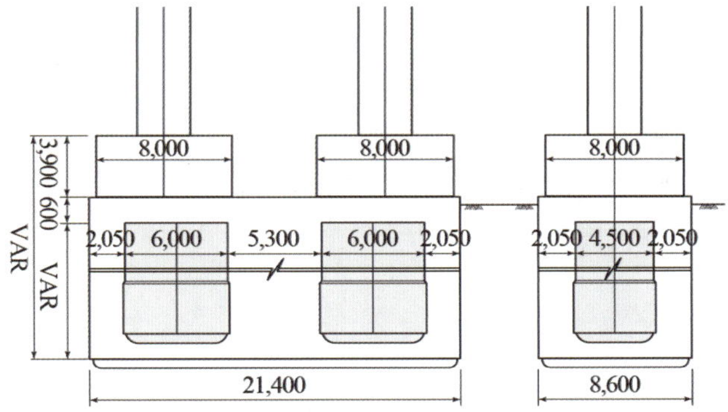

(a) 교각 EP11 타원형 우물통기초(확장 공사 후) 정·측면도

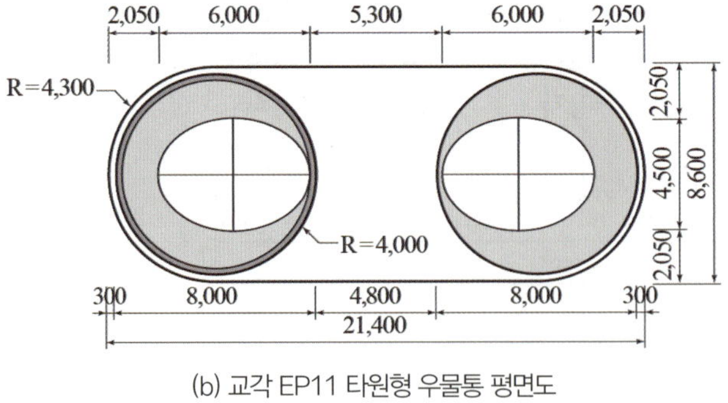

(b) 교각 EP11 타원형 우물통 평면도

마포대교에 설치된 교각은 크게 Π형 교각과 기둥이 3개인 라멘형 교각 두 종류로 나눌 수 있는데, 교량 횡단면이 확대되는 EP5와 EP25를 제외하면 모두 Π형 교각으로 되어 있다〈그림 3.3.15〉. 교각 기둥의 크기는 EP1부터 EP4까지 지름 $\Phi = 2.50$m로 이루어져 있고, 나머지 EP5부터 EP25까지의 교각 기둥은 3.00m 지름을 갖고 있다.

그림 3.3.15 마포대교 구교 교각 EP1 일반도

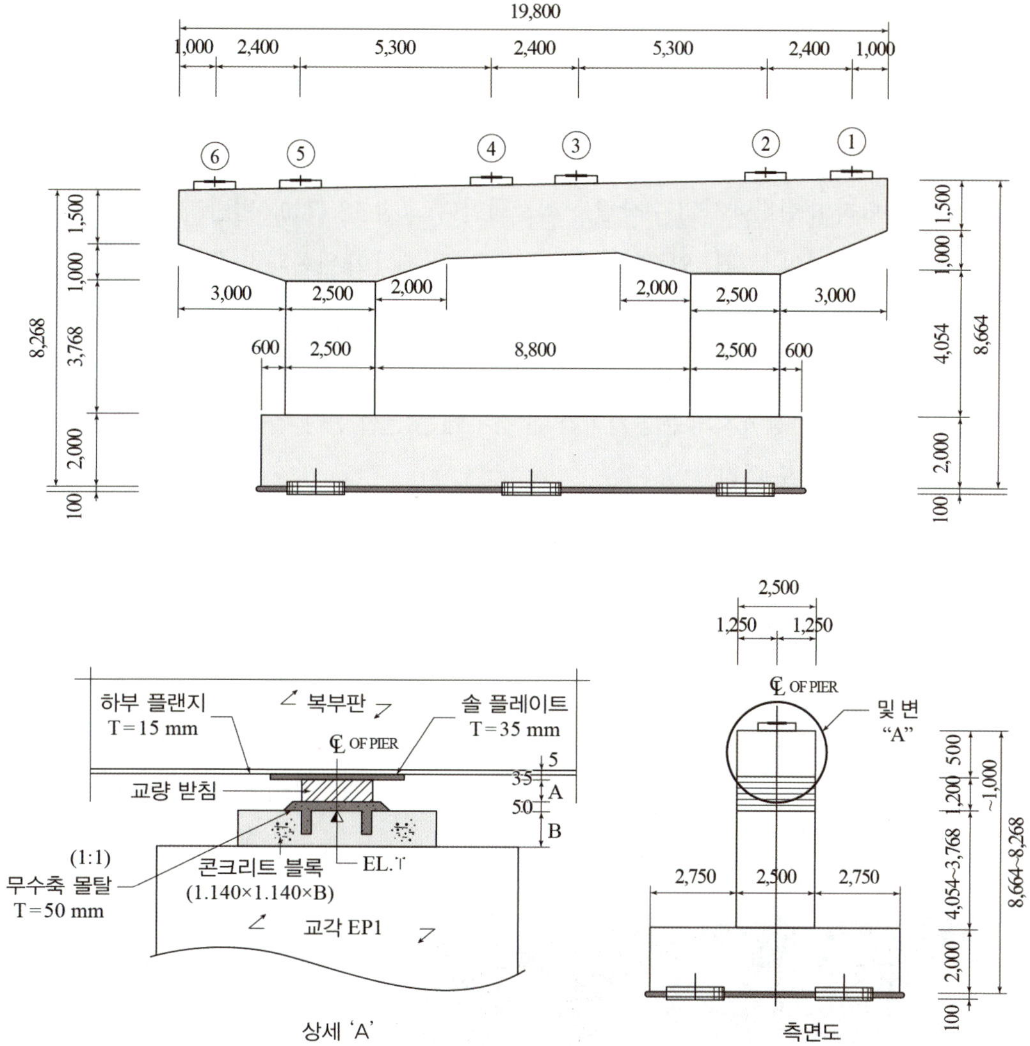

3.3.3 시공[5]

마포대교 구조물공 시공법은, 본선 교량이 모두 강상형교로 특별한 시공법이 요구되지는 않지만, 기존 교량을 철거하면서 시공해야 하고, 또한 상·하행선이 단계별 분리 시공되므로 시공성 확보와 안전성 등에 중점을 주고 가설공법을 검토하였다〈그림 3.3.16〉.

3.3.3.1 상부구조 가설공법

마포대교의 상부구조 주형은 강상형(Steel Box Girder)으로서 형고가 H = 1.5~3.0m까지 다양하며 경간장 L = 70.0m인 연속교에는 2.9m(B)×3.0m(H) 박스가 설계되었다.

강교량을 건설하려면 먼저 강교 제작장을 확보하고〈그림 3.3.17(a)〉, 그 안에서 각 부재들을 자동용접으로 접합하여 현장에서의 수작업을 최소화한다〈그림 3.3.17(b)〉. 일반적으로 현장에서는 고장력 볼트를 사용하여 부재를 연결한다. 일반 부재별로 제작이 완료되면 공장에서 실시하던 혹은 건설 현장 근처에 장소를 확보하던, 먼저 육상에서 교량을 가조립한 후 자중하에서의 교량이 설계대로 제작되었는지를 확인한다〈그림 3.3.17(c)〉. 가조립이 끝나면 보통은 공장에서 도장을 하는데, 공장에서 건설 현장까지의 운송거리가 긴 경우에는 건설 현장 부근에 마련한 강교 제작장에서 도장작업을 하기도 한다.

마포대교의 경우에는 모든 강교 부재 제작 과정이 현대스틸산업 대산공장과 천안공장에서 이루어진 것으로 보인다〈그림 3.3.17〉.

강판형(주형)의 무게는 단위 m 당 약 1.7톤으로서 70m를 가설할 경우 현장이음 5개소를 포함하여 6개의 블록으로 연결되며 이 경우 최대 중량이 약 130톤으로 계산되었다. 이는 200톤급 인상 능력 크레인 2대로 인양 가능하므로 마포대교 상부구조는 경간별 일괄 거치 공법을 적용하여 시공하였다.

그림 3.3.16 1969년 9월 공사 중인 서울대교(현 마포대교)
서울역사박물관, 2021, 『모래섬, 비행장, 빌딩숲 여의도 - 서울반세기종합전』, 99쪽

그림 3.3.17 강교 공장 제작 과정

(a) 강교 제작장 제작 전경

(b) 강교 제작장 자동 용접

(c) 강교 제작장 가조립

(d) 제작 완료 도장 대기 적치

일괄 거치 방법은 우선 공장에서 소단위 블록(최대 소블록 기준 L = 13.75m) 중량이 약 24톤으로 제작하여 육로로 건설 현장까지 운송한다. 이를 현장에서 운영하는 현장 제작소에서 연결 조립한 다음, 대형 바지 2대로 연결된 바지 선단에 선적 운반하여 바지 위에 탑재된 200~250톤 크롤러 크레인 2대에 의해 직접 가설된다〈그림 3.3.18〉.

그림 3.3.18 1969년 9월 서울대교 상부구조 시공 현장
서울역사박물관, 2021, 『모래섬, 비행장, 빌딩숲 여의도-서울반세기종합전』, 99쪽

3.3.3.2 슬래브 시공법

가. 콘크리트 타설 체계

상부 슬래브 콘크리트 타설은 연속교인 점을 감안하여 도면에 표시한 대로 시공 순서를 지켜야 하며 콘크리트 공급은 본 현장이 도심 내에 있고 동시다발적으로 다량 공급이 필요하지 않을 뿐 아니라 현장 배치 플랜트(Batch Plant)를 설치하는 데 어려움이 많아 레미콘으로 공급하는 것으로 계획하였다.

현장에 설치된 임시 바지 접안 시설까지 육로로 운송되어 바지에 선적하여 작업장까지 수상 운반하여 기설치된 펌프 카(Pump Car)로 타설한다.

3.3.3.3 하부공 시공 계획

가. 우물통기초 시공

마포대교 본선에 적용한 우물통기초 공법은 크게 4가지로 구분되어 적용되었는데, 1) 일반 우물통 공법, 2) 기존 우물통 보강공법, 3) 기존 우물통 제거 후 일반우물통 공법 적용 및 4) 직접기초 형식의 우물통 공법 등이 그것이다.

수상부에서 우물통기초를 축조하는 방법으로는 크게 축도를 이용하는 방법과 강재 거푸집을 제작하여 기초를 가설하는 방법 등이 검토되었는데, 홍수 시 한강 수위가 상승하면 공사가 지연될 염려가 커서 마포대교에서는 강재 거푸집에 의한 우물통기초 공사를 시행하였다. 그 시공 순서는 다음과 같다.

① 육상에서 강재 거푸집(중량 약 35톤)을 제작한다.

② 제작된 거푸집을 크레인을 이용하여 대선으로 옮긴 후 유수부 현장으로 운반한다.

③ 운반된 강재 거푸집을 기초 위치에서 간만의 차가 없을 때를 이용하여 정치시킨다.

④ 강재 거푸집에 콘크리트를 타설하여 가라 앉힌다(필요하면 재하블록도 사용).

⑤ 크람셀로 지반을 굴착하여 소정의 암반에 우물통기초를 거치시킨다(연암 1m 깊이).

⑥ 내부 침전물(Slime)을 제거한 후 수중 콘크리트로 1단계 속채움 콘크리트를 타설한다.

수중 콘크리트 높이는 양생 후 내부에서 물을 퍼내었을 때 부력에 충분히 저항할 수 있는 깊이로 타설해야 한다. 이 공법으로 시공되는 우물통기초는 확장 교량의 유수부 전 교각과 기존 교량의 보강 교각(7기)을 제외한 유심부 모든 교각에 적용했다.

미주

[1] 1925년 7월 15~18일에 있었던 을축년 대홍수는 우리나라 역사에 세기의 홍수로 기록되고 있다.

[2] 여의도의 옛 이름은 '잉화도(仍火島)'이다. 이 잉화도는 고구려 때 지명인 '잉벌노현(仍伐奴縣, 현 영등포, 금천구 일대)'에서 유래한 것으로, 여기서 잉(仍)은 '나'라는 의미로 '나벌'에서 '나불'로 불렸고, 이후 한자로 바뀌어 잉화도가 되었다. 한편 '나의주(羅依洲)' 또한 마찬가지로 '나벌', '나불'을 한자로 표기하기 위한 것이다. '나'를 음차하고, 우리말의 '벌'을 '의(依)'자에서 가져온 것으로 보인다. '나의주'에 '주(洲)'를 훈(訓)으로 읽으면 '섬(島)'이 되는데, 이는 '나의 섬'에서 '너의 섬'으로 변이되었고 '너의섬'을 한자로 표기하여 '여의도(汝矣島)'가 되었다(서울역사박물관, 2021, 『여의도: 모래섬, 비행장, 빌딩숲 - 서울반세기종합전』, 22쪽).

[3] 서울시는 1968년 9월 22일 '한강개발 3개년 계획'을 발표하였다. 이 계획은 한강변에 총연장 4,345m, 폭 20m 규모의 강변도로를 조성하는 사업으로, 총 공사비는 462억 4천만 원이 소요되었다. 공사는 1968년에 착공하여 1970년에 완공되었다(손정목, 2003, 『서울 도시계획 이야기』 1, 한울, 311~322쪽).

[4] 서울특별시, 1988, 『서울의 다리』, 90쪽

[5] 서울특별시 건설안전본부, 2006, 마포대교 확장공사 최종감리보고서

3.4

성남시의 초석, 잠실대교

3.4.1 개요

잠실대교는 서울시 성동구 자양동과 송파구 잠실동을 잇는 길이 L = 1,280m의 한강을 건너는 5번째 도로교다〈그림 3.4.1〉.

그림 3.4.1 잠실대교 위치도

3.4.1.1 광주대단지

서울에는 일제강점기 시기에도 많은 무허가 토막집이 있었다고 한다. 조선총독부의 조사에 의하면 1942년 10월 현재 7,426호, 3만 7,000명이 토막집에서 살았다고 한다. 광복 후에 해외에서 귀환한 동포, 월남한 동포들이 일제강점기에 일본군 제20사단의 사격장이 있었던 남산 남면, 용산동 2가 일대에 들어와 살면서 이곳에 해방촌이 형성되었다. 해방촌은 우리나라 최초의 무허가 건물 집단마을이 되었다. 서울의 무허가 건물은 6·25 전쟁을 겪으면서 본격적으로 증가하기 시작했다. 전쟁 재해를 입은 많은 민간인이 서울을 둘러싼 산자락과 청계천·중랑천 등 하천 제방에 무작정 판자촌을 이루자 서울시는 그 전에 공동묘지였던 미아리에서 시작하여 강북구 미아 1~9동, 노원구 상계 1~10동, 관악구 본동과 1~10동, 신림 본동과 신림 1~13동 등에 이재민 구호 대책으로 정착지(定着地)를 조성하였다. 지금은 거의 모든 지역이 재개발되어 그 당시의 모습을 볼 수 없으나 이재민 정착촌이 만들어진 당시에는 각 가구당 26.4m^2, 약 8평의 땅과 진흙으로 벽돌을 만들 수 있는 나무틀만 제공하고, 나머지 벽돌을 찍는 일부터 흙벽돌로 집을 짓는 모든 과정은 이재민 스스로가 해결해야 했었다.[1]

정부에서 정해준 이재민 정착지 중심으로 계속해서 무허가 건물이 난무하자 1966년 4월에 서울시장으로 부임한 김현옥은 먼저 서울시 무허가 건물을 전수 조사하였다. 그는 조사 결과로 집계된 13만 6,650동에 대하여 그중 4만 6,650동은 양성화시키고, 나머지 9만 동에 대한 대책으로 시민아파트를 건설하거나 경기도 광주군 내에 대단지를 조성하여 무허가 건축 문제를 해결하기로 하였다. 이렇게 해서 무허가 이재민 정착 정책에 경기도 광주군이 떠오르고, 1968년 5월 건설부 고시 제286호로 광주군 중부면 수진리를 중심으로 한 일대 300만 평의 땅이 서울시에 의해 대규모 주택지 경영사업 대상지로 결정되게 되었다. 이로써 서울시는 경기도 땅 300만 평을 매입하여 10만 가구 55만 명을 수용할 수 있는 새로운 도시를 계획한 것이다. 단지 조성 공사는 초석건설이 1969년 3월 4일에 시작하여 중부면 수진리 일대 약 50만 평의 정지작업과 간선도로, 하천 개수사업 등을 하도록 하였다. 광주대단지 조성사업에는 초석건설 이외에도 삼덕실업과 대림산업이 참여하여 1971년 8월 10일까지 모두 160만 평에 달하는 택지를 조성하였다. 광주대단지에 최초로 입주한 사람들은 1969년 9월 철도 연변 무허가 건물 철거민 3,301가구였다. 서울시는 이들에게 1가구당 20평씩 모두 6만 6,020평을 분양했다. 그 후 각 구청 관내에서 철거된 무허가 입주자들이 속속 광주대단지에 정착하면서, 광주대단지에서는 주거·교통·위생·교육·일자리 등 총체적인 부작용들이 한꺼번에 노정될 수밖에 없었다. 특히 서울에 무작정 상경한 이재민들은 기본적으로 새로 건설된 광주대단지라는 신도시에서는 일자리를 구할 수 없었다. 이들은 생계를 이어가기 위하여 우선 천호동까지 나와서 서울 도심으로 들어와야 하는데, 그 당시 연결도로는 천호동에서 단지까지 너비 6~7m 국도뿐이었다. 이 교통 문제를 해결하기 위하여 서울시는 1억 1,500만 원 예산을 투입하여 11,700m의 국도를 포장하여 버스를 통행시켰지만 을지로 5가까지 최소한 1시간 30분이 소요되고, 또한 시외버스비가 비싸 시내 요금의 두 배를 물어야 했다. 이에 서울시는 1970년 4억 9천만 원의 예산을 드려 광주대단지에서 말죽거리에 이르는 너비 30m, 길이 8,500m의 '대곡로(大谷路)'를 새로 개설하였다. 지금은 '송파대로'로 개칭하였다. 이 길은 광주대단지로부터 을지로 5가까지의 시간·거리 단축을 위해 개설된 도로이다. 서울시에는 광주대단지 이주민의 고조되는 불평을 잠재우기 위해서라도 1970년 10월 잠실대교의 착공이 시급하게 요구되었다.

3.4.1.2 잠실지구 개발계획

잠실섬(蠶室島)은 원래 광진구 자양동 남쪽 뚝섬에 붙은 반도(半島) 모양으로 강북에 붙어있던 땅이었었는데 조선 중종 15년(1520) 경진년(庚辰年)에 큰 홍수가 일어나 반도의 허리를 짜르고 지나가는 샛강(新川)이 생긴 이후 하천 가운데 생긴 섬(河中島)이 되었다〈그림 3.4.2〉. 잠실섬 바로 옆 서쪽으로 부리도(浮里島)라는 섬이 있었다. 부리도는 갈수기에는 잠실섬과 하나가 되었다가 비가 와 강물이 불어나면 독립된 섬이 되었다가 홍수가 나면 물속으로 잠겨버렸다. 섬의 이름에서 알 수 있는 것처럼, 조선조 세종 때부터 임진왜란 전까지 잠실섬에는 동잠실(東蠶室)이 있었던 곳으로 누에치기가 성행했다. 『승정원일기(承政院日記)』에 의하면 정조 23년(1779) 5월 보고에도 잠실 뽕나무밭 기사가 나오고, 고종 28년(1891)에도 뽕나무에 관한 기사가 나오기는 하나 잠실에서 누에치는 일은 조선말에 완전히 사라졌다고 한다.

대신 부렴동[2] 사람들은 뽕나무 묘목을 팔아서, 그리고 나머지 새내마을과 잠실마을 주민들은 오이·참외 등의 여름 농사와 땅콩·무·배추 등의 가을 농사로 생계를 유지했다. 조선 후기 양잠(養蠶)사업은 지금의 잠원동에 있던 잠실(蠶室)을 통하여 지속되었는데, 조선 왕실은 조선 초기부터 한강변 잠실리에 국립양잠소인 잠실도회를 설치·운영했던 것이다. 잠실리는 훗날 1963년 서울시에 편입되면서 송파구 잠실동과 중복을 피해 잠실리의 '잠'자와 신동면 신원리의 '원'자를 따서 잠원동(蠶院洞)이 되었다.

그림 3.4.2 1957년『서울특별시도(서울特別市圖)』에 나타난 잠실도

서울역사박물관

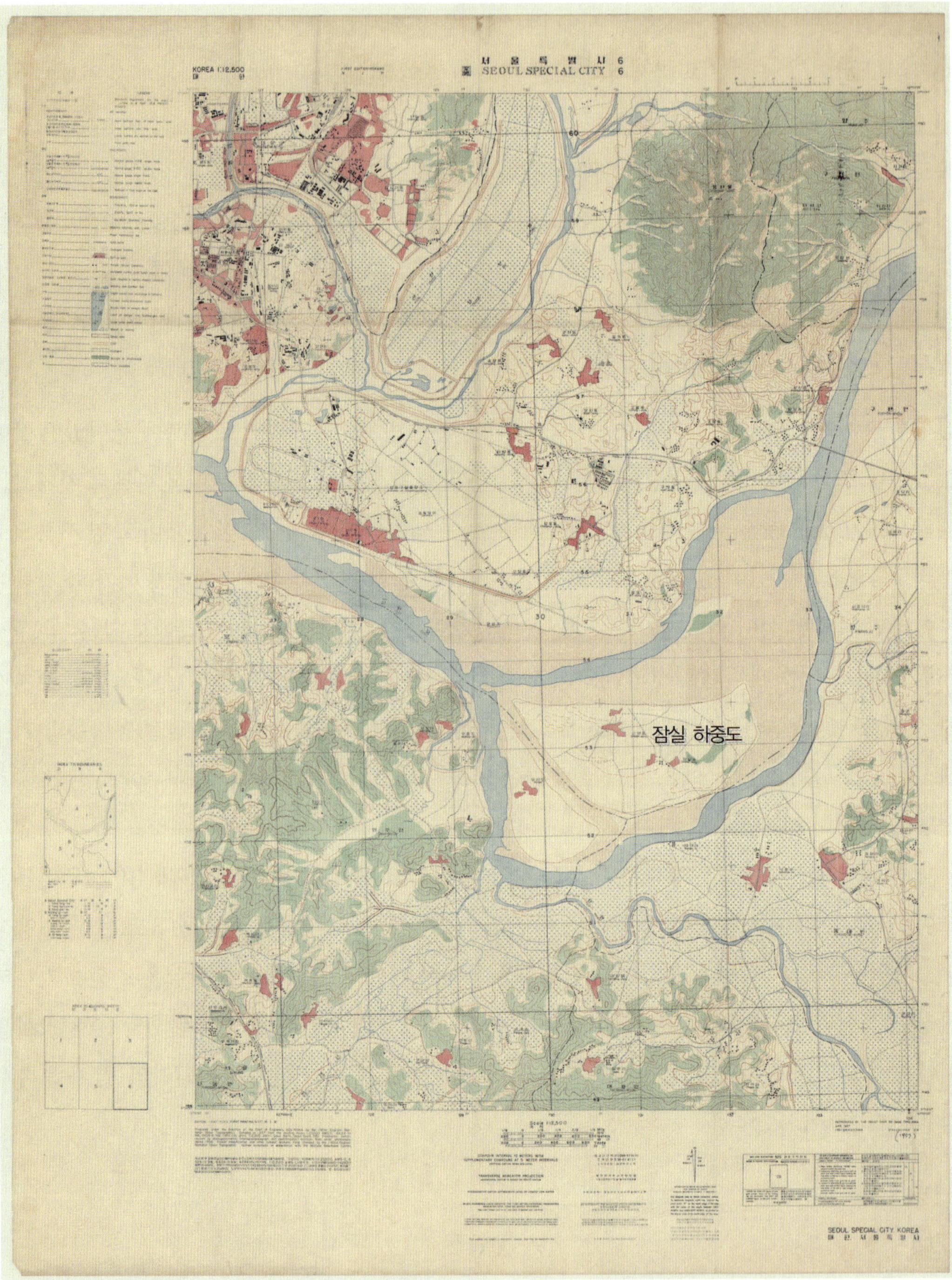

바다나 하천을 이루는 땅은 모두 국가 소유다. 이 땅을 공유수면(公有水面)이라고 한다. 우리나라는 1962년 1월 20일에 법률 '제986호'로 「공유수면매립법」을 제정하였다. 소양강 다목적댐을 건설하여 한강의 홍수조절이 가능해지면서 서울시는 한강인도교와 영등포 사이에, 먼저 있던 제방보다 강 안쪽으로 너비 20m, 길이 3,720m의 새로운 제방을 들여쌓으면서 2만 4천 평의 공유수면으로 새로운 택지를 개발하였다. 이를 계기로 서울시는 70년대 초반까지 약 10년간 동부이천동, 흑석동, 반포동, 서빙고동, 압구정동, 구의동 지구 등 한강 연안 여러 지역에서 공유수면 매립택지를 조성하였다. 잠실도와 송파지구를 개발하기 위한 잠실지구 공유수면 매립공사는 맨 마지막에 이루어졌다. 원래 한강의 물길은 천호대교 북단 부근에서 두 줄기로 갈라졌다. 그 한 줄기는 잠실 북쪽 잠실섬과 구의동·뚝섬 사이를 흘렀는데, 이 강을 새로 생긴 개천이라하여 '새내', 즉 신천(新川)이라 하였다. 그리고 또 다른 한 줄기는 원래 한강의 물줄기로 천호대교 부근에서 풍납동 쪽으로 갈라져 잠실섬 남쪽 연안을 따라 송파동·석촌동·삼전동 쪽으로 흐르다 탄천과 만난다. 이후 물길은 그 방향을 북쪽으로 틀어 지금의 잠실운동장을 옆으로 따라 흐르다가 다시 신천과 합류하였다. 서울시는 송파강 매립공사를 포함해서 구획정리사업 지구로 지정된 잠실지구(공유수면 포함) 935만 5,311m^{2}의 개발공사를 1971년 6월 19에 착수하였다. 이 공사를 위하여 현대·대림·극동·삼부·동아 5개 회사는 합자 형식으로 '잠실개발 주식회사'를 새로 세웠다. 잠실지구 개발은 삼부토건에서 잠실도와 송파 사이를 흐르던 한강 옛 본류 송파강의 물줄기〈그림 3.4.1〉를 지금 잠실나루 근처에서 막는 물막이 공사로부터 시작되었다. 물막이 공사는 1971년 2월 17일에 시작하여 그 해 4월 15일에 완료되었다. 공식적으로는 잠실지구 구획정리사업은 1971년 6월 19일에 시작되었으니까, 물막이 공사는 불법 사전공사였던 셈이다. 제3공화국 군사독재 시절 국내 사회상의 일면을 잘 나타내는 장면이다. 최종 잠실지구 공유수면 매립공사는 1978년 6월 29일에 준공되었다. 비록 잠실도 공유수면 매립사업은 공식적으로는 1971년 6월 19일에 시작되었지만, 실질적인 잠실지구 구획정리사업은 이미 1970년 4월부터 서울시 한강개발사업소에 의하여, 약 340만 평에 달하는 넓은 땅을 대상으로 추진되고 있었다. 그 당시 서울시장 김현옥은 1968년 광주대단지사업을 시작할 때부터 잠실지구개발도 같이 생각했던 것 같다고 한다.[3] 잠실지구 구획정리사업이 한참 진행 중이던 1973년 9말 경 박정희 대통령은 서울시에 '국제적 수준의 운동장 시설을 갖출 것을 포함해서 이상적인 신도시'를 만들 것을 요구하였다. 이 대통령 지시에 서울시는 기존 계획을 폐기하고, '잠실뉴타운계획'을 새로 수립하였다. 이후 우리나라 도시계획의 모델이 된, 이 잠실지구종합개발계획은 다음 6가지의 핵심 주제를 만족시켜야 했다.

잠실지구종합개발계획 핵심 주제

- 첫째, 전체 면적 340만 평을 모두 15개의 주택지구(주구, 住區)와 1개의 운동장지구로 구성하고, 각 주택지구는 각각 독립된 생활권을 형성할 수 있도록 한다.
- 둘째, 각 주택지구마다 초등학교 1곳씩 모두 15개 초등학교, 7개 중학교, 인문계 고등학교 2곳, 실업계 고등학교 2곳, 체육고등학교 1곳 등을 계획하여 수준 높은 교육환경 구축할 것
- 셋째, 주택지구 중앙에 중심업무지구 및 커뮤니티 센터 유치함으로써 주민이 걸어서 출·퇴근할 수 있는 주거환경을 조성할 것
- 넷째, 공유수면 매립지 서북쪽 끝 부리도(浮里島) 자리 약 13만 평(43만 제곱미터)에 종합운동장을 건설할 것
- 다섯째, 잠실섬 남쪽 송파강을 매립할 때 약 9만 4,000평을 매립하지 않고 남겨서, 지금의 석촌 호수로 조성할 것
- 여섯째, 광주대단지(성남시)에서의 통과교통, 왕래교통 등을 상정하여 25% 이상의 도로율을 계획하여, 폭 50m, 길이 6.2km의 송파대로와 폭 40m, 길이 3.8km의 올림픽도로를 계획할 것

이들 중에서 교량공학자의 관심을 끄는 대목은 마지막 6번째 항목이었다. 1970년 김현옥의 뒤를 이은 양택식 서울시장은 부임 2개월 만인 1970년 6월 16일 '영동·잠실지구 개발계획'을 발표하면서 자양동과 잠실섬 사이에 잠실대교를 착공키로 하였다. 영동지구 및 잠실·송파지구를 중심으로 수립된 이 계획에서 영동지구는 경부고속도로를 중심으로, 잠실·송파지구는 잠실대교를 중심으로 건설할 생각이었다. 1970년대 초반 광주대단지의 생활 여건을 개선하기 위하여, 그리고 잠실 구획정리사업에 포함된 송파·언주 지구를 동부 서울과 육속화시킬 필요성을 느낀 서울시는 1973년까지 광주군 대왕면과 잠실대교를 잇는 너비 35m의 간선도로를 신설하여 버스로 뚝섬까지 1시간 30분 걸리는 것을 20분에 달릴 수 있도록 하였다.

그림 3.4.3 1970년 6월 16일 서울시 '도시개발계획도'
서울역사박물관

잠실대교는 인근 영동대교보다 4개월 늦게 1970년 12월 14일에 착공하여 16개월이나 빠른 1972년 7월 1일에 개통하였다. 그러나 개통 후 30년 가까이 사용하면서 교통 수요는 계속 늘어나는데 시설은 계속 노후화 현상이 점점 심해져서 1997년 1월에 확장 및 성능개선공사를 착공하고, 2003년 12월 10일에 개통하여 교통 체증을 완화시켰다. 이를 통해 잠실대교는 길이 1,280m에 폭 35m의 8차로 교량으로 확장되었다.

양택식 서울시장이 취임하면서 가장 역점을 두고 추진했던 동부의 간선도로(도봉동 – 한독약품 – 잠실대교, 워커힐 – 잠실대교, 잠실대교 – 성남, 잠실대교 – 풍납동)와 잠실대교가 개통되면서 '불모의 섬'으로 불리던 잠실 땅 340만 평(침수 고립지역 180만 평, 인접 지역 160만 평)의 개발은 더욱 박차를 가하게 되었다. 서울 북단의 도봉동에서 잠실대교를 건너 광주대단지(성남)까지를 잇는 기간도로가 뚫림으로써 도심 교통 혼잡이 줄어들게 되었고, 동시에 경부고속도로의 연장을 서울 북부 및 의정부까지 늘이는 결과도 거두었다.

이렇듯 광진구 자양동과 송파구 잠실동을 잇는 잠실대교의 개통을 기점으로 건설된 이들 도로는 비단 잠실지구 개발을 촉진하는 데 그치지 않고 당시 주춤하고 있던 영동구획정리지구의 개발에도 자극을 주었다.

3.4.2 잠실대교 설계

3.4.2.1 잠실대교 구교

서울시 성동구 자양동과 송파구 잠실동을 잇는 잠실대교는 1970년 12월 14일에 착공하여 불과 1년 6개월 만인 1972년 7월 1일 개통되었다.

잠실대교 구교는 강판형교 형식으로 설계되었으며, 교량의 전 길이는 L = 1,280.00m로 그 경간 구성은 매우 단순하여 L = 2 @ 40.0 + 10 × (3@40.0) = 1,280.0m로 되어 있다. 교폭은 B = 25.0m로 설계되었는데, 양측의 보도가 각각 2.0m가 준비되어 있고, 양측 보도 사이 차도 폭은 21.0m로 6차선 교량으로 시공되었다. 상부구조로 모두 8줄의 강판형이 a = 3.15m간격으로 설치되어 있었다〈그림 3.4.4〉. 교량은 DB-18 하중을 적용한 그 당시 교량 1등급으로 설계되었다.

그림 3.4.4 잠실대교 구교 상부구조 전경
서울특별시, 1988, 『서울의 다리』, 95쪽

잠실대교는 외자 6억 5,100만 원, 내자 12억 4,900만 원 총 19억 원의 사업비가 투입되었는데 이 사업비 모두 잠실구획정리지구에서 발생한 체비지(替費地)를 매각하여 충당하였다. 공사는 현대건설에서 시행했으며, 1년 6개월 동안 연인원 96,300여 명의 인력과 8,090대의 중장비가 동원되었다.

저자는 잠실대교 구교의 설계도면〈그림 3.4.5〉을 구할 수 있어 매우 안심했었는데 어찌된 영문인지 그 내용이 잠실대교가 아닌 천호대교 준공도로 채워져 있어 많은 혼란을 겪어야만 했었다. 잠실대교 구교의 설계 도면을 얻기가 힘들어 이 절에서는 주로 잠실대교 확장 교량에 대한 내용을 기술하기로 하였다.

그림 3.4.5 잠실대교 구교 설계도면(1972.7.1.) 표지와 내용

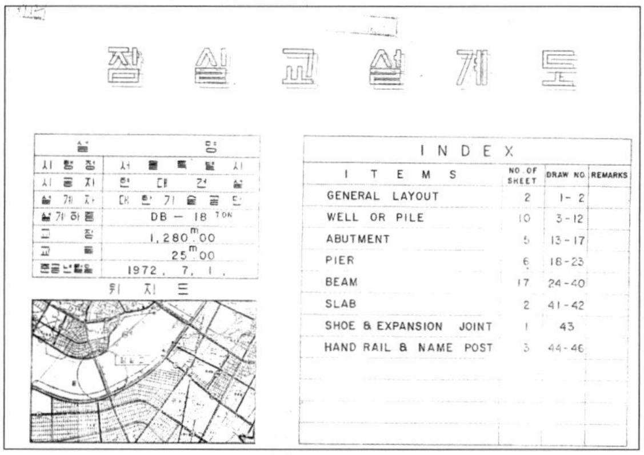

잠실교설계도

설	명
시행청	서울특별시
시공자	현대건설
설계자	대한기술공단
설계하중	DB — 18 TON
교장	1,280.00m
교폭	25.00m
준공년월일	1972. 7. 1.

위치도

INDEX

ITEMS	NO. OF SHEET	DRAW NO.	REMARKS
GENERAL LAYOUT	2	1-2	
WELL OR PILE	10	3-12	
ABUTMENT	5	13-17	
PIER	6	18-23	
BEAM	17	24-40	
SLAB	2	41-42	
SHOE & EXPANSION JOINT	1	43	
HAND RAIL & NAME POST	3	44-46	

(a) 잠실대교 구교 설계도면 표지

GENERAL ELEVATION

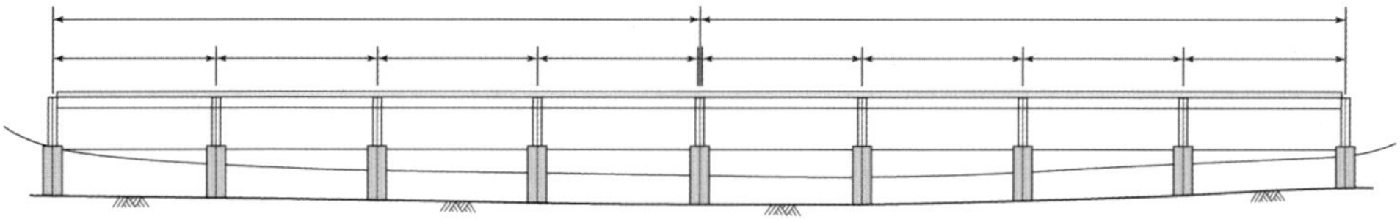

GENERAL PLAN

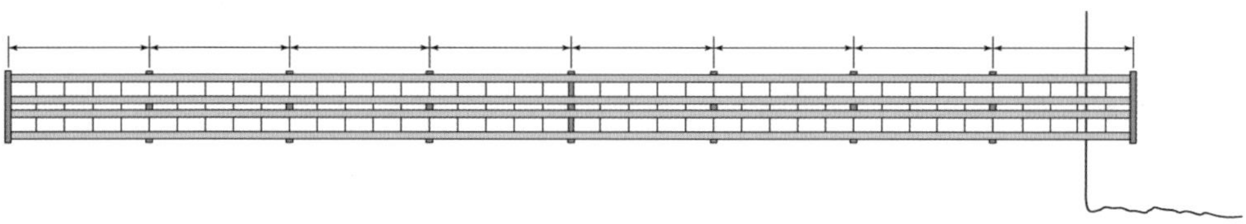

TYPICAL CROSS SECTION

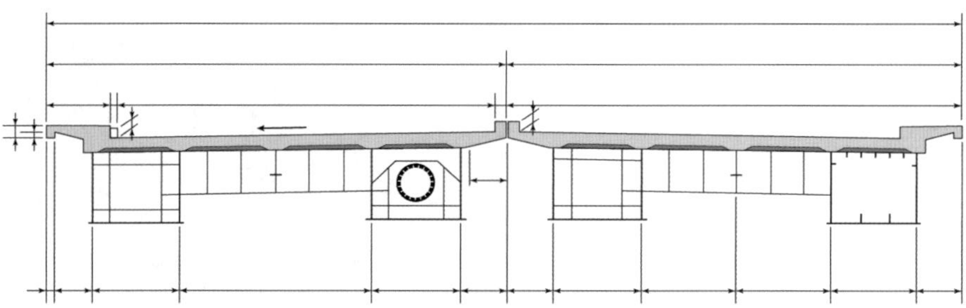

(b) 잠실대교 구교 4경간 연속 거더 종·횡단면도

3.4.2.2 잠실대교의 성능개선 및 확장(2003년 12월)

1972년에 준공된 잠실대교가 시간이 지나면서 잠실 및 가락 지구의 구획정리사업으로 인한 지속적인 도시개발과 성남 및 분당 지역의 신도시건설로 교통량이 급증하고 많은 대형 차량의 통행으로 교량이 심하게 손상됨에 따라 서울시는 1995년에 성수대교 붕괴사고를 계기로 안전진단을 실행한 결과 앞으로 DB-18 하중 통과가 어렵다는 결론을 내리고, 교량의 성능을 개선하기 위하여 1997년 1월 공사를 시작하여, 기존 6차로(너비 25m) 도로를 8차로(너비 35m)로 확장하고, 상판교체 및 교각보강을 통하여 2 등교 교량이던 잠실대교를 1등교 교량으로 성능을 개선하여 2003년 12월에 재개통하고 2004년 2월 20일에 준공하였다〈그림 3.4.6〉. 성능개선 당시 2등교 교량은 설계하중 DB-18로 설계되었고, 1등교 교량은 DB-24로 설계되었다.

잠실대교 확장 공사가 완료되면서 잠실대교 북단에서 강변북로를 통해 천호대교 방면으로 교통이 가능해졌다. 올림픽대로에서도 천호대교 방면으로 바로 진입할 수 있게 되었다. 잠실대교 북단은 자양로와 직결되고, 남단은 송파대로와 직결되었다.

잠실대교 확장공사는 기존 교량의 자동차 통행을 허용하면서 단계별로 시공을 하였기 때문에 7년 동안의 긴 공기가 필요했던 매우 힘든 공사였으나, 시공 중 교량 건전도 계측을 시행하는 등 안전성을 확보했고 또한 우물통 보수공법, 하천 세굴방지공법 등을 개선하여 공사비를 절감하는 등 많은 성과를 거두었다는 자부심을 건설 참여자에게서 느낄 수 있다.

그림 3.4.6 확장 잠실대교 횡단면도 및 전경
서울특별시 건설관리본부, 2004, 잠실대교 건설지

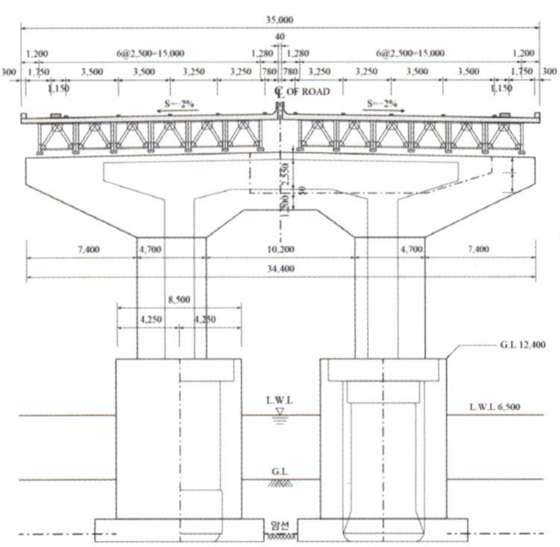

횡단면도

전경

가. 확장 잠실대교 상부구조

1단계로 성능을 개선하고 2단계에서 확장 과정을 마친 확장 잠실대교의 전장 L = 1,280.00m로 그 경간은 다음과 같이 구성되어 있다.

L = MBR1(A1-P2) + MBR2(P2~P6) + MBR3(P6-P8) + MBR4(P8-P11) + MBR5(P11-P14)
+ MBR6(P14-P17) + MBR7(P17-P20) + MBR8(P20-P23) + MBR9(P23-P27)
+ MBR10(P27-P30) + MBR11(P30-A2)
= 80(=2 @ 40) +160(= 4 @ 40) + 80(= 2 @ 40) + 120(= 3 @ 40) + 120(3 @ 40) + 120(3 @ 40)
+ 120(3 @ 40) + 120(3 @ 40) + 160(4 @ 40) + 120(3 @ 40) + 80(2 @ 40)
= 1,280.00m

그림 3.4.7 잠실대교 확장(8차로) 종·평면도(2003)
서울특별시 건설관리본부, 2004, 잠실대교 건설지

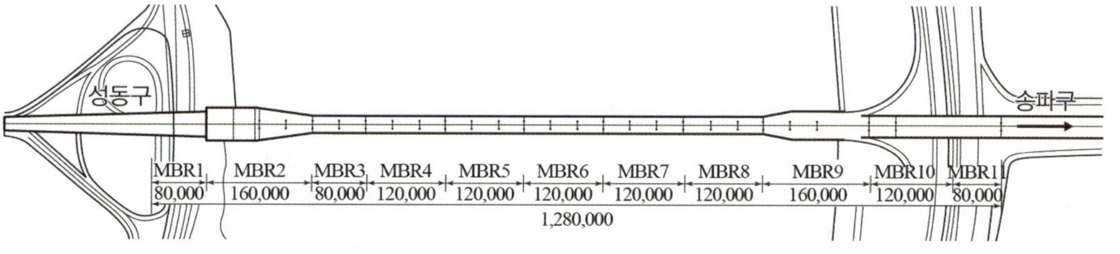

(a) 평면도

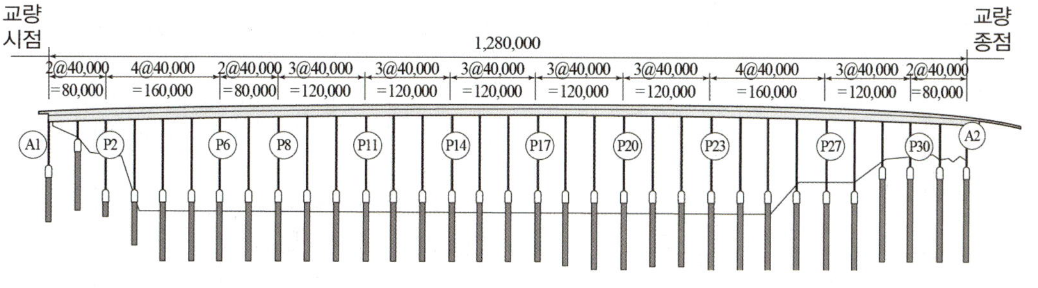

(b) 종단면도

확장 교량의 전장이 구교와 같을 수밖에 없는 것은 실제로 성능 개선을 하면서 같은 우물통기초와 같은 교각을 개선하고 확장하였기 때문이다.

성능 개선과 확장하기 전 구 잠실대교 상부구조 표준 횡단면은 폭 B = 25.00m로 양측 보도 2.50m×2 = 5.00m(측대 포함)와 6차선 차도 6 @ 3.25 = 19.50 및 중앙분리대 0.50m로 이루어져 있다〈그림 3.4.8〉.

확장 공사가 끝난 2003년 12월 이후 잠실대교 상부구조 횡단면은 폭이 B = 35.00m로 넓어지고 차선 수는 4개의 차선에서 왕복 6차선으로 늘어났다. 확폭 과정에서 너비 B = 17.48m인 4차선 강판형교 두 개가 4cm 간격을 가지고 상·하행선으로 나란히 배치되어 있다. 특이하게도 각 강판형교 상부 슬래브 안쪽 두 차선은 폭을 3.25m, 외측 두 차선의 폭은 3.50m로 설계하였다. 단면에는 각 상·하행선 교량 외측에 너비 1.75m의 인도가 배치되었고, 그 양쪽에 차도 쪽으로는 차량 방호책이, 그리고 바깥쪽으로는 난간이 설치되어 있다〈그림 3.4.9(a)〉.

상·하행선 두 교량의 바닥판은 2.5m 간격으로 배치된, 높이 h = 2.00m인 강판형 7개 위에 설치되었다. 다시 말하면, 잠실대교는 전형적인 다주형(主桁) 강합성 판형교의 상부구조 시스템으로 설계되어 있다. 잠실대교 건설 당시만 해도 국내 설계엔지니어에게는 소수주형 판형교 시스템이 익숙하지 않았던 때였다.

교량 양단에서는 각각 램프가 연결되어야 하므로 확폭이 될 수밖에 없어 교량 MBR2와 MBR9에서 교량 폭원은 B = 3.50 + 35.00 + 3.50 = 42.00m로 시공되었다〈그림 3.4.9(b)〉.

그림 3.4.8 잠실대교 성능개선 전후 횡단면도

서울특별시 건설관리본부, 2004, 잠실대교 건설지

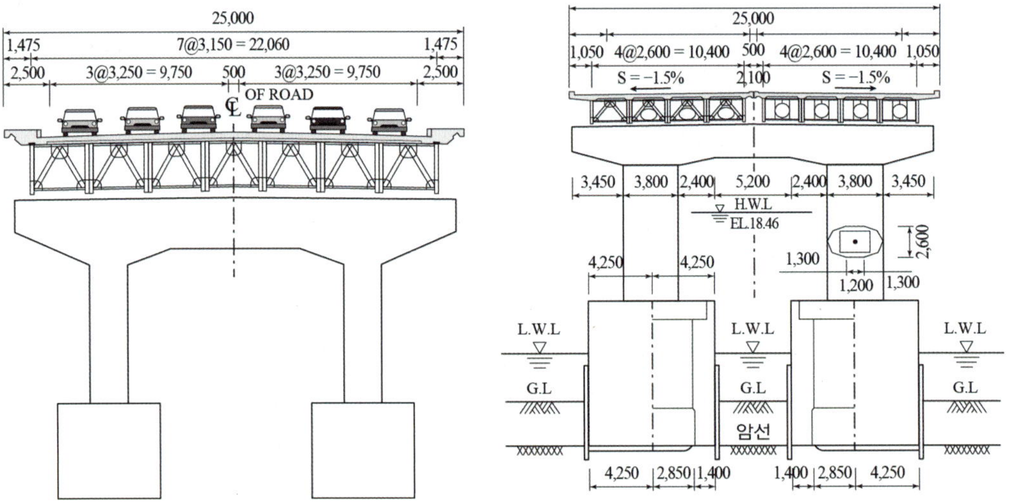

(a) 성능개선 전(구교) 상부구조 횡단면도

(b) 성능개선 후 횡단면도

그림 3.4.9 잠실대교 상부구조 표준 단면도

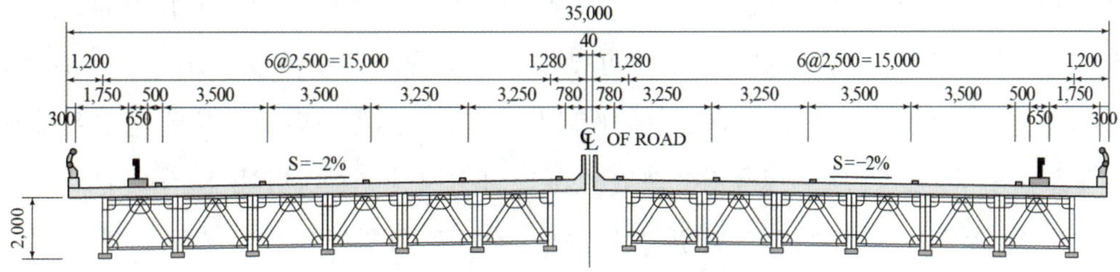

(a) 잠실대교 본선 표준 횡단면도

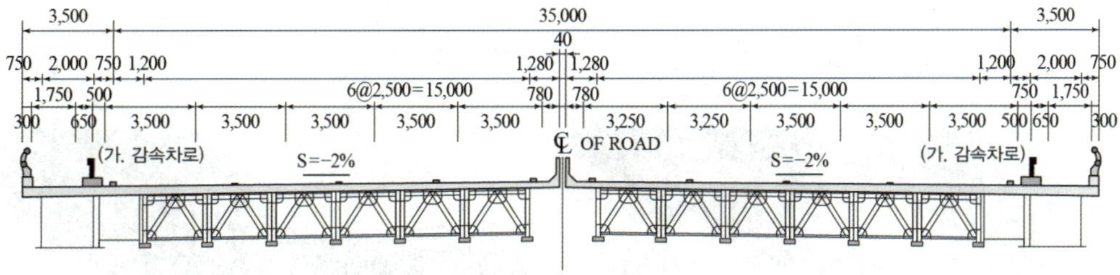

(b) 본선 확폭 구간 표준 횡단면도(교각 P27)

나. 확장 잠실대교 하부구조

하부구조는 *Π*형 교각 31기 아래에 설치된 우물통기초 62기〈그림 3.4.8(a)〉와 2기의 파일기초(Pile Foundation) 위에 축조된 교대(橋臺)로 구성되었다.

그림 3.4.10 확장 잠실대교 하부구조 단면도

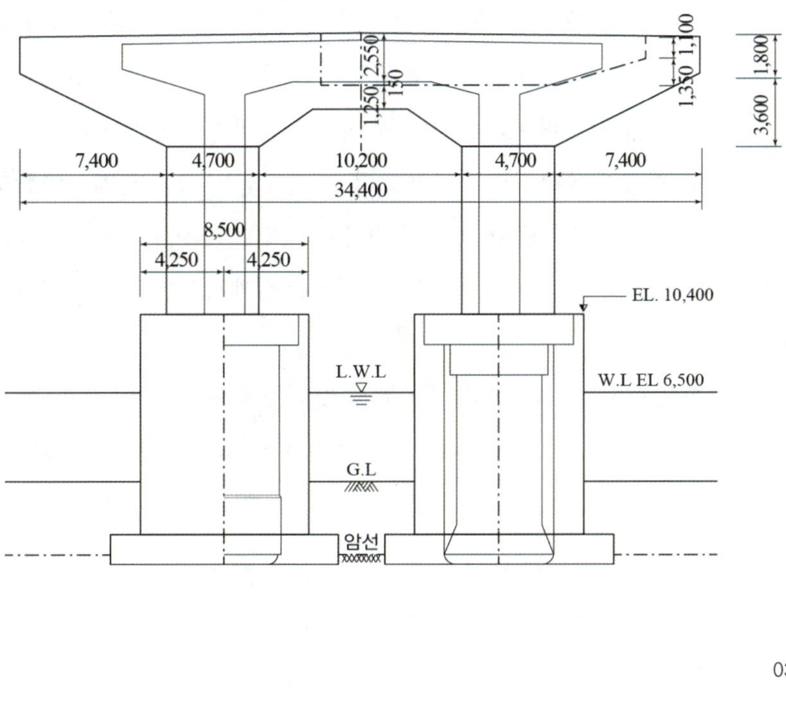

1972년에 개통된 구 잠실대교의 우물통 바깥 지름은 Φ = 5.50m였다. 그 위에 세워진 교각 기둥은 8각형의 단면을 가지고 있었다. 교각은 양쪽으로 13.8m(중심선 사이의 거리) 떨어져서 세워진 두 교각 기둥 위에 24.5m 길이를 가진 멍에(Coping)와 함께 Π 형 라멘 구조를 취하고 있었다〈그림 3.4.8(a)〉.

구 교량을 사용한 지 31년 만인 2003년에 구 교량의 성능을 개선하면서 확장된 신 잠실대교의 하부구조 우물통기초는 그 원형을 유지하면서, 교각의 규모만 확대하였다. 신 잠실대교의 교각 기둥 단면은 본래 3.80×2.60m이었던 규모를 4.70×2.60m로 키우고, 또한 두 기둥을 연결하는 멍에의 길이도 본래 24.5m이었던 길이를 34.4m로 확대하였다〈그림 3.4.11〉.

그림 3.4.11 교량 교각부 확장공사 장면

(a) 교각 기둥 확장

(b) 교각 멍에(코핑) 확장 거푸집 설치

우물통기초는 구교에서 사용하였던 우물통을 그대로 사용하고, 그 주위에 두께 1.50m의 콘크리트 벽을 둘러, 우물통 외측 직경을 Φ = 8.5m로 키웠다. 자연히 내측 직경은 구 우물통 바깥쪽 지름이 되어, Φ = 5.5m가 되었다〈그림 3.4.10〉. 이렇게 되니 확대된 우물통 상단에는 지름 Φ = 7.50m, 높이 h = 1.50m의 우물통 덮개 콘크리트를 축조하여 그 위에 놓일 교각의 지지대를 만들었고, 그 아래에는 본래 구 우물통에 먼저 만들어 놓았던 지름 Φ = 4.90m, 높이 h = 1.50m인 덮개 콘크리트가 그대로 남아 있다〈그림 3.4.10〉. 우물통 덮개 콘크리트는 설계강도 σ_{ck} = 240kg/cm^{2}인 콘크리트로 시공하였다.

잠실대교 우물통기초에서 한 가지 더 흥미를 끄는 것은 우물통 연단 슈(shoe) 높이 만큼 두께 t = 1.50m, 가로와 세로 각각 11.70m의 직육면체로 우물통기초를 위해 그 밑에 직접확대기초를 만들어 깔았다는 사실이다〈그림 3.4.12(a)〉. 우물통기초를 위한 기초를 이중으로 축조한 모양새가

되었다. 이는 아마도 우물통기초의 기초고르기를 하기 위하여 만든 구조물이라고 판단된다. 이때 기초 고르기와 채움 콘크리트는 설계강도 σ_{ck} = 180kg/cm^2 콘크리트를 사용하였다.

그림 3.4.12 우물통 확대기초 공사

(a) 우물통기초 확대 공사 (b) 우물통 보강 완료

램프가 분기되기 때문에 확폭이 되는 구간에 위치한 교각 P2～P5 및 P23～p27에는 확폭을 위하여 기존의 우물통을 폐기하고 본 교량 양옆으로 새로운 우물통기초를 신설하고 그 위에 추가적인 교각을 세워 교폭을 B = 42.40～42.27m로 넓게 키웠다.

3.4.3 시공

3.4.3.1 강교 가설

잠실대교 현장은 올림픽대로와 강변북로를 횡단하는 교량으로 하부에 가벤트를 세우는 동바리 공법을 적용하기 어려운 작업조건을 가지고 있어, 고수부지에 세운 조립장에서 한 경간에 해당하는 강판형을 먼저 적정 길이로 조립하고, 조립된 강판형을 바지선에 선적한 후 현장으로 운송하거나, 설치 위치와 가까운 인접 조립장에서 조립된 부재는 바로 크레인으로 운반한 후 한 경간씩 대형 크레인으로 거치하는 공법으로 시공하였다〈그림 3.4.13〉.

이때는 특히 첫 주형 거치 시에는 횡좌굴 현상으로 주형이 비틀어져 추락하는 사고방지를 위한 횡방향 지지대를 확실하게 설치하여야 한다.

그림 3.4.13 잠실대교 강판형 가설 전경
서울특별시 건설관리본부, 2004, 잠실대교 건설지

(a) 판형 현장 반입 (b) 판형 현장내 조립 (c) 조립 부재 수상 운반

(d) 판형 가설 (e) 상부 뼈대구조 가설 완료

3.4.4 조명 시설

잠실대교의 조명 시설은 김대중 대통령이 1999년 12월 4일, "한강의 교량에 조명을 설치하고 이를 축제화하는 방안을 검토하라"는 당부를 내린 데 따른 후속 조치로 추진되었다.[4] 이에 따라 2003년 1월 경관조명 계획 현상 공모가 공고되었고, 같은 해 3월에 당선작이 선정되었다. 당선작의 조명 콘셉트는 '조명에 대한 새로운 인식과 공생·공존의 이념을 둔 미래 지향적인 연출조명을 통해 각 계절이 갖는 이미지를 상징적으로 표현한다'는 것이었다. 필자 개인적으로는 이 현상 공모의 설계 대상이 교량 구조물 자체였는지 아니면 조경 자체에 중점을 둔 것인지 구별하기가 쉽지 않다. 그러나 분명한 사실은 교량을 주제로 한 현상 공모를 통해 사회기반시설로서의 교량이 시민들에게 한층 친근하게 다가갈 수 있었다는 점이다. 그런 의미에서 잠실대교의 조명 시설 설치는 교량 설계의 새로운 지평을 열어가는 중요한 발걸음이었다고 확신한다〈그림 3.4.14〉.

그림 3.4.14 잠실대교 야경

잠실대교에는 상판조명(96등)을 위하여 메탈 400W 투광조명기, 교각 조명을 위하여 NH 250W 투광기, 수중보 조명을 위하여 575W Discharge 및 잠실대교 전체의 경관 조명을 위하여 권양기실 외측에서 측면으로 투사하는 MH 175W 조명기를 설치하였다〈그림 3.4.15〉.

그림 3.4.15 잠실대교 설치 조명기

투광기 MH 400W

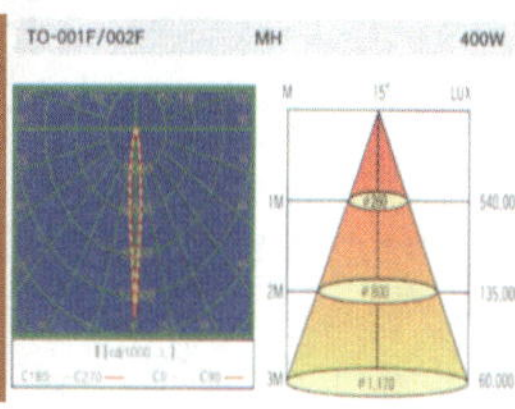

배광곡선

투광기 MH 400W

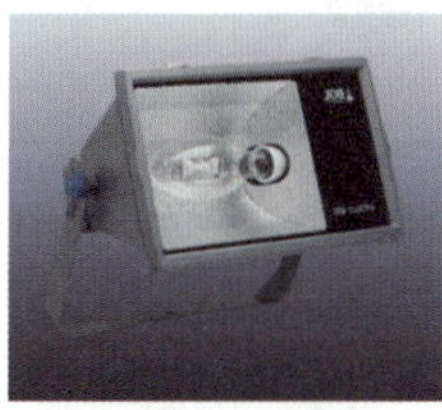

투광기 NH 250W

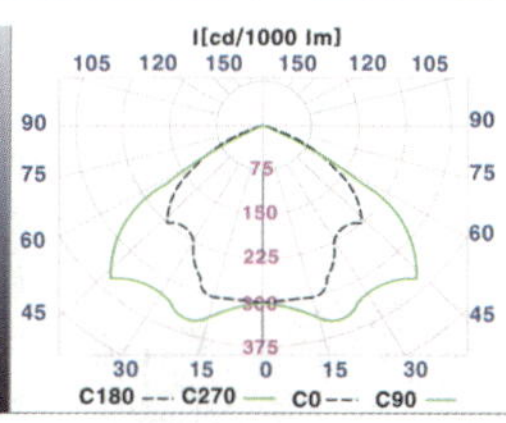

배광곡선

투광기 NH 250W

575W Discharge

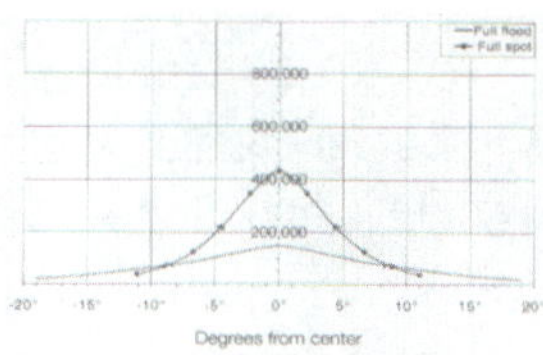

배광곡선

575W Discharge

MH 175W

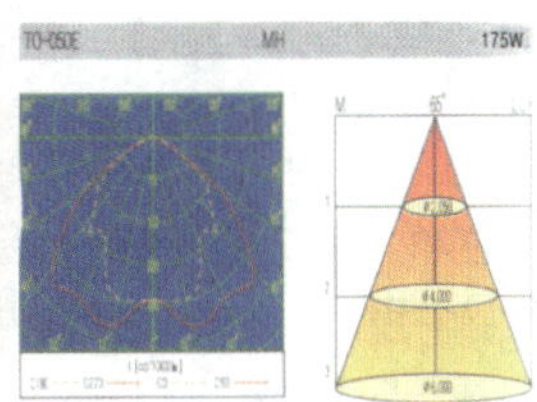

배광곡선

조명 연출용 권양기실 조명

3.4.5 수중보

그림 3.4.16 잠실 수중보

서울시는 한강종합개발사업으로 한강 수위가 낮아지는 것을 방지하기 위하여 잠실대교 하류 10m 지점에 수중보를 만들었다〈그림 3.4.16〉. 잠실 수중보는 김포대교 하류에 구축된 신곡수중보와 더불어 김포부터 암사동 쪽 상류에 이르는 36km의 한강 수위를 평균 2.5m로 유지시키는 목적으로 설계되었다.

수중보의 규모는 총연장 920m, 폭 10m, 높이 4.0m이다. 수중보 중 강북 쪽 200m에는 가동보로 만들어 수위를 조절할 수 있게 하였고, 이를 위하여 길이 36m, 높이 3.7m, 두께 2.8m 그리고 무게가 133톤이나 되는 육중한 강철 수문 5개를 설치하였다. 강남 측 나머지 700m 구간은 작은 콘크리트 댐을 건설하여 고정보로 사용하고 있다. 이 가동보와 고정보 사이 연결되는 지점에 너비 약 20m 되게 어도(魚道)를 설치하여 물고기들이 하류에서 상류로 이동할 수 있게 만들었다. 한강 수중보는 한강종합개발사업이 한창이던 1984년 12월에 착공하여 1986년에 완공되었다. 2006년에는 강남 쪽에 새 '물고기길'이 만들어졌는데 기존 어도의 계단 높이가 50cm로 너무 높아 작은 물고기를 위하여 계단 높이를 10cm로 설계된 새로운 어도가 마련된 것이다. 물고기길 폭은 4m, 길이는 228m에 달한다.

미주

[1] 필자(장승필)가 군 복무 시 봉천동 이재민촌 건설을 지원하면서 경험한 내용이다. 각 이재민 가족에게 8평의 땅이 분양되었다고 기록되어 있는데(손정목, 2005, 『한국 도시 60년의 이야기』 1, 한울, 248쪽), 필자가 느끼기에는 그것보다 훨씬 좁은 땅이 제공되었었다.

[2] 조선 시대 잠실·부리도에는 새내마을(新川里, 100여 호), 잠실마을(蠶室里, 30여 호) 그리고 부렴마을(50여 호)이 있었다고 한다(이덕수, 2016, 『한강개발사』, 한국건설산업연구원, 374쪽).

[3] 손정목, 2003, 『서울 도시계획 이야기』, 3, 한울, 191쪽

[4] 서울특별시 건설관리본부, 2004, 잠실대교 건설지

3.5

강남 개발의 신호탄, 영동대교

3.5.1 개요

영동대교는 서울시 성동구 성수동과 강남구 청담동을 잇는 한강에 7번째로 놓인 도로교다〈그림 3.5.1〉. 이 다리는 서울시 도심권 인구 분산과 영동지구 개발을 위하여 1970년 8월 13일 착공하여 3년 3개월 만인 1973년 11월에 완공되었다.

그림 3.5.1 영동대교 위치도

1973년 영동대교가 건설되기 전까지는 서울에서 대치리나 청담동으로 가려면 동대문에서 뚝섬까지 운행하는 기동차를 타고, 뚝섬에서 다시 너비가 약 5m, 길이가 약 12m 되는 목선을 타고 강을 건넜다. 이 배에는 채소 파는 아줌마들이 많았다. 이들은 청담리나 대치마을 같은 곳에서 채소를 재배해서 동대문 시장으로 팔러 다니는 아줌마들이었다. 강남에 사는 주민들 말고도 이 뚝섬나루는 삼성동에 있는 봉은사로 불공 드리기 위해 도강하는 불자들이 즐겨 사용하던 나루터였다〈그림 3.5.2〉. 관선(官船)은 없었고, 사선(私船)들이 도선료를 받고 강을 건너 주었다. 영동대교가 개통되면서 북단 부근의 뚝섬나루와 남단 부근의 청숫골(청담)나루는 옛이야기 속으로 사라졌다.

그림 3.5.2 봉은사 소풍가는 길

3.5.2 영동[1] 제2지구 구획정리사업

서울시는 윤치영 시장 시절인 1966년 1월 7일 '남서울계획'을 발표하고, 곧이어 서울시장으로 취임한 김현옥도 1966년 8월 '새서울 백지(白紙)계획'과 '대서울 도시기본계획'을 연달아 발표한다. 이 두 계획 모두 남서울(현 강남 일대) 개발 계획이었다. 이에 따라 서울시는 1966년 9월 19일 당시 영등포구 신동출장소 관내에 있는 양재 · 우면 · 방배 · 서초 · 반포 · 잠실 등 각 동을 중심으로 하는 영동1지구 토지구획정리사업의 지구 신청을 건설부에 제출하였다. 건설부에서는 1968년 1월 18일 자 건설부공고 제6호로 사업 시행을 인가했다. 이때 시작한 영동1지구 구획정리사업[2]은 현재의 서초구를 중심으로 강남구, 동작구 각 일부를 포괄한 12,737,831m^2(약 386만 평)에 달했던 강남 개발의 출발점을 알리는 사업이었다. 정부가 영동1지구 구획정리 사업을 시행한 주된 이유는 1968년 2월 1일 착공한 경부고속도로 용지와 제3한강교의 사업비를 무상으로 확보할 목적에 있었다.

영동2지구 구획정리사업에서 지구 지정은 영동1지구와 같은 날인 1966년 12월 28일에 이루어졌으나 사업 실행은 영동1지구 구획정리사업 실행보다 2년 뒤인 1970년 7월이었다. 늦어진 이유가 영동1지구보다 그 구상과 계획에 상대적으로 더 대담성이 요구되었기 때문이라는 설도 있고, 영동2지구가 개발된다는 소문이 나면 지구 내 땅값이 급등할 것을 예측한 상공부와 그 산하단체 그리고 집권당인 공화당이 토지를 값이 오르기 전에 매입하기 위하여 사업을 늦췄다는 설도 있다. 강남의 기본골격은 영동2지구 계획에서 시작되었는데 1971년 3월에 발표된 영동2지구에 대한 계획은 영동2지구 면적이 1,301.2만 m^2(약 393.6만 평)으로, 일반적인 구획정리사업 규모인 15만~30만 평에 비하면 그전에는 엄두도 내지 못했던 큰 규모의 사업이었으며 또한 지구단지 내 너비가 40~70m나 되는 넓은 간선도로를 축으로 격자형 가로계획을 시도하는 등 몇 가지 획기적인 내용을 담고 있다.[3]

1970년 초 당시 서울에는 6만 대 정도의 자동차가 운행되고 있었다〈부록 표 1.2〉. 뿐만 아니라 그 당시는 전 세계적으로도 도로 너비가 50m 이상인 넓은 도로는 찾아보기 어려웠던 시절이었다.

영동2지구 구획정리사업(압구정, 청담, 삼성, 논현, 도곡, 대치, 학동)의 개발은 영동대교의 착공과 동시에 이루어졌다. 즉, 영동대교의 착공이 바로 강남 개발의 실제적 신호탄이 된 것이다.

그림 3.5.3 성동구 성수동 뚝섬유원지 일대와 영동대교
이오봉/서울연구데이터서비스

뚝섬 유원지

영동대교

3.5.3 영동대교 교량 설계

영동대교는 서울특별시 성동구 성수동, 광진구 자양동과 강남구 청담동을 잇는 총연장 L = 1,040m의 17 경간으로 설계된 한강 다리다.[4] 경간은 다음과 같다.

L = P.S.C 거더 구간(125.0m) + R.C 박스(지중 R.C라멘) 구간 + 강판형교 구간

= [2@ 25.0 + 3@ 25.0] + 60[5] + (5×3@ 50 + 2@ 50)

= 1,040.00m

여기서 영동대교의 총연장은 자료마다 다소 상이하게 기재되어 있다. 『서울의 다리』(서울특별시, 1988)에서는 1,065m, 『영동대교 보수공사 종합보고서』(서울특별시, 2006)에서는 1,040m, 『한강 교량 현황』(서울특별시, 2014)에서는 1,017m로 각각 제시되어 있다. 이러한 차이는 교량 북단 토공부 65m의 포함 여부에 따라 발생한 것으로 보이며, 서울시는 행정적으로 토공부 전 구간을 영동대교의 총연장에 포함시켜 1,065m를 공식 수치로 사용하고 있다.

주경간부 850m 중 750m는 3경간 연속 강판형교로 설계되어 있고, 나머지 강남 측 끝단 100.0m만 2경간 연속 강판형교로 구성하였다〈그림 3.5.4〉.

그림 3.5.4 보수공사 후 영동대교 종·평면도

서울특별시, 2006, 영동대교 보수공사 준공도

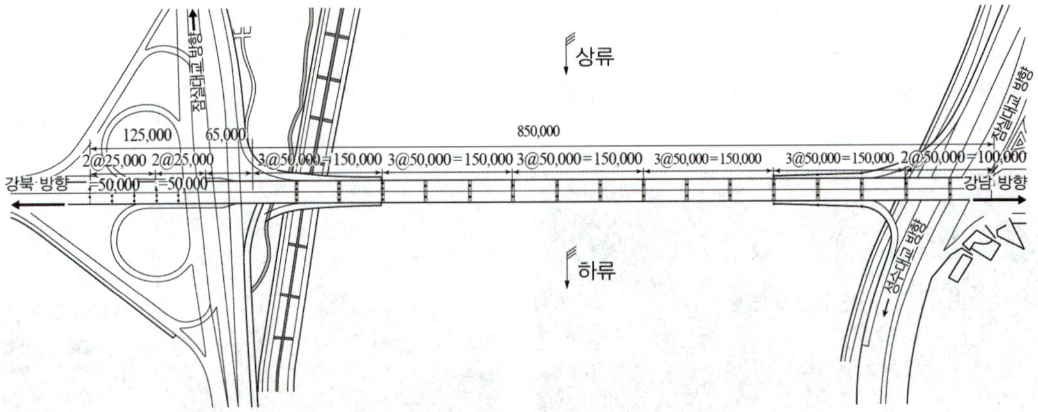

(a) 평면도

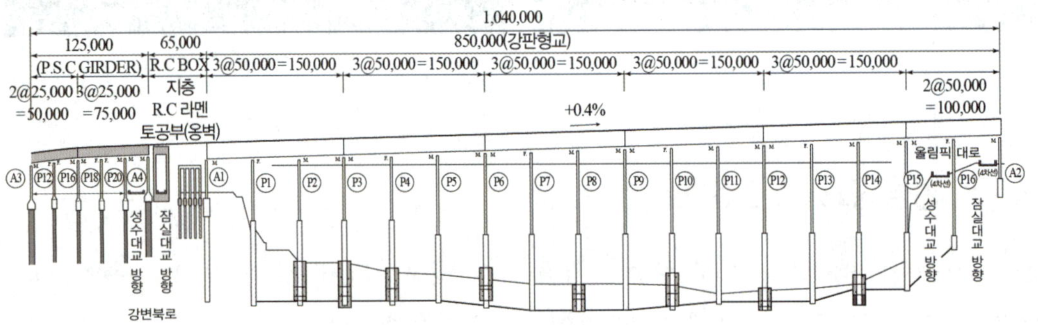

(b) 종단면도

본선 하부구조의 기초로는 우물통기초가 32개소에, 그리고 교각은 2주식 Π 형 교각으로 32개소에 설치되어 있다. 교대는 중력식으로 그 기초는 우물통기초 형식을 취하고 있다.

부대시설로 교량 받침은 P.S.C 거더 구간에는 롤러 받침과 피봇(Pivot) 받침을 사용하였고, 강판형(850m) 구간에는 롤러 핀(Roller Pin) 받침을 사용하였다. 신축이음장치로는 모든 구간에서 핑거형(Finger Type) 신축이음장치를 사용하였다.

3.5.3.1 상부구조

영동대교는 동성기술공단에서 설계하고, 대림산업이 시공을 맡아 1970년 8월에 착공, 1973년 11월 준공하였다. 4개의 진·출입 램프(Ramp)가 강변도로와 올림픽도로 개통 시 동부건설에 의해 추가로 건설되었다. 영동대교는 청담동과 삼성동 일원의 상업업무 중심 지역과 주변 주거지역의 발전을 도모할뿐 아니라 한남대교와 잠실대교로 정체되는 교통량을 분산시켜 서울 강남의 교통소통을 원활하게 하고 있다〈그림 3.5.5〉.

그림 3.5.5 영동대교 북측 입체교차로
대림산업주식회사·(주)유신코퍼레이션, 2002, 『韓國의 橋梁(Bridges in Korea)』, 155쪽

주경간 구간의 횡단면 너비 B = 25.0m로 설계되었고, 설계하중은 DB-18을 적용하였다. 주경간부 횡단면의 구성은 다음과 같다〈그림 3.5.6〉.

B = 보도 2.00(연석 포함) + 측대 0.50 + 차도 3차선 9.75(= 3 @ 3.25) + 중앙분리대 0.50
+ 차도 3차선 9.75 + 측대 0.50 + 보도 2.00
= 25.00m

그리고 바닥틀을 구성하는 6개의 판형은 4.40m 간격으로 배열되었다〈그림 3.5.6(a)〉. I형 강판형의

복부판 높이는 h = 2.60m, 두께 $t_{복부판}$ = 13mm이고 상·하 플랜지의 폭과 두께는 모두 b_f = 760mm, t_f = 34mm이다. 이 주형은 두께 t_c = 280mm인 철근콘크리트 바닥판과 합성으로 작용하여 바닥틀을 구성한다〈그림 3.5.6〉.

그림 3.5.6 영동대교 주경간 상부구조 횡단면도

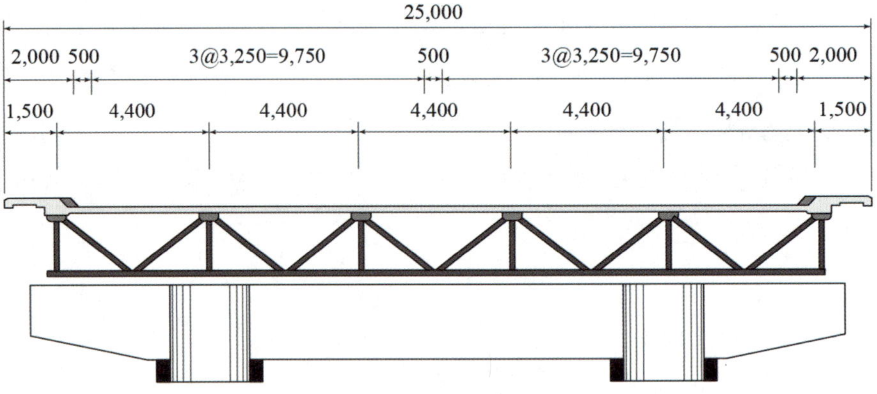

(a) 상부구조 구성도

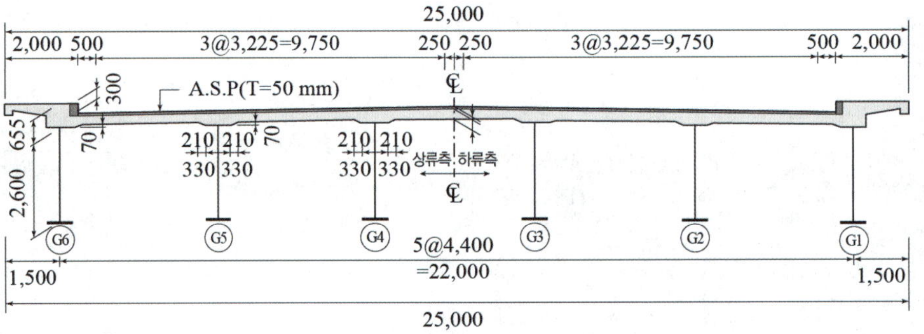

(b) 판형 표준 횡단면도

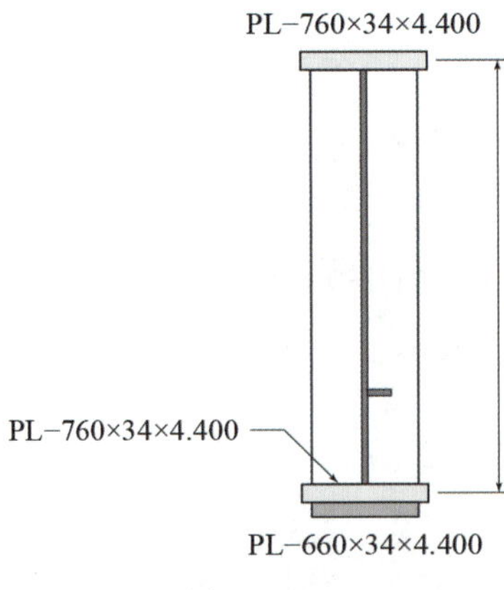

(c) 판형 상세도

강북 측 끝단 125.0m P.C 빔교 구간에는 교량의 횡단면 너비 B = 25.00m로, 그 단면은 강판형교의 그것과 동일하게 구성하였다〈그림 3.5.7(a)〉. 다만, 바닥을 받치고 있는 주형은 10개의 공장 제작 P.C 빔을 2.50m 간격으로 배열하여 바닥틀을 구성하였다〈그림 3.5.7(a)〉. P.C 빔의 높이는 1.60m로 하고, 상하 플랜지의 폭은 모두 600mm, 복부판의 두께는 190mm로 제작되었다〈그림 3.5.7(b).〉

그림 3.5.7 영동대교 접속교 P.S.C 빔교 표준 단면도

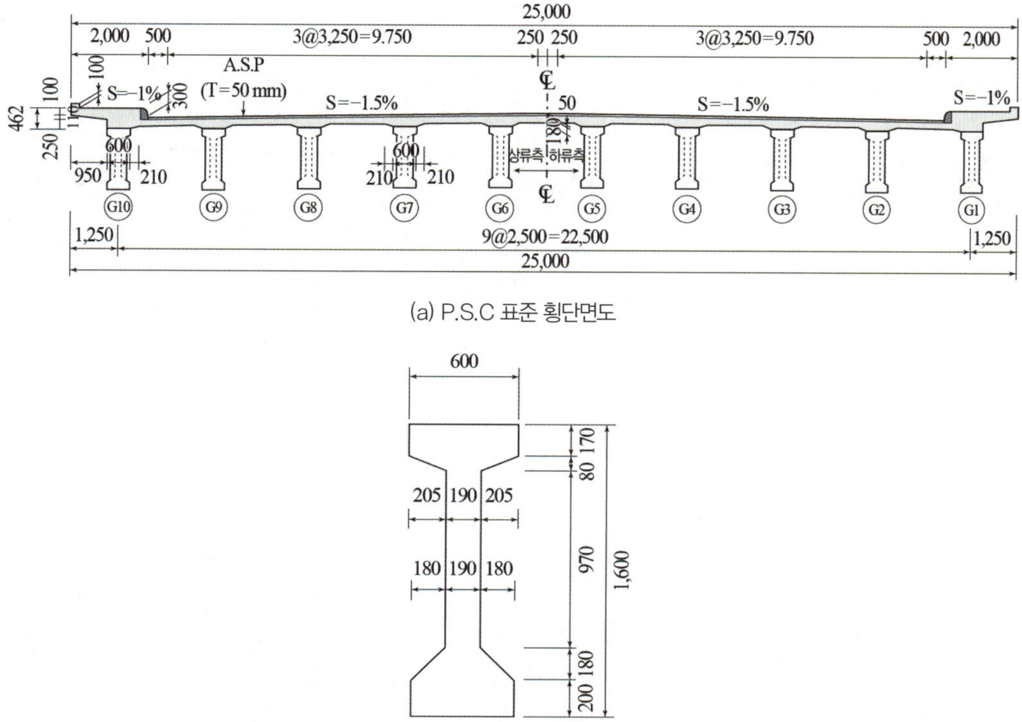

(a) P.S.C 표준 횡단면도

(b) P.C-보 상세

3.5.3.2 하부구조

영동대교의 수중부 850m 구간 하부구조는 교량 양단에 램프 설치를 위하여 확폭되는 구간을 제외하면 모두 우물통기초〈그림 3.5.8〉 위에 비교적 단순한 Π형 형태의 문형 교각으로 이루어져 있다〈그림 3.5.9〉.

그림 3.5.8 영동대교 우물통기초 현황도(하류 방향)

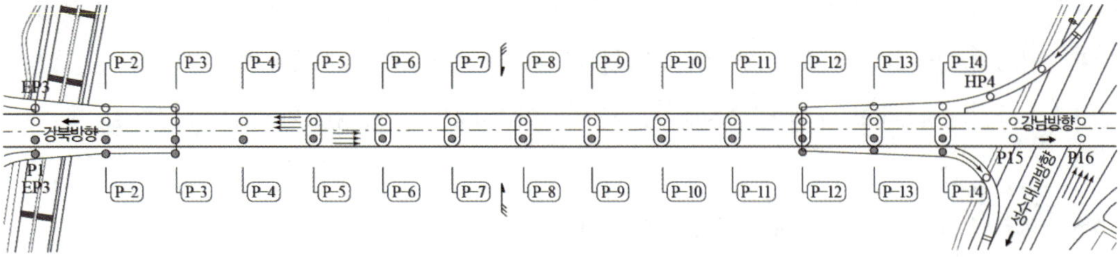

(a) 평면도

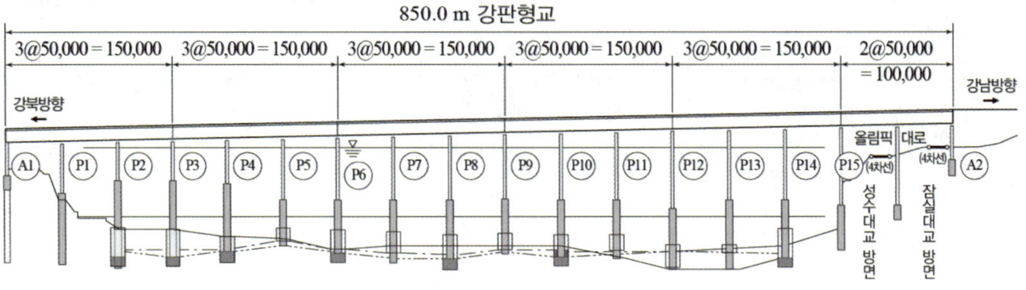

(b) 종단면도

그림 3.5.9 본선 교각 P4 기존 우물통기초 일반도

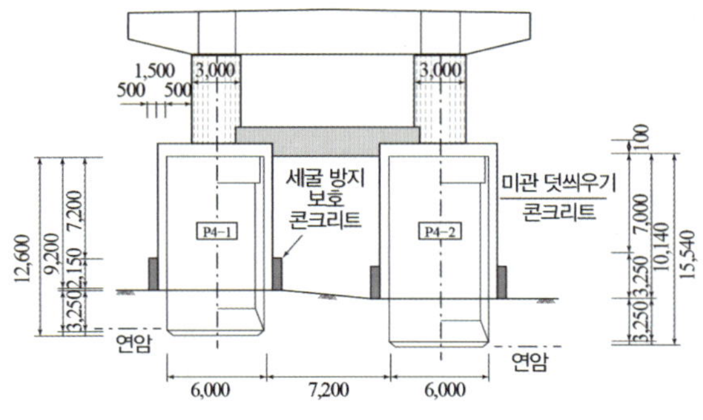

(a) 하부구조 정면도

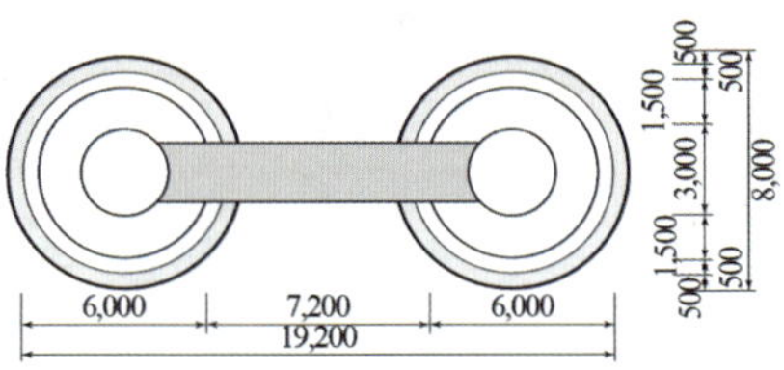

(b) 기초 평면도

교각 16기 기초는 모두 우물통기초로 되어 있고〈그림 3.5.8〉, 양단의 교대 2기는 모두 중력식으로 설계되었는데 그 두 교대 A와 A2 모두 우물통기초 위에 세워졌다. 적용된 우물통의 지름 Φ = 6.0m로 설계되어 있고, 그 상부는 미관을 고려하여 50cm 두께로 콘크리트 덧씌우기를 하였다. 또 세굴을 방지하기 위하여 평균 수위 2.82m 아래 1.45~2.05m 높이로 세굴방지 보호 콘크리트를 타설하였다.

우물통기초는 지름 6.00m의 전형적인 원형 우물통으로 교각을 세우기 위하여 두 우물통 사이 간격을 13.72m로 유지하였다〈그림 3.5.9〉. 우물통의 깊이는 12.90~14.50m로 연암에 정착시켰다〈그림 3.5.11〉.

확폭 구간인 교각 P1부터 교각 P3〈그림 3.5.10〉와 교각 P12부터 교각 P14 사이에는 수중부에 축조된 *Π* 형 교각 양옆에 독립 기둥을 세워 붙여 교각 너비를 25.0m에서 35.20m로 넓혀 잠실대교 방향과 성수대교 방향으로 분기되는 램프를 수용하였다〈그림 3.5.11〉.

그림 3.5.10 영동대교 북단 확폭부 전경

Π 형 교각은 지름이 3.0m인 기둥 2개와 이 2개의 기둥머리를 가로로 잇는, 길이 23.60m이고 높이 H = 3.0m인 멍에(Coping)로 만들어진 라멘 구조를 가지고 있다〈그림 3.5.12〉.

그림 3.5.11 교각 P2 정면도

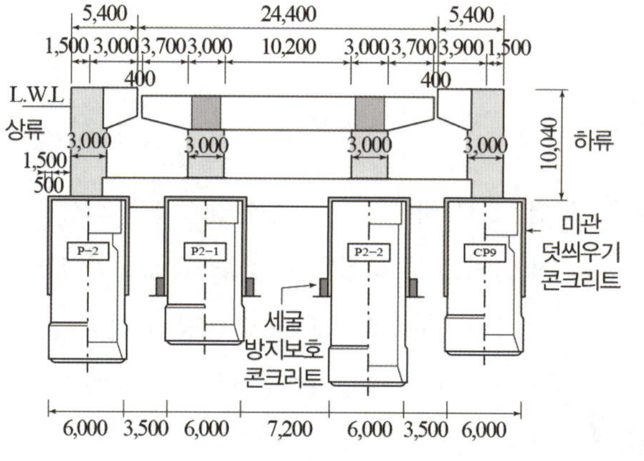

그림 3.5.12 영동대교 본선 교각 표준 단면도

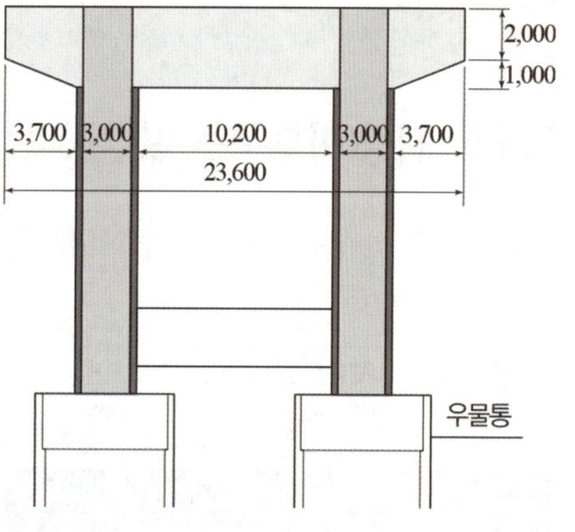

영동대교 북단 육상부 125m 구간에는 4개의 기둥으로 만들어진 다주식 라멘 구조의 교각 아래 기초는 R.C 파일을 항타하여 축조하였다〈그림 3.5.13〉. 이 구간에는 롤러 가동받침과 라커형 고정단 받침을 사용하였다. 신축이음장치는 다른 곳과 마찬가지로 핑거형 신축이음장치를 사용하였다.

그림 3.5.13 영동대교 북단 육상부 구간 횡단면도

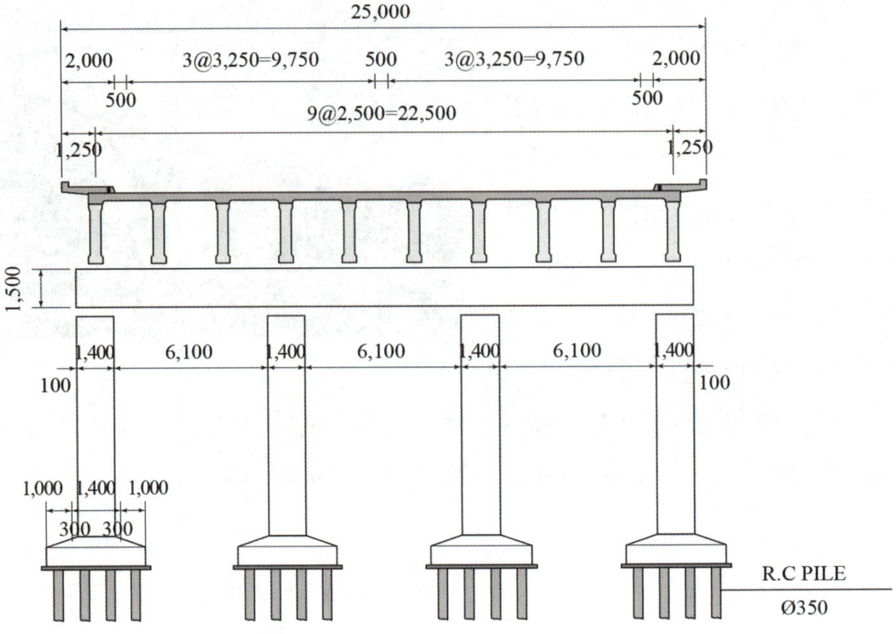

3.5.4 시공(하부구조 보수공사[6])

영동대교 본선 상부구조 강판형교의 건설 과정〈그림 3.5.14〉과 하부구조 우물통기초와 교각 시공 방법이 그리 복잡하지 않을 것으로 판단되나, 그 시공 자료를 얻으려고 백방 노력하였으나 실패하였다. 1970년대 영동대교 건설을 담당했던 서울시 담당 공무원들이 전해주는 말에 따르면, 제3공화국 시절에는 성산대교와 양화대교가 국가 안보 교량으로 지정되어 있었다고 한다. 아마도 그런 이유로 이 두 교량에 대한 시공 자료를 지금 구하기가 어려운 이유가 아닌가 생각되기도 한다. 그래서 이 책에서는 그 대신 앞으로 교량 유지보수의 핵심기술이 될 보수공사 설계 내용을 기술하기로 하였다.

그림 3.5.14 1971년 영동대교 건설 현장
서울역사박물관, 2015, 『건설시대의 서울』, 92쪽

3.5.4.1 우물통 세굴방지공 설치

1998년 수중 조사 및 외관 조사 결과를 토대로 안전성을 재검토한 결과 영동대교 우물통 37기(램프 포함) 중 23기가 홍수 때 세굴에 대하여 안전치 않아 이 23기에 대한 세굴방지공을 설치하였다〈그림 3.5.15〉.

그림 3.5.15 세굴방지공 설치 위치
서울특별시, 2006, 영동대교 보수공사 종합보고서

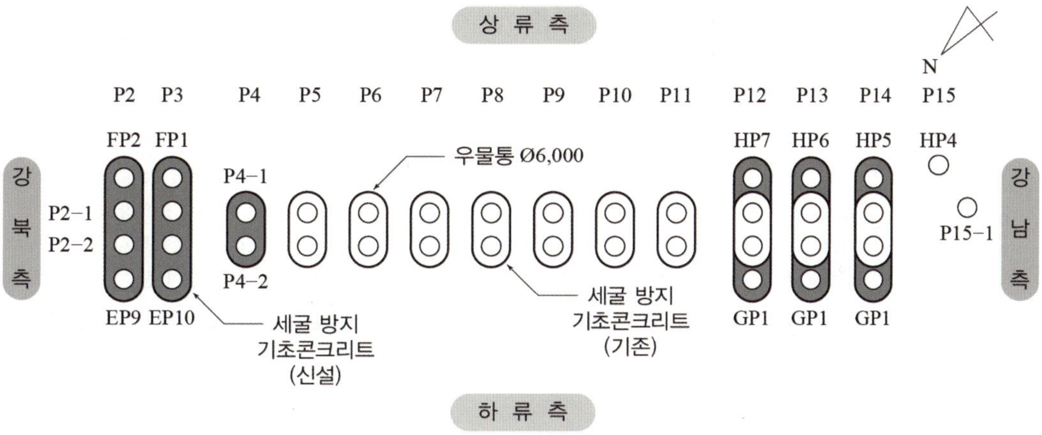

교각 P2부터 교각 P15의 우물통을 조사한 결과 주된 상부구조 하중을 기초지반으로 전달하는 성능에는 문제가 없었다. 다만 대부분 우물통 미관 덧씌우기 콘크리트에 종·횡방향으로 균열이 발생하고, 미관 덧씌우기 콘크리트가 탈락되어 철근 노출 등 손상이 많이 발견되었다. 특히 수중과 수면이 접하는 면에서 유수와 노화에 의한 많은 침식이 있었다. 사실 강교의 보수과정에서도 알 수 있는 것처럼, 콘크리트 구조물에서도 피복 콘크리트의 손상은 콘크리트 구조 본체의 강도에 미치는 영향은 우리가 그리 걱정할 정도는 아닌 경우가 대부분이라 이 책에서 취급하지 않았다. 영동대교처럼 세굴된 규모가 크지 않으면 전체 교량구조에 주는 영향도 미미할 수 있다. 그러나 시간이 지나면 세굴이 점점 심해질 수 있고, 만약 큰 지진과 같은 천재지변이 일어나면 지금은 큰 문제가 안 되지만 장래에 예기치 못한 사건이 벌어질 수 있으므로 이 절에서는 2020년대 초반을 기준으로 하여 우리나라에서 교량 하부구조를 유지보수하는 내용을 소개하려 한다.

영동대교 부근에서 한강 계획홍수량은 2000년도 빈도로 Q = 37,000 CMS로 예상되는 세굴깊이는 7.6~8.4m이다. 또 예상되는 세굴반경 31.1~35.1m의 분포가 될 것으로 가정되고 있다. 제5공화국 시절 한강종합개발(1988년) 이후 여러 차례 세굴보호공을 우물통 저면에 설치하여 좋아지긴

했지만 그래도 장래 홍수가 계속되면 우물통 연암층 상단에 거치되어 있는 우물통에 세굴에 대한 위험성이 커질 수 있다고 전문가들은 판단하고 있다. 앞으로도 세굴방지공 설치가 지속적으로 유지되어야 한다는 뜻이다.

세굴방지공은 통일신라 시대부터 우리나라에서 개발된 공법으로 여러 가지 공법이 있겠으나, 영동대교 현장에서처럼 기반암층 위에 토층이 엷게 쌓여 있고, 또한 넓은 세굴반경이 예상되는 지역에서는 사석이나 콘크리트 불럭을 우물통기초 주위에 설치하는 것 보다는 세굴이 일어나기 어려운 콘크리트를 연암층에 밀착시켜 시공하는 다단식 보강공법이 더 적합하다고 판단되어 채택되었고, 추가적으로 암반 항타 공법(J/V 공법)을 이용한 시트 파일(Sheet Pile) 공법을 병행하였다.

여기서 1) 일반 항타 방법과 2) J/V방법 및 3) 압입식 항타방법 등이 현장에서 적용되는 시트 파일 항타 공법이다.

1) 일반 항타 공법

강널말뚝(Sheet Pile)을 설치하여 지수벽과 토류벽 역할을 동시에 하는 공법이다. 직접 타격을 가하여 파일을 설치할 수 있으나, 불가능할 경우에는 먼저 천공하고 타격을 가할 수있다.

2) J/V 공법

일반 항타 공법으로는 항타가 어려운 견고한 점토층이나 모래자갈층, 풍화암 및 연암층에 항타하는 방식으로 워터 제트(Water Jet)를 병용하는 항타 공법이다.

먼저 제트관(Jet Pipe)을 제작하여 강널말뚝에 장착하여, 여기에 고압 호스를 연결하고 제트 펌프를 가동하여 강널말뚝을 항타하는 공법이다〈그림 3.5.16〉.

그림 3.5.16 J/V 강널말뚝 항타 공법

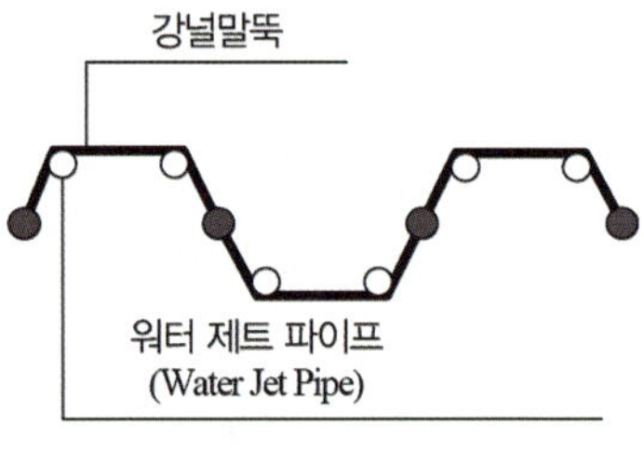

3) 압입식 항타 공법

무진동, 무소음 항타 방식으로 진동과 소음이 야기되어 민원이 발생하는 현장에서 적용되는 공법이다. 높이와 공간이 제한된 장소에서 쓰인다. 영동대교 건설 현장에는 세굴방지공 설치를 위하여 다음과 같은 단계로 시행하였다.

① 오탁방지막을 설치하여 환경오염을 방지하고, 사석을 제거한 후 시트 파일을 반입하여 시트 파일을 항타한다.

② 단계별로 물빼기 및 지보공을 설치하고

③ 토사를 굴착하고 바닥고르기를 한다.

④ 콘크리트를 타설하여 세굴방지공을 설치한다.

⑤ 단계별로 물을 채우면서 지보공을 철거한다.

⑥ 마지막으로 필요 없는 시트 파일을 수중에서 제거하면 우물통 세굴방지공 설치가 완성된다〈그림 3.5.17〉.

그림 3.5.17 영동대교 우물통기초 세굴방지공 설치 순서

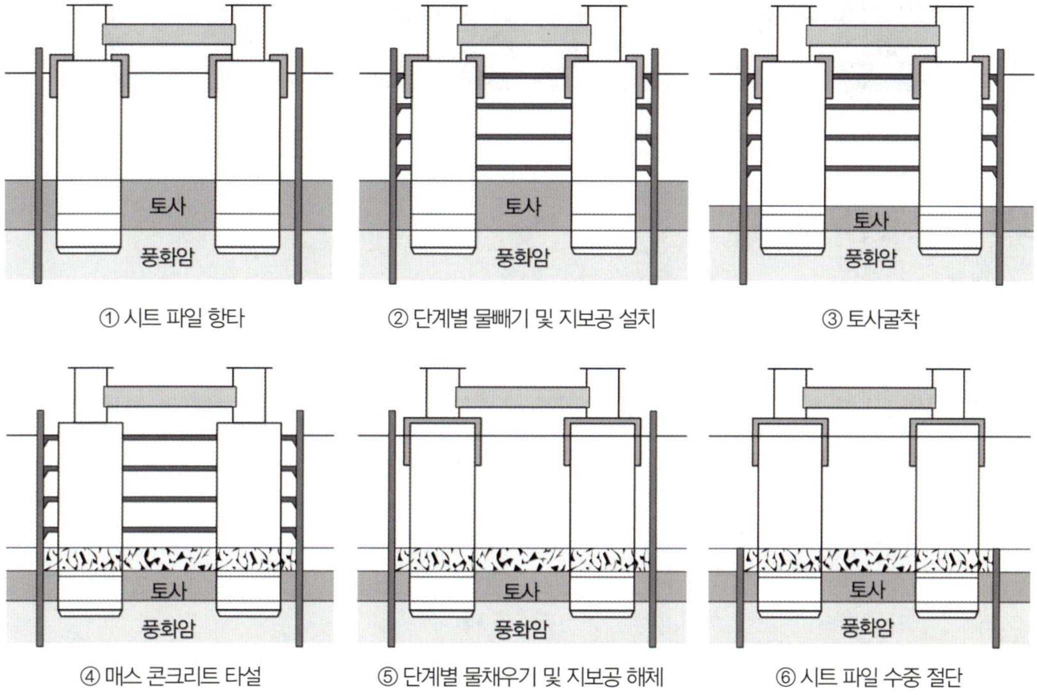

3.5.5 조명 시설

영동대교에서는 교량 본선 구간에는 높이 9m짜리 등주를 30m 간격으로 맞배기 배열 방식을 채택하여 설치하고 광원으로는 고압나트륨 램프 400W를 사용하였다〈그림 3.5.18〉. 채택된 고압나트륨 램프는 평균수명이 16,000시간이고 광원은 등백색으로 안개지역이나 시가지(강변, 터널 보안등)에 많이 사용되는 램프로 메탈할라이드 램프나 저압나트륨 램프에 비하여 평균 수명이 길어 유지보수에 유리하다.

그림 3.5.18 영동대교 야경

3.5.6 낙교 방지시설

영동대교는 2010년 내진보강을 하면서 이 과정에서 P.S.C 구간은 모두 탄성 패드 내진 받침으로 교체하고, 강판형교 구간에는 부분 보수하여 사용하고 있다. 내진설계를 시행할 때 교량 받침의 성능을 향상해야 할 뿐만 아니라 지진동에 의한 상부구조 탈락도 방지해야 하므로 영동대교에서는 판형과 판형을 서로 연결하는 낙교 방지 장치를 추가로 설치하였다〈그림 3.5.19〉.

그림 3.5.19 강판형교 낙교 방지 시설도

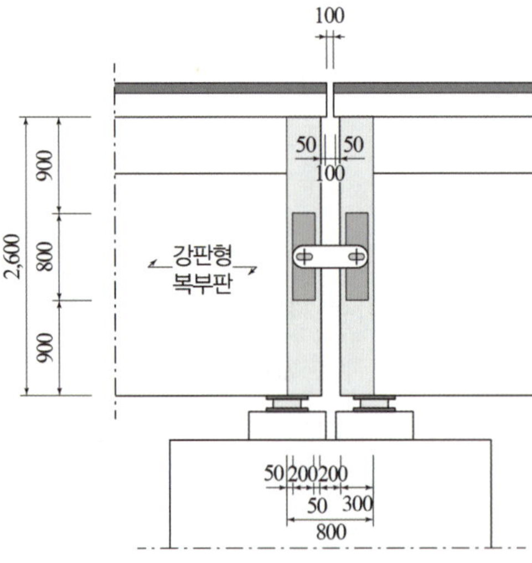

미주

[1] 영동지구라는 용어는 이 지구가 영등포구(永登浦區) 신동출장소(新東出張所) 관내에 있으므로, 영등포에서 '영(永)' 자와 신동출장소에서 '동(東)' 자를 따서 만들어진 이름이라는 설과 영등포 동쪽이라고 해서 영동(永東)이라고 했다는 설이 있다.

[2] 구획정리사업(區劃整理事業) : 정부가 개발하려고 하는 지구(地區) 내의 토지 이용도를 높이기 위하여 땅 주인으로부터 불규칙한 경계를 가진 토지를 기증받고, 정부는 이렇게 생긴 전체 토지를 계획된 구획으로 정리한 후, 기증받은 땅과 같은 가치를 갖는 땅을 옛 땅 주인에게 다시 환지하고 나서, 나머지 토지를 정부에서 도로나 다리를 짓거나, 또는 학교를 세우는 등 공공사업의 사업비로 사용하는 사업을 구획정리사업이라고 한다. 정부가 기증받은 토지를 구획정리를 통하여 가치를 높인 후 주인에게 같은 가치의 땅을 환지해 주고 나서 남아있는 땅을 체비지(替費地)라 한다.

[3] 영동 1, 2지구에는 영동대로(길이 4.6km, 너비 50~70m), 강남대로(길이 6.9km, 너비 50m), 테헤란로(길이 4.0km, 너비 50m), 도산대로(길이 3.2km, 너비 50m), 언주로(길이 10.8km, 너비 40m), 사평로(길이 3.8km, 너비 40m) 등 너비 40m 이상의 격자형 도로체계를 갖추었다. 한편 블록 내부 도로는 6~8m의 소로로 계획되어 있어 매우 대조적이다.

[4] 서울특별시 건설안전본부, 2006, 영동대교 보수공사 종합보고서

[5] 영종대교 종단면도에 의하면 토공부 60.5m 중 R.C 라멘 구간은 42m이다.

[6] 서울특별시 건설안전본부, 2006, 영동대교 보수공사 종합보고서

3.6

서울동부지역 발전의 초석, 천호대교

천호대교[1]는 광진구 광장동과 강동구 천호동을 잇는, 한강에 놓인 8번째 도로교로 길이 L = 1,150.0m, 교폭 B = 25.60m인 P.S.C 거더교 + 강상형교의 복합 교량이다.

그림 3.6.1 천호대교 위치도

3.6.1 천호대로

서울시는 신설동에서 상일 I.C까지 서울 도심과 동부지역을 연결하는 천호대로(방사 4호선)를 1974년 8월에 착공하여 1976년 7월 5일 천호대교와 동시에 완공하였다. 천호대로는 길이가 15.5km이고 너비는 50m인 왕복 10차로 도로로 건설되었다.

서울시는 워커힐에서 1978년에 개최되는 세계 사격대회 개막식에 맞추기 위해 마장동에서 끝나는 청계고가도로를 465m 더 연장하여 천호대로와 바로 연결하였다. 이로써 선수들은 서울에서 워커힐까지 쉽게 접근할 수 있게 되었다. 이 당시 서울에서 천호동 방향으로 운행하는 자동차 수가 매우 적었기 때문에, 서울시에서는 천호대로를 '기존의 광진교를 확장 · 보수하여 천호동과 이을 것인지?' 아니면 '새로운 다리를 광진교 하류에 세울 것인지?'에 대하여 깊은 고심을 했던 것으로 보인다. 그러나 광진교를 개량하여 사용하면 그 당시 광진교 남단에 자리한 천호동 중심 상가를 철거해야 하는 문제에 봉착한 서울시는 광진교 하류에 새로운 교량을 건설하는 것이 최선의 방책이라고 결론짓고, 천호대교 건설을 확정하였다. 이렇게 서울시는 천호대로 동쪽 끝부분을 매듭짓지 못하다가 7년 만인 1974년 천호대교 착공과 동시에 동쪽 미완성 부분을 마무리지었다. 이로써 서울 도심에서 서울 동부지역까지의 자동차 운행 시간이 획기적으로 단축되었다. 청계고가도로(청계7가 ~ 마장동)와 천호대교의 개통함으로써 광화문에서 천호동까지 승용차로 20분 만에 주파할 수 있게 된 것이다.

서울시는 천호대교를 건설하면서도 광진교의 역사성을 고려하여 대보수를 거친 후 보행자 교량으로 사용하기로 하였다. 또한 천호대로를 공사하면서 청계천과 중랑천(中浪川)에 산재한 판자촌을 철거하여 서울의 도시환경을 개선하였고, 동시에 천호대로를 완성함으로써 서울시가 양택식 시장 시절 계획한 3개 순환도로와 14개 방사선 간선도로를 갖추게 되었다〈그림 3.6.2〉.

청계고가도로는 1976년 8월 15일에 완공되어, 당시 도심 교통을 분산시키고, 교통 흐름(Traffic Flow)을 빠르게 하여, 당시 근대화의 상징으로 여기기도 하였다. 그러나 2000년대 이후 도로가 급속하게 낡기 시작했고, 또한 구조적인 안전 문제가 제기되어 2002년 7월부터는 대형차의 진입이 금지되었다. 이에 이명박 당시 서울시장은 청계천복원사업을 발표하고, 2003년 7월 1일부터 2005년 10월 1일까지 청계고가도로를 철거해 버렸다.

그림 3.6.2 서울시 3개 순환선과 14개 방사선 도로

국토교통부/서울역사박물관, 2011, 『강남 40년: 영동에서 강남으로 - 서울반세기종합전 II』, 24쪽

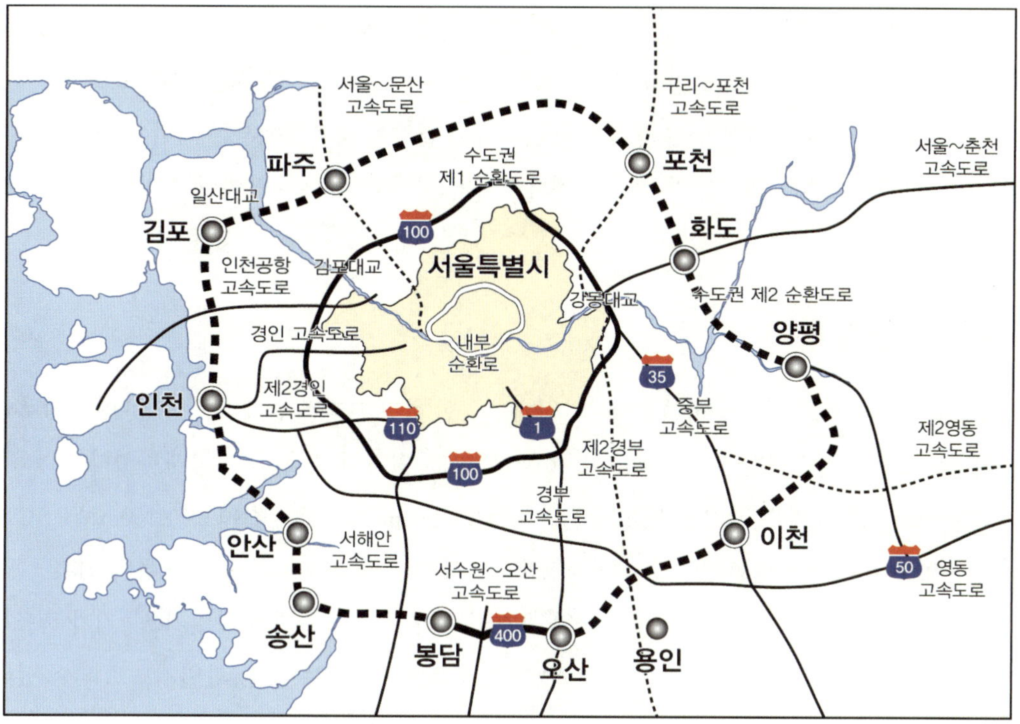

(a) 3개 순환선

(b) 14개 방사선 도로

청계고가도로는 1967년 3월경 김현옥 당시 서울시장이 ㈜한국종합기술 부사장이던 건축가 김수근에게 고가도로 건설에 관한 자문을 구하면서 시작되었다. 그는 서울을 종로-여의도-마포-인천으로 이어지는 선형 구조로 개발할 것을 계획하고, 서울 도심부를 관통하는 동서간선도로로 청계고가도로를 구상한 것으로 보인다. 그러나 김수근의 도심지 내에 건설하는 고가도로 설계기법은 고가도로 인근 주거지역에 소음과 매연을 심하게 유발하여 서유럽에서는 이미 1960년대 말부터 기피되는 도로설계기법이었기 때문에 청계고가가 철거되는 것은 당연한 결과였다.

3.6.2 교량 설계

천호대교는 1974년 8월에 착공하여 1976년 7월에 준공한 한강 다리로 설계하중은 DB-18(총중량 32.4톤)을 기준으로 동명기술공단에서 설계하고, 동아건설에서 38.4억 원을 들여 공사하였다.

상부구조는 상·하행선 각각 3차선으로, 그 폭원 B = 25.6m이고 전체 길이 L = 1,150m로 P.S.C 거더교 25경간(L = 30+2@ 30+2@ 30×11 = 750m)과 강상형교 8경간(L = 4@ 50×2=400m)으로 구성되었다.

하부구조는 교각 *П* 형 31기, 다주식 1기와 그 아래 우물통기초 60기와 파일기초 4기가 축조되었고, 교대는 A1(T형식)과 A2(중력식) 2기가 건축되었는데 그 하부기초는 둘 다 파일기초로 되어 있다.

교량 받침으로는 P.S.C 거더 구간에 총 600개(선 받침 288개, 롤러 받침 56개, 피봇 받침 156개), 그리고 강상형 구간에 80개(롤러 받침 64개, 핀 받침 16개)의 교좌장치가 설치되어 있다. 신축이음장치는 뉴 핑거형으로 선정하였다.

조선 시대에만 해도 한양에서 광진 나루를 건너 광주-충주-문경을 지나 부산으로 이어지는 동래로(東萊路)는 국가 경제를 위하여 매우 중요한 간선도로여서, 이 도로가 지나가는 광진 나루 근처의 천호동을 비롯한 하남시 일대는 1970년대처럼 그렇게 외진 곳은 아니었다.

그러나 일제강점기에 경부선이 충주를 지나는 것이 아니라 대전 방향으로 가설됨에 따라 국가 경제 축이 동래로에서 현 경부고속도로 쪽으로 이동하게 되고, 이에 따라 천호동 지역은 서울의 다른 지역에 비해 변두리 외진 곳으로 전락하고 말았다. 그래서 이 지역은 인구 증가도 다른 지역에 비해 낮을 뿐 아니라 또한 서울 도심과의 유일한 통로인 광진교는 좁고 노후화가 심해서 천호동 지역의 발전을 심하게 저해하는 요인이 되었다. 이에 서울시에서는 서울 동부지역의 개발을 위해서도 광진교와 별개로 천호대교의 신설 계획하게 되었다.

설계 초기에는 DB-18 하중을 기준으로 교량 구조가 설계되었으며, 우리나라에서는 처음으로 포항제철에서 주문 생산된 용접용 강재 SM 50(현 SM490)을 사용되었다. 그 당시 용접용 강재 SS 41이 아니라 국산 SM50 강재를 사용했다는 사실은 매우 혁신적인 사건이었다.

천호대교 개통 후 1977년 4월 1.8km의 천호대교 접속도로(천호동-잠실)가 개통되고, 1981년 6월에는 천호대교 북쪽 진입로와 잠실대교 북쪽 진입로를 연결하는 강변 1로 3.7km가 개통되었다. 1988년 7월에는 천호대교 남단과 올림픽대교를 연결해주는 입체연결로가 설치되었으며〈그림 3.6.3〉, 천호대교와 강변 1로를 연결하는 북측 I.C(인터체인지) 650m는 1990년 11월에 개통되었다.

그림 3.6.3 천호대교 전경(좌측에 신광진교가 보인다)
대림산업주식회사·(주)유신코퍼레이션, 2002, 『韓國의 橋梁(Bridges in Korea)』, 137쪽

천호대교의 건설로 서울 동부지역의 개발로 인구가 급증하여 1986년에는 이미 통과 교통량을 초과하게 되자 서울시는 천호대교 하류 지점에 올림픽대교를 1985년 11월에 착공하였다. 당시 서울 도심과 천호지구를 연결하는 유일한 다리인 광진교의 개량만으로는 장래 늘어나는 교통량을 제대로 수용하지 못할 것이라는 판단도 서울시가 광진교 하류 170m 되는 곳에 새로 다리 건설에 큰 몫을 하였다.

천호대교가 완성된 후〈그림 3.6.4〉 광진교에는 바로 대형차량의 통행이 금지되었다.

그러나 천호대교 역시 증가하는 교통량을 수용할 수가 없게 되자 서울시는 1994년부터 보수 및 안전진단 등을 거쳐, 2000년 12월부터 2005년 11월까지 교각 하부에 우물통 세굴 방지공 설치하고 상판 슬래브, 교량 받침, 난간 교체 등 보수·보강 공사 등 대대적으로 실시하였다〈그림 3.6.5〉. 이에 따라 건설 당시에 반영하지 못했던 내진구조(耐震構造)도 1등급으로 상향 조정하였다.

그림 3.6.4 1980년대 천호대교 전경(1980년대)

위에서 본 천호대교 전경

천호대교 전경

3.6.2.1 교량 상부구조

가. 설계방법

천호대교를 설계하는 과정에서 강교와 강재 교각은 허용응력설계법을 기준으로 하였고, P.S.C 빔교와 교대 및 교각 등은 원칙적으로 강도설계법을 따라 설계하였다. 이 기준에 따라 강상형교의 상부구조와 교량 받침은 허용응력설계법으로 설계되었고, P.S.C 빔, 콘크리트 바닥판, 교대와 교각 기둥은 강도설계법으로 설계되었다. 실시설계 때 행해지는 사용성 검토는 허용응력법을 기준으로 하였다.

그림 3.6.5 천호대교 보수공사 준공도

천호대교 보수공사

준 공 도

2005. 11.

서울특별시
건설안전본부

사용된 건설자재는 강재와 콘크리트를 주로 사용하였는데, 콘크리트 재료는 확대기초 및 우물통(240kg/cm²) 구조, 교대·교각 구조(240kg/cm²), 바닥 슬래브 구조(270kg/cm²) 등에 사용되었고, 철근은 상부구조와 하부구조 모두 SD30을 사용하여 시공하였다.

강교에 사용된 강재는 주부재에 SM490, 그리고 부부재에는 SM400을 사용하고, 부재 연결 고장력 볼트는 F10T로 체결하였다.

그림 3.6.6 천호대교 종·평면도

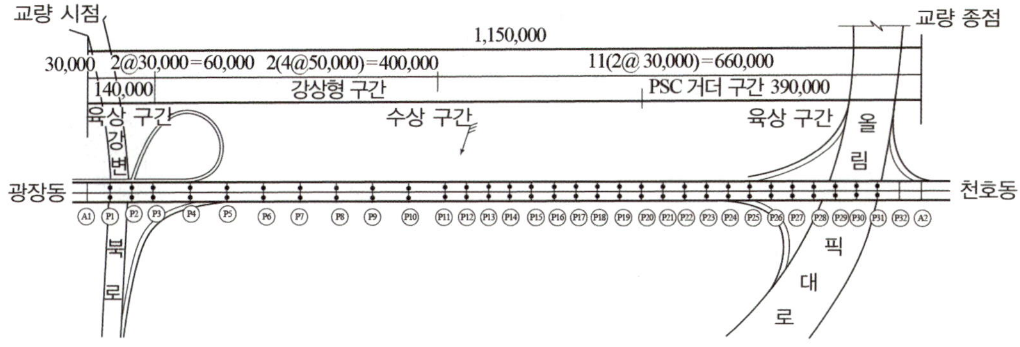

(a) 평면도

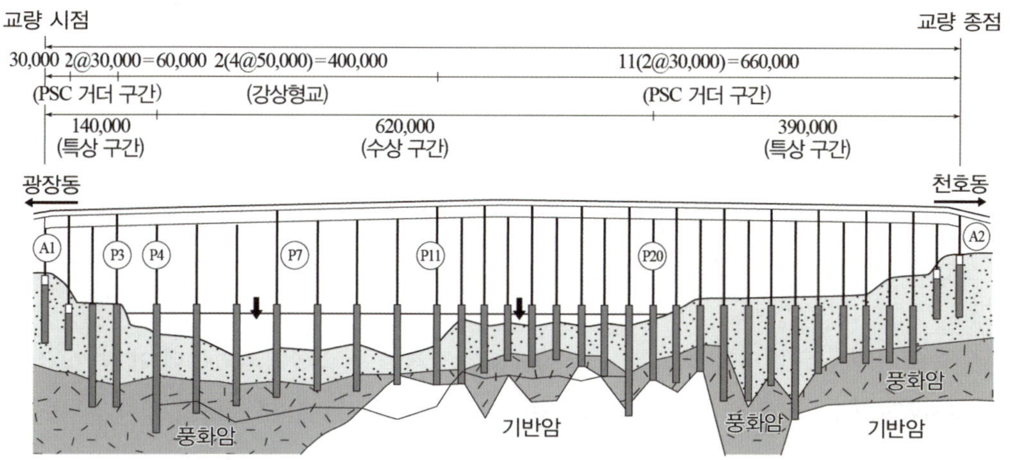

(b) 종단면도

천호대교의 상부구조는 교폭 25m(6차선)에 전체 길이가 L = 1,150m인 한강 교량으로, 시점 교대 A1부터 교각 P3까지 3개의 경간은 P.S.C 빔교로 되어 있고〈그림 3.6.7(a)〉, 그다음 교각 P3에서 교각 P11까지 400m 구간은 강상형교로〈그림 3.6.7(b)〉, 그리고 나머지 육상구간, 교각 P11부터 교대 A2까지 660m 구간은 다시 P.S.C 빔교로 구성되어 그 경간은 다음과 같이 구성되어 있다.

L = 30(P.S.C 거더) + 60 (=2@30m, P.S.C 빔) + 400[=2×(4@50, 강상형교)]

+ 660(=11×2@30, P.S.C 거더)

= 1,150m

그림 3.6.7 천호대교 상부구조 표준 단면도(차도 및 강박스 치수: m)

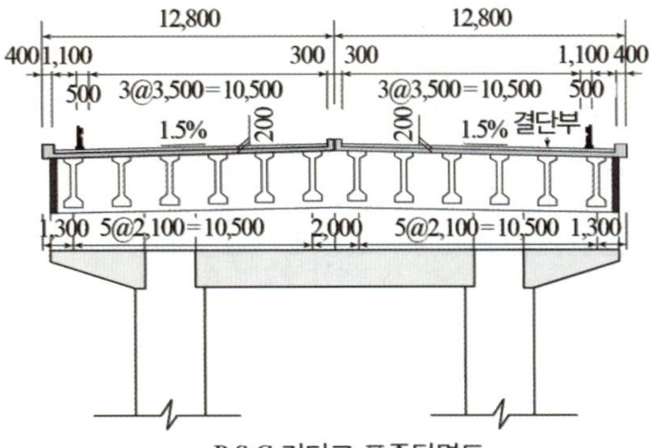

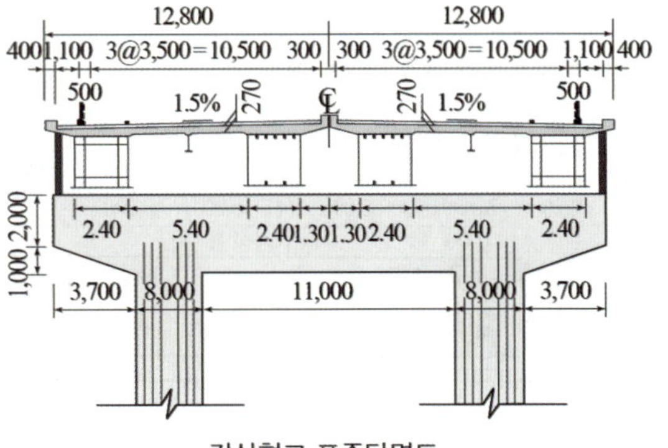

나. 강상형 구간(P3~P11)

천호대교 상부구조 중 수중부에는 2개의 4경간 연속 강상형교(Steel Box Girder Bridge)가 가설되어 있다. 그 길이 L = 2×4@50 = 400.00m이다〈그림 3.6.8〉.

다리는 상·하행선이 별개의 2개의 다리를 나란히 건설하였으며, 교량 횡단면의 너비는 각각 B = 12.80m로 그 횡단면 구성은 다음과 같다〈그림 3.6.8(a)〉.

B = 1.90m(보도) + 0.20m(연석) + 10.50m(3차선 차도) + 0.20m(연석) = 12.80m

강상형 구간에는 두 개의 강 박스가 b = 7.80m 중심 간격을 두고 설치되었는데 이 강박스의 규모는 2.40m(너비)×2,0m(높이)로 설계되어 있다. 강 박스 두께는 T = 25mm로 정하고, 강재는 SM 50 강재를 사용하였다.[2]

평행으로 놓인 두 강상형 사이에 교량 길이 방향으로 10.0m마다 가로보(Cross Beam)를 설치하여 두 주형의 강성(Stiffness)을 증가시켰으며 또 이웃한 가로보 사이에는 다시 교량 길이 방향으로 중앙에 세로보를 설치하여 콘크리트 바닥판의 지간을 반으로 줄임으로써 바닥판에 발생하는 휨 모멘트를 감소시켜 바닥판의 구조 안전성을 확보하였다〈그림 3.6.8(c)〉.

그림 3.6.8 천호대교 4경간 연속 강상형교 일반도

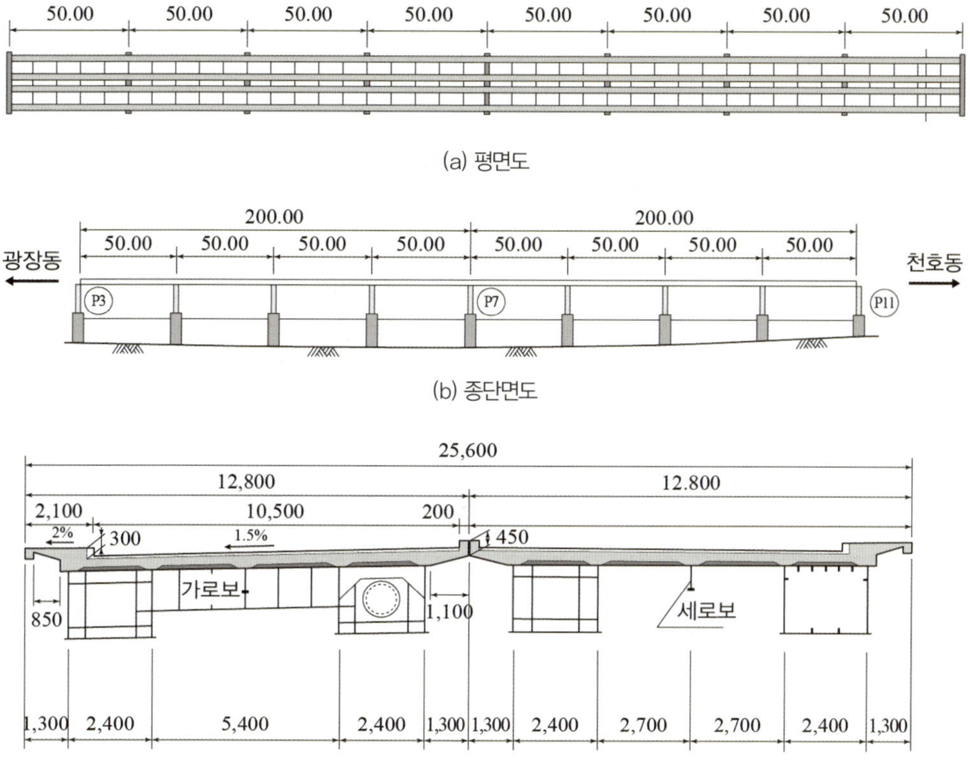

(a) 평면도

(b) 종단면도

(c) 강상형교 표준 단면도

다. P.S.C 빔교 구간

천호대교 수중부에 배치된 강상형교 400.0m를 제외한 나머지 750.0m의 구간은 P.S.C 빔교 25칸(북단 3경간 + 남단 22경간)으로 경간 분할이 되어 있다.

P.S.C 거더교 구간에서도 강상형교와 마찬가지로 상·하 양방향의 교량이 두 개로 분리되어 시공되어 있으며, 그 횡단면의 너비는 각각 B = 12.80.0m이므로 P.S.C 빔교 전체 너비는 25.60m가 된다〈그림 3.6.9〉. 즉 교량의 방향별 표준횡단면은 다음과 같이 구성되어 있다〈그림 3.6.10〉.

B = 1.80(보도) + 0.20(연석) + (3×3.5=10.50(3차로 차선 폭) + 0.30(연석)
= 12.80m

여기서 P.S.C 거더 간의 간격은 a = 2.10m 떨어져 세웠으며, 거더의 상부 폭은 b = 0.70m, 높이 H = 2.0m로 제작되었다〈그림 3.6.10(b)〉.

그림 3.6.9 천호대교 남단 P.S.C 빔교 종·평면도

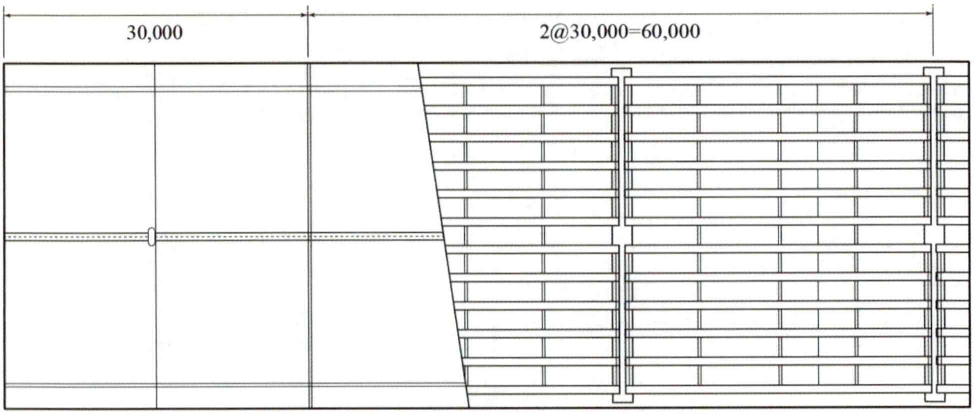

(a) 평면도

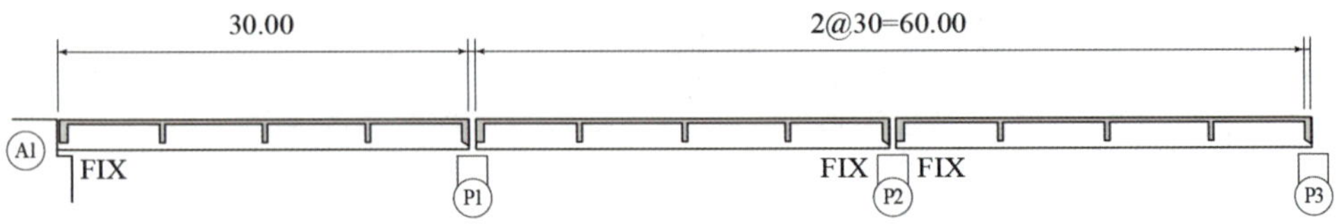

(b) 종단면도

그림 3.6.10 천호대교 P.S.C 빔교 표준횡단면도

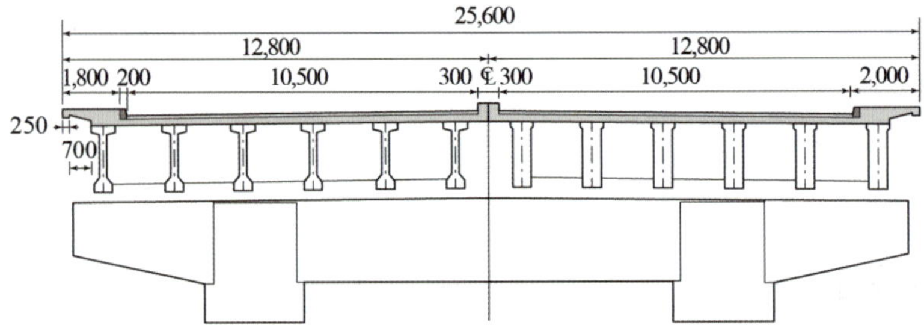

(a) 표준 횡단면도(A1~P3, P11~A2)

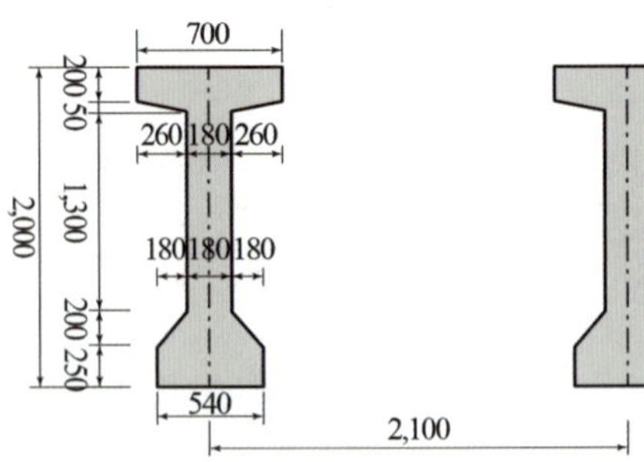

(b) P.S.C 빔 상세도

3.6.2.2 하부구조

천호대교 본선 하부구조 기초는 다리 양안에 설치된 교대 A1과 A2의 기초와 교각 P1과 P32의 기초만 현장타설 콘크리트 말뚝기초로 되어 있고, 나머지 교각 P2부터 P31까지 모든 교각의 기초는 우물통기초 2×30 = 60기로 구축되었다〈그림 3.6.11〉.

그림 3.6.11 천호대교 *Π*형 교각과 우물통기초 전경

가. 말뚝기초

천호대교에는 두 교대와 교각 P1 및 교각 P32의 기초로 콘크리트 말뚝기초를 적용하였다.

천호대교 교대 A1 아래에는 4.0×4.0×1.50m 규모의 파일 캡 밑에 지름 Φ = 0.30m짜리 콘크리트 파일을 한 기둥당 사방 4개씩 총 16개 땅속으로 타입하여 완성하였다〈그림 3.6.12(a)〉.

교대 A2는 교대 A1과는 달리 교대를 전통적인 중력식으로 구축하고 그 아래 1.0m 간격으로 콘크리트 파일을 27(가로)×4(세로) = 108개 사용하여 교대 기초를 만들었다〈그림 3.6.12(b)〉.

나. 우물통기초

천호대교 본선의 기초는 대부분 우물통기초(P2~P31)로 이루어졌다. 모든 우물통기초의 바깥 지름은 Φ= 6.0m이고, 우물통 구체의 두께는 60cm로 설계되었다. 높이 h = 2.0m로 한 콘크리트 우물통 덮개 콘크리트는 직경 Φ= 5.4m, 두께 T = 2.0m로 시공하였고, 우물통바닥 슈(Shoe)의 외경은 Φ= 6.2m로 제작하였다〈그림 3.6.13〉.

그림 3.6.12 천호대교 교대 콘크리트 파일 기초

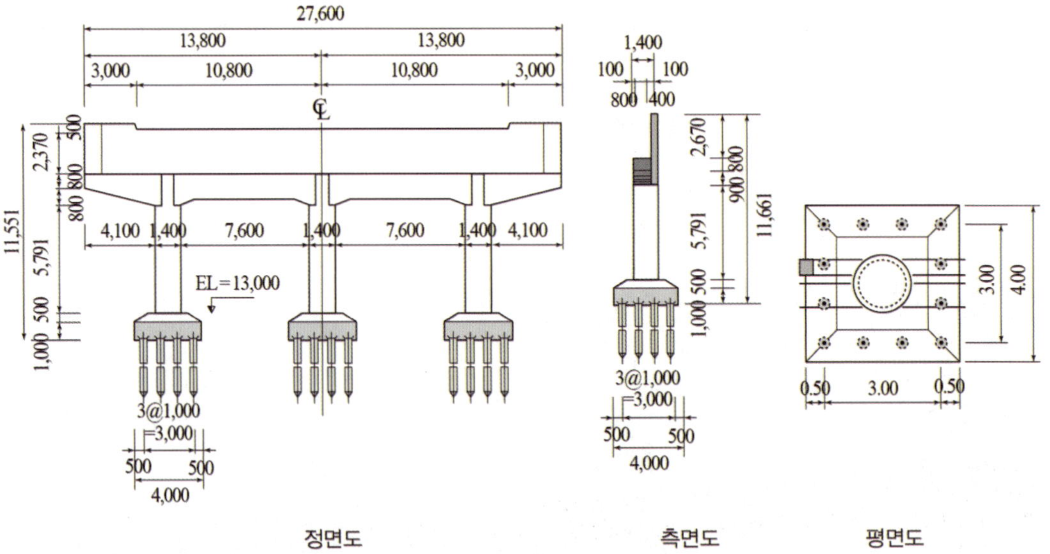

(a) A1 교대 콘크리트 파일 기초

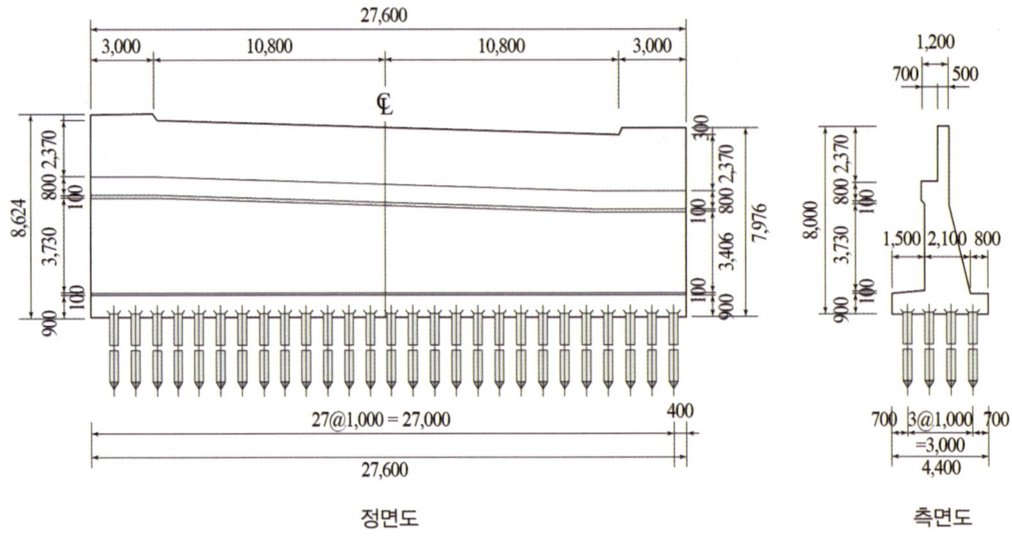

(b) A2 교대 콘크리트 파일 기초

다. 교대

천호대교 남단에 설치된 교대 A1은 기둥이 3개인 다주식 라멘 구조로 되어 있고〈그림 3.6.12(a)〉, 교대의 폭 b = 27.60m, 높이는 11.651m로 시공되어 있다. 천호동 측 교대 A2는 전형적인 중력식 교대로 그 역시 폭이 27.60m로 시공되었으나, 높이가 8.0m로 교대 A1보다 약간 낮게 축조되었다.

라. 교각

천호대교의 교각은 교각 P32(4 주식)를 제외하면 모두 *Π* 형 구조로 되어 있어 양쪽으로 11.60m(중심선 사이 간격) 떨어져 세워진 두 교각 기둥(지름 Φ = 3.0m) 위에 멍에를 강결(Rigid Connection)로 연결하여 라멘 구조로 형성되었다〈그림 3.6.14〉. 육상부의 교각도 수중부 교각과 그 형태는 매우 유사하나 다만, 멍에의 규모에 약간의 차이가 있다.

그림 3.6.13 천호대교 우물통 정면도

서울시설안전본부, 2005, 천호대교 보수공사

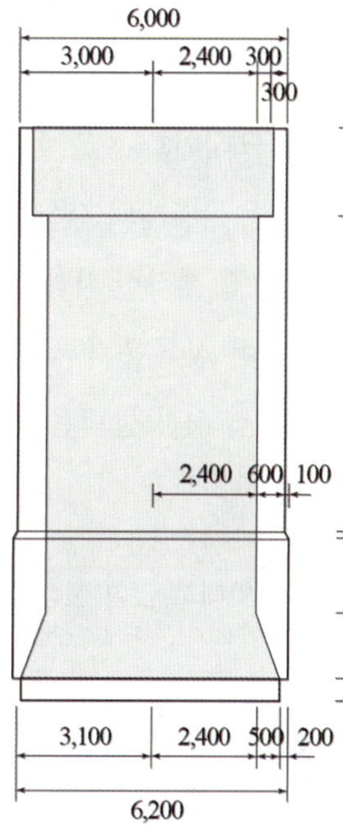

그림 3.6.14 천호대교 교각 일반도(P2, P3~P10)

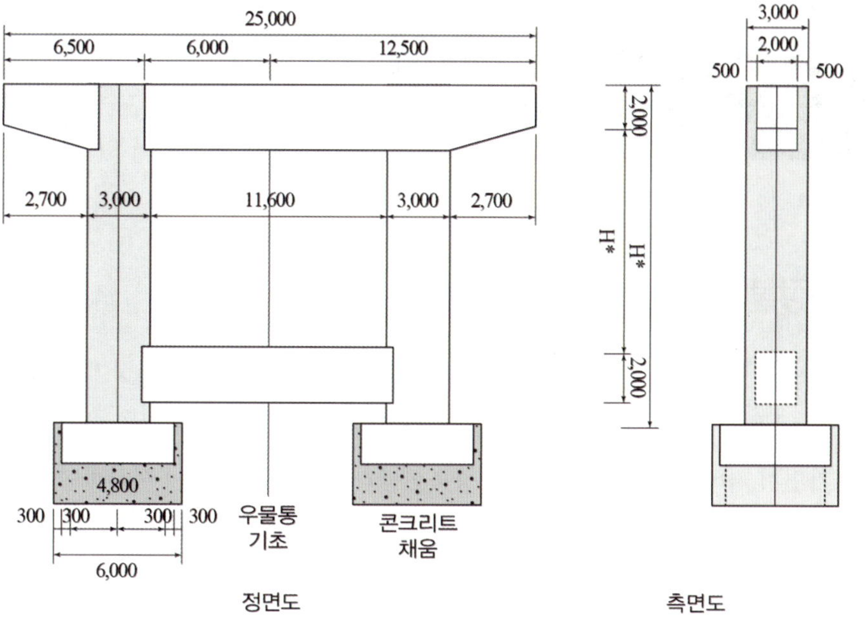

3.6.3 시공

〈그림 3.6.15〉는 강 유심부에 강상형(Steel Box Girder)을 가설하는 현장을 보여준다. 강 박스는 공장에서 제작한 뒤 건설 현장으로 운송하여, 현장에서 용접하여 50m 길이로 조립한 후 바지 위에 고정된 80톤 육상 크레인(Crane)을 이용하여 가설 위치에 거치하였다.

천호대교에는 총 4개의 강상형 주형이 제작·설치되었는데, 이는 우리나라에서 최초로 국산 강판을 활용해 용접 제작한 사례였다. 때문에 현장 기술자들은 강 박스(Steel Box)를 용접 제작하는 과정에서 발생하는 잔류응력 처리에 많은 어려움을 겪었다. 사실 1970년대 중반까지만 해도 국내 건설회사의 용접 시공 능력은 국제적 수준에 비해 매우 뒤처진 상황이었다. 이와 함께 신축이음부 파손, 차량 진동으로 인한 교량 포장 파손 등 여러 기술적 문제가 발생하였다. 많은 고심 끝에 현장에서는 조립한 4개의 강상형(Steel Box Girder)을 일체로 시공하기보다는 다리 중앙에 중앙분리대를 설치하고, 좌우 차선을 분리하여 단면 너비가 12.80m인 좌우 2개 별도의 교량으로 시공하는 방식을 채택하였다〈그림 3.6.8(c)〉. 이러한 설계 변경에는 폭이 넓은 교량에서 상·하행 중 한쪽에 교통 장애가 발생할 경우, 다른 쪽 교량을 우회로로 활용할 수 있도록 하려는 발주자의 의도도 반영되어 있었다.

그림 3.6.15 천호대교 건설 현장(강상자형 설치)
이덕수, 2016, 『한강개발사』, 한국건설산업연구원, 396쪽

3.6.4 지장물

천호대교 교량 횡단면에는 지름 Φ = 0.90m 상수도관, 송전관, 광통신관과 장거리 관로케이블 등이 지나간다. 이들 중 상수도관은 수중부에서 교량 상부구조에 배치되었다가 다시 교량이 고수부지를 지나가면서 지하로 매설되고, 나머지 광통신관과 송전관은 교량이 시작하면서 교량이 끝날 때까지 교각 멍에 상단에, 그리고 관로케이블은 교량 상부 보도 콘크리트 바닥판 속에 묻어서 다리를 지나간다〈그림 3.6.16〉. 다리를 설계할 때 이 지장물의 자중을 반드시 함께 고려해야 한다. 특히 지름이 큰 상수도관에 지나가는 수돗물의 무게는 무시할 수 없을 정도로 클 수 있다.

그림 3.6.16 천호대교 지장물도

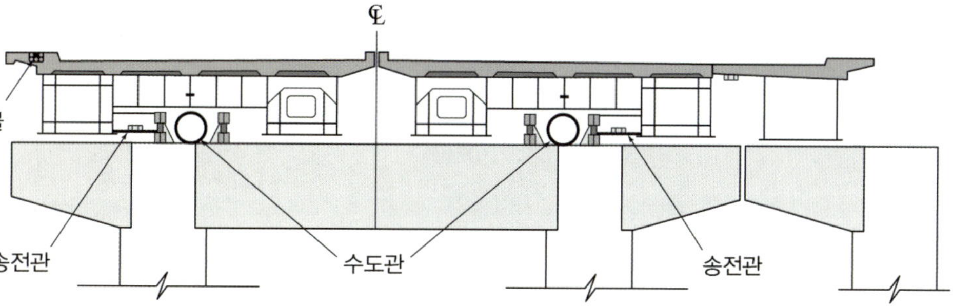

미주

[1] 서울시 건설안전본부, 2000.2.28.~2005.11.30., 천호대교 보수공사(설계 신성엔지니어링, 공사 (주)삼안건설기술, 시공 인본건설(주))

[2] 서울특별시, 천호대교 가설공사 강상형 구조도(동명기술단)

3.7

고속도로의 개막, 잠수교 · 반포대교

잠수교는 서울특별시 용산구 서빙고동과 서초구 반포동을 잇는 다리다〈그림 3.7.1〉. 이 다리는 천호대교에 이어 한강 9번째 도로교로 1975년 9월에 착공하여 1976년 7월 15일에 준공되었다〈그림 3.7.3〉.

그림 3.7.1 잠수교·반포대교 위치도

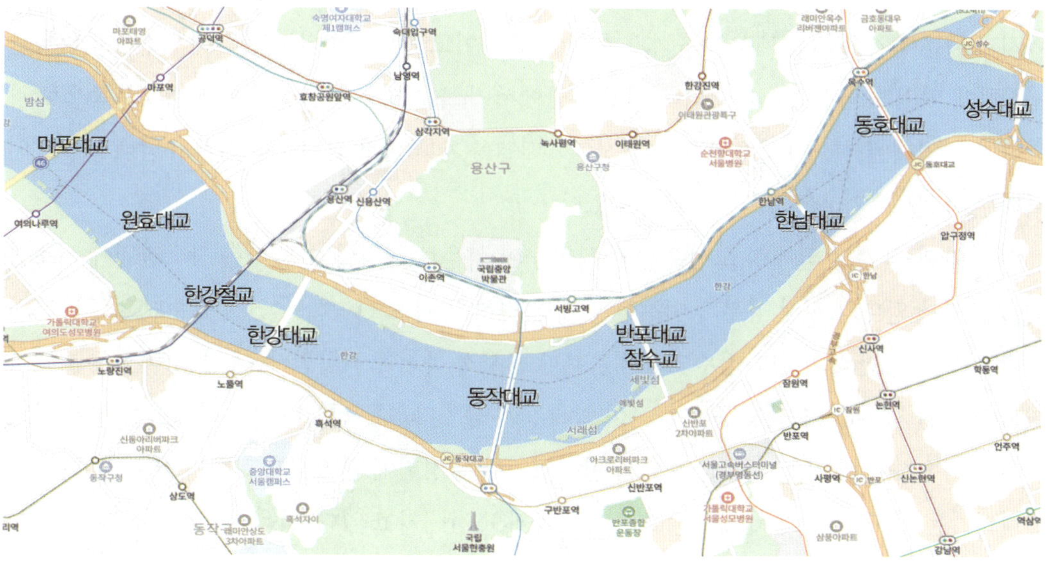

3.7.1 잠수교(반포교)와 서울시 녹지사업

정부는 1975년 전후해서 수도권 방어를 위한 군사계획과 주민 보호에 관련 전반적인 계획을 수립·정비·재정비하는 정책을 '녹지사업'이라는 이름으로 실행하였다. 이 '녹지사업' 내용에는 정부 주요시설 방호계획, 양곡 등 필수물자 확보·공급·수송계획 및 공습에 대비한 지하 대피시설 확보 등 전반적인 계획이 포함되었다.[1]

이에 따라 한강 도강 수단 확충을 위한 교량·도선·여울목교 등이 제안되었다. 이때 안보 교량으로 홍수 때 물속으로 잠길 수도 있는 수중교(水中橋)도 제시되었다. 수중교는 처음에 반포교로 불렸다고 한다. 그러다 공사가 완공될 무렵 다리 이름을 새겨 넣는 교명주도 세워야 해서 교량 명칭을 결정해야 할 때 다리 이름을 반포교 외에 안보교, 승리교, 멸공교 등 그 시대에 흔히 나올 수 있는 이름이 제시되었었는데 물속에 잠겼다 나왔다 하는 다리라고 해서 잠수교로 결정되었다.

교량의 위치는 서울시 녹지사업 계획과 도시계획 내용에 부합되게 이태원 옛 워커(Walker) 동상 사거리(현 녹사평역 사거리)에서 서빙고역 옆을 지나 한강을 건너서 강남의 고속터미널 사거리까지 이어지는 노선으로 정하였다.

교량 공사가 본격적으로 진행되면서 연결도로 확장 등 정비가 진행될 때 향후 반포대교까지 전망하면서 주변 도로를 여러 가지 검토하였다. 잠수교에서 녹사평 사거리까지 오면 운전자는, 용산 삼각지를 거쳐 남산 1호 터널 입구까지 이르는 도로로 우회전하든지 아니면 이 도로와 직각으로 교차하는 도로를 타고 직진하여 남산 2호 터널을 통해 장충동으로 진행하든지 하는 선택만 주어지기 때문에 서울시는 교량의 목적과 효율성 및 기여도가 미흡하다고 판단해 남산 3호 터널을 구상하게 되었다. 남산 2호 터널 남측 입구 부근에서 새로운 터널을 건설하여 남산을 북쪽으로 관통하면, 청와대에서 시청 앞으로 나와 남산 3호 터널을 지나 바로 잠수교를 거쳐서 남태령으로 연결하는 간선도로가 생길 수 있기 때문이었다.

이 청와대-잠수교-남태령 노선은 당시 북한군이 서울로 재침할 수 있다는 강박관념에 사로잡힌 정부가 청와대와 전시 정부가 이전할 남태령 지하 벙커로 신속하게 연결할 수단으로 충분히 생각할 수 있는 안(安)이었다. 잠수교가 처음부터 군사적 목적에 적합한, 물에 잠길 수 있는 다리가 거론되게 된 것은 6·25 전쟁 중 북한군이 압록강에 물밑다리를 건설하여 야반에만 군인과 전쟁물자를 이송하는 바람에 미 공군 폭격이 힘들었었다는 경험에 근거했다고 한다. 하긴 압록강 물밑다리라는 설도 있고, 대동강 수중교라는 이야기도 전해지고 있다. 서울시가 검토한 결과 물에 잠기는 교량 건설은 가능하지만 상시 물에 잠겼다가 필요에 따라 수면 위에 노출시킬 수 있게 하려면 상류에 유수량을 조절할 수 있는 댐이 있거나 하류에 수면을 일정하게 유지시킬 수 있는 수중보가 있어야 하는데 이는 한강에서는 현실성이 없다고 판단하였다. 그래서 서울시는 군사적 목적에도 부합하고, 도시계획 시설로 역할을 할 수 있으며, 특히 당시 1976년 6월 25일까지 10개월 안에 준공해야 한다는 공사 기간에 쫓기던 서울시는 한강 뚝 안에 있는 고수부지(高水敷地)에는 포장도로를 건설하여 교량 길이를 가능한 한 줄이고 유수 구간에 있는 다리의 높이는 평소 수면 위 2.7m까지로 낮추면서 영구시설로서의 견고한 다리인 현 잠수교를 고안해 내었다.

그림 3.7.2 잠수교 남단 출구

두꺼운 철근콘크리트 구조로 되어 있는 잠수교는 교량의 노출 부위가 적어 북한 공중 폭격으로부터 쉽게 피할 수 있으며, 설사 피해를 받는다고 하더라도 교량 상부가 단순한 철근콘크리트 판으로 되어 있어 그 피해 정도가 작을 것으로 판단되었다. 설사 북한군에 의해 다리의 한 구간이 파손된 경우에도 군 공병에서 보유하고 있는 도강 자재 중 15m 철근 콘크리트 조립 상판을 크레인으로 덮기만 하면 쉽게 기능을 발휘할 수 있도록 하였다. 또 이 철근콘크리트 슬래브교는 큰물이 일어나 물속에 잠기더라도 다리 기능에는 아무런 이상이 없게 설계되었다.

물에 잠기는 다리를 설계할 때 가장 큰 고민거리는 홍수 시 잠수교 양단 부근에서의 범람 가능성이다. 다행히 잠수교 북쪽에는 제방이 없고 언덕이 있어 교량 끝 연결도로를 언덕으로 건설하면 수문을 설치하지 않고도 홍수 차단이 자연적으로 이루어질 수 있었다. 그러나 남단에는 제방으로 도로를 통과시켜야 했기 때문에 처음에는 수문을 설치하려고 기획해봤지만, 공사비뿐만 아니라 유지관리도 만만치 않다고 판단한 서울시는 잠수교 북단에서와 마찬가지로 구조물 구간 노면을 제방 위로 끌고 올렸다가 다시 교차로 방향으로 내려오게 함으로써 수문을 설치하지 않고 교량을 접속도로에 연결할 수 있게 하였다.

또 다른 고민은 한강을 운행하는 선박의 잠수교 통행에 있었다. 다행히 그 당시에는 한강을 운행하는 선박의 수가 매우 적었기 때문에 당시 골재 채취 및 준설용 바지선을 위하여 시점에서 16번째 되는 한 경간 15m 구간에 상·하류 주운(舟運)이 가능하도록 승개(昇開) 장치를 설치하기로 하였다. 또한 장래 기획된 반포대교 교각을 만들기 위하여 준비해둔, 교면 위로 30m마다 돌출된 기둥 상단에 매립형 수밀 조명등을 야간 운행의 안전을 위하여 설치하였다.

3.7.2 강남 개발과 시외·고속버스터미널 건설

경부고속도로는 1968년 2월 1일 착공하여 1970년 6월 30일에 416km를 완공하였다. 개통식은 7월 7일에 거행하였다. 그 이후 정부는 국민에게 고속도로 건설 후 지역발전 가능성에 대하여 끈질기게 홍보함으로써, 그 이전까지 주로 철도교통에 의지하던 장거리 여객 및 화물 운송 물동량의 비중을 빠른 속도로 고속도로 편으로 옮길 수 있었다. 그 당시 남한에 운행하는 전체 자동차 모두 합쳐도 12만 8천여 대, 그리고 일반국도 포장률이 30% 정도였는데도 불구하고, 정부는 고속도로를 계속해서 건설하여 1973년 11월 14일 호남·남해고속도로, 1975년 10월 20일 영동·동해고속도로, 1977년 12월 17일 구마고속도로가 개통되었다.

어느 정도 고속도로 건설이 완료되자 정부는 이 고속도로를 이용할 수 있는 12개의 고속버스회사 설립을 허가하였다. 이렇게 설립된 각 고속버스회사는 서울 시내 서로 다른 곳에 버스 종점인 터미널을 운영하였다. 한진고속 종점은 서울역 앞 봉래동 입구에 있었고, 삼화고속은 종로구 관철동, 동양고속과 속리산고속은 아예 터미널을 준비하지도 않고 회사를 운영하였으며, 광주·한남·천일·한일고속은 공동으로 동대문 앞, 지난날 전차 차고였던 자리를 터미널로 사용하였다. 1972년 당시 서울 시내 자동차 총수는 6만 7천 대 정도로 고속버스터미널이 서울 한복판에 있어도 교통에 큰 영향을 주지는 않았다. 그러나 1973년에 들어서며 점차 시내 자동차 운행 대수가 늘어나더니, 1974년에 들어서면서는 시내의 교통혼잡이 심각한 수준에 이르렀다. 1974년 9월 4일 구자춘 서울시장이 부임하며, 해결해야 할 우선 과제로 서울시의 교통문제를 꼽았다. 그는 서울 시내 교통혼잡 원인 중 하나로 고속버스터미널이 서울 시내 여기저기 산재해 있기 때문으로 인식하고, 1975년 4월 KIST에서 작성한 "서울 시내 고속버스터미널 입지 선정을 위한 조사연구 보고서"의 결과를 인용하여 서울 시내 고속버스뿐만

그림 3.7.3 반포대교 건설 이전 잠수교
서울특별시

아니라 시외버스도 수용하는 대규모 종합터미널을 건설하기로 하였다. 서울시가 영동지구 반포동 종합터미널 설치를 계획한 것은 1975년 6월 27일이었다. 구 시장은 종합터미널이 완공되면 동대문을 비롯한 시내 여러 곳의 고속버스·시외버스터미널을 모두 폐쇄하고, 강남고속버스터미널 활성화를 위해 반포 새 터미널 주변 공지에는 대형 아파트단지를 여러 개 조성하는 동시에 강북주민을 강남 영동지구로 이주시킬 생각이었다.

이렇게 해서 생긴 것이 반포아파트이다. 현재 반포아파트가 있던 자리는 공유수면이 매립되기 전에 큰 물때마다 넓은 지역이 홍수에 잠기면서 상류에서 떠내려온 온갖 부유물이 쌓이던 둔치 지역이었다. 삼부토건·현대건설·대림건설은 공동으로 출자하여 1970년 11월에 경인개발 주식회사를 설립하고 현 국립서울현충원 동쪽 일대의 매립공사를 시작하여 1972년 6월에 표고 14.83m로 18만 9,356평의 대지를 조성하였다. 반포매립지는 1971년 4월 주택공사에서 일괄 매입하여 반포아파트를 1972년 12월에 완공하였다.

강남고속버스터미널 건설 공사가는 1976년 4월 8일 시작되어 9월 1일 1차 준공되었다. 이 당시는 본 건물은 없었고, 3개의 승차장만 준비된 상태였다. 이때까지 서울 도심부의 터미널은 폐쇄되질 않은 상황이었고, 동대문이나 서울역 터미널에서 출발한 버스들이 강남터미널에 들리기만 했기 때문에 종합터미널 본 건물이 없어도 그리 큰 문제가 되지는 않았다. 고속버스회사들이 강남터미널이 완성된 후에도 동대문터미널과 서울역 앞 터미널을 계속해서 운영하자, 구자춘 시장에게는 서울 승객이 시내에서 종합터미널로 직접 차를 몰고 가거나, 또는 시내버스로 이동할 수 있는 교량 건설이 필요하게 되었다.[2] 이런 연유로 가장 적은 예산으로 가장 빨리 건설할 수 있는 잠수교 위에 길이 L = 1,490m, 너비 B = 25m(6차선)의 반포대교가 구체화되었다.

3.7.3 잠수교와 반포대교

3.7.3.1 잠수교

잠수교는 용산에 주둔해 있던 미군 부대와 가장 가까운, 옛 서빙고나루(반포대교 북단 교각 아래 서빙고동 주민센터 부근)에서 강 건너 반포동을 잇는 다리로, 6·25 전쟁 당시의 한강철교와 한강인도교 폭파라는 비극적이고 쓰라렸던 아픔의 경험에 대한 반성과 대안으로 계획되었다. 또 1975년 4월 월남 패망으로 인한 안보 위기의식이 잠수교를 짓는 직접적인 계기가 되었다는 후문도 있다. 그래서 교각도 15m 경간으로 촘촘하게 세웠다. 다리 기초의 우물통은 천호대교(60기)의 2배에 가까운 108기나

된다. 폭격 등 비상시기를 상정하고, 보다 복구가 쉽도록 설계했기 때문이다. 이 다리는 한때 수중 터널로 검토된 바 있으나 터널로 시공할 경우 공기가 3~4년이나 걸리고 예산이 150억 원이나 소요되므로 1년 만에 22억 원이라는 작은 예산으로 지을 수 있는 잠수교를 선택했다고 한다. 월남이 월맹에게 넘어간 그 당시 사회 분위기로는 비행기 폭격에 쉽게 노출될 수 있는 다리를 새로 건설한다는 것에 대하여 군 당국뿐 아니라 일반 시민들도 걱정을 많이 했던 것으로 알려져 있다.

건설 현장에서는 중앙정부에서 제시한, 1976년 6월 25일까지 10달 동안의 공기를 맞추기 위하여 49톤짜리 굴착 크레인을 하루에 최대 12대까지 동원하여 밤·낮 돌관 작업 끝에 주어진 기간 내에 공사를 마칠 수 있었다.

잠수교는 53개의 단순 콘크리트 슬래브교로 되어 있는 다리로 경간 길이 l = 15.00m로 모두 같아 전체 길이가 L = 795.0m 밖에 되지 않는다. 한강 다리 중에 가장 짧은 다리로, 그 경간 L = 53@15.00 = 795.00m로 구성되어 있는 매우 단순한 형태의 교량이다. 다만, 한 가지 특이한 점은 그 당시 빈번히 통과해야 하는 모래나 자갈 채취선의 운행을 위하여 교량 시점에서 225.00m나 되는 교각(반포대교 교각 번호 P21) 다음 15m 경간 구간을 크레인으로 쉽게 들어 올릴 수 있는 승개 구간으로 만들었다는 것이다〈그림 3.7.4(a)〉. 승개 구간이라고는 하지만 특별히 무슨 승개 장치를 한 것은 아니고, 다만 슬래브 한 구간은 크레인으로 들 수 있도록 슬래브 바닥에 고리를 만들어 놓았었다. 잠수교 교량 폭은 B = 18.0m로 보도 2×2.0 = 4.0m, 차도폭은 14.0m로 구성되었다〈그림 3.7.4(a)〉.

그림 3.7.4 잠수교(구 반포교) 평면도

서울특별시, 1974, 반포교(잠수교)가설공사실시설계도

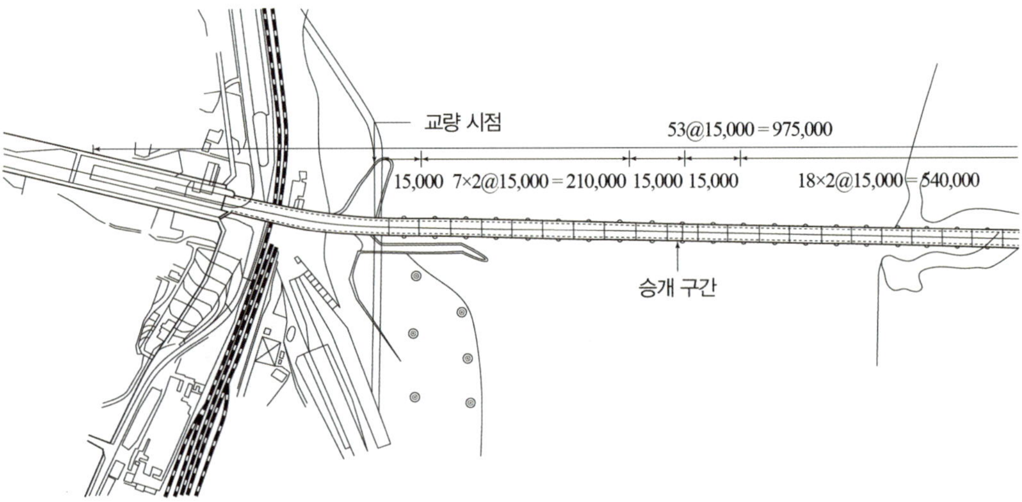

(a) 잠수교 강북 측 평면도

그림 3.7.4 잠수교(구 반포교) 평면도(계속)
서울특별시, 1974, 반포교(잠수교)가설공사실시 설계도

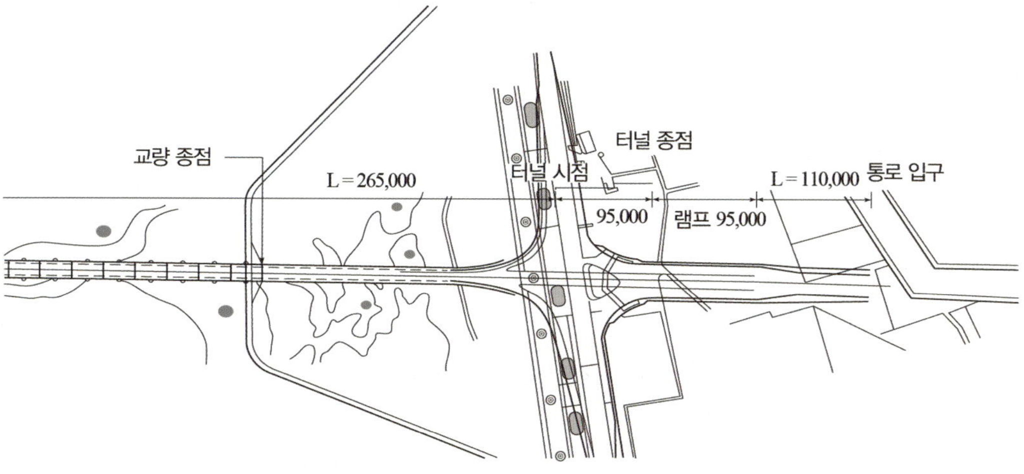

(b) 잠수교(구 반포교) 강남 측 평면도

잠수교의 특이한 점 중 하나는 특별히 수문을 설치하지는 않고 강북과 강남을 연결하였다는 사실이다. 즉 교량 북쪽으로는 서빙고동 쪽으로 경원선 철도 및 강변북로를 횡단하는 지하차도〈그림 3.7.5(a)〉를 횡단하고, 반포동 쪽으로는 올림픽대로를 횡단하는 지하차도를 만들어 고속터미널로 연결하였다〈그림 3.7.5(b)〉.

그림 3.7.5 잠수교(반포교 구교) 종단면도
서울특별시, 1974, 반포교(잠수교)가설공사실시 설계도

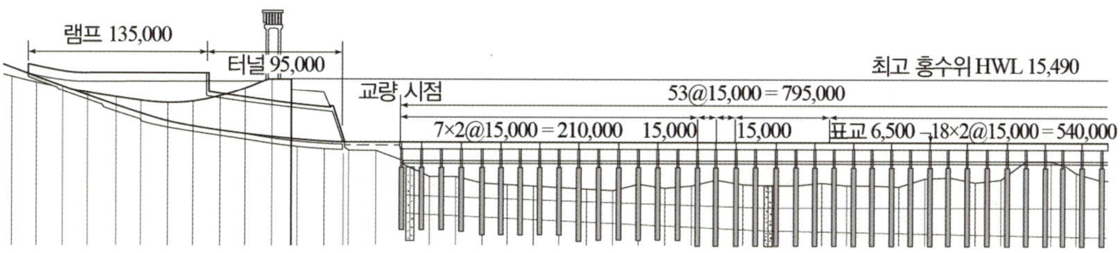

(a) 잠수교 강북 측 종단면도

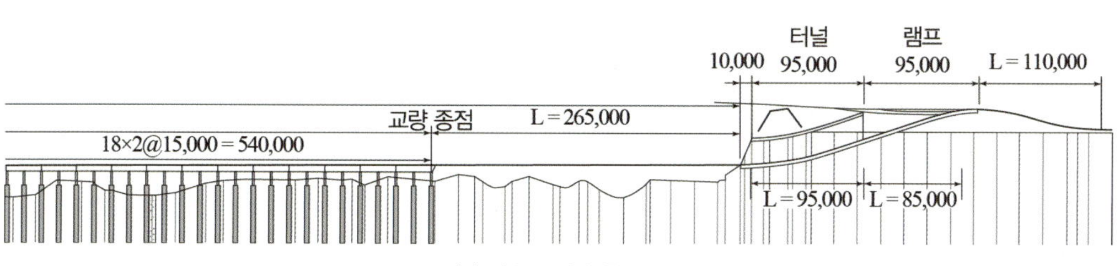

(b) 잠수교 강남 측 종단면도

3.7.3.2 반포대교(벽산건설)

반포대교는 잠수교와 마찬가지로 용산구 서빙고동과 서초구 반포동 사이에 잇는 다리로 다리의 이름은 반포동(盤浦洞)이라는 동네 이름에서 유래했다고 한다. 동네 이름이 이 마을을 흐르는 개울이 서리서리 굽이쳐 흐른다 해서 '서릿개', 곧 반포(蟠浦)라고 부르다가 오늘날에는 반포(盤浦)라 부르게 되었다는 설이 있다. 실제로 지금 반포동에는 서래마을이 있다.

그림 3.7.6 반포대교 종·평면도

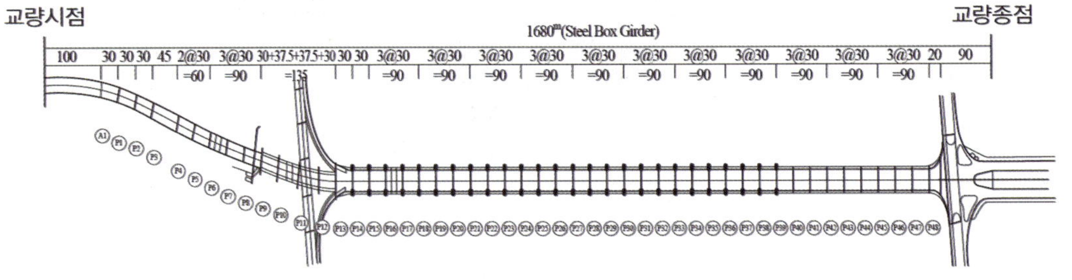

(a) 평면도

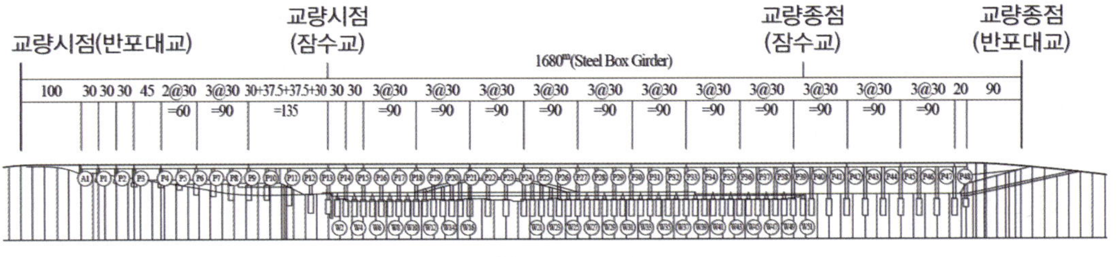

(b) 종단면도

1976년 잠수교를 만들 때 만해도 월남이 패망하고 대다수 국민은 북한군의 재침(再侵)에 불안해하고 있었기 때문에 잠수교와 같은 유사 시 폭격하기도 어렵고, 혹 폭격을 받더라도 15m 한 개의 경간 철근콘크리트 판만 걷어내고 고수부지에 준비해둔 15m 길이의 콘크리트 슬래브를 크레인으로 간단하게 복구할 생각으로 물에 잠기는 다리를 만들었다. 하지만 1980년대 들어서면서 강남이 개발되고 서울의 인구가 800만 명이 넘어가는 상황에서 강남·북의 교통체증을 기존 잠수교로는 감당하기 어렵게 되자, 서울시는 잠수교 위에 2층으로 새로운 교량을 만들기로 하였다. 반포대교는 이렇게 1980년 1월에 착공해 1982년 6월 25일 완공되었다〈그림 3.7.8〉.

그림 3.7.7 잠수교와 반포대교 전경
서울특별시, 1988, 『서울의 다리』, 103쪽

그림 3.7.8 잠수교 2층, 반포대교 건설 공사 현장
서울특별시 및 이오봉(1980년대)

용산구 서빙고동과 서초구 반포동을 잇는 반포대교가 개통되어 남산3호 터널과 연결되자 도심-강남터미널-남부순환도로 구간의 통행시간은 크게 단축되었다.

처음 잠수교 구상 과정에서는 교량의 위치를 청와대에서 시청을 거쳐 남산3호 터널을 지나 이태원의 옛 워커동상 사거리(현 녹사평역 사거리)에서 서빙고 기차역 옆으로 한강을 건넌 뒤 반포아파트를 거쳐 남태령 현 수도사령부까지 한 번에(non-stop) 갈 수 있게 구상했던 것으로 알려져 있다. 그러나 실제로 잠수교가 지어지기 전 이미 반포아파트가 건설되어 있었으므로, 서빙고 기차역 옆을 지나 한강을 가로지르는 데 어려움에 봉착한 설계 실무진은 노선을 변경하여 구자춘 시장이 원하던 대로 현재의 강남고속버스터미널 옆으로 지나가게 하는 것으로 가닥을 잡았다.

기존 13개의 한강 교량 중 가장 체증이 심한 잠수교에 2층으로 다리가 건설됨으로써 제1, 제3한강교에 몰리는 과밀한 교통량을 분산하고 동시에 잠수교 교통체증을 크게 덜 수 있어 매년 10~15일씩 잠수교가 물에 잠겨 빚어지는 통행 차단 등의 교통난이 크게 해소되었다.

가. 상부구조

반포대교는 6차로 교량으로 길이 L = 1,490m, 너비는 B = 15.0m(4차로)와 25m(6차로) 되는 강합성 강상형교(鋼合成箱桁橋, Steel-concrete Composite Box Girder Bridge)로 건설되었다〈그림 3.7.9〉.

원래 잠수교를 만들 때 우물통을 15m 간격으로 세우기로 하면서, 만약 적당한 시기가 오면 이층 다리를 만들어 이 이층 다리 기초는 잠수교의 기초를 그대로 쓰되 하나 건너 하나씩 쓰려고 예정하였었기 때문에 반포대교의 경간장을 자연스럽게 30m가 되었다. 이에 따라 반포대교의 경간은 다음과 같이 구성되었다.[3]

L = 420m(반포대교 북단부 구간) + 780.0m(잠수교 구간) + 290m(반포대교 남단 구간)

= 30 + 30 + 30 + 45 + 2@ 30 + 3@ 30 + (30 + 37.5 + 37.5 + 30) + 30 + 30 + 8×(3@30)

+ 3×(3 @ 30) + 20

= 1,490m

반포대교의 상부구조는 교폭이 B = 15.0m인 4차로 강상형 교량과 교폭이 B = 25.0m인 6차로 강상형교량으로 되어 있다.

반포대교 북단 접속교 구간(A1~P13)의 상부구조는 폭 B = 2.4m, 높이 h = 2.0m인 강상형(Steel Box Girder) 2개가 9.4m 간격으로 떨어져 설치되어 있고, 그 위에 두께 t = 25cm의 콘크리트와 합성을 하여 강상형 강합성교를 만들었다.

두 강상형 사이에는 일정한 간격으로 높이 h = 1.10m인 가로보(Cross Beam)를 설치하고, 또한 그 가로보 중앙에 교량 축 방향으로 세로보를 설치하여, 상부구조 전체를 하나로 엮어낼 수 있는 뼈대구조를 만들었다.

반포대교 본교(교각 P13~교각 P48) 구간의 상부구조는 넓이 b = 2.4m, 높이 h = 2.0m인 3개의 강상형이 8.8m 간격을 두고 설치되었고〈그림 3.7.9(a)〉, 그 이외에는 4차로 상부구조와 같은 설계 개념으로 구성되어 있다〈그림 3.7.9(b)〉.

그림 3.7.9 반포대교 상부구조 표준 단면도

상부구조 횡단면도(중앙부)

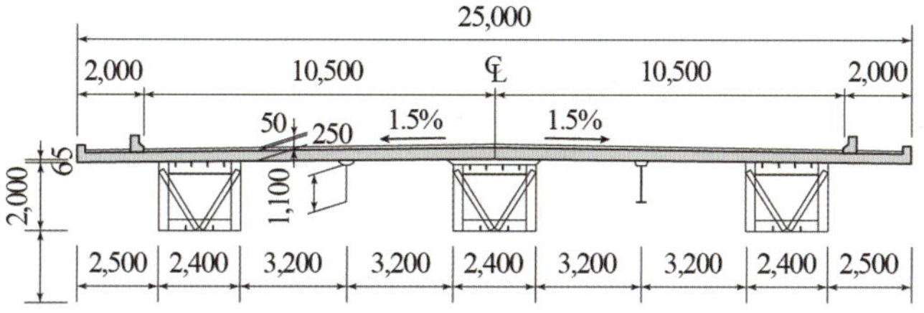

상부구조 횡단면도(지점부)

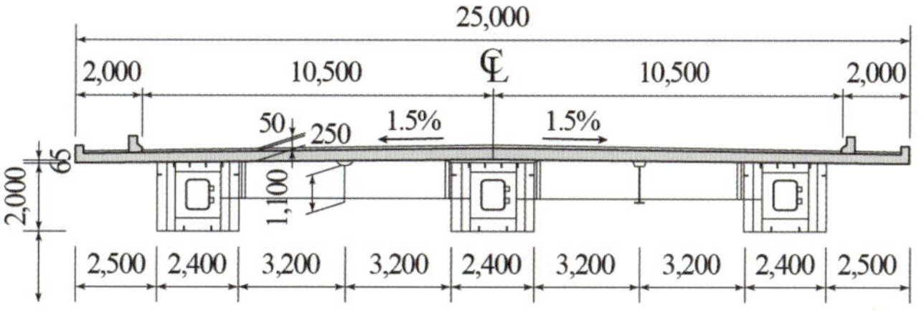

(a) 반포대교 본교 6차로 구간 상부구조 횡단면도와 6차선 구간 반포대교 하부 전경

상부구조 횡단면도(중앙부)

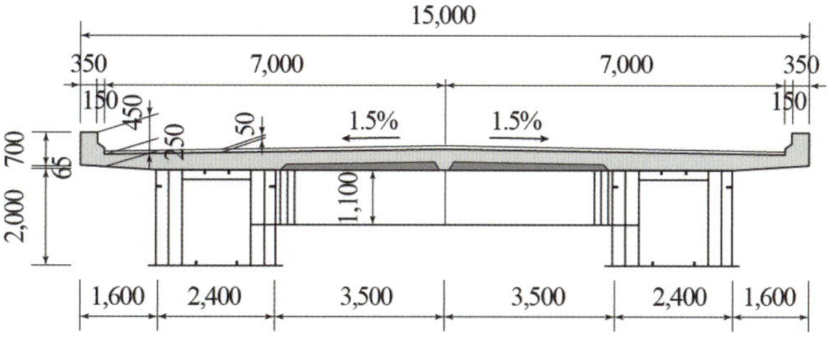

상부구조 횡단면도(지점부)

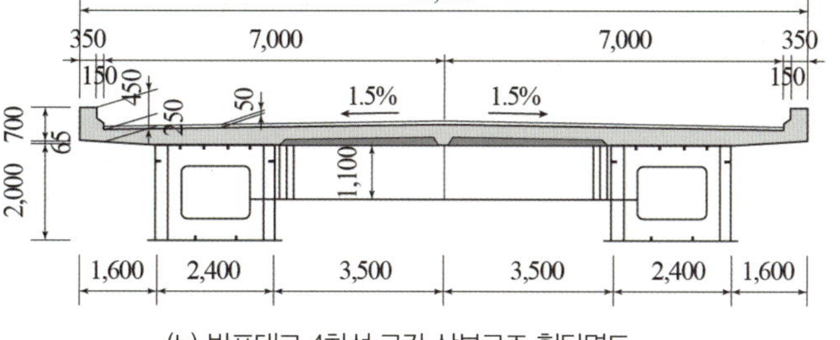

(b) 반포대교 4차선 구간 상부구조 횡단면도

나. 하부구조

1) 교대

반포대교 북단 측 교대 A1은 역 T형 교대로 직접확대기초 위에 축조되었고, 남단 측 교대 A2는 말뚝기초 위에 중력식 형식으로 시공되었다〈그림 3.7.10〉.

그림 3.7.10 반포대교 교대 형식

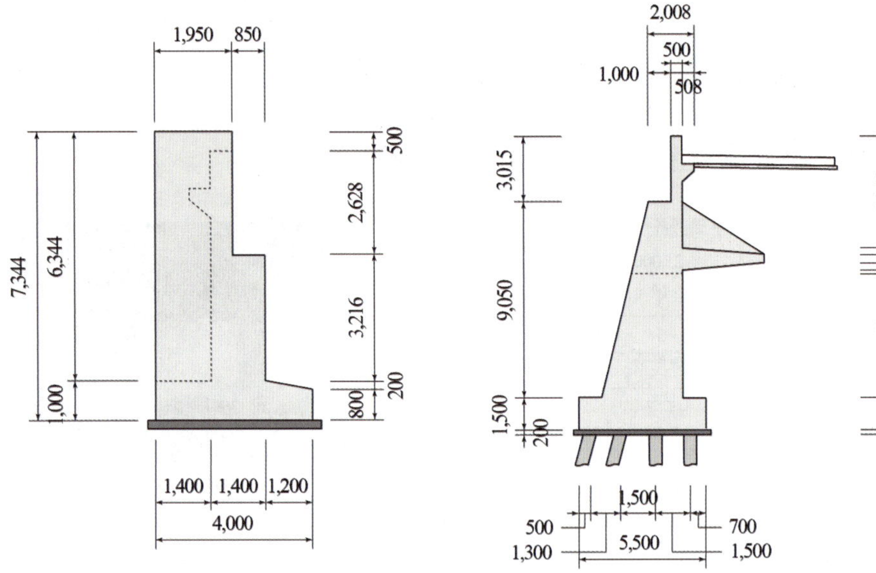

(a) 교대 A1　　(b) 교대 A2

2) 교각과 기초

교각의 형태는 교량의 T형 단독 교각(P1~P3)과 *Π* 형 라멘식 교각(P4~P48)으로 이루어져 있다.

T형 단독 교각(P1~P3) 아래와 육상 구간에 세워진 4개의 교각(P4~P7) 아래에는 직접확대기초〈그림 3.7.11(a)〉가 설치되어 있고 그 나머지 육상부 구간에 세워진 4개의 교각(P8~P11) 말뚝기초로 축조되었다〈그림 3.7.11(b)〉. 반포대교 교각 기초 48개 중 나머지 37개는 우물통기초로 되어 있다〈그림 3.7.11(c)〉.

그림 3.7.11 반포대교 교각과 기초형식

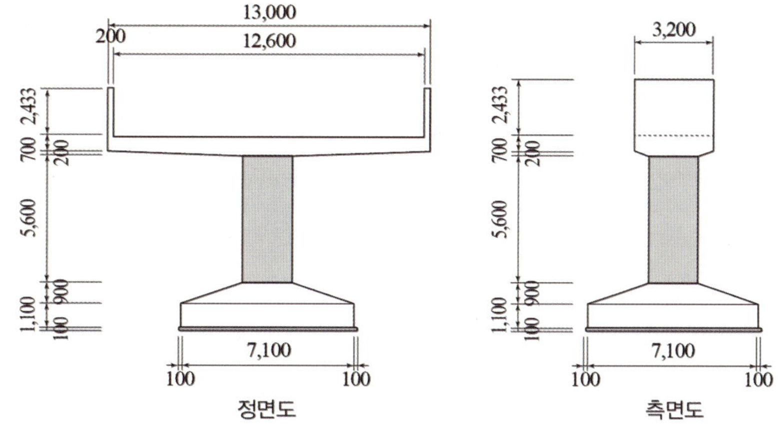

(a) 교각 P1 정면도와 측면도(1주식 교각, 직접기초)

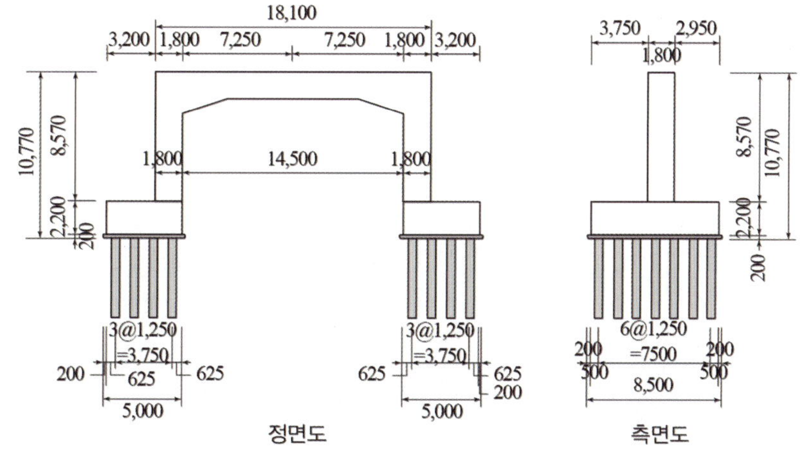

(b) 교각 P8 정면도와 측면도(Π형 교각, 말뚝기초)

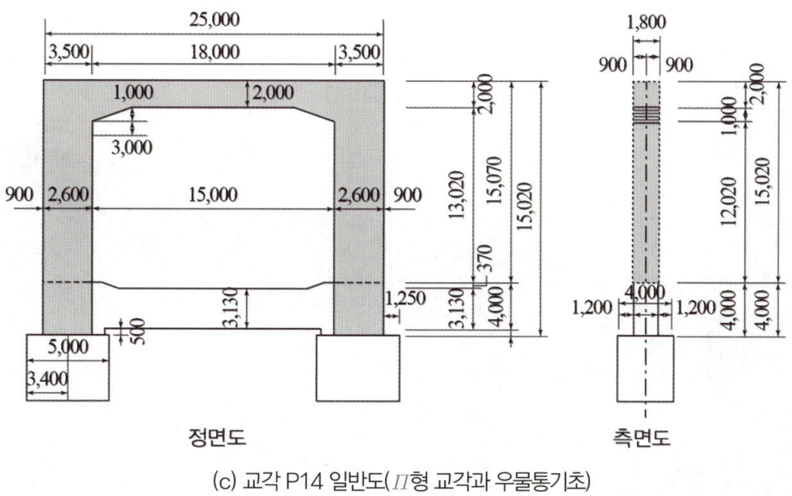

(c) 교각 P14 일반도(Π형 교각과 우물통기초)

3.7.3.3 잠수교 개량 공사(승개 장치 폐지)

잠수교는 수위가 5.5m까지 올라가면 보행자와 자전거 통행이 금지되고, 수위가 6.2m가 되면 차량이 통제된다. 수위가 6.5m가 되면 다리가 물에 잠기기 때문이다.

잠수교는 1985년 4월부터 한강종합개발사업의 한강수상이용계획에 따라 잠수교 초기에 선박 운항을 위하여 교각 P22와 교각 P23(이 교각 번호는 반포대교 교각 번호임) 사이에 설치한 승개(昇開, Lift) 시설을 철거하고, 그 구간을 배가 다닐 수 있도록 교량 바닥판을 들어 올리는 구조 변경 공사를 실시하여 1986년 1월 10일에 개통되었다. 개량된 부분은 전체 795m 중 330m이며 210톤급 유람선이 통과할 수 있도록 교하 공간을 8.6m까지 확보하였다〈그림 3.7.12〉. 또 설계 도면에 의하면 교각 P22번과 교각 P23번 교각 사이 상판 30m는 필요에 따라 2.5m까지 들어 올릴 수 있도록 설계한 것처럼 보이기도 한다〈그림 3.7.13〉. 그러나 지금 어디에도 교량 상판 일부를 들어 올릴 수 있도록 기계장치를 설치한 흔적은 보이지 않는다. 시공 단계에서 초기 구상했던 승개 장치를 포기한 것으로 추측된다.

그림 3.7.12 구조 변경된 잠수교 전경(한강종합개발사업)

그림 3.7.13 잠수교 개량 구간(L = 330.00m) 종·단면도

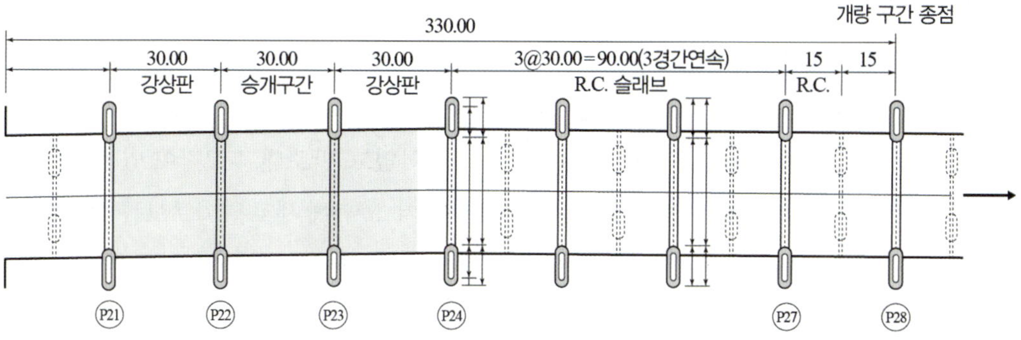

(a) 잠수교 개량 구간 평면도(승개구간) 부분도

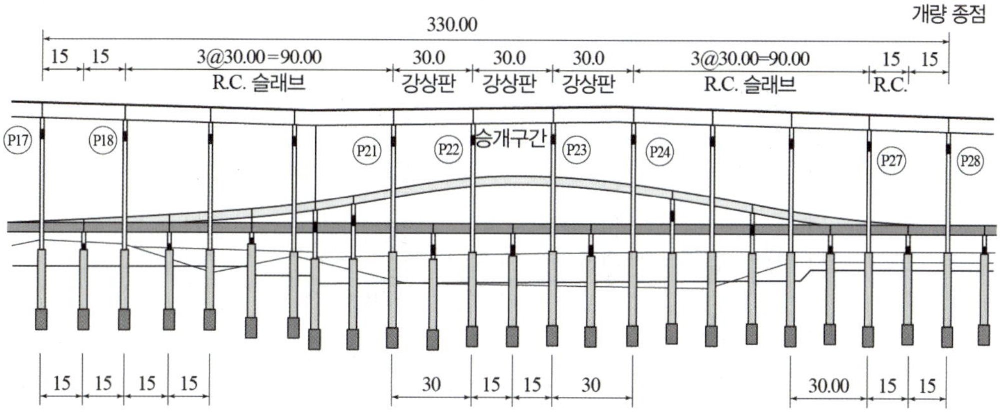

(b) 잠수교 개량 구간 종단면도

개량된 잠수교 L = 90.00m(= 30 + 30 + 30) 구간(교각 P21에서 P24까지)의 상부구조는 강상판으로 되어 있고 〈그림 3.7.14〉, 나머지 240.00m 구간은 R.C 슬래브 구조로 되어 있다.

구 잠수교는 경간 길이 L = 15.0m인 단순 철근콘크리트 슬래브교로 설계되어 있었으나, 추후 2층으로 다리를 새로 신설할 경우를 대비하여 각 30.0m마다 2층으로 다리를 건설하기 위한 하부 우물통기초를 미리 축조해 놓았었다.

그림 3.7.14 개량 잠수교 강상형 구간 종단면도(여기에 기술된 교각 번호는 개량 잠수교 부분에만 해당됨)

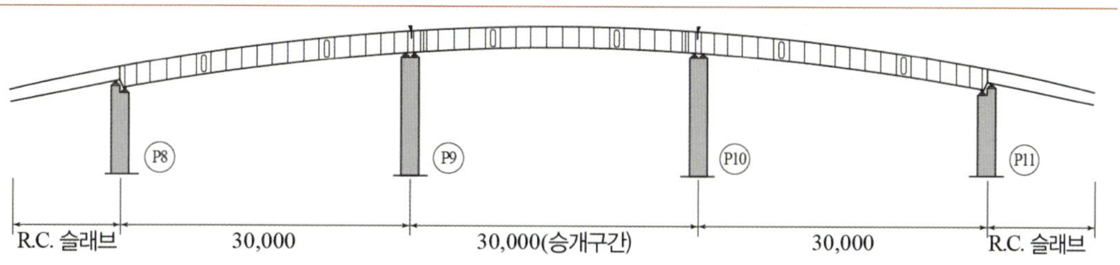

서울시는 1981년 잠수교 위에 2층 교량인 반포대교를 착공하면서, 기존 잠수교 우물통 위에는 30m마다 *Π* 형 교각을 세웠다. 이후 1985년에는 다시 구 잠수교를 개량하여 선박 통행이 가능하도록 반포대교 교각 P17과 교각 P18 중간부터 P28 사이 상부구조를 위로 들어 올렸다〈그림 3.7.13〉. 이 과정에서 반포대교 교각이 없는 위치에서는 구 잠수교에서 사용하였던 교각 위에 새로 추가적인 교각을 세운 다음 그 위에 상부구조를 설치하였고, 반포대교 교각이 있는 위치에서는 기존의 교각 가로보(Cross Beam)에 약간의 보수과정을 거쳐 그 위에 새로운 가로보를 설치함으로써, 반포대교의 교각을 같이 이용할 수 있게 되었다〈그림 3.7.15〉.

그림 3.7.15 개량 잠수교 교각 P6 일반도

교각 위쪽에 적힌 교각 번호는 반포대교 교각 번호이고 가운데 교각 번호가 잠수교 개량 구간 신 교각 번호, 맨 아래쪽의 교각 번호는 구 잠수교 우물통기초 번호이다. 예) 반포대교 교각 번호 P20은 잠수교 개량 구간 교각 번호 P6, 구 잠수교 우물통기초 번호는 w16

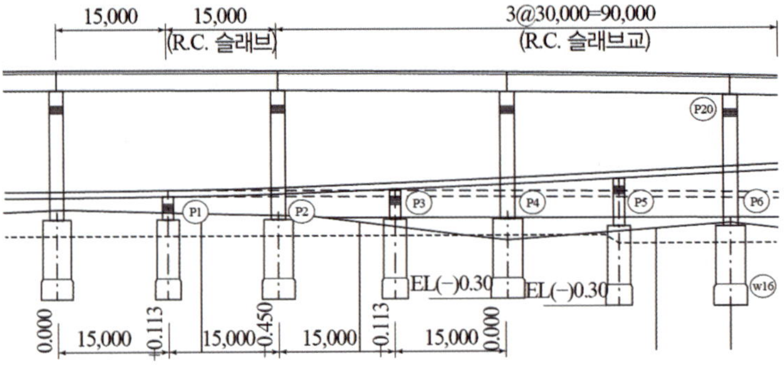

(a) 개량 잠수교 구간 종단면도 부분도

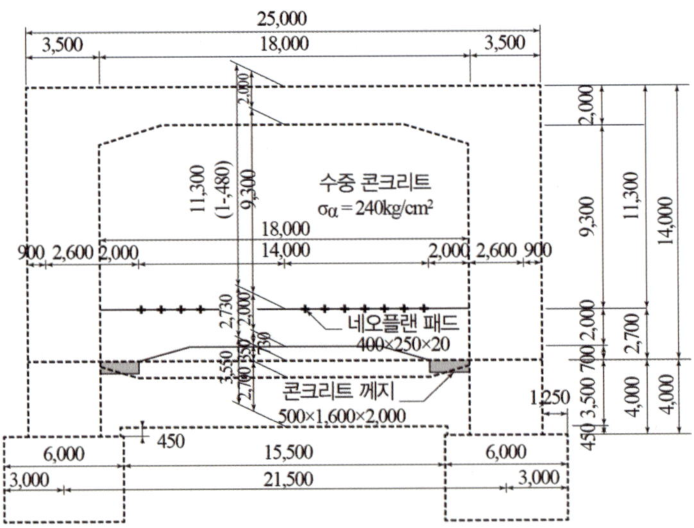

(b) 반포대교 교각 P20을 부분 개량하여 같이 사용하고 있는 개량 잠수교 교각 P6 횡단면도

그림 3.7.15 개량 잠수교 교각 P6 일반도(계속)
교각 위쪽에 적힌 교각 번호는 반포대교 교각 번호이고 가운데 교각 번호가 잠수교 개량 구간 신 교각 번호, 맨 아래쪽의 교각 번호는 구 잠수교 우물통기초 번호이다. 예) 반포대교 교각 번호 P20은 잠수교 개량 구간 교각 번호 P6, 구 잠수교 우물통기초 번호는 w16

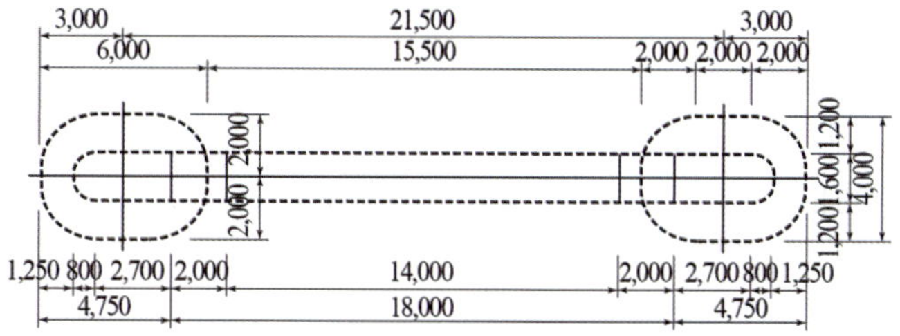

(c) 개량 잠수교 교각 P6 하부 평면도

3.7.4 교량 받침 개선(납 면진 받침)

우리나라에서 교량 설계에 지진하중을 고려하기 시작한 것은 1980년대부터였다. 그러나 '지진'이라는 자연현상이 국민의 관심사로 부각된 것은 1990년대 중반 이후였다. 1994년 10월 21일 새벽 성수대교가 갑자기 붕괴되고, 이듬해인 1995년 1월 17일 일본 효고현 남부 대지진(고베 대지진)으로 약 4만 4천 명의 사상자가 발생하면서, 국민들은 우리 한반도 역시 지진으로부터 안전하지 않을 수 있다는 불안과 공포를 느끼기 시작했다. 설상가상으로 그해 6월 29일에는 서울 강남 한복판의 삼풍백화점이 붕괴되는 사고가 발생하여 사회 전반에 구조물 안전에 대한 불신이 확산되었다.

이러한 상황 속에서 공교롭게도 1996년 12월 강원도 영월 지역에서 규모 4.5의 중진이 발생하자 국민적 불안감은 극에 달하였다. 이러한 사회적 분위기는 같은 해 11월 26일 한국지진공학회의 설립으로 이어졌으며, 이듬해인 1997년에는 한국과학재단이 국내외 지진 연구를 전담하는 '지진공학 우수연구센터(서울대학교)'를 설립하는 계기가 되었다. 그 결과, 우리나라의 지진 현상에 대한 과학적 연구가 본격적으로 체계화되었고, 전 세계에서 발생하는 지진 정보가 실시간으로 국내 전문가들에게 전달되어 신속한 대응이 가능해졌다.

한편 정부는 1996년 6월 9일 행정안전부를 통하여 「자연재해 대책법」을 제정·시행하여 지진방재를 제도화하였고, 서울시는 이에 발맞추어 한강 교량의 내진 성능 향상을 추진하였다. 대표적으로 반포대교의 '교량 받침 내진보강공사'가 시행된 바 있다.[4]

당시 반포대교의 교량 받침은 내진보강 전까지 교축 방향 일방향 롤러 받침 159개소, 힌지 받침 84개소, 포트 일방향 가동 받침 41개소(교축방향 34개소, 횡방향 7개소), 포트 받침 양방향 54개소 및 포트 고정 받침 13개소 등 총 351개소가 설치되어 있었다〈그림 3.7.16(a)〉.

그림 3.7.16 개선 전 반포대교 핀 받침과 일방향 포트 받침

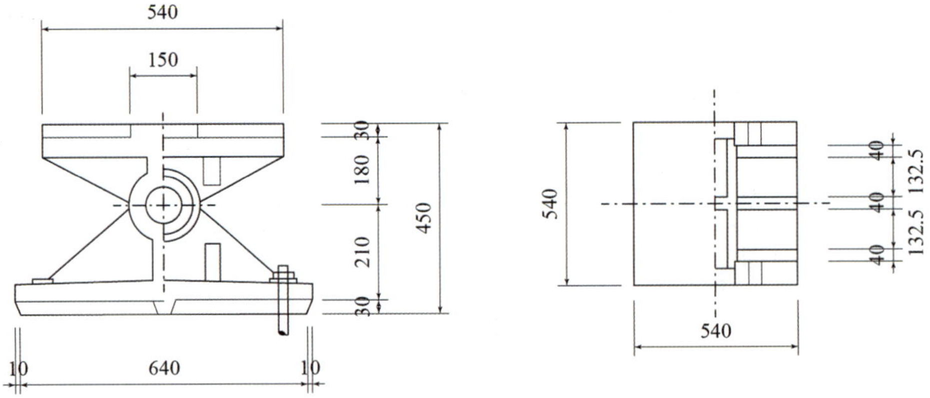

(a) 고정단 핀 받침 상세도(용량 : 150톤)

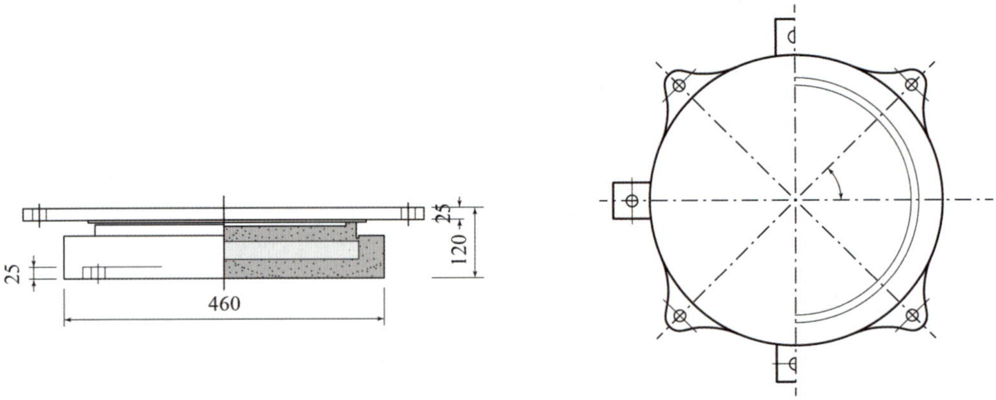

(b) 1 방향 포트 받침

그러나 2002년 실시된 반포대교의 내진성능을 검토한 결과, 전체 교량 받침 중 약 30% 정도가 교좌장치로서의 기능을 제대로 수행하지 못하는 것으로 나타났다. 또한 나머지 교량 받침 역시 내진설계가 반영되어 있지 않아, 서울시는 반포대교 일부 구간의 교량 받침을 납 면진 받침(LRB, Lead Rubber Bearing)으로 교체하기로 결정하였다〈그림 3.7.16〉.

한편 나머지 구간의 교량 받침에 대해서는 기존 교량 받침을 개선하면서 동시에, 교량 받침 사이에 전단키〈그림 3.7.17〉와 점성댐퍼〈그림 3.7.18〉를 추가 설치하여 지진하중에 대한 저항 성능을 확보하도록 하였다.

그림 3.7.17 반포대교 내진성능 개선을 위해 설치한 전단키

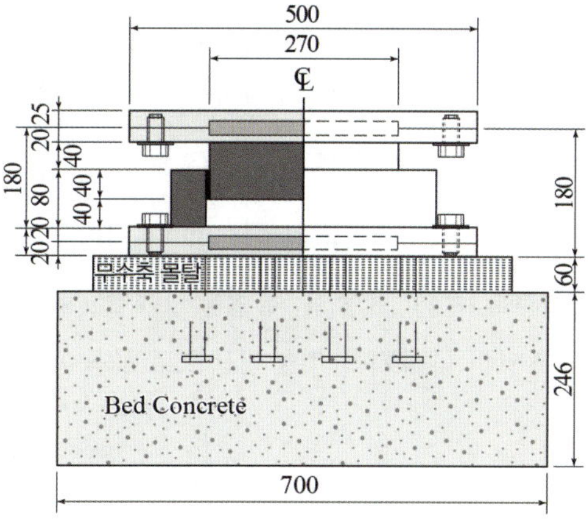

(a) 교각 P7 고정단 전단키

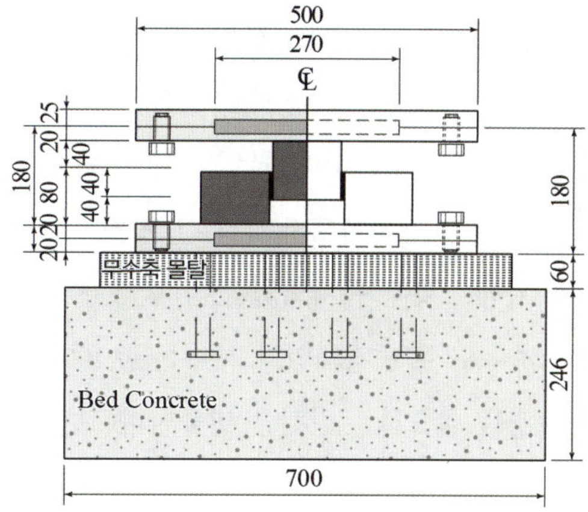

(b) 교각 P8 가동단 전단키

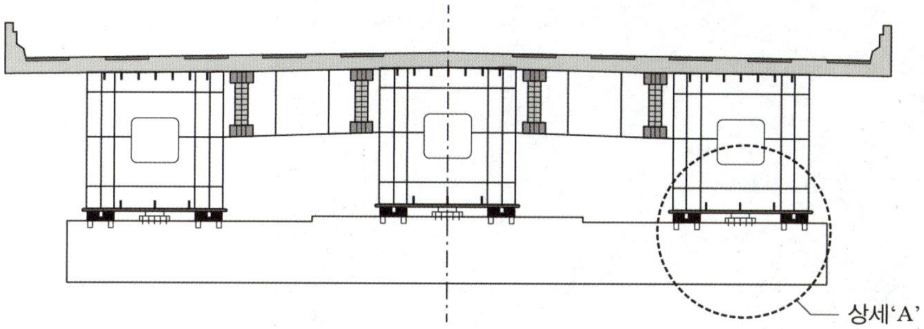

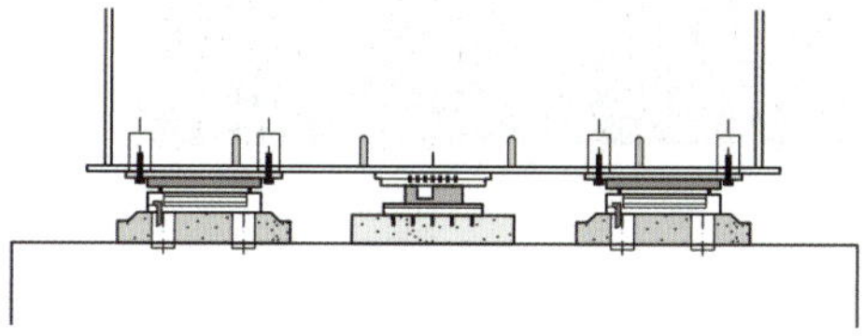

(c) 전단키 설치 상세도

그림 3.7.18 반포대교 내진성능 개선을 위해 설치한 점성댐퍼 개요도

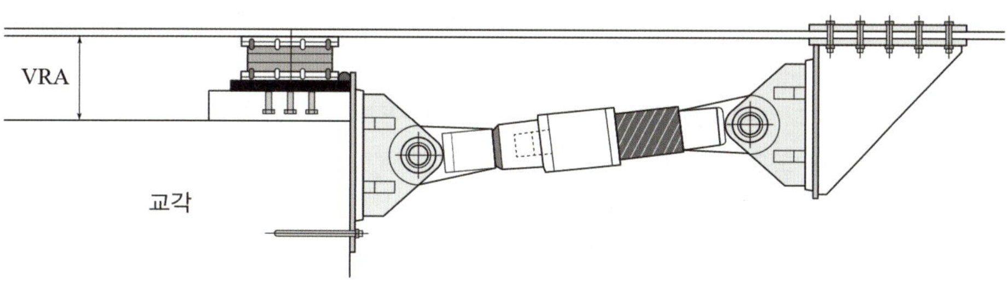

3.7.5 달빛무지개분수

서울시는 2008년 '한강르네상스' 프로젝트를 추진하면서 잠수교의 4차선 가운데 2차로를 보행자와 자전거 이용자를 위한 도로로 전환하였다. 또한 반포대교에는 수중펌프 38대를 설치하여, 1분에 약 190톤의 물을 뿜어내는 길이 1.140m의 세계 최장 분수 '무지개 분수(Rainbow Fountain)'를 가설하였다. 이 분수는 세계에서 가장 긴 교량 분수로 인정되어 'The Longest Bridge Fountain'이라는 이름으로 기네스북에 등재되었다. 이후 2009년 3월 3일에는 공식 명칭이 '달빛무지개분수(Moonlight Rainbow Fountain)'로 변경되었다. 분수는 총 190개의 경관조명이 물줄기를 형형색색으로 물들이며, 한강 야경을 대표하는 장관을 연출한다〈그림 3.7.19〉.

그림 3.7.19 반포대교 달빛 무지개 분수

서울시는 이어 반포대교 남단 하류에 인공섬인 세빛섬(Floating Island)을 조성하였다. 세빛섬은 2011년 9월에 완공되었는데, 세빛섬을 설계한 건축가 김태만은 "삭막했던 한강에 문화의 꽃을 피운다는 의미를 부여하기 위하여 꽃을 주제로 해서 설계했다"고 설명하였다.

미주

[1] 서울역사편찬원, 2022, 『서울은 지금 공사 중 - 서울역사구술자료집 15』, 202~209쪽

[2] 손정목, 2003, 『서울 도시계획 이야기』 3, 한울, 299~303쪽

[3] 서울특별시, 2007, 한강 교량 내진보강 실시설계용역(반포대교)

[4] 서울특별시, 2007, 내진보강 실시설계용역

3.8

첨단 계측기법의 지평을 열다, 행주대교

행주대교는 양수리로부터 약 62km 하류 지점에, 그리고 임진강 하구로부터는 약 60km 상류 지점에 위치한 교량으로 잠수교에 이은 10번째 한강 도로교이다.[1]

그림 3.8.1 행주대교 위치도

3.8.1 구 행주대교

서울 서부지역인 강서구 개화동과 경기도 고양시 행주 외동을 연결하는 구 행주대교는 1975년 7월에 착공하여 1978년 7월 22일에 완공, 11월 21일 개통하였다〈그림 3.8.2〉.

그림 3.8.2 구 행주대교 전경
서울특별시, 1988, 『서울의 다리』, 91쪽

이 다리는 총 45개 경간으로 구성되어 있는데, 행주 측 14 경간, 김포 측 26경간 모두 40개 경간은 30m 길이의 단순 P.S.C 빔교로 시공되었고, 나머지 교량은 40m 단순 판형교(Plate Girder Bridge) 5경간으로 구성되었다. 구 행주대교에 사용된 40m 판형(Plate Girder)은 경부고속도로 장대교 건설용으로 준비한 강판형의 잔량을 정부의 보증 아래 흥화공업에서 구 행주대교 유심부 5경간에 먼저 사용한 것이다.

구 행주대교의 전체 다리 길이 L = 1,400m이고, 경간은 매우 단순하여 다음과 같이 구성되었다.

$$L = 40@30 + 5@40 = 1400.00m$$

구 행주대교는 너비 B = 10m인 왕복 2차선 교량이다. 이 다리는 경인고속도로와 통일로를 연결하는 국도 39호선상의 교량으로 서울을 거치지 않고 김포지역과 의정부, 문산 지역을 직접 연결하는 역할을 하였다. 행주(杏洲)라는 이름은 고려 시대부터 사용된 매우 오래된 지명이었는데 조선조 임진왜란 때 행주산성의 표기를 행주(行州)로 부르면서 임난 이후부터는 행주로 사용하고 있다. 구 행주대교는 교통량이 계속 증가하자 2차선인 이 다리로는 증가하는 교통량을 감당하지 못하여, 하류 쪽에 두 개의 교량을 새로 건설하고, 이 다리는 2000년에 폐쇄하였다.

3.8.1.1 상부구조

구 행주대교 행주 측 14경간과 김포 측 26경간, 총 40경간(1,200m) 구간에는 상부구조가 높이 2.0m, 길이 29.8m 되는 프리캐스트 콘크리트 빔(P.S.C, Precast Concrete Beam) 부재로 만들어졌고〈그림 3.8.3〉, 그 횡단면은 2.60m 간격으로 4개씩 사용된 P.S.C 빔과 그 위에 R.C 바닥판을 얹은 구조로 되어 있다

〈그림 3.8.3〉. P.S.C 빔은 포스트 텐션(Post Tension) 방식으로 제작하였으며 직경 Φ 12.7mm PS 강연선(Strand)[2] 9본을 사용하였다.

그러나 유심부 구간은 주운(舟運)을 고려하여 길이 40m의 강판형교 형식을 택하였다〈그림 3.8.4〉. 이 강판형교의 상부구조는 횡단면 높이 h = 2.635m 되는 두 개의 강판형을 5.20m 간격을 두고 세우고, 그 위에 두께 t = 270mm 되는 콘크리트 바닥판을 합성시켜 단면을 구성하였다.

그림 3.8.3 구 행주대교 P.S.C 빔 교량 횡단면도

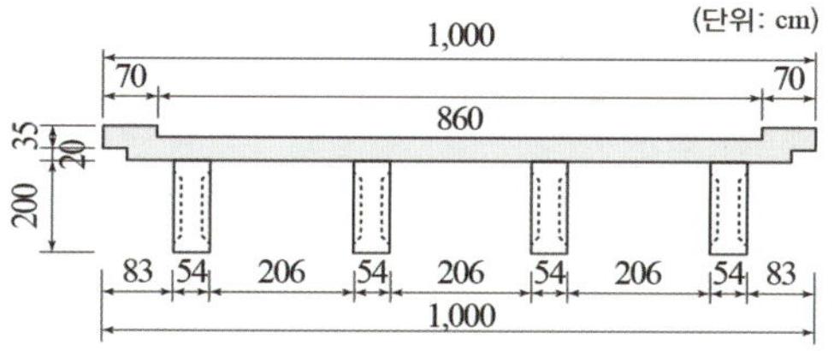

교량 단면도

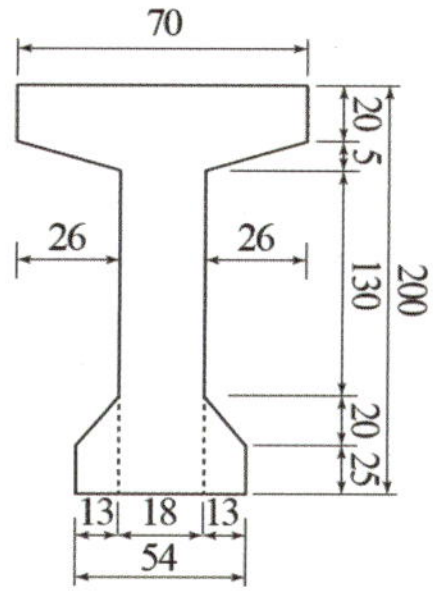

P.C 빔 단면

그림 3.8.4 구 행주대교 유심부 강판형교 일반도
대한토목학회, 1992, 행주대교(구) 안전도 검사 연구보고서, 43쪽

(a) 밑에서 본 강판형교 모습

(b) 구 행주대교 전경

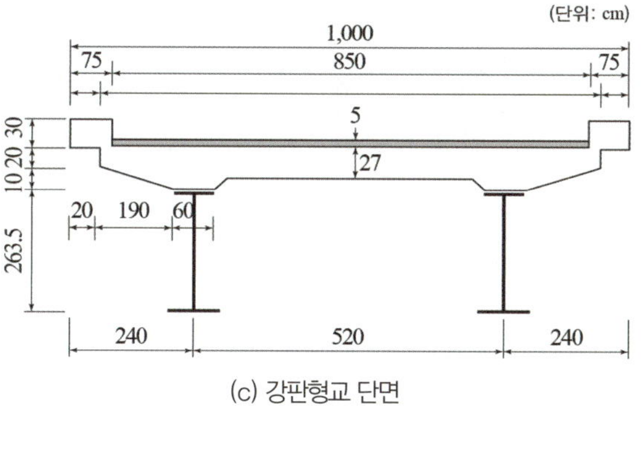

(c) 강판형교 단면

상부구조는 공종(工種)이 비교적 적어 시공이 간편하고 신속한 편이었으며, 전 길이에 걸쳐 0.3% 종단구배(Longitudinal Slope)를 두고, 횡단면(Cross Section)으로도 양방향 1.5% 횡구배(Transverse Slope)를 두어 배수가 쉽게 되도록 하였다.

3.8.1.2 하부구조

기초는 교량 건설지점 아래 모래와 자갈층이 매우 두껍게 형성되어 있어 우물통 공법을 채택하였고, 교각의 형태는 유속의 영향을 적게 받게 할 목적으로 직경 Φ = 2.5m인 기둥을 갖는 단순한 T형 철근콘크리트 교각으로 만들었다〈그림 3.8.4(b)〉.

구 행주대교는 시스템이 간단하여 유지관리가 비교적 쉬운 편이었다. 그러나 시간이 지나 일산, 중동 등지에 신도시가 개발되면서, 교통량이 크게 늘자 서울시는 기존의 다리 하류 쪽 30m 되는 지점에 새로운 교량을 건설하고, 구 행주대교는 2001년부터 차량 통행을 금지했다. 그 후 경인아라뱃길 개통을 앞두고 대형 선박의 통행이 가능하도록 2011년 6월부터 3개월 동안 구 행주대교 중앙부 상판 120m와 교각 2기를 철거하였다〈그림 3.8.6〉. 2006년 고양시에서는 구 행주대교를 보행자·자전거 전용 '그린웨이(Green Way)'로 재사용하려 했으나, 이 계획은 실현되지 못했다.

그림 3.8.5 구 행주대교 120m 철거 전경

3.8.2 신행주대교

행주대교 개통 후 약 10년이 지나 중동·일산 등 신도시가 남북측에 들어서자, 왕복 2차로였던 기존 행주대교만으로는 증가한 교통량을 감당하기 어려워졌다. 이에 따라 기존 교량 바로 하류에 신행주대교를 가설하기로 결정하였다.

원래 이 다리는 우대기술단과 인터세크에서 설계하였다. 두 설계사는 교량 중앙 유심부 3경간을 B.C.M(Balanced Cantilever Method) 공법으로, 그리고 나머지 경간은 이동식 거푸집 공법(M.S.S, Movable Scaffolding System)으로 가설토록 계획하였다. 원 설계에 따르면 신행주대교의 총연장 L = 1,460m로 되어 있고, 그 경간 구성은 다음과 같이 이루어졌다.

$$L = 660(= 11@60) + 60\{= 9.20 + 50.80\} + 320(= 100 + 120 + 100) + 420(= 7@60)$$
$$= 1{,}460.00\text{m}$$

그리고 하부구조의 모든 교각 기초는 직경 Φ = 1,500mm의 현장 타설 콘크리트말뚝을 베노토(Benoto) 공법[3]으로 설계되었다.

그러나 이 공사가 대형공사로 분류되어 대안입찰로 바뀌면서, 한국건업(현 벽산건설)과 유원건설의 설계팀이 제안한 대안이 채택되었다. 유원건설에서는 상부구조를 다리 전 길이 L = 1,460m에 걸쳐 P.S.C 박스거더로 처리하고, 시공에는 I.L.M(Incremental Launching Method)을 적용하였다. 그리고 교량 중앙부 320m(= 100 + 120 + 100) 구간은 콘크리트 사장재를 사용한 콘크리트 사장교로 구조 변경을 하였다. 주탑의 두 기초(P13와 P14)는 우물통으로 시공하고, 두 교대 A1과 A2와 교각 P1～P12와 교각 P15～P21 기초는 바레트(Barrette) 공법[4]으로 시공되었다. 대안입찰에 벽산건설이 당첨된 이유는, 1980년대 초반부터 우리나라 정부의 외국 신기술을 도입 우대정책 때문이었을 것이다. 80년대 초반 정부는 설계사나 시공사에게 신기술을 도입하는 조건으로 많은 혜택을 주던 시절이었다. 그래서 등장한 것이 벽산건설에서 제안한 콘크리트 사장교였다. 이 대안으로 제시된 콘크리트 사장교의 특징은 상부 박스거더와 사장교의 교탑이 콘크리트 구조로 되어 있을 뿐만 아니라, 상부 박스거더를 교탑에 매어주는 사장재도 P.C 구조로 되어 있다. 이러한 콘크리트 사장교는 국제 교량 건설 현장에서 그리 흔히 볼 수 있는 교량 형식은 아니었으나, 그 당시 네덜란드에서 종종 눈에 띄던 사장교 형식이었다. 신행주대교 콘크리트 사장재는 오스트리아의 V.C.E(Vienna Consulting Engineers)에서 설계를 맡았고 착공식은 1987년 12월에 거행되었다.

3.8.2.1 상부구조

신행주대교는 다리 전 길이가 L = 1,460(1,461.5m)[5]이고 너비는 3차선 규모로, B =14.5m로 하였다. 다리의 경간 구성은 다음과 같이 되어 있다.

$$L = 10 @ 60\text{m} + 60\text{m} + (60\text{m} + 320\text{m} + 7 @ 60\text{m}) = 1{,}460\text{m}$$

신행주대교가 기획될 시기만 하더라도 북한의 남침을 항상 우려하고 있었기 때문에 정부는 신행주대교 한 구간에 북한군 남침 시 군 공병이 쉽게 폭파할 수 있도록 군 거부시설을 설치하였다.

교량 중앙부 320m 구간에는 3경간 연속 콘크리트 사장교가 가설되어 선박의 운행이 가능하게 하였다.

P.S.C 박스를 연속적으로 가설하기 위하여 먼저 북측 교대에 접하여 임시로 P.S.C 세그먼트 제작장(이하 몰드장으로 칭함)을 설치하고, 한 번에 길이 20m 크기로 P.S.C 세그먼트 박스를 제작하였다. 제작된 세그먼트는 10일부터 15일에 한 번씩 남쪽으로 800m를 약 28개월에 걸쳐 압출하였다.

그다음 남측 교대지점에 몰드장을 설치하고 같은 방법으로 북측으로 600m P.S.C 박스거더를 밀어내었다.

I.L.M 공법을 안전하게 수행하기 위하여 3경간 연속콘크리트 사장교 부분에서는 경간마다 임시 교각(Temporary Pier)을 1개씩, 총 3개 설치하였으며, 북측과 남측 몰드장과 제1경간 사이에 각각 1개소씩 2개소, 남측 몰드장에서 마지막으로 압출하여 접합되는 경간(P10~P11) 사이에 1개소 모두 6개의 임시 교각을 설치하였다〈그림 3.8.6〉.

그림 3.8.6 신행주대교(대안 입찰) 종단면도

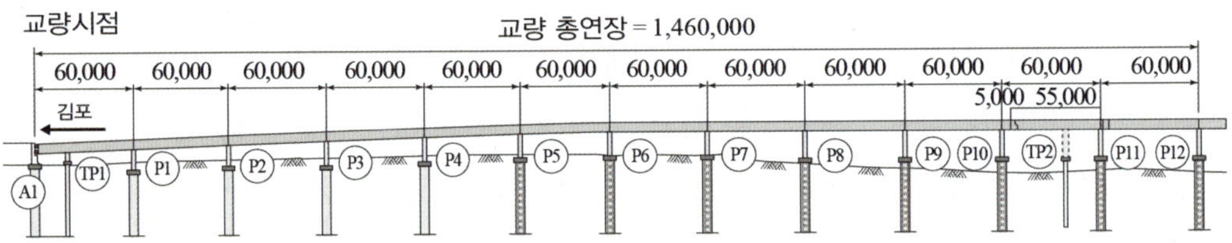

(a) 신행주대교(대안) 김포 측 종단면도(A1~ P12)(P.S.C 박스거더 구간 L=669.20m)

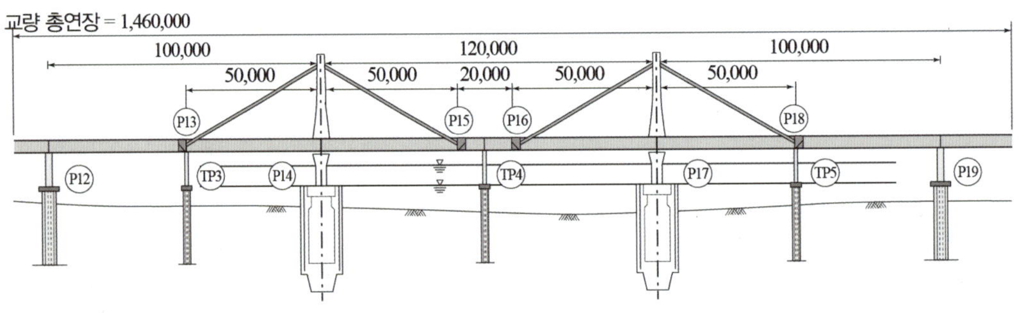

(b) 신행주대교 사장교 구간 종단면도(P12~P15)

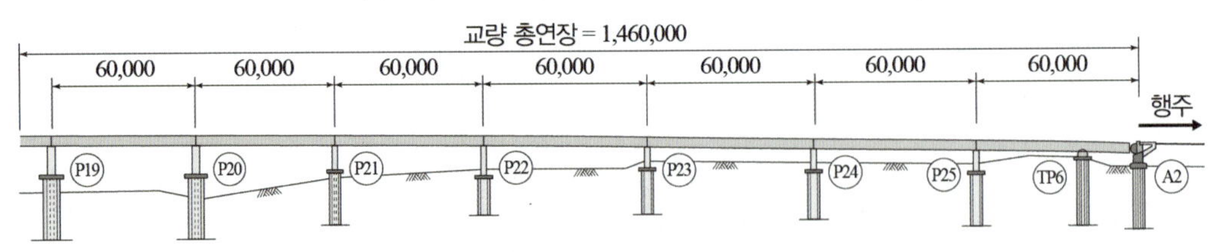

(c) 신행주대교 행주 측 종단면도(P15~A2)

P.S.C 박스의 형고(桁高)는 4.51m이고〈그림 3.8.7〉, 콘크리트 재질은 f_{ck} = 400kg/cm^{2}을 선택하였다. P.S.C 박스거더 건설 재료로는 철근은 SD40, 인장강도가 σ_u = 18,700kg/cm^{2}인 강선을 다발로 묶은 스트랜드를 사용하였다.

그림 3.8.7 P.S.C 박스거더 표준 단면도

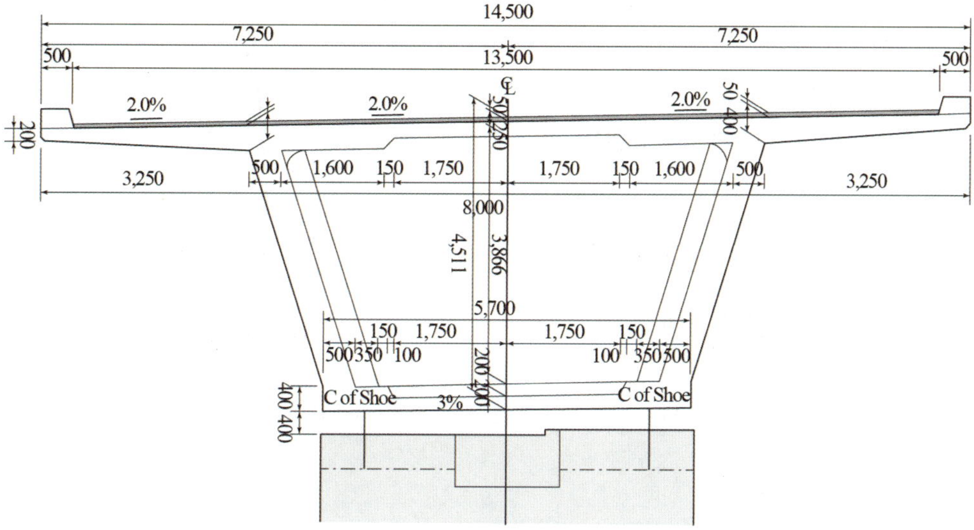

가. 3경간 연속콘크리트 사장교

3경간 연속 콘크리트 사장교의 사장재는 일반 케이블 스트랜드가 아니라 프리스트레스 콘크리트 부재(1.0m×1.05m×54.50m)로 되어 있는 것이 특징이다.

교탑은 그 형상이 포크 모양으로, 높이는 기초 상단에서 H=47.56m이고, 철근콘크리트 부재로 되어 있다. 교탑 단면은 상단에서 1.5×2.50m이고, 하단에서 2.5×6.0m 되는 매스콘크리트로 시공되었다〈그림 3.8.8〉. 콘크리트 기준강도는 400kg/cm^{2}이고 SD 40 철근을 사용하였다. 교탑 상단 -4.0m 되는 곳에서 콘크리트 사장재가 남북 양쪽으로 연결되었고, 교각 구체와 교탑의 접합 부위 즉, 큰 응력이 집중되는 곳에는 P.S.C 스트랜드를 충분히 배치하여 보강하였다.

그림 3.8.8 신행주대교 붕괴 전 교탑 일반도

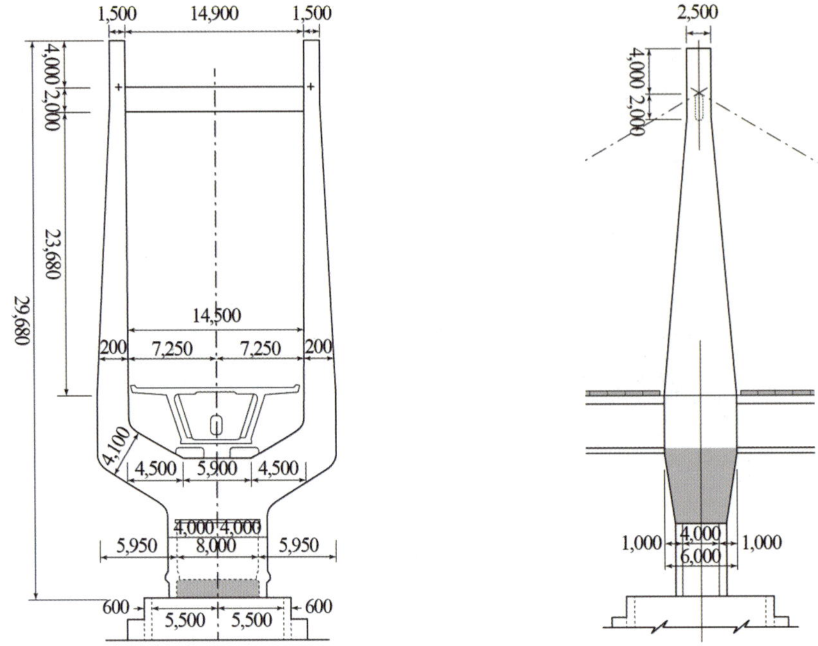

(a) 평면도 (b) 측면도

3.8.2.2 하부구조

사장교 구간의 교각 구체는 단면이 4.0×8.0m의 직사각형 중공 단면으로 설계되었다. 중공벽 두께는 0.6m이며, 콘크리트 기준강도는 300kg/cm^2, 철근은 SD 40을 사용하였다.

한편 구간의 일반 교각 구체는 단면 크기가 5.8×2.7m인 다이아몬드형 6각 중공 단면으로 설계되었다〈그림 3.8.9(d)〉. 중공벽 두께는 0.4m이며, 기준강도 300kg/cm^{2}의 철근콘크리트 구조로서, SD 40 철근을 a = 150mm 간격으로 배근하였다. 교각의 높이는 7.0~11.90m까지 다양하다.

또한 임시 교각(TP1~TP6)의 구체는 단면 크기가 5.8×3.0m의 직사각형 중공 단면으로, 블록 쌓기 공법을 적용하여 설계되었다. 다시 말하면, 교각 구체를 높이 2.0m 단위로, 콘크리트 중공 블록을 층층이 쌓는 방식으로 소정의 높이까지 설치하고, 그 위에 두께 1.0~1.5m의 캡 콘크리트(Cap Concrete)를 타설한 뒤, PC 스트랜드(7연선 Φ12.7mm) 4본을 수직 방향으로 긴장하여 기초콘크리트와 일체화시키도록 설계되었다. 철근콘크리트 중공벽 두께는 0.25m, 콘크리트 기준강도는 210kg/cm^{2}이었다. 임시 교각의 높이는 3.0~11.50m까지 다양하게 설계되었다. 이 공법은 독일 뮌헨에 본사를 둔 디비닥(DWIDAG) 건설회사가 1960~1970년대 바이에른 지방에서 즐겨 쓰던 공법이다.

그림 3.8.9 복구 전 교각 일반도(P10, P20)

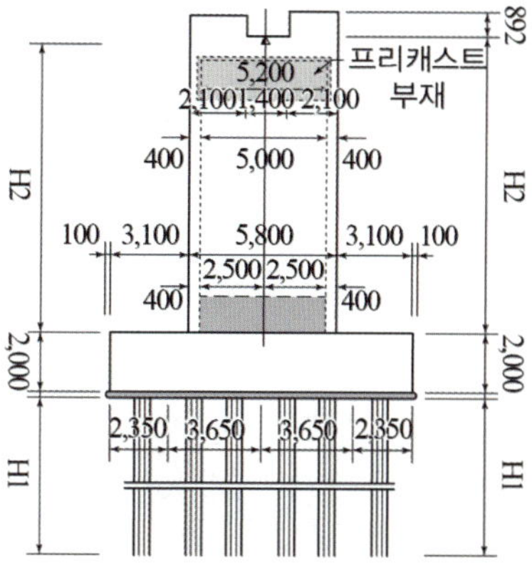

(a) 평면도

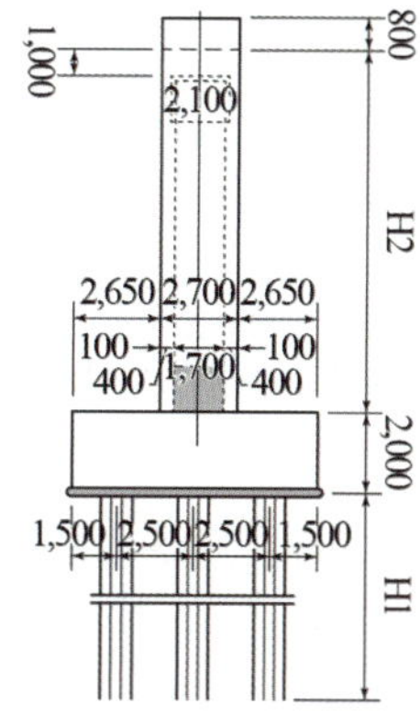

(b) 측면도

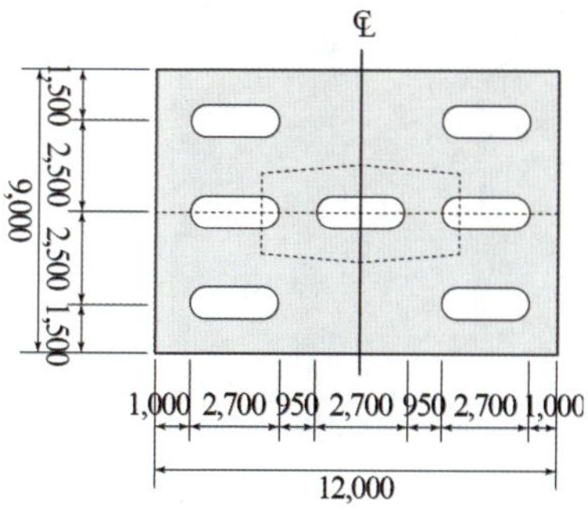

(c) 파일 배치도

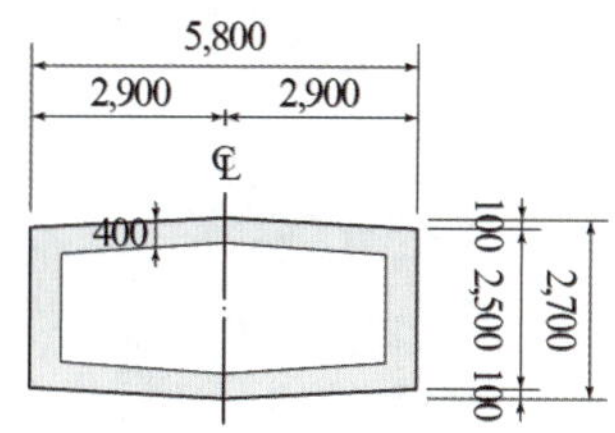

(d) 평면도

교각 P13과 교각 P14 이외의 교각과 교대의 기초는 바레트 파일(Barrette Pile)로 설계되었다〈그림 3.8.9(c)〉. 바레트 파일의 크기는 1.0×2.70m의 트랙형이며, 연암 또는 풍화암 지지층에 근입되도록 설계되었다. 바레트 파일은 현장 타설 콘크리트 파일의 일종으로 케이싱을 사용하지 않는 파일(No Casing Pile) 시공법이다. 즉, 어스 오거(Earth Auger)로 기초 지지층까지 굴착하고 안정액을 채워서 공벽의 붕괴를 억제하고, 미리 조립된 철근망을 삽입한 후 콘크리트를 타설하여 파일을 완성하는 공법이다. 이 과정에서 콘크리트를 주의 깊게 타설하여, 파일이 균일한 단면으로 완성되도록 주의를 기울여야 한다.

교각 P13과 P14 교각의 기초는 먼저 지하 연속벽(슬러리 월, Slurry Wall) 공법[6]으로 암반층까지 굴착하여 가물막이가 완성되면 물을 모두 퍼낸 후 직접기초 공법으로 시공하였다.

프리스트레스트 콘크리트 사장재는 현장 바닥 위에서 우선 48.0m 프리캐스트로 제작하고 교탑 위로 끌어올린 뒤, 상·하 연결 콘크리트를 타설하고 나서, 프리스트레싱을 가하여 보강형과 교탑에 강결(Rigid Connection)되도록 설계되었다.

그러나 불행히도 신행주대교 건설 현장은 착공한 지 4년 7개월이 지난 1992년 7월 31일 오후 6시 59분경, 공정률 82%로 완공을 4개월 앞두고 순식간에 아수라장이 되었다. 다리가 무너진 것이다〈그림 3.8.10〉.

그림 3.8.10 신행주대교 사장교 붕괴 현장과 붕괴 개념도
e영상역사관 / 서울지방국토관리청

(a) 신행주대교 사장교 구간 붕괴 현장

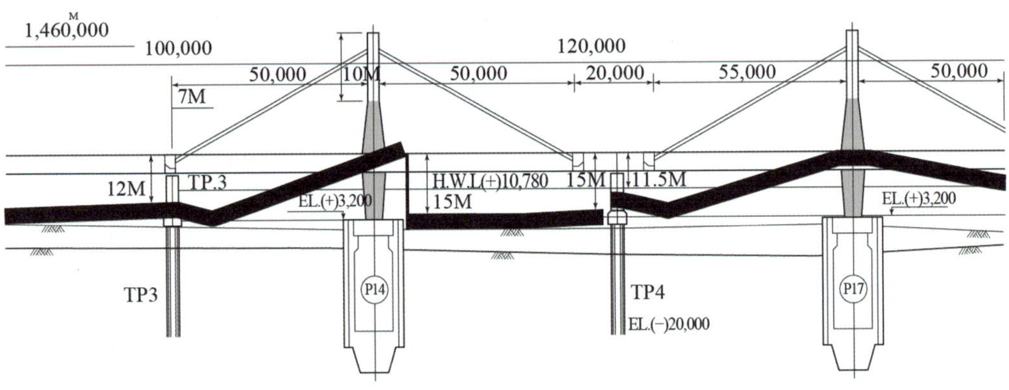

(b) 사장교 구간 붕괴 개념도

신행주대교는 서울지방국토관리청의 감독하에 벽산건설이 공사를 맡아 왔으나, 사장교 구간의 설계는 유원건설에서 주도하였다. 행주대교는 길이 L = 1,460m, 너비 B = 14.5m로 모두 21개의 교각(주탑 포함)을 건설할 계획이었다〈그림 3.8.6〉. 다리의 상부 콘크리트 박스거더(Main Girder)는 I.L.M(Incremental Launching Method)으로 시공하였는데, 전 구간을 남측(600m)과 북측(800m) 양측으로부터

다리 중앙부 방향으로 가설하였다. 최초 신행주대교를 건설할 당시에는 북측 ILM 구간에는 사장교 구간까지 포함되어 있었다.

I.L.M 공법이란 가설하려고 하는 다리의 끝단에 임시 공장을 설치하고 그 공장에서 세그먼트(분절) 단위로 20m씩 콘크리트 부재를 제작한 후, 이 제작된 세그먼트를 압출 잭(Lunching Jack)으로 전방으로 밀어내는 교량 상부구조 시공법을 의미한다. 이때 압출된 교량 상부구조가 자중이 작용하는 상태에서 제 강성(剛性)을 유지할 수 있도록 다리 길이 방향으로 적절한 양의 긴장력(Prestressing Force)이 도입된다. 이렇게 자동차 하중 등 주요 활하중이 작용하기 전, 시공 중에 도입되는 긴장력(緊張力)을 '제1차 긴장력'이라 하고, 교량의 전체구조체가 완성된 후에 모든 활하중을 제어하기 위하여 추가적으로 도입되는 긴장력을 '제2차 긴장력'이라고 한다.

3.8.2.3 신행주대교 붕괴사고

신행주대교의 붕괴사고는 '제1차 긴장제'의 도입만 완료된 상태에서 일어났다. 콘크리트 사장재는 가설된 보강형 위에서 제작하였다〈그림 3.8.11〉.

이 콘크리트 사장재는 가설 후 긴장력을 도입하여 교탑과 보강형이 일체가 되도록 계획되었다. 1992년 7월 31일 현재 8본의 사장재가 완성 제작되었고, 그중 남측 교탑 P13에 매달릴 4본은 가설 완료되어 상·하 연결콘크리트 타설 후 7일이 경과된 상태였다. 그러나 아직 긴장력(Prestressing)은 도입되지 않은 상태였다.

따라서 이 상황에서 교각 P13 위 교탑 상부에 매달린 콘크리트 사장재는 역학적으로는 아무런 역할을 하지 못했고, 역설적으로 사장재 설치 장비들과 함께 집중하중으로만 교량 바닥에 작용하고 있었다. 그리고 I.L.M 공법의 특성상 이때에는 전체 교량 보강형에 활하중에 저항하기 위하여 도입되는 제2차 긴장력이 도입되기 전이였기 때문에, 대한토목학회 신행주대교 붕괴 조사위원회에서는 도입된 '제1차 긴장력'의 크기가 시공 도중에 작용하는 하중을 견디기에는 부족했다고 결론지었다. 그 결과 설치된 인접 두 세그먼트 사이에 충분한

그림 3.8.11 보강형 위에서 제작된 콘크리트 사장재
붕괴 후 남아있던 신행주대교 사장교 북측 교탑
e영상역사관

인장력과 마찰력이 발휘되지 못하여 두 세그먼트 사이 미끄럼이 발생하게 되었다고 전문가들은 판단하였다. 이에 따라 교량 보강형의 강성(Stiffness)이 줄어들면서 보강형의 붕괴가 시작되고, 동시에 남측 교탑에 매달려 있던 콘크리트 사장재가 교탑을 끌어내리면서 남측 교탑이 두 동강 나고, 동시에 전체 교량이 와르르 무너진 것으로 추정된다.

신행주대교가 무너진 다음 날 저자는 대한토목학회 교량 붕괴사고 조사 소위원장 자격으로 현장을 조사하는 과정에서 다리 북쪽 무너지지 않은 다리 상판에 설치되어 있던 작업 컨테이너에서 근로자 한 분과 인터뷰를 했었다. 이분이 벽산건설 공부과에 근무하던 윤상일 계장인지는 확인하지 못하였다.[7] 그분 말씀이 다리가 무너지기 전 몇 번의 커다란 파열음이 있었다고 한다. 그들이 들었던 파열음이 다리가 붕괴와 동시에 난 것인지, 아니면 그 이전에 들은 것인지는 확인하지 못했다. 우리는 대학 실험실에서 프리스트레스트 콘크리트(P.C) 부재의 파괴시험을 하는 과정에서 긴장재(Prestress Tendon)가 끊어질 때 발생하는, 찢어지는 듯한 파열음을 자주 경험한다. 그 후 붕괴 직전 교량의 상태를 확인하기 위하여 그 근로자를 만나러 갔었는데, 그때 작업 컨테이너에 있던 모든 근로자를 다시는 만날 수 없었다. 저자의 개인적인 소견으로는 하중을 견디지 못하던 P.C 스트랜드가 처음에는 몇 가닥씩 파괴되다가, 임계치에 도달한 순간 한꺼번에 전체 스트랜드가 파손되면서 전체 교량시스템이 붕괴되었을 것이라 판단된다.

대한토목학회 신행주대교 붕괴 조사위원회에서는 다리의 주된 붕괴 원인으로 I.L.M 공법을 적용하기 위한 시공단계별 구조검토가 이루어지지 않았던 것을 지적하였다. 즉, 그 당시 건설부에서 추진하던, 외국 신기술의 국내 도입·확산 운동을 건설 현장에서 소화할 수 있을 만큼 국내 기술자들의 경험과 전문지식이 충분하지 못해, 설계내용을 확실하게 이해하지 못했던 것이 가장 큰 사고 원인이었다.

그림 3.8.12 주탑(교각 P13) 사장재 가설 직후 사진
건설부 서울지방국토관리청, 1992, 행주대교 가설공사 및 사고원인조사 및 대책기술 용역 최종보고서

참고로 저자는 현장에서 신행주대교 붕괴 당시 교량 건설 현장에서 공사를 지휘하던 시공사의 현장 책임자가 그 한 달 전에 한 아파트 건설소장이었던 사람이었다고 들었다. 그러나 확인하지는 못했다. 신행주대교 붕괴 직접적인 원인은 중앙 가교각, TP4와 남측(김포측)의 가로보 사이 중간에 시공된 시공

이음부에서의 전단 슬립(Shear slip)과 가교각(TP4) 위에 작용한 과다 연직하중의 편심 재하가 연계하여 발생한 것으로 추정된다〈그림 3.8.10(b)〉. 간접적인 원인으로는 부적절한 사장교의 경간 분할과 사장재 공법의 선택, 사장교 구간과 인접 연속교 구간의 무리한 연계, 그리고 본 공사에 참여한 시공자·설계자·감독관의 빈번한 교체와 공사 전반에 대한 충분한 이해 부족 등을 들 수 있겠다.

3.8.3 신행주대교의 복구[8]

다리가 무너진 후 4개월이 지난 1992년 11월 30일 복구공사가 시작되어 2년 6개월여 만인 1995년 5월 19일에 마침내 신행주대교가 개통되었다〈그림 3.8.13〉. 착공하고 7년 5개월 만이다. 붕괴된 구조물 철거는 상부 슬래브 전 구간(L = 1,020m)과 주탑 2기 중 1기 부분 철거(우물통 상부까지)하고, 교각도 12기 철거하였다.

사고 이후 복구공사 과정에서 상부구조는 벽산엔지니어링이 미국 D.R.C사의 도움을 받아 설계하였고, 하부구조는 독일의 D.S사가 맡아 재설계하였다.

그림 3.8.13 복구된 신행주대교 전경

서측 남단에서 본 광경(원 안의 구조는 케이블 정착 시설)

서측 북단에서 본 광경

3.8.3.1 복구 신행주대교 사장교

가. 사장교 구간 강합성 강상형

신행주대교가 붕괴되기 전 북측 P.S.C 박스형 800m는 I.L.M 공법으로 시공하였으나 복구 과정에서는 접속교의 I.L.M 구간을, 사장교 구간을 뺀 420m로 축소하고, 나머지 사장교 구간 380m는 강합성 형교로 변경하였다〈그림 3.8.14〉. 이때 콘크리트 상판을 양생시키기 위하여 사용하였던 철판 거푸집은 상판 콘크리트 양생 후에도 철거하지 않았다.

그림 3.8.14 사장교 구간 강합성형교 표준 단면도

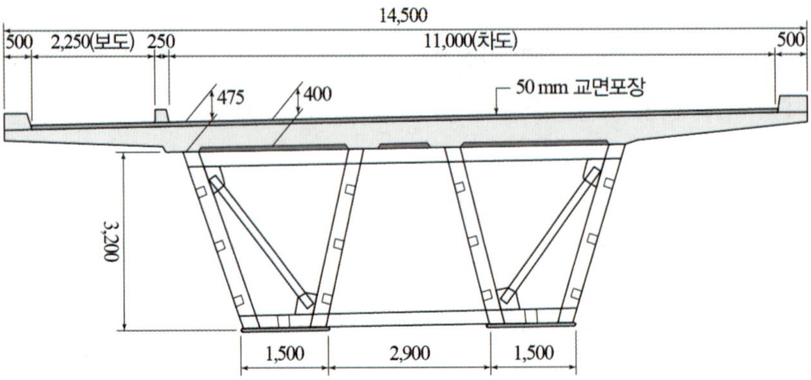

(a) 사장교 주형 표준 단면도

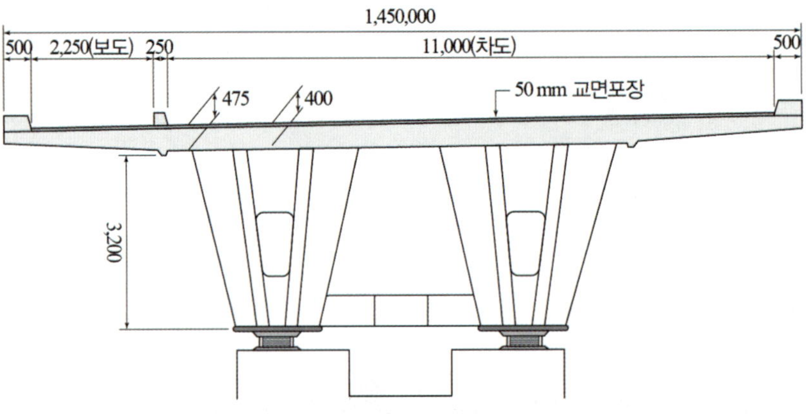

(b) 지점부 횡단면도

발주처(건설교통부 서울지방국토관리청)에서 복구공사를 위하여 주경간 교량 형식을 강판형교와 강합성 강상형교 두 가지 형식에 대하여 비교 검토한 결과 강합성 강상형교로 가설하는 것이 경제적인 것으로 판단하여, 복구 사장교의 상부구조를 강합성 강상형교 형식으로 결정되었다.

강합성 강상형교로 설계된 사장교 구간 380m에서의 다리 횡단면 너비는 B = 2×7.25 = 14.5m이고, 높이는 H = 3.68m 그리고 바닥판의 두게는 T = 400mm로 시공되었다〈그림 3.8.14〉.

강합성 강상형의 가설은 한 세그먼트를 길이 14m로 제작한 후 200톤 크레인을 이용한 가설 시공법을 채택하였다.

이들은 동시에 사장교 구간 380m(강합성 구간)과 북측 I.L.M 420m 구간 사이에 신축이음장치(Expansion Joint)를 설치하여 강합성 사장교 구간과 I.L.M P.S.C 박스거더교를 구조적으로 완전히 분리함으로써 800m 구간을 한 번에 건설하려고 하다가 낭패를 본 전례를 답습하지 않고자 하였다.

나. 복구 사장교 교탑과 케이블

복구된 사장교 교탑은 초기 설계를 그대로 원용하기로 하였다〈그림 3.8.14〉. 다만, 교탑 중간을 걸쳐 지나가는 보강형의 단면은 I.L.M 공법을 적용했던 P.S.C 세그먼트 단면을 포기하고, 현장타설 강합성 단면으로 변경한 차이점이 있다〈그림 3.8.15〉.

그림 3.8.15 신행주대교 복구 전후 보강형 위치도

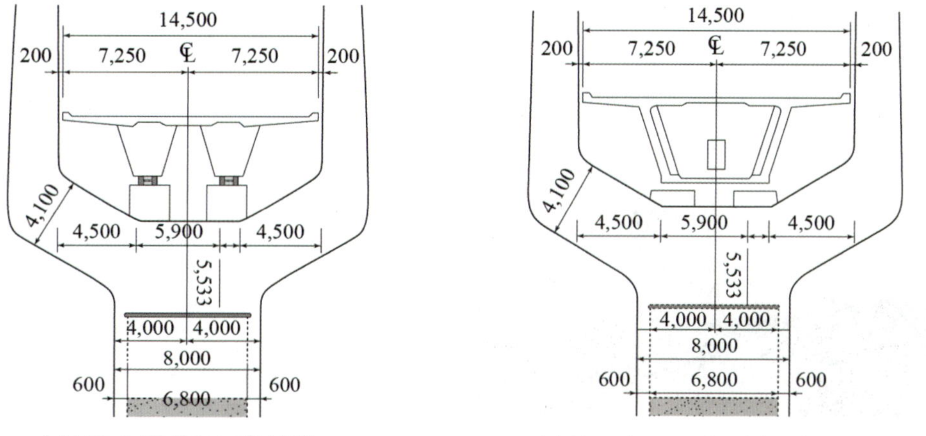

(a) 복구 후 강상형교 교탑부 위치도 (b) 복구 전 P.S.C 박스거더 교탑부 위치도

신행주대교 사장교는 원래 콘크리트 사장재 8본(강선 0.6″-27×6개/조당)으로 콘크리트 사장교를 가설하기로 계획되었다. 그러나 사장교를 복구하는 과정에서 일반 케이블 사장재 8본(강선 0.6″-27×4, 에폭시로 코팅)으로 설계를 변경함으로써 신행주대교가 콘크리트 사장교라고 한 대안입찰의 의미를 무색하게 만들었다.

신행주대교 주형(보강형)은 2개의 교탑과 양쪽 케이블 지지 교각 2개 그리고 교량 중앙부에서 위치한 2개의 케이블 탄성 지지대에 의하여 지지되고 있다(그림 3.8.16 교각 P15/교각 P16).

그림 3.8.16 복구 사장교 구간 종단면도

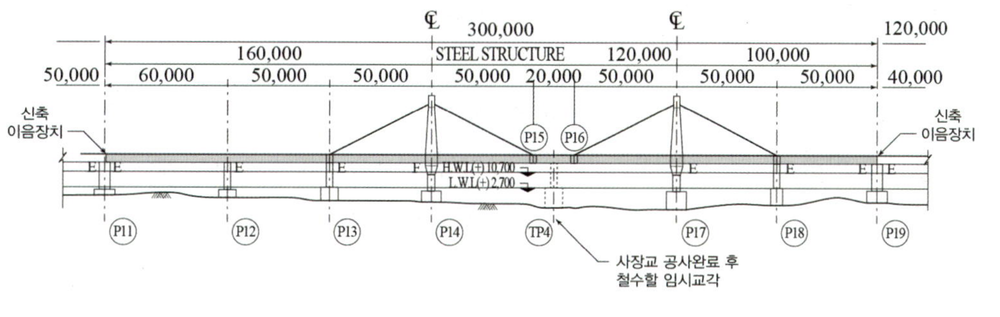

이러한 사장교 주형 시스템은 케이블 지지 교량에서는 보기가 그리 흔하지는 않다. 보통은 여러 가닥의 케이블이 주교량 상부구조에 여러 곳에서 탄성지지되고, 매우 소수의 케이블만을 교각에 연결하여 소위 백 스테이(Back Stay) 역할을 하게 하는데, 이 복구 신행주대교 사장교의 경우에는 케이블이 주형에 연결되는 위치는 겨우 4곳인데 비하여 백 스테이(그림 3.8.15의 교각 P13과 교각 P18)가 2곳이나 되는 조금은 특이한 구조다. 모두 다 세상에서 볼 수 있는 모든 종류의 교량을 한강 위에 건설하고자 염원했던 우리 선배 기술자들의 열정에서 기인한 것이 아닌가 싶기도 하다. 케이블 작업은 상부 보강형이 가설된 후에 시작되었다〈그림 3.8.17(a)〉.

그림 3.8.17 케이블 설치

(a) 사장교 주형(보강형) 설치 완료

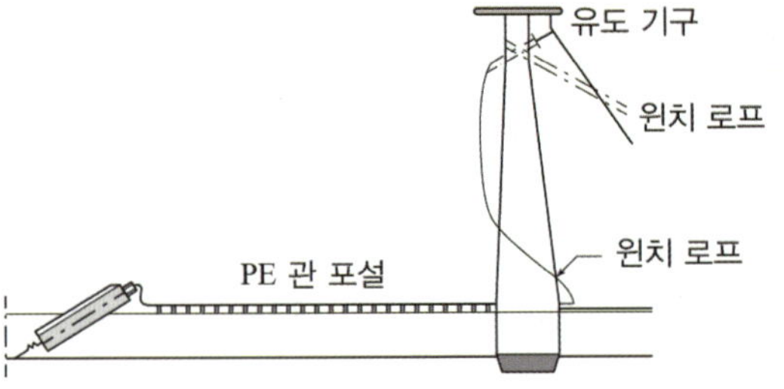

(b) 가이드 로프 설치

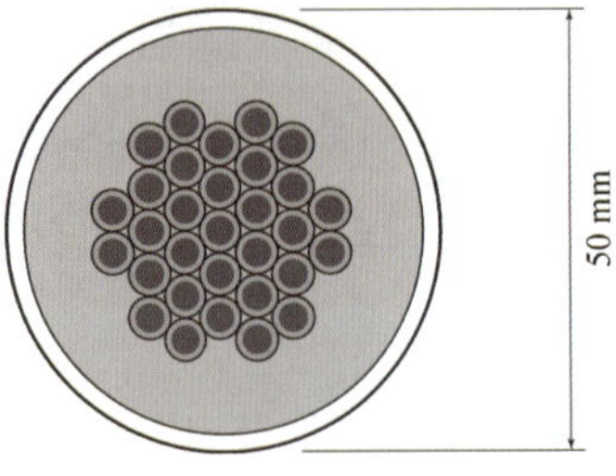

(c) 케이블 단면

(d) 케이블 설치 공사 중 장면

신행주대교 사장재로는 평행 스트랜드 케이블(Parallel Strand Cable)을 사용하였다. 모든 케이블 규격은 7연선 Φ15.2mm 스트랜드 27가닥으로 만든 P.S 강연선 케이블(SWPC-7B, 0.6″ 스트랜드 27가닥)로 만들어서 시공하였다.

각 스트랜드는 부식을 방지하기 위하여 에폭시로 피복하고, 에폭시 피복한 스트랜드 사이에 시멘트 몰탈을 주입한 후 케이블의 겉은 P.E 관으로 감쌌다. 사실 예전에는 사장 케이블을 제작할 때 부식 방지를 위하여 시멘트 몰탈 그라우팅 공법을 흔히 사용하였으나 현재는 통상적으로 왁스(Wax)나 그리스(Grease)를 사용한다.

일반적으로 국내에서는 사장재(Stay Cable)로 프랑스의 Fressynet 제품 또는 오스트리아의 VSL 제품을 사용한다. 그러나 복구 신행주대교에서는 독일의 DSI(Dywidag System International) 시스템을 따르기로 하였다. 신행주대교 복구 과정에서 벽산엔지니어링사가 디비닥사 기술자들의 도움을 많이 받으면서 자연적으로 그렇게 흘러가지 않았나 생각된다.

1) 케이블 설치 순서 및 방법

케이블 설치는 1일 한 개씩 32일 소요되었다.

① 롤러를 상판 위에 깔고

② PE관을 용접하여 롤러 위에 깔아 놓는다.

③ 윈치 로프(Winch Rope)를 설치하고

④ 윈치로 윈치 로프를 잡아당겨 PE 관을 최대한 높이 올려놓는다.

⑤ 강선을 주탑 상부에서 공당 직경 Φ 15.2mm짜리 7연선 P.C 강연선 27개 중 한가닥을 삽입한 후 모노 잭(Mono Jack)으로 10톤을 잡아당기고

⑥ 로프를 제거한다.

⑦ 두 번째 강선은 삽입하여 9.94톤으로 긴장한다.

⑧ 세 번째 강선부터 27번째 강선까지는 삽입하여 9.93톤으로 긴장한다. 이때쯤 설치된 PE 관에 처짐이 거의 없는 상태가 된다.

⑨ 좀 더 PE 관을 팽팽하게 한 후에 웨지(Wedge)를 끼워서 케이블을 교탑 상부에 정착한다.

⑩ 같은 방법으로 다음 홀(Hole)에 케이블을 설치한다.

2) 케이블 정착 시스템

신행주대교 사장교 구간 설계의 핵심은 케이블이 주형에 정착되는 정착구의 설계에 있다고 판단된다. 사장교의 보강형이 케이블에 의하여 탄성지지점 P15와 P16[9]〈그림 3.8.16〉에는 교탑에서 내려오는 케이블 정착을 위하여 격벽(Diaphragm)과 앵커 블록(Anchor Block)을 설치했다〈그림 3.8.17(a)〉.

세계 제2차대전이 끝나고 독일 뒤셀도르프(Düsseldorf) 라인강에 건설되었던 강사장교의 개발 초기에는 케이블 정착을 위하여 사장교 강재 보강형에 강성이 매우 큰 강재로 만든 격벽을 설치하고 그 양단에 강재로 된 앵커 블록을 만들어 케이블을 정착시켰다〈그림 3.8.18(a)〉.

그림 3.8.18 케이블 사장재 정착부 격벽과 앵커 블록

(a) 라이크니브뤼케(1969)

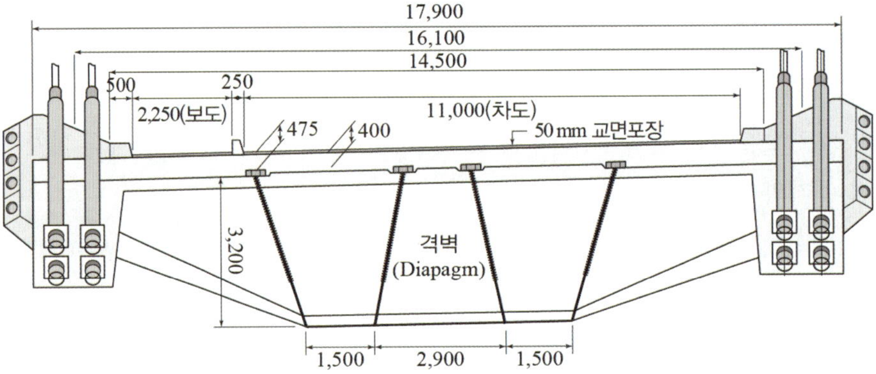

(b) 신행주대교 케이블 정착구(P15/P16) 격벽과 앵커 블록

그러한 케이블(사장재) 정착 개념은 신행주대교 복구 과정에서도 그대로 적용된 것으로 보인다. 다만, 강재 격벽과 강재 앵커 블록을 프리스트레스트 콘크리트 구조로 바꾸어 적용한 것이 차이점이다〈그림 3.8.18(b)〉. 이 설계 개념은 1950년대 독일 라인강에 건설된 라인크니브뤼케(Rheinkniebrücke; Rhine knee bridge) 설계에 참여했던 세계적인 설계 엔지니어인 탱 박사(Dr. M.C. Tang, 중국계 미국인)가 신행주대교 복구 사장교에 적용한 것이다.

사장재 케이블에서 보강형(주형)으로 전달되는 인장력은 케이블 앵커 블록과 격벽을 통하여 종방향으로 설치된 강재 보강형의 복부판으로 전달해야 한다. 그러기 위해서는 루프형 P.C 텐던을 입체적으로 격벽에 배치하고 앵커 블록에서 정착시켜야 한다〈그림 3.8.19〉.

그림 3.8.19 케이블 정착부 격벽과 앵커 블록에 설치된 루프 텐던(Loop Tendon)

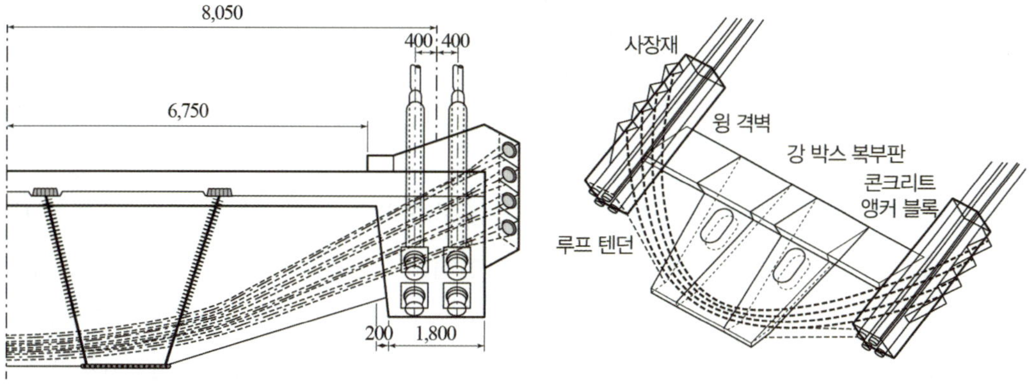

(a) 루프 텐던의 배치 정면도 (b) 격벽 경사면에 따른 평면도

그림 3.8.20 사장교 재시공 구간 종단면도

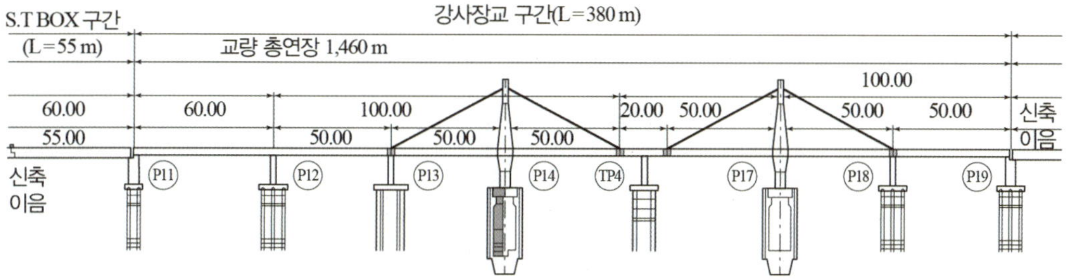

다. 복구 사장교 하부 우물통기초

대안 입찰한 신행주대교의 기초 형식은 현장타설말뚝인 바레트기초 공법을 전 구간에 적용하기로 하였고 사장교 주탑 기초는 H 형상의 바레트기초 9기로 설계되었으나, 복구 과정에서 사장교 공사를 위하여 가도를 미리 축도하기로 한 만큼, 지반을 직접 확인하여 연암층 아래 지반에 안착시킬 수 있는 우물통기초로 설계 변경을 하였다.

시공은 원에 가까운 다각형 단면으로 지하 연속벽(Diaphragm Wall, Slurry Wall)을 설치한 후 내부를 굴착하고 암을 확인한 후 채움 콘크리트를 타설하여 안정된 직경 Φ = 12.2m의 우물통기초 공사를 하였다.

지하 연속벽 공법이란 트렌치 내에 지반안정액을 채워서 벽면의 붕괴를 방지하면서 굴착함으로써 패널(Panel)을 만들고 이 패널에 철근망을 넣어 세운 후 콘크리트를 타설하는 방법으로서, 이 방법의 패널을 연속적으로 하여 일련의 지하벽을 만드는 공법이다.

행주대교의 경우에는 본체 구조물과 일체로 적용하여 영구구조물로서 효과를 발휘하도록 배려하였다〈그림 3.8.21〉. 장점으로는 소음 발생이 적어 시가지에서 적용하기가 적합하고 벽체의 강성이 크다. 그러나 단점으로는 토류벽에 비하여 고가이고, 토질 및 지하수의 상황에 따라서는 굴착 패널의 붕괴 위험이 있고, 안정액에 부유된 토입자로 인한 슬라임으로 콘크리트 강도의 저하가 생길 수 있다.

우물통은 외경 Φ = 12.20m, 내경 Φ = 9.80m인 원통 구조로 그 깊이는 37.5m로 시공되었다. 내부에는 모래로 채워 안정성을 유지하게 하였다. 교각 받침으로 사용되는 덮개 콘크리트는 설계강도 σ_{ck}= 300 kg/cm^{2}인 콘크리트를 4.0m 높이로 타설하였다. 몸체와 수중 콘크리트의 기준강도는 다른 우물통에서도 일반적으로 사용하고 있는 σ_{ck}= 240kg/cm^{2}으로 하였다〈그림 3.8.21〉.

그림 3.8.21 복구 교탑 우물통기초 단면도

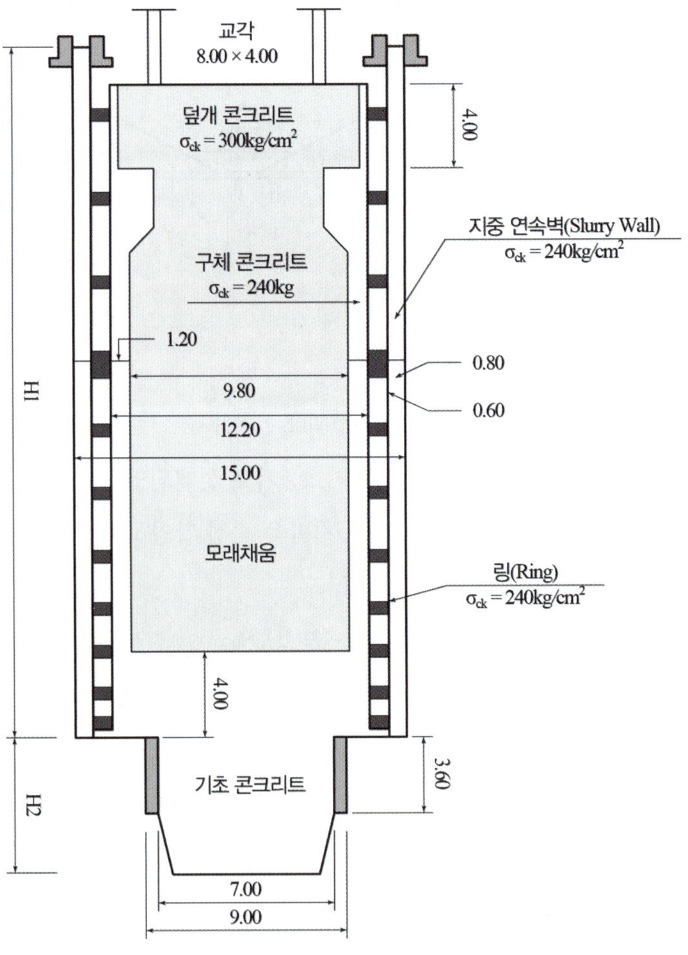

3.8.3.2 복구 신행주대교 접속교

가. 상부구조(P.S.C 박스거더교)

복구된 접속교 설계 하중은 DB-18에서 DB-24로 상향하여 1등교로 설계하였다. 복구된 신행주대교의 전체 길이는 1,460m로 붕괴 전과 달라지지 않았으나, 경간 구성을 바꿔 설계하였다.

L = 660(= 11@60) + 60m + 380(= 60 + 2@50 + 120 + 2@50) + 420(= 7@60)

= 1,460m

그림 3.8.22 복구 접속교 P.S.C 박스거더 표준 단면도

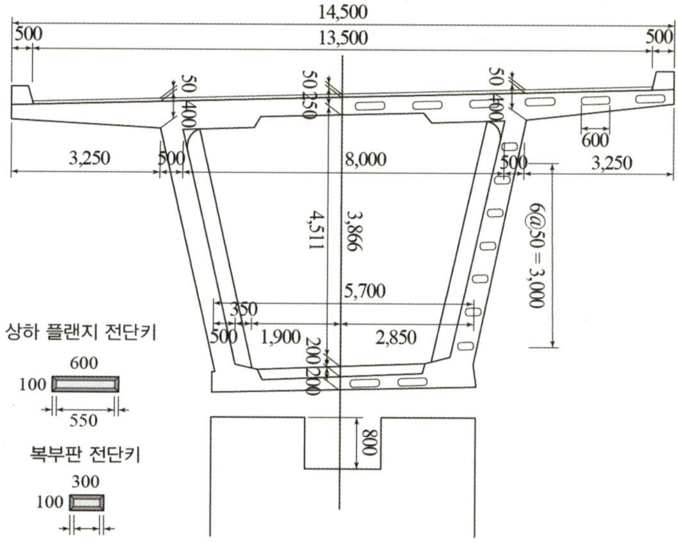

그러나 F.C.M으로 시공된 주경간의 최대 경간장은 120.0m로, 원설계안을 그대로 유지하였다.

접속교의 상부구조 또한 교량 붕괴 이전의 P.S.C 박스거더 형식을 기본으로 하여, 규모 면에서 큰 변화 없이 설계되었다. 즉, 상부 바닥면 교폭은 14.50m(3차로), 하부 플랜지 너비는 5.80m, 높이는 4.511m로 사다리꼴 단면을 이루고 있다〈그림 3.8.22〉.

그림 3.8.23 I.L.M 공사 완료 후 교량 고정 작업
유동호 현 엠비코 사장 소장

이때 복부판의 경사는 17°-02′-02.4″로 계획되었다. 복구된 접속교는 전체 길이를 I.L.M(Incremental Lunching Method) 공법으로 시공하였다〈그림 3.8.23〉.

나. 접속교 하부구조

접속교 복구공사에서 필요한 파일 기초는 원래 계획했던 바레트 공법 대신에 올케이싱(All Casing) 공법을 적용한 현장타설말뚝으로 변경 시공하였다. 그리고 재시공하는 교각에는 격벽을 추가하여 단면 강성을 증가시켰다. 특히 강남 측 미붕괴 구간 중 유심부에 설치된 교각 P8/P9/P10 하부기초는 하상세굴에 대비하여 기초 보강을 실시하였고, 나머지 교각 P1부터 P7까지의 교각 기초도 보강하였다. 특히 시공 중에는 새로 개발된 교량 계측 시스템을 적용하여 시공 도중 발생할 수 있는 사고를 미리 방지하였다. 국내에서는 신행주대교 복구 과정에서 처음으로 서울대학교 교량연구실에서 개발된 '교량 계측 시스템'이 적용되었다.

교각은 중공 단면 벽 두께를 300mm에서 500mm로 보강하고, 또한 교각에 격벽을 추가하여 횡방향 휨에 대한 강성을 개선하였다.

처음에 사장교 구간에 축조하였던 임시 교각 3기 중 2기(TP 3과 TP 5)는 영구교각(P14와 P18)으로 바꾸고, 나머지 임시 교각 1기(TP4)는 콘크리트에서 철재로 변경하여 공사하였다〈그림 3.8.20〉.

다. 교량 건전도 평가시스템의 도입

이 신행주대교 붕괴사고를 경험한 서울대학교 교량연구실에서는 박사후 과정의 김성곤 박사(현 서울과학기술대 명예교수)를 중심으로 우리나라에서는 처음으로 시공 중 교량 주요 부위에 감지 센서를 부착하여 교량의 이상 거동을 미리 감지해낼 수 있는 '교량 건전도 자동 평가시스템(Bridge Health Monitoring System)'을 개발하고, 이를 신행주대교 재시공 과정에 적용하기 시작하였다.

우리나라에서도 마치 사람들이 건강진단을 하듯 다리의 건전성 여부를 진단하는 시스템을 개발하기 시작한 것이다. 이 시스템은 시공 중에는 성공적으로 작동하였으나, 시공 완료 후 사용 중 교량 안전도 검사에는 실패하였다. 실험실에서 잘 작동하던 감지 센서들이 외부 환경에 노출되는 시간이 많아지면서 그 기능을 상실했기 때문이었다. 특히 콘크리트 속에 묻는 콘크리트 센서들은 시간이 얼마 흐르지 않아 설치한 반수 이상의 센서가 그 기능을 상실하게 되어 교량 준공 후에는 그 실측된 값을 믿을 수가 없게 되었다. 그러나 그 이후 국내 '교량 거동 계측 시스템'에 대한 연구개발이 활발하게 진행되어 현재는 세계 최고의 기술 수준에 도달했다고 판단된다.

3.8.4 확장 행주대교

신행주대교가 완공된 지 1년 3개월이 지난 1996년 9월 2일, 정부는 신행주대교 확장공사에 착공하여 2000년 12월 16일에 개통하였다〈그림 3.8.24〉. 당초 계획은 기존 신행주대교와 동일한 사장교 형식으로 쌍둥이 교량을 건설하는 것이었으나, 정부는 이를 시공성이 훨씬 용이한 P.S.C 연속 박스교(Prestressed Concrete Continuous Box Girder Bridge)로 변경하였다. 당시 국내 건설사가 신행주대교와 같은 사장교 구조를 독자적으로 설계·시공하기에는 외국 기술에 대한 의존이 불가피했다. 더구나 이미 붕괴된 교량을 자체 부담으로 재건설한 시공사로서는 확장 교량까지 동일한 형식으로 건설하기에는 경제적 부담이 컸다. 이러한 여건에서 확장공사를 추진할 경우 또 다른 부실시공의 위험이 존재한다고 판단한 정부는, 모험을 피하고 안정적인 공법을 택한 것으로 보인다.

확장 교량은 24경간으로 설계되었는데, 그중 19개 경간은 경간장 60m로 구성하여 밀어내기 공법(I.L.M)으로 시공하고, 주운이 가능한 중앙부 320m(2@50m + 120m + 2@50m) 구간에는 현장타설 F.C.M 공법(Free Cantilever Method)을 적용하여 건설하였다〈그림 3.8.25(c)〉.

그림 3.8.24 확장 행주대교 전경(옛 행주대교 구교와 오른쪽(하류측) 신행주대교 사이)
이덕수, 2016, 『한강개발사』, 한국건설산업연구원, 410쪽

그림 3.8.25 확장 행주대교(서울~고양) 종단면도

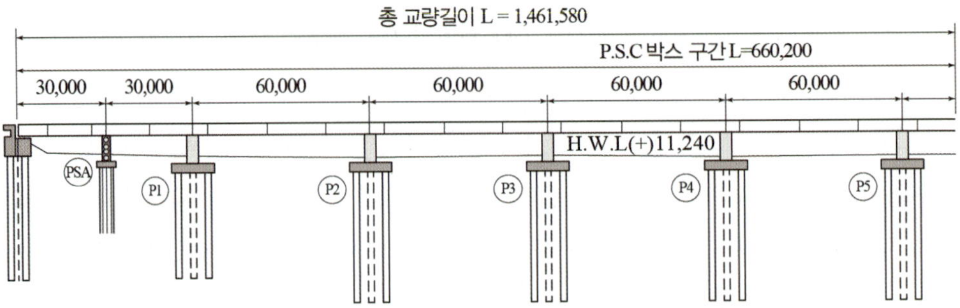

(a) 확장 신행주대교 종·평면도 부분도(교대 A1-교각 P5)

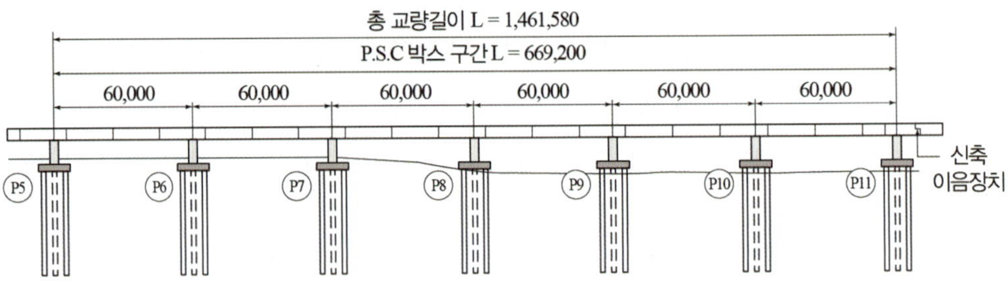

(b) 확장 행주대교 종단면도 부분도(교각 P5-P11)

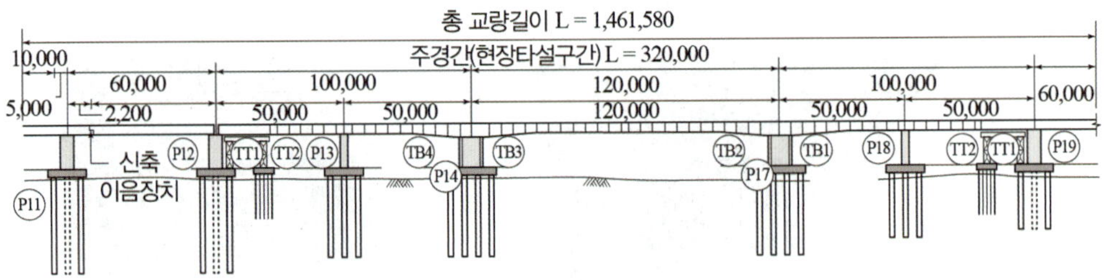

(c) 확장 행주대교 종면도 부분도(교각 P11-P19)

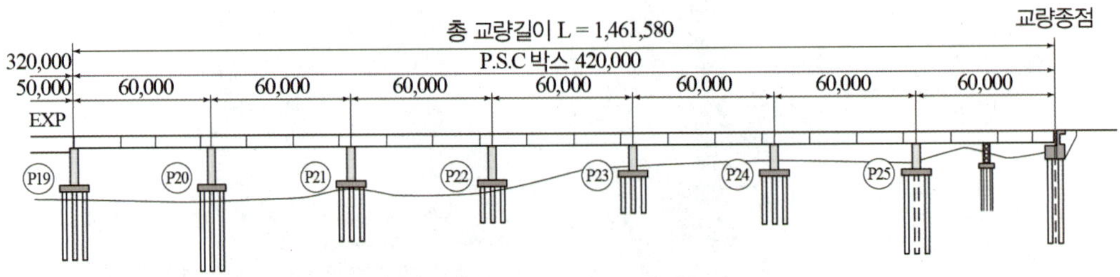

(d) 확장 신행주대교 종단면도 부분도(교각 P19-교대 A2)

3.8.4.1 상부구조

가. 주운 구간

확장 신행주대교의 주경간부 길이 320m(L = 100(=2@ 50) + 120 + 100(= 2@ 50))는 신행주대교의 사장교 구간과 일치한다〈그림 3.8.25(c)〉. 당초 이 구간은 신행주대교와 같은 사장교로 계획되었으나, 당시 국내에 사장교 시공 경험이 많지 않았고, 특히 구 행주대교와 신행주대교 사이의 협소한 공간에 공사를 수행해야 하는 여건상 시공사의 역량을 전적으로 신뢰하기 어려웠다. 이에 건설교통부는 고육지책으로 부득이하게 사장교 계획을 변경하여 3경간 연속 P.S.C 박스거더교로 설계한 것으로 알려져 있다.

확장교의 주경간부(P12~P19) 구간은 현장타설 F.C.M 공법을 적용하여 시공되었으며, 이로 인하여 각 구간의 단면 형상이 일정하지 않다〈그림 3.8.26〉.

그림 3.8.26 확장 행주대교 주경간부 상부구조 횡단면도

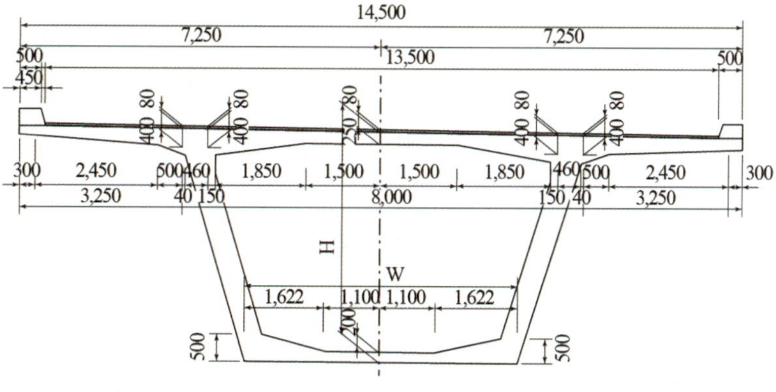

(a) 주경간부 중앙부 상부구조 횡단면도

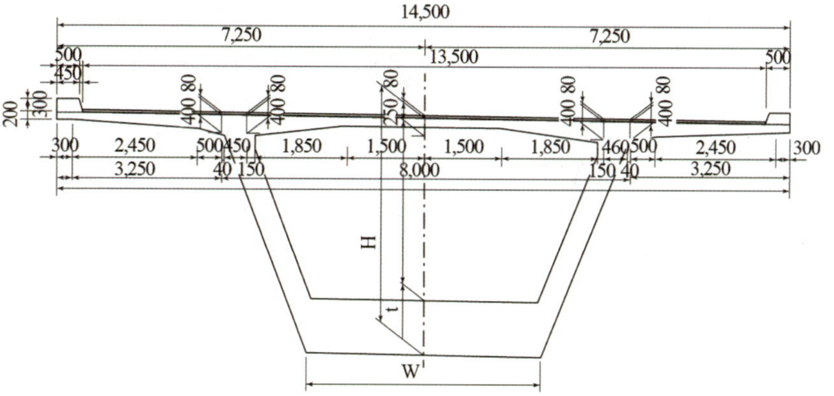

(b) 지점부 상부구조 횡단면도(P14 & P17)

P.S.C 박스거더의 높이는 중앙부 거더 높이 H = 4.511m로부터 지점부(교각 P14/교각 P17)에는 H = 6.0m까지 높아지면서 하부 플랜지의 폭도 B = 5.444m에서 4.72m로 좁아진다. 이는 복부판의 경사는 일정하게 하고 높이만 변화시켜 하부 플랜지의 폭이 좁아지게 시공해서 생긴 구조 형태다.

하부 슬래브의 두께는 0.2m에서 1.450m(지점부)까지 변하나, 상부 슬래브 두께는 $t_{상부}$ = 250mm로 일정하게 하였다〈그림 3.8.26〉.

나. 접속교

확장 행주대교의 주경간을 제외한 모든 경간 길이는 60m로, 신행주대교의 I.L.M 구간과 주경간부 규모만 다를 뿐 상부구조의 횡단면 구성은 거의 동일하다〈그림 3.8.27〉.

상부 바닥면의 너비 B = 14.50m, 높이 H = 4.511m로 설계되어, 확장 행주대교는 신행주대교와 동일한 교폭을 갖도록 계획되었다. 그러나 P.S.C 박스 하부 플랜지의 폭은 5.80m로, 신행주대교의 하부 플랜지 폭 5.70m보다 0.10m(10cm) 넓게 설계되었다. 이는 확장 행주대교의 P.S.C 박스 복부판 기울기(17°-09'-55.5")를 신행주대교의 복부판 기울기(17°-22'-02.4")보다 약간 줄여 복부판을 세웠기 때문이다. 확장 행주대교의 상부 플랜지의 두께는 250mm, 하부 플랜지의 두께는 200mm로 하였으며, 상부 바닥면에 포장한 아스팔트 두께는 신행주대교의 경우에는 50mm 두께로 포설되었는데, 확장 행주대교에서는 80mm 두께로 포장하였다.

그림 3.8.27 확장 행주대교 접속교 P.S.C 박스거더 표준 단면도

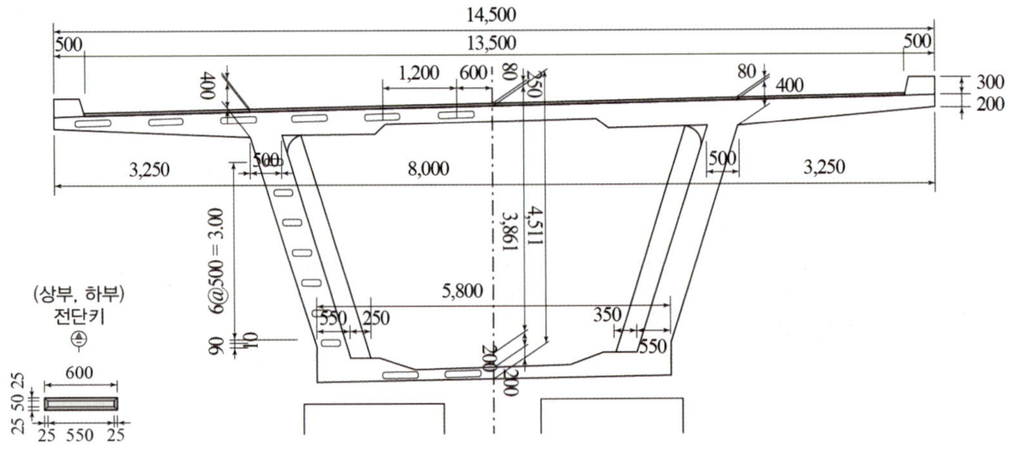

3.8.4.2 하부구조

확장 행주대교의 지반조건은 매우 열악하여 우물통기초를 설치하기에는 지지력이 충분한 암반까지의 깊이가 너무 깊어 교량의 양옆 두 교대와 25개의 교각을 받치는 기초는 모두 콘크리트 파일을 사용하여 건설하였다.

파일 캡에서 파일 선단까지의 길이는 지반 조건에 따라 13.5m에서 51.0m까지 매우 다양하게 변한다〈그림 3.8.28〉. 행주대교 교각은 직경이 Φ = 2.0m인 콘크리트 파일의 파일 캡 위에 설치되었다〈그림 3.8.28〉. 파일 캡의 규모와 그 아래 시공된 파일의 개수는 교각에 작용하는 하중의 크기에 따라 다른데, 교각 P12와 P19의 경우에는 크기가 14.0m×14.0m×3.0m(높이)인 파일 캡 아래 8개의 콘크리트 파일이 땅속으로 박히고〈그림 3.8.28(a)〉, 교각 P14와 교각 P17 아래에는 19.0m×19.0m×3.0m 규모의 파일 캡 아래 16개의 파일이 설치되었다〈그림 3.8.28(b)〉.

확대 행주대교의 모든 교각은 격벽이 중간에 설치된 중공 상자 형태로 설계되었다〈그림 3.8.28(b)〉. 교각의 높이는 위치에 따라 변하지만, 모든 교각은 규모 6.2×5.0m 규모로 축조되었고, 중공 벽체의 두께는 t = 0.50m로 일정하다.

그림 3.8.28 확장 행주대교 하부구조 일반도
건설교통부 서울지방국토관리청, 벽산엔지니어링, 행주대교 확장공사

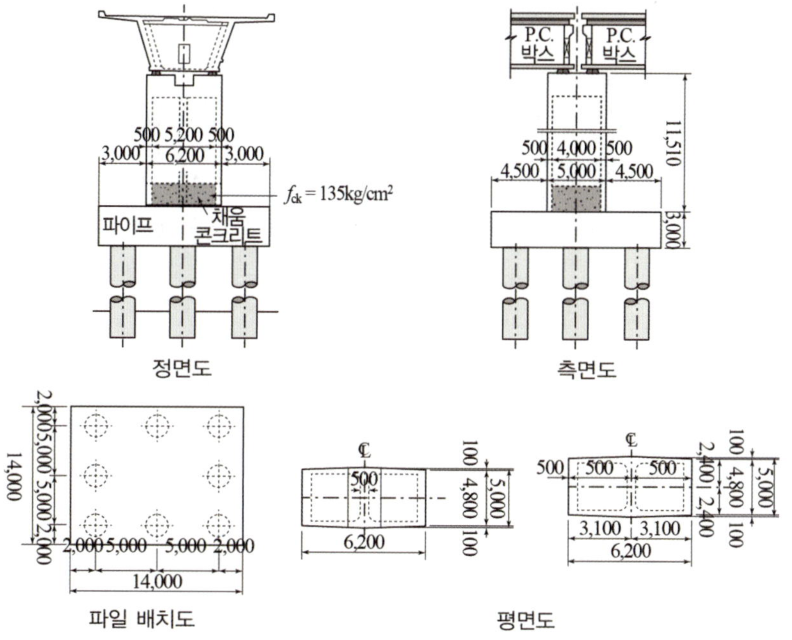

(a) 행주대교 확장공사 교각, 기초 일반도(P12, P19)

그림 3.8.28 확장 행주대교 하부구조 일반도(계속)
건설교통부 서울지방국토관리청, 벽산엔지니어링, 행주대교 확장공사

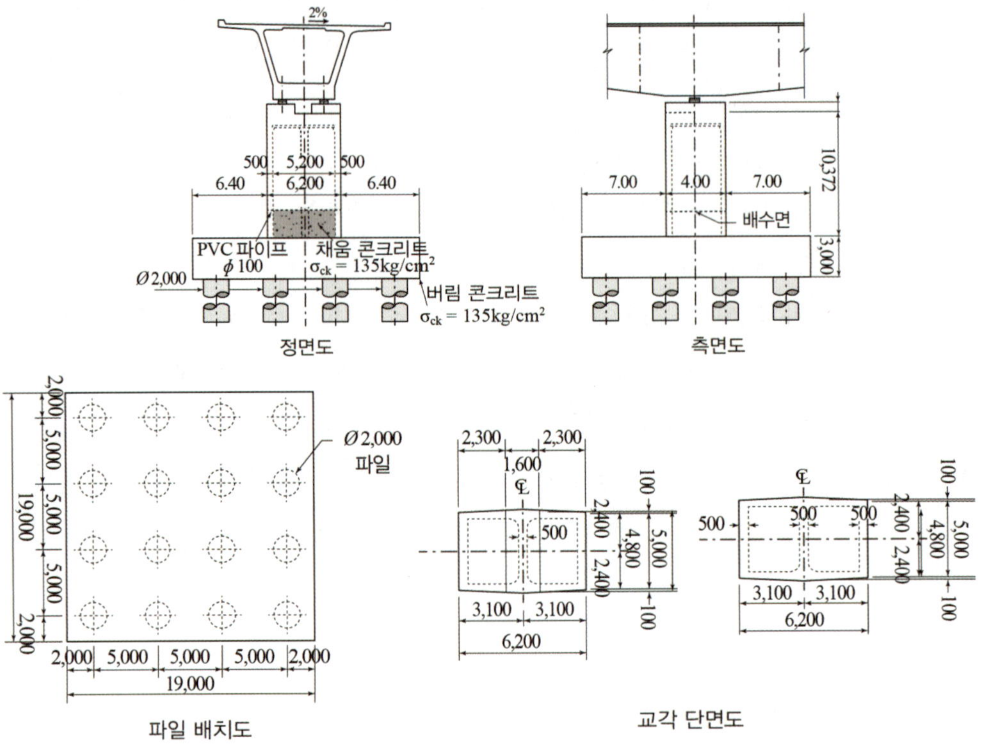

(b) 행주대교 확장공사 교각 P14/P17 일반도

교각의 하부 공간에는 어느 높이까지 설계강도 f_{ck}= 13.5MPa인 채움 콘크리트를 타설하여 교각의 안전성을 도모하였다. 확장공사가 완료된 후 현재 신행주대교는 편도 하행선(고양→서울)으로 그리고 나중에 건설된 확장된 다리는 편도 상행선(서울→고양)으로 사용되고 있다.

미주

[1] 건설교통부 서울지방국토관리청, 1996, 신행주대교 건설지

[2] 7연선 Φ12.7mm PS 강연선의 기호: SWPC7BN(일반 리렉세이션 PS 강연선), SWPC7BL(저리렉세이션 PS 강연선)

[3] 베노토 공법 : 프랑스 파리의 Benoto사가 고안한 공법으로 Benoto 굴착기를 사용하여 소정의 지지지반까지 구멍을 파서 그 속에 콘크리트를 타설하여 확실한 원형 기둥 기초를 만드는 공법이다.

[4] 바레트 공법 : 직사각형 형태로서 지중에 시공되는 교각 기초의 일종이다.

[5] 신행주대교의 교량 길이를 교대 A1와 교대 A2에 설치한 신축이음 길이까지 고려한 전체 교량 길이를 말한다.

[6] 슬러리 월 공법(Slurry Wall method) : 지하로 크고 깊은 트렌치(Trench)를 굴착하여 철근망을 삽입한 후 콘크리트 타설한 패널(Panel)을 연속적으로 축조해 나가거나 원형 단면의 굴착공을 파서 연속된 주열을 형성하는 공법을 말한다.

[7] 건설교통부 서울지방국토관리청, 1996, 신행주대교 건설지, 57쪽

[8] 건설교통부 서울지방국토관리청, 1996, 신행주대교 건설지

[9] 〈그림 3.8.16〉에서 P15와 P16은 교각 번호가 아니라, 케이블 지지점 번호를 나타낸다.

4 | 올림픽과 한강, 남침 트라우마에서 벗어나다

88 서울올림픽을 앞둔 대규모 교량 건설

4.1

국내 교량기술의 변곡점, 성수대교

4.1.1 성수대교 구교

4.1.1.1 개요

성수대교는 서울 성동구 성수동과 강남구 압구정동을 잇는 다리다〈그림 4.1.1〉. 영동 신도시 개발에 따른 서울 동부권의 균형 발전과 부도심(副都心) 기능 촉진, 인구 분산 그리고 1970년대 점점 더

그림 4.1.1 성수대교 위치도

심화되던 서울의 교통난 해소를 목적으로 건설되었다. 한강에 건설된 도로교 가운데 11번째 교량으로, 동아건설이 1977년 4월 14일 착공하여 1979년 10월 16일 준공되었다〈그림 4.1.2〉.

특히 성수대교는 성산대교와 함께, 서울시가 기존의 기능 위주 교량 설계에서 벗어나 조형미를 반영하려 했던 첫 번째 작품이었다. 1970년대 들어 전 세계적으로 교량 엔지니어들의 관심이 '조형미'에 쏠렸는데, 당시 서울시 도로과장으로 있던 김인식 같은 선배들이 이미 1970년대 말에 이 같은 추세를 수용했다는 점은 주목할 만하다. 이는 반세기 뒤인 2020년대, 한국 교량 기술이 세계적 수준으로 도약할 수 있었던 원동력 가운데 하나였다.

당시에는 서울 한강에서 가장 경제적인 교량 경간 길이가 대략 L = 40m 정도로 알려져 있었다. 한강 지반은 비교적 양호하여, 일반적으로 하상 아래 약 20m 깊이에 지지력이 좋은 연암(軟巖)이 분포한다. 이 때문에 한강의 하부구조 공사비는 낙동강 하류 등 지반 조건이 불리한 지역에 비해 상대적으로 저렴했다. 그러나 한강과 같이 강폭이 L = 1,000m가 넘는 하상에 40m씩 교각을 세우면 외관상으로도 답답함을 느끼게 할 뿐만이 아니라, 교각 때문에 큰물 때면 강물의 수위가 높아져서 제방을 무너뜨리는 상황이 벌어질 수가 있어 수리(水理) 공학자들은 가능한 한 교각의 개수를 최소화할 것을 강력하게 권고한다.

그림 4.1.2 성수대교 구교 전경
서울특별시, 1988, 『서울의 다리』, 97~98쪽

그러한 이유로 한강의 유수부의 교량 경간은 보통 80~90m 정도로 설계하지만, 성수대교 설계 엔지니어들은 상부구조를 게르버 트러스(Gerber Truss) 형식으로 채택함으로써 경간장 L = 120m로 늘릴 수 있었다〈그림 4.1.3〉. DB-18 하중으로 설계된 초기 성수대교는 전체 길이 L = 1,160.00m, 너비 B = 19.4m의 4차선 교량이었다.

그림 4.1.3 성수대교 상부구조 게르버 시스템

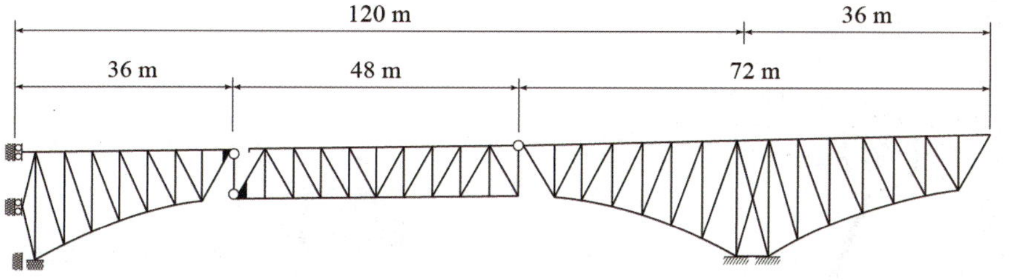

성수대교의 경간은 다음과 같이 구성되었다〈그림 4.1.4〉.

L = 191(= 2@30 + 27 + 37 + 40 + 27, 북쪽 접속교) + 672(= 36 + 5@120 + 36, 중앙 트러스교)

+ 297(= 35 + 37 + 25 + 3@30 + 2@25 + 2@30, 남쪽 접속교)

= 1,160.00m

그림 4.1.4 구 성수대교 종·평면도
서울특별시, 1995, 성수대교 정밀안전진단 최종 보고서, 215쪽

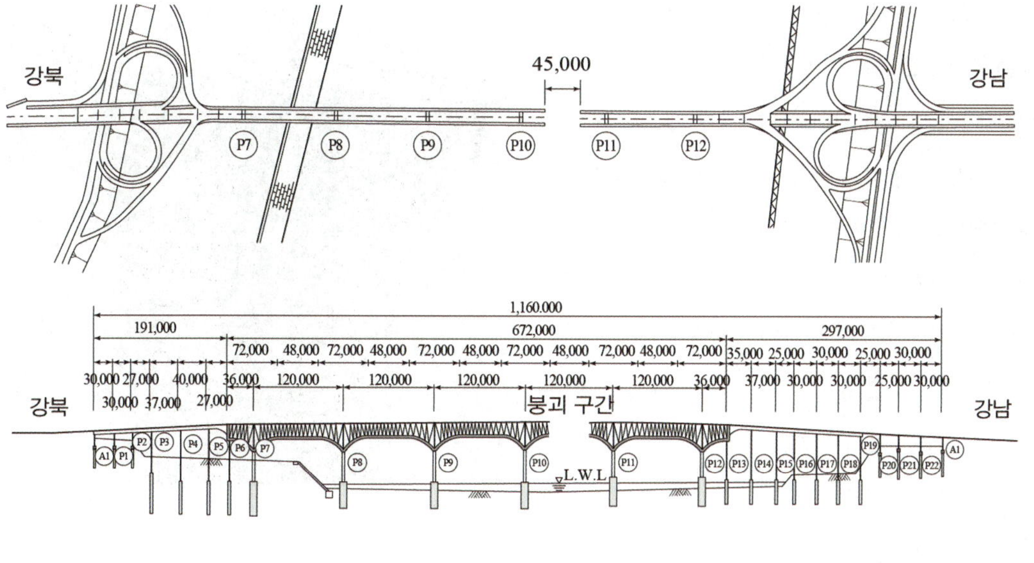

4.1.1.2 교량 설계

〈그림 4.1.5〉는 성수대교 현수 트러스(Suspended Truss)의 시스템을 잘 보여주고 있다. 이 그림을 좀 더 상징적으로 표현한 그림이 〈그림 4.1.5(a)〉의 윗 그림이고, 〈그림 4.1.5(a)〉 하단에는 원 안에 있는 수평 진자(Pendulum) 부분을 좀 더 상세하게 나타냈다. 성수대교 붕괴의 직접적 원인을 유발했던 핀의 상세 구조는 〈그림 4.1.5(b)〉를 통하여 볼 수 있다.

그림 4.1.5 성수대교 게르버 시스템 상세도

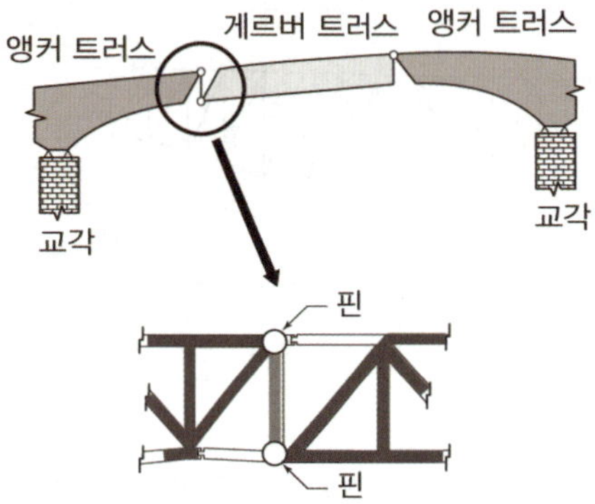

(a) 현수 트러스 시스템

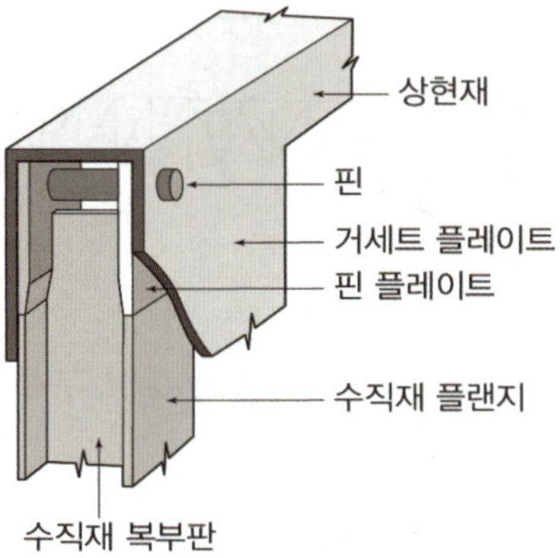

(b) 상현재와 수직재 연결부

구 성수대교 현수 트러스의 길이는 48m이고, 교각에 고정되어 있는 앵커 트러스의 길이 L = 2×36 = 72m이다. 그리고 수직재(Pendulum)의 높이 h = 5.0m였다. 다리 전체 폭 B = 19.4m로 그중 14.4m의 자동차 차도와 2 ×2.5 = 5.0m(30cm 연석 포함)의 인도로 구성되었다.

그림 4.1.6 교량 붕괴 횡단면과 수직재 핀구조 위치
서울특별시, 1995, 성수대교 정밀안전진단 최종보고서, 24쪽

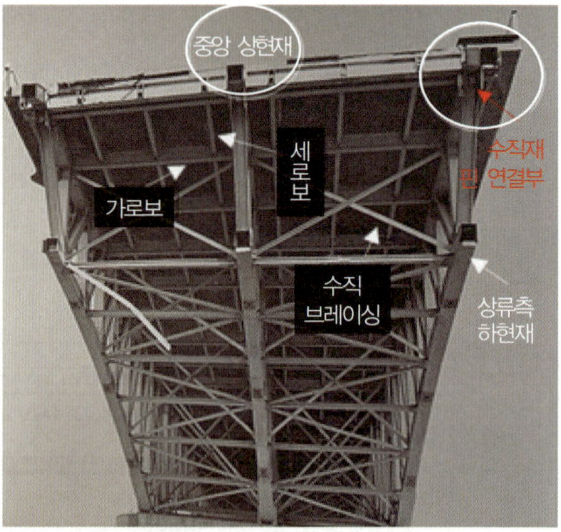

바닥틀 시스템은 〈그림 4.1.6〉에서 보이는 바와 같이 3개의 트러스 상현재(Upper Chord, 650×600×50×50) 위에 가로보(Floor Beam)를 4.8m 간격으로 설치하고, 그 두 개의 가로보 사이에 종방향으로 8개의 세로보(Stringer)를 1.25m 간격으로 깔았다. 콘크리트 바닥판은 직접 8개의 세로보 위에 설치하였다.

4.1.2 성수대교 붕괴 원인

1994년 10월 21일 오전 7시 38분 성수대교 제10·11번 교각〈그림 4.1.4〉 사이 상부 현수 트러스 48m가 떨어져 강으로 추락하였다. 1979년 10월 16일 준공 이후 불과 15년 만에 붕괴한 것이다. 이 사고로 32명이 사망하고 17명이 부상했으며, 국내 사회 전반에 엄청난 사회적 파장을 준 사건이었다.

그 이전에도 1992년 7월 31일 신행주대교 공사 중 교량 붕괴 사고가 있었지만, 성수대교와 같이 사용 중인 교량이 붕괴된 사고는 국내 최초 사례였기에 파장은 더욱 컸다. 게다가 성수대교가 붕괴되고 불과 석 달 뒤인 1995년 1월 17일, 일본 고베 지역에서 발생한 한신·아오지(효고현 남부지진) 대지진으로 5,434명이 사망하면서 국민들 사이에서는 "우리나라의 사회기반시설은 안전한가"라는 불안감이 확산되었다. 성수대교 붕괴는 '빨리빨리'식 경제 성장 과정에서 소홀히 다루어진 사회기반시설의 안전 문제를 재조명하게 만든 전환점이었다.

그림 4.1.7 성수대교 붕괴 현장

성수대교는 게르버 트러스(현수 트러스) 구조로 설계되었으며〈그림 4.1.5〉, 좌측 앵커 트러스 상단에 수직재 상하를 핀(Pin) 구조로 만들어 온도 변화에 따른 교량 길이의 변화를 진자 운동으로 해결하고, 오른쪽 앵커 트러스 상단에는 핀 구조를 설치하되 좌우로 수평운동은 할 수 없도록 하였다. 즉, 게르버-트러스를 단순보(Simple Beam) 개념으로 설계하였다. 참고로 〈그림 4.1.7〉 좌측 위 핀 구조부에 보이는 부재는 게르버 트러스에 설치된 수직재가 아니라 앵커 트러스 바닥판과 게르버-트러스의 바닥판을 자연스럽게 연결하기 위하여 앵커-트러스에 설치된 종방향 부재다.

대한토목학회의 붕괴 사고 조사에 따르면, 성수대교 단면에 설치되어 있던 3개의 수직재 중에서 중간에 설치된 수직재는 사고 이전부터 이미 파손되어 있었고, 성수대교를 지나다니던 차량 운전자들은 심한 진동을 느끼고 있었다〈그림 4.1.6〉.

토목학회가 진행한 사고원인조사 보고서에 의하면 당시 1등교(DL-18, DB-18)로 설계되고 시공된 성수대교의 주부재(Main Member)의 안정성에는 문제가 없었던 것으로 보인다. 그 후 상향 조정된 설계하중 DL-24, DB-24에 대해서도 약간의 과부하가 걸리는 부재들이 발견되기는 했지만, 구조물의 붕괴까지는 유발하지 않았을 것이라 결론지었다.

붕괴 당일 가장 상류에 설치되었던 수직재가 파손되면서 전체적인 교량 사고가 일어난 것으로, 교량 붕괴의 가장 직접적인 원인은 앵커-트러스와 현수 트러스의 수직재를 연결하는 핀 부위에서 수직재 플랜지(Flange)와 핀 플레이트의 용접 불량에서 찾을 수 있었다〈그림 4.1.8(b)〉. 이 두 부재의 플랜지 연결 상태가 불량했기 때문에 수직재에 작용하는 반복되는 인장력은 수직재 복부판에 반복하중으로 작용하여 수직재 복부판 용접부에 피로균열을 발생시킨 것이다.

그림 4.1.8 성수대교 앵커-트러스 핀 연결부 파괴 단면
서울특별시, 1995, 성수대교 정밀안전진단 최종보고서, 33쪽

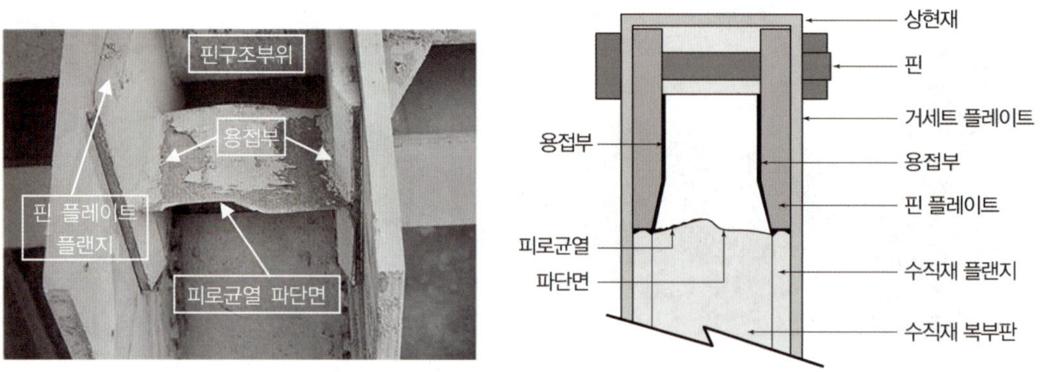

(a) 중앙 수직재 상부 파단면

(b) 핀연결부 용접부위와 피로균열

〈그림 4.1.9〉는 대한토목학회 성수대교 붕괴사고 원인 조사위원회에서 가정한 성수대교 붕괴 과정이다.

그림 4.1.9 수직재 파단에 의한 성수대교 붕괴 과정 추정도

서울특별시, 1995, 성수대교 정밀안전진단 최종보고서, 23쪽

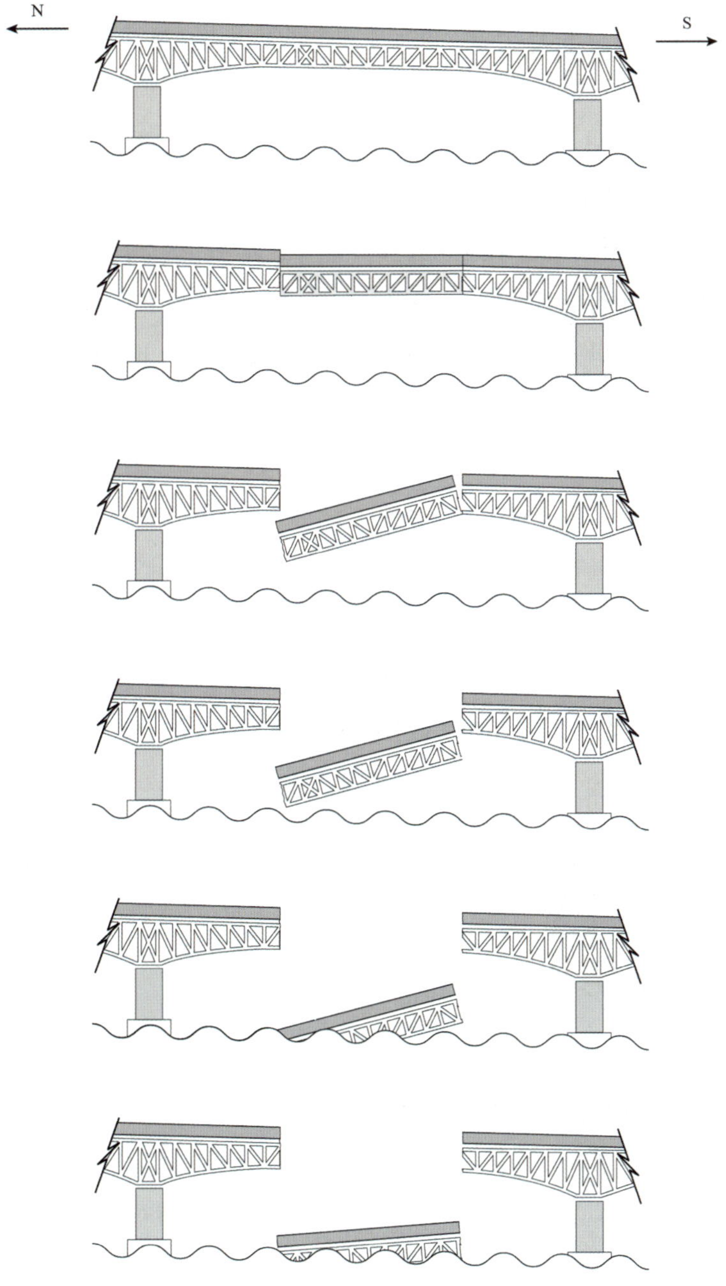

이 피로균열로 교량 단면 중앙에 위치한 중앙수직재가 핀 구조로부터 먼저 떨어져 나가고, 그 후에 상류 쪽에 설치된 수직재가 파괴되었다. 마지막으로 이미 상당한 피로 균열 현상이 진행되었을 것으로 판단되는 하류 쪽 수직재가 쉽게 파단되면서 전체 게르버 현수 트러스가 강물 속으로 추락했을 것으로 판단된다.

결론적으로 성수대교의 1차적인 붕괴 원인은 게르버 교량에서 가장 취약한, 이동단 역할을 하는 수직부재의 제작 불량과 부재 조립과정에서 필수적인 용접검사의 미비라고 지적되고 있다.

하지만 관리 측면에서도 문제가 드러났다. 국내 교량 유지관리에 대한 규정은 1992년 개정된 『도로교 표준시방서』 제1편 제6장에 처음 도입되었을 정도로 제도적 기반이 미비했다. 이를 보면, 그 당시 국내 교량 기술 수준이 얼마나 취약했는가를 짐작할 수 있다. 아이러니한 것은, 성수대교와 성산대교는 준공된지 20년도 되지 않았기 때문에 서울시는 한강을 지나다니는 중차량은 이 두 다리를 사용할 것을 권장하기도 했다는 것이다. 게다가 두 다리 모두 신설 교량이라는 이유로 당시 한강의 모든 교량이 받았던 정밀안전진단에서도 제외되어 육안검사만 실시되었다. 또한 사고 당일 새벽, 성수대교를 지나다니던 버스 기사들이 심한 진동을 느껴 이를 서울시에 신고했지만 즉각적인 조치는 취해지지 않았다.

성수대교 붕괴 사고는 국내 교량기술자들에게 큰 충격을 주었고 이후 국내 각 대학에서는 교량공학과 관련된 전문적인 연구가 급속히 발전해 다수의 전문 고급인력이 배출되었다. 그 결과 현재 대한민국 교량 기술은 세계적인 수준에 도달할 수 있게 되었다. 동시에 정부에서도 사회기반시설의 안전에 대한 경각심을 높이는 계기가 되어 국회는 「시설물 안전관리에 관한 특별법」을 제정하고, 1995년 4월 19일에는 특별법에 근거하여 '한국시설안전공단'을 설립함으로써 국가 주요 시설물에 대한 안전 및 유지관리를 책임지게 하였다. 이 조직은 2020년 12월 10일부터 국토교통부 산하 '국토안전관리원'으로 확대·운영되고 있다.

4.1.3 성수대교 복구공사

다리가 붕괴된 후 재시공 입찰에 낙찰된 현대건설은 1995년 2월 8일 무너진 상판을 철거하고, 1995년 4월 26일 복구공사를 시작, 1997년 8월에 준공하였다. 당시 조순 서울시장 주변에는 재시공하는 과정에서 다리의 형태를 게르버 트러스교가 아닌 정형화된 3경간 연속 판형교로 변경하자는 의견도 있었다고 한다. 그러나 서울시는 다리 성능을 DB-18에서 DB-24로 30% 상향 조정하기 위하여 상판과 주요 부재를 교체하였지만, 교량 형식을 기존 형식을 유지하기로 하였다.

1990년대는 국내 건설회사들이 해외에서 맹위를 떨치고 있던 시기였다. 그런데 성수대교 붕괴 사고로 인해 국내 교량엔지니어들이 외국 기술자들로부터 크게 비웃음을 받게 되고, 동시에 이는 해외 건설사업에 적지 않은 영향을 끼치게 되었다. 이를 걱정하던 국내 교량 전공자들은 외국 기술자들에게 성수대교의 재설계를 국내 기술로 완벽하게 할 수 있는 능력을 보여줌으로써 국내 교량 설계엔지니어들의 자존심을 살려줄 것을 시장에게 간곡히 요청하였다. 다행히 조순 서울시장은 이를 긍정적으로 받아들여 복구 성수대교는 원형을 유지할 수 있었는데, 국내 엔지니어들에게 여간 고무적인 일이 아닐 수 없었다.

〈그림 4.1.10〉은 제1차 복구 교량의 종·평면도를 나타낸 것이다. 공사 준공도를 보면 복구된 성수대교의 전체 길이 L = 1,160.84m로 원 성수대교 길이와 크게 바뀌지는 않았다.

그림 4.1.10 복구 성수대교 종·평면도(4차선)

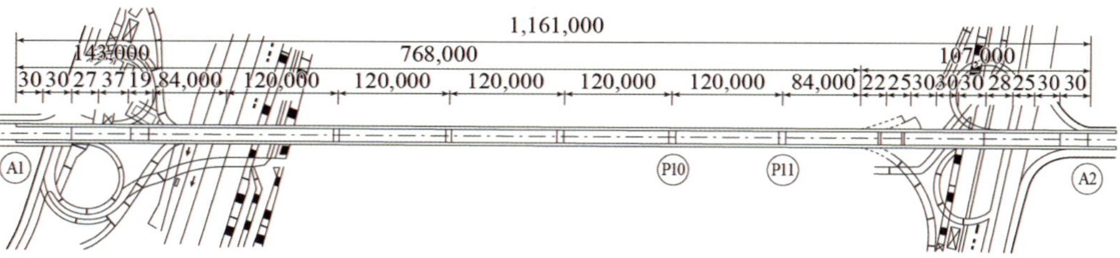

(a) 평면도

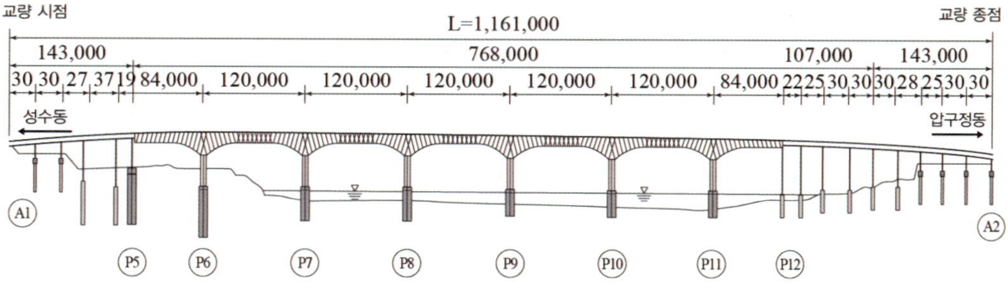

*그림에 나타낸 교각의 번호는 구 교량 교각의 번호와 상이함

(b) 종단면도

그러나 구 성수대교 상부구조를 보강하는 과정에서 경간 구성을 새로 하였기 때문에 복구된 다리의 경간 구성은 다음과 같고 이 과정에서 교각 번호도 구교와는 다르게 되었다.

L = 143.00m(= 30.05 + 29.99 + 26.58 + 36.97 + 19.41, 북단 접속교, 판형교)

+ 768.13m(= 84 + 119.99 + 120.06 + 120.03 + 120.03 + 120.02 + 84, 본선, 트러스교)

+ 106.83m(= 21.88 + 24.90 + 30.00 + 30.05, 남단 접속교, 판형교)

+ 142.90m(= 29.90 + 28.10 + 25.00 + 30.00 + 29.90, 남단 접속교, 판형교)

= 1,160.86m ≈ 1,161m

4.1.3.1 복구 교량 상부구조

교량의 트러스 구간의 상판은 콘크리트 바닥판에서 강상판으로 변경하고, 본 구간의 접속부 구간은 강판형교로 구성하였다. 교폭 B =19.4m를 유지하고, 중앙부에는 1.5m의 중앙분리대를 설치하고 4개 차선의 폭은 각각 3.25m로 하였다. 그리고 횡단면 양 바깥쪽에는 각각 1.45m 폭의 인도를 조성하였다〈그림 4.1.11〉.

바닥판의 두께 T = 14mm로 설계하였고, 그 강바닥판 위에 두께 80mm의 아스팔트 포장을 하였다. 직교이방성 강판을 구성하는 세로 리브의 간격은 0.65m로 하였다.

그림 4.1.11 복구된 성산대교 주교량(트러스 구간) 표준 단면도

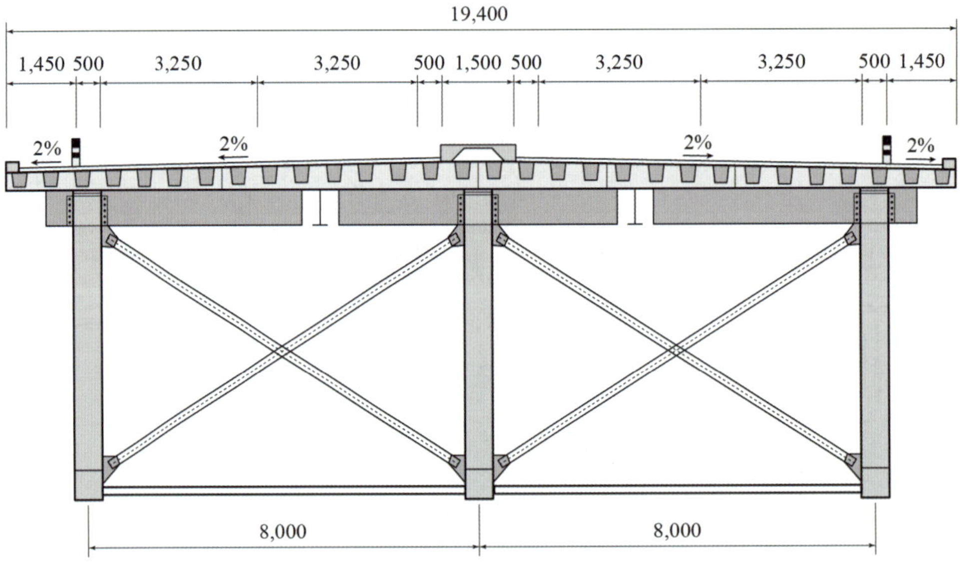

복구된 성수대교(4차선) 강판형교 구간의 A1 ~ P5, P12 ~ A2 구간의 표준 횡단면도 전체 너비 B = 19.40m이고〈그림 4.1.10〉, 그 경간은 다음과 같이 구성되어 있는데, 이는 주교량 트러스 구간과 동일한 횡단면 구성이다〈그림 4.1.12〉.

$$B = 2\times[1.45(\text{보도}) + 0.50(\text{측대}) + 7.5(= 2@3.25,\ \text{차로}) + 0.50(\text{측대}) + \frac{1}{2}\times 1.50(\text{중분대})]$$

$$= 19.40\text{m}$$

그림 4.1.12 복구된 성수대교(4차선) 강판형교 구간(A1~P5) 표준 단면도

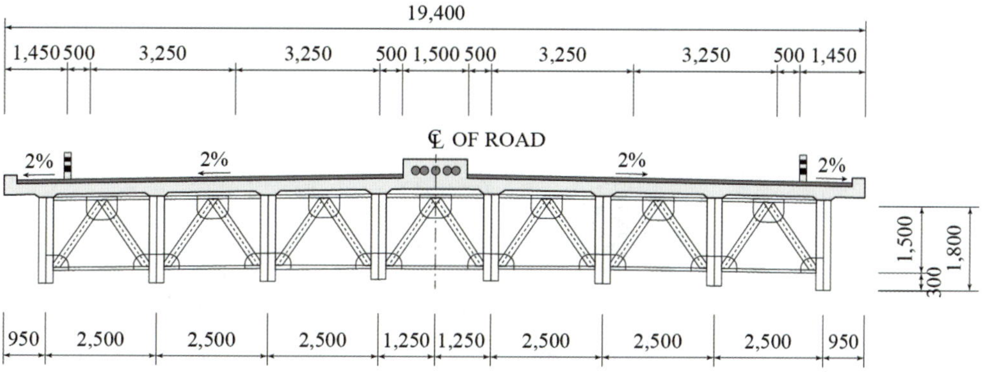

철근 콘크리트 바닥판의 두께 T = 250mm로 설계되었고, 그 위에 차도와 보도 모두 높이 h = 80mm 아스팔트로 포장하였다. 바닥판은 설계강도 σ_{ck} = 27MPa인 콘크리트를 사용하여 시공하였다〈그림 4.1.13〉.

그림 4.1.13 성수대교 판형교 구간 바닥판 상세도

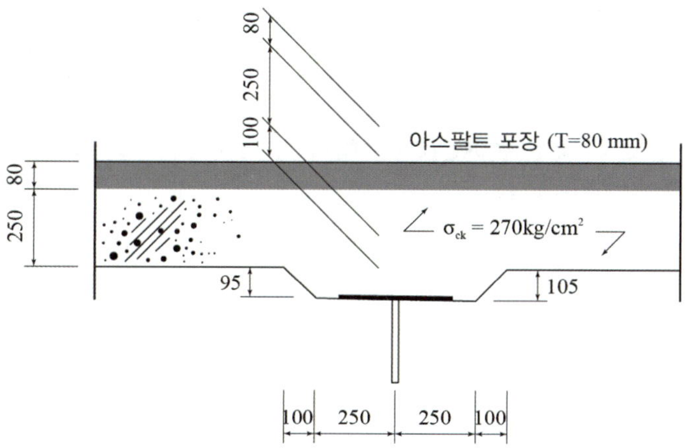

성수대교 판형교 구간 횡단면 중앙분리대 상세는 일반 철근 콘크리트(R.C) 바닥판에 설치하는 중앙분리대의 상세와는 달리 높이 h = 300mm, 너비 1.50m의 중앙분리대를 설치하는 과정에서 그

콘크리트 블록 속에 5개의 지름 Φ = 200mm인 PVC 파이프를 넣고 중앙분리대를 만든 사실이다. 이 PVC 관 안으로 전선이나 통신선을 지나가게 하였다〈그림 4.1.14〉.

그림 4.1.14 성수대교 판형교 구간 중앙분리대 횡단면 상세도

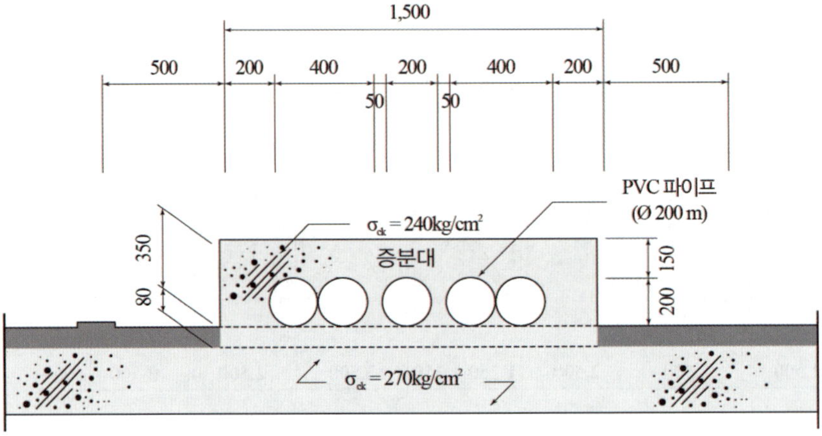

복구된 성수대교 주교량 외부 형식은 트러스교 원형을 따랐으나〈그림 4.1.15〉, 구조적으로는 변형된 게르버 형식을 취하였다〈그림 4.1.16〉. 여기서 트러스의 상·하현재에는 강재 SWS 520를 사용하고 또 수직재와 사재에는 강재 SWS 400을 사용하였다.

그림 4.1.15 복구 성수대교 앵커및 현수 트러스 종단면도
서울특별시, 1995, 성수대교 정밀안전진단 최종보고서, 185쪽(대한토목학회에서 제안한 보강안)

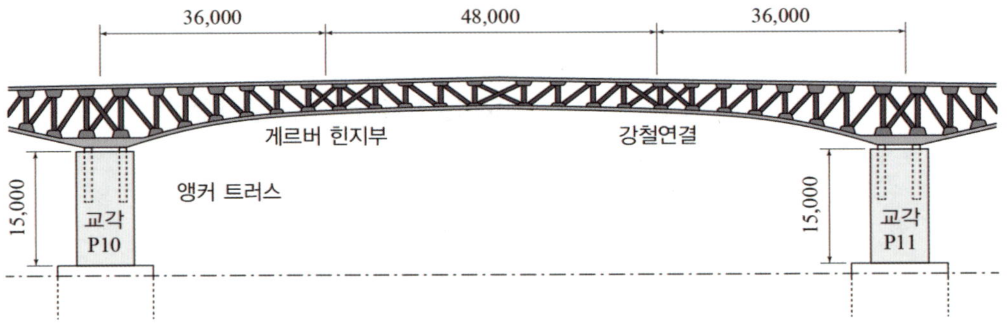

그림 4.1.16 복구된 성수대교 게르버 힌지부 상세도

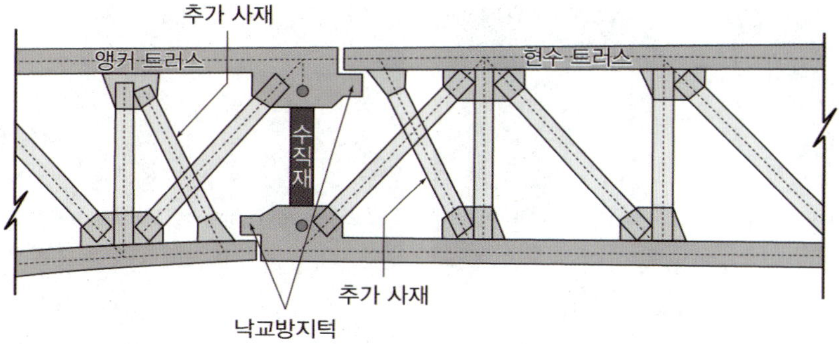

현수 트러스의 좌측 끝 기존의 게르버 형식은 이론적으로 구교에 사용하였던 진자 운동 개념을 복구 과정에서도 그대로 사용하였다. 다만, 좌측 앵커 트러스 끝단에 형식적으로 설치했던 하현재와 추가로 설치한 사재를 연결하여 완전한 트러스 요소 구조를 형성하게 만들어 자체로 안정된 정정 구조로 만들었고, 또한 형식적으로 설치했던 현수 트러스의 좌측 끝단의 상현재에도 추가로 설치된 사재와 핀연결을 하여 한 개의 완전한 트러스 요소 구조를 형성하게 하여, 전체 트러스 구조시스템을 더 안정적으로 만들었다〈그림 4.1.16〉.

온도변화로 인해 발생하는 수평 변위를 가능케 하는 장치인 신축이음(Expansion Joint)은 구 교량 위에 설치했던 같은 위치에 그대로 설치하였다. 이 앵커 트러스와 현수 트러스 연결부에는, 구조역학적으로 수직재의 진자 운동을 하는 단순 지지만으로도 충분하지만, 불의의 사고를 경험한 뒤 설계 엔지니어들은 두 개의 사재를 추가하고, 트러스 상현재와 하현재 두 곳에는 게르버 지점을 만들어서 지진 등에 의해 낙교가 발생할 경우를 대비한 탈락 방지턱을 추가로 설치하였다. 그러한 안전 조치에 덧붙여 현수 트러스 부재를 설계할 때 각각의 부재가 부담하는 하중의 크기를 고려하여 강재를 SWS 570, SWS 520과 SWS 400을 선택적으로 사용하였다.

붕괴 전 성수대교의 게르버 이동단 역할을 하는 수직재는 진자 운동을 할 수 있게 그 상·하단에 핀 구조를 장착하였다. 그러기 위해서는 수직재를 3등분하여 제작한 후 수직재 본체와 양단에 설치한 핀 구조를 용접으로 연결하였다〈그림 4.1.17(a)〉. 그러나 복구된 교량의 수직재는 처음부터 전체 몸통을 한 통으로 만들어 사용함으로써 부재를 용접으로 조립하는 과정에서 발생할 수 있는 우려를 완전히 불식시켰고, 또 수직재도 쉽게 교체할 수 있도록 하였다〈그림 4.1.17(b)〉.

그림 4.1.17 신구 성수대교 수직재 핀 구조 비교

(a) 구 성수대교 수직재 핀 구조

(b) 복구 성수대교 핀 구조(4개의 판형 부재가 용접 없이 시공)

4.1.3.2 하부구조

성수대교 구교의 기초는 원래 두 개의 우물통기초가 분리된 형태로 시공되어 있었다.

서울시가 붕괴 사고 이후 복구계획을 대한토목학회에 의뢰하자, 학회는 우물통의 구조적 성능을 향상시키기 위해 분리되어 있던 두 우물통을 하나의 트랙형 기초로 연결하는 방안을 제안하였다. 이러한 우물통기초 보강 방식은 이후 확장공사에서도 유지되었으며, 현장 여건에 맞추어 시공 방법만 일부 수정하여 적용되었다〈그림 4.1.21〉.

4.1.4 본선 확장공사

서울시는 복구된 성수대교를 1997년 7월 3일, 4차로 규모로 재개통하였다. 그러나 구교에는 강남 올림픽대로와 강북 강변북로가 직접 연결되어 있지 않았고, 또한 성수대교 남쪽 언주로(8차로)와 강북 응봉로(6차로)를 성수대교 4차로로 직접 연결해야 하는 교통 공학적 한계가 존재했다.

이 문제를 원활하게 해결하기 위하여 서울시는 재시공 단계 초기부터 기존 교량을 10차로로 확장하려는 방안을 검토했으나, 그렇게 할 경우 다리의 하부구조를 전체를 전면 재시공해야 하는 문제가 있었다. 이에 현실적인 대안으로, 서울시는 언주로 8차선의 교통량을 바로 수용할 수 있도록 재시공된 교량 양쪽에 각각 10.05m 폭의 횡방향 트러스를 추가로 설치하였다.

그 결과 성수대교의 총 교폭은 35m로 확장되었으며, 상·하행선 각각 2차로가 늘어나 모두 8차선 교량으로 완성되었다〈그림 4.1.18〉.

그림 4.1.18 확장 성수대교 횡단면도(단위 : m)

서울특별시 건설안전본부, 2004, 성수대교 확장공사 건설지

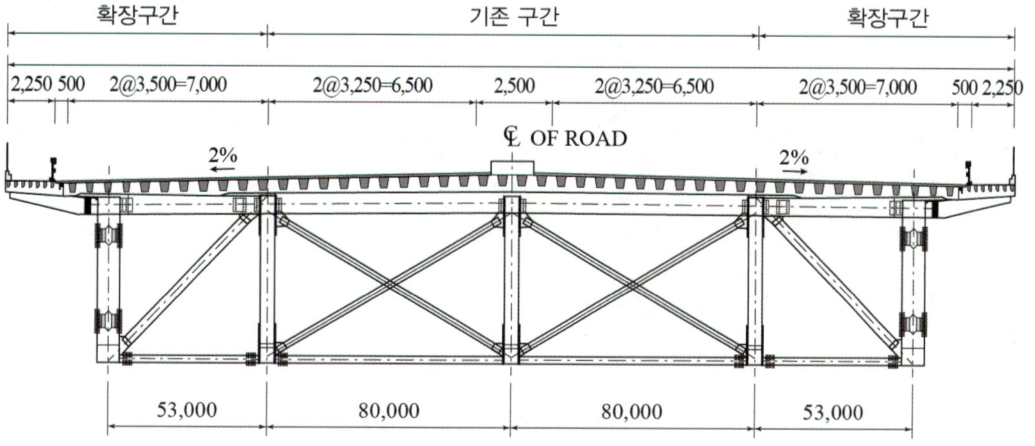

(a) 성수대교 8차선 확장 횡단면도(주교량 트러스 구간)

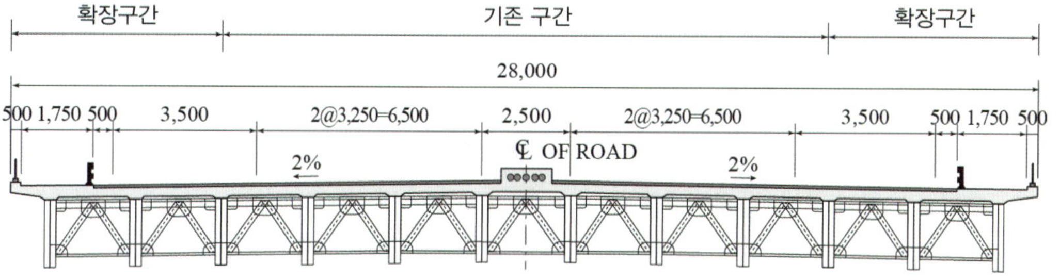

(b) 6차선 확장 횡단면도(접속교 강판형교 구간)

확장된 성수대교는 1998년 12월 31일에 착공하여 2004년 9월 17일에 개통되었으며, 같은 해 12월 28일 준공되었다〈그림 4.1.19〉. 이 과정에서 기존 보도의 폭이 1.45m로 매우 비좁았던 점을 개선하여 2.25m로 확대하였다.

설계는 동명기술공단이 트러스교 상부구조를 담당하고, 천일기술공단이 하부구조와 접속교를 맡았다. 성수대교 붕괴사고가 사회적으로 큰 불안감을 불러일으킨 만큼, 서울시는 감리에도 각별한 주의를 기울였다. 이에 따라 세계적으로 명성이 높은 영국 R.P.T사가 감리를 맡았고, 국내에서는 ㈜유신코퍼레이션이 파트너로 참여하였다.

그림 4.1.19 확장된 성수대교 전경
대림산업주식회사·(주)유신코퍼레이션, 2002, 『韓國의 橋梁(Bridges in Korea)』, 78쪽

4.1.4.1 상부구조

4차로로 복구된 성수대교의 상부구조를 8차로 교량으로 확장하는 과정에서 늘어난 상부구조 교좌장치를 설치할 공간이 교각 위에 준비되어야 했으므로 〈그림 4.1.2〉에서 볼 수 있었던 교각의 형태를 〈그림 4.1.19〉에서 보는 바와 같이 사다리꼴 형태로 확장하였다.

확장된 8차선 상부구조의 바닥틀은, 구 교량에서 시공되었던 주형 트러스를 3개에서 5개로 늘리고 그 위에 가로보를 설치한 후 가로보 사이에 U형 단면 세로 리브를 종 방향으로 설치하여 강상판과 결합하여 구성하였다. 이로써 직교이방성 강판형교를 완성하였다.

새롭게 확장된 8차선 주교량 구간의 횡단면은 다음과 같이 구성되었고〈그림 4.1.18(a)〉,

L = 2.25(보도) + 0.50(측대) + 13.50(2@3.50+2@3.25)+ 2.50(중앙분리대, 측대 포함)
+ 13.50(2@3.25+2@3.50)+ 0.50(측대) + 2.25(보도)
= 35.00m

6차선 접속교 구간의 횡단면 구성은 8차선 구간에서 2개 차로를 감한 L = 28.0m로 설계되었다〈그림 4.1.18(b)〉.

강상판으로 복구된 수중부 교량의 강상판은 구스(GUSS) 아스팔트 40mm와 개질 아스콘 40mm 전체 두께 T = 80mm로 포장하였고, 접속교 강판형교 구간의 콘크리트 바닥판 위에는 #67번 아스콘 40mm를 깔고 그 위에 마모층 40mm를 개질아스콘으로 포장했다〈그림 4.1.20〉.

그림 4.1.20 복구 성수대교 바닥판 포장

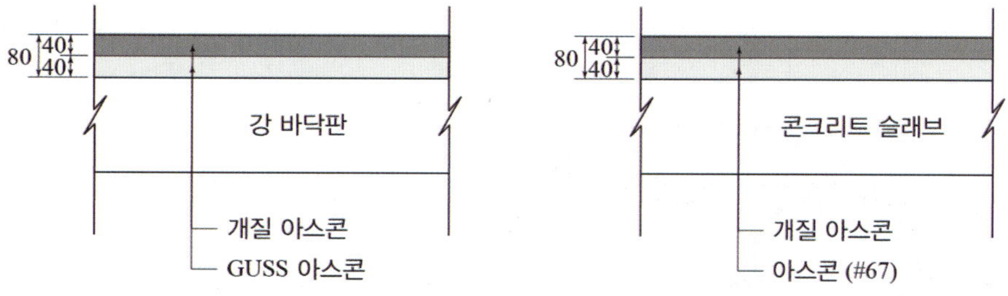

(a) 복구된 성수대교 강상판 포장 (b) 복구된 성수대교 R.C. 바닥판 포장

성수대교의 확장공사는 경쟁입찰이 아닌 설계·시공 일괄입찰 방식인 턴키(Turn Key) 방식으로 추진되었으며, 현대건설이 낙찰자로 선정되었다. 이에 따라 현대건설은 1998년 12월 31일 확장공사에 착공해 총 708억 원의 공사비를 투입하여 2004년 9월 17일 개통하였다. 아울러 강남 지역의 언주로와 올림픽대로, 강북 지역의 고산자로·강변북로 및 동부간선도로를 연결하는 남·북단 램프(총연장 3,175m)를 신설하는 공사도 본 공사와 함께 진행되어 2004년 9월 최종 완공되었다.

4.1.4.2 하부구조

가. 기초

성수대교 트러스 주교량의 교각 P6부터 교각 P11까지 6개의 교각 아래는 우물통기초로 되어 있다. 다만 교각 P5와 교각 P12는 붕괴된 교량의 복구 과정에서 단부 트러스(End Truss)의 지간을 늘리기 위해 기초를 직경 Φ = 1,500의 콘크리트 말뚝으로 시공하였다. 이때 R.C.D 공법[1]을 이용하여 말뚝 선단을 연암에 근입시켜 지지하도록 하였다.

접속교 교각 P1, P2, P18, P19 및 P20의 기초형식은 연암층 상단에 지지된 콘크리트 말뚝기초로 되어 있고, 교각 P3, P4, P13, P14, P15, P16 및 P17은 연암에 근입된 우물통기초로 되어 있다.

교대는 당초 모래·자갈층에 타입하여 안정시킨 마찰 말뚝기초로 시공되었었으나, 복구 과정에서 연암까지 근입시킨 강관말뚝으로 설계를 변경하였다.

성수대교 주교량 트러스부 교각 기초는 우물통기초로 1996년 확장보강공사를 시행하면서 기존에 따로 떨어져 있던 두 개의 우물통기초를 하나로 묶어 우물통기초의 성능을 개선하였다 〈그림 4.1.21〉. 이렇게 복구 과정에서 확장·보수한 우물통기초는 8차선으로 확장하기 위하여 세워진 교각 하단과 그 규모 면에서 그리 큰 차이가 나지 않으므로〈그림 4.1.21(b)〉 1996년 확장 공사 중에도 복구·보수 과정에서 확장된 우물통기초를 그대로 사용하기로 하였다.

그림 4.1.21 성수대교 우물통 확장·보수 단면 일반도

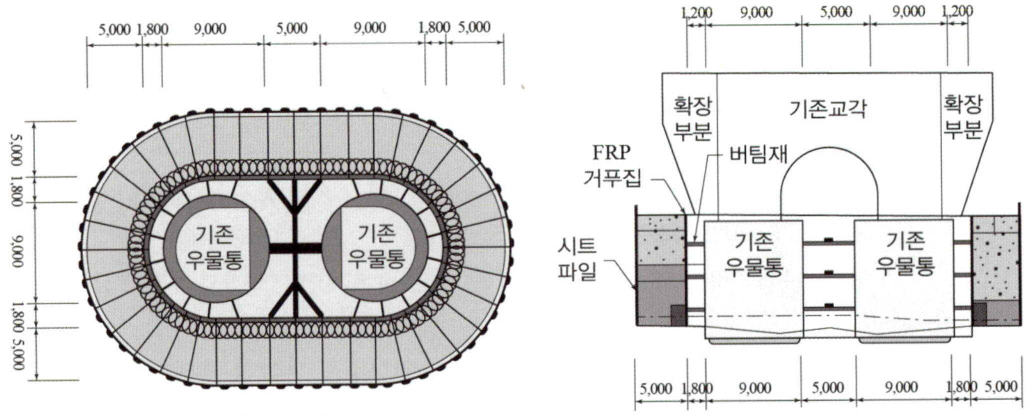

(a) 확장 우물통기초 평면도 (b) 확장 우물통기초 정면도

나. 교각 확장공사

1) 트러스 구간 확장

성수대교는 기존 교량 복구 당시 우물통기초를 이미 확장·보수했기 때문에 상부구조를 4차선에서 8차선 또는 6차선으로 확장할 때는 이미 확장되어 있는 트랙형 기초 위에 세워진 교각만 확장하면 되었다〈그림 4.1.22〉. 이는 기존 기초의 기능을 최대한 유지하면서도 필요한 단면을 확보하는 방식으로, 교량 확장공사에서 흔히 사용되는 구조 보강 전략이다.

교각 확장 과정에서 기존 교각의 표면은 고압의 물 분사기(Water Jet)를 사용하여 콘크리트 표면의 골재를 노출시키는 작업을 먼저 수행하였다〈그림 4.1.23(a)〉. 이는 신구 콘크리트 간 부착력을 극대화하기 위한 중요한 전처리 과정이다. 이후 신구 콘크리트 접합면의 견고한 부착력을 확보하기 위해 해머 드릴(Hammer Drill)과 착암기를 사용하여 규정된 직경과 깊이만큼 천공을 실시하였다. 천공된 각 구멍마다는 망치 등을 사용해 앵커를 소정의 깊이까지 박아 넣어 구조적 결속을 확보하였다〈그림 4.1.23(b)〉.[2] 이러한 앵커링 작업은 콘크리트 증설 시 보강효과를 높여 새로운 단면과 기존 구조가 단일체처럼 작용하도록 하는 핵심 과정이다.

앵커 설치가 완전히 끝난 후에는 확장 단면을 형성하기 위한 강재 거푸집을 현장에서 제작하여 설치하고, 내부에 콘크리트를 타설하였다〈그림 4.1.23(c)〉. 콘크리트 양생 후에는 기존 교각과 확장부가 일체적으로 작용하도록 구조적 성능을 재검토하는 절차가 이어졌다. 이러한 조치는 교각 확장 시 발생할 수 있는 부재 간 변형 차이를 최소화하고 장기적 안정성을 확보하기 위한 것이다.

그림 4.1.22 트러스 구간 상부구조 확장을 위한 교각 확장 개념도

서울특별시, 2004.12, 성수대교 확장공사 최종감리보고서

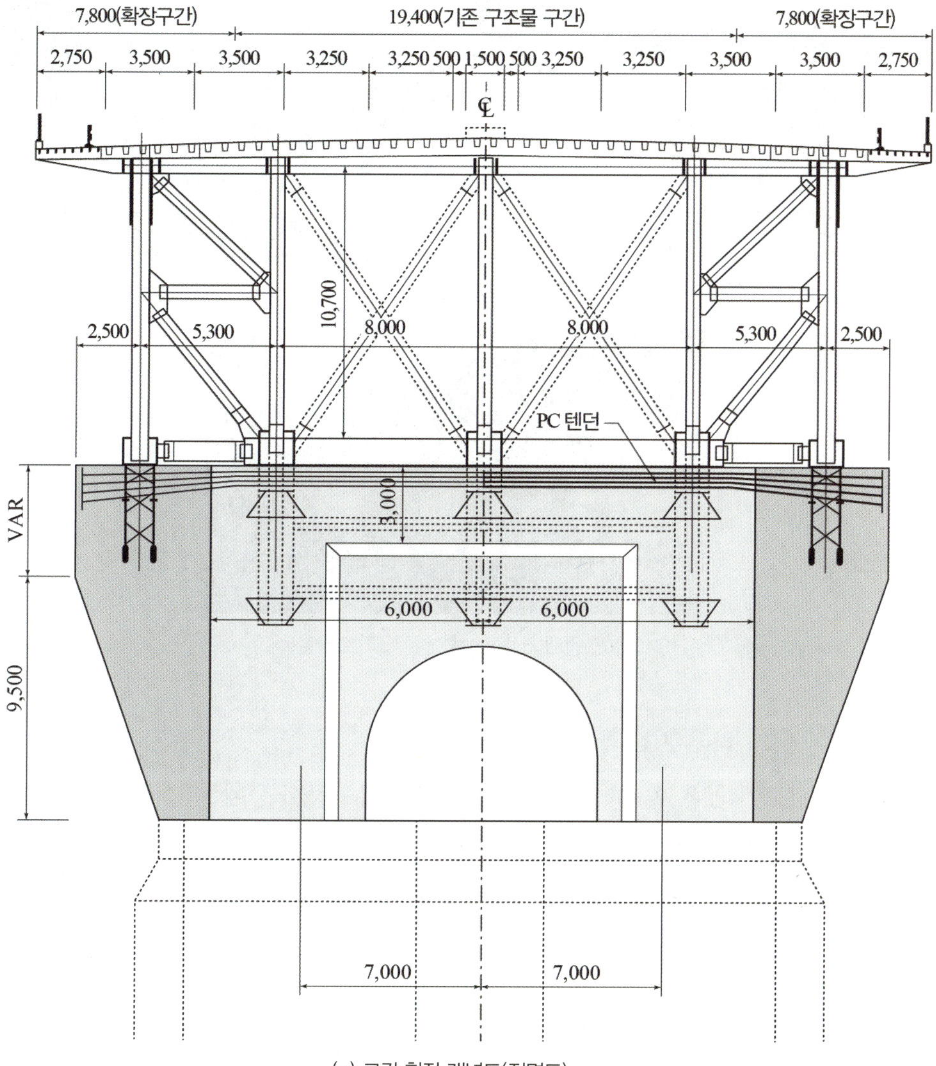

(a) 교각 확장 개념도(정면도)

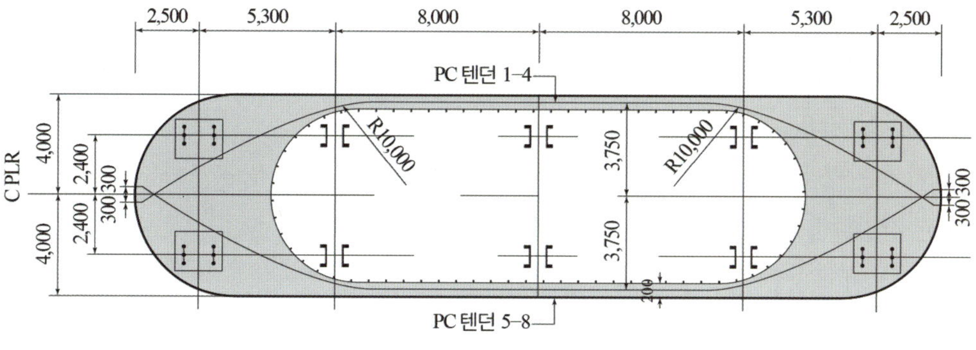

(b) 교각 확장 개념도(평면도)

그림 4.1.23 주교량 교각 확장 공사 전경

(a) 교각 콘크리트 표면(고압 물 분사기 치핑(Chipping))

(b) 철근 앵커 설치

(c) 강재 거푸집 설치 후 콘크리트 타설

2) 접속교(강판형교) 하부구조 확장

성수대교 교량 사고가 있은 후 1995~1997년 2년 동안 복구공사 중에는 4차선 교량만 먼저 복원하였다. 그 후 1년이 지난 1998년 12월부터 교량 확장공사가 시작되었다.

기존에 있었던 교각 P1, P2, P18~P20의 기초는 연암층 상단에 지지된 현장타설 콘크리트 말뚝기초로 시공되었는데 확장하는 과정에서 기존 교각과 기초를 확장하고 기존 파일기초 양단에 Φ 1500 RCD 파일을 추가했다.

교각 P3, P4, P13, P14는 기존에 연암에 근입된 우물통기초 위에 세웠는데, 기존 우물통기초 상단 멍에(Pier Cap)와 교각 캔틸레버 부분을 확장했다〈그림 4.1.24(a)〉. 다만 교각 P4는 추가로 멍에(Coping)가 필요하며 교각의 중심과 우물통 중심이 편심되어 있어 Φ1500 RCD 2본을 추가로 배치하였다〈그림 4.1.24(b)〉.

교대 기초는 원래 현장 콘크리트 말뚝기초로 되어 있었는데, 교량을 복구하면서 연암까지 근입시키는 강관말뚝으로 기초 구조를 개선하였다.

그림 4.1.24 우물통기초 위 교각의 확장 예

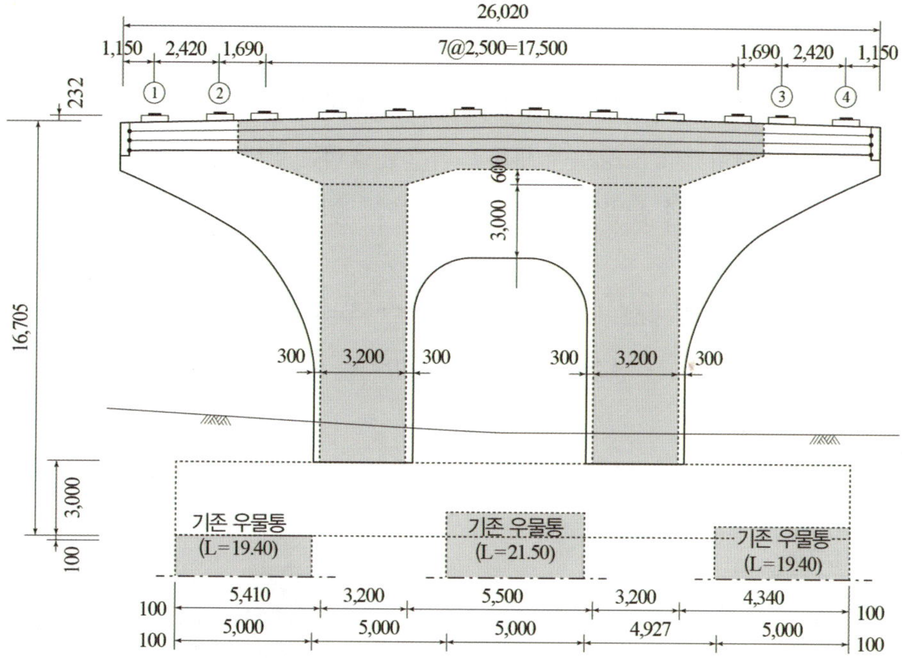

(a) 교각 캔틸레버 부분을 확장한 교각 단면도

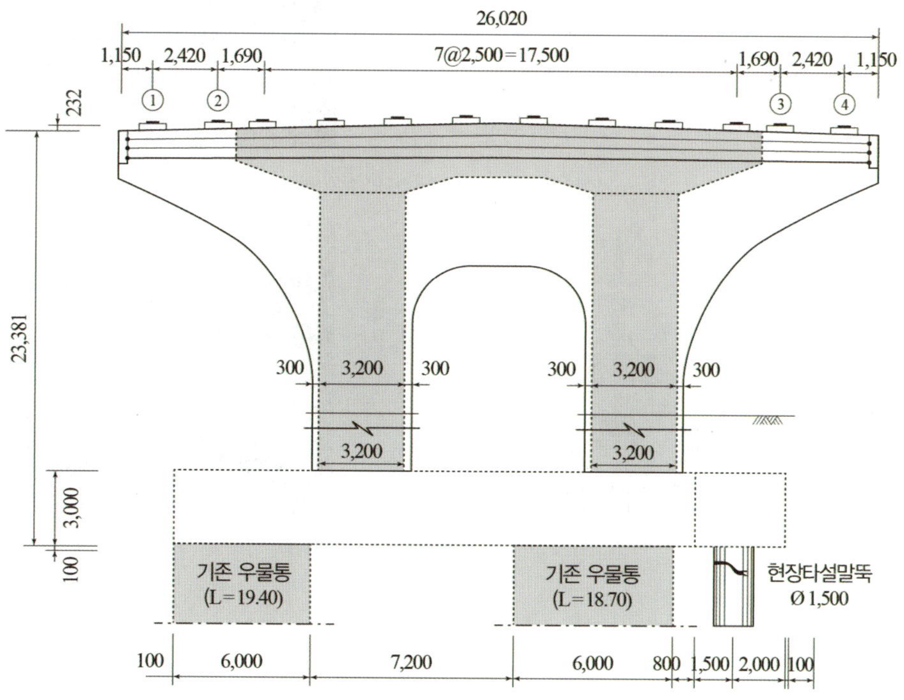

(b) 현장타설 말뚝을 추가로 배치한 교각 P4

4.1.5 시공

4.1.5.1 주트러스 가설

확장 부분에 새로 설치하는 트러스도 기존 트러스와 일체 구조가 되어야 하므로 기존 트러스 형태와 같은 구조로 공사하였다. 확장부에 새로 트러스를 올리는 방법은 기존 교량 트러스를 가설할 때 사용했었던 재래식 가설공법인 1,500톤 바지 위에 250톤 크롤러 크레인 2대를 사용하여 가설하는 공법을 채택하였다.

먼저 교각 위에 세우는 앵커 트러스는 8개 블록으로 나누어 캔틸레버식으로 가설하였다. 그 후에 현수 트러스를 거치하여 한 경간 가설을 마치는 방식을 채택하였다〈그림 4.1.25〉.

그림 4.1.25 성수대교 확장부 트러스 설치

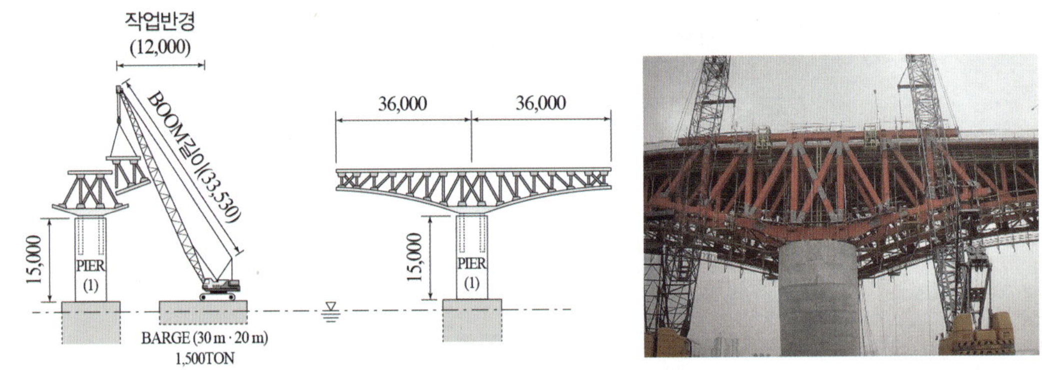

(a) 앵커 트러스의 설치 개념도와 설치 현황

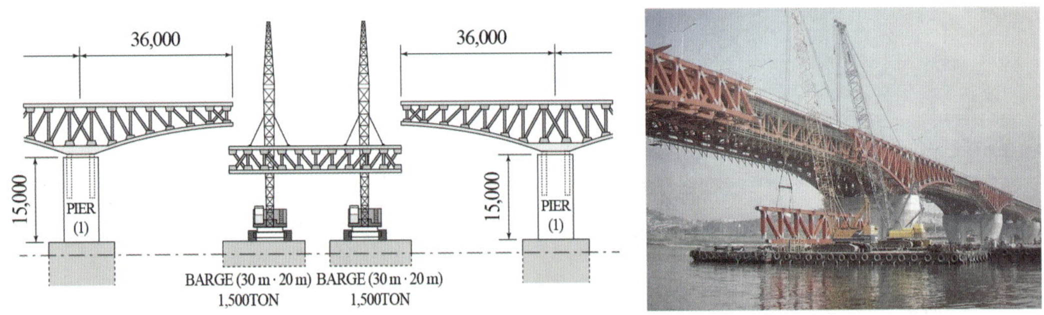

(b) 현수 트러스 설치 개념도와 설치 전경

4.1.5.2 확장부 강상판 거치

가설된 트러스 위에 강상판을 설치하는 시점은 현수 트러스 설치가 끝난 후부터 남측 단부 트러스 위부터 시작하였다.

최초에 강상판은 3개의 판넬(Panel)을 먼저 앵커 트러스에서부터 정렬한다〈그림 4.1.26〉. 3개 판넬 강상판이 정렬되면 최초 판넬부터 종방향 용접을 시작한다. 이때 강상판의 종방향과 횡방향 용접 시 발생하는 변형을 방지하기 위해 일정한 간격으로 택 용접(Tack Welding)하여 양쪽 용접부를 고정한다.

그림 4.1.26 강상판 거치 장면

확장 트러스를 가설하여 최종 강상판을 거치하고 용접하는 과정에서 특별하게 유의해야 하는 점은 기존 주형 트러스는 이미 사하중에 의하여 단면에 응력이 발생해 있는 상태이고, 신설되는 트러스는 사하중이 아직 작용하고 있지 않은 상태이므로 신구 두 구조물을 직접 연결하려면 공사하기 전에 미리 확장되는 신설 트러스 구간에 선재하(Pre-Loading)를 할 필요가 있다. 그런 이유로 성수대교 확장부 교각 P5부터 교각 12까지 L = 768m 구간에 개당 2.4톤되는 콘크리트 블록 220개를 선재하하였다〈그림 4.1.27〉.

최종 용접은 선행 3개소 경간에 선재하 작업이 완료되고 모든 볼트가 완전하게 체결되면 그 이후에 실시한다. 최종 단계로 기존 강상판에 확장 강상판을 용접으로 연결할 때는 스트롱백(Strongbacks)을 사용하여 상호연결 부위 간에 상대 이동량이 없도록 고정한 상태에서〈그림 4.1.28〉 일차 용접을 시행하고 난 다음에 최종 용접을 시행하여야 결함 없는 용접이 가능하다.[3]

그림 4.1.27 선재하 작업

그림 4.1.28 신구 강상판의 최종 용접 장면

4.1.5.3 4차선 강판형교 확장

기존 접속교 구간은 형교 H = 1.80m인 판형 8개를 2.5m간격으로 배치한, 4차선 횡단면으로 구성되어 있었기 때문에, 4차선 상부구조를 6차선으로 확장하는 작업은 단면 양쪽으로 주형 2개씩 모두 4개의 판형을 추가로 배치하면 쉽게 확장할 수 있다〈그림 4.1.29〉. 서울시는 접속교 구간을 6차선으로 확장하려면 기존의 구조물에 확장 부분의 구조물을 일체로 통합시켜야 하고, 그러려면 확장부에 설치될 신축이음장치 위치나 교량 받침의 배치 방향을 기존 교량의 그것들과 동일하게 정하는 것이 가장 합리적이라고 판단했다.

그림 4.1.29 접속교 상부 판형교 확장 정·평면도

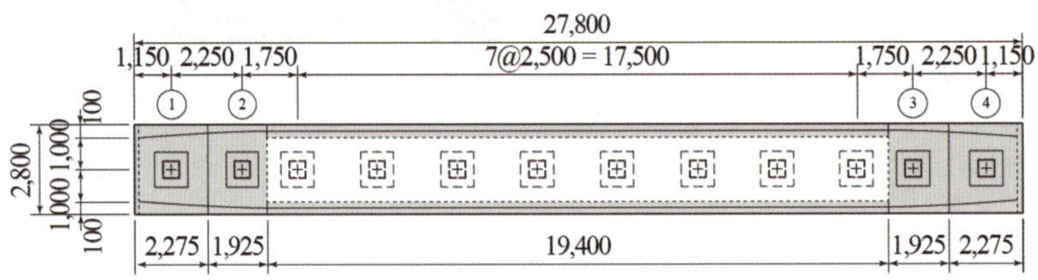

(a) 평면도

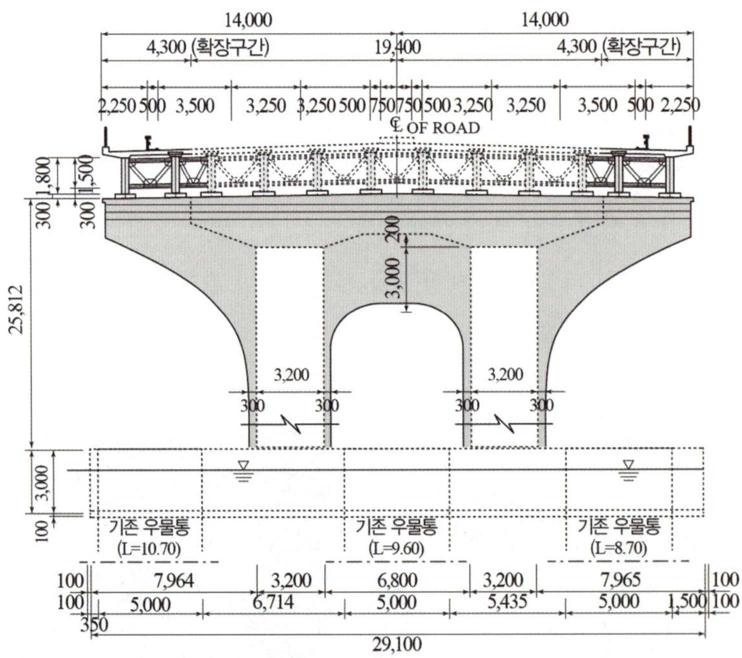

(b) 정면도

확장부에 설치될 강판형의 설치는 100톤급 크롤러 크레인 1대로 충분히 소화할 수 있었다〈그림 4.1.30〉.

접속교량 신구 콘크리트 접합

서울시는 접속교 강판형교 상부 확장구간에서 신구 슬래브 최종 연결콘크리트 타설을 하는 도중에 기존 교량 상부를 통행하는 차량에 의하여 발생하는 진동이 양생 중인 연결 콘크리트에 미치는 영향을 최소화하려고 고민을 많이 한 것으로 보인다.

사실 차량 통행이 허가되어 있는 상황에서 신구 콘크리트 바닥판을 연결해야 하는 과제는 비단 성수대교 확장 건만이 아니라 전국에 있는 콘크리트 교량의 확장과도 직접 관계가 깊은, 해결해야 할 숙제이다〈그림 4.1.31〉.

서울시는 차량진동으로 인한 대책 방안으로 다음의 3가지 공사 기준을 적용하였다.

① 공용 중인 기존 교량의 진동으로 인한 압축강도 및 부착강도의 손실을 보존하도록 압축강도 f_{ck} = 30MPa인 무수축 콘크리트를 타설하고,

② 콘크리트 타설 후 최소 12시간까지 부분적으로 차량을 통제하여 진동 속도를 0.6cm/sec 이하로 유지하게 하였다.

③ 그리고 접속구간의 연결 부위에 충분한 치핑(Chipping)을 실시하여 신구 콘크리트 연결을 원활하게 하고, 연결부에 배근되는 철근의 이음길이를 충분히 확보하게 하며 또한 충분한 콘크리트 습윤양생을 통하여 신구 콘크리트가 일체가 되도록 하였다.

그림 4.1.30 확장 성수대교 접속교 판형 설치 현장

그림 4.1.31 강합성형 교량 신구 콘크리트 접합부 전경

4.1.5.4 시공 중 계측

성수대교 붕괴사고 이후 서울시는 장대교 확장공사에서 시공 정밀성을 보다 엄밀하게 관리하기 위해, 국내에서 빠르게 개발되어온 교량 안전진단 모니터링 시스템(BHMS, Bridge Health Monitoring System)을 도입하기로 하였다. 일반적으로 BHMS는 준공된 교량의 공용 중 발생하는 이상 여부를 판별하는 데 적용되는 기술이다. 그러나 신행주대교와 성수대교 확장공사에서는 국내 최초의 신기술을 적용해야 한다는 부담감 때문에 공사 단계에서 발생할 수 있는 이상 징후를 조기에 포착하기 위한 목적으로도 활용되었다.

국내에서는 신행주대교 건설 과정에서 BHMS가 처음 개발·적용되었으나, 당시 국산 센서의 내구성 문제가 크게 드러나 준공 후 교량 공용 도중에 발생하는 이상 유무를 판별하는 장기 계측에는 실패한 바 있다. 반면 성수대교 확장공사에서는 신행주대교 이후 축적된 경험을 바탕으로 계측기술이 상당히 향상된 상태였고, 보다 진전된 모니터링 체계를 구축할 수 있었다.

성수대교 확장공사에서의 계측 기본방향은 확장부 주요 시공 단계별로 변위에 직접 영향을 미치는 온도를 비롯하여, 시공 가능 여부 판단을 위한 풍향·풍속, 진동·변위 및 시공 중 응력이 크게 발생하는 교각 앵커 부재의 응력 크기 등을 상시 확인하는 것이었다. 또한 확장부 교량과 기존 교량이 완전하게 연결될 때 외부 하중(선하중 포함)이 이 연결부에 미치는 영향을 동시에 알 수 있도록 변형계와 경사계를 함께 구축하였다.

센서 구성은 확장부에 온도계 16개, 응력계 12개, 풍향·풍속계 1개, 진동·변위계 1개 등 총 29개가 사용되었다. 기존 본선 교량에는 응력계 18개, 트러스 연결부 변위계 6개, 경사계 4개 등 총 28개의 센서를 주요 부재에 부착하여 계측 체계를 구성하였다.

미주

[1] R.C.D(Reverse Circulation Drill) 공법 : Benoto 공법, Earth Drill 공법과 더불어 대표적인 현장타설 콘크리트 말뚝 시공 방법

[2] 서울특별시, 2004, 성수대교 확장공사 최종감리보고서

[3] 서울시 건설안전본부, 2004, 성수대교 확장공사 건설지, 141쪽

4.2

성남시의 초석, 잠실철교(도로교 겸용)[1]

1979년 준공된 잠실철교는 광진구 구의동과 송파구 잠실동을 연결하는 철도-도로겸용 교량이다. 지하철 2호선 강변역과 잠실나루역을 연결하며 철도 양옆으로 각각 편도 1차선 도로가 있었으나 현재 잠실동 방향의 도로는 자전거·보행자 도로로 변경되어 운용되고 있다. 이 잠실철교-도로교는 한강을 가로지르는 12번째 도로교다〈그림 4.2.2〉.

그림 4.2.1 잠실철교 위치도

그림 4.2.2 1980년 10월 31일 개통된 잠실철교 전경
서울시, 1988, 한강상의 다리, 94쪽

4.2.1 개요(3핵 도시 구상과 구자춘 서울시장)

육영수 여사 피격 사건으로 양택식 시장이 물러난 뒤, 당시 경상북도지사였던 구자춘이 1974년 9월 2일 서울시장으로 부임하였다. 그는 급격한 경제 성장으로 자가용 차량이 크게 늘어나면서 서울시의 교통 처리 능력이 한계에 이르렀다고 판단하였다. 이에 따라 도시권의 과대화를 막기 위해 인구와 산업시설을 주변 지역으로 분산시켜 서울을 균형 있게 개발해야 한다는 도시계획전문가 김형만의 '3핵 도시 구상'에 전적으로 동의하고, 이를 강력하게 추진하였다〈그림 4.2.3〉.

그림 4.2.3 김형만의 3핵 도시 구상

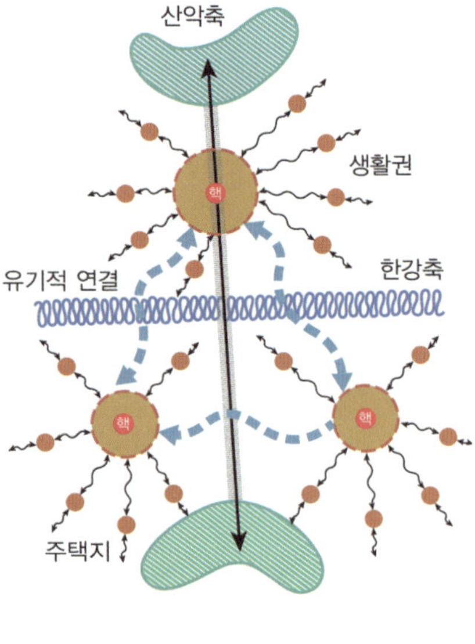

김형만은 도심을 중심으로 10개의 방사선을 이루고 있는 5개 지하철 노선망(안)이 서울 구도심 한곳으로 너무 편중되어 있다고 보았다. 그는 전 지역의 균형적인 개발을 유도하기 위해서는 현 단핵 도심 기능을 다핵 도심 기능으로 분산시키는 것이 바람직하다는 견해를

가지고 있었다. 서울시는 김형만의 의견을 받아들여 1975년에 도시계획 기본계획 변경안을 발표하였다.

기본계획안

- 기존 강북 핵은 중앙행정기능을 포함하여 중추 관리기능으로 존속하고,
- 여의도를 포함하는 영등포 핵은 전통적인 경인·경수의 길목이면서 본래 서울의 공업지대로 성장한 장점을 살리고 최근 개발된 구로공단을 배경으로 하며, 또 최근 발전한 화곡–신정, 개봉–오류 지역의 커다란 주거 인구를 기반으로 하는 산업과 교통, 상업을 중심으로 하는 부도심으로 발전시킨다.
- 영동·잠실지구 핵은 사법부를 포함하여 이미 기본시설이 완성되어가고 있는 주거단지인 영동과 새로운 주택 및 체육시설을 갖추게 될 잠실지역을 기존 강북 도심의 기능 가운데 행정기능 이외의 많은 기능을 분산·담당하는 부도심으로 개발한다.

서울시는 여러 도시기반시설의 정비와 함께 3개의 핵을 연결하는 도시고속전철 건설을 통하여 양 부도심의 개발을 촉진하면, 현재 강북에 밀집된 인구가 한강 남쪽으로 분산되어, 그 인구 분포를 한강을 경계로 1981년까지 50 : 50까지 맞출 수 있을 것으로 내다보았다. 이를 위해 서울시는 지하철 5개 노선을 수정하면서, 우선 지하철 2호선 순환선 건설에 착수하였다.[2]

실제로 서울시는 이미 1971년 1월 7일, 서울지하철 제1호선부터 제5호선까지의 노선을 다음과 같이 구상해 놓고 있던 터였다.

서울지하철(제1호선~제5호선)

- 1호선: 청량리–종로–서울역(9.5km)
- 2호선: 강남 삼성동–성수동 경마장–왕십리–을지로–마포–여의도–김포(35.5km)
- 3호선: 성북구 미아동–혜화동–퇴계로–영천–갈현동(21.5km)
- 4호선: 강남 경부고속도로 입구–율곡동–대림동–사당동(34.5km)
- 5호선: 천호동–신설동–종로–신촌(32km)

당시 구상된 노선들은 모두 교외에서 도심 깊숙이 들어와 다른 교외 지역으로 연결되도록 계획되었다. 그러나 자동차의 급격한 증가 속도를 고려하면, 서울을 3개의 핵으로 개발해야 한다는 당위성이 충분하였기 때문에 기존 지하철 노선 계획의 수정이 불가피하게 되었다.

지하철 2호선 강남구간(30km)의 기공식은 1978년 3월 9일 오후 2시, 잠실대운동장 앞에서 거행되었다. 전체 구간은 다섯 구간으로 나누어 공사를 진행하였으므로 준공식도 구간별로 다섯 차례 거행되었다.

제1구간인 신설동에서 잠실운동장까지의 14.3km 구간은 1980년 10월 30일 잠실철교 준공과 함께 완공되었다. 마지막 제5구간인 을지로 입구-신촌-신도림-서울대입구의 19.1km 구간은 건설비 조달의 어려움과 작업 일수의 부족으로 인해 당초 목표였던 1983년 12월 말보다 약 5개월 늦은 1984년 5월 22일에 개통되었다. 제5구간에 속해 있던 구 당산철교는 지하철 건설 5구간 완공에 맞추기 위하여 1983년 11월 미리 준공되었다. 지하철 2호선은 제4공화국 시기에 착공되어 제5공화국 중반에 이르러 완성되었으며, 총 6년 2개월이 소요되었다.

예상했던 대로 지하철 2호선은 강북 인구의 강남 분산에 크게 공헌하였다. 1977년 말부터 2호선이 개통된 1985년까지 영등포·구로·관악·동작·강남 5개 구의 인구는 126만 6천 명이 증가한 반면, 같은 시기 강북의 인구 증가분은 32만 7천 명에 불과하였다. 그 결과 1985년 기준으로 강북과 강남의 인구 비율은 54 : 46 수준으로, 서울시가 지하철 2호선 건설을 통해 목표했던 50 : 50 균형에 거의 도달하였다.[3] 지하철 2호선의 개통은 서울의 사회적·공간적 구조에 커다란 변화를 가져온 사건이었다.

잠실철교는 광진구 구의동(강변역)과 송파구 잠실동(잠실나루역)을 연결하는 다리로서, 1977년 11월 1일 착공하여 1980년 10월 31일 서울지하철 2호선 제1구간(신설동~잠실종합운동장)과 동시에 개통되었다. 잠실철교는 철도·도로 병용 교량으로 건설되었으며, 이는 일제강점기인 1936년 10월 준공된 한강인도교 신교 이후 처음이다.

지금은 없지만, 지난 1925년 7월 대홍수로 유실된 한강 소교를 대체하기 위하여 1928～1930년 노들섬(중지도) 북쪽에 교량을 건설하면서 전차 궤도를 부설한 적이 있었다. 당시 종점 정거장은 노들섬에 있었다. 잠실철교는 철도교로는 한강철교 B선, A선, C선에 이어 네 번째, 전철교로는 첫 번째, 도로교로는 열두 번째 교량이었다. 이후 서울지하철 노선이 확충되면서 동작대교, 동호대교, 청담대교 등이 철도·도로 병용교로 건설되었다. 잠실철교의 도로교는 철도교보다 1년 앞서 1979년 10월 30일 완공되었으며, 철도교는 1980년 10월에 준공되었다〈그림 4.2.4〉.

그림 4.2.4 잠실철교 종·평면도

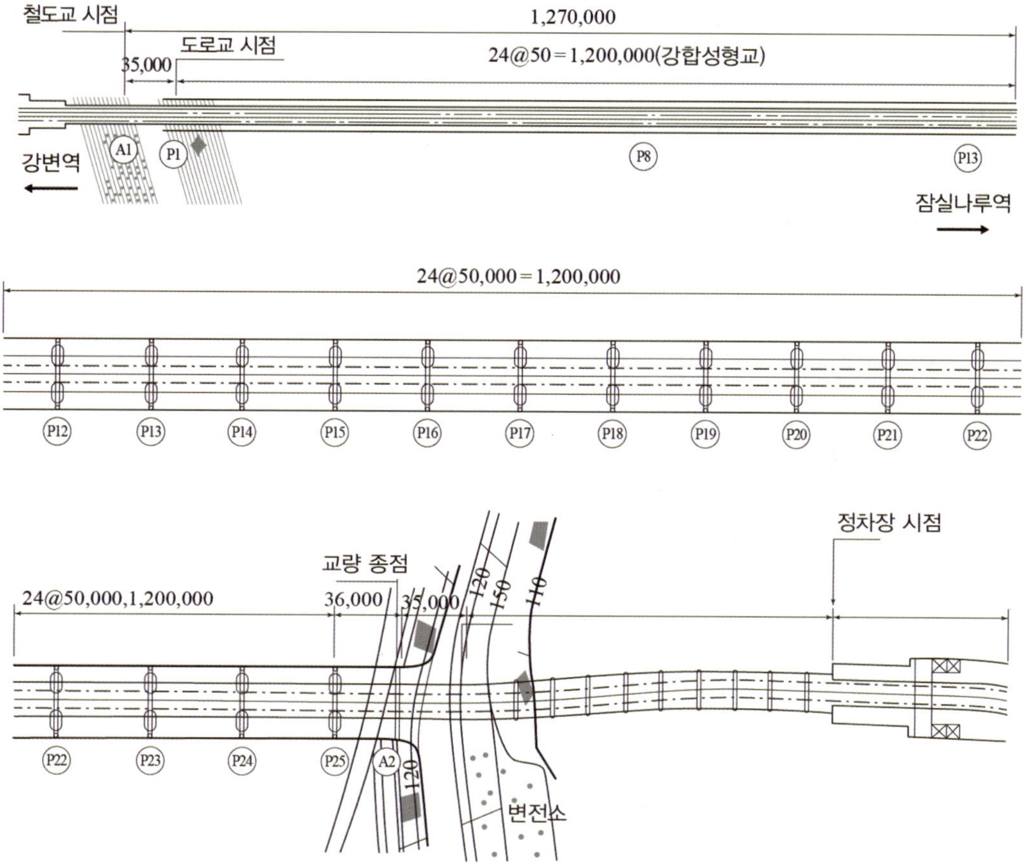

(a) 평면도

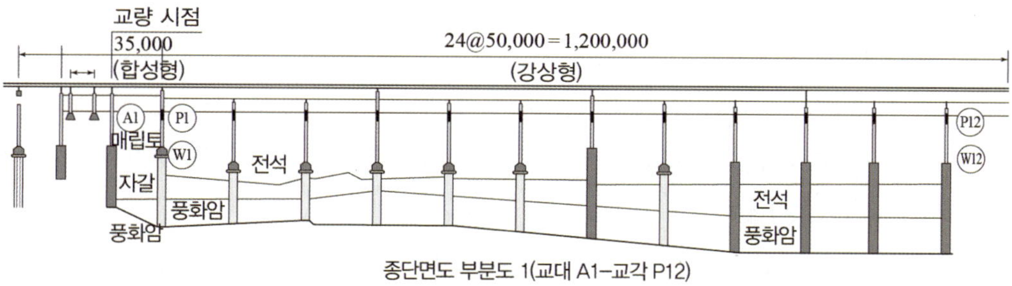

종단면도 부분도 1(교대 A1–교각 P12)

(b) 종단면도

그림 4.2.4 잠실철교 종·평면도(계속)

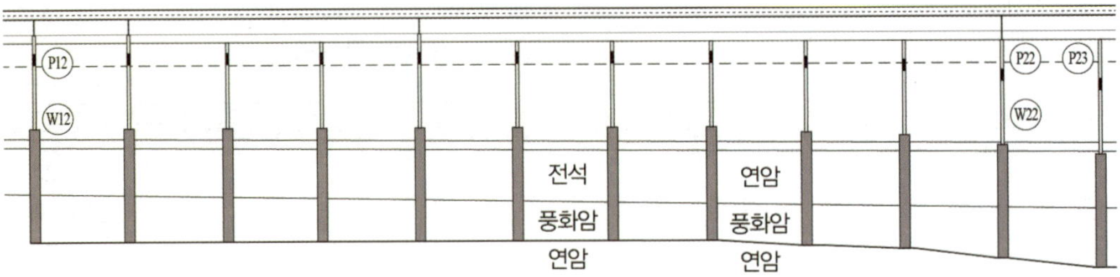

종단면도 부분도 2(교각 P12–P23)

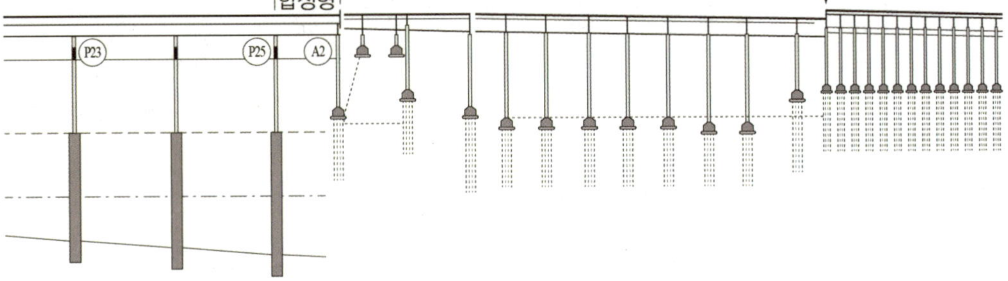

종단면도 부분도 3(교각 P23–교대 A2)

(b) 종단면도

4.2.2 잠실철교(도로 겸용) 구조

잠실철교 전철교는 북측 교대 A1부터 남측 교대 A2까지 총연장 L = 1,270m이고, 램프 A가 끝나는 교각 P1에서 시작하여 교각 P25에서 끝나는 도로교는 전철교보다 70.00m가 짧은 L = 1,200m가 된다〈그림 4.2.4(b)〉. 다리 전체 너비 B = 18m인데 그중 도로교의 폭은 철도교 좌우에 각각 4.4m씩으로 구성되어 있다〈그림 4.2.5〉.

잠실철교 도로교는 2006년까지는 좌우측 두 개의 차선을 모두 사용하고 있었다가 지난 2006년 12월 도로교 중 하류 쪽 차로를 보행 및 자전거도로(4.4m)로 기능을 변경하였다〈그림 4.2.6(b)〉.

그림 4.2.5 잠실철교(도로교) 표준 횡단면도

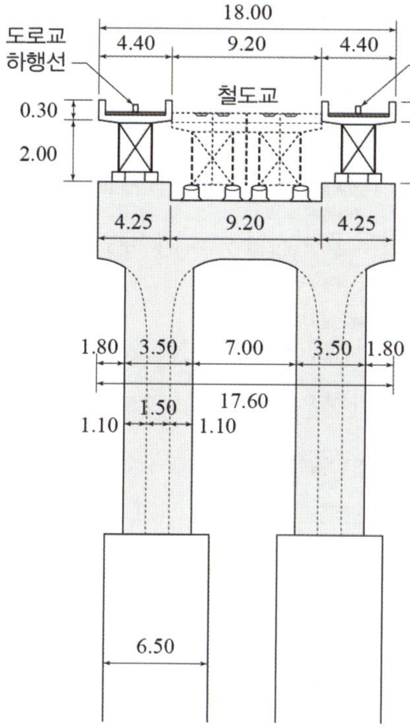

(a) 강상형교 구간 횡단면도

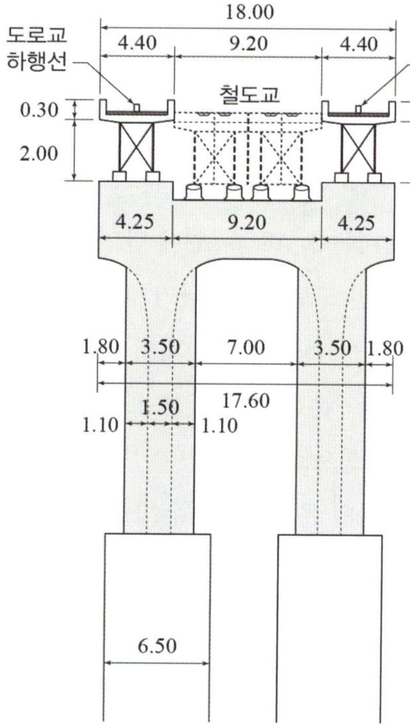

(b) 강판형교 구간 횡단면도

그림 4.2.6 잠실대교 도로교 전경

(a) 상류 측 자동차 전용 도로

(b) 하류측 자전거 전용 도로(2006년부터 운영)

4.2.2.1 상부구조

잠실철교 도로교에는 소형차(DB-13.5)만 통행할 수 있도록 제한하였다. 이 다리는 유신설계공단에서 설계하고, 시공은 동아건설이 맡아서 75억 원 안팎의 공사비를 지출하였다.

앞서 설명한 바와 같이 철도교 본선 구간의 길이 L = 1,270.00m로 총 26경간의 비교적 단순한 구성으로 이루어져 있으며, 도로교는 철도교보다 70m 짧은 L = 1,200.00m로 되어 있다. 교량 횡단면의 전체 너비는 B = 18.00m인데 단면은 중앙에 폭 9.20m의 철도교가 지나가고, 그 양옆으로 각각 너비 4.40m인 도로교가 지나가게 구성되었다〈그림 4.2.7〉.

철도교는 상·하행선으로 되어 있는데 선로의 중심선의 간격은 4.00m이다. 철도교와 도로교의 주교량 횡단면은 모두 강합성형교로 설계되었는데, 철도교 단면은 높이가 H = 2.50m, 폭이 B = 2.4m의 강상형으로 제작되었고, 도로교 단면은 높이가 H = 2.00m, 폭이 B = 2.00m의 강상형으로 가설되었다. 바닥 콘크리트의 두께도 철도교 바닥판의 두께가 도로교 바닥판의 두께 $t_{\text{도로교}}$ = 20cm보다 7cm가 더 두꺼운 $t_{\text{철도}}$ = 27cm로 되어 있는데, 그것은 전철의 자중이 통행하는 자동차의 무게보다 훨씬 큰 사실을 상기하면 당연한 설계 결과이다. 강상형에는 강재 SWS 50(현재의 강종 표기로는 SM 490)를 사용하였다.

잠실철교 지간 L = 35m로 되어 있는 본선 양 끝에 접속된 두 접속교는 모두 강판형교로 되어 있고, 잠실철교 도로교의 남측 접속교 역시 길이 L = 35m의 강판형교로 상부구조가 설계되었다.

그림 4.2.7 잠실철교(도로교 포함) 상부구조
서울특별시 지하철공사, 1989, 서울지하철 2호선 건설지

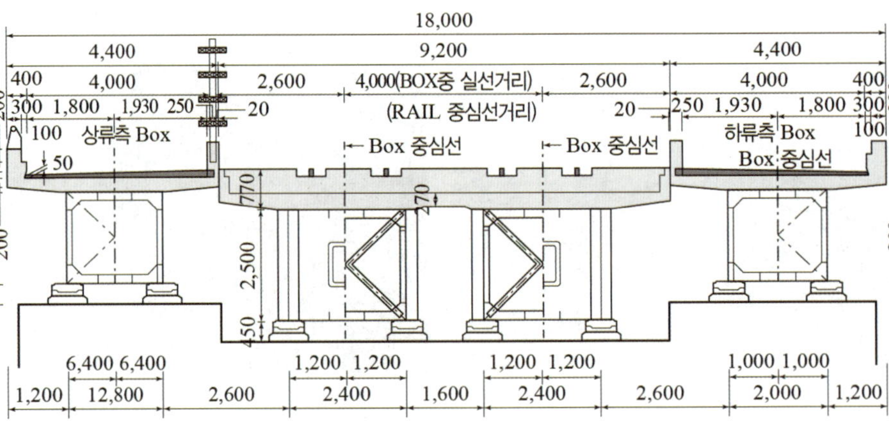

4.2.2.2 하부구조

잠실철교의 하부구조는 전철교와 도로교 겸용으로 사용되고 있고, 이들은 서울지하철공사에서 관리하고 있다.

가. 하부기초

성동구와 잠실 사이 한강 구간의 지질 현황은 13～25m 이하에서 지지력(支持力)의 충분한 화강편마암질 연암층이 형성되어 있어 하부구조 기초를 우물통기초로 선정하였다.

1) 교대 기초

잠실철교의 기초는 양쪽 교대 A1과 A2 아래에만 말뚝기초로 되어 있다〈그림 4.2.8〉. 교대 A1의 말뚝기초는 풍화암까지 타입시켜 충분한 지지력을 확보하고 있고, 교대 A2의 말뚝기초는 사력층에 정치시켜 주변 마찰로 지지력을 확보하고 있다. 두 말뚝기초는 모두 경사말뚝을 사용하여 횡방향 지지력을 확보하고 있다.

2) 교각기초

교각 P1부터 P25까지 2×25 = 50개의 기초는 우물통기초로 되어 있다. 모든 우물통은 경암 또는 최소한 연암에 고정시켰다. 각 교각 아래 양쪽에 세워진 2개 우물통의 바깥 지름은 $\Phi_{바깥}$ = 6.50m 이고, 두 우물통의 중심선은 서로 10.50m 떨어져 있다〈그림 4.2.9〉.

그림 4.2.8 잠실철교 교대 전경

(a) 교대 A1

(b) 교대 A2

나. 교대와 교각

육상부에 설치된 교대는 중력식 옹벽구조로 되어 있다. 잠실철교의 교각은 모두 *Π* 형 단면의 문형 교각으로 멍에(Pile Cap)와 교각 기둥이 일체로 공사하여 라멘 구조를 이루고 있는 매우 평범한 형태를 취하고 있다〈그림 4.2.9〉.

그림 4.2.9 잠실철교 하부구조

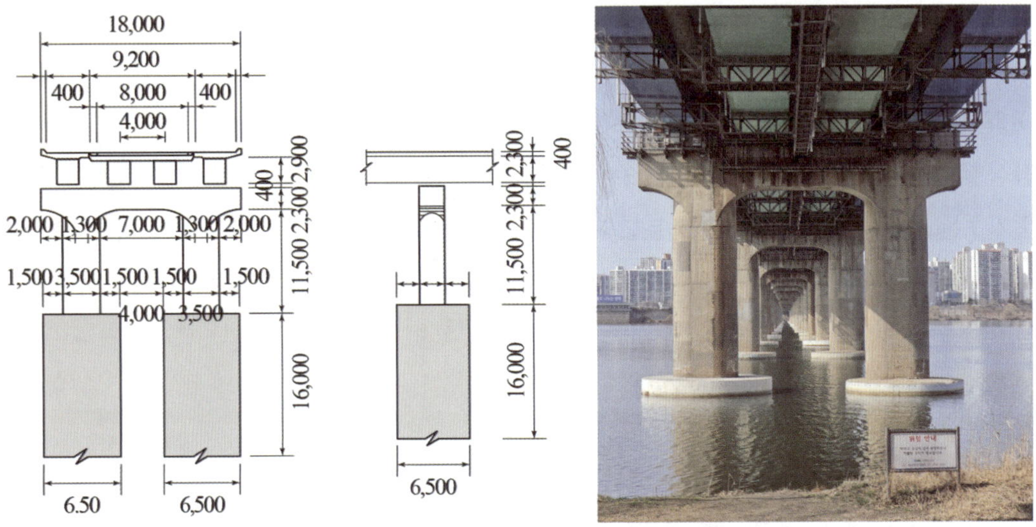

(a) 하부구조 정·측면도

(b) 교각 전경

4.2.3 시공

한강 횡단구간의 전철교의 상부구조는 거의 모든 구간에서 지간 50m의 연속 강합성 강상형교(Steel-Concrete Composite Box Girder Bridge)로 설계하였으며〈그림 4.2.7〉, 하부구조의 기초는 가도로(假道路)와 가교(假橋)를 설치하여 50개의 우물통기초를 구축하고〈그림 4.2.10〉, 그 위에 25개의 *Π* 형 교각을 가설하였다〈그림 4.2.11〉.

Π 형 형태로 세워진 25기의 교각은 철근콘크리트 구조로 되어 있고, 그 간격은 L = 50m이며, 그 평균 높이 H = 14m이다. 잠실철교의 다리 너비는 철도가 B = 9.2m로 복선으로 레일을 깔아 전철이 통행하며, 차도는 위에서 언급했듯이 그 좌우로 각각 4.4m씩으로 구성하여 다리 전체의 폭 B= 18m이다. 원래 이 다리는 폭 B = 10m의 전철 전용 철교로 계획되었지만 1978년 8월, 강남·북 간 차량 소통을 원활히 하기 위해 도로겸용 철교로 설계 변경을 했었다.

그림 4.2.10 잠실철교 우물통기초 건설 현장
서울특별시 지하철공사, 1989, 서울지하철 2호선 건설지

(a) 우물통 굴착 작업 현장

(b) 우물통 심도 측정 장면

그림 4.2.11 잠실철교 교각 공사

(a) 교각 공사 현장

(b) 교량 하부 공사

〈그림 4.2.7〉에서 보는 것처럼 잠실철교는 강상자형(Steel Box Girder) 상부에 콘크리트 슬래브를 합성시키고 그 위에 침목을 깔고 레일을 설치하였다〈그림 4.2.12〉. 잠실철교는 비상시 자동차 운행이 가능하도록 설계되어 있는데, 이를 위하여 콘크리트 도상 위에 깔린 레일 높이까지 콘크리트 도상을 높여서 자동차 통과 시 바퀴가 레일 홈에 빠지지 않도록 레일 좌우에 나무 침목을 끼워 넣거나, 또는 모래를 채우거나 널판을 깔도록 하였다.[4]

한강 양안에 있는 강변도로 횡단 구간의 상부구조는 지간(Span Length) 35m인 강판형(Steel Plate Girder)과 30m의 상자형(箱子桁, Box Girder)으로 시공하였다. 강남 측 고가 구간인 상부 구조는 지간 20m의 P.C빔을 사용했고, 하부구조는 강관파일 Φ = 400mm짜리를 사용하여 시공하였다.

그림 4.2.12 잠실철교 레일 설치 현황

4.2.4 기타

4.2.4.1 안전 점검

현재 잠실철교의 유지관리는 서울시와 서울메트로가 공동으로 수행하고 있으며, 상부구조는 서울시, 하부구조는 서울메트로가 각각 담당하고, 정밀안전진단은 통합하여 시행하고 있다.

서울시는 1979년 10월 30일 2등급 교량(DB 18/DL18)으로 준공된 잠실철교(도로교)에 대한 정밀 안전진단을 2010년 4월부터 2010년 10월까지 실시한 결과 "보조 부재에 경미한 결함이 발생하였으나, 기능 발휘에는 지장이 없으며 내구성 증진을 위하여 일부의 보수가 필요한 상태"인 'B(양호)' 등급을 받았다. 다만 상부구조 신축이음장치 단부에 차수 조인트(Joint)를 설치하지 않아 우수(雨水)가 유입되었고, 이로 인해 바닥판 단부의 철근 노출 및 부식, 철근 부식에 따른 체적 팽창으로 주변 콘크리트의 층분리가 발생하였다.

4.2.4.2 편의시설

한강공원을 찾는 일반 시민과 자전거 이용자가 증가함에 따라, 각 지자체는 공원 접근성을 높이기 위해 교량 남·북단에 접근 시설을 확충하고 있다. 이러한 흐름에 따라 현재 한강의 대부분 교량에는 21인승 엘리베이터가 설치되어 있다.

잠실철교 역시 남단 하류 쪽 둔치에 보행자 도로로 오르내리는 엘리베이터(15인승)를 설치하여 (2010년 12월)시민들의 편의를 도모하고 있다〈그림 4.2.13〉. 해당 엘리베이터는 설치 시점이 비교적 오래되어 최근 기준으로는 규모나 시설 수준이 다소 제한적으로 보일 수 있다. 또한 잠실철교 인근 한강공원은 다른 지역에 비해 정비 수준이 상대적으로 낮다는 평가도 있어, 향후 추가적인 시설 개선을 통해 이용 편의성을 높일 여지가 있다.

그림 4.2.13 잠실철교 15인승 엘리베이터

미주

[1] 서울지하철 2호선은 1978년 3월에 착공하여 1984년 5월에 전 길이가 개통되었다. 그래서 2~3년 후에는 건설지가 발간되었어야 했으나, 2호선 개통 후 서울시 지하철 건설본부가 해체되고, 서울지하철 업무 전반을 계승 받은 서울지하철 공사는 서울지하철 3·4호선 건설에 정신이 없었던 차라 서울지하철 2호기 건설지를 발간할 겨를이 없었다. 결국 지하철 1·2호기 건설지는 지하철 3·4호선 건설지와 동시에 발간되어 잠실대철교 건설 분야의 기사가 충실하지는 못하다(서울특별시 지하철공사, 1989, 서울지하철 2호선 건설지 발간사).

[2] (사)한국철도학회, (사)대한교통학회, 2003, 『서울지하철건설삼십년사』, 서울특별시, 160~166쪽

[3] 손정묵, 2003, 『서울 도시계획 이야기』, 한울 출판사, 282쪽

[4] 서울특별시 지하철공사, 1989, 서울지하철 2호선 건설지

4.3

반달 아치교, 성산대교

한강을 13째 도로교로 횡단하는 성산대교는 서울특별시 마포구 망원동과 영등포구 양화동을 잇는 교량이다〈그림 4.3.1〉.

그림 4.3.1 성산대교 위치도

성산(城山)이라는 명칭은 부근에 산들이 성곽처럼 둘러싸인 곳을 우리말로 '성메' 또는 '성미'라 부르는데, 이것들이 한자로 옮겨지는 과정에서 성산이라 변했다고 전해진다.

이 다리는 독립문에서 경인고속도로 입구까지 이어지는 성산로를 건설하면서 같이 시공하였다. 성산대교는 서울 서남 지역(김포, 시흥, 안산 등)에서 서울 도심으로 들어오는 관문 역할을 하는 동시에, 서해안고속도로의 종점인 금천 I.C에 별다른 출구가 따로 없는 관계로 사실상 서해안고속도로의 서울 종점 역할을 하고 있다.

4.3.1 개요

제2차 세계대전이 끝나고 약 4반세기가 지난 1970년대 초반부터 세계적으로 교량의 조형미를 강조하는 운동이 일기 시작하였다. 우리나라 서울시 도로를 담당했던 당시 김인식 도로과장은 교량 조형미의 세계적인 추세에 맞추어 한강의 다리들도 안전성, 경제성, 시공성 이외에 조형성도 설계의 중요한 기준이 되어야 한다고 주장했다. 이에 서울시 주관으로 교량 조형미에 대한 첫 번째 세미나가 1978년에 열리게 되었고, 그러한 운동의 첫 작품이 성수대교와 성산대교인 셈이다.

성산대교는 1977년 4월 6일에 착공하여 성수대교보다 조금 늦은 1980년 6월 30일에 개통하였다〈그림 4.3.2〉. 성산대교는 길이 L = 1,504m로 폭 B = 27m의 6차로 교량으로 설계되었다.

그림 4.3.2 준공 후 성산대교 전경
e영상역사관

성산대교 교량 형식을 정할 때 서울시 심의 과정에서 심사위원 한 분이 구리암사대교와 같은 중로 아치교를 제안했었는데 실제 설계과정에서 중로 아치교가 생소했던 당시 교량 설계 책임자는 중로 아치 대신 상로교로 설계하고 반달모양의 철판을 붙여 중로교처럼 보이게 되었다는 뒷이야기가 있다. 더욱이 중간에 붙인 반달형 철판에 뚫은 구멍이 당시 서울시장의 아이디어라는 이야기도 있고, 또 옛 정보부 부장이었던 이OO이 총구멍을 내어야 한다고 했다는 터무니없는 소문도 떠돈다. 외국에서 온 교량 공학자들을 김포공항에서 만나서 같이 차로 올림픽대로를 지나오면서 이들 대부분은 성산대교의 반달 모양의 쓰임새에 무척 궁금해 했었다. 교량 전문가로선 참 대답하기 난처한 일이었다. 1990년대까지만 해도 교량을 전공하는 기술자들 사이에는 다리 설계에 쓸데없는 장식을 피하는 경향이 강했기 때문이다. 그러나 한편으로 서울 일반 시민들에게 물어보면 성산대교의 반달형 모양이 아름답게 느껴진다고 대답하는 사람도 꽤 많은 것으로 알려져 있다. 지금 와서 생각하니 교량의 조형미란 꼭 절제된 공학적인 미 이외에도 다른 요소가 있을 수 있다고 생각하게 된다. 다만, 공학적으로는 필요 이상의 자재가 들어가면 무거워지고 따라서 몸체가 더 육중해지니 경제적으로 예산이 많이 들기는 한다. 이 부분은 시민들의 동의를 얻어서 결정해야 한다.

위에서 언급했듯이 장식으로 붙인 반달 모양의 철판에 대한 의견이 분분해서 그랬는지 2025년 4월, 다시 성산대교를 바라보니 교면 밖으로 나온 아치 머리 부분을 몽땅 베어버려 앞으로는 중로교로서의 성산대교는 더 이상 볼 수가 없게 되었다.

그림 4.3.3 성산대교 반달 모양의 장식 철판
사진 김석기 소장

(a) 아치 철판 설치 장면

(b) 성산대교 장식 철판

성산대교는 6차로 교량으로 전체 길이가 1,504m이고, 경간 구성은 다음과 같다〈그림 4.3.4〉.

L = BR 1(남단 접속교) + BR 2(주교량) + BR 3(북단 접속교) + 토공 구간 + BR 4(북단 접속교)

= 126.0(=46 + 2@40, 판형교) + 1,040.0(=40 + 8@ 120 + 40, 게르버 트러스)

+ 243.0(= 2@40 + 28 + 2@30 + 3@25, 판형교) + 50.0(토공구간) + 45(=2@22.5, 판형교)

= 1,504m

그림 4.3.4 성산대교 종·평면도

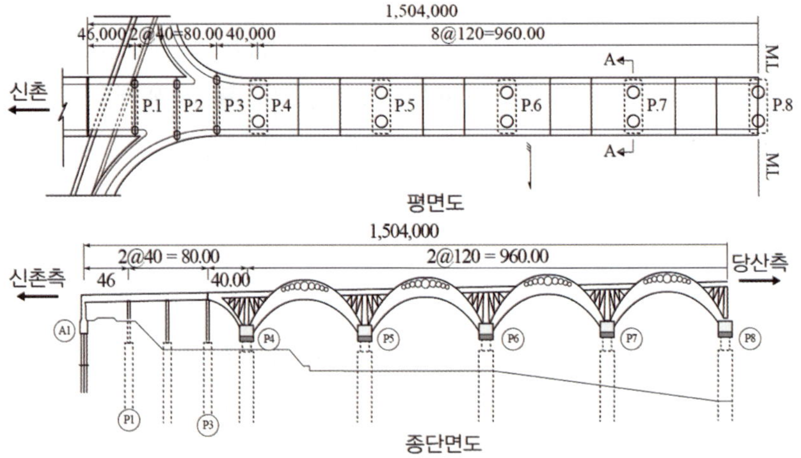

(a) 성산대교 종·평면도 부분도(교대 A1~교각 P8)

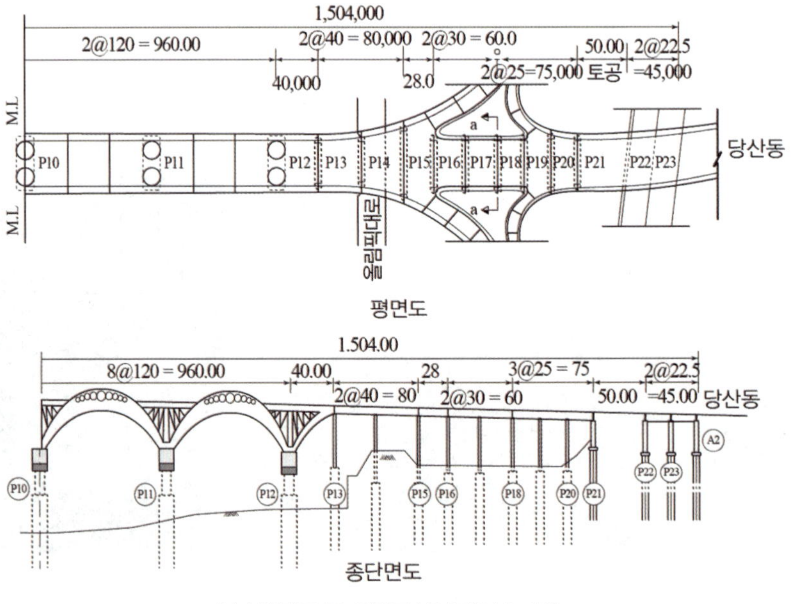

(b) 성산대교 종·평면도 부분도(P10~A2)

성산대교의 길이에 대해서 위키백과에서는 1,409m로, 서울특별시 간행물에서는 1,504m[1]로 기술하기도 하는데, 만약 성산대교 접속교 중 토공으로 중간에 끊기는 BR 4(북단 접속교)를 고려하지 않으면 성산대교의 길이는 L = 1,409m로 나타낼 수도 있다. 그러나 공식적으로 서울특별시에서는 성산대교의 길이 L = 1,504m로 한다.

4.3.2 교량 설계

4.3.2.1 상부구조

성산대교 설계를 맡은 ㈜한국종합기술에서는 이 다리를 8경간 게르버 상로 아치교와 강판형교 및 P.C 빔교로 구성하였다.

그림 4.3.5 앵커 트러스 구조

(a) 앵커 트러스 가설

(b) 앵커 트러스 게르버 빔 지지부

그림 4.3.6 게르버 빔 설치

성산대교의 본 교량 구간(교각 P3~P13)은 성수대교와 마찬가지로 교각 양옆으로 캔틸레버 형태로 앵커 트러스를 건설하고〈그림 4.3.5(a)〉 그 트러스 양단에 게르버 지지점을 만들었다〈그림 4.3.5(b)〉. 다음 그 지지점 위에 게르버 형식으로 40m 단순 판형교를 설치했다〈그림 4.3.6〉.

게르버 트러스의 한 경간 길이는 L = 120.00m인데, 그중 앵커 트러스의 길이가 2×40.0 = 80.0m이고 양쪽 앵커 트러스에 얹혀있는 게르버 보의 길이는 $L_{게르버\ 보}$ = 40.0m이다〈그림 4.3.7(a)〉. 트러스 캔틸레버 구간 상현재와 하현재의 단면은 강상형으로 구성되어 있고〈그림 4.3.7(b)〉, 그 규모는 위치에 따라 변한다〈그림 4.3.8〉.

그림 4.3.7 게르버 트러스 종·횡단면도

서울특별시, 1977.9, 성산대교 가설공사 실시설계도(I)

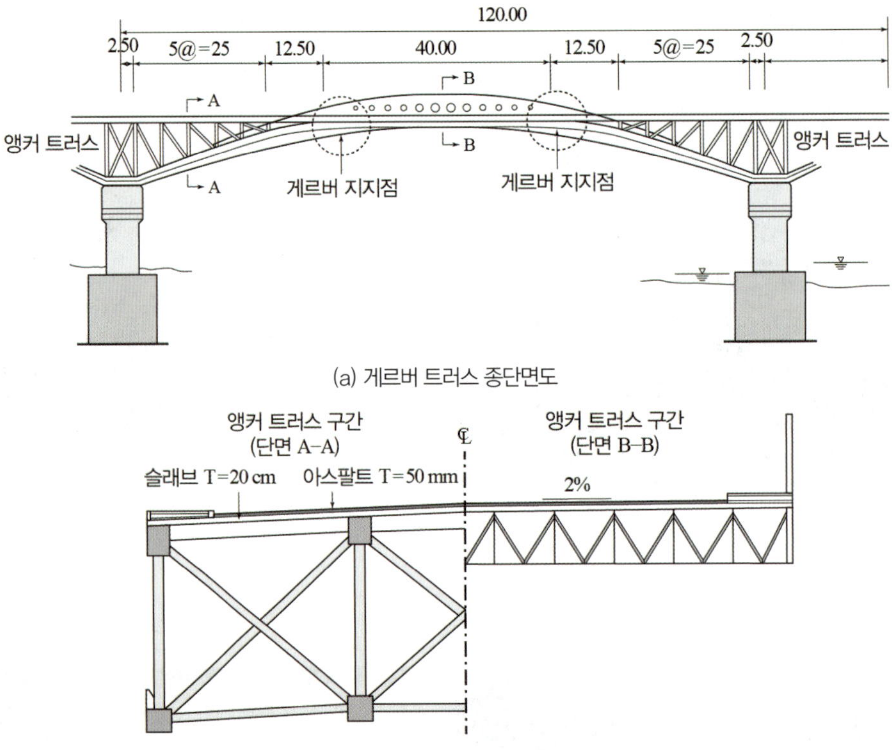

(a) 게르버 트러스 종단면도

(b) 게르버 트러스 횡단면도

예를 들어 〈그림 4.3.7(b)〉에 보이는 상현재 부재 번호 ⑮의 경우에는 폭 b = 1.00m, 높이 h = 1.20m인 강상형 단면을 가지는데, 인장력이 많이 작용하는 부재 번호 ㉛의 경우에도 폭과 높이 b = 1.00m와 h = 1.20m로 그 크기를 일정하게 설계하였다. 다만, 플랜지의 두께와 복부판의 두께는 각각 t = 34mm, 30mm에서 t = 30mm, 22mm로 줄어든다. 이는 단면에 작용하는 휨 모멘트를 잡아주기 위한 상·하현재의 거리가 늘어나면서 단면에 발생하는 인장력이 감소하기 때문이다. 그러나 압축력을 크게 받는 하현재의 경우에는 좌굴 현상 발생을 방지하기 위하여 상현재보다 더 큰 부재를 사용했어야 했을 터인데도 불구하고 부재 번호 ⑰의 부재 높이〈그림 4.3.7(c)〉는 번호 ⑮의 부재 높이보다 20cm 낮은 h = 1.00m로 제작하였다. 이는 큰 압축력을 받는 복부판의 판 좌굴현상을 방지하고, 동시에 앵커 트러스 단부 부재와 연결을 위한 방편으로 생각된다.

그림 4.3.8 캔틸레버 구간 상·하현재 단면 구성 예

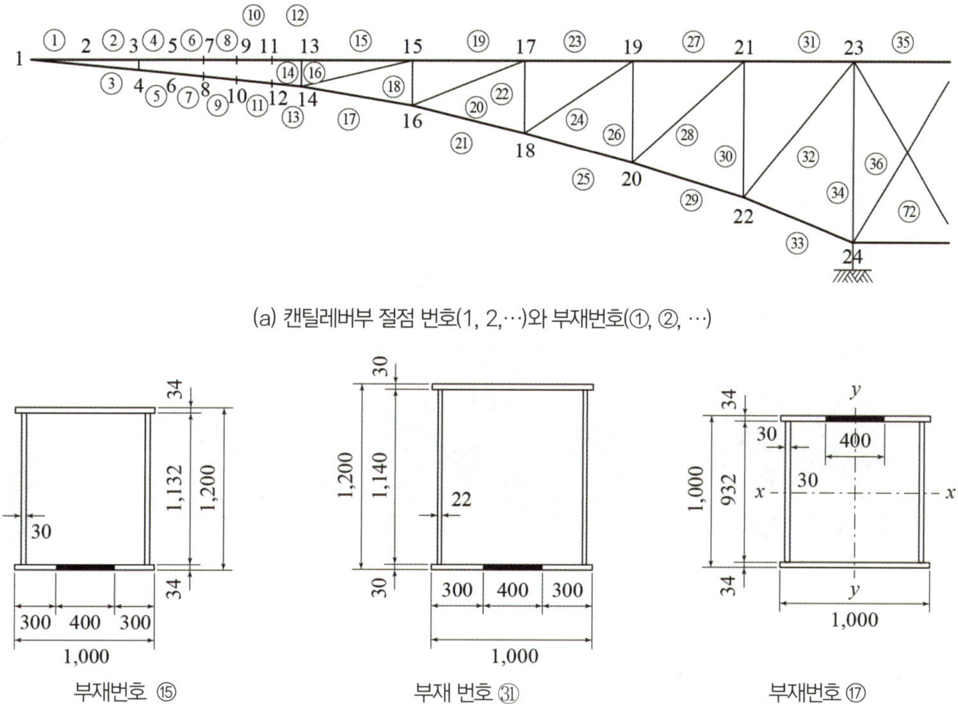

(a) 캔틸레버부 절점 번호(1, 2,⋯)와 부재번호(①, ②, ⋯)

부재번호 ⑮ 부재 번호 ㉛

(b) 상현재 횡단면 구성 예

부재번호 ⑰

(c) 하현재 횡단면 구성 예

성산동 방향 접속교 교각 P1~P3과 당산동 방향 접속교 교각 P13~P15 사이에는 판형(Plate Girder) 13개를 2.10m의 간격으로 설치하여 교폭 B = 27.0m인 판형교를 만들었다. 교폭 27.0m 중 6차선이 차지하는 너비는 측대 포함 B = 21.6m이고 보도폭은 연석 포함해서 양측으로 각각 2.70m로 설계되었다〈그림 4.3.9〉. 차도와 보도 사이에는 높이 40cm 연석이 설치되어 있고 성산대교 남측 교각 P15부터 교각 P21까지는 상부구조 주형을 P.S.C 빔으로 만들었고, 그 남쪽으로 50m 성토 구간을 지나면 성산대교의 남단 끝엔 2경간 단순 판형교가 건설되었다〈그림 4.3.9〉.

그림 4.3.9 판형교 구간(P1~P3, P13~P21) 상부구조 단면도

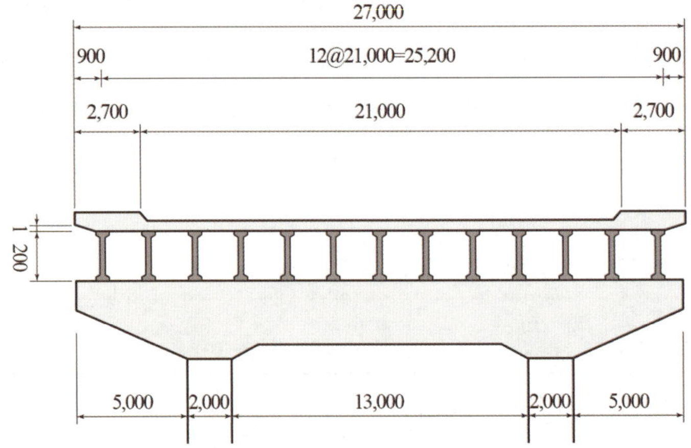

그림 4.3.10 성산대교 남단 2-경간 단순 판형교와 교명주

(a) 2경간 단순 판형교

(b) 성산대교 교명주

트러스 구간 상부구조 상판 구조는 4개의 트러스 상현재 사이에 가로보(Floor Beam)를 5.0m 간격으로 설치하고 이들 가로보 사이에는 바닥판 설치를 위하여 세로보(stringer)를 상현재 사이에 3개씩 설치하였다. 이 가로보와 세로보를 볼트로 조립한 후〈그림 4.3.12(b)〉. 그 세로보의 상부 플랜지에 상판 콘크리트와 연결하는 연결재〈그림 4.3.12(c)〉를 용접하여 설치한 후, 그 위에 콘크리트를 타설하여 강합성 철근콘크리트 바닥판을 형

그림 4.3.11 트러스 바닥틀 가로보와 세로보

성하였다. 성산대교는 청계천 교량에 강합성 바닥틀을 적용한 이후 한강상에서는 강합성교로 설계된 최초의 다리이다. 그 이후 강합성교가 국내 널리 퍼지게 되었다.[2]

4.3.2.2 하부구조

성산대교 남단 당산동 쪽 토공 이남의 교량 구간을 제외하고, 교대 A1부터 교각 P20까지의 구간을 살펴보면 다음과 같다. 성산대교의 하부기초는 트러스 구간(P4~P12)에서 콘크리트 우물통(Φ= 13.0m) 8기와 강재 우물통 10기, 총 18기의 우물통기초가 시공되었다〈그림 4.3.12(a)〉. 반면 접속교 구간(P1~P3, P13~P20)에는 콘크리트 우물통(Φ= 5.0m) 26기가 세워져 있다〈그림 4.3.12(b)〉.

그림 4.3.12 성산대교 바닥틀 구조

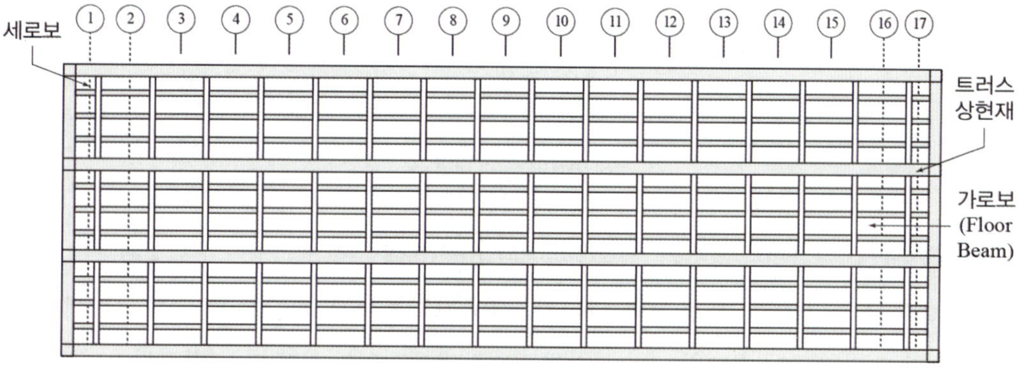

(a) 세로보와 가로보 위치도

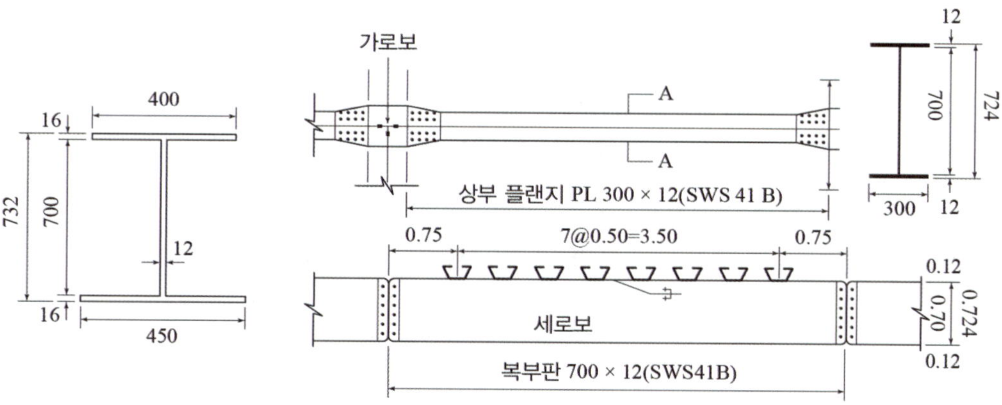

(b) 바닥틀 구조 단면도

그림 4.3.12 성산대교 바닥틀 구조(계속)

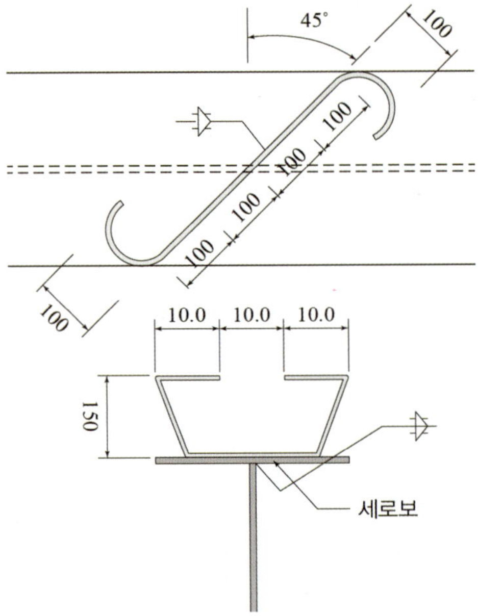

(c) 연결재(철근): 단위 mm

여기서 트러스 구간의 우물통기초 덮개 위에는 Π 형태의 문형 교각 9기가 세워졌으며, 접속교 구간의 교각 11개 중 6개는 문형 교각, 나머지 5개의 교각(P2, P3, P14, P15, P20)에는 3주형 라멘구조로 시공하였다. 저자가 2024년 12월 14일 성수대교 현장에서 확인한 바에 따르면〈그림 4.3.4(b)〉, 교각 P21과 교각 P22는 구조적으로 교각이라기보다 교대로 처리하는 것이 타당해 보인다. 그러나 실제 시공에서는 성산대교가 일단 P21에서 종점으로 처리되며, 약 50m의 성토 구간을 지난 후 다시 성산대교 남단 2경간의 단순 판형교로 시작된다. 이 지점에는 성산대교의 시작을 알리는 교명주가 세워져 있어〈그림 4.3.9(b)〉, 공식적으로 성산대교의 전체 길이는 토공 구간까지 포함하여 L = 1,504.00m로 산정해야 할 것이다.

한편, 말뚝기초로는 두 개의 교대 A1와 A2 및 교각 P21～P23 아래에 사용되었다.

그림 4.3.13 성산대교 하부구조 정·측면도

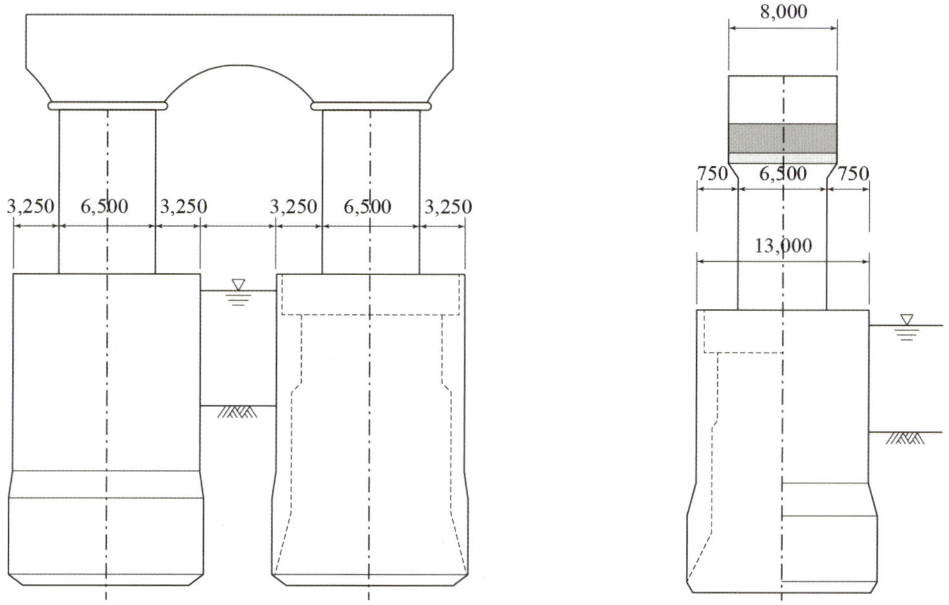

정면도 측면도

(a) 트러스 구간(P4~P12) 교각과 우물통기초 정면도와 측면도

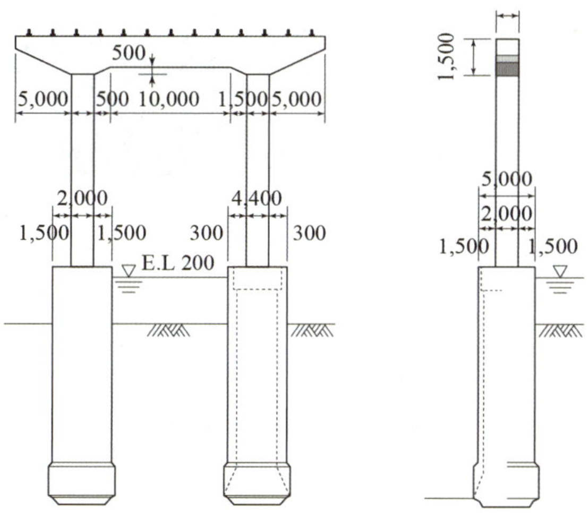

(b) 접속교 구간(P1, P13, P16, P17, P18, P19)

(c) 성산대교 교각 전경

4.3.3 시공

4.3.3.1 하부구조

가. 우물통기초

성산대교 수중부에 놓인 교각들은 한강에 놓인 대부분 다리 교각들처럼 우물통기초 위에 세워져 있다. 현장에서는 우물통기초 공사를 하기 전에 먼저 축도를 만든다〈그림 4.3.14〉. 이는 우리나라는 건기와 우기가 분명하게 갈라져 있어서 건기 중에는 한강의 수위가 낮아 한강 수중부에서도 육상 작업을 할 수 있기 때문이다. 그러다가 공정이 늦어지면 홍수기에 작업 기간이 겹쳐 공기와 공사비가 엄청나게 불어나는 수도 있다.

그림 4.3.14 축도 공사 현장

그림 4.3.15 공사 중 대홍수 발생

축도 공사가 끝나면 강재 케이슨을 제작하고〈그림 4.3.16(a)〉 물속으로 진수시켜〈그림 4.3.16(b)〉 우물통기초를 세울 장소까지 끌고 간다. 우물통기초가 세워질 위치에 도착하면 우물통을 가라앉힌 후 철제 우물통의 무게를 늘리기 위하여 이중으로 된 철제 우물통 벽 사이에 콘크리트를 타설한다〈그림 4.3.16(c)〉. 케이슨이 정치가 되면 케이슨 내부 바닥을 크람셀을 이용하여 토사층을 굴착하고 자중으로 우물통을 연암에 도달할 때까지 침하시킨다〈그림 4.3.16(d)〉. 케이슨이 연암에 도달하면 잠수부를 내려보내〈그림 4.3.16(e)〉 수중발파를 통하여 우물통 슈가 연암층 일정한 깊이에 도달하게 한다. 최종 굴착 후 암 검측을 한 후, 우물통 바닥에 수중콘크리트를 타설하고〈그림 4.3.16(f)〉 양생이 되면, 속채움 콘크리트를 타설하고 덮개 콘크리트를 만들어서 우물통기초 공사가 완료된다〈그림 4.3.16(g)〉.

그림 4.3.16 성산대교 우물통기초 가설 순서

(a) 강재 우물통 제작

(b) 철제 우물통 진수

(c) 우물통 정치 및 콘크리트 타설

(d) 크람셸 굴착 및 침하

(e) 잠수부 작업 중

(f) 수중 콘크리트 타설

(g) 우물통 공사 현장

나. 교각 시공

성산대교가 건설될 때만 해도 교량 건설기술은 근대적 기술 수준에 머물러 있었기 때문에 교각 공사에 적용된 시공법도 매우 노동집약적인 기존의 방법을 그대로 사용하고 있었다.

먼저 우물통기초 덮개 콘크리트 위에 철근을 조립하고〈그림 4.3.17(a)〉 검측이 끝나면 거푸집을 설치하고〈그림 4.3.17(b)〉 콘크리트를 타설하고 양생하면 교각이 완성된다〈그림 4.3.17(c)〉.

그림 4.3.17 교각 설치순서

(a) 철근 검측

(b) 거푸집 설치

(c) 교각 설치 완료

4.3.3.2 상부구조

교량 상부구조에는 포항제철소에서 건설 공사를 위해 생산한, 항복강도 σ_y = 2,100kg/cm^{2}인 SWS 400을 사용하였다. 강 부재들은 인천제철소와 울산 현대중공업에서 제작되어 육로로 건설 현장으로 운송되었고, 현장에서 고장력 볼트(High Tensile Bolt)로 조립하였다. 조립 제작된 부재들은 500톤급 바지선으로 설치 위치로 운반된 후, 이곳에 대기하고 있던 140톤급 크레인으로 들어 올려 거치하였다〈그림 4.3.18〉. 이 다리 건설에는 강판 2만 톤, 철근 1만 톤, 강재 3만 톤, 시멘트 130만 포, 아스콘 24,000톤이 소요되었으며, 총 58만 명의 인원이 동원되었다.

그림 4.3.18 트러스 가설 전경

성산대교 상부구조는 크게 앵커 트러스의 가설과 게르버 빔의 설치 이 두 개의 과정으로 이루어져 있다. 먼저 앵커 트러스를 설치하기 위하여 교각 위에서부터 상·하현재를 가설하기 시작하여〈그림 4.3.19(a)/(b)〉 트러스 부분을 완성하면 양측 앵커

트러스에 게르버 보를 얹으면〈그림 4.3.19(c)/(d)〉, 성산대교 상부구조 공사가 완료된다〈그림 4.3.19(e)〉.

그림 4.3.19 성산대교 트러스 가설순서

(a) 상·하현재 설치 중

(b) 앵커 트러스 설치 중

(c) 게르버 보 설치

(d) 게르버 보 설치 후 아래서 올려다 본 전경

(e) 트러스 가설 중(일출시)

〈그림 4.3.20〉은 준공되기 직전 최고 책임 공무원들의 최종 현장점검을 생생하게 보여준다.

그림 4.3.20 성산대교 최종 점검 광경

미주

[1] 서울특별시, 1988, 서울의 다리

[2] 대림산업주식회사·(주)유신코퍼레이션, 2002, 『韓國의 橋梁(Bridges in Korea)』, 79쪽

4.4

국내 최초 민자교량사업, 원효대교

원효대교는 용산구 원효로 4가와 영등포구 여의도를 잇는 연장 1,470m, 교폭 B = 20m 그리고 최대 경간이 100m인 다리로, 한강에 건설된 14번째 도로교[1]다〈그림 4.4.1〉.

그림 4.4.1 원효대교 위치도

그림 4.4.2 원효대교 준공 직후 전경
서울특별시·동아건설산업(주), 1981, 원효대교 건설지

4.4.1 개요

1970년대 정부가 추진하는 서울 수도권 인구 집중 방지 대책에 부응하여 서울시는 인구 분산 목적으로 한강 교량 건설을 서두르고 있었다. 이러한 사회적 분위기를 알아챈 동아건설산업은 국내 최초로 현대적 프리스트레스트 콘트리트(P.S.C) 장대 교량인 원효대교를 독일 뮌헨 소재 디비닥(DYWIDAG)사의 도움으로 성공적으로 건설하였다. 원효대교 이전에도 한강상에 P.S.C 교량에 건설되지 않은 것은 아니나, 그때까지도 국내에는 프리스트레스트 교량에 대한 설계 이론을 체계적으로 이수한 교량 기술자를 찾기 어려울 때였다. 그 당시 건설되었던 P.S.C 교량은 대부분 프리캐스트 빔으로 주형을 구성하였고, 그 긴장재를 정착하는 정착구도 국제 수준에는 많이 뒤처져 있었다. 국내 콘크리트 산업계에서는 원효대교가 건설된 이후에서야 비로소 2~3일 안에 P.C 긴장재에 인장력을 도입할 수 있는 고강도 콘크리트(재령 3일 280kg/cm³)를 만들어낼 수 있었고, 재령 28일 강도 f_{ck} = 400kg/cm²를 얻을 수 있었다. 원효대교 엔지니어들의 노력으로 우리나라 P.S.C 교량 기술이 몇 단계 급성장하게 되었다. 그러나 아쉽게도 원효대교가 건설되고 한참 후에도 국내 기술자들은 P.S.C 구조의 시간 의존적 장기 처짐에 대한 이해가 부족했었던 것으로 파악된다.

그림 4.4.3 개통 당시 원효대교 전경
서울시, 1988, 『서울의 다리』, 105쪽

원효대교는 동아건설에서 다리 건설 후 20년간 통행료를 받는 조건으로 전액 민자 119억 원 사업비를 투자한,

우리나라에서는 처음으로 시도된 민자유치사업의 산물로, 1978년 7월 17일에 착공하여 3년 3개월의 공사 끝에 1981년 10월 27일에 개통하였다〈그림 4.4.3〉. 원효대교의 건설은 우리나라 경제성장과 더불어 P.S.C 박스거더교를 국내에서 최초로 시도했다는 점에서 그 의미를 찾을 수 있다. 동아건설은 운영상의 이유로 이 다리를 1983년 2월 서울시에 기부하면서 요금 징수소〈그림 4.4.3〉를 철거하였다.

4.4.2 교량 설계

4.4.2.1 주경간교(F.C.M 구간) 상부구조

현장에서 파악한 바에 의하면 북단 접속교는 교각 NP1에서 시작하는 교대 A2까지 NS1 19경간 [NS1(P.C 빔)+ NS2(P.C 빔) + NS3(강박스) + NS4(P.C 빔) + NS5(P.C 빔) + NS6(P.C 빔) + NS7(P.C 빔) + NS8(강판형교) + NS9(P.C 빔) + NS10(P.C 빔) + NS11(P.C 빔)] 길이 L = 574.50m로 구성되어 있다.[2]

따라서 원효대교의 전체 길이 L = 372.7m(남측 접속교) + 1,120.0m(주경간교) + 574.50m(북측 접속교) = 2,067.2m가 된다.

그림 4.4.4 원효대교 종·평면도

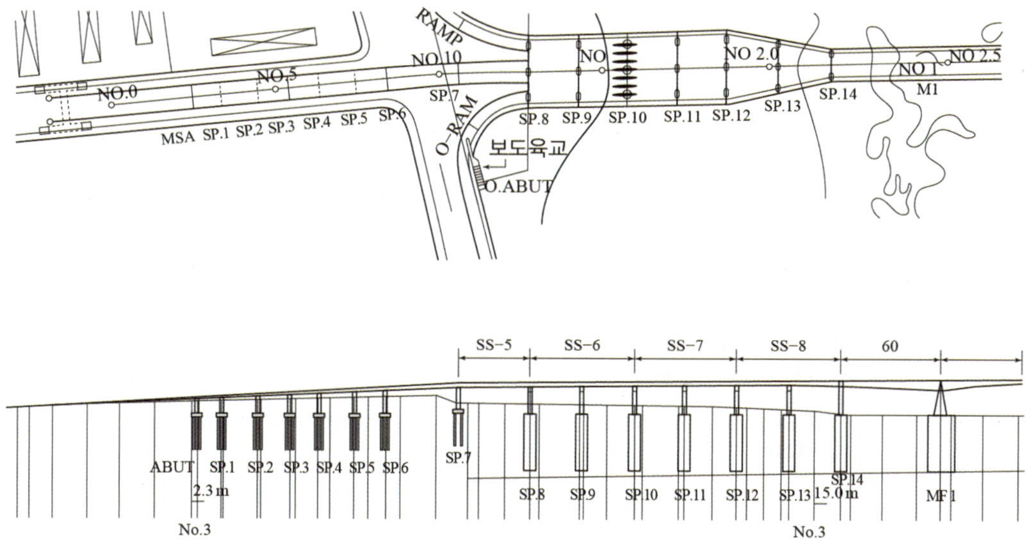

남측 접속교 길이 L(A1～SP14)=1820-2.3+15.0= 372.7m(원효대교 건설지 26쪽 참고)

(a) 남측 접속교 부분도

그림 4.4.4 원효대교 종·평면도(계속)

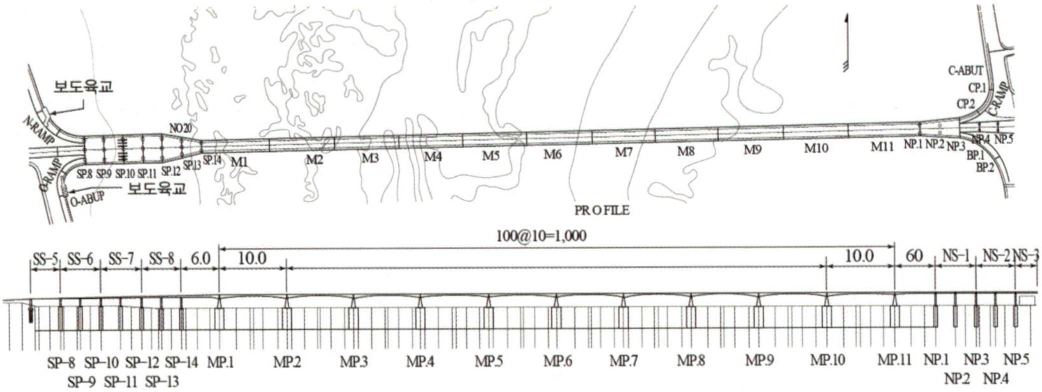

주경간부 교량 길이 L=60+10@100+60=1,120m

(b) 주경간교 종·평면도

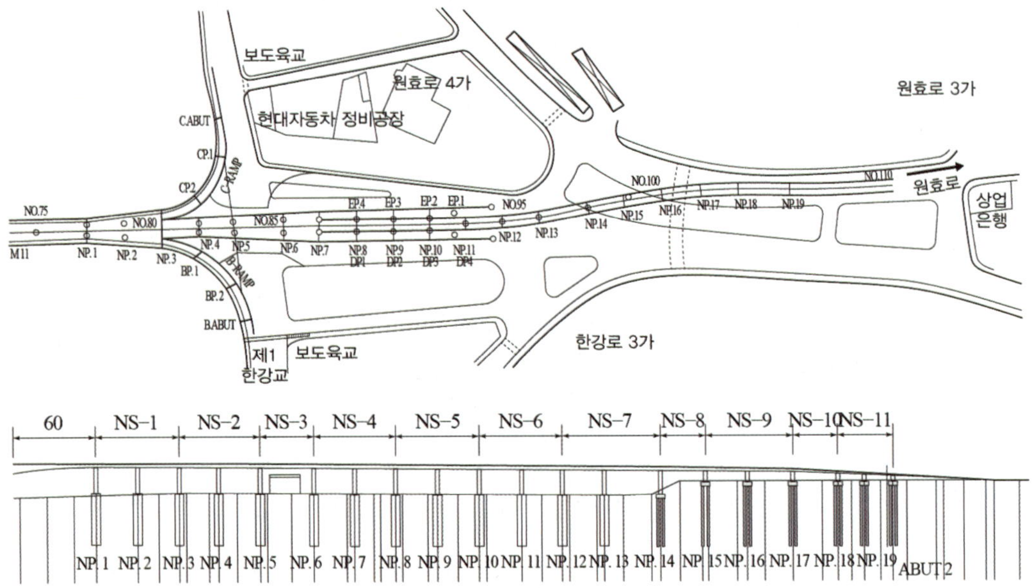

NS-1 = 2@30 = 60m, NS-2 = 2@30 = 60m, NS-3 = 40m,
NS-4/5/6 = 32@30 = 180m, NS-7 = 30.75+40 = 70.75m, NS-8 = 30.75m, NS-9 = 30.75+32.75=63.5m,
NS-10 = 29.5m, NS-11 = 20+20 = 40m
북측 접속교 길이 L = 2@30+2@30+40+2@30+2@30+2@30+(30.75+40)+30.75+(30.75+32.75)+29.5+2@20
= 574.50m

(c) 북측 접속교 부분도

그러나 원효대교의 경우, 남측과 북측의 접속교는 구조적으로나 기술적으로 특별한 의미가 없다고 판단되어, 이 책에서는 주로 주경간교인 L = 1,120m 구간의 F.C.M 방식 P.S.C 박스거더교를 중심으로 다루었다. 다만 남단 접속교 구간에서 시공 중 소규모 사고가 발생했기 때문에, 해당 남측 접속교의 사고 및 공사 부분에 대해서도 함께 언급하였다.

원효대교 수중부의 상부구조는 F.C.M 공법으로 시공된 P.S.C 박스거더교로 되어 있다. 교량은 설계하중 DB-18로 설계되었으며 설계는 ㈜한국종합기술에서 담당하고 시공은 동아건설에서 맡았다. 원효대교 주교량의 총연장은 다음과 같다.

L = 60 + 10@100 + 60 = 1,120m

상부구조 바닥판의 너비는 B = 20.0m로 차도 4차선과 차도 좌우에 각각 보도가 설치되어 있다〈그림 4.4.5〉.

B = 15.40(= 4@3.85, 차도) + 4.6(= 2@2.30, 보도) = 20.0m

가. 설계조건

원효대교 설계는 주로 DYWIDAG사에서 개념 설계를 하고, 세부 설계를 ㈜한국종합기술에서 담당했기 때문에 콘크리트 재료설계기준은 일부 서독 시방 규정인 DIN을 기준으로 하였다.

이런 이유로 콘크리트의 허용응력은 우리나라 시방 규정과 달리 정육각형(20×20×20cm)인 큐빅 공시체로 실험한 결과를 토대로 하였기 때문에 아래에 기술된 콘크리트 압축강도, β_w를 국내 시방 규정(Φ15×30cm Cylinder) β_c으로 바꾸어 적용하려면 원효대교에서 적용한 압축강도의 약 0.83배를 해주어야 한다.

$$\beta_c = 0.83\beta_w \text{(CIB Recommendation)}$$

다음은 원효대교 설계에 사용된 재료의 성질에 대하여 간략하게 소개한 내용으로 콘크리트 재료에 대해서는 현 국내 규정과 다르므로 참고하여야 하지만, 강재에 대해서는 국내 기준과 크게 다르지 않다.

콘크리트

- 콘크리트 압축강도 : σ_{ck} = 400kg/cm^2
- 프리스트레스 도입 시 콘크리트 강도 : σ_{ci} = 0.7 σ_{ck} = 280kg/cm^2 / E$_c$ = 350,000kg/cm^2
- 콘크리트 단위 중량 : 2.5t/m^2
- 콘크리트 최대 신장량 : ϵ = 3.5%
- 크리프 계수 : ρ = 2.0
- 콘크리트 건조수축계수 : ϵ_s = 10×10^{-5}
- 크리프 변형률 : $\epsilon_c = \dfrac{\sigma}{E_c}\rho$

강재

- 철근의 항복강도 : σ_{sy} = 2,400kg/cm^2
- 철근의 항복강도 : σ_{sa} = 1,300kg/cm^2

강봉(Diwidag Thread Bar)

- 종방향 강봉 : Φ36 ST110/125kg/cm^2(1,080/1,230N/mm^2)

  강봉의 항복강도 : σ_{yp} = 11,000kg/cm^2

  강봉의 극한강도 : σ_{pu} = 12,500kg/cm^2
- 횡방향, 수직방향 강봉 : Φ32 ST110/125kg/cm^2(1,080/1,230N/mm^2)
- 강봉의 허용응력(국내 도로교 설계기준과 동일함)

  유효 프리스트레스 : σ_{pa} = 0.6σ_{pu} = 7,500kg/cm^2

  = 0.75σ_{py} = 8,250kg/cm^2(t = ∞)

  초기 프리스트레스 : σ_{pa} = 0.75σ_{py} = 8,750kg/cm^2

  = 0.85σ_{py} = 9,350kg/cm^2(t = 0)

  프리스트레싱 과정 : σ_{pa} = 0.8σ_{py} = 10,000kg/cm^2

  = 0.9σ_{py} = 9,900kg/cm^2
- 강봉의 성질

  강봉의 탄성계수 : E_p = 21×10^{6}kg/cm^2

  강봉의 이완율 : R_e = 3.7%

  강봉 최대신장률 : ϵ_p = 5%

나. 상부 단면의 선정

원효대교는 우리나라에서는 처음으로 국제 수준의 P.S.C 박스거더교(Box Girder Bridge)가 시도된 교량으로서, 동시에 지보공 없이 이동식 작업차를 사용하여 시공하는 세계적 수준의 F.C.M 공법을 우리나라에서 처음 선보였다는 시공 측면에서 매우 의미가 큰 다리이다.

상부구조는 교축 방향으로 콘크리트 아치형 변 단면으로 조형미를 살리고, 자중을 줄이면서 비틂강성을 키우기 위하여 2실 중공 박스형으로 기획하였다〈그림 4.4.5〉.

그림 4.4.5 원효대교 주경간교 상부구조 횡단면도

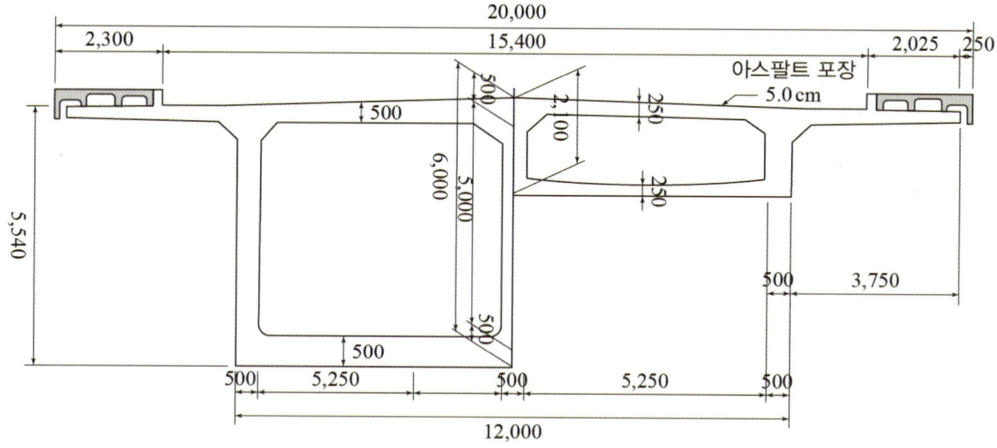

원효대교 상부구조는 F.C.M 공법으로 시공하였기 때문에, 자연적으로 휨 부모멘트가 지점 부근에서 가장 크게 발생하므로, 당연히 이 부근의 단면이 가장 크게 되게 된다. 원효대교의 경우에는 지점부에서의 P.S.C 박스 높이는 H = 6.0m, 경간 중앙부에서의 상부구조 높이는 H = 2.35m〈그림 4.4.5〉로 전체적으로 포물선 형태를 취하게 된다〈그림 4.4.2〉. P.S.C 박스의 폭은 B = 20.0m이고 지점부에서의 두께는 큰 전단력에 저항해야 하므로 t = 50cm로 설계되었고, 중앙부에서는 주로 정모멘트에만 저항하게 되므로 상하 플랜지 두께는 지점부의 절반 두께인 t = 25cm를 사용하였다. 그러나 복부판의 두께는 t = 50cm로 전 구간 일정하게 설계하였다〈그림 4.4.5〉. 부(負)모멘트가 크게 발생하는 지점부 구간 슬래브에는 상단에 강봉을 배치하고, 정(正)모멘트가 발생하는 힌지(Hinge) 부에는 하단에도 강봉을 배치했다.

원효대교는 디비닥(DWIDAG) 공법을 적용하였기 때문에 주경간 중앙부에 힌지(Hinge)가 생기게 되므로, 이 힌지 구간에는 베어링 패드(Bearing Pad)라는 특수 고무를 부착시켜 철근 콘크리트 단면의

신축과 팽창, 회전 및 상하, 좌우 변위를 충분히 흡수하도록 하였다〈그림 4.4.6〉. 그러나 그러한 의도는 실제로 제대로 작동하지 못하였기 때문에 시간이 지날수록 서울시는 원효대교 유지관리에 많은 애를 먹었다.

그림 4.4.6 주경간 P.S.C 박스거더 힌지부 공사 현장

이러한 부작용을 방지하기 위하여 한강 상류에 강동대교를 건설할 때는 시공사인 대림산업이 F.C.M 주경간 주앙부에 힌지부를 없애고 P.C 긴장재로 양쪽 캔틸레버부를 연결함으로써 원효대교에서 발생한 콘크리트 부재의 크리프와 건조수축 및 강선의 리렉세이션에 의한 처짐을 막을 수 있었다.

4.4.2.2 주경간교 하부구조

가. 하부 우물통기초(33기)

원효대교가 건설 예정지의 지반 조건은 지표면으로부터 약 13.5~21.5m 심도에서 암반이 나타나 직접기초로 설계하기에는 너무 깊은 조건이었다. 또한 심도 5~6m 이하 구간에서는 N값이 50 이상으로 나타나, 말뚝기초를 적용하기에도 부적절한 지반 특성을 보였다.

이러한 지반 조건에서는 보편적으로 우물통기초를 기초형식으로 택하는 것이 합리적이다. 이에 따라 주경간 구간에서는 상부 경간이 100m에 달하여 하부구조에 작용하는 하중이 매우 커, 직경 15.0m, 두께 1.0m의 대형 우물통기초가 설계·시공되었다.

나. 교각(11기)

교량의 하부구조 기초는 우물통으로 시공되었으며, 그 우물통기초 위에 그 당시로는 혁신적인 V형 교각을 세워 시각적으로 우수하고, 상부구조의 곡선과도 잘 조화되어 보였다〈그림 4.4.7〉.

V형 모양의 교각을 세우려면 우물통기초가 한 개만 필요하므로 경제적일 수가 있고, F.C.M 공법으로 시공하면 자연히 다리의 상부구조가 포물선으로 이루어지므로 이 포물선과 수직한 V형 교각은 교량의 조형미를 한껏 높여준다. 또한 캔틸레버 공법으로 시공한 원효대교는 교각의 주두부를 하부 교각과 일체(Fixed Connection)로 시공하기 때문에 별도의 교량 받침이 필요하지 않았다.

이 초기 디비닥 공법(F.C.M 공법)의 단점은 각 주경간부 중앙에 시공 조인트가 발생하므로 시간이

지날수록 콘크리트의 크리프와 건조수축 등에 의하여 탄성처짐 이외에 추가적인 처짐이 발생하는 현상이다. 이를 막기 위해서는 교량 개통 시기에는 장래에 발생할 수 있는 처짐의 크기만큼의 솟음을 만들어 주어야 한다.

원효대교는 초기 디비닥 공법을 그대로 적용하였기 때문에 각 경간 중앙부가 거의 30cm까지 아래로 처지는 바람에 1994년부터 1996년까지 박스 내부에 P.C 강선을 추가로 설치하여 성능개선 작업을 하였다. 그러나 원래 목적한 수치에는 달성하지 못한 채 사용하고 있다고 전해진다.

그림 4.4.7 원효대교 교각부 표준 횡단면도

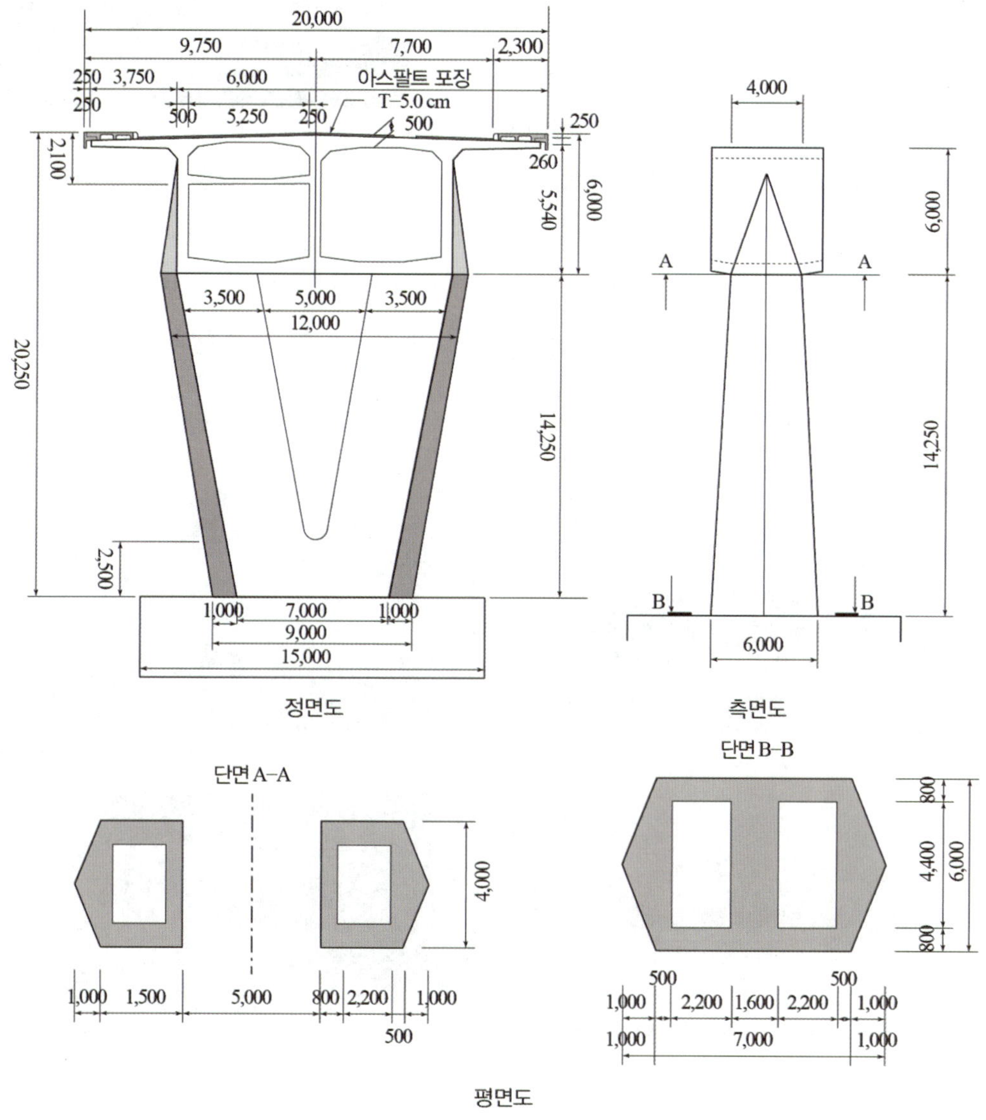

4.4.3 시공

4.4.3.1 하부구조 시공

가. 우물통기초

그림 4.4.8 원효대교 하부구조 공사 현장

원효대교 본선 구간에는 직경 Φ =15.0m, 벽두께 t = 1.0m나 되는 원형 우물통기초를 시공하였다. 먼저 우물통 강재 슈를 제작하여 그 위에 바로 거푸집을 설치하고 나서 철근을 배근한 후〈그림 4.4.9(a)〉 콘크리트를 타설하여 양생시켰다.

그다음 크람셀(Clam Sghell)을 이용하여 우물통 내부 토사는 굴착하면서 우물통을 침강시킨다〈그림 4.4.9(b)〉. 공사 현장의 지반은 모래와 자갈층 아래 풍화암이 나타났고, 그 밑에 연암층으로 구성되어 있는데 풍암층이 5~12m 두께로 나타나 발파작업으로도 능률이 떨어져 대형 비트(BIT)로 찍어 파쇄하고, 슈(Shoe)의 선단은 잠수부가 천공하여 우물통을 침하시키면서〈그림 4.4.9(c)〉 설계서에 주어진 깊이에 안착시켰다. 11개 우물통기초 공사에는 모두 한 개의 로트(LOT)를 4m로 하였다.

그림 4.4.9 원효대교 우물통기초 공사 전경

(a) 슈 제작 및 철근 배근

(b) 크람셀 토사 굴착

(c) 침강된 콘크리트 우물통

(d) 우물통 공사 현장

나. 교각 공사

원효대교 주교량의 교각은 모두 11기(基)로 같은 단면을 가지고 있다. 교각은 직경 Φ = 1,500되는 우물통기초 위에 바로 세워졌는데, 아래 단면 폭은 $B_{하부}$ = 9.0m로 우물통 덮개 콘크리트 위에 올라가기 적당하고, 교각 상부는 두 개의 기둥으로 벌려 그 폭이 $B_{상부}$ = 12.0m로 하여 그 위에 놓이는 주두부를 설치하기에 알맞게 되어 있다〈그림 4.4.10(a)〉. 교각 공사 자체는 기존에 사용하였던 방식대로 우물통 위에 안팎으로 거푸집을 대고〈그림 4.4.10(b)〉 콘크리트를 타설했다〈그림 4.4.10(c)〉. 원효대교 교각 공사는 시공시간을 줄이기 위하여 여러 곳에서 동시에 이루어졌다〈그림 4.4.10(d)〉.

그림 4.4.10 원효대교 주경간교 교각 공사

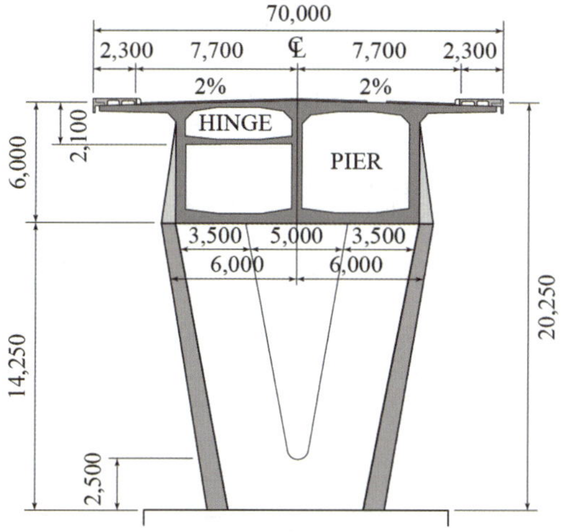

(a) 원효대교 주경간교 표준 단면도 설치

(b) 교각 내부 거푸집

(c) 교각 콘크리트 작업 현장

(d) 교각 공사 작업 전경

4.4.3.2 상부구조 가설

가. 디비닥 공법 소개

원효대교 건설은 우리나라에 처음으로 국제적 수준의 P.S.C 교량 가설 공법인 DYWIDAG 공법을 도입한 사례였다. 필자는 이 공사가 국내 P.C 교량 건설기술이 세계적 수준으로 도약하는 계기가 되었다고 판단하며, 이에 따라 아래에서 DWIDAG 공법을 간략히 소개하고자 한다.

디비닥(DYWIDAG)은 독일 바이에른(Bayern)주 뮌헨(Müchen)에 본사를 둔 건설회사로, 1865년 디커호프(Dyckerhoff)와 와이드만(Widmann)이 설립하였다. DWIDAG은 1882년 무근 콘크리트교 시공을 시작으로 철근 콘크리트교 및 콘크리트 쉘 구조물 분야에서 명성을 쌓아왔다. 제2차 세계대전 패망 이후 서독은 값비싼 강재의 부족으로 인해, 가능한 한 저렴한 콘크리트를 활용한 구조물 건설이 절실한 상황이었다. 이러한 위기 상황을 극복하기 위하여 디비닥은 뮌헨 공과대학 콘크리트연구소(Massive Bau Institute)와 함께 공동연구를 수행하여 많은 프리캐스트 콘크리트 구조물 시공 기술을 개발하였고, 지금도 이를 발전시켜 나가고 있다.

특히 교량 분야에서는 지보공을 설치하지 않고 이동식 작업차(Form Traveller)를 활용하여 세그먼트를 하나씩 시공하는 F.C.M(Free Cantilever Method) 방식, 즉 디비닥 공법을 확립함으로써 세계적인 명성을 얻었다〈그림 4.4.11〉.

그림 4.4.11 P.S.C 박스 세그먼트 시공 순서

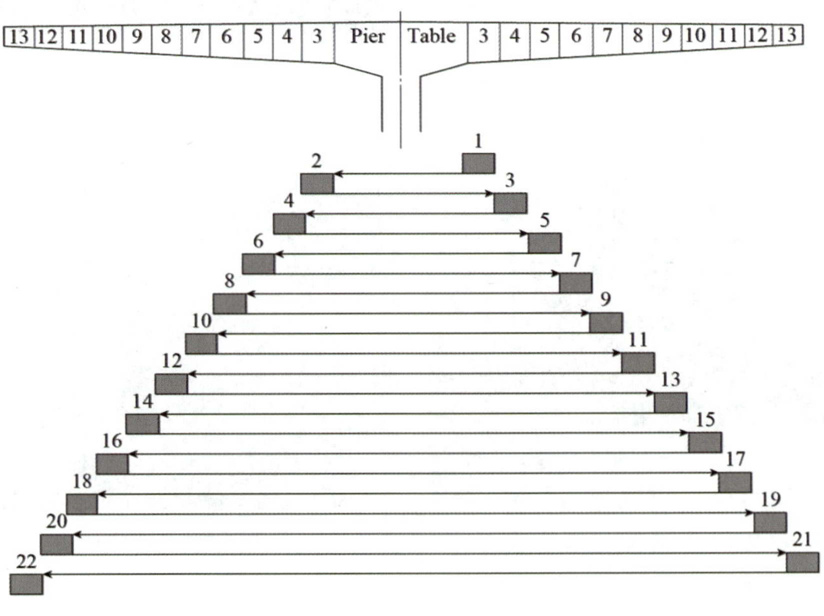

디비닥에서 F.C.M 공법을 개발한 이후, 세계 각국의 교량 기술자들은 이동식 작업차를 활용한 다양한 시공법을 고안하였으며, 현재는 교량 건설뿐 아니라 원자력발전소 등 여러 특수 구조물 시공에도 적용되고 있다.

F.C.M 공법의 가장 큰 장점은 강 상부에 축도나 지보공을 설치할 필요가 없다는 점이다. 따라서 홍수와 같은 자연재해에 영향을 받지 않으며, 동일 공정을 반복하여 작업 효율성을 높이고, 공사 기간 준수와 품질 확보에도 유리하다.

시공 방식은 미리 축조된 교각의 주두부에 두 대의 이동식 작업차를 설치하고, 이를 양단으로 전진시키면서 세그먼트를 점진적으로 타설해 나가는 방식이다.

나. 상부구조 F.C.M 시공

1) 주두부(Pier Table) 시공

원효대교 상부구조는 F.C.M 공법으로 시공하였기 때문에, 교량 현장에서는 2대의 이동식 작업차(F/T)를 동시에 작동시키기 위해 2대의 F/T가 균형(Balance)을 잘 잡을 수 있도록 교각 위에 주두부를 먼저 시공하였다〈그림 4.4.12〉.

그림 4.4.12 원효대교 주두부 공사 현장

(a) 주두부 시공　　(b) 완공된 주두부

원효대교에서는 교각의 상단과 주두부를 일체로 시공하고 그 위 바닥 슬래브에 이동식 작업차를 2대 설치할 수 있도록 길이 14.8m(= 7.2×2) 규모로 주두부(Pier Table)를 세웠다.

이 주두부를 축조하기 위하여 우물통기초 위에 강재 지보공을 세우고, 이동식 작업차로 작업할 때 평형을 유지할 수 있도록 주두부에 교축 방향으로는 직경 Φ 36mm의 P.C 긴장재(Tendon) 170개, 또한 교축 직각 방향으로는 직경 Φ 32mm 긴장재를 60cm 간격으로 배치하고, 수직 방향으로도 직경 Φ 32mm 전단 저항용 긴장재 3가닥을 설치하였다.

그 이외에 온도 변화, 건조수축 등 기타 원인에 의하여 발생하는 콘크리트 단면 내 인장응력에 대비하여 철근을 추가적으로 배근하였다.

주두부에 배치되는 같은 양의 강봉이 그대로 주경간 슬래브에도 배치되어 주교량 상부 슬래브에 Φ 36mm 종방향 긴장재 170본(本)에 배치되는데, 1 세그먼트마다 양측에 12∼16본씩 고정하여, 13번째 세그먼트 끝단에는 16본만 남았다. Φ 32mm 횡방향 긴장재(Transversal Tendon)는 슬래브 상단에 60cm 간격으로 배치하고, 수직방향으로는 Φ 32mm 전단용 긴장재(Shear Tendon)를 30cm 간격으로 3개의 복부판에 설치했다.

주두부 공사가 끝나면, 그 위에 교축 방향 양측 끝에 이동식 작업차를 각각 설치하고〈그림 4.4.13(a)〉 그 거푸집 작업이 끝나면 바로 세그먼트 한 칸 분량의 콘크리트를 타설하였다〈그림 4.4.13(b)〉. 이 콘크리트가 양생되면 이동식 작업차를 앞으로 한 칸씩 전진시킨다.

그림 4.4.13 이동식 작업차 설치 및 작업 현장

(a) 주두부 위에 F/T 거치

(b) 이동식 작업차 작업 중

원효대교에서는 주두부 설치를 위하여 프리스트레싱 강재(鋼材)로 디비닥 강봉(Dywidag Bar)[3]을 사용하였다. 원효대교 건설 이후 한동안은 F.C.M 공법에 디비닥 강봉을 사용하였으나 특허 기간이 지난 후부터는 강동대교에서처럼 디비닥 강봉 대신에 P.C 강연선을 사용하기도 한다.

2) 이동식 작업차 설계

원효대교에 사용된 이동식 작업차는 처음 디비닥사에서 직접 설계할 당시, 한 대의 이동식 작업차 무게가 약 80톤 정도에 불과하였다. 그러나 디비닥사가 과도한 설계비를 요구하자, 동아건설에서는 자체적으로 이동식 작업차를 직접 설계·제작하기로 결정하고, 동아건설산업 부평공장에서 총 6대(3조)를 제작하였다. 이는 국내에서 최초로 이동식 작업차를 자체 제작한 사례로, 교량

기술사적으로 매우 의미 있는 사건이었다.

다만, 많은 시행착오 끝에 완성된 이동식 작업차의 무게는 120톤에 달해, 디비닥사가 제시했던 80톤보다 약 40톤이나 무겁게 제작되었다. 원효대교가 완공 이후 국내 기술자들이 이동식 작업차를 안정적으로 제작할 수 있을 때까지는 상당한 시간이 필요했다.

이동식 작업차는 ① 하부 레일과 구동장치 및 고정용 유압잭, ② 상부 3각 트러스, ③ 상부 3각 트러스에 매달린 철제 작업차, ④ 지붕 등 크게 네 부분으로 구성되어 있다. 부평공장에서 제작된 F/T는 부품 순서에 따라 현장으로 운송된 뒤, 미리 만들어진 가도(假道) 위에서 조립하였으며, 50톤급 크레인 2대를 이용하여 주두부 위로 올려 놓았다.

이동식 작업차의 이동 절차는 다음과 같다. 먼저 〈그림 4.4.14〉에서 ①번의 상부 3각 트러스 고정용 강봉을 풀고, ⑤번 및 후면 잭을 조정하여 3각 트러스와 하부 레일을 분리한다. 이후 구동 모터를 작동시켜 ②번 하부 레일을 전면으로 이동시키고, 고정용 강봉을 기존 콘크리트에 고정한다. 다음으로 ⑤번 및 후면 유압잭을 다시 조정하여 기존 콘크리트에 고정되어 있는 철제 작업차를 분리한 후, 구동 모터를 작동시켜 3각 트러스를 레일 위로 전진시킨다. 이때 이동식 작업차의 3개 3각 트러스가 동시에 같은 이동량으로 전진하도록 조정하여야 한다.

그림 4.4.14 원효대교에서 사용한 이동식 작업차 개요도

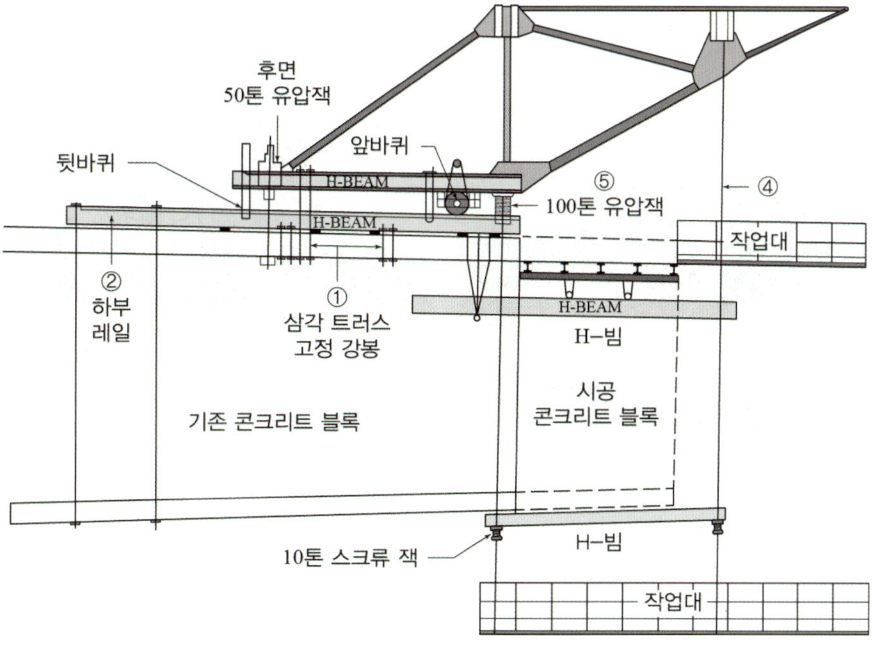

그림 4.4.15 이동식 작업차 전경

(a) 이동식 작업차 설치작업 광경

(b) 이동식 작업차 설치 후 광경

디비닥 공법이란 동바리 없이 이동식 작업차를 이동하여 세그먼트별로, 순차적으로 캔틸레버 보(Cantilever Beam) 모양의 상부구조를 시공하여 양쪽에서 시공해온 두 캔틸레버가 만나면〈그림 4.4.16〉, 경간 중앙에 베어링 패드(Bearing Pad)라는 특수 고무를 좌우 양쪽 외팔보 끝단에 부착시켜 교량 단면의 신축, 팽창, 회전 및 상하좌우의 활동을 충분히 할 수 있도록 하는 힌지(Hinge) 형식으로 연결하는 시공법이다〈그림 4.4.17〉.

그림 4.4.16 힌지부 접합 전 광경(F/T: Form Traveller)

(a) 두 F/T 힌지부 접근 광경

(b) 1기의 F/T로 힌지부 공사

그림 4.4.17 힌지부 표준 종단면도(탄성받침)

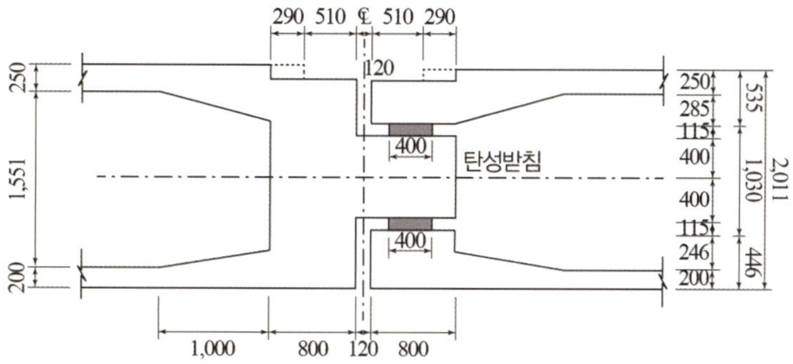

원효대교와 같이 먼저 교각을 세운뒤, 그 위에 이동식 작업차를 얹어 양쪽으로 캔틸레버보 형태의 상부 박스거더를 시공하는 방식에서는 P.S.C 캔틸레버 보 끝단이 시간이 지날수록 건조수축과 크리프 현상으로 인한 처짐이 추가로 발생한다. 당시 공사를 담당했던 Dyckerhoff Widmann 사 기술자의 증언에 따르면, 원래 P.S.C 교량인 원효대교는 시간이 지나면 약 30cm까지도 처질 수 있어 개통 시에는 계획고(計畫高)보다 30cm 높게 설계했다고 한다. 그러나 어떤 이유에서인지 준공 과정에서 이러한 장기 처짐 요인을 충분히 반영하지 않았던 탓에 10여 년이 지난 1990년대 초반부터 교량 중앙부에서 5~10cm가량의 처짐이 나타났고, 이로 인해 '부실시공' 논란에 휩싸였다. 뒤늦게 심각성을 깨달은 서울시는 1993년 12월부터 1995년 8월까지 20개월 동안 P.C-강봉을 설치하는 등 성능개선 공사를 시행해야 했다.

또한 풍문에 따르면, 개통식 당시 박정희 대통령이 차량으로 교량을 건널 예정이었는데, 덜컹거림이 발생하지 않도록 바닥면의 높이를 추가 처짐이 완료된 시점의 계획고에 맞추어 개통했다는 이야기도 전해진다.

그림 4.4.18 F.C.M 구간 시공 완료 전경

(a) F.C.M 공사 완료 직전 전경

(b) 상부구조 시공 완료 후 전경

4.4.3.3 남측 접속교

가. P.C 슬래브 시공과 붕괴사고

원효대교 남측 접속교가 시작되는 S-1부터 S-6까지의 구간은 두 개의 3경간 슬래브교로 설계되었다. 원래는 2 경간 P.C 빔 3구간으로 나누어져 설계된 것을 미관을 고려하여 3경간 두 개의 슬래브교로 설계를 변경하였다고 한다〈그림 4.4.19〉.

그림 4.4.19 P.C 슬래브 종·단면도

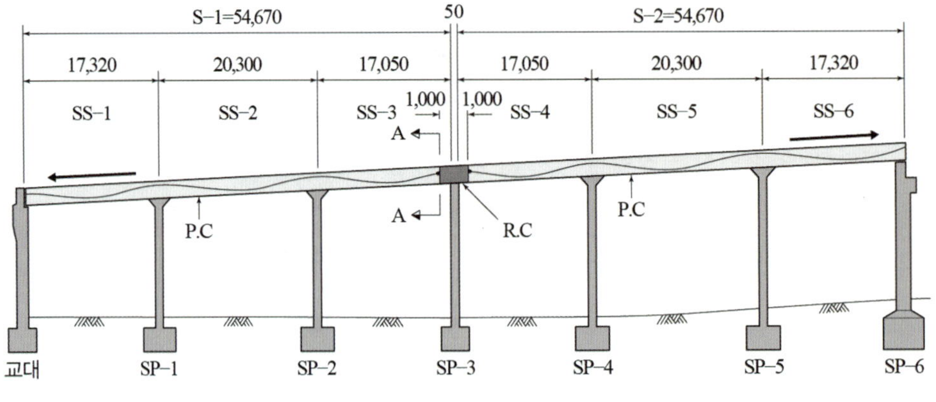

(a) P.C 슬래브교 종단도

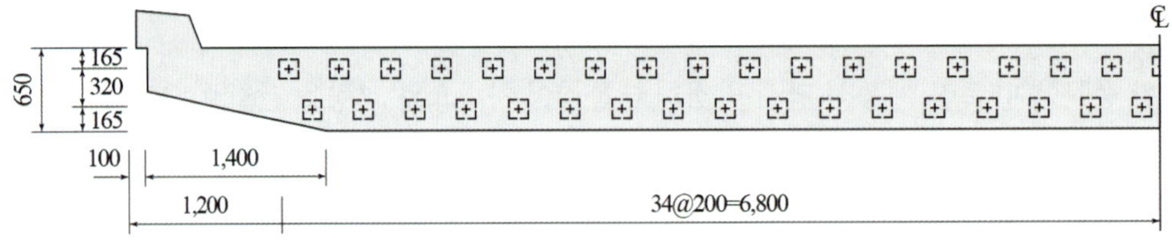

(b) P.C 슬래브교 단면도(A-A)

P.C 슬래브교를 현장 타설로 시공하기 위하여, 양단 접속부에 세워진 교각 SP3 위에 P.C 텐던의 긴장을 위한 작업공간으로 각 1.0m씩 2.0m를 R.C 구조로 시공하도록 설계가 되었다〈그림 4.4.20〉.

그림 4.4.20 원효대교 남단 접속교 붕괴 개념도

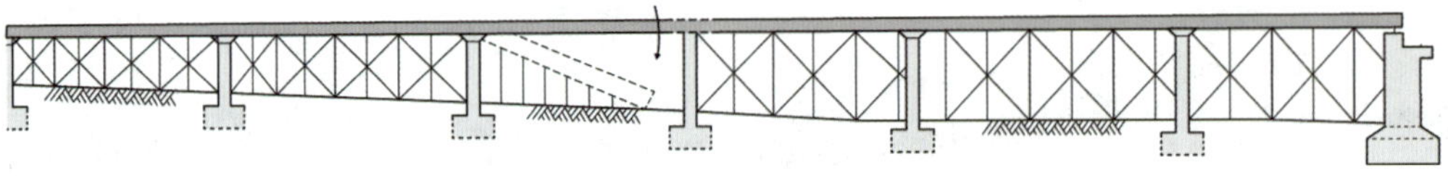

교량의 붕괴는 교각 SP3에서 P.C 긴장재를 설치하고 나서 3번째 경간(SS-3)이 무너지면서 시작되었다고 한다〈그림 4.4.21〉.

슬래브교 공사를 위하여 일상적인 지보공 공법을 적용하였는데, 콘크리트 하중만 작용할 때에는 현장에서 지보공에 대한 아무런 이상이 발견되지 않았다고 한다. 사고는 슬래브 콘크리트를 전 구간 완료하고, 첫 번째 S-1 교량에 긴장력을 도입이 완료된 상태에서 벌어졌다. 원인 조사 결과에 의하면 공사를 위하여 임시로 가설한 목재 지보공 중 교각 SP3 인근에 배치된 일부 지보공들이 과도한 압축력으로 좌굴을 일으키면서〈그림 4.4.21〉 연쇄적으로 전체 슬래브교가 붕괴되었다고 한다.

그림 4.4.21 원효대교 접속교 동바리 설치 현황(85×85m/m 각재를 사방 75cm 간격으로 설치)

(a) 붕괴 전 동바리 현황

(b) 붕괴 당시 목재 동바리 좌굴 상태

원효대교가 건설되던 때만 해도 국내에는 기둥의 좌굴현상에 대하여 전문 엔지니어들이 거의 몰랐던 시절이었다. 기둥의 좌굴 현상을 알지 못했던 현장 엔지니어들은 본인들의 실수를 후배들이 반복하지 않게 하고 싶은 마음에서 원효대교 건설 현장에서 일어났던 사고의 원인과 수습과정을 자세하게 공사보고서에 기록하기로 했다고 한다. 조국 근대화 과정에서 우리 건설 엔지니어들이 가지고 있었던 사회발전에 대한 책임감을 깊이 느끼게 하는 대목이다.

고 우광국 동아건설 원효대교 현장소장을 생각하며

저자가 1976년에 유학을 마치고 귀국했을 당시, 국내 교량 엔지니어들은 선진국의 기술을 도입하고 습득하는 데 심혈을 기울이고 있었다. 특히 원효대교 건설 현장은 국내 최초로 시도되는 세계적 수준의 P.S.C 공사 현장이었기에, 교량 기술자라면 누구나 한 번쯤 방문해 보고 싶어하는 현장이었다. 서독에서 공부를 마친 저자 역시 강의 시간에만 접했던 시공법이 국내에서 어떻게 적용되는지 궁금해, 어느 날 별다른 생각 없이 여의도의 교량 건설 현장을 찾아가 시공 중인 교량 위로 올라갔다. 마침 쉬는 시간이었던지, 기술자 몇 분이 모여 있다가 아무런 연락도 없이 나타난 낯선 이를 보고 몹시 언짢아하였다. 그중 한 분이 저자에게 다가와 화가 난 얼굴로 "도대체 어디서 온 사람이냐"고 따져 물었다. 세상 물정을 잘 몰랐던 저자는 그저 "P.S.C 교량에 관심이 많아 들른 OO대학교 공과대학 조교수입니다"라고 소개하였고, 그제야 상대의 표정이 조금 누그러졌다. 저자는 그때까지도 현장소장의 허락 없이 공사장에 들어가는 것이 얼마나 무모한 일인지 전혀 인식하지 못하고 있었다.

그 일을 계기로 필자는 우광국 현장소장과 자주 만나 국내 교량 기술의 발전 방향에 대해 긴 시간 토론하며 교류를 이어갔다. 그러나 세월이 흐른 어느 날, 우 소장님의 부고 소식을 접하고 가슴이 먹먹해졌다. 이 책을 정리하면서, 우 소장님을 비롯해 먼저 가신 여러 선후배 기술인들의 헌신과 노고를 떠올리지 않을 수 없다. 그분들이 닦아놓은 초석 위에서 오늘의 우리나라 교량기술이 발전할 수 있었음을 다시 한번 깊이 감사드린다.

미주

[1] 원효대교 준공 직전에 잠실철교가 준공되었다. 이 잠실철교는 전철과 도로교 겸용 교량이기 때문에 잠실철교 도로교도 도로교로 치면 원효대교의 한강상 건설 순서는 14번째이고, 잠실철교를 철도교로만 취급하면 원효대교는 한강상 13번째 도로교다. 이 책에서는 원효대교를 14번째 도로교로 취급하였다.

[2] 서울특별시, 1981, 원효대교 건설지 26쪽

[3] Dywidag Bar : 디비닥에서 제공하는 강봉을 의미한다.

4.5

피로파괴의 현장, **당산철교**

4.5.1 개요

서울지하철 2호선은 1970년대 중후반 서울시가 추진한 '3핵화 도시' 개발 구상을 구체화하기 위해 강북 도심-영등포 상업도심-영동 잠실 상업업무 도심을 연결하는 순환 노선으로 건설되었다. 이 과정에서 한강 도강 교량으로 잠실철교와 당산철교가 포함되었는데, 잠실철교는 1980년 10월 개통되었고, 당산철교는 1980년 2월 착공 후 1984년 5월 22일 을지로입구역-서울대입구역 구간 개통과 함께 준공되었다〈그림 4.5.1〉.

그림 4.5.1 1980년대 후반 당산철교 구교 모습

기존 당산철교는 삼우기술단과 한국철도기술협력회가 1978년 9월부터 1979년 9월까지 1년간 설계를 맡았고, 시공은 남광토건이 1980년 2월부터 1983년 7월까지 3년 5개월 동안 총 59억 원의 공사비를 들여 진행하였다.

영등포 당산역과 마포구 합정역을 잇는 당산철교는 길이

그림 4.5.2 서울지하철 2호선과 당산철교 위치도(초록색 순환선: 2호선)

L = 1,360m, 폭 B = 10m의 서울지하철 2호선 전용 철도교로, 처음에는 아치형 중로교 형식의 트러스 교량으로 설계되어, 서강대교와 양화대교 사이에 건설되었다. 특히 철도교량 중 트러스 구간의 경간장이 90m로, 당시 한강 철도교량 중 가장 긴 경간을 자랑하는 다리였다.

교량 공사는 주로 제외지(堤外地)[1]에서 이루어져 통행인이나 차량 통행이 거의 없어 쉽게 공사할 수 있었으나, 홍수 시 가도 축도로 인한 사고를 방지하기 위하여 한강홍수통제소와 긴밀히 협조해야 했다.

그러나 개통 8년째인 1992년 10월 정기 안전점검에서 레일을 받치는 세로보 여러 곳에서 심각한 피로 균열이 다수 발견되었다. 결국 1996년 12월 31일 철교 운행을 전면 중단하고, 재시공에 착수하였으며, 약 2년 11개월의 공사 끝에 1999년 11월 22일 재개통되었다〈그림 4.5.3〉. 재시공된 당산철교는 구조적 안전성을 확보하기 위해 연속 강상형 상로교로 형식을 변경하였다.

비공식적으로 전해지는 바에 따르면, 상부구조는 단순 트러스 구조로 설계될 예정이었으나 서울시의 한 고위 공무원이 "우리 고유의 곡선미를 살려 아치형으로 하면 좋겠다"는 의견을 제시하면서 설계가 변경되었다는 이야기가 전해진다. 이로 인해 교량이 진동에 취약해졌고, 결국 재시공의 원인을 제공했다는 것이다.

그림 4.5.3 1999년 11월 22일 재개통한 당산철교 신교 전경

4.5.2 교량 설계

당산철교 구교는 한강 유수부를 횡단하는 주교량(Main Bridge)이 강 양안에 있는 강변도로 위를 통과하여 고가교(高架橋)로 연속되므로, 서울시는 미관상으로나 시공상으로도 유수부(流水部)의 주교량과 접속교를 동일한 구조로 구성하는 것이 바람직하다고 판단하였다. 서울시는 주교량을 트러스 형태를 선택하였고〈그림 4.5.4〉, 그 바닥틀 구조는 접속교 아래로 지나다니는 차량 통행을 위한 교하 공간을 확보하기 위해 하로 판형교의 형태를 취하였다〈그림 4.5.11〉.

그림 4.5.4 구 당산철교 종단면 개념도
위에 기술된 교각 번호는 구 당산철교의 교각 번호이고 아래 원 안에 기술된 교각 번호는 현재 교각에 메겨진 교각 번호이다.

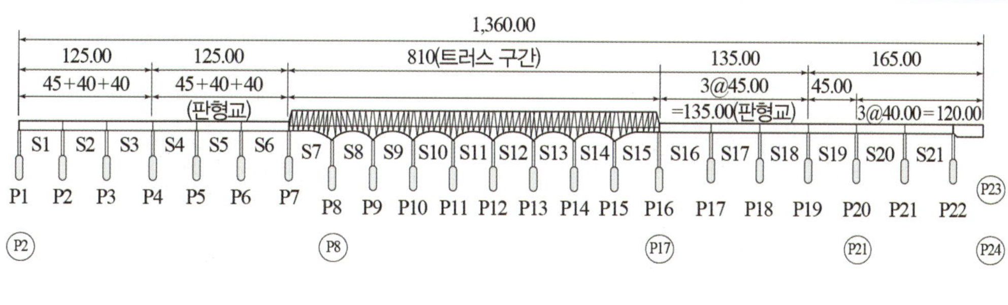

4.5.2.1 수중부 트러스 교량

당산철교의 전체 길이는 L = 1,360m로, 주교량 트러스교 810m와 당산역 측 시점 하로 판형교 L = 250m 및 합정역 측 하로 판형교 300.0m로 되어 있다〈그림 4.5.4〉. 그 경간 구성은 다음과 같다.

$$L = 2 \times 125(= 45 + 40 + 40) + 810(= 3 \times 3 @ 90, \text{주교량}) + 135(= 3 @ 45) + 165(= 45 + 3 @ 40)$$
$$= 1{,}360\text{m}$$

가. 상부구조

트러스 구간 격점 간의 간격(隔點)은 3경간 연속교 3@90 = 270m를 30개로 등분하여 a = 8.94m로 하였다. 궤도 아래에 설치된 아치는 높이 f = 9.0m로 하여 그 라이즈 비를 f/L = 1/10로 설계하였다. 이때 아치 지점이 되는 교각 상단의 높이는 표고 19m였다.

그림 4.5.5 구 당산철교 트러스 표준 단면도

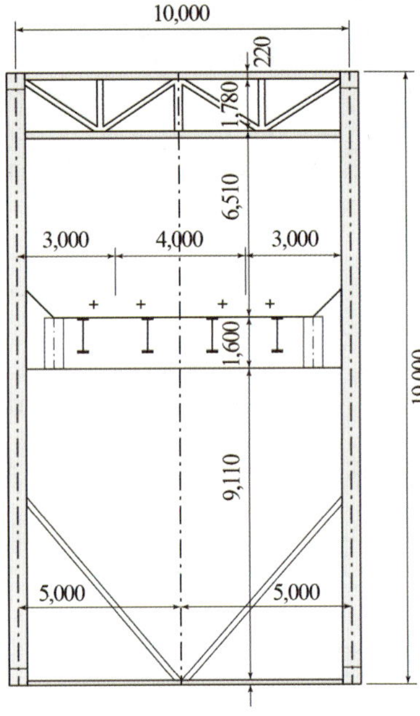

나. 하부구조

교각 P11, 교각 P12와 교각 P13의 우물통기초 W11, W12 및 W13은 수중 작업〈그림 4.5.6〉으로 공사를 하였으며, 나머지 우물통은 임시 도로(가도)를 축조하여 공사를 시행하였다〈그림 4.5.7〉.

우물통 굴착에는 20톤 급 무한궤도 크레인과 크람셀(120HP) 1대, 200톤급 대선 3대가 동원되었고, 우물통 운반에는 예인선(20톤)과 토우선(30m²) 1대가 사용되었다.

그림 4.5.6 수중부 우물통기초 공사 현장

(a) 우물통 굴착

(b) 우물통 콘크리트 타설

(c) 우물통 심도 측정

〈그림 4.5.7〉은 당산철교 가도 우물통기초 공사 현장을 보여주는 것으로, 우측 아래에 있는 사진은 우물통 구체가 연암층(軟巖層)에 계획한 대로 안착했는지를 확인하기 위하여 잠수부 투입 준비를 보여주는 사진이다. 그 당시만 해도 공사 중인 우물통 안에는 흙탕물로 가득 차서 기초공사의 진척 여부를 전적으로 잠수부들에 의해 정해졌다.

그림 4.5.7 구 당산철교 임시 가도 우물통 공사 현장

수중부 트러스를 받치고 있는 하부구조는 5.2m×15.20m의 작은 트랙형 우물통 1기(基) 위에 라멘식 Π형 교각으로 구성되어 있는데 유수(流水) 방향 앞면에는 반지름 2.00m의 반원으로 설계하였다〈그림 4.5.8〉. 또 모든 우물통이 연암층에 도달되도록 한 결과 13.50~21.50m로 비교적 길이의 차가 심했으며, 우물통 내부는 침하 시 발생하는 우물통 구체의 손상을 보강하고, 또 상부 하중에 대하여 일체로 저항할 수 있도록 콘트리트 속채움을 하였다.

그림 4.5.8 수중부 하부구조 정면도

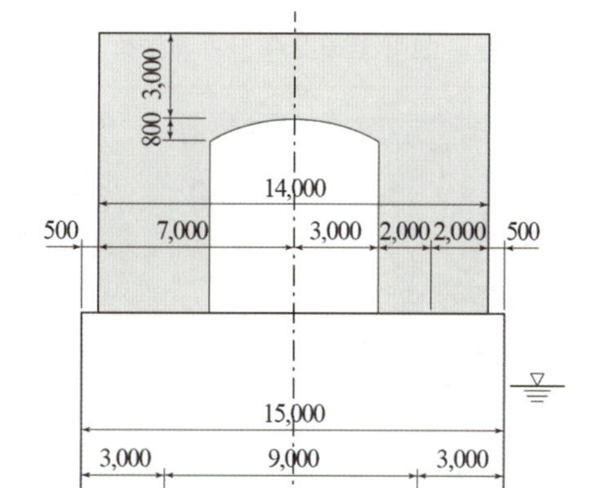

교각의 공사는 매우 전통적인 방식으로 철근과 거푸집을 설치한 후 가도 위에서는 펌프카를 이용하고, 수상부에서는 크레인을 이용하여 콘크리트를 타설하면서 작업하였다〈그림 4.5.9〉.

그림 4.5.9 구 당산철교 교각 시공 장면

(a) 육상부 콘크리트 타설 현장

(b) 수중부 교각 콘크리트 타설 현장

4.5.2.2 강판형교(하로 판형교, Through Plate Girder)

당산철교 접속교 교각 P4～P7(125m) 구간과 교각 P16～P19(135m) 구간〈그림 4.5.4〉은 매우 간단한 강판형교(Steel Plate Girder Bridge)로 설계되어 있다〈그림 4.5.11〉.

가. 무도상(無道床, Open Floor) 궤도

제외지(堤外地) 하천부(河川部)에는 소음이 문제가 되질 않아 도상(道床)이 필요하지 않았으므로 무도상 하로 판형교로 처리하였다〈그림 4.5.11(b)〉.복선 궤도의 전 하중은 판형교 양측에 설치한, 길이 45.0m 또는 40.0m 판형(plate girder)이 분담하도록 하였다. 판형교의 양측에 설치된 판형(Plate Girder)의 높이 H = 3.5m로 하고 그 두 판형 사이에 높이 h = 1.25m 되는 가로보(Cross Beam, Floor Beam)가 약 a = 4.1m[2] 간격(종방향)으로 설치되었다. 그리고 가로보 사이에는 궤도를 깔기 위하여 높이 h = 0.50m 되는 세로보를 4개를 횡방향 2.0m 간격으로 판형에 나란하게 설치하였다〈그림 4.5.12〉.

그림 4.5.10 구 교량 트러스 구간의 무도상 궤도 시스템

그림 4.5.11 당산철교 하로 판형교 종·횡 표준 단면도(L = 40.0m)

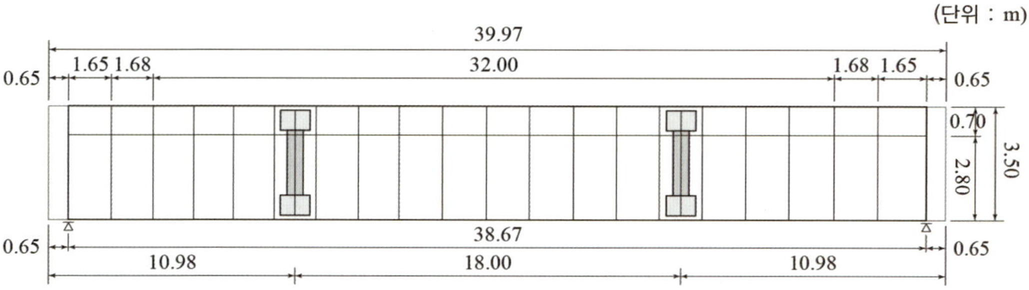

(a) 당산철교 판형교 구간 종단면도(L = 40m 구간)

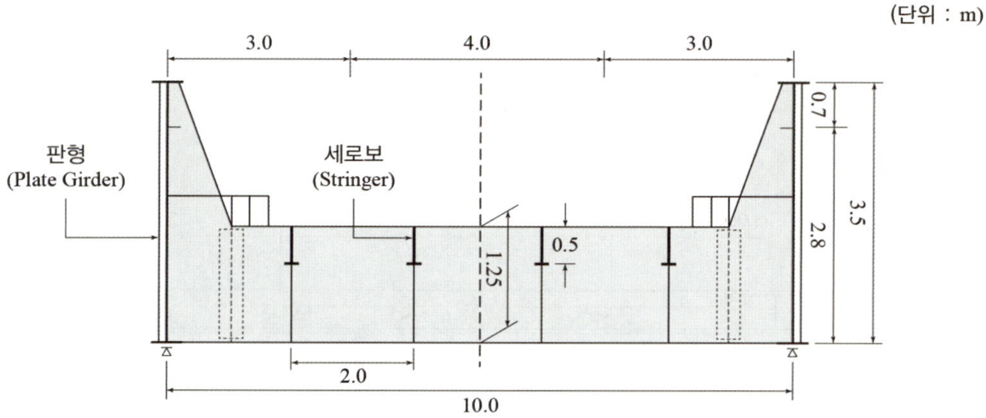

(b) 하로 판형교 표준 단면도(무도상 궤도 시스템)

그림 4.5.12 판형교 바닥틀 구조(L = 45.0m)

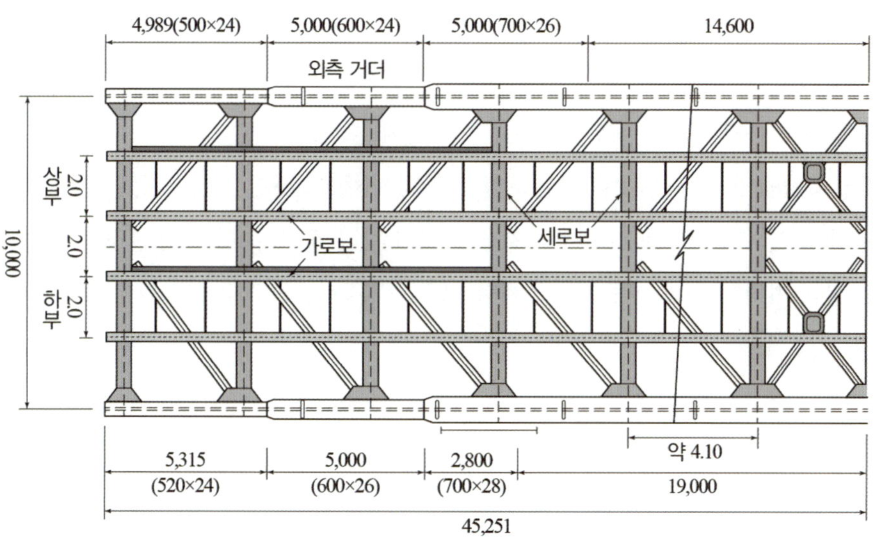

나. 유도상(有道床, Solid Floor)

제내지에 있는 고가교(高架橋, 교각 P16~P23 구간)에 가설된 하로 판형교는 천주교 절두산 순교성지를 통과하는 구간으로 전철 운행으로 발생하는 소음을 최대한 경감시킬 필요가 있어 〈그림 4.5.13〉과 같은 유도상 궤도를 설치하였다.

주요 단면 구성은 〈그림 4.5.11(b)〉와 같은 무도상 구조와 같으나 도상을 만들기 위하여 먼저 바닥 철판을 깔았다. 그 위에 만든 도상의 두께는 600mm로, 방수 및 균배(均配) 콘크리트를 겸한 몰탈층을 50mm 깔고, 그 위에 550mm 두께의 자갈을 깔았다. 강판형 가설에는 30톤급 타이어 크레인(Tire Crane)[3]과 30톤급 트레일러(Trailer)가 동원되었다.

그림 4.5.13 하로 판형교(합정동 접속교 구간)

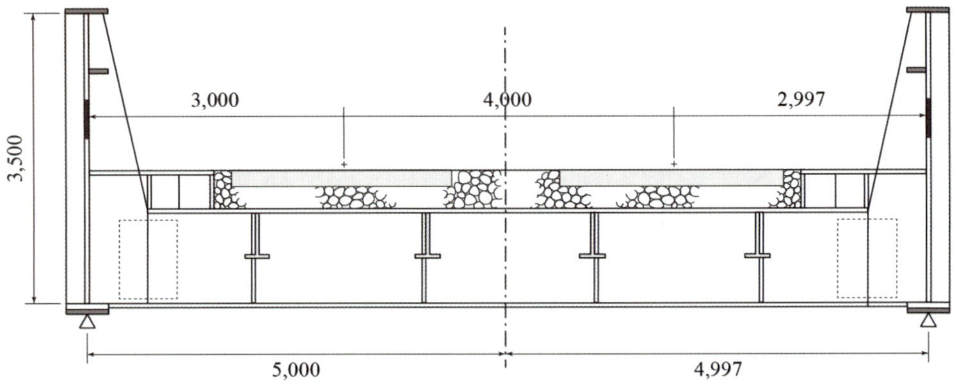

4.5.2.3 강상형교(Steel Box Bridge)

가. 상부구조

당산철교 정차장 구간에서는 플랫폼(Platform) 설치 관계로 하로판형을 적용할 수 없으므로 경간장 40m의 강상형(鋼箱桁, Steel Box Girder)을 사용하였다. 정차장(停車場) 구간을 지나서, 당산동 로터리를 횡단하는 구간은 로터리 교통에 지장을 주지 않으려면 경간 길이가 40m 되는 3경간 연속교로 설계하고 통일성을 기하기 위해 이곳에도 강상형교로 공사하였다〈그림 4.5.14〉.

그림 4.5.14 당산철교 당산동 로타리 횡단구간 강상형교 표준 단면도

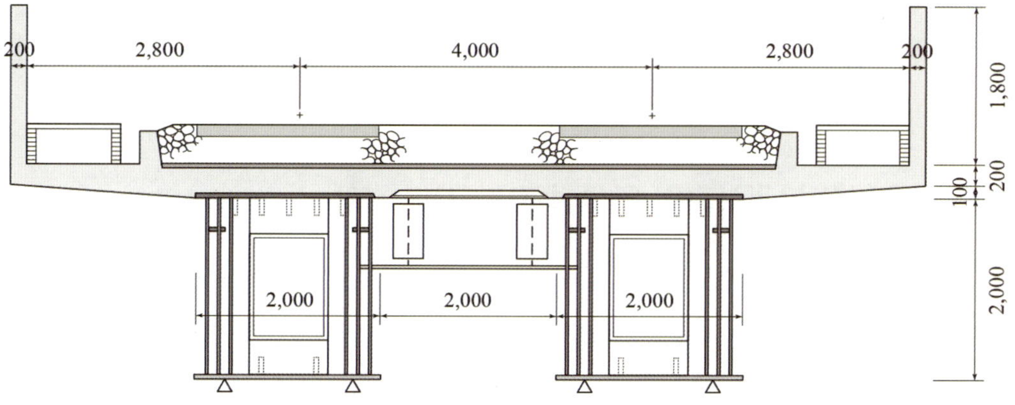

나. 하부구조

강판형교 교각 P1～P6와 교각 P17～P21 구간의 기초는 직경 Φ = 5m의 작은 우물통 2개를 설치하는 것으로 설계하였으며 우물통의 깊이는 14.50～20.50m로 모두 연암층에 정착시켜 지지력이 충분히 크도록 하였고, 나머지 교각 P1과 교각 P20～P23 하부에는 파일기초로 공사하였다. 육상 구간 강관파일을 작업할 때는 20톤급 타이어 크레인(Tire Crane)과 디젤 해머(Diesel Hammer)가 사용되었다.

4.5.2.4 철근콘크리트 슬래브교

한강을 횡단하여 북쪽 강변 2로를 고가로 넘어간 전철이 합정동 로터리에서 지하로 내려가는 구 당산철교 교각 P23～P31～교대 A2[4] 구간에서는 교하 공간을 확보하기 위하여 부득이 콘크리트

그림 4.5.15 철근콘크리트 슬래브 표준 단면도

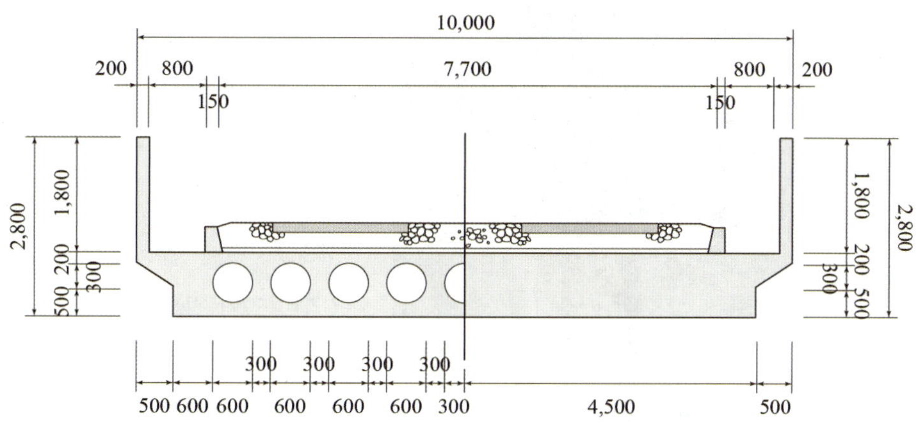

슬래브교로 〈그림 4.5.15〉와 같이 처리하여 양측 도로 교통에 지장을 주지 않도록 하였으며, 슬라브 상면에 50mm 방수 및 균배 몰탈층과 550mm의 자갈도상을 두어 고가교와 노면 교통의 안전과 방음 효과를 확보했다.

4.5.3 성수대교 붕괴사고와 당산철교의 교체(交替)

1994년 10월 성수대교 붕괴사고를 계기로 서울시는 한강 교량 전체에 대한 정밀안전진단을 실시하였다. 그 결과, 당산철교는 잔존수명(殘存壽命)이 이미 한계에 도달했으며, 단순 보강으로는 안전을 담보할 수 없다는 판단 아래 철거 후 재시공을 결정하였다.

당산철교는 1984년 5월 22일 개통되어 불과 12년밖에 지나지 않았음에도, 열차 반복하중을 직접 지지하는 세로보 등 주요 부재의 응력이 피로 한계를 크게 초과한 상태였다. 전문가들 역시 일부 부재 교체나 국부적 보강만으로는 교량 안전을 확보하기 어렵다는 데 의견을 같이하였다.

서울시는 1992년 10월 자체 안전점검에서 세로보 균열을 처음 발견한 이후, 전철의 운행 속도를 시속 80km에서 30km로 낮추고, 레일 이음매를 용접해 장대화함으로써 진동과 소음을 줄이려는 조치를 취했다. 그러나 근본적인 설계·시공상의 구조적 결함 때문에 이러한 노력은 실효성을 거두지 못했고, 결국 철거와 재시공이라는 결단에 이르게 되었다.

4.5.3.1 설계 및 감리

교체 교량의 설계는 ㈜유신코퍼레이션을 비롯한 3개사가 맡아, 1996년 3월부터 1997년 4월까지 16개월 동안 용역비 24억 원으로 기본 및 실시설계를 수행하였다. 이 과정에서 강철도교 설계에는 전문 외국 기술자가 약 30% 참여하였다.

그림 4.5.16 교체된 신당산철교 주경간부 전경

설계 및 시공 전면책임감리자로는 미국의 DMJM사와 그 협력업체로 동명기술공단이 선정되었으며, 이들은 용역비 59억 원으로 46개월(설계감리 10개월, 시공감리 36개월) 동안 기존 당산철교 부실 원인 조사와 설계·시공 감리를 수행

하였다. 특히 당산철교 교체 과정에서 시행된 설계감리는 우리나라에서 최초로 실시된 설계감리 사례였다.

4.5.3.2 교체공사

총연장 L = 1,360m(주교량 810m, 접속교 550m)인 당산철교의 교체 공사는 현대중공업과 진흥기업이 공동 도급으로 1996년 12월 31일부터 1999년 11월 21일까지 36개월 동안 수행하고, 1999년 11월 22일 재개통하고 12월 31일에 준공하였다. 이때 소용된 자재는 강판 10,200톤, 철근 7,905톤 등이었다. 재가설을 하는 동안 주변 주민의 민원을 해결하기 위하여 장대레일화를 통해 소음과 진동을 최소화하였고, 기존 교각을 그대로 존치시키기 위하여 상부구조의 사하중을 최소화하였다.

가. 상부구조

교체 교량의 주교량 810m는 원래 트러스 중로교로였는데 강상형 상로교로 변경하였다. 그러나 접속교 550m는 하로 판형교 형식을 그대로 유지하였다.

여기서 특기할 사항은 주교량 경간을 3×3@90 = 810m에서 9@90 = 810m(9경간 연속 강상형교)로 배치한 것이다〈그림 4.5.17〉.

그림 4.5.17 당산철교 구·신교 주교량 상부구조 종단면도

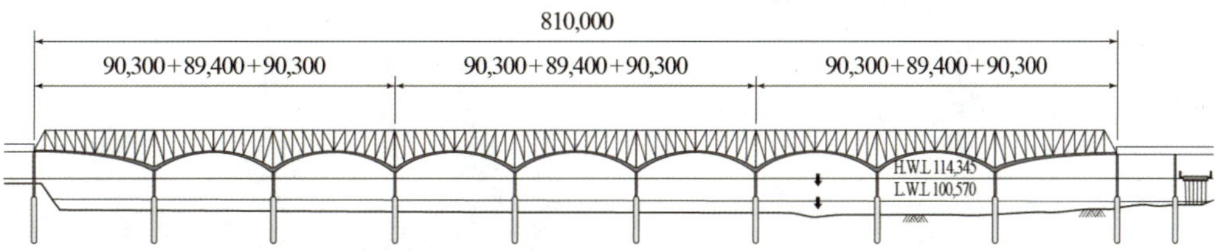

(a) 당산철교 구교(트러스 중로교)

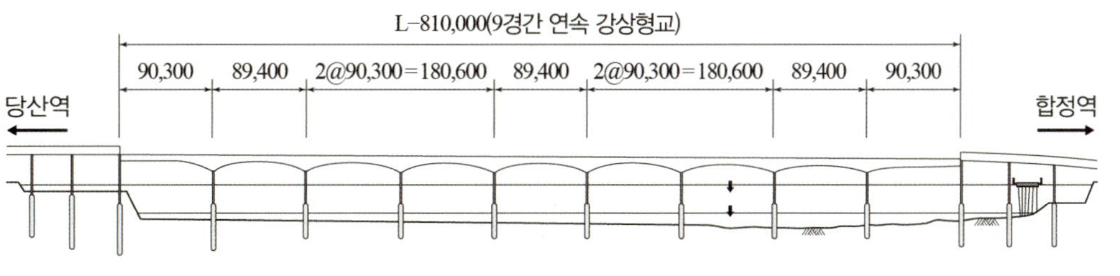

(b) 당산철교 신교(강박스교)

이는 국내 최대 연속 강상자형교 선정된 이유로 다음과 같은 장점이 있다.

1) 교량 처짐 조절이 용이
2) 효율적인 부재 사용
3) 낙교 방지시설 불필요
4) 특히 장대레일 시공성이 좋음
5) 전동차 주행성 향상과 소음 및 진동 저감

다만, 교량 길이가 길어짐에 따라 특수한 신축이음장치가 필요한 단점이 있다.

철거 작업은 헤비 리프팅(Heavy Lifting) 공법〈그림 4.5.18〉과 재래식 철거 공법을 병용하였고, 새로 제작한 교량 중 접속교에는 200톤 크레인으로 가설하였다. 주교량은 대블록 가설 공법을 사용하였다〈그림 4.5.19〉. 새로 제작된 강상형교는 울산 현대중공업 강교 제작장에서 제작하여 해상과 육상으로 운반하였다.

그림 4.5.18 헤비 리프팅 철거 작업
서울지하철공사, 2000, 지하철 2호선 당산철교 교체공사

그림 4.5.19 주교량 대블록 가설 공법
서울지하철공사, 2000, 지하철 2호선 당산철교 교체공사

도장(Painting)에 대해서는 외부는 중방식을 채택하였고, 내부 도장용으로는 IC531을 사용하였다. 그리고 교면 방수에는 크리스톨(Krystol)[5]을 사용하였다.

나. 하부구조

교각 21기는 한강 수중 오염을 방지하기 위해 다이아몬드 줄 톱(Diamond Wire Saw) 절단 공법〈그림 4.5.20〉을 사용하여 철거한 후 문형(라멘형) 교각 11기와 벽체식 교각 10기로 재시공하고, 시종점부 교각 2기는 보강하였다.

15×5m 규모의 우물통 16기는 20×10m로 확대하고〈그림 4.5.21〉, 확대기초 7기는 보강하였다. 하부구조 보강이나 재시공을 위하여 시트 파일(Sheet Pile) 물막이 공법을 사용하였다.

그림 4.5.20 교각 철거 장면

그림 4.5.21 우물통 확대 현장

다. 궤도 시설

구 당산철교 주교량에는 무도상 궤도 구조로 설계되어 있었는데, 교체 교량에는 상판 구조 피로 균열을 방지하고 충격 또는 진동을 완화하기 위하여 콘크리트 유도상 궤도 구조로 개선하였다〈그림 4.5.22〉. 또한 유지보수를 고려하여 레일을 장대레일로 설치하였다.

그림 4.5.22 당산철교 궤도 구조

(a) 구 교량 무도상 궤도 구조

(b) 교체 교량 유도상 궤도 구조

당산철교 신교는 진동을 줄여 민원을 해결하고자 강상형과 콘크리트 바닥판을 조합하고 상부 구조를 구성하였다. 진동을 줄이는 방법으로 진동의 흡수성이 우수한 LRB(제진 교량 받침)를 사용하고, 궤도는 장대레일화하였으며, 방진형 저면차음판(Base Plate)을 적용하였다. 소음을 줄이는 추가적인 조처로 방음벽을 설치하고 강교에 제진재를 부착하여 소음을 줄이려고 노력하였다〈그림 4.5.23〉.

그림 4.5.23 당산철교 신교 주경간부 표준 단면도

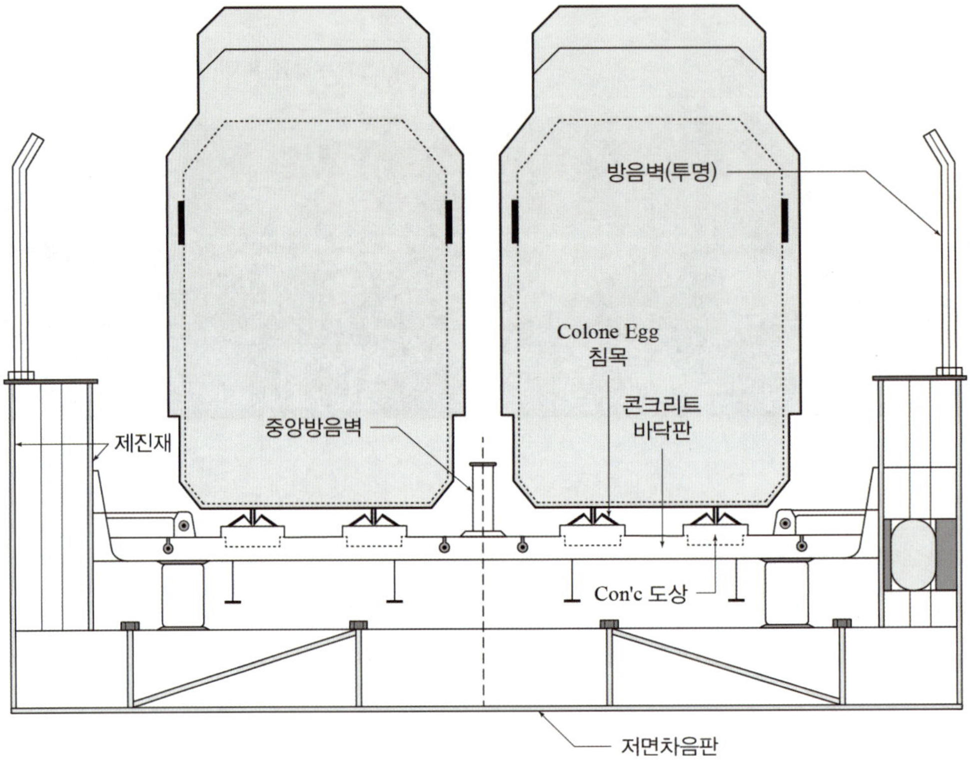

라. 내진설계

교체 교량의 내진 등급을 1등급(규모 5.5)으로 성능을 개선하려고 면진 교좌 장치(LRB, Lead Rubber Bearing)를 16개소에 설치하고, 면진 교좌 장치를 18개소에 설치하였다〈그림 4.5.24, 그림 4.5.25〉. 기초 및 교각 내부에 구속 철근으로 나선 철근을 사용하고, 교각의 철근비를 단면적 대비 종전 0.81%에서 0.95%로 늘렸다.

사용 콘크리트 강도도 f_{ck} = 180kg/cm^{2}에서 f_{ck} = 240kg/cm^{2}로 상향 조정하였고 동시에 우물통 기초를 종전 5.2×15.2m에서 10×20m로 확대 보강하였다.

그림 4.5.24 당산철교 면진 교좌 장치

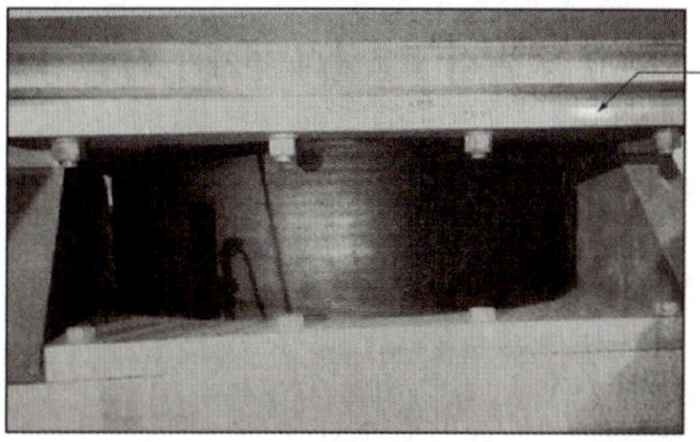

(a) 면진 교좌 장치

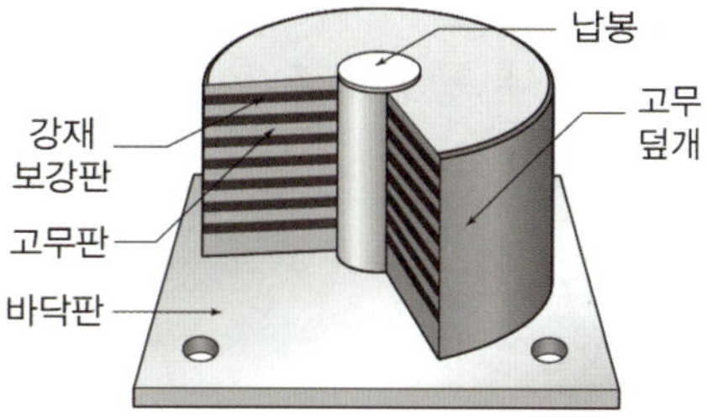

(b) 면진 교좌 장치 구조

그림 4.5.25 당산철교 탄성 교좌 장치

(a) 탄성 교좌 장치

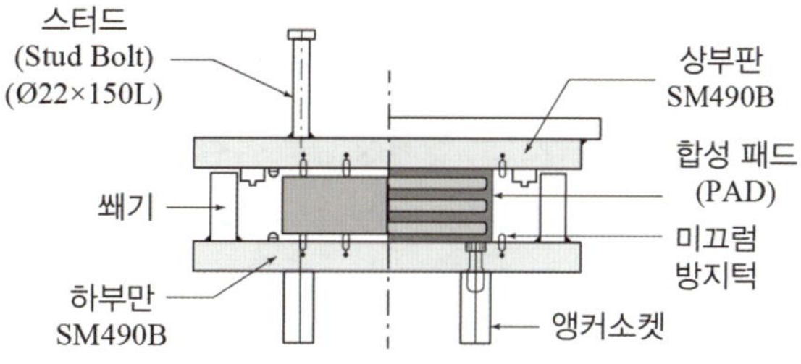

(b) 탄성 교좌 장치 구조

마. 피로설계

강재의 피로강도를 높이기 위하여 기존 허용응력 1,400kg/cm², 항복강도 2,400kg/cm²인 SWS400 강재를 사용하던 것을 허용응력 1,900kg/cm², 항복강도 3,200kg/cm²인 SWS490 고강도 강재를 사용하였다. 기존에 사용했던 SD24급 철근은 허용응력 1,800kg/cm², 항복강도 4,000kg/cm²인 고강도 철근 SD40로 상향 조정하였다.

피로설계는 하중 반복 횟수 200만 회 이상을 견디도록 설계되었으며, 인장력과 압축력을 번갈아 받는 교번응력이 발생하는 부재에 적용하였다.

바. 유지관리 시설

교량의 장기적인 유지관리를 위해 자동계측시스템을 구축하고, 부식 방지를 위한 전기 방식 시설을 설치하였으며, 안전점검을 위한 점검로도 함께 마련하였다.

우리나라의 자동계측시스템은 신행주대교에서 처음 도입된 이후 성수대교 붕괴사고를 계기로 급속히 발전하였다. 이러한 개선된 기술은 당산철교에도 적용되어 교량의 건전성을 자동으로 평가할 수 있는 '자동계측시스템'이 구축되었다. 교량의 이상 상태를 사전에 감지할 수 있도록 정적 계측기와 동적 계측기를 교량의 위험 부위(Cirtical Path)에 설치하였으며, 이들 계측기로부터 수집된 모든 데이터는 중앙 컴퓨터에서 분석·종합된다.

신당산철교의 경우 정적 계측을 위하여 변형률계 48개소, 변위계 2개소, 처짐계 3개소, 온도계 4개소가 설치되었다. 또한 동적 거동을 파악하기 위하여 풍향·풍속계 1개소, 가속도계 8개소를 추가로 설치하였다.

한편, 강교에서 가장 문제가 되는 철제의 부식을 방지하기 위하여 전기 방식 시설을 강교의 취약부인 볼트 이음부에 설치하였다. 철제의 부식은 습기와 공기 중 산소가 결합하면서 금속의 전자가 이탈하는 현상인데, 전기 방식은 철제에 미세한 전류를 흘려 이탈된 전자를 아노드(Anode)를 통해 보충함으로써 부식을 억제하는 방식이다. 신당산철교에는 총 3,802개소의 아노드가 설치되었으며, 이에 전기를 공급하기 위한 콘트롤 유닛(Control Unit) 72개소가 함께 배치되었다. 동시에 교량 하부에는 육안으로 안점상태를 점검할 수 있는 하부점검통로와 출입 사다리를 설치하고, 주교량에는 박스 내부 2층에 점검 통로를 설치하였다.

사. 방음·방진 시설

지하철 운행 시 발생하는 소음과 진동을 최소화하기 위하여 절두산 및 합정동 방면 688m 구간에는 터널형 방음벽을 설치하고〈그림 4.5.26(b)〉, 동일 구간 중 300m 구간에는 차음판과 제진재를 추가로 설치하였다. 또한 방진 시설로는 천주교 교육관 인근에 기초방진 매트 2개소를 설치하였다.

전 구간에는 콘크리트 도상과 장대레일을 깔고, 탄성 교좌 장치〈그림 4.5.25〉 및 방진용 레일 체결장치를 함께 적용하였다. 그 결과, 설치 전 57~66dB 수준이던 소음을 41~51dB로 저감시켜 지하철 인근의 생활 환경을 크게 개선하였다. 참고로 신당산철교의 설계 소음 기준은 60dB로 설정되어 있다.

신당산철교 방음시설과 관련하여 특히 절두산 및 합정동 측 688m 구간에 설치된 터널형 방음벽은 국내에서 최초로 시도한 방음벽 형태라는 데서 시사점이 크다고 하겠다.

그림 4.5.26 신당산철교 방음시설

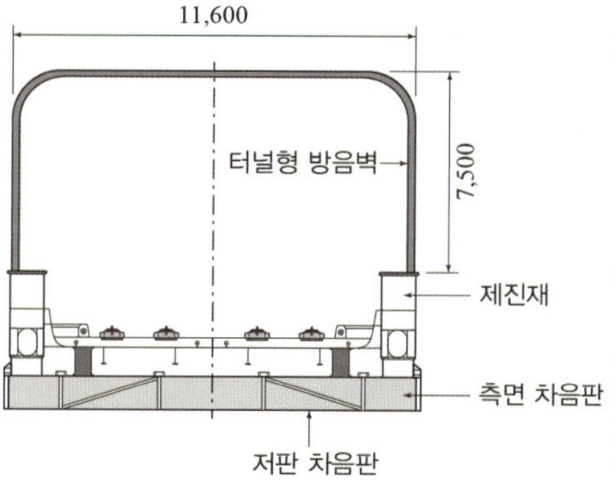

(a) 방음시설 시공도

(b) 터널형 방음벽

미주

[1] 제외지(堤外地) : 둑 바깥에 강가에 있는 땅

[2] 당산철교에 대한 자료가 미비하여 구 당산철교 접속교에 설치한 가로보의 간격을 정확하게 기록된 자료를 찾지 못하여 이 책에서는 <그림 4.5.12>에 주어진 판형의 길이 L = 45.251m로부터 개략적으로 12개의 가로보가 설치되었다고 보고, 그 간격을 약 4.1m로 추측한 것이다. 자료가 구해지면 수정해야 할 사항이다.

[3] 타이어 크레인(Tire Crane) : 자동차 바퀴로 움직이는 크레인

[4] 구 당산철교에서는 당산동 교각부터 번호를 매겨 P1~P23까지를 당산철교 본선이라고 정의하였다. 그러나 당산철교를 교체한 이후에는 기존 교각 번호가 교각 번호 P2로부터 시작한다. 따라서 모든 현재 교각 번호는 기존 교각 번호에 하나를 더하여야 같아진다. 교각 자체는 변하지 않았다.

[5] 크리스톨(Krystol) : 고성장 유기화학 방수제로, 유기화합물인 크리스톨과 무기 시멘트계 화합물을 주성분으로 한 분말 침투형 도포 방수제이다. 이 제품은 콘크리트 내부의 공극에 침투하여 불투수막을 형성함으로써, 구조물을 물이나 화학적 침식으로부터 보호한다.

4.6

동재기 나루, 동작대교

4.6.1 개요

조선 시대 전라도와 충청도 지방에서 한양으로 올라오던 상인들은 수원과 과천을 거쳐 서빙고 나루(현 동부이촌동)로 향하는 나룻배를 이용했는데, 이때 배를 탔던 곳이 바로 동재기 나루(銅雀津)였다.

그림 4.6.1 동작대교 위치도

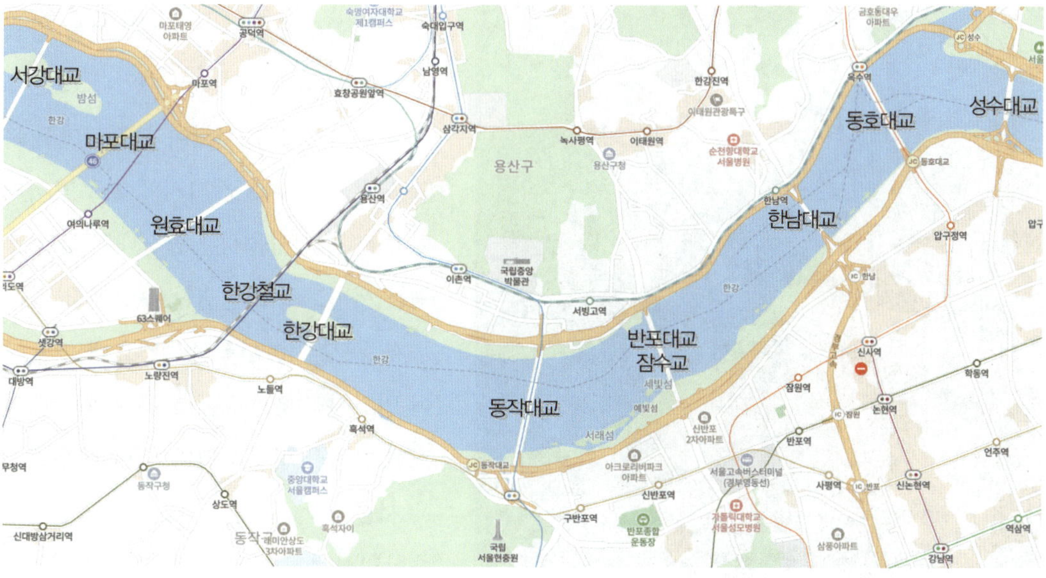

'동재기' 또는 '동작'이라는 지명은 현재 흑성동에서 국립묘지로 넘어가는 강변 일대에 검붉은 구릿빛이 도는 돌이 많았던 데서 유래한 것으로 전한다. 철종 재위 시기에는 인릉(仁陵)을 왕래하는 사람들을 위해 배다리를 설치하기도 하였다.

이 동재기나루와 서빙고나루를 연결하기 위하여 대우개발이 1978년 민자사업으로 착공한 교량이 바로 동작대교이다. 동작대교는 교통량이 많은 한강대교와 반포대교 사이에서 강북 동부 이촌동과 강 건너 강남의 동작동을 연결하며, 동시에 인근 교량의 교통 부담을 분산시키는 역할을 수행하고 있다. 특히 지하철 4호선을 통과시키는 전철교와 도로교를 나란히 배치한 병용교(竝用橋)로, 한강 교량 중에서도 구조적 특징이 뚜렷한 사례이다〈그림 4.6.2〉.

현재 동작대교는 서울시 용산구 이촌동과 동작구 동작동·서초구 반포동을 잇는 도로·철도 겸용 교량으로, 도로교 기준으로는 한강에서 15번째,[1] 철도교로는 6번째(한강 철교 B·A·C선, 당산철교, 잠실철교, 동작철교 순) 도로·철도 겸용으로는 제1한강 인도교, 잠실철교에 이어 3번째 교량이다.[2]

초기 기본설계 당시에는 동작대교 북단에서 옛 미8군 골프장을 가로질러 후암동 용산중·고등학교 앞 사거리까지 연결되는 길이 2.7km, 너비 20m의 도로가 계획되어 있었다. 풍문에 의하면, 동작대교가 기획되던 시절, 1970년 후반 미국의 카터 대통령(재임 1977~1981년)이 주한 미군 철수를 공론화하는 상황에서, 권세가 하늘을 찌르던 구자춘 서울시장(재임 1974~1978년)은 용산 미군기지의 철수 가능성을 염두에 두고, 도로 노선을 강북 도심으로 직접 연결하려 하였다고 한다. 그러나 미군 철수 계획이 철회되면서 북단 도로가 옛 미8군 기지에 가로막히게 되었고, 결국 서울시는 동작대교 북단 출구를 서빙고로로 연결할 수밖에 없었다.

그림 4.6.2 도로·전철교 병용 동작대교
서울특별시, 1988, 한강상의 교량, 107쪽

서울시는 1978년 4월, 원효대교에 이어 민간자본(民資) 유치를 통한 동작대교 건설 방침을 확정하였다. 이에 대우개발은 서울역 인근(힐튼호텔 부근)에서 과천정부종합청사까지 지하철 4호선으로 연결하

는 건설계획을 수립하고, 교량을 포함한 도로 건설계획서를 서울시에 제출하였다. 서울시는 이 계획을 수용하여, 대우개발은 총연장 1,246.5m, 너비 39m 규모의 복선 전철교와 왕복 6차로 도로교 건설사업을 1979년 10월 18일 착공하였다〈그림 4.6.3(a)〉.

그림 4.6.3 1984년 동작대교 공사현장 일원 전경
서울역사박물관

그러나 1980년, 미군 부대 이전 계획이 돌연 취소되면서 전체 건설 일정이 중단되었고, 자금난에 직면한 대우개발은 급증하는 공사비를 감당하지 못하게 되었다. 그 결과 같은 해 2월, 전철교 사업은 서울지하철로 이관되었으며, 같은 해 12월에는 서울시가 도로교를 유상 인수하였다. 이 과정에서 공사가 1년 정도 중단되었고, 1981년 가을 재착공하여 1984년 12월 29일에 준공되었다.[3]

동작대교는 교량 1등급 구조물로, 1978년 『도로교 표준시방서』와 『콘크리트 시방서』를 기준으로 한 '허용응력설계법'으로 대우엔지니어링이 설계, 대우건설이 시공하였다.

성수대교 붕괴사고(1994년 10월) 이후, 서울시는 교량 안전성 강화를 위해 1995년 3월~1996년 6월 사이 우물통기초 등 긴급보수공사를 실시하였으며, 이후 현재까지 정밀안전진단을 주기적으로 시행하고 있다.

4.6.2 교량 설계

동작대교가 착공될 당시 다리의 전체 길이 L = 1,330m, 너비 B = 40m로 계획되어, 1994년까지는 1,330m의 길이를 가지고 있었다는 문헌이 있다지만, 이는 오류인 것으로 판단되고, 동작대교 본교량(본교)은 960.00m이고, 남·북 접속교까지 모두 합한 전 길이는 도로교 기준 $L_{도로교}$ = 1,913.00m이다.[4]

여기서 철도교의 전 길이 L = 255 + 960 + 200 = 1,415m에 달한다〈그림 4.6.4〉.

그림 4.6.4 동작대교 종·평면도(SPG: 강판형)

서울특별시 교량안전과, 2019, 동작대교 외 1개소 정밀안전진단 및 정밀점검용역 종합보고서

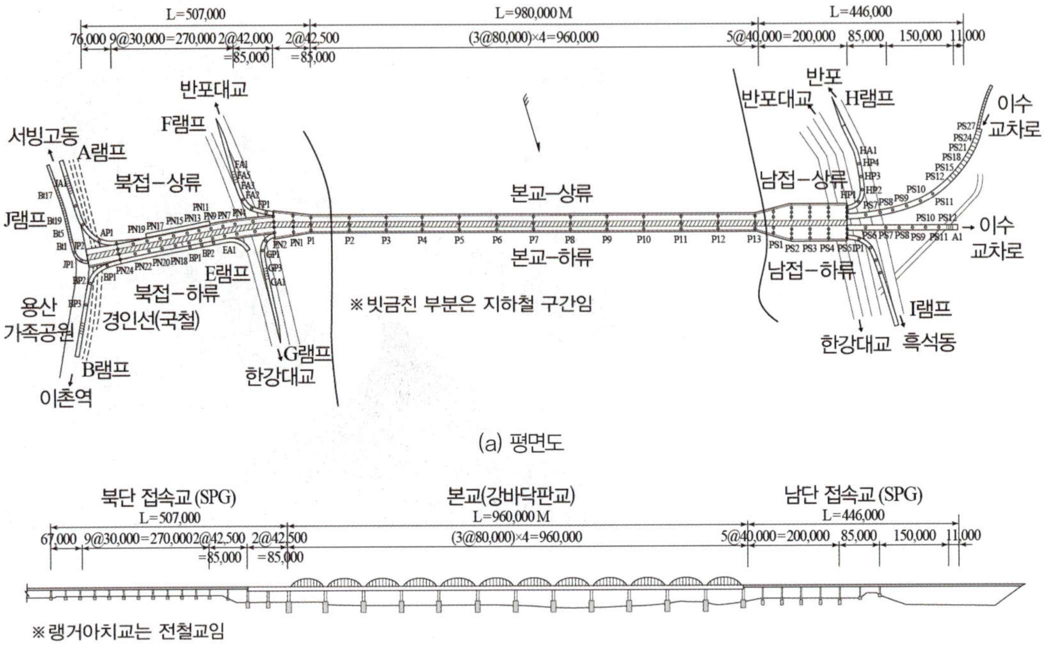

(b) 종단면도

동작대교 본 교량의 경간 구성은 도로교(하류) 기준으로 다음과 같이 되어 있다〈그림 4.6.4〉.

L = 507(북단 접속교) + 960(본교) + 446(남단 접속교)

= 507(= 67 + 9 @ 30 + 2×2 @ 42.5) + 960(= 12 @ 80) + 446(= 5 @ 40 + 85 + 150 + 11)

= 1,913m

여기서 본교 북단 접속교 507m 구간과 남단 446m 구간은 상부구조가 판형교로 되어 있고, 나머지 본교 960m 구간은 강합성 강상형교로 설계되었다.

동작대교의 특징은 수중부 본교 960m 구간에 교량 단면 중앙으로 지나가는 전철교는 경간 12개(12@ 80m)로 구성된 아치교로 시공되어 있다는 점이다. 이 아치 전철교 양옆으로는 같은 경간 수로 만들어진 강상형 도로교가 지나간다〈그림 4.6.5〉.

그림 4.6.5 동작대교 본교 종·평면도

서울특별시 지하철 공사, 1994, 한강철교 정밀 안전진단 보고서, 118쪽 그림 5.4

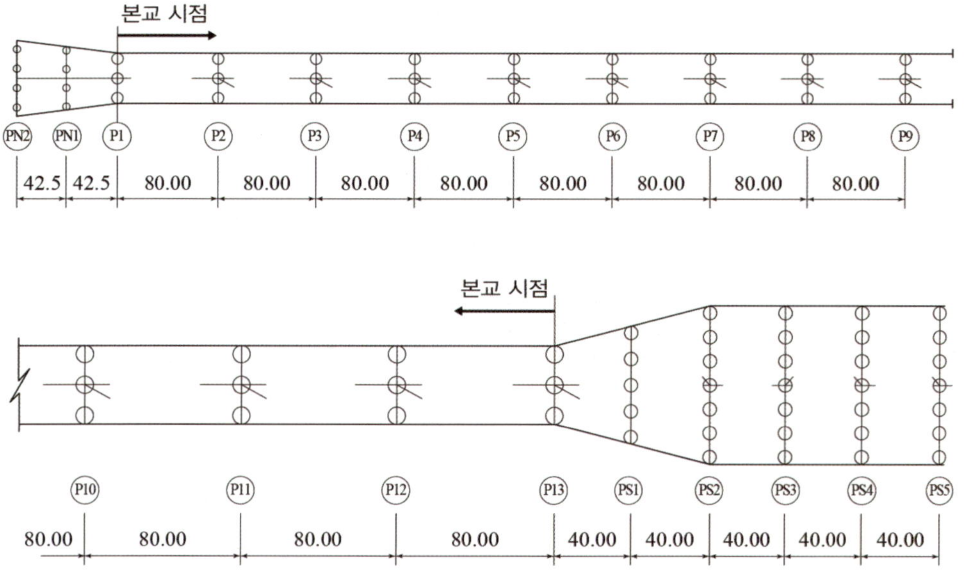

※ 그림 안에 점선으로 그려진 원은 우물통과 교각의 위치를 나타낸다.

(a) 동작대교 본교 평면도

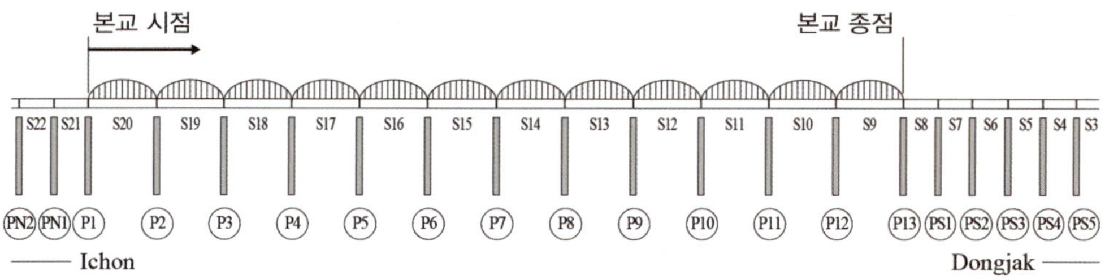

(b) 동작대교 본교 종단면도

교량 평면은 지하철 4호선 복선이 너비 11.4m로 교량 한복판에 설치되어 있고, 이 전철교 좌우로는 도로교가 각각 너비 $B_{도로교}$ = 14.3m로 구성되어 있다. 따라서 동작대교 전체 교폭 B는 다음과 같다〈그림 4.6.6〉.

$B_{동작대교}$ = 도로교 14.3m{= 0.5(방호책) + 2.0(보도) + 11.8(3차선 도로)} + 전철교 11.4m(전철교)

+ 도로교 14.3m{=11.8(3차선 도로) + 2.0(보도) + 0.5(방호책)}

= 40.0m

그림 4.6.6 동호대교 본교 표준 단면도

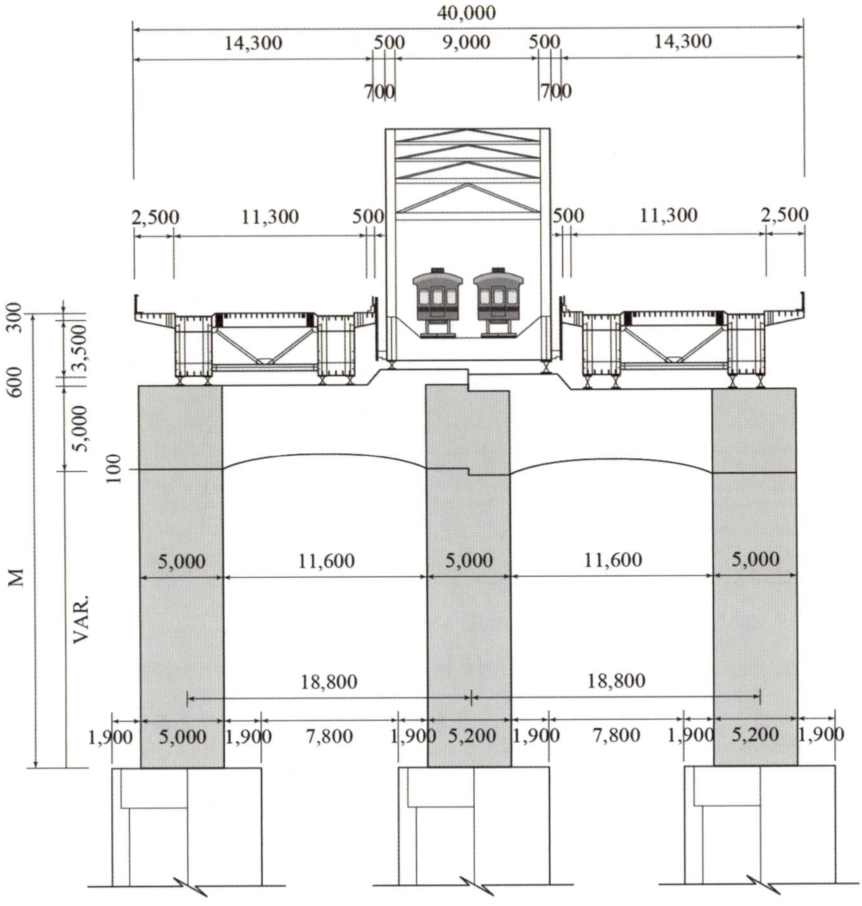

4.6.2.1 도로교

가. 본선 구간(L = 960m)

1) 상부구조

동작대교 도로교는 활하중 DB-24를 기준으로 설계되어 있으며, 도로교 교폭 B = 14.30m로 구성되어 있다〈그림 4.6.7〉.

본교에 사용된 강재는 SM 53으로 하였고, 접속교에는 이보다 강도가 조금 낮은 SM50으로 제작하였다. 콘크리트 재료는 교각과 기초에 모두 f_{ck} = 21MPa를 기준으로 하였고, 철근은 본교와 접속교 모두 SD24로 시공하였다.

그림 4.6.7 동작대교 도로교 본선 구간 표준 단면도(3@80m 구간)

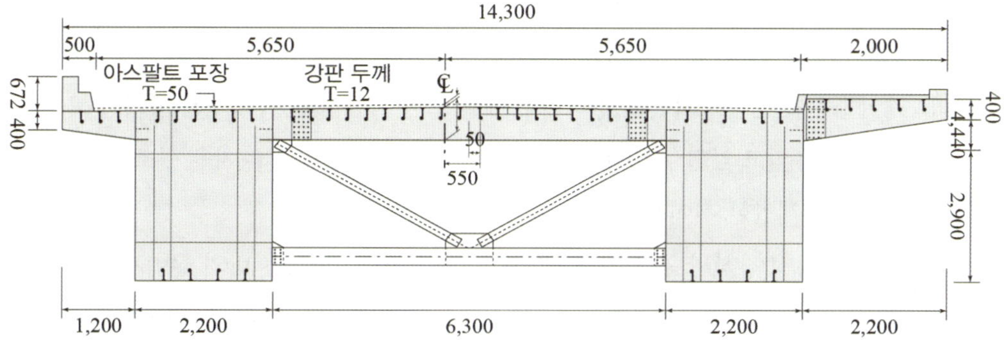

(a) 직교이방성 강상판 강상형교 표준 단면도

(b) 직교이방성 강상판 전경

(c) 강상형 내부 전경

도로교의 상부구조는 3경간 연속 강상형교로 설계되었으며〈그림 4.6.8〉, 동작대교의 주요 특징 중 하나는 상부구조의 바닥판을 직교이방성 강상판 구조로 설계했다는 점이다. 이 바닥판 구조를 지지하는 주형(Main Girder)은 중심선 간 거리 8.5m 간격으로 설치된 2개의 강상형(Steel Box Girder)으로 구성되어 있으며, 각각 폭 2.20m, 높이 2.9m의 강상자형(鋼箱桁)으로 제작되었다〈그림 4.6.7〉.

직교이방성 강상판은 제2차 세계대전이 끝난 후 서독 슈트트가르트 공과대학(Stuttgart T.U) 펠리칸(Pelikan) 교수가 MAN(Maschienenfablik Augsburg-Nürnberg)에 근무할 때 동료 엘링거(Eßllinger) 박사와 함께 세상에 처음 제안한 강교량(Steel Bridge) 바닥판 구조형식이다. 그 당시 압축력을 받는 박판(Thin Plate) 해석에 유효폭 개념이 도입되면서 이 유효폭 개념을 강교에 처음으로 적용하였다.

그림 4.6.8 동작대교 상부구조 전경
서울시, 1988, 한강의 다리, 106쪽

지금은 전산해석 프로그램이 발달되어 강교 상부구조 전체를 한 번에 통째로 모델링하여 순식간에 해석하고, 그 결과를 볼 수 있었지만, 1950년대만 해도 구조물의 구조해석은 보이론, 판이론 및 쉘이론을 개별적으로 적용하던 시기였고, 이들 이론을 모두 정해로 풀어야 했기 때문에 강교량 해석 시 그 경계조건을 만족시키려고 무척이나 애를 쓰던 시절이었다. 그래서 펠리칸 교수는 비행기 구조해석에 사용되고 있던 유효폭 개념을 강교에 적용하여 교량의 3차원 구조를 1차원 구조로 환원하는 방법을 제안한 것이다.

전형적인 직교이방성 강상판 구조 횡단면은 〈그림 4.6.9〉에서 보이는 바와 같이 상부구조의 주형을 가로보(Floor Beam)와 둘만 따로 연결하는 구조가 아니라 가로보 위에 놓인 강바닥판과도 직접 용접 연결하는 구조로 되어 있다. 따라서 주형 설계에서는 단순한 I형 단면이 아니라 〈그림 4.6.9(b)〉에서 보이는 바와 같이 주형과 유효폭 만큼 강바닥판이 더해진 단면을 구조해석에 적용한다.

이와 같은 설계개념은 횡방향 바닥틀 설계에도 동일하게 적용되어, 교량 횡단면을 구성하는 가로보 설계에도 그대로 반영된다. 즉, 횡방향 구조해석 시 가로보는 직접 용접된 유효폭에 해당하는 강바닥판 단면과 같이 작용하여 외부하중에 대하여 저항하게 만들고〈그림 4.6.9(c)〉, 또한 종방향 세로 리브 설계에서도 동일한 개념을 적용하여, 리브와 유효폭 길이에 해당하는 강바닥판이 함께 구성하는 단면을 기준으로 세로 리브의 휨강성을 산정한다〈그림 4.6.9(d)〉.

그림 4.6.9 직교이방성 강상판 구조 일반도

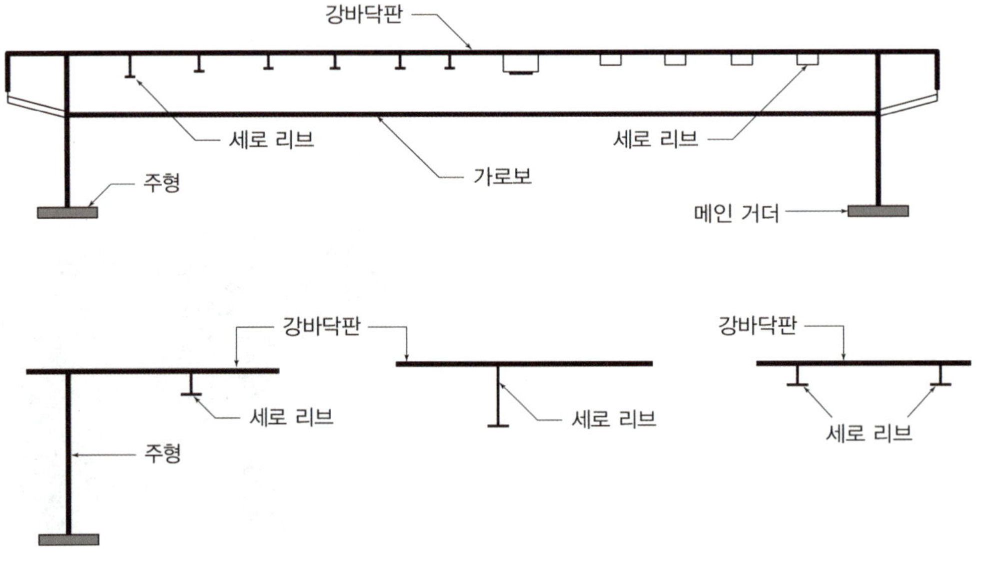

이 Pelikan & Eβllinger 직교이방성 강상판 해석방법은 복잡한 3차원 구조계를 1차원으로 환원하여 보 이론을 적용할 수 있었던 편리한 방법이었다. 지금도 컴퓨터 프로그램이 바로 옆에 없는 상황이라면 이 방법을 유용하게 강교량 설계에 사용할 수 있겠다.

이처럼 강교의 바닥판을 콘크리트로 구성하지 않고, 직교이방성 강상판(Orthotropic Plate)으로 설계하면 교량 바닥판의 자중(Self-Weight)이 많이 줄어들어 어렵지 않게 다리의 지간장(Span Length)을 늘릴 수가 있어 장대교량의 경우에 경제적인 교량 설계가 가능하다.

직교이방성 강상판으로 설계하려면 철판의 강성(剛性, Stiffness)을 키우기 위하여 〈그림 4.6.10〉에서 보는 바와 같이 강상판에 수직으로 리브(Rib)를 용접해 바닥 강판과 일체로 만들어 주어야 한다. 이때 사용하는 리브의 형태는 개방형, 폐쇄형과 복합형 세 가지가 주로 사용되고 있는데 동작대교에서는 높이 h = 230mm, 두께 t = 11mm인 개방형(Open Rib) 형태의 리브를 사용하였다〈그림 4.610(a)〉.[5]

강상판 설계를 선택했을 때는 강바닥판과 리브는 용접이음으로 연결해야 하는데 다만, 개단면에서는 용접길이가 폐단면보다 길어질 수밖에 없어 시설만 갖추어진다면 개단면보다는 폐단면 리브를 사용하면 시공에 유리한 면이 있다〈그림 4.610(b)/(c)〉. 더욱이 폐단면 리브는 개단면 리브보다 비틂 강성(Torsional Rigidity)이 훨씬 크기 때문에 가로보의 간격을 약 2배 정도 더 넓게 설치할 수 있는 장점이 있다. 그러나 동작대교를 설계할 당시 우리나라 사정이 폐단면 리브를 생산할 만한 철구 공장이 없었기 때문에 동작대교 도로교에서는 개단면 세로 리브로 직교이방성 강상판을 제작하였다.

그림 4.6.10 강상판 세로 리브의 종류(그림의 수치는 용접 개수)

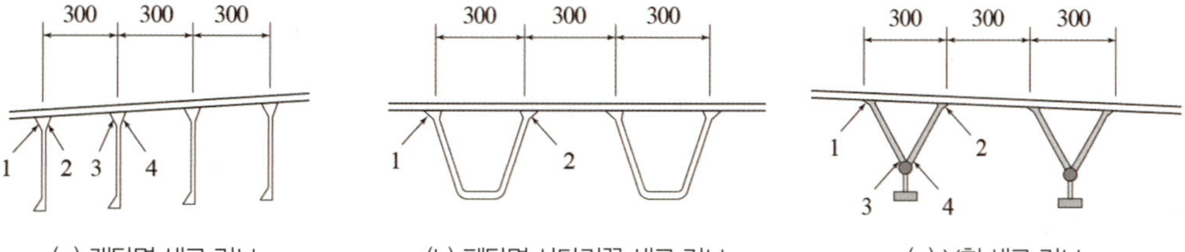

(a) 개단면 세로 리브 (b) 폐단면 사다리꼴 세로 리브 (c) Y형 세로 리브

강상판 구조에서 세로 리브의 간격은 대략 30cm 정도로 설계하고 가로보(Floor Beam)의 간격은 개단면 세로 리브의 경우에는 보통 2~3m, 폐단면 세로 리브의 경우에는 4.5~6m 정도로 설계한다. 그러나 모든 상세 설계는 담당 설계 엔지니어에 의하여 결정된다〈그림 4.6.11〉.

그림 4.6.11 강상판 가로보(Floor Beam)

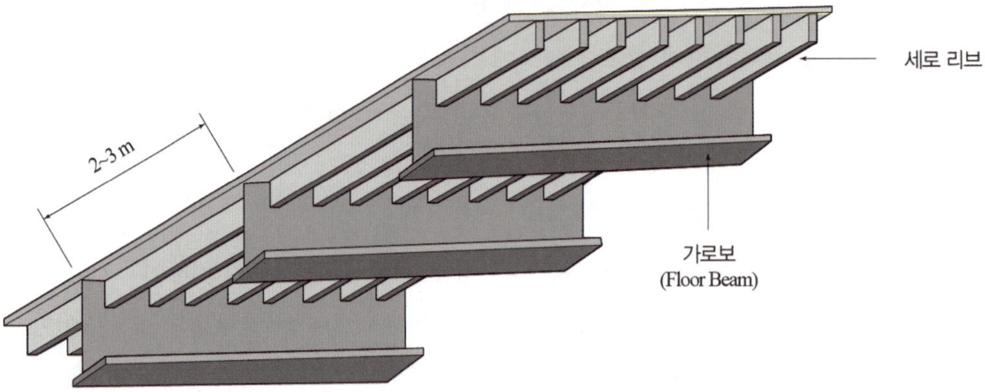

강상판 구조 명칭에서 'Floor Beam'을 직역하면 '바닥보'로 해석된다. 그러나 내용상으로는 바닥판에 작용하는 하중이 먼저 세로리브로 전달되고, 이 전달된 외부하중이 다시 Floor beam으로 전달된 후, 최종적으로 Floor Beam을 통해서 주형(Main Girder)으로 전달된다. 이러한 하중 전달 경로를 살펴보면 Floor Beam을 '바닥 가로보', 횡보, '가로 하중 분배보'와 같이 번역할 수도 있을 것이다. 다만 본서에서는 'Floor'라는 명칭이 지니는 횡방향 하중 분배 특성을 보다 명확히 드러내기 위해, 여러 용어 중 가장 간결하면서도 기능을 잘 나타내는 '가로보'라는 용어를 사용하기로 하였다.

동작대교가 건설될 때만 해도 강바닥판의 강재 두께 t = 12mm로 설계하는 것이 일반적이었으나 시간이 지나면서 피로 문제가 대두되어 근자에는 강바닥판의 강재 두께 t = 14mm로 상향 조정하여 설계하고 있다.

2) 하부구조

동작대교 하부구조는 도로교와 전철교가 공동으로 사용하고 있다. 주경간부의 3주식 교각은 멍에(Coping)와 강결되어 라멘 구조 형태를 띠고 있다. 또한 교각 3개의 단면은 모두 각각 Φ = 5.2m인 원기둥으로 되어 있고, 그 아래에는 각각 같은 크기의 지름 Φ = 9.0m의 콘크리트 우물통기초 82기가 구축되어 있다〈그림 4.6.12〉.

그림 4.6.12 동작대교 본교 교각(P1~P13) 정·평면도 및 전경

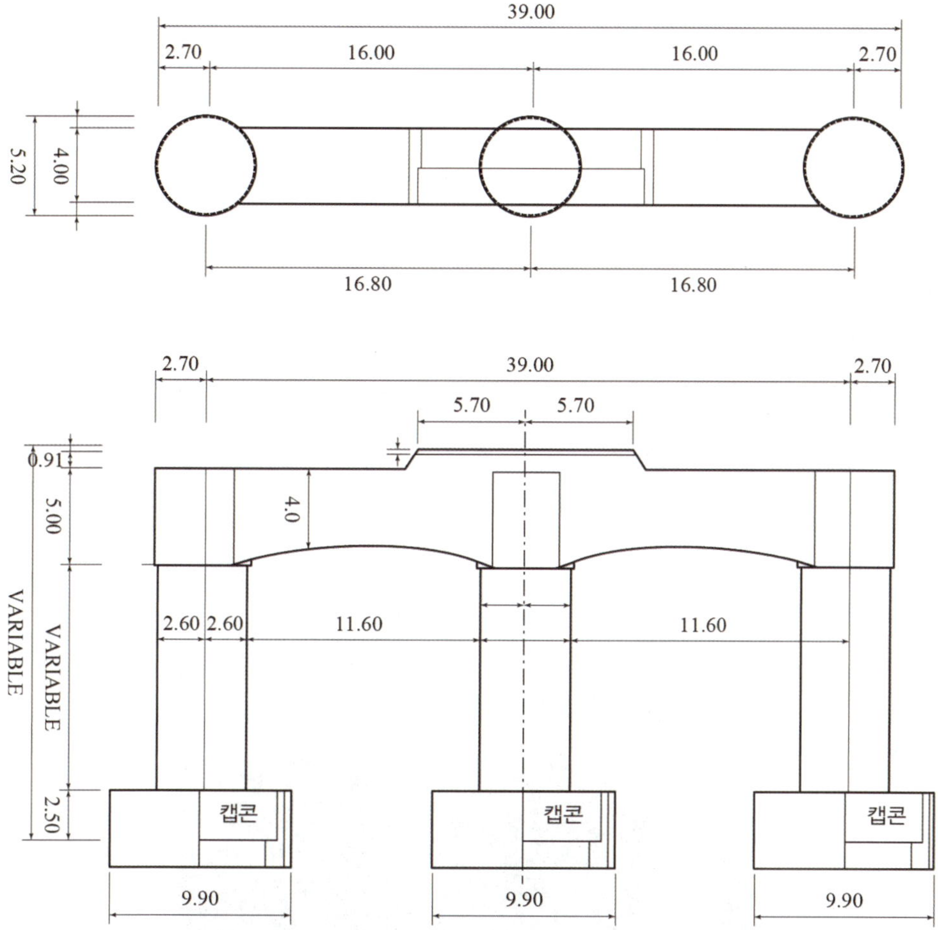

(a) 하부구조 횡단면도

(b) 교각 전경

다만, 북측 접속교와 남측 접속교에는 각각 5주식(Φ = 3.8m) 및 7-주식(Φ = 3.8m) 철근콘크리트 라멘 구조로 된 교각이 서 있다〈그림 4.6.13〉. 그리고 그 교각 아래에는 지름 Φ = 6.0m의 철근콘크리트 우물통 기초가 건설되어 있다.

그림 4.6.13 동작대교 남측 접속교 표준 단면도 및 전경(단위: m)

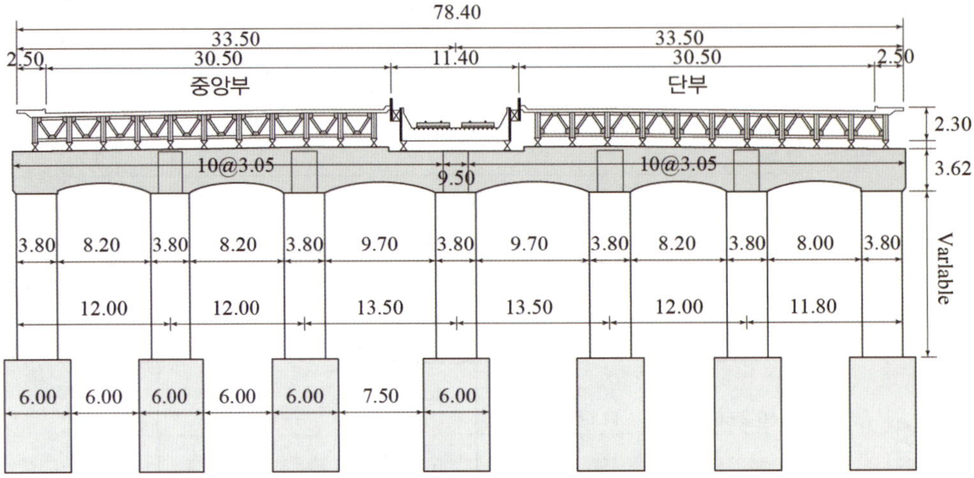

(a) 남측 접속교 표준 단면도(PS2~PS5 〈그림 4.6.4〉)

(b) 남측 확대 부 교각 전경

4.6.2.2 전철교

동작 전철교는 수도권 전철 4호선 이촌역과 동작 전철역 사이 한강을 가로지르는 교량이다. 또한 이촌역에서 출발한 지하철이 지하로 진행하다가 동작대교 북단에서 육상으로 올라오기 시작하여 교각 P1을 지나 완전하게 도로교와 같은 높이로 동작 전철역 앞까지 도로교와 평행하게 진행하게 된다. 즉 동작 전철교의 길이는 동작 전철역 남단 끝에서 시작하여〈그림 4.6.14(a)〉 북단 용산가족공원 전 지하로 들어가는 바로 그 위치〈그림 4.6.14(b)〉까지로 계산될 것이다.

그림 4.6.14 동작 전철교 남·북단 전경

(a) 동작 전철역 북단

(b) 용산가족공원 측 전철교 전경

문헌[6]에 의하면 동작대교 북단 한강맨션아파트 단지 옆은 U타입 옹벽을 228m 세우고, 그 북쪽으로는 147m 구간을 개착하여 시공을 하였는데, 이 구간은 아파트 단지의 민원을 해소하기 위하여 알미늄 방음벽으로 소음을 방지하였다. 지금도 방음벽이 서 있어 확실한 전철교 북단 교대를 확인할 수는 없었다.

문헌[7]에 의하면 동작 전철교의 길이 L = 1,415m로 되어 있으니 동작 전철교의 전체 길이 구성을 24경간으로 정리할 수 있겠다.

$$L = (25 + 2 @ 30) + 2 \times 2 @ 42.5 + 4 \times 3 @ 80 + 5 @ 40$$
$$= 1{,}415\text{m}$$

가. 아치교(langer arch)

동작 전철교 전체 길이 L = 1,415m 중 아치교의 길이는 L = 960.00m이고, 지하철 4호선 전용 전철교 복선의 너비 B = 11.4m로 되어 있다〈그림 4.6.15〉.

그림 4.6.15 접속교 구간 전철교 표준 단면도

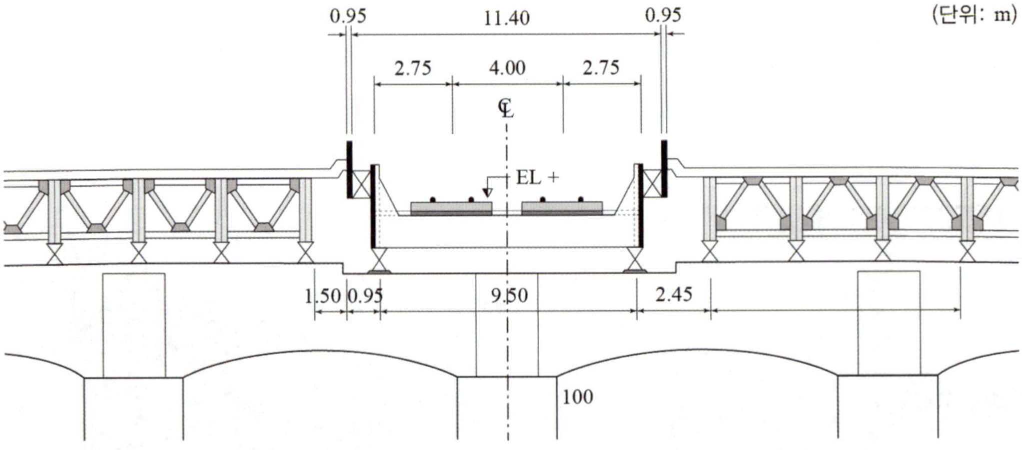

본교 전철교 960m 구간에는 상부구조가 랭거교로 되어 있고, 접속부는 하로 판형교로 설계되었다. 아치교의 교량 형식은 일반적으로 아치 리브에 설치된 힌지의 수로 '2 힌지-아치'나 '3 힌지-아치' 등으로 구분하는데, 국내에서는 1) 타이드 아치(Tied Arch), 2) 랭거 아치(Langer Arch), 3) 로제 아치(Lohse Arch) 및 4) 닐슨(Nielsen Arch) 등으로 구분하기도 한다.

예로, 한강대교가 전통적인 타이드 아치에 속하고, 양화대교는 로제 아치형식을 취하고 있으며 서강대교의 형식은 닐슨 아치라 칭한다. 이 분류에 따르면 동작대교 전철교는 소위 랭거-아치에 해당하는데, 이 다리는 고안자인 오스트리아 출신 교량 엔지니어 랭거(Langer)의 이름을 딴, 들보교와 아치교의 형태를 조합한 교량이다.

아치교란 원래 강성이 큰 아치 리브와 아치 리브의 기능을 보완하는 보강형, 그리고 보강형과 아치 리브를 수직으로 연결하는 행어로 구성되어 있다. 아치교에서는 다리에 작용하는 대부분의 하중을 아치 리브에 의지하고, 아치 아래쪽 보강형은 아치의 기능을 보완하는 역할을 한다. 그래서 보강형(Stiffened Girder)이라고 하는 것이다. 그런데 이 동작 전철교에서는 교량에 작용하는 주하중을 바닥틀과 같은 높이에 있는 판형(Plate Girder)이 담당하고, 아치 리브는 단지 판형의 보조적 역할을 맡고 있다〈그림 4.6.16〉. 그리고 행어 사이에 설치된 아치 리브 부재는 행어와 힌지로 연결되어 있다. 그러나 아치 리브와 행어의 단면이 너무 작아〈그림 4.6.16〉 역학적으로도 아치의 역할이 확실하지 않다. 동작대교에서는 아치 리브가 아치로서보다는 오히려 트러스 상현재와 같은 역할을 하고 있다. 이러하듯 소위 랭거-아치교는 원래 아치교가 가지고 있는 특성을 많이 상실하고 있어, 동작대교 상부구조를 랭거-아치 구조로 설계한 이유에 대한 궁금증이 더해진다.

그림 4.6.16 랭거 아치교 구조 개념도

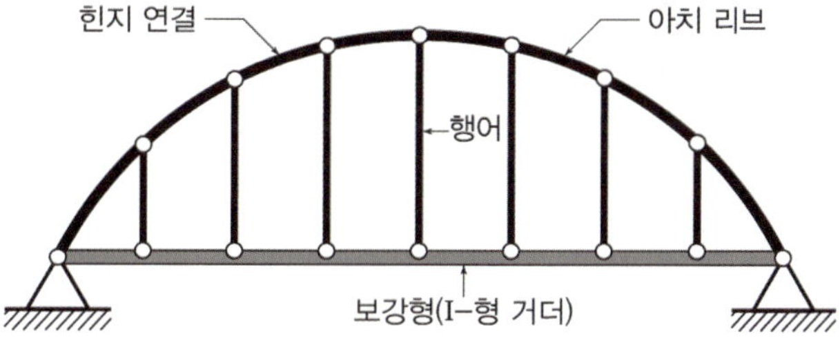

그림 4.6.17 동작대교 전철교 아치 리브와 행어 연결부

(a) 아치 리브와 행어

(b) 연결부 상세

동작 전철교는 전철 N-21하중[8]으로 설계하였다. 철도교의 궤도구조는 무도상 궤도와 유도상 궤도로 나누는데〈그림 4.6.18〉, 무도상 궤도는 자중(自重)이 가벼운 대신에 진동과 소음이 심할 수 있고, 유도상 궤도는 소음과 진동은 작은 대신에 자중(바닥틀 자체 무게)은 커지는 단점이 있다.

그림 4.6.18 철도교 궤도 종류

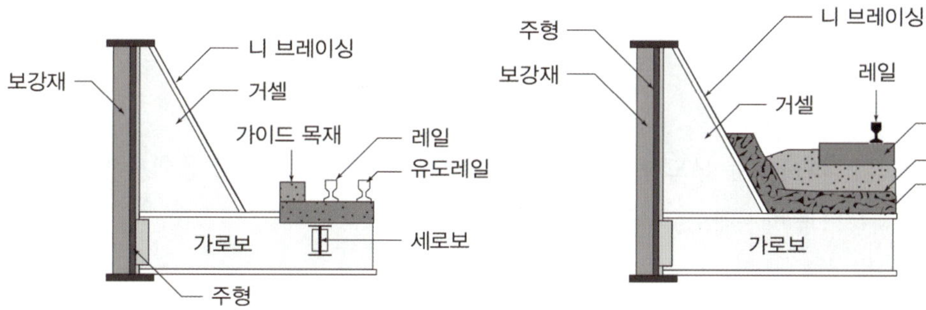

(a) 무도상 궤도

(b) 유도상 궤도

동작대교 아치 구간에서는 소음처리를 하지 않은 무도상 궤도로 시공되었다〈그림 4.6.19〉. 아치교의 궤도구조는, 먼저 두 주형(강판형) 사이에 설치된 두 이웃한 가로보 사이에 세로보를 얹고, 구 위에 침목을 깐 다음 그 위에 장대 레일을 설치하여 이루어진다. 따라서 무도상 궤도구조에서는 그 전철 하중이 레일과 침목을 통하여 바로 세로보에 전달되고, 이 세로보에 전달된 하중은 이 세로보를 받치고 있는 이웃한 두 가로보로 전달되었다가 다시 양옆에 설치된 두 강판형으로 전달된다.

그림 4.6.19 동작대교 전철교 바닥틀 구조(아래에서 위로 본 모습)

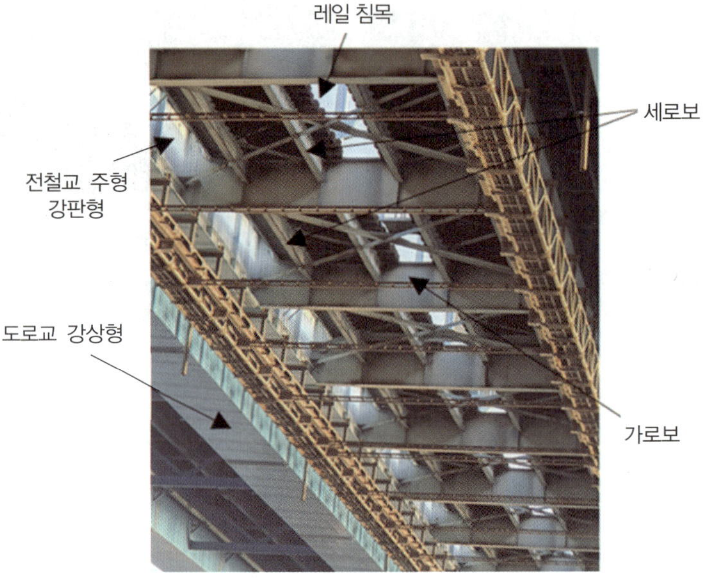

동작 전철교의 경우에는 아치 리브의 강성이 충분하게 크지 않아서, 주형에 전달된 전철 하중은 대부분 주형에 작용하는 휨의 형태로 양단 지지점으로 바로 전달될 것이고, 나머지 힘은 강판형에 연결된 행어를 통하여 아치 리브로 전달되었다가, 다시 아치 작용으로 아치 양단에 있는 교량 받침으로 전달될 것이다.

동작 전철교의 궤도구조는 무도상 궤도 시스템을 적용했기 때문에 소음진동대책으로 전철교 측면에 특수 차음벽과 방진패드를 사용하였다.

4.6.3 시공

4.6.3.1 동작대교(전철교) 건설

가. 본 교량(아치교) 구간(L = 960m)

동작대교 아치교 구간에는 직경 Φ= 9.0m의 우물통기초로 하부기초 공사를 하였고, 우물통 슈는 하상에서 16.5~20m 깊이의 연암층에 정착시켰다. 교각은 그 우물통 콘크리트 덮개 위에 H = 15m 높이로 건설하였다. 동호대교 전철교 본선 구간에 건설된 아치교는 다리 아래에 2개의 임시 교각(가벤트)를 설치하여 시공하였다〈그림 4.6.20〉.

그림 4.6.20 동작대교 전철교 아치교 건설 현장
한국철도시설공단, 2005, 한국철도건설 백년사

나. 북단 접속교 하로 판형교 건설(L = 507m)

하로 판형교 접속교 구간에 하부기초는 직경 Φ= 6.0m의 우물통기초로 시공하고, 그 위 교각 위에 설치된 하로 판형교는 가벤트를 세우지 않고 바로 설치하였다.

다. 북단 전철 접속교 구간 개착 시공

동작대교 북단 한강맨션아파트 단지 옆은 U타입 옹벽을 228m 세우고, 그 북쪽으로는 147m 구간을 개착하여 시공하였는데, 이 구간은 아파트 단지의 민원을 해소하기 위하여 알미늄 방음벽으로 소음을 방지하였다.

4.6.4 기타 시설

4.6.4.1 조명 시설

동작대교 조명은 황색 계통의 나트륨 조명을 설치하여 아름다운 야경을 조성하였다.

4.6.4.2 편의시설

2005년 6월, 다리 남단에는 '포토 아일랜드(Photo Island)'가 조성되어 63빌딩과 한강을 배경으로 펼쳐지는 풍광을 사진에 담을 수 있도록 하였다. 이어 2009년 11월에는 동작대교 남단 양쪽에 한강 경관을 조망할 수 있는 전망 쉼터인 '구름카페'와 '노을카페'가 건설·개관되었다〈그림 4.6.21〉.

오른쪽 구름 카페에서는 여름 밤 반포대교에서 뿜어져 나오는 무지개 분수를 감상할 수 있고, 하류 측 노을카페에서는 한강대교, 노들섬, 여의도 63빌딩 등 넓게 펼쳐진 한강 풍경을 바라볼 수 있다. 교량 카페 주변에는 주차장이 마련되어 접근성이 좋으며, 둔치에서 교상 및 쉼터로 오를 수 있도록 다리 남단 양쪽에 각각 17인승 엘리베이터가 설치되어 있다.

그림 4.6.21 동작대교 전망 쉼터 구름카페와 노을카페

미주

[1] 동작대교는 한강을 건너지르는 도로교 중에 16번째로 건설된 교량이다. 다만 이 셈법은 잠수교와 반포대교를 별개의 다리로 취급했을 때 가능하고, 만약 잠수교와 반포대교를 한 개의 교량으로 취급하면 15번째 교량이 된다. 이 책에서는 잠수교와 반포대교가 전혀 다른 교량구조를 취하고 있기는 하지만 편의상 한 개의 다리로 취급하였다.

[2] 도로교와 전철교의 공용 교량으로는 제일 먼저 제1한강교 중지도에서 용산까지를 들 수 있다.

[3] 전철교는 11월 6일에 완공되었다(서울특별시 지하철공사,1987, 서울지하철 3·4호선 건설지, 536쪽 참고).

[4] 최초 동작대교 도로교 본선의 길이 L = 1,920m로 기록되어 있는데, <그림 4.6.4>에 의하면 하류 기준으로 L = 1,913m로 계산된다.

[5] 서울특별시 교량안전과, 2019, 동작대교 외 1개소 정밀안전진단 및 정밀점검용역 종합보고서

[6] 서울특별시 교량안전과, 2019, 동작대교 외 1개소 정밀안전진단 및 정밀점검용역 종합보고서

[7] 서울특별시 교량안전과, 2019, 동작대교 외 1개소 정밀안전진단 및 정밀점검용역 종합보고서

[8] N21 : 전철하중의 N하중은 현재 일본에서 사용하고 있는 전철하중으로 N21도 동작철교 설계 당시, 우리나라의 전철하중이 확실하게 정의되고 있지 않아, 우리나라 현 EL 하중과 비슷한 크기의 일본 N21로 설계한 것으로 추정된다(한국철도시설공단, 2010, 철도설계하중 체계 연구 최종보고회).

4.7

대마도 정벌 출발지, 동호대교

4.7.1 개요[1]

한강을 16번째 도로교로 횡단하는 동호대교(도로교)는 성동구 옥수동과 강남구 압구정동을 잇는 다리로 1980년 6월 5일 착공하여 1984년 12월 31일 준공하였다.

그림 4.7.1 동호대교 위치도

이 교량은 건설 당시에는 금호대교라 명하였으나, 옛 조선 시대 이 지역 한강을 동호(東湖)라 칭한 점을 감안하여 1985년 서울시 지명위원회의 결정에 따라 동호대교라 개칭하였다. 조선 시대에는 지금 양화대교가 있는 한강을 서호, 한남대교 있는 한강을 한강, 현 동호대교 있는 한강을 동호라고 하였다.

동호대교는 서울지하철 3호선 전용 전철교가 다리 중앙부를 달리고 있고, 그 양옆으로 각각 도로교가 지나가는 도로교와 전철교의 복합교량이다〈그림 4.7.2〉.

이 다리 상류 1.3km에는 4차선의 성수대교(붕괴 전)이 준공되었고, 그 상류 3.3km 되는 곳에는 6차선의 영동대교(구교)가 운영 중이었다.

동호대교 하류 1.2km 떨어진 곳에는 6차선의 한남대교(확장 전)가 건설되어 있었으나 이들 교량만으로는 강남지역 개발과 경부고속도로에서 발생하는 교통량 부하를 감당하기 어려운 상황에서

그림 4.7.2 동호대교 종·평면도

성동도로관리사업소(시설보수과), 2000, 도로시설물 도면현실화 용역 도면출력물

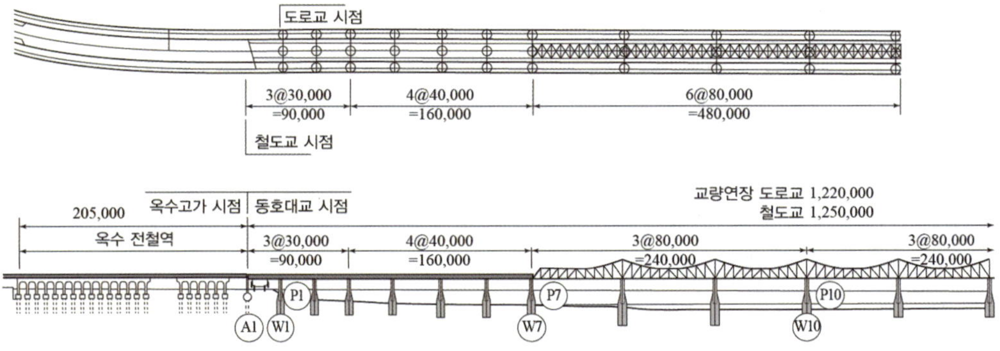

(a) 동호대교 종·평면도 부분도 1(옥수고가 측)

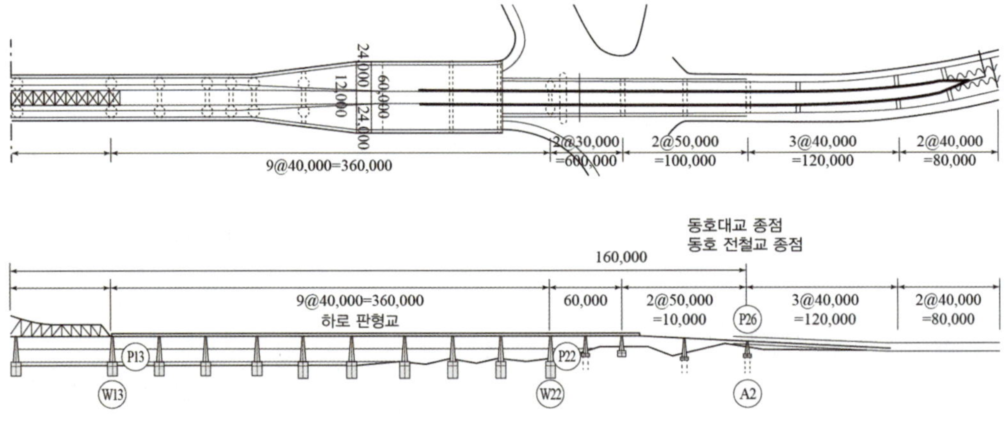

(b) 동호대교 종·평면도 부분도 2(압구정고가고 측)

동호 도로교의 준공은 이 늘어난 교통량을 도심으로 유도할 수 있는 중요한 계기가 되었다.

동호대교는 동작대교와 같이 민자사업으로 추진하다가 서울시에서 인수한 교량으로 전철과 도로의 병용교라는 점에서도 동작대교와 유사하다.

동호대교와 동호철교는 남강 ENG/정우엔지니어링에서 설계하고 남광토건에서 1980년 6월 1일부터 1984년 21월 31일까지 공사비 344억 원(도로교 237억 원, 철도교 107억 원)을 들여 건설하였다.

4.7.2 교량 설계

4.7.2.1 상부구조

가. 동호대교 전철교

동호 전철교는 주경간 트러스교 480m(하우 트러스교) 구간과 접속교 하로 판형교 770m(일반 판형교)로, 전체 길이 L = 1,250m인 복선 전철교다. 동호 전철교의 너비는 12.0m로 전체 폭 38.4m인 동호대교의 교량 중앙에 위치한다〈그림 4.7.3〉.

그림 4.7.3 동호대교 전경(다리 중앙 황색 교량은 전철교)

동호 전철교의 총연장은 옥수 전철역 남단 교대 A1에서 동호대교 압구정 측 교대 A2까지로 L = 1,250.0m가 된다. 여기서 옥수 전철역 남단 교대는 동호도로교가 시작되는 교각 P1에서 한 경간 더 옥수 고가교 쪽으로 위치하고, 남단 전철 교대 A2는 동호대교 도로교 교각 P26과 같은 위치에 축조되었다.

1984년 동호대교가 처음 건설되었을 때 압구정동 측 교각 번호는 여러 번 바뀌었는지 처음에는 교각 번호가 P22까지만 있다가, 2003년 정밀안전보고서에는 교각 번호가 P25까지 먹여져 있고, 현재는 동호대교 도로교 종점은 교각 P26에서 시작되는 것으로 되어 있다. 여기서 교각 번호 P26은 초기에 만들어진 도면〈그림 4.7.2〉의 교각 순서와 같으므로 본서에서는 동호전철교의 경간을 총 26 경간으로 계산하였다. 따라서 동호 전철교의 경간은 다음과 같이 구성되었다〈그림 4.7.2(b)〉

L = 250m(북측 접속부) + 480m(주경간, 트러스) + 470m(남측 접속부)

= (30 + 2@30 + 4 @ 40) + 2×(3@80) + [8@40 + (2@30 + 50 + 40)]

= 1,250.0m[2]

동호 전철교 중 트러스 구간 트러스상부는 480m(3@80 + 3@80)의 연속 변단면 트러스(Howe Truss)로 현수교 형태를 띠고 있다〈그림 4.7.2(a)〉.

이 대목에서 현수 트러스의 상현재는 인장 케이블과 같은 역할을 하므로 상부구조의 경간장을 일반 철도교의 트러스 경간장보다 더 길게 하려는 설계자의 의도가 있었을 법도 한데, 실제로 동호 전철교 트러스의 경간장을 다른 일반적인 와렌 트러스(Warren Truss)에서 선택하는 L = 80m로 선택했다는 사실이 의아하다. 이는 아치의 형태를 띤 당산철교에서는 설계자가 오히려 더 긴 90m의 경간장을 취했었다는 사실과 비교해보면 더욱 혼란스럽다. 저자 개인적으로는 동호 전철교 설계 엔지니어들이 교량 역학적인 이유에서가 아니라 우리나라에서 처음 시도한다는 의미에서 현수 트러스 형태의 철도교를 선택한 것이 아닌가 하는 생각이 든다.

동호전철교 트러스교는 하우 트러스 형태로 설계되어 있다. 여기서 하우 트러스란 각 경간 중앙부에서 사재(斜材)[3]를 행어(수직재) 상단에서 좌우 대칭으로 경사지게 배치하는 트러스 형태를 말한다〈그림 4.7.2〉.

동호 전철교는 EL-18하중으로 설계하였다. 한강에 놓인 전철교 설계를 시작할 때는 전철 하중을 18톤 축하중으로 정의했었다. 이 하중을 지금은 EL-18 하중으로 정의한다〈그림 4.7.4〉.

그림 4.7.4 EL-18 하중

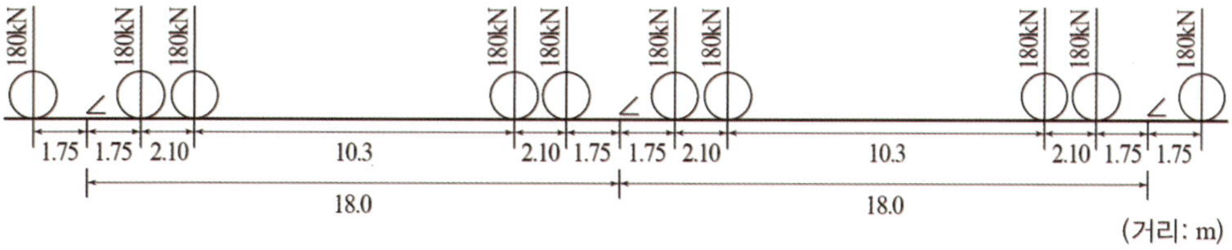

동호 전철교에는 주교량인 트러스 구간과 접속교 구간의 궤도 시스템을 다르게 선정하였다. 즉, 트러스 구간에는 궤도의 종단 높이가 문제가 되질 않기 때문에 상로 판형교〈그림 4.7.5(a)〉의 시스템을 선택하였고 접속교 구간에서는 교하 공간 확보를 위한 교량의 종단 선형을 정해야 하므로 하로 판형교 궤도 시스템을 선택한 것으로 보인다〈그림 4.7.5(b)〉.

그림 4.7.5 동호 전철교 궤도 시스템
서울특별시, 1994, 한강 철교 정밀안전진단 보고서, 117쪽

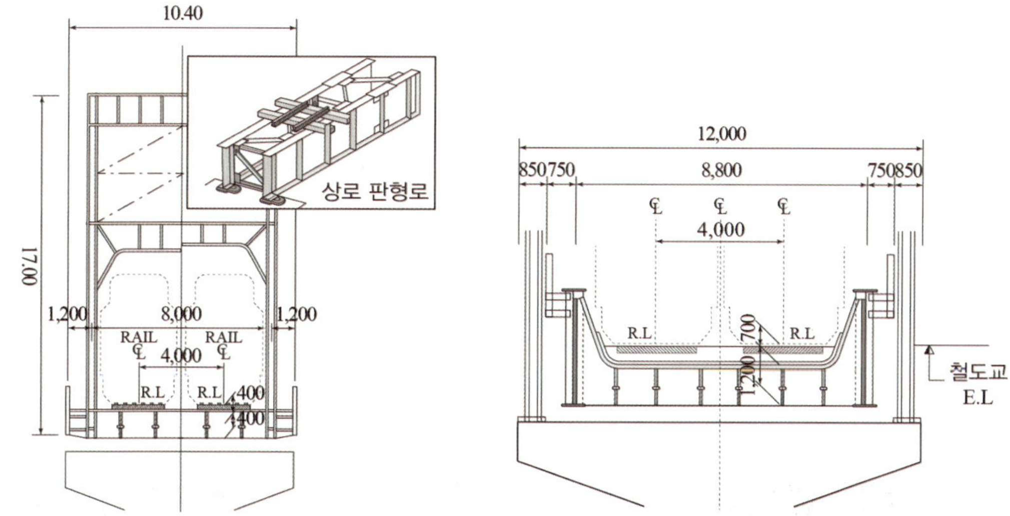

(a) 트러스 구간 횡단면도

(b) 접속교 구간 횡단면도

〈그림 4.7.5〉에 의하면 트러스 구간 480m에는 소음에 대한 대비 없이 무도상 궤도〈그림 4.7.5(a)〉를 설치하였고, 동호 전철교 접속부 구간, 교각 P1~P7과 교각 P13~P23 구간과 양측 인근 구간까지 610m에는 하로 판형교〈그림 4.7.5(b)〉로 설계되어 있다. 이 접속교 구간에서는 소음과 진동을 줄이기 위하여 유도상 궤도 시스템을 택하였다.

동호대교 전철교의 시점과 종점, 동호대교 도로교의 시점이 서로 다르다. 동호대교 전철교는

옥수 전철역 남단에서 시작되고, 도로교의 시점은 철도교보다 한 경간 남쪽 교각 P1에서 시작된다. 도로교는 교각 P22에서 남쪽으로 4경간 더 남쪽에 있는 교각 P26에 종점이 있는데, 같은 위치에 전철교 교대 A2가 세워졌다〈그림 4.7.2(b)〉.

나. 동호대교 도로교

동호교의 전체 폭은 31.40m지만, 그중 도로교는 동호대교 중앙으로 지나가는 전철교 양쪽으로 각각 10.20m씩 4차선으로 구성되어 있다.

다리 전체는 25 경간으로 구성되어 있으며 최대 경간장은 80m이다. DB-24의 하중으로 설계된 동호대교는 한강상 도로·전철교로는 1) 한강인도교 중지도 용산 방면 전철, 2) 잠실철교(1980), 3) 당산철교(1984.5.) 및 4) 동작철교(1984.11.) 이후 도로·철도 병용으로는 5번째 다리이다.[4]

동호 도로교의 경간은 교각 P1부터 교각 P26까지 25경간으로 다음과 같이 구성되어 있다.

L = 220(= 2@30 + 4@40, 접속부) + 480(= 2×3@80, 주경간부) + 320(= 3@40 + 2@40 + 3@40, 남측 접속교) + 200(= 40 + 2@30 + 50 + 50, 남측 접속교)

= 1,220.0m

여기서 교각 P7~P13 사이 주경간부 6 경간 480m 구간은 2주형 강상형교로〈그림 4.7.6(a)〉, 그리고 교각 P1~P7(6경간)과 교각 P13~P17(5경간) 사이 접속교 380m 구간은 2주형 강상형 합성교(Steel Concrete Box Girder)로 건설되었다. 그리고 확폭 구간인 교각 P17~P21 구간 160m에는 5주형 강상형 합성교로 시공하였다〈그림 4.7.6〉.

그림 4.7.6 동호대교 본선 강상형교

(a) 2주형 강상형 강상판교(주경간부)

(b) 2주형 강상형 합성교(접속교)

(c) 5주형 강상형 합성교(확폭 구간)

2주형 강상형 강상판교로 설계된 도로교 주경간부 L = 480m 구간은 두 개의 3경간 연속 강상형으로 종단을 구성하고 그 강바닥판은 직교이방성 강상판으로 설계하였다. 강상형교의 종단면 형상은 지점부와 중앙부에서의 높이가 각각 H = 5.00m와 2.60m인 전체적으로 곡선을 나타내고 있다. 그러나 전철교의 강력한 트러스 구조 곡선에 눌려 도로교의 종단 선형은 눈에 잘 띄지 않는다〈그림 4.7.7〉.

그림 4.7.7 동호대교 도로교 전경

동호 도로교 양단에서는, 북쪽으로는 옥수고가차도와 그리고 남쪽으로는 압구정 고가차도가 연결되어 있는데, 이곳에 연결부 램프 구간은 비틀림 모멘트를 잡아주기 위한 강상형이나 도로의 높이를 맞추기 위하여 R.C 슬래브교로 설계되었다. 확폭 구간(P17~P21)에는 5주형 강상형 합성교를 2주식 또는 4주식 라멘형 교각 위에 올려놓았다. 동호 전철교 좌우로 시공되어 있는 동호 도로교 본선 구간 바닥판은 각각 폭 B = 10.20m로 설계되었는데, 다음과 같이 구성하고 있다〈그림 4.7.8〉.

그림 4.7.8 동호대교 도로교 주경간(경간: 80m) 상부구조 표준 단면도

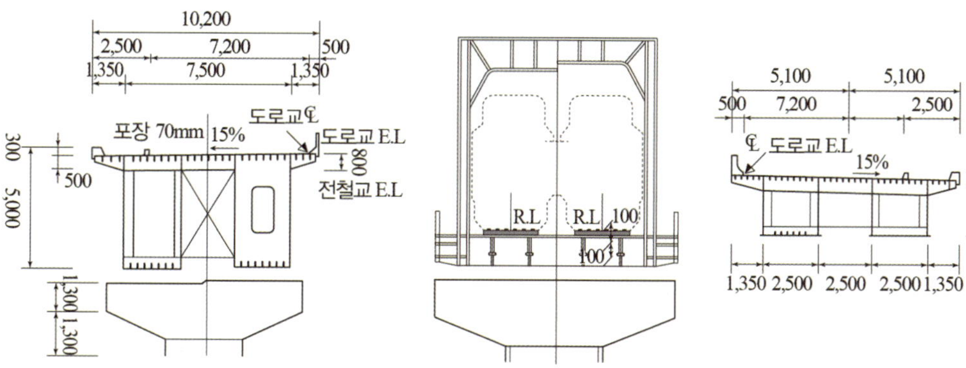

(a) 지점부 횡단면도 (b) 중앙부 횡단면도

B = 2.50(보도, 난간 및 연석포함) + 7.20(차도) + 0.50(방호벽)

= 10.20m

동호도로교 접속교의 경우에도 주경간부와 같이 상·하행선이 전철교를 사이에 두고 3.0m 떨어져 양쪽으로 평행하게 건설되었다〈그림 4.7.9〉.

그림 4.7.9 동호대교 도로교 접속교 구간(경간: 40m) 상부구조 표준 단면도

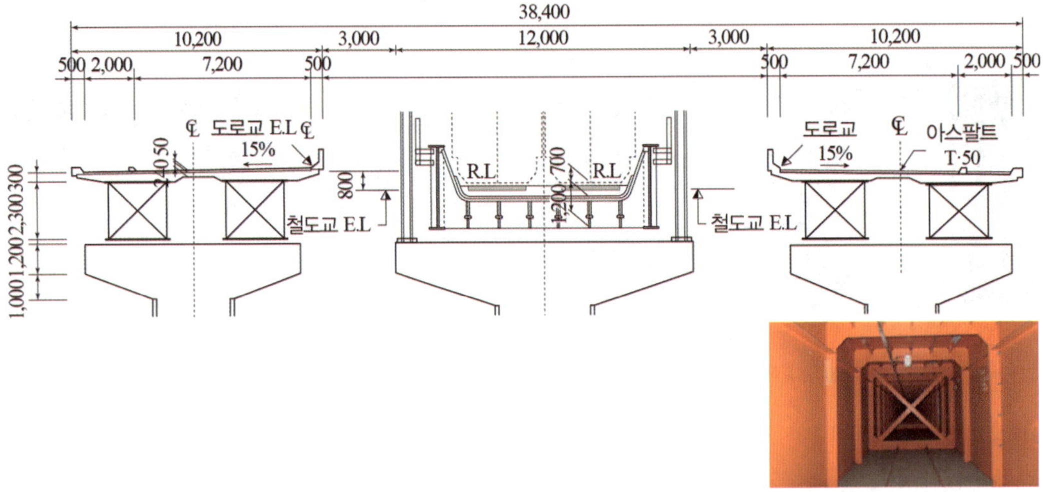

동호대교 도로교 접속교 구간(경간 40m 구간)에서 상부구조는 두 개의 강상형 위에 철근 콘크리트 바닥판을 합성시킨, 강합성 강상형교로 구성하였다〈그림 4.7.10〉.

그림 4.7.10 동호대교 도로교 접속교(P3~P7) 바닥판 횡단면도

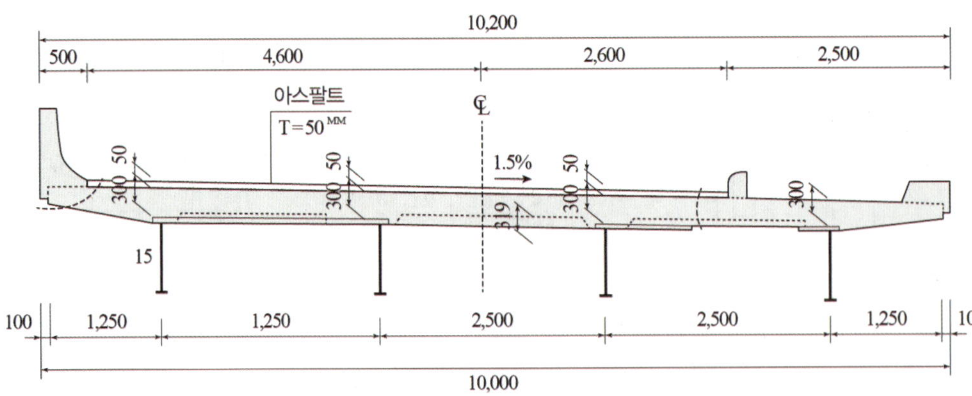

도로폭은 주경간부의 교폭과 동일하게 다음과 같이 구성되어 있고, 강상형의 단면은 높이 H = 2.30m, 폭 B = 2.50m로 되어 있다.

B = 2.50(보도) + 7.20(차도) + 0.50(방호벽) = 10.20m

동호대교 도로교 철근 콘크리트 바닥판의 두께는 300mm로 비교적 펀칭 전단파괴에 안전하게 설계되어 있고, 콘크리트의 설계강도는 f_{ck} = 24MPa로 설계되었다.

이 설계강도는 교량 바닥판에 일반적으로 적용되고는 있으나 유지관리 측면에서 살펴보면 f_{ck} = 28MPa 이상으로 기준을 정하는 것이 유리할 것으로 판단된다.

4.7.2.2 하부구조

가. 기초

동호대교의 하부기초는 교각 P1과 교각 P23~P26 하부에 시공된 말뚝기초를 제외한 전 구간이 우물통기초로 설계되었다〈그림 4.7.11〉.

그림 4.7.11 동호대교 우물통기초 위치도(단위: m)

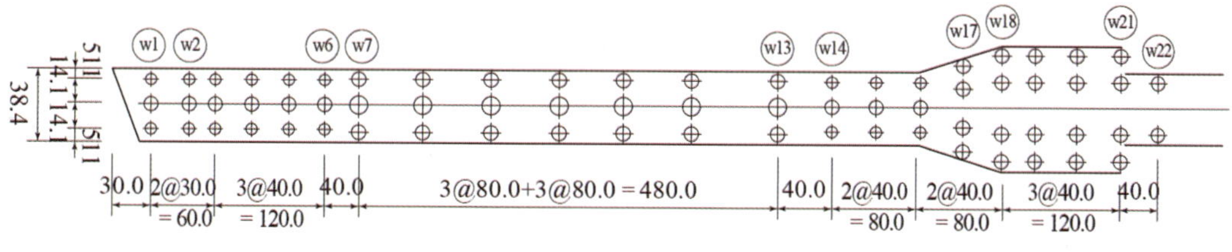

동호도로교와 동호철교 모두 총 58기의 우물통기초로 이루어져 있으며, 이 중 주경간 트러스 구간(P7~P13) 전철교에는 직경 12.00m의 대형 우물통기초가 적용되었다. 반면 나머지 접속교 구간(P2~P6, P14~P16)의 전철교 기초는 직경 8.50m의 비교적 작은 우물통기초로 시공되었다〈그림 4.7.12〉.

동호도로교 본선의 하부기초 역시 동호철교와 동일한 방식의 우물통기초로 시공되었는데, 자동차 하중이 철도하중보다 작기 때문에 주경간부(P7~P13)에는 직경 10.0m, 접속교 구간(P2~P6, P14~P17)에는 직경 7.0m의 우물통기초가 사용되었다. 한편 교각 P18~P21 사이의 확폭 구간에서는 원형 우물통기초가 아닌 트랙형 우물통기초(10.0×6.0m)를 축조하여 도로교와 전철교 교각을 함께 지지하도록 설계하였다.

그림 4.7.12 동호대교 본선 하부 우물통기초 표준 단면도

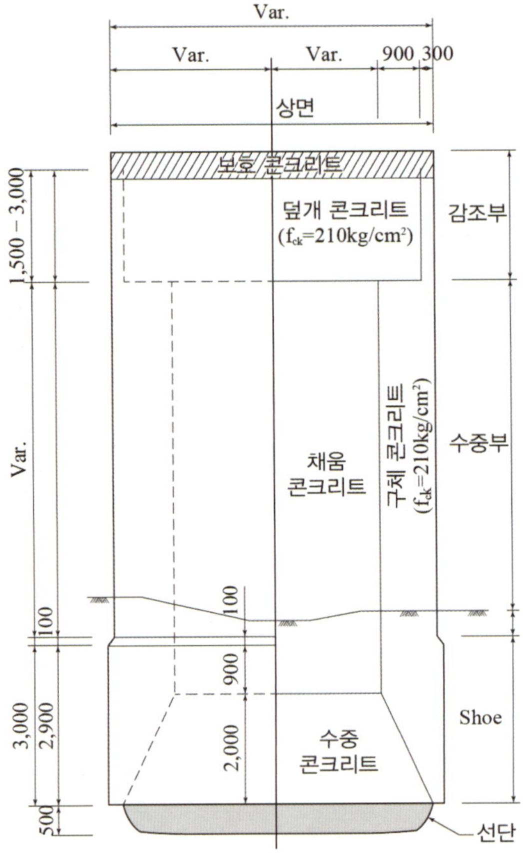

동호대교 우물통기초 공사는 축도를 쌓아 공사하는 매우 전통적인 시공법을 적용하였다〈그림 4.7.13〉.

그림 4.7.13 동호대교 교각

(a) T형 교각

(b) 2주식 교각(P17~P21)

나. 교각

동호대교에 설치된 교각은 총 44기로 중앙에는 지하철 3호선인 동호철교가 지나고 있으며 도로교 교각은 그 양측으로 상하 분리 시공되어 있다. 교각 형식은 전 구간을 T형 교각으로 구성하였다〈그림 4.7.14〉. 그러나 확폭 구간(P17~P21)에서는 2주식 또는 4주식 라멘형 교각을 세워 본 교량과 지하철 교량을 동시에 지지하고 있다〈그림 4.7.13〉.

수중부에 위치한 교각은 독립된 원형 우물통기초 위에 설치하고, 확폭 구간에서만 트랙형 우물통기초 위에 라멘형 교각을 세웠다.

동호대교 주교량 구간(P7~P13)에서는 전철교 교각의 높이가 도로교 교각 높이보다 80cm 높게〈그림 4.7.14(a)〉 세워지고, 도로교 접속교 구간(P2~P6 및 P14~P16)에서는 도로교의 교각 높이와 전철교 교각 높이와 같게 시공되었다〈그림 4.7.14(b)〉.

그림 4.7.14 동호대교 본선 도로교 표준 단면도

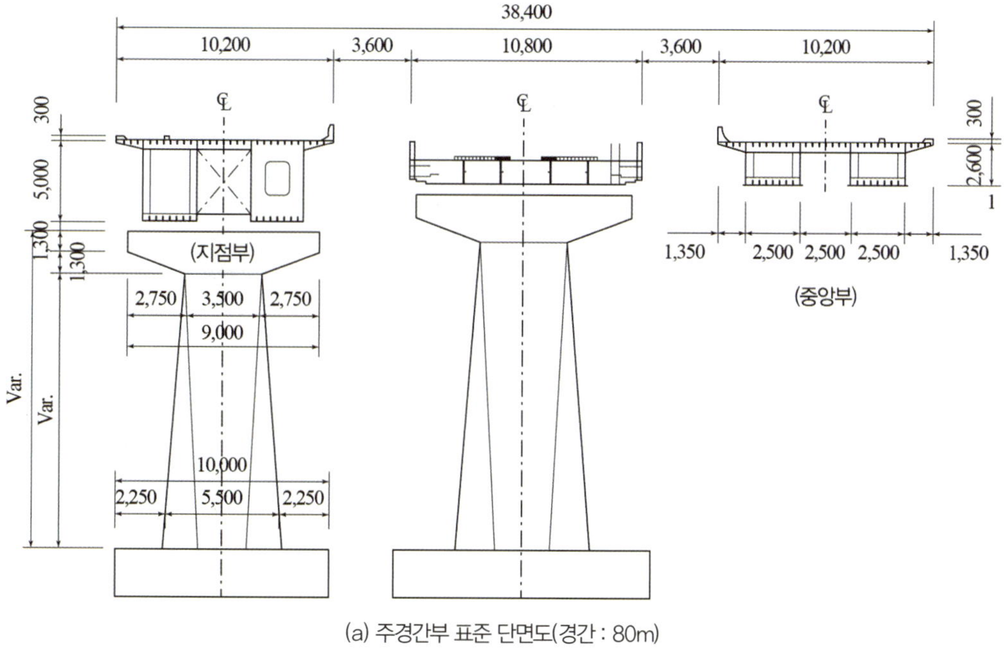

(a) 주경간부 표준 단면도(경간 : 80m)

그림 4.7.14 동호대교 본선 도로교 표준 단면도(계속)

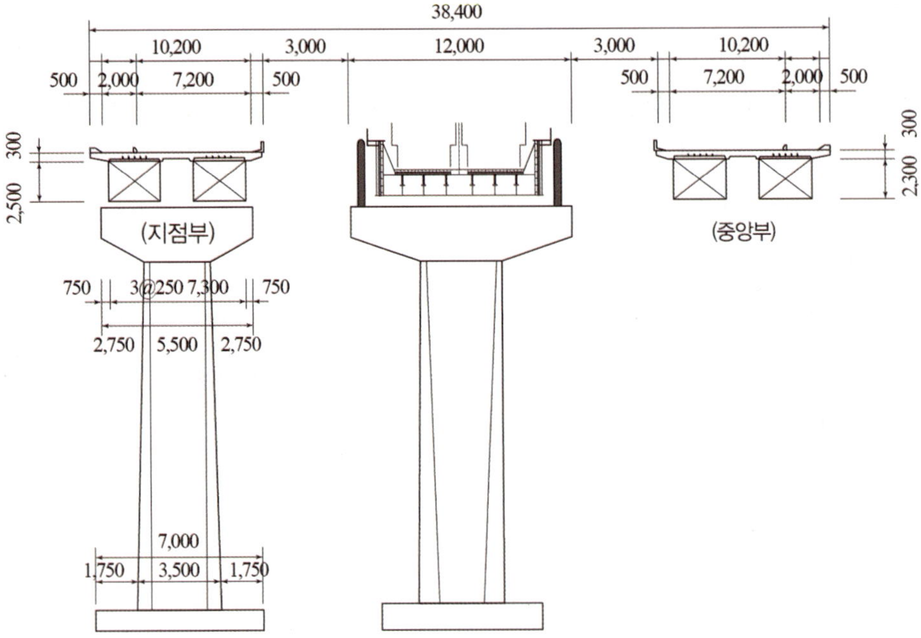

(b) 접속교 구간 표준 횡단면도

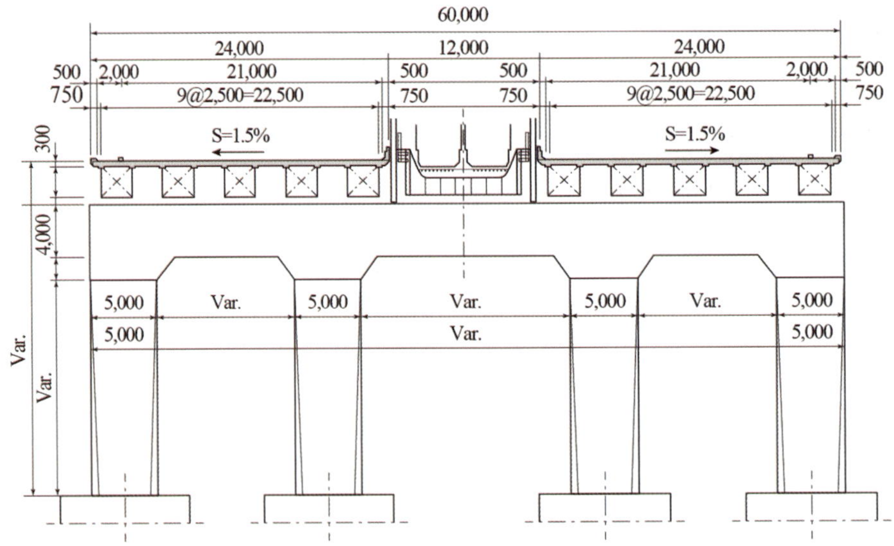

(c) 접속교 확폭구간 표준 횡단면도(P17~P21)

4.7.3 정밀안전진단

한국강구조공학회는 한강에 가설된 당산철교, 잠실철교, 동호철교 및 동작철교에 대한 최초의 안전진단을 실시하고 그 결과 보고서를 1994년 10월에 서울특별시 지하철공사에 다음과 같이 제출하였다.

트러스교

트러스교 외관조사 결과, 각종 2차 부재(브레이싱) 연결부에서 일부 볼트의 탈락, 연결 길이 및 볼트 조임 부족 등의 현상이 발견되었다. 또한 현장용접으로 인한 플랜지 배부름 현상이 관찰되었으나 주부재인 상·하현재 및 사재의 상태는 전반적으로 양호한 것으로 평가되었다.
정적 재하실험 결과, 측정된 응력은 시방서 규정치인 SWS 53 강재 허용응력(2,100kg/cm^2)이나 SWS 41 강재 허용응력(1,400kg/cm^2)에 비해 매우 작은 값으로 나타났다. 따라서 설계 하중(LS-22)에 대해서는 구조적으로 충분히 건전한 것으로 판명되었다. 또한 동적 주행시험에서 속도별 충격계수를 산출한 결과, 구조거동에 특별한 이상이 없음이 판명되었다.
측정부위별 피로 및 잔존수명 추정 결과, 세로보는 약 20년, 가로보는 약 35년, 주형은 약 80년의 잔존수명을 가진 것으로 평가되었다. 이후에도 서울시는 동호대교에 대해 정밀안전진단을 지속적으로 수행해왔으며, 현재까지 구조적 안정성에 중대한 문제는 발견되지 않았다.[5]

미주

[1] 서울특별시 교량 안전과, 2023, 동호대교 도로교 정밀안전진단 보고서

[2] 만약 전철교의 길이를 도로교 교각 P22부터 재면 전철교의 길이 L = 1,090m가 된다.

[3] 사재 : 트러스 구간에서 경사진 부재

[4] 서울에서 전철이 운용될 때까지는 노들섬(중지도)에서 용산까지 전철교가 운용되고 있었다. 한강 인도교에도 용산에서 노들섬까지 전철이 다니긴 하였으나 최초 한강인도교 구교에서는 전철이 다니지 않았다. 한강 인도교 노들섬에 설치된 전철역은 서울에서 전철 운영이 끊길 때까지 존속하였다.

[5] 서울특별시 교량 안전과, 2023, 동호대교 도로교 정밀안전진단 보고서

4.8

국내 이동식 거푸집 시공의 시작, 노량대교

노량대교는 '한강종합개발사업'[1]의 일환으로 건설된 올림픽대로 구간의 주요 교량 가운데 하나로, 지형적 여건에 따라 동작구 노량진 한강철교 상류에서 시작하여 동작동 동작대교 남단을 연결하는 총 2,070m에 달하는 긴 교량이다〈4.8.1〉.

그림 4.8.1 노량대교 위치도
서울특별시, 1984, 한강종합개발(제4공구사업) 공사현황종합평면

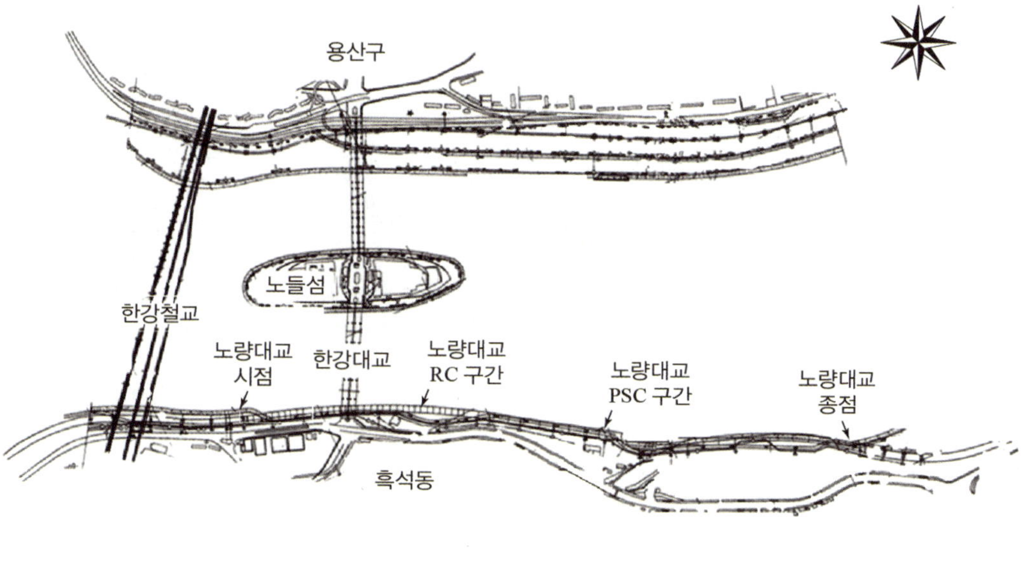

그림 4.8.2 노량대교 전경

서울특별시, 1988, 한강종합개발사업건설지

노량대교는 1983년 1월 5일에 착공하여 총공사비 285억 원을 투입, 1985년 12월 31일에 완공되었다. 특히 상부구조 시공에는 국내 최초로 이동식 거푸집 공법(M.S.S, Movable Scaffolding System)이 도입되었으며, 이는 국내 교량 건설 기술 수준을 한 단계 끌어 올리는 계기가 되었다.

노량대교는 한강철교 상류에서 동쪽으로 720m 구간이 R.C 슬래브교로 설계되었고, 이후 한강대교를 지나 동작대교 남단까지 연장되는 이 동쪽 구간은 프리스트레스트 콘크리트(P.S.C) 박스거더교 구간으로 길이가 L_{PSC} = 1,350m나 된다. 상부구조 횡단면은 경간 50m의 P.S.C 박스거더로 계획되었으며, 이는 시공성과 주변 경관과의 조화를 동시에 고려한 설계였다. 또한 R.C 슬래브 구간은 홍수 시 수위에 잠길 수 있도록 설계되었는데, 이에 따라 하부구조는 유체역학적 검토, 시공성, 구조역학적 안정성, 경관 조화 등을 종합적으로 고려하여 경제적이면서도 하천 내 구조물로 적합한 6각형 교각이 채택되었다.

기초공법에 있어서 구교는 우물통기초가 적용되었으며, 이후 확장 시 건설된 신교는 현장타설 콘크리트말뚝을 사용하였다. 여기서 구교란 최초에 건설된 4차선 교량을 의미하며, 이후 교통 수요 증가에 따라 쌍둥이 형태의 4차선 신교가 추가로 건설되어 현재의 형태를 이루게 되었다.

4.8.1 노량대교 구교

4.8.1.1 설계기준(재료)

설계에 적용한 콘크리트 재료의 설계기준강도로는 R.C 라멘교에 f_{ck} = 24MPa, P.S.C 박스거더에 f_{ck} = 40MPa, 교대, 교각 및 우물통기초에는 각각 f_{ck}= 21MPa를 기준으로 하였다. 시공 속도와 직접 관계가 있는 프리스트레스 도입 시 콘크리트 강도는 f_{ck} = 32MPa 이상을 기준으로 삼았다.

P.C 텐던(P.C Tendon)은 Φ=12.7mm 강연선을 19가닥을 묶어 제작하였고, 이때 사용한 강선은 항복강도 f_y = 1,600MPa, 인장강도 f_u=1,800MPa, 그리고 리렉세이션(Relaxation)은 5,000시간 이후 3%, 500,000시간 후 6.5% 이하로 맞추는 기준을 만족했다.

4.8.1.2 구교 상부구조

노량대교 구교의 상부구조는 Π 형 3경간 연속 라멘교 36경간과 다경간 연속 P.S.C 박스거더교 27경간으로 되어 있다〈그림 4.8.3〉.

그림 4.8.3 노량대교 구교 종·평면도
구교 설계 삼우기술단 도면 노량대교 준공도 1983년

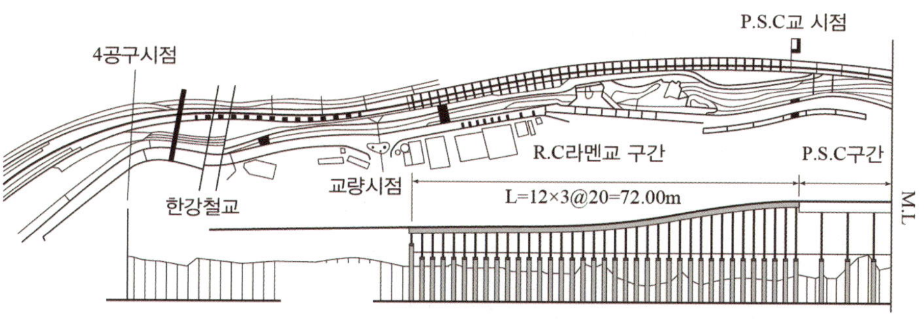

(a) 노량대교 구교 R.C 라멘구간 종·평면도

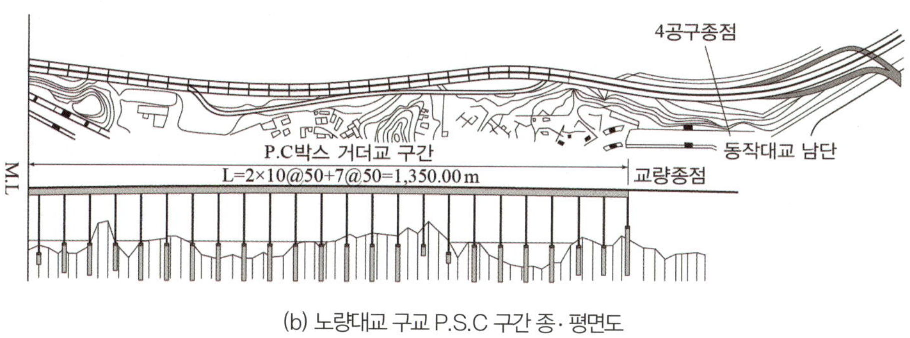

(b) 노량대교 구교 P.S.C 구간 종·평면도

R.C 라멘교:　　　　12× 3@20.00 = 720.00m

P.S.C 박스거더교:　　2× 10@50.00 + 7@50.00 = 1,350.00m

교량의 전체 길이 L = 1,350.00 + 720.00 = 2,070m이고, R.C교나 P.S.C교 모두 B = 21.40m로 설계되었다〈그림 4.8.4(a)〉.

B = 2× [0.5(방호책) + 1.5(측대) + 2@3.6(차도) + 0.5(측대) + 0.5× 2(중앙분리대)]
　= 21.40m

노량대교 구교는 왕복 4차선 교량으로 설계되어 있으며 특이한 점은, 올림픽대로를 고속도로 수준으로 설계한 관계로 노량대교 한 개의 차선폭을 3.60m로 설계한 것이다〈그림 4.8.4〉.

그림 4.8.4 노량대교 구교 상부구조 표준 단면도

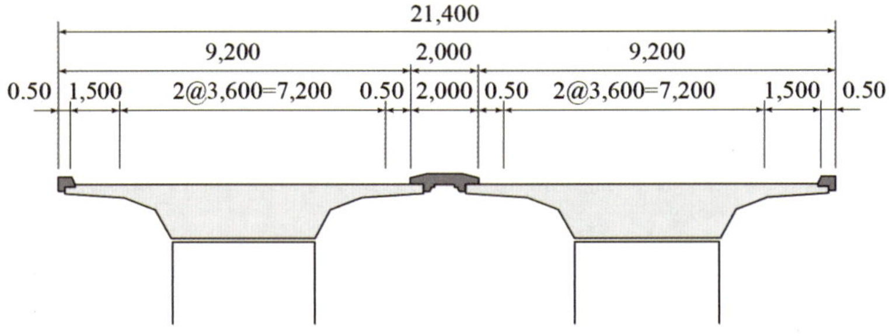

(a) R.C 슬래브교 구간 상부구조 표준 단면도

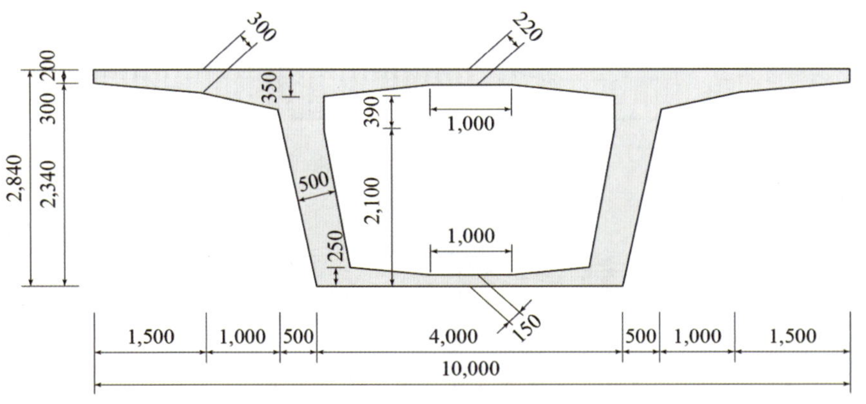

(b) 구교 P.S.C 박스 표준 단면도

R.C교 구간의 상부구조는 두께 t = 1.5m의 통 슬래브로 가설되었다〈그림 4.8.4(a)〉. P.S.C 구간 한 개의 P.S.C 박스거더의 폭 B = 10.00m로 되어 있고, 높이는 2.84m 상부 슬래브의 중앙부 두께 t = 220mm 그리고 하부 플랜지의 두께 t = 150mm로 설계되어 비교적 경제적인 규모를 하고 있다〈그림 4.8.4(b)〉.

4.8.1.3 구교 하부구조

노량대교 구교의 교대는 총 세 곳으로, 라멘교가 시작되는 여의도 측 교대 A1, 라멘교와 P.S.C 거더교가 만나는 지점의 교대 A2, 그리고 P.S.C 교가 끝나는 동작동 측의 교대 A3가 건설되어 있다.

세 교대의 하부기초는 모두 우물통기초로 시공되었으며, 교대 A1과 A3는 전통적인 중력식 교대 형식을 따른 반면, 교대 A2는 교각 형태의 교대로 설계되었다〈그림 4.8.5〉.

그림 4.8.5 교대 A2의 측면도

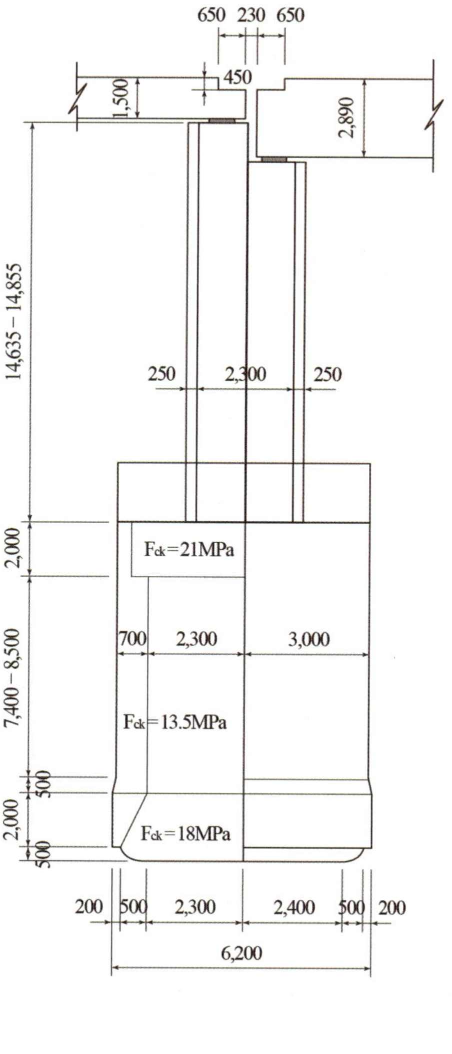

R.C 라멘 구간은 경간 20m로 구성되어 있는데, 각 경간마다 두 개의 우물통기초가 설치되고, 그 위에 각각 하나씩의 교각이 세워져 있다. 우물통은 외경 6.0m, 내경 4.6m, 벽 두께는 700mm로 시공되었으며, 우물통 구체 콘크리트 설계강도는 f_{ck} = 21MPa이다. 우물통기초 위에 교각을 세우기 위하여 우물통 상부에는 두께 2.0m의 덮개 콘크리트(설계 압축강도 21MPa)를 타설하였다. 그 위에는 전면 4.0m, 측면 2.0m 크기의 속이 빈 6각형 중공 교각을 설치했는데, 교각의 벽두께는 250mm로 하였다. 우물통 허리에는 f_{ck} = 13MPa의 채움 콘크리트로 채우고, 우물통 슈(Shoe) 아래에는 2.50m 두께로 수중 콘크리트(f_{ck} = 18MPa)를 타설했다〈그림 4.8.6〉.

노량대교 구교의 R.C 구간과 P.S.C 구간의 교각은 각각 모두 일정한 크기로 설계되어, 구교 R.C 구간에는 장축 a = 4.0m, 단축 b = 2.5m로 되어 있다.

그림 4.8.6 노량대교 구교 표준 단면도

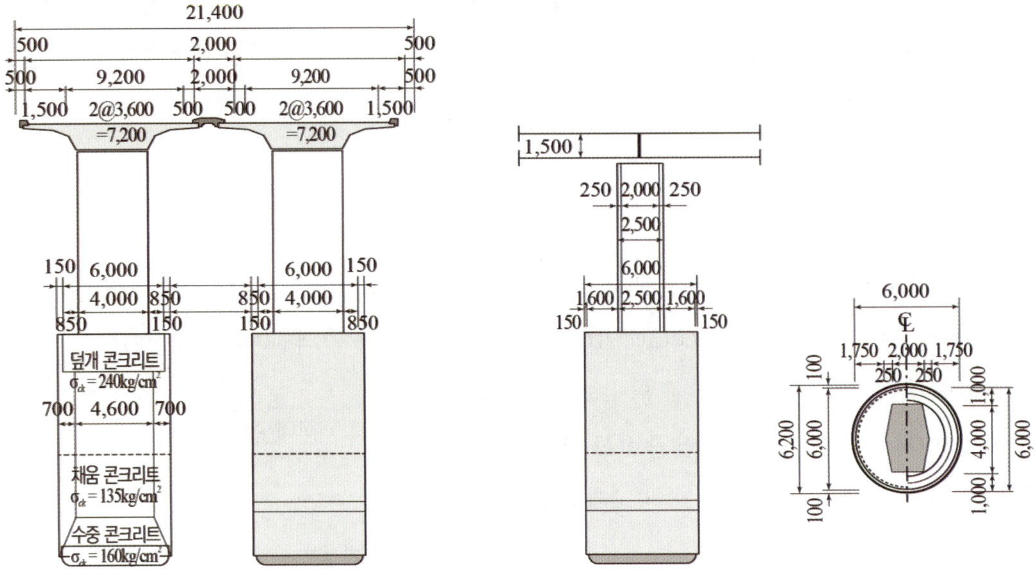

(a) 구교 R.C 슬래브 구간 표준 단면도

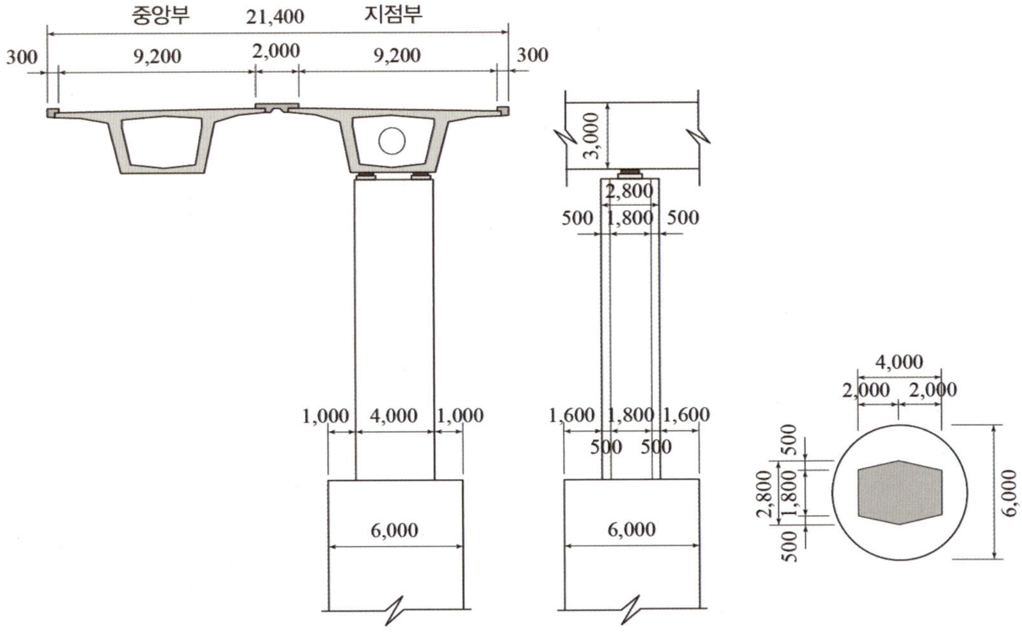

(b) 구교 P.S.C 거더교 구간 표준 단면도

4.8.1.4 구교 시공

가. 상부구조 시공

1) P.S.C 박스거더교 구간 시공

노량대교 P.S.C 박스거더가 지나가는 한강인도교부터 동작대교 남단까지는 오른쪽으로 우뚝 서 있는 절벽으로 인하여 고정식 지보공 시공법(Full Staging Method)을 적용하기가 어려웠다.

그 대안으로 시공성도 좋고, 공기 면에서 유리하며, 경제적이고 기술개발의 효과도 겸하는 이동식 거푸집 공법(M.S.S 공법)을 국내에서 처음으로 적용하였다.

M.S.S 공법은 Movable Scaffolding System의 약자로서, 자동 이동식 거푸집 공법을 의미한다. 이동식 거푸집은 유압잭을 이용하여 전진 및 후진 등 구동이 가능하며, 주형(Main Girder)과 거푸집을 상하·좌우로 조정하는 기계화된 가설공법이다〈그림 4.8.8〉.

M.S.S는 크게 세 부분으로 구성된다. 먼저 교각에 지지대로 사용되는 브라켓(Bracket)이 있으며, 이어서 비계(Scaffold)에 해당하는 주형 박스거더(Box Girder)가 설치된다. 마지막으로 콘크리트를 타설하기 위한 거푸집(Form Work)이 마련되어 전체 구조를 이룬다〈그림 4.8.8〉

교량 동쪽에 건설된 P.S.C 박스거더 1,350m에는 교각이 매 50m 간격으로 세워졌기 때문에 M.S.S 공법을 적용하기에 매우 적절했다. 교대는 다리 양 끝에 하나씩 2조를 만들고, 교각은 52기를 세웠는데, 이 교각들은 우물통기초 44기와 직접확대기초 12기 위에 만들었다〈그림 4.8.7〉. 노량대교에 사용된 M.S.S의 총길이는 114m이며, 이 중 2.0×3.0m 박스 단면을 가진 주형은 길이가 66m이고, 주형 앞뒤에는 각각 24m씩 트러스 추진코가 설치되어 있다. 이 트러스는 M.S.S 거푸집이 이동하는 도중에 발생하는 휨 모멘트를 줄이기 위하여 설치한다. M.S.S 거푸집이 이동하는 과정에서 전방의 추진코가 다음 교각 브라켓에 도달하기 직전 상태에서 추진코의 최대 처짐이 발생하므로 트러스 제작 오차까지 감안하여 주형 박스 높이보다 40cm 더 높게 추진코를 설계하였다.

그림 4.8.7 노량대교 구교 건설 현장
서울시, 1988, 한강종합개발사업 건설지

그림 4.8.8 M.S.S 일반도

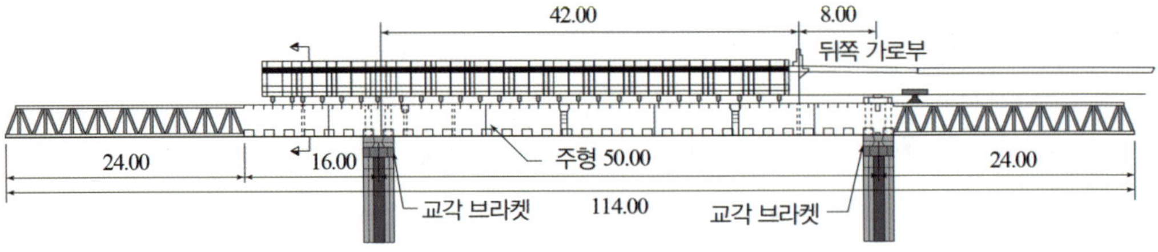

(a) M.S.S 종단면도

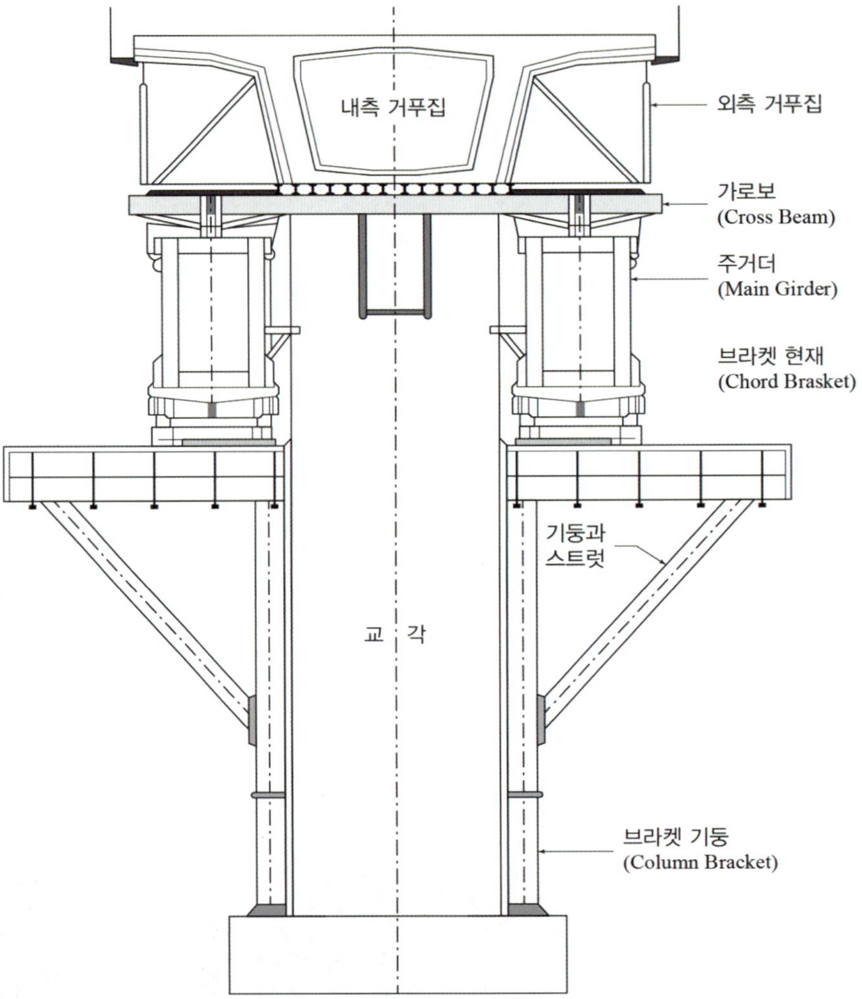

(b) M.S.S 횡단면도(단면 A-A)

M.S.S 장점

- 고도의 기계화 구동장치로서 신속, 안전, 확실한 시공으로 공사비와 공기 단축 가능
- 동바리공을 사용하지 않으므로 산악과 계곡, 수중 등 지상 조건에 구애받지 않고 시공 가능
- 단순한 연속적 시공 방식이므로 공사 기간 단축은 물론, 장대교일수록 거푸집의 사용 횟수가 경제적이며, 재활용 등 반영구적
- 런칭(Launching) 시 캔틸레버 모멘트를 감소시키기 위하여 추진코(Nose)를 사용
- 교각의 높이가 높을수록, 즉 난공사 구간일수록 경제적
- 시공 기술이 숙달되면 50m 한 경간을 11일 만에 완공시킬 수 있어 공기 단축 가능

M.S.S 가설 순서

- 1단계에서는 주형을 교각과 교각 사이에 거치하고, 그 위에 가로보를 설치한 후
- 가로보 위에 외부 거푸집과 내부 거푸집을 세워 철근 배근을 마치고 나면, 한 경간씩 콘크리트를 타설하고 양생〈그림 4.8.9(a)〉
- 양생이 끝나면 다음 2단계에서는 거푸집을 제거하고〈그림 4.8.9(b)〉
- 주형을 다음 경간으로 이동한 후〈그림 4.8.9(c)〉
- 다시 거푸집을 설치〈그림 4.8.9(d)〉

그림 4.8.9 M.S.S 가설 작업 순서

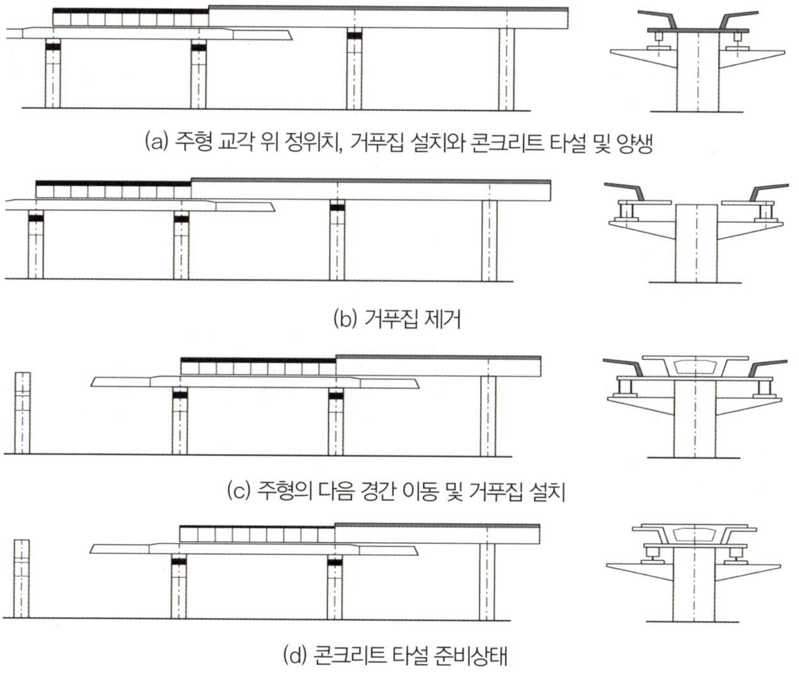

2) R.C. 라멘교 시공

한강철교 밑을 지나가는 R.C 라멘교의 교폭은 P.S.C 박스거더교와 같이 B = 21.40m로 되어 있고, 라멘교의 길이는 720m로, 36경간(L = 20.0m)으로 나누어져 있다.

L = 36@ 20 = 720.00m

R.C 라멘교 구간에는 트러스 형식의 수동 이동식 트러스 지보공을 임시 설치하고 상부 슬래브는 트러스 위에서 시행토록 하였다〈그림 4.8.10〉. 이 구간은 길이 방향으로 Π 모양으로 3경간을 한 번에 시공토록 하였으며, 이동 후 재설치할 때도 3경간씩 설치 시공하였다〈그림 4.8.10〉. 또한 지보공 부재설계에는 P.S.C 구간과 같은 조건으로 하중 상태를 적용하였다. 지보공 가설 중 트러스는 교각의 기초나 우물통기초 상단에 강재를 설치하여 지지하게 하였다.

그림 4.8.10 노량대교 R.C 라멘 구간 수동식 이동 트러스 지보공

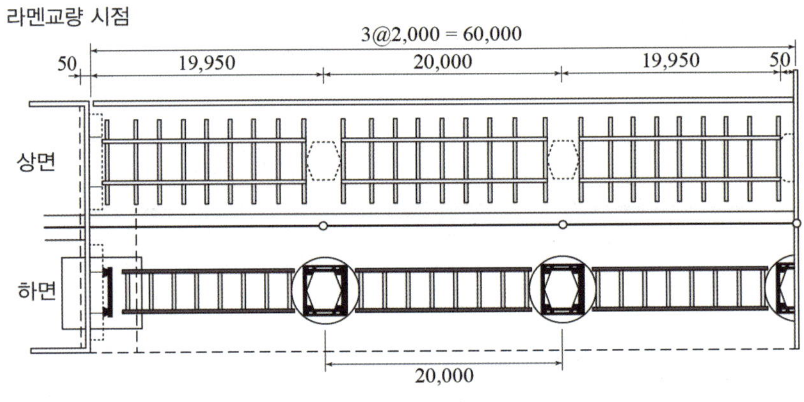

(a) 구교 R.C 라멘교 시점 부근 지보공 평면도

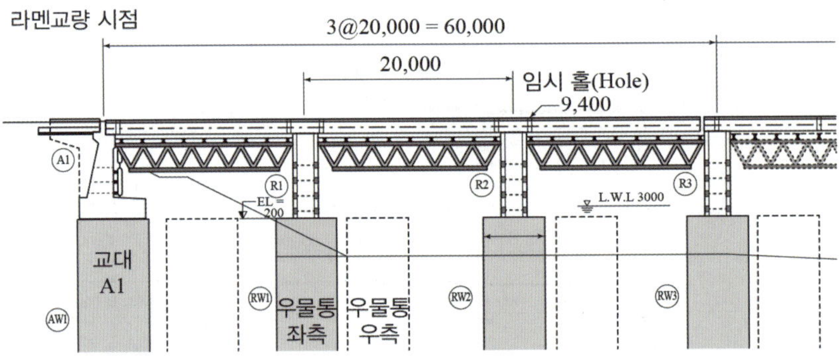

(b) 구교 R.C 라멘 교량 시점 부근 지보공 종단면도

하부기초는 교대 A1 1조와 교대 A2 1조(교각 형) 및 교각 70기로 이루어져 있는데, 우물통기초 72기가 사용되었다. 여기서 A2는 교각 형태로 건축되었다.

그림 4.8.11 노량대교 구교 우물통기초 표준도

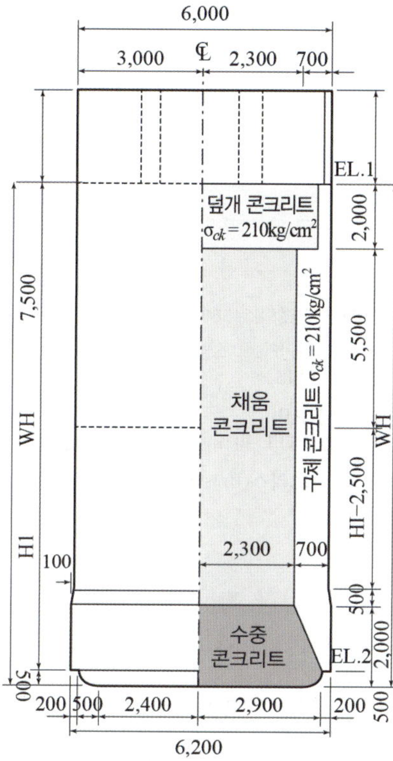

(a) 우물통 표준 단면도

(b) 우물통 시공 현장

나. 하부구조 시공

노량대교는 강변 교량으로서 가도를 축조할 수가 없고 바지선을 이용하여 하부구조 작업을 진행하였는데 1984년에 발생한 대홍수로 인하여 우물통 공사가 전반적으로 지연되었다.

크람셀 굴착(掘鑿) 및 재하 블록을 이용한 우물통 작업이 연암층에 정착하면 1m 깊이의 바닥 정리를 완료한 다음 H = 2.5m의 수중 콘크리트를 타설하고, 그 위에 H = 17.5m 높이의 속채움 콘크리트를 친다. 우물통 상부에는 그 위에 교각을 세우기 위하여 높이 h = 2.0m 두께의 우물통 덮개-콘크리트 공사를 한다.

R.C 구간의 우물통기초는 풍화암층에 지지하고, P.S.C 구간 우물통기초는 연암층에 정착시키는 것을 원칙으로 하되, 풍화암층의 두께가 2m 이하이면 연암에 정착시켰다.

4.8.1.5 구교 교량 받침과 내진설계

노량대교 P.S.C 구간에는 포트 교량 받침을〈그림 4.8.12〉, 그리고 R.C 구간에서는 전통적인 탄소 주강 받침을 교량 받침으로 사용하였다. 노량대교 P.S.C 구간에서는 그때까지 아직 제작 및 사용경험이 없는 포트 받침으로 영국 글래시어(Glacier)사 제품을 수입하여 사용하였다.

그러나 국내 교량 엔지니어들도 이때부터 교량 받침의 국산화를 활발하게 논의하기 시작하여, 1984년 9월에 설립한 유니슨 주식회사에서 1988년 7월 '교량지지용 탄성받침 K.S 표시 허가'를 획득하면서 포트 받침의 국산화에 성공하였다.

그림 4.8.12 포트 받침(Pot Bearing) 상세

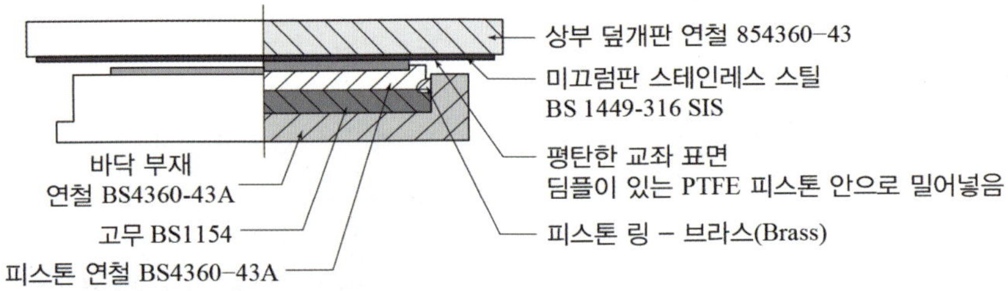

포트 교량 받침은 그 받침의 마찰저항(μ = 0.05)이 다른 형태의 받침, 예를 들어 강재의 선 받침 마찰계수(μ = 0.25), 주철의 선 받침 마찰계수(μ = 0.20)보다 훨씬 적다는 것이 특징이다. 이러한 마찰저항은 활성(活性)이 좋은 4 불소화 에틸렌(PTFE, Poly Tetra Fluoro Ethylene)과 스테인레스 판(Plate)을 사용하여 가능하였다. 여기에 약간의 회전 변위(0.01 Radian)를 허용하기 위하여 합성고무를 사용하였다. 노량대교의 P.S.C 구간 교량은 500m 연속교로서 이동량이 250mm(여유량 포함)[ΔT = 30°C로 계산하여 500~150mm 정도 이동하므로 여기에 여유량을 충분히 보아서 250mm로 정한 것으로 판단됨]이 필요하므로 미끄러짐 특성은 매우 중요했다. PTFE의 최대 압축응력은 30MPa, 합성고무의 최대 압축응력은 25MPa로 설계하였다.

노량대교 구교 라멘교 구간에는 일방향 가동단(11K)만 96곳에 설치되고, 노량대교 구교 P.S.C 구간에는 양방향 가동단(12K)이 50곳, 일방향 가동단(11K)가 58곳(축방향 가동단: 46곳, 교직방향 가동단; 12곳) 그리고 고정단 받침(10K)이 12곳에 설치되어 있었다.

그러나 1996년 1월에 발생했던 고베 지진과 삼풍아파트 붕괴사고 등으로 지진재해에 대한 국민들의 관심이 커지자 정부는 2016년 「지진·화산재해대책법」을 제정하여 국가 공공시설에 대한 내진 보강을 의무화하였다.

「지진·화산재해대책법」 및 동법 시행령

정부는 지진 방재를 위한 법적 근거를 마련하기 위하여 「지진·화재재해대책법」을 2016년 1월 25일 제정하여 시행하고 있다.

행정안전부 장관은 이 법에 의거하여 내진보강기본계획 수립하고, 공공시설물의 내진성능 향상을 위하여 5년마다 기존 시설물 내진보강기본계획을 수립하여야 한다. 서울시는 위의 법에 근거하여 노량대교 구교의 내진 보강을 실시하였다.

P.S.C 박스거더교 구교에는 양방향 전단키〈그림 4.8.12〉 12곳, 일방향 전단키 50곳 및 점성댐퍼를 24곳에 설치하여 노량대교 구교의 내진성능을 향상 확보하였다.

국가와 재난관리책임기관의 의무(「지진·화산재해대책법」 제3조)

국가와 지방자치단체는 「재난 및 안전관리 기본법」 및 이 법의 목적에 따라 지진재해로부터 국민의 생명과 재산, 주요 기간시설을 보호하기 위하여 지진활동의 관측·예방·대비 및 대응, 내진대책, 지진재해를 줄이기 위한 연구 및 기술개발 등에 대한 계획을 수립하여 시행할 책무를 지며, 그 시행을 위하여 재정적 기술적 지원할 의무가 있다.

정부의 '내진 보강 의무화'에 따라 서울시는 점성댐퍼〈그림 4.8.14〉를 교각 P3, P8, P13, P18, P21 및 교각 P25 상부에 각각 4곳씩 24개를 설치하였다.

그림 4.8.13 전단키 설치 개념도

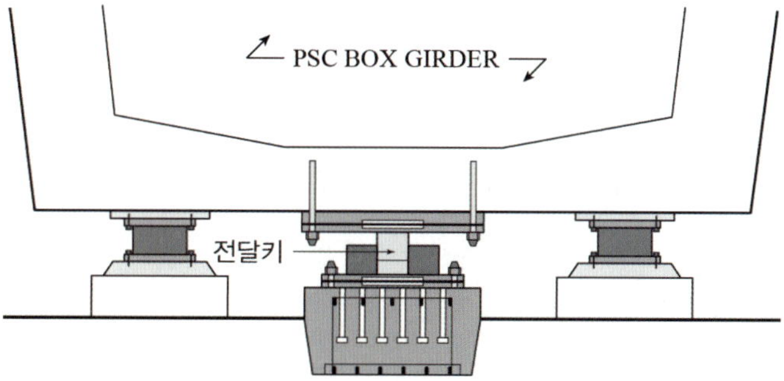

그림 4.8.14 노량대교 구교 P.S.C 구간 교각 위에 설치된 점성댐퍼와 개요도

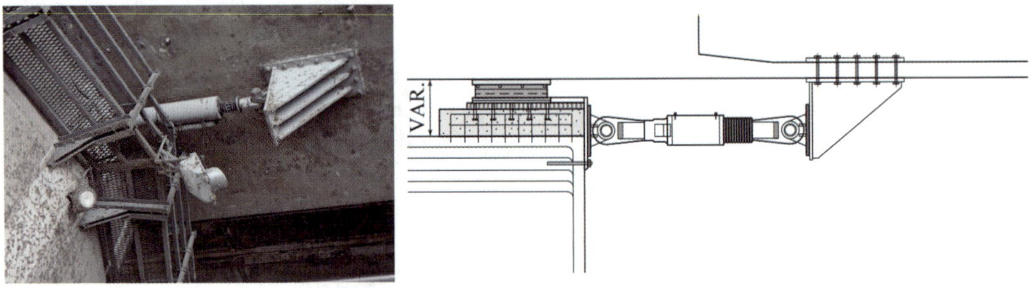

4.8.2 노량대교 신교

노량대교는 원래 1987년 9월 왕복 4차로 규모로 건설되었다. 그러나 교통 수요가 급증함에 따라 서울시는 시공된 구교 양옆으로 각각 교폭 11m(2차로)의 교량 2열을 새로 만들어 붙여, 1993년 10월에 왕복 8차로 규모의 신교를 준공하였다. 즉, 노량대교 신교는 서울특별시 동작구 본동(시점)에서 흑석동(종점)까지 기존 노량대교의 양옆에 나란히 건설된 콘크리트 교량이다〈그림 4.8.17〉.

신교는 기존 교량과 동일하게 연장 L = 2,070m(라멘교 720m, P.S.C 박스교 1,350m) 규모이지만, 교폭 B = 11.0m로 기존 교량보다 1.0m 넓다. 이로써 확장된 노량대교 전체 교폭 B = 43.0m(구교 : 10m×2열 = 20.0m + 신교 : 11m×2열 = 22.0m + 중앙분리 1.0m)가 되었다. 넓어진 교량은 한강철교에서 동작대교에 이르는 구간에 정겨운 산책로와 자전거 길을 조성하여, 한강 시민공원의 대표적 공간으로 자리잡게 되었다.

그러나 교량이 8차로로 확장된 뒤에도 교통량은 여전히 포화 상태였다. 이에 서울시는 노량대교 구교와 신교 사이에 각각 1차로씩 2개의 차로를 증설하여 8차로 교량을 10차로로 운영하려는 실험을 시도하였다. 그러나 시간이 지나면서 접속부에 구조적 문제가 드러났고, 1994년 11월부터는 신구 교량을 각각 4차로만 운영하게 되었다.

이후 2000년 11월부터 2002년 4월까지 약 2년에 걸쳐 신구 교량 횡방향 접속부 보강공사가 시행되었으며, 공사 완료 후인 2002년 4월부터 영등포 방향 5차로, 잠실 방향 4차로 등 총 9개 차로로 운영되고 있다〈그림 4.8.16〉.[2]

그림 4.8.15 노량대교 신교

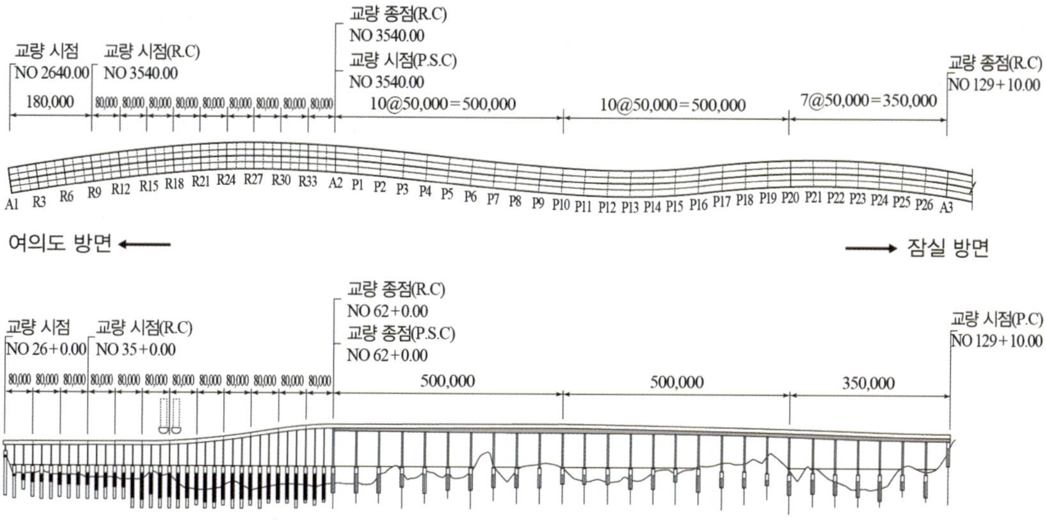

(a) 확장 노량대교 종·평면도

(b) 확장 노량대교 구간별 차로 운영 현황

그림 4.8.16 노량대교 차로 운영 현황도

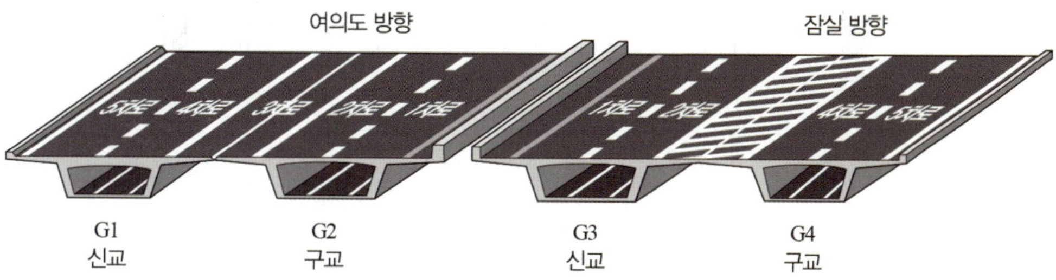

4.8.2.1 신교 R.C 교량

노량대교 하류 쪽에 건설된 신교 R.C 교량은 서측 교대 A1부터 동측 교대 A2까지 총연장 L_{RC} = 12 × 60(=20 + 20 + 20) = 720.0m인 3경간 연속 콘크리트 슬래브교 36경간으로 가설되었다.

신교 R.C 슬래브교도 구교와 마찬가지로 3경간 연속 구조로 되어 있는데 가운데 2개의 교각은 슬래브 강결로 연결하여 라멘 구조 형식을 택하였으며, 이 단위 슬래브교의 길이 L = 60m로 이루어졌다.

신교는 구교의 좌우로 가설되어 있는데〈그림 4.8.17〉 그 상부 슬래브의 폭은 각각 $B_{신설}$ = 11.00m로 높이는 $H_{신설}$ = 1.45m로 시공되었고, 그 위에는 5cm 두께의 아스팔트로 포장하였다.

그림 4.8.17 노량대교 R.C 구간 신교 배치도

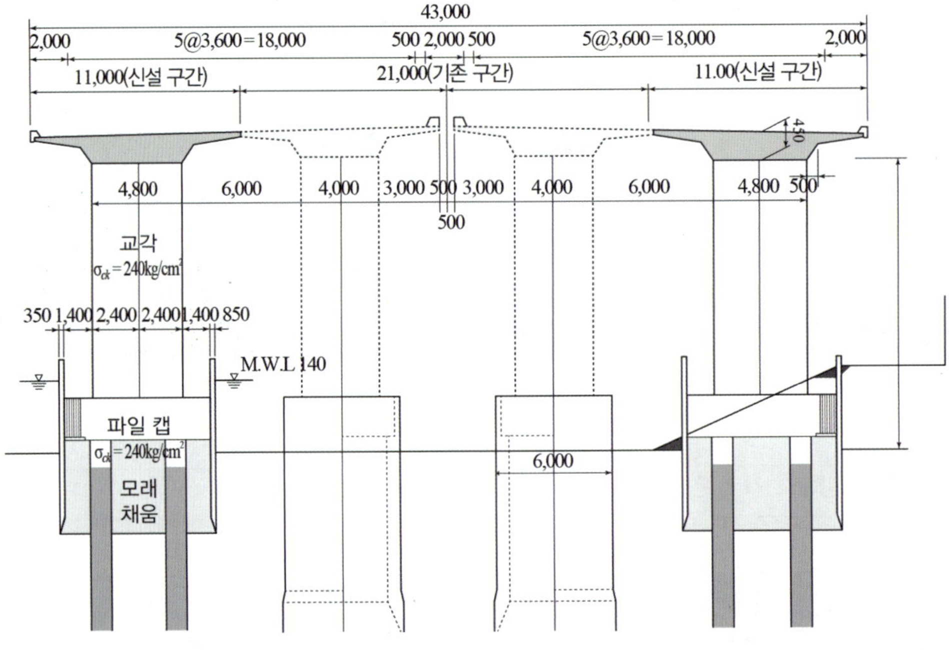

가. 신교 상부구조

노량대교 철근 콘크리트 라멘교 구간 신·구교의 상부구조의 높이는 각각 H = 1.50m(바닥 포장 포함)로 동일하나, 신교의 경우 상대적으로 바닥판 넓이가 약간 커지면서 교폭 B = 11.0m로, 이에 따라 신교 교각의 넓이도 $B_{신교}$ = 4.8m로 0.8m 확장되어 가설되었다〈그림 4.8.18〉.

그림 4.8.18 노량대교 R.C 구간 구·신교 하행선 횡단면도

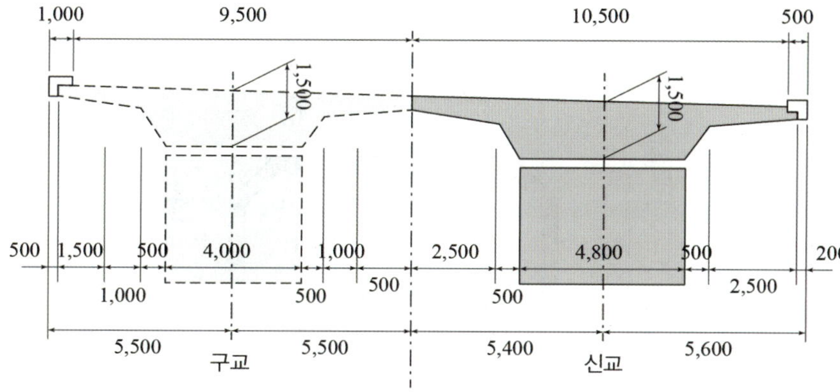

나. 신교 하부구조

노량대교 신교의 R.C 라멘 구간 하부구조 기초는 모두 직경 Φ=1.00m인 현장타설 콘크리트 파일 기초로 되었다〈그림 4.8.19〉. 또 육각형으로 되어 있는 교각(4.80×2.50)은 파일 캡(7.40×8.60×2.00) 위에 세워졌다〈그림 4.8.19〉.

그림 4.8.19 노량대교 신교 여의도방향 R.C 구간 하부구조 일반도

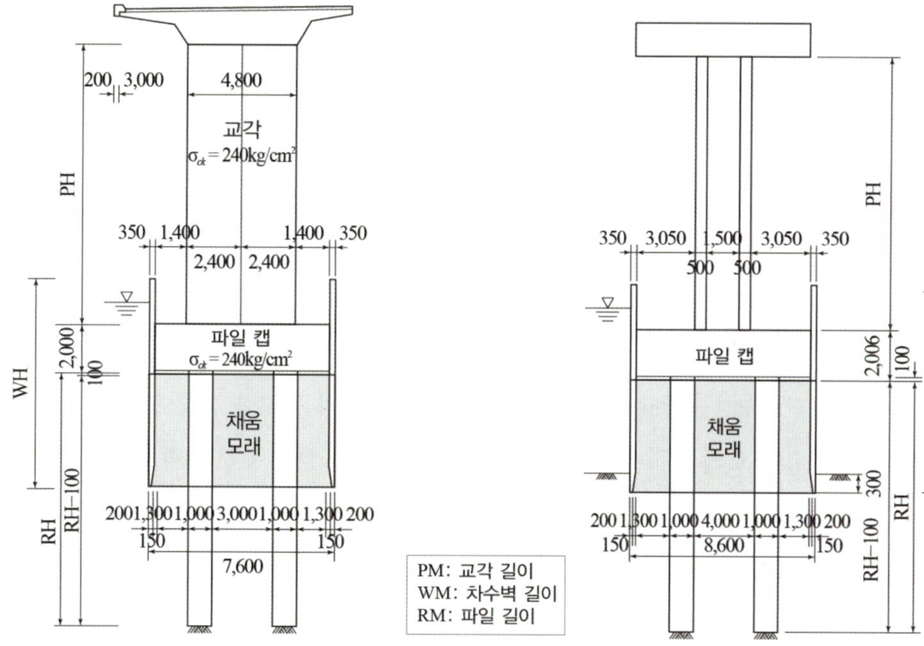

(a) 정면도　　　(b) 측면도

그림 4.8.19 노량대교 신교 여의도방향 R.C 구간 하부구조 일반도(계속)

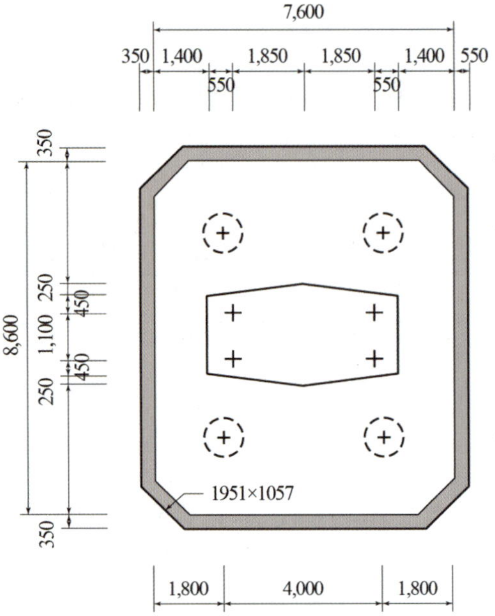

(c) 기초 평면도

R.C 슬래브교는 12개의 3경간 연속 라멘교로 설계되었는데, 각 연속교 중앙에 위치한 두 개의 교각은 상부 슬래브와 강절로 연결되어 있어 축방향으로는 각 3번째 교각 위에서만 신축이음을 두어 종방향의 변위를 제어한다. 한편 기초 구조에서 주목할 점은 파일 캡 주위에 두께 35cm의 물막이용 울타리를 설치하고, 파일기초 공사가 끝난 후에도 이를 철거하지 않고 그대로 존치시킨 것이다. 파일 캡과 물막이용 울타리 맨 아래 끝까지 만들어지는 공간은 모래로 채웠다〈그림 4.8.19〉. 이러한 시공법은 교각 주위 세굴 문제를 자연스럽게 방지하는 효과가 있다.

4.8.2.2 P.S.C 박스거더 구간

P.S.C 박스거더 구간도 R.C 라멘교에서와 마찬가지로 신교를 기존 교량 양옆으로 각각 건설하였다. 따라서 전체 노량대교의 교폭은 B = 43.00m로 넓어지고 서울시는 동서 방향으로 각각 5차선씩 10차선으로 운영하려고 하였으나 잠실 방향 신교와 구교 접속부에 허용치를 넘는 처짐이 발생하여 여의도 방향으로는 5개 차선을 그대로 운영하고, 잠실 방향으로는 4개 차선만 운용하기로 하였다〈그림 4.8.20〉.

그림 4.8.20 노량대교 P.S.C 박스거더교 횡단면도

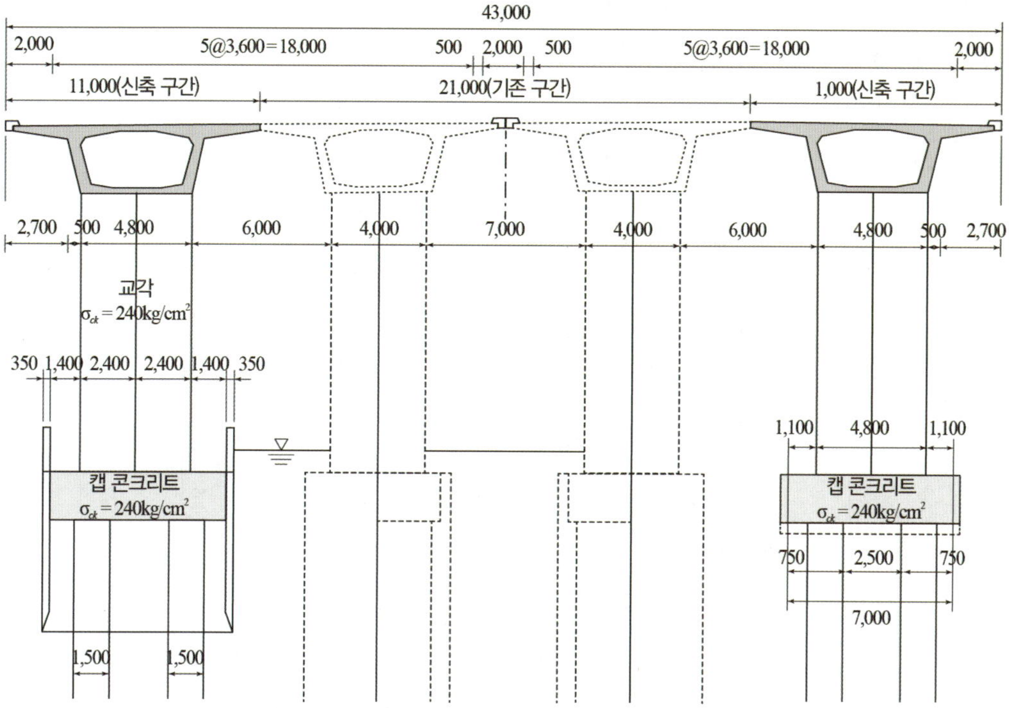

가. P.S.C 구간 상부구조

노량대교 신교의 교폭 B = 11.0m로, 박스 단면의 높이는 H = 3.0m(포장 두께 포함)이고 상하 플랜지의 두께는 각각 25cm와 20cm로 설계되었다〈그림 4.8.21〉. 그러나 설계 개념은 구교와 동일하다.

그림 4.8.21 노량대교 신교 P.S.C 구간 경간 중앙부 표준 단면도

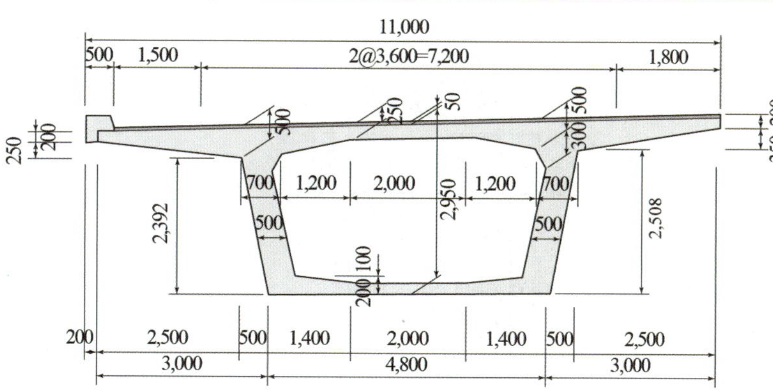

나. 신교 P.S.C 구간 하부구조

노량대교 교대는 P.S.C 박스거더 교량이 끝나는 곳에 세워진 교각형 교대 A2와 교량 동쪽 끝단에 세워진 중력식 교대 A3가 건설되어 있다〈그림 4.8.22〉.

그림 4.8.22 노량대교 신교 P.S.C 박스거더교 서측 교대

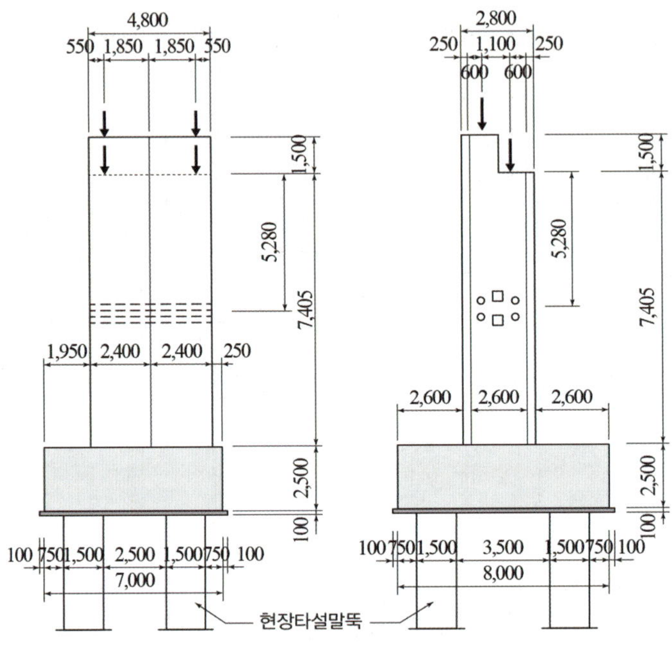

(a) P.S.C 박스거더 서측 교대 A2

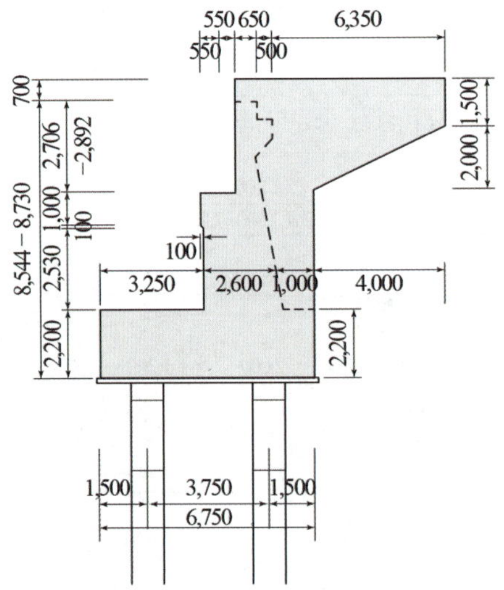

(b) P.S.C 박스거더 동측 교대 A3

노량대교 신교 P.S.C 박스거더교 구간의 교각과 파일기초의 형태는 신교 R.C 라멘교 구간에 세워진 교각 또는 파일기초와 크게 다르지 않다.

그림 4.8.23 노량대교 신교 P.S.C 구간 하부구조 일반도

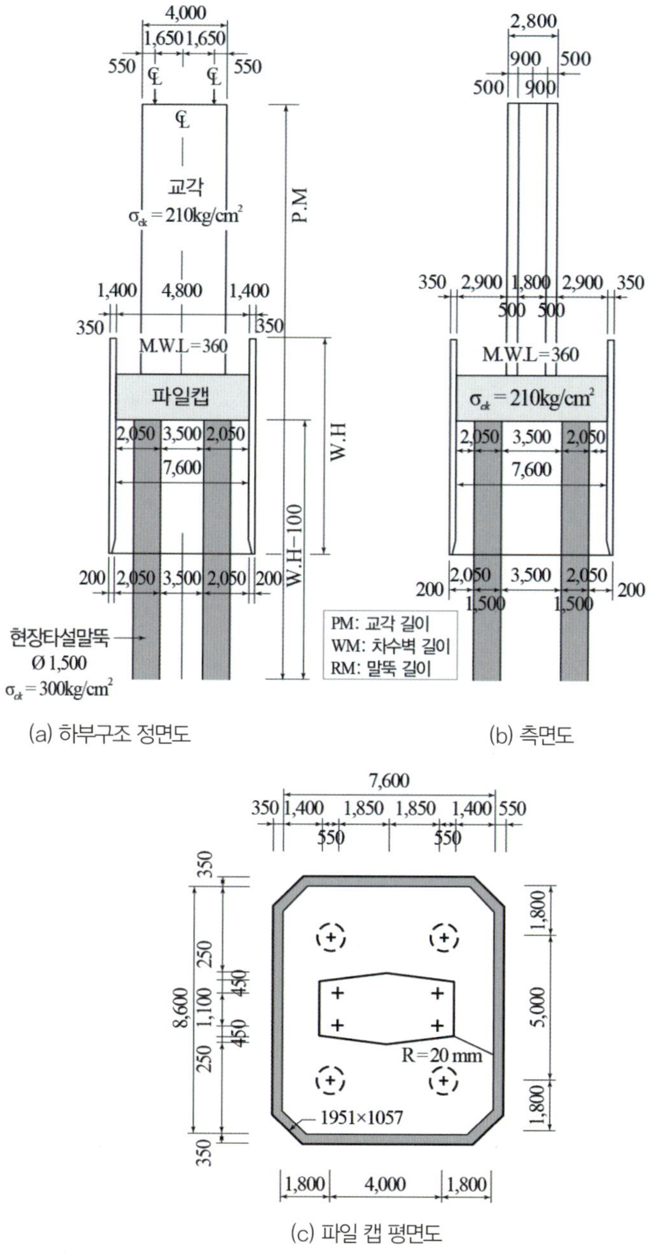

(a) 하부구조 정면도

(b) 측면도

(c) 파일 캡 평면도

다만 P.S.C 구간에 사용된 현장타설말뚝 직경이 1,500mm로 R.C 라멘교 말뚝기초 직경 1,000mm 보다 더 큰 규모의 콘크리트 말뚝을 사용하였다. 현장타설말뚝에는 설계강도 f_{ck} = 30MPa급 콘크리트를 사용하였고, 교각 본체와 파일 캡(7.60×8.6×2.5)은 설계강도 f_{ck} = 21MPa 콘크리트로 시공하였다.

4.8.2.3 신교 시공

노량대교 신교 P.S.C 구간 시공법도 구교에서 사용하였던 M.S.S공법을 그대로 사용하고〈그림 4.8.9〉, 신교의 R.C 슬래브교 시공도 구교에서 사용하였던 지보공 공법을 그대로 적용하였다〈그림 4.8.10〉.

미주

[1] 한강종합개발사업 : 1982년 9월 28일~1986년 9월 10일까지 약 4년간 서울특별시가 주체가 되어 사업비 약 9,650억 원을 들여 한강을 정비한 사업을 말한다.

[2] 한국건설 품질연구원, 2023, 정밀안전진단 보고서

4.9

북한 남침 트라우마에서 벗어나다, 올림픽대교

올림픽대교는 서울특별시 성동구 구의동과 송파구 풍납동을 잇는 길이 L = 1,470m의 교량으로, 한강을 횡단하는 17번째 도로교이다. 1985년 10월 1일 착공하여 1989년 11월 15일 개통, 1990년 6월 27일 준공되었다. 설계는 삼우기술단이, 시공은 유원건설이 맡았으며, 총 사업비 687.25억 원(공사비 496.15억 원, 보상비 191.1억 원)이 투입되었다.

4.9.1 개요

올림픽대교는 이 교량은 제24회 88 서울올림픽을 계기로 건설이 추진되었다. 천호대교와 잠실대교 사이의 교통량을 분산하고, 강북과 강남의 올림픽대로 및 올림픽타운을 직접 연결하여 선수와 관람객의 교통을 원활히 하기 위한 목적이었다〈그림 4.9.1〉. 동시에 당시 신군부 정권이 국가적 정체성을 과시하려는 정치적 의도도 담겨 있었다. 그러나 결과적으로 '88 서울올림픽'은 대한민국을 세계에 알리고, 북한과의 체제 경쟁에서 우위를 확인하는 계기가 되었으며, 이후 한강 교량 건설에서 군사적 고려가 사라지는 전환점을 마련하였다.

이렇게 국가적·민족적으로 의미 있는 올림픽 행사의 일환으로 계획된 올림픽대교는 당연히 '기념비적인 상징성'을 갖추어야 했으므로 서울시는 한강 교량으로는 최초로 현상 공모 방식을 도입하였다.

그림 4.9.1 올림픽대교 위치도

그 결과 주탑의 높이는 1988년 올림픽을 상징하는 88m로, 주 케이블 수는 제24회 대회를 기념하는 24개로 설계되었다〈그림 4.9.2〉. 또한 주탑은 4개의 기둥으로 이루어져 구조역학적으로 매우 안정적인 형태를 갖추었으며, 이는 사방(동서남북), 사계절(봄·여름·가을·겨울), 사주(연월일시)를 상징한다. 이처럼 동양 철학의 상징성을 잘 드러내기 위해 교탑 기둥을 4개로 설계하기로 결정했는데, 이 과정에서 참고했던 교량이 바로 서독 루드비히 항구(Ludwig Hafen)에 세워진, 4기둥 사장교로 언뜻 보아도 올림픽대교의 사장교와 매우 흡사한 모양을 가지고 있다. 하지만 루드비히 항구에 세워진 다리는 철제인데, 이에 비하여 올림픽대교는 콘크리트 재로 설계되었다. 또한 높이와 케이블 수 역시 88m, 24개는 절대로 아닐 터이니, 독일에 있는 작품을 많이 참고했다는 것은 인정하더라도 단순 모방으로 보기는 어렵다. 어떻게 보면 올림픽대교 사장교와 같은 형태는 이탈리아 교량 엔지니어들이 매우 선호하는 형태이므로 독일 엔지니어들도 이탈리아 작품을 많이 참고했을 것이라 추측할 수도 있다.

공사는 1985년 11월 20일 착공하여 1988년 6월 준공을 목표로 하였으나, 실시설계를 위한 여러 차례 자문위원회가 열리는 과정에서 노선이 풍납토성을 훼손하는 문제가 제기되어 정부 문화재청을 대표해서 참석한 한 자문위원이 강력하게 올림픽대교의 노선 변경을 요청하였다.

문화재청 자문위원의 간곡한 요청에 모든 토목 분야 자문위원들도 동의하면서, 기존 강동대로와의 연결을 위해 연결 도로 1.4km를 더 건설해야 했음에도 불구하고, 본래 계획되었던 다리의

그림 4.9.2 올림픽대교 주교량 사장교
서울연구데이터서비스

위치를 풍납토성으로부터 300m 정도 서쪽으로 옮기는 방향으로 건의하기로 의결하였다〈그림 4.9.3〉. 이러한 결정에는 과거 1979년 성산대로 공사 과정에서 토목 엔지니어들이 당시 독립문을 서북쪽으로 70m 정도 대책 없이 임의로 이전했던 사례에서 비롯된 기술자들의 죄책감도 작용하였다.

착공 후에는 시공 공법을 둘러싼 이견이 발생하였다. 현상 공모안은 지보공을 활용하여 박스거더를 먼저 시공한 뒤 케이블로 매다는 방식이었으나, 시공사는 사장교의 일반적인 시공 방식인 자유 캔틸레버 공법(F.C.M)을 주장한 것이다.

원래 사장교란 교량 아래 존재하는 장애물을 최대한 건드리지 않고 상부구조를 가설하도록, 주탑을 먼저 세우고 주탑에 케이블을 걸어 주형(Main Girder)을 매어 달아 가설하는 것이 일반적이다. 그러나 현상 공모 과정에 참여한 원 설계회사는 공기를 줄이기 위하여, 주탑과 고전적인 강재 지보공법을 사용하여 P.S.C 박스-거더를 먼저 시공한 후 이미 시공된 박스거더를 주탑에 정착된 케이블로 매어 올리는 방법으로 설계한 것이 문제였다.

그 당시 P.S.C 사장교 설계와 시공에 익숙지 않았던 국내 교량 엔지니어들은 본인들에는 익숙한 지보공법에 대한 신뢰가 컸었다. 더불어 그 당시에는 서울지하철에서 사용하던 많은 철재 지보공으로 손쉽게 사용할 수 있어, 지보공 제작 기간을 줄이면서 공사비도 줄일 수 있는 지보공 공법을 적용하면 올림픽이 개최되는 1988년까지 짧은 공기를 만회할 수 있는 장점이 있었다. 그러나 한편으로는 시공사에서 주장하는 것처럼, 만약 지보공 공법으로 시공했다면, 홍수 시 물속의 세워진 지지구조물이 물에 쉽게 떠내려가 대형 사고가 일어날 수 있는 큰 단점도 또한 무시할 수 없었다. 실제로 1991년 3월 26일 갑작스러운 돌풍이 직접적인 원인이 되어 공사 도중 붕괴가 된 팔당대교는 그 사고 전해 여름에 올림픽대교 원안과 같이 지보공 공법으로 콘크리트 사장교를 건설하던 도중 예기치 못하게 발생한 홍수로 지보공이 떠내려가 공사를 중단된 사례가 있었다. 결국 염보현 당시 서울시장은 과감하게 시공사의 주장을 받아들여 공법을 자유 캔틸레버 공법으로 변경하였다.

그림 4.9.3 올림픽대교 노선도
서울특별시, 1990, 올림픽대교 건설지

이로 인해 당초 88 올림픽대회에 맞추어 준공하려던 목표는 달성하지 못하였고, 그다음 해인 1989년 11월 15일에야 완공되어 세간의 비난을 감수하게 되었다〈그림 4.9.4〉.

준공 당시 올림픽대교 주탑 위에는 불꽃 모양의 조형물이 설치되지 않았다. 그러나 서울시 교량 자문위원회에서는 교탑이 미완성처럼 보이거나 특정 인물(전두환 대통령 두상)을 연상시킨다는 의견이 제기되었고, 결국 조형물을 설치하기로 했다는 풍문도 떠돌았다. 그러나 설치 과정에서 헬리콥터가 추락 사고가 발생해 조종사가 사망하는 등 불행한 일이 벌어지기도 하였다. 어찌 되었건 2001년 중순부터 올림픽대교 교탑 꼭대기(Head)에는 높이 13m의 올림픽 횃불 조형물이 자리 잡게 되었다〈그림 4.94〉.

그림 4.9.4 올림픽대교 전경

4.9.2 교량 설계

4.9.2.1 상부구조

올림픽대교는 전체 길이 1,470m, 폭 30m인 왕복 6차로 교량으로, 전체 경간은 다음과 같이 구성되어 있다〈그림 4.9.5, 그림 4.9.6〉.

L = MBR.1(MBR.2) + MBR.3(MBR.4) + 사장교 + MBR.5 + MBR.6 + MBR.8 + MBR.10
= 1,470m

여기서

MBR.1 (= MBR.2) = 3@50 = 150.00m

MBR.3 (= MBR.4) = 6@50 = 300.00m

사장교 = 300.00m

MBR.5 = 3@50 = 150.00m

MBR.6 = 4@50 = 200.0m

MBR.8 (= MBR.9) = 5@50 = 250.00m

MBR.10 (= MBR.11) = 3@40 = 120.00m

(MBR.7 = MBR.5 + MBR.6)

그림 4.9.5 올림픽대교 평면 개념도(단위: m)

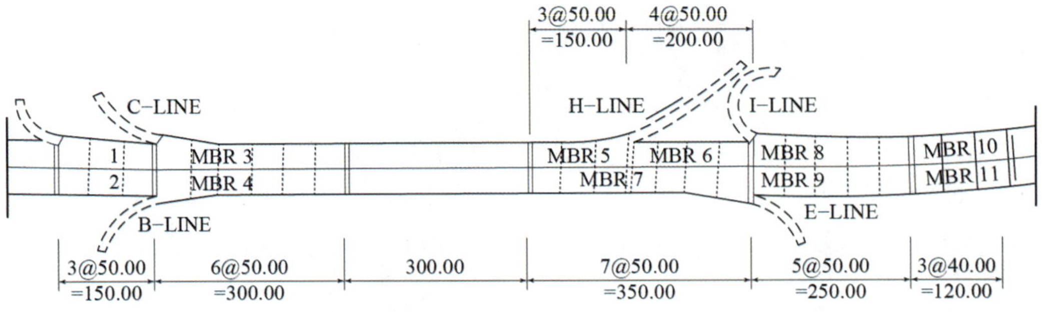

그림 4.9.6 올림픽대교 접속교 종단면도(단위: m)

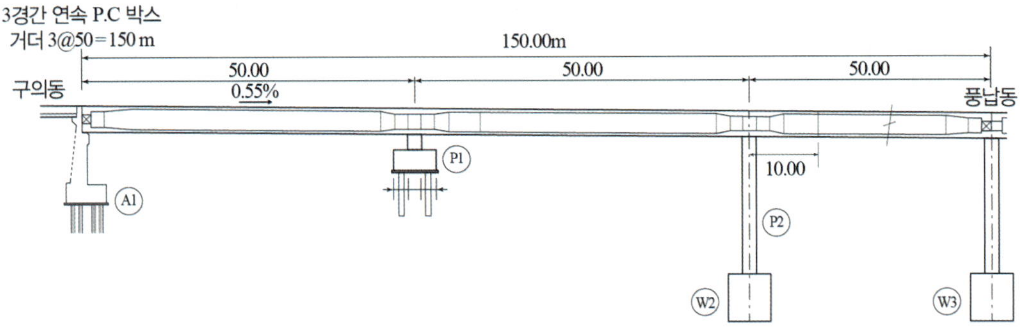

(a) MBR.1/ MBR.2 종단면도

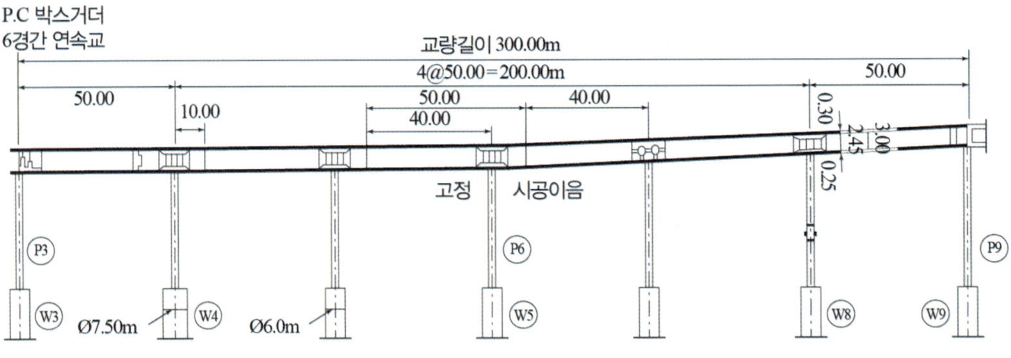

(b) MBR.3/MBR.4 종단면도

그림 4.9.6 올림픽대교 접속교 종단면도(단위: m) (계속)

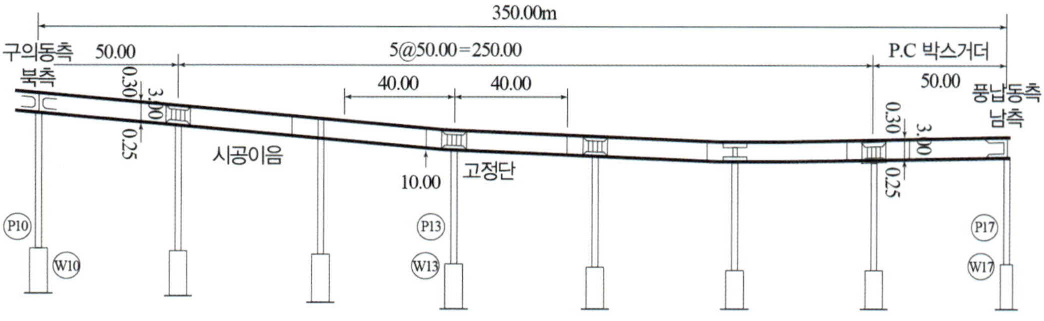

(c) MBR.5/MBR.6 종단면도

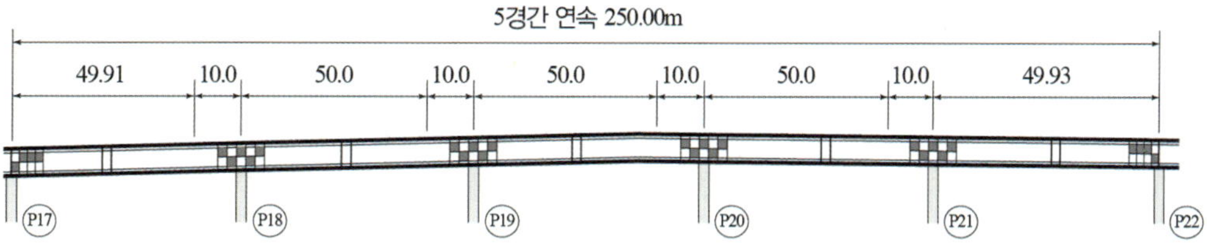

(d) MBR.8/MBR.9 종단면도

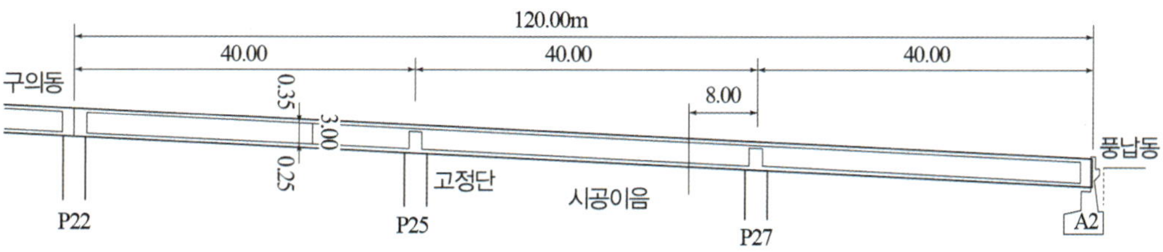

(e) MBR.10/MBR.11 종단면도

올림픽대교는 1등급 교량으로 설계속도 V = 80km/hr, 설계하중은 DB-24(DL-24)를 기준으로 계획되었으며, 사용된 건설 재료와 설계기준은 다음과 같다.

- 콘트리트 : 설계강도 f_{ck} = 400kg/cm²
- 철근 : 항복강도 σ_y = 4,000kg/cm²
- 스트랜드 : 극한강도 σ_{pu} = 18,700kg/cm², 항복강도 σ_{py} = 15,900kg/cm²
- 사장 케이블 : 극한강도 σ_{pu} = 17,700kg/cm², 공칭 단면적 A = 150cm²
  공인 파괴강도 : 27톤
- 릴랙세이션 : 초기 상태 3%, 영구 상태 6.5%

설계 해석에는 스위스 연방공과대학(Federal Institute of Technology)에서 개발한 FLASH 전산프로그램과 TDV 범용 소프트 웨어가 활용되었다. FLASH 프로그램은 유한요소법을 기반으로 선형 탄성인 쉘 구조물, 축 대칭 구조물, 막 구조물, 판 구조물, 공간 및 뼈대 구조물 등을 해석할 수 있으며, 절점 변위, 지점 반력, 탄성지지된 요소의 반력, 판 모멘트, 막 구조물에 발생하는 응력 등을 그래픽 결과물로 보여준다. TDV 전산프로그램은 선형·비선형, 탄성·비탄성 영역 모두에서 3차원 트러스 및 뼈대 구조물의 해석이 가능하다.

가. 사장교 구간

전체 교량 중 유심부를 가로지르는 주교량인 사장교 구간은 길이 300m(= 138.2 + 23.6 + 138.2), 폭 30m(보도 2m)의 2경간 대칭 구조로 이루어져 있는 콘크리트 사장교이다〈그림 4.9.8〉. 사장 케이블은 종방향으로는 방사형, 횡방향으로는 일면 시스템(Single Plane System)을 이루고 있다.

사장교는 그 중앙부에 A형 4개의 경사진 기둥으로 만들어진 주탑과 남북 양방향으로 12개씩 모두 24개의 사장 케이블(Stay Cable)로 하부에 있는 주형 단면을 매달아 지지하는 다리 형태로 되어 있다〈그림 4.9.7(b)〉. 여기서 케이블은 10m(2 세그먼트) 간격으로 배치되어 있다. 주탑 상부에는 약 8,000톤의 수평력을 견딜 수 있는 강구조물로 교탑 정부(Pylon Head)가 설치되었으며, 높이 H = 12.9m의 정사각형 단면으로 하단부는 9.0×9.0m, 상단부는 13.0×13.0m 규모로 설계되었다〈그림 4.9.7〉.

그림 4.9.7 올림픽대교 사장교 표준 종단면도·정면도

서울특별시 종합건설본부, 1987, 올림픽대교 사장교 실시설계도

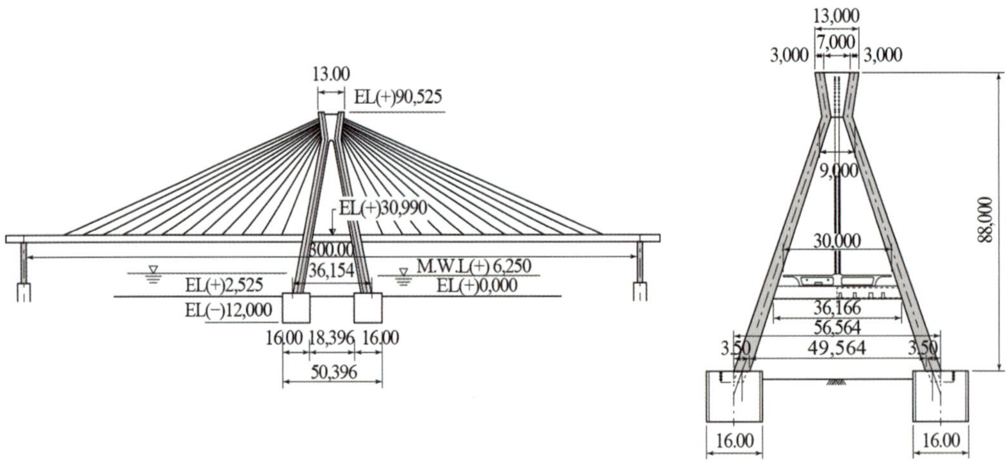

(a) 사장교 종단면도　　(b) 사장교 정면도

사장교의 주형(Main Girder)은 3개의 복부판을 갖춘 콘크리트 박스거더로, 전체 폭은 30.00m이다. 상·하행선 각각 3차로씩 차선 25m(= 2×12.50)와 양단에 보도 2×2.5 = 5.00m(연석과 난간 포함)로 구성되어 있다. 박스 단면 중앙부에서의 단면 높이 H = 3.10m이다. 박스 주형의 상부 플랜지의 두께 T = 300mm, 하부 플랜지 T = 180mm로 설계하였다. 상부 플랜지는 자동차의 하중을 직접 받지만, 하부 플랜지는 작용하는 주하중이 프리스트레싱에 의한 축력이므로 상부 플랜지 단면 규모보다 상대적으로 작게 산정된 것이다. 또한 빗물 배수를 위해 단면 중앙에서 양쪽으로 2%의 경사를 주었다 〈그림 4.9.8〉. 또한 사장교 구간 상판(Deck) 작업 도중 강풍에 의하여 상판이 회전할 것을 방지하기 위해 가설 지보공(가벤트)을 주두부 끝단에서 75m 지점에 설치하였다〈그림 4.9.18(a)〉. 사장교 구간은 케이블을 한쪽 면에만 배치해 비틂모멘트가 크게 작용하기 때문에 이를 제어하기 위해 박스형 단면을 채택하였다.

그림 4.9.8 사장교 박스거더 표준 단면도(사장교 구간 횡단면에는 10m 간격으로 격벽이 설치되어 있음)

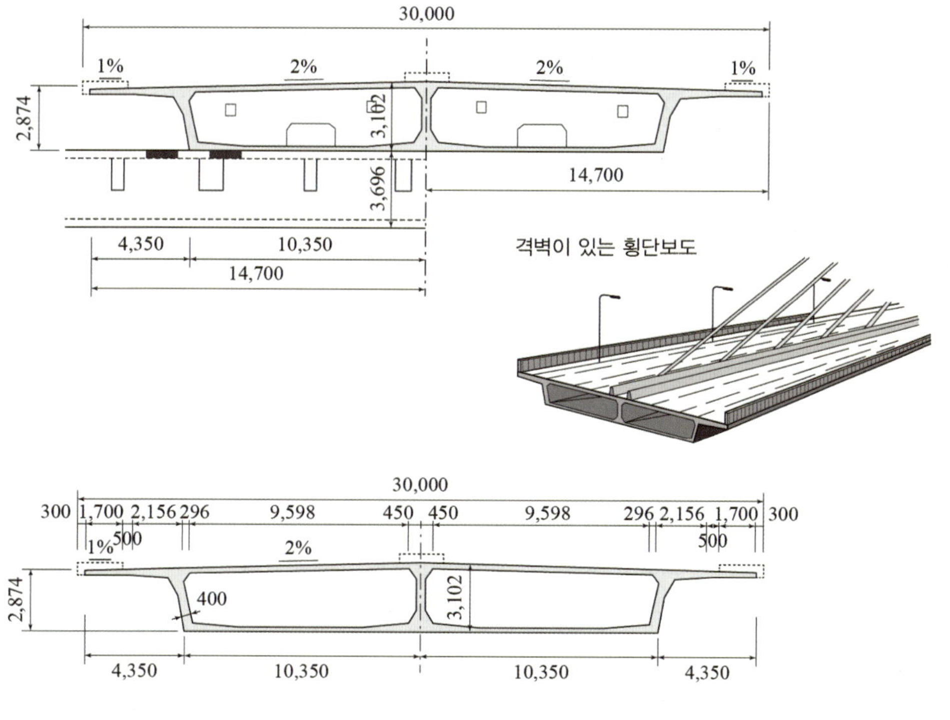

올림픽대교 주탑은 4개의 경사진 기둥으로 상부 끝단에서 서로 연결되도록 설계하였는데〈그림 4.9.9(a)〉, 각 기둥의 단면은 단박스 형태를 이루고 있어 주탑 시공 시 캔틸레버 상태에서 휨모멘트에 잘 적용하도록 배려했다고 한다〈그림 4.9.9(b)〉.

또한 풍진동 저항을 위해 4개의 각 기둥 모서리가 파여 있고, 교축에 직각 방향으로 설치된 가로보(Cross Beam)는 상부 P.S.C 박스거더를 지지하는 동시에, 교탑을 횡방향으로 서로 연결하여 교탑 횡방향 강성을 증가시키는 역할도 같이한다. 이 가로보는 교량 상부 콘크리트 바닥 슬래브와 일체로 되어 있어, 지진하중 등 횡방향 강성을 크게 향상시켰으며, 교탑의 기초는 원형으로 계획하여 경사진 교탑 기둥에서 전달되는 임의 방향의 축력, 수평력 및 휨모멘트에 대하여 잘 저항할 수 있도록 설계하였다.

그림 4.9.9 사장교 주탑 개념도

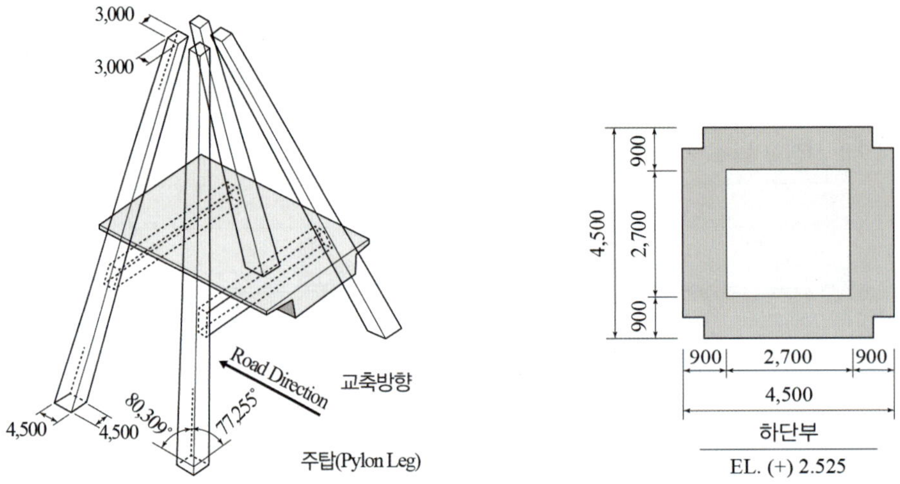

(a) 주탑 입체도　(b) 주탑기둥 평면도

나. 접속부 구간

사장교에서 구의동 방면으로는 A_1 교대와 9개의 교각 위에 2개의 연속 P.S.C 박스거더 L = 450m(L_1 = 3@50 = 150m, L_2 = 6@50 = 300m)에 걸쳐 거치되어 있다. 또한 사장교에서 풍납토성 쪽으로는 $L_{풍납토성}$ = 350m(= 7@50) + 250m(= 5@50) + 120m(= 3@40) = 720m 구간에 P10 교각부터 P24 교각까지 15개의 교각과 한 개의 교대 A_2가 세워졌다.

P9에서 P10 교각 사이에는 사장교 L = 300m가 건설되어 있다. 사장교 이외 접속교에 적용된 P.S.C 박스거더의 높이 H = 3.0m이고 그 폭은 위치에 따라 일정하지 않다〈그림 4.9.10〉.

접속교 상부구조의 횡단면은 두 개의 콘크리트 P.S.C 박스 단면으로 구성되어 있는데 각 박스 횡단면은 다음과 같다〈그림 4.9.10〉.

B = 2.50m(보도) + 0.5m(측대) + 10.50m(3차선 차로 3 @ 3.50) + 0.5m(측대) +1.0m(중앙분리대)

= 15.0m

그림 4.9.10 연속 접속교 상부구조 표준 단면도

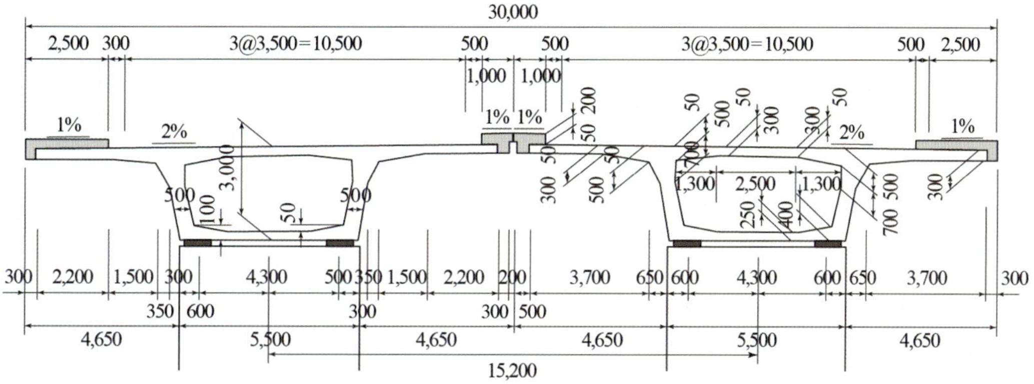

4.9.2.2 하부구조

하부구조는 24개 교각 중에 구기동 측, 첫 번째 교각 P1과 북측 고수부지에 세워진 교각 P18~P24 그리고 다리 양측에 세워진 교대 A1과 A2 아래에는 파일기초가 사용되었고〈그림 4.9.11〉, 나머지 17개의 교각 아래에는 우물통기초가 건설되어 있다〈그림 4.9.12〉.

그림 4.9.11 교대 A1과 교각 P1 말뚝기초(단위: m)
서울시 건설안전본부, 1986, 올림픽대교건설실시설계도(본교)

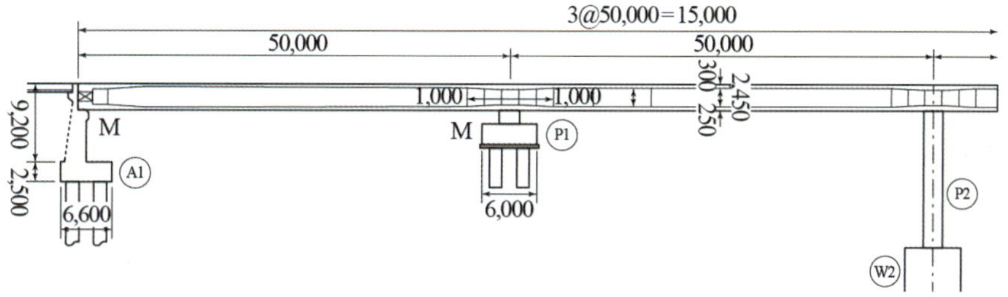

우물통의 규모는 장축 7.5m, 단축 세로 6.0m의 트랙형으로 되어 있고〈그림 4.9.12(b)〉, 벽의 두께 T = 80cm로 설계되었다. 구체 콘크리트와 덮개 콘크리트는 설계강도 σ_{ck} = 210kg/cm^{2}으로 설계하였고, 수중 콘크리트와 채움 콘크리트는 설계강도를 각각 σ_{ck} = 240kg/cm^2 및 σ_{ck} = 135kg/cm^{2}로 시공하였다〈그림 4.9.12(a)〉.

우물통기초 위에 건설된, 올림픽대교 연속 콘크리트 박스거더를 지지하는 교각은 정면 폭 5.50m, 측면 최대폭 2.20m로, 그리고 측면의 유수면은 1.80m로 시공된 6각형 기둥으로 만들어졌으며, 벽 두께는 20cm로 설계되었다〈그림 4.9.12〉.

그림 4.9.12 접속교 우물통기초 일반도

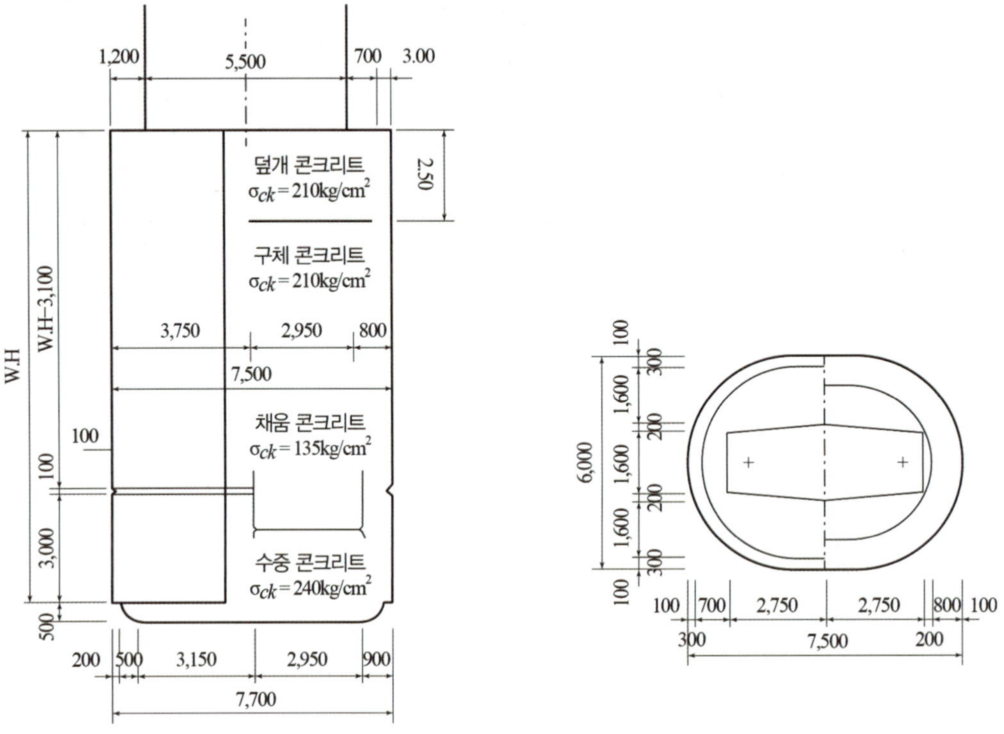

(a) 정면도 (b) 평면도

4.9.3 시공

4.9.3.1 상부구조 시공

가. 사장교 구간시공

1) 사장교 보강형 시공

앞서 설명했던 바와 같이, 사장교 구간의 가설공법은 1988년도 서울올림픽 개최 이전에 건설을 완료해야 하는 주어진 조건 때문에 재래식 지보공 공법을 채택했던 원래 계획은 설계심사 과정에서 변경되어 사장교 구간의 주박스거더 300.0m를 F.C.M 공법으로 시공하였다〈그림 4.9.13〉. 가설

장비로는 이동식 작업차(F/T, Form Traveller)를 사용하여 길이 L = 5.0m가 되는 세그먼트를 제작해나가며 순차적으로 시공하였다. 다만, 마지막 2개의 세그먼트는 길이 L = 4.0m로 제작하였다.

그림 4.9.13 사장교 구간 F.C.M 공법 개념도

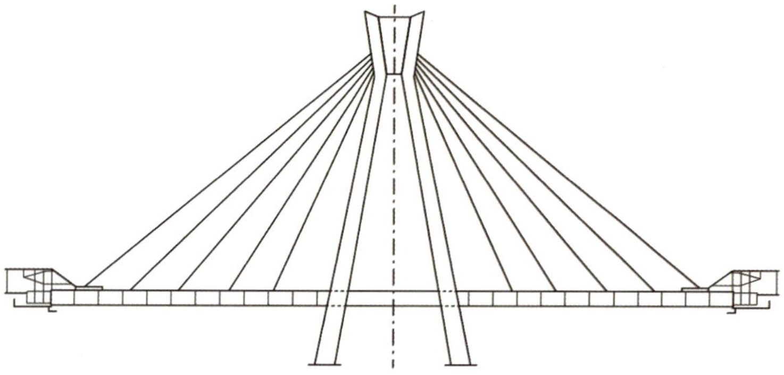

시공 시 자유단에서 하중으로 작용하는 이동식 작업차의 자중은 약 120톤이었으며, 시공 기획상 최대 캔틸레버 팔 길이 L = 10.0m였다.

주거더박스 안에 설치하는 격벽(Diaphragm)은 케이블 사장재가 정착되는 10m마다 설치하였고, 케이블 인장력을 전 단면에 고르게 분산시키기 위하여 횡방향으로도 긴장력을 도입하였다.

주탑의 높이는 우물통 상부로부터 88m이고, 머리 부분 높이는 12.90m, 상단부 단면 13.0×13.0m, 하단부 9.0×9.0m인 역사다리꼴로 되어 있다. 주탑 시공은 소위 자동 승강 거푸집(A.C.F, Automatic Climbing Form)을 이용하여, 한 번에 2.5m씩 콘크리트를 타설하며 시공하였다〈그림 4.9.13〉. A.C.F 공법은 매 세그먼트 타설 작업이 끝나면 자동유압장치를 작동시켜 작업차를 자동으로 이동하는 공법을 말하며, 올림픽대교 사장교 주탑 공사에서는 거푸집 탈영을 콘크리트 강도가 f_{ck}= 100cm^2 이상일 때 시행하였다. 기둥이 경사 방향으로 처지는 것을 막기 위하여 8번째 세그먼트(E.L 18.23m)와 18번째 세그먼트(E.L 50.38m) 높이에 각각 버팀보(Stiffner)를 설치하였고 주탑 정부 공사가 끝난 뒤 해체하였다.

2) 사장교 주탑 가설

- 제1단계 : 먼저 하단부에 설치할 가로보 위치까지 교탑 기둥을 세운다〈그림 4.9.14〉.
- 제2단계 : 가로보를 설치하기 위하여 가설 트러스 임시 교각을 설치한 후 가로보를 설치한다.

그림 4.9.14 사장교 교각 가로보

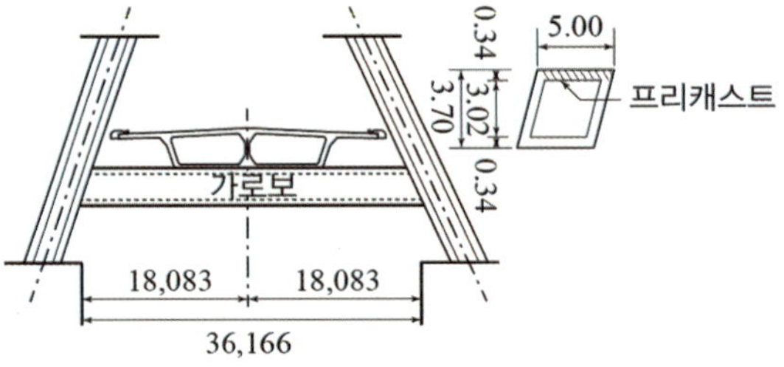

- 제3단계 : 가로보가 설치되면 그 위에 중앙 상판(Pier Table)을 시공한다. 중앙 상판은 길이가 29.6m 되는 구간으로 추후 주탑 좌우 캔틸레버식으로 가설되는 사장교 주형 시공에 사용되는 이동식 작업차의 조립장이 된다.
- 제4단계 : 중앙 상판의 시공이 끝나면 다시 상부의 가설 스트럿 위치까지 교탑을 시공한 후 스트럿을 설치한다. 제4단계에서 공사하는 임시 스트럿(Temporary Strut)은 시공을 용이하게 하기 위한 임시 가설 구조물이다.
- 제5단계 : 임시 스트럿이 완성되면 그다음 단계에서는 교탑 정부까지 기둥을 축조하고
- 제6단계 : 교탑 정부를 시공한 후 스트럿을 제거하면 공사가 마무리 된다〈그림 4.9.15〉.

그림 4.9.15 사장교 교탑 기둥 시공 순서 개념도

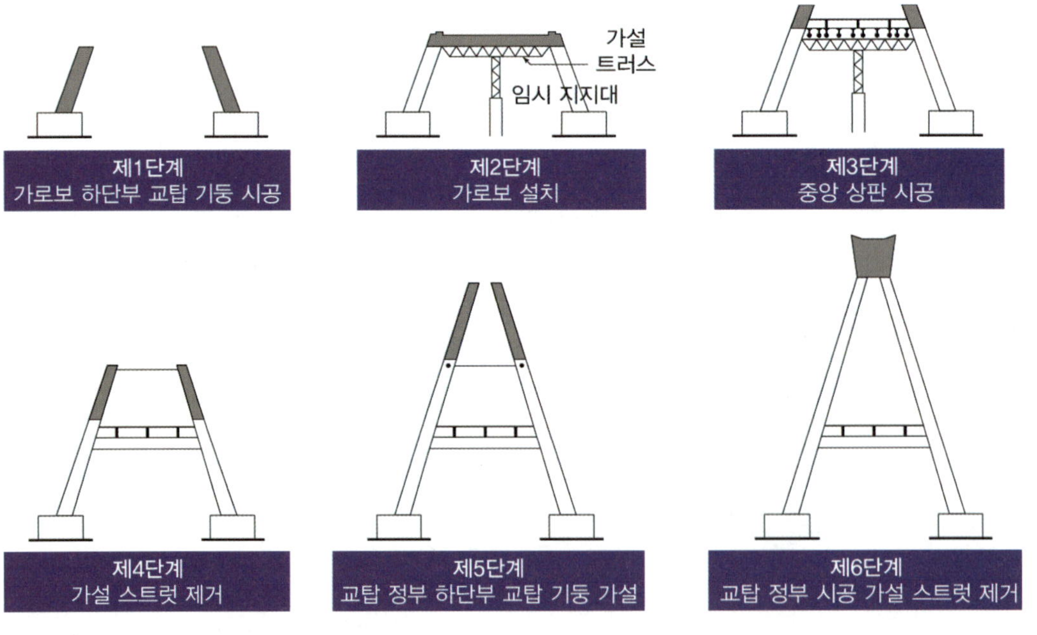

주탑 상부에 케이블을 정착시키는 철제 구조물이 설치되어 있다〈그림 4.9.16(b)〉. 그 당시만 해도 우리나라 교량엔지니어들이 프리스트레스트 콘크리트 케이블 정착구를 만들기에는 역량이 부족이어서 그들에게 그래도 좀 더 익숙한 강구조물로 케이블 정착구를 만들어서 설치하였다.

사장교 교탑 정부(頂部)에 설치된 케이블 정착구로부터 구의동 쪽과 풍납토성 쪽으로 각각 12줄의 케이블이 가설되었는데, 이 케이블은 주형 박스에 10m마다 정착되었다. F.C.M으로 시공된 각 세그먼트의 길이가 5.0m이므로 매 2개의 세그먼트마다 격벽이 설치되고, 이 격벽에 케이블이 정착된 것이다〈그림 4.9.17(a)〉.

그림 4.9.16 사장교 교탑 정부 케이블 정착구 개념도

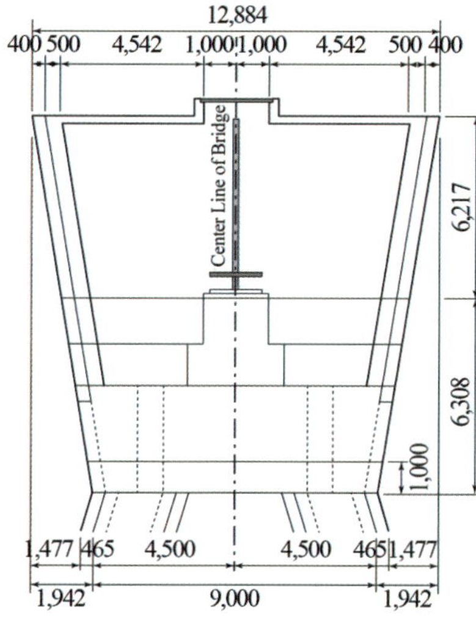

(a) 교탑 정부 단면도

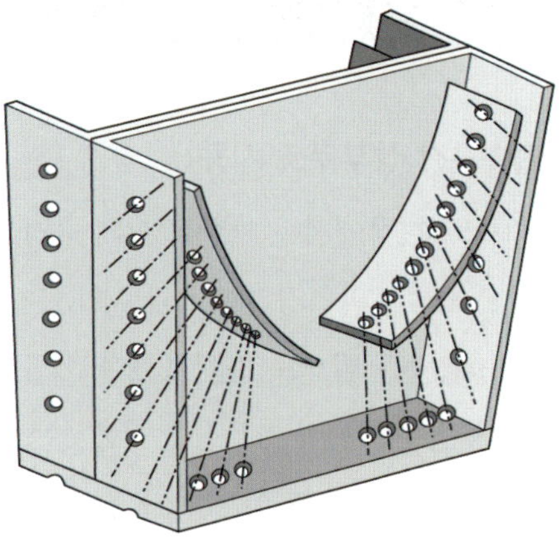

(b) 교탑 정부 케이블 정착구

그림 4.9.17 사장교 케이블 배치와 정착
서울특별시 종합건설본부, 1986, 올림픽대교사장교실시설계도

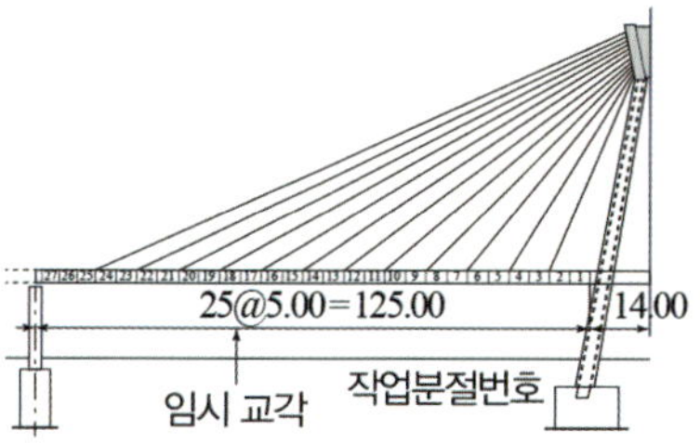

(a) 사장 케이블의 배치도

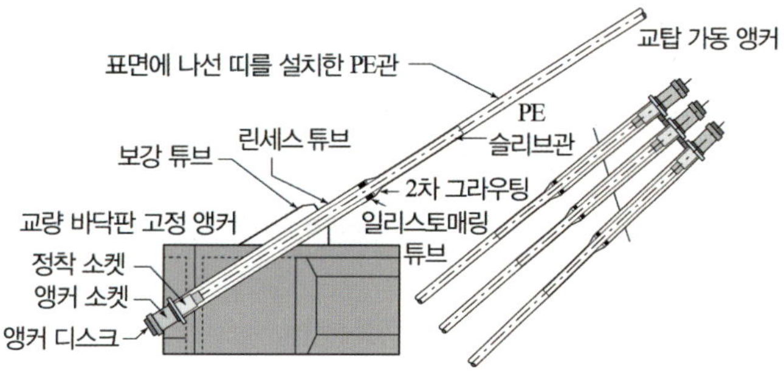

(b) 아래 측 주형에 케이블 고정식 정착

각 케이블은 하중 분담 규모에 따라서 Φ= 15.2mm(긴장재 : 0.6′ Grouted Strand(ST1570/1770))인 강연선을 37개(케이블 번호 1)부터 61개(케이블 번호 12)까지 한 다발로 묶어 폴리에틸렌관(P.E Tube : 직경 Φ = 160mm/200mm, 소요수량 : 4,500m)에 넣고, 그라우팅하였다(그라우트 Type I, II, 소요수량 89²). 일반적으로 사장교 케이블을 정착시키는 방법으로는, 한 정착구에서 고정하고 또 다른 정착구에는 케이블의 길이를 조절할 수 있도록 해야 하는데, 올림픽대교에서는 아래 주형에 설치한 정착부를 고정하고, 교탑 상부에 설치된 강재 정착구에서 케이블의 길이를 조절하게 하였다〈그림 4.9.17(b)〉.

그림 4.9.18 올림픽대교 상부구조 공사
서울기록원

나. 접속구간 상부구조 시공

올림픽대교 현장에서는 사장교 이외 구간의 P.S.C 박스 주형은 〈그림 4.9.19〉에서 보는 것과 같이 접속교 MBR3, 4의 6경간(600m)과 MBR5, 6, 7의 7경간(700m) P.S.C 박스거더는 모두 M.S.S(Movable Scaffolding Method) 공법으로 가설하였다.

M.S.S 공법은 이동식 거푸집을 이용하는 공법을 말하며, 주거더(Main Girder), 브라켓(Bracket)과 거푸집 등 3개 부분으로 구성되어 있다. 올림픽대교에 적용된 이동식 거푸집은 주형 길이 L = 66m(2×3m)인 강박스와 그 앞과 뒤에는 각각 길이 L = 24m인 트러스 거더(추진코, Nose)가 붙어 있어, 그 전체 길이는 L = 144m에 달한다. 추진코는 이동 시 캔틸레버 구조로 될 때 발생하는 최대 처짐 40cm를 소화하기 위하여 일반 구간보다 위로 40cm 높게 조립하였다.

그림 4.9.19 올림픽대교 M.S.S 표준 단면도

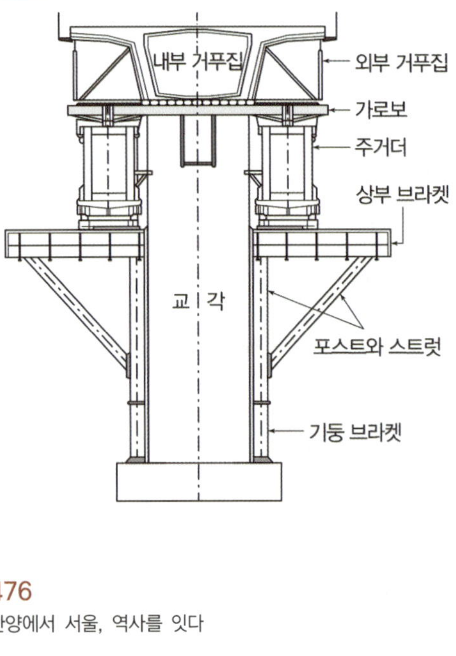

브라켓은 주거더의 하중을 교각에 전달할 수 있도록 교각에 설치하는 시설인데, 이를 위하여 교각에 미리 구멍을 뚫어 놓고 브라켓을 설치한 후 프리스트레싱을 이용하여 지지하도록 하였다〈그림 4.9.19〉.

거푸집은 내부 거푸집과 외부 거푸집으로 되어 있으며, M.S.S 주형과 함께 완전한 기계적인 작동으로 최단 시간 내에 조립 또는 해체할 수 있도록 해야 한다.

M.S.S 적용 단계

M.S.S는 다음과 같이 크게 4단계로 작업을 진행한다.

• 제1단계 : 콘크리트 타설

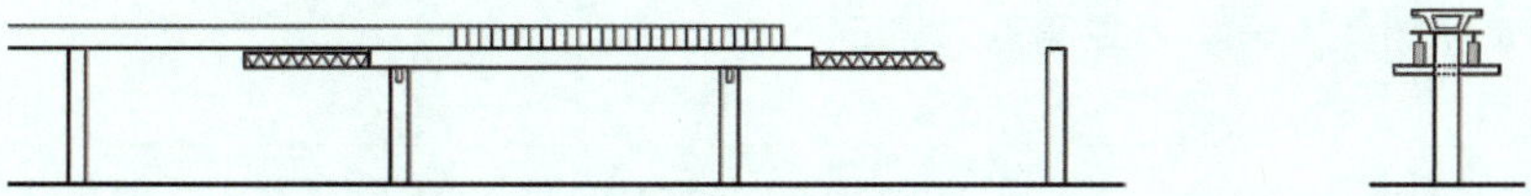

• 제2단계 : 주형 이동을 위한 거푸집 해체

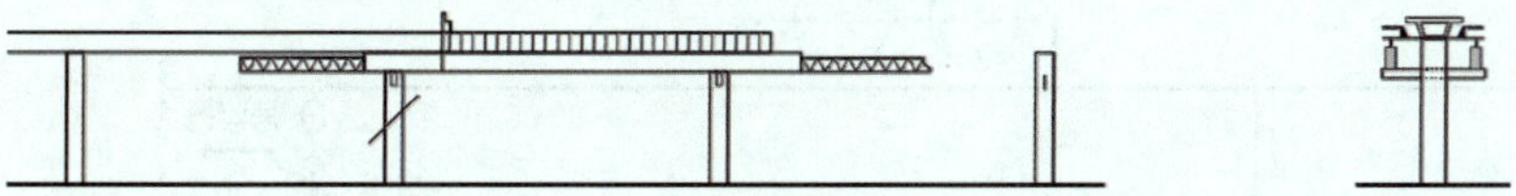

• 제3단계 : 주형을 다음 지간으로 이동시킬 때, 거푸집도 함께 이동시킴

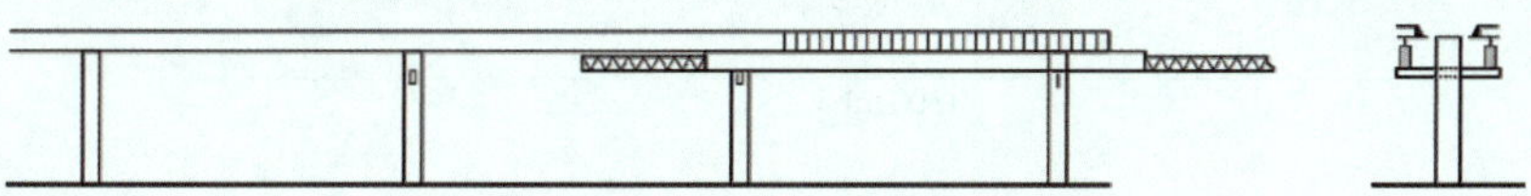

• 제4단계 : 콘크리트 타설할 수 있도록 이동된 거푸집을 조립한 후 콘크리트 타설

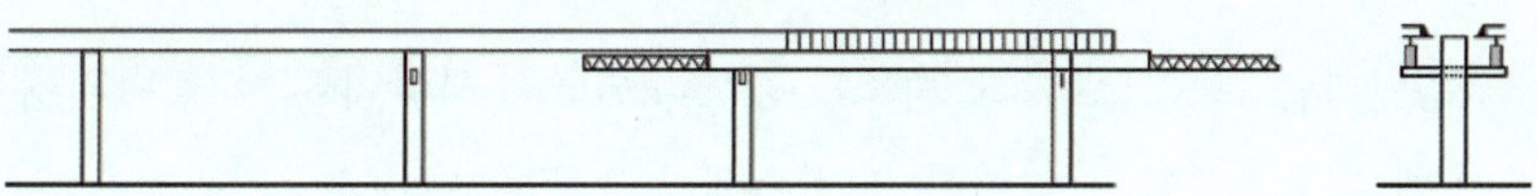

4.9.3.2 하부구조 시공

가. 본선 구간 하부구조 기초

올림픽대교 기초형식은 3종류 공법이 적용되었다. 먼저 사장교 구간 주탑 기초에는 지하 연속벽(Slurry Wall) 설치 공법이 적용되고 본 교량 수심부 구간에는 우물통 공법(Open Case 공법)이 설치되었으며, 본선 교량 중 고수부지 또는 육상부에 시공된 기초에는 R.C.D(Reverse Circulaton Drill) 현장타설말뚝 공법이 적용되었다.

지하 연속벽 공법은 주탑기초 4개소(상·하류 각 2개소씩) 적용하고, 우물통기초는 $P_2 \sim P_{17}$(16개소×2 = 32개소) 그리고 R.C.D 공법은 P_1, $P_{18} \sim P_{24}$, A_1, A_2(10개소×2 = 20개소)에 적용되었다〈그림 4.9.6〉.

1) 지하 연속벽 시공

지하 연속벽이란 안정액을 사용하여 굴착한 후 지중에 연속된 철근콘크리트 벽체를 형성하는 공법으로 올림픽대교에서는 사장교 구간의 기초를 원형 지하 연속벽으로 시공하였다. 한강 수위로부터 18.5m 깊이의 암반까지 직경 D = 16.0m의 넓이로 4기(基)를 굴착하였다. 여기서 1기는 16개의 패널(Panel)로 구성하였다〈그림 4.9.20〉.

그림 4.9.20 사장교 교각 연속 지중벽 기초 평면 개념도
서울특별시, 1990, 올림픽대교 건설지

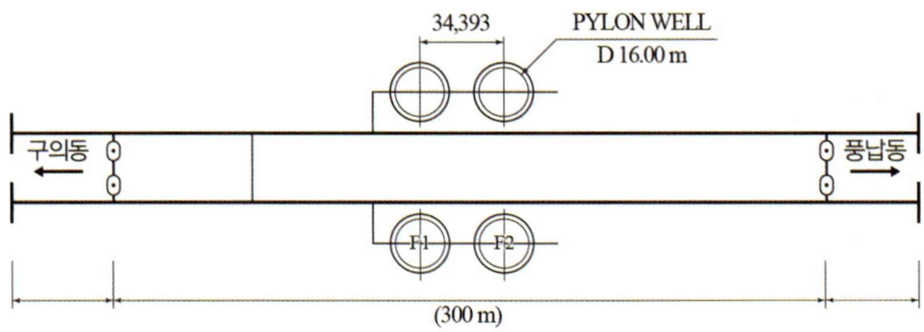

2) 우물통기초

올림픽대교는 한강을 횡단하는 교량으로 가도 축조가 공사의 필연적 사항이 되어 몇 번의 홍수를 맞으면서 작업 능률이 매우 저조하였고, 그러한 조건 속에서 우물통기초 공사도 쉽지 않은 작업이었다. 우물통이 앉을 지층은 위치에 따라 불규칙하게 분포되어 있으므로 기초별로 선단 지지층을 지반 조건이 같은 연암층에 지지시켰다. 우물통 작업은 육상과 수상 작업에 의존하였고, 수중 발파 작업으로 발생된 굴착토는 바지선상에서 크람셀을 이용하여 우물통 외부로 반출하였다. 발파 작업 시 근입이 완료되면 양수기로 물푸기 작업을 실시하여 정착 지반의 지질구성 상태를 확인하였다. 이때 지질 상태를 확인하기 위하여 잠수부를 동원하여 시료를 채취하고 사진 촬영을 실시하였다. 이 결과를 가지고 토질전문가가 암의 성질을 판정(岩判定)하고, 우물통 선단이 연암과 경암층에 지지된 것이 확인되면 우물통 작업이 완료된다.

3) 현장말뚝기초

올림픽대교 본선 현장타설말뚝 작업에는 R.C.D 공법이 적용되었는데, R.C.D란 Revese Circulation Drilled의 약자로 우리나라 용어로는 '역순환이수 굴착 기초 공법'이라고 하는데 용어가 너무 길어 일반적으로 R.C.D 공법으로 통용된다.

작업순서는 먼저 굴착 위치를 선정한 후 케이싱을 설치하고 진동 해머(Vibration Hammer)를 사용하여 케이싱을 타입 가능한 위치까지 집어넣는다. 그런 다음 진동 해머를 분리하고, 크레인에 해머 그랩(Hammer Grab)을 매어 달아 케이싱 내부에 쌓인 토사를 굴착한다. 이 두 가지 작업을 반복적으로 수행하여 최종 깊이까지 케이싱을 설치한다〈그림 4.9.21〉.

케이싱이 계획된 위치에 도달하면 R.C.D 기계를 크레인으로 들어 올려 이를 케이싱 상단에 설치하고, 엔진과 공기 압축기에 연결된 호수를 설치, 비트와 로드(Rod) 및 양 측벽 압력을 막아줄 수 있는 스테빌라이저(Stabilizer)를 조립한다.

R.C.D 기계가 조립되면 미리 혼합된 안정액 또는 이수(泥水)를 굴착공 내에 투입하여 굴착작업을 진행한다. 이때 굴착공 밖으로 반출되는 이수나 토사는 미리 설치된 침전지나 디샌더(Desander)에서 둘로 분리되고 분리된 이수는 다시 굴착공으로 투입되어 순환된다. 이러한 작업특성 때문에 '역순환이수 굴착 기초 공법'이라는 이름이 붙었다. 굴착 작업이 완료되면 에어 리프트(Air Lift) 방식을 사용하여 굴착공 밑바닥에 침전되어 있는 슬라임(Slime)을 제거하고, 준비된 철근망이나 빔(Beam)을 설치한 후, 트레미 파이프(Tremie Pipe)를 이용하여 콘크리트를 타설한다. 타설 완료 후 너무 늦기 전에 케이싱을 뽑아내면 현장타설 말뚝 작업이 마무리된다.

그림 4.9.21 R.C.D 조립도
서울특별시, 1990, 올림픽대교 건설지

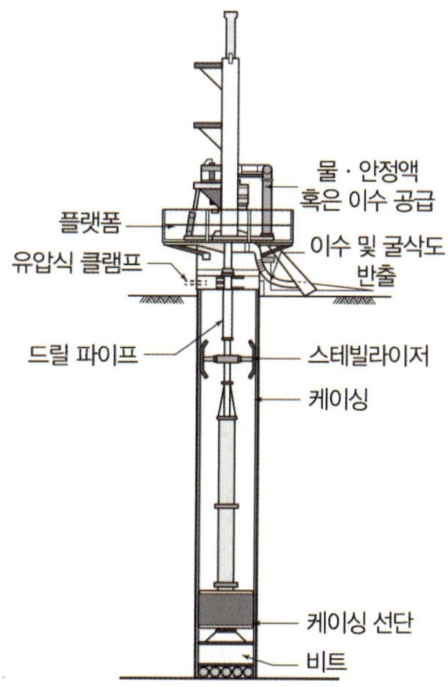

4.9.4 조명 시설

올림픽대교 야간 조명은 사장교의 외형적 특성을 나타내고자 반사효과가 큰 은백색이나 백색 쉬스관을 검토하였으나, 시공과 유지관리가 어려워, 시공이 용이하고 영구적으로 사용할 수 있는 자체 발색 방식으로 설계를 변경하였다.

자체 발색 방식은 고밀도 폴리에틸렌관, 스테인레스관, 알루미늄관 등을 사용하는 여러 공법이 있으나, 고밀도 폴리에틸렌관이 가장 경제적인 것으로 평가되었다.

그림 4.9.22 올림픽대교 조명 시설

그림 4.9.23
저녁 노을 속 올림픽대교의 야경이 한강 위로 빛나고, 뒤로는 여의도의 고층빌딩과 도심의 불빛이 어우러져 있다.

5 | 교량기술 자립

80년대 후반과 90년대, 국산 기술이 뿌리내리다

5.1

한강 횡단 최초 고속도로교, 강동대교

5.1.1 개요

옛날 한양 동북쪽 양주에서 한강을 건너 광주로 가려면, 현재 남양주시 수석동 한강변에 있던 작은 나루인 미음나루를 건너야 했다. 오늘날 강동대교는 바로 이 미음나루 하류에 건설된 다리이다.

수도권 교통량은 우리나라 전체의 약 절반을 차지한다. 이를 원활히 처리하기 위해 정부는 경기 지역 종합교통망 체계를 수립하고, 판교-구리 구간의 수도권 제1순환고속도로 건설을 추진하였다. 강동대교는 이 노선 위에 세워진 최초의 한강 횡단 고속도로 교량으로, 서울시 강동구 하일동(下一洞)과 경기도 구리시 토평동(土坪洞)을 잇는다. 1988년 2월 착공하여 1991년 11월 29일에 준공되었으며, 총연장은 1,126m이다. 초기 확장 전에는 왕복 4차로(교폭 B = 25.2m) 규모로 건설되었고, 전 구간 모두 P.S.C(Prestressed Concrete) 박스거더교로 설계되었다.

특히 중앙부 790.0m인 주교량은 소위 디비닥(DYWIDAG) 공법이라는 캔틸레버 공법(Free Cantilever Method)을 적용하였다. 이에 따라

그림 5.1.1 강동대교 전경

지점부의 형고(Girder Height)를 7.5m, 중앙부를 3.0m로 변화시킴으로써 구조적 안정성과 함께 미려한 조형미를 구현하였다〈그림 5.1.1〉. 나머지 336.0m 구간은 형고 H = 3.0m로, 지보공 공법(F.S.M)으로 가설되었다. 다만 이 공법을 적용하여 P.S.C 교량을 건설하면 원효대교의 사례처럼 콘크리트의 크리프(Creep)와 건조수축으로 인해 장기적으로 경간 중앙부가 처지는 문제가 발생할 수 있다. 이를 방지하기 위해 설계와 시공 과정에서 정밀한 처짐량을 예측하고, 경간 중앙부에 의도적으로 솟음(Camber)을 주어 종단구배를 유지하도록 하였다.

제1차 공사는 3년 10개월 동안 약 270억 원의 공사비가 투입되어 진행되었으며, 확장공사는 1997년 4월에 시작되었다. 같은 시기 착공한 판교-구리 구간(제4공구, 강일 I.C-퇴계원 I.C 8.9km)의 서울외곽순환도로 확장공사와 함께 추진되었으며, 강동대교는 기존 4차로에서 8차로로 확대되었다〈그림 5.1.2〉. 이 과정에서 13경간 P.S.C 박스거더교(Prestress Concrete Box Girder Bridge)가 추가로 건설되어 2002년 12월 준공되었다. 특히 시공사인 대림산업은 F.C.M 공법(캔틸레버 공법)을 적용하면서 소위 '선보정 공법(Pre-Compensation Method)'[1]을 개발·도입하여 원효대교에서 경험했던 크리프와 건조수축에 따른 장기 2차 처짐 문제를 최소화하는 데 성공하였다.

현재 강동대교는 상류 측 기존 교량이 퇴계원 방향 편도 4차로, 신설 교량이 판교 방향 편도로 운영되고 있다. 또한 고덕동 쪽에서는 강일 I.C를 통해 올림픽대로 및 서울-춘천고속도로와, 구리 쪽에서는 토평 I.C를 통해 강변북로와 연결되면서 수도권 동북부 교통의 핵심 축을 담당하고 있다.

그림 5.1.2 구리-판교 고속도로 강동대교 위치도
건설부 한국도로공사, 1992, 판교-신갈, 신갈-안산 고속도로 건설지

5.1.2 강동대교 기존 교량

기존 강동대교는 ㈜한국종합기술에서 설계하고, 대림산업에서 공사를 턴키(Turn Key)로 수주하였으며, 사업은 한국도로공사에서 발주하였다.[2]

강동대교는 1등급교로 설계되어 DB-24/DL-24 활하중을 기준으로 하였다.

5.1.2.1 교량 설계

가. 재료 강도

콘크리트 설계기준강도 f_{ck}는 구조물의 특성에 따라 5개의 구간으로 나누어 적용하였다. 주 P.S.C 박스거더에는 40MPa, 교량 슬래브에는 27MPa, 교량의 교각·교대·우물통 같은 하부구조에는 25MPa를 적용하였다. 또한 매스 콘크리트에는 20MPa, 우물통 채움콘크리트에는 15MPa를 사용하였다.

철근은 1종 콘크리트에는 SD 40, 2·3종 콘크리트에는 SD 24를 사용하였다. 강재는 SWS 50과 SWS 41을 적용하였으며, P.C 강재는 SWPC 7B Φ12.7 스트랜드를 채택하였다. 이 경우 인장강도 σ_{pu}= 19,000kg/cm^2, 허용응력비 σ_{pi} = 0.76$_{\sigma u}$ 또는 σ_y = 16,000~17,000kg/cm^2, σ_{pe}= 0.6σ_{pu}/0.8σ_{py} 중 작은 값을 기준으로 하였다.

기초 형식에 따른 지지층은 확대기초의 경우 하단 N값이 30 이상인 지반, 말뚝기초는 선단 N값이 40 이상인 지반, 우물통기초에는 풍화암 이상의 견고한 지지층 위에 시공되었다.

강동대교의 설계는 1970년대 중반 이후 국가 시책에 따라 역사에 길이 남을 교량을 건설한다는 기본방침에 따라 국민소득과 의식 수준의 향상에 걸맞게 조형미와 주위 환경과의 조화를 이루면서 한강을 횡단하는 최초의 고속도로 교량으로서 특징을 살릴 수 있어야 한다는 취지로 설계안이 기획되었다.

교량 형식 결정을 위해 두 가지 형식의 아치교, 트러스교, P.S.C 박스거더교, 강합성 강상형교 등 총 다섯 가지 형식이 검토되었다. 이 가운데 강동대교 건설의 취지를 가장 충족할 수 있는 형식으로 P.S.C 박스거더교(F.C.M : 캔틸레버 공법)가 선정되었다. 그러나 F.C.M 공법을 적용한 P.S.C 박스거더교는 원효대교의 사례에서 보듯, 완공 후 시간이 경과함에 따라 중앙경간 캔틸레버 끝단에 장기 처짐이 발생하는 문제가 있었다. 이를 보완하기 위하여 강동대교에서는 시공 마지막 단계에서 중앙경간을 연속시키는 시공과정을 국내에서 처음 시도하였다.

다리의 경간 구성은 다음과 같다〈그림 5.1.3〉.

L = 224(= 3@56 + 56) + 790(= 82.5 + 5@125 + 82.5) + 112(= 2@56) = 1,126m

전체 길이 L = 1,126m 중에서 한강 통과 구간 7경간 연속교(790m)와 한강 남북의 육상부 접속교 336m(= 224 + 112)는 연속 및 단순 P.S.C 박스거더교로 가설되었다. 여기서 한강 통과 구간은 F.C.M 공법으로, 육상 접속교 구간은 F.S.M 공법으로 건설되었다.

다리는 상행선과 하행선을 분리하여 건설하였으며, 표준 구간과 확폭 구간에서의 교량의 폭은 다음과 같다.

표준 구간 B = 26.72m(= 12.61m × 2 + 중앙분리대 1.5m)

확폭 구간 B = 34.982m(= 16.741m × 2 + 중앙분리대 1.5m)

하부구조로는 말뚝기초 위에 놓인 2기의 역 T형식 교대가 있고, 교량 남북 육상부 구간에는 총 6기의 우물통기초와 한강 구간에는 총 6기의 확대기초가 건축되었다〈그림 5.1.3〉. 교각은 모두 일주식(一柱式) 교각으로, 한 교각 위치에 6각형 단면의 일주식 교각이 상·하행선별로 각각 1기, 즉 2기가 독립적으로 서 있고, 그 위에 상·하행선의 P.S.C 박스거더가 놓여 있다.

그림 5.1.3 강동대교 종·평면도

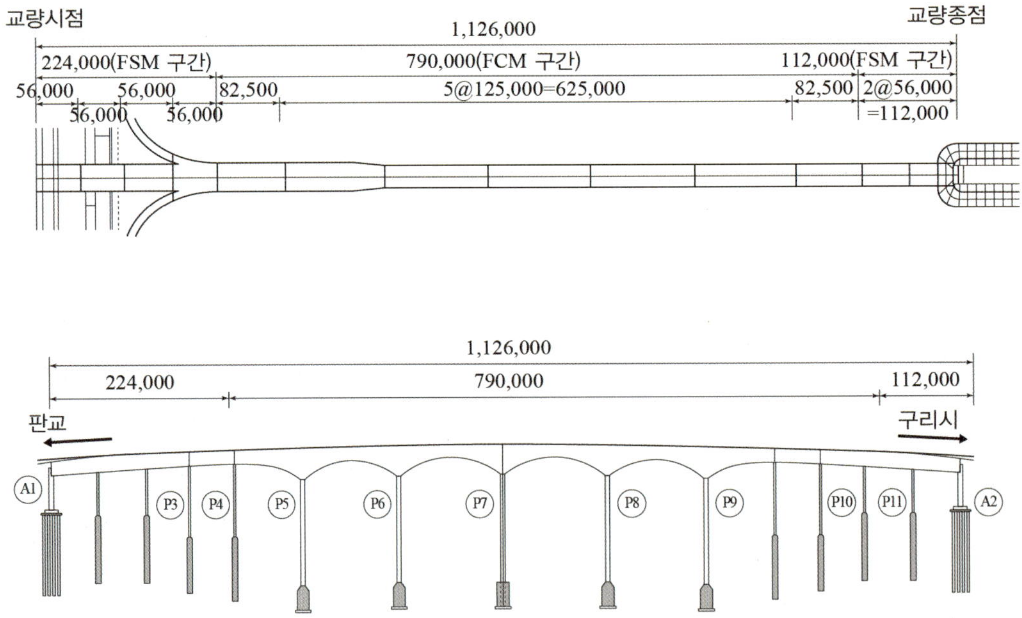

수도권 지역을 관통하는 고속도로에 속해 있으므로 설계 엔지니어들은 도시 미관을 고려한 구조 형식을 취하고, 동시에 시공성을 높이기 위하여 신공법을 도입하여 건설기술 발전을 도약시키려고 노력하였다. 교량의 상부구조는 차량의 주행성을 높이기 위하여 7경간 연속 P.S.C 박스거더 구조 형식을 택하였고, 긴장재(P.C Tendon)로는 국내에서 생산된 7연선 강(鋼)스트랜드를 사용하였다.

나. 기존 교량 상부구조

상부구조는 지역의 특수성, 주변과의 조화를 고려하고, 시공법을 고려한 경제성과 유지보수에 유리한 P.S.C 박스거더교로 설계하였다. 교량 형식으로 P.S.C 박스거더교를 선정하였기 때문에 가설공법으로 널리 알려진 지보공법(F.S.M.)과 F.C.M 공법을 병용하여 사용할 수 있었다.

여기서 육상부 상부구조는 지보공 공법을 적용하여 시공하였기에 특별히 기재할 만한 사항이 적어 아래에는 수중부 상부구조에 대해서만 기재하였다.

그림 5.1.4 F.C.M 구간 종단면도(단위: m)

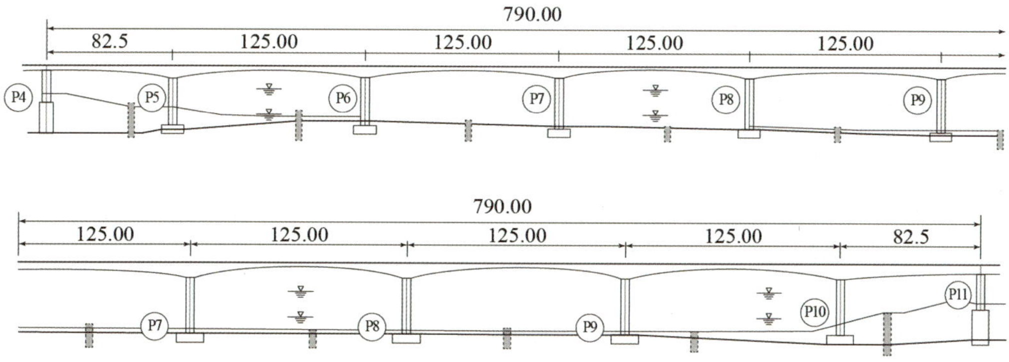

1) 수중부 상부구조

강동대교 F.C.M 구간 상부구조는 소위 DYWIDAG 공법(Free Cantilever method)으로 지어졌으므로 지점 위에서의 높이 H = 7.00m이고, 경간 중앙부에서는 높이 H = 3.00m로 변하는 아름다운 곡선을 그리며, 횡단면에는 교량의 너비가 B = 12.610m로 일정한 값을 갖게 하였다〈그림 5.1.4〉.

상부 플랜지의 폭뿐만 아니라 시공을 고려하여 하부 플랜지의 폭 B = 7.00m로 일정한 값을 가지도록 설계하였다〈그림 5.1.5〉.

그림 5.1.5 F.C.M 구간 표준 단면도

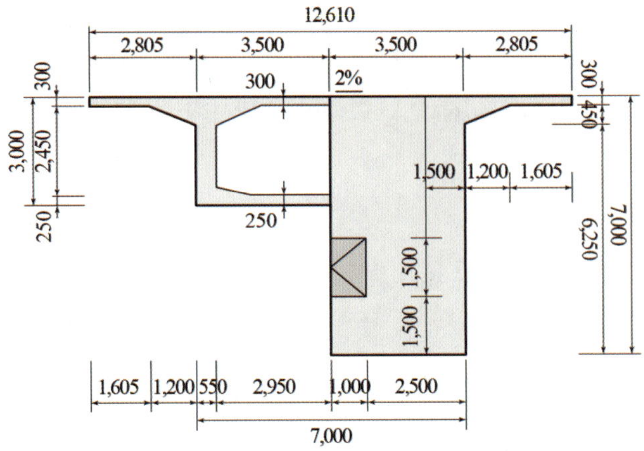

중앙 단면 상부 플랜지의 두께 t_{up}= 300mm로 하고, 하부 플랜지의 두께 t_{low}= 250mm로 하였다. 상부 플랜지는 활하중을 직접 받기 때문에 하부 플랜지보다 좀 더 두꺼울 수밖에 없다. 복부판의 두께 t_{web}= 1.50m로 전단강도를 충분히 발휘할 수 있도록 하였다. 지점부 단면 하부 플랜지 두께 t_{low}= 0.70m로 설계하였다.

교면은 먼저 레벨링층 40mm로 콘크리트 슬래브 상부 표면을 평탄하게 고르고, 그 위에 마모층 아스팔트 콘크리트를 50mm 두께로 포장했다.

1988년 6월 저이완 강연선(Low Relaxation Strand)이 국내에서 생산되기 전까지는 국내 대부분 교량에는 보통 이완 강연선(Normal Relaxation Strand)을 사용하였으나 강동대교에서는 주 긴장재로 국내에서 생산한 저이완 강연선을 설계와 시공에 사용하였다〈그림 5.1.6〉.

그림 5.1.6 F.C.M 구간 경간 중앙부 P.C 강연선 배치도

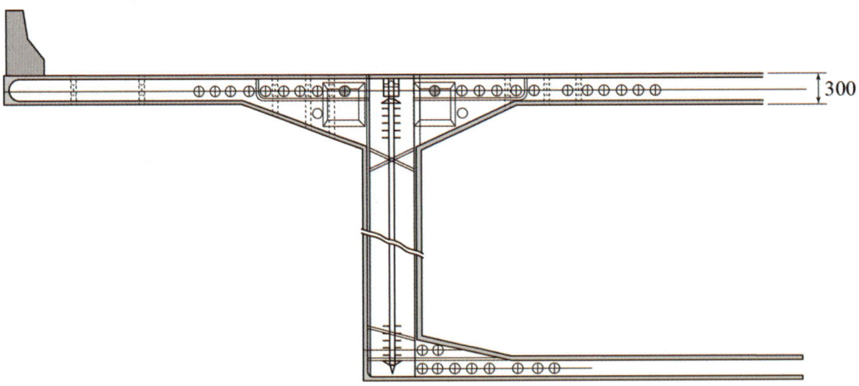

다. 기존 교량 하부구조

강동대교 기존 교량 하부구조 기초 형식으로는 직접확대기초, 현장타설 콘크리트 말뚝기초 및 우물통기초를 고려하여 설계하였는데 직접기초는 세굴 우려가 없고, 지표에서 5m 이내에 N값 40 이상의 지지층일 때 적용하여 유수부(流水部) 교각 기초는 모두 직접기초로 시공되었다〈그림 5.1.4〉.

말뚝기초는 지표로부터 5m 이하 양호한 지지층이 있는 육상부 교대 기초에, 그리고 우물통기초는 육상부 교각 기초에 적용하였다. 교대와 교각은 지형 조건에 따라 상부구조 형식과 조형미를 고려하여 설계하였다.

1) 기초

① 교대 기초

강동대교 구교의 교대 A1과 A2 모두 평범한 역 T형 형태를 취하고 있고, 그 아래 교대 기초 역시 두 곳에 모두 현장타설 콘크리트말뚝으로 시공하였다.

② 교각 기초

강동대교는 홍미롭게도 수중부 교각 기초는 15m(가로)×16m(세로)×4.5m(높이)인 직육면체의 직접확대기초로 설계되었고, 교각 기초를 세우기 위하여 20cm 높이로 바닥고르기 콘크리트를 치고, 확대기초 상단부가 연암 또는 풍화암 선과 일치하도록 하였다. 기초 콘크리트 구조물은 중량이 무겁고 부피가 큰 구조물(약 2,100~2,400m³)이므로 시공성 등을 고려하여 4.5m 높이를 2층으로 나누어서 콘크리트를 타설하였다.

강동대교의 육상부는 우물통기초로 시공되었는데, 그 우물통의 크기와 형태는 위치에 따라 변한다. 예를 들어 가장 큰 우물통은 램프 교량이 본교와 접속되는 교각 P3의 우물통인데, 그 규모가 25.2×9.0m로 양 끝이 반원형으로 처리된 트랙형 단면이다. 우물통은 두께 T = 1.0m인 칸막이 3개로 4실 중공 단면을 하고 있다〈그림 5.1.7〉.

우물통 자체의 벽두께 T = 900mm로 되어 있다. 우물통이 설치된 지층은 모래 자갈층으로 침하 및 부등침하가 일어나지 않는 연암층에 설치되었다.

이에 비하여 교각 P1, P2의 기초의 우물통은 14.2×5.7의 상대적으로 작은 규모의 트랙형 형태를 취하고 있다.

그림 5.1.7 교각 P3 하부구조 단면도

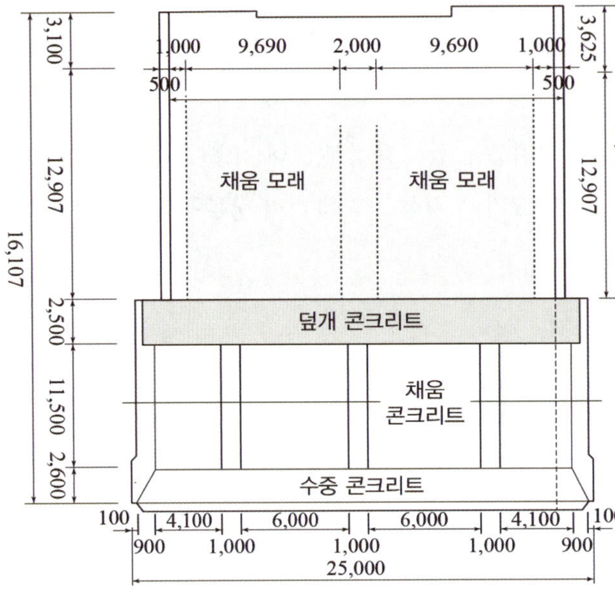

(a) 하부구조 정면도

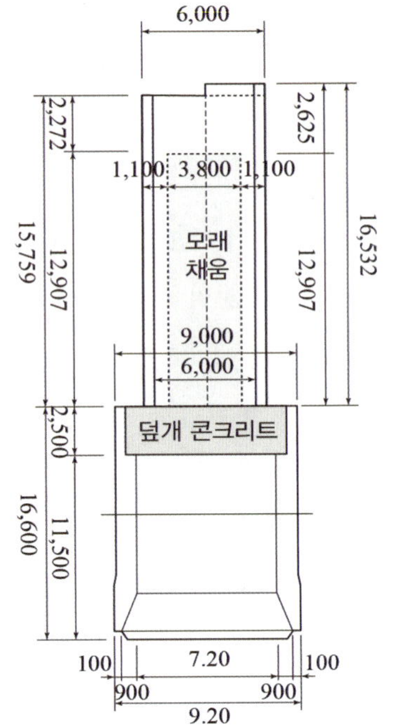

(b) 하부구조 측면도

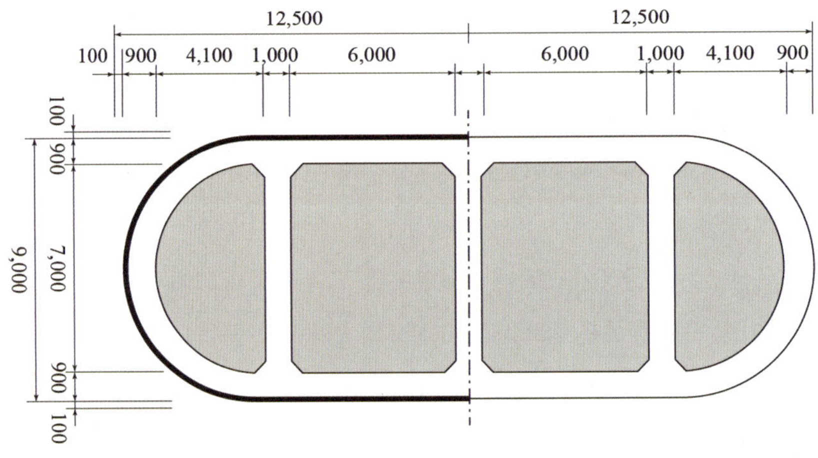

(c) 우물통기초 평면도

2) 교각구조

기존 강동대교 교각은 직사각형에 가까운 6각형 기하 구조를 가지고 있는데, 교각 기초와 마찬가지로 위치에 따라 그 규모가 각각 다르게 만들어져 있다〈그림 5.1.8〉.

그림 5.1.8 강동대교 기존 교량 표준 단면도

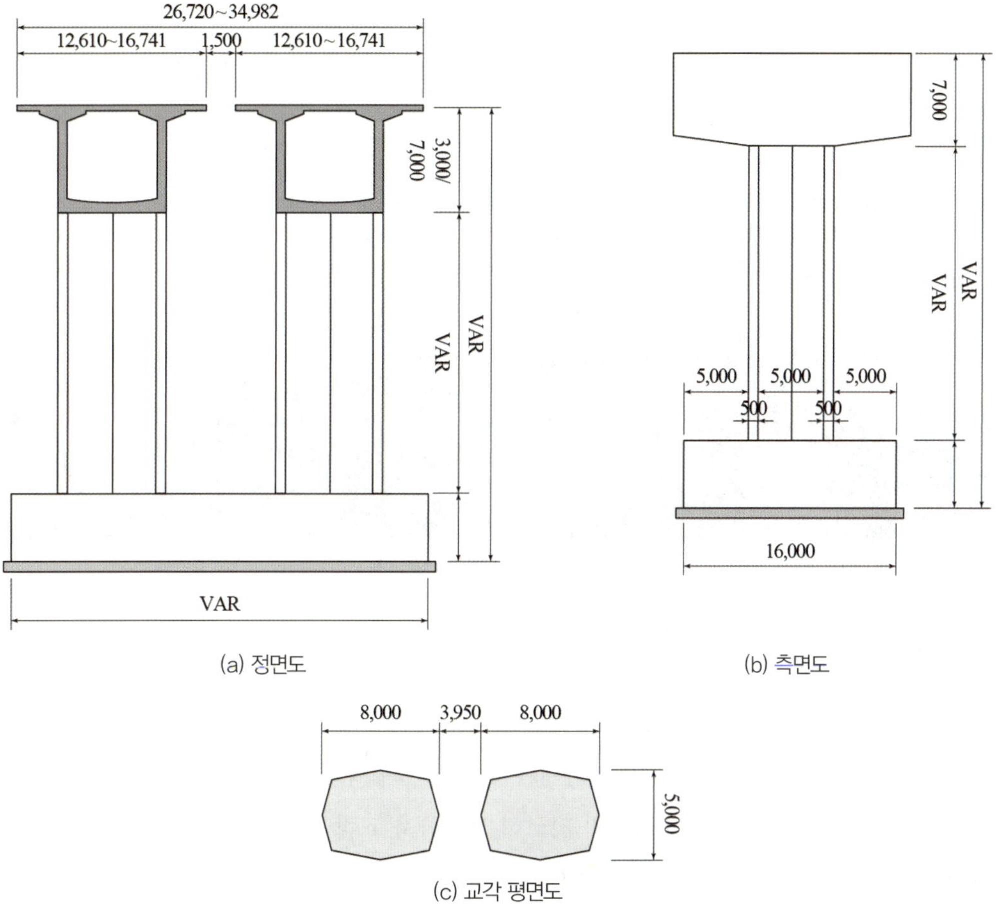

교각은 23~28m 높이로 세웠다. 장래 주운선 운항과 골재 채취선 등이 교각과 충돌했을 때를 고려하여 교각 내부에 채움 콘크리트로 채워 강성을 키우고, 작업차는 강재 작업차를 사용하여 한 번에 2.4m씩 시공하였다.

5.1.2.2 시공

가. 하부공

강동대교 기존 교량 시공은 크게 육상부 공사와 수상부 공사로 나누어서 생각할 수 있는데, 육상부 상부구조는 지보공 공법으로 이루어졌고, 또한 육상에서 이루어진 우물통 공사는 특별히 기재할만한 사항이 없어 아래에는 수중부 구간에서 이루어진 공사에 대하여만 기술하였다.

1) F.C.M 공사 구간 직접기초

하상 교각(P5, P6, P7, P8, P9, P10)은 지하(GL -5m)에 분포되어 있는 연암층에 확대기초로 위에 설치하기로 계획되어 있기 때문에, 차수벽 설치를 위한 축도 작업이 필요했다〈그림 5.1.9〉. 건설 현장에서는 이를 위하여 한강을 매립하여 공사용 임시도로를 축도하였다〈그림 5.1.10〉.

그림 5.1.9 차수벽 공사 현장

그림 5.1.10 유수부에 설치한 축도(P5~P10)

다만, 골재 채취선의 운항이 가능하도록 처음에는 유심부 중앙 교각 P7과 교각 P8 사이에 임시가교(假橋)를 놓았다가, 상부공이 시작하면서 개방 구간을 교각 P5와 교각 P6 사이로 옮겼다. 축도는 자재의 적치, 장비 회전, 크레인 등의 현장 작업조건을 고려하여 구축하였다.

직접확대기초를 시공하기 위하여 초기에는 주열식 차수벽(D.S.P) 공법[3]을 적용하였으나 강바닥에 전석이 많이 쌓여 있어 작업 속도가 지극히 저조하자, 교각 P5에만 이 공법을 적용하고, 나머지 교각 P6부터 P10까지 5개의 직접기초에는 효율성이 더 좋은 지중연속벽(Slurry Wall) 공법으로 변경하였다〈그림 5.1.11〉. 지중연속벽 공법은 1개소당 약 25일이 소요되어 45일 소요된 주열식 차수벽에 비해 공사 기간을 훨씬 줄일 수 있었다.

그림 5.1.11 F.C.M 구간 기초공사

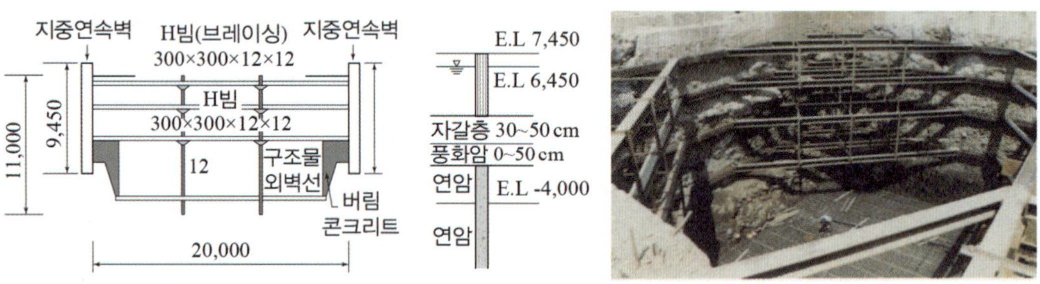

(a) 차수벽 시공도(P6~P10)　　(b) 기초공사 터파기

또 기초 암반층을 발파할 때도 차수벽 압축강도 f_{ck}= 210kg/cm^{2}를 사용하는 R.C 지중연속벽 공법은 차수벽 압축강도 f_{ck}= 50kg/cm^{2}인 주입식 지중차수벽 공법보다 안정성이 훨씬 양호하였다고 한다. 축도를 건설할 때 전석 및 호박돌 등이 혼입되지 않도록 유의하였으며, 공벽 보호를 위하여 점토가 알맞게 혼합된 사질토로 축도작업을 하였다.

그림 5.1.12 교각 공사 현장

2) 교각 공사

강동대교 교각 공사는 일반적으로 사용해 오던 시공법을 적용한 것으로 보여 특별히 기술할 내용이 적다〈그림 5.1.12〉.

나. 상부공

강동대교는 한강을 횡단하는 교량이므로 홍수 시에도 시공할 수 있도록 F.C.M 공법(DYWIDAG 공법)을 채택하였다. F.C.M(Free Cantilever Method) 공법은 1950년대 서독 DYWIDAG사(본사 뮌헨 주재)에서 개발한 시공법으로 초기에 경간 중앙에 힌지(Hinge)를 설치하여 양쪽 구간을 연결하는 방식인데, 이 힌지 부분의 처짐이 크게 발생하면 주행하는 자동차의 승차감이 많이 떨어질 수 있으므로, 강동대교 확장교에서는 비록 계산은 복잡하지만 이 힌지를 설치하지 않고 교량의 각 경간의 중앙부를 일체로 시공하였다.

1) F.C.M 공법을 적용한 상부공

강동대교의 유수부(流水部)는 길이 790m의 7경간 연속 P.S.C 상형교 공사에 F.C.M 공법을 적용하려면 먼저 이동식 작업차(Form Traveler)를 앉히기 위한 최소한의 공간을 확보해야 하므로 주두부를 먼저 설치했다.

이 다리 주두부 공사에는 강재 동바리를 사용하는 F.S.M(Full Staging Method, 그림 5.1.13(a))과 브라켓(Bracket)을 교각에 부착하여 사용하는 브라켓 설치 공법을 모두 적용했다〈그림 5.1.13(b)〉. 강동대교 현장 엔지니어들은 두 방법 중 브라켓 설치 방법이 지보공을 사용하는 방법보다 효율적이라는 의견을 대부분 갖고 있었다.

그림 5.1.13 F.C.M 구간 주두부 시공 방법

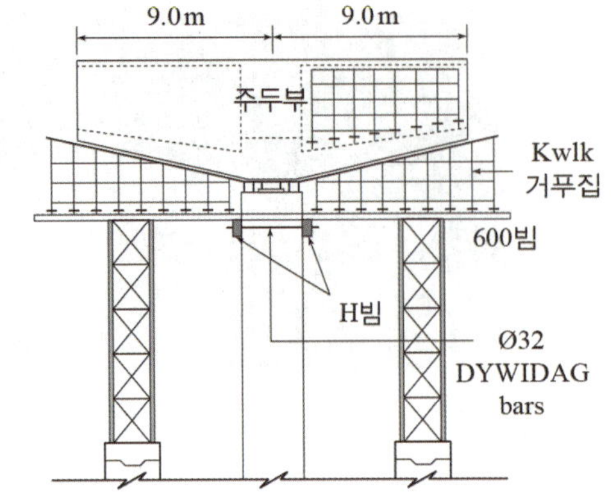

개념도

건설 현장

(a) 지보공을 이용한 주두부 시공(P5, P6, P7, P9 적용)

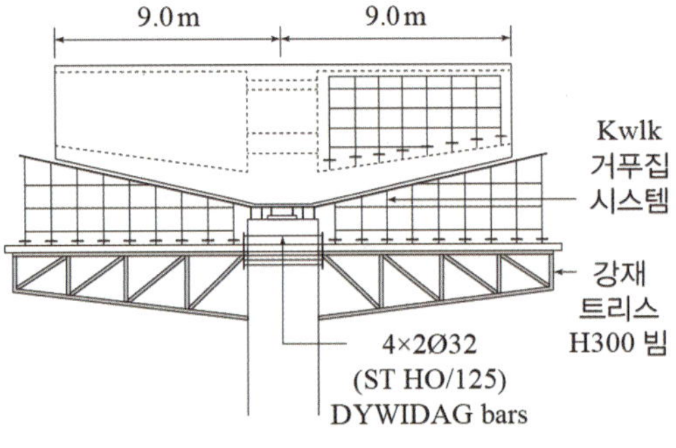

개념도

건설 현장

(b) 브라켓을 이용한 주두부 시공(P8, P10 적용)

현장에서는 강동대교 주교량 P4부터 P11까지 7경간은 상·하행선이 대칭이므로 각 상·하행선에 이동식 작업차(F/T, Form Traveller)를 4대씩, 총 8대를 투입하여 동시에 시공되도록 하였다.[4]

그림 5.1.14 이동식 작업차 시공

공사는 먼저 교각 P5와 교각 P10의 주두부에 이동식 작업차 F/T를 설치하고 각각 교각 P4와 P6, 교각 P11과 P9를 향해 분절〈그림 5.1.19〉로 콘트리트를 타설하면서 경간 중앙까지 진행했다〈그림 5.1.14〉.

F.C.M 공법은 이동식 작업차 F/T로 한 분절씩 순차적으로 콘크리트를 타설하는 방식이므로 F/T의 용량과 기능이 전체 상부공 가설공사의 능률과 공사비에 커다란 영향을 끼친다. 이를 고려하여 강동

대교에서는, 주두부 시공이 끝나면 무게가 53~57톤이나 나가는 이동식 작업차를 주두부 상부 슬래브에 거치하고, 한 번에 3.5m 또는 4.0m씩 콘크리트를 타설하면서 F/T를 앞으로 이동했고, 경간 중앙에서 키 세그(Key Segment)를 타설하면서 한 경간씩 완성해 나갔다. P5~P10 위에서 양측으로 시공된 세그먼트(SEG) 수는 키 세그를 제외하면 한 방향으로 모두 14개의 분절로 구성되었다〈그림 5.1.15〉. 현장에서는 한 분절을 완성하기 위하여 8.2~9.9일 시간이 소요된다.

그림 5.1.15 F.C.M 구간 세그 분할

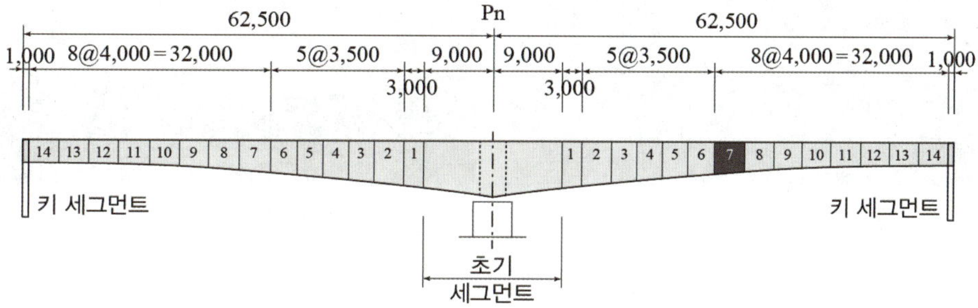

양측 캔틸레버 시공이 완료되면 중앙부에서 폭 2.0m의 키 세그로 양측에서 시공되어온 박스거더를 연결한다〈그림 5.1.16〉.

그림 5.1.16 F.C.M. 구간 시공순서도

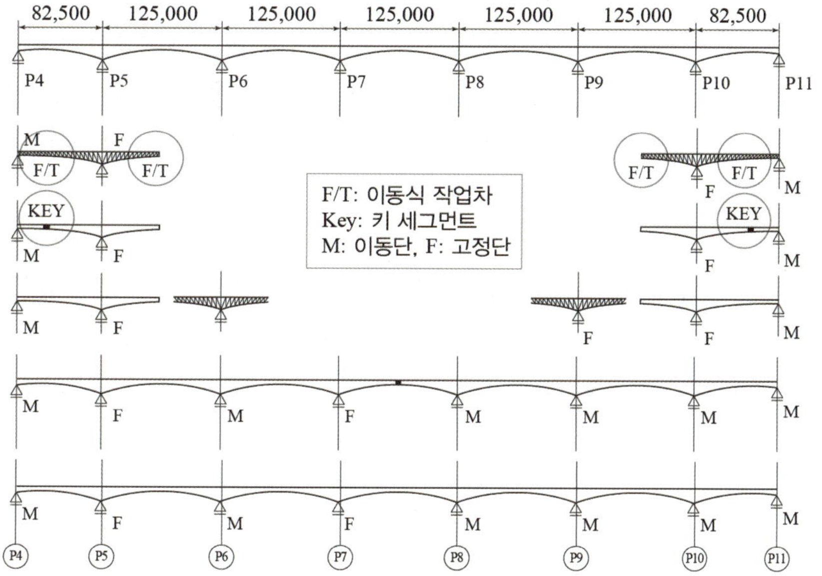

강동대교 현장에서는 교각 P7과 교각 P8 사이의 중앙부에 키 세그를 끼워 넣으면 전체 F.C.M 구간의 전체 공사가 완료되었다〈그림 5.1.16, 그림 5.1.17(b)〉.

그림 5.1.17 강동대교 키 세그 건설 현장

(a) P6-P7 키 세그 건설 현장

(b) P7-P8 키 세그 건설 현장

2) 중앙 키 세그(Key Seg) 시공

양측 캔틸레버 시공이 완료되면 키 세그로 중앙부를 연결하는데, 강동대교에서는 키 세그의 길이를 2,0m로 설계하였다. 이 다리 키 세그는 단부 스팬 키 세그와 중앙부 키 세그 두 종류로 나누어져 있다.

단부 키 세그는 교각 P4-P5의 연결부와 교각 P10-P11의 연결부에 있고, 중앙부 키 세그는 교각 P5-P6, P6-P7, P7-P8, P8-P9 및 P9-P10 등 5곳에 생기는 연결부에서 시공한다. 여기서 단부 교각 P5에서 교각 P6 방향으로 시공되는 19m 구간은 지보공 공법(F.S.M)을 적용하였다. 지보공 공법으로 시공되는 부분과 이동식 작업차가 연결되는 단부 키 세그 공사는 양쪽 F/T로 시공되어오다가 경간 가운데에서 만나는 중앙 키 세그 시공 방법과 크게 다르지 않으므로 여기서는 중앙 키 세그 시공 방법만 소개한다.

그림 5.1.18 중앙부 키 세그 공사를 위한 F/T 운용 개념도

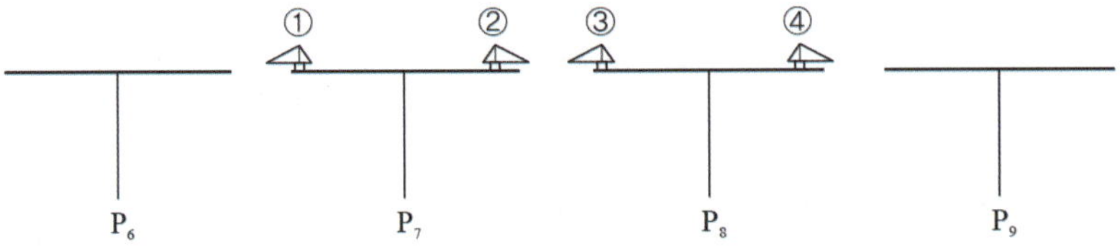

3) 이동식 작업차(F/T) 운용계획〈그림 5.1.18〉

〈그림 5.1.15〉에서 13번째에 설치된 강봉 인장 작업이 끝이 나고 14번째 SEG의 콘크리트 작업이 시작되면 〈그림 5.1.18〉에서 ②번 F/T와 ③번 F/T가 서로 간섭을 일으키므로 13번째 SEG에 긴장이 끝나면 먼저 ②번 F/T 작업대를 크레인을 이용하여 해체하고, 그 이후에는 F/T 노즈(Nose)[5]를 해체한다.

교각 P8에서 교각 P7으로 공사하는 ③번 F/T는 14번째 SEG를 인장한 후 내부 작업차 해체에 간섭이 되지 않도록 후진시켜 적당한 위치에 고정한다.

(1) 키 세그 공사를 하기 전에 먼저 양측 P.S.C 박스거더를 축방향으로 일치시키고 수직 방향으로 발생하는 단차(상대변위)를 없애야 한다. F/T 공사를 진행해오다가 중앙부에서 2.0m 간격을 두고 양쪽 캔틸레버 거더가 서로 마주 보면, 한쪽의 거더 높이가 다른 쪽보다 높을 수도 있고, 낮은 경우도 생기기 때문에 그 둘 사이에는 단차가 생길 수밖에 없다.
이 단차는 한쪽 상부구조 위에 설치되어 있는 이동식 작업차의 유압잭(Jack)을 이용하여 어렵지 않게 해소할 수 있다〈그림 5.1.19〉. 현재 노련한 숙련공을 확보한 현장에서는 이동식 작업차의 위치 변경만으로 쉽게 단차를 극복하고 있다.

그림 5.1.19 키 세그 축방향 단차 조정(14번째 세그 5°C 온도에 대한 처짐 : 7mm)

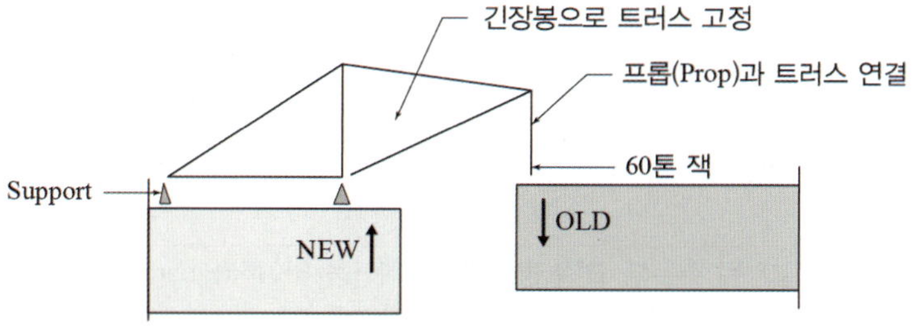

(a) 구 캔틸레버가 높은 경우

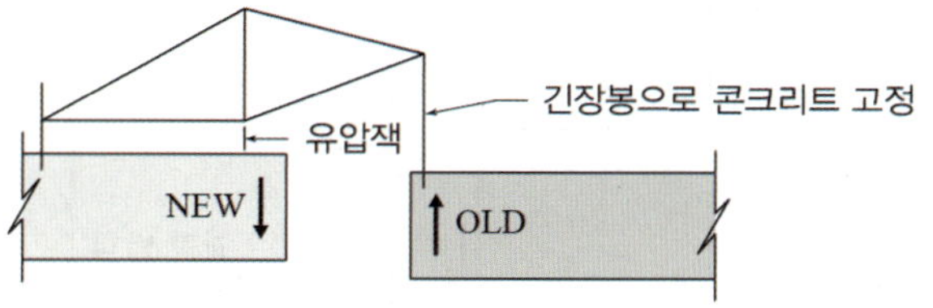

(b) 구 캔틸레버가 낮은 경우

(2) 키 세그를 가운데 두고 교축 방향으로의 단차를 제거되면, 교축 직각 방향으로 발생할 수 있는 상부구조 상대변위를 제어할 필요가 있다. 횡방향으로 생길 수 있는 두 세그 간의 상대 변위를 없애고, 또한 풍하중과 같은 횡방향 하중에 의한 콘크리트 박스거더 단면에 발생할 수 있는 균열을 방지할 목적으로 양측의 14번째 세그〈그림 5.1.15〉 상부에 X자 모양으로 경사 강봉(Diagonal Bar)을 설치한다〈그림 5.1.20〉. 이때 주두부 교축 방향 변위를 구속하기 위하여 설치된 8개의 고정 하이바를 제거한다〈그림 5.1.21〉.

그림 5.1.20 횡방향 변위 제어 시스템

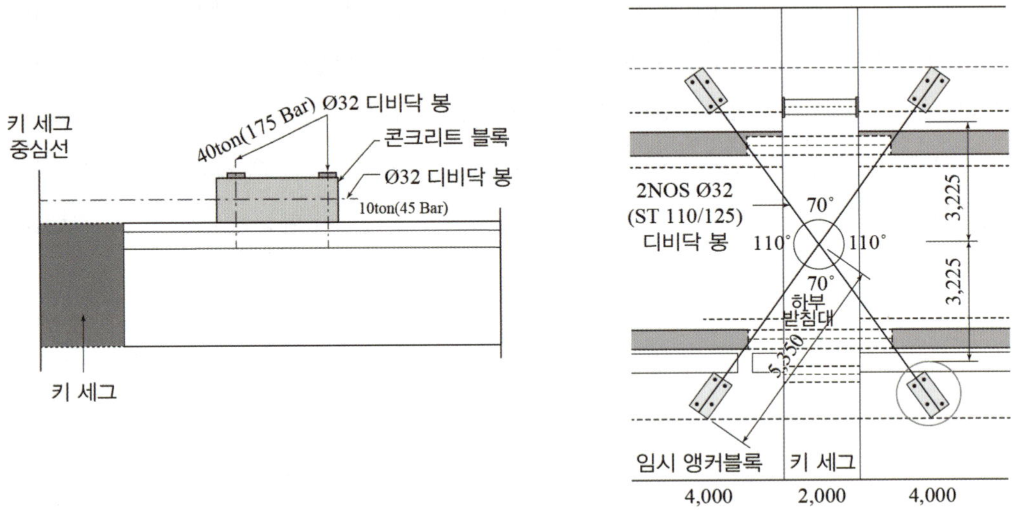

(a) 종단면도 (b) 평면도

그림 5.1.21 교각 상단에 설치된 주두부 교축 방향 변위 제어용 하이바(Hibar)

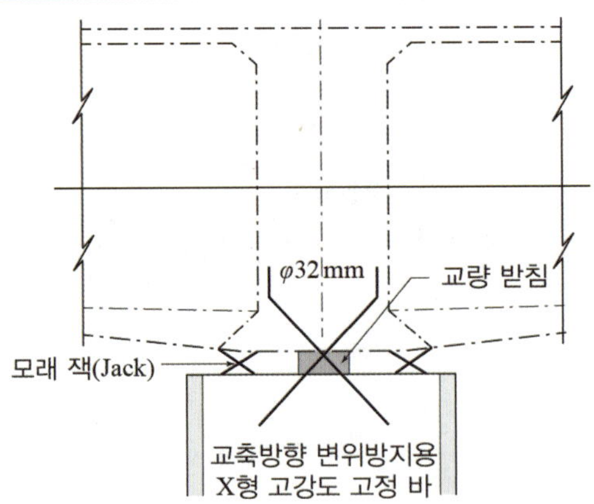

(3) 일단 키 세그에 콘크리트를 타설하면 콘크리트 자중에 의해 수직 변위가 발생한다. 이로 인한 균열을 방지할 목적으로 철근 및 쉬스관 설치 후 바닥 및 상부 슬래브 헌치에 버팀 강재(Prop)를 설치하였다〈그림 5.1.22〉. 이때 각 버팀 강재의 끝단에는 약 20~30cm 정도 이격하고, 콘크리트 타설 5~6시간 전에 에폭시로 충전한다. 에폭시의 최소강도가 260kg/cm^2 이상이 되면 키 세그에 콘크리트를 타설한다. 이때 10°C 온도변화에 대한 길이의 변화량은 8mm이므로 일교차 20°C를 고려하여 교축 방향 신축을 16mm로 가정한다.

바닥 버팀 강재에는, 콘크리트 타설 전 긴장재(Tendon)의 인장력으로 인해 압축력이 작용하는 상태이며, 콘크리트가 타설되면 콘크리트 자중에 의하여 점차 아래로 처짐이 발생하게 되어 하부 받침대에는 인장응력이 증가하게 된다. 다이얼 게이지는 그 하부 버팀대에 발행하는 응력의 변화 추세를 측정하기 위하여 설치했다. 강동대교에서는 1/100 mm 이하 게이지를 설치하였다.

버팀대는 상부 버팀대와 하부 버팀대 두 종류가 설치되는데, 상부 버팀대는 영구적인 H빔으로 콘크리트에 묻혀 키 세그 완료 후에도 처짐변위를 구속하기 위한 시설이며, 하부 버팀대는 임시로 사용되는 H빔으로, 선 재킹(Pre-Jacking) 후 교각 주두부 교축 방향 변위를 구속하기 위해 X형으로 설치된 직경 Φ32mm 고정 하이바를 제거하기 위해 설치되었다〈그림 5.1.22〉. 만약 X형 고정 하이바를 제거하지 않으면 교축방향 변위가 구속되어 프리스트레싱 효과가 발생하지 않는다.

이 하부 H빔은 키 세그 콘크리트가 적정 강도인 200kg/cm^{2}에 도달하면 해체한다.

그림 5.1.22 키 세그 상중하부 버팀대

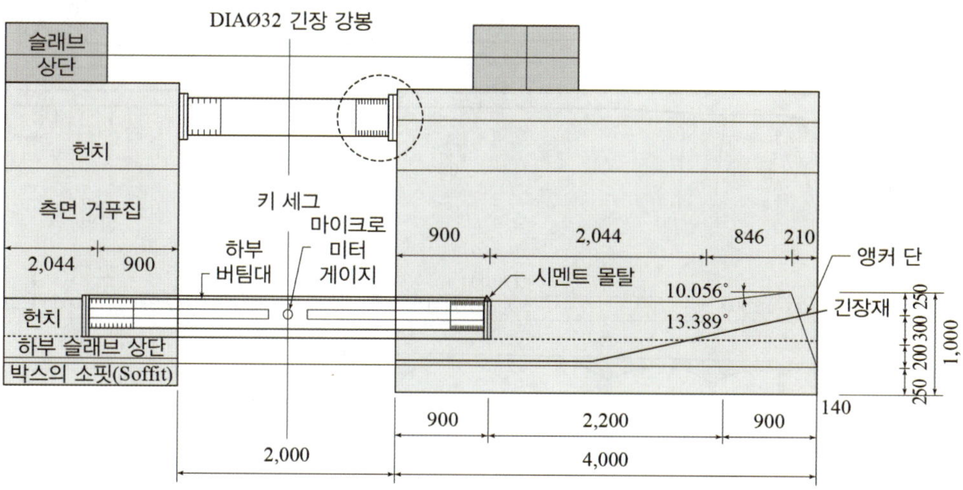

5.1.3 강동대교 신설교[6]

한국도로공사는 1991년 12월 판교-구리 간 4차선 고속도로를 완공한 이후, 퇴계원-호법 간(서울외곽순환선 및 중부선) 도로 확장 과정에서 해당 노선에 위치한 기존 강동대교 옆에 새로운 교량을 신설·확장하기로 하였다.

신설 교량은 연장 L = 1,126.0m, 폭 B = 19.8 ~ 23.4m로 서울특별시 강동구 강일동과 구리시 토평동을 잇는다. 1997년 4월에 착공하여 2002년에 준공되었으며, 현재 약 23년간 공용 중이다.

상부구조는 P.S.C 박스거더 형식, 하부구조는 역 T형 교대와 중공 구주식 교각으로 구성되어 있다. 확장 실시설계는 제일엔지니어링이 1996년 12월부터 1998년 7월까지 20개월간 수행하였다.

5.1.3.1 확장교 설계

신설·확장 교량은 기존 교량을 확장하는 의미가 크므로 기존 교량의 형식과 구조에 일관성을 유지할 필요가 있었기 때문에, 신설 확장되는 교량의 전연장은 구교와 마찬가지로 L = 1,128.0m이고 〈그림 5.1.24〉, 상부구조의 형태와 규모 차이는 있지만, 설계 개념상으로는 크게 달라진 내용이 없다. 총연장 1,128.0m 중 중앙 수상 구간은 790.0m F.C.M 공법으로, 그리고 양측 육상구간 시점 측 224m와 종점 측 112m는 F.S.M 공법으로 건설하였다.

그림 5.1.24 신설·확장 강동대교 종·평면도

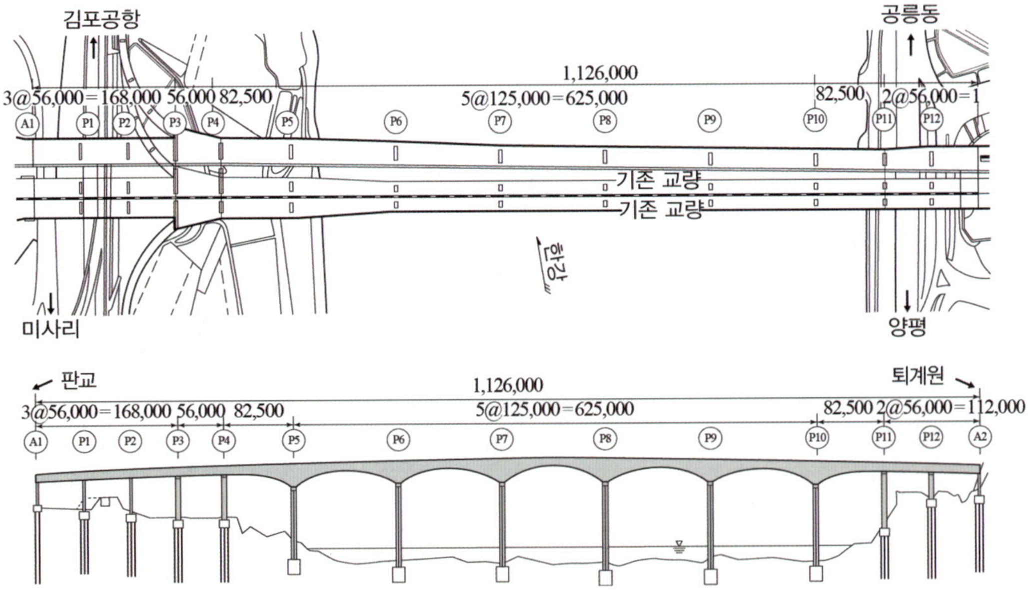

가. 확장교 상부구조

1) 육상부

신설 강동대교도 구교와 마찬가지로 본 교량(수중부)은 F.C.M으로 시공을 하였고 육상부는 F.S.M 공법(지보공 공법)을 적용하였다. F.S.M 공법을 적용한 구간(경간 S1-S3)의 상부구조 높이는 H = 3.00m, 폭 B = 23.40m로 일정하게 설계하였다〈그림 5.1.25〉.

횡단면은 칸막이를 가운데 둔 2실 박스 단면으로 구성하고, 상부 슬래브의 두께는 $t_{상부}$ = 30cm, 하부 슬래브의 두께는 $t_{하부}$ = 25cm, 복부판의 두께 t = 1.00m로 하여 전단 강성을 크게 키웠다.

그림 5.1.25 경간 S1–S3(F.S.M 구간) 횡단면도

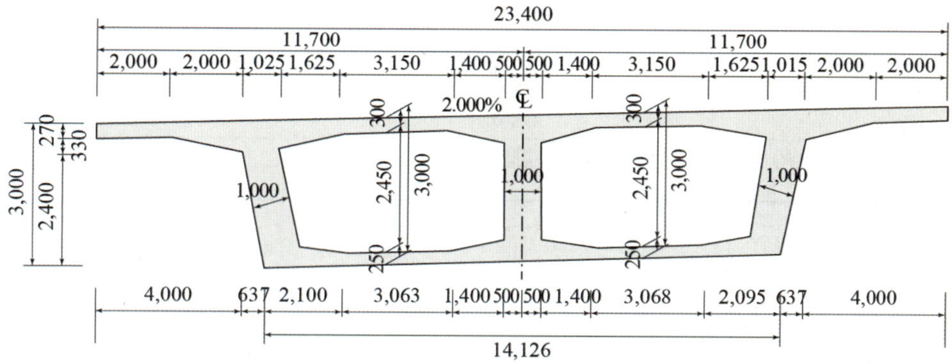

2) 수상부

F.C.M을 적용한 수중부의 상부구조 폭은 일반 구간에서는 B = 19.80m, 확폭 구간에서는 B = 23.4m로 설계되었다〈그림 5.1.26〉. F.C.M 공법을 적용하여 공사를 했던 관계로 종단의 높이는 위치에 따라 변하게 되어 있다. 이에 따라 상부구조의 높이는 기존 교량에서처럼 F.C.M 교각 지점부에서 H = 7.00m로 하고 경간 중앙부에서는 박스의 높이 H = 3.00m로 설계하였다〈그림 5.1.26〉.

강동대교 기존 교량의 구교와 신교 그리고 확장교 등 3개의 교량은 별개의 다리로 건설되었는데, 기존 교량의 구교와 신교는 1.50m의 이격거리를 가지고 시공되었고, 신설 교량은 기존 교량 신교 3.902m에서 11.927m만큼 거리를 두고 축조되었다〈그림 5.1.27〉.

그림 5.1.26 신설·확장 강동대교 수중부 표준 단면도
대림산업(주) 외, 1998, 서울외곽순환도로 확장공사 설계 요약

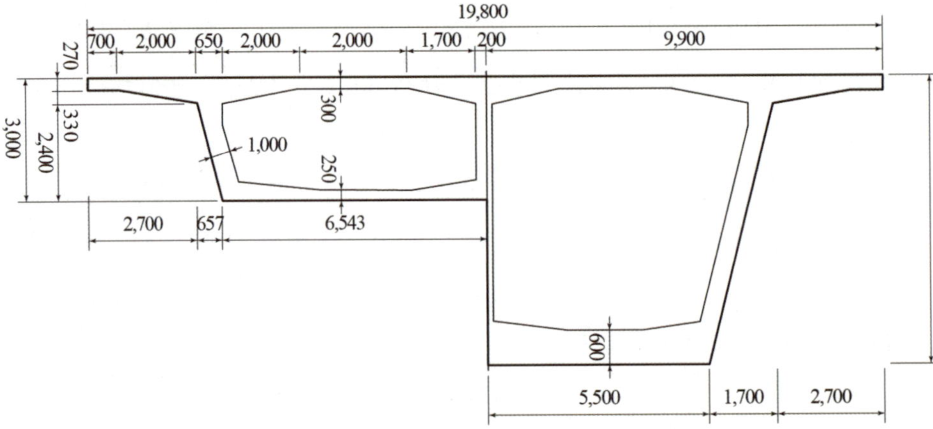

(a) 일반구간 횡단면도

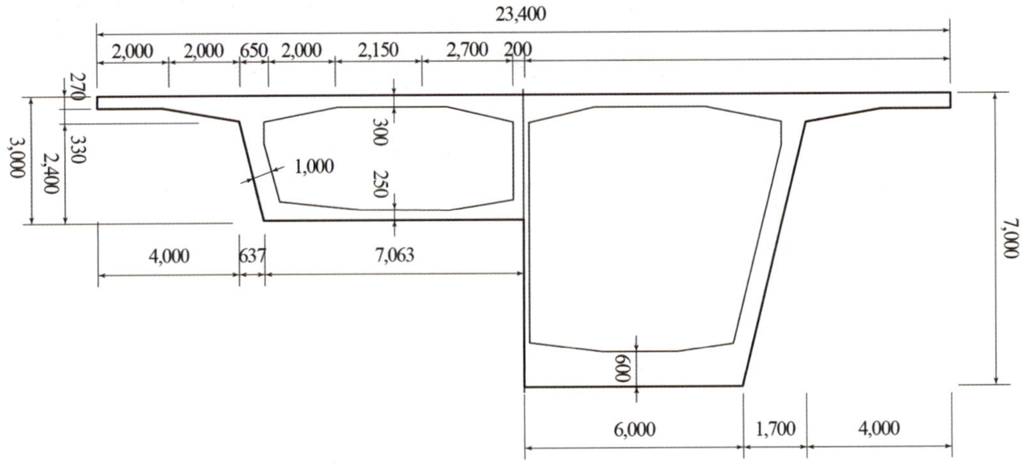

(b) 확폭구간 표준 단면도

강동대교 기존 교량의 구교와 신교 그리고 확장교 등 3개의 교량은 별개의 다리로 건설되었는데, 기존 교량의 구교와 신교는 1.50m의 이격거리를 가지고 시공되었고, 신설 교량은 기존 교량 신교 3.902m에서 11.927m만큼 거리를 두고 축조되었다〈그림 5.1.27〉.

F.C.M 시공법이 적용되는 수상 구간 L = 790.0m는 7경간 연속교로 설계되었는데, 지진 시 교량의 안전성을 확보하기 위하여, 기존 교량과는 달리 중앙부 2개의 교각(교각 P7과 교각 P8)은 상부구조와 일체로 강결시켰다. 참고로 구교에서는 6개 전체 교각 위에 교량 받침을 설치하였다〈그림 5.1.24〉.

그림 5.1.27 강동대교 표준 단면도

도로공사, 1998, 강동대교 확장공사 건설지

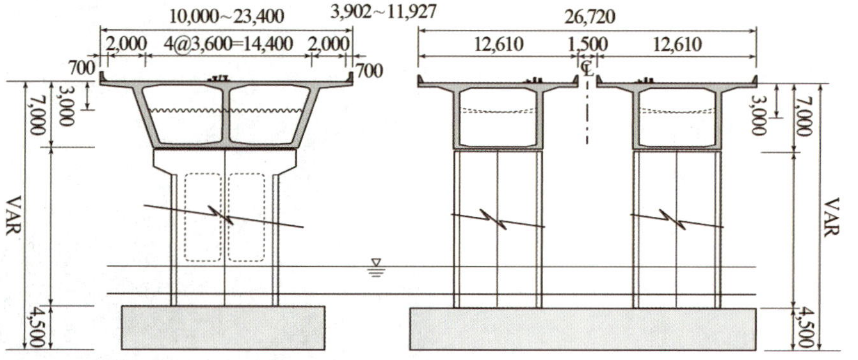

나. 확장교 하부구조

신설·확장교의 교대는 기존 교량과 마찬가지로 역 T형으로 구성하였다. 모든 교각은 중공 T형 형태로 설계하고, 높이는 최고 27.00m로 하였다. 수중부 교각도 가우물통 Φ= 18,000 위에 외형상으로는 6각형(정면 9.0m, 측면 6.0m) 단면을 갖고, 내부는 2개의 격실을 갖춘 벽식 기둥으로 세워졌다〈그림 5.1.28〉.

그림 5.1.28 확장교 교각 P6 단면도

도로공사, 2023, 수도권 구조물 정밀안전점검 및 성능평가용역(3권역)

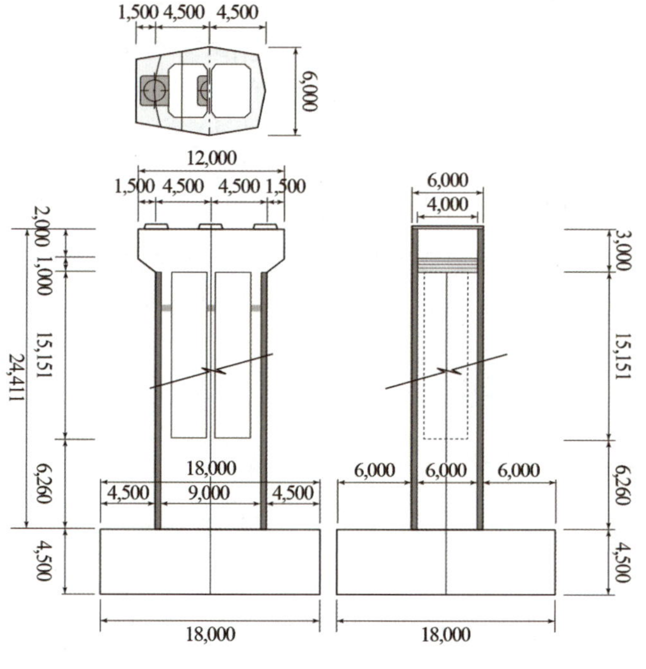

교각 상부에는 길이 12.00m의 멍에가 설치되어 그 상부에 설치된 3개의 교량 받침으로 상부 P.S.C 박스거더를 받치도록 설계하였다. 육상부에 축조된 교각의 형태는 수중부의 교각 단면 형태와 대동소이하다. 다만, 램프와 연결되는 교각 P3의 경우에는 멍에의 길이가 27.0m로 길어지므로 교각의 형태를 역 T형을 취하지 못하고 문형으로 설계할 수밖에 없었다.

그림 5.1.29 바지를 이용한 가우물통 설치 전경

대림산업(주) 외, 1998, 서울외곽순환도로 확장공사 설계 요약

5.1.3.2 확장교 시공

교대 A1에서 교각 P4와 교각 P11부터 교대 A2까지는 올케이싱 방식으로 구경 Φ= 1,500mm 현장타설 콘크리트말뚝으로 시공하고, 수중부(P6~P10)에서는 강재 우물통기초로 교각 기초를 건설하였다.

가. 가우물통을 이용한 수중부 직접기초 시공

강동대교가 건설되는 현장은 상수원 보호구역 내에 있어 축도 사용이 불가능하고 또한 암반층이 얕아 가교 설치도 어려웠기 때문에 수중부 5기의 직접기초를 바지와 물막이용으로 제작한 가우물통에 의한 시공계획을 수립하였다〈그림 5.1.29〉.

강재 가우물통 시공은 먼저 가우물통을 제작하고, 이를 진수시켜 바지로 수상 운반하여 목적된 위치에 거치하고 그 위에 강재로 만든 작업차를 설치하여, 굴착 침하시킨 후 외부에서 유입되는 물을 막고 건조한 상태에서 기초와 교각을 시공한다(교각 P6~P10). 기초와 교각 공사가 끝나면 강재로 만든 작업차를 해체하여 재사용하였다.

나. 상부구조 시공

1) F.S.M 공법 적용

강동대교 시점 측 3경간 연속교와 단경간 1개소(L = 2@56 + 56 = 224.0m)와 종점 측에는 2경간 연속교(L = 2@ 56 = 112.0m) 1개소는 접속교의 높이가 3.0m로 낮고 또한 지간도 길지 않아 강재 동바리를 설치하고 거푸집을 설치한 후 크레인으로 한 경간씩 일괄 타결하는 완전지보공법(F.S.M)으로 시공하였다.

2) F.C.M 공법 적용

강동대교 확장·신교 수중부 상부구조는 F.C.M 공법으로 시공되었으며, 시공방법도 기존 교량과 크게 다르지 않았다. 다만 신교 건설 과정에서는 기존 구교와는 달리 교각 P8과 교각 P9를 상부 박스 구조와 일체로 강결하여 라멘 구조를 형성함으로써 수평력 저항 능력을 크게 향상시켰다.

또한 교각 P5, P6, P9 및 P10 상부에는 가동받침을 설치하여 교량의 신축성을 확보하였다. 구조 형식의 이러한 변화는 구교에서 내진설계가 반영되지 않았던 반면, 신교에서는 내진설계가 적용되었기 때문이다. 일반적으로 내진설계는 지진에너지를 흡수하는 LRB(Laminated Rubber Bearing)나 STU(Shock Transmission)를 활용하여, 하부구조에 전달되는 지진력을 저감하는 방식이 주로 사용된다.

그러나 강동대교 확장공사에서는 7경간 연속거더의 중앙 두 교각과 상부구조를 일체화하여 횡방향 강성을 증가시키는 방식으로 내진 성능을 향상시켰다. 이 과정에서 이때 대림산업 엔지니어들은 '선보정 공법'을 개발하여 현장에 적용하였다.

F.C.M 교량에 적용된 선보정 공법(Pre-Comensation Method)[7]

선보정 공법의 기본 개념은 단순하다. 강동대교 신교 라멘 구간에서 상부구조가 교각과 강절(剛節)로 연결되면, 포스트 텐션(Post Tension)에 따른 탄성수축, 콘크리트 크리프, 건조수축 등으로 인해 시간이 지남에 따라 수축 변형이 발생한다. 선보정 공법은 이러한 변형량을 미리 예측해 반대 방향으로 변위를 부여한 상태에서 키 세그를 설치하여, 실제 변위가 발생했을 때 상쇄되도록 하는 방식이다〈그림 5.1.30〉. 다만, 선보정 하중은 해석값이므로 실제 현장 조건과 차이가 있을 수 있다. 이에 따라 시공 과정에서는 지속적인 계측을 통해 교각의 실제 스프링 계수를 산출하고 〈그림 5.1.31〉, 이를 반영한 재해석으로 최종 보정 하중을 결정하였다.

대림 엔지니어들은 이 공법의 장점으로, 교각 P7과 P8을 상부구조와 강결시켜 라멘 구조를 형성함으로써 하부구조 단면력을 줄이고 규모를 축소할 수 있었다는 점을 들고 있다. 또한, 연약지반에서 말뚝기초로 시공된 강결 교각의 경우, 파일에 작용하는 수평력이 줄어들어 교량 종단선형의 이상 거동을 방지할 수 있다는 이점을 강조하였다. 한편, F.C.M(Freely Cantilever Method) 구간의 주교량 상부구조는 기존 강동대교에서 축적된 기술을 활용해 이동식 작업차(Form Traveller) 3조(6대)로 시공하였다. 주두부는 18.0m, 세그먼트는 3.0m, 3.5m, 4.0m로 구분하였다. 양측 주두부 중심에서 14개씩 균형을 맞추어 가설한 후, 마지막 2.0m 구간을 키 세그로 접합하였다〈그림 5.1.32〉. 또한 F.C.M 시공 구간의 P.S.C 박스거더는 교축 방향으로 지점에 가까울수록 부모멘트가 커져 하부 플랜지에 큰 압축력이 작용한다. 이에 하부 플랜지 두께는 지점부 0.60m에서 중앙부 0.25m까지 변화한다. 신교 중앙부에서는 직선 구간을 두고, 기존 강동대교와 동일한 형고 3.0m를 유지하였다.

그림 5.1.30 선보정 공법 개념도

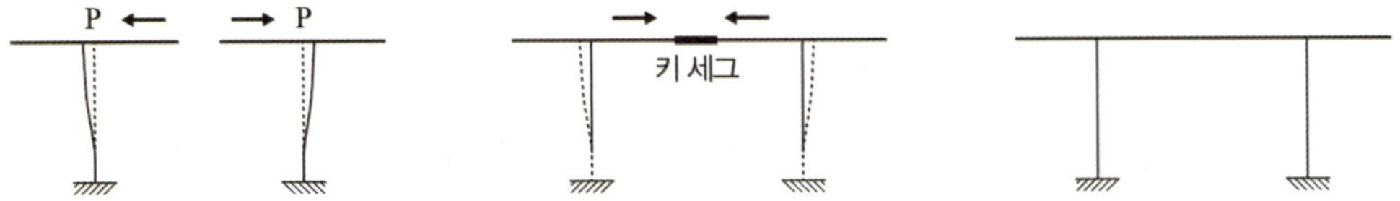

(a) 키 세그 접합 전 선보정 하중재하 (b) 키 세그 접합 후 수축 변형 발생 (c) 완공 후 응력평형상태

그림 5.1.31 재해석을 위한 교각의 스프링계수 추정 개념도

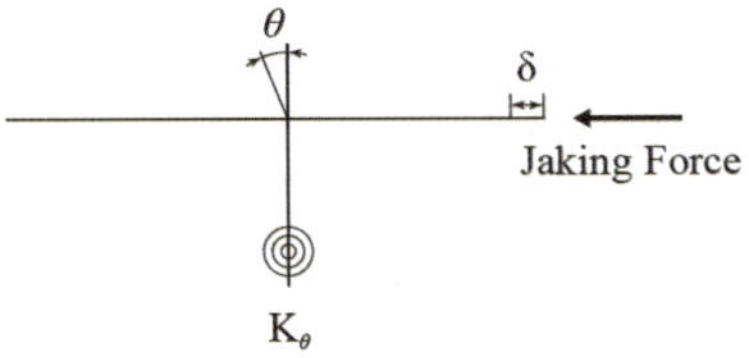

(a) 기둥 스프링 모델

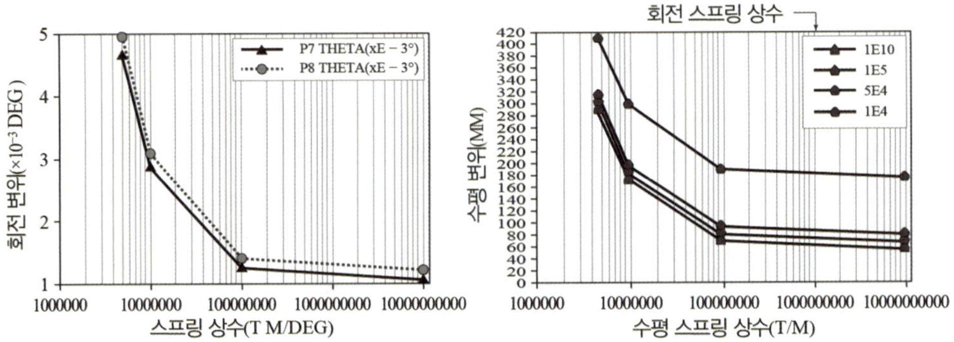

(b) 실측된 회전각과 변형량으로부터 스프링계수를 추정하기 위한 도표

그림 5.1.32 강동대교 확장공사 현장

대림산업(주), 2002, 대림기술정보, 겨울호, 101쪽

미주

[1] 김홍기(토목연구지원팀 과장), 2002, 강동대교 F.C.M 교량에 적용된 선보정 공법, 대림기술정보, 겨울호, 101쪽

[2] 대림산업(주), 1999, 『대림 60년사』

[3] DSP 주열식 차수벽 공법 : Deep Soil Mixing Pile의 약자로 최근에는 DSM 공법으로 불린다. 먼저 오거(Auger)로 구멍을 파고 꺼내면서 인발 시멘트를 주입하여 소일 시멘트(Soil Cement) 파일을 연속적으로 만들어 차수벽 역할을 하게 하는 공법으로 지금은 매우 드물게 적용되는 차수 공법이다.

[4] 대림산업(주), 1993, 강동대교공사지, 29쪽

[5] 노즈(Nose) : 작업차 트러스 앞부분

[6] 1) 제일엔지니어링 외 3사, 1998, 서울외곽순환도로(판교-퇴계원 간) 확장공사(제4공구) 설계요약
2) 한국도로공사, 2001, 강동대교 정밀안전진단 보고서

[7] 1) 김홍기(토목연구지원팀 과장), 2002, 강동대교 F.C.M 교량에 적용된 선보정 공법, 대림기술정보, 겨울호.
2) 대림산업, 2000, 프리스트레스트 콘크리트보의 연결공법(Connection Method of FCM Bridge) 특허등록번호 제025902호, 발명자 심영철

5.2

한강철교 C선 쌍둥이 철교, 한강철교 D선

5.2.1 개요

1962년에 시작된 '경제개발 5개년 계획'의 성공으로 우리나라 국가 경제는 획기적으로 발전하였다. 1960년 명목 국민소득이 79달러였던 것이, 제6차 경제사회발전 5개년 계획[1]이 끝나가는 1990년에는 6,147달러로 증가하여 경제 규모가 약 78배 성장하였다. 같은 기간 인구 역시 2,501만 명에서 4,287만 명으로 늘어났으며, 이 인구가 수도권에 집중되면서 교통 수요가 급격히 증가하였다. 이에 정부는 구로를 중심으로 수원과 인천으로 분산되는 교통량을 해소하기 위하여 경부선 서울-구로 간 복선전철 11.7km를 신설하기로 결정하였다. 이 공사는 토목, 건축, 궤도, 신호, 변전, 전력, 통신 등 철도 관련 전 분야가 포함된 종합 건설사업이었다. 1989년 12월 착공하여 7년 만인 1995년 12월 31일 전 구간을 개통하였다.

그림 5.2.1 한강철교 C선 전경

한강 복선전철 교량은 실시설계 단계에서 제1안 P.S.C 박스거더교, 제2안 프리플렉스 합성교 + P.C 사장교, 제3안 강(鋼) 하로 와렌 트러스교, 제4안 프리플렉스 합성형교 + 강 하로 변단면복사재 트러스교 등 4개 안을 검토하였다.

당시 국내에는 자갈도상식 강트러스교(Steel Truss Bridge) 시공 경험이 없었으므로, 원효대교 건설 경험이 있는 P.S.C 박스거더교가 발주처의 주목을 받았다. 서울시는 심사 과정에서, P.S.C 박스거더교나 프리플렉스 합성형교의 건설공사 기간이 한강철교 C선와 같은 강트러스교보다 훨씬 짧고, 소음도 작게 나며 또한 유지관리비가 훨씬 적게 든다는 장점을 높이 평가하였다. 종단구배가 트러스교보다 훨씬 급해지는 불리함이 있음에도, P.S.C 박스거더교와 프리플렉스 합성교를 조합하여 설계·시공하기로 최종 결정하였다.

공사는 1989년 12월 15일 진흥기업이 147억 원에 낙찰받아, 같은 해 12월 30일 착공을 시작하였다. 그러나 감사원이 실시설계에서 정한 열차 표준 활하중 LS-18을 LS-22로 변경할 것을 지적하자 〈그림 5.2.2〉, 철도청은 철도교의 구조 안전성 문제를 재검토하면서 재입찰을 추진하였다. 건설부 중앙건설심의위원회는 제한경쟁입찰[2]을 재심의하였고, 그 결과 상부구조 형식은 변경되었다. 즉, 당초 계획된 P.S.C 박스거더교 + 프리플렉스 합성형교로 정해졌던 D선 상부구조 형식[3]이 3경간 연속 하로 판형교 7련과 3경간 연속 복사재 트러스교(Continuous Double Warren Truss) 3련 그리고 단경간 트러스 1련으로 설계가 변경되었다.

그림 5.2.2 열차하중 LS-22

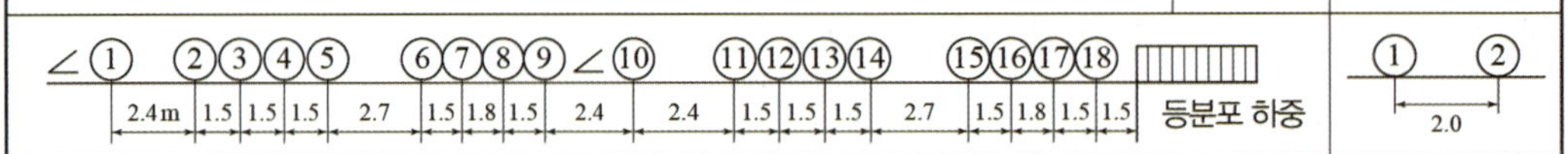

LS-22: 열차 축하중(KN), 등분포 하중

하중 \ NO	1	2	3	4	5	6	7	8	9	10	11	12	13	14	15	16	17	18	등분포 하중
L-22	110	220	220	220	220	440/3	440/3	440/3	440/3	110	220	220	220	220	440/3	440/3	440/3	440/3	220/3

S-Load: 축하중

하중 \ NO	1	2
L-22	2420/9	2420/9

이 과정으로 공사는 약 2년 지연되었고, 본격적인 공사는 1991년 12월에야 시작할 수 있었다. 이후 1995년 12월 31일 준공하였다.[4]

교량 위치는 서울-구로 복선전철 노선 기본조사 설계에서 제시된 안 중, 한강철교 B선과 C선 사이 구간으로 확정되었다. 가설 지점의 강폭은 약 760m, 수심은 2.3~7.5m였다〈그림 5.2.3〉. 교량의 중심축은 기존 B선과 C선으로부터 각각 15~31m 떨어져 배치되었다.

기존 B선의 상부구조는 강북 측으로부터 강판형교(12@19.20m + 9@25.4m) 21련이 설치되어 있고, P_{21}부터 교대 A_2까지는 강 와렌트러스(10@61.95m)가 10련 설치되어 있었다〈그림 5.2.3〉.

그림 5.2.3 한강철교 D선
3경간 연속 하로판형교 482.0m + 3경간 연속 복사재 트러스교 631.0m

한강철교 C선은 강북 측으로부터 하로 판형교 4련(4×3@20m)과 3련(=3×3@26.3m), 총 L=482m가 강 판형교로 설치되어 있고, P_{21}부터 교대 A_2 사이에는 변단면 강 연속복사재 트러스교(55.60+78.50+55.60m) 3련과 남단에 단경간 등 강 복사재 트러스교(61.5m)를 합하여 총 L=631m의 강 트러스교가 가설되어 있다.[5]

한강철교의 경간(Span Length)은 기존 교량의 경간과 일치시키는 것이 교량미뿐만 아니라 홍수 시 교각으로 인한 추가 수위 상승(Back Water)을 최소화하는 방법이었다. 그런 이유로 B선과 C선 사이에 건설될 D선도 교량 형식을 C선과 같은 형식으로 최종적으로 결정하였다.

C선과 같은 구조형식을 취한 D선에서도 설계하중으로 LS-22를 적용하였다. 다만, 부재 연결 방법으로 C선에서는 리벳 연결을 적용하였으나 D선에서는 용접을 연결재로 사용한 강 철도교를 축조한 면에서 C선과 차별성을 갖는다. 한국철도공사에서는 D선의 경간 구성을 C선과 같게 하여 교량 북단으로부터 L=481.85m는 7연의 3경간 연속 하로 판형교, 그리고 P_{21}~A_2까지는 복사재 트러스 L=630.85m로 하여 전체 교량 연장은 1,112.70m가 되게 건설하였다〈그림 5.2.4〉.

다만, 도면상에 표시된 수치로 계산된 교량 총연장과 철도공사에서 실시한 정밀안전진단보고서에서 제시한 L=1,113.49m 사이에는 약 80cm 정도 차이가 나는데, 이 책에서는 교량 전체 길이를 L=1,113.0m로 표시하기로 하였다.

교량 폭 B=12.60m로 철로 폭은 9.8m, 보도는 좌우측에 각각 1.4m를 선정하였다〈그림 5.2.5〉. 한강철교 D선의 궤도구조는 소음을 줄일 수 있는 유도상 궤도를 선택하였고, 레일은 60kg/cm²급 장대레일로 시공하였다.

그림 5.2.4 한강철교 D선 종·평면도

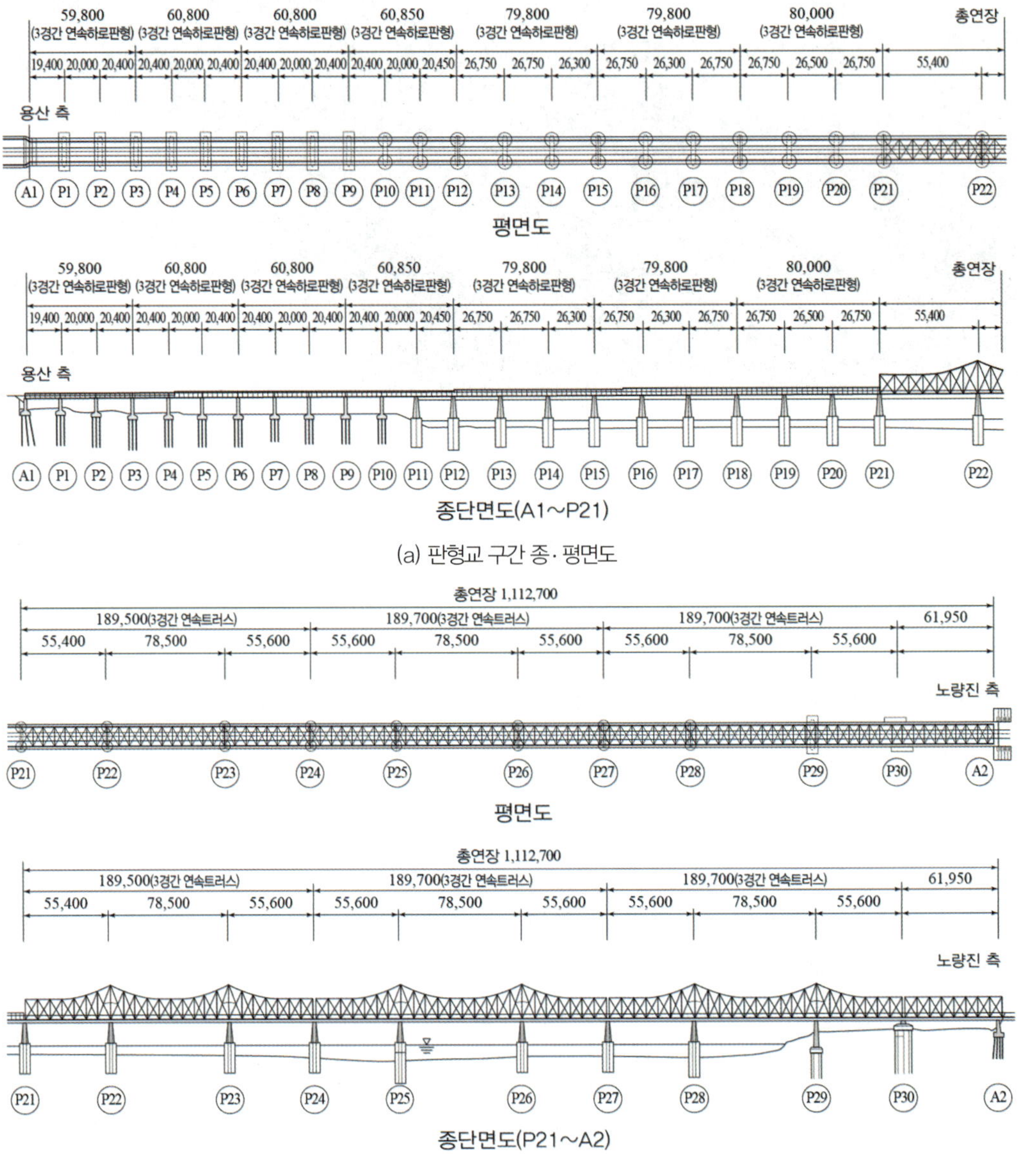

(a) 판형교 구간 종·평면도

(b) 트러스 구간 종·평면도

5.2.2 교량 설계

5.2.2.1 상부구조

가. 판형교(Plate Girder Bridge)

판형교 구간의 경간은 유형 I 구간과 유형 II 구간으로 구성되어 있다. 유형 I은 교대 A1부터 교각 P12까지의 구간에 설치된 강판형교(Steel Plate Girder Bridge) 4련으로 되어 있고, 1련의 판형교는 지간장이 l = 20.0m인 3경간 연속 거더교로 되어 있다〈그림 5.2.5(a)〉. 판형의 높이 h = 2.250m이고, 복부판은 전형적인 수평 보강재와 수직 보강재로 복부판의 좌굴현상을 방지하고 있다. 교량의 두 주형(강판형)의 간격은 9.80m이고 전체 횡단면의 폭 B = 12.60m이다〈그림 5.2.5〉.

두 주형 사이에는 22개의 가로보(Floor Beam)를 교축 방향으로 3.0m 또는 2.80m 간격으로 설치하고, 그 가로보와 가로보 사이에는 4개의 세로보가 〈그림 5.2.5(b)〉에서처럼 설치되어 있다. 세로보 하부 플랜지에는 수평 브레이싱을 설치하여 수평하중을 잡아주고 있다. 그 세로보 위에 콘크리트 바닥판을 만들고 그 위에 자갈도상을 설치하였다〈그림 5.2.5(c)〉.

그림 5.2.5 판형교 유형 I 구간(A1~P12) 일반도

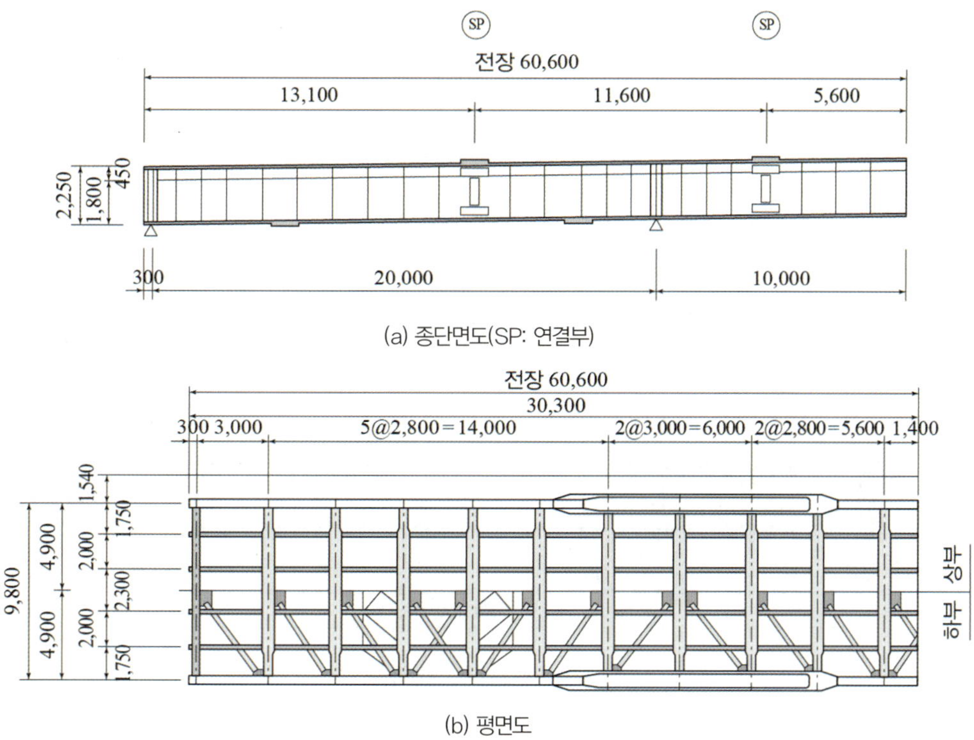

(a) 종단면도(SP: 연결부)

(b) 평면도

그림 5.2.5 판형교 유형 I 구간(A1~P12) 일반도(계속)

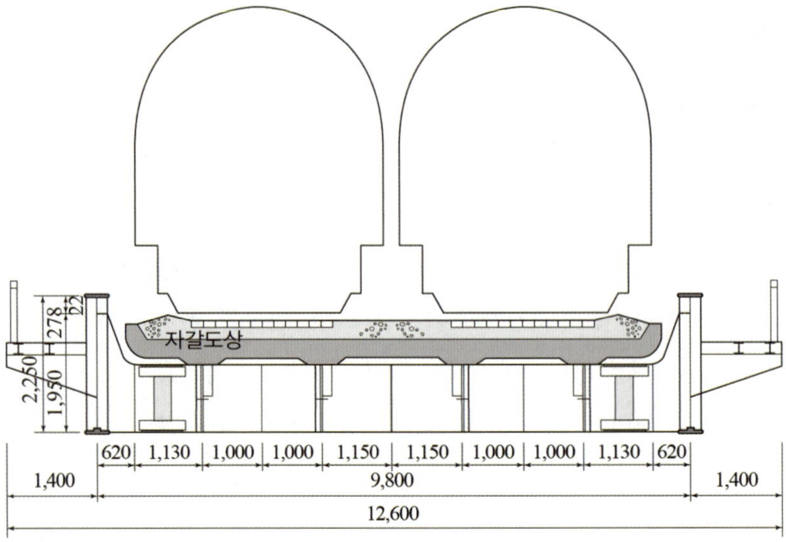

(c) 횡단면도

유형 II는 교각 P12로부터 교각 P21까지 가설된 3경간 연속 거더교 3련으로 구성되어 있는데, 이 구간에서의 판형교 지간장[6]은 L = 26.30m로 유형 I 구간의 지간장보다 약 6.3m 더 길어 주형 사이에 설치하는 가로보(Cross Beam)도 28개로 유형 I 판형교보다 6개나 더 많이 사용하였다. 그러나 판형교의 횡단면 치수는 유형 I과 같고, 시공을 위한 연결부(SP)는 2개소로를 증가시켰다〈그림 5.2.6(a)〉. 판형의 높이도 2.65m로 유형 I 판형교 높이보다 0.40m 더 키워 제작하였다.

그림 5.2.6 판형교 유형 II 구간(P12~P21) 일반도

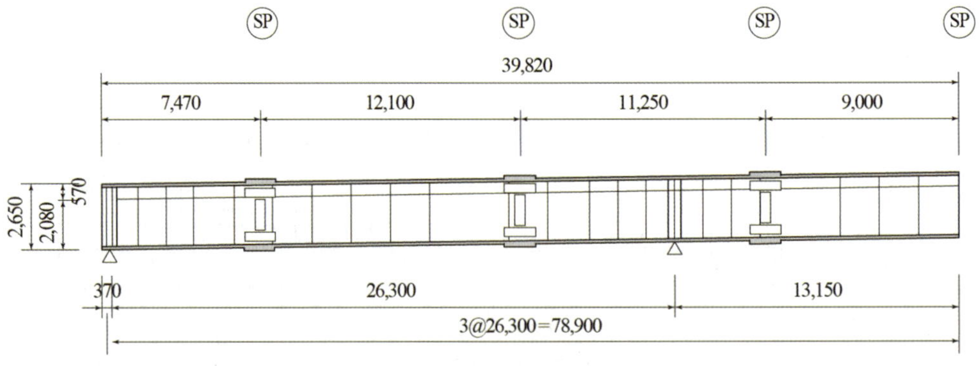

(a) 종단면도(SP: 이음부)

그림 5.2.6 판형교 유형 II 구간(P12~P21) 일반도(계속)

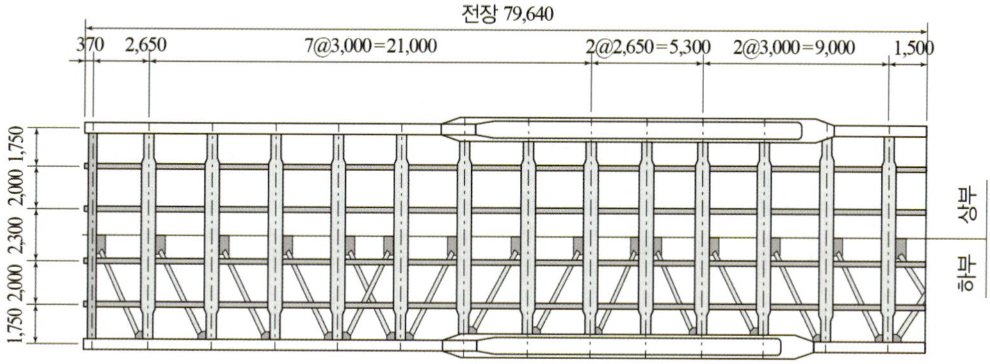

(b) 평면도

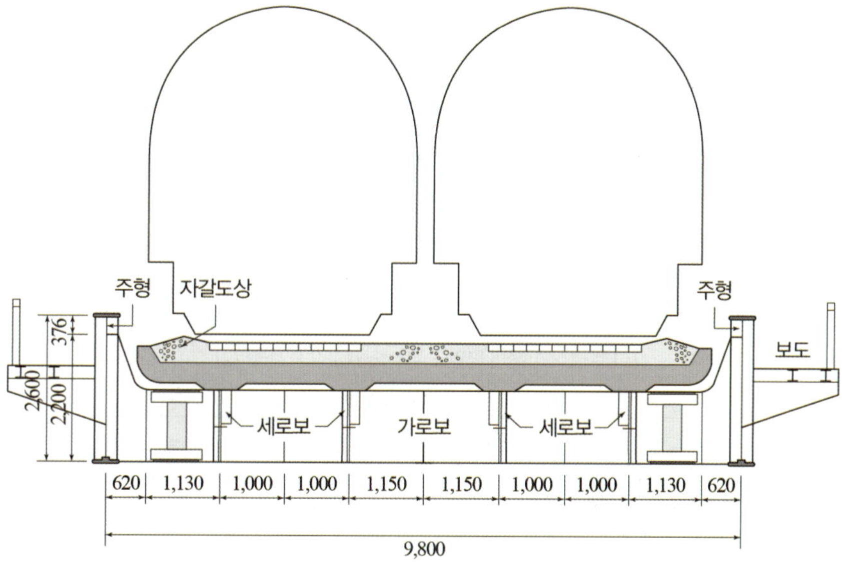

(c) 횡단면도

나. 트러스교

한강철교 D선 트러스 구간 교량 양단의 지점 간의 거리는 다음과 같다.

$$L = 7@7.85 + 10@7.85 + 7@7.85 = 188.4m$$

트러스 한 절점 간의 거리는 7.85m이다〈그림 5.2.7〉. 트러스와 트러스 사이의 거리는 9.80m이고 트러스의 높이는 10.0m에서 17.0m로 변한다〈그림 5.2.10〉. 트러스교 상부 평면과 하부 평면에는 두 평면 모두 격점과 격점 사이에 X자형 브레이싱을 걸어 횡방향 하중에 저항하게 설계하였다. 트러스 종단면에도 절점과 절점 사이에 단순한 사재(Diagonal Member)를 사용하지 않고, 복사재(Double Diagonal Member)를 사용하여 부정정 차수를 더 크게 함으로써 전체 교량 구조의 여용력을 증대시켰다. 한강철교 C선을 일본인들이 설계할 때 제2차 세계대전 중 만주로 군수물자를 수송하기 위하여 건설한 철교가 전쟁 중에 공중 폭격에 더 강하게 버틸 수 있도록 만들기 위하여 사용한 복사재를 한강철교 D선에서도 동일하게 사용하였다.

철도교 D선 외형은 철도교 C선과 같은 형태를 선택함으로써 조형미도 고려하고 동시에 공기도 단축할 수 있었다. 다만, 다른 점이 있다면, C선에서는 도상 구조를 무도상 구조로 설계된 것에 비하여 D선에서는 자갈 유도상 구조를 선택함으로써 장대레일 부설이 가능케 했다는 점이다〈그림 5.2.8〉.

그림 5.2.7 한강철교 D선 종·평면도 부분도[P21–(P22–P23 절반)]

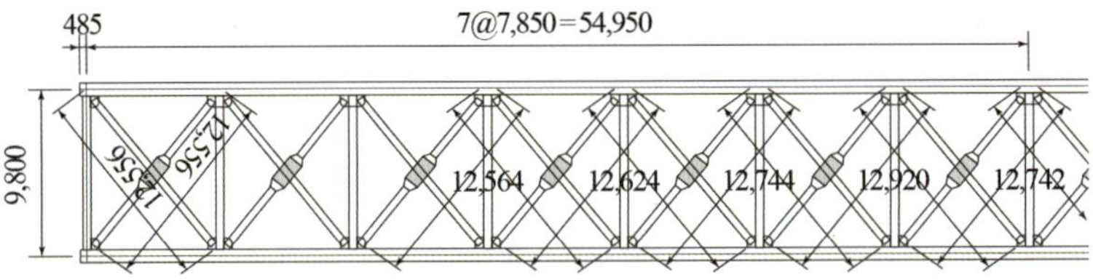

(a) 트러스 상현재 평면도 부분도 1(교각 P21-P22)

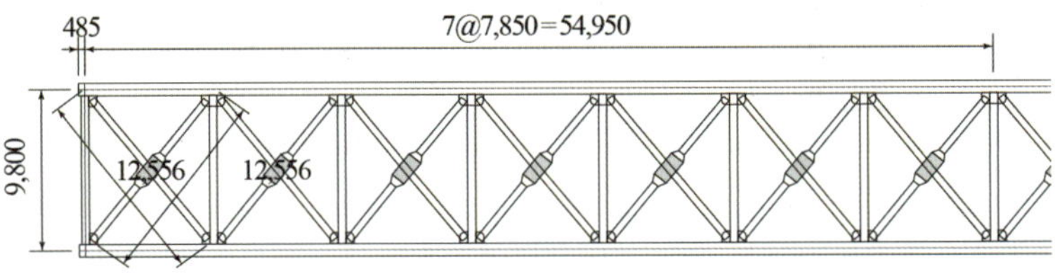

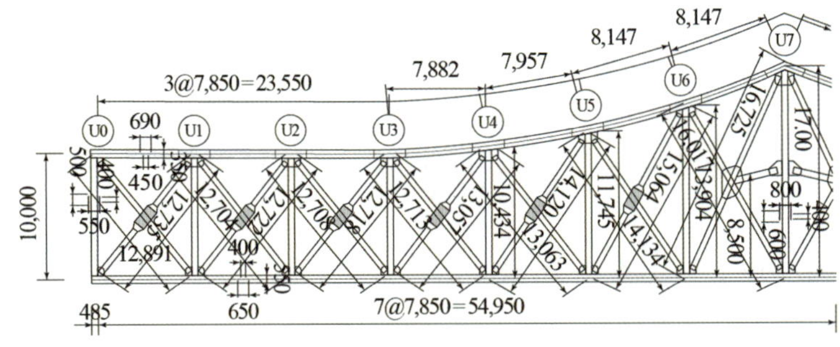

(b) 트러스 종단면도 부분도 1(교각 P21-P22)

그림 5.2.7 한강철교 D선 종·평면도 부분도[P21-(P22-P23 절반)](계속)

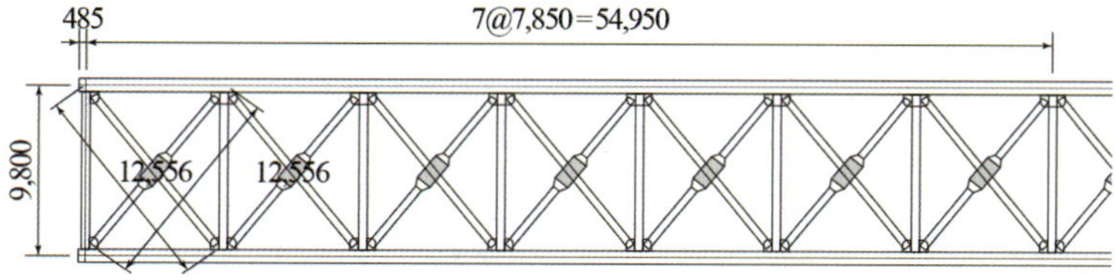

(c) 트러스 하현재 평면도 부분도 1(교각 P21-P22)

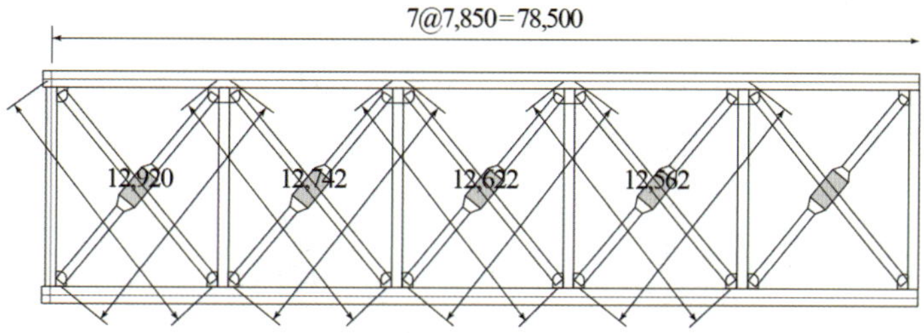

(d) 트러스 상현재 평면도 부분도 2(교각 P22-P23 절반)

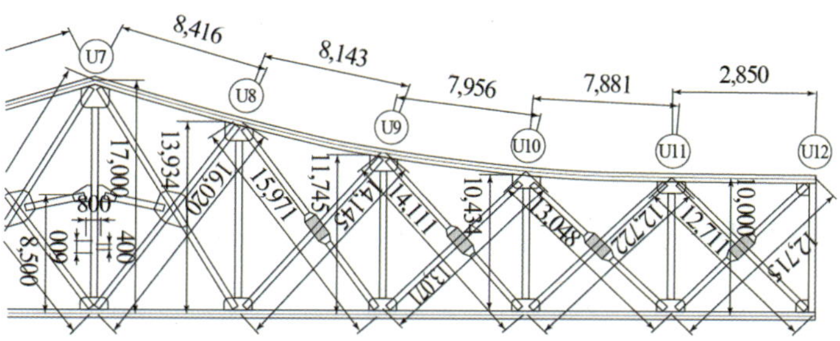

(e) 트러스 종단면도 부분도 2(교각 P22-P23 절반)

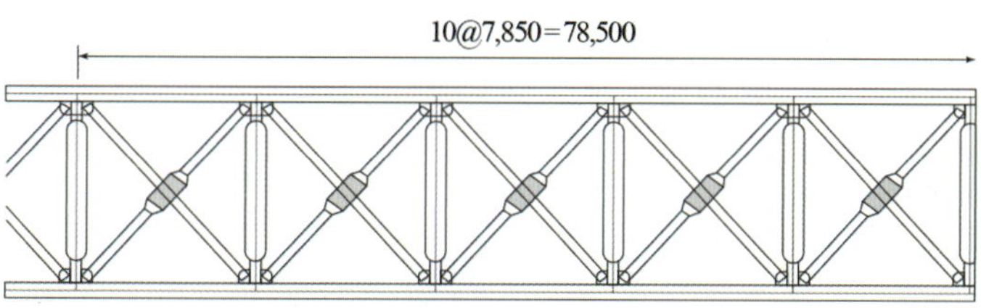

(f) 트러스 하현재 평면도 부분도 2(P22-P23 절반)

한강철교 C선과 D선은 3경간 연속 변단면 트러스교로 아치 트러스와는 달리 트러스 상현재가 인장력을 받게 설계되었다. 그래서 중앙 지점부 위에서는 현수교의 주탑 역할을 해줄 수 있게 상현재의 높이를 높여주기 위하여 트러스 높이 H = 17m가 되게 하였다〈그림 5.2.8(a)〉. 여기서 트러스교 최외측 단면은 아치교 상현재에서 전달되는 수평하중을 지점으로 전달해 주는 교문 브레이싱 역할을 할 수 있도록 설계했다〈그림 5.2.8(b)〉.

그림 5.2.8 트러스 횡단면도 일반도

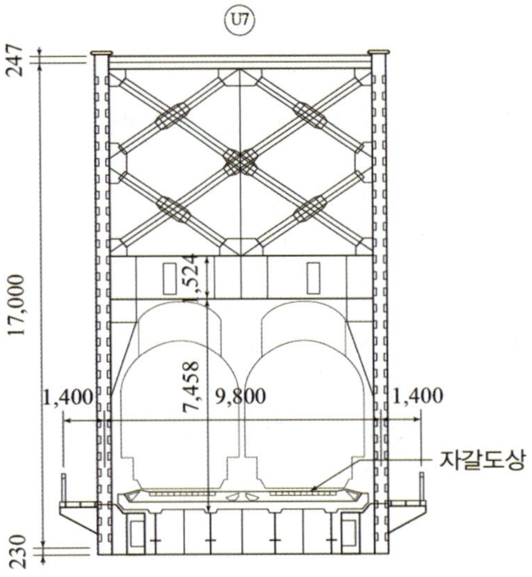

(a) 트러스 U7 구간 횡단면도

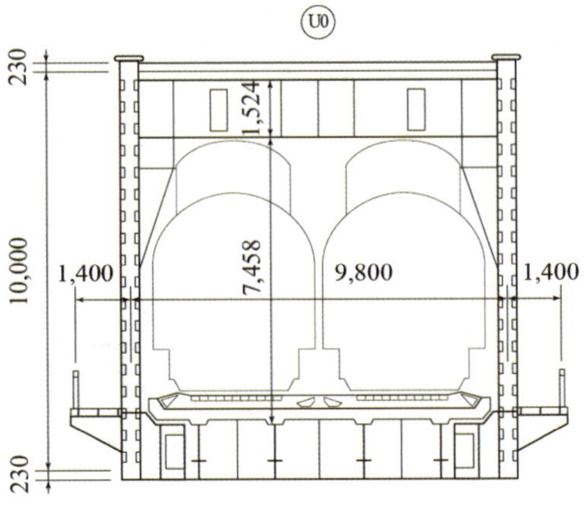

(b) 트러스 U0 구간 횡단면도

5.2.2.2 하부구조

가. 하부기초

한강철교 D선 교량 양단에 시공된 교대 A1에는 Φ500×16.350m 규모의 강관말뚝 24개를〈그림 5.1.9〉, 그리고 A2의 하부기초는 Φ500×10.80m의 강관말뚝을 32개 사용하였다〈그림 5.2.10〉.

교각 기초로는, 교각 P1~P10까지〈그림 5.2.11(a)〉, 그리고 P29~P30 파일 기초로 하였다. 그리고 교각 P11~P28에는 우물통기초로 시공하였다〈그림 5.2.11(b)〉.

그림 5.2.9 교대 A1 일반도

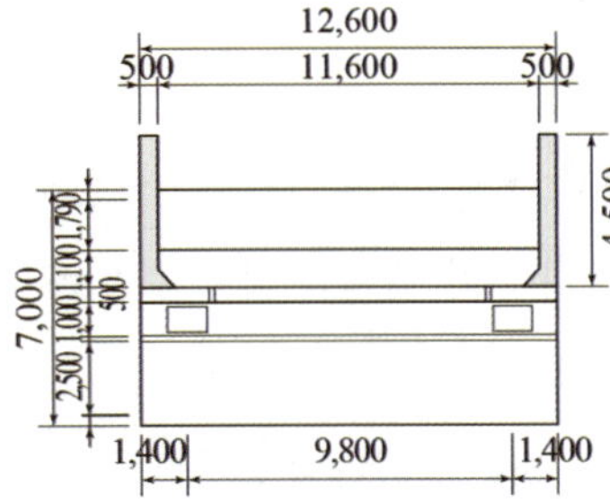

(a) 평면도

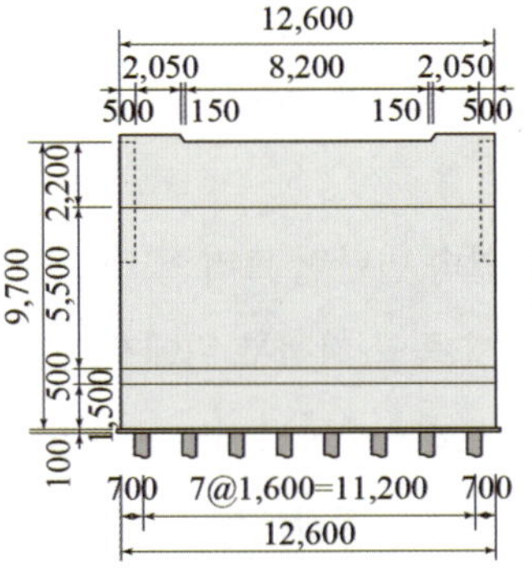

(b) 정면도

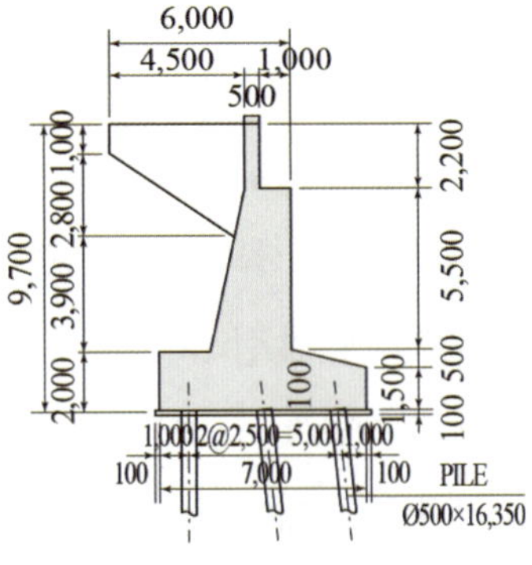

(c) 측면도

나. 교대와 교각

강북 측 교대 A_1과 강남 측 교대 A_2 모두 반중력식 교대로 시공되었다〈그림 5.2.9, 그림 5.2.10〉. 그 사이 놓인 수중부 교각 18기와 지상에 놓인 교각 12기 모두 R.C 벽식 교각으로 시공되었다〈그림 5.2.11〉.

그림 5.2.10 교대 A2 일반도

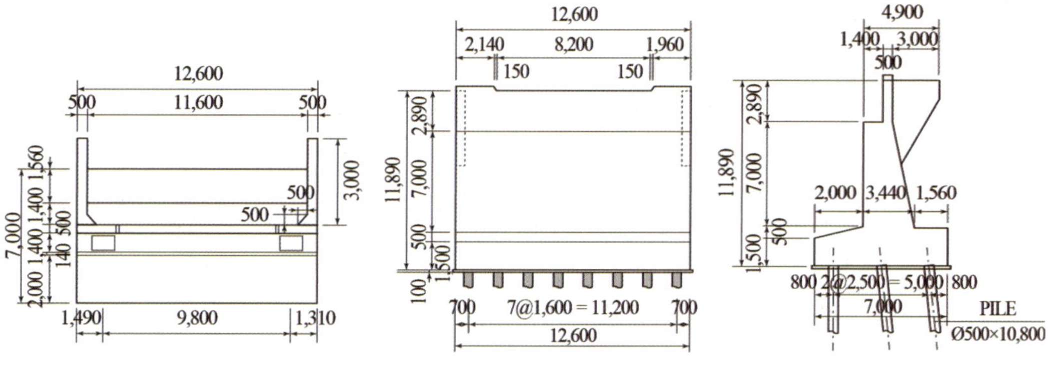

(a) 평면도 (b) 정면도 (c) 측면도

그림 5.2.11 하부구조 일반도

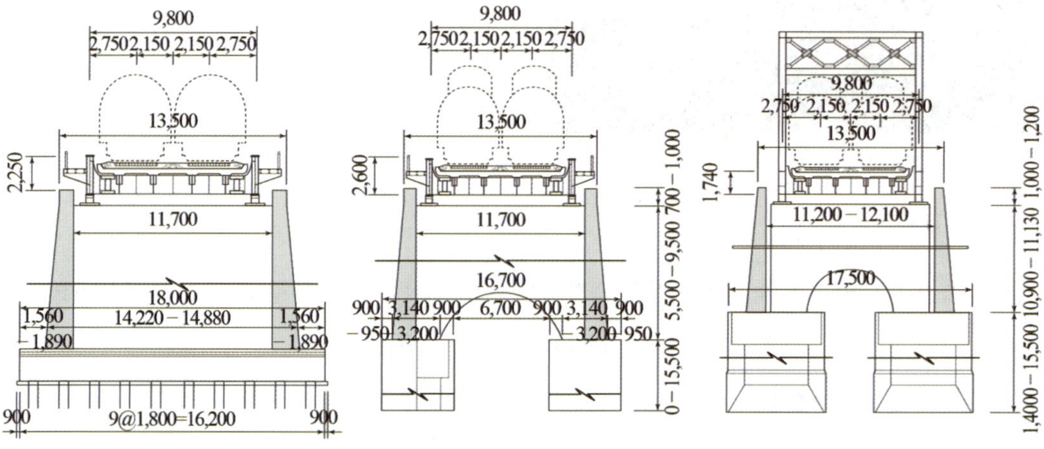

(a) 교각 일반도(P1~P10) (b) 교각 일반도 (P11~P20) (c) 교각 일반도(P22~P28)

5.2.3 시공

5.2.3.1 상부구조

철도교는 하로 판형교, 단경간 트러스, 3경간 연속 트러스의 순서로 가설하였는데 교대 A_1 부터 교각 P_{21} 구간 판형교는 흥화공업 포항 공장에서 제작하여 가조립 후 해체한 것을 한강 고수부지로 운반하여 재조립하고, 조립된 부재를 크레인으로 동바리와 교각 위에 올려놓은 다음 고장력 볼트를 사용하여 연결하였다.

트러스 부재도 부재를 교량 위에서 조립하지 않고 주부재 일부를 지상에서 조립한 후 크레인을 이용하여 교각과 동바리 위에 올려놓은 다음 나머지 부분을 완전하게 조립하였다〈그림 5.2.12〉. 수중에 서 있는 P_{21}과 P_{27} 사이에 놓일 3경간 연속 트러스의 가설을 위해서는 수중에 미리 동바리를 설치하고, 교대 A_1쪽(용산측) 고수부지에서 조립한 후 부재를 바지선으로 설치장소까지 운반하였다. 운반된 조립 부재들은 크레인으로 인양하여 교각과 동바리 위에 옮긴 후 나머지 조립 작업을 마쳤다.

그림 5.2.12 트러스 가설
한국철도건설공학협회, 2007, 『한국철도사진 108년사』

일단 트러스가 교대나 교각 위에서 조립되면 동바리를 철거하고 트러스 자중에 의한 처짐을 실측하여, 부재의 연결상태와 받침부 시공 오차 등에 의하여 생기는 캠버(Camber)를 조정했다.

5.2.3.2 하부구조

교각 기초는 강관파일 말뚝기초와 우물통기초를 섞어 적용하였는데 두 교대와 교각 P_1~P_{10} 및 P_{29}~P_{30} 등 14곳에는 ϕ = 500mm(t = 12 mm, l = 15 m) 강관파일 말뚝기초를 a = 1.8 m 간격으로 공사하였으며〈그림 5.2.11(a)〉, 나머지 교각 P_{11}부터 P_{28}까지는 우물통기초로 시공하였다. 이들 중 콘크리트 우물통 13기는 축도식으로 공사하고〈그림 5.2.13〉, 나머지 강재 우물통 5기는 바지를 이용한 수중작업을 하였다.

강관말뚝공사는 먼저 천공을 하고 뚫린 구멍 속으로 강관말뚝을 집어넣어 바이브로 해머나 크레인으로 항타하는 것으로 최초 설계되었으나, 이 방법을 물이 나오는 자갈층과 모래층에서 공사하기가 어려워 포기하고, 일본 건설 현장에서 사용하는 '도너츠-오거 해머' 공법을 적용하기로 하였다. 도너츠 오거 병용 공법을 사용하면 직경 Φ 508mm에서 1,500mm까지 천공할 수가 있어 어떤 지반 조건에서도 사용할 수 있다.

교각의 형태는 교각 P_1부터 교각 P_{10}까지는 판형 모양의 교각 형태를 취하고, 나머지 교각 P_{11}부터 교각 P_{22}까지는 두 개의 우물통 기초 위에 문형 형태의 교각을 세웠다〈그림 5.2.14〉.

그림 5.2.13 축도식 우물통 공사 현장

그림 5.2.14 문형 교각 시공 현장

미주

[1] 1981년에 출범한 제5공화국 정부는 1982년부터 시작된 '제5차 경제개발 5개년 계획'의 명칭을 '경제사회발전 5개년 계획'으로 변경하였다.

[2] 제한경쟁입찰 : 입찰에 참여하는 참가자의 자격을 제한하는 입찰방법으로 이행의 난이도, 규모의 대소 및 수급 상황 등을 고려하여 「국가를 당사자로 하는 계약에 관한 법률」 제7조에 준하여 시행한다.

[3] 정진우, 2010, 『평생인연의 철도건설』, 지적박물관출판부, 178~180쪽

[4] 한국철도건설공학협회, 2007, 『한국철도사진 108년사』, 113쪽

[5] 교량의 전체 길이와 각 교량 길이의 총합에 차가 나는 것은 각 단위 교량에서는 순수 지간장으로 계산한 것이고, 전체 길이 계산에서는 교량들 사이에 벌어진 틈까지 고려해서 생기는 차이이다.

[6] 지간장 : 두 지점(교량 받침) 사이 간격
경간장 : 이웃한 두 교각 중심선 사이의 간격

5.3

비운의 다리, 팔당대교

5.3.1 개요

한강을 가로지르는 19번째 도로교인 팔당대교는 경기도 하남시 창우동과 남양주시 외부읍 팔당리를 연결한다. 이 일대는 예로부터 물살이 거세어 건너기 어렵다고 하여 '도미천(渡迷川)' 또는 '두미협(斗尾峽)'이라 불렸다.

그림 5.3.1 팔당대교 위치도

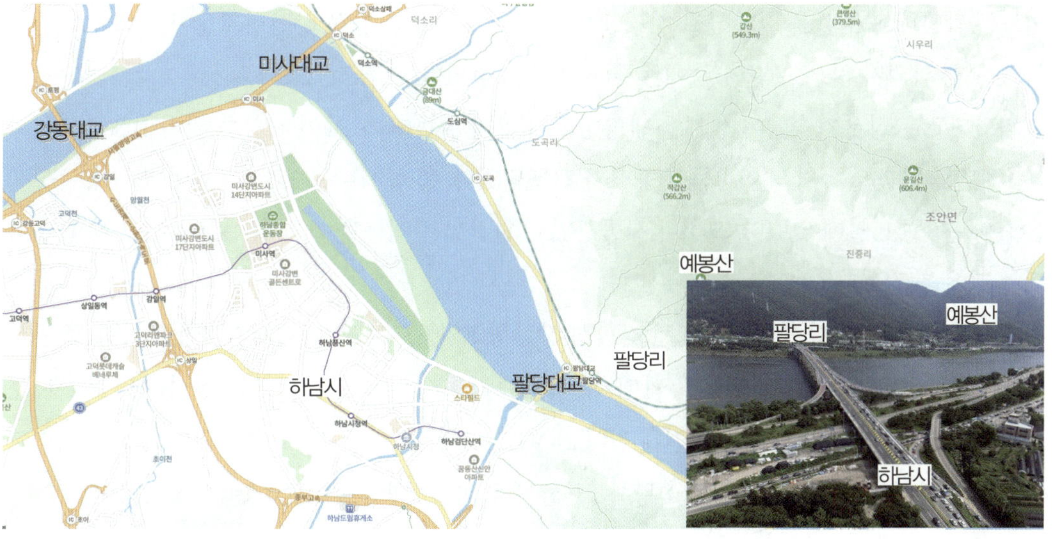

팔당대교는 본래 P.S.C 사장교로 설계되어 1986년 5월 10일 착공되었다. 그러나 시공 과정에서 돌발적인 사고가 발생했다. 동바리 공법을 적용하여 사장교 구간의 보강형을 시공하던 중, 갑작스러운 돌풍으로 동바리가 무너져 내린 것이다. 이어 1991년 3월 26일, 준공을 불과 5개월 앞두고 다리 중앙부 사장교 구간(340m)에서 또 한 번 사고가 발생했다. 콘크리트 양생 중이던 슬래브 상판 196m와 상부 구조를 받치고 있던 철제 지지대(Bent)가 돌풍을 견디지 못하고 주저 앉았던 것이다. 이러한 돌풍은 팔당댐 하류의 특수한 기류 조건에서 비롯된 것으로 보인다. 팔당댐은 강폭이 좁은 계곡에 건설되어 상류에는 차가운 공기가 형성되고, 하류에는 강폭이 갑자기 넓어지면서 강바닥이 노출되므로 온도가 상류보다 높을 수밖에 없다. 이로 인해 상류에서 하류로 공기가 빠르게 흘러가며, 하류 지형의 영향으로 난류가 발생해 건설 현장에 강풍이 집중되었을 것으로 추정된다.

시공사에서는 이러한 자연 조건을 예측하지 못했고, 7~8월 장마철이 오기 전에 동바리를 철거하기 위해 5월 공사를 서둘렀을 것이다. 공사를 서두르다보니 지지대 설계와 시공을 제대로 하지 못했고, 특히 철제 임시 지지대를 설계할 때 중력 하중(사하중 등)만 고려하고, 수평하중(바람 하중 등)을 제대로 고려하지 못한 것이 치명적인 원인이 되었다. 또한 대한토목학회는 사고 원인 조사에서 저가 수주(정부 예정가의 54.26%)가 지지대 설계를 부실하게 만들었고, 이것이 간접적 원인이 되었다고 지적했다.

교량 사고 이후 설계감리단에서는 1992년 4월 말 땅속에 묻힌 교각 부분에서 심각한 균열을 발견하였다. 대한토목학회는 그해 9월 원인 조사 보고서에서, 조강시멘트의 수화열을 주요 원인으로 지목했다. 이 무렵 창선대교(1992년 7월 30일)와 신행주대교(1992년 7월 31일) 붕괴 사고가 연이어 발생하면서, 국민 여론은 사장교 안전성에 대해 극도로 부정적으로 기울었다. 이에 따라 발주처인 경기도는 팔당대교 주탑을 철거하고, 사장교로 계획된 구간을 강합성 강상형교로 변경하기로 결정하였다. 붕괴되지 않은 구간만은 기존 설계를 유지하였다〈그림 5.3.2〉.

팔당대교는 삼우기술단이 설계를 담당하고, 유원건설(현 울트라건설)이 시공을 맡아 1986년 5월부터 1995년 4월 25일까지 약 9년 동안 공사가 진행되었다. 총 공사비는 265.1억 원이었으며, 준공식은 1995년 5월 15일에 열렸다. 그러나 시공사인 유원건설은 개통을 불과 일주일 앞두고 부도 처리되는 불운을 겪었다.

앞서 언급한 바와 같이 팔당대교는 강합성 강상형교와 P.S.C 박스거더교가 혼합된 구조로 완성되었다. 하부 기초에는 우물통기초, 확대기초, R.C.D 기초가 병용되었고, 교각 형식은 단독 T형, 문형, 벽식 교각이 혼합 적용되었다. 전체 길이 L = 935m로, 강합성 강상형교(260m)와 P.S.C 박스거더교(675m)로 구성되었다. 교폭은 B=24.0m, 왕복 4차선이며, DB-24 하중을 기준으로 1등교로 설계되었다.

그림 5.3.2 현 팔당대교 전경

5.3.2 구 팔당대교 설계

국도 6호선(인천-주문진)의 양평 방면에서 서울의 강남 방향으로 진입하는 교통량이 증가하고, 국도 43호선(발안-고성)의 광주 방향으로의 교통량이 급속하게 증가하자 경기도는 수도권 동부 지역의 교통을 원만하게 소통하고자 경기도 광주군 동부읍 창우리에서 경기도 남양주군 와부면 팔당리를 연결하는 3.2km의 도로와 한강을 횡단하는 건설사업을 추진하였다.

5.3.2.1 교량 형식의 선정

경기도와 삼우기술단은 팔당대교 교량형식을 선정하기 위하여 수차례 자문위원회를 개최하여 다음과 같은 5개 안을 검토하였다.

1) 교장 L = 1,000m의 현수교
2) 교장 L = 340m의 3경간 연속 아치교(Braced Rib Tied Arch)
3) 교장 L = 340m의 사장교(하프 형식)
4) 교장 L = 280m의 3경간 중로 아치교
5) 교장 L = 280m의 3경간 연속 콘크리트 박스거더교

자문위원회에서는 3경간 연속 프리스트레스트 콘크리트 사장교(하프 형식)를 추천하였고 이 안을 경기도에서 받아들여 교장과 교폭이 다음과 같은 콘크리트 사장교를 팔당대교의 형식으로 선정하였다.

교장 L = 85.0 + 170.0 + 85 = 340.0m

교폭 B = 3.0 + 8.0 + 2.0 + 8.0 + 3.0 = 24.0m

구 팔당대교 사고 원인 조사 위원회의 조사 과정에서, 교량 공사 방법으로 지보공 공법(F.S.M, Full Staging Method)을 추천한 것은 자문위원회의 자문이 부적절하였다는 의견이 많았다고 한다. 실제로 팔당대교는 공사 도중 큰물이 나서 지보공들이 많이 물에 떠내려가기도 하였고, 그다음 해에는 돌풍이 불어 상부구조를 받치고 있던 지보공들에 좌굴 현상을 유발케 하여 대형 교량 붕괴사고를 일으켰기 때문이었다.

5.3.2.2 사장교 설계

가. 상부구조

구 팔당대교 본선 사장교의 전 연장은 L = 340.00m이다〈그림 5.3.3〉.

그림 5.3.3 구 팔당대교(사장교 구간) 종·평면도

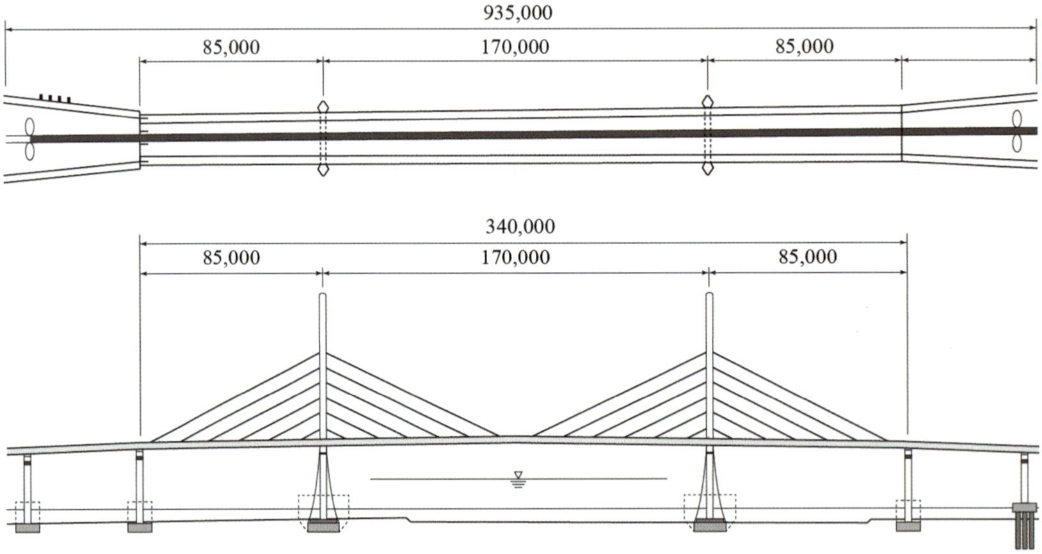

1) 사용재료의 특성

① 콘크리트

설계기준강도 f_{ck} = 400kg/cm^2

긴장력 도입 시 강도 f'_{ci} = 280kg/cm^2

허용응력

압축 $0.60f'_{ci}$ = 168kg/cm^2 (프리스트레스 도입 직후)

$0.4f_{ck}$ = 160 kg/cm^2 (사용하중하)

인장 $1.6(f'_{ci})^{\frac{1}{2}}$ = 32kg/cm^2 (프리스트레스 도입 직후)

$0.4(f_{ck})^{\frac{1}{2}}$ = 8kg/cm^2 (사용하중하)

② 철근

항복강도 : f_y = 3,000kg/cm^2 (SD 30)

허용 휨 인장강도 σsa = 1,500kg/cm^2

③ P.S.C 강선 : 7연선(Φ 12.7mm)

공칭단면적 : 98.7mm^2

탄성계수 : 1.9×10^6kg/cm^2

인장하중 : 18,700kg

0.2% 영구연신율에 대한 하중 : 15,900kg

허용응력

$0.8f_{pu}$ 또는 $0.9f_{py}$: 프리스트레싱 강재의 최대응력

$0.7f_{pu}$: 프리스트레스 도입 직후

$0.6f_{pu}$ 또는 $0.8f_y$: 프리스트레스 도입 시

2) 상부구조 구조 설계

사장교 상부구조 바닥판(Deck) 설계는 지간뿐 아니라 전체적 구조 형식, 교탑의 강성, 사장재의 간격 및 지점 조건 등에 따라 크게 변화한다. 특히 현수교나 사장교 같은 케이블 교량들은 바람효과(Wind Effect)에 의한 영향을 가능한 한 줄일 수 있도록 설계하여야 한다. 일반적으로 지간(지점 간의 간격)이 L = 200m를 넘지 않는 콘크리트 교량에서는 바람효과에 의한 구조물이 영향을 고려하지 않는다.

그러나 구 팔당대교 설계 엔지니어들은 사장교 상부구조 바닥구조 단면을 공기역학적으로 와류가 적게 발생하는 유선형 박스 단면을 선택하였다〈그림 5.3.4〉. 1980년대 말 우리나라 교량 기술 수준으로는 엄청나게 진보적인 도전이었다. 한편 공사 방법으로 지보공 공법을 택한 사실에서 당시의 교량 기술 현주소를 잘 볼 수 있다.

사장교 구간 상부구조는 교폭이 B = 25.40m 되는 P.S.C 박스거더로 4차선 도로와 자동차 차선 외측으로 두 개의 보도가 각각 3.0m로 설치되어 있고〈그림 5.3.4(a)〉, 교탑에서 내려오는 케이블은 박스 단면 최외측으로 두 곳에 앵커부를 설치하여 케이블을 정착할 수있도록 설계되었다〈그리 5.3.4(b)〉.

그림 5.3.4 구 팔당대교 P.S.C 박스거더 표준 단면도

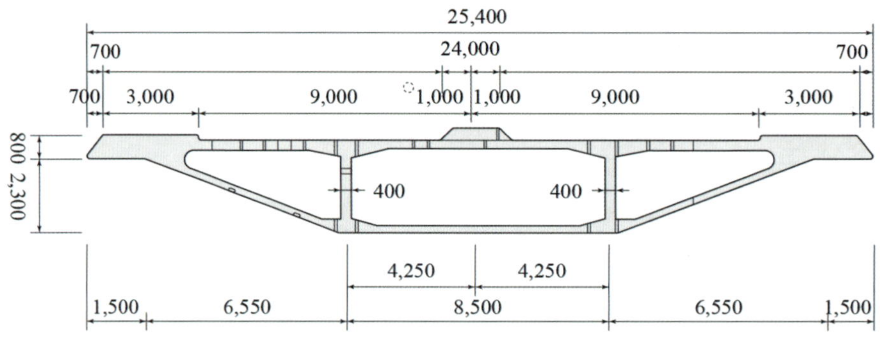

(a) P.S.C 박스 표준 단면도

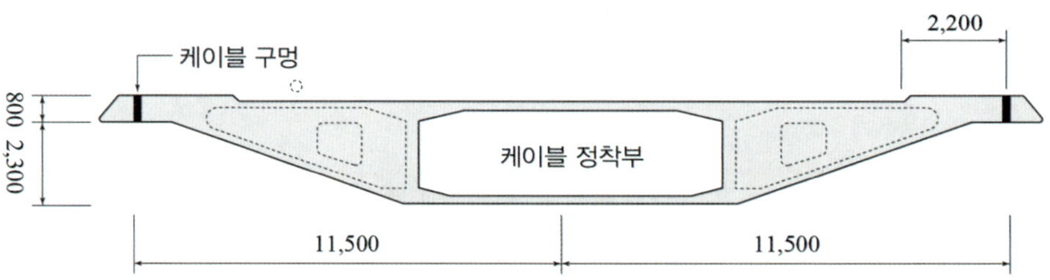

(b) P.S.C 박스 케이블 앵커부 단면도

3) 주탑의 구조형식과 사장 케이블 정착 방식

주탑은 직경 Φ = 17.0m 되는 확대기초 위에 올려져 있으며, 그 높이는 기초 상단으로부터 H =100m까지 하늘로 솟아 있고 그 폭은 확대기초 위 B = 12.0×9.5m의 T-단면으로부터 교탑 정부에 2.5×2.0m의 구형 단면으로 연속적으로 변한다〈그림 5.3.5〉. 확대기초 상단에서 P.S.C 박스 바닥 면까지의 거리는 37m이며, 보강형(P.S.C 박스거더)의 바닥 면에서 교탑 정부까지의 거리는 63.00m로 되어 있어,

매우 아름답게 설계되어 있었다.

P.S.C 박스 보강형은 교탑에서 내려오는 케이블에 의해 매달려 있는데, 교탑 사이에 높이 3.0m 되는 가로보를 보강형 아래 설치하여 보강형을 지지하고 있다〈그림 5.3.5(a)〉.

그림 5.3.5 구 팔당대교 교탑 구조 형식

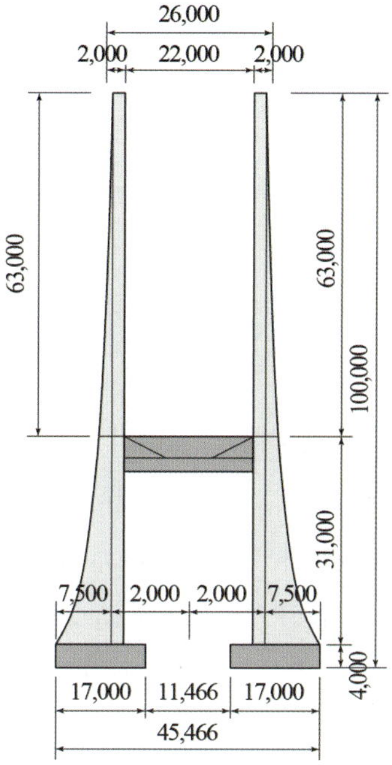

(a) 정면도

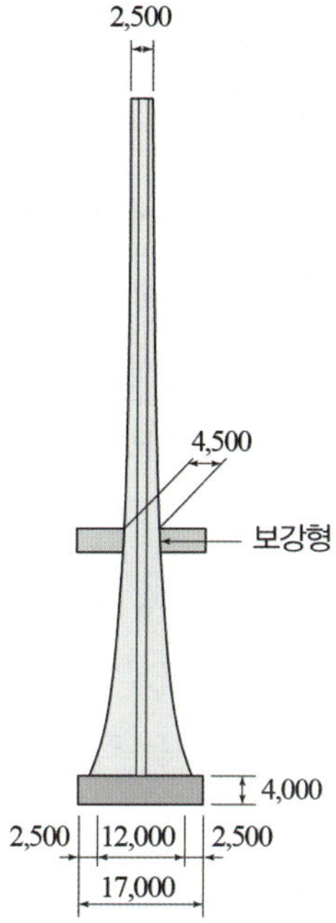

(b) 측면도

한편 교탑에 사장재를 정착하는 방법으로는 매 케이블을 교탑 정부(Head)에서 정착하는 방법과 케이블을 교탑 정부에 설치한 새들(Saddle)을 통과시키는 방법 등이 있다〈그림 5.3.6〉.

그림 5.3.6 구 팔당대교 교탑 탑정 사장재(케이블) 정착 방법

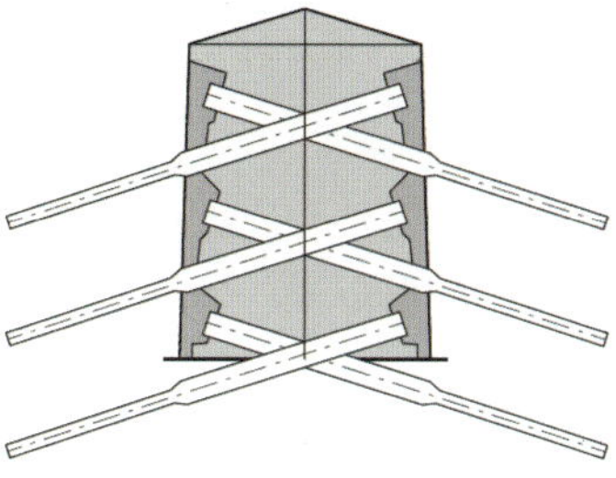

(a) 케이블 교탑 정부에 정착

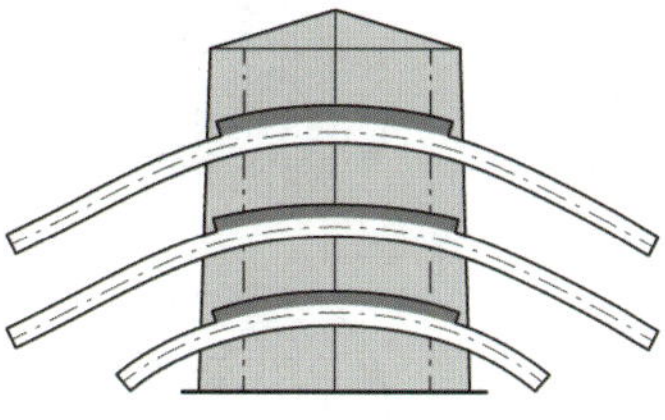

(b) 케이블 교탑 정부 새들 통과

여기서 케이블을 교탑 정부에 정착시키는 방법은 케이블마다 교탑에 따로 정착시키므로 정착부의 개수가 늘어나고, 또 모든 케이블이 정확하게 평면상에 위치하지 않는다는 단점은 있으나 그 대신에 활하중의 편재하에 의한 피로현상을 덜 생기게 할 수 있다〈그림 5.3.6(a)〉.

더욱이 팔당대교의 사장교는 하프형(Harp Type)의 3경간 연속교이므로 편재하에 의한 상부구조의 처짐이 팬(Fan)형 사장교 경우보다 더욱 커질 수 있으므로 팔당대교에서는 모든 케이블을 교탑에 따로따로 정착시키기로 하였다.

4) 사용 케이블의 선정

사장재 케이블로 사용되는 케이블 종류로는 1) 록 코일 스트랜드(Locked Coil Strands), 2) 평행 강선(Parallel Wires), 3) 평행 스트랜드(Parallel Strands) 등이 있다.

이들 중 록-코일 케이블은 독일 통일 전 서독 엔지니어들이 즐겨 사용하던 케이블로 공장 제작 생산으로 품질이 보장된다. 다만 현장 제작이 불가능하므로 사장교 또는 현수교의 길이가 길어지면 그 무게가 무겁고 부피가 크기 때문에 현장으로 운송하기가 쉽지 않다〈표 5.3.1〉.

이런 단점을 보완하고자 '평행 와이어 케이블'과 '평행 스트랜드 케이블'이 발명되었다고 생각되는데, 현수교에서 일반적으로 사용하는 '평행 강선 케이블'을 사장교에 적용하려면 시공이 번거로워진다. 그래서 이 강선들을 몇 가닥씩 묶어 스트랜드를 만들고, 이 스트랜드(Strand)를 다시 몇 다발씩 묶어 현장에 사용하는 평행 스트랜드 케이블이 사장교 현장에서 많이 적용된다〈표 5.3.1〉.

표 5.3.1 사장재 케이블의 종류

단면		특징
록 코일 스트랜드	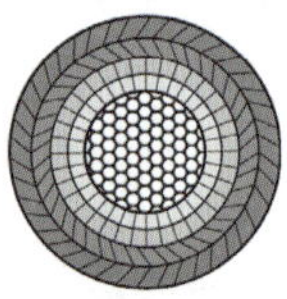	• 낮은 탄성계수(E = 1.65 - 1.70 × 10^4kg/cm^2) • 부식 방지 어려움 • 피로강도 약함 • 작은 규모 케이블 교량에 사용
평행 와이어	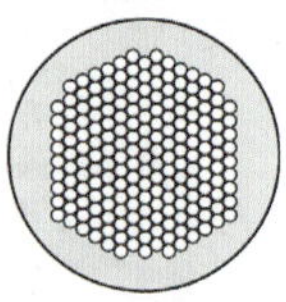	• 높은 탄성계수(E = 2.05 × 10^4kg/cm^2) • 극한강도 = 1,700N/mm^2 • 현장 제작 어려움 • 운송 고가
평행 스트랜드	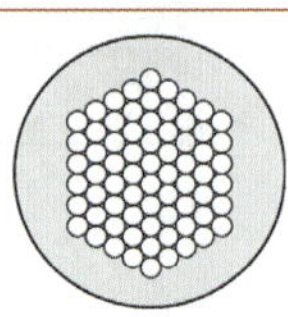	• 높은 탄성계수(E = 2.04 × 10^4kg/cm^2) • 극한강도 = 1,860N/mm^2 • 현장 제작 가능 • 큰 피로강도

팔당대교에서는 스트랜드를 타르-에폭시 코팅(Tar-Epoxy Coating)한 후 그 스트랜드를 1.5mm 두께의 고밀도 폴리에틸렌(HDPE, High Density Polyethylene) 쉬스관으로 감싸 부식에 대해 겹으로 방지하려 하였다〈그림 5.3.7(a)〉.

그림 5.3.7 사장 케이블의 비교

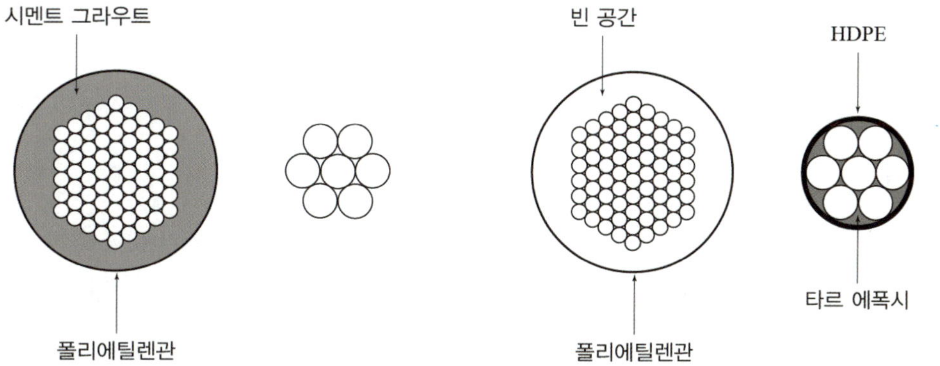

(a) 고밀도 폴리에틸렌 스트랜드 케이블 (b) 일반 스트랜드 케이블

표 5.3.2 HDPE 스트랜드와 일반 스트랜드의 비교

HDPE 스트랜드〈그림 5.3.7(a)〉	일반 스트랜드〈그림 5.3.7(b)〉
• 고밀도 폴리에틸렌 2중피복으로 부식방지 성능이 우수 • 보관이 간편 • 케이블 바깥쪽에 폴리에틸렌관을 사용하지 않아도 됨 • 색상의 선택이 자유로움 • 유연성 있는 표면처리는 진동효과를 감소시킴 • 시멘트 그라우트가 필요 없음 • 재료비가 비쌈	• 폴리에틸렌 피복과 그라우트(부식 방지용) • 현장조립에 적합 • 가설 장비와 시멘트 그라우트의 국내 공급이 가능 • 자재비가 쌈 • 색상 선택이 쉬움 • 유지관리는 쉬우나, 정밀한 그라우팅 시공이 요구됨

이 케이블을 제작하는 모든 공정은 생산공장에서 일괄적으로 이루어진다. 물론 부식 방지만을 위해서는 에폭시 보호막으로도 충분하지만, 스트랜드 외부를 감싸는 HDPE 쉬스관은 사장 케이블 외관을 좋게 하고 시공 도중 스트랜드 다발을 보호하기 위하여 사용된다.

모든 스트랜드는 강재 너트(Nut)와 지압판(Bearing Plate)을 통하여 콘크리트 구조물에 전달되며, 강재 앵커헤드(Steel Anchor Head)에 각각 정착된다.

사장재 케이블은 콘크리트를 관통하고 있는 통과 파이프(Penetration Pipe) 속을 통해 정착되므로 콘크리트 상판과의 상대적 거동에 대해서는 완전히 별개로 움직인다. 따라서 교량의 사용기간 동안 언제라도 인장력을 조정할 수 있으며 필요할 경우 사장재를 쉽게 교체할 수도 있다.

사장 케이블은 주탑 쪽에 고정단 앵커 기구를 사용하고, 보강형에서 가동단을 설치하여 케이블에 전달되는 인장력을 조절하였다. 상판과 주탑의 앵커 기구 부근에는 강재 케이스에 물려 있는 2개의 탄성유도장치가 있는데, 이 장치는 바람 등의 영향으로 케이블 안에 생기는 동적 거동을 앵커부에 그대로 전달하지 않고 진동을 감소시키는 역할을 한다.

5.3.2.3 시공(붕괴 전)

가. 상부구조 가설공법

사장교 상부구조의 가설공법은 교탑의 형태, 지간장, 케이블 간격, 시공 기간 등에 따라 다르지만, 팔당대교 사장교 구간을 책임진 설계 엔지니어들은 대표적인 방법으로 1) F.S.M(Full Staging Method), 2) F.C.M(Free Cantilever Method), 3) I.L.M(Incremental Lunching Method), 4) M.S.S(Movable Scaffolding Method) 등을 검토하였다. 사장교 특성만 고려한다면 상기 가설공법 중 F.C.M 공법이 가장 적합하다고 판단되었으나, 공사 기간이 짧다는 이유로 채택되지 않았고 자문위원회의 자문을 받아 최종적으로 지보공 공법(F.S.M)을 채택하였다.

공사 현장에서는 먼저 26.6m 되는 트러스를 제작하여 맨 처음 중앙부 4경간(Span)에 해당하는 부분만 지보공을 설치하고, 공사가 끝나면 점차 이를 이동시키면서 상부구조(Deck)를 가설하는 방법을 사용하는 시공법을 택하였다〈그림 5.3.8〉.

그림 5.3.8 구 팔당대교 상부구조 지보공 시공법 개요

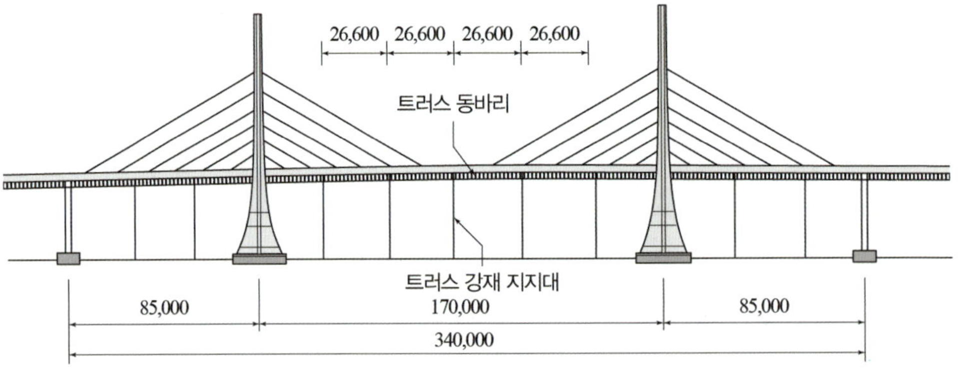

종방향 프리스트레싱

팔당대교 사장교 구간의 경간 구성은 다음과 같다.

L = 85 + 170.0 + 85.0 = 340.0m

그러나 시공단계에서는 임시 동바리를 사용하기 때문에 시공 중에는 지간장 L = 26.5m로 된다. 따라서 부분적으로는 인장과 압축이 바뀌는 부분이 생기게 되고 그 결과 종방향으로 포물선 형상을 갖는 P.C 강선의 배치는 합리적이 아니다. 그러므로 사장교 구간 종방향으로 인장력을 가해주기 위하여 P.C 강선을 직선으로 배치하였다. 이때 P.C 강선의 배치는 중립축으로부터 상·하단까지의 거리가 대략 1 : 2 정도 되므로 P.C 강선도 상부 슬래브와 하부 슬래브 쪽에 2 : 1의 비율로 배치하려 하였으나, 하부 슬래브 쪽에 정착을 위한 충분한 면적이 확보되지 않아 외부 프리스트레싱(External Prestressing)을 사용하기로 하였다.

나. 교탑의 가설방법

팔당대교의 주탑은 그 높이가 100m이고 변단면이므로 클라이밍 거푸집(Climbing Form)을 사용하여 시공하였다. 이 경우에 주탑의 폭이 변화된다는 점을 감안하여 시공 방법을 두 단계로 구분했다.

즉 상부구조로부터 주탑의 꼭대기까지는 크레인을 사용하지 않고 자동 승강 거푸집(Automatic Climbing Form)을 사용하여 시공하였고, 상부 바닥구조로부터 주탑 바닥까지는 타워 크레인으로 이동시키는 수동식 클라이밍 작업차를 사용하였다. 이때 한 리프트(Lift)의 폭은 2.5m, 높이는 3.25m로 하였다.

다. 사장 케이블의 긴장

사장 케이블의 설치, 긴장 및 조정에 대한 시공순서는 다음과 같다.

1) 모노 잭(Mono Jack)을 사용하여 최종 긴장력의 50% 정도 힘으로 사장 케이블을 긴장 설치한다. 사장교를 동바리 공법을 써서 시공하면 사장재 케이블에 인장력을 가할 때 사장재 케이블이 정착되는 상부 박스거더 격벽에 인장력이 발생하여 콘크리트 구조물에 균열이 발생할 수 있다. 그래서 격벽 단면에 균열 인장력이 발생하지 않도록 강봉 등을 격벽에 설치하고 압축력을 도입해 균열이 생기는 것을 막아 주어야 한다. 그래서 케이블에 50% 긴장력을 가해 주기 전에 미리 격벽에도 케이블 인장력과 같은 크기의 압축력을 도입한다(최종치의 50%).

2) 모든 구조물이 완성되고, 격벽에 초기 긴장이 완료된 후 기술자가 정한 순서에 따라 각 스트랜드별로 추가 긴장한다.

3) 그 후 완전 잭(Full Jack)을 사용하여 각 사장 케이블별로 긴장력을 검사하고 조정했다. 이때 힘이 대칭으로 작용할 수 있도록 사장 케이블을 설치하고 긴장을 가하도록 주의하였다. 그래서 긴장은 대칭으로 가장 긴 케이블에서 짧은 케이블 쪽으로 행하였고, 조정은 교량의 중앙에서 바깥쪽으로 진행하는 것을 원칙으로 하였다.

라. 기초파일의 시공

총 539개의 기초파일이 2.5톤급 디젤 해머로 최종 침하량이 5.0mm 이하가 되도록 타입하였다.

5.3.3 교량의 붕괴

1991년 3월 26일, 팔당대교 붕괴 사고가 발생한 날은 지방자치단체 선거일이었다. 이에 따라 작업 시작 시각이 투표 종료 후인 오전 9시로 공고되어 있었다. 따라서 사고 발생 시각인 오전 8시 25분 경에는 작업장에 인부가 아무도 없었다. 그러나 남측 주탑 인근에서 독자적으로 작업 중이던 S-280 백호(Back Hoe) 운전원이 붕괴 사고로 희생되는 안타까운 일이 있었다.

목격자에 따르면, 사고 당시 상부구조의 하부 슬래브까지만 콘크리트가 타설되어 있던 세그먼트(Segment) 구간에서 강풍으로 인한 흔들림이 발생하였다. 이어 상부 슬래브와 이를 지지하던 강재 동바리가 연쇄적으로 붕괴되기 시작하면서, 바람이 부는 방향을 따라 사장교 구간(L = 225.7m) 대부분이 동시에 붕괴되었다. 토목학회 팔당대교 건설공사 안전진단 연구보고서에 따르면, 당시 팔당댐 하류 방향으로 불던 국지적 강풍은 지상 약 20m 높이에서 초속 32m/sec(중급 태풍에 해당)에 달했을 것으로 추정되었다.

그림 5.3.9 팔당대교 붕괴사고 현장
대림산업주식회사·(주)유신코퍼레이션, 2002, 『韓國의 橋梁(Bridges in Korea)』, 141쪽

붕괴 조사 연구진에서 이론적으로 계산한 결과에 의하면 남측 주탑 주위의 상부구조는 풍속 32m/sec에서 상향으로 256.7mm 공중으로 떴다가 내려앉으면서 상부구조 지지구조에 충격을 주었을 것으로 추정된다.

팔당대교가 설계될 당시만 해도 우리나라에 풍공학 전문가가 전무한 상황이었다. 우리나라에서 최초로 풍공학이 교량에 적용된 시기는 2000년 11월 준공된 영종대교가 설계되면서였다. 그런 상황을 고려하면 팔당대교에서 동바리 설계에 평균 설계 풍속 20m/sec의 풍하중을 고려했다는 사실은 팔당대교 사장교 설계 엔지니어들의 도전적 마음가짐을 느끼게 하는 대목이다. 한 가지 아쉬운 점은, 그 당시 우리나라에서는 시공 중 가시설 설계를 시공사가 책임을 지고 있었는데, 사실 시공사들은 임시 시설물에 대해서 크게 정신을 쓰지 않고 있었다. 하긴 정신을 쓰지 않았다기보다는 정신을 쓸 기술 수준에 미치지 못했다고 말하는 것이 더 적합할 것이다. 그러다 보니 바람에 의한 동바리의 횡방향 변위에 대해 세심한 주의를 기울이지 못했다. 현장에서는 상부 트러스 동바리를 지지하는 임시 지지대(Bent)에 횡방향 브레이싱을 설치하지 않아서 동바리 지지대가 횡으로 부는 바람에 매우 취약한 구조로 되어버렸다. 더욱이 최악의 상태는 현장에서 동바리를 구성하는 부재들 사이에 제대로 볼트를 채우지 않은 부위가 여러 군데 있어 세워놓은 동바리가 가설구조로서 제대로 역할(작용전단력의 전달)을 하기 어렵게 되어 있었다. 사고 현장에서 파악한 바로는 이 동바리 지지대는 중력 하중에 겨우 견딜 수 있는 상태에 있었으나 옆에서 부는 바람에는 매우 취약한 상태에 놓여 있었다.

결론적으로 팔당대교의 붕괴사고는 임시 동바리 지지대가 부실하게 제작되어 부재 간 연결부에 사용한 연결 볼트 응력이 초속 32m의 예기치 못한 돌풍에 임계치를 초과하면서 발생하였다. 사고 원인 조사단은 지지대의 주부재가 파괴되기 전에 연결 볼트들이 먼저 파손되어 부러지면서 전체 동바리 시스템이 파괴되고, 나아가 상부 구조 전체가 연속적으로 붕괴되었다고 판단하였다.

5.3.4 팔당대교 복구 교량

경기도는 1991년 3월 26일 새벽, 무너진 팔당대교의 주경간을 사장교로 다시 복구하는 방안을 포기하고, 시공이 단순한 연속 강합성 강상형교로 재시공하기로 결정하였다. 붕괴된 팔당대교는 1995년 5월 15일 복구되었다.

사장교 구간 이외의 구간은 원설계를 유지하기로 하였기 때문에 교량 길이와 경간 구성은 크게 달라지지 않았다.

$$L = (5@52.0 + 2@50.0 + 40.0) + (5@52.0) + (40.0 + 2@50 + 3 @ 45.0)$$

$$= 935.0m$$

이 구간 중 교대 A1부터 교각 P8, 그리고 교각 P13부터 교대 A2까지는 P.S.C 박스거더로 상부구조가 적용되었고, 나머지 교각 P8부터 교각 P13 구간은 강합성 강상형교 상부구조로 시공되었다 〈그림 5.3.10〉.

그림 5.3.10 팔당대교 복구 후 종·평면도

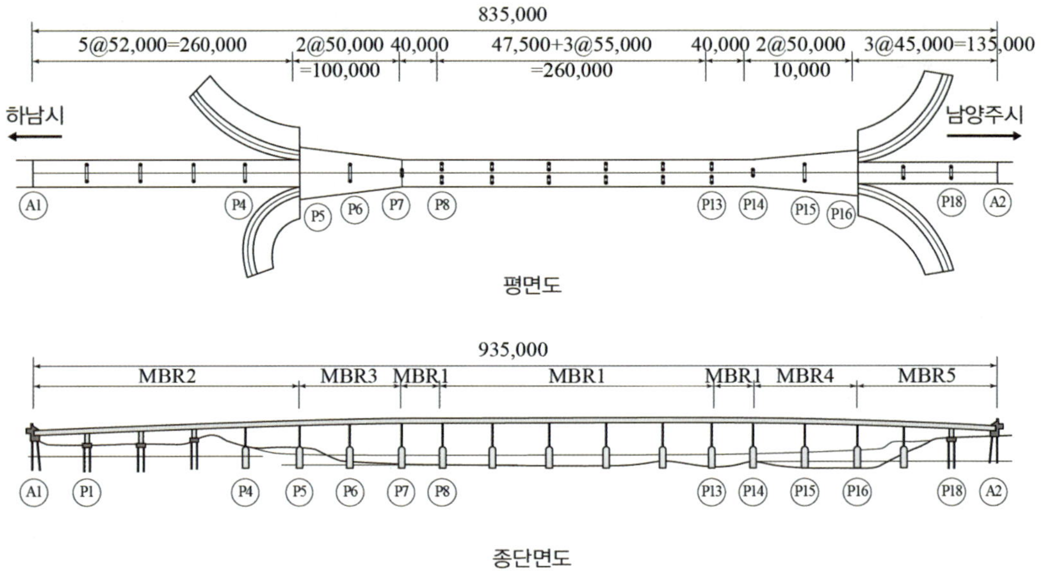

5.3.4.1 복구 교량의 상부구조

복구된 팔당대교의 상부구조는 교량 MBR1 중 중앙 경간 교각 P8～P13 구간(5경간)의 강합성 박스거더교 횡단면만 재설계하였다. 이 강상형교 횡단면은 폭 B = 24.0m(왕복 4차선)이며, 강박스(너비 2.20m와 높이 5.0m)와 합성된 콘크리트 바닥판으로 구성되어 있다〈그림 5.3.11(a)〉.

강상형교 양옆 구간인 교각 P7～P8과 교각 P13～P14에는 기존 설계대로 3실 콘크리트 박스거더 단면이 적용되었다〈그림 5.3.11(b)〉. 그 밖의 구간은 모두 콘크리트 박스거더 상부구조로 이루어져 있으며, 구간별로 단면 형식이 달랐다. 예를 들어 MBR2(교대 A1~교각 P5) 구간 횡단면은 2실 박스단면〈그림 5.3.12(a)〉. 확폭 구간인 교각 P5와 교각 P16 구간은 5실 박스 단면으로 설계되었다〈그림 5.3.12(b)〉. MBR5(교각 P16~교대 A2, 3경간) 구간은 MBR2 구간과 같은 박스 단면으로 설계되었다.

그림 5.3.11 복구 교량 MBR1 횡단면도(붕괴 전 사장교 중앙부 교각 P8~P14까지 340m 구간)

강상형 외부 전경

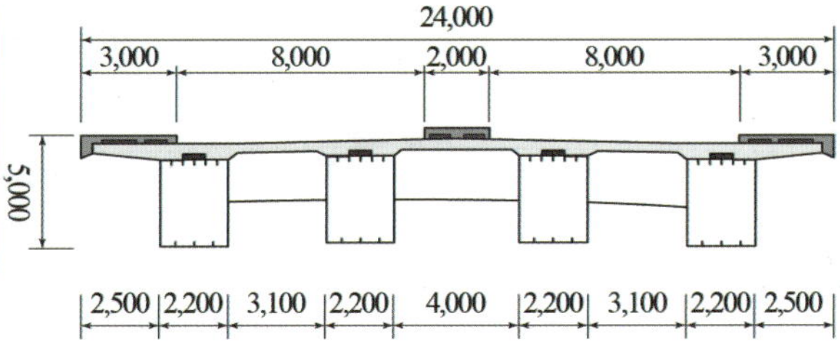

강상형 내부 전경

(a) MBR1 구간 상부구조 횡단면도

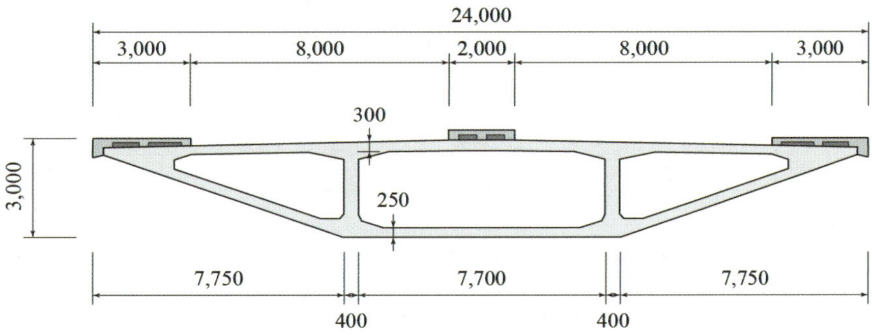

중앙부

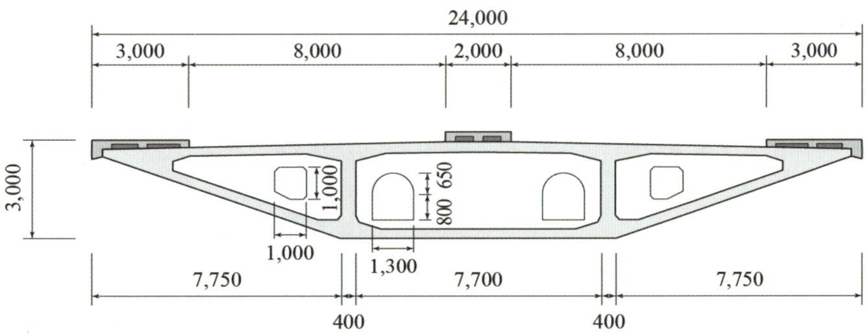

지점부

(b) 교량 MBR1 중 3실 콘크리트 박스단면

특히 MBR2(교대 A1~교각 P5) 구간의 P.S.C 박스거더 폭 B = 24.0m, 높이 H = 3.0m로 설계되어, 매우 날렵한 형상을 갖추었다. 1980년대에 이러한 P.S.C 박스 단면을 설계하고 가설한 당시 교량 설계 엔지니어들의 용기와 열정은 지금도 감탄을 자아낸다. 실제로 1980년대 국내 공과대학 토목공학과에서는 P.S.C 교량을 수업에서 배울 기회조차 드물었으며, 제대로 된 프리스트레스트 콘크리트 교재가 국내에서 출간된 것은 21세기 들어서였다(이재훈, 2015, 『프리스트레스트 콘크리트』, 동명사 참고).

그림 5.3.12 복구 팔당대교 P.S.C 박스거더 횡단면도

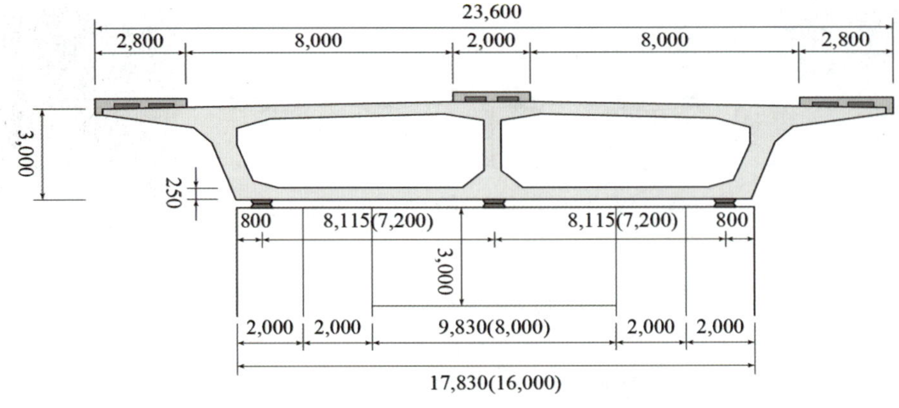

(a) 교대 A1~교각 P5 구간의 각 경간 중앙부 표준 횡단면도

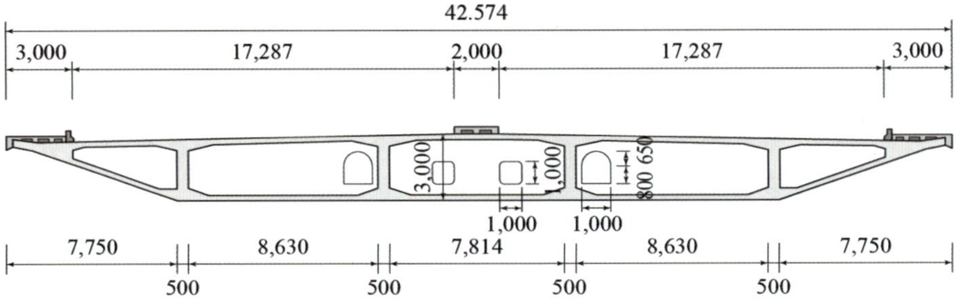

(b) 확폭 구간 교각 P5/P13 상부 횡단면도

5.3.4.2 하부구조

가. 교대

팔당대교의 교대는 남쪽 하남시 측 교대 A1과 북쪽 남양주 측 교대 A2 모두 평범한 역 T형 교대 형식을 취하고 있다〈그림 5.3.13〉. 두 교대 기초는 모두 직경 Φ = 457.2mm, 두께 T = 9mm인 강관말뚝으로 시공하였는데 교대 A1은 강관파일 32개, 교대 A2는 26개를 사용하였다.

나. 교각 및 기초

팔당대교 교각은 라멘식 구조 형식(교각 P5, P16)과 I형 독립기둥(교각 P7, P14) 및 역 T형 독립 구조형식(P8~P13)을 혼합하여 사용하고 있다〈그림 5.3.14〉.

그 교각 기초 역시 R.C.D 파일 기초와 우물통기초를 혼합하여 사용하고 있다. MBR2 교각(P1~P4)까지의 기초는 두 개의 독립된 파일 캡 아래 각각 직경 Φ = 1.50m인 4개의 RCD 파일로〈그림 5.3.15〉,

MBR 5 구간의 교각(P18) 기초는 17.50×7.00×2.50 규모의 파일 캡 아래 8개의 직경 Φ = 1.50m인 RCD 콘크리트 파일로 세워졌다.

그림 5.3.13 복구 팔당대교 교대 일반도

신영 CNS, 2022, 국도45호선 팔당대교 등 3개소 정밀안전점검용역 보고서

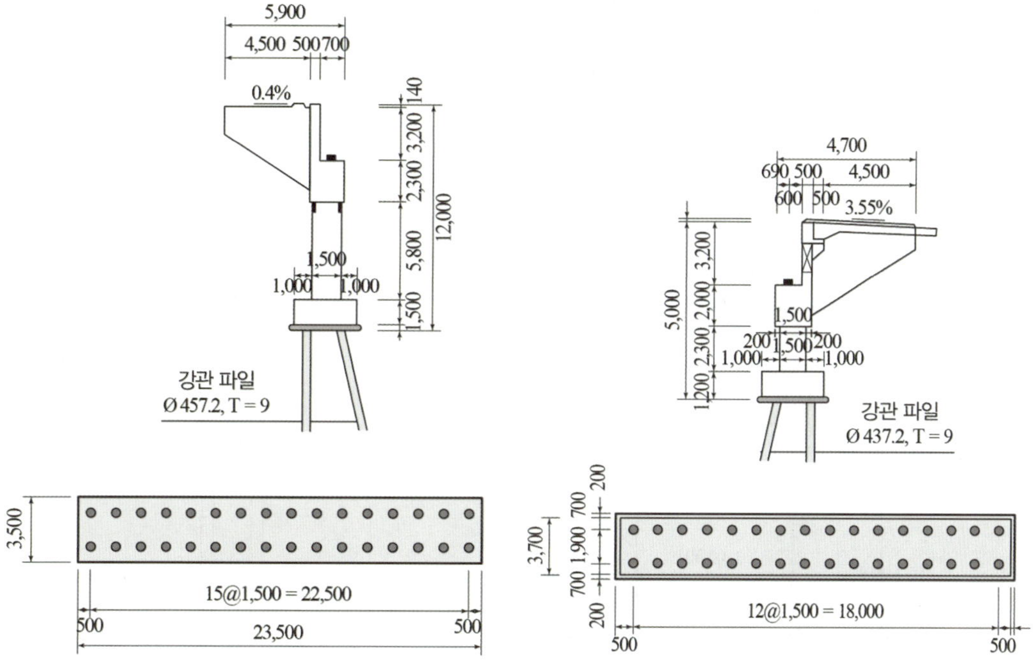

(a) 교대 A1 측 · 평면도

(b) 교대 A2 측 · 평면도

그림 5.3.14 복구 팔당대교 교각 부분도

대림산업주식회사 · (주)유신코퍼레이션, 2002, 『韓國의 橋梁(Bridges in Korea)』, 141쪽

그림 5.3.15 교각 P1~P4, P18 하부구조 일반도

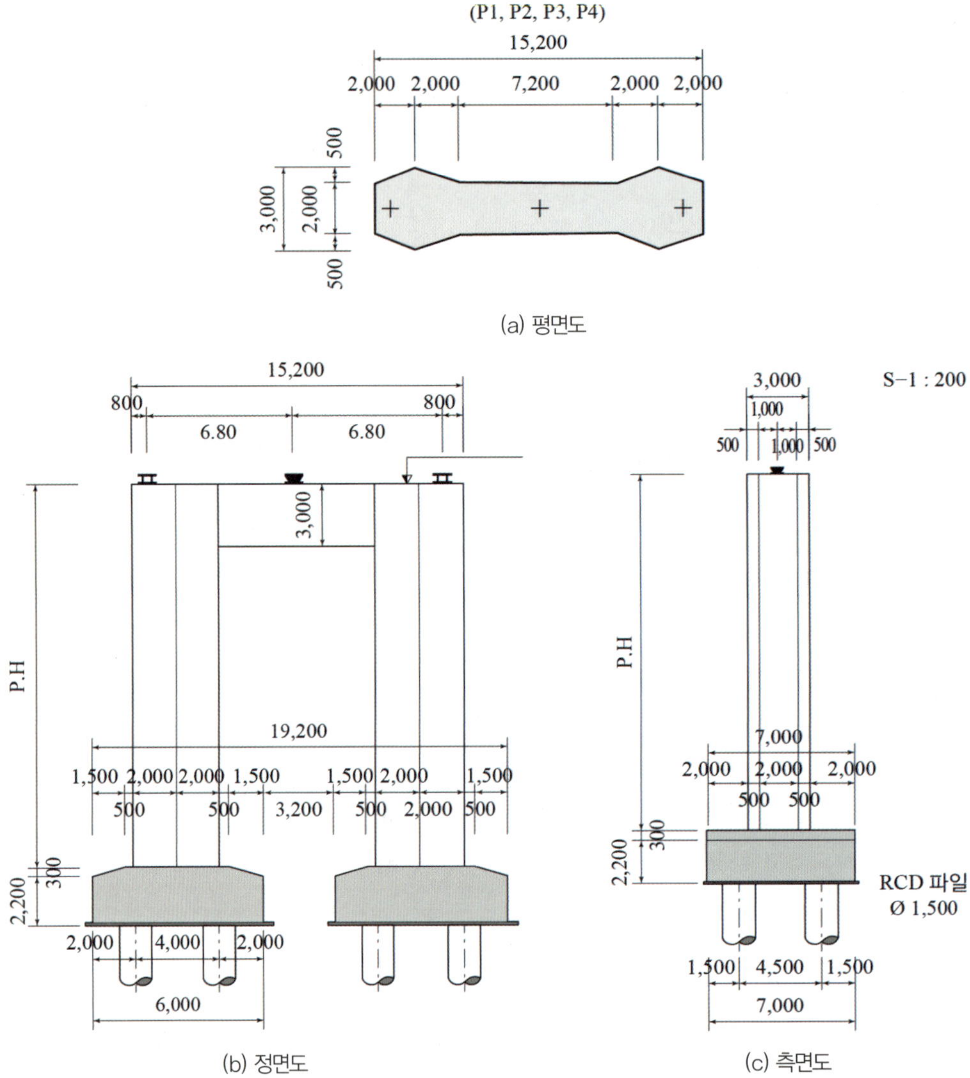

나머지 구간 교각 P5~P17까지의 교각 기초는 모두 우물통기초로 되어 있는데, 그 크기와 모양이 각각 다르다. 교각 P7~P14 아래에는 직경 Φ 11.00m, 우물통 두께 t = 700mm인 우물통기초로 되어 있고, 그 위에는 교각이 육각형 형태(8.3×3.0m)로 세워져 있다〈그림 5.3.16〉.

그림 5.3.16 교각 P7~P14 하부구조 일반도

신영 CNS, 2022, 국도 45호선 팔당대교 등 3개소 정밀안전점검용역 보고서

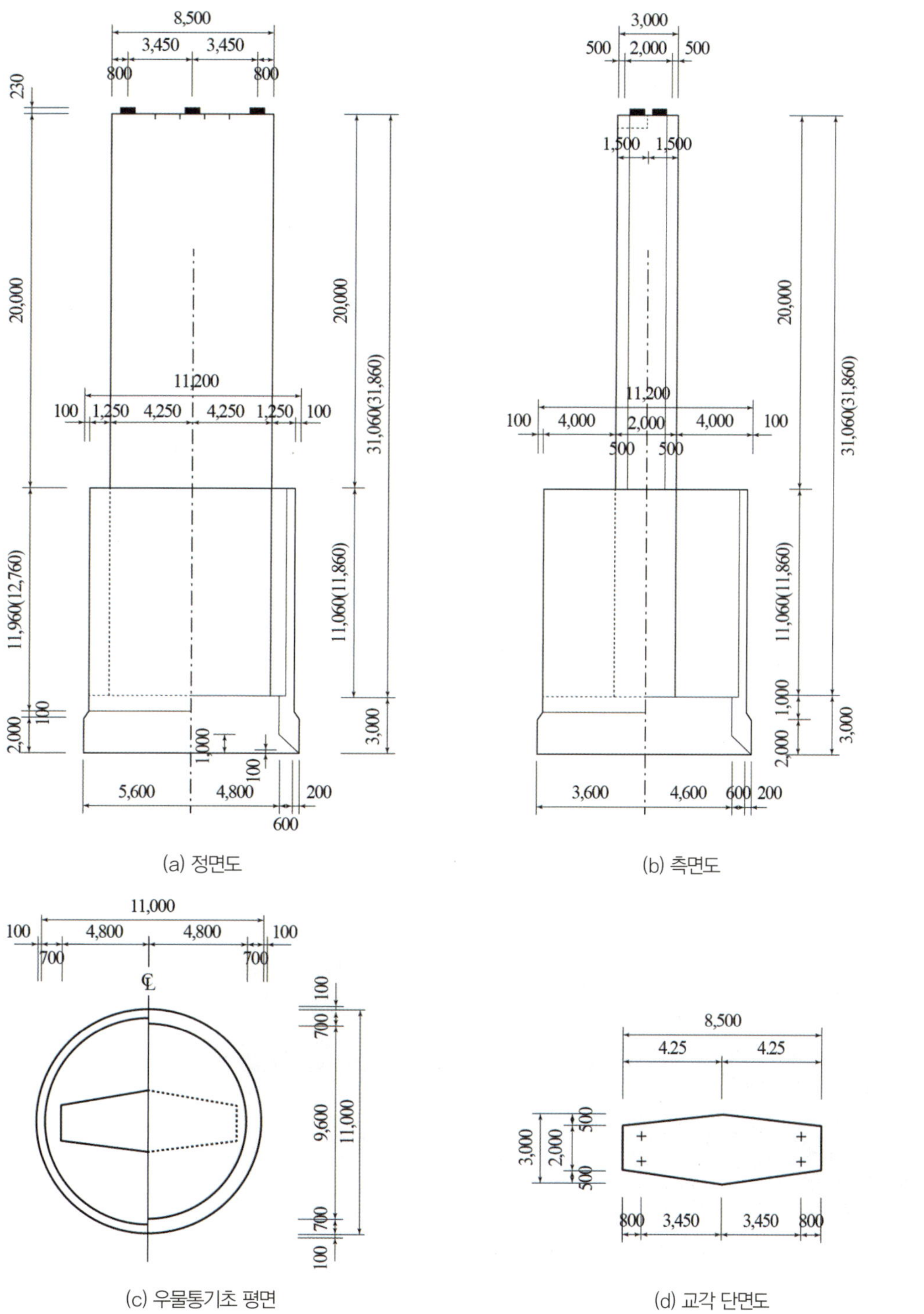

(a) 정면도

(b) 측면도

(c) 우물통기초 평면

(d) 교각 단면도

그리고 교각 P6와 P15 아래에는 직경 Φ= 9.0m인 두 개의 우물통기초 위에 문형 교각이 세워져 있다. 확폭 구간에 세워진 교각 P5와 교각 P16에는 4개의 기둥으로 구성된 라멘 형식의 교각이 필요하므로 두 개의 교각을 세울 수 있는 두 개의 우물통이 트랙형(15.0×9.0m)으로 시공되었다. 그 모양은 교각 P6나 P15의 우물통기초를 2개 옆으로 펼친 것과 같다〈그림 5.3.17〉.

그림 5.3.17 복구 팔당대교 확폭부 교각 P16 트랙형 우물통 평면도

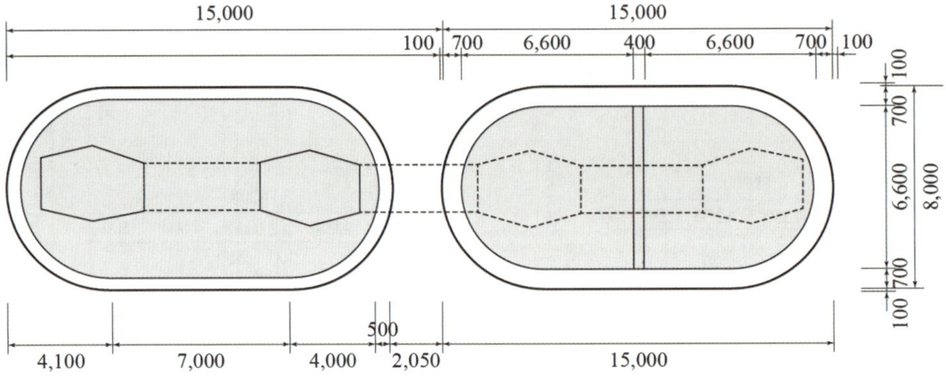

5.3.5 신설 팔당대교

서울지방국토관리청은 국도 6호선과 팔당대교의 교통 혼잡을 해소하기 위해 하남시 창우동에서 남양주시 와부읍 도곡리에 이르는 5.1km 구간 도로 확장 사업을 시행하고 있다. 이 사업과 연계하여 팔당대교 상류 200m 지점에 길이 L = 1,630.0m, 폭 B = 12.0m의 왕복 2차선 강교량을 건설 중이며, 2019년 10월 착공하여 2026년 8월 준공할 예정이다〈그림 5.3.18〉.

그림 5.3.18 2025년 7월 신설 팔당대교 공사 전경(뒤쪽에 기존 팔당대교가 보인다)

5.4

조선 시대 전함 조선소, 서강대교

5.4.1 개요

한강을 횡단하는 21번째 도로교인 서강대교는 영등포구 여의도동과 마포구 신정동을 연결하는 길이 L = 1,320m의 왕복 6차선 교량이다.

그림 5.4.1 서강대교 위치도

주경간 150m는 아치교(Arch Bridge) 형식으로 설계되어 있다. 다리 북단은 과거 서강나루가 있었던 자리로, 서강나루는 한강으로 거슬러 올라온 조선(漕船)들이 풀어놓은 세곡(세금 대신 걷는 양곡)을 한양으로 운송하는 항구였지만, 현재는 경인고속도로가 개통되어 옛날 한강 뱃길의 역할을 대신하고 있다.

조선 세조 때에는 지금의 국영 조선소에 해당하는 전함사(典艦司) 외사(外司)가 서강 밤섬 일대에 설치되어 '군함'과 '화물선'을 건조했다고 전해진다(이덕수, 『한강개발사』, 500쪽 참고). 본래 조선소는 용산나루에 있었으나, 시간이 흐르면서 수심이 낮아져 용산 하류인 서강으로 이전된 것으로 추정된다. 조선 초기에 전함 제조에 힘을 기울인 이유는 고려 말과 조선 초에 극성을 부린 왜구의 약탈에 대비하기 위함이었을 것이다. 고려 말 약 40여 년간 계속된 왜구의 노략질은 고려 멸망의 한 원인이 될 정도로 심각했다. 원나라의 간섭 아래 있었던 고려는 제대로 수군을 갖출 수 없었고, 따라서 전함을 제조할 수도 없어 왜구를 바다에서 막을 방법이 없었다.

이를 잘 알고 있었던 조선 초기의 왕들은 왜구를 육지 밖 바다에서 저지하거나, 왜구의 근거지인 쓰시마(대마도)를 정벌하는 정책을 펼쳤다. 이를 위해서는 강력한 수군과 많은 전함이 필요했기 때문에 한양 입구인 용산나루는 초선 초기 국영 조선소 건설에 가장 적합한 장소였을 것이다. 이후 점차 용산 강에 모래가 쌓여 항구 기능을 잃자, 조선소를 서강으로 옮긴 것은 자연스러운 수순이었다.

이처럼 서강 일대는 오랜 세월 조운과 군사적 거점으로 기능해 왔으며, 한강을 따라 근대와 현대에 걸쳐 교통과 산업의 요충지로 발전하였다. 조운로 기능이 약화되고 육상 교통의 수요가 증가하면서, 현대에는 이 지역에 효율적인 교통망을 확보할 필요성이 커졌다. 이러한 역사적·지리적 배경 위에서 서강대교 건설이 추진되었다.

서강대교는 1983년 준공을 목표로 1980년 6월 7일 착공식을 거행하였다. 원래 한강 하구에 신곡보가 건설되기 전까지 서강에는 밤섬과 신정동 사이에 한강 물길이 형성되어 밤섬 근처는 수심이 가장 깊었다. 서울시는 이곳에 세계 교량사의 흐름에 맞춰 강사장교(Steel Cable Stay Bridge)를 건설하고자 하였다. 그러나 사장교 형식으로 설계되었던 신행주대교와 팔당대교가 공사 도중 붕괴되면서 여론이 악화되었고, 교량 규모 또한 그리 크지 않았기 때문에 주교량 형식을 사장교에서 아치교로 변경하였다. 이 과정에서 소위 닐슨 아치(Nielsen Arch)라 불리는 형식이 채택되었다. 닐슨 아치라는 명칭은 1929년 스웨덴의 닐슨(O.F. Nielsen)이 처음 제안한 아치교 형식에서 비롯된 것이다. 닐슨 아치는 로제(Rohse) 아치의 일종으로 행어를 아치 리브와 보강형(Stiffening Girder)에 경사지게 연결하는 특징을 지닌다. 일반 아치교가 아치 리브와 보강재를 힌지로 연결하는 것과 달리, 아치 리브와 보강형을 강결(Rigid Connection)로 연결한다.

국내 문헌에서는 아치교를 1) 일반 아치교, 2) 랭거 아치교(동작 철교), 3) 로제 아치교(양화대교), 4) 닐슨 아치교(서강대교) 등으로 분류하기도 한다. 그러나 전문가 시각에서 보면, 특정 엔지니어가 제안한 변형된 아치교 형식에 제안자의 이름을 붙여 고량 종류로 구분하는 방식은 설득력이 떨어진다. 그렇게 된다면, 턴키로 발주된, 변형된 다양한 형태의 아치형 교량에 모두 그 설계자의 이름을 따로 붙여야 하는 모순이 발생하기 때문이다. 기본적으로 아치교란, 작용하는 외부 하중을 주로 압축력이 작용하는 아치 리브를 통하여 교량 받침으로 전달하는 교량을 통칭하는 개념이다.

하지만 서강대교는 예산 부족으로 인해 1982년 초, 교각이 세워진 상태에서 공사가 중단되었다. 서울시는 공사 중단의 근거로, 지하철 2호선 개통(1980년 10월 31일), 양화대교 확장(1982년 2월), 원효대교 개통(1981년 11월) 등의 사실을 제시하였다. 그러나 이는 신군부가 쿠데타를 일으키고 나서 1986년 아시안게임과 1988년 올림픽 관련 사업에 예산을 우선 배정하면서, 기존 사회기반시설 예산이 크게 축소된 데 따른 결과였다.

사실 전두환 정부가 들어선 당시 우리나라 경제는 매우 어려웠다. 이에 전두환 정부는 정권 내내 제조업 육성에 집중하며 사회기반시설 예산을 줄이고 있었다. 그 결과 10년 뒤 서울 곳곳에서 교통 정체가 발생하였다. 이에 따라 노태우 정부는 1992년 12월 서강대교 공사를 재개하여 1996년 12월 30일에 준공하였다. 서강대교의 건설로 인근 양화대교, 원효대교, 마포대교의 교통량을 분산시켰으며, 목동 지역과 경인고속도로에서 서울 도심으로의 진입을 한층 원활하게 만들었다.

5.4.2 교량 설계

서강대교의 전체 길이는 강상형교 130m(북측 접속교), 아치교 150m 그리고 P.S.C 박스거더교 1,040m(남측 접속교)를 합하여 1,320m로 되어 있다.

다리 경간 구성은 다음과 같다〈그림 5.4.2〉.

L = 130m[= (50 + 40) + 40, 아치 북측 강상형교, 교폭 B = 29.0m, 6~8차선] + 150m(강 아치교, 대선식 일괄가설 공법, 교폭 B = 34.0m, 6차선) + 960m(= 16@60, 남쪽 P.S.C 박스거더교, ILM 공법, 교폭 B = 29.0m, 6차선) + 80m(= 2@40, 현장 타설 P.S.C 박스거더교, 동바리 공법, 교폭 B = 29.0m, 6차선)

= 1,320m

그림 5.4.2 서강대교 종·평면도

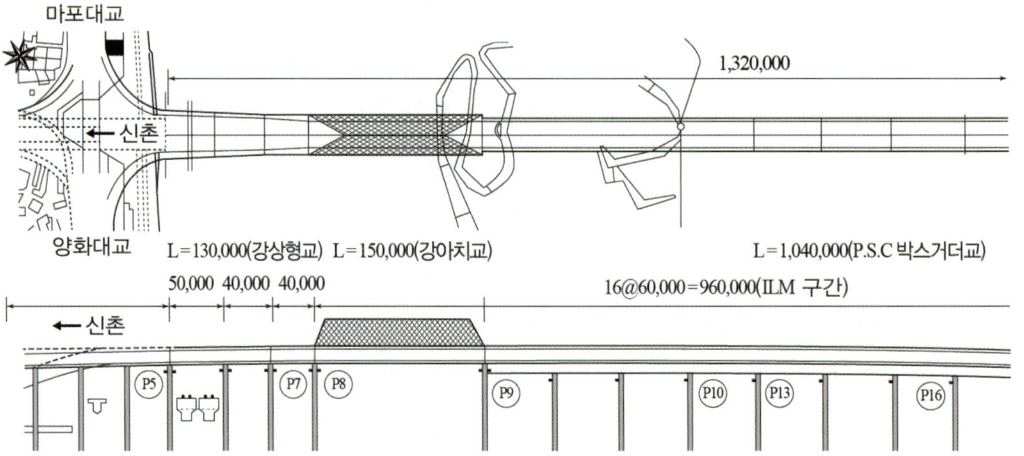

(a) 종·평면도 부분도(1)

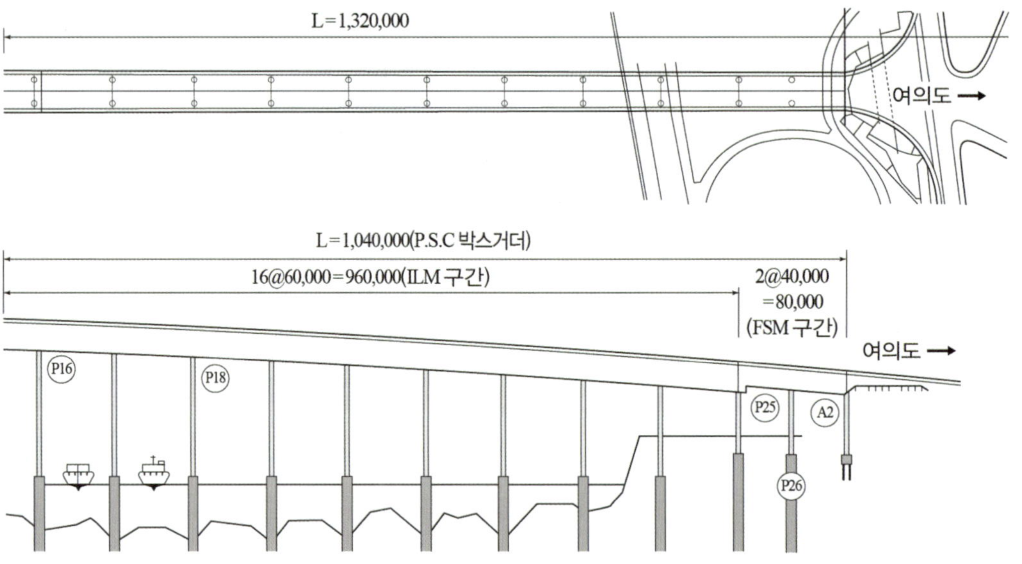

(b) 종·평면도 부분도(2)

교량은 1등급으로 설계속도 V = 80km/hr로 하고, 설계 활하중은 DB-24, DL-24하중을 기준으로 하였다. 서강대교 주경간인 아치교 구간은 ㈜한국종합기술에서 설계하고, 현대건설에서 시공하였다.

5.4.2.1 아치교(주교량)

주교량 형식은 소위 닐슨 로제 아치 형태를 취하고 경간장 L = 150m, 높이 f = 33.54m인 아치 리브 두 개를 34.00m로 벌려 세운 후 안쪽으로 60° 경사로 뉘여 옆으로 누운 상태에서 아치의 높이 f = 30.00m가 되게 하였다. 상단 두 리브(Rib) 사이를 4.00m 간격을 띄워 입체적으로 소위 바스켓 핸들 형식(Basket Handle Type)으로 아치를 구성하고 있다〈그림 5.4.3(a)〉.

그림 5.4.3 서강대교 아치교 일반도
서울특별시 건설안전관리본부, 1999, 서강대교 건설공사 준공도(제2-1권)

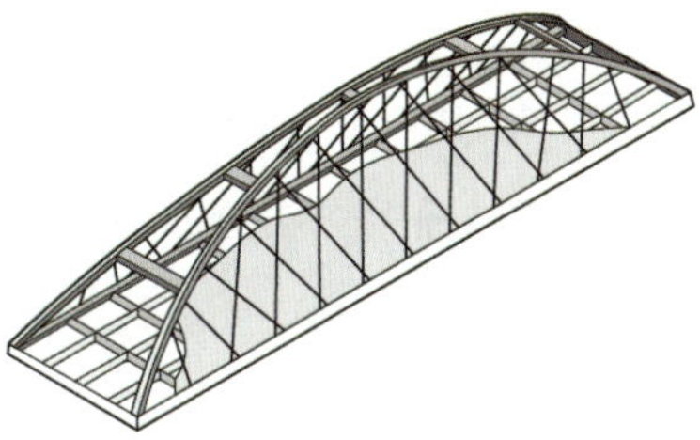

(a) 아치 입체도

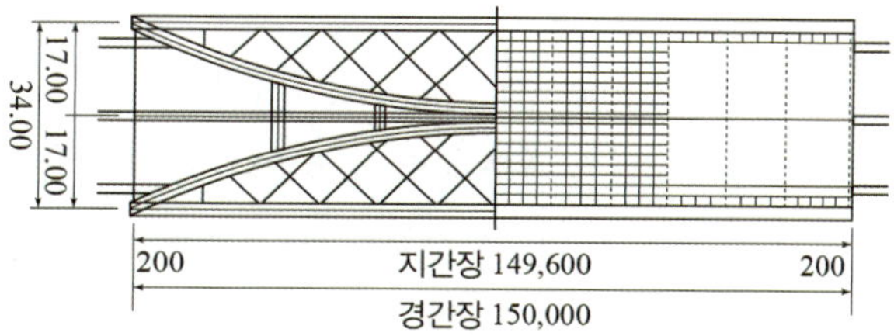

(b) 아치교 평면도(단위: m)

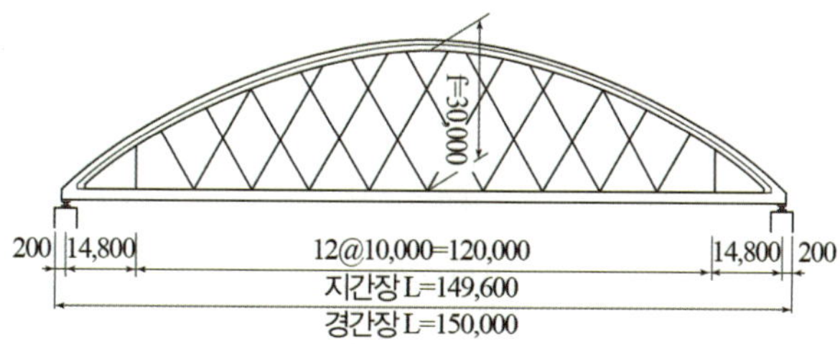

(c) 아치교 종단면도

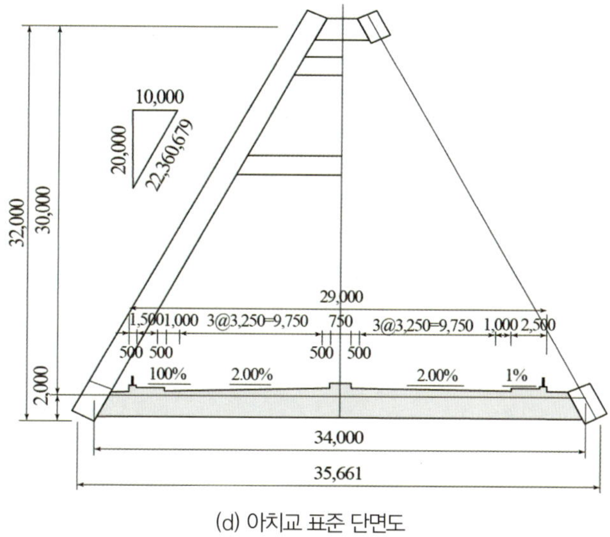

(d) 아치교 표준 단면도

가. 상부구조

서강대교 아치교 전체의 폭은 B = 36.0m이며, 아치 리브 하단에 설치된 보강재의 중심간격은 34.00m로 설계되었다. 아치 리브 지점보다 2m 더 높은 위치에 설치된 바닥판의 너비는 B = 29.0m로 선정되었으며, 구성은 다음과 같다〈그림 5.4.3(d)〉.

B = 2× [2.5(난간 포함 보도) + 9.75(= 3@3.25, 차도 3차선) + 1.0(차도 양측 측대)]
+ 2.50(측대 포함 중앙분리대)
= 29.00m

주경간인 아치교 구간의 바닥판은 강상판으로 되어 있으며, 아치교 행어 케이블이 12m마다 보강형에 거치되어 있기 때문에, 아치교 바닥판 아래에는 12m 간격으로 부재 높이 2.508m의 강성이 큰 가로보(Floor Beam)가 지나간다. 이 가로보에는 약 7.74m 간격으로, 강성이 큰 세로보(Stringer) 3개가 교축 방향으로 설치되어 있다〈그림 5.4.4〉.

이제 강바닥판 구조를 살펴보자. 가로보 사이에는 4개의 작은 가로 리브(Cross Rib)가 설치되고〈그림 5.4.4(b)〉, 가로보 사이를 가로지르는 폐단면 세로 리브와 세로보 위에 용접된 넓은 강판으로 바닥판이 완성된다〈그림 5.4.4(a)〉.

폐단면 세로 리브의 지간장(이웃한 두 가로 리브 사이 간격)은 일반적으로 4.5~5.0m로 설계하지만, 서강대교의 경우 가로보 간격이 12m이고 가로 리브와 가로 리브(또는 가로보와 가로 리브) 사이 거리가 3.0m이므로, 세로 U 리브의 지지 간격은 12/4 = 3.0m로 폐쇄 단면 U 리브 길이치고는 비교적 짧게 설계되었다.

차도부 강상판 강판의 두께는 일반적으로 예전에 적용되던 t = 12mm를 선택하였고, 그 아래 면에는 두께 6mm의 U 리브가 660mm 간격으로 설치되었다. 현재는 피로 현상을 방지하기 위하여 강바닥판 두께를 t = 14mm로, U 리브 두께를 8mm로 설계하는 것이 일반적이다. 또한 다리 길이 방향으로 12m 간격으로 배치된 가로보에는, 이 가로보에 직교하도록 중앙과 양측에 강성이 큰 역 T형 세로 리브 3개가 설치되어 있다〈그림 5.4.4(a)〉.

그림 5.4.4 서강대교 아치교 강상판 구조도

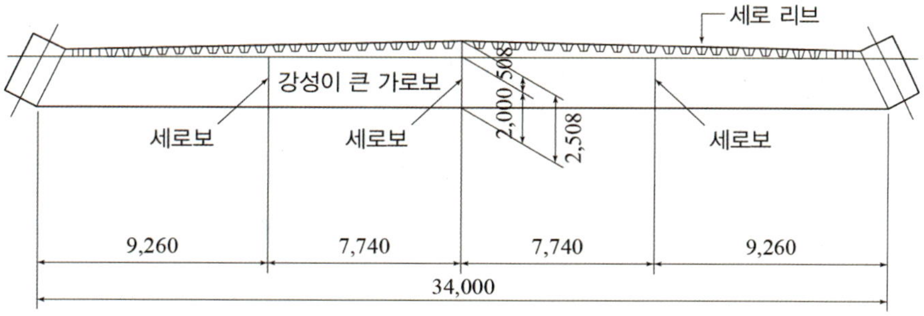

(a) 서강대교 아치교 직교 이방성 강상판

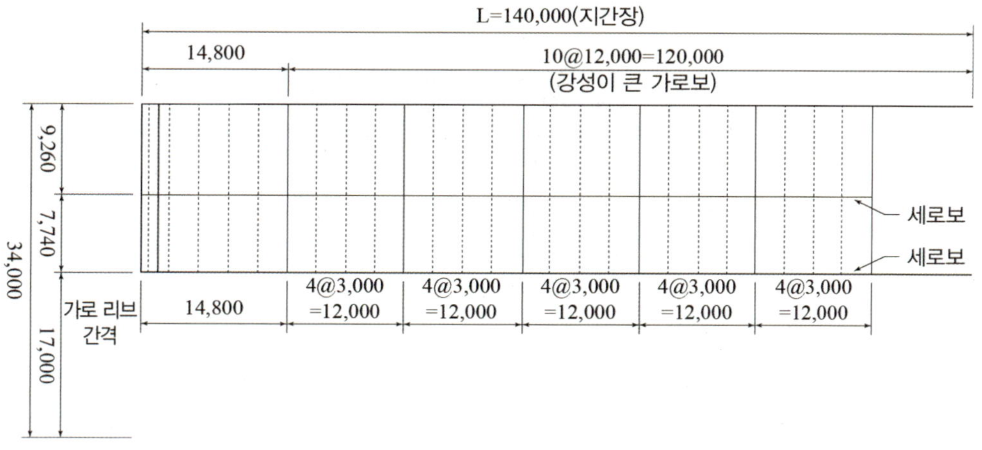

(b) 아치교 바닥판 뼈대 구조

아치교 바닥판 보도부는 너비 2.50m(난간 포함)의 철근콘크리트판으로 구성하였다〈그림 5.4.3(d)〉. 아치 리브는 보강된 플랜지 폭 B = 1.60m, 높이 H = 2.0m의 박스 단면으로 제작되었으며, 아치 하현재 플랜지는 폭 B = 1.60m, 복부 높이 H = 2.5m의 강상형(강박스거더)으로 설계되었다〈그림 5.4.5〉. 두 아치를 연결하는 스트럿도 박스 형태로 만들어진 부재인데, 플랜지의 폭은 1.10m, 복부높이는 1.30m이며, 이 스트럿은 모두 5개가 사용되었다〈그림 5.4.5〉.

행어로 사용된 케이블은 모두 아연 도금한 비부착식(Unbonded) 강연선을 고밀도 폴리에틸렌(HDPE) 쉬스관 속에 삽입하고, 내부 공극을 그리스 방식으로 채워 넣었다. 케이블은 SWPC 30-ϕ 12.7mm와 SWPC 27-ϕ 12.7mm를 사용하였다. 케이블 정착구는 일반적인 쐐기형 정착구를 선택하였으며, 왁스(Wax) 충전식으로 하여 준공 후에도 장력 조절이 가능하도록 설계하였다.

그림 5.4.5 아치교 부재 구성도
현대건설, 1996, Nielsen Arch형 서강대교 가설 사례

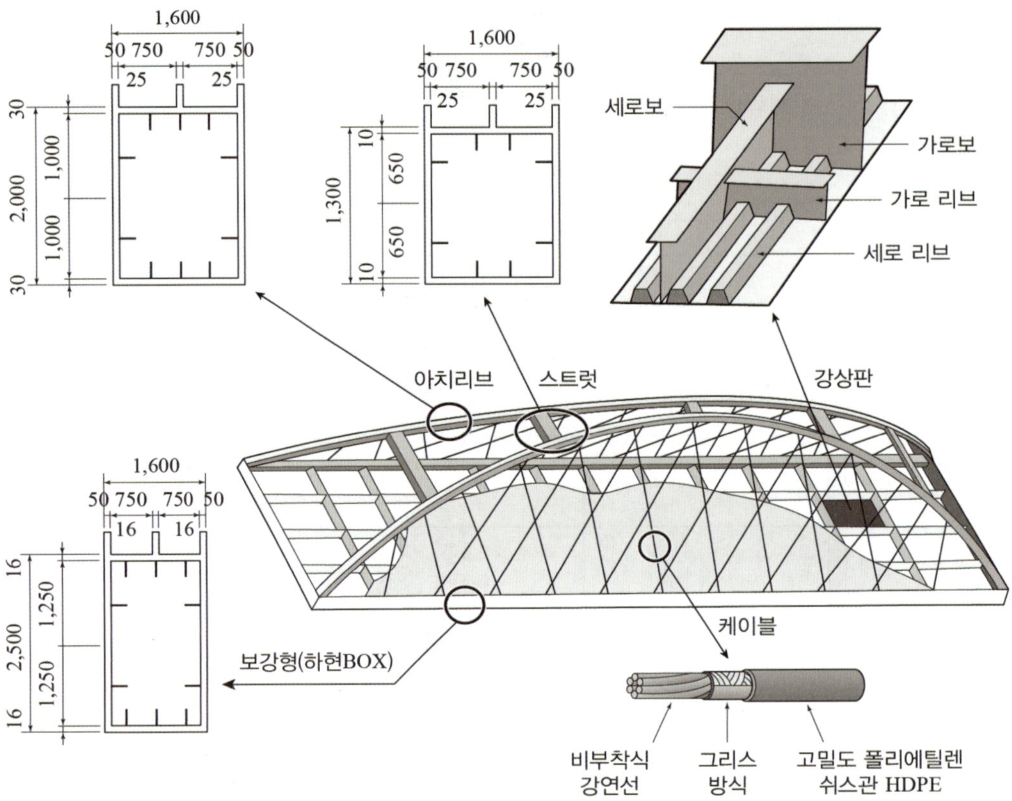

5.4.2.2 접속교

가. 상부구조

서강대교 북단, 아치교 북쪽에는 여러 개의 상자형 단면으로 구성된 두 개의 강교가 가설되어 있다. 전체 길이는 130m이며, 이 중 교각 P5~P8 구간(90m = 50+40)은 2경간 연속교, 나머지 40m 구간은 단순교로 이루어져 있다.

이 구간은 북쪽으로 이어지는 램프와 연결되도록 설계되어 교폭이 35.17m에서 49.00m까지 변한다. 강박스의 높이는 H = 2.0m로 하였으며, 북측 접속교는 강콘크리트 합성교로 설계되었다. 한편 아치교 남단, 여의도 방면으로는 P9~P25 교각까지 총 16경간의 P.S.C 박스거더교(L = 960.0m)를 60m 간격으로 세웠다〈그림 5.4.6〉.

이 교량과 같이 일정한 간격으로 교각을 세울 수 있고, 평면 선형을 가지며 교량 시·종점 공간 확보가 가능한 조건에서는 압출공법(I.L.M, Incremental Launching Method)을 적용하는 것이 합리적이다. 실

제로 서강대교 남단 구간에는 1983년 호남고속도로 확장공사 이후 축적된 I.L.M 시공 실적을 바탕으로 이 공법이 적용되었다.

그림 5.4.6 서강대교 여의도 방면 교각 배열도
서울특별시, 1988, 『서울의 다리』, 114쪽

I.L.M 공법이란 교대 후방에 미리 설치되어 있는 임시 공장에서 교량의 상부구조를 15~20m 규모의 세그먼트로 제작한 뒤, 이를 전방 교축 방향으로 한 분절씩 순차적으로 밀어내어 교량 상부구조를 가설하는 방법이다〈그림 5.4.7〉. 서강대교 가설 시에는 여의도 측 고수부지 안에 세워진 교각 P25 후방에 임시 공장 두 개를 나란히 배치하여 상·하행선 상부구조를 동시에 압출하면서 시공하였다.

그림 5.4.7 압출 공법 개요도

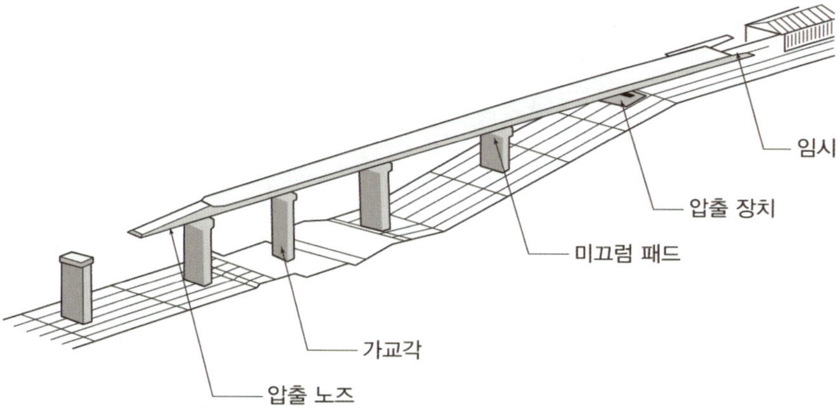

세그먼트를 연속적으로 압출하는 방식에는 1) 집중 압출 방식과 2) 분산식 압출 방식이 있다. 여기서 집중 압출 방식이란 한 지점에서 전 수평력을 집중적으로 가하는 방식이고, 분산식 압출 방식은 압출에 필요한 전 수평력을 교대나 교각 등 여러 개소에 나누어서 설치하여 압출하는 방법을 말한다. 서강대교 I.L.M 구간에서는 분산 압출 방식을 채택하였다〈그림 5.4.8〉. 또한 시공 중 거더에 발생하는 단면력을 줄이기 위해 설치하는 추진 코(Nose)의 길이는 L = 40.0m로 설계하였다.

그림 5.4.8 분산 압출 방식 개요도

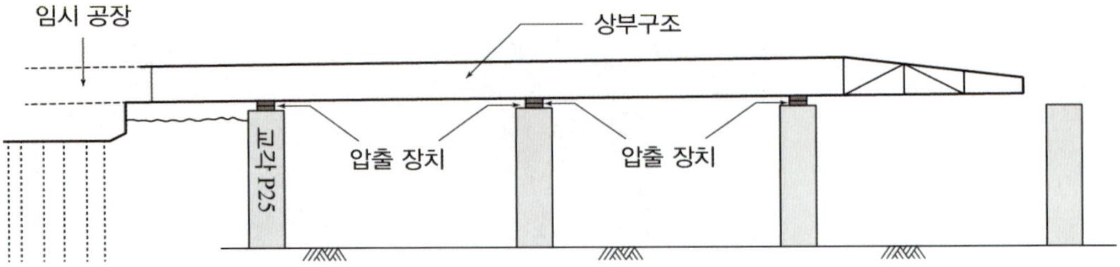

교각 P9~P12는 상부구조를 지지하고 있는 교각 형태가 Π 형 라멘 구조로 되어 있고, 교각 P13~P26은 두 개의 독립 기둥으로 되어 있으나 이 구간을 현대건설에서 I.L.M을 적용하여 시공하였기 때문에 여의도 방면 서강대교 접속교의 상부구조는 폭 B = 14.50m의 전형적인 단일 박스 형태를 갖추게 되었다〈그림 5.4.9〉.

그림 5.4.9 서강대교 P.S.C 박스거더교 표준 단면도

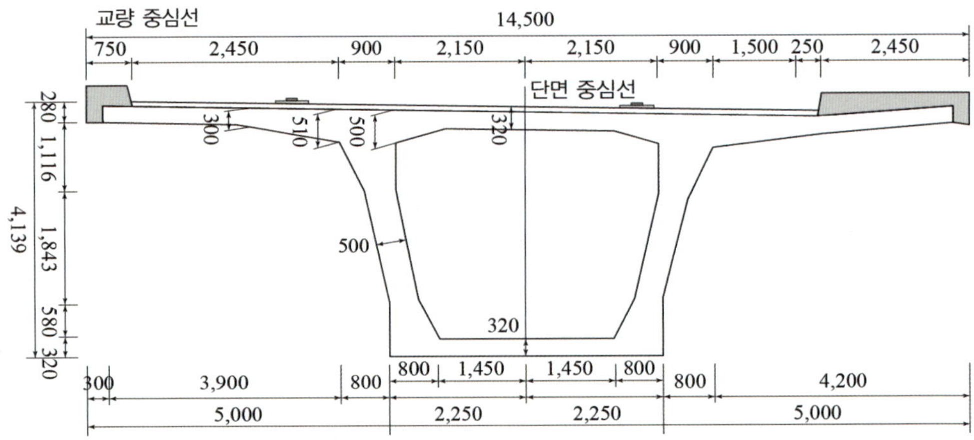

나. 하부구조

서강대교 본 교량 수상부 교각 기초에는 지름 Φ = 7.40m의 전형적인 우물통기초 37기가 시공되었다. 바닥 슈(Shoe) 부분에는 수중콘크리트를 타설하고, 그 위쪽으로는 채움콘크리트로 채운 뒤, 우물통 상단에는 덮개 콘크리트를 설치하였다〈그림 5.4.10(a)〉.

교각은 그 위에 세워졌는데, 교각 P5~P12에는 Π 형, 교각 P13~P24 및 교각 P26은 6각형 독립 교각(P13~P24, P26)으로 건설되었다. 교각 P13부터 교각 P24, 그리고 교각 P26까지 모든 교각은 6각형의

형태를 취하고 있다. 교각의 제원은 정면도에서 폭 B = 5.00m, 측면 너비 b = 2.00m, 평면 중앙에서의 폭 3.00m로 되어 있다〈그림 5.4.10(b)〉.

그림 5.4.10 교각 P13~P24 및 교각 P26 우물통기초와 교각 일반도

서울특별시 건설안전관리본부, 1999, 서강대교 건설공사 준공도

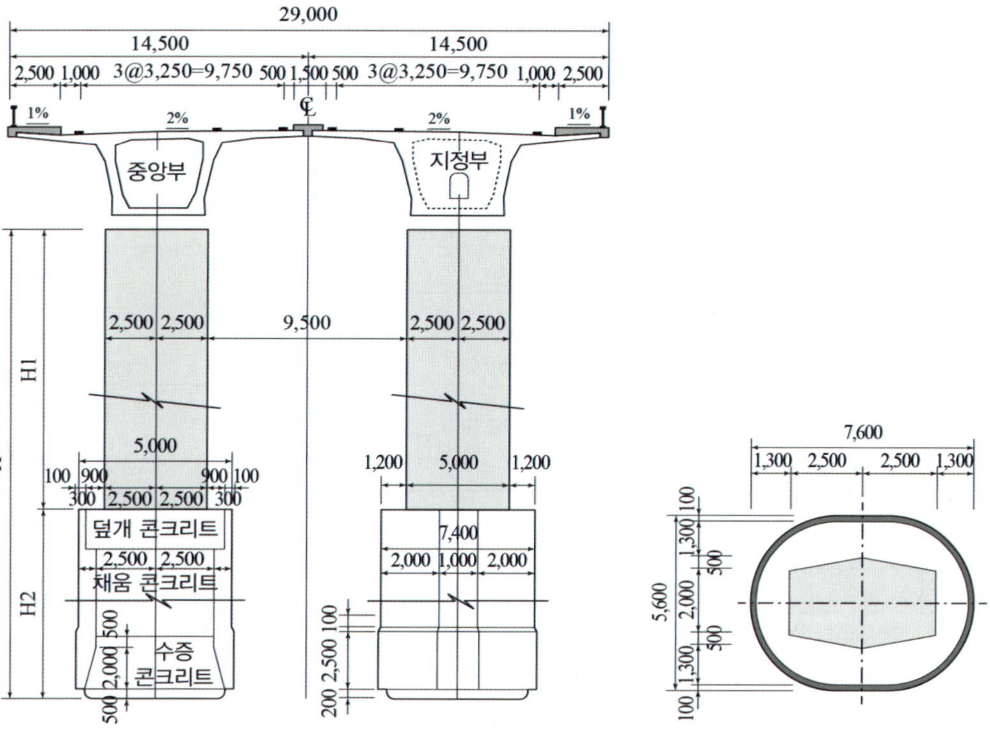

(a) I.L.M 구간 교각 및 우물통기초 표준 단면도

(b) I.L.M 구간 우물통 표준 평면도

아치교 교각 P9는 Π형 형태의 문형 교각으로 위에서 본 평면의 길이는 40.00m, 폭은 4.00m로 구성되었다. 그 교각 상부 평면 위에 평면 중심선으로부터 좌우로 각각 17.83m 떨어진 곳에 아치교를 위한 교량 받침이 설치되었고, 아치 남쪽으로 세워진 I.L.M 접속교 받침으로 그 중앙에 4개가 설치되었다〈그림 5.4.11〉.

교각 밑에는 가로 11.00m, 세로 8.00m 그리고 높이 3.50m로 구성된 직접확대기초가 설치되었는데 먼저 설계강도는 $f_{ck}=280\text{kg/cm}^2$의 수중 콘크리트를 0.50m 깔고, 그 위에 설계강도가 $f_{ck}=240\text{kg/cm}^2$의 일반 콘트리트를 3.00m를 타설하였다〈그림 5.4.11(b)〉. 문형 교각은 정면 가로 7.0m, 측면 길이 3.0m, 그리고 중앙폭 4.0m인 6각형 단면으로 구성되어 있다〈그림 5.4.11(b)〉.

서강대교 남쪽 접속교 P13부터 교각 P24 및 P26의 교각은 동일한 치수를 갖는 2개의 독립 기둥과 그 아래 각각 독립된 우물통기초로 시공되었다. 다만, I.L.M 구간과 현장타설 구간(P25~교대 SA1)의 경계에 있는 교각 P25는 그 기하 조건 때문에 I.L.M 구간에 있는 교각에 비해 좀 더 큰 규모의 교각과 우물통기초로 시공되었다.

그림 5.4.11 아치교 교각 P9 일반도

서울특별시 건설안전관리본부, 1999, 서강대교 건설공사 준공도

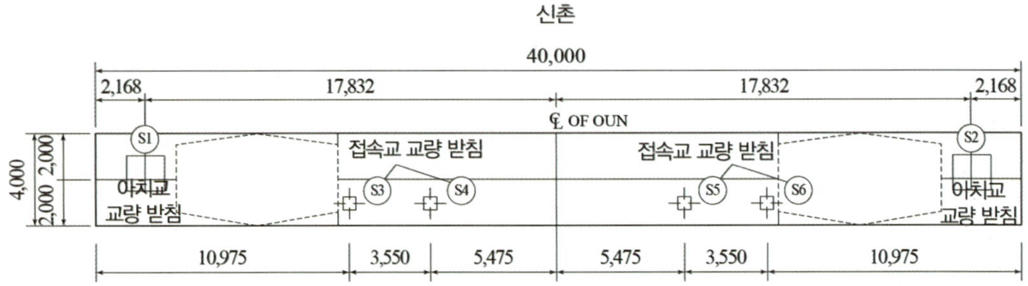

(a) 교각 P9 평면도(아치교 교량 받침 위치 S1/S2)

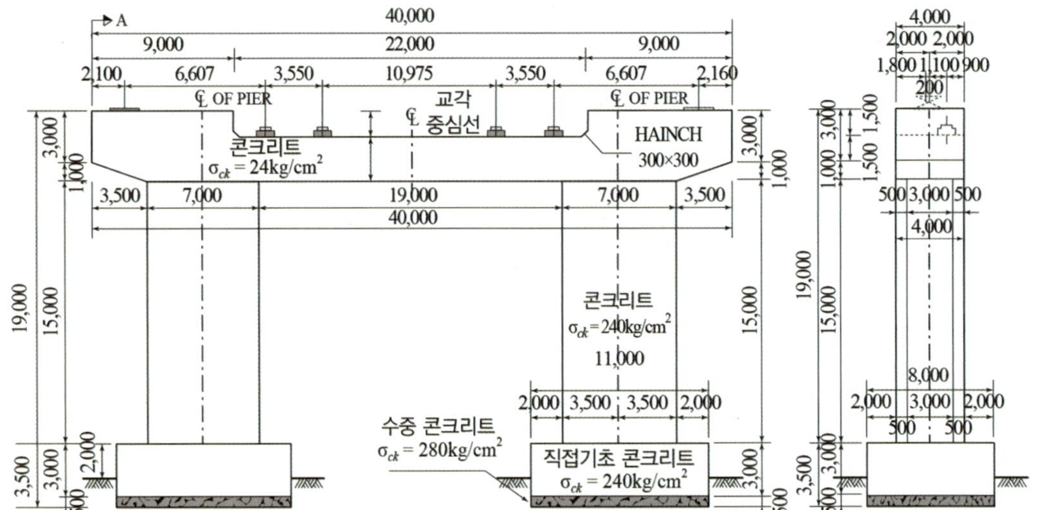

(b) 교각 P9 정면도와 측면도

5.4.3 서강대교 아치교 시공

5.4.3.1 건설 환경조건

서강대교의 상부구조는 P.S.C 박스거더(Prestress Box Girder) 1,040m(I.L.M 960m 포함), 길이 L = 150.0m의 아치교, 북단 130m의 강상형 박스거더(Steel Box Girder)로 구성되어 있으며, 하부구조는 우물통기초와 Π 형 및 독립 기둥 교각으로 설계되었다. 그중 P.S.C 박스거더로 된 남측 접속교 80m(= 2@40)는 현장타설 동바리공법(F.S.M)을 적용하였고, 그 북측으로 연결된 P.S.C 박스거더 960m(= 16@60)는 연속압출공법(I.L.M)으로 시공하였다.

무엇보다 시공의 하이라이트는 한강 교량 최초로 '대선식 일괄가설공법'을 적용하여 한번에 가설한 길이 150m의 아치교 구간이었다. 나머지 북측 강상형 150m는 바지(Barge)와 벤트(Bent)를 사용하여 가설하였다.

1980년대 전두환 정권이 들어선 당시는 지난 20년 동안 국가 경제발전에 매진했던 정부 정책으로 인하여 사회기반시설 투자가 위축되었고, 동시에 환경 파괴와 노동 환경 악화가 심화되던 시기였다. 이러한 시기에 지각 있던 많은 선지자에 의해 '환경보호운동'이 시작된 것은 매우 자연스러운 일이었다. 이 과정에서 교량 건설 현장에도 환경 보호 요구가 등장하였는데, 서강대교를 건설하던 현대건설은 밤섬에 서식하는 수만 마리의 각종 철새 보호에 대한 종합 대책 마련을 주요 과제로 당면하게 되었다.

밤섬은 1988년 한강개발이 시작되며 조류서식지 최적의 장소가 되었기 때문에 4~6월 번식기과 12~2월 월동기에는 공사를 전면 중단하였다. 또한 교각 설치 공사를 할 때는 투명 방음벽을 설치하고 이 지역에는 건설 장비와 자재를 쌓아두지 않았다. 공사가 끝난 후에도 이 지역은 차량 정적 사용을 금지하고, 교량 위에 투명 방음벽을 설치하였으며, 교량 가로등 불빛이 철새들의 생태환경에 영향을 주지 않도록 가로등 불빛은 교량 위쪽으로만 비추도록 설계하였다. 이렇듯 서강대교는 교량 엔지니어들이 '자연환경보호'를 중요한 설계 요소로 고려하는 계기가 되었다.

서강대교의 아치교는 길이 L = 149.69m(교좌장치 중심거리로 잰 길이), 폭 B = 35.664m로, 상부 형식은 닐슨 로제 아치교와 바스켓 핸들 형식(Basket Handle Type)을 결합한 독창적 구조였다. 로제 아치교는 일반 아치교에서 사용하는 것처럼 아치 리브를 두 면을 사용했는데, 다만, 아치 리브와 보강형을 힌지가 아닌 강절로 연결하여 리브와 보강형의 강성을 더 키운 것이 특징이다. 게다가 닐슨 아치에서 한 걸음 더 나아가 두 면의 아치 리브를 아치 정부에서 한 점으로 연결하고, 행거를 트러스 형식으로 만들어 아치 리브와 보강형이 입체적으로 작용하도록 설계하였다. 현대건설에서는 이를

'손잡이 달린 장바구니(Basket Handle)'라는 의미의 바스켓 핸들 아치라 불렸다. 현대건설 엔지니어들은 아치교를 3차원으로 작동하도록 성능을 개선함으로써 아치교 부재를 공장에서 제작하고, 이를 여의도 육상에서 일괄 조립해서 바지선으로 운반한 후 현장에서 가설하는 시공 방법을 실현하였다〈그림 5.4.12〉. 조수 간만의 차까지 면밀하게 계산한, 일괄가설 시공 능력으로 현대건설은 세계적인 인정받을 수준의 첨단 일괄가설 시공 능력을 보여준 사례였다.

서강대교 공사는 1980년 6월 착공했으나, 1983년 9월까지 1차 사업으로 교각 17개만 세운 뒤 1984년 이후 10년간 공사가 중단되었다. 착공 당시인 1980년 6월은 전두환에 의한 신군부 쿠데타가 직전이었으며, 이 무렵 한강의 물길은 밤섬 북쪽을 따라 흘러 수심이 깊고 물살이 빨라 교각을 세우기에는 적합하지 않았다. 한편 청와대에서는 '호주 시드니 아치교 같은 국가적 상징 교량을 건설할 수 없겠느냐'는 의견을 제시했고, 이에 서울시는 고심 끝에 당시 세계 교량 시장에서 각광받던 사장교 형식을 서강대교 주교량 형식으로 채택해 공사를 추진하기 시작했다는 이야기가 회자되기도 한다. 그러나 얼마 지나지 않아 신군부 쿠데타가 발생하면서 정국이 혼란스러워졌고, 이로 인해 공사는 장기간 중단될 수밖에 없었다.

이 시기인 1981년 11월은 원효대교가 준공되고, 같은 해 12월 양화대교도 확장되었으며, 지하철 2호선까지 개통되면서 교통 여건은 일정 부분 개선되었다. 이러한 상황 속에서 서강대교 공사는 후순위로 밀려나 장기간 지연되었다. 한편, 1980년대 후반 아시아경기대회와 서울올림픽을 준비하던 서울시는 정비사업 등으로 재정 확보에 어려움을 겪게 되자, 상대적으로 건설 비용이 많이 드는 사장교 형식을 취소하고 대신 아치교 형식을 채택하여 공사를 재개하였다. 이후 1992년 12월 공사가 재개되었으며, 1999년 8월 14일 마침내 준공에 이르렀다.

그림 5.4.12 서강대교 아치교 전경(대선식 일괄가설 시공법 가설)

이처럼 서강대교는 단순한 교통 인프라를 넘어, 환경 보전, 첨단 기술, 정치·사회적 맥락, 도시 미학적 가치까지 함께 반영된 교량으로 평가된다. 사실 서강대교 위치에 사장교를 세우기에는 규모가 작아 경제성이 떨어졌으며, 한강의 양호한 지반

조건만 고려한다면 경간 40~60m의 들보교가 가장 유리한 선택이었다. 그럼에도 불구하고 한강 위 교량들이 다양한 형식으로 건설된 것은 단순한 경제성을 넘어, 시민들에게 미적 즐거움과 정서적 안정감을 주는 도시 공간의 상징성을 확보하기 위한 것이었다.

5.4.3.2 아치교 시공

원설계에서는 교각 사이에 수중 파일을 항타하여 가설 벤트 6기를 설치한 후 수상에서 아치를 조립하는 지보공 공법을 제시하였는데, 검토 결과 대선식 일괄가설 공법이 육상 조립으로 품질이 보장되고, 공기를 단축할 수 있고 또한 지보공을 사용하는 공법보다 공사비가 저렴하다는 결론을 얻어 대선식 일괄가설 공법을 현장에서 적용하는 것으로 변경하였다.

현대건설 인천 철구사업부에서 제작한 강상판과 보강형 부재들은 여의도 고수부지 조립장〈그림 5.4.13(a)〉까지 육로로 운송하여 조립장에서 A-프레임(Frame)을 거치한 후 아치 리브를 폐합한다. 조립 중인 아치교는 그 자중으로 인하여 지반 침하가 예상되므로 각 가로보(12m 간격으로 설치)의 하단에 파일 기초를 타설하여 기초 침하에 따르는 교량의 변형을 방지하여 정밀 조립 작업이 이루어지게 하였다. 닐슨 아치의 단부 가로보 하단부에는 밀어내기(Load Out)용 박스거더를 미리 설치하여 추후 밀어내기 작업에 대비하였다〈그림 5.4.13(b)〉.

그림 5.4.13 여의도 조립장과 아치 조립

(a) 조립장 기초 배치도 (b) 아치 리브 폐합

가. 서강대교 아치교 거치 순서

1) 바지선 탑재

육상 조립장에서 아치교가 조립 완성되면 수상 지지대(Bent) 상부에 설치한 유압잭(용량 290톤×2조)을 이용하여 고수부지에서 제작된 아치를 강 쪽으로 이동시킨다〈그림 5.4.14〉.

그림 5.4.14 밀어내기 작업 개요도

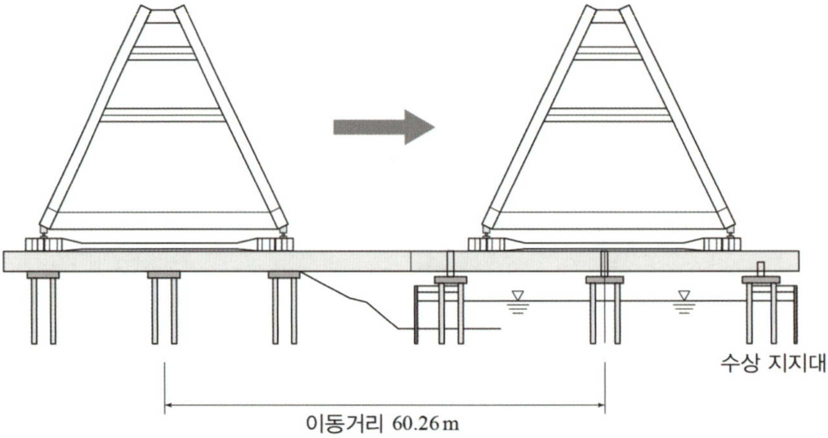

밀어내기 작업으로 수상으로 옮긴 아치를 인양 지지대(Jack Up Platform) 상단에 설치한 유압잭을 이용하여 위로 들어 올린 후(Jack Up), 그 아래 생긴 하부공간으로 바지선을 진입시킨다. 바지에 선적된 아치교는 교각 위 가설될 높이까지 인양된(Lift Up) 상태에서 바지 위 운송 지지대(벤트) 위에 선적된다〈그림 5.4.15〉.

바지(길이 30m, 폭 20m, 깊이 3.0m) 4대를 종(세로) 방향으로 바지 타이 프레임(Barge Tie Frame)을 연결한 후에는 아치를 바지에 올려 놓았던 인양 지지대를 해체한다〈그림 5.4.16〉.

그림 5.4.15 인양 지지대 위에 아치교 거치

그림 5.4.16 인양 지지대 해체

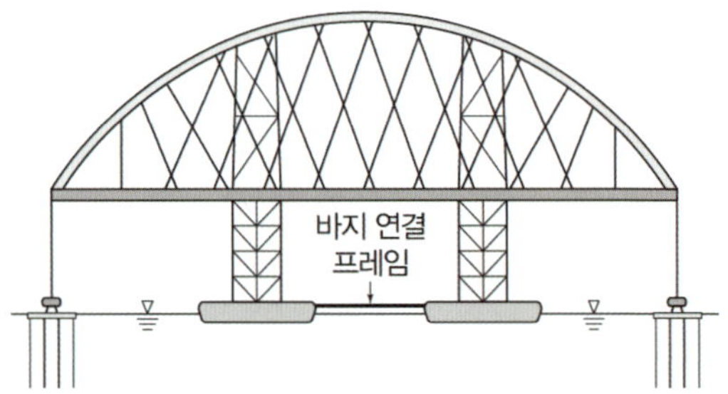

2) 운송 및 거치

바지는 세로방향으로는 연결 프레임으로 연결하여 강성을 키우고, 가로 방향으로는 운송 벤트 자체의 강성을 이용하여 조립된 아치를 건설 현장으로 운송하게 된다〈그림 5.4.17〉.

그림 5.4.17 아치 운송 장면

바지 위에 선적된 아치교는 와이어 로프(Wire Rope)를 500마력 터그 보트(Tug Beat) 3대에 매달아 15톤(3×5 ton = 15ton)의 추진력으로 가설 위치까지 이동한다. 바지가 아치를 현장으로 도착하면 한강의 수위 변화와 바람이 가장 적은 새벽에 바지선 위에 가설된 교량 상판을 교각 위로 얹는다. 교각의 틈이 좌우로는 각각 30cm, 높이 60cm 정도밖에 여유가 없어 대단히 정밀한 사전 작업이 필요했다.

터그 보트에 의해 교각 근처까지 예인된 바지는 앵커 블록(Anchor Block)에 연결된 줄(Anchor Line)을 이용하여 교각 사이로 진입한 후 작업 위치를 잡는다〈그림 5.4.18〉. 이때 교각과 이치와의 충분한 여유고를 확보하기 위하여 만수위 때를 작업 시점으로 잡는다.

그림 5.4.18 아치 가설 위치 정치

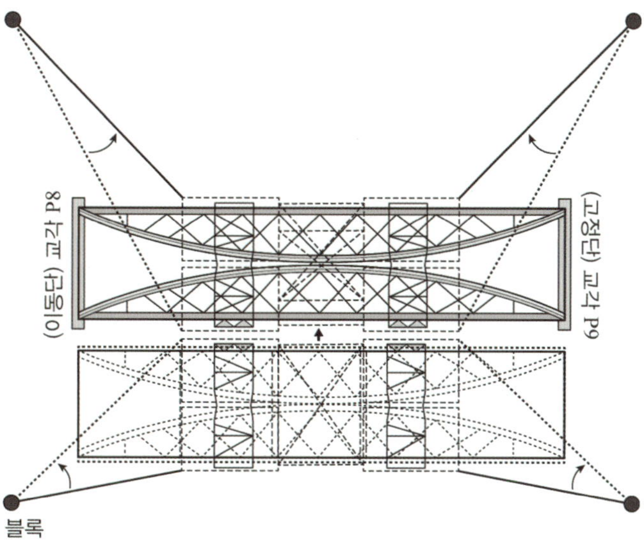

이때 교각 위에는 교량 받침의 받침판(Base Plate)이 설치되어야 하고, 상부 아치교에는 교량 받침을 설치하기 위한 솔 플레이트(Sole Plate)가 미리 마련되어 있는 상태이어야 한다〈그림 5.4.19〉.

그림 5.4.19 아치교 교량 받침

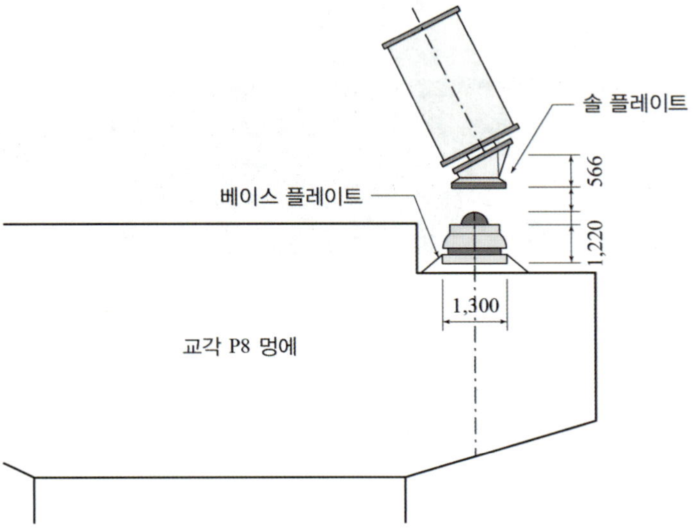

3) 바지의 철수 및 케이블 장력 보정작업

교량 받침 위에 아치교가 안전하게 거치되면 바지 물탱크에 물을 집어넣어 바지를 침수시킨 후 철수하여 교량의 설치가 끝난다.

아치교가 목적된 위치에 세워지면 케이블의 장력을 설곗값에 맞게 보정해 주어야 한다. 케이블의 조정은 정착 격점의 거리를 측정해서 관리한다. 이때 장력 측정은 진동법의 케이블 고유진동수와 장력의 상관관계를 이용하여 계측한다.

장력 조정은 진동법으로 계측된 장력이 설계 장력의 10%를 초과하는 경우 실시한다.

5.5

수도권 서부의 관문, 김포대교

5.5.1 개요

김포대교는 1990년 초 급격히 증가한 서울과 수도권 교통량을 분산시키기 위하여 수도권 제2순환도로의 한강 횡단 구간으로 건설된 20번째 한강 도로교이다〈그림 5.5.1〉.

그림 5.5.1 김포대교 위치도

김포대교는 행주대교에서 서쪽으로 약 2km 떨어진 하류에 위치하며, 남측의 경기도 김포군 고촌면 신곡리(김포 I.C, 국도 48호선)와 북측 고양시 덕양구 토당동 자유로 J.C를 연결하는 왕복 8차로 교량이다. 원래 1994년 착공 예정이었으나, 1992년 7월 31일 신행주대교가 공사 도중 느닷없이 무너지는 바람에 인근 지역의 교통난이 심각해지자 계획이 앞당겨져 같은 해 12월 29일 서둘러 착공되었다. 공사 기간은 4년 11개월로, 1997년 11월 3일 준공되었다. 김포대교 개통으로 행주대교의 교통 부담이 크게 완화되었으며, 김포와 일산 신도시 간의 지역 교통이 원활해졌다. 또한 수도권 제1 순환도로와 연결되면서 경기 서북부 지역 발전에 중요한 기반이 마련되었다〈그림 5.5.2〉.

김포대교의 총연장은 L = 2,280m로,[1] 남측 김포 제방도를 지나 북측 일산 자유로를 횡단하는 구간까지 대부분 직선 평면선형을 따른다. 주교량은 다음과 같은 경간으로 구성된다.

L = MBR1(M.S.S 공법) + MBR2(M.S.S 공법) + MBR3 + MBR4(F.C.M 공법) + MBR5(F.S.M 공법) + MBR6(F.S.M 공법)

= 450.00(= 9@50) + 450.00(= 9@50) + 50.00 + 930(= 90 + 6@125 + 90) + 100(=2@50) + 300(= 6@50)

= 2,280.00m

그림 5.5.2 김포대교 전경
쌍용건설

여기서 인천 방향 접속교 MBR1과 MBR2는 각각 굴포천과 지류를 횡단하는 9경간 P.S.C 박스거더교이며, MBR4는 김포대교의 주교량으로 6경간 연속 P.S.C 박스거더교이다. 신평 J.C 측 접속교인 MBR5는 한강 본류를 횡단하는 확폭 구간에 세워진 2경간 연속 P.S.C 박스거더교이고 MBR6은 6경간 연속 P.S.C 박스거더교로, 두 교량 모두 고수부지에 위치하여 지보공 공법으로 시공되었다.

시공에는 세 가지 주요 현장타설공법이 적용되었다. 위에서 기술한 M.S.S(Movable Scaffolding Method) 공법이란 노량대교에서 국내 최초로 소개된 공법으로, 이동식 작업차를 이용하여 구간별로 콘크리트를 타설하며 순차적으로 시공해 나가는 공법이다. F.C.M(Free Cantilever Method) 공법이란 원효대교에서 국내 최초로 적용된 공법으로, 교각 위에 주두부를 설치하고 그 위에 이동식 작업차를 설치한 후 양쪽으로 균형을 맞추며 한 세그먼트씩 콘크리트를 타설하며 시공해 나가는 공법을 말한다. F.S.M(Full Staging Method) 공법은 국내에서 가장 일반적으로 사용되던 공법으로, 교량 상부구조 아래 전 구간에 지보공을 설치하고 그 위에 작업차를 설치한 후 현장 콘크리트를 타설하여 시공하는 공법이다.

초기 설계에서는 교량 상부구조 형식을 김포대교 가설지역 한강의 유심부(流心部) 전 구간에 가도(임시도로)와 가교(임시 교량)를 가설하고, 공장에서 분절(Precast Segment) 제작된 P.S.C 박스거더를 이 가도나 가교 위로 운송하여 작업 위치에서 크레인을 사용하여 차례차례 인양하여 조립하는 P.F.C.M(Precast Free Cantilevered Method)으로 시공하는 계획을 하였으나, 검토 결과 축조된 가도로 인하여 한강의 통수 단면적이 현저하게 줄어드는 위험 때문에 이를 포기하고 임시 축도 없이 상부구조를 시공할 수 있는 F.C.M 공법, M.S.S 공법 및 F.S.M 공법 등 세 가지 공법을 적용하는 현장타설공법으로 변경하였다. 하부구조는 상부구조와 조화를 이루며, 미관과 시공성 등이 양호하고, 유수 영향이 적은 Y형 교각으로 선정되었다〈그림 5.5.3〉.

수도권 제1순환도로 제19공구에 속한 김포대교 건설공사는 쌍용건설에서 주관하고, 설계는 초기에 삼우기술단에서 수행하였는데, 공사 도중 상부구조 설계가 변경되어 용마 E.N.G에서 다시 설계하였다. 김포대교 건설공사 전면책임감리 용역은 ㈜한국종합기술에서 체결하고, 전체 사업의 발주는 한국도로공사에서 시행하였다.

그림 5.5.3 시공 중 김포대교 전경

그림 5.5.4 김포대교 종·평면도

건설교통부, 1997, 서울외곽순환도로 김포대교 건설지, 70쪽

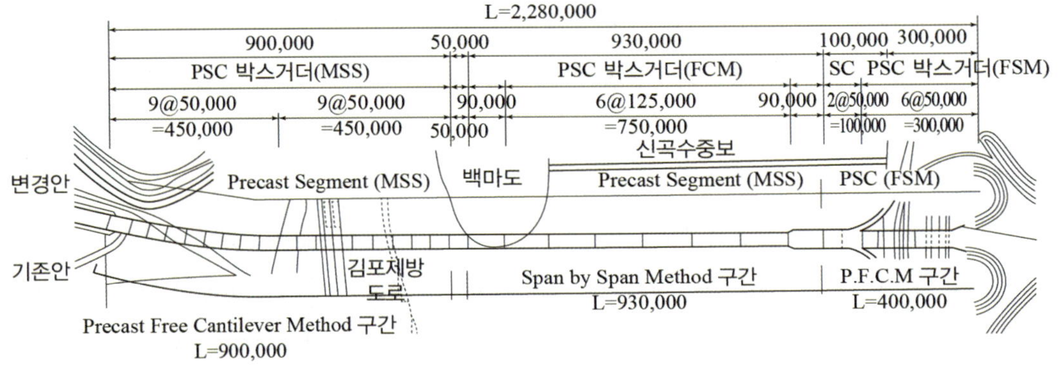

(a) 평면도

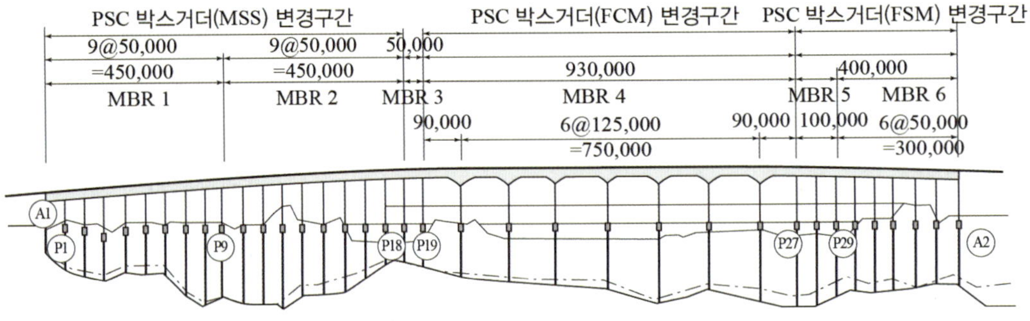

(b) 종단면도

5.5.2 교량 설계

김포대교는 길이가 2,280m로 그 경간은 다리 남단 김포 방향 농경지 950m에 이어서 두 번째 수중 구간 930m, 그리고 나머지 북단 신평 J.C 구간 400m로 되어 있다. 김포 방향 농경지 구간 중 900.00m 구간은 M.S.S 공법으로 시공하였고, 한강 수중부의 주교량 930.00m는 F.C.M 공법으로 건설되었다〈그림 5.5.5〉.

지점 위에서는 높이 H = 7.0m이고 경간 중앙부에서는 높이 H = 3.0m로 되어 있어 종방향으로 포물선 형태의 아름다운 곡선을 가진 잘 균형잡힌 교량이다. 그 교각 기초는 우물통기초로 되어 있고, 그 우물통기초 위에는 상부구조와 잘 어울리는 Y형 교각을 세웠다〈그림 5.5.5〉. 나머지 북단 신평 J.C 구간 400.00m는 기존의 지보공을 사용하는 F.S.M 공법으로 건설되었다.

L = 900.00m(M.S.S 구간) + 50.00m+ 930.00m(F.C.M 구간) + 400.00m(F.S.M 구간) = 2,280.00m

그림 5.5.5 김포대교 수중부 P.S.C 박스거더교 전경

김포대교는 수도권 외곽 순환고속도로상에 건설된 교량이므로 설계기준 하중은 DB-24(DL-24)를 기준으로 설계하였다. 사용된 콘크리트에 관해서는, P.S.C 박스 구조에는 기준강도 σ_{ck}= 40MPa 콘크리트를 사용하고, 슬래브 상판에는 1종 콘크리트인 기준강도 σ_{ck}= 27MPa, 그리고 기초 및 교대, 교각 구조에는 기준강도 σ_{ck}= 25Mpa 콘크리트를 사용하였다.

김포대교의 주교량에 적용된 P.S.C 박스거더에 사용된 P.C 텐던에는 Φ-12.7mm 스트랜드로 제조된 S.W.P.C 7B, 즉 파괴강도 σ_{pu}= 1,900MPa, 항복강도 σ_{py}= 1600~1700MPa를 사용하였다. ,

5.5.2.1 상부구조

김포대교는 P.S.C 박스거더교 두 개를 나란히 1.00m의 간격으로 두고 세워 각각 상·하행선으로 운용하고 있어〈그림 5.5.6〉, 상부구조 단면 폭은 공식적으로 B = 39.00m,[2] 8차선 차도 28.8m(= 2×4 @ 3.5), 양측 보도 5.0m(= 2×2.5)와 두 교량의 분리된 1.00m 포함된 중앙분리대 3.21m 4곳에 설치된 측대 2.0m(= 4×0.5) 및 자동차 방호책 2×0.405m로 구성되어 있다〈그림 5.5.6〉.

그림 5.5.6 김포대교 상부구조 표준 단면도

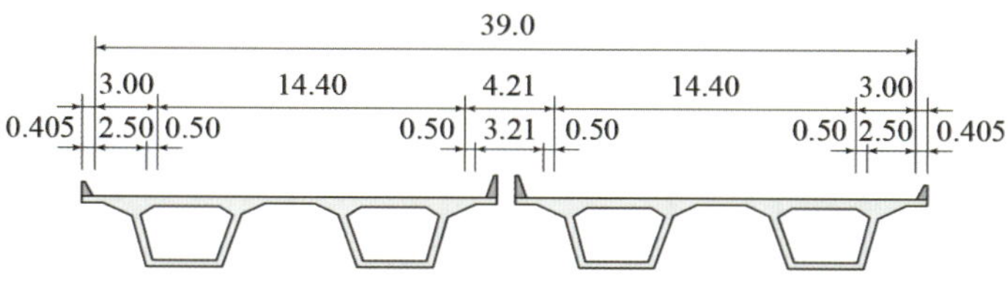

김포대교의 대부분 구간의 상행선 또는 하행선 상부구조 차로의 폭은 B = 14.40m로 되어 있는데 다만, 접속교 F.S.M 100m(MBR5) 구간과 M.S.S 공법 300m(MBR6) 램프 접속 구간에서는 B = 23.51m로 교폭이 넓어져 있다.

김포대교 주경간부 상부 P.S.C 박스거더교의 횡단면 형태를 정하기 위하여 직사각형 단면(검토 1안)과 사다리꼴 단면(검토 2안)을 검토한 결과 두 단면의 비틂강성과 휨 강성(Flexural Stiffness)은 거의 같았다. 교량의 안정성과 시공성 및 경제적인 면에서 둘 다 거의 같은 장점이 있었으나, 하부구조를 Y형 교각으로 선택하기로 하고 이들과 상부구조와의 조형미가 잘 조화되는 사다리꼴로 상부구조 표준횡단면을 선정하였다〈그림 5.5.7(a)〉. 사다리꼴 단면을 사용하면 자중과 가설하중의 감소하고 가설공법을 적용하기 쉬운 장점이 있다. 당초 P.F.C.M(Precast Segment Free Cantilever Method) 공법을 적용하여 가설을 하기로 하였으나, 공사 과정에서 시공 방법을 F.C.M 공법으로 변경하는 사유로 인해 교량의 횡단면을 변경해야 하는 사정은 생겼었으나 검토한 결과 큰 차이가 없어, 최초 제안한 안(案)과 비슷한 규모의 사다리꼴 단면이 최종적으로 결정된 것이라 한다.

김포대교의 주교량 수중부 L = 930.0m는 F.C.M 공법으로 시공되었기 때문에 부 휨모멘트가 크게 작용하는 지점부 주형 높이가 휨모멘트의 절댓값이 작은 주형 중앙부 높이 $H_{중앙부}$ = 3.0m보다 2배 이상 높은 H = 7.0m로 결정하였다. 그런 이유에서 지점부 횡단면 하부 플랜지의 두께 t = 55cm나 되게 설계하여 중앙 단면 하부 플랜지 두께 t = 25cm보다 두 배 이상 두껍게 정해졌다〈그림 5.5.7(a)〉.

육상부 P.S.C 박스거더도 당초 프리캐스트 세그먼트(Precast Segment)를 경간 단위(Span by Span)로 가설하기로 하였으나, 원안을 재검토한 후에 이동 작업차 위에서 상부 박스거더를 한 경간씩 한꺼번에 현장 타설하는 M.S.S 공법으로 변경함에 따라 P.C 긴장재(Tendon)를 단면 안으로 넣어 설치해야 하는 문제가 야기되었지만, 검토 결과 복부판의 두께를 두껍게 조정하는 것으로 문제가 해결되어 복부판 두께만 300mm에서 500mm로 키우고, 단면 형상을 원설계를 그대로 유지하기로 하였다〈그림 5.5.7(b)〉.

김포대교 본선 남측 접속부 L = 900.0m 구간은 M.S.S 공법으로 시공되었기 때문에 상부구조가 전 구간(확폭 구간 제외)에 걸쳐 높이가 H = 3.0m인 같은 단면으로 설계되어 있다〈그림 5.5.7(b)〉.

그림 5.5.7 김포대교 P.S.C 박스거더 표준 단면도

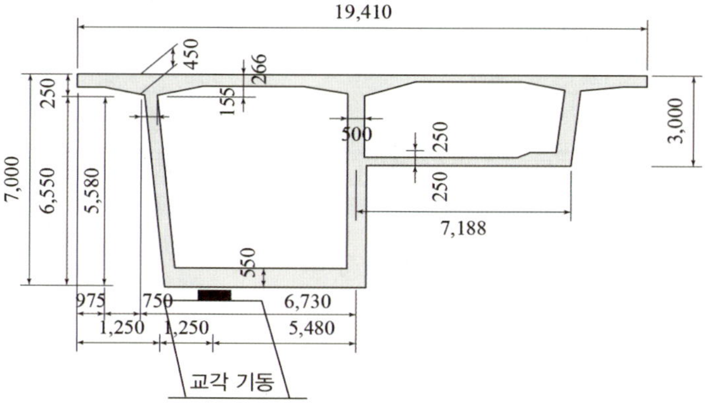

(a) 김포대교 F.C.M 구간 P.S.C 박스거더 횡단면도

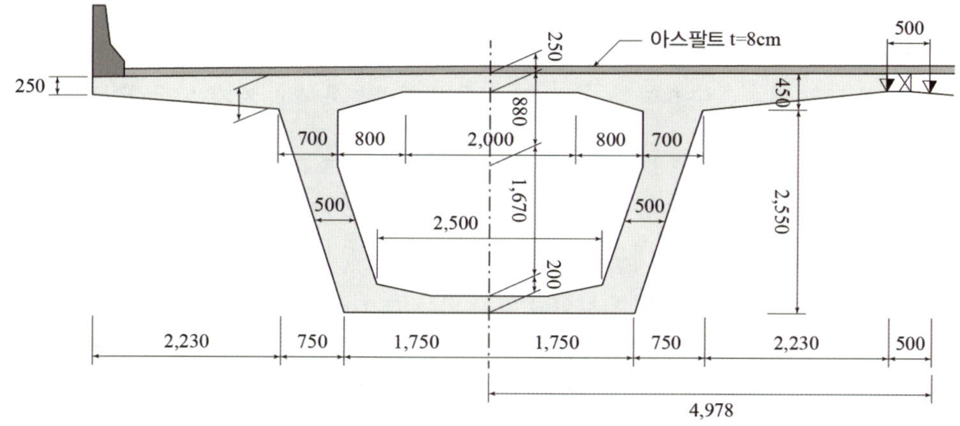

(b) 육상부 M.S.S 구간 P.S.C 박스거더 횡단면도

김포대교 남단 M.S.S 구간이 끝나는 구간에 길이 L = 50.0m의 강상형교 MBR3가 건설되어 있는데 이웃 M.S.S 구간의 P.S.C 박스와의 조화로운 연결을 위해 MBR3교의 높이를 H = 3.0m로 설계하였다. 교폭은 B = 19.410m로 F.C.M 구간(B = 19.40)과 그 넓이에 대해서 약간의 차이는 있지만 단면 구성 자체에 그 차이점은 없다〈그림 5.5.8〉.

B = 0.405(방호책) + 3.0 + 4@ 3.60(차도) + 1.20(측구) + 0.405(방호책)

= 19.41m

횡방향 브라켓(Bracket)과 가로보(Cross Beam)는 2.5m 간격으로 설치하여 세로보(Stringer)의 설치를 배제하고, 바닥판 주철근을 교축 방향으로 배근하였다.

그림 5.5.8 김포대교 강상형교 상부구조 횡단면도

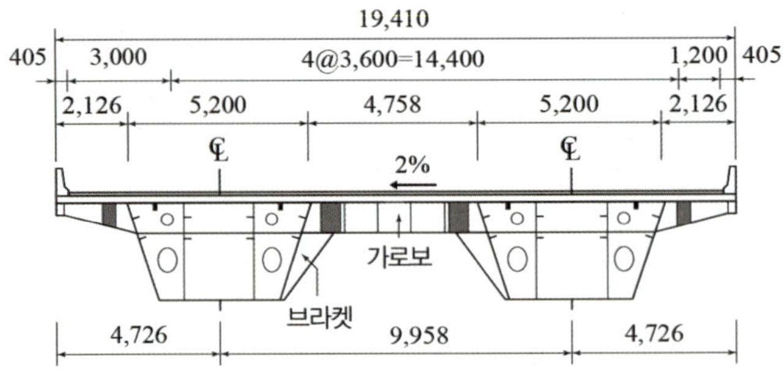

5.5.2.2 하부구조

가. 기초

김포대교의 기초조건은 시공 여건상 육상부와 수중부, 그리고 125m의 장경간 구간 기초와 경간 50m의 단경간 구간 기초로 구분할 수 있다. 또한 사전 지반조사 결과 지지층의 깊이는 대략 15~38m 정도인 것으로 나타나므로 깊은 기초가 요구되는 상황이었다. 토질조사 결과에 의하면 이 지역의 지층은 주로 모래, 자갈 및 호박돌로 구성되어 있고, 또 풍화대가 발견되어 기성 말뚝은 사용하기 어려울 것으로 판단되므로 대구경 현장타설말뚝 또는 우물통기초 형식을 취하기로 하였다.

이러한 여건을 고려하여 유심부에 설치될 경간 125m 구간에는 횡방향 저항력이 크고, 수상 구간에서 작업하기가 상대적으로 쉬운 우물통기초를 적용하기로 하고, 50m의 단경간 구간과 신평(新坪) 구간에는 각각 현장 타설 콘크리트 말뚝기초와 우물통기초를 적용하기로 하였다. 김포대교 주교량에 구축된 전체 기초 수는 현장타설콘크리트 말뚝기초가 34기(Φ = 1,500m/m), 우물통기초가 38기 모두 72기 건설되었다.[3]

김포 제방 안쪽에 구축된 교대 A1과 교각 기초(P1~P12)와 일산 측 제내지 교대 A2와 교각 기초(P32~33)에는 직경 Φ = 1.50m인 현장타설말뚝이 사용되었다〈그림 5.5.9(a)〉. 한편 고수부지 교각 P13~P18과 수상부 교각 P19기초는 Φ = 8.50m, 그리고 수중부 교각 P27~29 및 북측 고수부지 교각 P30~P31의 기초는 직경 Φ =10.5m인 우물통기초로 시공되었고 김포대교 주교량인 MBR4 구간에 설치된 교각 P20~P26의 기초는 사용된 기초 중 그 규모가 가장 큰 직경 Φ=12.0m의 우물통기초로 시공되었다〈그림 5.5.9(c)〉.

그림 5.5.9 김포대교 기초 개념도

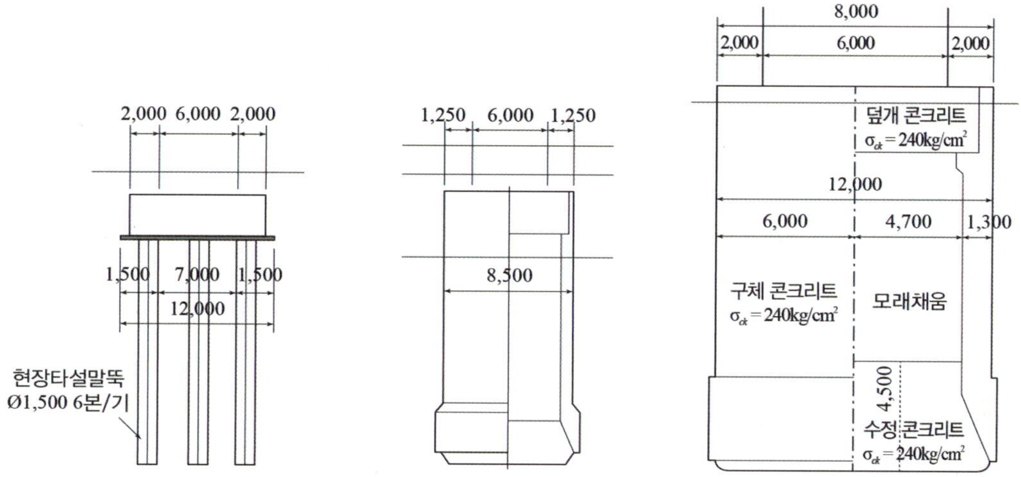

(a) 현장타설말뚝기초 34기 (MBR1/MBR2/MBR6)

(b) 우물통기초 14기 (MBR2/MBR3/MBR5)

(c) 우물통기초 Φ=12.0m 125m 장경간(12기) (MBR4)

나. 교각

교각은 조형미를 고려하여 최초 기본설계 때부터 Y형 형태로 구상되었다. 그러나 검토 결과 유수(流水) 저항계수 K = 0.04에 불과하여 유수의 영향도 적게 받고, 동시에 상부공 가설과의 연계 측면에서 시공성이 양호하다는 장점이 확인되었다. 이러한 이유로 실시설계에서도 Y형 교각이 채택되었다. 교량 전체의 조형미를 고려하여 Y형 교각을 적용한 것은 당시 시대적 흐름에 부합하는 선택이었으며, 우리나라 교량 시공 수준을 감안할 때 매우 진취적이고 도전적인 결정이었다고 평가할 수 있다〈그림 5.5.10〉.

그림 5.5.10 Y형 교각 강성 증대 방안

(a) 최초 안(Y형을 격벽으로 묶어 강성 증진)

(b) 변경안(Y형을 강재 연결보로 묶어 강성 증진)

교량 설계 초기에는 Y형으로 벌어지는 구간에 격벽〈그림 5.5.10(a)〉을 설치하여 횡방향의 강성을 키웠으나 시공 도중 강재 지보공으로 손쉽게 시공할 수 있는 연결 보(Tie Beam)를 교각 상부에 설치하였다〈그림 5.5.10(b)〉. 교각의 높이는 10~16m, 두께는 3~4m이다. 그러나 육상부에 서 있는 교각에는 원안대로 하고, 대신 격벽 높이를 h = 6.0m에서 8.0m로 크게 늘렸다〈그림 5.5.11(b)〉.

교각은 상·하행선에 Y자형으로 모두 68기를 세워졌고, 다리의 남과 북 양 끝에는 4기의 교대가 설치되었다. 그중 유수 구간에 세워진 교각 38기는 우물통기초 위에 시공되었고, 교대를 포함한 육상부 제내지 구간 교각 34기 아래에는 직경 Φ=1.50m, 평균심도 27m인 현장타설 콘크리트 말뚝 기초가 축조되어 있다.

그림 5.5.11 김포대교 육상부 Y형 교각 표준 단면도

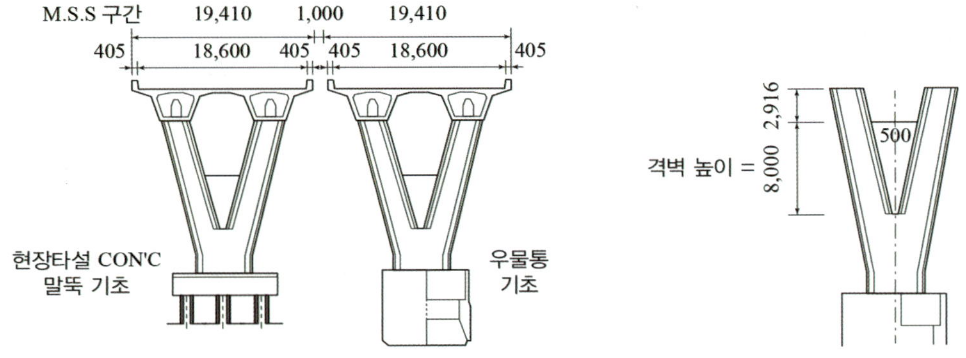

(a) 육상부 하부구조 단면도 (b) Y교각 격벽 높이

5.5.3 시공

5.5.3.1 상부구조 시공

이미 앞에서 언급했듯이 김포대교 남단 농경지 950m 구간(MBR1/MBR2/MBR3)에는 M.S.S 공법으로 P.S.C 박스 교를 설치하고〈그림 5.5.12(a)〉, 중앙 유수부 930m(MBR4)에는 F.C.M 공법으로 건설하였다〈그림 5.5.12(b)〉. 주경간 F.C.M 공사는 14m 길이의 주두부, 30개의 세그(3~4m) 및 키 세그(2m)로 이루어졌다. 나머지 북단 400m(MBR5/MBR6)는 F.S.M으로 시공하였다〈그림 5.5.12(c)〉.

그림 5.5.12 김포대교 상부구조 공사 전경

(a) M.S.S 시공 현장

(b) F.C.M 시공 현장

(c) F.S.M 시공 현장

가. M.S.S 공법

M.S.S(Movable Scaffolding System) 공법은 종래의 동바리공법(F.S.M 공법)에서와 같이 지보공을 설치하여 상부 구조물을 경간별로 타설하는 방식이 많은 시간과 노력을 요구하고, 더불어 인근 교통 흐름을 방해하는 문제를 보완하기 위하여 고안된 시공 방법이다. 이 공법은 작업차가 부착된 이동식 비계를

활용하여 한 경간씩 콘크리트를 타설하는 방식으로, 국내에서는 이미 노량대교와 올림픽대교 시공에 적용된 바 있다〈그림 5.5.13〉.

그림 5.5.13 김포대교 M.S.S 거더 개념도

안성순, 1997, 김포대교 건설 현황 소개, 『대한토목학회지』 45권 제10호, 대한토목학회

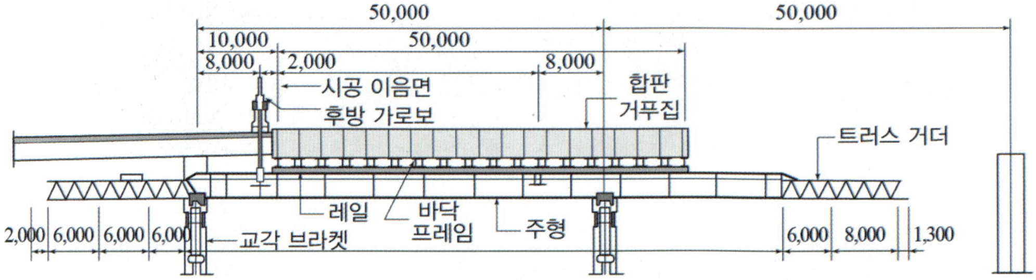

(a) M.S.S 외측 거더 구성 요소

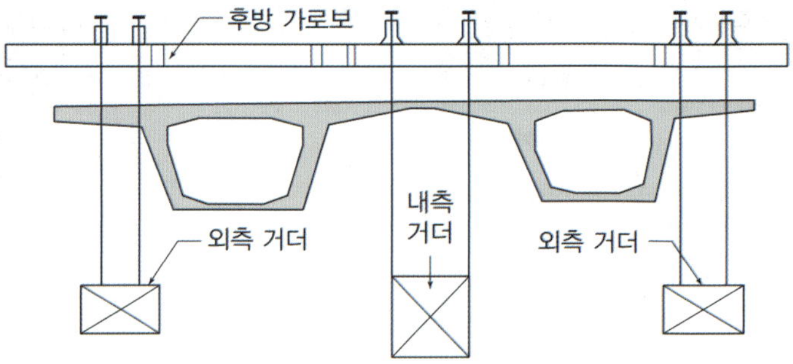

(b) M.S.S 단면 개요도

김포대교의 M.S.S 트러스는 현장에서 조립하여 교각 브라켓〈그림 5.5.14〉 위에 거치하는 구조로, 외측 거더 2조와 내측 거더 1조로 되어 있다〈그림 5.5.15〉.

그림 5.5.14 교각 브라켓

외측 거더는 높이 H = 2.761m인 강박스거더 68m와 강 박스거더 앞뒤로 설치된 노즈 트러스 각각 15.3m와 14m로 구성되어 있고, 내측 거더는 높이 H = 3.611m인 길이 72m의 강 박스거더와 그 앞·뒤로 설치된 노즈 트러스 39.3m로 되어 있다. 내측 거더가 외측 거더보다 더 많은 하중을 감당해야 하므로 내측 거더의 높이를 높여 외측 거더보다 강성을 크게 하였다.

그림 5.5.15 M.S.S 거더의 전방 이동
안성순, 1997, 김포대교 건설 현황 소개, 『대한토목학회지』 45권 제10호, 대한토목학회

M.S.S 시공 과정에서 중요한 역할을 하는 교각 브라켓(Pier Bracket)은 전방 브라켓과 후방 브라켓이 있다. 교각 브라켓은 교각 양옆에 부착하고, 이 브라켓 상부에는 리프팅 잭(Lifting Jack), 횡방향 이동 잭 및 런칭 잭(Launching Jack) 등이 설치된다.

바닥 프레임(Ground Frame)은 M.S.S 주박스거더 상단에 교량 길이 방향으로 3.18m 간격으로 배치되어 외측 작업차(Form)의 형태를 유지할 수 있게 하고, 상재하중을 거더(Girder)에 전달한다〈그림 5.5.13〉.

횡방향 슬라이딩 시설은 콘크리트 타설할 때에는 바닥 프레임에 부착되었다가, 양생 후 P.C 텐던의 긴장 작업이 완료되면, 바닥 프레임과 분리하고 M.S.S 주박스거더를 바깥쪽으로 이동시킨 후 종방향으로 런칭(Launching)한다.

후방 가로보(Rear Cross Beam)는 상부 슬래브 위에, 후방 교각에서 8.0m 앞쪽에 설치한다. 신구 콘크리트 단면의 접합면은 후방 가로보가 설치된 곳에서 2.00m 전방에 위치하는데, 그 단차는 작업차에 신콘크리트를 타설하기 직전에 M.S.S 주거더와 기존 콘크리트 박스거더 위에 설치된 후방 가로보를 행어 봉(Hanger Bar)으로 연결한 뒤 긴장하여 제거한다. 후방 가로보는 재하되는 하중을 분담하는 지점 역할도 동시에 한다〈그림 5.5.13〉.

나. F.C.M 공법

F.C.M(Free Cantilever Method) 공법이란 일명 DWIDAG 공법이라고도 하는데 먼저 교각 위에 이동식 작업차(Form Traveller, F/T)를 양옆으로 세울 수 있는 주두부를 가설하고, 그 위에 설치되는 F/T를 이용하여 주두부 양쪽으로 한 세그(SEG)씩(3~5m) 캔틸레버 구조 형식으로 P.S.C(프리스트레스트 콘크리트) 블록을 이어 나가면서 교량 상부구조를 만들어 나가는 시공법이다. 국내에서는 원효대교 건설에 처음 도입된 시공법이다.

F.C.M 공법을 적용하기 위해서는 세그를 분할해야 하는데, 이 분할의 크기는 시공기간, 필요한 텐던의 단위와 개수, 이동식 작업차의 용량 및 불균형 모멘트의 크기에 의해 결정된다. 일반적으로는 3~5m 정도의 길이를 기준으로 한다. 김포대교의 경우에는 세그 한 개의 길이를 최소 3m, 최대 4m로 하여 단위 세그 무게를 최소 약 140톤에서 최대 약 170톤 정도로 되게 하였다.

F.C.M 공법은 크게 1) 힌지식, 2) 연속보식, 3) 라멘 형식 등 세 가지의 공법으로 분류할 수 있다〈그림 5.5.16〉.

그림 5.5.16 F.C.M 공법 종류

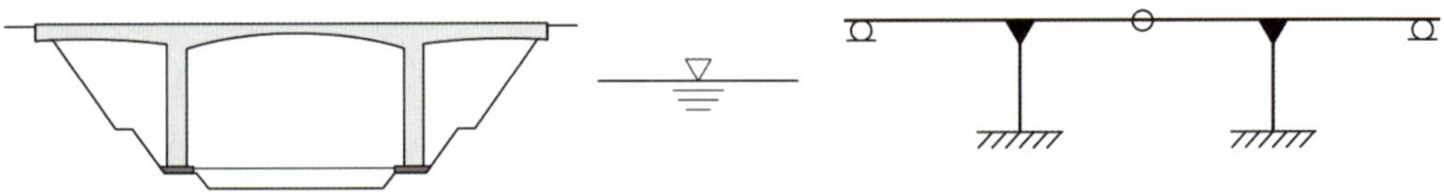

(a) 힌지식

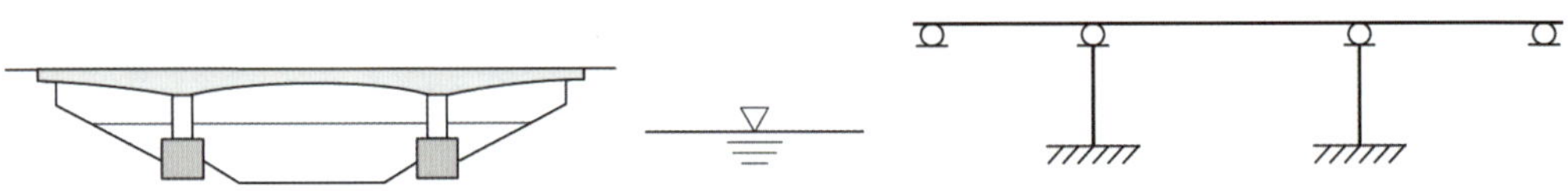

(b) 연속보식

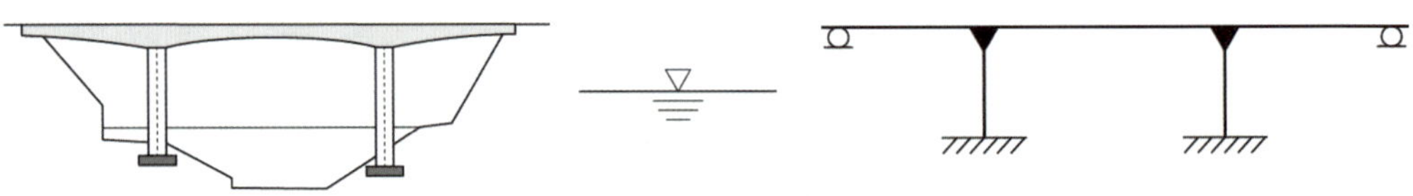

(c) 라멘 형식

1) 힌지식은 원효대교에서도 경험했듯이 중앙 힌지부에 크리프와 건조수축의 영향으로 처짐이 크게 발생할 수 있어, 주행성이 좋지 않아 유지관리에 어려움이 있다. 이에 비해
2) 연속보식은 해석상의 어려움은 있으나 김포대교의 경우 경간장에 비해 우물통의 휨강성이

매우 크므로 교각 상단에 받침을 설치한 연속형 F.C.M 공법을 선택하였다.[4] 위의 연속보 식 F.C.M 공법은 교각의 세장비가 비교적 작은 경우에 사용한다.

3) 세장비가 커지면, 즉 기둥의 휨 강성이 작으면 교각과 상부구조를 일치시켜 라멘구조 만드는 라멘식 F.C.M 공법이 가장 효율적이다. 이는 라멘구조를 형성하는 교각 기둥이 상부 주형의 강성을 증가시키기 때문에 연속보식 F.C.M 공법을 적용했을 때보다 주형 중앙부의 처짐을 줄일 수 있기 때문이다. 국내에서는 강동대교 등에 적용하였다.

F.C.M 공법을 적용하기 위하여 제일 먼저 준비해야 하는 주두부(Pier Table)는 재래식 동바리를 이용하는데, 좌우에 이동식 작업차를 동시에 설치할 수 있도록 그 길이를 최소 14.0m로 하였다〈그림 5.5.17〉. 김포대교에서는 공사 기간을 단축하기 위하여 이동식 작업차를 5조를 운영하고, 주두부 시공 소요 기간을 60일로 잡았다.

그림 5.5.17 김포대교 F.C.M 구간 주두부 시공 장면

(a) 지지대(Prob) 설치 (b) 교각 테이블 작업차 설치 (c) 교각 테이블

공법이 개발되고 초기에는 이동식 작업차를 이용한, 일명 DYWIDAG 공법이 주류를 이루었으나〈그림 5.5.18〉, 최근에 선 시공 중의 자중을 지지할 수 있도록 경간 사이에 교각을 설치하거나 또는 탑(Pylon) 등을 이용하여 가설하는 등 여러 가지 다양한 공법이 현장에서 적용되고 있다. 또한 재료 면에서도 초기에는 소위 DYWIDAG Bar라고 하는 강봉(Stress Bar)이 주로 사용되었으나, 요즈음 국내에서는 가격이 저렴하고, 연결재(Coupler)가 필요하지 않은 강연선 스트랜드(Strand)를 주로 사용하고 있다.

그림 5.5.18 김포대교 F.C.M 구간 이동식 작업차

다. F.S.M 공법

육상 구간에서 사용하는 전형적인 시공 방법으로 건설 현장에서 교량 상부구조에 콘크리트를 타설할 수 있게 작업차 아래 동바리를 전 구간에 걸쳐 세우는 공법을 의미한다.

5.5.3.2 하부구조 시공

가. 기초

1) 우물통기초

김포대교에서는 우물통기초를 공사하기 위하여 가도를 축조하였다. 이때 우물통 저면은 대부분 연암층 50cm 이하에 거치시켰다. 우물통은 수중양수기로 물을 퍼낸 후 정착 암반의 지층 상태 및 우물통 슈(Shoe)의 상태를 육안으로 확인하였다. 만약 양수(揚水)가 어려우면, 잠수부를 동원하여 시료를 채취하고, 수중 카메라 촬영을 시행하였으며 채취된 암석은 시편을 제작하여 강도 측정 후 설계에서 정한 깊이의 지반에 정착시켰다〈그림 5.5.19〉.

그림 5.5.19 김포대교 하부 기초공사

(a) 철제 우물통 작업차 제작

(b) 우물통 내부 양수작업

우물통의 최종 정착은 채취한 암석의 일축압축강도가 σ_{ck} = 24MPa 이상이고, 탄성파속도가 2,700m/sec 이상이라고 판정되어야 완료된다.

우물통기초 공사는 먼저 1) 현장에서 철제 슈를 설치하고, 2) 첫 번째 공사 구(1 Lot) 철근조립과 작업차를 조립한 후, 3) 콘크리트를 타설, 4) 콘크리트를 양생한 후, 5) 토사층을 굴착하면 첫 번째 사이클(Cycle)이 끝난다. 이후 우물통 철제 슈가 원하는 위치에 도달할 때까지 같은 작업을 반복한다.

김포대교 하류 200.0m 지점에 설치된 신곡수중보로 인하여 평수위 3.12m 이하의 수위 하강은 거의 없는 상태에서 우물통 상단 계획고가 2.62m로 설계되어 수중 공사가 불가피하며, 이에 따른 품질관리 저하가 우려되어 우물통 상단을 3.62m로 시정 시행하였다. 또한 설계상 우물통기초 속 채움은 모래채움으로 하기로 되어 있었는데, 장기적으로 우물통기초 콘크리트가 유수에 의하여 세굴 노화 부식되어 속채움 모래가 유실될 염려가 있으므로 교량의 구조적 안전성과 내구성을 위하여 수중구간을 콘크리트 강도 σ_{ck}= 15MPa인 채움콘크리트로 변경 시공하였다.

2) 현장말뚝기초

김포대교 공사 현장에서 대부분의 말뚝기초는 해머 그랩을 이용하여 공저를 굴착하면서 케이싱(Casing)을 말뚝 선단까지 요동시켜 압입하는 All Casing 공법(Kelly Bar Auger, 75톤)으로 시공하였다〈그림 5.5.20〉. 그러나 일부 구간은 풍화암이 두껍게 분포되어 있어, 로타리 비트를 회전시켜 지반을 굴착한 후〈그림 5.5.21(a)〉, 발생한 토사를 공내수와 함께 흡입 펌프 또는 에어 리프트(Air Lift) 방식으로 지상에 배출하는 R.C.D(Reverse Circulation Drill) 공법을 적용하였다.

일반적으로 R.C.D 공법은 상단부에만 케이싱을 설치하지만, 김포대교 시공 구간에서는 두꺼운 풍화암층 하부에 모래 및 자갈층이 분포하고 있어 해당 구간까지 R.C.D 장비를 사용하였다. 굴착이 완료되면 철근망을 굴착한 공내로 삽입하고〈그림 5.5.21(b)〉, 트레미관(Tremie Pipe)을 세워 넣고 콘크리트를 타설한 후, 케이싱을 인발 및 해체하였다.

현장타설 말뚝은 시공 과정에서 말뚝머리 부분에 레이턴스(Laitance)[5]와 공내 침전물이 잔존할 경우 강도가 현저히 저하될 수 있다. 이러한 문제를 방지하기 위하여 말뚝 두부는 계획고보다 약 1.0m 높게 콘크리트를 타설한 후 계획고까지 두부정리(Head Trimming)를 실시하여야 한다〈그림 5.5.21(c)〉.

그림 5.5.20 Kelly Bar Auger(70T) 굴착(All Casing 공법)
안성순, 1997, 김포대교 건설 현황 소개, 『대한토목학회지』, 45(10), 대한토목학회.

그림 5.5.21 김포대교 현장말뚝기초 시공 현장(R.C.D 공법)

(a) 공내 비트 삽입

(b) 케이지 삽입

(c) 두부 절단

나. 교대 및 교각

그림 5.5.22 Y형 교각과 우물통기초 덮개 콘크리트

기초공사가 끝나면 교각부 시공을 위하여 작업차와 철근을 설치하기 전에 교대 또는 교각의 중심위치를 확인하고, 교각과 교각, 또는 교각과 교대 사이의 중심선 및 수준(EL) 측량을 하여, 측량의 오차로 발생할 수 있는 피해를 미연에 방지했다. 교량의 하부기초 공사가 끝나면 우물통이나 말뚝기초 상단에 우물통 덮개나 파일캡을 설치하고 그 위에 교각을 세운다〈5.5.22〉.

다. 교각 구체 공사

각 기초공사가 완료되면 교각부 시공은 전통적인 작업차 공법을 사용하였다〈그림 5.5.23〉. 교각부 시공을 위하여 각 교각의 중심위치, 각 교각 사이의 중심선 및 수준 측량을 정확하게 측량하여, 철근 및 작업차 설치 품질관리에 완전을 기했다.

그림 5.5.23 김포대교 교각 공사 현장

한국도로공사, 1997, 서울외곽순환고속도로 김포대교 건설지

(a) M.S.S 구간 교각 작업차 조립 및 탈영 후 Y형 교각

(b) F.C.M 구간 작업차 조립과 탈영 후 모습

5.5.4 기타 부대시설

5.5.4.1 신곡보(新谷洑)

신곡수중보는 1980년대 한강종합개발계획(1982~1986년)을 시행하는 과정에서 한강 준설로 낮아진 한강의 수위를 조절할 목적으로 만든 보(洑)로, 특히 바닷물 역류를 방지하고 농업용수의 안정적 공급 등에 중점을 두고 건설되었다. 김포대교 하류 170m 지점에 건설된 신곡보(L = 1,007m)는 1985년 12월에 착공하여 1988년 5월에 완공하였다.

신곡수중보는 김포 고촌읍 신곡리와 고양시 덕양구 사이 1,007m 중, 김포와 백마도(섬) 사이 124m에는 5개의 수문이 가동보로 설치되어 수위를 조절하고 있고, 백마도와 고양시 덕양구와의 사이 883m 구간에는 물속에 잠기는 고정 수중보가 설치되어 있다.

5.5.4.2 세굴방지공 설치

김포대교 건설 현장에는 만조 시 한강 상류에서 흘러 내려오는 정상류와 바다에서 한강 상류로 올라가는 조류가 합쳐지면서 와류가 발생한다. 이 와류현상 때문에 김포대교 한강 수중에 설치된 12개의 교각(P16~18, P21~29)은 세굴의 영향을 크게 받을 수밖에 없다〈그림 5.5.24〉. 이러한 교각 기초 주위 세굴방지를 위하여 세굴방지공을 깊이 1.6~2.4m, 폭 37.0~61.8m 규모로 설치하였다.

그림 5.5.24 세굴방지공 설치 교각 위치
한국도로공사, 1997, 서울외곽순환고속도로 김포대교 건설지

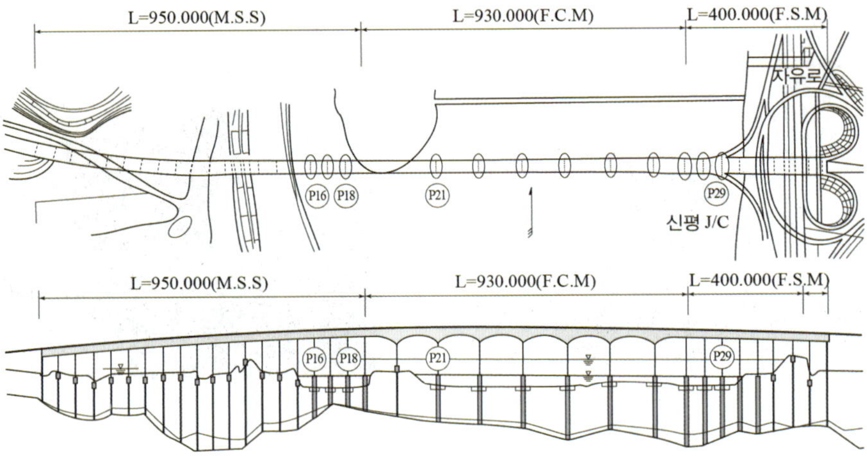

미주

[1] 김포대교 건설지에 따르면 김포대교 교량 전체의 길이는 2,446m이다. 그러나 여기에는 심곡 1, 2, 3교 166m가 포함되어 있는데, 이 다리들은 한강을 건너는 김포대교 주교량에 속하지 않기 때문에 여기서는 제외하였다.

[2] 건설교통부, 1997, 서울외곽순환도로 김포대교 건설지, 34쪽

[3] 안성순, 1997, 김포대교 건설 현황 소개, 『대한토목학회지』 45(10), 대한토목학회.

[4] 건설교통부, 1997, 서울외곽순환도로 김포대교 건설지

[5] 레이턴스란 콘크리트 타설 후 양생 과정에서 발생하는 것으로 내부 미세 입자가 표면으로 부상하여 경화된 콘크리트 표면에 형성되는 흰 빛의 얇은 막으로, 부착력이 약하고 수밀성이 저하되는 특성이 있다. 이는 주로 블리딩(Bleeting) 현상에서 기인하는 경우가 많다.

5.6

국내 최초 복층 다리, 청담대교

5.6.1 개요

청담대교는 서울특별시 광진구 자양동과 강남구 청담동을 잇는 한강 도로·철도 병용교로서, 도로교 기준으로는 한강을 횡단하는 22번째 한강다리이다〈그림 5.6.1〉.

그림 5.6.1 청담대교 위치도

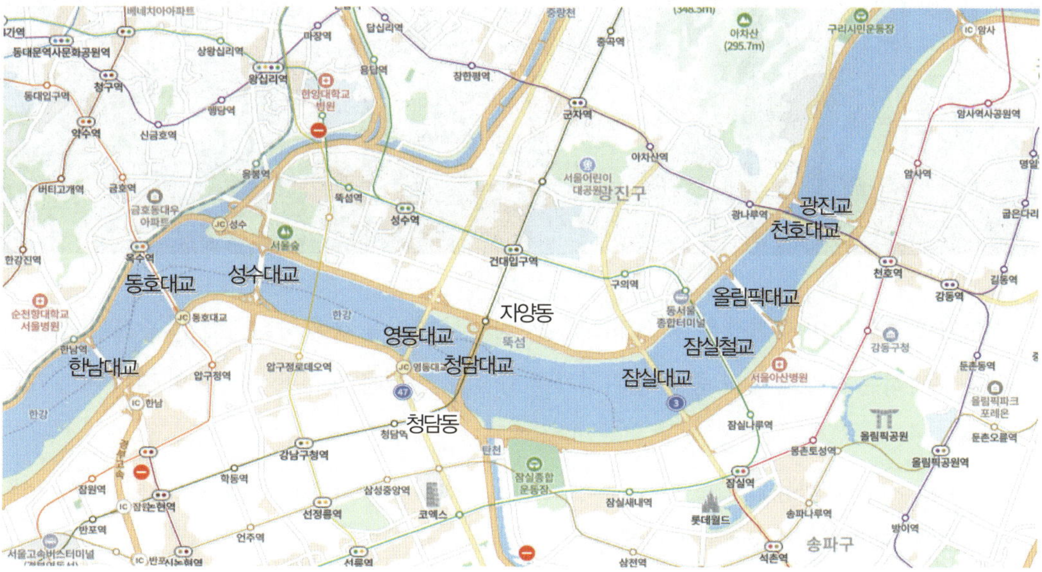

이 다리의 건설 목적은 크게 두 가지였다. 첫째, 서울지하철 7호선 중 건대입구역-청담역 구간의 한강 횡단 문제를 해결하기 위한 철도교 건설, 둘째, 분당에서 도봉으로 연결되는 동부간선도로와 강변북로를 연계하기 위한 도로교 건설이다. 당시 분당신도시의 교통 수요와 서울 도심 진출 수단 확보가 절실했던 점을 고려할 때, 두 기능을 결합한 병용교 건설은 교통공학적으로도 타당한 선택이었다.

결정적으로 복층 설계가 채택된 이유는 청담대교 북측 접속도로가 전철과 자동차를 병행으로 동시에 통과시키기에는 공간이 너무 좁아서였다. 전철과 차량을 병행으로 배치하기 어려운 상황에서 아래에는 전철이 다니고 2층에는 자동차가 지나가는 우리나라에서 최초로 건설된 복층 다리가 탄생하게 된 것이다〈그림 5.6.2〉.

그림 5.6.2 복층다리 청담대교
서울연구데이터서비스

철도교와 도로교의 총연장은 두 교량 모두 시점에서 한강을 통과하는 구간은 같으나 강남 측 한강을 통과하는 구간에서 그 종점의 위치가 서로 다르기 때문에 서로 다소간의 길이 차이가 발생한다.

도로교는 자동차 전용도로로 길이 L = 1,211m이고 전철교 L = 1,020.50m이다〈그림 5.6.3〉. 청담교 도로교의 교폭 B = 27m(6차로)로 되어 있다.

그림 5.6.3 청담대교 종·평면도

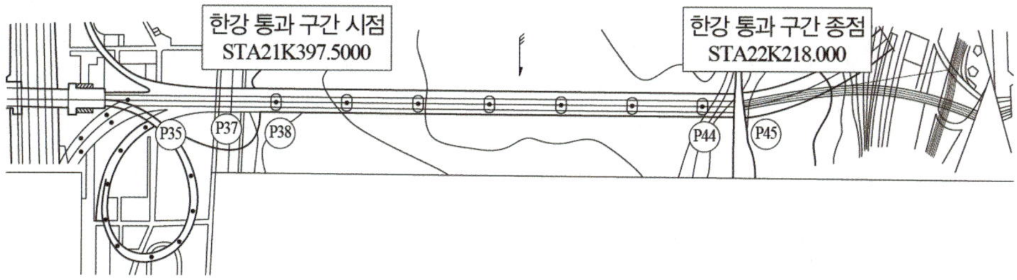

(a) 도로교·철도교 평면도

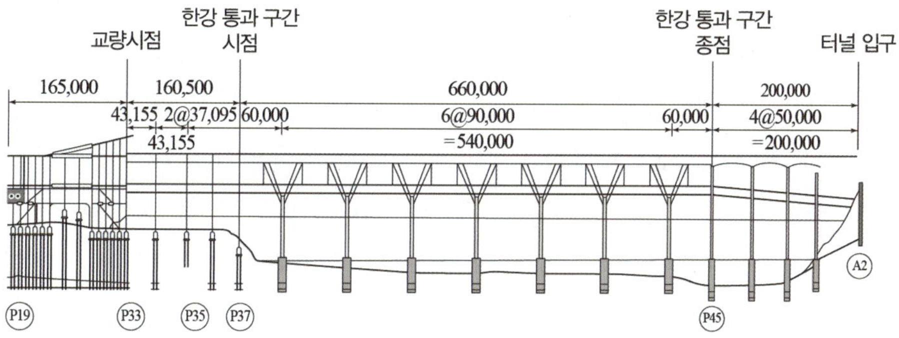

(b) 도로교·철도교 종단면도

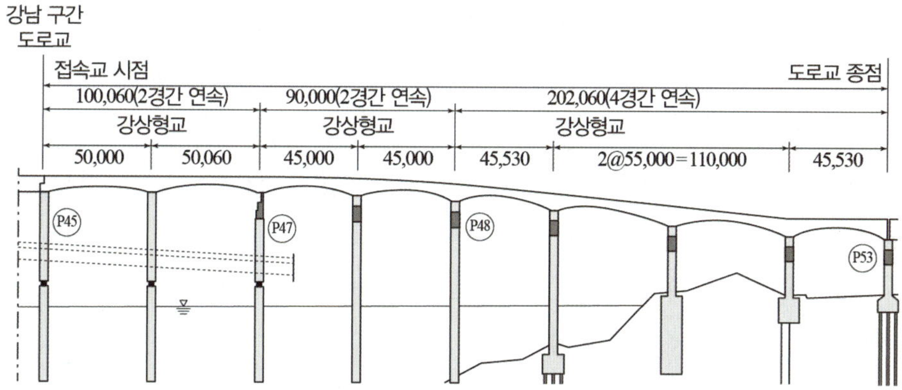

(c) 도로교 한강 통과 강남 구간 종단면도

전철교 경간 구성은 다음과 같다.

$$L_{전철} = 160.50[= 43.155 + 43.155 + 2@37.095] \text{(강북 둔치 구간)} + 660.00[= (60 + 90 + 90) + 2@90 + (90 + 90 + 60)] \text{(한강 통과 구간)} + 200.00(= 4@50) \text{(한강 통과 강남구간)} = 1,020.50\text{m}$$

도로교의 경간 구성은 다음과 같다.

$$L_{도로} = 160.50[= 43.155 + 43.155 + (2@37.095)]\ (\text{둔치 구간}) + 660.00[= 208(= 60 + 90 + 58) + 244(= 32 + 2@90 + 32) + 208(= 58 + 90 + 60)]\ (\text{한강통과 구간}) + 391.12[= 2@50 + 2@45 + (45.53 + 2@55 + 45.53)]\ (\text{한강 통과 강남 구간}) = 1211.62\text{m}$$

청담대교는 1989년 서울시 2기 지하철이 구상될 때, 뚝섬유원지와 청담역 간 서울지하철 7호선을 위한 철도교로 계획되었다. 초기에는 하저터널 건설 방안도 검토되었으나, 예산 부족과 토지 보상 문제로 지상 교량 건설로 확정되었다. 한편 동시에 분당 신도시 주민들의 서울 도심으로 진출할 수 있는 교통수단이 절실히 필요한 시점에, 분당에서 탄천을 따라 동부간선도로로 연결되는 도로 건설은 교통 공학적으로 몹시 매력적인 프로젝트였다. 이런 사정 때문에 1990년에 분당신도시와 강남을 연결하기 위한 분당-수서 도시고속화도로를 강변북로 및 동부간선도로와 연결하는 한강 교량 건설을 계획하는 것은 매우 당연한 결과였다.

이러한 요구사항이 맞물려 서울시는 올림픽대로 구간의 영동대교와 잠실대교 사이에 도로·철도 병용 교량을 건설하기로 하고 1993년 12월 31일 착공하여 1999년 12월 23일 도로교를 먼저 준공하였고, 철도교는 1년 뒤인 2000년 8월 1일에 준공되었다. 도로교의 접속교는 공사를 시작한 후 약 6년 만인 2001년 2월 개통하였다.

이로써 서울시가 추진한 '1단계 도시고속도로망 구축사업'이 완료되었다. 동·서부 간선도로, 강변북로, 올림픽대로, 내부순환도로를 연결하는 총연장 166km의 도로망 구축 사업은 청담대교 개통을 기점으로 완성된 것이다. 청담대교 건설로 강변북로로 차량이 분산됨에 따라 예상했던 대로 올림픽대로의 교통 사정이 개선되었다.

그 결과 청담대교 접속교에는 남북으로 총 6개의 진·출입 램프가 설치되었다. 앞에서 언급한 바와 같이 청담대교 북측 접속로에 협소한 공간을 보완하기 위해, 능동로에서 진입하는 차량은 완전히 360° 우측으로 회전하여 도로교에 진입하도록 루프형 램프를 추가로 설치하여야 했다〈그림 5.6.4〉. 이러한 지리적 제약 속에서 탄생한 청담대교의 루프 접속교는 청담대교의 상징적 특징 중 하나가 되었다.

그림 5.6.4 청담대교 북단 360° 회전 램프(능동로에서 청담대교 도로교 진입 램프)

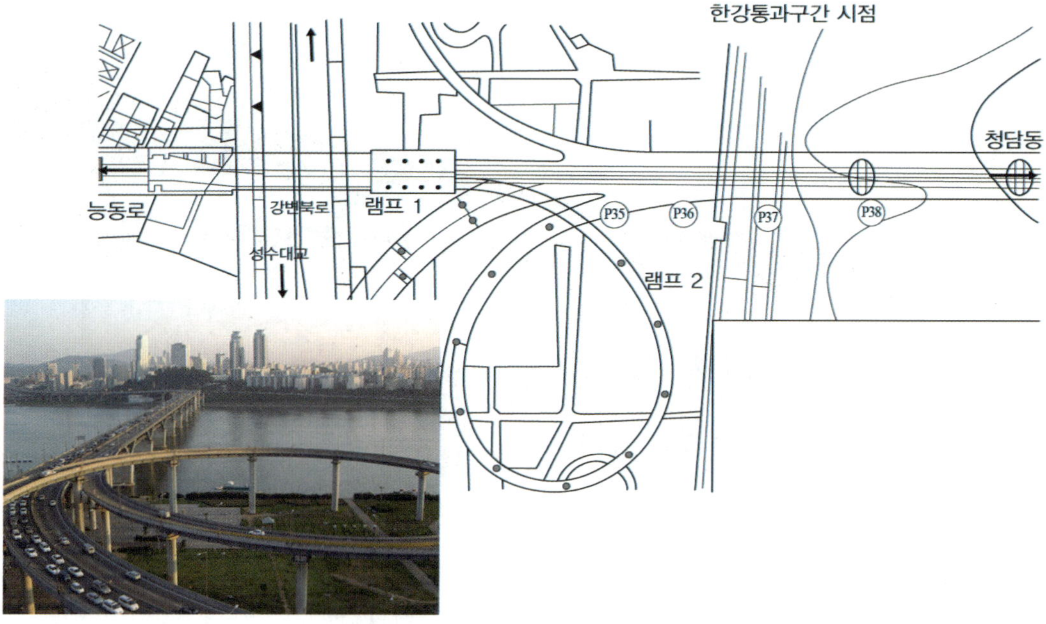

5.6.2 교량 설계

5.6.2.1 개요

청담대교 공사는 설계·시공 일괄입찰 방식(Turn Key Base)으로 수행되었다. 이 방식은 건설사가 창의적 역량을 발휘할 기회를 제공하여 도시 미관과 기능을 조화시키는 데 기여하였으며, 동시에 설계 기술자들에게는 세계적 수준의 안목을 함양할 수 있는 계기를 마련하였다〈그림 5.6.5(a)〉.

설계는 동부엔지니어링, 시공은 동부건설, 감리는 건화엔지니어링이 각각 담당하였다. 또한 설계 검증을 위하여 미국 파슨스 브링커호프(Parsons Brinckerhoff, 현 WSP USA)와 프랑스의 소코텍 인터내셔널(SOCOTEC International)이 참여하였다.

한강 수중에 세워져 있는 청담대교 주교량은 길이 L = 660m로, 3개의 라멘교로 구성되어 있다〈그림 5.6.5〉. 각 라멘교는 2개의 V형 기둥과 이를 연결하는 상부 거더로 이루어져 있어 이후부터는 이를 'V형 라멘교'라 칭하겠다〈그림 5.6.6〉.

그림 5.6.5 청담대교 한강 통과 구간 전경과 종단면도

(a) 청담대교 수중부 주교량 전경

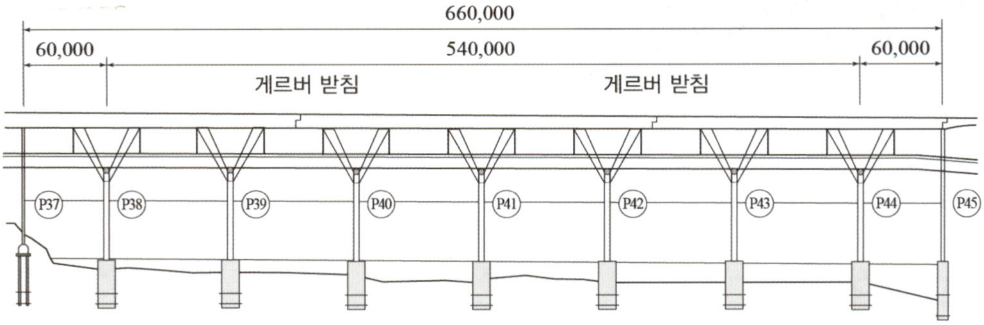

(b) 청담대교 수중부 주교량 종단면도

그림 5.6.6 V형 라멘교

그리고 라멘교와 라멘교 사이에는 게르버 시스템을 적용하였다. 이는 구조 계산 과정을 단순화하고, 온도 변화에 대한 신축이음장치 제작·설치의 적정성을 확보하기 위함이다. 따라서 경간 구성을 L = 60 + 6@90 + 60 = 660m로 표현하기보다는, L = (60 + 90 + 90) + (2@90) + (90 + 90 + 60) = 660m로 정리하는 것이 타당하다. 한편, 3개 경간으로 나누어진 교량 이음새에는 모두 레일식 신축이음을 사용하였다.

5.6.2.2 상부구조

청담대교는 교량 1등급(DB 24/DL-24)과 내진 1등급을 적용하였다. 상부구조는 종방향으로는 라멘구조 형식을 따랐고, 단면은 도로교와 철도교 모두 강상판 강상형교로 설계하였다. 현장에서는 강상형교(Steel Box Girder Bridge)를 두 가지 형태로 구별하는데, 바닥판을 강상판(Steel Orthotropic Deck)로 설계되면 강상형교, 그리고 바닥판이 강거더와 콘크리트 합성으로 만들어졌으면 강합성 강상형교라고 칭한다고 한다. 그러나 이 용어 사용이 공식적인 것으로 보이지는 않는다. 그래서 이 책에서 좀 더 뜻을 분명하게 하려고 바닥판이 강상판으로 되어 있으면 강상판 강상형교로, 또 콘크리트 합성 바닥판으로 되어 있으면 강-콘크리트 합성 강상형교(로 정의하였다.

청담대교의 경우 수중부에는 모두 강상판 강상형교로 되어 있고, 양측 접속교에는 강-콘크리트 합성 강상형교로 시공되었다.

도로교의 상부구조는 두 개의 강상형에 횡으로 가로보(Floor Beam)를 설치하고 가로보 사이에는 폐단면 사다리꼴 세로 리브(Rib)를 바닥 강판에 용접하여 전체적으로 강상판 구조로 만들었다. 철도교에서는 강상판 종방향 세로 리브를 개단면 I형 리브를 사용하였다〈그림 5.6.7〉.

청담대교 2층 도로교는 6차로에 폭 B = 27.00m로 되어 있는데, 그 단면의 구성은 다음과 같다〈그림 5.6.7〉.

B = 2.0(보도, 난간포함) + 10.5(= 3@3.5(3차로)) + 2.0(중앙분리대) + 10.5(= 3@3.5(3차로))
+ 2.0(보도, 난간포함)
= 27.00m

청담대교 철도교는 너비 b = 2.00m, 높이 h = 2.5m의 강상형 두 개를 4.0m 중심 간격으로 배치하였다. 전철교의 너비는 B = 10.00m로 되어 있다〈그림 5.6.7(b)〉. 다만 〈그림 5.6.7(c)〉에서와 같이 행거케이블이 설치되는 위치에서는 교량 폭이 좀 더 필요했기 때문에 교량의 폭 B = 10.80m로 하였다.

그림 5.6.7 청담대교 한강 통과 구간 표준 단면도(아래층 단면 치수: 전철교, 윗층 단면 치수: 도로교)

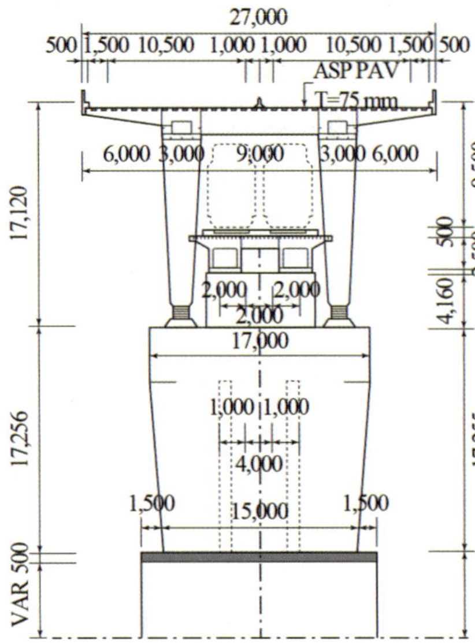

(a) 지점부 표준 단면도

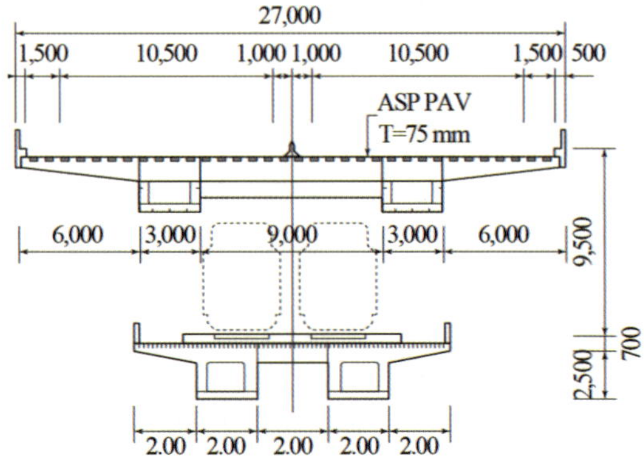

(b) 중앙부 표준 단면도

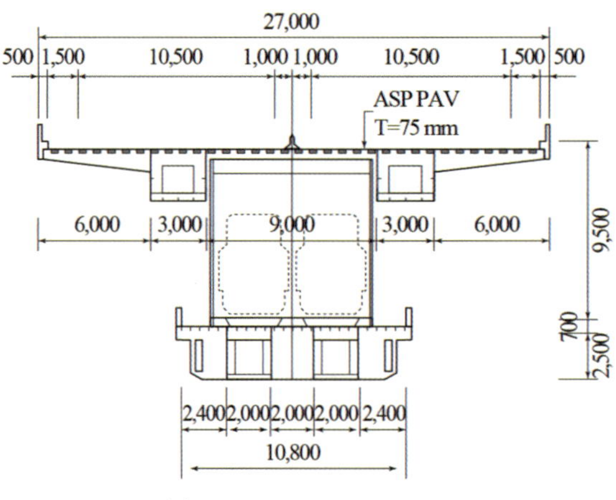

(c) 케이블 정착부 표준 단면도

가. 자갈도상 궤도

청담대교 수중부 철도교 궤도 구조는 상부구조가 강상판으로 설계되어 있어, 자동적으로 폐도상 궤도 구조가 만들어진다. 한강 통과 구간에서는 강상판 상부에 방수 처리를 한 뒤 두께 5cm의 아스팔트를 포설하고, 그 위에 두께 25mm의 방진용 고무 매트를 설치하였다. 이후 자갈을 부설하고 P.C 침목(283×190×2400)을 깔아 자갈 도상 궤도를 완성하였다〈그림 5.6.8(a)/(c)〉.

그림 5.6.8 청담대교 철도교 도상 궤도 전경

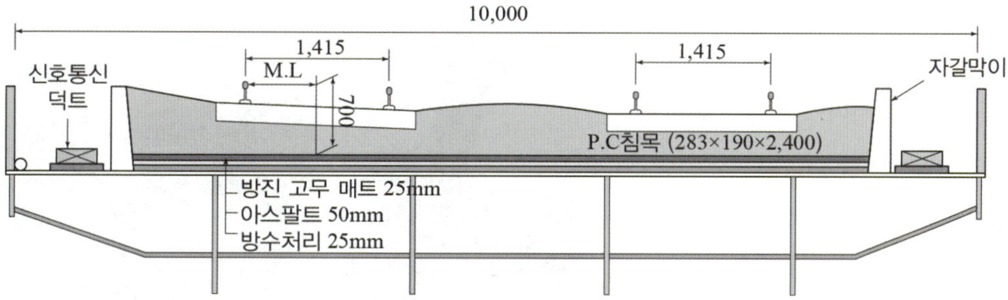

(a) 청담대교 수중부 철도 자갈도상 구조

(b) 콘크리트 도상 궤도 부설

(c) 강상판 자갈 도상 궤도부설

반면, 청담대교 둔치(육상부) 구간은 강콘크리트 합성 바닥판으로 시공되어, 자갈도상이 아닌 콘크리트 도상 궤도 시스템이 적용되었다〈그림 5.6.8(b)〉. 또한 청담대교에는 장대레일(Long Welded Rail)이 설치되었으며, 이음 장치는 수중부 주교량 레일에서 이루어졌다〈그림 5.6.9〉.

그림 5.6.9 장대레일 신축이음매 전경

청담대교 상부구조에서 가장 특징적인 요소는 교각 위에 설치된 V형 기둥 부재이다〈그림 5.6.10〉. 수중부 주교량에 적용된 라멘교의 구조 형태는 1960년대 말에서 1970년대 초 서독 공과대학 토목공학과 구조공학 시험의 단골 문제로 등장하던 대표적인 교량 구조 시스템이었다. 이 시스템은 들보교(Girder Bridge)의 지간장(Span Length)을 줄여서 들보 단면에 발생하는 단면력 발생을 줄일 수 있는 동시에 교량의 조형미도 살릴 수 있는 장점을 갖는다.

청담대교 수중부에는 중공다실 교각 위에 V형 라멘교로 이루어진 상부 도로교에서 케이블 14(=2×7) 가닥을 아래로 내려 아래 지나가는 철도교를 매어 달고 있다〈그림 5.6.11〉.

그림 5.6.10 청담대교 V형 기둥과 거더

(a) V형 라멘-기둥 설치 장면

(b) V형 라멘-거더 설치 장면

청담대교에 사용된 케이블은 철도교 하중을 일부 지지하는 주요 부재이다. 케이블은 길이 11.5m에 지름이 Φ105mm인 평행 강선 스트랜드(Parallel Wired Strand)를 사용하였다. 이 평행 스트랜드는 직경 Φ7mm 강선 187개를 묶어서 제작하였다. 케이블의 설계 장력은 1,100톤으로 전 교량에 길이 L = 10.5m짜리 케이블을 56가닥(= 2×14×2) 설치하였다〈그림 5.6.11(b)〉.

케이블 제작은 중국 상해 푸지안 케이블 제작사에 주문했고, 원자재는 독일 티센(THYSSEN)의 제품을 썼다. 케이블의 피로에 대한 검토는 일일 열차 통과수 800회를 기준으로 하여 중국 철도부 과학연구원에서 200만 회 피로시험을 통해 안전성을 검증하였다.

그림 5.6.11 청담대교 케이블 배치도(주교량 하부 철도교 상부구조를 V형 라멘교에 매어 담)
동부건설, 2000, 청담대교 공사보고서

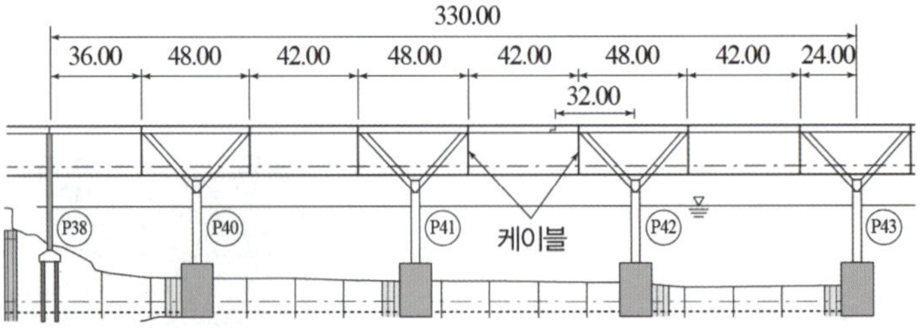

(a) 청담대교 주교량 행어 케이블 배치도(단위 : m)

(b) 청담대교 케이블

케이블 구조로 설계하려면 케이블의 피로 검토만큼이나 케이블의 정착장치에 많은 관심을 기울이게 된다. 〈그림 5.6.12〉는 케이블 정착부와 케이블 소켓 상세는 매우 전형적인 케이블 소켓 시스템을 보여주고 있다.

그림 5.6.12 케이블 소켓 개념도

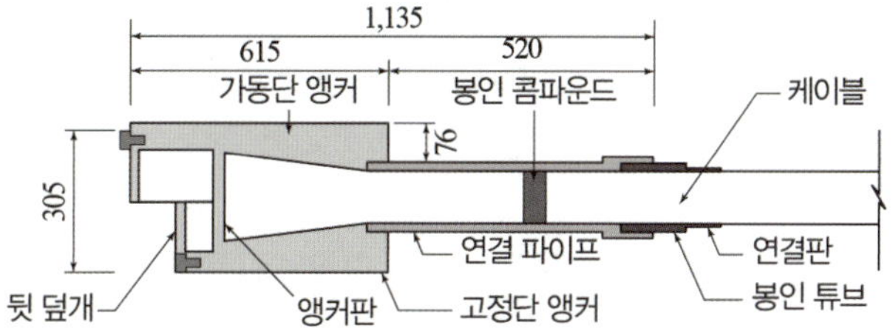

(a) 케이블 소켓 단면도

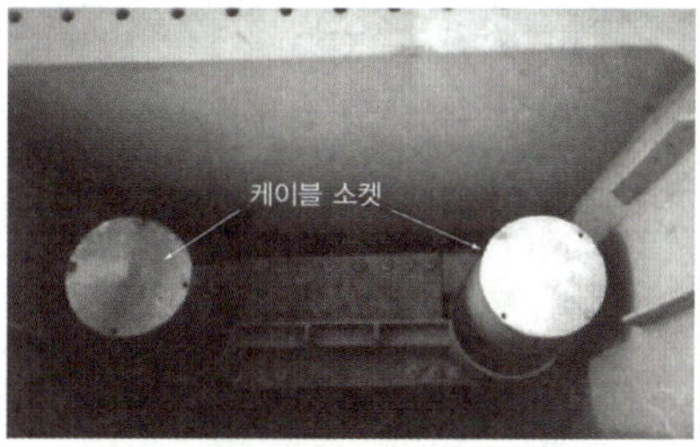

(b) 케이블 소켓 정착구

5.6.2.3 하부구조

청담대교 주교량 하부구조는 우물통기초 위에 세워진 벽체식 교각으로 구성되어 있다. 도로교 상부구조는 강재로 제작된 V형 기둥 위에 가설되었고, 전철교는 벽체식 교각 위에서 주어진 종단 높이에 맞게 가설되었다.

가. 기초

수중에 놓인 7개의 교각은 모두 우물통기초 위에 세워져 있고, 둔치 구간 대부분은 대구경 현장타설말뚝으로 기초를 건설하고, 일부는 PHC 파일[1] 공법을 사용하여 시공하였다. 여기서 우물통기초는

그림 5.6.13 우물통기초 제원

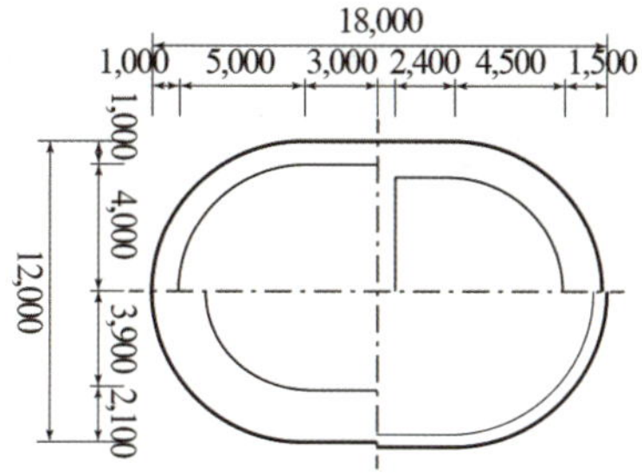

(a) 우물통 평면도

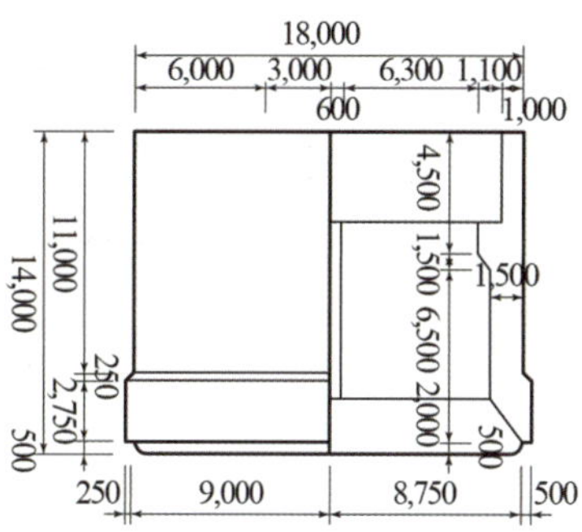

(b) 우물통 단면도

흐르는 강물 저항을 고려하여 12×18m 크기의 트랙형의 평면을 가지고〈그림 5.6.13(a)〉, 그 벽 두께는 1.50m, 그리고 우물통 상부에 교각을 세우기 위해 설치된 우물통 덮개 콘크리트의 높이 h = 4.00m로 하였다〈그림 5.6.13(b)〉.

나. 교각

청담대교 설계엔지니어들은 벽체식 교각이 다주식 교각(Multi Column Pier)보다 내진성능이 떨어진다고 판단하고, 외양은 벽체식과 같이 하면서 지진 발생 시 다주식 교각으로 거동할 수 있는 형식의 교각을 개발하여 시공하였다〈그림 5.6.14〉

그림 5.6.14 주교량 표준 단면도
동부건설, 2000, 청담대교 공사보고서

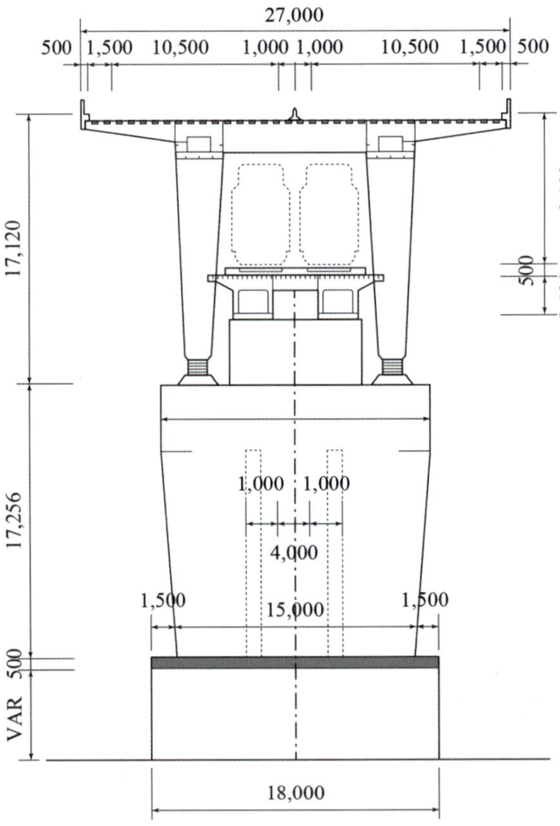

5.6.3 시공

청담대교의 설계는 동부엔지니어링에서 주관하고, 동부건설에서 시공을 담당하였으며, 감리는 건화엔지니어링에서 수행하였다. 이 공사는 설계·시공 일괄입찰 방식으로 진행되었기 때문에 시공팀이 이 프로젝트 설계단계부터 참여하였다. 다리 공사가 진행되는 과정에서 성수대교 붕괴사고가 발생했기 때문에 건설 품질관리에 대한 검사 정도가 크게 높아진 상태에서, 그 당시만 해도 국내에서는 턴키공사에 대한 경험도 일천한 상황이었기 때문에 복층 교량에 대한 안전을 확보하기 위하여 미국 파슨스 브링커호프에 설계 검토를 의뢰하였다. 특히 성수대교 붕괴사고의 직접적인 원인이 되었던 용접연결부의 품질검사는 한국선급협회와 한국검정에 의뢰하여 수행함으로써 안전에 대한 신뢰도를 높였다. 또한 담당 감리회사도 설계 및 제작 기술 검토를 수행하기 위하여 프랑스의 소코텍인터내셔널에 기술 자문을 의뢰하였다.[2]

5.6.3.1 가교 설치

수상부(水上部)에 건설하는 우물통기초와 교각 공사를 위하여 접근로는 일반적으로 토사로 만드는 임시 도로(假道)를 축조하여 사용하나, 이는 홍수 시 통수 단면을 축소시켜 가도를 붕괴시키는 위험이 크므로 청담대교 건설 현장에서는 폭 6m, 길이 12m인 조립식 가교를 설치하는 것으로 원설계를 변경하였다. 조립된 가교는 트레일러 및 바지(Barge)로 수중 운반하여〈그림 5.6.15(a)〉, 80톤 크레인으로 설치했다〈그림 5.6.15(b)〉.

그림 5.6.15 청담대교 가교 설치 전경

(a) 조립 가교 하상 운송

(b) 가교 설치 현장

5.6.3.2 폰툰(Pontoon)을 이용한 우물통 기초공사

일반적으로 기초공사에서는 흙을 쌓아 섬을 조성한 뒤, 그 섬에서 우물통을 제작·침하시켜 설치하는 축도(築島) 공법을 적용한다. 그러나 이 공법은 홍수 시 수위 상승에 취약하고, 시공 후 유지관리와 철거가 어렵다는 단점이 있다. 특히 1980년대 들어 사회적으로 환경 보전에 대한 관심이 높아지면서 한강관리사업소는 공사 허가 조건에 '수질오염 방지'를 추가하였다. 이에 따라 기존 축도 공법으로는 공사 기간 준수가 사실상 어려웠으며, 이를 해결하기 위해 고안된 방법이 폰툰을 이용한 축도 공법이다.

이 공법은 우선 필요한 규모의 작업 공간을 확보할 수 있도록 강재로 제작한 폰툰(鋼材浮上函體)을 육상에서 조립한 후, 이를 수면에 띄워 현장으로 이동시킨다. 이후 폰툰 속에 물을 채워 가라앉히고, 하상에 안정적으로 거치한다. 거치가 완료된 폰툰 내부에는 한강에서 준설한 토사를 채워 작업용 축도 지반을 조성하고, 이를 기반으로 우물통 기초공사를 수행한다〈그림 5.6.16〉.

그림 5.6.16 폰툰을 이용한 우물통기초 시공 순서도

동부건설, 2000, 청담대교 공사지, 141~142쪽

(a) 폰툰 제작

(b) 폰툰 이송

(c) 폰툰 거치 완료

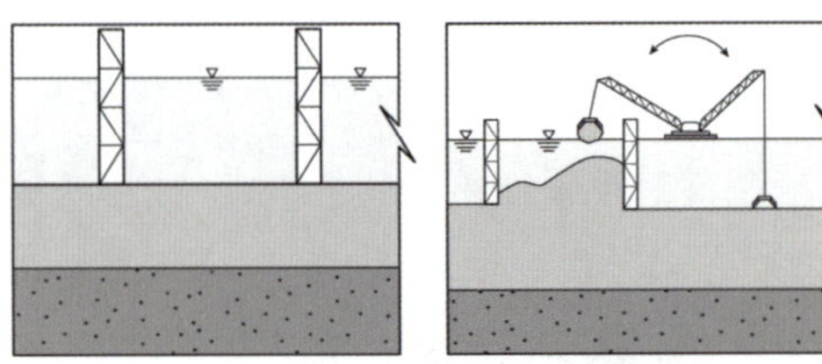

(d) 폰툰 거치 완료 후 토사 채움

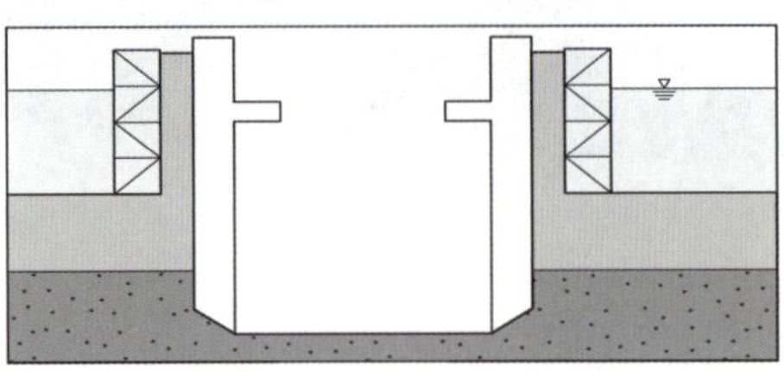

(e) 우물통 설치 및 굴착

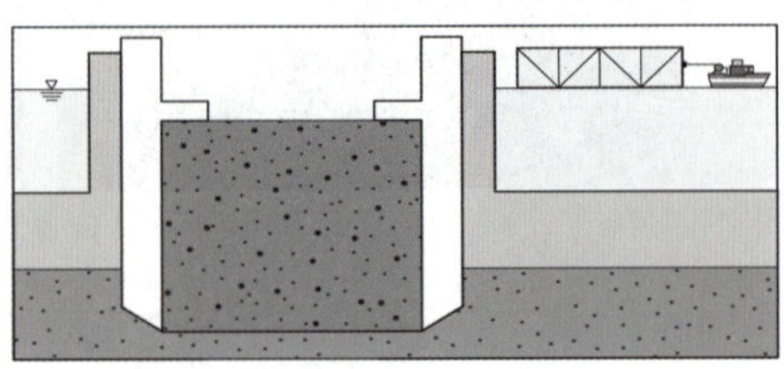

(f) 폰툰 해체, 부상 및 다음 우물통으로 이동

5.6.3.3 우물통 기초공사

청담대교 기초는 12×18m의 트랙형 우물통기초로 되어 있다〈그림 5.6.13〉. 우물통기초는 지진 등으로 인해 발생하는 수평력에 대해 충분한 안전을 확보하기 위해 연암이나 또는 경암층에 3~4m 깊이까지 안착시켰다.

우물통기초의 시공은 먼저 우물통 맨 아랫부분에 강재로 우물통 슈(Shoe)를 설치하고〈그림 5.6.17(a)〉, 우물통 몸체를 만들기 위한 철근을 조립한 후 작업차를 설치하여 콘크리트를 타설한다. 이 작업이 끝나면 크람셀로 내부 굴착하고 동시에 자중으로 우물통 구체를 침하시킨다.

그림 5.6.17 청담대교 주교량 우물통기초 공사 순서

(a) 우물통 슈 설치

(b) 철근 조립

(c) 강재 토류벽 운반

(d) 침하

(e) 내부 굴착 및 몸체 침하

(f) 천공 작업

(g) 속채움 콘크리트 타설

(h) 우물통 완성 전경

우물통 슈가 강바닥에 도달하면 잠수부를 내려보내 수중 발파 후 굴착한다. 연암층 일정한 위치에 도달하면 대형 양수기로 내부의 물을 퍼내고, 건조한 상태에서 천공 및 제어 발파를 한다. 우물통이 최종 암반에 정착되면 트레미를 이용하여 수중 콘크리트를 타설하고, 양생 후 속채움 콘크리트를 타설한다〈그림 5.6.17〉. 덮개 콘크리트가 타설되면 우물통기초 공사가 끝난다. 덮개 콘크리트를 타설할 때에는 수화열(水和熱) 발생을 제어하기 위하여 파이프 쿨링(Pipe Cooling)을 실시했다.

5.6.3.4 교각 공사

청담대교 교각은 중공다실(中空多室) 교각을 채택하여 내부에 두께 1.00m의 격벽을 두 개 설치하였다〈그림 5.3.17(a)〉. 교각의 외형은 벽식(壁式)을 유지하게 하였는데, 이렇게 함으로써 흐르는 물의 저항도 줄이고, 교량의 조형미도 살릴 수 있었다. 엔지니어들은 중공다실 형태의 교각을 선택함으로써 높은 내진성능을 확보하였다. 시공 현장에서는 매스 콘크리트 타설 과정에서 발생하는 수화열에 의한 균열을 효과적으로 제어하기 위하여 파이프 쿨링(Pipe Cooling)을 시행하였다. 청담대교 수중부 교각 공사는 먼저 작업용 비계와 철근을 조립하고, 강재 작업차를 설치한 후〈그림 5.6.19〉, 쿨링 파이프를 설치한 후 콘크리트를 타설하는 순서로 진행한다.

그림 5.6.18 청담대교 주교량 교각

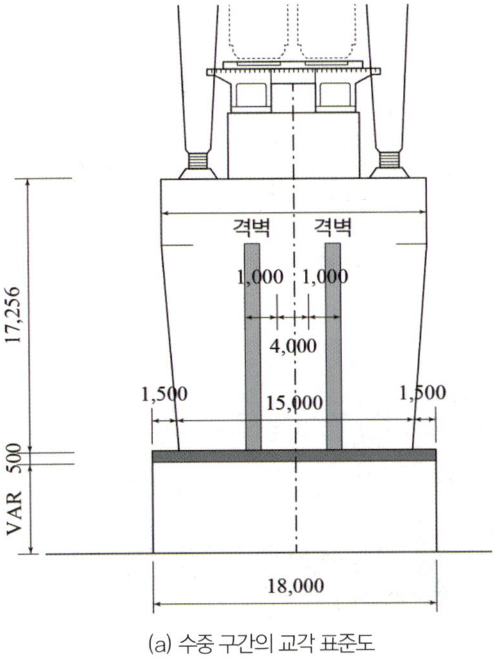

(a) 수중 구간의 교각 표준도

(b) 수중부 교각 완성 전경

그림 5.6.19 청담대교 주교량 교각 공사 현장

(a) 수중부 교각 철근 배근　　(b) 강재작업차 설치

5.6.3.5 강교의 가설

청담대교 수중부 주교량은 먼저 전철교 강교를 먼저 설치하기 위해 한 경간 90m 내에 3개의 가벤트(Bent)를 설치하였다〈그림 5.6.20(a)〉. 블록 단위로 육상에서 조립된 후, 200톤급 수상 크레인으로 공사 현장으로 운반된 강교 부재는 설치순서에 따라 가설되었다. 전철교 강교가 설치되면, 도로교 강교 설치공사가 시작되는데, 먼저 2층 도로교를 받칠 수 있는 V-기둥을 기존 교각 위에 세웠다〈그림 5.6.20(b)〉.

그림 5.6.20 청담대교 강교 가설 제1단계 순서
동부건설, 2000, 청담대교 공사보고서

(a) 철도교 강상형교 가설 현장

(b) V-기둥 거더 설치

(c) 라멘교 건설 공사(중간 거더 부분 연결)

(d) 청담대교 완공 후 전경

그다음 인근 교각에 세워진 V형 기둥을 연결하여 전체적으로 한 개의 V형 라멘교를 건설했다〈그림 5.6.20(c)〉. 현장에서는 시공성과 품질관리가 용이한 T/S 볼트(Torque Shearing Bolt)[3]를 사용하고, 시공 오차로 인하여 발생할 수 있는 초과 하중과 잔류응력을 가능한 한 줄이기 위하여 강교를 대칭되게 설치하였다.

5.6.4 부대시설

5.6.4.1 교량 받침(교좌장치)

청담대교 도로교의 교량 받침은 미국 DS Brown 사에서 제작한 포트 교량 받침(Pot Bearing)을 채택하였다. 이 교좌장치는 수평력을 700톤, 수평력을 3,000톤까지 저항할 수 있는 성능을 가지고 있다〈그림 5.6.21(a)〉. 수중부 게르버 교량의 게르버 힌지(Gerber Hinge)〈그림 5.6.5(b)〉는 처짐에 의한 회전이 가능한 스페리컬 교량 받침(Spherical Bearing)을 설치하였다〈그림 5.6.21(b)〉.

그림 5.6.21 청담대교 주교량 교량 받침

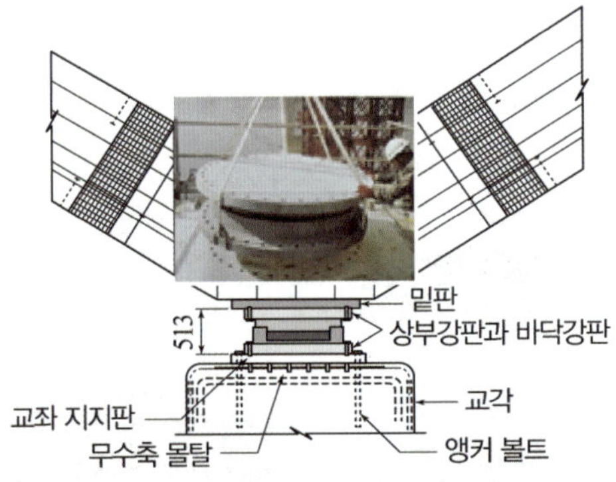

(a) 도로교 3,000톤 포트 교량 받침

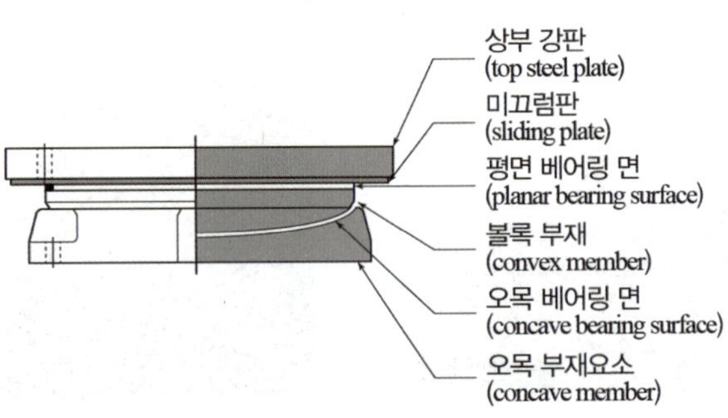

(b) 게르버 힌지부 스페리컬 교량 받침

5.6.4.2 철도교 강상판 교면 방수

청담대교 주교량 도로교에서는 포장 재료로 구스 아스팔트를 택하였기 때문에 굳이 교면 방수를 별도로 하지 않아도 되지만, 철도교 강상판에는 교면 방수가 필요하므로 여기에는 도막식 교면 방수를 택하였다. 그러나 도막 방수가 어려운 위치에는 먼저 시트(Sheet) 방수를 하고, 나머지 평면을 도막 방수를 시행했다. 그 뒤 방수 보호용 펠트(Felt)를 깔면 철도교 강상판 바닥판의 도막 방수가 완료된다〈그림 5.6.22〉

그림 5.6.22 강상판형 철도교 교면 방수(도막 방수)
서울시, 2001, 제18절 7-17공구(청담대교) 건설공사

(a) 시트 방수

(b) 강상판교 도막 방수

(c) 방수 보호용 펠트 천 깔기

(d) 도막 방수 완료

5.6.4.3 계측 시스템

청담대교 주교량은 국내에서 처음 시도된 구조 형태이기 때문에, 구조물의 거동을 사전에 파악하기 위하여 교량 자동 계측 시스템을 구축하였다. 이 시스템은 신행주대교 붕괴 이후 도입되기 시작하여, 성수대교 사고를 계기로 보편화된 교량 건전성 모니터링 시스템(BHMS, Bridge Health Monitoring System)의 초기 사례라 할 수 있다.

청담대교는 현재 교량 건설 이후 구축하는 일반적인 계측 항목으로 시스템을 구축하였다. 또한 교량의 이상 거동을 사전에 파악하기 위하여 주교량에 로드셀 20개〈그림 5.6.23〉, 지점 변위계 4개, 처짐계 2개, 경사계 4개, 온도계 18개, 풍향·풍속계 1개, 베어링 반력 측정계 1식 등 총 50곳에 센서가 설치되어 있다.

청담대교 계측항목

(1) 케이블의 장력
(2) 지점의 변위
(3) V기둥의 기울기
(4) 주형 및 케이블의 온도
(5) 주형의 처짐
(6) 풍향 및 풍속
(7) 교량 받침의 반력

그림 5.6.23 로드셀과 로드셀 설치

(a) 로드셀

(b) 로드셀 설치

5.6.4.4 조명

청담대교는 건설 계획 단계에서부터 야간 경관 설계를 통하여 서울을 상징하는 교량 조형미를 창출하기 위해 많은 정성을 기울였다. 상층 도로에는 양측 단에 라인(Line) 조명을 설치하여 일곱 가지 색상을 변화시킬 수 있도록 하였으며, 특히 V형 기둥 형태를 부각하고자 녹색과 황색 조명을 계절별로 연출하여 수면과 교각 면에 은은한 실루엣(Sihlouette)이 드리워지도록 설계하였다. 이를 통해 사계절 내내 이용자에게 시각적 만족과 동시에 친근감을 줄 수 있는 경관 효과를 창출하였다.[4]

그림 5.6.24 청담대교 조명 시설

그림 5.6.25 청담대교 야경

미주

[1] PHC 파일이란 원심력을 이용하여 만든 고강도 콘크리트(Pretensioned spun High Strength Concrete) 파일을 말한다.

[2] 건설기술정보시스템, 1997, 청담대교의 설계 및 시공사례

[3] T/S 볼트란 고장력 볼트와 같이 마찰 이음용 볼트로 현장에서 고장력 볼트보다 편리하고 정확한 작업을 하기 위하여 개발된 볼트의 한 종류

[4] 대림산업주식회사·(주)유신코퍼레이션, 2002, 『韓國의 橋梁(Bridges in Korea)』, 164쪽

5.7

국내 최초 P.S.C 세그먼트 박스교 시공, 강변북로 두모교

1991년 1월 1일 당시 서울특별시 인구는 1,072만 6천 명으로, 연평균 약 1.01%의 증가율을 보였다. 반면 자동차 등록 대수는 119만 3,633대로, 연평균 20.4%라는 매우 높은 증가율을 기록하고 있었다. 당시 서울의 도로망은 19개의 방사형 도로가 도심으로 집중되는 구조로 형성되어 있었기 때문에, 전체 교통량의 약 50%가 불필요하게 도심을 관통하는 통과교통으로 발생하여 극심한 교통 혼잡을 유발하였다.

서울시는 이러한 구조적 교통난을 해소하기 위한 근본적 대책으로, 도심 반경 5km 권역에 순환 기능을 갖춘 내부순환도로를 건설하였다. 이를 통해 '도심 통과교통'과 도로 본래의 목적에 따른 '목적교통'을 분리하여 도심 교통 혼잡을 효과적으로 완화하고자 한 것이다. 내부순환도로망'은 성산대교-홍은동-북악터널-길음교-하곡삼거리-살곶이다리-용비교-반포대교-성산대교까지 총 41.04km의 노선으로 계획·시공되었다〈그림 5.7.1〉.

내부순환로 건설 과정에서는 국내 최초로 P.S.C 상판 분절교량을 조립식 공중가설공법으로 시공하는 등 다양한 신공법과 신기술이 적용되었다. 이는 국내 교량기술 발전의 중요한 전환점이 되었으며, 동시에 서울 도심 주변 지역의 균형 발전에도 크게 기여하였다.

내부순환도로는 총연장 41.04km, 폭 26~35m의 6~8차로 규모로 건설되었다. 이 가운데 고가도로가 28.83km로 전체의 72%를 차지하며, 2개소의 터널(총 3.53km)과 토공 구간(7.64km, 19%)도 포함된다. 사업비는 보상비 1,226억 원을 포함해 총 1조 2,131억 원이 투입되었으며, 1989년 10월 착공

그림 5.7.1 두모교 위치도

이후 1999년 2월 1일 전 구간 개통을 완료하였다. 다만 세부 잔여 공사까지 포함한 전체 사업은 2001년 4월에 최종 마무리되었다.[1]

5.7.1 개요

두모교는 서울 '내부순환도로' 중 강변 1-2공구, 즉 반포대교에서 성수대교에 이르는 구간의 교량으로, 총연장 L = 5,083m이다. 1991년 12월 30일 착공하여 1997년 12월 20일 준공되었으며, 총공사비는 779억 원이 소요되었다〈그림 5.7.2〉.

그림 5.7.2 1997년 6월 24일 강변도시고속도로 개통식

서울시의 한강변 도로 건설은 1968년 6월 22일 김현옥 시장이 발표한 '한강개발 3개년 계획'에서 비롯되었다. 이 계획은 한강변에 폭 B = 20m, 총연장 L = 4,345m의 강변도로를 건설하고 여의도를 개발하는 내용을 담고 있었다. 계획에 따르면 1차 연도에는 여의도 개발을 완성하고, 2차

연도인 1969년에 강변 4로(제1한강교-뚝섬)와 강변 5로(뚝섬-광나루 워커힐)를 착공하여 1970년 완공하는 일정이었다.[2] 그러나 실제 공사는 1970년 2월 3일 착공하여 같은 해 12월 23일, 도로 폭 B = 8.5 ~ 23m, 연장 9.4km의 강변도로 구간을 개통하였고, 이후 이 강변 4로는 1997년 6월에 왕복 8차선 도로로 확장되었다.

두모교는 강변도시고속도로(강변 4로, 강변북로) 중 반포대교 북단과 성수대교 북단 사이에 위치하며, R.C 라멘, P.S.C 박스거더 및 강상형(램프) 형식으로 이루어져 있다. 두모교는 상·하행선 분리 교량이며, 반포대교 북단에서 용비교에 이르는 강변 1공구 구간(상행선, 본선 외측선)은 1989년 10월 24일 착공하여 1995년 7월 30일 먼저 준공되었다.

강변도로 강변 1공구(두모교 본선 외측, 상행선)는 천호대교에서 반포대교까지 연장 4,628mm이고, 강변 1-2공구(두모교 본선 내측 강쪽, 하행선)는 반포대교에서 성수 초지까지 연장 3,670m의 P.S.C 박스거더 교량이다. 두모교는 본선 외측 및 내측선 모두 교폭 B = 17.40m, 4차로 교량으로 건설되었으며, 설계는 모두 ㈜한국종합기술이 수행하였다. 여기서 '내측선'은 한강 수중부에 가까운 교선(하행선)을, '외측선'은 육지 쪽에 인접한 교선(상행선)을 의미한다.

두모교의 상·하행선 전체 길이는 L = 8,298m로, 그중 P.S.C 박스거더교 $L_{P.C}$ = 7,790m, R.C 라멘교 L_{Rahmen} = 508m로 구성되어 있다. 특히 P.S.C 박스거더교의 길이 7,790m는 본선 외측선 3,670m와 내측선 4,120m를 따로 계산해서 합쳐진 값이다.

두모교의 경간 구성은 다음과 같다〈그림 5.7.3〉.

본선 내측선(강변도시 1-2공구, 반포-성수초지 방향)

R.C 라멘교 $L_{Rhamen} = 3\times(4@25) + 3@25 + 2(20.75 + 25.00 + 20.75)$

$= 508.00m$

P.S.C 박스거더교 $L_{P.C} = 5\times(7@50) + 6\times(6@50) + (60 + 5@70 + 60) + 2@50$

$= 4,120.00m$

본선 외측선(강변도시 1공구, 일산 방향)

P.S.C 박스거더교 $L_{P.C} = 8\times(7@50) + 6@50 + (60 + 5@70 + 60) + 2@50$

$= 3,670.00m$

그림 5.7.3 두모교 종·평면도(단위 : m)

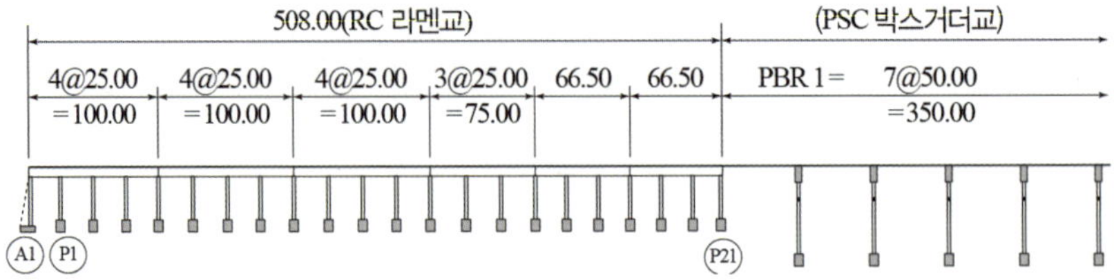

(a) 두모교 본선 내측선 종단면도 부분도 (1) - 라멘교 구간

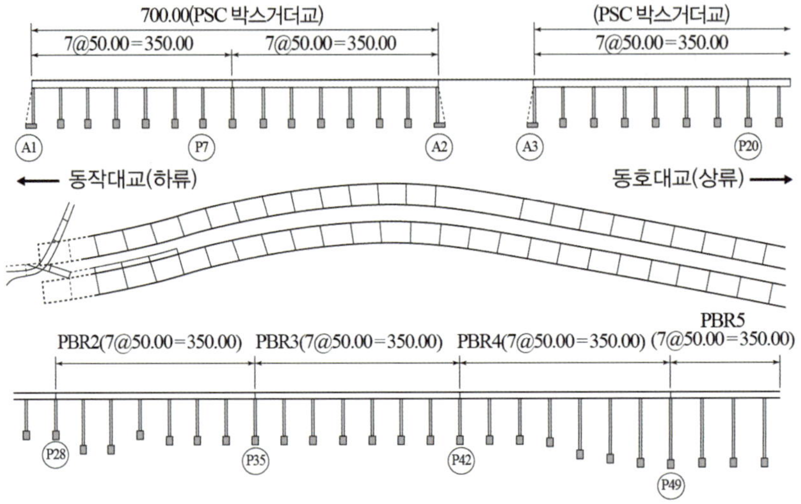

(b) 두모교 종·평면도 부분도 (2)

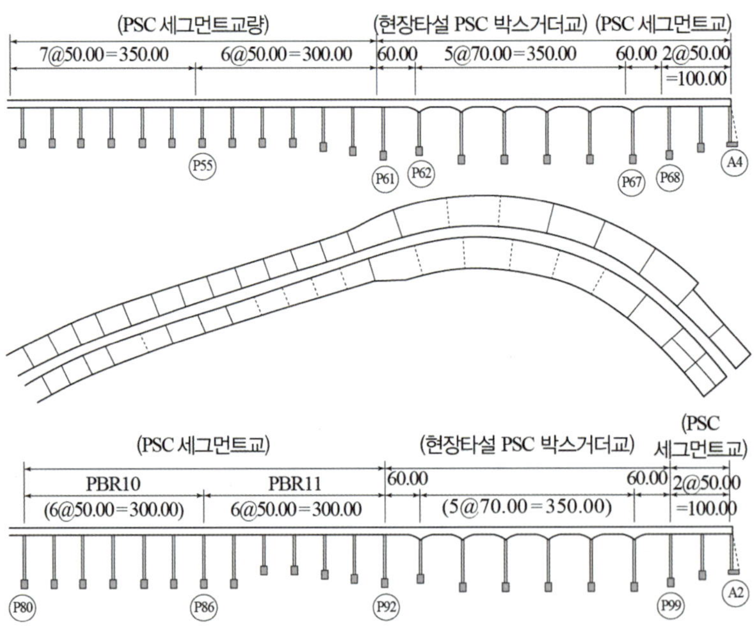

(c) 두모교 종·평면도 부분도 (3)

그림 5.7.3 두모교 종·평면도(단위 : m)(계속)

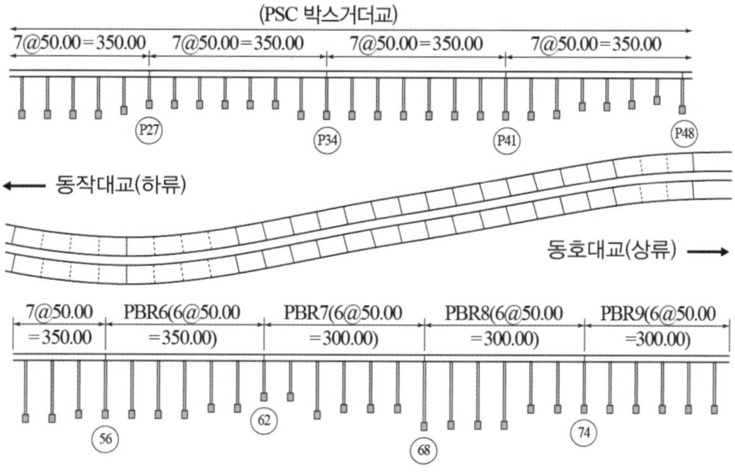

(d) 두모교 종점부(성수대교 방향) 종·평면도 부분도 (4)

5.7.2 교량 설계

두모교는 라멘교 508m와 P.S.C 박스거더교 7.790m로 이루어져 있다. P.S.C 박스거더교는 다시 공장에서 세그먼트로 제작하여 현장에서 연결하는 P.S.C 세그먼트교와 현장타설한 P.S.C 박스거더교로 구분된다. P.S.C 박스거더교는 대부분 프리캐스트 세그먼트교로 되어 있어 M.S.S 공법으로 시공되는데〈그림 5.7.4(a)〉, 성수대교 방향 교량 종점 곡선부 470m 구간만은 콘크리트를 현장에서 타설하는 지보공 공법(F.S.M, Full Staging Method)으로 교량을 가설하였다〈그림 5.7.4(b)〉.

그림 5.7.4 두모교 P.S.C 박스거더교 전경

(a) 두모교 프리캐스트 세그먼트 구간 전경

(b) 두모교 현장 타설 P.S.C교 구간 전경

동바리를 사용하는 지보공 공법에는 전체 구조물을 지지하는 공법 이외에 기둥을 세우고 그 상부에 작업차를 설치하는 지주 지지식 지보공 공법과 교각과 교각 사이에 들보를 걸치고 그 위에 작업차를 설치하는 거더 지지식 지보공 공법(노량대교) 등이 있다. 두모교 라멘 구간에서는 거더 지지식 지보공 공법을 적용하였다.

5.7.2.1 두모교 내측선(하행선)

가. 두모교 라멘교

반포대교를 통과하는 두모교 라멘교는 총연장 L = 508.0m로 상부구조 횡단면 너비가 편도 4차선인 B = 17.7m에서 편도 5차선인 B = 23.9m까지 변하는데, 그 경간 구성은 편도 4차선 규모의 4경간 연속교(4@25.0 = 100.0m) 3개소와 4차선 규모의 3경간 연속교(3@25.0 = 75.0m) 1개소, 그리고 교량 폭 B = 23.9m되는 편도 5차선 규모의 3경간 연속교(20.75 + 25.0 + 20.75 = 66.5m) 2개소로 구성되어 있다〈그림 5.7.3(a)〉.

1) 상부구조

라멘교 상부구조는 높이 H = 1.85m, 폭 B = 16.80m, 그리고 지간 L = 25.0m인 콘크리트 슬래브 판으로 되어 있으며 Y형 교각과 강결로 연결되어 전체적으로 라멘구조로 설계되어 있다〈그림 5.7.5〉.

그림 5.7.5 두모교 라멘교 표준 단면도

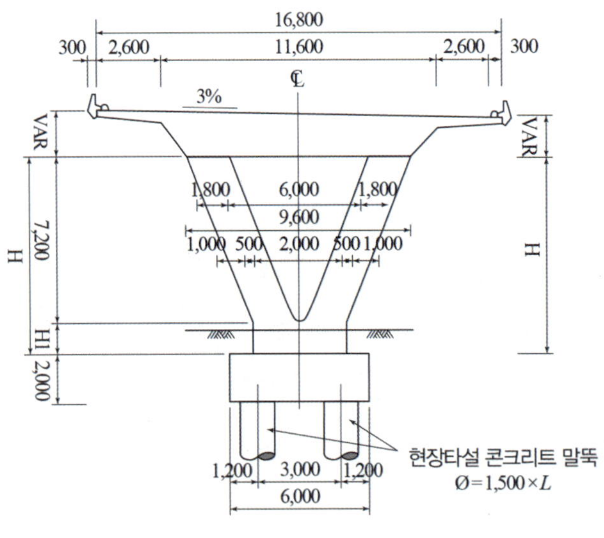

(a) 라멘교 정면도

(b) 두모교 내측선 라멘교 구간 전경

2) 하부구조

두모교 라멘교 구간은 상부 콘크리트 슬래브와 일체로 라멘구조를 만들고 있는 교각은 Y형 기둥으로 현장타설말뚝 위에 만들어진 파일 캡에 고정되어 있다〈그림 5.7.5〉.

Y형 기둥은 V자로 된 부분의 높이 H = 7.20m로 일정하지만, 하부는 다리의 높이에 따라 변할 수 있다. Y형 교각을 지지하는 교각 기초는 직경 Φ = 1.50m인 현장타설 콘크리트말뚝으로 시공되었다. 이 현장타설 콘크리트 말뚝기초는 라멘교 구간 교각 P1부터 교각 P20까지 20개소에 적용되었다.

두모교 라멘교 구간은 F.S.M 공법을 적용하여 시공하였는데, 그중에서도 특히 강재동바리 형식의 트러스 거더 지지식을 사용하였다. 이때 트러스 거더의 길이 L = 16.75～21.00m로 현장 상황에 따라 조절하고, 트러스 거더의 높이는 H = 3.08m로 일정하게 유지했다.

나. P.S.C 프리캐스트 세그먼트 교량(Precast Segmental Bridge)

1) 편도 4차선 구간(하행선, 반포대교~동호대교)

두모교 하행선 P.S.C 프리캐스트 세그먼트교[3] 구간의 상부구조는 총연장 L = 3,550m로, 단면 폭 B = 17.4m(편도 4차선), P.S.C 박스거더의 높이(형고, 桁高)는 일정한 높이 H = 3.0m로 일정하고, 지간(Span Length)은 L = 50.0m로 설계하였다〈그림 5.7.6〉.

그림 5.7.6 두모교 P.S.C 세그먼트 박스거더 횡단면도

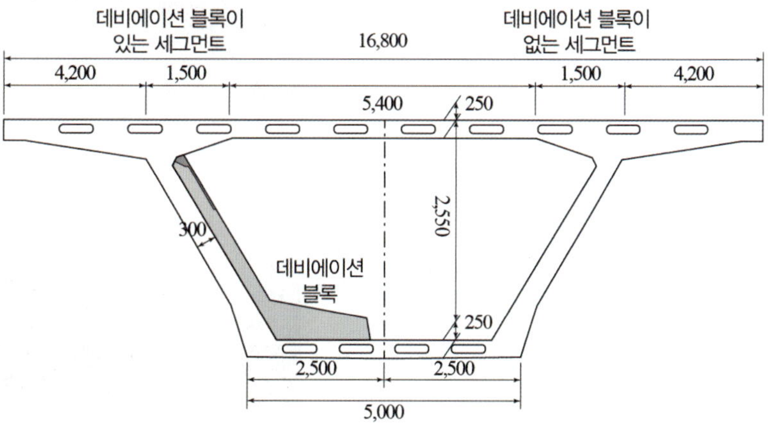

이 구간의 교량 경간 구성은 다음과 같다.

$$L = 5 \times 350(= 7@50) + 6 \times 300(= 6@50) = 3{,}550\text{m}$$

이 교량의 특징은 P.C 긴장재로 내부 긴장재가 아니라 외부 긴장재(External Tendon)로 설계한 것이다. 이러한 이유로 횡단면은 하부 플랜지에 외부 긴장재가 걸쳐질 수 있는 데비에이션 블록이 필요하다〈그림 5.7.6〉.

사용된 콘크리트는 σ_{ck} = 450kg/cm^{2}설계기준강도로 정하였고, P.C 강재로는 강연선 Φ 12.7를 사용하였다. 〈그림 5.7.7〉에는 공장에서 제작된 P.S.C 세그먼트 박스거더 횡단면과 시공된 전경을 보여주는 것으로, 횡단면 너비 B = 16.80m(도로 양 끝에 설치하는 방호책 제외), 높이 H = 3.00m이고 상부 플랜지의 양옆으로 내민 폭은 각각 4.20m로 만들어졌다. 두모교는 건설될 당시 국내에서는 매우 획기적인 P.S.C 박스거더 단면을 보여주고 있다.

두모교에서는 특이하게도 일반적인 매립형 프리스트레스트 텐던을 사용하지 않고, P.C 긴장재를 외부로 정착시키는 외부 긴장재 설계 방식을 채택하였다. 이 단면 외부에 긴장재를 정착시키는 방법은 P.S.C 세그먼트교 박스거더 조립 과정에서 편리한 장점이 있다〈그림 5.7.7〉. 다만, 긴장재를 구성하는 강연선이 부식되어 성능을 상실하지 않도록 세심한 주의가 필요하다.

그림 5.7.7 두모교 P.S.C 세그먼트 구간 횡단면도(P.S.M 구간)

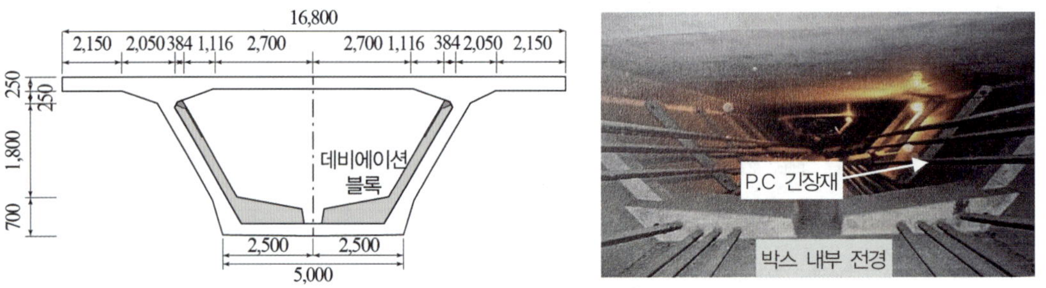

(a) 중앙부 P.S.C 박스거더 횡단면도와 내부 전경

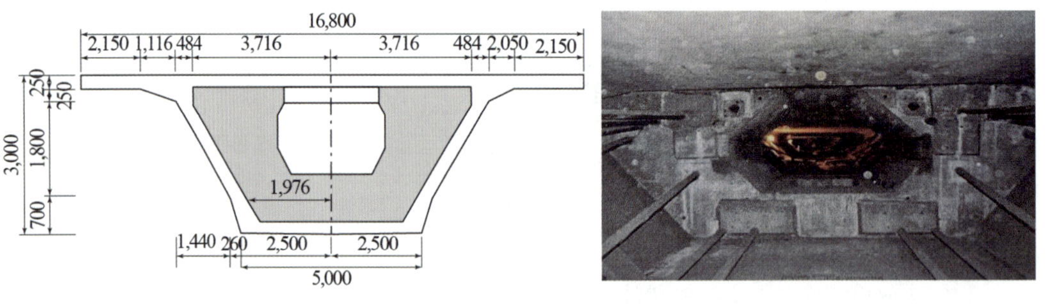

(b) 지점부 P.S.C 박스거더 횡단면도와 내부 전경

반포대교부터 한남대교까지 두모교의 교각은 모두 한 개의 독립 교각으로 설계되었다〈그림 5.7.8〉.

그림 5.7.8 프리캐스트 세그먼트 교량(내측선) 표준 단면도

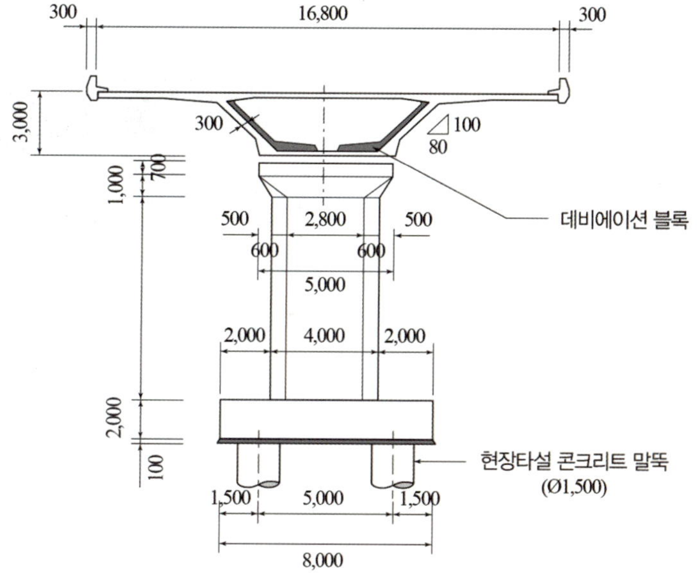

하행선 전 구간의 교각 기초는 우물통기초 21개소, 현장타설 콘크리트 말뚝기초 Φ1,500 27개소 및 확대기초 24개소 등 모두 72개소에 구축되었다. 여기서 확대기초는 시트 파일(Sheet Pile) 공법으로 12개소, 가물막이 공법으로 9개소 및 일반터파기 공법을 3개소에 적용하여 건설하였다.

현장말뚝기초 구간에는 기초 위에는 교각을 세우기 위한 7.5m×6.5m×2.0m(높이)인 파일 캡을 만들고, 그 위에 가로 4m, 세로 2.5m, 벽 두께 0.5m인 중공 콘크리트 박스 기둥을 세워서 교각을 구성하였다. 또 교각 상단에는 상부 박스거더를 앉히기 위해 5.0m×3.0m×1.7m(높이)가 되는 교각 캡(Pier Cap)을 만들어 설치하였다〈그림 5.7.8〉.

상부 박스거더 하부 플랜지의 폭 B = 5.0m임을 감안하면 매우 경제적이면서 조형미를 살리려고 노력한 흔적이 보인다. 시공은 S.P.S(Span by Span Segmental) 공법으로 시행하였는데, P.S.C 세그먼트 박스거더는 교각에 브라켓(Bracket)을 설치하고 그 위에 얹은 런칭 트러스(Launching Truss)를 이용하여, 제작장에서 만들어 현장으로 운송해온 프리캐스트 세그먼트를 조립하는 방법으로 시공하였다. 여기서 사용한 런칭-트러스는 길이 L = 105.85m, 높이 H = 4.62m로 일정한 높이를 유지했다. 교각에 설치한 브라켓은 폭 B = 20.0m, 높이 H = 4.62m였다.

2) 현장 타설 P.S.C 박스거더 교량(Full Staging Bridge)

두모교 본선 내측선 구간 중 F.S.M(지보공) 공법을 적용하여 시공되었다〈그림 5.7.9〉. 중랑천 횡단구간은 편도 6차선 교량(하행선)으로, 상부구조 횡단면 폭 B = 17.4~27.9m로 구간에 따라 달라지고, 거더의 높이 H = 2.5~4.5m는 3차 포물선 곡선 형태로 변화하여 아치와 유사한 형상을 가진다〈그림 5.7.4(b)〉. 이 변단면 곡선 P.S.C 박스거더교는 총연장 L = 470m의 7경간 연속교로, 경간 구성은 L = 60 + 5@ 70 + 60 = 470m로 계획되었다.

그림 5.7.9 두모교 내측선 F.S.M 시공 현장

상부구조 P.S.C 박스 단면은 2실(Double Cell) 단면으로 설계되었으며, 중앙 경간의 표준 단면은 폭 B = 23.8m, 높이 H = 2.50m로 시공되었다〈그림 5.7.10〉. 종방향 단면은 경제성, 구조적 효율성, 미관을 고려하여 3차 포물선 변단면의 장경간 구조로 계획되었다. 또한 P.C 긴장재의 배치에 있어서는 시공성, 공기 단축, 경제성 등을 종합적으로 고려하여 외부 긴장재(External P/T) 설계방식을 택하였다.

그림 5.7.10 두모교 F.S.M 구간(내측선 P92~P99, 외측선 P61~P68) 횡단면도

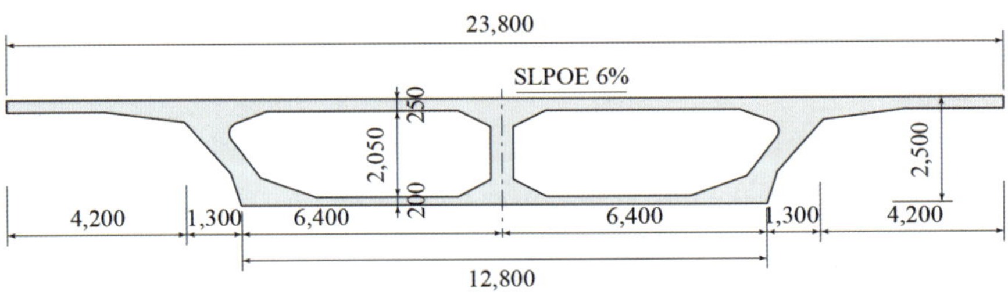

(a) F.S.M 적용 구간의 중앙 경간 횡단면도

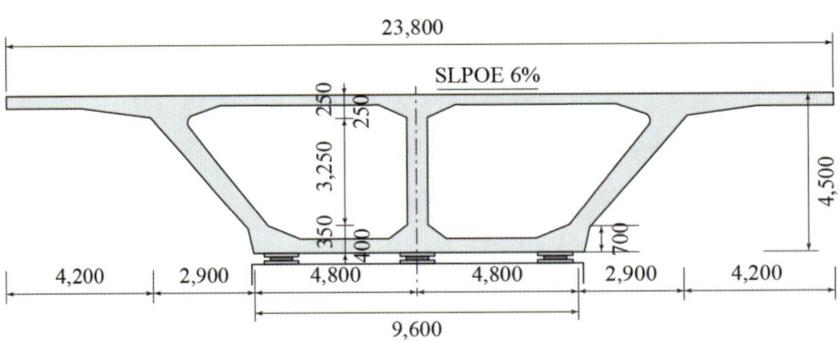

(b) 두모교 F.S.M 공법 사용 구간 측경간 횡단면도

하부기초 형식으로는 6개의 일주식 교각 아래에는 직경 Φ 1,200 우물통기초를 각각 6개소에 축조하였다〈그림 5.7.11〉.

그림 5.7.11 두모교 하행선 F.S.M 공법 적용 구간 하부구조 표준 단면도

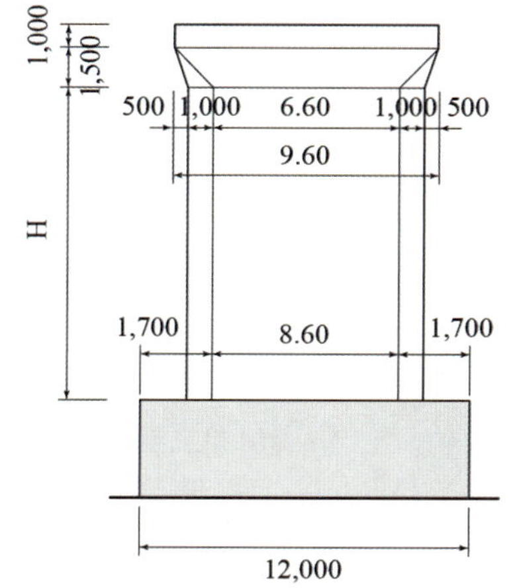

3) 두모교 하행선 프리캐스트 세그먼트 교량 편도 6차선 확폭 구간(성수초지 내 교각 P68~교대 A4)

두모교 본선 내측 하행선 동쪽 끝단 성수초지를 횡단하는 100.0m 구간은 교량 폭이 편도 4차선에서 편도 6차선으로 확폭되는 구간이다〈그림 5.7.3(d)〉. 이 구간에서는 교면 폭 B = 13.35m의 세그먼트 교량 두 개를 접합하여 단면을 확장하였다. 박스 높이 H = 3.0m, 지간 L = 50m이며, 총연장은 L = 100m로 구성되어 있다.

해당 교량은 M.S.S 공법으로 가설되었으며, 이를 위해 길이 L = 105.85m, 높이 H = 4.6m의 런칭 트러스가 현장에 투입되었다. 시공 과정에서 2경간 연속 프리캐스트 세그먼트 교량을 각각 별도로 시공하고, 두 교량 사이를 현장타설로 일체화시켰다〈그림 5.7.12〉. 이 구간에는 1주식 교각 2개소와

그림 5.7.12 상행선 확폭부(성수초지) 프리캐스트 세그먼트 표준 단면도

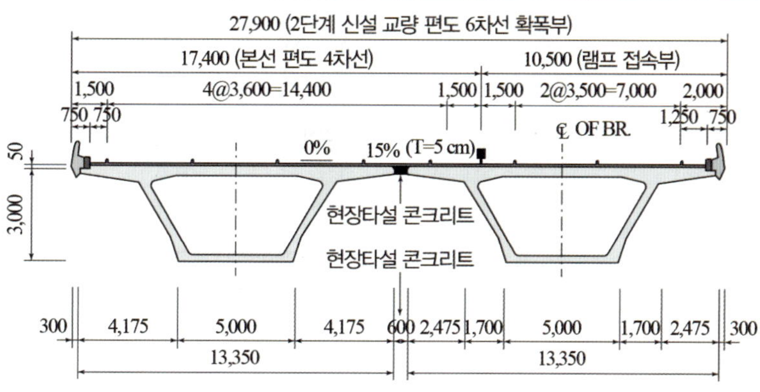

교대 A4가 설치되어 있으며, 모두 Φ500mm 현장타설 콘크리트 말뚝기초 위에 시공되었다.

5.7.2.2 본선 외측선(상행선)

두모교 본선 외측선은 강변 2-1로 한남대교-성수대교(용비교)구간으로 교폭 B = 17.4m, 길이 L = 3,100m인 P.S.C 프리캐스트 세그먼트 교량 구간과 F.S.M 공법으로 신설된 4~6차선 교량(B = 17.4~27.9m, L = 470m) 및 내부순환구간 종점에 세워진 4차선 P.S.C 박스거더교 100m(= 2@50) 구간으로 되어 있다.

1) 프리캐스트 세그먼트 구간

① 상부구조

두모교 외측선 P.S.C 세그먼트 박스거더교는 경간 단위별(S.B.S, Span by Span)로 시공하는 공법을 택하였다. 교량 박스거더의 바닥판 폭은 B = 17.4m, 4차선으로, 거더의 높이 H = 3.0m로 높이를 일정하게 설계하였다〈그림 5.7.13〉. 한 경간의 길이는 L = 50.0m로 전체 S.B.S-P.S.M(Span by Span-Precast Segmental Method) 공법을 적용한 교량의 길이는 L = 3,200.0m이고 나머지 교량 곡선부 470m는 F.S.M(지보공 공법)을 적용하였다.

그림 5.7.13 두모교 상행선 P.S.M 적용 구간 표준 단면도

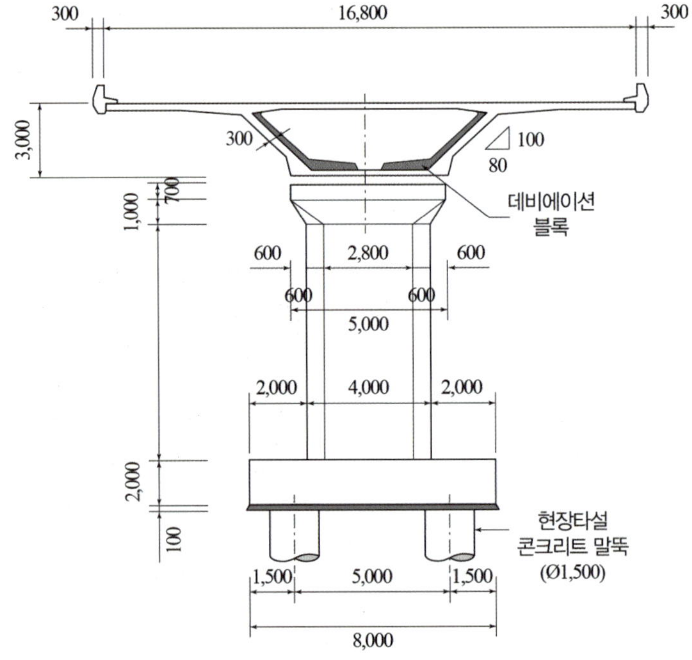

P.S.C 세그먼트 제작에 사용된 콘크리트 기준강도는 f_{ck}= 45Mpa로 하였고, P.C 긴장재로 직경 Φ = 12.7mm 강선 27개를 묶어서 만든 강연선(Strand)을 사용하였다.

② 하부구조

두모교 본선 외측선 프리캐스트 세그먼트 적용 구간 하부기초 형식은 우물통기초, 현장타설 콘크리트 말뚝기초 및 확대기초를 섞어 적용하였다.

교대 기초로는 현장타설 콘크리트 말뚝 기초를 4개소에 타입하였고, 교각기초(Pier Foundation)로는 현장타설 콘크리트 말뚝기초를 47개소에, 우물통기초를 2개소, 그리고 확대기초를 13개소에 적용하였다.

2) 지보공 공법을 적용한 구간(확폭구간 포함)

지보공을 사용한 P.S.C 박스거더교의 전체 길이는 L = 470.0m로 그 경간 구성은 L = 60 + 5@70 + 60 = 470.0m로 되어 있다.

① 상부구조

상부 현장타설 P.S.C 박스거더의 횡단면 폭 B = 23.00m, 그 높이는 H = 2.50m로 시공되었다〈그림 5.7.14〉. 경제적 단면 형태와 미관을 고려하여 3차 포물선 변단면 형태로 정하고, P.C 긴장재는 외부 긴장재(External P/T) 형식으로 설계하였다.

그림 5.7.14 두모교 상행선 확폭구간 횡단면도

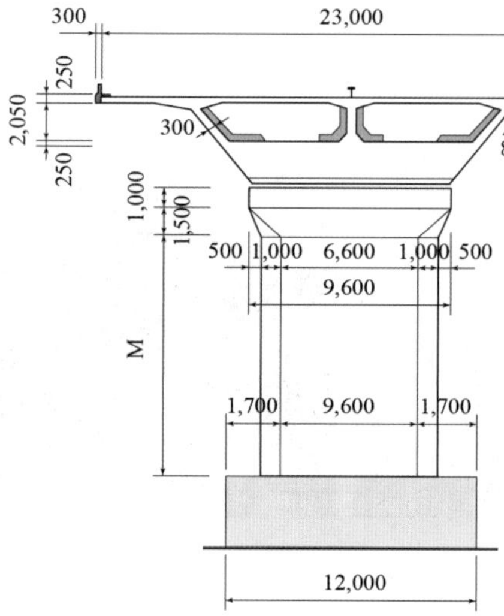

② **하부구조**

지보공 공법을 적용하는 구간에서는 교각 기초로 현장타설 콘크리트말뚝을 1개소에, Φ 12.00m의 우물통기초를 7개소에 구축하였다.[4] 현장타설 말뚝공법에는 ① RCD(Reverse Circulation Drill) 공법, ② 베네토(Beneto) 공법, ③ 어스드릴(Earth Drill) 공법, ④ B.H(Boring Hole) 공법 등이 현장에서 사용되는데 내부순환고속도로에서는 교량 기초공법으로 우물통기초와 함께 R.C.D 공법을 적용하여 시공하였다.

5.7.3 시공

5.7.3.1 프리캐스트 세그멘탈 공법

두모교에서는 프리캐스트 세그먼트 박스를 건설 현장 인근 임시 공장에서 제작하여 교량 현장에서 경간 단위(Span by Span)로 가설하는 S.B.S-P.S.M(Span by Span-Precast Segmental Method) 공법을 주로 사용하고, 일부 곡선구간에서는 F.S.M(Full Staging Method, 지보공 공법)도 적용하여 건설하였다.

여기서 프리캐스트 세그먼트를 경간 단위로 가설하는 방법(S.B.S)이란 한 경간을 구성하는 모든 세그먼트(SEG)를 가설 트러스(Launching Truss) 위에 거치한 후 연결해 나가는 시공법이다〈그림 5.7.15〉.

이 방법은 장비가 고가이기 때문에 가능하면 교량의 길이가 2.0km 이상일 때 유리하다. S.B.S 공법은 하부공사와 병행할 수 있으므로 다른 시공법에 비하여 공사 기간을 줄일 수 있는 장점이 있다. 따라서 상부구조 시공에 들어가기 전에 설계상에 주어진 모든 교각은 미리 가설되어 있어야 한다.

그림 5.7.15 프리캐스트 콘크리트 세그멘트 조립 현장

그림 5.7.16 P.S.F.C.M 공법

가. S.B.S 공법

서울 내부순환도로에 세워진 P.S.C 교량의 많은 부분이 프리캐스트 세그먼트 공법(P.S.M)을 적용하여 가설하였는데, 이 공법에는 두모교에서 사용한 것과 같은 S.B.S(Span by Span)공법과 정릉천교 또는 홍제천교에서처럼 P.S.F.C.M과 같이 공중 가설용 트러스를 이용하는 방법 등이 있다.

여기서 P.S.F.C.M 공법(Precast Segment Free Cantilever Method)이란 일정한 길이로 분할된 프리캐스트 세그먼트(Precast Segment)를 공장에서 제작하여 가설 현장으로 운반하고 가설 장비를 이용하여 거치한 후 포스트 텐션(Post Tension)을 가해 상부구조를 완성하는 공법이다〈그림 5.7.16〉. 이 공법은 현장 타설 세그먼트 공법(I.L.M, M.S.S, F.C.M)에 비해 공사비가 저렴하고 공기를 단축할 수 있으며, 공장 제작이므로 품질관리가 용이한 장점이 있다.

S.B.S 가설공법은 프리캐스트 세그먼트를 가설하는 한 가지 공법으로, 한 경간에 필요한 모든 세그먼트(SEG)를 가설 트러스 위에 거치한 뒤 연결하여, 모든 세그에 인장력을 동시에 가해주면서 한 경간씩 완성시켜 나가는 공법이다〈그림 5.7.17〉. 이 공법은 교량의 길이가 가능하면 2.0km 이상 되고, 경간의 길이가 40~60m일 때 적용하기가 가능하며, 시공의 간편성으로 공기와 공사비를 절약할 수 있다.

P.S.M 공법은 세그 제작공정과 상부구조 가설공정으로 나누어지는데, 원활한 공사를 위하여 세그 제작장 건설과 교각 시공을 병행하여 추진한다.

그림 5.7.17 S.B.S 공법 개념도

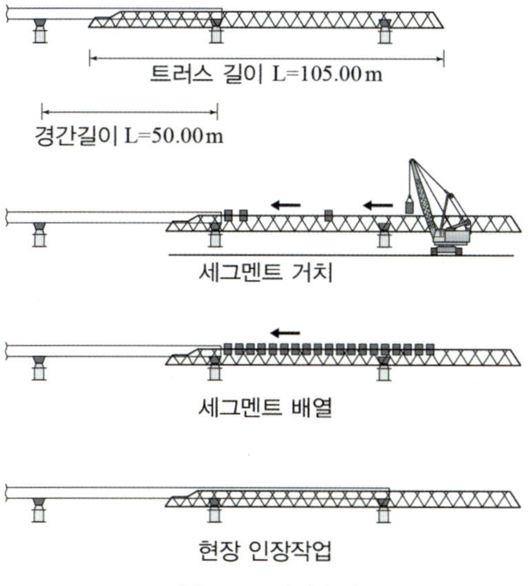

(a) S.B.S 가설 순서

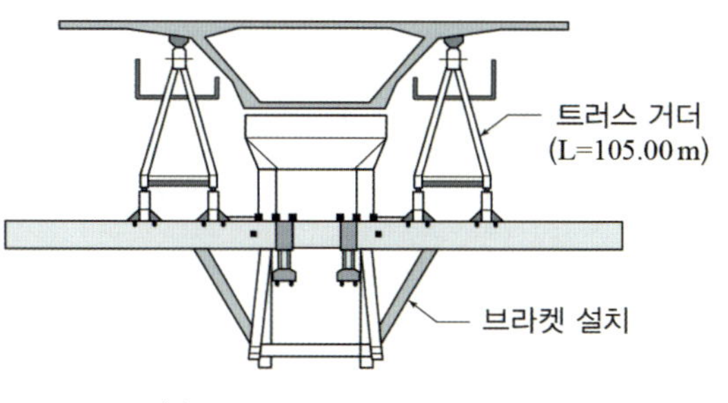

(b) 프리캐스트 세그먼트 박스 단면

나. 상부구조 가설 순서

1) 교각에 P.S.M 가설 장비인 트러스-거더가 교각에 얹힐 수 있도록 교각 양옆 편에 브라켓을 설치한다〈그림 5.7.17(b)〉. 두모교에 설치된 브라켓의 폭은 B = 20.0m, 높이 H = 4.62m였다.
2) 다음은 길이 L = 105.0m, 높이 H = 4.62m인 트러스-거더를 두 이웃 교각 지지대 위에 정치시키고,
3) 60톤급 트레일러(Trailer)로 공장에서 조립된 세그먼트를 현장으로 운반한 후 현장에 준비된 230톤급 크레인(Crain)을 이용하여 트러스-거더로 운반한다. 두모교에서는 일반 세그 17개와 교각 위에 세워진 세그 2개가 소요되었다.
4) 트러스 거더 위에 배열된 세그먼트들을 선형 관리하여 세그먼트를 조정·연결한 후 교좌장치를 설치한다. 교량 받침 공사와 동시에 긴장 작업을 위한 HPDE 관을 설치하고 관안에 강선 삽입기로 강선을 삽입하고
5) 종방향으로 1차 인장을 후방향(Backwards)으로 실시한다.
6) 그 후 트러스-거더를 하강하고 제1차 때와 같은 방법으로, 제2차 긴장 작업을 실행한다.
7) 앵커부에 시멘트 몰탈로 마감하고, 일주일 이내에 쉬스관 안으로 그라우팅 작업을 마치면 한 경간 상부구조가 완성된다〈그림 5.7.17〉.

5.7.3.2 P.C 긴장재

두모교 P.S.M(프리캐스트 세그멘탈 공법)으로 시공된 P.S.C 박스거더에서는 횡단면 내부에 P.C 긴장재를 설치하는 것이 아니라 횡단면 외부에 P.C 긴장재(외부 긴장재)를 설치하여 사하중과 활하중에 대한 내하력을 유지하게 설계되었다. 외부 긴장재는 지름이 Φ 12.7mm인 강연선 27가닥으로 만들어진 P.C 강연선(Strand) 14본을 사용하였다. 외부 긴장재를 구성하는 강선들의 부식을 막기 위하여 한쪽 교각에서 외부 긴장재 관속으로 그라우팅하여 다른 교각 위에 설치된 에어 벤트를 통하여 충분히 관 속에 남아 있던 공기가 밖으로 배출될 때까지 시멘트 몰탈을 관 속으로 밀어 넣었다〈그림 5.7.18〉.

두모교 P.S.M 공법을 적용하기 위하여 교량 건설 현장 옆에 임시 공장을 세워 프리캐스트 세그먼트를 제작하는데, 일반 세그먼트의 길이는 2.75m로 제작하고, 교각부에는 P.S.C 거더에 긴장재 정착구를 설치해야 하므로 한 세그먼트의 길이를 1.45m로 제작하였다. 이때 콘크리트의 설계강도는 f_{ck} = 45MPa를 사용하였는데 이 값은 두모교가 건설될 당시만 해도 매우 고강도 콘크리트에 속했다. 국내 콘크리트 기술이 설계강도 f_{ck} = 28～35MPa에서 한 단계 도약하는 계기가 되었다.

일반적으로 1개 경간당 중앙부에서는 17본(EA)의 세그먼트가 소용되었고, 교각부에는 2개의 세그먼트가 필요하였다.

그림 5.7.18 외부 긴장재 배치도

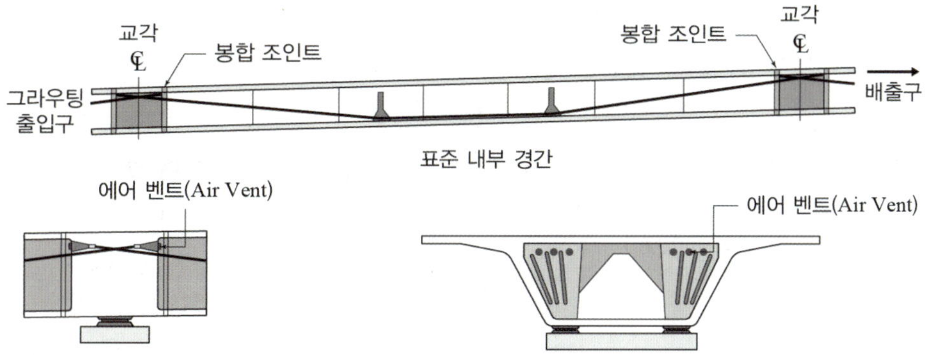

두모교의 P.S.C 박스 단면은 매우 긴 날개를 가지고 있었기 때문에 횡방향 휨모멘트에 효율적으로 저항하기 위하여 횡방향 프리스트레스트 콘크리트 긴장재(P.C Tendon)가 필요하였다. 횡방향으로 Φ 12.70mm인 강선 7본을 사용하여 만든 지름 Φ=50mm인 P.C 긴장재를 사용하였고, 한 개의 세그먼트당 4본이 필요하였다〈그림 5.7.19〉.

우리나라에서 P.S.C 박스거더를 공장에서 제작하여 교량 현장으로 운송하고, 외부 P.C 긴장재를 사용하여 전체 경간을 이어 시공하는 P.S.M 공법이 처음 도입된 교량이 강변북로의 두모교다. 물론 국내에는 그 이전에 벌써 교량 양단에 공장을 세우고, 그곳에서 세그먼트 단위로 P.C 박스거더를 이은 다음, 한 칸씩 밀어내는 I.L.M(Incremental Launching Method)이라는 공법을 도입하여 사용하고 있었다.

그 대표적인 교량이 신행주대교다. 신행주대교가 붕괴된 원인에는 공사 중 세그먼트와 세그먼트 사이에 발생하는 전단력을 P.C 텐던에 작용한 긴장력으로 완전하게 잡아주지 못한 이유도 있었는데, 행주대교의 실수를 뼈저리게 느꼈던 국내 기술자들은 두모교에서 P.S.C 박스 단면 상하 플랜지에 공장 제작 과정에서 충분한 크기의 요철(凹凸)을 만들어 세그먼트와 세그먼트 사이에 발생하는 전단력을 P.C 텐던에 의한 마찰력에만 의존하지 않고 두 세그먼트의 연결에 요철에 의한 기계적 내구성을 추가하여 박스거더의 전단강도를 확보하였다〈그림 5.7.19〉.

여기서 P.C(Prestressed Concrete) 긴장재(Tendon)와 PS(Prestressed) 텐던(Tendon)의 용어를 섞어서 사용하게 되는데 한자 문화권에서 영어 문화권으로 바뀌는 과정에서 발생하는 혼돈으로 판단된다. 이 책에서는 국가건설기준용어집에서 정의한 P.C 없이 긴장재(Tendon)[5]로 사용하기로 하였다.

그림 5.7.19 P.S.M(프리캐스트 세그먼트 공법) 횡단면 강연선 배치도
한국교량 및 구조공학회, 2017, 서울시 관내 PSC박스거더교 긴장재 유지관리방안 수립 학술용역 종합보고서

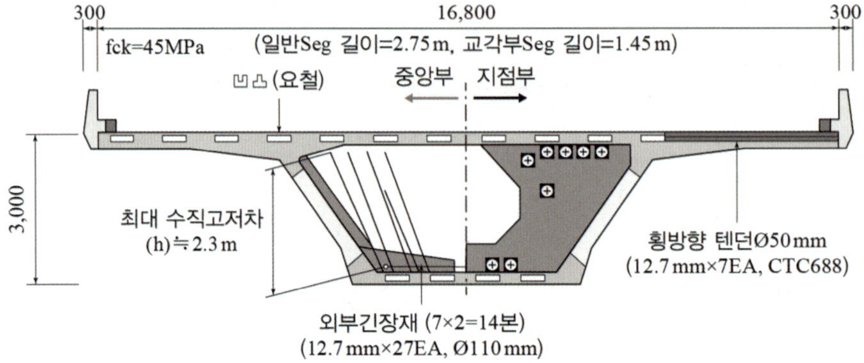

5.7.4 정밀안전진단과 보강 대책

2016년 2월 17일 수요일 오후 5시경, 서울 내부순환도로 정릉천고가교 2공구 '해빙기 대비 안전점검' 과정에서 청계천 고가교 긴장재 20개소(내부 8개소, 외부 12개소) 중 외부 긴장재 1개소에서 파단이 확인되었다. 이에 서울시 시설관리공단은 한국시설안전공단에 긴급점검을 요청하였고, 한국시설공단은 즉시 긴급 점검을 착수하였다. 정릉천고가교 외부 긴장재 파단이 발생함에 따라, 유사 교량의 내외부 긴장재 상태를 중심으로 교량의 안정성을 파악하기 위하여 두모교에 대한 긴급안전점검(2016.3.~2016.5.)이 수행되었다.

2016년 긴급정밀점검에서는 P.S.C 박스거더 외부 긴장재 및 정착부 등 내부 균열 등에 대한 집중 점검이 이루어졌다. 조사 결과, 세그먼트 이음부 구간에서 일부 이격 현상이 발견되었으나, 구조적으로 문제가 될 만한 정착부 균열 및 파손 또는 강연선 선형 변형 등 긴장재 및 거더 구체의 심각한 결함 및 손상은 발견되지 않았다.[6]

한편 두모교의 상·하행선 21개 교량을 대상으로 한 긴급정밀점검에서 하행선 PBR3(P35~P42)과 PBR9 (P74~P80)〈그림 5.7.20〉 교량의 세그먼트 이음부에서 심각한 이격과 균열이 관찰되었다〈그림 5.7.21〉. 특히 38번 경간의 세그먼트 8번과 9번 사이 이음부에는 심한 단면 비틀림과 미끄러짐이 발생한 것으로 확인되었다.[7]

이격 및 균열 발생의 주요 원인으로는 받침의 부등 압축변형과 연결부 에폭시 성능 저하 및 원설계 강연선 부족 등이 지적되었다. 서울시는 2014년 내진성능 보강을 위해 기존의 포트(POT) 받침과 EQS 면진 받침을 병행 사용하거나, 포트 받침은 유지하면서 감쇠기 및 전단키를 추가 보강하는

방법을 채택하였다. 그러나 이 과정에서 내진받침(EQS) 4mm에서 최대 17mm까지 과도한 압축변형이 발생하는 결과를 초래하였다.

서울시에서는 과도한 부등 압축변형, 원설계 설계기준 불만족 및 이음부 에폭시 성능저하로 인한 이격 및 균열 발생 문제를 해결하기 위하여 추가적인 긴장재를 설치하였다.

원설계에서는 강선의 인장강도 f_{pu}=1,860MPa급 Φ 12.7mm인 강연선을 27가닥으로 만든 긴장재를 사용하였는데 시공 당시 격벽에 설치되어 있는 덕트의 지름을 변경할 수 없으므로 강선의 수를 줄여서 원설계에서 적용한 지름 Φ 12.7mm, 강연선 27가닥으로 만들어진 1,860MPa급 긴장재 대신에 지름 Φ 15.7mm, 17가닥으로 구성된 1,960MPa급 고강도 긴장재로 보강 배치된 긴장재를 선정하였다〈그림 5.7.22〉.

그림 5.7.20 두모교 교량 번호 및 이격 발생 위치

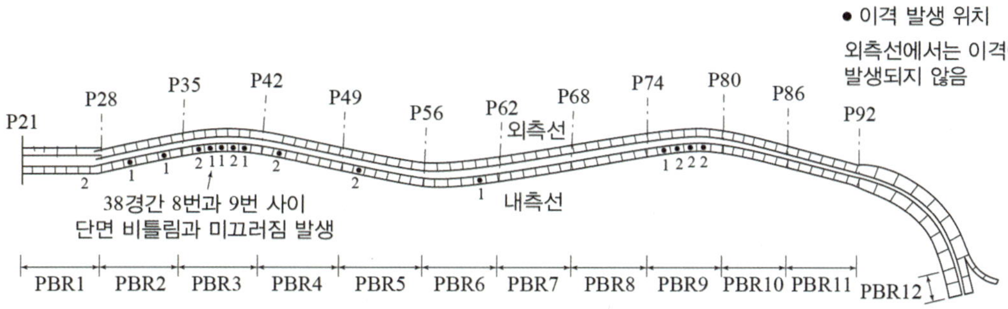

그림 5.7.21 두모교 세그먼트 내 이격 및 균열 현황

(a) 세그먼트 하부 이음부 이격 상태

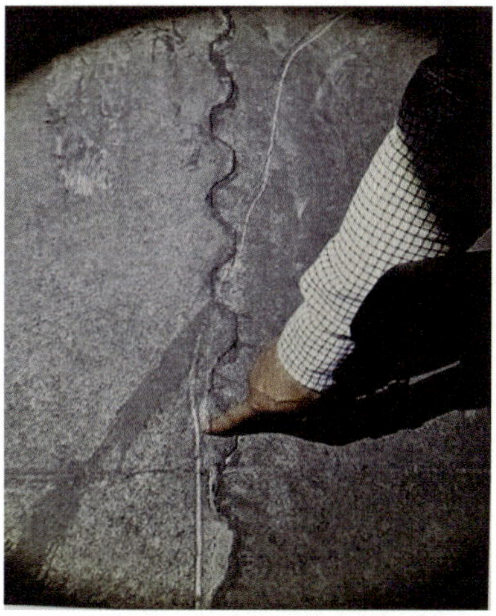

(b) 세그먼트 복부 균열 상태

그림 5.7.22 원설계와 선정된 추가 긴장재 형식 비교

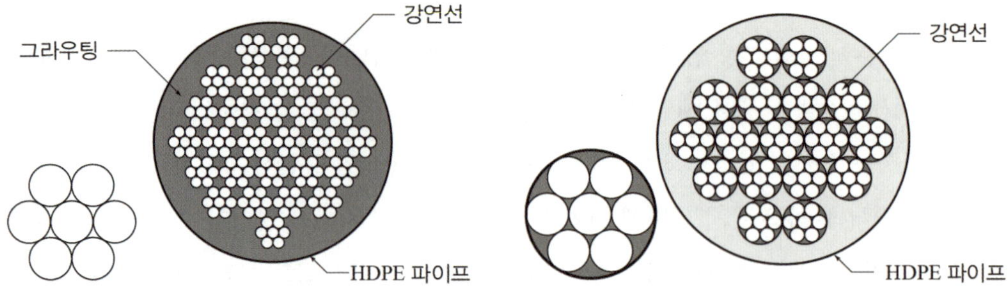

(a) 원설계 강연선+그라우팅(Φ12.7mm 27가닥)　(b) 추가 긴장재 PE 코팅 강연선(Φ15.7mm 17가닥)

일률적이지 않은 세그먼트 이음부의 이격 및 균열 현상을 보수 보강하기 위해서 발생하는 이격 구간에 따라 추가 긴장재를 다르게 배치하였다. 즉, 접합부 이격이나 균열이 발생하지 않은 구간에는 긴장재 형식 I만 배치하고, 이격 및 균열이 발생한 구간에서는 긴장재 형식 II를 추가로 배치했다〈그림 5.7.23〉.

그림 5.7.23 추가 긴장재 배치도

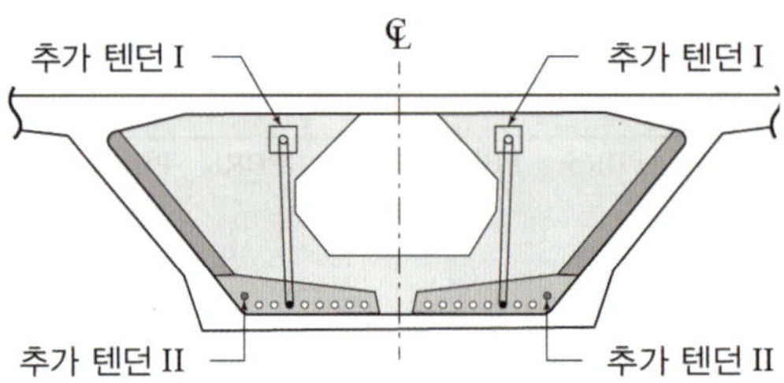

(a) 추가 텐던 배치도(횡단면도)

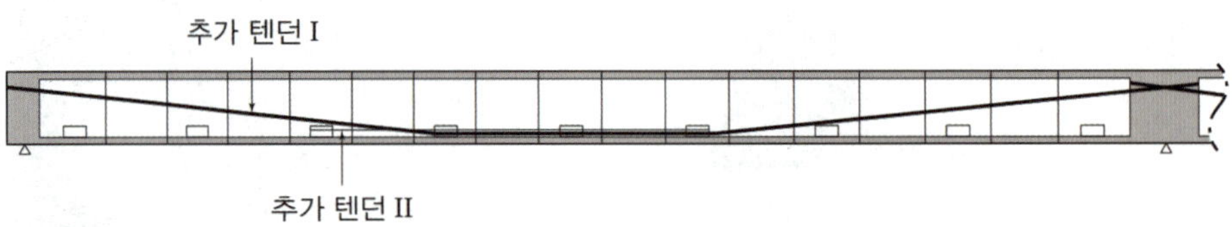

(b) 추가 텐던 배치도(종단면도)

미주

[1] 서울특별시, 2001, 서울 내부순환로 건설지
서울특별시, 1991, 강변도시고속도로 건설공사 2단계 실시설계 1-2공구 종합보고서 [구조계산서, 감리보고서 등]
서울특별시, 2015년 1~2월, 내진성능보강 성능개선공사 감리보고서

[2] 손정목, 2003, 『서울 도시계획 이야기』 제1권, 도서출판 한울, 316쪽

[3] 프리스트레스트 콘크리트(Prestres Concrete) 프리캐스트 세그멘탈 교량(Precast Segmenatal Bridge)이라는 용어가 너무 길고 중복되는 감이 있어서 이 책에서는 P.S.C 세그먼트교로 사용하기로 한다.

[4] 서울특별시 건설안전관리본부, 2001, 서울내부순환로 건설지

[5] KDS 14 20 01, 정의 콘크리트에 프리스트레스를 가하는 데 사용되는 강선, 강연서, 강봉

[6] 한국교량 및 구조공학회, 2017, 서울시 관내 PSC 박스거더교 긴장재 유지관리방안 수립 학술용역, 279~280쪽

[7] 서울시설공단, 2017, 서울시 관내 PSC 박스거더 긴장재 유지관리방안 수립 학술용역 종합보고서, 제5세부 12쪽

6 | 교량기술 선진화, 세계 최선단에 서다

첨단 설계, 안전, 미관을 겸비한 현대 교량

6.1 도심과 하늘길을 연결한 다리, 방화대교

6.1.1 개요

방화대교는 서울특별시 강서구 방화동과 경기도 고양시 덕양구 강매동을 잇는, 한강을 횡단하는 23번째 도로교로, 1995년 11월 29일 신공항고속도로 건설사업으로 착공하여 2000년 11월에 완공되었다〈그림 6.1.1〉.

그림 6.1.1 방화대교 위치도

방화대교는 남·북측 J/C 구간을 본선 교량에 합치면 총길이 L = 2,559m나 되지만, 주경간 교량과 접속교만 취급하면 본 교량의 길이 L = 1,290.00m이고, 교량 폭 B = 27.92m(= 13.96×2)인 자동차 전용 6차선 다리이다. 아치-트러스(Arch Truss)교는 1995년 12월에 착공하여 만 57개월 만인 2000년 9월에 완성되었고[1] 방화대교는 2000년 11월 21일 개통되었다.

방화대교 주교량(주경간부 주교량 + 접속교량)은 15경간으로 구성되어 길이가 다음과 같다〈그림 6.1.2〉.

$$L = 300(= 4@75) + 540(= 78 + 102 + 180 + 102 + 78) + 450(= 2\times 3@75) = 1,290.00\text{m}$$

남측 88 J/C 구간 교량은 4 경간으로 그 길이는 다음과 같으며, 북측 북로 J/C 구간 교량 경간 구성도 함께 적어 두었다. 즉, 이를 통해 방화대교 전체의 길이를 계산해보면 L = 2,559m가 된다.

$$L_{88J/C구간} = 735.00\text{m}(= 120 + 165 + 225 + 225),$$
$$[M1/M2 = 120,\ M3/M4 = 165(= 3@55),\ M5/M6 = 225(= 3@75),\ M7/M8 = 225(3@75)]$$
$$L_{북로J/C구간} = 225 + 142 + 67 + 100 = 534\text{m}$$
$$[M15/M16 = 225(= 3@75),\ M17/M18 = 67(60) + 75,\ M19 = 67(74),\ M10/M11 = 100(= 2@50)]$$

방화대교 주교량의 길이는 L = 1,290.00m인데, 이 중 주경간부는 540.00mm 아치-트러스교로 건설되었다〈그림 6.1.2(b)〉. 주교량은 아치-트러스교와 나머지 접속교인 강상형교로 구성되어 있다. 설계 조건으로는 자동차 설계속도는 100km/hr, 설계하중은 1등급교에 해당하는 DB-24(DL-24)를 적용하였으며, 내진설계는 가속도 a = 0.14g을 기준으로 하였다.

설계는 구간별로 분담되었는데, 아치-트러스교 구간과 수상 강상형교 구간은 삼안건설주식회사가, 육상 강상형교 구간은 우보엔지니어링이 담당하였다. 사업관리는 한국도로공사가 시행하였으며, 시공은 롯데건설이 주계약자로 선정되어 극동건설, 두산건설, 풍림산업과 공동으로 수행하였다. 강구조물 제작·설치는 구간별로 분리되어, 수상 강박스거더와 트러스아치 구간은 삼성중공업, 육상 구간은 현대건설이 맡았다.

그림 6.1.2 방화대교 종·평면도

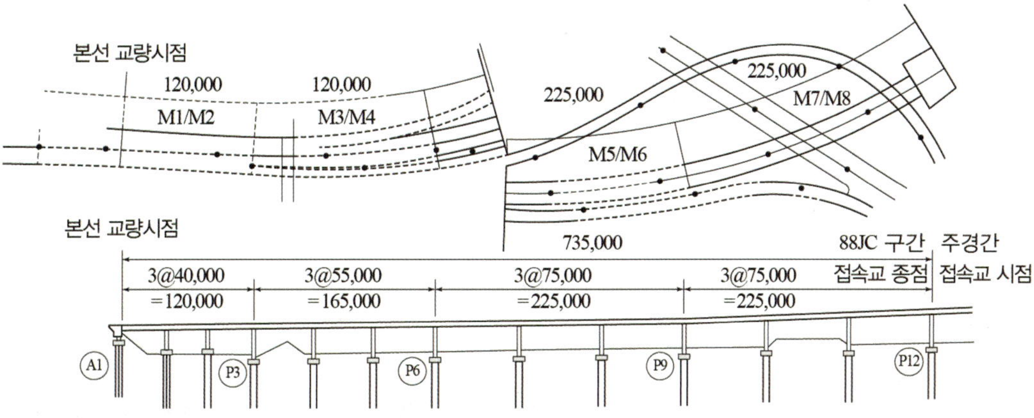

(a) 방화대교 남측 88 J/C 본선 구간 교량 종·평면도

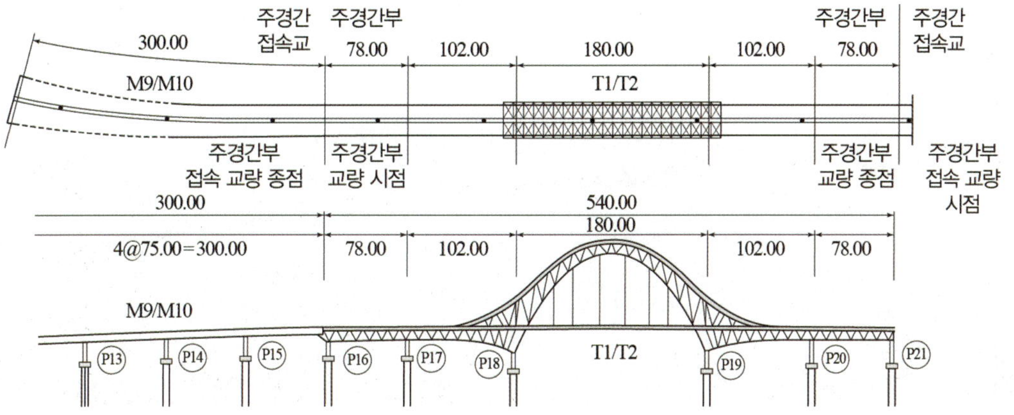

(b) 방화대교 본선 남측 접속교 및 주경간부 아치-트러스교 종·평면도

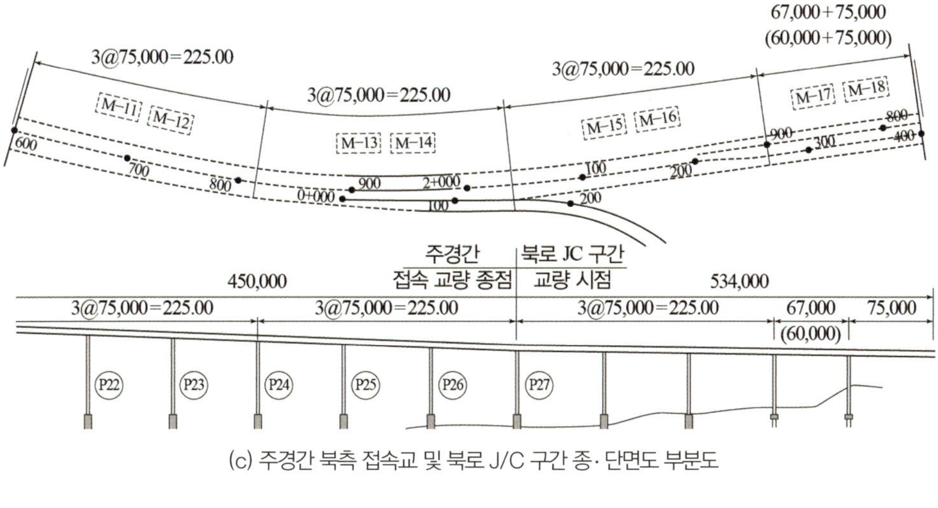

(c) 주경간 북측 접속교 및 북로 J/C 구간 종·단면도 부분도

조형적으로 방화대교의 아치-트러스교는 김포공항과 인천공항에 이착륙하는 비행기 형상을 모티프로 설계되었다〈그림 6.1.3〉. 올림픽대로에서 바라본 행주산성 주변의 풍광과 어우러져 빼어난 경관을 형성한다. 일반적으로 우리나라 산들은 높지도 않고 또 단아한 곡선을 가지고 있어, 오래전부터 우리나라 선조들은 홍예교(무지개다리)를 무척 사랑하였다. 이러한 전통을 계승하여, 현대적인 공항과 연결되는 공간에서 비행기의 이륙 장면을 연상시키는 5경간 연속 아치-트러스교라는 독창적이고 아름다운 구조미를 구현하였다.

그림 6.1.3 방화대교 전경
서울연구원

방화대교는 인천국제공항고속도로(고속도로 제130호)에 건설된 교량으로, 인천국제공항에서 서울 도심으로 진입하는 관문 역할을 수행한다. 교량의 남단은 올림픽대로와 88 분기점을 통해 연결되며, 북단은 강변북로와 북로 분기점을 통해 이어진다.

다만, 이 교량에서는 88 분기점과 김포 나들목 또는 노오지 분기점 등에서 고양 방향으로의 진입이 불가능하고, 반대로 인천 방향으로의 진출 또한 허용되지 않는다. 따라서 인천국제공항이나 영종·무의도 방면으로 이동하지 않는 차량은 진·출입 경로에 유의하여야 한다〈그림 6.1.1〉.

방화대교 건설사업은 1994년 8월에 제정된 「사회간접시설에 대한 민간자본유치촉진법」에 근거한 우리나라 '제1호 민자유치시설사업'으로 추진되었다. 현재는 민간 운영사인 신공항하이웨이가 교량을 관리·운영하고 있다.

6.1.2 교량 설계

방화대교는 인천국제공항 전용 고속도로 선상에서 서울특별시 강서구 방화동과 경기도 고양시 덕은동을 잇는 길이 L = 2,559m의 매우 긴 교량이다. 전체 구간 가운데, 남단에서 서울지하철 5호선 본선, 유지관리도로 및 88올림픽대로를 횡단하는 735m, 강북강변도로를 횡단하는 534m, 그리고 주 아치 트러스교 양측에 접속되는 접속교 700m 등 합계 2,019m 구간은 강합성형교로 계획되었고, 한강 수중부 L = 540m의 주경간부는 대칭 아치 트러스교로 설계되었다.

방화대교의 경간 구성은 복잡하며, 교량 폭 또한 구간별로 상이하게 계획되었다〈표 6.1.1〉.

표 6.1.1 방화대교 경간 구성

구분		경간 구성	폭원	차선 수	구조 형식
시점 측	본선	3@ 40 + 3@55 = 285m	31.41m	6차선	강상형교
		2×(3@75) = 450m	20.81m	4차선	강상형교
	접속경간부	4@ 75 = 300m	27.81m	6차선	강상형교
주경간부		78 + 102 + 180 + 102 + 78 = 540m	31.11m	6차선	대칭 강아치 트러스교
종점 측	접속경간부	2×(3@75) = 450m	27.81m	6차선	강상형교
	본선	3@75 + 67 + 75 + 67 + 2@50 = 534m	10.405m	3차선 (상행선)	강상형교
		2@50 + 74 + 75 + 60 + 3@75 = 534m	13.905m	2차선 (하행선)	강상형교

본선 주경간부 교량 형식을 선정하기 위해 P.S.C 박스거더교, 강트러스교, 닐슨아치교, 사장교, 현수교, 3가지 형식의 아치교 등 총 8개의 안이 검토되었다. 이 가운데 최종적으로 대칭 아치-트러스교가 선정되었다. 방화대교 전 구간은 구조적으로 매우 복잡하여 본 서에서는 모든 세부를 다루기 어렵기 때문에, 핵심인 주경간부 5경간 아치-트러스교의 구조만 다루기로 한다.

강 아치-트러스교의 대표적 사례로는 호주의 시드니 아치교를 들 수 있다. 국내 교량 기술자라면 누구나 한강에 이와 같은 다리를 건설하고자 하는 열망을 품어왔을 것이다. 그러나 아이러니하게도 방화대교 건설이 논의되던 시기에는 국내 교량계에서 케이블 사장교 설계가 유행하고 있었으며, 아치-트러스교는 이미 1950년대 지나간 역사 속의 교량으로 인식되고 있었다. 이러한 시대적 설계 환경 속에서, 덕양산과 행주산성의 석양 경관과 조화될 수 있는 5경간 연속 아치-트러스교를 구상한 설계 엔지니어의 선택은 높이 평가할 만하다.

다만, 구조역학적으로 복잡한 중로 아치교에 다수의 부재로 이루어진 트러스교를 복합·설계한 아치-트러스교는 연결부가 복잡하고 도면 작성량이 방대하여, 설계와 제작·가설 과정에서 상당한 어려움이 수반된다는 한계도 지닌다.

6.1.2.1 주교량 상부구조(아치-트러스교)

방화대교의 주경간부 교량은 5경간 연속 아치-트러스교로 계획되었으며, 그 경간 구성은 다음과 같다〈그림 6.1.4〉.

L = 78 + 102 + 180 + 102 + 78 = 540.00m

그림 6.1.4 방화대교 주경간교 종단 개념도

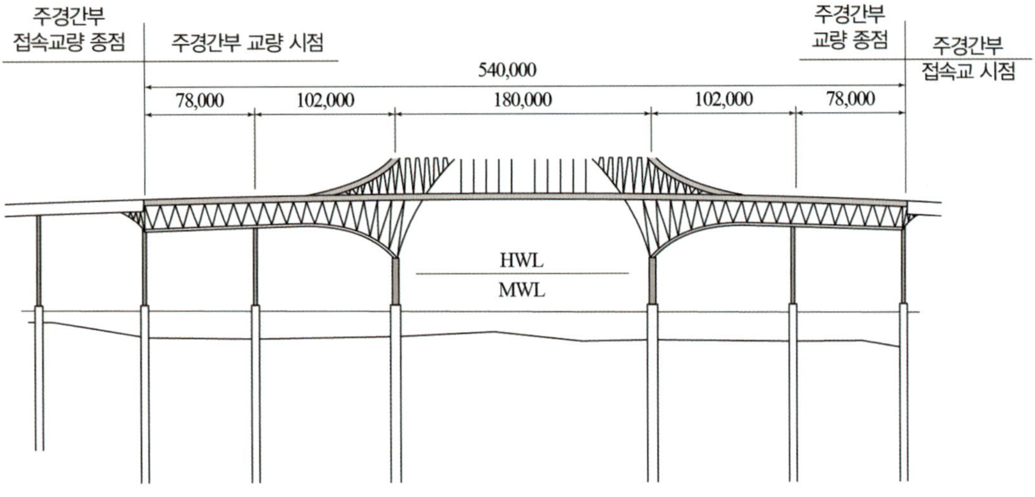

주경간부 교량 형식인 아치-트러스는 전 구간 압축과 인장을 주로 받는 이상적인 구조 형식으로, 외형은 개화산과 덕양산의 능선과 어우러져 3개의 봉우리를 연출하도록 설계되었다〈그림 6.1.3〉. 주경간 접속교와 램프(Ramp)교는 도로 선형, 주경간 아치-트러스와의 조화, 강변도로 횡단 구간의 시공성, 상부구조 자중 경감을 통한 기초 안정성 확보 등을 고려하여 강상형교가 채택되었다〈그림 6.1.5〉.

그림 6.1.5 방화대교 접속교 강상형교 전경

아치-트러스교의 바닥판에서 상현재 맨 상단까지의 높이 H_{up} = 39.865m, 아치 중앙부 상현재 상단과 하단 사이의 간격 h = 6.00m이다. 아치 보강형 중심선에서 아치 중앙 교량 받침까지의 높이 H_{shoe} = 13.776m, 주경간 접속교 트러스의 높이 $H_{접속교}$ = 7.00m로 제작되었다〈그림 6.1.4(a)〉. 모든 트러스 격점 간의 수평 간격 a = 6.00m로 되어 있고, 아치 구간에 설치된 수직 행거 간의 수평 간격은 $L_{행어}$ = 12.00m로 일정하게 정하였다〈그림 6.1.6〉.

그림 6.1.6 방화대교 대칭 아치-트러스교 종단면도 부분도

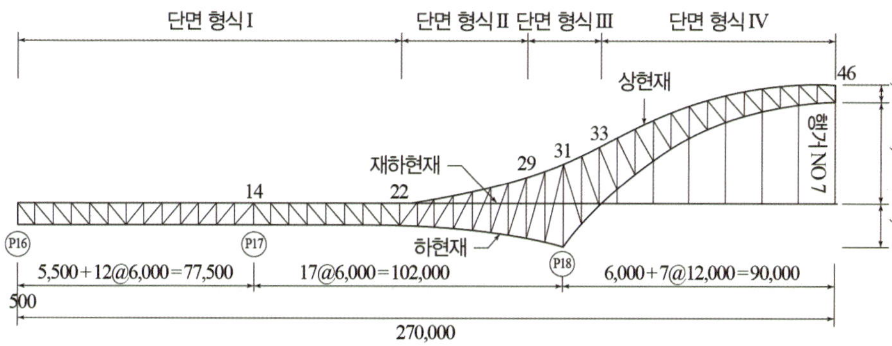

일반적으로 아치 리브는 박스 형태로 이루어져 있으나 호주 시드니 아치교와 같이 경간이 긴 아치교(L = 500m)는 아치 리브를 트러스로 형성하곤 했다. 그러나 방화대교의 주경간장은 L = 180.00m 정도로 굳이 아치 리브를 트러스 구조로 할 필요는 없었다. 하지만 방화대교 건설이 논의되던 1990년대는 서울시 담당 공무원을 포함해서 국내 많은 교량 엔지니어들은 한강상에 그때까지 놓아보지 못했던 모든 교량의 형태를 건설하고자 하는 열망이 넘쳐 있었기 때문에, 사장교로

설계하는 것이 세계적인 대세임에도 불구하고 방화대교를 5경간 연속 아치-트러스교를 기획한 것으로 보인다.

그 결과 아치 리브를 단순 박스 형태로 설계하면 두 아치 평면을 연결하는 수단도 한강 인도교처럼 단순한 가로보(Cross Beam)로 연결하면 되지만 방화대교는 두 트러스 평면을 잇는 구조도 단순한 보(Beam) 형태가, 아닌 복잡한 평면 골조형식으로 설계하게 되었다.

뼈대를 형성하는 트러스의 상현재는 폭 b = 700mm, 높이 h = 700mm의 박스로 되어 있고, 하현재는 폭 b = 600mm, 높이 750mm인 박스로 가설되었다〈그림 6.1.7〉.

그림 6.1.7 아치-트러스교 상·하현재 표준 단면도

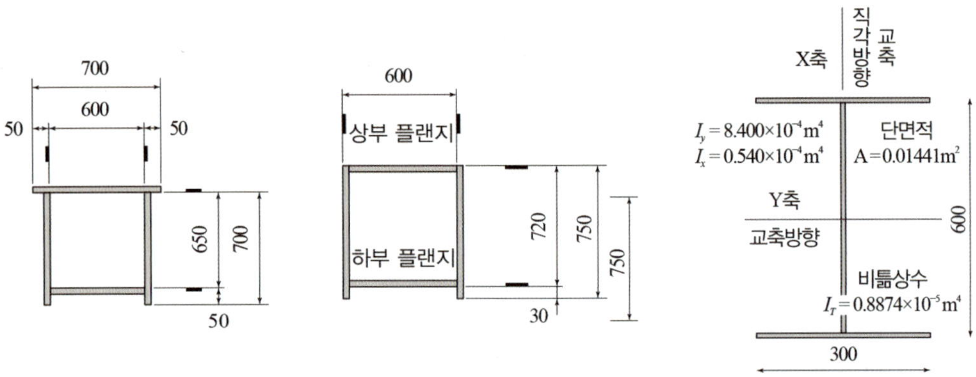

(a) 하현재 표준 단면도 (b) 상현재 표준 단면도 (c) 7번 행거 제원

방화대교 상·하행선은 서로 2.40m 떨어진 채 병행 배치되어 별도로 건설되었으며, 각 교량의 아치 리브 사이 간격은 14.69m로 설계되었다〈그림 6.1.8〉. 아치-트러스의 횡단면은 절점 J1부터 J22까지 높이 h = 7.0m의 일정한 상로 트러스교로 오다가, 절점 J22 이후부터 상·하부가 점차 벌어지기 시작하여 절점 J33까지는 중로교의 단면을 유지한다. 이후 절점 J33에서 J46에 이르는 구간에서는 일반적으로 하로교로 분류되는 단면으로 전환된다〈그림 6.1.8(b)〉.

트러스 구조는 절점마다 횡방향 하중(주로 풍하중)에 대비하고, 바닥 슬래브를 통하여 전달되는 수평하중을 재하면 주형에 전달하기 위하여 수직 브레이싱을 설치하였다. 재하면 바닥판에서 전달되는 자동차 하중은 수직 브레이싱 위에 설치되어 있는 가로보를 통해서도 상당 부분 재하면 주형으로 직접 전달된다. 중로 아치교 설계에서 일반적으로 그렇듯, 방화대교 아치-트러스교 절점 J33〈그림 6.1.6〉 구간에서는 하부 아치 리브와 재하면 박스 주형이 접합된다. 이 지점은 응력분포가 매우 불규칙하게 변하기 때문에 설계 엔지니어들의 세심한 주의가 필요했을 것으로 생각된다.

그림 6.1.8 아치-트러스교 위치별 횡단면

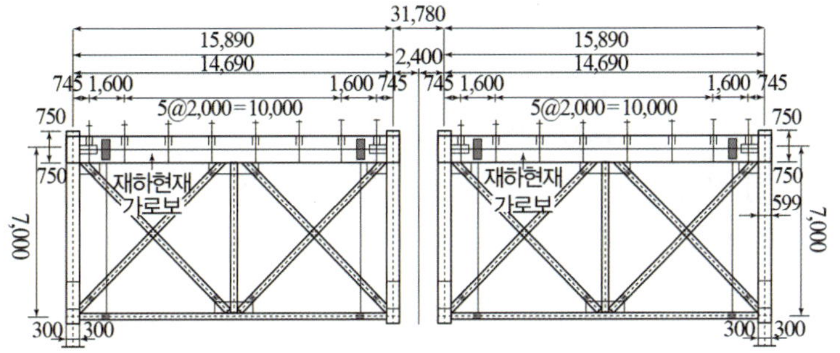

(a) 상로교 구간(J1-J22)

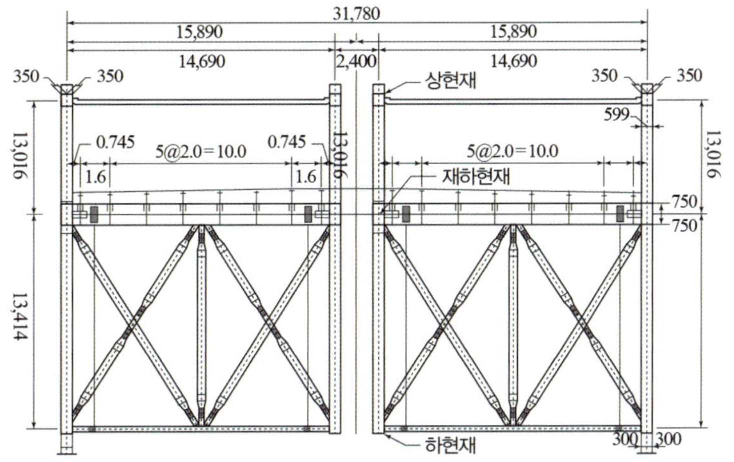

(b) 중로 트러스 구간(J22-J33)

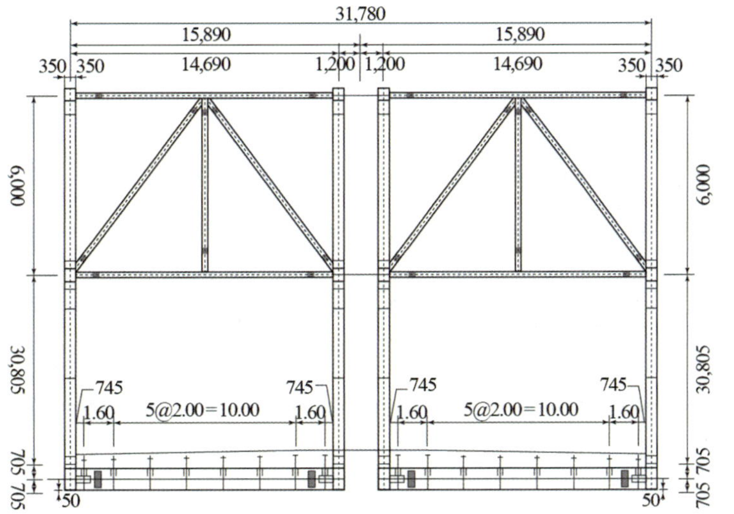

(c) 하로 트러스 구간(J33-J59)

가. 재하면 바닥틀 구조

방화대교 차량 하중이 직접 전달되는 재하면의 바닥틀 구조를 만들기 위하여, 우선 두 아치-트러스교에 각각 2개의 박스 형태의 보강형을 교축 방향으로 14.69m 간격으로 설치하였다〈그림 6.1.9〉.

교량은 바람이 불거나 지진이 발생할 때 또는 교량을 지나다니는 자동차나 기차(또는 전차)가 갑자기 가속이나 제동을 할 때 교량 축방향이나 횡방향으로 크게 흔들릴 수 있다. 이렇게 종방향 또는 횡방향으로 작용하는 수평하중을 교량의 교량 받침까지 순조롭게 전달하기 위해서는 바닥틀에 브레이싱(Bracing) 시스템을 설치하여야 한다. 방화대교에서는 재하면에 K형 또는 X형 트러스 형태의 브레이싱 시스템을 가설하였다. 이 수평 브레이싱 시스템을 만들기 위하여 바닥틀 중앙부에 다리 축방향으로 강성이 큰 세로보인 중앙 종보를 추가로 설치했다. 이러한 재하면 바닥틀 구조는 아치-트러스교 전 구간에 걸쳐 동일하게 설계되었다〈그림 6.1.9〉.

방화대교 수중부 아치-트러스교의 바닥틀에는 교량의 길이 방향으로 가설된 2개의 재하현재 사이에 6.0m 간격으로 재하현재-가로보가 횡방향으로 놓여 있고, 그 위에 2.0m 간격으로 설치된 8개의 세로보(Stringer)가 종방향으로 설치되어 있다〈그림 6.1.9〉. 바닥틀의 재하현재[2]는 플랜지 폭 b = 700mm, 높이 h = 1.440m의 박스 구조로 되어 있다. 여기에 횡방향으로 연결된 바닥틀-가로보는 상·하 플랜지 두께 t = 30mm, 폭 b = 520mm이며, 복부판은 두께 t = 10mm, 높이 h = 1.200m인 I형 거더로 제작되었다.

그림 6.1.9 아치-트러스교 재하면 평면도 부분도(교각 P16-P17)

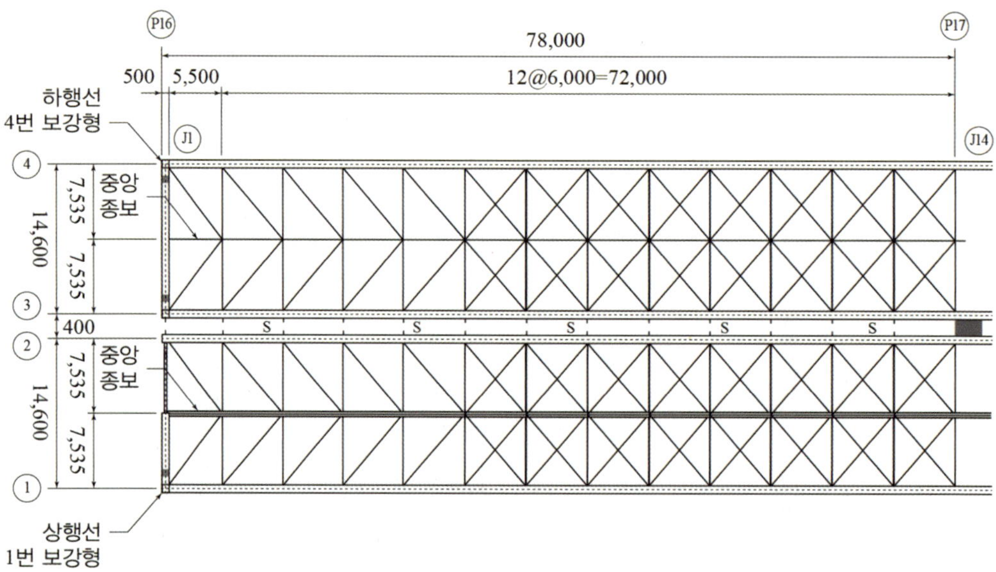

가로보 위에 2.0m 간격으로 설치된 세로보의 상·하부 플랜지의 폭은 b = 300mm, 두께는 상·하 플랜지 모두 동일하게 t = 16mm이다. 세로보 복부판의 높이 h = 500mm이고 두께 t = 10mm로 제작되었다. 방화대교 재하면 바닥틀 폭은 B = 14.69m로 바닥틀에 작용하는 모든 하중은 6.0m 간격으로 배치한 강성이 큰 가로보를 통하여 재하면 주형으로 전달할 수 있다〈그림 6.1.9〉.

수평 브레이싱을 설치하기 위하여 가설된 중앙 종보는 세로보와의 간섭은 일어나지 않게 설치되었다. 이 중앙 종보의 제원은 상·하 플랜지의 두께가 모두 t = 13mm, 폭 b = 350mm이며, 복부판의 두께 t = 12mm, 높이 h = 300mm인 I형 보로 길이가 4.391m임을 고려하면 강성이 그리 큰 부재는 아니다〈그림 6.1.10〉.

그림 6.1.10 바닥틀 구조도 부분도(J1–J14)

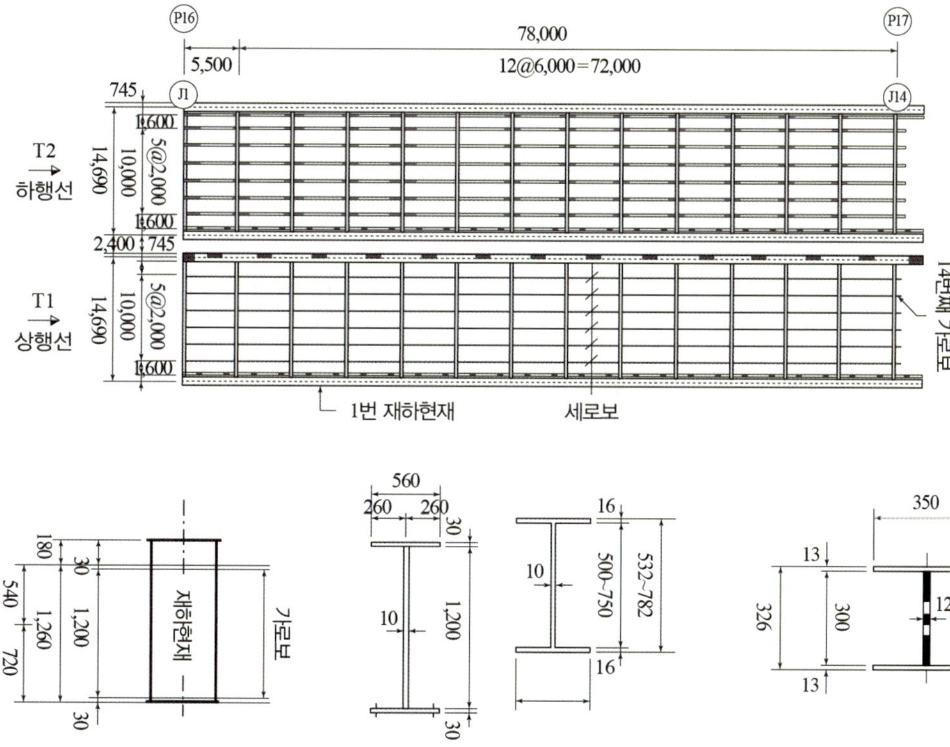

방화대교 아치-트러스교의 콘크리트 바닥판 슬래브는 8줄 세로보(Stringer)의 상부 플랜지에 전단연결철근을 용접한 후, 그 위에 콘크리트를 타설하여 바닥콘크리트와 세로보를 합성시켰다〈그림 6.1.11〉.

그림 6.1.11 아치-트러스교 바닥틀 횡단면도

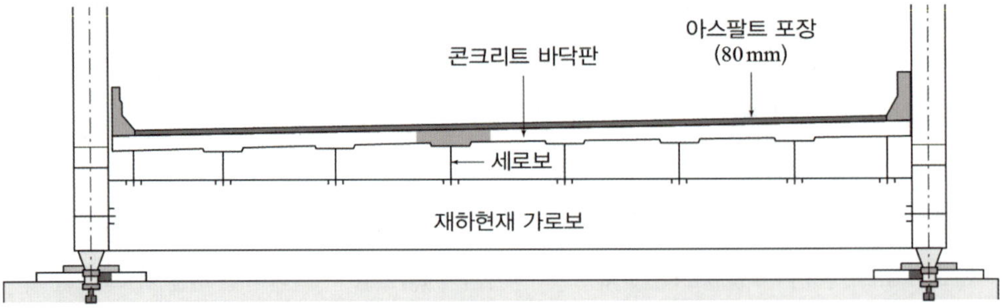

바닥판 콘크리트 슬래브 구조도

6.1.2.2 하부구조

가. 기초

방화대교 구간은 퇴적층 두께가 20m 이상이고, 지지층 심도가 약 36~40m 정도 깊이에 위치해 있어 직접기초로 시공하기에는 매우 어려운 지반 조건이었다. 이러한 판단 아래, 대부분의 수상부에서는 우물통기초 공법을 적용하고, 육상부에는 현장타설 말뚝기초와 강관말뚝 기초공법을 각각 구분하여 적용하였다.

방화대교의 교각은 총 35기가 축조되었다. 그중 본선 교각 P14~P28 구간의 유심부 15곳 교각 아래 우물통기초가 축조되었는데 각 교각당 3기씩 총 45개의 우물통이 시공되었다〈그림 6.1.12〉. 나머지 구간은 현장타설 콘크리트 말뚝기초 및 강관말뚝 기초로 시공되었다.

우물통의 직경 $\Phi = 7 \sim 11$m, 깊이는 17.0m~38.0m 사이로 설계되었다. 우물통기초 내부에는 수중 콘크리트(240kg/cm2)와 속채움 콘크리트(150kg/cm2)로 채워 시공하였으며, 연암층 50cm 이하에 정착시켰다.

방화대교 아치-트러스 구간은 교각 P16부터 교각 P21까지이며, 이 구간에는 총 18기의 우물통기초가 설치되었다. 특히 아치 구간의 하중을 크게 받는 교각 P19와 교각 P20의 우물통기초 6기는 각각 직경 $\Phi = 9.00 \sim 11.00$m로 시공되었으며, 나머지 교각 아래 세워진 우물통기초 12기는 그보다 작은 규모의 직경 $\Phi = 7.00 \sim 9.00$m로 설계되었다.

그림 6.1.12 아치-트러스교 하부구조 단면도

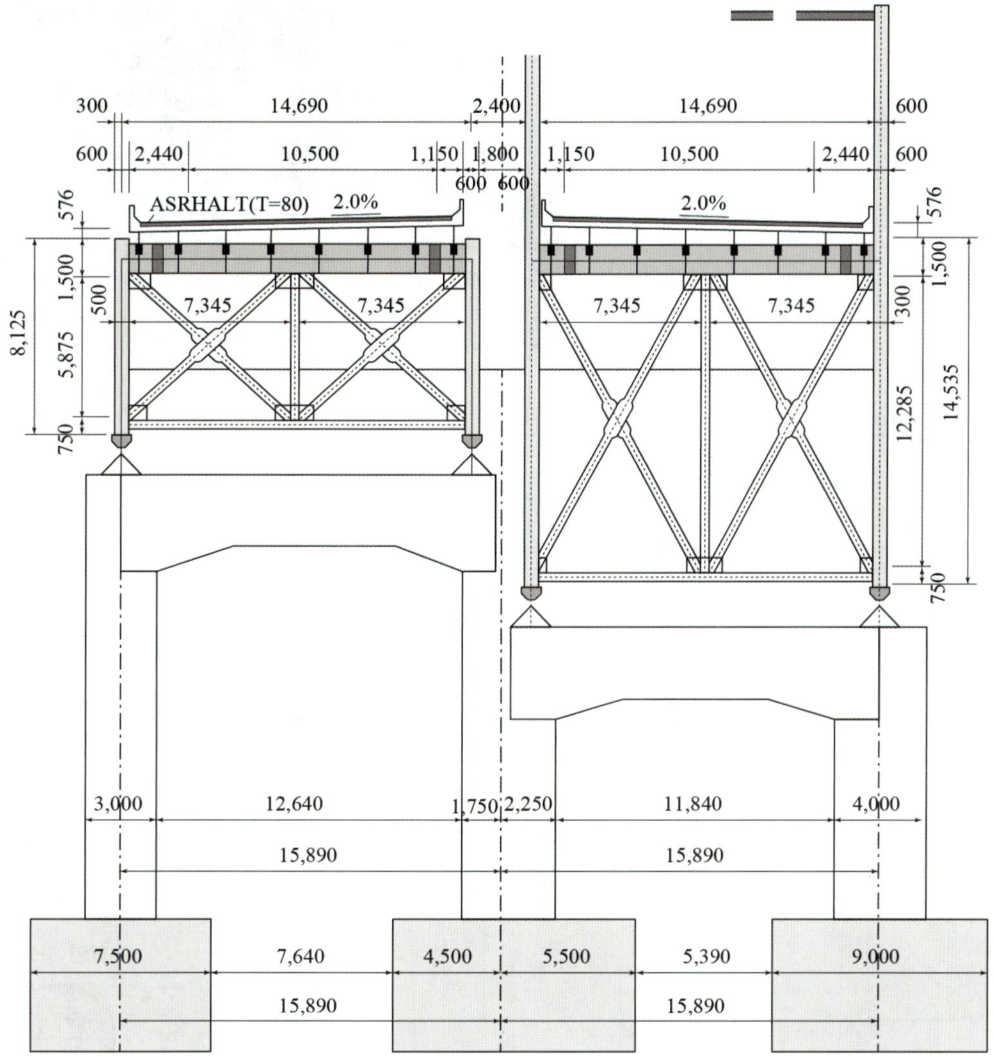

나. 교각

아치-트러스교 하부구조 교각은 모두 3개의 기둥과 그 상단에 높이 3.0m 되는 멍에를 기둥과 강결로 연결하여 라멘 형태를 띠게 했다〈그림 6.1.13〉.

교각 P16/P17/P20/P21의 세 개 교각 기둥은 모두 원형으로 이루어져 있고, 외측 기둥의 직경은 Φ = 3.0m, 중앙에 위치한 기둥의 직경은 Φ = 3.50m로 설계되었다. 그 기둥은 각각 직경 Φ = 7.5m와 Φ = 9.0m인 우물통기초 위에 설치되었다〈그림 6.1.14〉.

한편 경간이 상대적으로 긴 아치 구조를 받치고 있는 교각 P18과 교각 P19과 그 아래 축조된 우물통기초는 그 규모가 상대적으로 크다. 교각의 외측 기둥 직경 Φ = 4.0m, 가운데 교각 기둥은 직경 Φ= 4.50m, 그 아래 우물통기초도 각각 직경 Φ = 9.00m와 Φ = 11.00m로 시공되었다.

그림 6.1.13 주경간교 접속교 문형 교각(P16)

그림 6.1.14 방화대교 교각 P17 하부구조 일반도(단위: m)

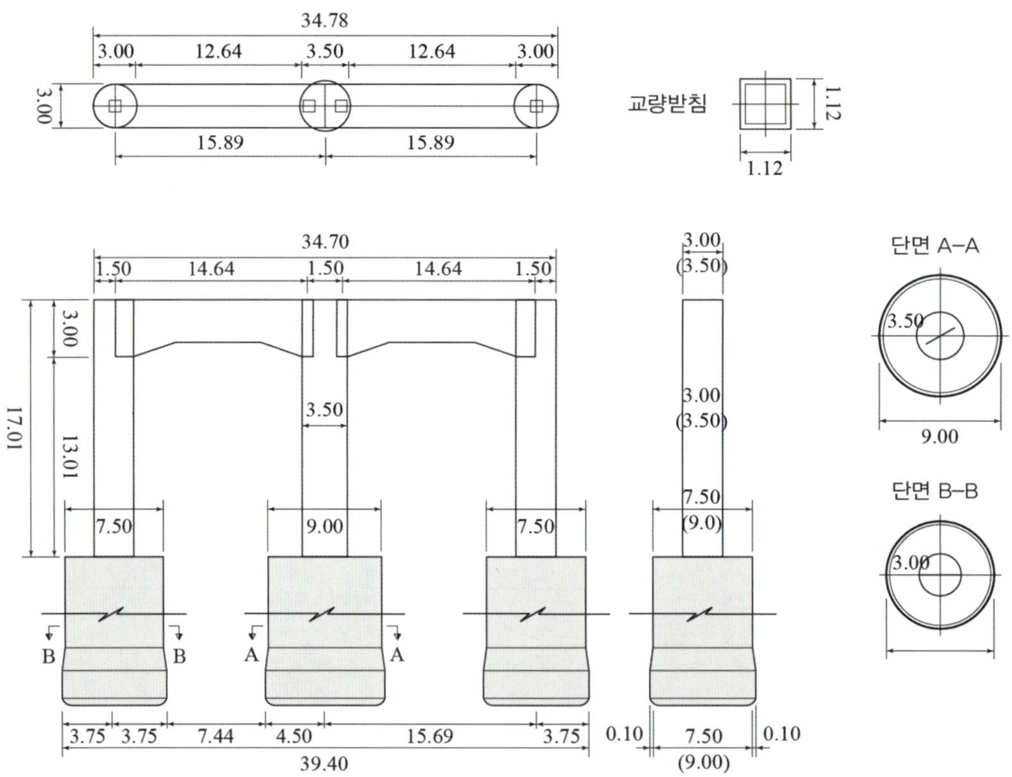

6.1.3 시공(아치-트러스교)

6.1.3.1 상부구조

방화대교는 전체 길이 L = 2,559m에 달하는 매우 긴 장대교량이지만, 주경간부 540m 구간 이외에는 특별히 다룰 만한 사항이 없으므로, 본 서에서는 주경간부인 5경간 연속 아치-트러스교의 건설 현장만 다루었다.

아치-트러스교는 교폭 31.11m의 왕복 6차선 교량으로, 경간 구성은 다음과 같다〈그림 6.1.15〉.

L = 78.0 + 102.0 + 180.0 + 102.0 + 78.0 = 540.0m

그림 6.1.15 주경간교 아치-트러스 구간 종단면도

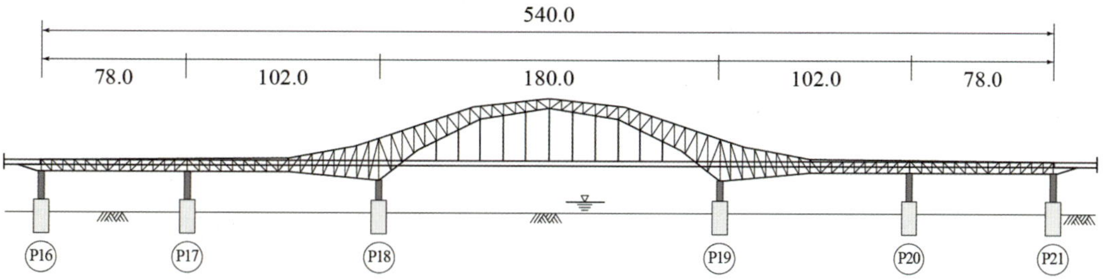

하부구조는 우물통기초로 되어 있고, 교각은 콘크리트 문형 라멘 교각 형식을 택하였다. 시공은 좌우 균형을 잡아가면서 공사를 진행하는 대칭 캔틸레버 공법(Balancing Cantilever Method)을 적용하였다. 공사는 1995년 11월에 착공하여 2000년 11월 준공까지 약 5년간 진행되었다.

사용된 강재는 총 10,585톤이며, SWS 400(10mm)부터 SWS 570(46mm)까지 네 종류의 강재가 사용되었다.

교량 형식은 경제성, 기능성, 시공성, 조형성 및 유지관리 조건을 종합적으로 고려하여 선정하였다. 방화대교의 경우 사장교, 현수교, 아치교, P.S.C 박스거더교(F.C.M) 및 강재 트러스교 등 다양한 형식이 비교·검토되었으나, 한강에 이미 설치된 형식을 피하고, 동시에 인천공항을 이륙하는 비행기의 형상을 모티브로 하여 인천국제공항 관문으로서의 상징성을 구현하기 위해, 5경간 연속 아치-트러스교로 최종 결정되었다.

가. 가설공법 검토

방화대교가 아치-트러스교 형식으로 결정된 후, 국내에서는 이러한 형태의 교량을 건설한 경험이 없었으므로 발주처인 신공항하이웨이는 가설 전문업체인 일본의 B. NET사에 가설공법 검토를 의뢰하였다. B. NET사는 다양한 환경 여건을 고려하여, 가벤트를 설치하고 그 위에 트럭 크레인을 얹어 시공하는 방법과 수상 크레인(Floating Crane)을 이용한 소블록 공법을 제시하였다〈그림 6.1.16(a)〉.

방화대교 주교량은 길이 540m인 5경간 연속 아치-트러스교로 가설 조건이 비교적 복잡한 교량이다. 따라서 강구조물 제작사인 삼성중공업은, 공장에서 교량 부재를 대블록으로 제작하여 이를 대형 바지나 대형 수상 크레인을 통해 교량 현장으로 운송하고, 대블록 일괄가설 공법을 사용하여 가설하고 싶었으나, 방화대교 하류의 신행주대교 근처에는 신곡수중보가 설치되어 있어 대블록 공법 적용은 거의 불가능하였다. 또한 B. NET사가 제안한 가벤트 설치도 한강 하구의 지반이 연약지반이라 시공상 큰 어려움이 예상되었다.

그림 6.1.16 수중 가설공법

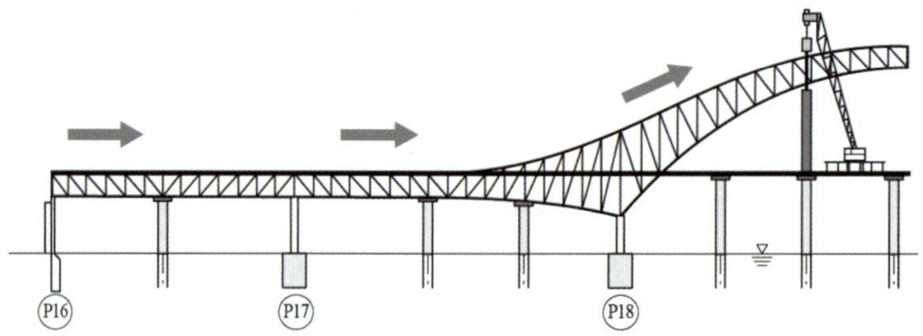

(a) 소블록 공법(가벤트 위치도)

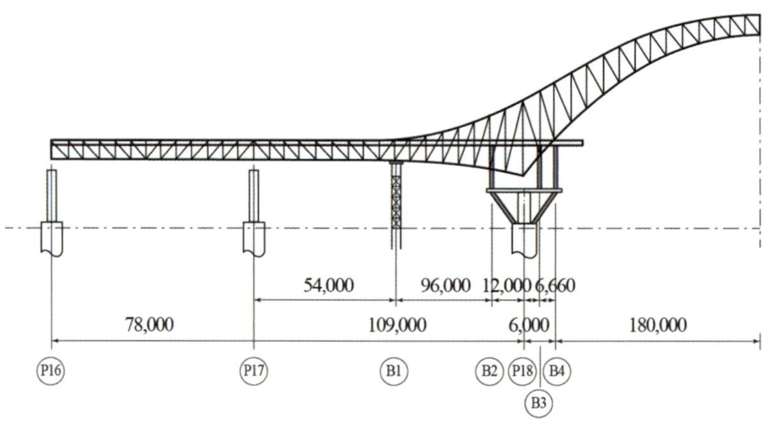

(b) 중블록 공법(경사벤트와 수직벤트 위치도)

다만 방화대교가 놓이는 위치의 한강 수심이 5.0m 이상으로 바지선과 수상 크레인의 진입이 가능하며, 다리 북쪽에는 육상 운송 부재를 가설 단위별로 대블록으로 조립할 수 있는 고수부지가 있다는 사실 등 시공사에게 위안이 될 수 있는 일부 유리한 환경 조건도 존재하였다.

원설계에서는 수상 구간에 가설용 벤트를 세운 후 〈그림 6.1.17(a)〉에서 보는 바와 같이 크레인을 탑재할 수 있는 작업장을 만들어 중앙 아치를 설치하도록 계획되어 있었다. 그러나 교량 기초 지반이 연약하여 가벤트 침하가 우려되고, 이 가벤트 가설공법 자체가 소블록 공사를 전제로 하기 때문에 벤트 가설비가 많이 들고 공기가 길어지는 단점이 있었다.

이러한 이유로 인하여 제작 및 설치를 주관한 삼성중공업 엔지니어들은 중앙경간 교각에 경사진 벤트를 설치하고, 측경간에는 가설용 벤트 2기(양측에 하나씩)를 설치한 후 200톤급 수상 크레인을 사용하여 육상에서 미리 조립한 중블록 구조물을 1,000톤 바지선으로 수상 운송하여 현장에서 설치하는 공법으로 변경하였다〈그림 6.1.17(b)〉. 중블록 공법의 장점은 대부분의 작업이 육상에서 이루어져 교량의 품질 확보가 용이하고, 수중 및 고소 작업이 적어 시공성이 우수하며, 공기 단축이 가능하다는 점이다. 다만, 가설 중 풍하중에 대한 안전성 검토와 처짐을 관리하기 위한 가설단계별 정밀 해석이 필요했다.

종합적인 분석 결과, 수중에 여러 개의 가벤트를 설치하는 소블록 공법은 24개월의 공사 기간이 필요하였으나, 중블록 공법은 17개월로 단축 가능하였다. 이러한 비교 분석 결과를 토대로 삼성중공업은 중블록 공법으로 제작·가설공법을 선택하였다. 중블록 크기는 200톤급 수상 크레인이 실질적으로 인양할 수 있는 180톤 이내로 설계되었으며, 구간별로 조립 순서는 다음과 같다.

나. 중블록 가설 조립 순서[3]

1) 제1단계

먼저 교각 P18과 P19에 경사 벤트를 세우고 나서 교각 P17과 P18, 그리고 건너편 교각 P19와 P20에 200톤 수상 크레인을 이용하여 고수부지에서 조립된 중블록을 좌우로 평형을 유지하면서 조립하여 나간다〈그림 6.1.17(a)〉.

2) 제2단계

200톤급 수상 크레인으로 폐합 블록을 들어 올린 뒤 상현재가 서로 맞닿을 때까지 밀착시킨 후 인장 설비를 이용하여 하현재를 연결한다〈그림 6.1.17(b)〉.

3) 제3단계

200톤급 수상크레인을 이용하여 트러스 블록을 교각 P16과 교각 21방향으로 순차적으로 조립해 나간다〈그림 6.1.17(c)〉.

4) 제4단계

1,000톤급 바지선 위에 200톤 크레인을 탑재하여 아치-트러스 구간의 행어와 재하면 블록을 설치한다〈그림 6.1.17(d).

그림 6.1.17 방화대교 아치-트러스교 가설 순서

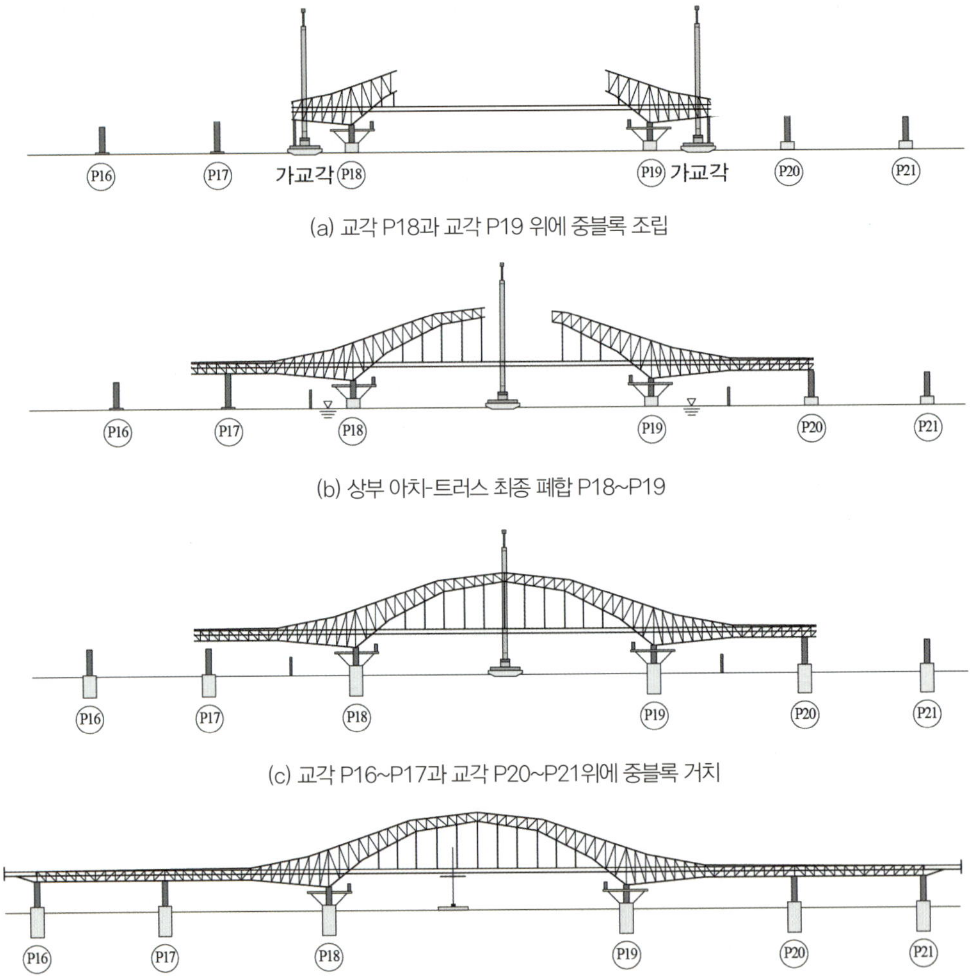

(a) 교각 P18과 교각 P19 위에 중블록 조립

(b) 상부 아치-트러스 최종 폐합 P18~P19

(c) 교각 P16~P17과 교각 P20~P21위에 중블록 거치

(d) 행어와 재하면 블록을 설치

6.1.3.2 하부구조(콘크리트 우물통기초)

방화대교 건설 위치에 대한 지반조사 결과, 풍화암이 17.0~38.0m 깊이에 매우 깊게 분포되어 있는 것으로 나타났다. 이에 따라 가장 경제적인 공법은 우물통기초로 판단되었다.

그림 6.1.18 우물통기초 가설 순서

(a) 강재 우물통 슈 거푸집 제작

(b) 강재 우물통 거푸집 인양

(c) 가이드 프레임

(d) 강재 우물통 거푸집 정치

(e) 우물통 구체 구축

(f) 속채움 콘크리트 타설

(g) 우물통 시공 현장

방화대교 아치-트러스 주교량에는 직경 7.0~11.0m의 우물통기초 총 18기가 시공되었다.

시공 절차는 다음과 같다. 우선 강북 고수부지에서 우물통 슈(Shoe) 거푸집을 제작하여〈그림 6.1.18(a)〉 강재 우물통을 만들고〈그림 6.1.18(b)〉, 이 강재 우물통을 설치할 위치에 미리 만들어 놓은 가이드 프레임〈그림 6.1.18(c)〉까지 운반하여 정치시킨다〈그림 6.1.18(d)〉. 그 이후 콘크리트를 타설하여 우물통의 무게를 늘리면서 우물통 내부 바닥을 굴착하여 우물통을 계획된 깊이까지 침하시킨다〈그림 6.1.18(e)〉. 강재 우물통 슈가 풍화암속 2~3m 깊이로 안착하면 수중 콘크리트로 바닥을 고르고, 그 위에 속채움 콘크리트로 메운 후〈그림 6.1.18(f)〉, 교각을 세우기 위한 우물통 덮개 슬래브(h = 3.0m)를 설치하기 위하여 콘크리트를 타설하여 양생시키면 우물통기초 공사가 끝난다〈그림 6.1.18(g)〉.

6.1.4 방화대교 내풍설계[4]

인천국제공항 고속도로 제4공구 방화대교 건설공사에서 주경간 아치-트러스교는 최대 지간장 180m로 설계되었으며, 강 쪽의 개화산 및 덕양산 등 주변 경관과 조화를 이루도록 미관적 요소를 고려하여 설계되었다.

방화대교 주경간부 아치-트러스교는 트러스 구조의 큰 강성을 고려하여 바람에 대한 정적 거동만 검토하였고, 동적 거동에 대한 영향 검토는 배제되었다. 그러나 아치부에 설치된 H단면 행어는 길이가 32.0m나 되고 교축 방향의 세장비가 200을 넘는 매우 가늘고 긴 부재로, 와류진동에 취약한 성질을 가지고 있었다. 행어의 세장(細長)한 단면은 비록 진동에는 취약하지만, 부재 안정성에는 크게 영향을 주진 않을 것으로 판단되었으나, 행어와 아치 리브 또는 행어와 보강형 사이에 설치한 연결부에는 지속적 진동 발생에 따른 피로 파괴 위험이 있어 이에 대한 보강대책 마련이 필요하였다. 신공항하이웨이는 한국풍공학회에 '방화대교 행어의 내풍안정성 검토 및 보강대책 수립' 연구를 의뢰하였으며, 2004년 4월 연구 결과를 보고받았다. 연구 결과는 다음과 같다.

1) 풍속 5.0m/s 근처에서 7번 행어를 시작으로 풍속이 증가함에 따라 대부분의 행어에서 차례로 와류진동이 발생하여, 이로 인한 행어 단부에 발생하는 응력은 허용피로응력을 초과하므로 이를 방치하면 수개월 내에 단부에 심각한 손상이 발생할 수 있고
2) 풍속 10.0m/s 이상이 되면 갤로핑(Galloping) 현상이 발생할 것으로 판단되었다. 이 갤로핑 현상이 발생하면 진폭이 발산하여 행어 부재가 파괴상태에 이르게 될 가능성이 크다.

이에 한국풍공학회에서는 13가지의 보강 방법을 검토한 후, 다음과 같은 세 가지 방법을 제시하였고, 현장에서는 두 번째 방법인 수평 스트럿을 설치하는 구조적 방법을 채택하였다〈그림 6.1.19〉.

1) TMD(Tuned Mass Damper)를 설치하는 기계적 방법
2) 행어와 행어 사이에 스트럿을 설치하는 구조적 방법
3) 행어에 와이어를 나선형으로 감아올려 바람의 흐름을 변화시키는 공기역학적 방법 등

그림 6.1.19 주경간교 행거 와류진동제어 수평 스트럿

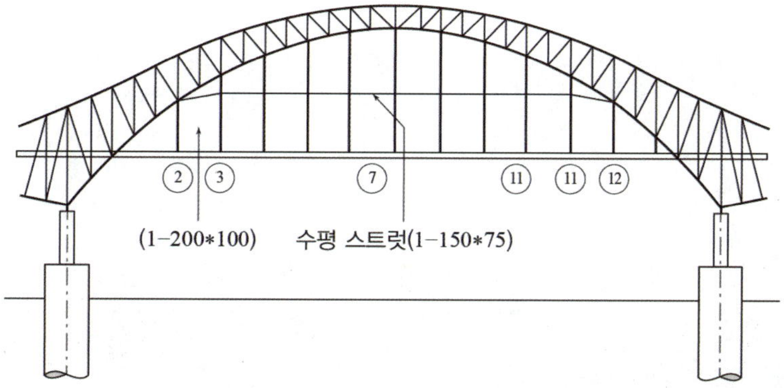

수평 스트럿을 설치하는 방법을 적용하면, 진동 모드를 분산시키고, 행어를 일체로 거동하게 함으로써 내풍 강성을 증가시키면서 바람에 대한 지지 길이를 줄여준다. 이는 응력 발생을 감소시키는 효과가 있다. 즉, 수평 스트럿을 설치하면 행어가 개별적으로 진동하지 못하게 하여 특정 부재에서 공진 현상이 쉽게 발생하지 못하는 원리이다.

방화대교에서는 행어 하단에서 첫 번째 이음부(14.7m 지점)에 수평 스트럿을 설치했다. 스트럿(I-150×75)은 3번 행어에서 11번 행어까지 수평으로 연결하였으며, 양 끝단인 마지막 3번과 11번 행어에는 보다 큰 단면의 스트럿(I-200×100)을 사용하여 2번과 12번 행어 상단 이음부에 연결하여 효과적으로 수평력을 받을 수 있도록 설계하였다.

6.1.5 부대시설

6.1.5.1 조명설치

방화대교는 인천국제공항을 통해 입국하는 외국인들이 서울에 들어서면서 처음으로 맞이하는 대형 구조물로서 서울의 첫인상을 가름하는 랜드마크(Land Mark) 역할을 하게 된다.

인천국제공항에서 수도 서울이 출입 관문인 영종대교와 방화대교에는 야간에 교량의 이미지를 예술적으로 표현한 경관조명이 설치되어 있다. 방화대교에는 트러스 색상이 잘 표현될 수 있도록 백색과 적황색을 혼광하여 트러스의 강한 이미지 및 실루엣 효과를 극대화하였다〈그림 6.1.20〉.

그림 6.1.20 방화대교 야경과 비행기 형상
행주산성에서 바라본 방화대교. 날아오르는 비행기를 형상화한 아치 트러스로 중앙을 장식한 유려한 모습이 돋보인다.

서울시는 수도권 내 한강상에 건설되는 방화대교의 야경을 연출하는 방법으로 다음과 같은 3가지 아치교 야경 연출조명 등에 대하여 검토하였다.

① 한강대교에서 사용한 60W 백열등을 사용한 점광원 선형 유지
② 대전 엑스포에서 사용한 메탈할라이드 램프광원 + 측면 발광 케이블을 이용한 선광원 선형 유지 방법
③ 50W 할로겐 램프를 사용하는 점광원 선형 유지 연출 방법

검토 결과 아치교의 아름다움을 표현하는 방법으로는 점광원과 선광원 중 어느 방법을 취하여도 별로 차이가 나타나지는 않지만, 비교적 광량이 적정하고, 유지보수가 백열등보다 좋다고 판단해서 할로겐 램프 50W를 아치 야경 연출 조명등(燈)으로 선정하게 되었다.

그림 6.1.21 아치-트러스교 연출 조명 설비 평면도 부분도

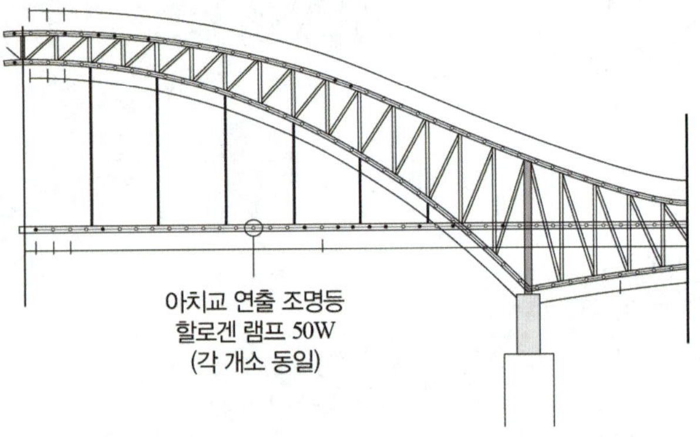

50W 할로겐 램프는 조명기구 발광체에 전압과 전류를 가하여 빛을 발생하게 하는 광원으로 방화대교 아치교에서는 3.0m 간격으로 교량의 철재 892개소에 설치하고, 그 전원 공급용 배관은 교량의 철재에 노출시켜 고정하였다〈그림 6.1.21〉.

미주

[1] 이두호, 2001, 「방화대교 ARCH TRUSS 제작과 시공」, 『한국강구조학회지』, 13(2), 한국강구조학회, 85-95쪽.
[2] 재하현재 : 바닥틀을 형성하는 재하면 양 외측에 설치된 박스형 거더
[3] 이두호, 2001, 「방화대교 ARCH TRUSS 제작과 시공」, 『한국강구조학회지』, 13(2), 한국강구조학회, 85-95쪽.
[4] 한국풍공학회, 2004, 방화대교 행어의 내풍안정성 검토 및 보강대책 수립

6.2

서부도심의 관문, 가양대교

6.2.1 개요

가양대교는 한강 남단의 강서구 가양동과 북단의 마포구 상암동을 잇는, 성산대교와 방화대교 사이에 위치한 24번째 한강 횡단 도로교이다〈그림 6.2.1〉.

그림 6.2.1 가양대교 위치도

서울시는 2002년 월드컵 당시 선수 및 관람객의 이동 편의를 도모하고자 가양대교 건설을 기획하였다〈그림 6.2.2〉. 서울 서부 지역의 간선도로망을 연계하고 교통 인프라를 확충하기 위한 목적으로 추진되었으며, 현상 공모를 통해 본선 및 나들목 설계를 확정한 뒤 1994년 12월 8일 착공, 2002년 1월 23일 개통되어 2002년 5월 31일 준공되었다〈그림 6.2.3〉.

그림 6.2.2 2002 월드컵 개막식
e영상역사관

그림 6.2.3 2000년 7월 26일 가양대교 상판연결식 전경
가양대교 건설지, 2002, 서울특별시 건설안전관리본부

가양대교는 인천국제공항고속도로와 상암의 서울월드컵경기장을 직접 연결하며, 남단은 화곡 I.C를 통해 올림픽대로와, 북단은 상암 I.C를 거쳐 강변북로 및 자유로와 연계된다〈그림 6.2.4(a)〉. 이로써 가양대교는 상암, 가양, 등촌, 일산 및 공항 일대의 균형 있는 발전에 크게 기여하고 있다.

가양대교 남단에는 화곡 I.C로 이어져 올림픽대로와 연결되고, 북단으로는 상암 I.C와 만나 강변북로와 자유로로 드나들 수 있게 하였다〈그림 6.2.4(a)〉. 이를 통하여 가양대교의 건설은 상암, 가양, 등촌, 일산 및 공항지역의 균형발전에 큰 역할을 하고 있다.

가양대교가 건설되기 전까지는 한강상 교량들이 남북 간 지역통행 위주로 건설되었으나 가양대교는 2002년 월드컵 행사를 위하여 기획된 교량이었기 때문에 전 방향 진출입이 가능하도록 나들목이 설계되었다.

그림 6.2.4 가양대교 종·평면도

서울특별시 건설안전관리본부, 2002, 가양대교 건설지

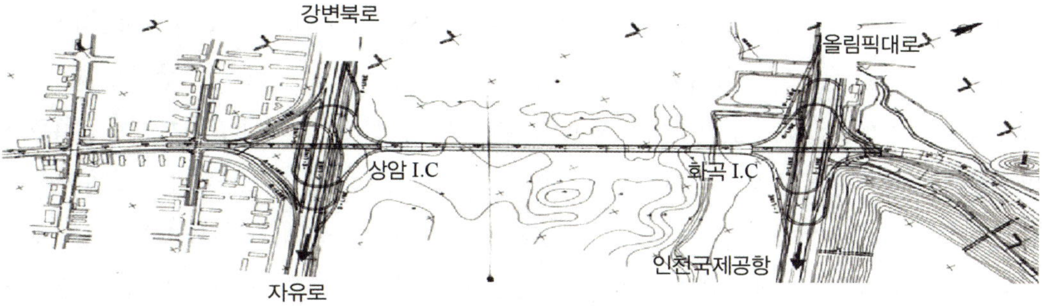

(a) 평면도

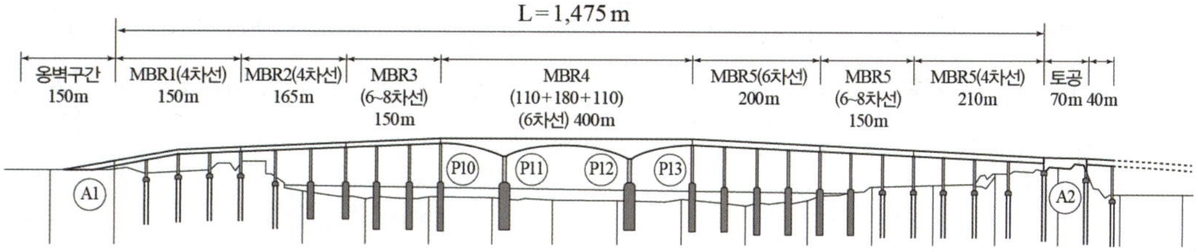

(b) 종단면도

본선 교량은 교폭 20.0～36.0m(4~6차선), 길이 L = 1,475.00m의 교량으로 대부분 강상판 강상형교(L = 1,265m)로 되어 있으며, 경간 MP1에서 교대 A2까지 총 24개의 경간으로 구성되어 있다. 가양대교 종단면도에 따르면 본선 교량 시점에서 종점까지의 경간 구성은 다음과 같다〈그림 6.2.4(b)〉.

L = 북측 옹벽 구간(150.0m) + 교량 MBR1~MBR7 구간(1,475.0m) + 남측 토공 구간(70m)
+ 단순교(40m)
= 1,750.0m

그러나 북측 옹벽구간과 남측 토공구간 그리고 최남단에 건설된 단순교가 큰 의미가 없는 구간이므로 이 책에서는 다음과 같이 기술되는 교대 A1부터 교각 MP23-1까지의 7개 교량(MBR1~MBR7)에 대해서만 취급하기로 하였다.

L = 200(= 4@50) + 165(= 3@55) + 150(= 3@50) + 400(= 110 + 180 + 110) + 200(= 4@50) + 150(= 3@50)
+ 210(= 2@50 + 2@55)
= 1.475.0m

초기 설계는 삼우기술단에서 수행하였으나, 삼우기술단이 경영난을 겪으면서 동일기술공사에서 필요한 부분만 재설계하였다. 공사는 서울특별시 건설안전관리본부에서 발주하고, 시공은 삼성중공업·현대건설·동아건설에서 공동으로 수주하였으며, 공사비로 1,802억 원(공사비 1,651억 원, 감리비 115억 원, 보상비 36억 원)을 지출하였다.

가양대교 설계가 시작되기 직전에 발생한 성수대교의 붕괴사고는 국내 감리제도를 급속하게 발전시켰다. 성수대교 직후 취임한 서울시 최병열 시장은 "서울시는 앞으로 세계에서 가장 튼튼한 교량을 건설하겠다"고 선언하였다.[1] 이에 따라 감리업체로는 국내 최초로 영국의 모트 맥도널드(Mott MacDonald)사가 국내 업체 동일기술공사와 컨소시움으로 참여하게 되었다. 맥도날드사는 가양대교의 원설계를 재검토하기 시작하였고, 결과 보고서에 '가양대교 설계는 현상 공모 과정에서 상징성과 조형미에 지나치게 많은 심사점수를 부여하여 시공성과 유지관리에 대한 배려가 부족하였다'라고 지적하였다. 맥도널드사가 가양대교 원설계를 검토하는 과정에서 다음과 같은 사항을 지적하였다.

- 현 주경간장의 경간 분할에 부적합성
- 상부거더에 허용치의 2배가 넘는 과도한 피로응력의 발생
- 접속부의 반턱이음에 발생하는 유지관리의 어려움 등

서울시는 맥도널드사의 의견을 받아들여, 이후 주교량의 경간장을 다음과 같이 수정하였다.

$$L_{기존} = 100 + 200 + 100 = 400m$$

$$L_{수정} = 110 + 180 + 110m = 400m$$

참고로 가양대교의 원설계는 1993년 5월 17일~1994년 5월 11일 사이에 그리고 설계변경은 1997년 2월 13일~1998년 10월 사이에 이루어졌다.

6.2.2 교량 설계

6.2.2.1 상부구조

가양대교 상부구조는 형하 공간 확보가 어려웠던 화곡 I.C의 프리플렉스 빔(Preflex beam, L = 210m) 구간을 제외하고는 강상형교(Steel Box Girder Brige)로 설계되었다. 특히 주경간부 400m 구간은 우리나라에서 건설된 강상형교 가운데 가장 긴 길이 L = 180.0m의 중앙 경간을 갖도록 설계되었다.

교량은 1등급교로 설계되었으며, 강상형교의 설계는 허용응력설계법을 적용하였다. 이는 1993년 가양대교 설계를 시작할 당시 국내 교량 분야에서 한계상태설계법이 아직 일반화되지 않았던 상황을 반영한 것으로 볼 수 있다. 그러나 콘크리트 구조물에 대해서는 1990년대 초반 이미 강도설계법이 일반화되어 있었기에, 가양대교의 교각은 강도설계법에 따라 설계되었다.

주경간교의 주부재에는 SWS 520B와 SWS 490B인 고강도 강재를 사용되었고, 부부재에는 SWS 400B인 일반강재가 적용되었다. 접속교 역시 주경간교와 동일한 설계 개념을 따랐다.

가. 주경간교(MBR4)

가양대교 주경간교의 길이 L = 400m로 그 경간 구성은 다음과 같다〈그림 6.2.5〉.

그림 6.2.5 가양대교 주경간교(3경간 연속강교) 종단면 개념도

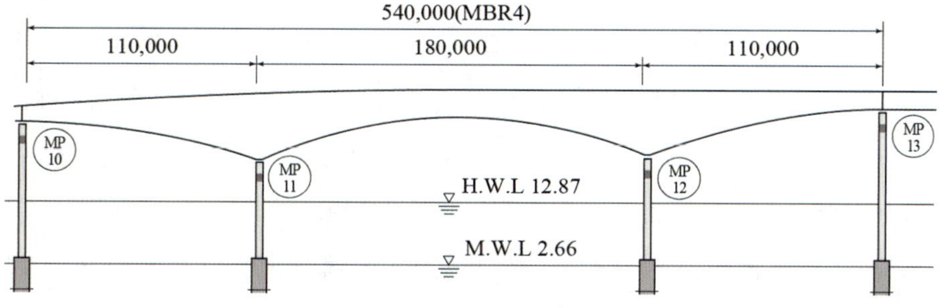

본선 교량 중앙경간의 교폭은 B = 29.0m로 왕복 6차로와 중앙분리대 및 보도로 구성되어 있다〈그림 6.2.6〉.

B = 2.5(보도) + 0.50(측대) + 10.50(=3@3.50, 차도) + 0.7(측대) + 0.6(중앙분리대) + 0.7(측대)
+ 10.50(=3@3.50, 차도) + 0.50(측대) + 2.5(보도)
= 29.0m

다리 상부구조는 폐단면 세로리브(Longitudinal Stiffner)와 가로보(Floor Beam)로 보강된 직교이방성 강상판과 좌우대칭으로 높이가 10.0m(지점부)에서 4.0m(중앙경간 중앙부)까지 변하는, 아름다운 종단 선형을 갖는 강상형(폭 B = 5.0m)으로 되어 있다〈그림 6.2.6〉.

그림 6.2.6 주교량(MBR4) 중앙경간 횡단면도

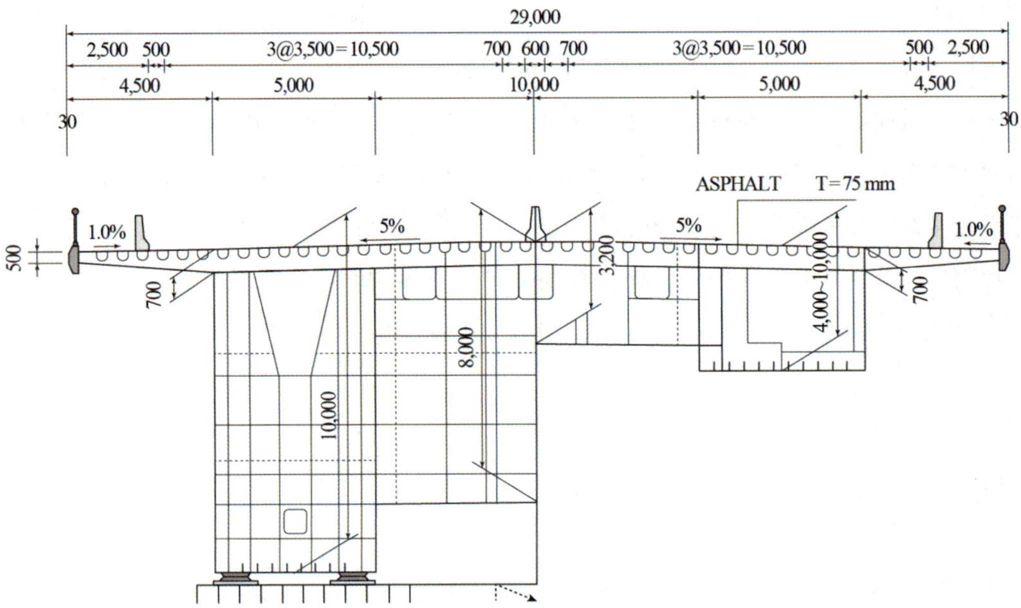

교량의 강상판 두께 t는 과거에는 일반적으로 t ≥ 12mm를 적용하였으나, 최근에는 직교이방성 강상판의 피로 문제가 대두되면서 t ≥ 14mm로 설계하는 추세다. 가양대교의 경우에는 강상판 두께를 12mm ≤ t ≤ 16mm 범위로 설계하였다. 향후 바닥강판과 세로리브에 용접된 부분에서 피로 현상이 발생할 가능성이 있는 구간으로 주의가 필요하다.

가양대교의 강바닥판에는 U자형 세로보가 용접으로 일체화되어 있다. 이때 U형 세로리브의 제원을 살펴보면, 상부 플랜지 폭은 $b_{상부\ 플랜지}$ = 620mm, 하부 플랜지 폭은 $b_{하부\ 플랜지}$ = 207.2mm, 세로리브의 높이 h = 262mm, 판 두께 t = 8mm를 적용하였다〈그림 6.2.8〉.

그림 6.2.7 주교량 측경간 횡단면도

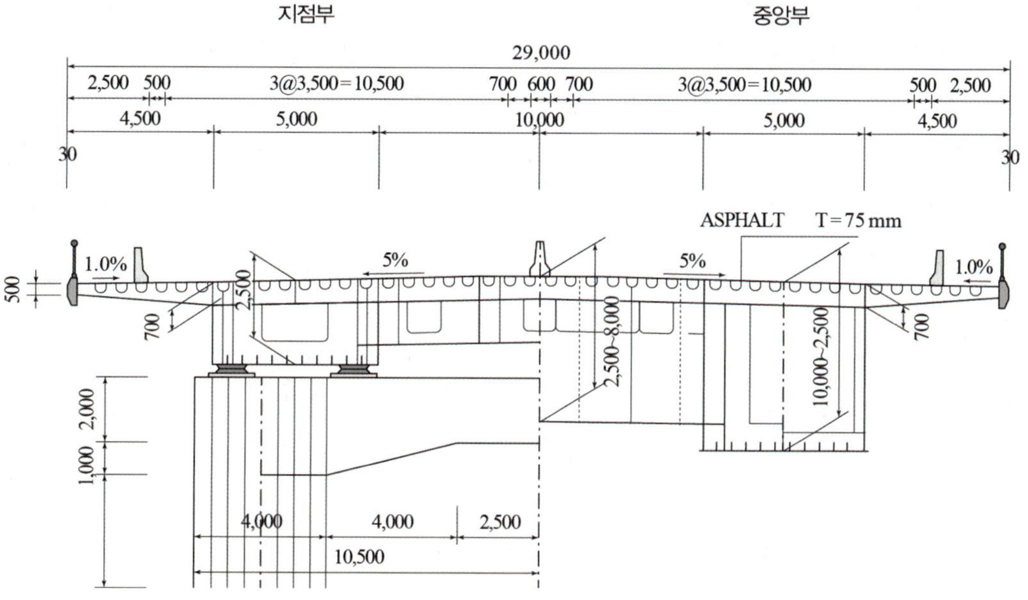

그림 6.2.8 주경간 U-세로리브

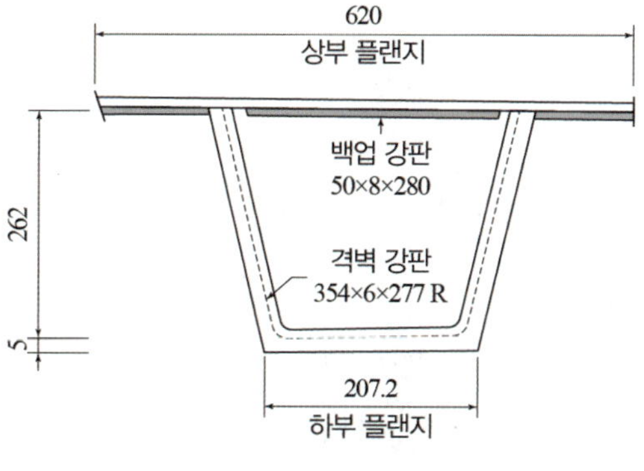

그림 6.2.9 주경간 가로보(2.5m 간격으로 설치)

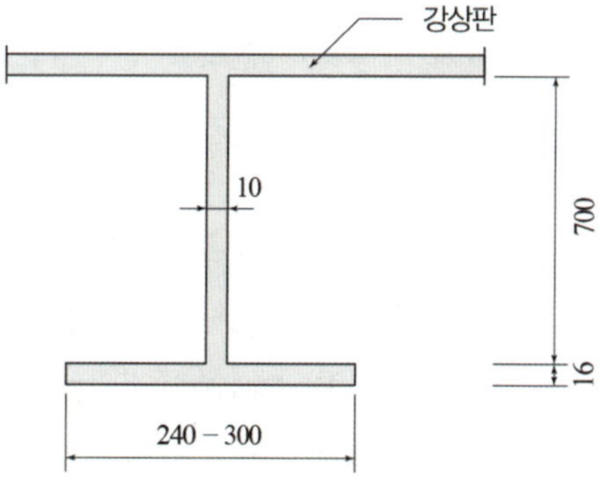

이 U형 세로 리브 들은 다시 2.5m 간격으로 배치한 높이가 H = 700mm인 가로보와 용접되어 일체가 된다〈그림 6.2.9〉. 매 10m 간격으로 배치된 강성이 큰 가로보 높이는 위치에 따라 8.0m(지점부)에서 3.2m(중앙부)까지 변한다.

이로써 가양대교 바닥틀 구조가 직교이방성 강상판 구조로 완성되어 자중을 줄이면서 휨강성을 크게 증가시킬 수 있게 되었다.[2] 강상판 위에는 75mm 두께의 포장은 원설계에서는 PRE-MIX TYPE의 Road Rubber Asphalt로 설계되었으나, 재설계 과정에서 구스 아스팔트(GUSS Asphalt) 포장으로 변경되었다.

주경간 양옆에 있는 측경간 상부구조 형식은 주경간의 모양과 조화를 이루면서 시공성 등을 검토한 결과, 주경간과 동일한 강상형교로 결정되었다. 경간 구성은 주경간과의 비례를 고려하여 표준 경간을 L = 110.0m로 정하였다. 교량 폭과 단면 구성도 중앙부와 동일하게 폭 B = 29.0m로 정하고, 단면 구성 또한 중앙부 단면과 같은 구성을 따른다. 다만 폭 5.0m의 주형 강박스 단면 높이는 교량 중앙부에서 높이 H = 10.0m이지만, 외측 단부 지점으로 갈수록 H = 2.5m까지 점진적으로 줄어든다. 또한 10m 간격으로 배치된 고강성 가로보 역시 높이가 8.0m(중앙 지점부)에서 2.0m(단부 지점부)로 줄어들게 제작하여 구조적 연속성과 경간 간 비례를 확보하였다〈그림 6.2.7〉.

나. 본선 접속교

가양대교 접속교는 본선 교량(MBR4) 양옆으로 접속되는 6개의 교량으로 구성되어 있다〈그림 6.2.4(b)〉.

MBR1: L = 2@44 + 2@50 = 188.0m(4차선) XP4- MP1 ~ MP4

MBR2: L = 3@55 = 165m(4차선) MP4 ~ MP7 B = 20m

MBR3: L = 3@50 = 150m (6 ~ 8차선) MP7 ~ MP10

MBR5: L = 4@50 = 200.0m(6차선) MP13 ~ MP17

MBR6: L = 3@50 = 150.0m(6 ~ 8차선) MP17 ~ MP20

MBR7: L = 2@50 + 2@55 = 210.0m MP20 ~ MP23-1

1) 4차선 구간 접속교 상부구조(MBR1/MBR2)

가양대교는 왕복 6차선 교량이다. 그러나 강북과 강남 진입로로 들어가기 위한 확폭 구간이 지난 뒤에는 차선이 4차선으로 줄어든다. 그중 강북 MBR1 구간에는 보도가 없는 접속교 구간도 약간 있으나 나머지 대부분 구간이 보도가 있는 4차선 구간이므로 이 절에서는 보도가 있는 접속교 횡단면만 취급하였다.

이 접속교 구간에서는 주형은 폭 B = 4.00m이고, 높이는 지점부와 중앙부에서 모두 H = 2.50m인 두 개의 강상형(Steel Box Girder)으로 되어 있다. 도로 단면의 폭은 B = 20.00m로 줄어들어 그 단면 구성이 왕복 6차선 단면의 구성과는 차이가 있다〈그림 6.2.10〉.

B = 2.25(보도, 난간 포함) + 0.50(측대) + 7.00(= 2@3.50, 차도) + 0.50(중앙 분리대)
+ 7.00(= 2@3.50, 차도) + 0.50(측대) + 2.25(보도)
= 20.00m

접속교의 상부구조는 바닥 강판과 세로리브로 용접 연결된 직교이방성 강상형교로 되어 있다. 세로리브는 사다리꼴 형태를 갖는 폐단면으로 시공되었으며, 횡방향으로 매 620mm씩 떨어져 설치되었다. 강바닥판 위에는 두께 T = 75mm인 구스 아스팔트 포장으로 시공되었다.

그림 6.2.10 보도가 있는 4차선 구간(MBR1/MBR2) 표준 단면도

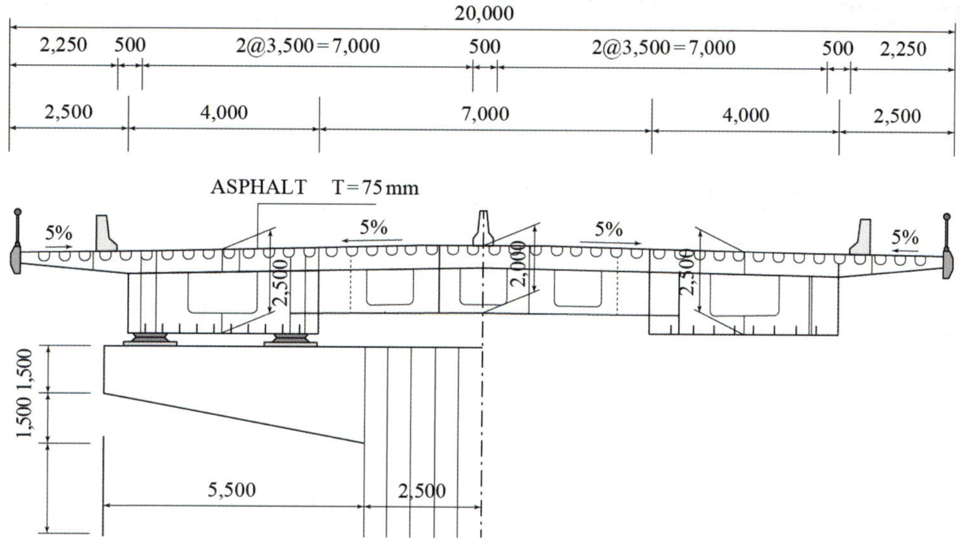

2) 6차선 구간(MBR5)

가양대교 접속교 MBR5 폭 B = 29.0m로 주교량 측경간 단부 지점부 단면과 동일한 횡단면 규모를 가지고 있다〈그림 6.2.7〉.

3) 확폭 구간(MBR3/MBR6)

가양대교 강북과 강남에서 강북강변도로와 올림픽대로로 진입하는 진·출입 램프를 설치하기 위하여 교량 MBR3와 MBR6의 교폭을 강 상류 쪽과 강 하류 쪽에 각각 한 개의 차로를 늘릴 필요가 있다. 그러기 위해서는 교폭 B = 29.0m에서 두 개의 차선만큼 늘어난 36.0m(2@3.5 = 7.0m)가 된다〈그림 6.2.11〉.

그림 6.2.11 확폭 구간(MBR3/MBR6) 접속교 표준횡단면도

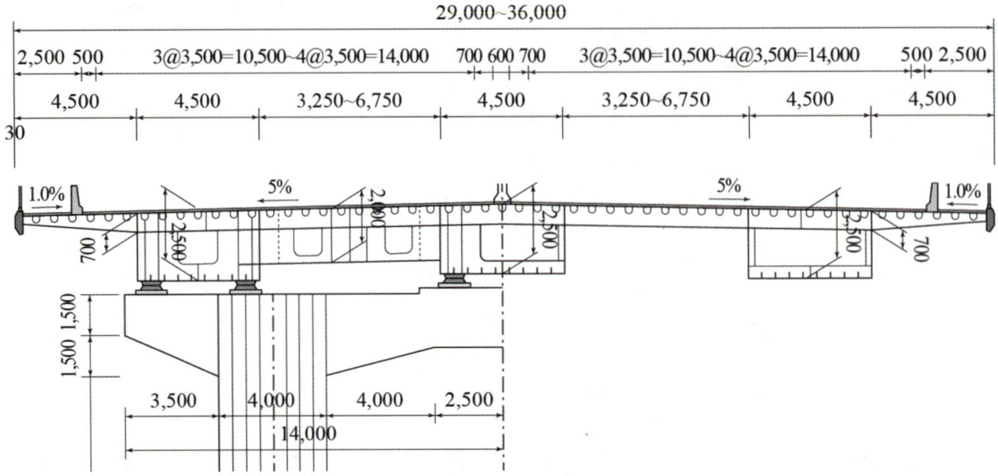

4) 프리플렉스(Preflex) 구간(MBR7)

가양대교 남단 화곡 I.C에서 올림픽대로를 횡단하는 구간에서는 교하 공간의 제한 때문에 주형의 높이를 줄이기 위하여 높이 H = 1.10m인 프리플렉스 빔(Preflex Beam) 7개를 선택하였다〈그림 6.2.12〉. 이 교량 MBR7는 보도 없는 왕복 4차선 교량이므로 교폭 B = 16.5m로 설계하였다〈그림 6.2.13〉.

B = 0.50(자동차 방호책) + 0.50(측대) + 7.0(= 2@3.5, 차도) + 0.50(중앙 분리대) + 7.0(= 2@3.5)
+ 0.5(측대) + 0.50(자동차 방호책)
= 16.5m

그림 6.2.12 프리플렉스 빔 개념도

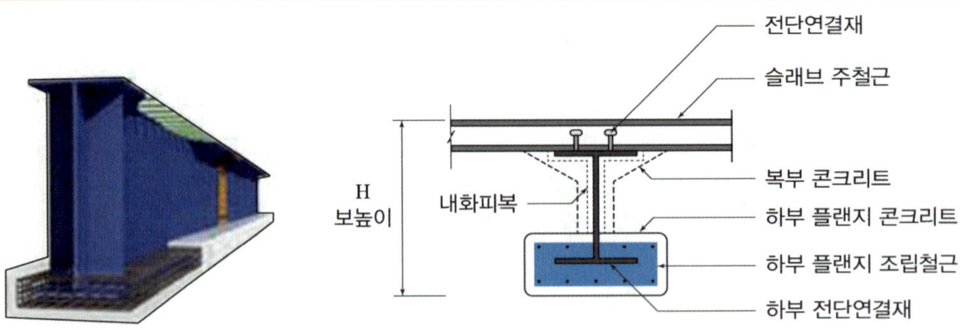

그림 6.2.13 화곡 I.C 프리플렉스 구간(MBR7) 표준 횡단면도

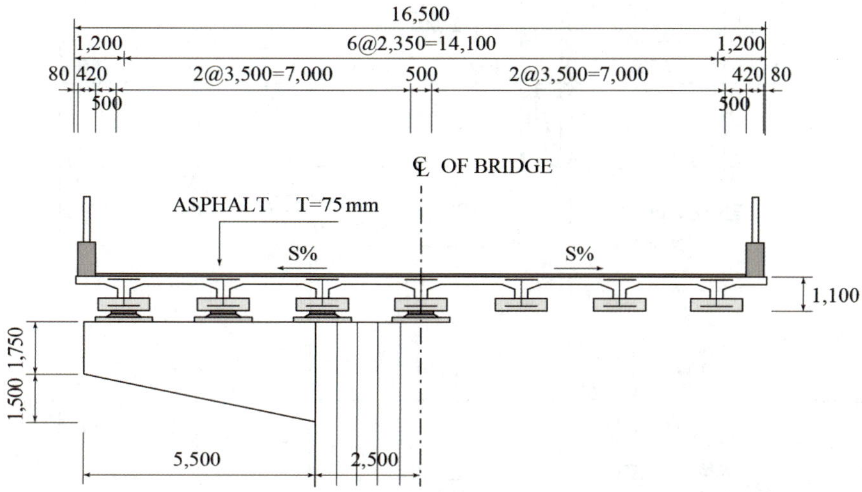

6.2.2.2 하부구조

가양대교 수중구간 대부분은 우물통기초(13개소)를 설치하였고, 육상부에서는 현장타설 콘크리트 말뚝기초(11개소)와 강관파일 말뚝기초(5개소)를 시공하였다.

가. 본선 수중부

1) 우물통기초

가양대교 하부기초는 수중부 교각 MP6부터 교각 MP18까지는 우물통기초로 시공되었다〈그림 6.2.15〉.

우물통 구조는 전형적인 구조로 그 외경은 $\Phi_{외경}$ = 8.00m, 내경은 $\Phi_{내경}$ = 6.40m로 되어 있다. 우물통 최하단부 3.50m(슈 높이 포함)에는 설계강도 f_{ck} = 18MPa 수중 콘크리트를 타설하고, 그 위에 덮개 콘크리트 하부에는 속채움 콘크리트 f_{ck} = 13.5MPa로 채우고 그 위 덮개 콘크리트(Cap Concrete)는 설계강도 f_{ck} = 24MPa인 콘크리트를 높이 h = 4.00m로 타설하였다. 우물통 벽체의 두께 T = 800mm로 하고, 설계강도는 콘크리트 덮개 슬래브와 마찬가지로 f_{ck} = 24MPa로 설계하였다.

두 우물통 사이에는 길이 L = 15.00m, 폭 B = 0.80m, 높이 H = 2.00m의 프리캐스트 콘크리트 보로 연결하여 횡방향 강성을 증가시켰다〈그림 6.2.14〉.

그림 6.2.14 주경간교 우물통기초(교각 MP11/MP12) 단면도

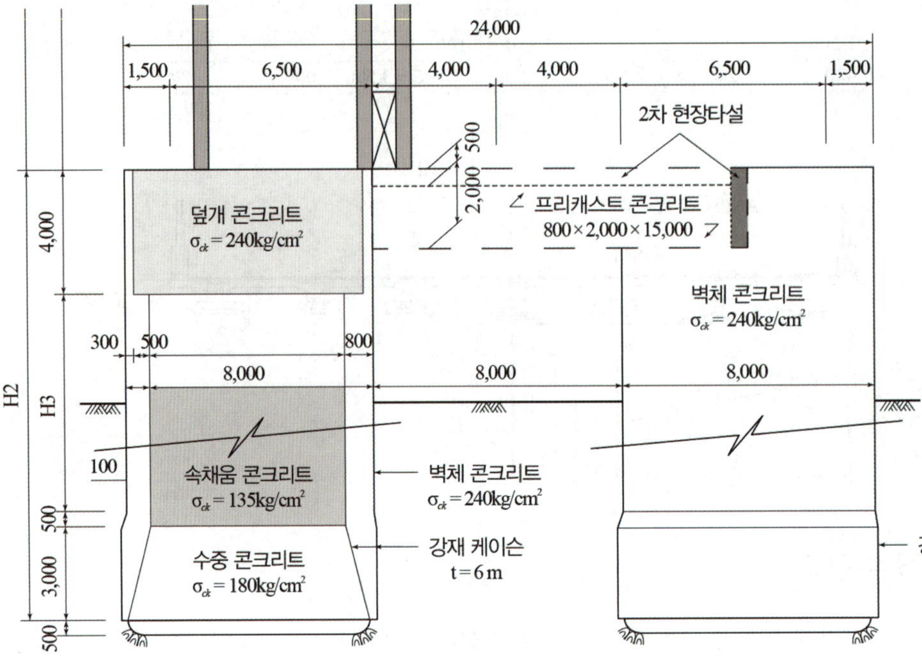

2) 교대와 교각

가양대교 교대와 교각은 모두 93기가 구축되었는데 그중에서 본선에는 모두 29기의 교대와 교각이 시공되었다.

① 교대 : 교대 MA1은 북측 옹벽이 끝나는 부분에 축조되었는데, 역 T형 구조로 아래에 만들어진 직경 Φ 1,500인 현장타설 콘크리트 말뚝기초로 지지되고 있다〈그림 6.2.15〉. 남측 교대 MA2는 교각 MP23-1로 역 T형 형태로 아래 시공된 강관파일기초 상부에 설치된 직사각형 파일 캡 위에 세워져 있다.

② 교각 : 주경간의 교각 횡단면 구성은 장대교에 걸맞은 육중한 멋을 자아낼 수 있도록 판형 교각을 선정하였다〈그림 6.2.16〉. 판형 교각은 시공 시 콘크리트의 건조수축, 경제성

그림 6.2.15 교대 MA1 측면도

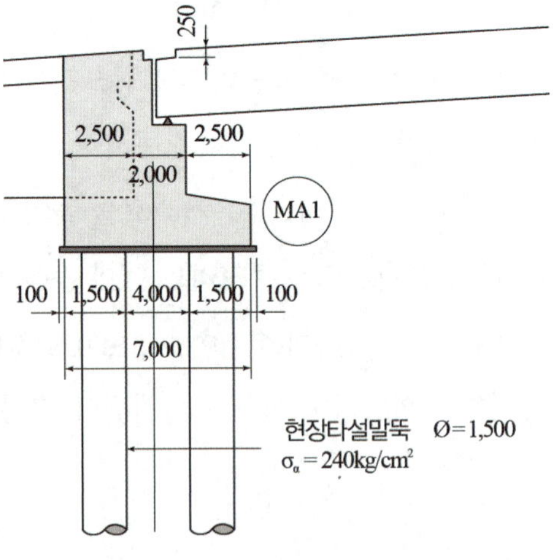

및 기초의 안정성을 고려하여 중공식으로 설계하였다. 동시에 물의 흐름에도 잘 부합될 수 있도록 단면 8각형의 판형 교각을 선정하였다. 교각은 정면 폭 21.00m, 측면 최대 폭은 5.00m로 구성된 8면체의 형상을 취하고 있고, 두께 T = 800mm로 설계되었다〈그림 6.2.17〉.

그림 6.2.16 주경간교 벽식 교각

그림 6.2.17 가양대교 주경간교 교각 평면도

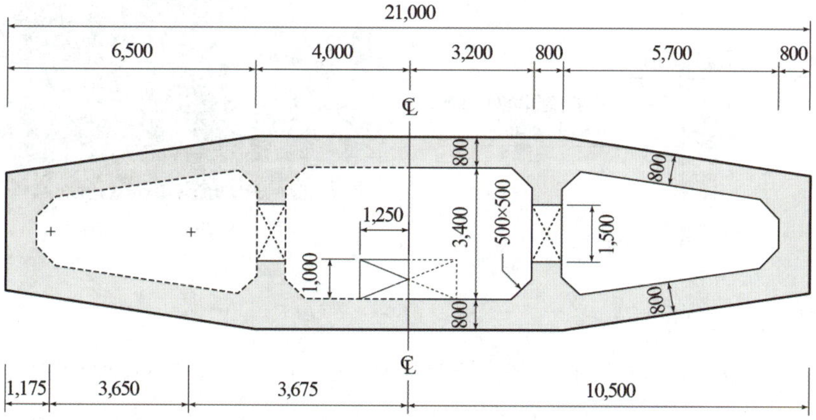

나. 접속교 구간

접속교 구간은 수중부와 육상부에 위치한다. 육상부 남쪽으로는 올림픽대로를 횡단하고, 북단으로는 강변북로를 횡단하게 되므로 전 구간을 가교각(Temporary Pier)을 사용한 가설공법을 사용하였다. 하부기초로는 수중부에서는 우물통기초로, 그리고 육상부에서는 현장타설 콘크리트말뚝으로 시공하였다.

교각의 단면은 주경간에서 사용한 8각형 형태를 조금 변형시킨 6각형의 교각 형태를 가지게 함으로써 전체 교량 교각의 동일성을 강조하였다.

1) 4차선 접속교(MBR1/MBR2)

가양대교 북단 접속교 MBR1과 MBR2 구간은 평면도로를 통과하게 되므로 교각은 폭이 좁은 T형 단독 교각 형태의 교각으로 시공되었는데〈그림 6.2.18〉, MBR2의 MP6 교각을 제외하고는 모두 현장타설 콘크리트 말뚝기초 위에 세워졌다〈그림 6.2.18〉. 이때 현장말뚝은 지름 Φ=1.50m에 설계강도 f_{ck}= 30MPa 콘크리트로 시공되었다〈그림 6.2.18〉.

그림 6.2.18 4차선 접속교 T형 교각

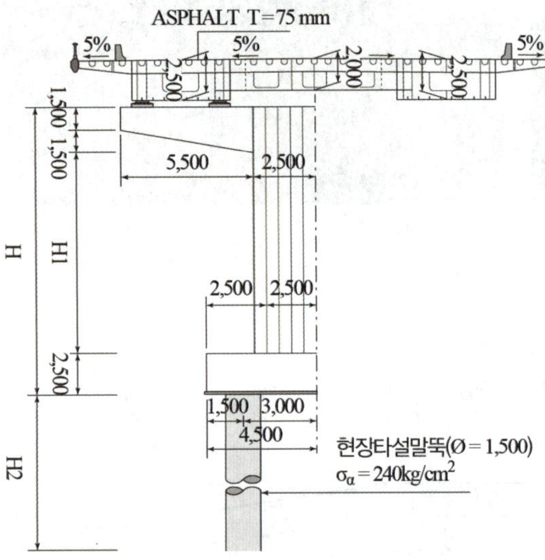

(a) T형 교각 단면도

(b) T형 교각 전경

2) 6차선 접속교(MBR5)

접속교 6차선 구간(MBR5) 하부구조 기초는 우물통기초로 되어 있고〈그림 6.2.14〉, 그 위에 놓이는 교각은 주경간교와 이미지를 살리기 위하여 문형 형식의 라멘 구조로 설계하였다.

교량의 남단과 북단에 분기를 위하여 교폭이 B = 36~44m로 확폭되는 MBR3과 MBR6에 세워진 7기의 교각은 직경 Φ = 7.00m의 우물통기초〈그림 6.2.19(a)〉 위에 Π형 모양으로 세워졌다〈그림 6.2.19(b)〉. 확장구간은 T형과 문형 교각 사이에 있으므로 양측의 교각 형태와 조화를 이룰 수 있게 Π형 교각 형태를 선택하였다.

그림 6.2.19 확폭 구간 Π형 교각

(a) 확폭 구간 하부구조 단면도

(b) 남단 확폭 구간 Π형 교각 전경

3) 프리플렉스(Preflex) 구간

가양대교 남단 화곡 I.C 구간에 설치되는 접속교 MBR7의 하부기초는 직경 Φ = 609.6mm, 두께 t = 14mm인 강관파일 말뚝기초로 시공하였고, 그 위에 T형 단독 교각을 세웠다〈그림 6.2.20〉.

그림 6.2.20 프리플렉스교 하부구조 단면도

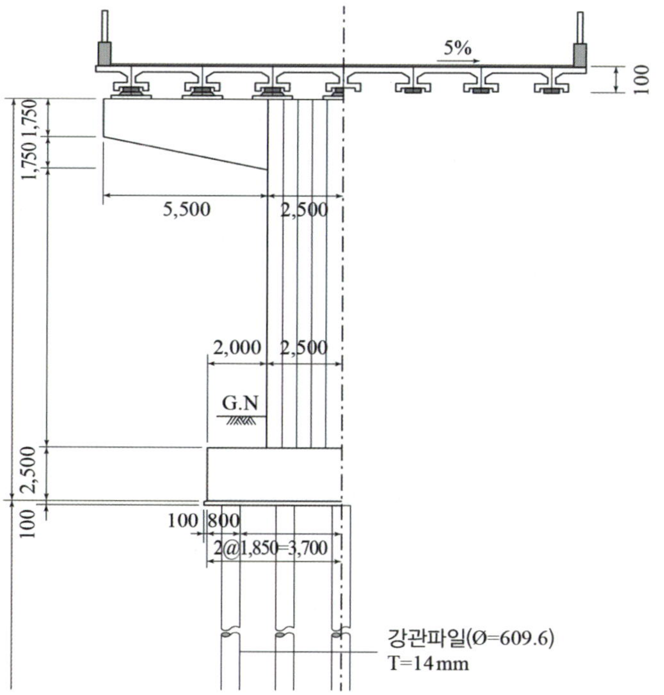

6.2.3 시공

6.2.3.1 하부구조 가설

가. 기초공사

가양대교의 수상부와 육상부 기초형식은 구조적으로 안정되고 경제적이며 시공이 쉬운 공법을 택하였다. 특히 수상부 기초는 홍수 시 통수단면의 축소를 최소화하였으며, 육상부 기초는 공사 중 소음을 최소화하여 주거환경의 피해에 적극 대처하였다.

1) 본선 수상 구간(MBR3/MBR4/MBR5/MBR6)

본선 구간 교량의 기초형식을 선정하기 위해 제1안 강재 우물통 공법, 제2안 축도식 우물통 공법, 제3안 축도식 슬러리 월(Slurry Wall) 공법, 제4안 현장타설말뚝공법 등 4개 안이 검토되었는데 그중에서 시공성이 양호하면서 축도가 필요하지 않아 홍수 시 통수단면 확보에 유리하면서 공사비가 저렴한 강재 우물통 공법으로 건설하였다〈그림 6.2.21〉.

우물통 공사는 다음과 같이 다른 기존의 교량 시공 과정과 크게 달라진 내용은 없다.

① 강재 우물통 제작
② 기초지반 정지작업
③ 강재 우물통 운반 설치
④ 강재 우물통 벽체 콘크리트 타설(무근, 수중 콘크리트)
⑤ 공사 구간(LOT)별 벽체 콘크리트 시공(철근, 수상) 및 우물통 굴착 침설
⑥ 지지층 확인
⑦ 바닥 콘크리트 타설(무근, 수중 콘크리트)
⑧ 모래채움
⑨ 덮개 슬래브 콘크리트(Cap Concrete) 타설

우물통기초는 직경 Φ= 8.00m와 직경 Φ= 7.00m의 두 가지 크기로 설계되었다. 직경 Φ= 8.00m 우물통은 교각 MP6, MP7(좌우), MP11(좌우), MP12(좌우)에 시공되었고, 직경 Φ= 7.00m 우물통은 교각 MP8～MP10(좌우)와 MP13～MP18(좌우)에 시공되었다. 본선 구간에 설치된 우물통기초는 13개소에 25본이 구축되었다.

그림 6.2.21 가양대교 우물통기초 공사 개념도와 설치 전경

서울특별시 건설안전관리본부, 2002, 가양대교 및 북단연결도로 건설공사 건설지

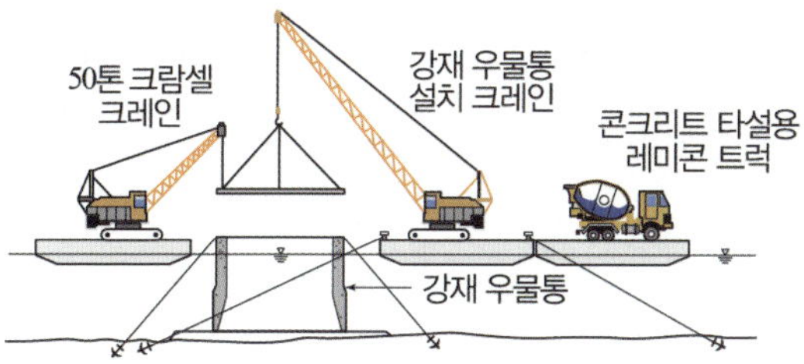

(a) 우물통 가설 개념도

(b) 우물통 설치 현장

2) 육상부 기초

육상부 기초형식을 선정하기 위하여 현장타설 콘크리트말뚝 공법과 강관파일 말뚝 공법 안〈그림 6.2.22〉이 검토되었는데 강북 본선 접속교 MBR1과 MBR2에는 현장타설 콘크리트 말뚝기초가 11기, 64개가 시공되고, 강남 I.C 구간 MBR7에는 강관파일 말뚝기초가 5개소에 113본 시공되었다.

직경 Φ = 1.50m 현장타설 말뚝은 R.C.D 공법으로 작업하였는데, 모두 콘크리트 압축강도 f_{ck}= 24MPa로 설계되었다.

그림 6.2.22 본선 육상부 파일기초 작업 현장

R.C.D 굴착 현장

R.C.D 기초 파일 철근망 건립

(a) 콘크리트 현장말뚝 작업 현장

강관파일 항타 전경

강관파일 이음 검사

(b) 강관파일 작업 현장

나. 교각

1) 본선 주경간부 교각

주경간부 교각(MP11/MP12)의 시공은 전통적인 시공 방법으로, 거푸집을 수동으로 만들어 올리면서 철근을 배근하고 콘크리트를 타설하는 시공법을 적용하였다〈그림 6.2.23〉.

그림 6.2.23 주경간교 교각 건설 현장

(a) 교각 철근 조립 전경

(b) 교각 공사 전경

2) 접속교 교각

가양대교 주교량 MBR4와 접속되는 접속교의 교각 공사도 전통적인 방법을 적용하여 시공되었다.

그림 6.2.24 본선 교각 건설 현장

(a) 육상부 교각 전경

(b) 접속교 MBR3 교각 전경

6.2.3.2 상부구조 가설

가. 주경간교(MBR4)

가양대교 주경간교 상부구조 시공을 위하여 1) F.C.M(동바리) 공법, 2) 데릭 크레인(DERRIC Crane)을 이용한 F.C.M 공법, 3) 동바리 공법 + 대블록공법 등의 3가지 공법을 검토하였다.

이 중에서 캠버 조정이 쉽고, 강상판 현장용접이 가능하며 포장의 시공성과 내구성 향상 등 여러 가지 이유로 동바리 공법이 시공법으로 채택되었다. 동바리공법은 분명히 공사 과정이 눈에 보이는 확실한 시공법에는 분명하나 가양대교와 같이 국내 최장경간의 강교량에 동바리를 사용하는 공법이 채택되었다는 사실에서 1990년대 초반 우리나라 강교량 건설기술과 해외 선진 교량 건설기술과의 차이를 크게 느끼게 된다.

그림 6.2.25 수상부 가벤트 설치 전경

그림 6.2.26 주경간교(MBR4) 강교 설치 전경

가양대교 주경간교 강박스는 폭 B = 5.0m, 높이 H = 4.0 ~ 10.0m로 변하는 구조로, 전 구조를 공장에서 일괄적으로 제작하여 운반하는 것이 어려워, 운반이 가능한 규모로 공장에서 제작하고, 이를 현장으로 운반하여 현장에서 이를 조립하여 바지 위에 설치된 크레인을 이용하여 가설하였다.

우리나라 도로 위를 달릴 수 있는 트레일러의 총 중량은 43톤을, 그리고 축당 10톤을 초과할 수 없는 제약 때문에, 강 박스를 최대 폭원 3.5m, 최대 길이 25m로 제한하였다.

공장에서 강박스를 제작할 때는 강박스에 설치하는 보강재(Stiffner)와 격벽(Diaphram) 및 세로 리브(Rib)는 미리 공장에서 제작하고, 현장에서는 분할선만 용접하도록 하였다.

가양대교 주교량의 가설공법 순서는 다음과 같다.

1) 임시 교각(Temporary Bent)을 세우고
2) 수상 구간에 정치시킨 4000톤급 바지 위에 450톤급 크레인을 설치한 후
3) 공장에서 제작된 강 박스를 윈치(Winch)를 사용하여 가교각 위에 설치하고
4) 설치된 강 박스는 임시 교각의 유압잭(Jack)으로 그 높이를 조절하면서 조립작업을 계속함

나. 본선 접속교

접속교는 수중 구간과 육상 구간으로 구분되어 시공계획을 세웠는데, 수상 구간은 주 경간교 시공 후 동일한 장비로 가설하였고, 육상 구간은 1~2개의 임시 교각을 세우고 150톤급 크롤러 크레인(Crawler Crane)으로 가설하도록 설계하였다〈그림 6.2.27〉.

그림 6.2.27 육상부 접속교 강교 설치 전경(MBR6)

6.2.3.3 야간 조명

경관조명은 교량의 전체 형태가 균일하게 드러나도록 계획하여 교량 실루엣을 강조하고, 수면에 반사되는 시각적 연출 효과를 극대화하였다〈그림 6.2.28〉.

그림 6.2.28 가양대교 야간 조명
서울특별시 건설안전관리본부, 2002, 가양대교 및 북단연결도로 건설공사 건설지

(a) 북단에서 바라본 경관조명 전경

(b) 남단에서 바라본 경관조명 전경

조도 기준은 투광 조명 기준을 적용하였으며, 피사체가 철제 구조체이고 주변 광원이 거의 없다는 점을 고려하여 약 50～10 Lux[3] 수준을 목표로 시설하였다. 광원은 투과율이 우수한 고압 나트륨 등을 선정하였으며, 약 10m 간격으로 배치하여 조명효과의 균질성을 확보하였다.

미주

[1] 조성일, 2022, 『아픔을 딛고 안전 사회로』, 북랩, 248쪽

[2] 가양대교건설기본 및 실시설계용역 종합보고서, 1994, 서울특별시 주경간도(5), 352쪽

[3] 럭스(Lux) : 빛의 조도를 나타내는 SI 단위로 1Lux는 1제곱미터당 1lm(루멘), 1 lm = 1 lm/m^2 이다. 복도나 화장실 조명을 예로 들면 50~80Lux 정도이다.

6.3

한강을 넘어 통일로 향하다, 일산대교

일산대교는 국가지원지방도 98호선 구간 중 고양시 일산구 법곶동과 김포시 걸포동을 연결하는 교량으로 한강을 통과하는 25번째 도로교다〈그림 6.3.1〉.

그림 6.3.1 일산대교 위치도

6.3.1 개요

김포대교는 2002년 6월 27일부터 2003년 5월 30일까지 약 1년간 실시설계를 수행한 후, 2003년 8월 1일 착공하여 2008년 1월 10일에 준공되었다. 시공은 대림산업이 맡았다.

그림 6.3.2 일산대교 전경
일산대교 공사지

경기도는 민간투자로 김포대교에서 물길로 이십리 가까이 서쪽으로 한강 최하류를 횡단하는 일산대교를 건설함으로써 김포·강화 일대의 유적 등 관광 자원 활성화와 고양시 킨텍스(국제컨벤션센터)와 파주시 통일 동산, 임진각 등과의 연계 개발을 통하여 지역 균형발전을 촉진하고자 하였다〈그림 6.3.2〉.

일산대교는 한강을 횡단하는 25번째 도로교로, 본선 길이 L = 1,590.0m, 너비 B = 28.5m의 왕복 6차로 교량이다. 교량 형식은 최대 경간장 120m의 소수주형 판형교를 채택하였으며, 상부구조는 수면으로부터 약 10m 높이에 위치한다〈그림 6.3.3〉.

이 교량은 경기 북서부 지역의 교통망 개선을 목표로 계획되었다. 다리 북쪽은 이산포 I.C에서 자유로와 교차하고, 대화역-구일산-식사동을 거쳐 고양시청까지 직진할 수 있다. 남쪽으로는 걸포 I.C에서 김포 우회도로, 나진 I.C에서 국도 48호선과 연결된다.

사업비의 상당 부분을 민간이 부담한 일산대교는 「사회기반시설에 대한 민간투자법」에 의거하여 시행된 '민간투자사업'으로 경기도가 추진한 '제1호 민자도로사업'이다. 출자기업들은 BTO(Build Transfer Operate) 방식으로 사업을 수행하였으며, 개통과 동시에 소유권은 경기도로 이전되었다. 다만 30년(2008.1.~2037.12.) 동안의 운영·관리권을 일산대교에 부여하였고, 이에 따라 미사대교와 동일하게 통행료를 징수하는 유료도로로 운용되고 있다.

그림 6.3.3 연두색(환경보호색) 일산대교

일산대교 건설에서 가장 중점적으로 고려된 사항은 친환경적인 시공법 선정이었다. 서강대교의 밤섬과 마찬가지로 일산대교 북단 동편 강가에 있는 장항 습지는 수도권을 대표하는 철새 도래지로, 교량 건설 조건 중에 가장 관심을 가져야 했던 사항이었다.

건설사는 이 문제를 해결하기 위하여 철새 보호를 위한 방음벽을 설치하고, 교량 색채도 철새들에 친숙한 연두색을 선택하였고, 공사 중 수상 구간에 가도 축조 시 외부 토사를 반입하지 않고 하상 준설토를 이용하는 지오튜브(Geo-Tube) 축도 시공법 적용 등의 친환경 대책이 실행되었다.

6.3.2 교량 설계

6.3.2.1 상부구조

일산대교 본교 전체 길이 L = 1,590.00m로 다음과 같은 경간 구성으로 이루어져 있다.

L = 일산 측 접속교 630m(MBR1 + MBR2(확폭부) + MBR3) + 주경간 360.00m(MBR4)
+ 인천 측 접속교 600.00m(MBR5 + MBR6 + MBR7 + MBR8)
= 160(= 4@40) + 190(= 50 + 2@70) + 280(= 4@70) + 360(= 70 + 2@110 + 70) + 210(= 3@70)
+ 60 + 120(= 2@60)
= 1,590.00m

그림 6.3.4 일산대교 종단면도

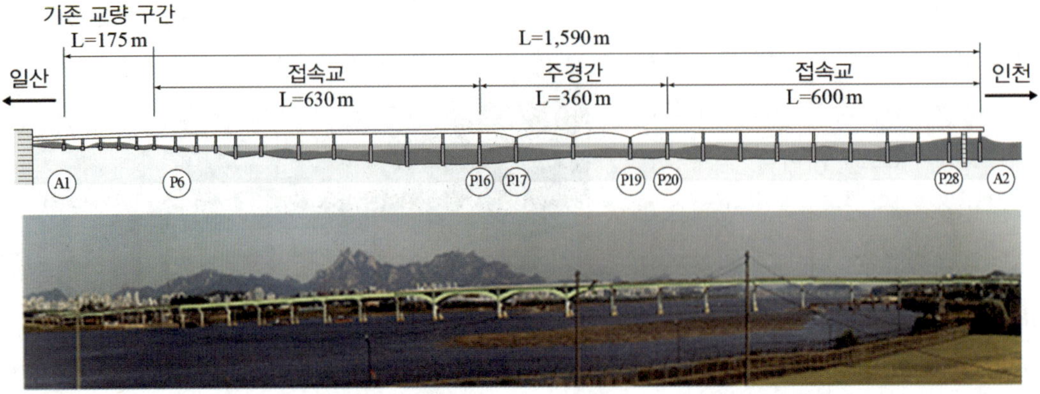

여기서 일산 측 접속교 MBR1은 강합성 강상형교, MBR2와 MBR3는 소수주형 강판형교 교량 형식을 취하고, 주교량인 MBR4는 아치형 강상판 라멘교로 되어 있다. 인천 측 접속교 MBR5, MBR6, MBR7 및 MBR8의 교량 형식은 소수주형 강판형교로 선정되었다.

일산대교에서 선택한 강상판교는 국내에서는 제일 먼저 1980년도에 준공된 성산대교에서 시작되어, 1984년도에 동작대교와 동호대교, 1997년에 성수대교, 2001년 청담대교, 2002년 가양대교, 2007년 일산대교와 2023년에 준공된 월드컵대교까지 한강 위 8개 교량에 적용되었다.

일산대교의 교폭은 확폭부(50 + 2@ 70 = 190.0m) 교폭 B = 37.0m만 제외하면 모든 구간에서 B = 28.5m로 일정하다〈그림 6.3.6〉.

B = 2.0(보도) + 0.75(측대) + 10.5(= 3@3.5, 차도) + 2.0(측대 + 중앙분리대) + 10.5(= 3@3.5, 차도)
+ 0.75(측대) + 2.0(보도)
= 28.50m

가. 주경간교(MBR4, L = 360.0m)

일산대교 주경간교의 지간장 L = 110.00m이며, 강상판을 지지하는 주형은 아치 형식을 취하고 있다. 그러나 라이즈비(아치 높이 f = 6.5m, 지간장 L = 110.00m)는 1/16.9에 불과하여, 실제로 순수한 아치의 구조적 역할을 기대하기는 어렵다. 이러한 이유로 설계자는 이 교량을 '아치형 강상판 라멘교'라고 명명하였다. 애초에 라멘교로 설계하는 것이 일반적이었을 것으로 보이나, 한강 위에 조금이라도 특색 있는 교량 형식을 구현하고자 하는 의욕에서, 아치 설계의 기본 원칙인 휨 거동 회피를 지키지 않은 것으로 판단된다〈그림 6.3.5〉.

그림 6.3.5 일산대교 주경간교 종단면도

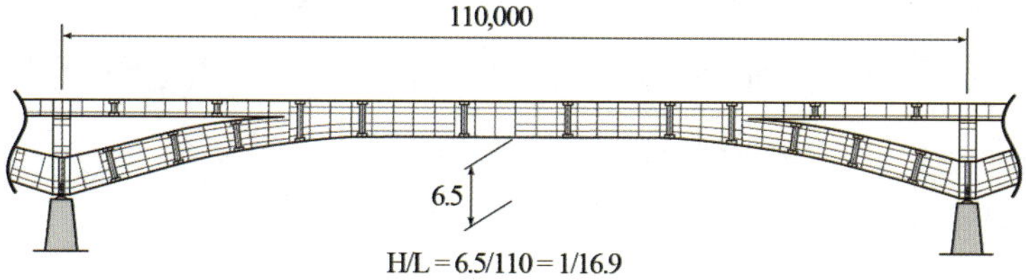

1) 보강형 구조

횡단면의 양측에는 각각 2.0m 너비의 보도가 있고, 차도에는 양측에 3차선씩 6차선(2×3@3.5 = 21.0m)의 차도가 설계되어 있다. 일산대교 설계에서는 소수주형 강상판교를 특히 강조하고 있다〈그림 6.3.6〉.

소수주형 강상판교 시공의 장단점

장점

- 직교이방성 강상판을 바닥판으로 사용할 수 있다.
- 설계 사하중의 크기가 작아져서 설계 단면을 줄일 수 있다.
- 폐합된 단면이 아니므로 강재 제작 시 작업이 유리하며, 유지관리에도 폐단면처럼 출입문이 별도로 필요하지 않아 편리하다.
- 공사비가 상대적으로 저렴하다.

단점

- 부재 단면이 줄어들므로 풍하중에 취약할 수가 있다.
- 용접이음 개소가 많아 피로에 대한 충분한 검토가 필요하다.

그림 6.3.6 주경간교 표준 횡단면도

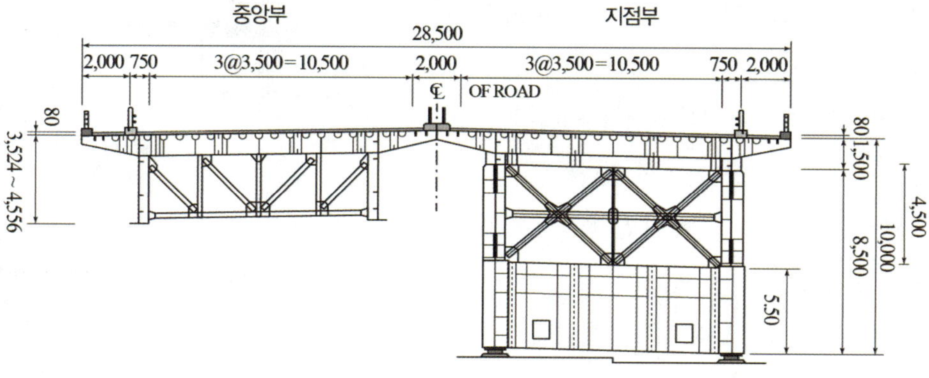

일산대교에서는 강상판 교량을 상·하행선 두 개 별도의 교량으로 분리하여 건설하였다. 각 교량의 횡단면의 폭은 각각 B = 14.2m로 하였고 두 교량은 10cm 간격을 두고 나란히 시공하였다. 소수 주형교라고 이름을 했으니, 바닥틀을 두 개의 I형 거더로 받치고 있는데, 이 주형의 높이는 지점부에서 H = 5.5m, 그리고 중앙부에서는 3.524m에서 4.556m까지 변하고 서로 9.5m 거리를 두고 설치하였다〈그림 6.3.7〉.

일산대교 주경간부 보강형에 사용된 강재는 SM570으로 선정하였고, 수직재 등 주부재에는 SM490을, 그리고 브레이싱과 같은 2차 부재에는 SM400을 적용하였다. 2차 부재 설계 시 저강도 강재를 쓰는 것은 매우 일반적이다.

그림 6.3.7 소수 주형 강상판교

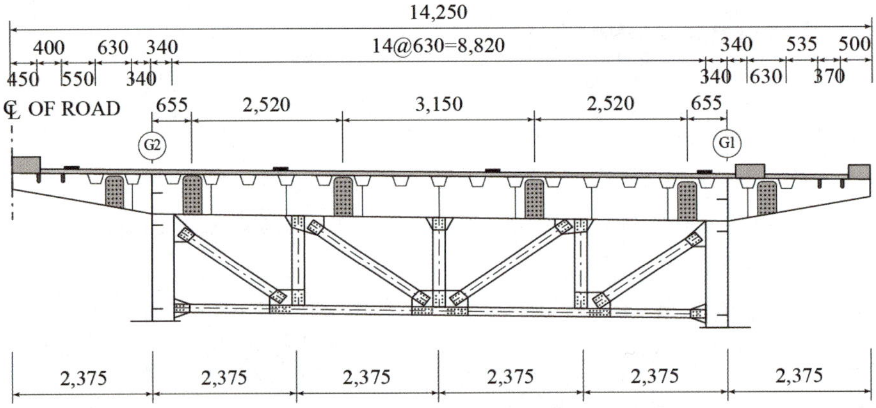

2) 아치 리브구조

일산대교 설계 엔지니어들은 아치 리브가 상부 하중에 의한 축력과 휨모멘트를 동시에 감당해야 하는 역학적 역할을 고려하여 면내·외 좌굴 현상이 발생하지 않도록 많이 고심한 것으로 알려져 있다. 그 결과 일산대교의 보강형 횡단면은 일반적으로 사용하는 박스형이 아닌 I형 거더를 두 개 사용하여 아치 리브를 형성하였다.

그림 6.3.8 아치 리브 횡단면도 개념도

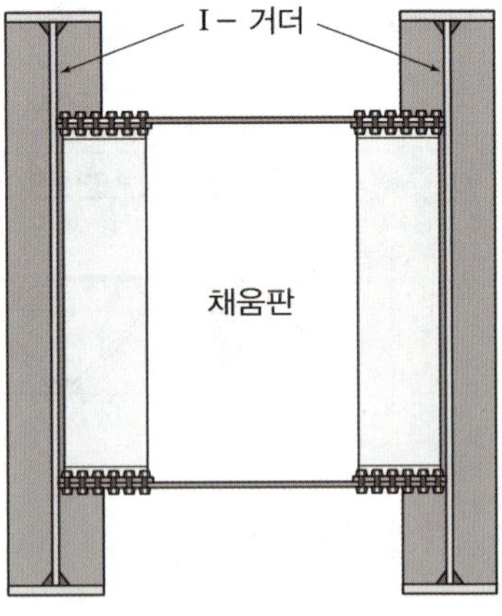

I 거더형 아치 리브는 설계 단면이 작아 강재 소요가 적고, 이음부에 채움판 적용〈그림 6.3.8〉으로 가설 중량이 적어져서 시공에 유리하다. 그리고 형고가 낮아 아치 리브 위에

놓인 보강형 부재와 연속성을 유지하기 쉬운 장점이 있다. 그러나 상대적으로 횡방향 강성이 부족한 취약한 면도 함께 가지고 있다.

나. 접속교의 설계

일산대교 주경간 양측에 시공된 두 접속교의 형식도 소수주형 강판형교로 선정하였다. 주형의 개수는 최대 3개로 제한하고, 그 대신 주형 설계에 최대 60mm 두께의 고강도 강재인 SM570을 사용하였다. 접속교는 그 위에 콘크리트 바닥판을 합성시켜 강콘크리트 합성교로 설계하였다〈그림 6.3.9〉.

그림 6.3.9 접속교 강콘크리트 합성 소수 주형교

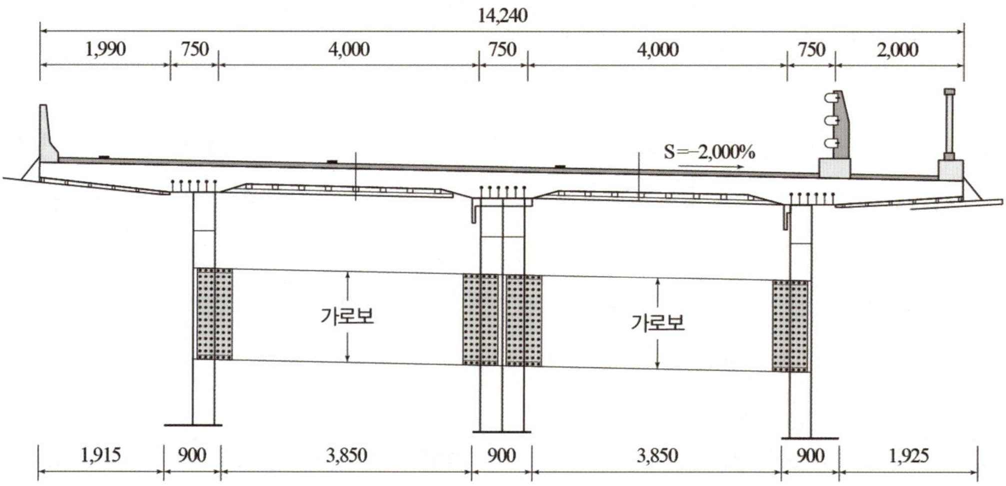

일산대교 설계 엔지니어들은 접속교의 가로보 연결 위치 결정을 위하여 많은 연구를 했던 것으로 보인다. 그들이 연구한 결과에 의하면 가로보를 하단에 설치하면 교축 방향 변위의 영향을 받고, 또 상단에 설치하면 플랜지 휨 강성을 구속하는 결과를 가져온다. 그래서 그들은 횡분배 효과는 크고, 접합부의 주형에 발생하는 응력이 작아져 피로현상에 위험이 적은, 주형의 중단에 가로보를 설치하기로 하였다〈그림 6.3.10〉.

그림 6.3.10 아치 리브 주형 사이에 설치한 가로보

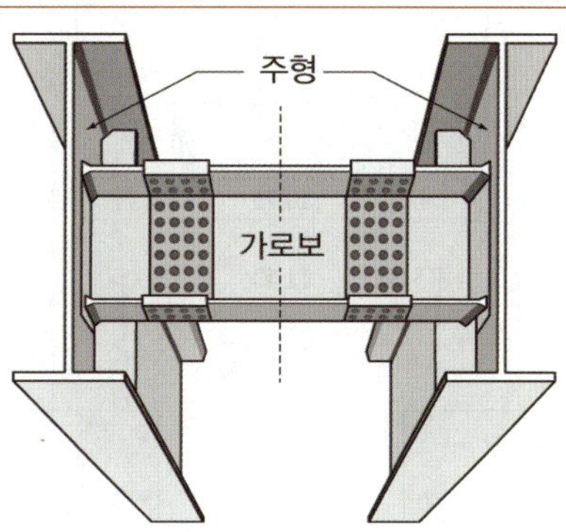

6.3.2.2 하부구조

가. 교대

일산대교의 교대 A2 시공성과 경제성을 고려하여 교대는 저판의 폭 B = 5.20m, 높이 H = 8.0m인 역 T형으로 설계하였다. 기초 형식은 설치지점의 지형과 지층구조를 분석하여 현장타설 콘크리트 파일기초로 결정하였다. 참고로 일산대교의 북측 일산 방면에 있는 교대 A1은 일산대교 본 교량에 속해 있질 않아 여기서는 취급하지 않았다.

나. 교각

교각은 단면을 통일하여 조형미를 추구하는 동시에 시공성과 유지관리의 편의성을 도모하였다. 강화된 내진설계기준을 만족하도록 교각 기둥의 내진성을 확보하고 상부 반력이 집중되는 교각 멍에(코핑부)에 대한 구조적 안전성을 확보했다.

교각의 형태는 주경간교의 라멘형 교각을 제외하면〈그림 6.3.11〉, 나머지 교각은 상부구조 형식과 조화를 이루도록 상·하행선 모두 T형 단독 교각으로 하였다〈그림 6.3.12〉. 이렇게 단면과 형상을 통일하여 현장에서는 품질관리의 편리성과 사용 자재의 전용성을 확보할 수 있었다. 주경간교에서 MP17～MP19까지는 라멘형(원추형 3.0×5.0) 교각 형태로, 나머지 MP6～MP8까지는 T형 단면의 트랙형(2.7×3.3), MP9～MP11까지 확폭부에는 T형 단면의 트랙형(2.7×5.0), MP12～MP16까지는 T형 트랙형(2.3×3.3), MP20～MP28까지는 T형 트랙형(2.3×3.3)의 교각 형태를 가지고 있다.

그림 6.3.11 주경간교 표준 횡단면도

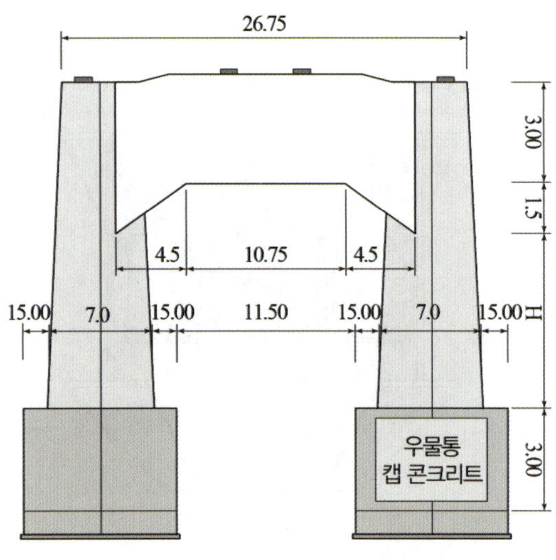

그림 6.3.12 본선 접속교 하부구조 표준 횡단면도

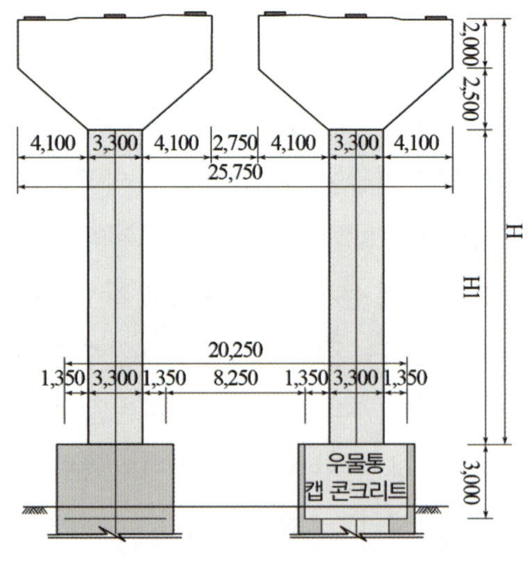

다. 기초

일산대교 설계 구간의 지층은 퇴적토, 풍화암, 연암 및 경암 등 매우 다양하게 분포되어 있고, 특히 수상부 본선 구간에는 지지암의 심도가 깊게 분포하고, 육상 측인 이산포 I.C로 갈수록 암반의 심도가 얕아진다. 설계팀은 일산대교 상부구조의 규모나 중요도에 비하여 기초지반의 지지력이 부족하고 또한 침하량이 과다하게 예상된다고 판단하여 기초를 기초지반인 암반층에 있는 깊이까지 우물통 또는 말뚝기초로 설계하였다. 특히 세굴의 영향으로 기초 바닥이 노출될 우려가 있으므로 우물통기초를 연암층 속으로 근입하였다. 이러한 설계개념을 가지고 설계팀은 최종적으로 교각 기초 P27과 군(軍)에서 시추를 거부한 P28번 교각 기초는 현장타설 콘크리트말뚝(All Casing 공법)을, 인천 측 교대 A2 기초에는 강관파일 말뚝기초로 시공하고, 본 교량 나머지 교각 P6부터 교각 P26까지 기초는 우물통기초로 공사하였다.

6.3.3 시공(주경간교)

일산대교를 가설하는 지점은 수심이 깊지 않고, 간조 시 일부 구간의 하상이 드러나므로 바지선에 의한 수상 이동에는 제약을 받는다. 더욱이 군사보호구역에 위치하고 작업을 위한 플로팅(Floating) 크레인 및 바지선 접근이 쉽지 않으므로 수상 운반 후 대형 크레인에 의한 일괄 가설 공법도 적용하기 어려운 환경이었다. 따라서 가교 및 가도에 의해 운반이 가능한 정도의 중량을 육상 운반하여 가벤트〈그림 6.3.13〉 및 소블록 가설 공법을 이용하여 가설하는 공법을 선택하였다.

그림 6.3.13 2003년 11월 가벤트 공법에 의한 상부구조 가설

6.3.3.1 하부구조 시공

가. 우물통기초

교량 설계자는 기초를 가급적 안정된 암반에 지지되도록 심도를 선정하고, 지질조사를 토대로 교대 및 교각의 지질특성을 고려한 기초형식을 선정했다.

일산대교에 설치된 우물통기초 공사는 수상부 작업이 필요한 공사였는데, 연약지반이 예상되어 현장 여건에 따라서 강재 우물통 + 콘크리트 우물통기초와 콘크리트 우물통기초를 혼합하여 시공하였다.

1) 강재 우물통 + 콘크리트 우물통기초의 시공순서

- 제1단계 : 강재 우물통을 제작하여〈그림 6.3.14〉
- 제2단계 : 현장에 설치하고 강재 우물통에 콘크리트를 타설하고 침하시킨다〈그림 6.3.15〉.
- 제3단계 : 두 번째 작업 구간(2 Lot)에서 콘크리트 우물통 철근을 조립하고 콘크리트를 타설한다.
- 제4단계 : 지반 굴착 및 구체를 침하시킨다(제2~3단계를 반복한다).
- 제5단계 : 저면 수중 콘크리트를 타설하고, 일정 높이까지 채움 콘크리트를 타설한 후 우물통 덮개 콘크리트를 시공한다.

2) 콘크리트 우물통기초 시공

- 제1단계 : 슈(Shoe)를 제작하고 기초 위치에 설치한다.
- 제2단계 : 철근을 조립하고 콘크리트를 타설한 후 침설(沈設)한다.
- 제3단계 : 두 번째 작업 구간 철근을 조립하고 콘크리트를 타설한다.
- 제4단계 : 굴착 및 침설한다(제2~3단계를 반복한다).
- 제5단계 : 저면에 수중콘크리트를 타설하고 우물통 덮개 콘크리트 시공한다.

그림 6.3.14 강재 우물통 제작 현장

그림 6.3.15 우물통기초 시공 현장

나. 말뚝기초

일산대교 본 교량에는 3개소에 말뚝기초가 적용되었는데, 직경 Φ= 1,500mm 말뚝과 Φ= 1,000mm의 두 가지 All Casing 말뚝기초를 적용하고, 직경 Φ= 500mm짜리 강관말뚝도 사용하였다. 그러나 전체적으로 보면 우물통기초를 주로 사용하였다.

다. 교대공사

교대공사는 말뚝기초 두부 절단선에 맞게 두부를 절단하고 보강한 후 다음 순서에 따라 시공하였다.

1) 기초 버림 콘크리트를 쳐서 바닥을 고른 후 기초 철근을 배근한다. 거푸집을 설치한 후 기초 구체의 콘크리트를 타설한다〈그림 6.3.16(b)의 ①〉.
2) 파일 위에 지지판이 만들어지면 1단 벽체와 날개벽에 철근을 배근하고 콘크리트를 타설한다〈그림 6.3.16(b)의 ②〉.
3) 1단 벽체와 날개벽이 이어 2단 벽체와 날개벽에 철근 및 거푸집을 설치한 후 콘크리트를 타설한다〈그림 6.3.15(b)의 ③〉.
4) 난간벽인 파라펫(Parapet) 및 날개벽을 시공한다.

그림 6.3.16 일산대교 교대 A2

(a) 교대

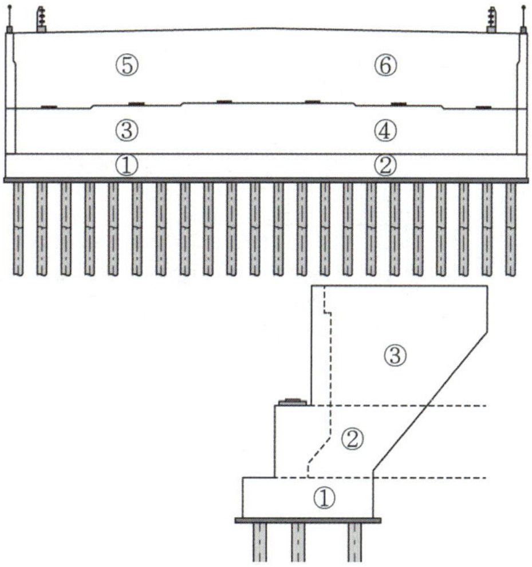

(b) 교대 작업 분할 순서

라. 교각 및 코핑 공사

접속교에 축조하는 교각과 멍에(코핑)에 사용되는 콘크리트 설계 기준강도는 σ_{ck}= 240kg/cm^2 으로 하고, 거푸집으로는 합판 거푸집과 원형 거푸집을 사용하였다.

일산대교 접속교의 독립 기둥은 다음과 같은 순서로 시공하였다.

1) 먼저 시공된 우물통기초 벽체 위에 물막이 거푸집을 만들어 세우고〈그림 6.3.17(a)〉
2) 우물통에 속채움 콘크리트를 타설한 후 교각의 위치를 측량한다.
3) 우물통 덮개 콘크리트와 교각 작업 1구간(Lot)에 수직 철근을 배근하고 나면
4) 우물통 상단에 덮개 콘크리트를 양생·설치한 다음
5) 작업 구간별(H = 4.2m) 철근을 배근하고 콘크리트를 타설한다.
6) 교각의 멍에(코핑) 거푸집을 설치하고 철근 배근을 한 후〈그림 6.3.17(b)〉.
7) 콘크리트를 타설하여 양생하면 모든 건설 공정이 끝이 난다.

그림 6.3.17 일산대교 본선 교각 공사

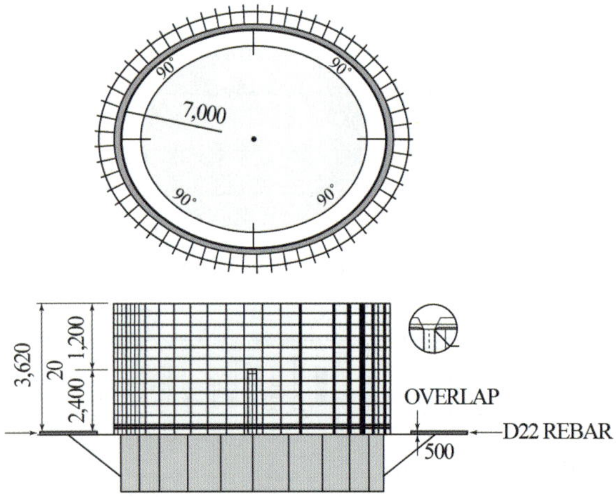

(a) 물막이 거푸집 상세도

(b) 멍에(코핑) 공사 현장

마. 가도 시공

일산대교 건설 구간은 군사보호구역이고 수심이 깊지 않아 대형 크레인이나 수상 크레인(Floating Crane)을 사용하기에 적합하지 않은 지역이므로 다소 유수단면적 축소로 유수흐름에는 불리하나 시공성이 좋고 공기를 줄일 수 있는 가도와 가교를 섞어 적용하는 시공법을 채택하였다.

이를 위하여 원설계에서는 설치 및 철거 등 시공성이 뛰어난 지오튜브(Geo-Tube) 축도 시공법을 채택하였다〈그림 6.3.18(a)〉. 이 방법은 먼저 지오튜브에 하상토를 채워서 사면을 형성하고 유수흐름을 차단한다. 그 후 형성된 사면 내 하상토를 채우고 다짐 및 포설을 반복하면 가도가 완성된다. 지오튜브는 토목섬유제품으로 사면의 안정성을 확보할 수 있고, 우기에 설치나 철거가 쉽고 회수하기 편하다. 특히 토사를 외부에서 운반해 오는 것이 아니라, 하상토를 사용하므로 환경피해를 최소화하여 민원을 크게 줄일 수 있다고 판단했다. 이산포 측 물양장 계획 중 성토 단면의 장단점을 비교한 결과 사석 가제방 공법과 지오튜브 공법을 융합하여 쓰는 시공법을 채택하였다〈그림 6.3.18(b)〉. 원설계인 지오튜브 공법은 별도의 세굴 방지 보호공이 필요없다는 장점이 있으나, 수중 작업에 어려움이 많아 시공성이 떨어지는 것으로 평가되었다. 반면 사석 가제방 공법은 별도의 세굴 방지를 위한 추가 보호공이 필요다는 단점이 있지만, 시공성이 양호하다는 평가를 받은 것으로 판단된다.

그림 6.3.18 일산대교 가도 시공 방법

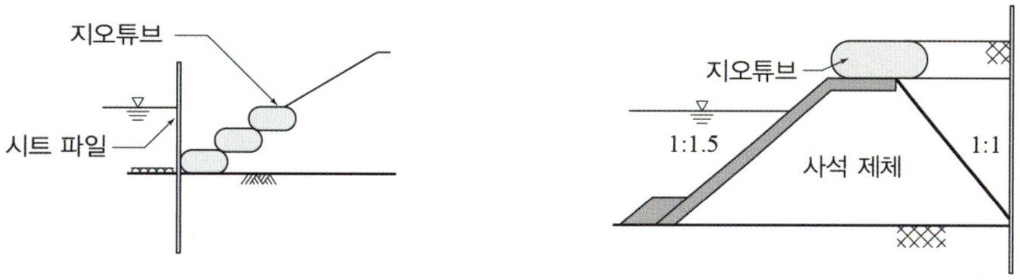

(a) 지오튜브 공법　　(b) 사석 가제방 공법

6.4

동쪽 신도시의 출발점, 미사대교

6.4.1 개요

미사대교는 경기도 하남시 망월동과 남양주시 삼패동을 연결하는 교량으로, 길이 L = 1,530m, 폭 32.4m의 왕복 6차로이며 높이는 30.6m이다. 미사대교는 서울-춘천 고속도로(서울 강동구 강일동~강원도 춘천시 동산면, 61.3km) 1공구(서울 방향 3.56km 구간)에 위치한다〈그림 6.4.1〉. 한강을 횡단하는 26번째 도로교인 미사대교의 이름은, 망월동 동쪽 한강변에 잔잔히 일렁이는 물결과 고운 모래사장이 펼쳐져 있던 '미사동(渼沙洞)'에서 유래하였다. 한강을 횡단하는 미사대교는 총 15개의 경간으로 나누어져 있는데, 망월동 쪽(서울 쪽) 접속교 349.06m와 주교량 1,178.58m 그리고 4개의 신축이음 구간으로 구성된다.

그림 6.4.1 미사대교 위치도

현대산업개발(주), 미사대교 공사지, 388쪽(365~427)

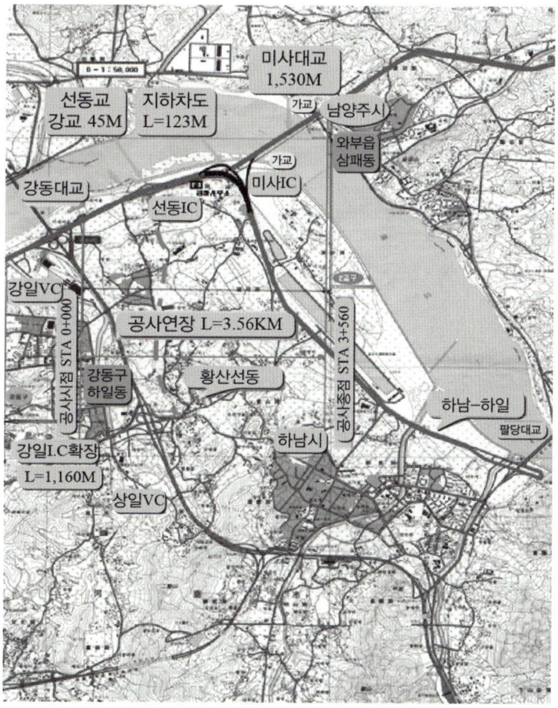

구체적인 다리 경간 구성은 다음과 같다〈그림 6.4.2〉.

L = 140(= 2@70) + 210(= 3@70) + 90 + 1,000(= 8@125) + 90
= 1,530.00m

미사대교는 왕복 6차선 교량으로 각각 너비 B = 16.20m인 두 개의 P.S.C 박스거더를 1.00m의 간격을 두고 나란히 건설하여 중앙분리대를 특별히 따로 설치할 필요가 없었다. 팔당대교와 강동대교 사이의 한강 상류를 가로지르는 미사대교는 현대산업개발이 시공을 맡아 2004년 8월 12일 착공하여 2009년 7월 15일 준공하였다.

지반환경은 특이하게도 육상부에서는 풍화암선이 상당히 깊게 분포하는 반면, 수중부에서는 얕은 깊이에서 연암층 또는 경암층이 나타났다. 이에 따라 육상부는 주로 현장타설 콘크리트 말뚝기초를 시공하였고, 수중부는 직접확대기초를 적용할 수 있었다. 교각은 팔각 중공식 교각으로 설계되었으며, 상부공은 P.S.C 박스거더 형식을 취하였다. 교각 간의 경간장을 최대한 확보하면서 경제성을 고려한 결과, 수중부 상부구조 가설공법은 F.C.M 공법(Free Cantilever Method)으로 결정되었다.

그림 6.4.2 미사대교 종·평면도

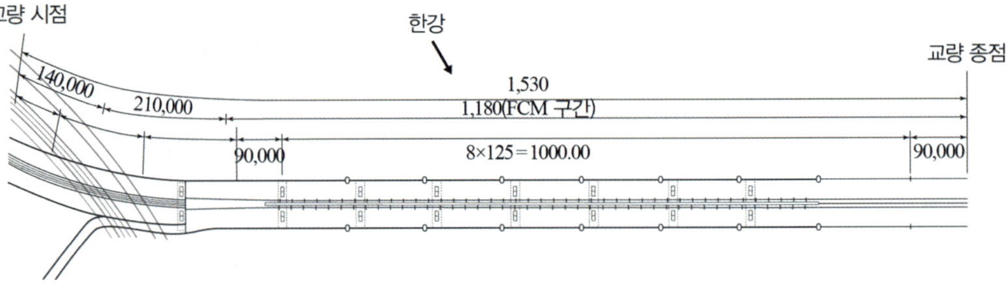

(a) 평면도

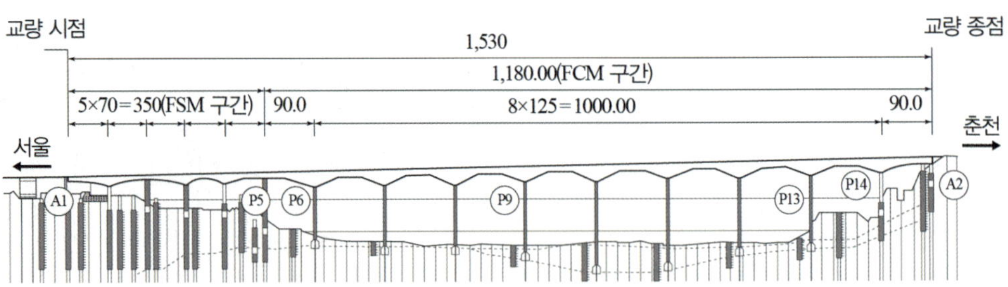

(b) 종단면도

시공 과정에서 수상부 콘크리트는 바지선을 이용해 300회 이상 타설되었다. 이에 대한 대책으로 반경 2km 이내에 레미콘 공장을 설치하여 공급 효율을 높였고, 동시에 적정 수량의 이동식 작업차(Form Traveller)를 투입하여 콘크리트 타설을 조기에 완료할 수 있었다.

한편, 미사대교는 팔당대교 하류 약 9km 지점의 상수원 보호구역 내에 위치하여 수질오염으로 인한 민원 발생이 우려되었다. 그러나 CDS-Storm Water 방식을 적용한 비점오염방지시설을 교각 측벽에 설치하여, 공사 중 발생할 수 있는 고형물·오일 등의 오염물질이 한강으로 유입되는 것을 차단함으로써 무사히 공사를 마칠 수 있었다.

곡선형 교량 형태를 가지고 있는 미사대교는 그 구조가 단순하면서도 안정감을 주면서 동시에 구조적인 조형미를 통하여 미려한 외관을 창출하였다. 야간 조명 시설도 잘 설치하여 한강의 경관을 한층 아름답게 만들고 있다.

곡선형의 외형을 갖춘 미사대교는 구조적 단순성과 안정성을 바탕으로 조형미를 구현하였으며, 야간 조명 시설을 설치하여 한강 경관을 한층 아름답게 빛내고 있다.

6.4.2 교량 설계

6.4.2.1 설계 일반

미사대교는 1등교로 설계하여 DB-24와 DL-24를 설계기준 하중으로 적용하였다. 흥미로운 것은 한 단계 진화된 한계상태설계법이 이미 2015년에 사용되었는데, 이 다리에서는 그 이전의 교량 설계에 통용되었던 허용응력설계법으로 설계했다는 것이다. 이는 설계 엔지니어가 P.S.C 구조물에는 사용하중상태에서 균열이 가지 않아야 하는 설계개념에 충실했던 것으로 판단된다. 그러나 안정성 검토에서는 강도설계법을 채택하였다. 미사대교 설계에서 R.C 구조물(슬래브, 교각, 교대, 옹벽, 암거 구조 등)과 P.S.C 구조물 안전성 검토에는 강도설계법을 설계기준으로 하고, P.S.C 구조물(P.S.C 빔, P.S.C 박스거더)에는 허용응력설계법을 설계기준으로 적용하였다.

허용응력설계법은 처짐, 균열, 피로검토과 같은 사용성 설계와 가교 및 기타 강재 가시설물 등의 설계에도 적용되었다. 〈그림 6.4.3〉에서 볼 수 있듯이 미사대교의 교량구조는 매우 간단하여 말뚝기초(a), 또는 직접확대기초 위에 팔각형 교각을 설치한 후(b), 교각 위에 좌우 양쪽에 교량 면진받침(기초분리장치)을 설치한 뒤 그 위에 교폭 16.20m(서울 방향)의 P.S.C 박스거더를 얹어 다리를 완성하였다. 다만, 접속교 구간 춘천 방향 P.S.C 박스거더 교폭은 다른 구간보다 약간 넓게 설계되었다.

그림 6.4.3 미사대교 상부구조 표준 단면도

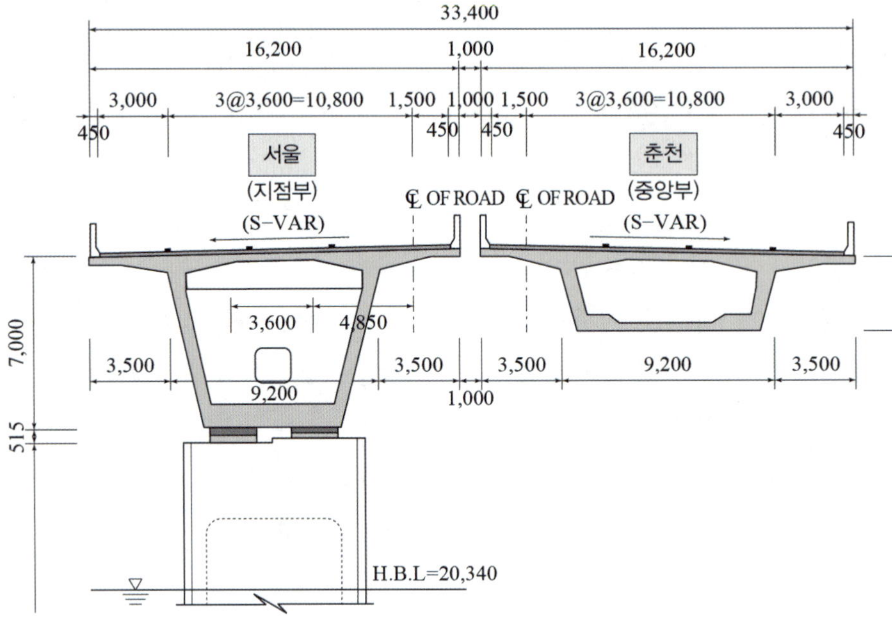

(a) F.C.M 공법 주교량 구간 상부구조 횡단면도

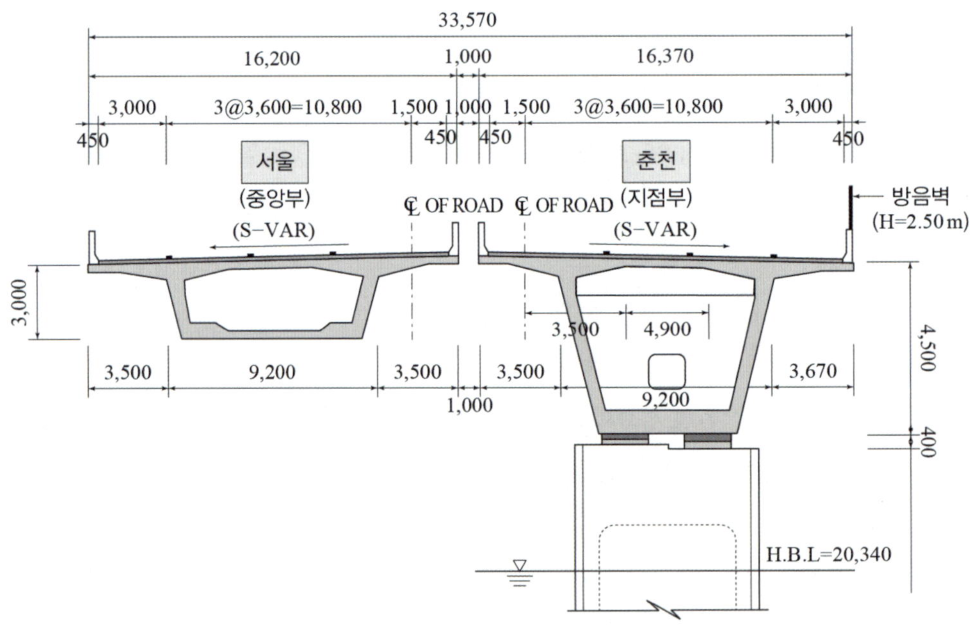

(b) F.S.M 공법 접속교 구간 상부구조 표준 횡단면도

6.4.2.2 상부구조

가. 본선 주교량

앞에서 언급했듯이 미사대교 본선 주교량 상부구조 설계는 교량 1등급(DB-24, DL-24)으로 설계하였으며 설계법은 허용응력설계법을 적용하였다. 재료로는 설계기준강도 f_{ck} = 450kgf/cm^{2}의 콘크리트와 항복강도 f_y = 4,000kgf/cm^{2}급 철근을 사용하였고, 사용한 프리스트레스트 텐던의 강선극한강도는 f_{pd} = 18,000kgf/cm^{2}이고 강선항복강도는 f_{py} = 16,000kgf/cm^{2}이다.

미사대교 상부구조는 전형적인 형태의 P.S.C 박스거더로 설계되어 있다. 접속교나 주교량이나 모두 횡단면은 상·하행선이 분리된 두 개의 박스로 형성되어 있고, 그 너비는 각각 16.20m이다. 교량 상부구조의 높이는 주교량에서는 7.00m(지점부)로부터 3.00m(중앙부) 사이로 변하고, 접속교에서는 4.50m(중앙부)에서 3.00m(중앙부)까지 변한다〈그림 6.4.3〉.

그림 6.4.4 서울 방향 프리캐스트 세그먼트 종단면 배치도

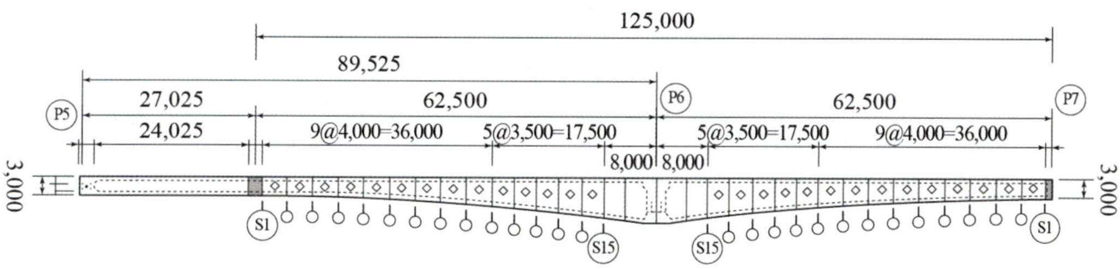

※ S1: 프리캐스트 세그먼트 1번

미사대교 주교량 중앙부 한 경간 길이는 125.00m다〈그림 6.4.4〉. 다경간 연속교인 미사대교 주교량의 최외측 경간(교각 P5~P6)은 일반적으로 연속교의 경간 구성에 적용하는 중앙경간 길이 125.0m의 0.8배(= 100.00m)보다 작은 89.525m로 선정되었다〈그림 6.4.4〉.

미사대교의 주교량에서는 시공법으로 F.C.M 공법을 선택하였다. 이 공법을 실행하려면 먼저 중간 교각 위에 길이 16.0m인 주두부를 설치하고(〈그림 6.4.4〉에서 좌측 세그먼트 S15와 우측 세그먼트 S15 사이), 주두부에 설치된 이동식 작업차를 이용하여 양측으로 균형을 잡아가며 한 사이클에 3.5m 또는 4.0m씩 순차적으로 콘크리트를 타설하면서 공사를 진행한다. 미사대교 주교량의 경우에는 주두부가 설치된 이후에는 순차적으로 14번 사이클이 진행되었다.

1) 주두부 설계

주두부 위에서 이동식 작업차를 설치하고 양쪽으로 3.0m 또는 4.0m씩 P.S.C 세그먼트를 타설해 나가려면 주두부를 교각에 P.C 긴장재를 사용하여 확실하게 고정시킬 필요가 있다. 미사대교 주교량에는 이동식 작업차가 설치되는 교각마다 길이 9.50m 되는 강봉을 2×20 = 40개 배치하여 고정단 역할을 확실하게 하였다〈그림 6.4.6〉.

그림 6.4.5 주두부 일반도

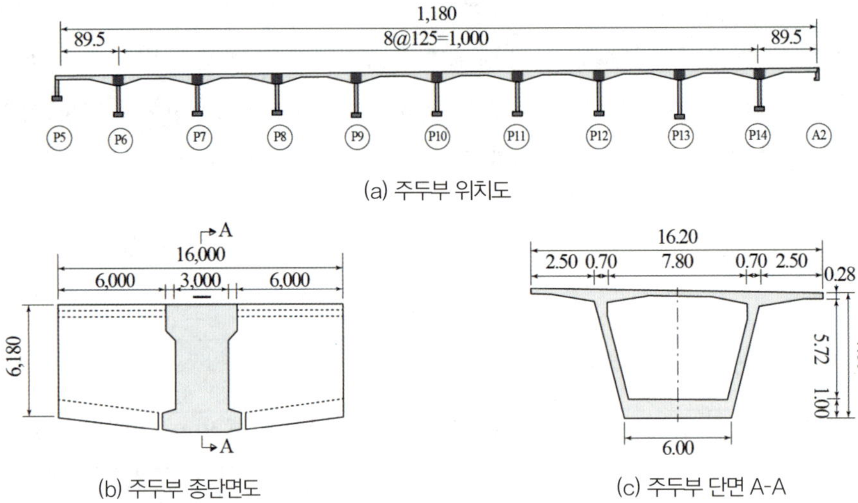

(a) 주두부 위치도

(b) 주두부 종단면도

(c) 주두부 단면 A-A

그림 6.4.6 주두부 임시 고정시설

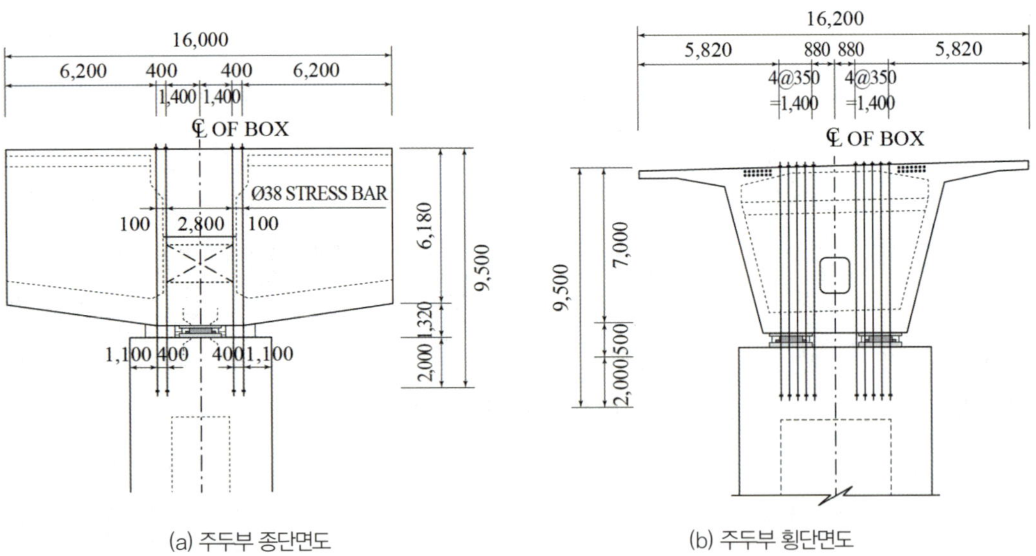

(a) 주두부 종단면도

(b) 주두부 횡단면도

2) P.S.C 박스거더 설계

주교량 단면의 전체 너비는 33.40m로 그 경간 구성은 다음과 같다〈그림 6.4.3(a)〉.

$$\begin{aligned}\sum B &= 2\times[0.45(\text{자동차 방호책}) + 3.00(\text{보도} + \text{길 어깨}) + (3@3.60 = 10.80(3\text{차선 도로}))\\ &\quad + 1.50(\text{길 어깨}) + 0.45(\text{자동차 방호책})] + 1.00(\text{두 박스거더 간격})\\ &= 33.40\text{m}\end{aligned}$$

지점부에서 두 받침 간의 간격은 3.60m이고, 그 받침의 높이는 515mm이다. 주교량 지점부에서의 높이 H = 7.00m이고 중앙부에서는 H = 3.00m로, 전체 단면이 매우 아름다운 곡선을 그리는 변단면으로 구성되어 있다.

접속교의 경우 지점부에서의 교량 횡단면의 높이 H = 4.50m로 주교량에 비하여 낮아지나, 중앙부에서는 횡단면의 높이가 주교량과 같이 H = 3.00m로 만들어졌다.

F.C.M 공법으로 시공하는 P.S.C 교량은 설계할 때 시공단계를 고려한 구조해석이 필요할 뿐만이 아니라, 동시에 건조수축과 크리프 현상으로 인한 시간 의존적인 변위를 제어하기 위한 추가적인 프리스트레스 양을 결정하는 문제를 대면하게 된다. 미사대교에서는 이러한 문제를 고려하여 단면 상부에 468개의 긴장재[1]를 배치하였다〈그림 6.4.7〉.

하부 복부판에는 214개의 긴장재가 설치되었다. 우리나라에 프리캐스트 세그먼트 P.S.C 박스거더교가 도입된 것은 1991년 12월, ㈜한국종합기술이 서울 강변북로에 있는 두모교를 설계하면서부터이다. 당시 국내 기술진만으로는 설계와 시공이 불가능했기 때문에 영국 엔지니어들의 도움을 받아 공사를 완공하였다. 그 이후 국내 여러 현장에서 P.S.C 박스거더가 시공되었으나, 설계원리를 완전하게 이해하지 못한 채 적용된 공법이었기 때문에 시간이 지나면서 외부에서 스며든 우수(雨水)로 인해 청계천 고가교 일부 경간에서는 P.C 긴장재의 쉬스관 내부로 물이 스며들어 P.C 긴장재 자체가 부식되는 위험한 상황이 발생하기도 했다. 다행히 이러한 부식은 사전에 발견되어, P.C 긴장재 파단으로 인한 대형 교량 붕괴 사고는 미연에 방지할 수 있었다.

서울시는 정릉천 고가교 사례를 계기로 서울 시내 설치된 P.S.C 박스거더교 전반에 대해 정밀안전점검을 실시하였고, 그 결과 기존 콘크리트 교량에 설치된 P.C 긴장재는 정기적으로 보수· 교체할 필요가 있다는 점을 확인하였다. 실제로 두모교에 대한 안전진단 결과, 차량이 교량을 통과할 때 프리캐스트 세그먼트 사이가 벌어져 틈새로 지반이 보일 정도였으며, 이 틈을 통해 빗물이 유입되면 박스 단면의 긴장재가 부식될 수 있었다. 이에 따라 서울시는 긴급하게 박스 단면 외부에 추가 긴장재를 설치하고 긴장력을 도입하여 교량의 사용성을 확보하였다.

이러한 경험을 반영하여, 미사대교에서는 향후 발생할 수 있는 위험을 예방하기 위해 외부 긴장재를 설치할 수 있는 공간과 정착 장치를 미리 마련해 두었다〈그림 6.4.7의 점선〉. 다만 설치할 위치와 정착장치는 미리 마련해 두었어도 P.C 긴장재 자체는 설치하지 않았다. 향후 유지관리 과정에서 필요하다고 판단될 경우 추가로 긴장재를 보강하도록 계획하였다.

그림 6.4.7 미사대교 본선 F.C.M 구간 강연선 배치 개요도(서울 방향)

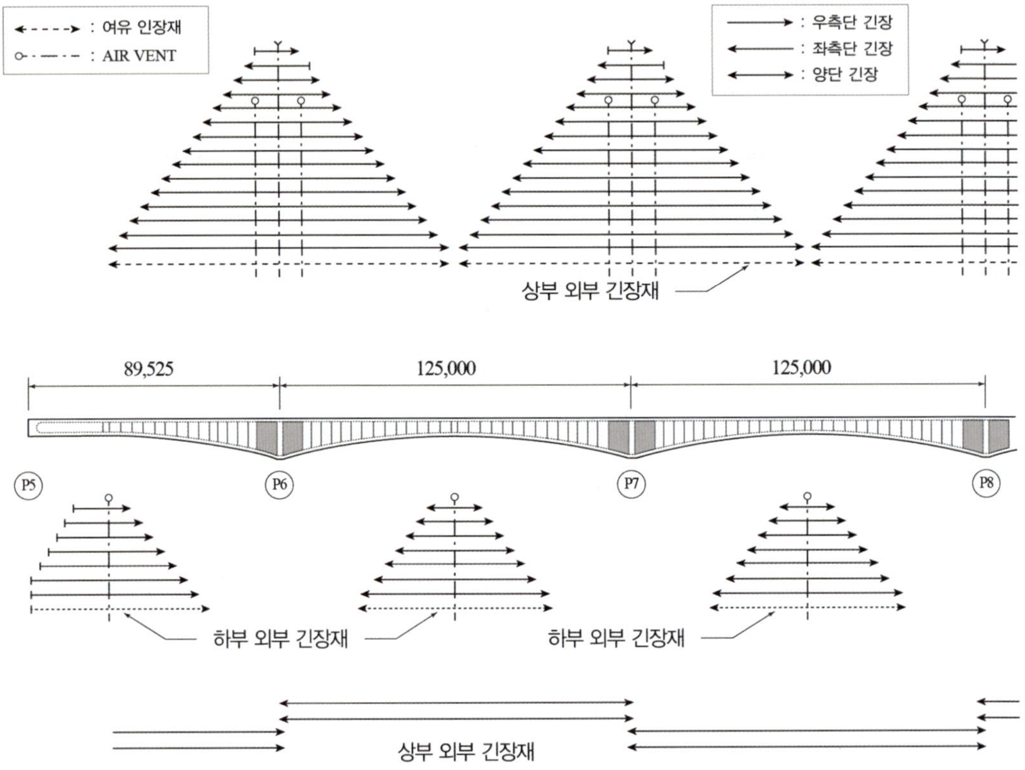

한편, 단면 상부 플랜지에는 바닥판 설계를 위하여 횡방향 긴장재가 배치되었다. 구체적으로는 3.5m 간격으로 25개, 4.0m 간격으로 45개의 횡방향 긴장재가 설치되었으며, 각 긴장재가 받는 긴장력은 72.80톤으로 설계설계되었다〈그림 6.4.8〉.

그림 6.4.8 본선(서울 방향) 교각 P8~P14 구간 횡방향 강연선 배치도(단위 : m)

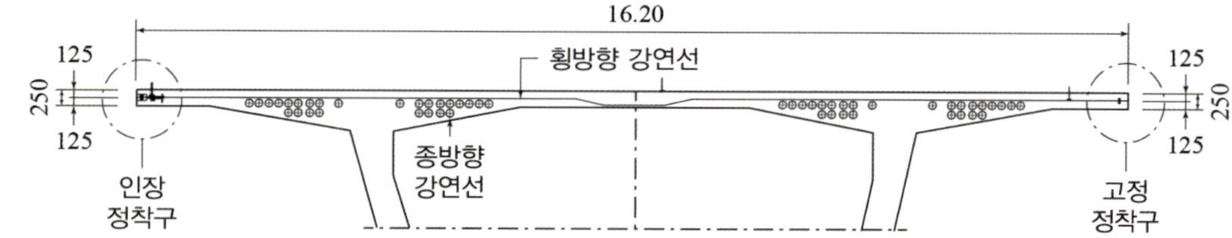

(a) 본선 F.C.M 구간 횡단면 횡방향 강연선 배치도

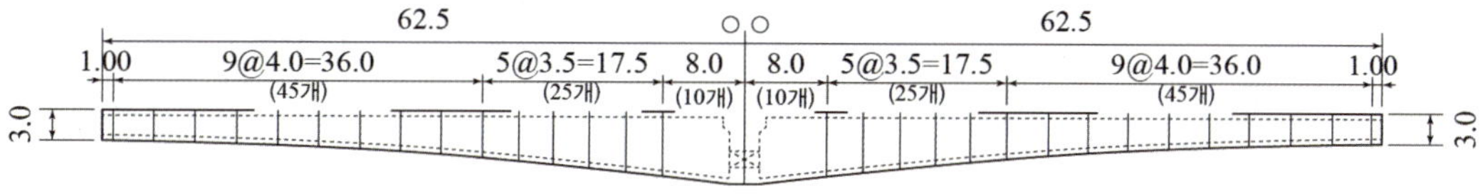

(b) 본선 F.C.M 구간 횡방향 강연선 배치도 측면도

나. 본선 접속교

미사대교 접속교는 육상 구간에 지보공 공법을 사용하여 공사한 구간으로 경간 구성은 다음과 같은데, 상부구조 및 하부구조 형태가 모두 일정하다.

$$L = 140(= 2@70) + 210(= 3@70)$$
$$= 350m$$

상부구조를 형성하는 P.S.C 박스거더교는 2 경간 또는 3 경간 연속교로 되어 있어, 박스 단면의 높이는 지점부 h = 4.5m에서 중앙부 h = 3.0m로 변하는 3차원 곡선을 갖는다. 춘천 방향 박스거더 단면의 교폭은 B = 16.375m로 서울 방향 박스거더 교폭 B = 16.20m보다 약간 넓게 지어졌는데, 이는 접속교 춘천 방향으로 남양주시 와부읍 삼패동 주민들의 민원을 받아들여 그 방향으로 방음벽을 설치하였기 때문이다〈그림 6.4.3(b)〉.

6.4.2.3 하부구조

가. 주교량

미사대교 주교량의 교각 P6~P13 구간 8개 교각은 14.00m×12.00m×3.5m(높이)의 직사각형 형태의 철근 콘크리트 위에 설치하였다. 이 구간은 지반 상태가 매우 양호하여 직접확대기초를 바로 경암선 위에 시공할 수 있었다.

직접확대기초 위에 세워진 교각은 시공이 단순하며, 형상은 직사각형에 가까운 속이 빈 팔각형으로 이루어져 있다〈그림 6.4.9〉. 정면에서 바라볼 때 교각은 바깥쪽 폭 8.00m, 안쪽 폭 5.80m의 중공 단면이며, 측면 치수는 바깥쪽 너비 5.20m, 안쪽 너비 3.00m로 시공되었다. 교각 단면의 벽체 최소 두께 t = 800mm이고, 높이는 위치에 따라 달라진다〈그림 6.4.9〉.

그림 6.4.9 미사대교 주경간부 하부구조 정·평면도

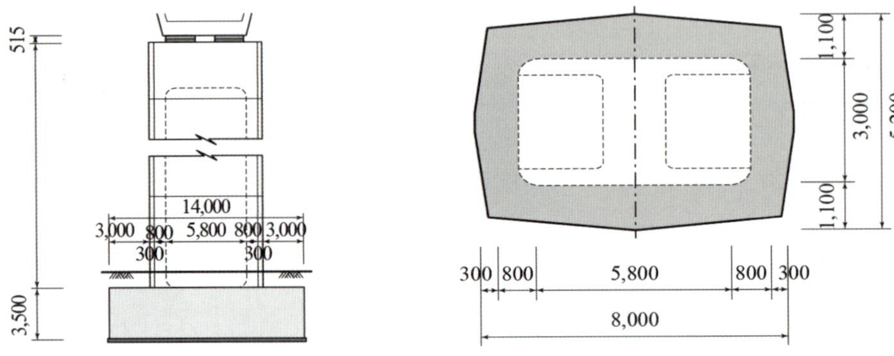

(a) 주교량 하부구조 표준 단면도 (b) 주교량 교각 평면도

나. 접속교

미사대교 접속교 구간에는 모두 직경 Φ = 1,500m인 현장타설 콘크리트 f_{ck} = 240MPa 말뚝기초 위에 높이 h = 3.0m의 파일 캡을 설치하였다. 파일 캡 위에는 직사각형에 가까운 팔각 중공식 교각(8.0×4.0m)이 세워져 있다〈그림 6.4.10〉.

그림 6.4.10 접속교(F.S.M 구간) 하부구조 정·평면도

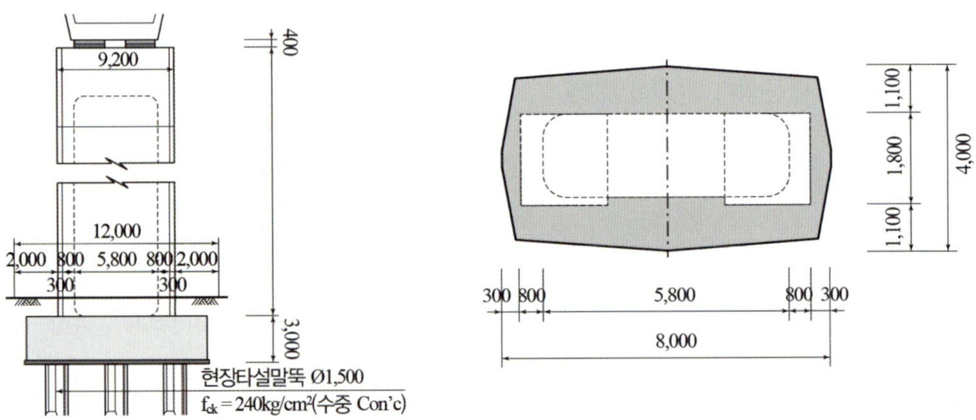

(a) 접속교 하부구조 표준 단면도 (b) 접속교 하부구조 평면도

6.4.3 시공

6.4.3.1 하부구조

가. 하부기초

미사대교 수상 구간에는 직접확대기초를, 육상 구간에는 현장타설 콘크리트 말뚝기초로 하부기초를 형성하였다.

1) 직접확대기초

미사대교는 한강 상수도 보호구역에 건설되어 각종 오염에 대한 환경문제 예상되었고, 또한 한강 제방에 교량 기초공이 설치되어서 오탁수 확산 방지와 제방 보호를 위한 철저한 보호가 요구되었다. 이 요구에 부응하기 위하여 시공사인 현대산업개발에서는 수상 구간(P6~P12)에 바지선을 띄워 50톤 크레인, 5톤 바이브레터 해머 및 천공 장비 등을 투입하여 자재를 반입하고 가이드빔을 설치한 후 지름 Φ = 500인 구멍을 뚫고 시트파일(400×170×5.5)을 항타하면서 내부 물막이 공사(40×20m) 진행하였다. 그다음 H-beam으로 띠장 및 버팀보(Strut)를 설치해 안정을 취하였다〈그림 6.4.11(a)〉. 그 후 공정은 물을 퍼내고 터파기를 H = 9.0～17.0m 깊이로 한 후 확대기초 공사를 하였다.

교각의 기초는 14m×12m×3.5m(높이)의 규모를 가진다〈그림 6.4.9〉.

그림 6.4.11 교각 P9 직접확대기초 공사

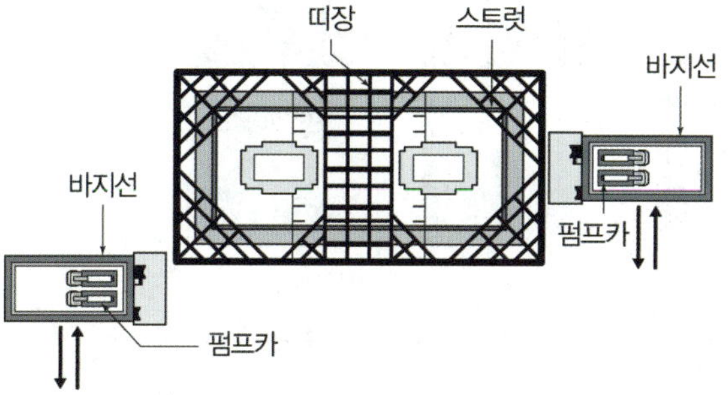

(a) 직접기초 터파기 버팀보 설치

(b) 9번 교각 확대기초 콘크리트 작업 현장

시공사는 가물막이 공사를 통해 오탁수 확산방지를 도모하는 동시에 그 교각 측면에 교량배수 처리시설인 비점오염방지시설[2]을 추가적으로 설치하여, 공사 중 또는 공사 후 교면에서 한강으로 유입되는 오염 배출을 차단하였다.

2) 현장타설 말뚝 기초(Φ 1,500)

서울 측 접속교 구간, 교대 A1과 교각 P1~P5까지, 그리고 본선 구간 교각 P14과 교각 P15 아래 기초는 직경 Φ 1,500 현장타설콘크리트 말뚝을 R.C.D 공법과 전회전식(All Casing) 공법을 적용하여 시공하였다. 다만, 교대 A_2의 기초는 강관파일(Φ508×12T)을 소음과 진동이 상대적으로 적은 매입식 공법(SIP, Soil Cement Injection Pile)으로 구축하였다.

- R.C.D 공법 : 드릴의 하단에 취부된 특수 비트를 회전시키면서 지반을 절삭하고, 흡상 펌프를 가동하여 순환수와 토사를 드릴 파이프를 통하여 공외로 배출한 후 배출된 흙탕물(泥水)은 침전지로 보내 토사를 침전시키며, 토사가 어느 정도 침전된 후 상등수는 수중 펌프 또는 자연 유압에 의하여 다시 굴착공 내로 순환시켜 재활용하는 굴삭 공법이다.
- 전회전식 공법 : 일명 돗바늘공법이라고 하고, 베노토(Benoto) 공법이라고도 한다〈그림 6.4.12〉.

그림 6.4.12 현장타설말뚝(Φ 1,500 All Casing) 시공 순서도

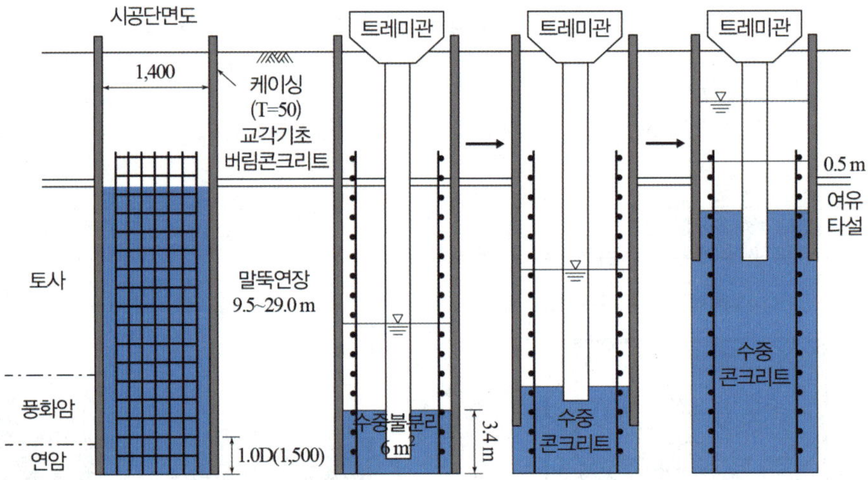

매입식 공법을 사용하여 현장타설 말뚝을 시공하는 순서[3]는 다음과 같다.

(a) 교각 중심 위치에 케이싱을 설치한다.

(b) 절삭날이 부착된 길이 6m 정도의 케이싱을 회전시켜(15° 정도의 회전 반복) 마찰력을 저감시키면서 압입한다.

(c) 케이싱 안에 해머그래브(Hammer Grab)를 낙하시켜 굴착하면서 해머그래브를 이용하여 굴착토를 제거한다.

(d) 연암이 노출되면 일축압축강도 시험을 통해 확인하고 그 후에 연암을 케이싱의 지름 이상 더 파들어간다.

(e) 굴착이 완료되면 슬라임을 제거하고 지상에서 조립한 철근망을 삽입한다.

(f) 그 후 트레미(Tremi)관을 설치하고〈그림 6.4.12〉,

(g) 수중 비분리 1차 타설과 수중 콘크리트 2차 타설을 시행한다.

(h) 이때 트레미관이 콘크리트 속에 항상 2m 이상 삽입한 상태에서 콘크리트를 타설해야 하고,

(i) 케이싱은 타설에 맞추어 인발해야 한다.

(j) 콘크리트 타설이 끝나고 케이싱을 완전히 뽑아내면 현장타설 말뚝이 완성된다.

현장타설 콘크리트말뚝 제작에는 극한강도가 f_{ck} = 240kg/cm^{2}인 콘크리트를 사용하였다. 말뚝의 길이는 L = 10.50～26.50m로 비교적 짧은 편이다.

나. 교각 시공

1) 수중부 교각 시공

미사대교는 교량 높이가 높이(H = 8.2~36.2m) 일반 거푸집을 사용하면 비계, 동바리, 거푸집 설치에 많은 어려움이 있다. 이를 해결하고자 등반 거푸집(Climbing Form)을 제작·사용하였으며, 이때 1로트(Lot)[4]의 시공 높이는 3.9m로 하였다. 등반 거푸집은 1960대 말에 유럽과 미국 등지에서 적용하기 시작하여 중동 지역으로 기술이 이전되었는데, 기본적으로 콘크리트 타설 시 교각에 매립된 앵커에 의지하여 거푸집 파널(Panel)을 거치하고 위치를 조정한다. 이때 작업 발판을 위한 클라이밍 브라켓(Climbing Bracket)을 설치할 수 있는 거푸집을 총칭하여 클라이밍 거푸집이라 한다〈그림 6.4.13〉.[5]

그림 6.4.13 클라이밍 거푸집 철근조립 전경

미사대교 교각 기둥은 팔각 중공식으로, 그 평면 규모는 8.0×5.20m이다〈그림 6.4.9〉. 클라이밍 거푸집이란 일정 크기의 거푸집을 상부로 이동시켜 거치하고 콘크리트를 타설 양생한 후 다시 탈형(脫型)하여 상부로 이동시키는 거푸집을 말한다. 클라이밍 거푸집을 이용한 주교량 교각 시공 순서는 다음과 같다.

내부 거푸집 인상 설치 → 철근조립 → 외부 거푸집 인상 및 설치 → 비계 설치 → 콘크리트 타설 → 양생

다. 접속교 교각 시공

미사대교 접속교에 적용된 교각은 주교량 교각과 모두 같은 모양인 팔각형 단면을 사용하고 있고, 그 평면 단면의 규모는 외측 8.0m×4.0m, 내측 5.8×1.8m로 시공되었다〈그림 6.4.10〉.

6.4.3.2 상부구조

가. 본선 교량 F.S.M 구간

미사대교 전체 길이 L = 1,530m 중에서 서울 쪽 육상부 F.S.M 공법을 적용한 구간은 연속 P.S.C 박스 거더교 구간(L = 2@70 + 3@70 = 350m)으로 되어 있다.

그림 6.4.14 미사대교 육상 F.S.M 구간 공사 개념도

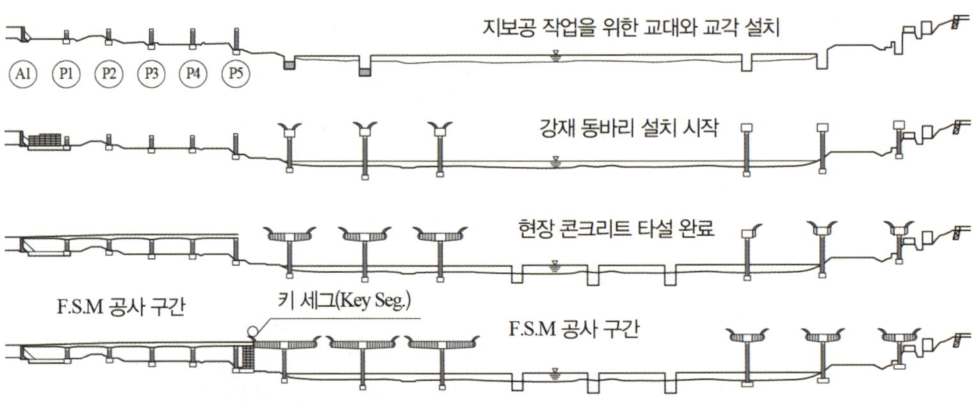

(a) 미사대교 F.S.M 공법 적용 구간(A1~P5)

(b) 동바리 설치 현장

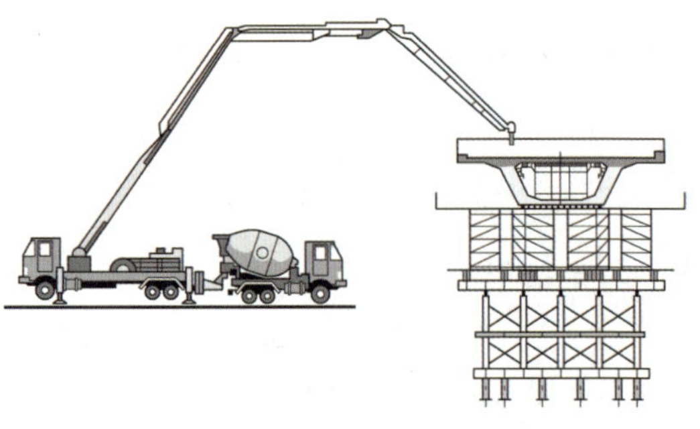

(c) 콘크리트 타설 개념도

시공은 먼저 미사대교 서울 쪽 육상부에 현장타설 콘크리트 말뚝기초를 6개소에 시공하고, 그 위에 한 개의 교대(A1)와 5개의 교각(P1~P5)을 설치한다〈그림 6.4.14(a)〉. 교대 A1과 5개의 교각(P1~P5)이 완성되면 교대와 첫 번째 교각 사이에 강재 동바리를 세우고〈그림 6.4.14(b)〉 그 위에 거푸집을 가설한 후 현장 콘크리트 타설〈그림 6.4.14(c)〉로 P.S.C 박스거더를 경간 단위로 건설해나갔다.

나. 본선 F.C.M 구간 시공

교대 A1에서 교각 P5까지 동바리 공법(Full Staging Method)으로 P.S.C 박스거더가 설치되는 동안, 교각 P6~P8에서는 교각 위에 시공된 주두부 양쪽으로 프리스트레스트 세그먼트들을 4.0m씩 매달아 교량 상부구조를 만들어 나가고, 교각 P12~교각 P14에서는 주두부 위 양쪽으로 이동식 작업차가 설치된다〈그림 6.4.16(a)〉.

1) 주두부 가설공사

P.S.C 박스거더를 F.C.M 공법으로 시공을 할 경우 이동식 작업차를 사용할 수 있도록 먼저 일반 동바리 공법을 사용하여 주두부를 설치한다〈그림 6.4.15〉. 일반적으로 주두부 형식은 교량 받침(Shoe)이 있는 베어링 타입(Bearing Type)과 교량 받침이 없는 강결식 타입이 있는데 미사대교에서는 강결식 타입으로 시공하였다.

2) 본 교량 F.C.M 공법을 이용한 P.S.C 박스거더 시공

미사대교 주교량 상부구조 P6~P14까지는 F.C.M 공법으로 건설되었다〈그림 6.4.14(a)〉.

그림 6.4.15 P9 교각 주두부 가시설 해체 장면

그림 6.4.16 P9 교각 주두부 이동식 작업자 거치 장면

이동식 작업차를 교각 주두부 양쪽으로 설치한 후〈그림 6.4.16〉 한 로트씩 이동하며 세그먼트를 만들어 나갔는데 한 세그먼트의 길이는 4.0m(중앙부)와 3.5m(주두부 부근)를 혼용하였다. 다만 교각 P5에서 교각 P6 방향으로 26.5m 구간은 지보공 공법을 적용하여 상부 P.S.C 박스거더를 제작하였다. 이와 동시에 P6에서부터 교각 P5 방향으로는 61.5m P.S.C 박스거더가 F.C.M 공법으로 시공되었다. 그러면 교각 P5로부터 동바리 공법으로 제작된 26.0m 박스거더와 교각 P6로부터 F.C.M 공법으로 건설된 61.5m 사이에는 2.0m 정도 떨어지게 되는데 이 구간은 키 세그(Key Segment)로 연결한다〈그림 6.4.17(a)〉.

일단 교각 P5와 P6 사이의 공사가 진행되는 동안 주두부 양쪽으로 설계에 주어진 길이만큼의 프리스트레스트 세그먼트를 한 로트씩 14사이클 작업을 계속 한다〈그림 6.4.17(b)〉. 이렇게 양쪽에서 마지막으로 공사해온 두 캔틸레버 사이 2.0m 간격을 키 세그로 연결하면 F.C.M 구간의 상부 구조 공사는 완료된다〈그림 6.4.17(c)〉.

그림 6.4.17 미사대교 F.C.M 공법 적용 시공 순서도(서울 방향)

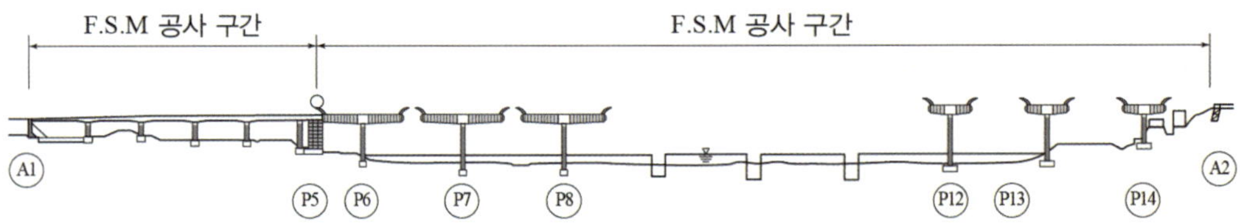

(a) 미사대교 지보공 공법 적용 구간 완료 후 F.C.M 구간과 연결(교각 P5와 교각 P6 사이)

(b) 마지막 키 세그 설치와 키 세그 공사 장면

그림 6.4.17 미사대교 F.C.M 공법 적용 시공 순서도(서울 방향) (계속)

(c) 공사 완료 및 공사 완료 전경

미주

[1] 텐던(Tendon) : 스트랜드, 스트랜드(Strand) : 강연선

[2] 비점오염원 : 도로 등 불특정장소에서 불특정하게 수질오염을 배출하는 오염원
비점오염원방지시설 : 비점오염원을 제거하는 시설

[3] 권호진 · 김동수 · 박준범 · 정성교, 2001, 『기초공학』, 도서출판 구미서관, 224쪽

[4] 로트(LOT) : 한 작업구간

[5] 현대산업개발(주), 미사대교 공사지, 제5절 교량, 379쪽

6.5

인천국제공항철도교, 마곡대교

6.5.1 개요

마곡대교는 경기도 고양시 덕은동과 서울 강서구 마곡동을 연결하는 인천국제공항 접근용 여객 전용 철도교이다.

그림 6.5.1 마곡대교 위치도

2002년부터 2년간 설계를 거쳐 2004년 1월 1일 착공하여 2010년 12월 31에 완공되었다. 마곡대교는 인천국제공항철도공사 2-4B 공구에 속하는 철도교로 인천국제공항철도가 발주하고, 시공은 현대건설, 제작과 설치는 현대스틸산업이 맡았다. 마곡대교는 국내에서 최장 경간을 가진 철도 트러스교로 강북 접속교 구간(강상형교), 한강 횡단구간(강트러스교), 강남 접속교 구간(강상형교)으로 구성되며, 전체 교량 길이는 2,390.00m에 달한다〈그림 6.5.2〉.

그림 6.5.2 마곡대교 종단면도

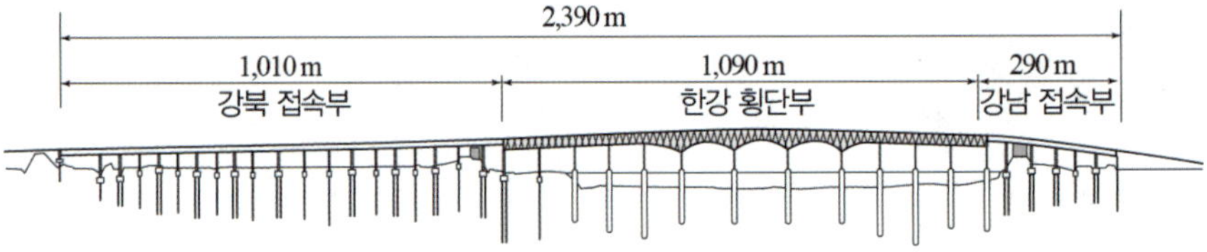

본 교량은 서울역과 인천국제공항을 연결하는 여객 전용 철도(1등급) 노선상에 위치하며, 8량 1편성(차량 1량 18m)의 열차가 운행한다. 열차의 설계속도는 120km/h이나, 교량 구간에서는 100km/h로 제한되며, 설계하중은 EL-18을 적용하였다.

강북 접속교 구간은 난지하수처리장과 강변북로를 횡단하며, 연장 1,010.00m, 경간장 40~58.5m의 2주형 강합성 상자형교로 구성된다. 이어지는 한강 횡단 구간은 연장 1,090.0m로, 경간장 80~120m의 상로 트러스 형식을 상부 교량 형식을 채택하였다〈그림 6.5.3〉. 강남 접속교 구간은 올림픽대로를 횡단하며 연장 290.0m, 경간장 45~55m의 2주형 강합성 상자형교로 이루어진다. 본 장에서는 마곡대교를 대표하는 한강 횡단부 주교량만 서술하기로 한다.

그림 6.5.3 마곡대교 주교량 전경

발주처인 인천국제공항철도가 교량 형식을 선정할 때 1) 인천국제공항철도의 상징적 랜드마크 역할을 할 것, 2) 인접 교량과 경관적 조화를 이룰 것, 3) 장경간장을 확보하면서도 구조적 안정성이 보장될 것, 4) 가설이 용이한 구조일 것을 조건으로 제시하였다.

마곡대교가 위치한 한강 구간은 주변이 넓게 펼쳐진 개활지로, 하류에는 행주산성과 아름다운 방화 아치-트러스교가 자리하고, 상류에는 주경간장 180m의 가양대교(강판형교)가 놓여 있다〈그림 6.5.1〉. 발주처는 이와 같은 주변 환경을 고려하고, 그동안 국내 철도교 건설 사례를 참고하여 마곡대교 본선 교량의 적정 경간장을 110~120m로 판단하였다. 이에 따라 다음과 같은 네 가지 안이 검토되었다.

1) 상로 아치교 : 본선 경간장 120m, 접속교 경간장 80m
2) 일면 아치 보강 강상형교 : 표준경간 115m
3) V형 교각 P.S.C 박스거더교 : 표준경간 115m
4) 에스트라 도즈교 : 주경간장 180m

이들 대안 가운데 발주처는 인접 교량과의 조화를 이루면서도 차별성을 확보하고, 철도 레일 시공이 용이하며, 해외에서 이미 적용 사례가 있어 구조적으로 검증된 상로 트러스교를 마곡대교 최적의 형식으로 결정하였다.

6.5.2 교량 설계

6.5.2.1 상부구조

마곡대교 주교량은 총연장 1,090m의 상로 트러스 형식을 채택하였다. 교량 형식은 지형과 주변 경관을 종합적으로 고려하여 결정되었으며, 특히 철토 차량의 주행 쾌적성을 확보하기 위해 상부 구조인 상로 트러스는 연속 구조 형식으로 계획되었다. 이에 따라 교량 전체 경간은 다음과 같이 구성되었다〈그림 6.5.4〉.

L = 320(= 4@80.0) + 530(= 85 + 3@120.0 + 85) + 240(= 3@80)
= 1,090m

그림 6.5.4 마곡대교 트러스 구간 종단면도

최인덕 외 2명, 2011, 「마곡대교의 설계와 시공」, 『강구조학회지』 23(3), 한국강구조학회, 57–64쪽

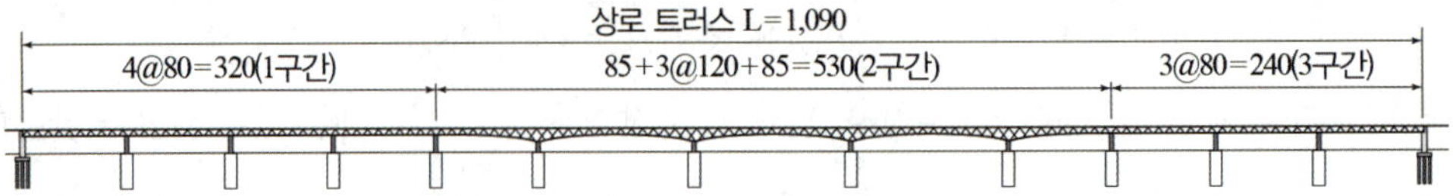

복선 철도 상부구조 횡단면의 너비는 10.60m로, 궤도 중심간격은 4.00m(변화구간 4.0~4.3m)로 설계되었다. 철도 궤도는 1,435mm 표준 궤도를 적용하였고, 건축한계는 2.10m로 설정하였다. 이에 따라 상부 단면 구성은 다음과 같다〈그림 6.5.5〉.

B = 1.20m(보수 통로) + 2.10m(건축한계) + 4.00m(궤도 중심간격) + 2.10m(건축한계)

+ 1.20m(보수 통로)

= 10.60m

그림 6.5.5 마곡대교 표준 단면도

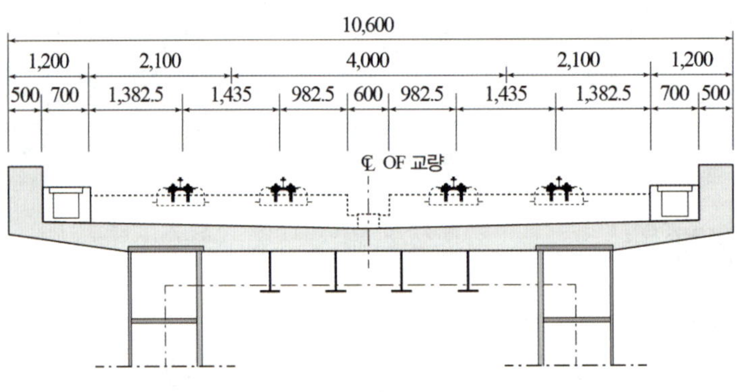

(a) 궤도 중심간격 4.0m

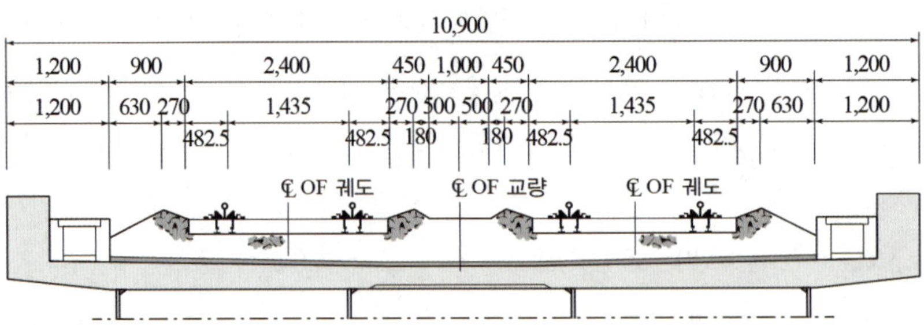

(b) 궤도 중심간격 4.3m

궤도는 콘크리트 도상 위에 P.C 침목을 가설하고, 그 위에 60kgf급 레일을 깔아 구성하였다. 콘크리트 도상 높이는 레일 면에서 시공 기면까지 600mm로 정하였다.

주교량은 두 짝의 트러스 구조물이 종방향으로 평행하게 배치되고, 양쪽 트러스 격점이 있는 곳에서 횡방향으로 I형 단면을 갖는 가로보를 설치하여 두 짝의 트러스 구조를 서로 연결한 후, 그 가로보에 다시 1m 간격으로 세로보(Stringer)를 설치하여 바닥틀을 구성하였다〈그림 6.5.6〉. 또한 콘크리트 바닥판은 이 세로보와 상현재 상부 플랜지 위에 스터드를 설치한 후, 콘크리트를 타설하여 강합성 철근 콘크리트 바닥판으로 시공했다.

그림 6.5.6 트러스교 바닥틀 횡단면도(궤도 중심간격 4.0m)

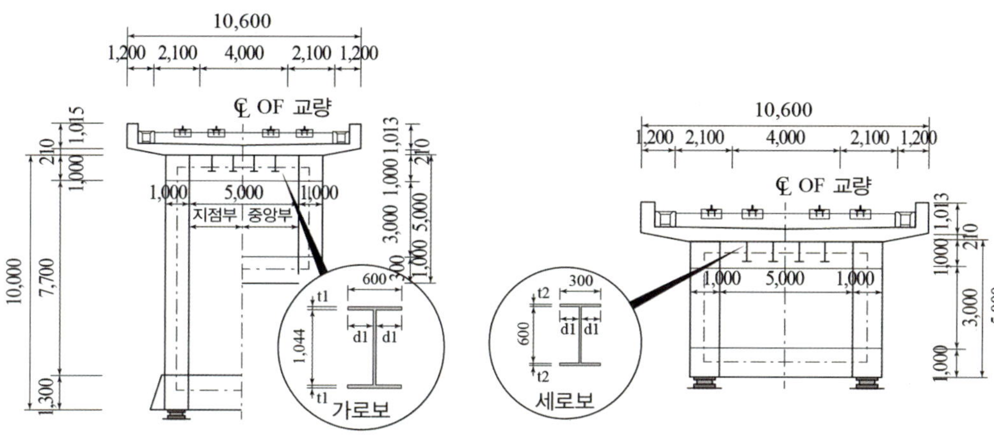

(a) 주경간부 횡단면도 (b) 접속부 횡단면도

주교량의 형식은 힘의 전달 과정이 명확한 상로 와렌 트러스(Warren Truss) 철교를 택하였다. 상·하현재 트러스 격점 간 간격은 10.00m로 정하고, 접속 구간(1구간과 3구간)은 H = 5.00m의 일정한 높이를 유지하였다. 반면, 트러스 중앙부 530.00m 구간은 경간장이 120.00m에 달하여, 단면 높이를 중앙부 5.00m에서 지점부 10.00m로 변화시키는 변단면으로 설계하였다. 이에 따라 접속부의 형고비는 l/h = 16, 주교량에서는 지점부 120/10 = 12, 중앙부 120/5 = 24의 낮은 형고비를 구현할 수 있었다.

상부 구조를 제작하기 위하여 사용된 모든 강재는 후판을 감안하여 SM520C를 적용하였고(최인덕 외 2명, 2011, 「마곡대교의 설계와 시공」, 『강구조학회지』 23(3), 한국강구조학회, 60쪽 참고), 상현재 두께는 30~68mm, 하현재 두께는 30~70mm 범위 안에서 선정하였다. 설계엔지니어들은 이렇게 낮은 형고비로 산뜻한 조형미를 연출할 수 있었던 이유로 고장력 후판의 적용과 와렌형 상로 트러스 채택을 들고 있다.

1960년대까지만 해도 강재는 고가였고 인건비는 상대적으로 저렴했기 때문에, 설계엔지니어들은 강교량의 후판 두께를 최소화하고 보강재를 적극적으로 활용하는 방식으로 경제성을 추구하였다. 그러나 1970년대 이후 점차 강재의 대량생산이 가능해지고, 인건비가 급등하면서 21세기 이후에는 부재 단면 두께를 크게 변화시키거나 보강재를 과도하게 사용하는 방식이 점차 지양되었다. 즉, 재료비 절감보다 노무비와 공사 기간 단축이 전체 공사비 절감에 더 큰 영향을 미치게 된 것이다. 마곡대교 시공 과정에서도 이러한 원칙이 충실히 반영되어, 트러스 상·하현재 및 복부판에는 특별한 보강재를 사용하지 않고 충분한 두께의 후판을 사용하여 최소 폭·두께비(b/t)를 만족하도록 설계하였다.

또한 교량의 조형미를 높이고 부재 연결부의 시공성을 개선하기 위해, 상·하현재와 사재의 접합에는 고장력 볼트의 사용을 배제하고 용접이음을 적용하였다. 이를 위해서는 가능한 많은 부재를 공장에서 미리 제작·연결하고, 현장에서는 운반해온 구조물을 블록 단위로 설치하는 시공 방법을 택했다. 트러스의 상·하현재는 거의 같은 단면을 뒤집어서 사용하였으며〈그림 6.5.7(a)/(b)〉, 두 단면의 상·하부 플랜지 두께는 동일하게 적용하였다. 트러스의 사재는 상·하현재의 연결을 용접이음으로 하기 위하여 높이 $h = 1{,}000 + 2 \times t_2$로 설계하였다〈그림 6.5.7(c)〉.

그림 6.5.7 마곡대교 트러스 상현재와 하현재 단면 치수

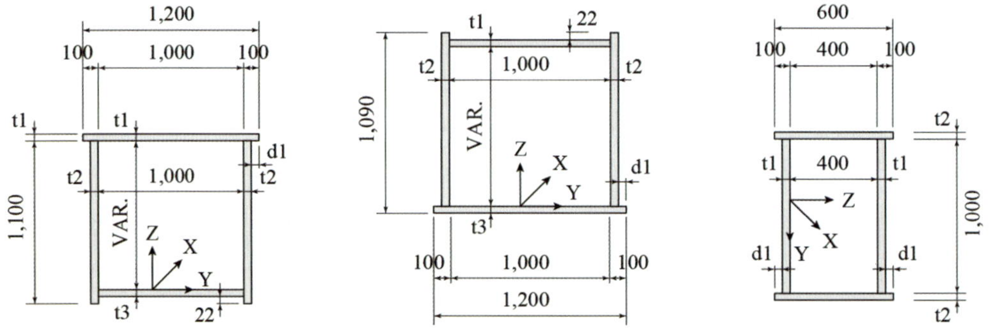

(a) 상현재 (b) 하현재 (c) 사재

여기서 사재의 상·하 플랜지 두께 t_2는 상·하현재 복부판 두께와 같다. 하중전달경로가 명확한 트러스의 구조해석은 SAP2000 및 프레임 해석 프로그램을 이용한 FEM 해석 방법을 택하였다. 이때 바닥콘크리트 슬래브와 합성된 상·하현재 및 가로보를 보(Beam)로 취급한 3차원 입체 모델링을 적용하였다. 응력집중이 발생하는 격점부에 대해서도 3차원 FEM 해석기법을 이용하여 국부 집중응력을 검토하였고〈그림 6.5.8〉, 트러스 상·하현재에 대해서는 피로검토를 시행하였다.

그림 6.5.8 하현재 지점부 3차원 FEM 해석 결과 예

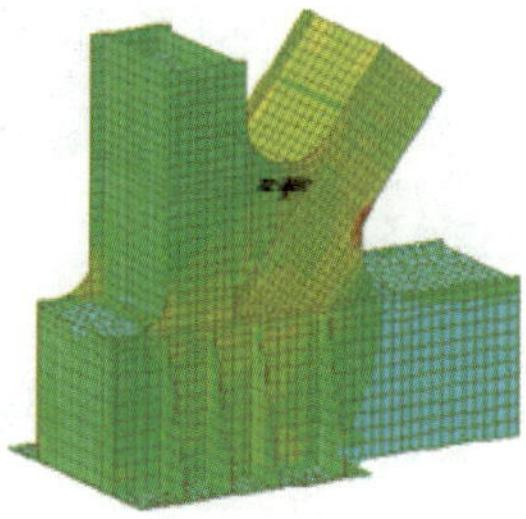

(a) 단지점부

(b) 중앙 지점부

6.5.2.2 하부구조

가. 교대

교대는 교량 양단에서 토공부와 교량을 접속시키는 구조물로, 상부구조로부터 하중과 배면토압을 안전하게 기초구조에 전달하는 역할을 한다. 마곡대교에서는 역 T형 교대로 시공하였다〈그림 6.5.9〉.

연직하중이 큰 철도교의 특성을 고려하여 기초의 앞굽판과 뒷굽판의 길이를 적정 분배하였고, 연약점토층이 분포되어 있는 위치에 교대가 세워지므로 교대 기초로는 강관말뚝(Φ 508×12t)을 사용하였다.

그림 6.5.9 마곡대교 교대 개념도(단위 : m)

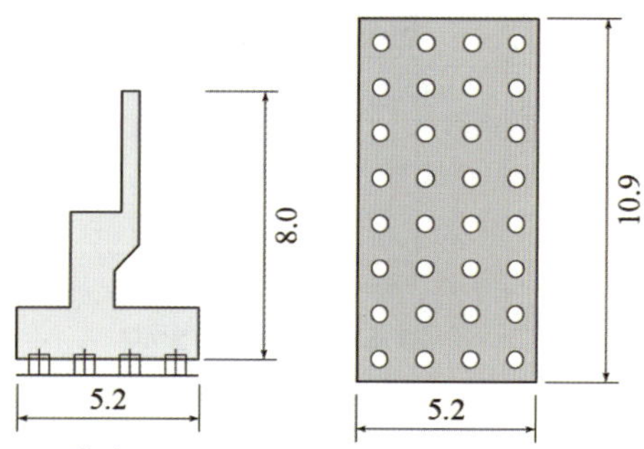

나. 교각(한강 횡단 상로 트러스교)

마곡대교 수중부에 세워진 교각은 직경 Φ = 10.0m인 강재 우물통기초 위에 시공되었다. 마곡대교 본 교량 중 한강을 횡단하는 상로 트러스교 하부 교각의 형식을 정하기 위하여 1) 타원형 교각(횃불형), 2) T형 교각(단순 타원형) 및 3) V형 중공교각을 비교·검토한 결과 다음과 같은 장점을 높이 사서 타원형 교각으로 선정하였다〈그림 6.5.10〉.

1) 교각 미관이 양호하고
2) 교각 측면 형상이 원형으로 강물의 흐름에 와류가 발생할 가능성이 적고
3) 공사비가 적게 듦

그림 6.5.10 마곡대교 주경간교 하부구조 일반도

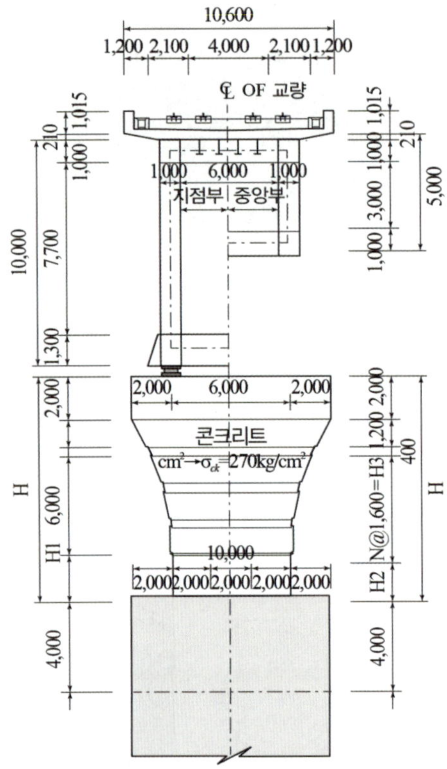

(a) 주경간 정면도와 측면도

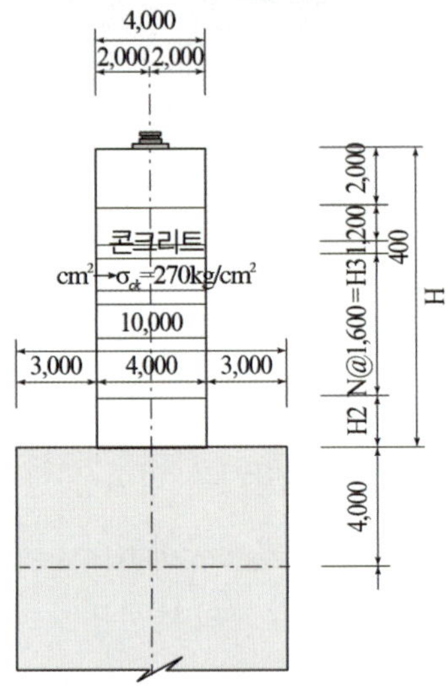

(b) 측경간 정면도와 측면도

6.5.3 시공

6.5.3.1 상부구조 트러스 가설

마곡대교 본선 구간 강재 트러스는 2005년 11월 제작을 시작하여, 2006년 9월 현장 공사에 착수하였다. 이후 약 1년 3개월의 시공 과정을 거쳐 2007년 12월 완공되었다〈그림 6.5.4〉.

트러스 가설에는 승강 잭(Lifting Jack)을 이용한 대블록 일괄가설공법이 적용되었다. 이 공법은 서강대교 건설에 처음 시도된 이후 마곡대교 현장에서 대표적인 시공 방법으로 정착하게 되었다. 특히 마곡대교 강북 측 둔치는 대규모 조립장을 확보하기 용이하였고〈그림 6.5.11〉, 한강 수심이 5.0m 이상으로 깊어 대형 수상 장비 운용에 적합한 환경 조건을 갖추고 있었다. 이러한 입지적 장점을 활용하여 전체 12경간 중 10경간은 수상에서 일괄 가설하고, 나머지 2경간은 강북 둔치에서 육상 설치하였다.

그림 6.5.11 마곡대교 본선 상부 트러스 조립 및 가설 개요도
최인덕 외 2명(2011), 「마곡대교의 설계와 시공」, 『강구조학회지』 23(3), 한국강구조학회, 57-64쪽.

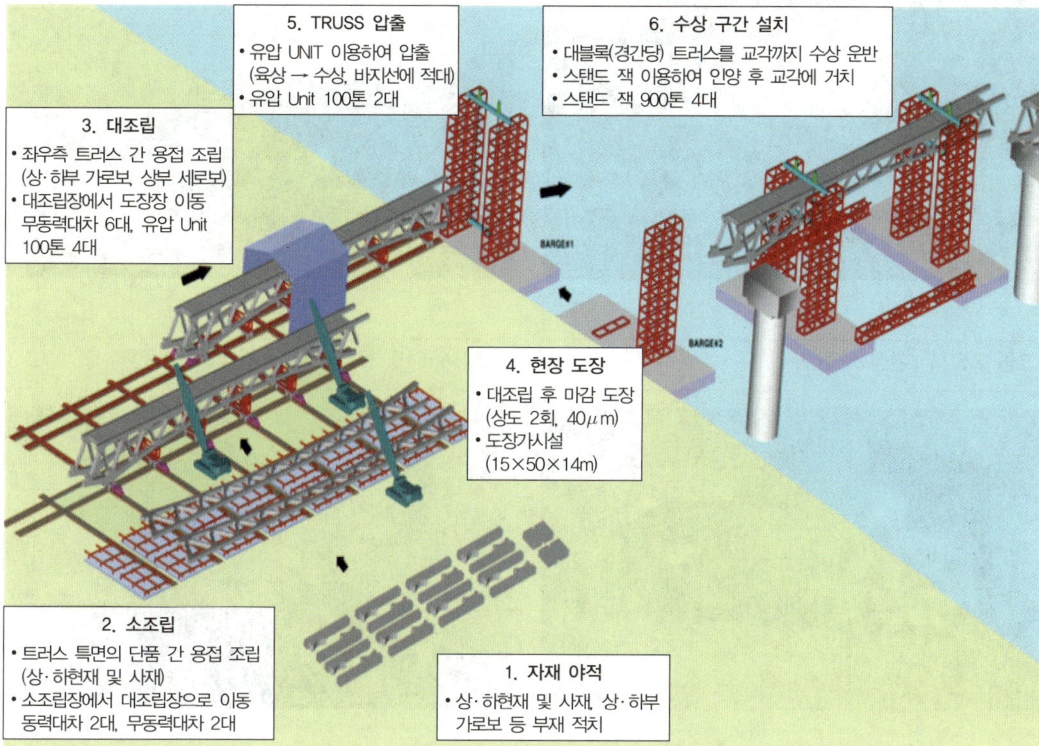

마곡대교 상부구조 설치 과정은 강북 고수부지에서 부재를 대블록으로 조립하는 과정과 수상부에서 미래 건설된 교각 위에 거치하는 과정으로 나누어 설명할 수 있다. 우선 육상 구간에서의 조립 순서는 다음과 같다.

1) 자재 야적 : 먼저 공장에서 제작된 트러스의 상·하현재 및 사재와 상·하부 가로보 등을 적치
2) 소조립 : 이들은 소조립 단위로 용접 조립한 후 대조립장으로 이동〈그림 6.5.12〉
3) 대조립 : 대조립장에서는 상·하부 가로보, 상부 세로보 등 좌우 측 트러스 부재를 대블록으로 용접 조립하고〈그림 6.5.13〉, 대조립장에서 도장 작업장으로 이동
4) 현장 도장 : 도장 작업장에서는 상도 2회와 40μm 마감 도장을 실시〈그림 6.5.14〉
5) 트러스 바지 선적 : 도장 작업을 마친 트러스 대블록을 승강 타워(Lifting Tower)가 설치된 바지선(3000P 2대)에 대차와 유압 시스템을 이용하여 압출(Load Out)시킴〈그림 6.5.15〉

그림 6.5.12 트러스 면조립

그림 6.5.13 대블록으로 용접 조립

그림 6.5.14 현장 도장

그림 6.5.15 트러스를 승강 타워에 선적

고수부지에서 조립되어 바지선으로 선적된 뒤에는 수상 작업이 시작되는데, 작업 순서는 다음과 같다.

1) 수상 운송 : 바지선으로 선적된 트러스는 터그 보트로 미리 시공된 교각까지 수상 운송〈그림 6.5.16〉
2) 수상 구간 설치: 작업 교각까지 운송된 트러스는 가설 벤트에 설치된 900톤급 스트랜드 잭(Strand Jack)을 이용하여 정해진 위치까지 인양한 후 교각에 거치하고, 접합부를 가고정시킴〈그림 6.5.17〉
3) 그 후 트러스를 블록 단위로 연결 · 용접 작업을 하고 이 작업이 끝나면
4) 승강 탑(Lifting Tower)의 상부를 분리 · 해체(2조)하고 바지선을 철수〈그림 6.5.18〉

육상에서 조립한 트러스 1블록을 조립하여 바지로 수상 운송한 후 교량 설치 위치에 일괄 가설하기까지는 8일이 소요되었다〈그림 6.5.19〉.

그림 6.5.16 수상 운송

그림 6.5.17 수상 설치 및 접합부 임시 고정

그림 6.5.18 승강 탑 부분 해체 및 바지선 철수

그림 6.5.19 한강 횡단 교량 상부구조 설치 완료

6.5.3.2 한강 횡단 교량 우물통기초(강재+콘크리트) 시공

우물통기초는 수중에 축도를 쌓아 인공섬을 만든 다음 육상 작업하듯이 공사를 할 수도 있지만, 대체로 다음과 같은 순서로 시공한다.

1) 마곡대교 한강 횡단 교량 우물통은 먼저 육상에서 강재 우물통을 제작하고
2) 이를 바지 크레인으로 들어서 가설지점까지 옮긴 후
3) 물속으로 가라앉혀 강바닥에 닿게 한 후에 바로 속채움 콘크리트를 타설하여 강재 우물통의 무게를 증가시킨다. 그렇지 않으면 부력이 강재 우물통 무게보다 부력이 더 커서 강재 우물통이 물 위로 떠오를 수 있다.
4) 일단 강재 우물통이 잘 세팅이 되면 강재 우물통 상부에 콘크리트 우물통을 이어 시공하게 된다.
5) 최종 지지층까지 작업이 완료되면 바로 사석 세굴 방지공 공사를 시작한다.

그림 6.5.20 한강 횡단 교량 우물통기초 작업 순서

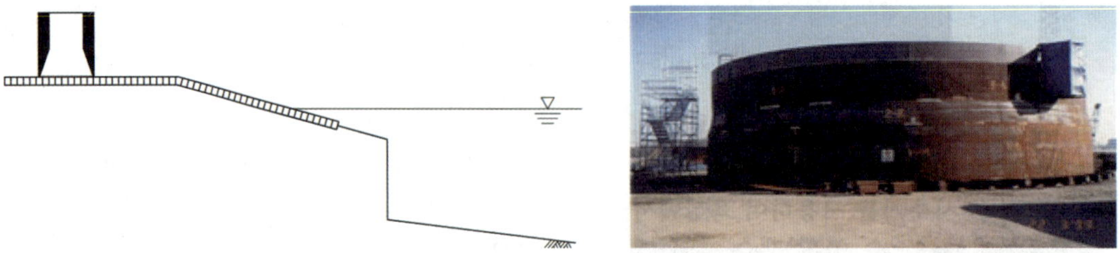

(a) 강재 우물통 고수부지 제작

(b) 강재 우물통 한강 진수 작업

(c) 강재 우물통 가설 지점에 세팅

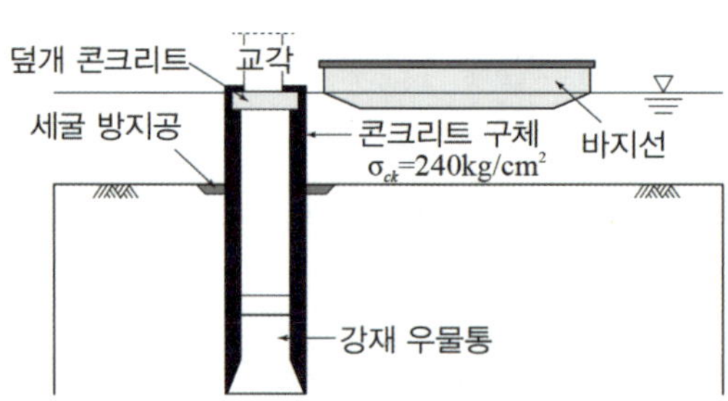

(d) 콘크리트 우물통 시공

6.6

강동과 구리를 잇다, 구리암사대교

6.6.1 개요

구리암사대교는 한강을 횡단하는 27번째 도로교로, 서울 강동구 암사동과 경기도 구리시 아천동을 잇는다. 2006년 9월 12일 착공하여 2014년 11월 21일 개통되었다. 설계는 도화종합기술공사가 맡았으며, 현대건설이 시공하였다.

구리암사대교는 원래 1988년 서울올림픽을 대비하여 1982년부터 건설이 추진되었다. 당시 계획은 남부순환도로[1]를 탄천교-잠실-길동-암사동-암사대교-교문리(당시 구리읍)까지 연결하여 잠실종합운동장과 태릉경기장을 직결하는 것이었다. 그러나 잠실 구간이 도시계획 변경으로 무산되면서 경기장 간 직통 연결 구상은 실현되지 못했다. 여기에 더해 서울시가 예산을 확보하지 못하면서 사업은 장기간 중단되었다〈그림 6.6.1〉.

그림 6.6.1 구리암사대교 위치도
서울특별시, 2016, 구리암사대교 건설공사 종합보고서

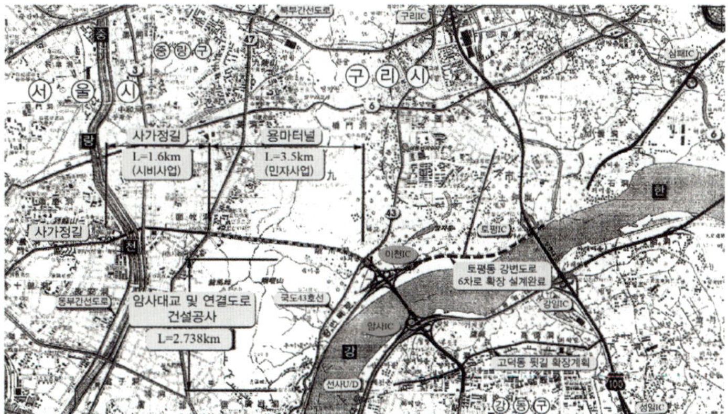

그 이후 1995년 서울시는

'암사대교(가칭)'를 민자유치사업으로 추진하겠다고 발표하였다. 하지만 공사비 분담과 교량 명칭을 둘러싸고 서울시와 구리시가 오랫동안 대립하면서 착공이 지연되었다. 결국 양측은 공사비를 서울시와 정부가 각각 50%씩 부담하기로 합의하였으며, 명칭은 2008년 8월 27일 서울시 지명위원회에서 '암사대교'와 '구리대교'를 절충해 '구리암사대교'로 최종 결정되었다.

구리암사대교는 총연장 1,133m, 폭 22~44m의 4~6차선 교량으로 총 15개의 경간으로 이루어져 있다. 또한 주교량, 접속교량, 암사 I.C 및 아천 I.C로 구성되어 있는데, 암사 I.C는 올림픽대로와, 아천 I.C는 강변북로와 연결된다. 이에 따라 양 도로에서 구리암사대교로의 진·출입이 모두 가능해졌으며, 구리암사대교와 강북의 용마터널 건설로 잠실종합운동장과 태릉경기장이 직접 연결되었다. 그러나 이는 1988년 서울올림픽이 끝난 지 26년이 지난 뒤에야 실현된 일이었다. 본 교량의 건설로 천호대교와 올림픽대교에 집중되던 교통량을 분산시키고, 구리시와 서울 강동구 및 중랑구를 빠르게 연결할 수 있게 되었다.

구리암사대교 수심부 주교량은 3경간 중로 아치교로〈그림 6.6.2〉, 경간 구성은 다음과 같다.

$$L = 71.50 + 180 + 71.40 \cong 323m$$

그림 6.6.2 구리암사대교 종·평면도

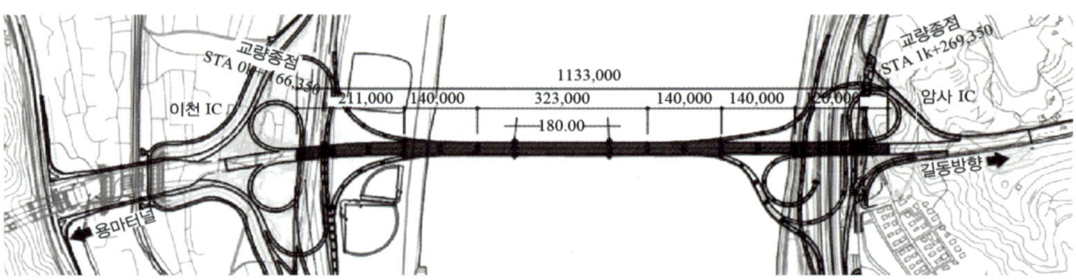

(a) 구리암사대교 평면도

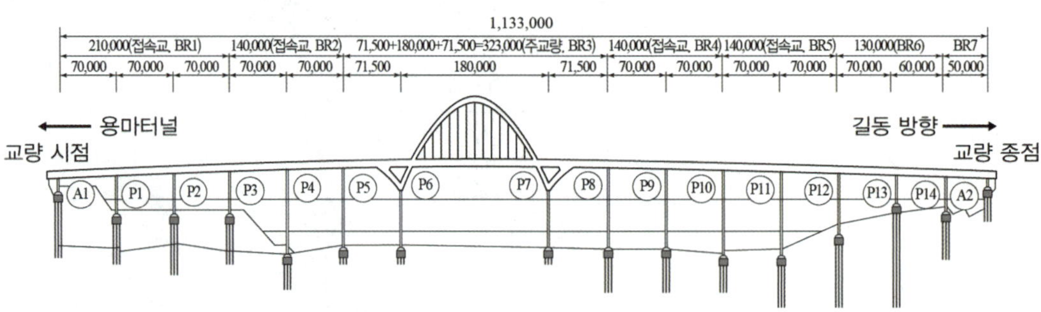

(b) 종단면도

또한 아치교 북쪽 용마터널 방향 접속교의 경간과 남쪽 길동 방향 접속교는 다음과 같이 구성되어 있다.

$$L_{북측} = 210(= 3@70) + 140(= 2@70) = 350.00m$$

$$L_{남측} = 140(= 2@70) + 140(= 2@70) + 130(= 70 + 60) + 50 = 460.00m$$

이 두 접속교는 모두 자연환경을 보호하기 위하여 강상형교 형식으로 시공되었다. 특히 주교량인 중로 아치교는 동쪽으로 떠오르는 태양을 형상화하여 디자인했다는 이야기가 전해진다〈그림 6.6.3〉.

그림 6.6.3 구리암사대교 중로 아치교

6.6.2 교량 설계

구리암사대교는 3경간 연속 중로 아치교로, 중앙 경간에서는 케이블로만 교량 바닥틀을 지지하는 것이 아니라 아치 리브와 보강형이 연결되는 곳에서는 교량 상판에 작용하는 하중이 아치 리브로 직접 전달되는 구조로 되어 있다.

측경간에서는 바닥 상판을 보강형이 직접 받치고 있는 형식이며, 아치와 측경간 보강거더에 작용하는 외부하중(사하중 + 활하중) 일부는 V형 교각을 통하여 지반으로 전달된다〈그림 6.6.4〉.

교량은 1등교(DB-24, DL 24)로 설계하였고, 이 과정에서 지진하중을 a = 0.154g(= 가속도 계수 0.11×1.4) 함께 고려하였다. 계획 홍수량은 37,000 Q.M.S로 잡고, 계획 홍수위는 H = 19.40m, 설계 유속은 V = 2.54m/sec를 설계기준으로 삼았다.

교량구조 해석을 위해서는 유한요소법을 이용한 범용 구조해석 전산 프로그램인 SAP2000, 교량 설계를 위한 토목 전용 구조해석 프로그램인 MIDAS/CIVIL 그리고 강합성 강상형교의 구조계산 및 도면 자동화 프로그램인 AROAD를 사용하였다.

그림 6.6.4 구리암사대교 아치교 뼈대 구조(단위 : m)

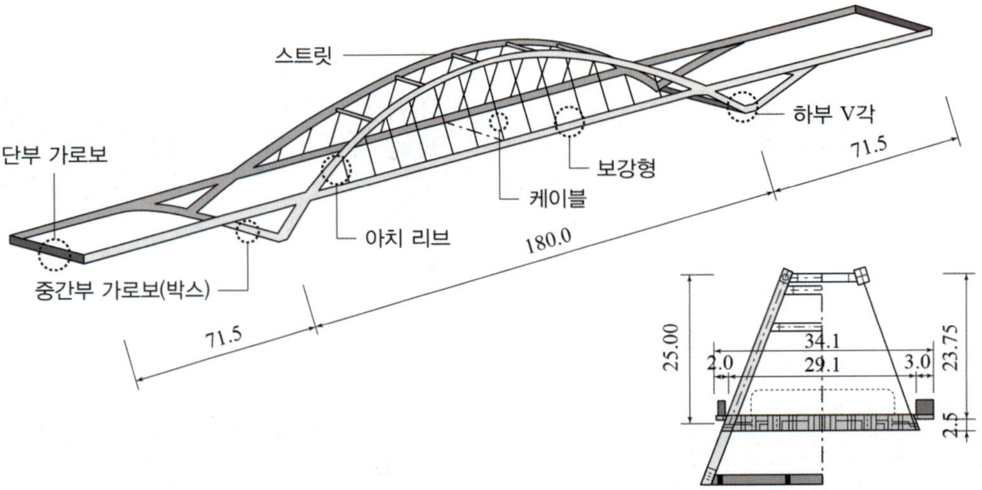

6.6.2.1 상부구조

가. 주교량 - 아치교

구리암사대교의 기본 계획 수립 당시, 설계팀은 교량이 건설될 지역에 아차산 고구려 산성과 암사 선사유적지 등이 위치한다는 사실에 주목하였다. 이들은 구리암사대교가 서울 동쪽의 관문이자, 구리시를 고구려 역사와 연결할 수 있는 상징성과 조형성을 지닌 랜드마크(Land Mark) 기능을 갖추어야 한다고 보았다. 이에 따라 3차례의 자문회의와 더불어 일반 시민, 전문가, 유관기관을 대상으로 한 2차례의 여론 조사 결과, 최종적으로 3경간 연속 닐슨 아치교 형식이 선정되었다.[2]

구리암사대교 주교량은 전체 길이 L = 323.00m의 3경간 연속 중로 아치교(바스켓 핸들형)로 설계되었다〈그림 6.6.5〉.

L = 71.5 + 180 + 71.5 = 323m

B = 28.5m(왕복 6차로 + 편측 보도)

설계하중 DB-24, DL-24를 기준으로 설계하였으며, 주부재에는 SM520과 SM490 강종을 사용하였다. 부부재에는 S400로 가설하였다. 여기서 주부재는 자동차 하중이나 자중과 같은 주된 외부하중을 직접 저항하는 부재를 말하며, 부부재는 횡 브레이싱(Lateral Bracing, 가새)이나 강판을 보강하기 위한 보강재(Stiffner)를 의미한다. 특이한 점은 이 다리를 설계할 때 적용한 설계법은 강도설계법이 아니라 허용응력설계법이라는 점이다.

그림 6.6.5 아치교 종·단면도

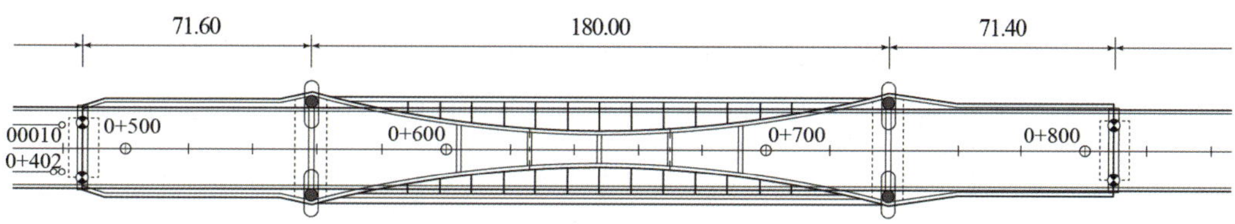

(a) 평면도(단위 : m)

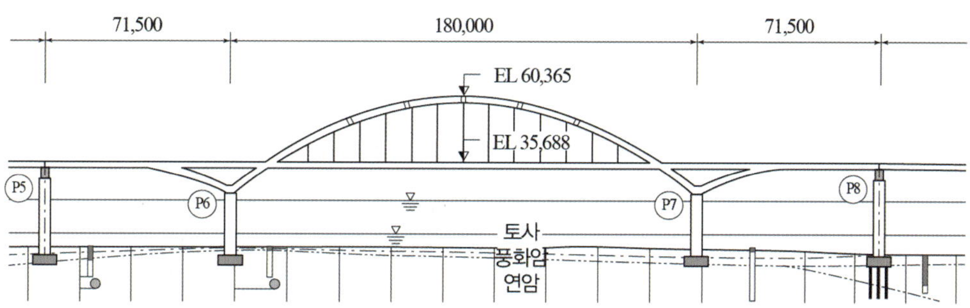

(b) 종단면도

구리암사대교 부재들은 모두 공장에서 일정한 길이로 제작하여 건설 현장까지 운송한 후, 현장에서는 이를 연결·조립하여 전체 구조물을 완성하였다. 여기서 주요 부재인 아치 리브, 보강형, 스트럿, 강상판(鋼床板) 등은 현장용접이음으로 연결하였고, 가로보(Cross Beam), 세로보(Stringer), 횡 박스거더 등은 현장에서 볼트 이음으로 연결하였다.

구리암사대교 아치 리브는 도로에서 교각 P6 상부까지 보강형 중심선으로부터 10.10m 아래로 내려갔다가, 다시 아치 중앙부에서는 보강형 중앙선으로부터 아치 중앙선까지 25.0m 위로 올라간다<그림 6.6.6(c)>. 여기서 보통 아치 높이는 아치 리브 상단 단면 중심에서 보강형 단면 중심까지의 거리를 말하므로, 이 경우 아치 높이 f = 25.0m라 할 수 있다. 설계팀은 다리의 조형미를 살리기 위하여 여러 가지 라이즈비를 검토한 결과, 주경간 아치교의 라이즈비를 f/L = 1 : 6으로 결정하였다. 아치 리브의 횡단면 경사는 71.565°로 설계되었으며, 단면 형상은 높이 2.2m, 폭 1.5m의 구형 단면을 선정하였다〈그림 6.6.6(c)〉.

- 라이즈비 : H/L = 25/151.022 – 1/6.0
- 횡단면 경사 : θ = 71.565°
- 단면 형상 : 구형 H = 2.2m, B = 1.5m

이론적으로는 단순 아치교의 힘과 변위 관계식은 라이즈비로 간단히 나타낼 수 있지만, 중로 아치교의 경우 아치 리브와 보강형이 강절(剛節)로 연결되므로, 연결부에서 힘의 흐름이 매우 복잡해진다. 이 때문에 응력 검토를 수계산(手計算)으로 하는 것은 사실상 불가능하다. 우리나라에서도 중로 아치교의 설계는 전산 해석 기법이 일반화된 이후 활발하게 진행될 수 있었다.

구리암사대교 바닥 횡단면의 폭은 B = 27.50m에서 최대 34.1m까지 변한다〈그림 6.6.6〉. 교각 P5 중심선 바로 오른쪽 단면 너비는 B = 27.50m로 설계되었다〈그림 6.6.6(b)〉. 이때 양가에 가설된 두 보강형 중심 간의 간격은 28.54m이고, 보강형의 높이는 좌우 모두 H = 2.50m이다. 이곳에서 바닥판의 횡단면 구성은 다음과 같다〈그림 6.6.6(b)〉.

B = 1.9(교량 유지보수용 통행로) + 0.50(측대) + 9.75(= 3@3.25, 3차선 도로)
　+ 2.0(측대 포함 중앙분리대) + 9.75(= 3@3.25, 3차선 도로) + 0.50(측대)
　+ 2.90(자전거 + 보행자도)
= 27.50m

구리암사대교는 왕복 6차선 교량으로, 차선 폭은 1차로당 3.25m이다. 따라서 차량 통행 공간은 한쪽에 3차로(3@3.25 = 9.75m)씩, 왕복 합계 19.50m로 구성되어 있다. 앞서 설명한 것처럼 교각 P6 상부에서는 보강형 중심에서 아치 리브 중심까지의 높이가 10.10m로 설계되어 있으며〈그림 6.6.6(c)〉, 이 구간의 바닥판 너비는 33.624m로 교각 P5 구간보다 6.12m 넓다. 이는 아치 리브의 기울어진 경사가 바닥판 너비에 영향을 미친 결과이다. 또한 교각 P6 상부 양측에 설치된 아치 리브 간격은 35.347m에 달해, 교량의 조형미가 입체적으로 드러나도록 한다. 주경간 중앙부의 바닥판 너비는 B = 34.10m로 더욱 넓어지는데, 이 역시 아치 리브의 수직 경사로 인해 발생하는 기하학적 특성이다〈그림 6.6.6(d)〉.

그림 6.6.6 아치교 표준 단면도

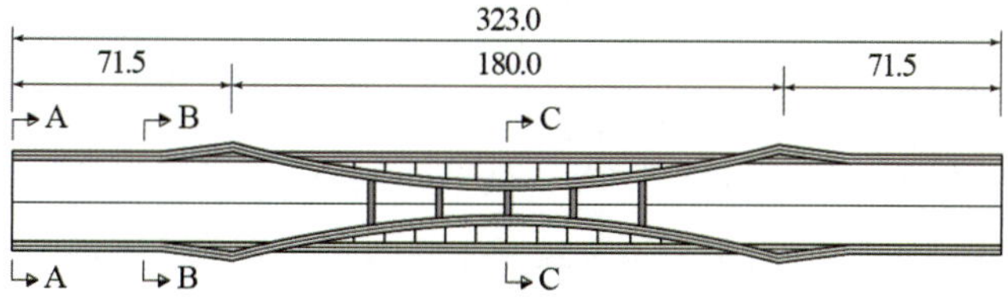

(a) 구리암사 아치교 평면도

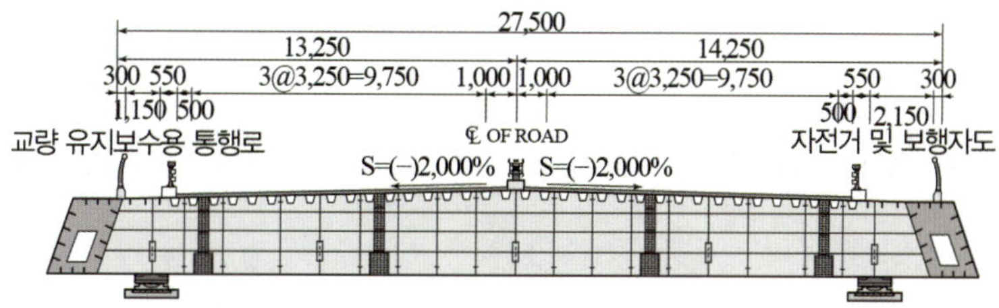

(b) 단면 A-A(교각 P5 바로 우측, 교각 P10 바로 좌측<그림 6.6.5>)

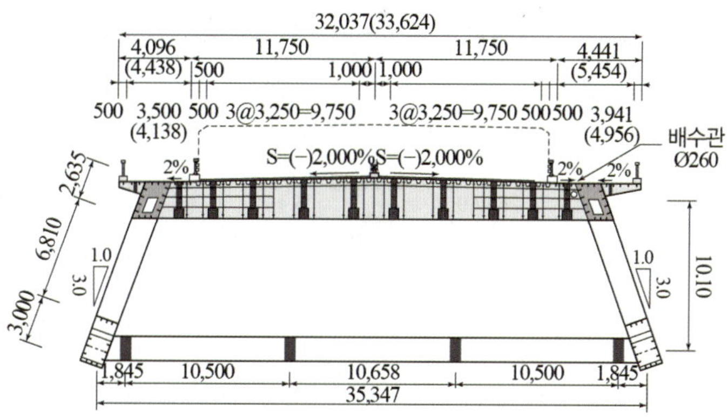

(c) 단면 B-B(교각 P6)

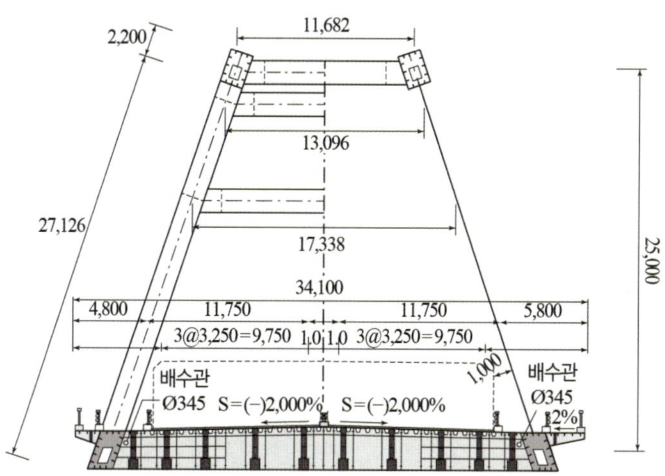

(d) 단면 C-C(아치교 중앙부 단면도)

1) 바닥판

직교이방성 강상판으로 설계되었는데 강바닥판의 두께는 진동과 피로에 문제를 해결하기 위하여 T = 14mm로 사용하였다. 중앙분리대는 2.00m로 정하였다. 차도에는 비틂강성이 큰 U형의 폐단면 보강재(320×240×8-40)를 640mm 간격으로, 그리고 보도에는 휨강성만을 고려하여 I형 개단면 보강재(150×12)를 강바닥판과 500mm 간격으로 용접하여 강상판을 구성하였다.

2) 바닥틀

강상판과 세로보, 가로보와 가로 박스거더(Cross Box)는 일체로 거동하도록 설계되어 있고, 바닥틀에는 두 보강형 사이 3개의 세로보가 도로 중심 기준 6.460m 간격으로 설치되어 있다〈그림 6.6.7〉.

그림 6.6.7 바닥틀 세로보

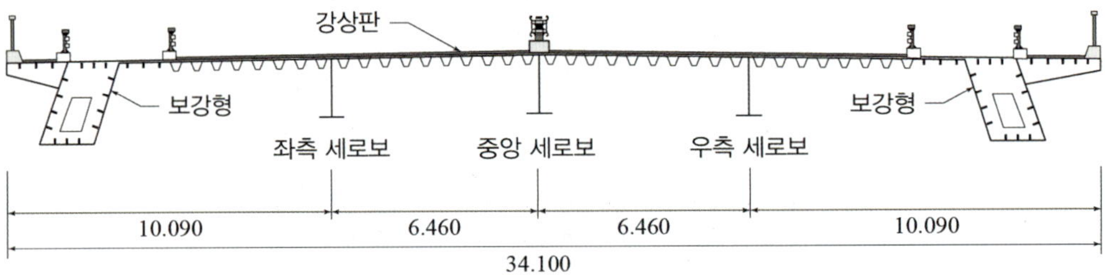

가로보는 아치 구간에서 하중 분배와 세로보 지지 역할을 한다. 그 이외에도 보강형과 아치 리브가 만나는 격점부에는 대블록 가설 시 현장이음부가 설치되므로 격점부에 설치되는 가로보는 측경간과 주경간 대블록 단부의 폐합 효과와 대블록 임시 지지점 역할을 한다.

가로보는 아치 행거 케이블 설치 간격에 해당하는 C.T.C 10m로 정하고, 가로보의 높이는 보강형의 높이와 같이 H = 2.50m로 하였다. 그러나 보강형과 아치 리브의 격점부에서는 큰 압축력이 작용하므로 가로보의 설치 간격을 1.539~2.50m로 3개소에 설치하여 격점부 면외 방향의 지지 강성을 크게 늘려 아치 리브의 좌굴안전성을 확보하였다〈그림 6.6.8〉.

3) 횡방향 박스거더(Cross Box Girder)

중로 아치교 단지점부에는 보강형 형상이 기울어진 평행사변형으로 되어 있어, 교량 받침을 설치하기가 어려우므로 교량 받침을 설치하기 위해서 횡방향으로 강성이 큰 횡방향 가로 박스거더를 설치할 필요가 있다. 아치교 단부에 가로보 박스거더를 설치하면 보강형 단부에서의 면외 강성도 확보할 수 있고, 또한 두 V형 각주 양쪽 하단을 연결하는 박스거더(1.2×1.6)로 연결함으로써 옆으로

그림 6.6.8 바닥틀 가로보 위치도(단위 : m)

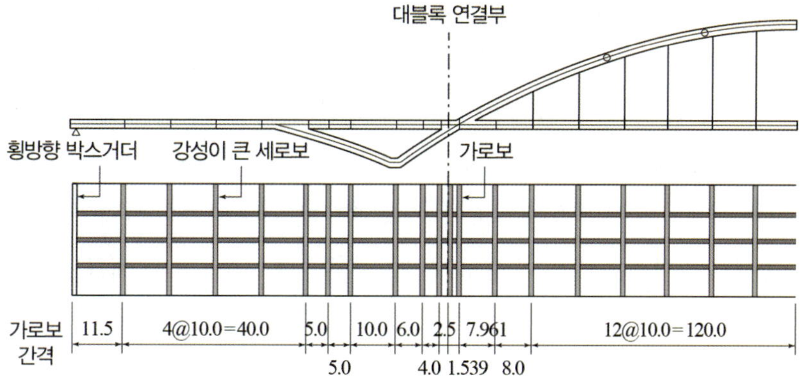

기울어져 있는 V형 각주의 횡방향 안정성도 확보할 수 있다. 끝으로 설치된 4개의 횡방향 가로 박스거더는 아치교 전체 뼈대구조를 폐합시킴으로써 아치교의 면내·면외의 좌굴내하력을 크게 향상시킬 수 있다〈그림 6.6.9〉.

그림 6.6.9 바닥틀 횡방향 박스거더 설치 위치 및 횡단면도(단위 : m)

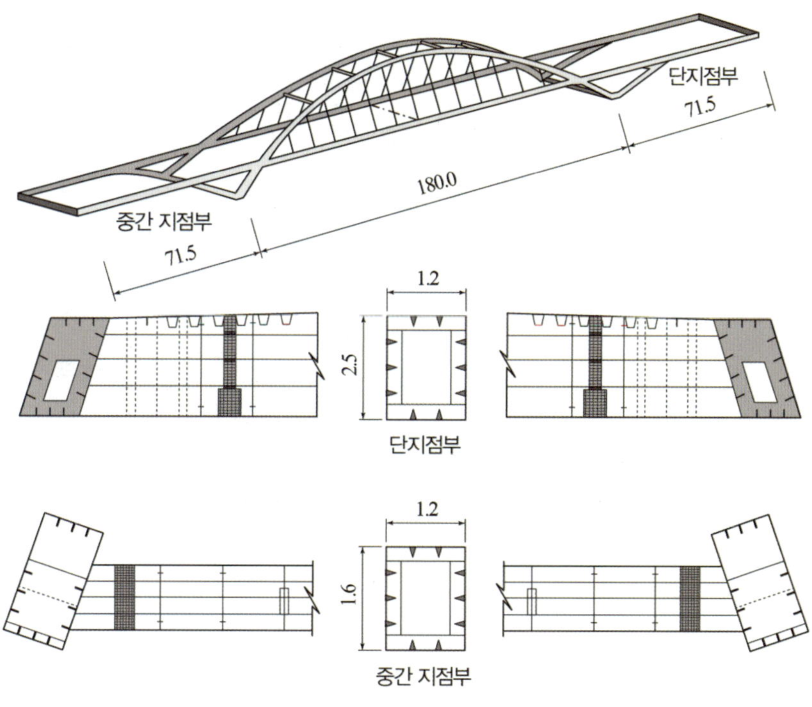

4) 아치 리브

아치 리브(Arch Rib)는 공장에서 제작하여 현장에서 볼트로 연결하였다〈그림 6.6.10(a)〉. 구형 단면(Rectangular Section)의 아치 리브는 상·부 플랜지의 너비가 모두 1.50m다. 높이는 아치교 양단에서는 h = 2.00m이고 다리 한가운데에서 h = 2.20m가 된다〈그림 6.6.10(b)〉. 이는 중로-아치교에서 리브에 작용하는 내력(축력, 휨모멘트 및 전단력)이 위치에 따라 계속 변하기 때문에 피할 수 없는 현상이다.

가장 복잡하게 작용하는 힘의 흐름은 교각 P5와 교각 P6 위에 설치된 아치 단면에서 일어난다. 때문에 이 단면에서의 치수는 다른 부위에 비하여 큰 수치를 써야 한다. 예를 들어 교각 P6 위에 설치된 아치 리브의 상·하 플랜지의 두께 T = 44mm인 데 비하여 주교량 중앙부에서의 아치 리브 상·하 플랜지 강재 두께 T = 24mm를 사용하고 있다〈그림 6.6.10(c)〉.

상·하 플랜지에 모두 b = 550mm 간격으로 3개의 개단면 종리브를 상·하부 플랜지에 용접한다. 아치 리브에는 매우 큰 압축력이 작용하므로 복부판에도 좌굴현상이 일어나지 않도록 종방향 보강재(Stiffner)를 양측에 각각 3개씩 설치하였다〈그림 6.6.10(b)〉.

그림 6.6.10 아치교 아치 리브 일반도(단위 : m)

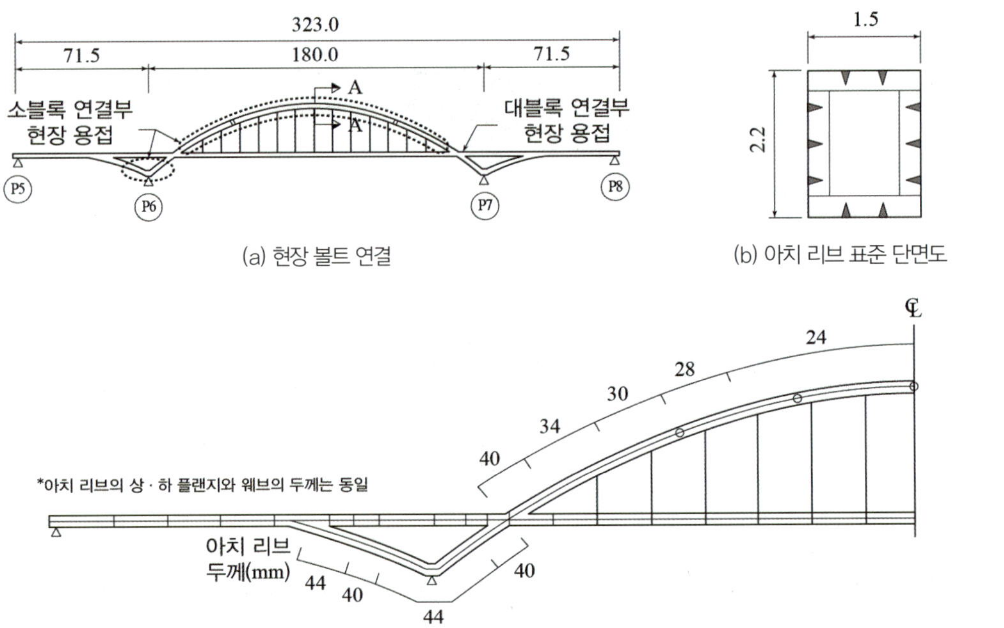

(a) 현장 볼트 연결

(b) 아치 리브 표준 단면도

(c) 아치 리브의 두께(mm)

5) 스트러트

양쪽에 세워진 두 아치 리브를 연결하여 입체적인 강성을 도모하는 스트러트(Φ 1,500mm)는 교량의 미관을 고려하여 5개소에 설치하였다. 아치 리브에 원형 스트러트를 설치하면 발생하는 응력분포가 복잡해지는데, 설계과정에서는 특히 교문부와 크라운부의 스트러트-아치 결합부에 대한 세심한 주의를 기울여 안전성을 확보하였다.

그림 6.6.11 스트러트-아치 리브 결합부 정·평면도

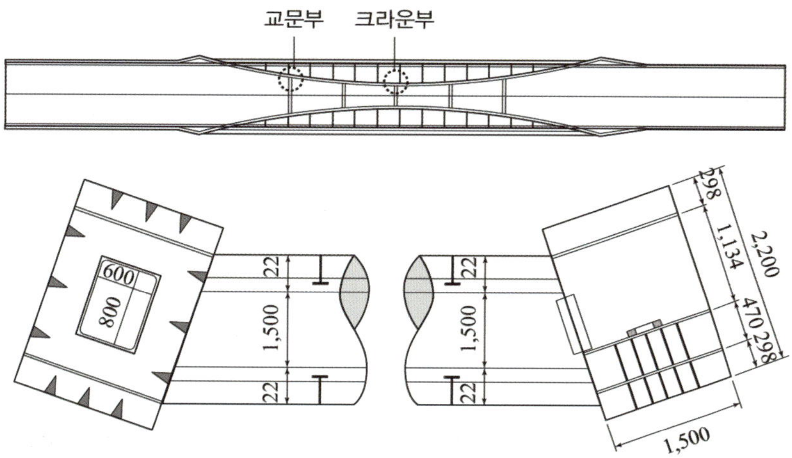

6) 보강형

주교량 횡단면 양단에 설치되어 있는 보강거더는 경사진 아치 리브의 기울어진 경사에 맞추어 평행사변형 형태를 취하고 있다〈그림 6.6.12(b)〉. 보강거더의 상·하부 플랜지의 너비는 전 구간에 걸쳐 b = 1.581m로 일정하고, 보강거더의 높이는 교각 P5 바로 오른쪽에서 보강거더와 아치 리브가 만나는 구간을 제외하고는 h = 2.50m로 일정한 크기를 유지한다〈그림 6.6.12(b)〉.

중로 아치교에 설치되는 보강형은 일반 아치교와는 달리 중앙경간과 측경간에서의 역할과 거동이 다르다. 즉 중앙경간에서는 아치교의 보강형을 역할을 하고, 측경간에서는 하부 V형 각주를 지점으로 하는 일반 거더교와 같은 거동을 한다. 이에 따라 아치교 중앙부에 설치된 보강형 박스거더의 상·하 플랜지의 두께는 비교적 작은 규모인 T = 12mm로 제작하였다. 폭 B = 1.581m인 상·하 플랜지에는 상대적으로 작은 규모의 수평보강재(150×12) 3줄을 설치하였다. 보강형은 휨과 축력을 동시에 받고 있으므로 수평 및 수직보강재로 좌굴현상을 방지하고 있는데, 아치 리브 구간에서는 수직보강재를 2.5m 간격으로 그리고 그 이외의 구간에는 수직보강재를 a = 1.25m 간격으로

배치하였다.

중로 아치교에서 하중경로가 가장 복잡한 위치는 보강형과 아치 리브가 강결로 연결되는 접합부와 교각 P6가 받치고 있는 V형 각주 구간이다. 이 구간에서는 국부적인 응력집중 현상으로 아치 거더의 복부판의 높이(H = 3.2m)도 높아질 뿐만 아니라 상·하 플랜지와 복부판의 두께 모두 44mm로 아치 리브 강판의 두께가 가장 적은 아치교 중앙부의 두께 T = 24mm보다 거의 2배나 크다. 이 위치에서는 강판을 보강하는 보강재도 개단면 I-200×22를 사용하였다. 참고로 주교량 중앙부 아치 리브의 상·하플랜지와 복부판에 사용한 보강재에는 개단면 I-150×12을 설치하였다〈그림 6.6.12〉. 이렇게 설계된 내용을 살펴보면 보강거더와 아치-리브가 강결(Rigid Connection)되는 위치에서의 단면 내하력의 크기는 대부분 압축력에만 주로 받는 아치 중앙부에서의 내하력보다 훨씬 큼을 쉽게 알 수 있다.

그림 6.6.12 주교량(아치교) 보강형 일반도

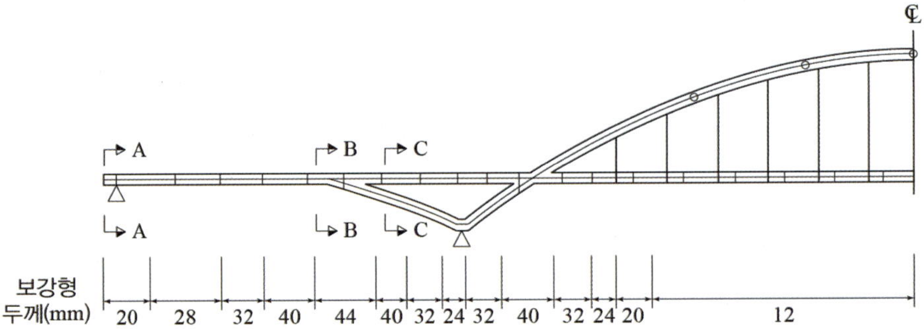

(a) 보강형 상·하 플랜지 두께(보강형의 상·하 플랜지와 복부판의 두께는 일정함)

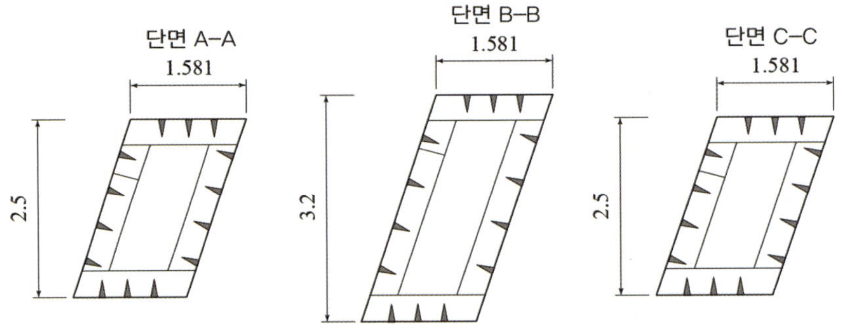

(b) 보강형의 횡단면도

7) 케이블의 설치

아치교의 행어 케이블을 설치할 때는 주로 평행 스트랜드(Parallel Strands)나 평행 와이어(Parallel Wires)를 사용하는데, 구리암사대교에서는 다음과 같은 점들을 고려하여 평행 스트랜드 케이블(M.S Cable)을 행어 케이블로 사용하기로 하였다.

① 케이블 손상 시 전체 또는 부분 교체가 가능하여 유지보수가 쉬움
② 케이블 운반이 용이하며 가설장비가 작음
③ 국산 스트랜드를 사용할 수 있음

사용된 평행 스트랜드의 허용인장응력은 18,000kg/cm^{2}이며 피로강도는 21MPa를 기준으로 하였다. 아치교에는 Φ15.7×19EA와 Φ15.7×27EA(인장강도 1,860MPa), 두 가지 규격의 M.S Cable(Multi Strands Cables)을 행어 케이블로 삼았다.

그림 6.6.13 후레시네 M.S 케이블 구조

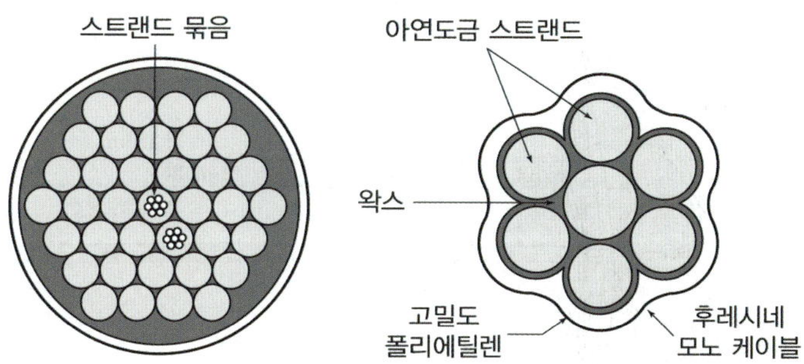

시공된 케이블은 아연도금 강연선을 7가닥을 사용하여 1개의 스트랜드를 만들고, 이 스트랜드를 평행하게 배치한 후 모노 케이블을 만든다. 이때 생기는 빈공간은 왁스(Wax)로 채운다. 이렇게 만들어진 모노 케이블을 다시 평행하게 배치한 후 이들을 고밀도 폴리에틸렌(HDPE) 쉬스관 속에 넣어 4중으로 방식 처리했다.

구리암사대교 아치교는 바스켓 핸들 형식(Basket Handle Type)으로 되어 있어 그 행거가 평행사변형인 보강형에 경사지게 설치되었다. 이때 행어는 보강형에 설치한 횡방향 박스거더나 보강형 내 격벽이 있는 위치에 정착하여 보강형에서 아치로의 힘의 흐름을 원활하게 하였다. 따라서 행어 케이블은 보강형 격벽에 원형 파이프를 설치하고 그곳에 정착구를 만들어 정착하였다〈그림 6.6.14(a)〉. 한편 고정단인 아치 리브에서는 박스를 처음부터 케이블의 경사와 수직하게 제작하였다. 케이블 정착을 위하여 아치 리브 복부판을 지지점으로 하는 보(Beam)를 먼저 설치한 후 그 보에 정착구를 설치했다〈그림 6.6.14(b)〉.

그림 6.6.14 행어 케이블 정착구

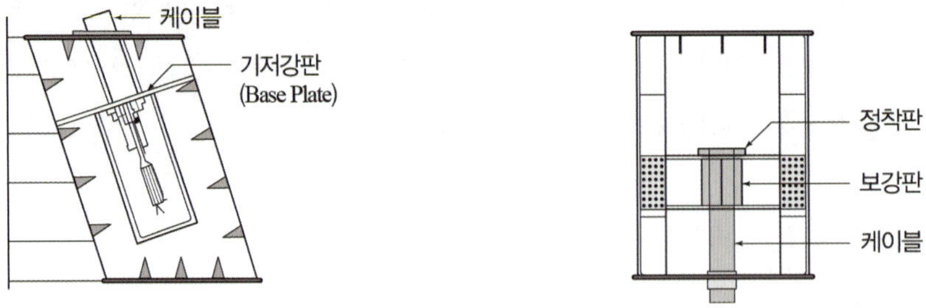

(a) 보강형 정착구 (b) 아치 리브 정착구

나. 접속교

구리암사대교에서는 한 구간(BR 7)만 제외하면 모든 접속교를 지간장 L = 70m, 형고 H = 2.5m인 강상판 강상형교로 설계하였다〈그림 6.6.15〉.

그림 6.6.15 강상판 강상형교 종·평면도

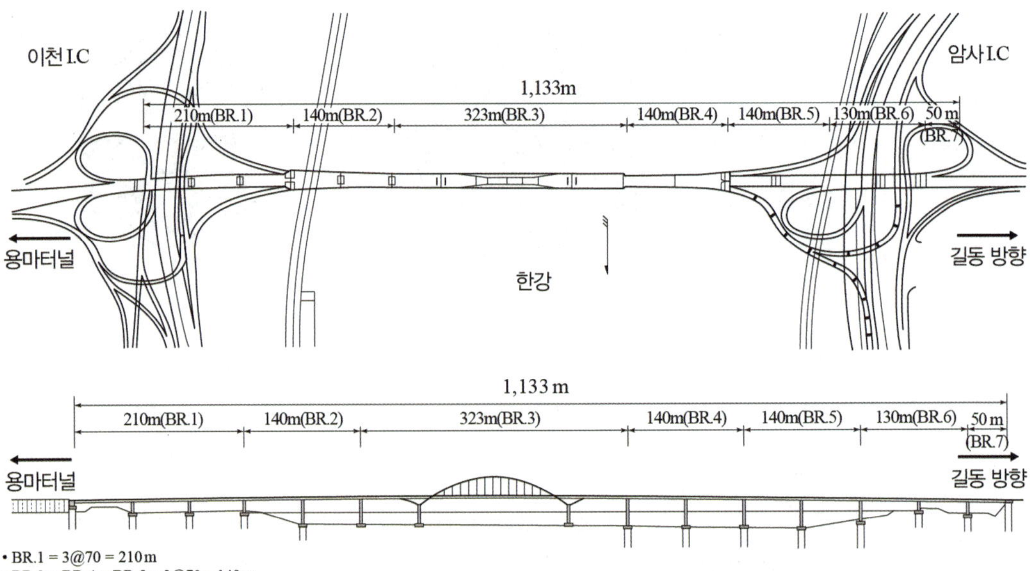

- BR.1 = 3@70 = 210 m
- BR.2 = BR.4 = BR.5 = 2@70 = 140 m
- BR.6 70 + 60 = 130 m
- BR.7 = 50 m

구리암사대교 접속교는 표준 폭원 B = 27.50m로 되어 있으나 대부분 구간에서 본 교량과 램프와 접속되어, 교량 폭원이 B = 24.250(BR6) ~ 44.239m(BR2)까지 확폭되므로 폭원에 따라 주형 박스거더를 3개 또는 4개씩 배치하였다〈그림 6.6.16〉.

그림 6.6.16 접속교 BR1 횡단면도(교대 A1~교각 P3)

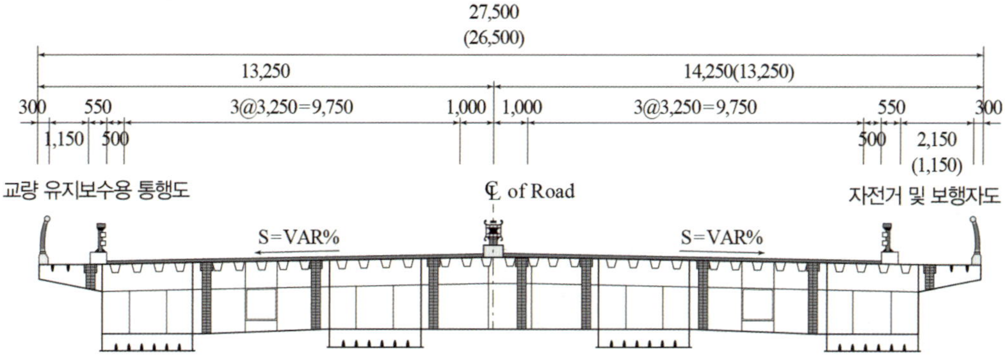

주) 암사대교 시점부(STA.0+136.35~STA.0+276.35)의 우측은 교량 통행로(B=1.0m) 설치

1) 강바닥판

강상판은 직교이방성판으로 거동하기 때문에 바닥판의 두께 t = 12mm로 하여도 내하력 확보에는 큰 문제가 없었다. 그러나 지난 경험을 통하여 강상판의 두께가 얇으면 강바닥판과 세로 리브 용접이음부에 피로현상이 빈번하게 발생하는 것을 인지한 강교량 엔지니어들은 강상판의 강판 두께를 t = 12mm에서 t = 14mm로 늘릴 것을 제안하게 되었다. 이에 따라 암사구리대교에서도 바닥강판의 두께를 차도에서는 t = 14mm로 정하였다. 그러나 보도에서는 피로문제가 발생하지 않으므로 t = 10mm로 설계하였다.

접속교의 바닥판에는 주교량에서 적용된 동일한 규격의 U형 폐단면 리브(320×240×8)를 용접한 강상판으로 구성하였다. 보강재로 U형 리브 이외에 폐단면을 사용하기 어려운 확폭 구간이나 보도 구간에 간헐적으로 I형 개단면 리브(230×18)로 시공하였다.

2) 주형 단면의 결정

강상판의 주형 단면은 접속교 폭원과 공장 제작 및 공사 현장으로 운반 등도 고려하여, 주형(Main Girder)인 강상형 폭은 B = 2.0m로 하고, 높이는 H = 2.50m를 표준 단면으로 삼았다〈그림 6.6.17〉. 이때 가로 리브(Floor Beam)는 2.0m마다, 격벽은 6.0m 간격으로 설치하였고, 수직보강재는 가로보의 위치에 맞게 2,0m 간격으로 설치하였다. 여기서 일반적으로 'Floor Beam'은 가로보로 번역하는데, 구리암사대교에서는 Cross Beam(가로보)이 따로 존재하므로 혼란을 피하기 위하여 Floor Beam을 가로리브로 정의하였다. 접속교 주형 제작에 주부재에는 강종 SM 490, 그리고 부부재에는 강종 SM 400을 사용하였다.

가로 리브는 강바닥판을 상부 플랜지로 하고, 복부판과 하부 플랜지로 구성된 I형 단면으로 가정하였으며, 세로 리브의 높이가 h = 243mm임을 감안하여 높이를 h = 750mm로 하고, 교량 길이 방향으로 2.0m마다 한 개씩 설치하였다〈그림 6.6.18〉

그림 6.6.17 접속교 주형 바닥틀 구조도

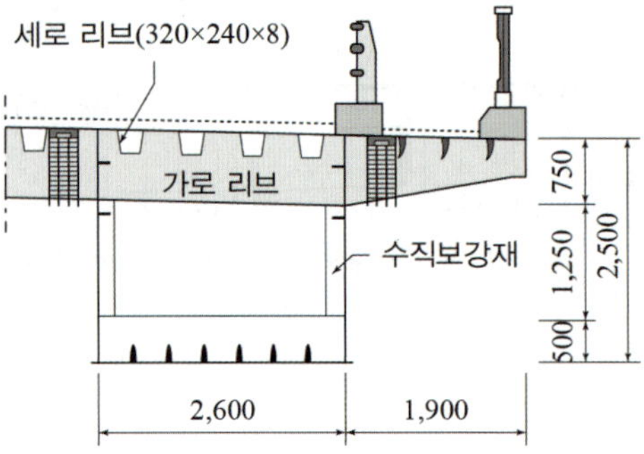

(a) 주형의 단면도

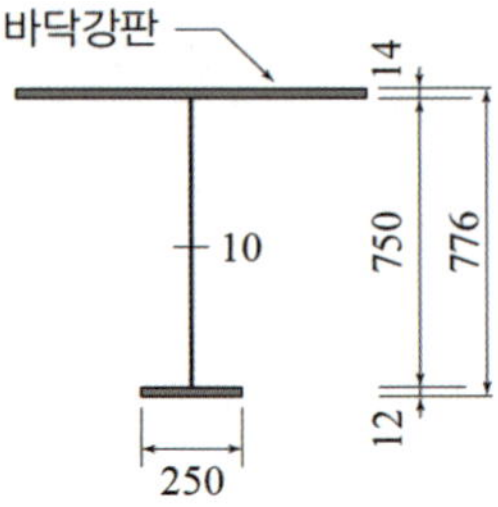

(b) 가로 리브의 단면도

3) 세로보(Stringer)와 가로보(Cross Beam)

접속교 BR.2, BR.4 및 BR.6 단면은 확폭 구간에 있어 주형의 순간격이 8.80~12.40m로 넓어진다. 따라서 강바닥판을 좀 더 효율적으로 지지해 윤하중에 대한 하중 분담을 줄이고, 또한 가로보의 하중분배가 원활하게 이루어지도록 주형 사이에 높이 h = 1,250m인, 강성이 큰 세로보를 4.24~6.16m 간격으로 설치하였다〈그림 6.6.18(a)〉.

그림 6.6.18 접속교에 설치된 세로보와 가로보 횡단면도

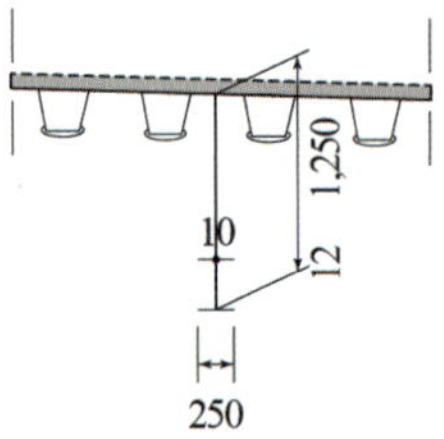

(a) 강성이 큰 세로보

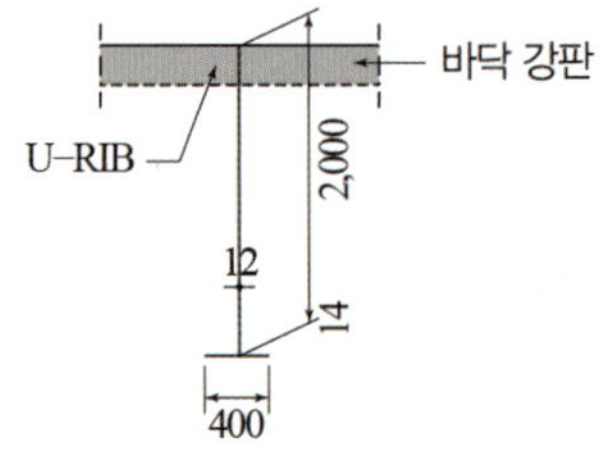

(b) 강성이 큰 가로보(10m 간격 배치)

가로보는 강상판의 한 요소로 작용하는 가로 리브와는 기능이 다르다〈그림 6.6.18〉. 가로보는 격자거동을 통하여 한 주형에 전달되는 하중을 인접 주형으로 분포시키는 역할을 하는 구조 요소로 접속교는 가로보의 높이를 주형 높이의 0.8배로 잡아 2.00m로 하였다〈그림 6.6.18(b)〉.

6.6.2.2 하부구조

교각과 기초 형식은 상부구조 폭원이 넓고, 교각의 높이가 높은 점을 고려하여 경사문형 교각과 Y형 교각으로 결정하였고, 기초형식은 지반조건을 감안하여 직접기초와 직경 Φ= 1,200인 현장타설 콘크리트말뚝으로 시공하였다〈그림 6.6.19〉.

그림 6.6.19 구리암사대교 기초 형식

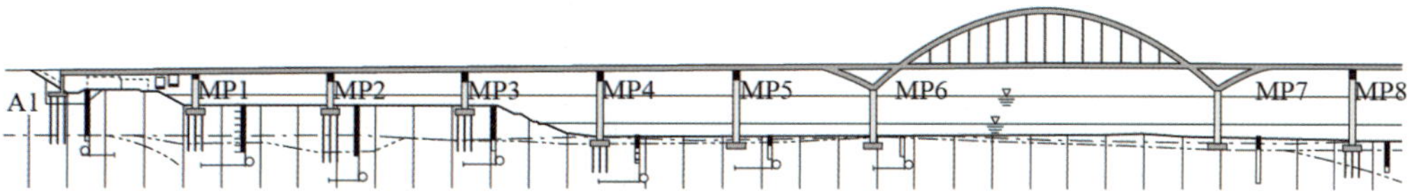

(a) 용마터널 방향 기초 형식

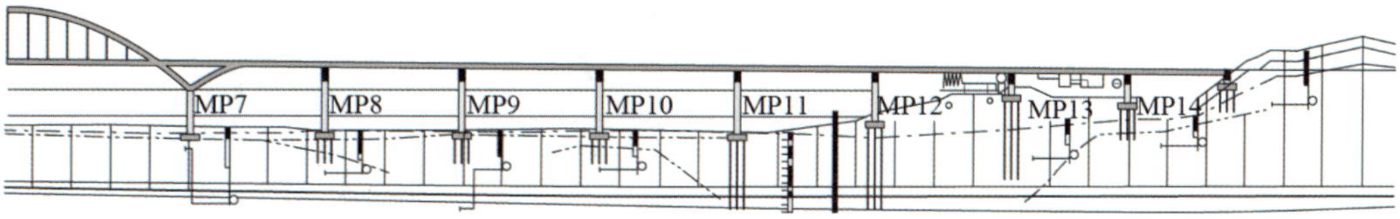

(b) 길동방향 접속교 기초 형식

가. 주교량(아치교)

1) 교각(MP6, MP7)

아치교의 주 교각 MP6와 MP7은 교량의 미관을 강조하고 상부 아치교와 조화를 이루기 위하여 경사문형 교각 형태로 설계하였다〈그림 6.6.20〉. 기둥의 단면은 8각형 단면으로 계획되었으며, 주 교각 멍에(코핑)는 길이가 30.1m에 이르고, 경사진 교각으로 인해 축방향 인장력이 발생하므로 일반 R.C 구조로는 시공할 수 없었다. 따라서 스트랜드(Φ12.7×6)를 사용한 프리스트레스트 콘크리트(P.S.C) 구조체로 축조하였다. 직접확대기초 위에 놓인 아치교 교각 MP6의 두 기둥은 아치 리브의 횡 경사로 인하여 간격이 더 벌어질 수밖에 없었으며, 결과적으로 B = 35.335m까지 이격되었다. 이에 따라 교각 MP6은 Y형 교각 형태를 취하지 못하고 처음부터 두 개의 기둥으로 계획되었다. 대신 교각의 높이는 H = 22.00m로 MP5 교각의 높이보다는 0.90m나 낮게 시공되었다〈그림 6.6.20〉.

그림 6.6.20 아치교 주교각 MP6(고정단) 일반도

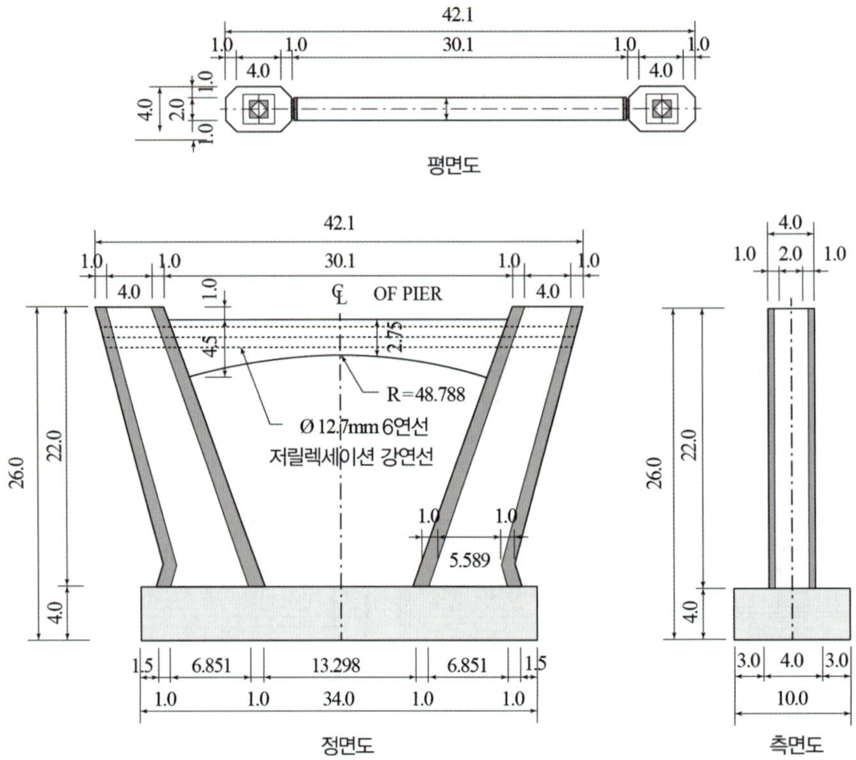

2) 기초

구리암사대교의 지반 조건은 전반적으로 매우 양호한 것으로 나타났다. 특히 수중에 위치한 주 아치교 교각 P5, P6, P7의 하부에서는 한강 하상 바로 아래에서 경암이 발견되었으므로, 시공이 용이한 직접확대기초(34.0×10.0×4.0(H))를 적용하였다. 반면, 나머지 교대와 교각은 모두 '현장타설 콘크리트 말뚝기초' 형식으로 시공하였다. 아치교 교각 가운데 P8은 하부 지반에서는 경암층이 급격히 경사져 아래로 낮아지고 단층 파쇄대가 발견되어 현장타설말뚝으로 기초를 적용하였다. 구리암사대교 현장말뚝기초는 직경 Φ 1,200 말뚝으로 일괄 시공되었다.

나. 접속교

접속교 하부기초는 일반 수상부, 육상부 및 단층대로 구분하여 검토하였다고 한다. 지반조사 결과에 의하면 교각 P5 이외의 모든 교각 위치에는 단층대가 분포하므로 교각 P5 하부기초만 직접기초로 시공하고 나머지 교각 하부기초는 현장타설 말뚝기초를 적용하였다.

1) 기초

기초 형식은 기반암이 깊게 분포하여 단층대 구간에 세워진 대부분 교각은 현장타설 콘크리트 말뚝기초(Φ= 1,200)로 시공하였고, 유독 주교각부와 같이 기반암이 바로 노출된 교각 MP5만은 강재 가물막이(침설식) 공법을 적용하여 직접기초를 축조하였다.

2) 교각

암사 및 아천 측 고수부지에 위치한 MP1～MP3, MP12와 암사 측 제내지에 위치한 MP13～MP14는 형하고(H = 13.5~27.1m)가 비교적 낮아 주교각과 같이 경사문형 교각을 세웠다〈그림 6.6.21(a)〉.

수상 구간에 위치한 교각 MP4～MP5, MP8～MP11은 형하고(H = 3,0~37.5m)가 높아 Y형 교각으로 설계하였다〈그림 6.6.21(b)〉. 이때 기둥의 단면 형상과 경사 기울기는 전체 외관 형상 육상부 교각과 비슷하도록 설계하였다.

그림 6.6.21 접속교 교각 일반도

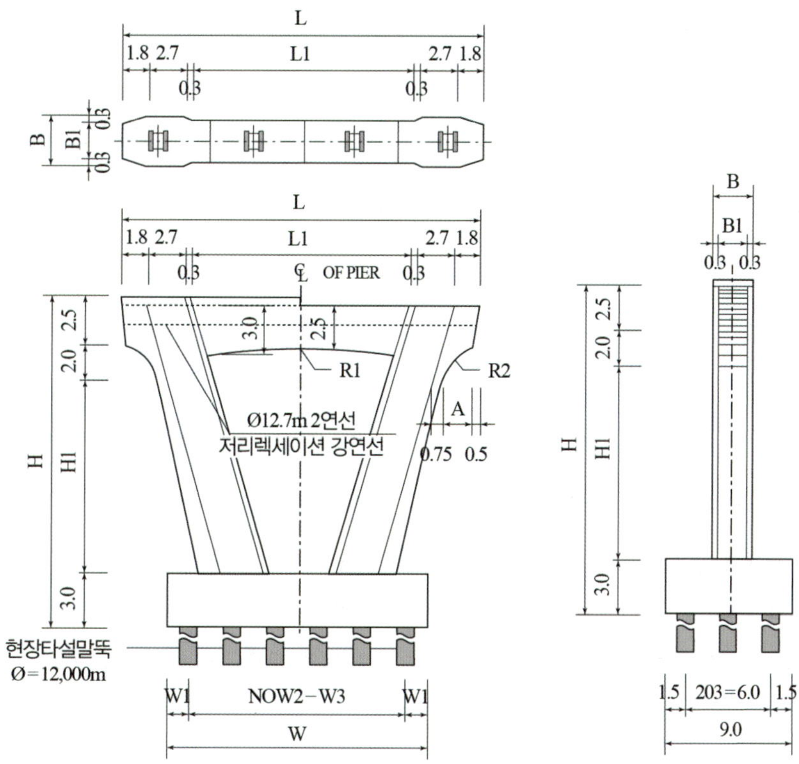

(a) 고수부지와 제내지에 세워진 경사문형 교각 일반도(MP1~MP3, MP12~MP14)

그림 6.6.21 접속교 교각 일반도(계속)

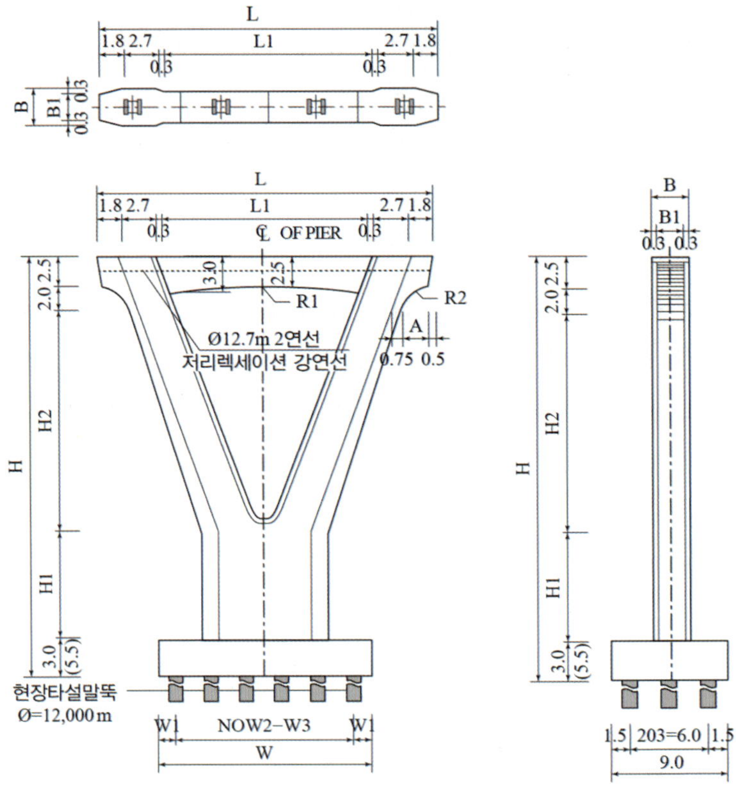

(b) 접속교 수중부 교각 일반도(MP4, MP5, MP8, MP9, MP11)

6.6.3 시공

6.6.3.1 하부구조 시공

가. 주교량 하부기초 시공

아치교의 교각 MP6가 가설될 지역 지층은 단단한 풍화암 밑에 연암층이 분포하며 기반암 심도가 (h = 2.5~7.0m) 얕고, 평수심은 약 5~7.5m 깊이로 분포되어 있어 수상 장비(바지 및 예인선) 이용이 가능한 지역이다. 이러한 조건에 부합하는 시공 방법은 조립식 강재 가물막이(거치식) 공법을 적용한 직접 기초형식이 가장 적합하다고 건설 현장팀은 판단하였다. 여기서 가물막이 공법이란 수중구조물을 새로 만들 때 조립식으로 구성된 강재 케이슨과 고무재를 이용하여 차수공간을 제공하는 가물막이 공법을 말하고, 거치식 가물막이 공법이란 강재케이슨 하단에 부착된 고무 패킹재를 레벨링 콘크리트 위에 수압보다 큰 케이슨 자중으로 압착하여 외부 유입수를 차단하는 공법이다〈그림 6.6.22(a)〉.

이와 대비하여 접속교 교각 MP5는 침설식 가물막이 공법을 적용하였다〈그림 6.6.22(b)〉.

그림 6.6.22 가물막이 수밀부 상세도

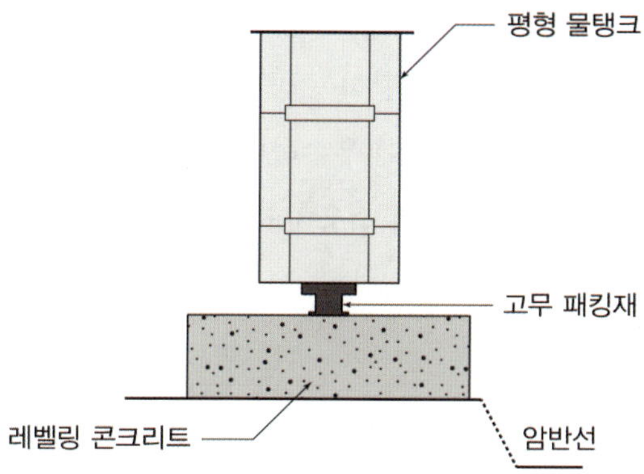

(a) 거치식 가물막이 수밀부 상세

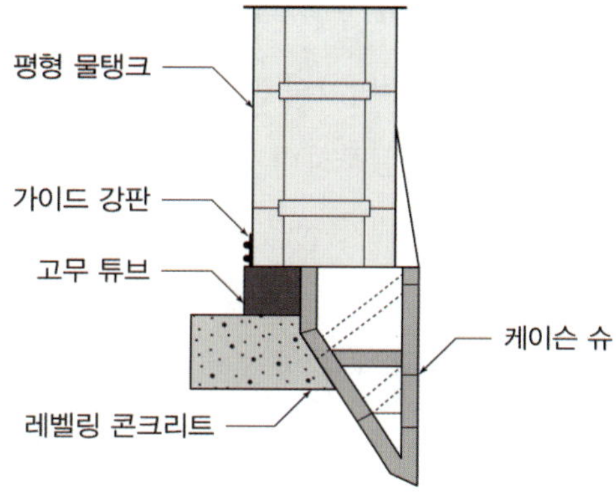

(b) 침설식 가물막이 수밀부 상세

구리암사대교 건설 현장에서는 아래의 다섯 과정을 거쳐 기초공사를 완성했다〈그림 6.6.23〉.

1) 기반암(연암) 심도까지 하상을 준설한 후 레벨링 콘크리트를 타설하고
2) 강재 가물막이를 한 부분(6×2.4m)씩 육상에서 제작하여 바지로 운반하여
3) 수상에서 조립한 후 아래로 가라앉힘
4) 강재 물막이 속으로 새어 들어오는 물을 막고, 내부에 있는 물을 퍼낸 후 지지층을 굴착
5) 기초공사를 마친 후 강재 가물막이를 해체

그림 6.6.23 직접기초 강재 가물막이(거치식) 공법 개념도(교각 MP6/MP7)

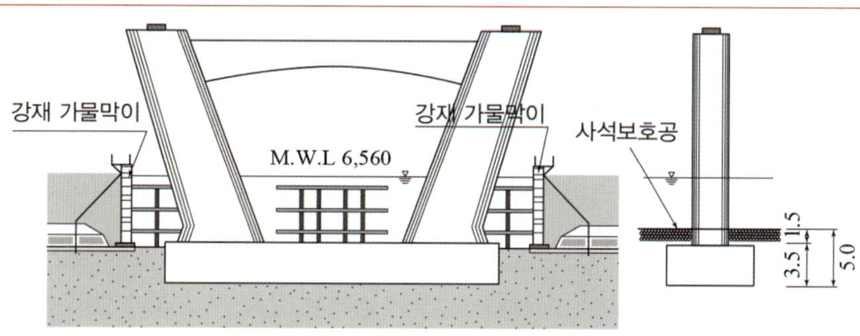

나. 접속교 하부기초 시공

접속교 하부기초공사를 위한 기초조사를 한 결과 교각 MP5 위치에만 기반암(연암)이 h = 4.0m 깊이에 분포되고, 나머지 모든 교각 위치에는 단층대가 분포하여있다. 수중부의 평균 수심은 약 5~7m 정도로 수상 장비를 이용할 수 있는 작업조건을 구비하고 있었다. 이를 토대로 교각 MP5 기초는 직접기초를 침설식 강재 가물막이 공법으로 시공하였고〈그림 6.6.24(a)〉.

여기서 침설식 가물막이 공법이란 강재 케이슨 단부에 부착되어 있는 고무튜브를 레벨링 콘크리트에 밀착시켜 수압보다 큰 압력으로 팽창시켜 외부 유입수를 차단하는 공법을 말한다. 접속교 나머지 교각 기초는 공사비가 저렴하고 단층대에서 마찰지지 능력이 우수하며 소음 및 진동으로 인한 생활환경 피해가 적은 현장타설 콘크리트말뚝(Φ = 1,200)기초로 적용하였다〈그림 6.6.24(b)〉.

그림 6.6.24 접속교 교각기초 시공법

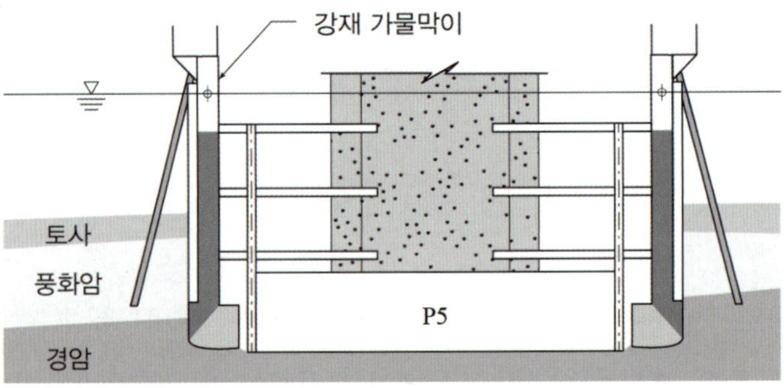

(a) 직접기초 + 강재 가물막이(침설식) 공법(교각 P5)

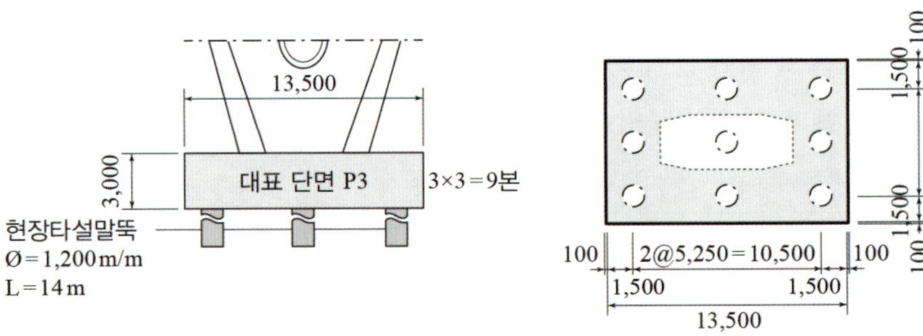

(b) 육상부 현장타설 콘크리트말뚝 기초(교각 P3)

육상부에 설치된 현장타설 콘크리트 말뚝기초는 토사층에 케이싱을 설치하여 공벽을 유지하고, 말뚝 내부를 굴착한 후 철근망을 건입하고 콘크리트를 타설하는 베노토 공법(All Casing 공법) 적용하였고, 수상부에 설치된 현장타설 콘크리트 말뚝기초에는 강재 가물막이 한 후에 R.C.D(Reverse

Circulation Drill) 공법과 강재 가물막이를 한 후 모래를 채운 다음 베네토 공법을 적용하는 두 가지 공법을 혼용하여 사용하였다.

6.6.3.2 상부구조 가설공법

가. 아치교 전 구간 가설공법

구리암사대교는 한강 상류의 상수원 보호구역에 건설되었다. 평상시 수심은 약 5.2~7.7m로, 바지선이나 소형 부유식 크레인의 사용은 가능하지만 잠실대교 수중보의 영향으로 대형 바지선이나 대형 해상 크레인의 진입은 불가능한 조건이었다. 다만 공장에서 제작한 부재를 육상으로 운송하여 강북 측 고수부지에서 가설 단위별로 대블록화하여 조립할 수는 있었다.

기본설계에서는 서강대교에서 적용한 대선 + 벤트 공법을 아치교 가설 공법으로 제시하였으나, 구리암사대교 공사 현장의 작업 환경을 고려하여 부산 광안대교에서 사용한 대선 일괄가설 공법으로 변경·적용하였다. 아치교 시공을 위해 북측 고수부지에서 사전 제작한 길이 L = 165m, 높이 H = 28m 규모의 아치를 레일(Rail)을 이용해 수상으로 이동시킨 후 4척의 바지(Barge)에 선적하였다. 이어 예인선으로 교각 위치까지 운송한 뒤, 바지 위에 설치된 가설 벤트타워에 장착된 600톤급 유압잭 8기를 이용하여 3,230톤에 달하는 아치 구조체를 14m 들어 올렸다. 이후 세팅 빔

그림 6.6.25 구리암사대교 아치교 상부구조 가설 현장

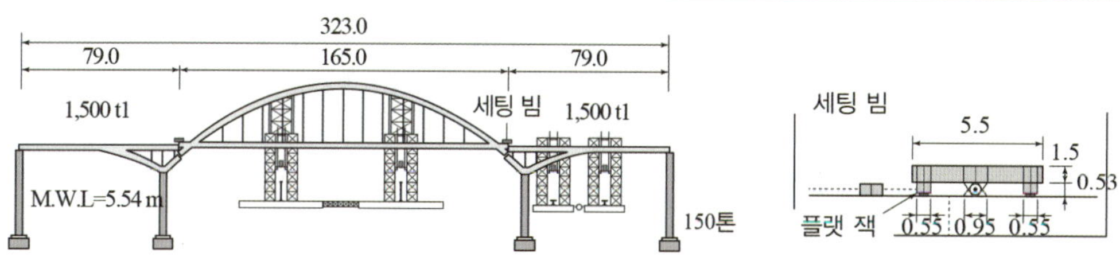

(a) 아치교 전 구간 상부구조 가설 개념도

(b) 아치교 중앙경간부 설치 현장

(c) 아치교 측경간부 설치 현장

(Setting Beam) 4대를 이용하여 이미 설치된 측경간부 강교와 연결하고, 이를 볼트로 고정하였다〈그림 6.6.25(a)〉. 아치교 측경간부 역시 바지 위에 세운 가설 벤트타워를 통해 상부구조를 교각 위에 일괄 가설할 수 있다고 판단되어, 주경간부와 동일한 공법을 적용하여 시공하였다〈그림 6.6.25(c)〉.

나. 접속교 상부구조 가설 공법

1) 수상 구간

암사구리대교 수상 구간 접속교 가설 환경은 주 아치교와 동일하였다. 이에 따라 1개의 박스거더를 한 경간씩 250톤급 크레인 2대를 이용하여 일괄 가설하는 공법과 바지 리프팅(Heavy Lifting) 공법을 비교·검토하였다. 그 결과 주교량 시공에 사용되는 장비를 공동으로 활용하여 공기를 단축할 수 있었고, 경제성 면에서도 유리한 바지 리프팅 공법을 적용하였다.

2) 육상 구간

설계팀은 가설 구간이 육상임을 고려하여, 크레인 일괄 가설 공법과 가벤트 겸용 크레인 가설 공법을 비교·검토하였다. 그 결과 가설교량이 강변북로와 올림픽대로를 횡단하기 때문에 가설 기간이 짧고 공사 비용이 적게 드는 크레인 일괄 가설 공법을 채택하였다. 이는 기본설계에서도 추천된 방식이다. 여기서 크레인 일괄 가설 공법이란, 가설 현장 인근 육상에 마련된 조립장에서 단실 박스거더(1 Cell Box Girder)를 한 경간 규모로 조립한 후, 조립된 박스거더를 250톤급 크레인 2대로 들어 올려 순차적(경간별)으로 가설하는 공법을 말한다. 반면 가벤트 겸용 크레인 가설 공법은 교각과 교각 사이에 가벤트를 설치하고, 조립장에서 미리 조립된 박스거더 세그먼트를 크레인 1대를 이용하여 가벤트 위와 교각 위에 순차적으로 가설하는 공법을 말한다.

미주

[1] 남부순환도로 : 서울 강서구 공항동 김포공항 입구에서 서울 강남구 수서동 수서 I.C까지 32.6km, 너비 40~50m의 왕복 6~10차선 도로로, 1978년 6월 29일에 개통되었다.

[2] 서울특별시, 2006, 암사대교 종합보고서

6.7

월드컵의 열기 위에 세운 미래의 다리, 월드컵대교

6.7.1 개요

월드컵대교는 서울시 마포구 상암동과 영등포구 양평동을 연결하는 교량으로, 총연장 1,980m, 폭 31.4m의 왕복 6차선 규모를 갖추고 있다. 한강을 횡단하는 28번째 도로교이며, 성산대교 바로 하류에 위치하여 '제2성산대교'라고 불리기도 하지만, 공식 명칭은 2002년 한일 월드컵 상암경기장을 기념하여 붙여진 '월드컵대교'이다〈그림 6.7.1〉.

월드컵대교는 서울시 내부순환도로[1]와 연계되는 서부 지역 간선도로망 체계 구축을 통하여 성산대교 및 인근 도로의 만성적인 교통 정체를 분산시키기 위해 건설되었다. 성산대교 일대는

그림 6.7.1 월드컵대교 위치도와 전경

(a) 월드컵대교 위치도

(b) 월드컵대교 전경

서울 강북 도심과 서울 강서 및 경기 남서 지역을 연결하는 교통의 요지이므로, 교통 혼잡이 불가피하였다. 이에 따라 당초에는 성산대교 옆에 왕복 6차선 규모의 쌍둥이 교량을 계획하였으나, 서부간선도로 지하화 구상과 직접 연계하기 위해 별도의 교량을 신설하게 되었다. 그 결과, 전라남도 목포시에서 서해안고속도로를 이용해 서부간선 지하차로[2]를 거쳐 월드컵대교를 건너면 양주시 송추까지 신호에 거의 걸리지 않고 이동할 수 있는 광역 교통축이 마련되었다.

월드컵대교는 내부순환도로 및 서부간선도로와는 원활하게 연결되지만, 올림픽대로 및 강변북로와의 연계는성은 상대적으로 부족하다. 예를 들어 올림픽대로 김포 방향에서는 월드컵대교로 진입하는 램프만 있고, 그 외 진·출입은 간접적으로만 연결된다. 또한 강변북로의 경우 월드컵대교로 직접 연결되는 램프는 전혀 없고, 다만 내부순환도로를 통해서만 진입이 가능하다〈그림 6.7.2〉. 서울시는 이러한 한계를 보완하려는 의도라기보다는, 시민 편의와 건강 증진을 위해 월드컵대교에 한강 교량 최초로 폭 1.7m의 자전거 전용도로를 양방향으로 설치하였다. 이는 한강시민공원 자전거도로와 연계되어 이용자의 편의성을 높이고 있다.

그림 6.7.2 월드컵대교 종·평면도

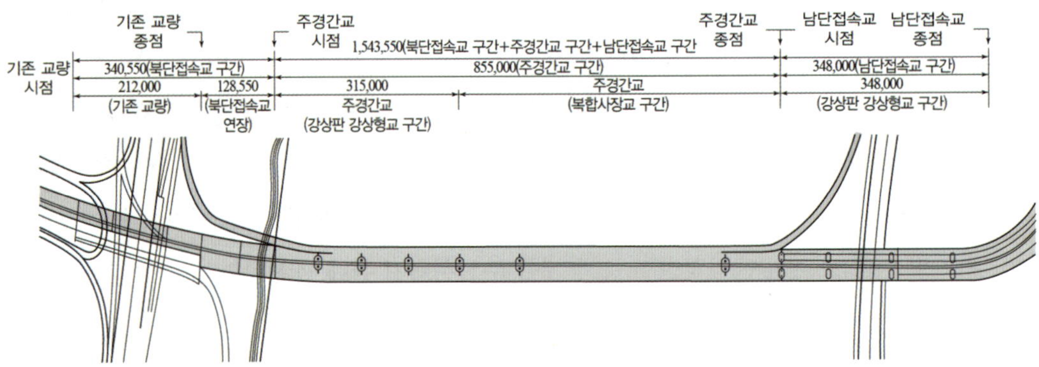

(a) 평면도

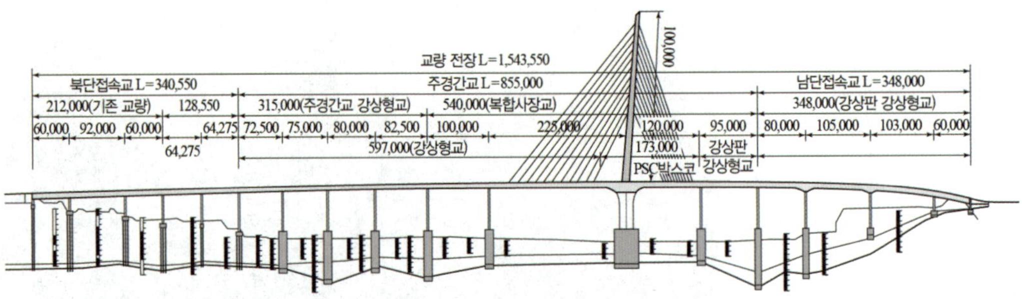

(b) 종단면도

올림픽대교는 '서울 서부지역 간선도로망 확충사업'의 일환으로 2010년 3월 11일 착공하였다. 당초 완공 예정은 2015년 8월이었으나, 2011년 10월 박원순 서울특별시장이 취임하면서 예산이 대폭 삭감되어 약 6년간 공사가 중단되었다. 이후 2017년 12월, 지방선거를 앞두고 다시 상판 설치공사가 재개되면서 준공 목표가 2020년 12월로 수정되었다. 그러나 서부간선도로 지하화 공사 지연으로 준공 시점이 다시 연기되어, 2021년 9월 1일에 부분 개통이 이루어졌다. 이후 남단 램프 일부가 늦어지면서 최종적으로는 2023년 12월 29일에 완전 개통되었다.[3]

6.7.2 교량 설계

월드컵대교 전체 다리 길이는 L = 1,543.50m로 북단 접속교 340.50m, 주경간교 855m 그리고 남단 접속교 348.00m로 되어 있다. 이 다리는 교대 A1부터 교대 A2까지 총 17개의 경간으로 설계되었고, 교량별 구성은 다음과 같다.

북단 접속교

L = 212.00(기존 교량) + 128.55(북단 접속교 연장)

= (60.00+92.00+60) + (2@64.275) = 340.55m

주경간교

L = 315.00(주경간교, 강상판 강상형 구간) + 540.00(주경간교, 복합사장교 구간)

= (72.50 + 75.00 + 80.00 + 87.50) + (100 + 225.00 + 120.00 + 95) = 855.00m

남측 접속교

L = 80 + 105.00 + 103.00 + 60.00

= 348.00m

교량의 너비는 B = 31.4m의 6차선 다리이다. 월드컵교량의 주경간교는 강상형교(Steel Box Girder Bridge) 315m와 복합사장교 540m, 총길이 855m의 비대칭 사장교로 설계되어 있다〈그림 6.7.3〉. 복합사장교의 주경간장은 225.00m로 교하 공간 15.50m, 주운항로 100.00m를 확보하여 아라뱃길(경인운하)을 통과하는 5,000톤급 크루즈(Cruise) 여객선이 통과할 수 있다. 월드컵대교의 설계 홍수위는 H.W.L 13.41m로 정하였다. 주탑의 높이는 주형(Main Girder) 바닥면에서 H = 100.00m로 정하였다.

그림 6.7.3 복합사장교 종·평면도

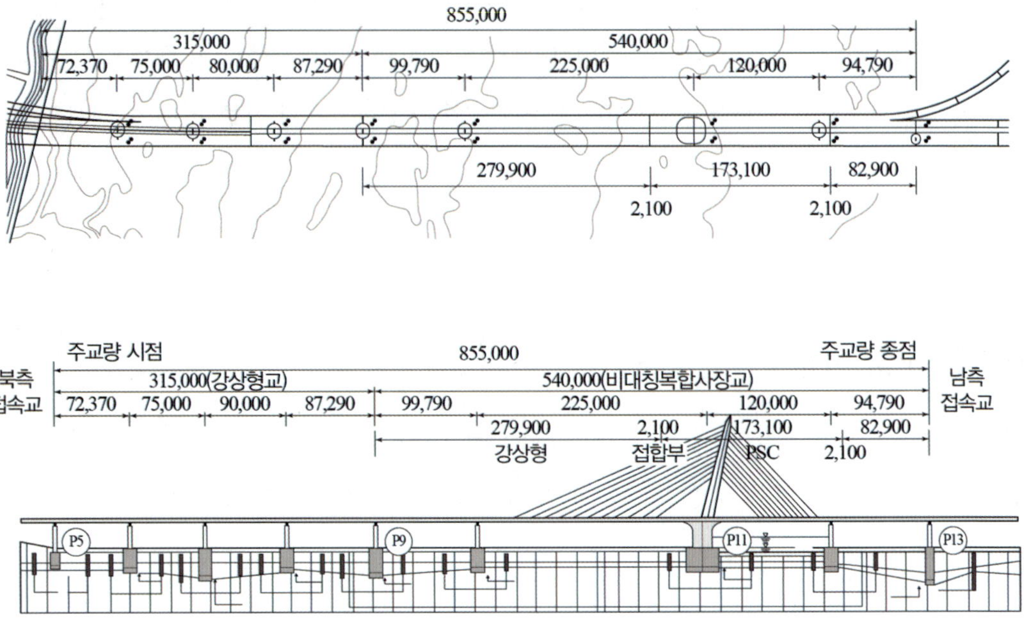

6.7.2.1 주경간교 상부구조

가. 보강형 구조

월드컵대교 주경간교인 복합사장교 구간은 너비 31.40m의 양방향 6차선 교량으로 되어 있다. 사장교의 보강형(Stiffening Girder) 대부분 다실 강상형(Multi-Cell Steel Box Girder, 367m)으로 되어 있고〈그림 6.7.4〉, 나머지는 P.S.C 다실 박스거더(173m)로 되어 있다.

월드컵대교 복합사장교 주경간 구간에 구축된 보강형[4]은 아래 교각으로 받쳐지는 구조가 아니라 케이블로 주탑에 잡아매는 구조이기 때문에 사장교의 측경간에 설치하는 주형의 무게를 주경간 구간의 주형 무게와 평형을 맞추어주어야 한다. 그런데 월드컵대교 사장교처럼 주경간 길이가 측경간 길이보다 긴 비대칭 사장교의 경우에는 주경간 367m 구간에는 주형의 형태를 무게가 덜 나가는 강상형교〈그림 6.7.4〉로 택하고 측경간 173m 구간에는 무거운 콘크리트 구조인 P.S.C 박스거더교〈그림 6.7.5〉를 선택하였다. 여기서 강상판 강상형교는 비중이 콘크리트보다 훨씬 큰 강재를 사용하여 제작하지만, 강재의 강도가 크기 때문에 단위 길이당 무게는 콘크리트 박스거더의 무게보다 작게 된다.

1) 강상판 강상형 구간

강상형 형태의 보강형은 주탑에서 내려오는 케이블로 단면 중앙부에 있는 넓이 2.00m, 높이 3.00m 박스 안에서 정착되는데〈그림 6.7.4〉, 단면 중앙에서의 복부판의 높이는 3.00m이고 맨 바깥 보강재 높이는 2.714m로 되어 있다. 강바닥판은 두께 t = 14mm의 강판에 폐단면 보강재와 개단면 보강재(자전거도로 구간과 중앙분리대 구간)를 용접하여 만든 직교이방성 강판으로 구성되어 있다. 강상형 보강형의 하부 플랜지의 너비는 18.50m이다. 자전거도로는 횡단면 양쪽 끝에 각각 1.70m의 너비로 설치되어 있고, 중앙분리대는 단면 중앙에 4.00m 너비의 자동차 방호책을 설치하여 케이블의 안전을 확보하였다. 케이블의 안전을 고려하기 위한 추가적인 조치로 차량을 자동차 보호책에서 760mm 떨어져서 통행하도록 설계하였다. 일반적으로는 차선은 중앙분리대로부터 500mm 떨어져 설치된다.

그림 6.7.4 복합사장교 강상형교 표준 단면도(일반부)

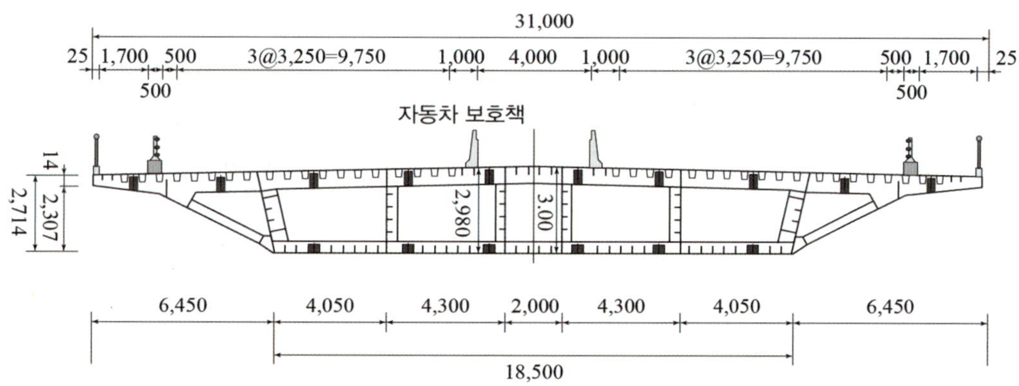

2) P.S.C 박스거더 구간

강상형교 중량과 평형을 이루는 P.S.C 박스거더는 허용응력설계법을 적용하여 1등급 교량(설계하중 DB-24, DL-24)으로 설계하였다. 콘크리트의 설계기준강도는 f_{ck} = 45MPa를 적용하였고, 철근항복강도는 f_y = 400MPa를, 그리고 강선 극한강도와 강성 항복강도는 각각 f_{pu}= 1,860MPa와 f_{py}= 1,580MPa를 사용하였다.

〈그림 6.7.5〉는 P.S.C 박스거더 횡단면을 나타낸 그림이다. 측경간 구간의 보강형 바닥면 너비는 31.40m로 일정하지만, 하부 플랜지의 너비는 8.657~9.250m로 변하는데, 주두부 옆에서 가장 좁고 그 대신에 높이는 3.00~5.964m로 주두부 옆에서 가장 높다. 보강형 횡단면은 강상형 보강형과 같이 다음 식처럼 구성되어 있다〈그림 6.7.5(b)〉.

B = [0.25(난간) + 1.75(자전거 도로) + 0.50(자동차 방호책) + 0.50(측대) + 9.70(= 3@3.25 차도)

+ 1.00(측대) + 2.00(중앙분리대/2)] × 2

= 31.40m

그림 6.7.5 P.S.C 박스거더 횡단면도

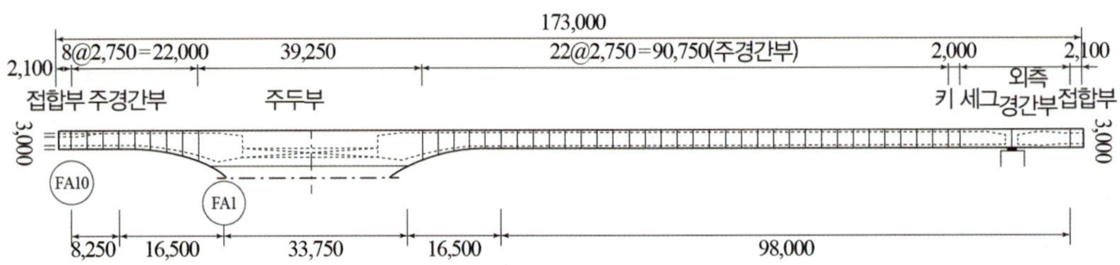

(a) P.S.C 구간 프리캐스트 박스단면 위치도

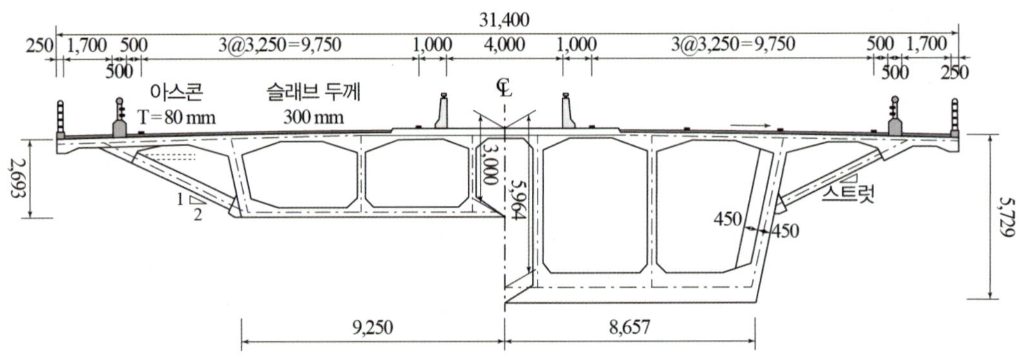

(b) P.S.C 박스거더 횡단면도(우측 FA1, 좌측 FA10)

3) 케이블 구조

사장교 케이블은 보강형 복부판에 14.00m의 간격으로 설치되었다〈그림 6.7.6〉. 사장 케이블(Stay Cable)은 3가지 단면을 갖는 케이블을 사용했는데 주경간 측에는 스트랜드를 73가닥 묶은 케이블 73H15와 스트랜드를 85가닥 묶은 케이블 85H15의 두 가지 케이블을 사용하고, 측경간 측에서 잡아주는 케이블은 55가닥의 스트랜드를 묶어서 만든 케이블 55H15를 사용하였다〈그림 6.7.7〉.

케이블을 보강형에 정착시키는 방법은 주경간 측 강상형 보강형의 정착 방법과 측경간 P.S.C 박스거더에 정착시키는 방법이 다르다. 두 경우 모두 보강형에는 고정단 정착구 HD2000 FAB를 사용하고, 주탑에는 조절 가능한 정착구, HDE2000 RPH를 사용하였다.

그림 6.7.6 주경간부 케이블 배치도

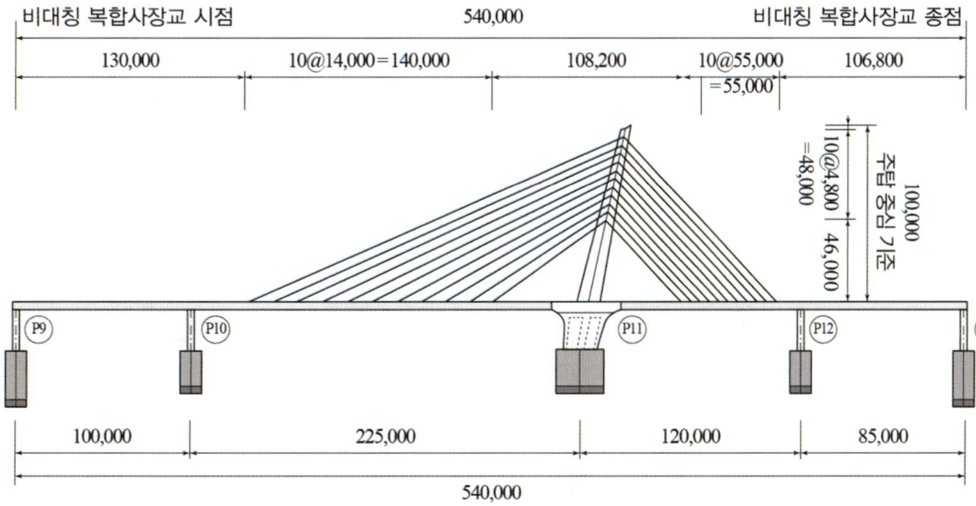

그림 6.7.7 복합사장교 케이블 정착구

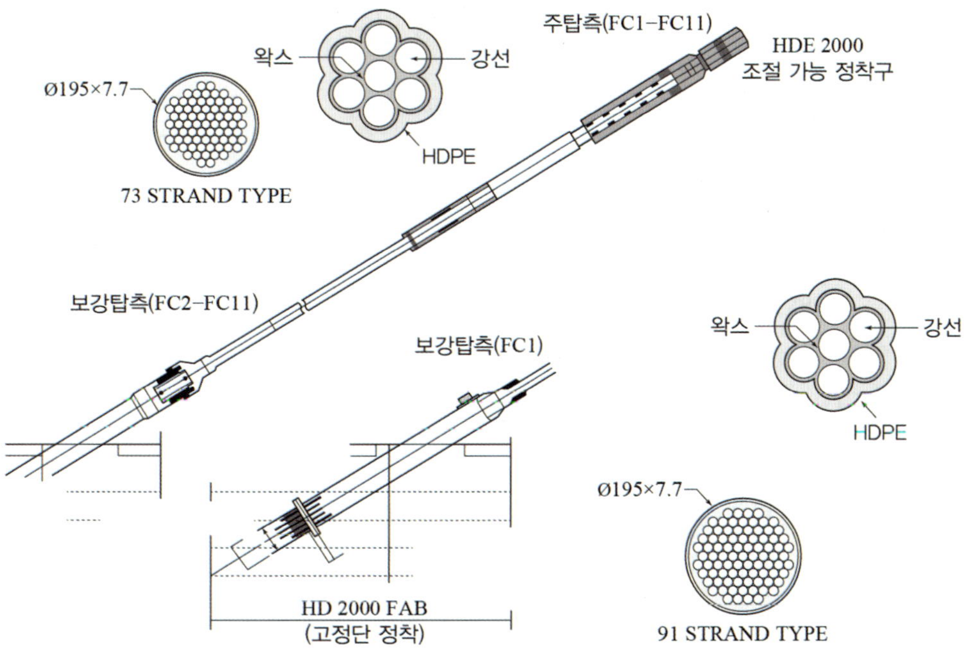

(a) 주경간측 케이블 정착부

그림 6.7.7 복합사장교 케이블 정착구(계속)

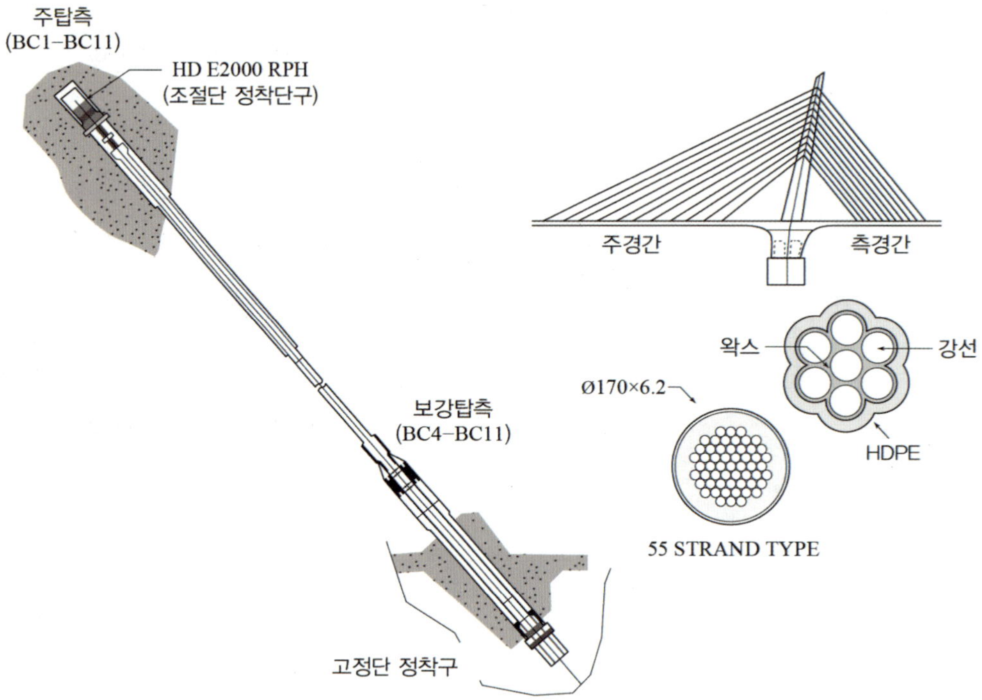

(b) 측경간 P.S.C 박스 케이블 정착부

4) 주탑부

올림픽대교의 상징인 주탑은 높이가 주두부 바닥면에서 수직으로 100.00m 솟아 있으나 연직 방향에서 12° 측경간 방향으로 기울어져 있다. 역학적으로는 주탑 축력의 측경간 방향 수평분력으로 주경간 케이블의 수평력을 감소시켜 측경간 케이블로 전달하는 효과가 있다.

주경간과 측경간에 설치한 케이블은 모두 주탑에 조절 정착구를 두게 되어 있는데, 구조중심선을 기준으로 각 4.8m 간격으로 48.00m 구간에 설치하도록 하였다. 주탑 탑정부는 4.80×3.40m의 6각형 단면이고, 탑기부 단면은 12.00×4.00m로 역시 6각형 형태로 되어 있다〈그림 6.7.8(a)〉. 교탑 주두부의 높이는 6.00m이고 그 아래 주탑 교각의 높이는 21.207m이다〈그림 6.7.8(b)〉.

주탑의 주두부를 구성하고 있는 P.S.C 박스거더의 상판 너비는 31.40m로 다음과 같이 구성되어 있다〈그림 6.7.9〉.

B = 2× 13.70(자전거 도로 + 차도) + 4.00(주탑 횡단면 너비)

= 31.40m

그림 6.7.8 복합사장교 주탑 일반도

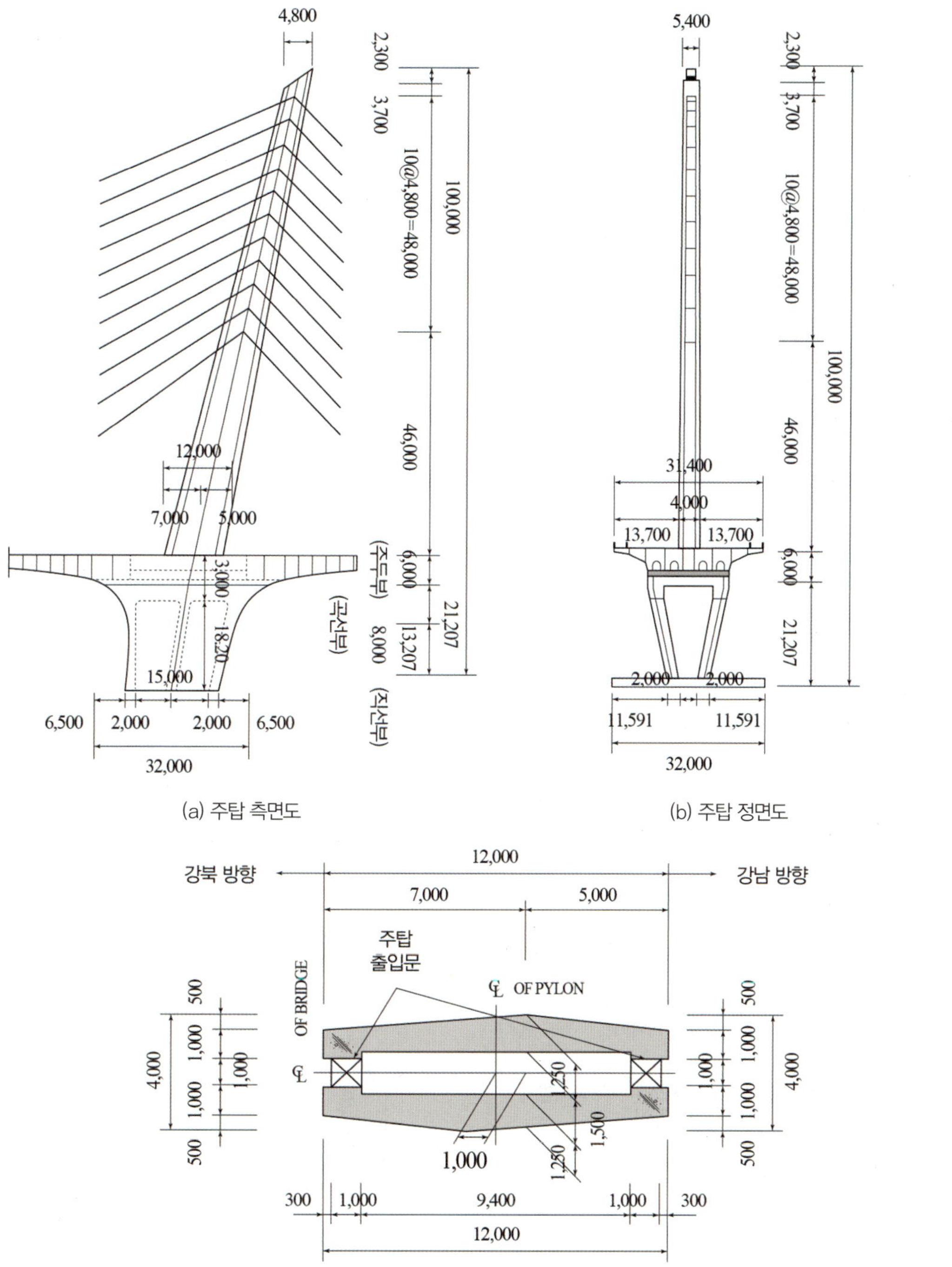

(a) 주탑 측면도

(b) 주탑 정면도

(c) 주탑 기둥 탑기부 평면도

그림 6.7.9 주두부 중앙 횡단면도

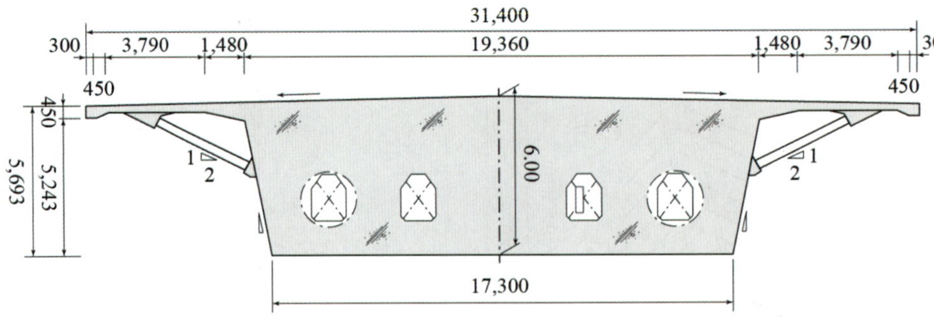

6.7.2.2 하부구조

가. 우물통기초

월드컵대교 하부 교각 P9, P10, P11 및 P12 교각은 각각 4기의 우물통기초 위에 설치되었다〈그림 6.7.10〉.

그림 6.7.10 주탑 우물통기초(단위 : m)

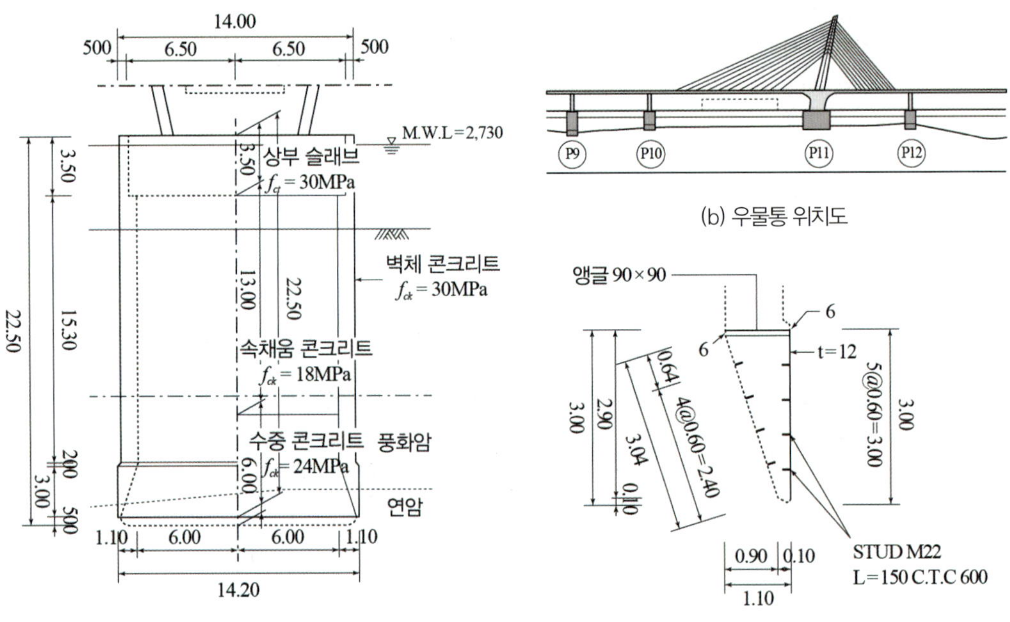

(a) 교각 P10 우물통기초 단면도

(b) 우물통 위치도

(c) 슈 상세도

우물통의 바깥 지름은 14.00m로 설계되었고, 벽체의 두께는 1.10m이고 설계강도 f_{ck} = 37MPa 철근 콘크리트로 타설되었다. 우물통 구체 맨 아래에 설치된 강재 슈(Shoe)는 연암이 나타난 위치에서 더 아래에 안착시켰다. 우물통 내부에는 맨 아래층에 풍화암 지역에 수중 콘크리트(f_{ck} = 24MPa)를 타설하고, 그 위에 타설하는 f_{ck} = 18MPa인 속채움 콘크리트 위로 두께 3.50m인 덮개 콘크리트(f_{ck} = 30MPa)를 설치했다〈그림 6.7.10(a)〉.

우물통 침하를 돕는 슈는 아랫면이 0.20m, 윗면 1.10m 그리고 높이가 3.00m인 사다리꼴 모양의 강구조로 되어 있다〈그림 6.7.10(c)〉.

나. 주탑교각

주탑의 교각은 주두부 아래 우물통기초 상단에서 21.207m의 높이로 구축되어 있는데〈그림 6.7.11(a)〉, 횡단면에서는 V자 형태를 취하고 있고〈그림 6.7.11(b)〉, 교축 방향으로는 직선부 17.207m와 곡선부 8.00m로 구성되어 있다. 주탑 교각은 평면으로는 긴 쪽 21.64m, 짧은 쪽 14.10m를 갖는 6각형 형태〈그림 6.7.11(c)〉를 띠고 있고, 하부는 좁고 상부가 넓어지는, 공간적인 곡선미를 갖추고 있어 외관상 매우 아름다운 조형미를 창출하고 있다〈그림 6.7.11〉.

그림 6.7.11 주탑 교각 일반도

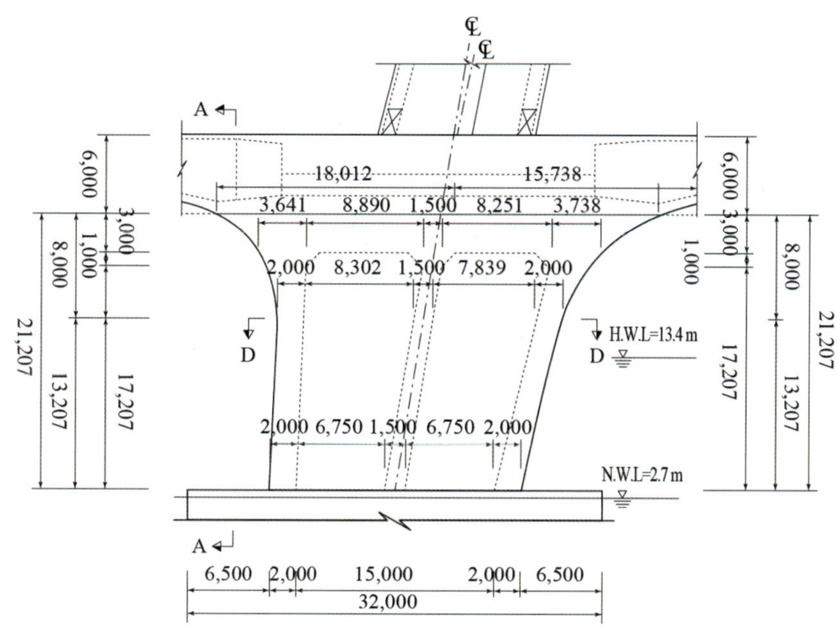

(a) 측면도

그림 6.7.11 주탑 교각 일반도(계속)

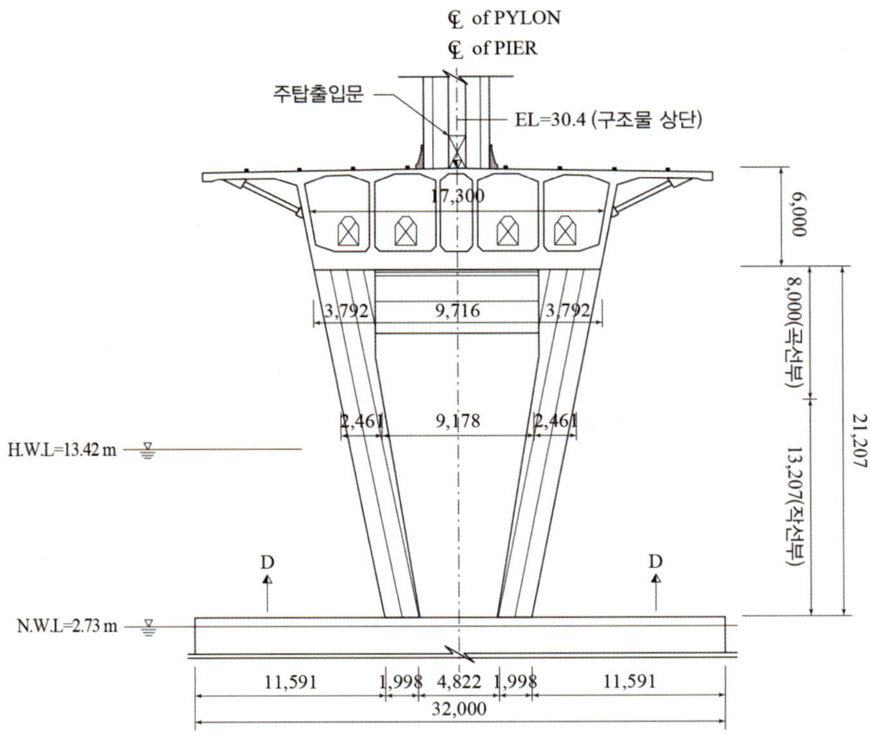

(b) 정면도(단면 A-A)

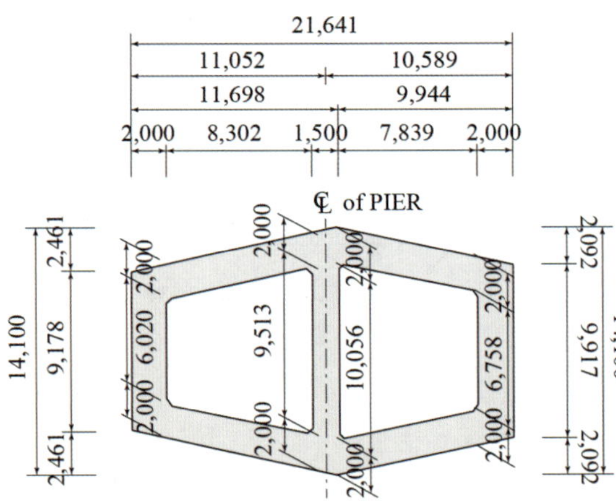

(c) 주탑 교각 단면 D-D

다. 일반 주경간 교각

주경간교의 교각 P10 및 P12의 교각 상부 폭(정면도)은 상부 박스의 하부 플랜지 폭에 맞추어 B = 18.26m로 되어 있으나〈그림 6.7.12〉, 다만 강남 측 끝단, 접속교와 만나는 위치에 있는 교각 P13 윗면의 폭은 32.00m로 되어 있고, 서로 다른 높이의 교량 형태를 지지해야 하므로 서로 다른 받침을 서로 다른 높이에 설치하고 있다〈그림 6.7.13〉. 교각은 강도설계법으로 설계하였으며, 콘크리트는 설계기준강도는 f_{ck} = 30MPa급, 그리고 철근은 항복강도 f_y = 400MPa급을 사용하였다.

그림 6.7.12 교각 P13 일반도

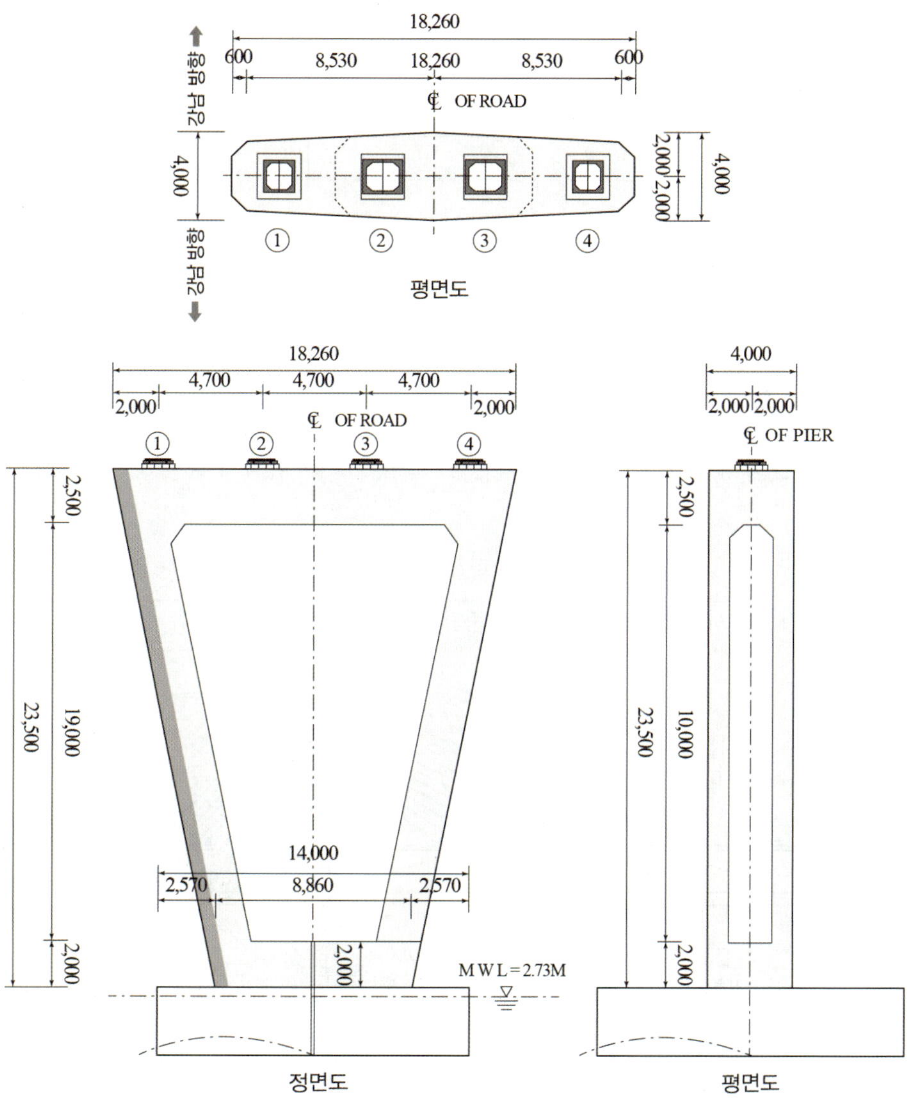

그림 6.7.13 교각 P13 상부 종단면도

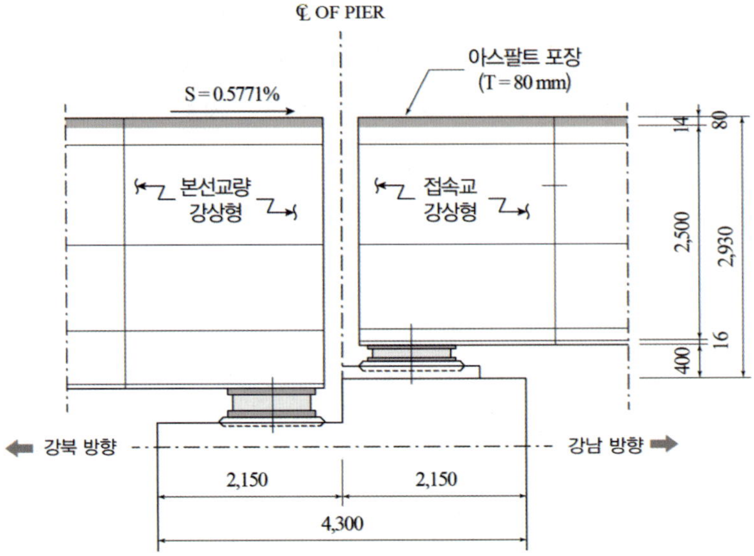

6.7.3 시공

6.7.3.1 상부구조 시공

월드컵대교 주경간 교량은 시공 방법을 계획한 후〈그림 6.7.14〉, 다음과 같이 8단계로 시공하였다〈그림 6.7.15〉.

그림 6.7.14 월드컵대교 시공계획 작성용 주교량 종단면도

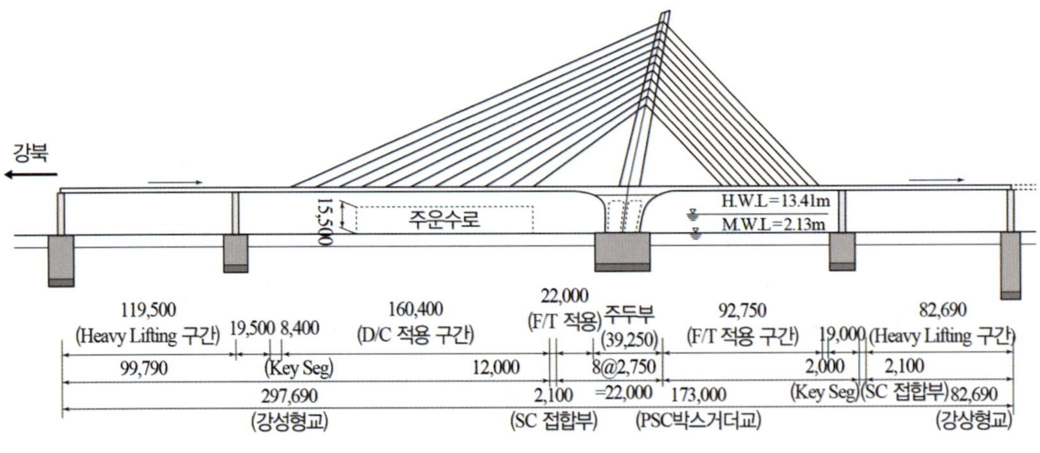

1) 제1단계에서는 우물통기초 및 하부공을 가설한 후, 주두부 거푸집 및 동바리를 설치하고, 주두부를 시공한 후, 측경간 벤트(임시 교각)를 설치한다.

2) 제2단계에서는 탑기부 철근을 조립하고, 콘크리트 타설 후 타워 크레인을 설치한다. 그다음 클라이밍 거푸집(Climbing Form)을 설치한 후 주탑 건설을 완료한다. 주탑이 다 세워진 다음에는 주두부 양쪽으로 데릭 크레인(Deric Crane)이 달려 있는 이동식 작업차(Form Traveller)를 한 쪽에 하나씩 양쪽에 2기를 설치한다.

3) 다음 단계에서는 먼저 주두부 북단 강상형교와 P.S.C교가 접합되는 S/C(Steel/Concrete) 접합블록을 설치한다. 강남 쪽 측경간에 벤트(Bent)를 세우고, 외측 경간 P12에도 경사 벤트를 설치한다. 그런 다음 콘크리트를 타설하고 S/C접합블록을 설치한다. 북단 접속부 P5와 P9 사이 강상형교는 600톤 스트랜드 잭을 사용하는 헤비 리프팅(Heavy Lifting) 공법을 적용하여 시점 측부터 순차적으로 가설한다.

4) 제4 단계에서는 케이블을 가설하는 동시에 주경간과 측경간 남북단 상부-캔틸레버를 가설한다. 마지막으로 북단 접속부 P9～P10을 가설하고 사장교 구간과 연결하기 위한 키 세그먼트 가설 준비를 한다.

5) 제5단계에서는 남측 외측 경간 경사 벤트(Bent)를 헤체하고 P12와 P13 우물통 상단에 임시 벤트를 실치하는 동시에 리프딩 지지구조물을 설치한다.

6) 제6단계에서 설치된 리프팅 지지구조물에 스트랜드 잭을 이용하여 남단 접속부(P12~P13)를 가설하고, 남단 접속부와 S/C접합부를 연결한다.

7) 제7단계인 다음에서는 북단 측 키 세그먼트(Key Segment)와 남단 측 키 세그먼트를 접합하고, 측경간 벤트를 제거하면 부대시설 이외의 구조물은 완성된다.

8) 제8단계에서 나머지 신축이음, 교면 포장, 보도부 및 난간 등 부대시설을 시공하고 뒷정리를 끝내면 구조물이 완성된다.

기술된 모든 작업 공정은 공사관리계획서에 따라 진행되어야 합리적인 시공이 이루어진다.

그림 6.7.15 월드컵대교 시공 순서도

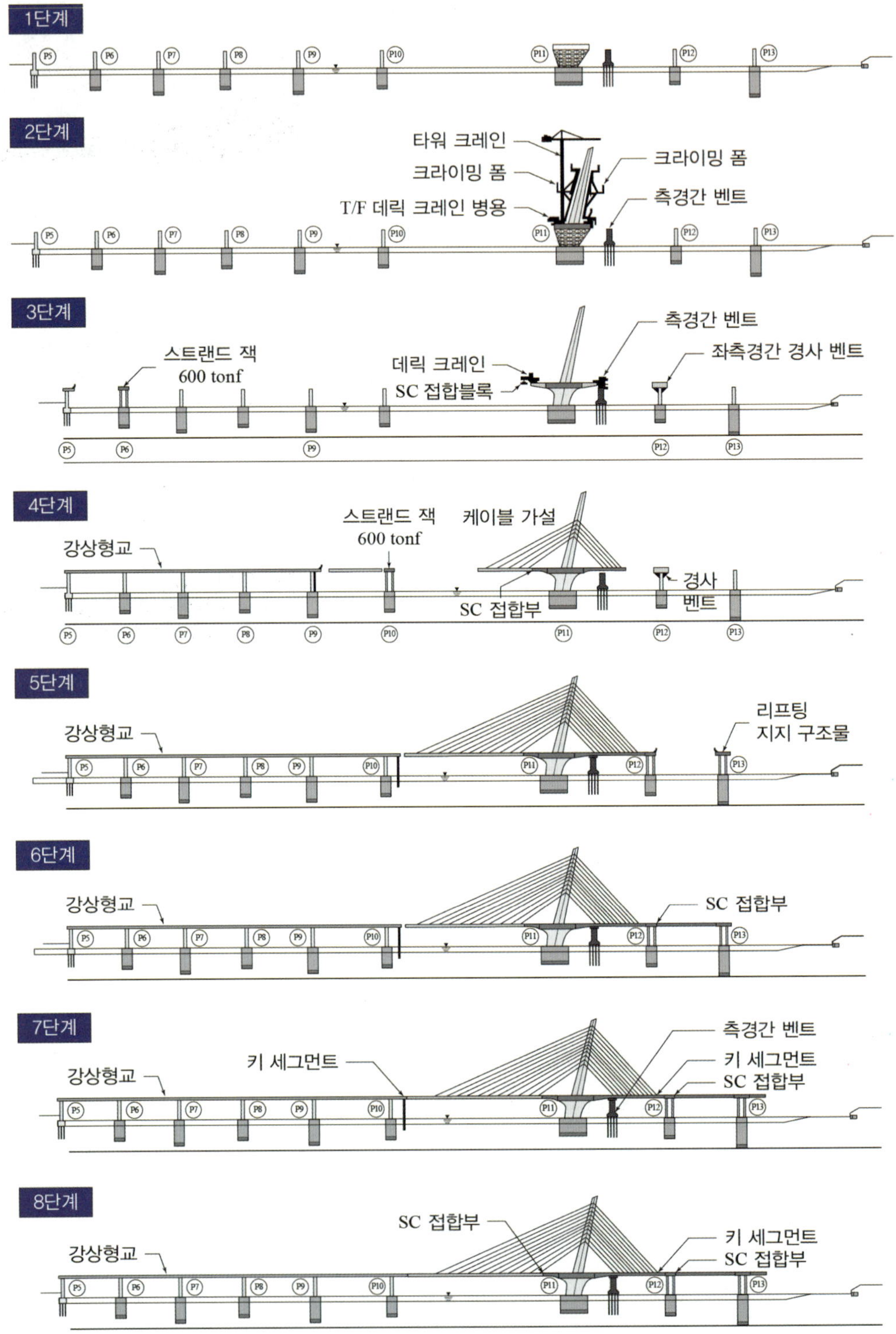

6.7.3.2 하부구조 시공

월드컵대교 하부기초 공사는, 육상구간(북단 접속교 구간 212m + 북단 접속교 연장구간 128.55m)에는 현장타설 콘크리트 말뚝기초 공법을 적용하고, P6에서 P14까지 수상 구간에는 우물통기초를 축조하였다, 강남 방면의 육상구간 교각 P16과 교대 A2 아래에는 직접기초를 적용하였다. 교각 기둥 공사는 먼저 철근을 배근하고 그 바깥에 강재 거푸집을 설치한 후 콘크리트를 타설하는 일상적인 공법을 적용하였다.

우물통은 8단계 작업을 거쳐 완성을 하는데,

1) 먼저 강재로 우물통을 제작하고,
2) 두 번째 단계에서 우물통을 내려 앉힐 거치 장소 일부를 크레인 준설선으로 준설한 후 바닥 고르기를 한다.
3-4) 그런 다음 300톤 크레인이 장착된 '조합기중기선'으로 강재 우물통을 거치 장소로 운반한 후 거치한다.
5) 거치된 우물통 안에 설계기준강도 f_{ck} = 30MPa 이상의 내부 콘크리트를 타설한다. 콘크리트 타설은 시간당 $80m^3$ 콘크리트를 타설할 수 있는 콘크리트 펌프카를 사용한다.
6) 우물통 침설에는 크람셸로 연암층 아래로 내부 굴착을 하면서 동시에 하중 재하 방법을 적용한다.
7) 연암층까지 우물통의 강재 슈(Shoe)가 도달하면 수중불분리성 혼화재를 사용하여 수중 콘크리트(f_{ck} = 240kg/m²)를 콘크리트 펌프카(80m³/Hr 급)로 시행한다. 그 위에 속채움 콘크리트(f_{ck} = 150kg/m²)로 속채움을 시행한다.
8) 속채움이 끝이 나면 우물통 상부에 상부 캡 슬래브 콘크리트를 타설하고, 우물통 주변에 세굴방지석을 포설하면 우물통 시공이 끝난다.

다만, 월드컵대교 수중부 교각 기초 중 유일하게 교각 P11 기초만 가물막이 공법을 사용하여 우물통을 축조하였다〈그림 6.7.16〉.

그림 6.7.16 교각 P11 우물통기초 가설 순서도

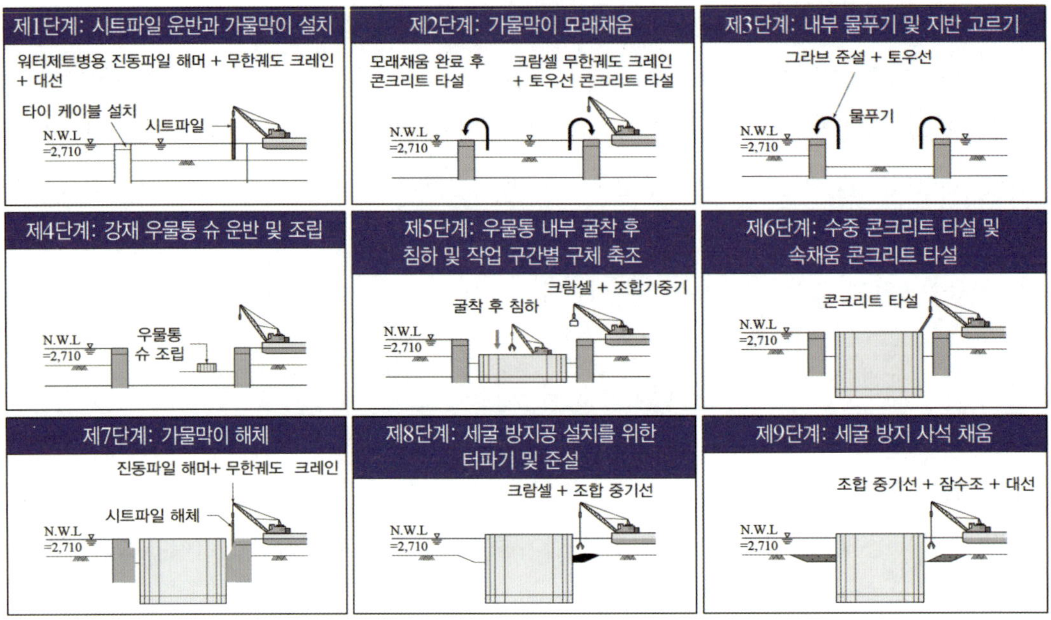

6.7.4 현상 공모

월드컵대교를 기획했던 1990년대 말 2000년대 초반 대한민국의 모든 산업의 종사자들은 자기가 속해 있는 분야를 세계 선진국 대열로 합류시키기 위하여 최선을 다하고 있었다. 그 수단의 하나로, 교량 건설 분야에서는 교량 설계 현상 공모 제도를 크게 활성화하였다. 이 제도가 우리나라 건설기술을 국제 선진 수준으로 발전시키는 데 크게 기여했다고 대부분 국내 교량 학자들은 지금도 생각하고 있다.

6.7.4.1 월드컵대교 현상 공모 당선작 설계 개념

제2성산대교 설계 공모 당선작 설계팀의 기본 개념은 '전통과 새천년의 만남'이었다〈그림 6.7.17〉.

그림 6.7.17 공모 당선작 조감도

이 기본 개념을 형상화하기 위하여 공모 참여 엔지니어팀은 a) 상징성, b) 관문성, c) 방향성 및 d) 향수성 등 4가지 핵심 주제를 선택하였다고 한다〈그림 6.7.18〉.

첫 번째 상징성으로 우리 민족의 고고한 정신과 자태를 상징하는 '학과 청송'을 이미지화하고, 두 번째로 전통문화재인 '당간지주'를 세워 새서울의 관문으로 상징하게 했다. 세 번째 주제로는

그림 6.7.18 월드컵대교 현상 공모 당선작 설계 개념 형상화

(a) 학과 청송의 이미지화(상징성)

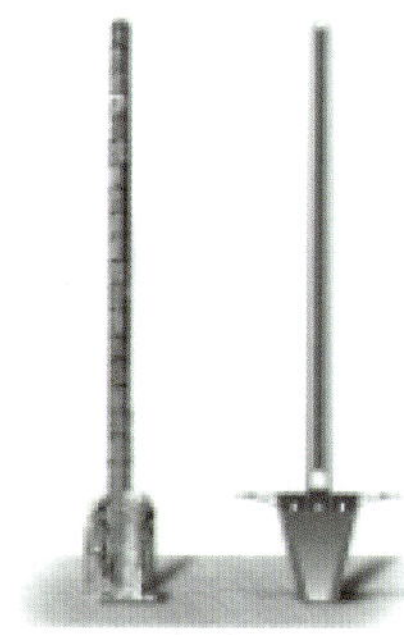

(b) 새서울의 관문 당간지주

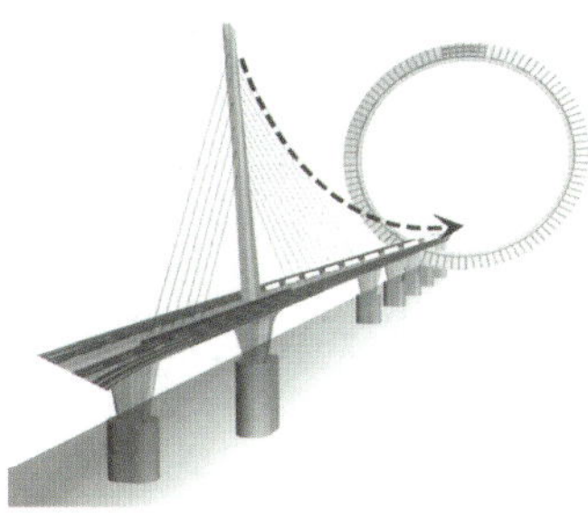

(c) 7천만 한민족의 미래 지향적 의지 표현

(d) 옛 마포나루 '황포돛대' 향수 이미지화

새천년을 향한 7천만 겨레의 진취적이고 미래 지향적인 의지를 입체적으로 표출하게 하고, 네 번째 주제로는 과거 마포나루 '황포돛대'의 향수를 이미지화하였다.

21세기에 걸맞는 교량을 계획하기 위해서는 다음과 같은 교량의 구조를 구상하였다.

1) 새로운 구조형식의 교량
2) 화합의 시대에 걸맞는 교량
3) 인간중심의 교량을 추구하는 교량

새로운 구조 형식을 찾기 위하여 강재와 콘크리트를 복합적으로 사용하는 구조형식을 개발하고자 시도하였고, 화합의 시대를 실현하기 위하여 천년의 문을 교량 북단에 세워 한강 남단에서 보면 천년의 문과 주탑이 '0'과 '1', 즉 '음(陰)'과 '양(陽)'의 화합을 상징하게 하였다. 또한 인간 중심의 교량을 만들기 위하여 일반 교량과는 다르게 보도를 중앙부에 계획하여 '차량' 중심에서 '인간' 중심으로의 의지를 표현하였다.

그러나 불행하게도 지름 200m나 되는 천년의 문은 구조역학적으로 장기 구조물로는 불가능한 구조로 설계되었기 때문에 설계 심사 과정에서 폐기하기로 결정하였다.

6.7.4.2 색채와 조명

가. 색채 계획

성수·성산대교 설계에서부터 본격적으로 시작된 이후, 조형미는 꾸준히 교량 엔지니어의 화두가 되었다. 초기에는 교량의 구조미에서 조형성을 찾았다가 시간이 지나면서 채색과 조명에 의한 조형미도 동시에 추구하게 되었다.

월드컵대교를 상징하는 구간은 복합사장교 구간이다. 설계 엔지니어들은 540m 길이의 복합사장교를 주변 환경과 도시 경관과의 조화를 이루고 새천년의 이미지를 부각할 수 있도록 사장교를 구성하는 부재들에 페인트 색을 골라 채색하였다. 구체적으로 그들은 강상판형교 주형에는 도시환경과의 조화를 생각하여 고명도 저채도의 은회색을 선택하고, P.S.C 주형에는 콘크리트 고유의 색을 선정했다. 주탑의 색은 하늘을 향한 기상과 한국 전통의 단청을 연출하여 은회색, 밝은 청색으로 정하고, 케이블은 주형과의 조화와 조명 효과를 극대화하기 위한 색인 고명도 저채도 은회색으로 채색하였다〈그림 6.7.19〉.

그림 6.7.19 월드컵대교 복합사장교 채색

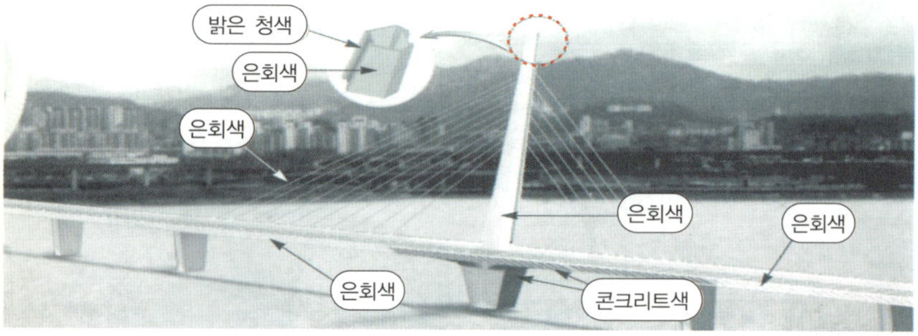

나. 조명 계획

점점 더 교량 설계 과정에서 교량의 조형성과 주위 경관과의 조화를 추구하고, 동시에 낮과 밤의 경관 연출이 설계의 중요한 요소로 자리 잡아가고 있다. 낮의 경관 연출은 도색으로 현실화하고, 밤의 경관 연출은 조명이 그 수단이 된다.

월드컵대교에서는 설계팀은 4개의 주제를 택하여 조명을 설치하기로 기본 방향을 설정하였다.

그림 6.7.20 케이블 교량 야간 조명
서울특별시 도시기반시설본부, 2021, 올림픽대교 건설공사 준공보고서

가장 먼저 필수적으로 고려해야 할 사항은 두말할 것도 없이 교량의 구조적 형태미를 부각하는 일이고〈그림 6.7.20〉, 두 번째는 계절별, 행사별, 요일별로 다양한 변화를 연출할 필요가 있었다.

세 번째로는 천년의 문, 월드컵경기장, 평화의 공원 등 주변 조형물을 고려한 구도를 대비했다. 마지막으로는 유지관리 및 효율적 에너지의 운영을 고려한 램프 배치를 준비하도록 하였다.

미주

[1] 내부순환도로 : 월드컵대교 북단에서 출발하여 성산대교 북단-홍제램프-하월곡 J.C를 지나 성동 J.C까지 19.73km 도로

[2] 서부간선도로 : 4차선 도로로 금천 I.C에서 성산대교 남단까지 10.33km의 지하도로

[3] 서울특별시 건설알림이

[4] 현수교나 사장교와 같이 케이블로 지지된 다리의 주형(Main Girder)을 보강형이라 칭한다

6.8

세계적 명품 교량, 고덕토평대교

6.8.1 개요

고덕토평대교는 구리암사대교와 강동대교 사이에 건설된, 한강을 통과하는 29번째 도로교다. 서울특별시 강동구 고덕동과 경기도 구리시 토평동을 잇는 이 다리는 2017년 4월 25일에 착공하여 2025년 1월 1일에 개통되었다. 세종시에서 포천으로 연결되는 고속도로 노선에서 안성-구리 구간의 마지막에 위치하며, 구리-포천 고속도로와 연결되는 이 다리는 2024년 10월 6일 국가지명위원회에서 고덕토평대교로 공식 교량명을 지명하였으나 구리시 시의회에서는 바로 재심의를 요구한 상태다.

그림 6.8.1 고덕토평대교 전경
현대건설 제공

그림 6.8.2 고덕토평대교 위치도

그림 6.8.3 고덕토평대교 종단면도(단위 : m)

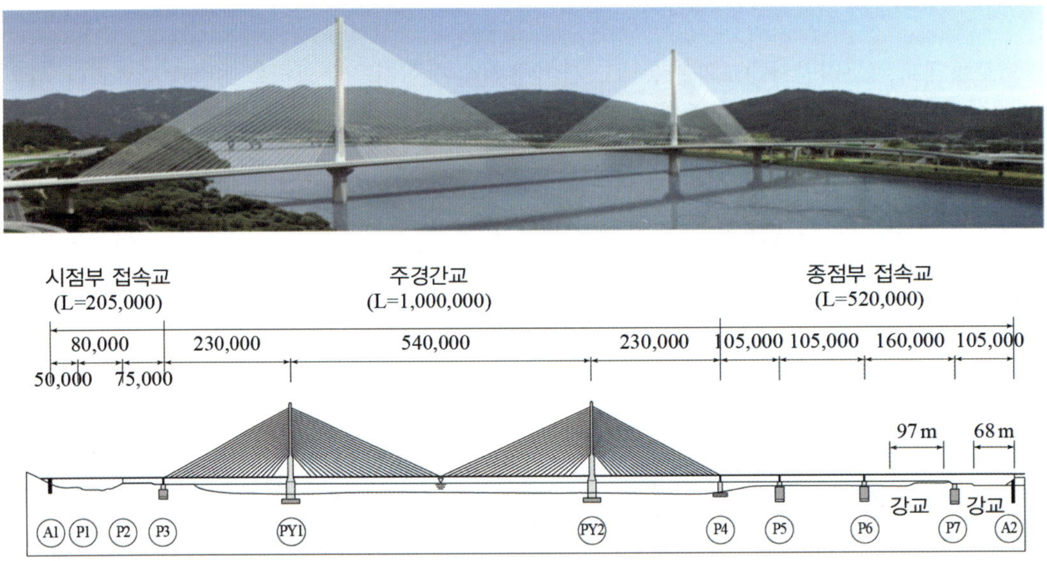

고덕토평대교는 전체 길이가 L = 1,725m로 경간 구성은 주경간교인 콘크리트 사장교 1,000.00m와 올림픽대로를 횡단하는 시점 접속교 205.00m 및 종점 접속교 520.00m로 되어 있다. 접속교는 콘크리트 박스거더와 강합성 강상형교를 연결하는 하이브리드 형식으로 이루어져 있다〈그림 6.8.4〉.

주경간교인 콘크리트 사장교는 주경간장 540m, 측경간장 230.00m로 경간이 구성되어 있는데, 이는 지금까지는 세계에서 가장 긴 콘크리트 사장교로 의미를 갖는다〈그림 6.8.5〉.

그림 6.8.4 고덕토평대교 접속교 종단면도(단위: m)

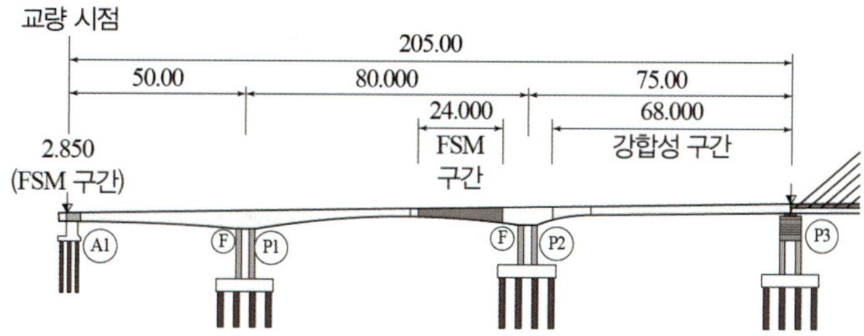

(a) 고덕토평대교 시점부 접속교(세종 방면) 종단면도

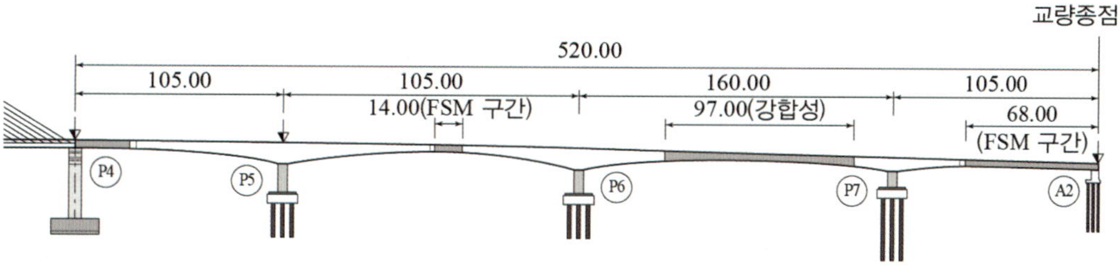

(b) 고덕토평대교 종점부(포천 방면) 접속교 종단면도

그림 6.8.5 주경간교 종·평면도

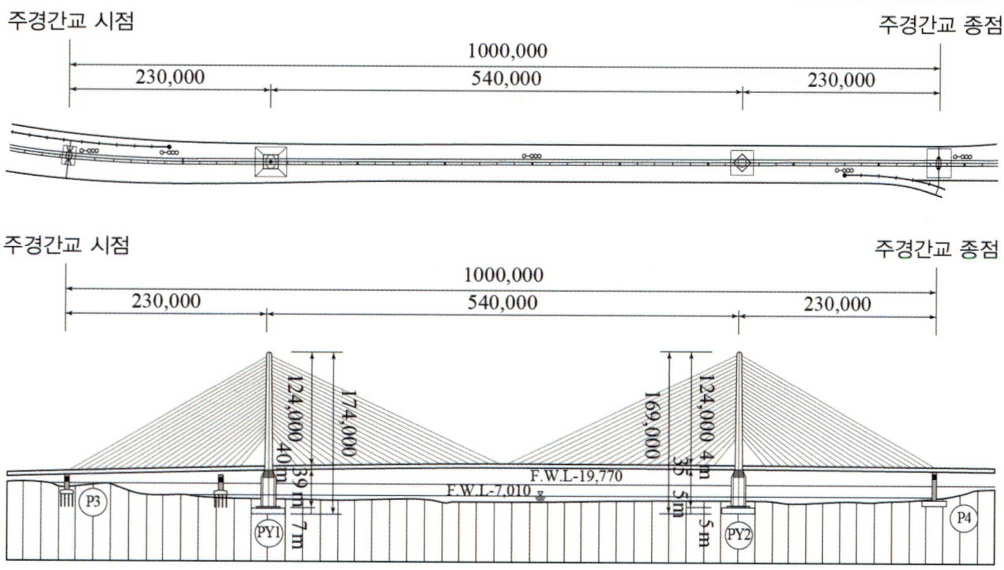

$L_{본선교량}$ = 205.00(남측 접속교) + 1,000.00(주경간부 교량) + 520.00(포천측 접속교)

= 1,725.00m

여기서

$L_{교량시점측}$= 50.00 + 80.00 + 75.00(이 중 68.00m 강합성교) = 205.00m

$L_{주경간장\ 교량}$ = 230(측경간) + 540(주경간) + 230(측경간) = 1,000.00m

$L_{주교량종점측\ 접속교}$ = 105 + 150 + 160 + 105 = 520.00m

용어 설명

- 좌굴 현상 : 압축력을 받는 부재가 예고 없이 불어지는 현상
- F/T : Form Treveller, 이동식 작업차
- GUTS : P.C 강연선과 케이블의 공칭인장강도
- Master Strand : 사장재 케이블을 시공할 때 쉬스관 안에 제일 먼저 설치하는 강선 스트랜드
- ACS : Auto Climbing System, 자동 등반 거푸집 시스템
- ACF : Auto Climbing Form, 자동 등반 거푸집
- 마찰댐퍼 : 마찰을 이용하여 케이블의 진동현상을 감소시키기 위한 장치
- 대수 감쇠비 : 로그 형태로 나타낸 진동 감쇠의 정도
- 무장력장 : 케이블 단면에 자중에 의하여 발생하는 응력과 가해지는 프리스트레스 응력이 상쇄되는 경우의 케이블 길이

6.8.2 교량 설계

기존의 세계 최장 콘크리트 사장교는 1991년에 완성된 Scarnsundet(주경간장 530m, 노르웨이, 왕복 2차선)가 거의 30년 동안 가까이 세계에서 가장 긴 콘크리트 사장교의 자리를 차지하고 있었다. 이것은 기술변화가 매우 빠른 교량 기술이 추세를 고려할 때 콘크리트 사장교에서의 주경간장 증가는 정체되고 있었다고 볼 수 있다.

일반적으로 콘크리트 사장교는 보강 거더의 자중이 무거우므로 주경간장이 증가하면 상부구조의 단면을 최소화하여 상부 자중을 경감하기 위한 고강도/고성능 콘크리트의 설계 및 시공기술의 발전이 요구된다. 그동안 국내에서는 고강도 콘크리트를 적용하기 위한 배합, 타설 및 양생에 관한 많은 연구가 진행되었으며, 고강도 콘크리트에 대한 설계기술 역시 빠르게 발전되어 왔다.

이와 더불어 다수의 콘트리트 사장교가 완공되었거나 시공하고 있다. 이러한 시공기술의 경험을 토대로 국내기술이 세계 최고의 기술이 될 계기가 마련되었으며, 세계 시장 속에서도 뒤지지 않는 콘크리트 사장교의 계획과 설계가 가능하게 되었다.

고독토평대교 기획의 주요 요소는 무엇보다도 먼저 시공사인 현대건설에서 주경간장 500m의 화양대교를 시공한 경험을 토대로 하여 세계 최장의 콘크리트 사장교를 완성할 수 있는 기술력을 확보하고 있었다는 사실이다. 고덕대교는 재료 측면에서도 고성능 콘크리트(압축강도 80MPa), 초고강도 사장-케이블(인장강도 2,160MPa), 초고강도 강연선(인장강도 2,400MPa) 등 최신의 재료를 도입하여 세계 케이블 교량 건설시장을 선도할 수 있는 계기를 마련하였다.

또 설계수명 200년의 교량으로 설계할 수 있는 기준이 제시된 도로교설계기준(한계상태 설계법) 케이블 교량 편을 반영하여 내풍, 내진 및 내구성에 대한 충실한 검토로 안전한 교량이 되도록 하였다. 이것은 세계 최초의 설계 사례다.

고덕토평대교에서는 구조물의 거동을 추적하기 위한 시스템으로 GNSS(Global Navigation Satellite System) 데이터를 활용한 케이블 교량 모니터링 시스템을 도입하고, BMS(Bridge Mornitoring System)에 기반한 유지관리시스템을 통합운영 방식으로 구축하였다.

이 교량은 바람에 대해서는 200년 재현주기의 내풍안전성을 확보하고, 지진에 대해서는 2,400년 기능수행수준과 4,800년 붕괴방지수준의 내진설계가 되었다.

6.8.2.1 주경간교 상부구조

고덕토평대교에 적용된 교량 기술은 경간 L = 1,000.0m의 주경간교 설계 및 시공 수준으로 평가될 수 있으므로 아래에는 주경간교에 대하여만 기술하였다.

가. 복합사장교 구간

고덕토평대교는 너비 B = 37.60m 왕복 6차선 교량으로 횡단면은 큰 비틀림강성을 갖는 3실 박스형 단면으로 선정되었다〈그림 6.8.6(a)〉. 구간 구성은 다음과 같다.

B = 3.50(방호책 포함 보도) + 10.8(= 3@3.6, 차도) + 1.5(방호책 포함 측대) + 6.0(중앙분리대)
+ 1.5(방호책 포함 측대) + 10.8(= 3@3.6, 차도) + 3.5(방호책 포함 보도)
= 37.60m

그림 6.8.6 주경간교 보강형 표준 단면도

김창수 외 3인(2023), 「세계 최대 주경간장 콘크리트 사장교의 설계와 시공」, 『교량과 구조』, 한국교량 및 구조공학회 1(1), 58쪽

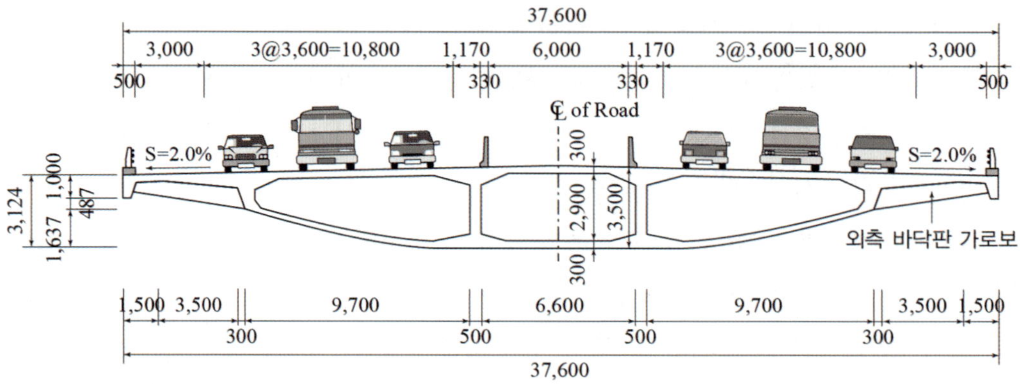

(a) 표준 단면도(일반부)

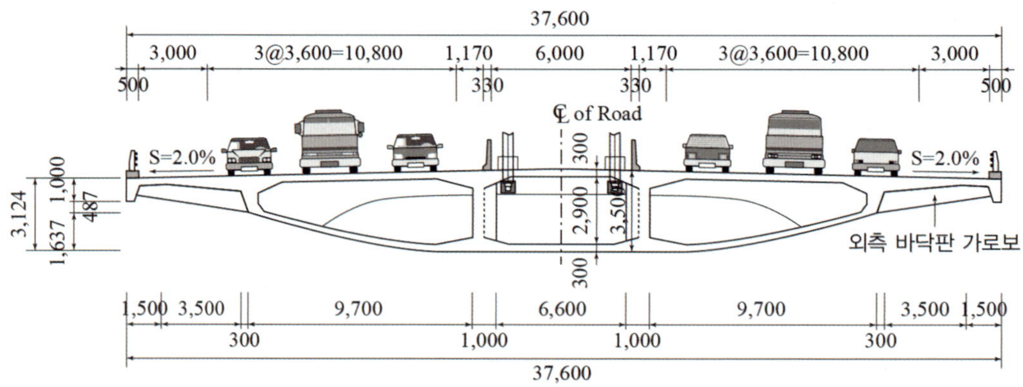

(b) 표준 단면도(정착부)

교량의 미관을 고려하여 케이블은 1면으로 하고, 이를 위하여 주탑 역시 한 개의 독립 주탑을 선정하였다. 케이블을 1면으로 하기 위해서는 보강형의 큰 비틀림강성을 요구하게 되었는데 설계팀은 이를 3실 콘크리트 박스형으로 해결하였다. 케이블은 중앙부 복부판 가까이 정착시켜 복부판을 효율적으로 이용하였다. 전체적인 단면 형상은 부드러운 곡선 형태를 취하고, 바깥쪽 캔틸레버에 4m 간격으로 가로보를 두어 가로보의 휨강성을 높이면서 동시에 아름다운 미관을 동시에 추구하였다. 박스 내부에는 폐합형 다이어프램이 아닌 개방형 가로보를 두어 박스의 비틀림 강성을 증가시켰다. 사용된 콘크리트의 설계강도는 f_{ck}= 80MPa로 일반 다른 교량에 적용되는 f_{ck}= 45MPa보다 훨씬 고강도 콘크리트를 사용하여 540m나 되는 긴 중앙경간에 작용하는 자중을 줄일 수 있었다. 또 보강형 내의 휨-강성의 크기를 키우기 위하여 인장강도 σ_y= 2,400MPa인 강연선을 사용하였다.

사장재로 사용하는 케이블 형식은 긴장 장비를 최소화할 수 있고 개별 스트랜드의 교체가 가능한 M.S(Multi Strand) 형식을 채택하였다. MS 형식은 '초장대교량사업단'에서 개발한 2,200MPa급 강연선의 적용이 가능하나, 최종적으로 2,160MPa급 강연선을 적용하였다.

이 초고강도 사장 케이블은 기존에 다른 교량에 사용하였던 인장강도 1,860MPa 케이블보다 중량을 약 14% 감소시킬 수 있었다. 케이블의 간격은 보강형 세그먼트의 길이에 따른 F/T(Form Traveller)의 중량, 케이블 단면의 크기 및 케이블 배치에 따른 미관 등을 고려하여 결정하는데, 고덕토평대교에서는 보강형의 세그먼트를 4m로 하고 이 세그먼트가 두 칸 이동했을 때 각 8.0m 간격으로 케이블을 1개씩 배치하고, 교탑에는 상판에서 37.80m 높이에서부터 29개의 케이블을 매 2.80m 간격으로 정착시켰다〈그림 6.8.7〉.

그림 6.8.7 MS 케이블 배치도

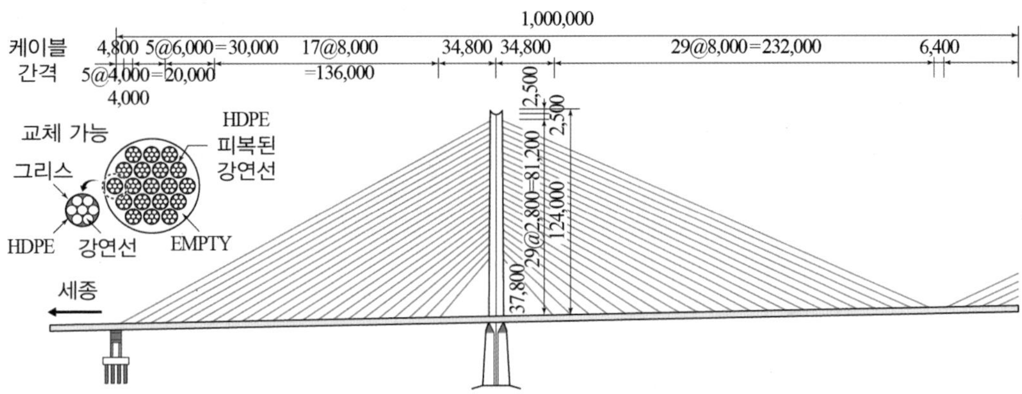

일반적으로 2면 케이블을 사용하는 사장교보다는 1면 케이블을 적용하는 사장교가 시각적으로 더 수려하게 보인다. 2면 사장교를 사용하는 경우에는 보는 방향에 따라 각 면에 배열된 케이블이 서로 시각적인 간섭 효과를 일으켜 보는 이로 하여금 매우 혼잡스러운 느낌을 주기 때문이다. 그런 이유로 고덕토평대교에서도 1면 케이블을 적용하였다. 이 케이블 면을 1면으로 선정하면 주탑이 독립기초 위에 건설되는 독립 기둥일 수밖에 없어 기초 규모를 작게 만들 수 있는 장점이 있다. 물론 이때는 독립 기둥인 주탑이 교축 직각 방향으로는 아무런 지지를 받고 있질 않기 때문에 좌굴길이가 길어져 이 압축력을 받는 캔틸레버 기둥의 좌굴현상[1]을 심도있게 검토하여야 한다〈그림 6.8.8〉.

그림 6.8.8 고덕토평대교 주탑(PY1, PY2) 정면도(외측)

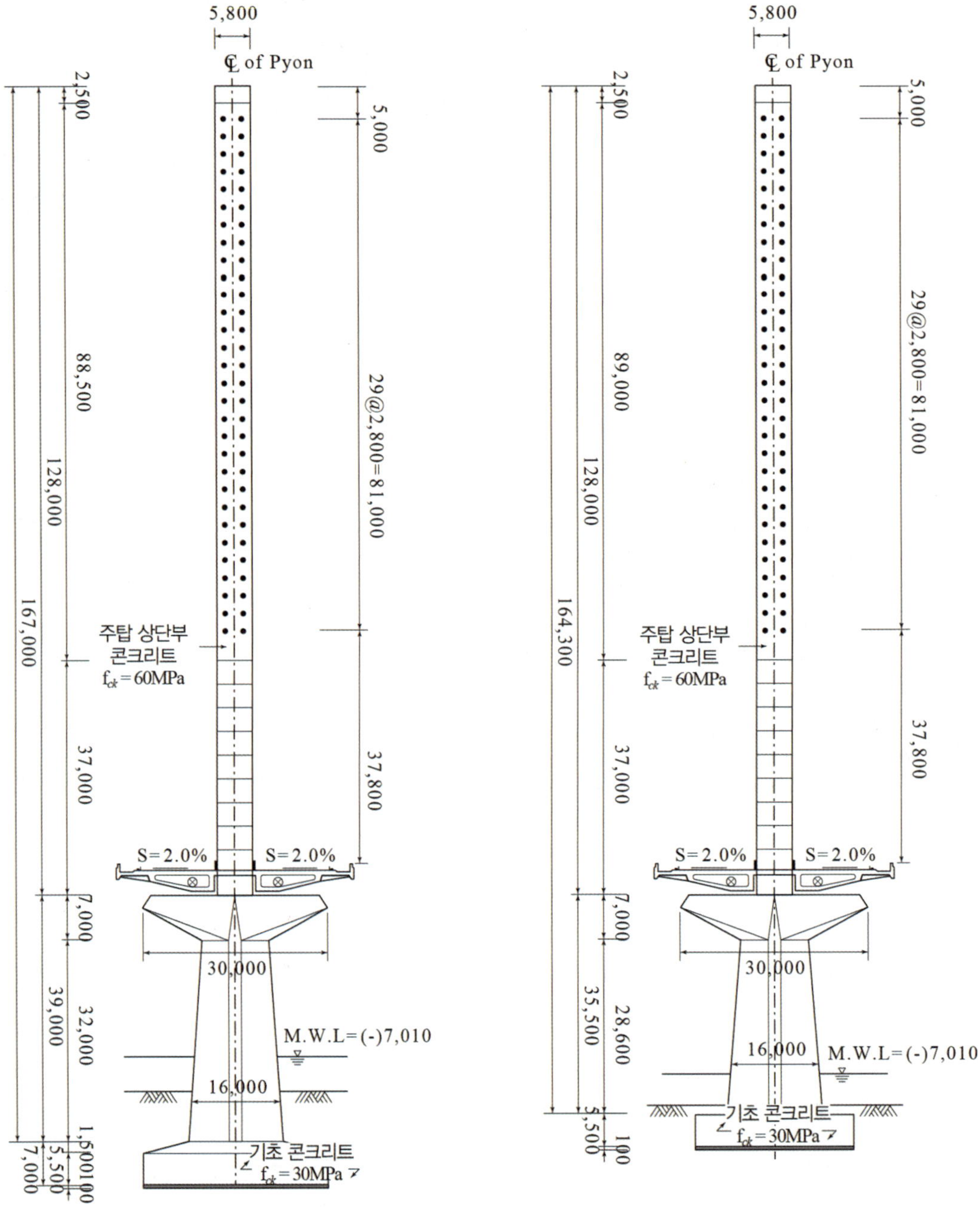

(a) 주탑 Y1 정면도

(b) 주탑 Y2 정면도

축력에 비하여 휨을 크게 받는 보강형과는 달리 고덕토평대교 주탑은 압축력을 주로 받고 부차적으로 휨모멘트에 노출되므로 보강형에 초고강도 콘크리트 설계 강도를 f_{ck}= 80MPa를 사용한 것과는 달리, 주탑의 경우에는 단면의 크기가 큰 하부에는 f_{ck}= 50MPa 그리고 단면이 상대적으로 작은 상부에는 f_{ck}= 60MPa를 적용하였다. 주탑의 단면 형상으로는 구형 단면이 일반적인데 고덕토평대교에서는 미관을 고려하여 6각형 단면을 선택하였다. 주탑 PY1 하단부는 지진하중에 의하여 단면의 크기가 정해지고, 주두부 위치에서의 단면의 크기는 교축 직각 방향으로의 풍하중에 의하여 정해진다.

주탑 케이블 정착부는 케이블 인장력에 저항하기 위해 배근하는 국부 보강 철근 이외에 휨-인장과 직접 인장에 저항하기 위한 곡선형 강연선 배치를 고려하였다〈그림 6.8.9〉.

케이블이 정착되는 주탑 단면에는 기둥의 주철근과 횡방향 철근에 추가해서 케이블 정착부에 필요한 보강철근이 배치되고, 또한 케이블력에 의해 발생하는 휨과 인장력에 저항하기 위한 강연선 정착구 보강철근과 곡선부 보강철근 등이 매우 복잡하게 배치되어 실제 건설 현장에서 시공이 어려울 수도 있다. 고덕토평대교에서는 이러한 철근 배치에서의 간섭을 줄이기 위하여 BIM(Building Information Modeling) 기술을 적용하여 시공성을 타진하였다.

그림 6.8.9 케이블 정착부 평면도

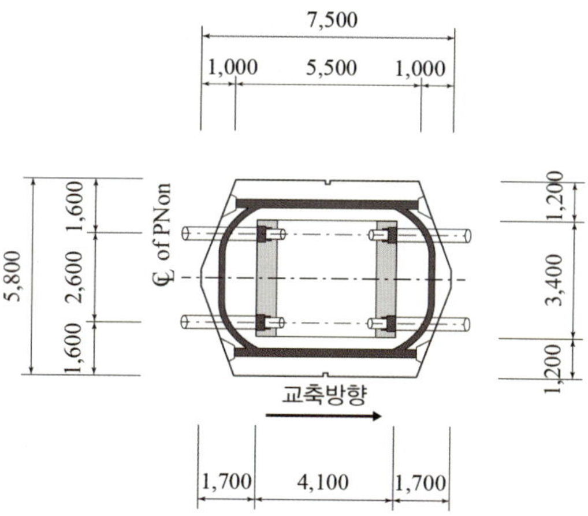

나. 접속교 구간

접속교 교량 형식은 다리 남단을 통과하는 올림픽대교, 남구리 구간의 한강시민공원, 강변북로 등을 고려하여 제내지 및 한강시민공원을 통과하는 구간에는 P.S.C 박스거더교로 하고, 간선도로를 통과하는 구간에는 개구제형 강합성교 형식을 선정하였다〈그림 6.8.10〉.

이에 따라 세종 측 경간은 205m(= 50 + 80 + 75)로 계획하고, 종점 측 남구리 구간은 520m(= 105 + 150 + 160 + 105)의 장경간으로 구성하였다. 접속교는 2차로에서 4차로로 변하는 관계로 폭원 역시 B = 12.14~26.544m까지 변하게 설계되었다.

그림 6.8.10 고덕토평대교 접속교 표준 단면도

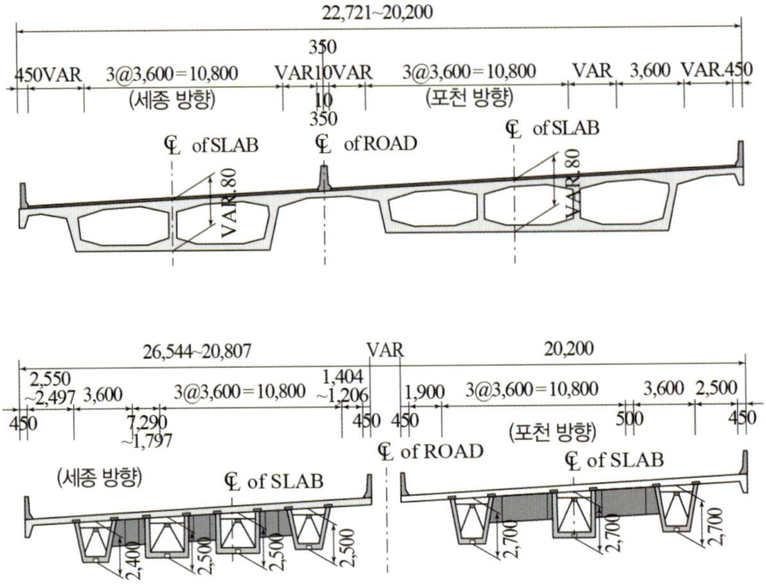

(a) 시점 측(세종 측) 교량 표준 단면도

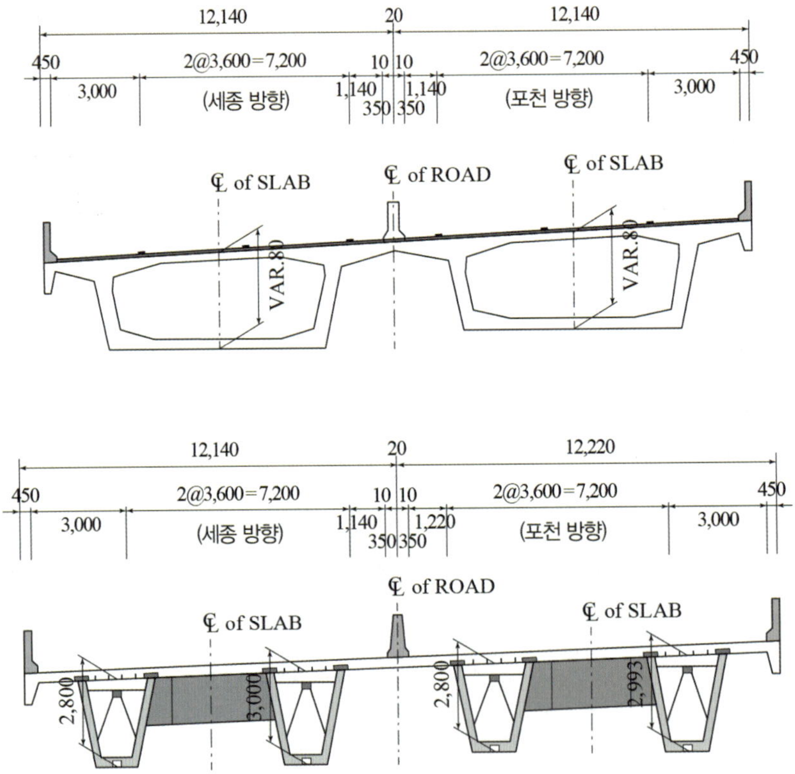

(b) 종점 측(포천 측) 교량 표준 단면도

고덕토평대교 접속교는 제내지 및 한강시민공원을 통과하는 구간은 P.S.C 박스거더교로 계획하여 F.C.M 시공법을 적용하고, 간선도로를 통과하는 구간은 대블록 일괄가설 공법으로 개구제형 강합성교로 가설하였다. 이 다리의 특징은 이 두 개의 다른 형식의 교량을 연결하는 과정에서 기존에 사용하던 분리형 신축이음장치를 사용하지 않고, 이 두 P.S.C 교량과 강합성교의 연결부를 일체식 연결방식을 채용하여 P.S.C 박스거더교와 강합성 형교를 강결로 연결한 연속교로 만듦으로써 구조역학적으로 부정정차수를 늘려 강성을 증가시키고, 유지관리에도 효율적인 국내 최장의 하이브리드(Hybrid) 거더교를 설치한 점이다.

그림 6.8.11 강합성교와 P.S.C 박스거더교 강결 접합부 개념도

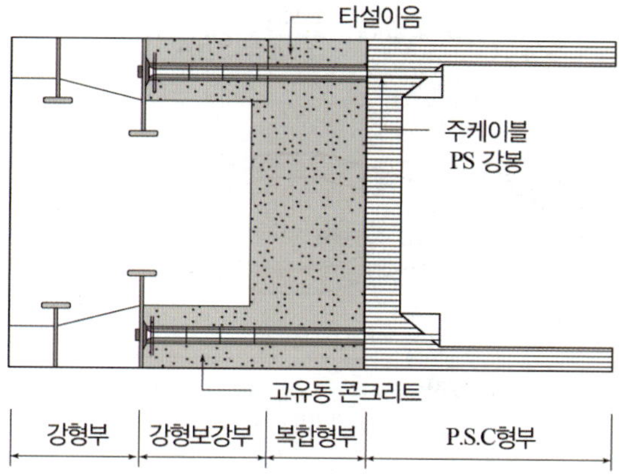

6.8.2.2 주경간교 하부구조

고덕토평대교의 주탑 PY1과 PY2 그리고 종점부 접속교 교각 P4의 기초는 지지 암반의 깊이가 깊지 않았으므로 기반암의 굴착을 최소화할 수 있는 직접기초형식을 적용하였다〈그림 6.8.12〉.

그림 6.8.12 교각 P4 일반도

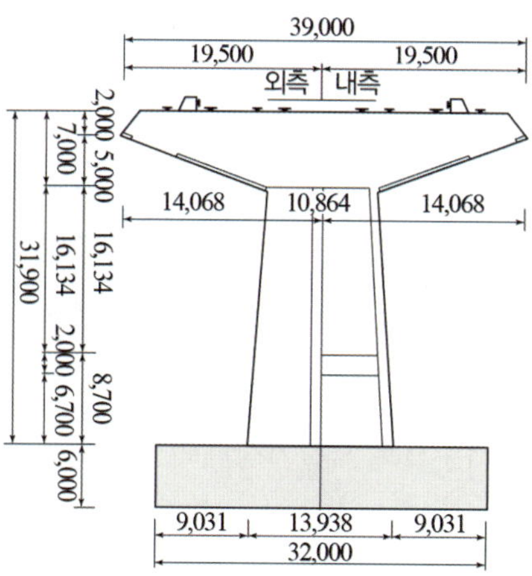

(a) 정면도

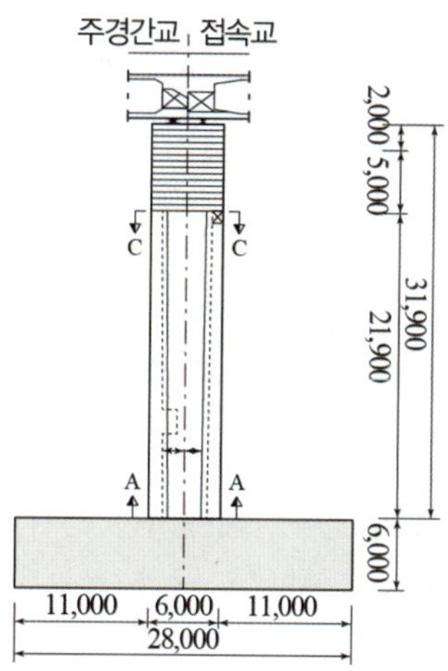

(b) 측면도

그림 6.8.12 교각 P4 일반도(계속)

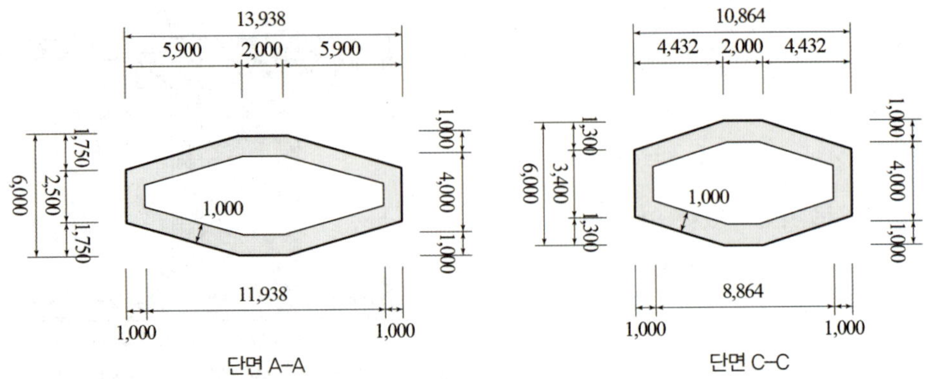

(c) 평면도

나머지 접속교 구간에는 지반 조건에 직접기초 건설에는 적합하지 못하여, 교대에는 Φ609mm 12T인 강관말뚝으로 기초를 세우고, 교각은 Φ1,500mm인 현장타설 콘크리트말뚝으로 하부기초를 만들었다〈그림 6.8.13〉.

지진에 대한 안정성으로 확보하기 위하여 설계수명 200년에 해당하는 케이블 교량 편의 설계기준을 적용하여 요구 내진성능을 만족하도록 하였다. 일반교량(접속교)에는 100년 설계수명을 적용하고, 케이블 교량에는 200년 설계수명을 기준으로 내진설계를 하였다. 재현주기 4,800년 주기 지진에 대한 붕괴 방지 수준의 내진성능 검증은 다음의 순으로 진행된다.

1) 지반운동 시간이력 생성
2) 다지점의 영향 검토
3) 재료 비선형을 적용한 시간응답해석 수행
4) 허용손상 수준 및 낙교 방지 검증

비선형 시간응답해석은 붕괴 방지 수준의 설계지진으로 비선형 거동이 예상되는 주탑에 재료 비선형 섬유(Fibre) 모델을 허용하고, 지반구조물 상호작용 해석결과를 반영한 지반강성계수를 적용하여 해석하였다.

바람에 대한 내풍설계에서는 먼저 재현주기 200년을 기준으로 서울기상대의 장기관측자료 및 태풍 시뮬레이션 결과를 종합한 결과 기본풍속 28.4m/s로 결정하였다. 이를 통하여 보강형 높이에서의 설계풍속은 34.2m/s로 계산되고, 플러터 검토를 위한 한계풍속은 45.5m/s로 나타났다.

풍동실험을 통하여 알려진 플러터 발생 풍속은 80m/sec이므로 실제 발생 가능한 한계풍속 45.5m/sec과는 많은 차이를 나타내고 있다.

그림 6.8.13 교각 P3 현장타설 말뚝기초

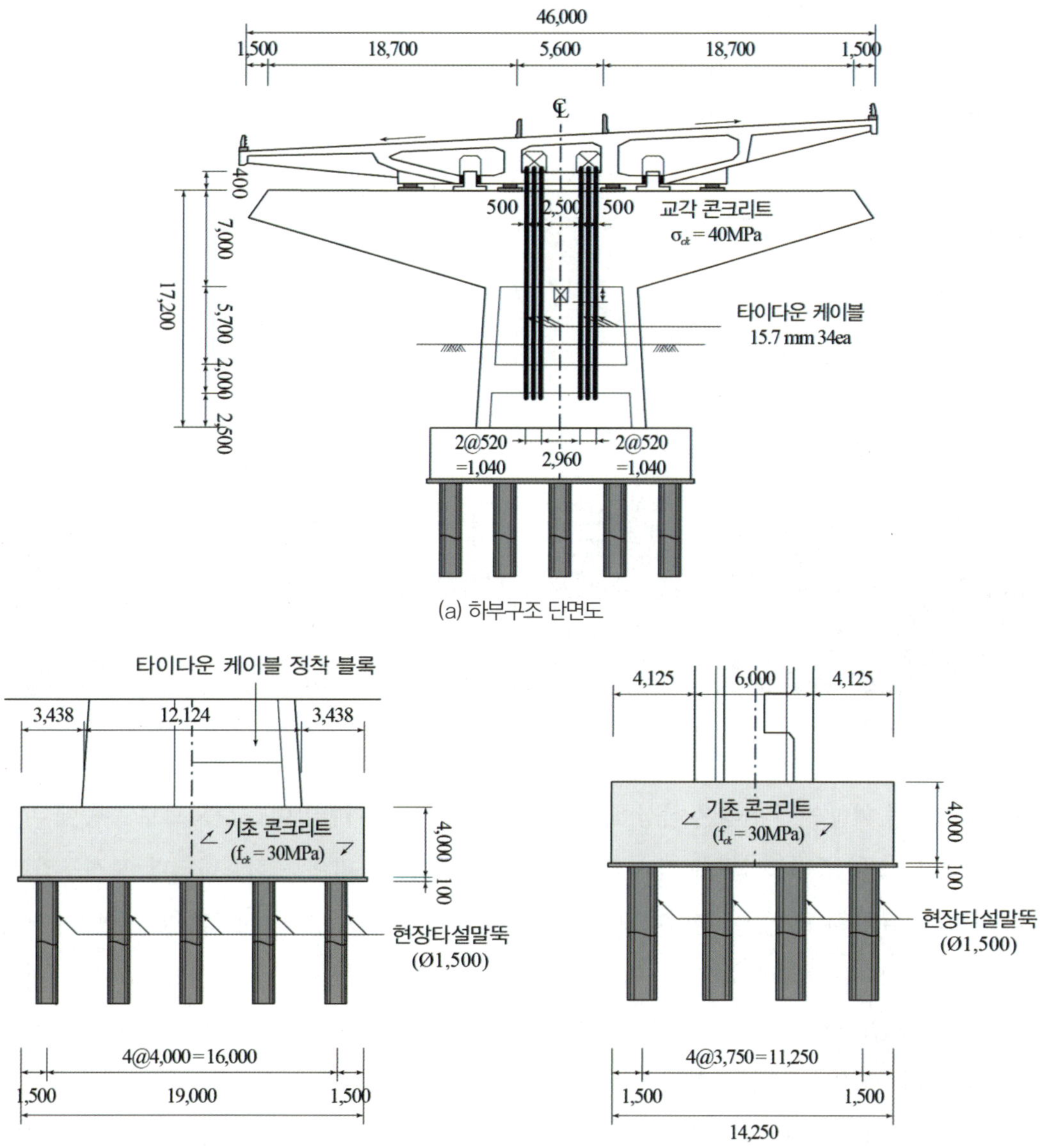

(a) 하부구조 단면도

(b) 말뚝기초 정면도

(c) 말뚝기초 측면도

6.8.3 시공

6.8.3.1 주탑 및 교각기초 시공

가. 주탑 기초 시공

주탑 PY1과 PY2는 각각 32×30.0m와 30×28.0m인 직접기초로, 교각 P3의 기초는 현장말뚝기초(Φ = 2.0m×16본)로 설계하고 교각 P4의 직접기초는 규모 23×25.0m로 하였다.

고덕토평대교 주탑 아래 만들어지는 직접기초는 가물막이 공법을 이용하여 축조하였다. 먼저 희생 강관파일을 계획된 위치까지 시공한 후에 파일 캡을 설치하기 위하여 강재 시트파일(Steel Pile, 500×175×16.5(SY 400))로 작업공간을 확보하고, 기초 콘크리트를 타설하여 기초공사를 완료하였다〈그림 6.8.14〉.

그림 6.8.14 현장타설말뚝 시공 순서

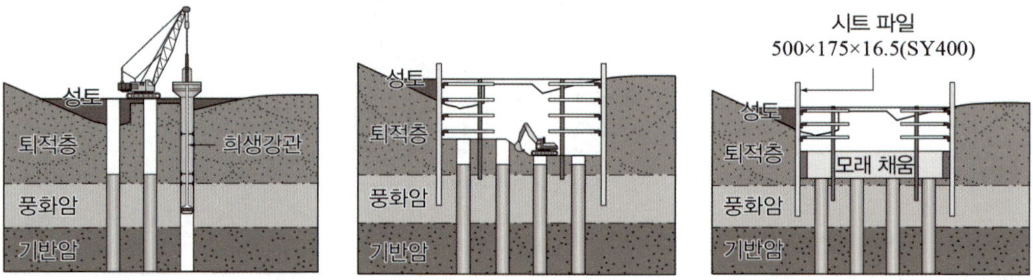

(a) 희생강관 타설 (b) 강재 시트 파일 시공 (c) 기초 콘크리트 타설 준비

기초 설치를 위한 지반 현황은 하상에서 17m의 심도로부터 기반암이 노출되므로 수중에 위치한 주탑(PY1, PY2) 및 종점부 접속교각(P4)의 직접기초는 복합가물막이를 적용하였다. 토사구간 약 14m까지는 2열의 시트 파일을 항타하고 내부를 토사로 속채움하는 이중 시트파일 가물막이 공법을 적용하여 외부로부터의 유입수를 막고, 시트파일 내부에서 암반구간을 해머 비트(T4)로 굴착하여 H말뚝을 근입시키고 토류판을 사용하여 가물막이 내에서 풍화암이나 연암을 굴착하는 두 가지 형식의 가물막이 방식을 복합적으로 사용하였다〈그림 6.8.15〉.

공사 초기의 관계 기관 협의 및 주탑 가물막이 공사에서 지연된 공기 지연을 만회하기 위하여 주탑과 보강형을 병행 시공하는 방안이 검토되었다.

그림 6.8.15 주탑 가물막이 공법 개념도

(a) 가물막이 개념도 (b) 가물막이 건설 현장 (c) 가물막이 작업 현장

좁은 가설 교량 위에서 가물막이 속채움과 가시설의 해체, 주두부 가시설의 설치, 자동 승강 거푸집(ACS, Automatic Climbing System)을 이용한 주탑의 시공과 이동식 작업차(F/T) 및 타워 크레인 설치를 위한 건설장비의 간섭을 최소화하기 위해 BIM 시뮬레이션을 통해 시공계획을 수립하였으며 시공 결과 약 3개월의 공기 단축 효과를 얻었다〈그림 6.8.16〉.

그림 6.8.16 BIM 시뮬레이션을 통한 주탑 공사

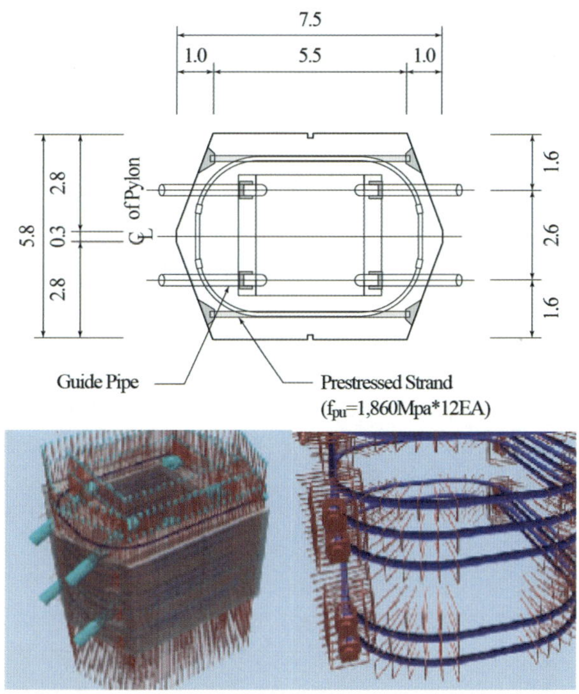

나. 주탑 시공

주탑 상단부 가설에는 콘크리트 품질 및 고소작업 안정성 확보가 유리한 이동식 거푸집 공법을 이용하고 탑하부에는 단면변화에 대한 적용성이 우수하고 취급이 용이한 강재 거푸집 공법을 적용하였다. 주탑 시공을 위한 이중 가물막이 공사가 완료되면, 주탑 공사는 직접기초 상단부터 40개의 작업 구간(Lot)으로 나누어서 다음과 같이 시행하였다.

주탑 공사 시공

1단계 : 주탑 하단부에 강재 거푸집을 설치하고, 콘크리트 펌프카를 이용하여 타설한다.

2단계 : 주두부를 설치할 위치까지 하단부 시공이 진행되면,

3단계 : 가시설을 최소화할 수 있는 주두부를 설치할 가설용 브라켓(Bracket)을 설치하고 주두부를 시공한다.

4단계 : 주두부 시공이 완료되면 주탑 상단부 시공이 시작되는데, 먼저 타워 크레인과 작업용 엘리베이터를 설치하고, 동시에 자동등반거푸집을 거치한 후 타워 크레인에 설치된 버켓을 이용하여 콘크리트 타설 공사를 진행한다.

5단계 : 콘크리트 타설이 정해진 높이까지 진행되면 주탑 가설공사가 완료된다〈그림 6.8.17〉.

주탑 상부에 적용된 60MPa급 콘크리트는 케이블 정착구, 강연선, 조밀한 철근 배치 등을 고려하여 유동성을 확보하기 위한 고유동 콘크리트로 계획하였으며, 수화열을 제어하기 위해 파이프 쿨링을 적용하였다. 주탑 콘크리트 타설은 가교 상부에서 40m 높이까지는 펌프카로 압송하여 타설하고, 그 이후 구간부터는 타워 크레인을 이용한 호퍼로 타설하였다.

주탑의 시공은 자동 승강 거푸집 시공법(ACS)을 사용하여 자력 이동이 가능하였으며 4m 높이로 시공하되 한 개의 공사 구간(Lot) 시공 기간은 약 10일 정도면 가능하였으나 보강형의 공정에 맞춰 탄력적으로 운영하였다.

그림 6.8.17 주탑 가설순서 개념도

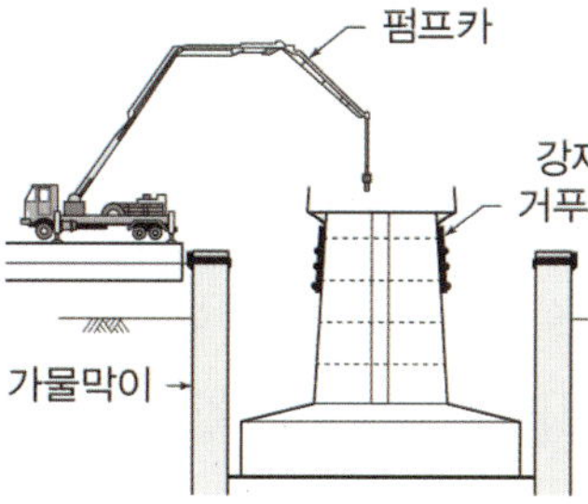

제1단계 주탑 하단부 시공

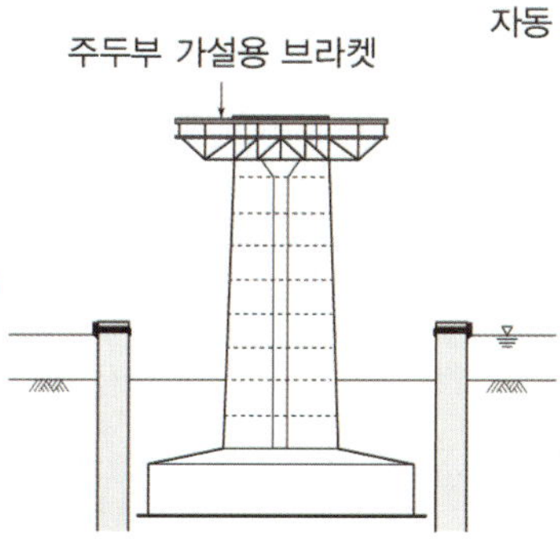

제2단계 가설용 브라켓 설치

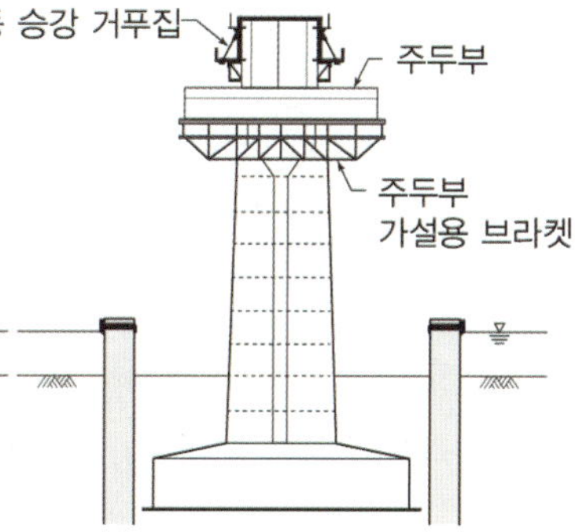

제3단계 주두부 시공

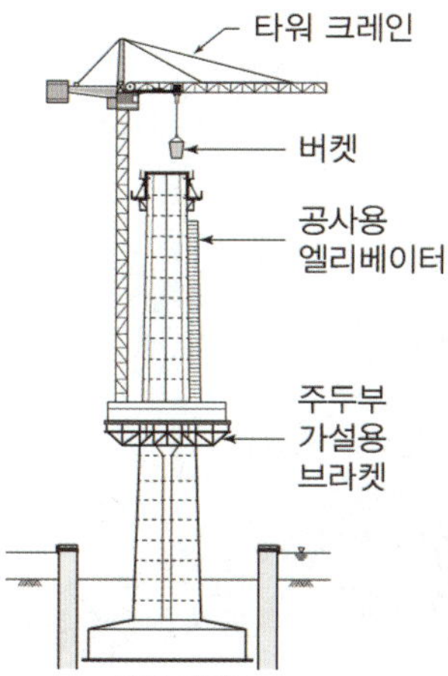

시공 단면도

시공 현장

제4단계 주탑 상단부 시공

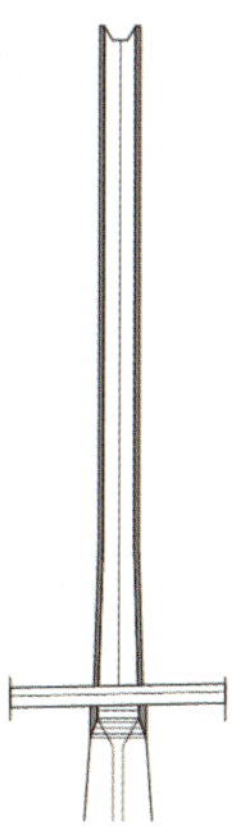

주탑 측면도

주탑 가설 현장

제5단계 주탑 가설 완료

6.8.3.2 보강형 가설

보강형은 균형 캔틸레버 공법(F.C.M, Free Cantilever Metnod)으로 시공되었으며 이동식 작업차인 F/T(Form Traveller)는 보강형의 확폭을 반영하여 양쪽 끝 캔틸레버에서 변단면 시공이 가능하도록 하고 F/T의 중량은 보강형의 약 60%인 2,020~2,481톤 규모의 최적 단면을 적용하였다. 보강형에 콘크리트를 타설할 때, F/T 주부재를 3실 단면의 벽체 상부에 4개를 설치하여 작용하는 하중을 견고하게 지지하도록 하였다. 특히, 기상조건에 따른 제약을 최소화하고 양생 작업을 원활하게 진행하기 위해 F/T 외부에 개폐식 천막을 설치하여 보강형 공정의 연속성을 확보하였다〈그림 6.8.18〉.

그림 6.8.18 보강형 F/T(이동식 작업차)

보강형 가설 과정

1단계 : 먼저 F/T(이동식 작업차)를 N번째 세그먼트(N SEG)로 이동시켜 설치한 후 다음

2단계 : N+1번째 세그먼트에 철근을 조립한다.

3단계 : N+1번째 세그먼트에서 철근 조립이 끝나면 N번째 세그먼트에 설치되어 있던 케이블을 긴장하고 나서

4단계 : N+1번째 세그먼트에서 콘크리트 타설과 양생작업이 이루어진다.

5단계 : N+1번째 세그먼트에서 콘크리트 양생이 끝나면 보강형 상부에 매립되어 있는 P.C 강연선을 긴장하여 보강형에 작용하는 부모멘트에 대비한다.

이후에는 같은 공정이 계속 진행된다〈그림 6.8.19〉.

그림 6.8.19 F/T(이동식 작업차) 작업 순서

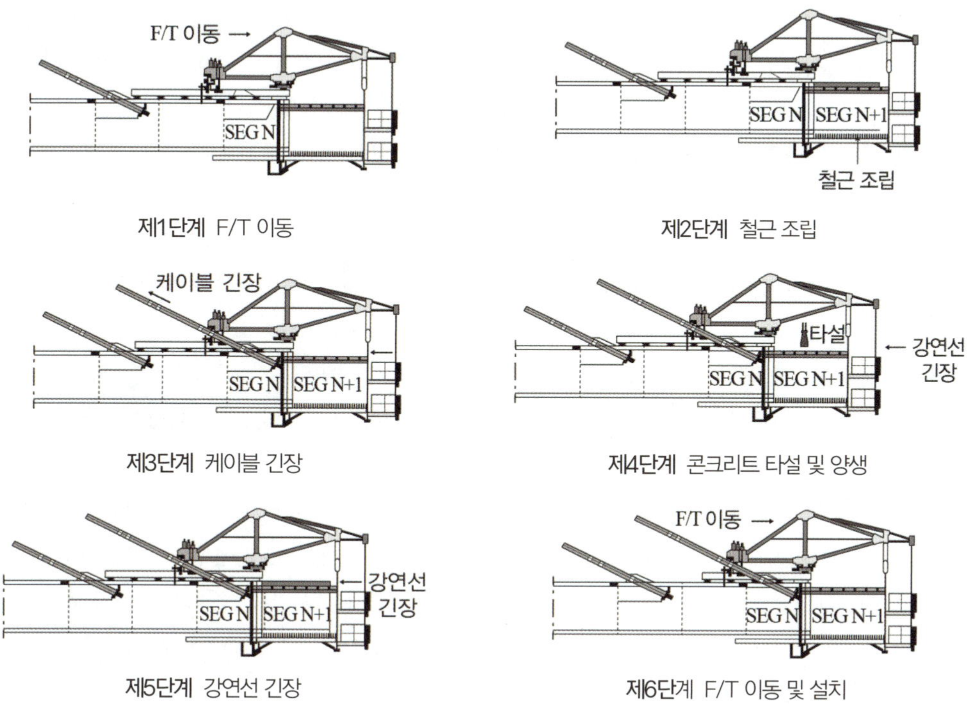

현장타설 콘크리트로 시공되는 보강형은 한 번 타설하면 선형 수정이 어려워 정밀한 해석과 면밀한 시공계획에 따른 선형관리 계획의 수립이 필요하다. 이때 보강형의 선형은 C80(강도 f_{ck} = 80MPa 콘크리트)의 건조수축과 크리프 등의 재료 자체의 비선형성이 지배적이기 때문에 사전 실내시험을 통해 재료의 물성값 파악이 중요하다. 현장에서는 실내시험 결과와 설계기준에서 제시된 시험식과 비교하여 상대적으로 보수적인 설계기준(CEB-FIP Model) 식을 적용하였다.

보강형의 선형측량은 전체 좌표계를 기준으로 시공할 경우, 각종 작업 활하중과 상·하연 온도차 그리고 대기 온도에 따라 시시각각 변하는 선형을 고려하기 어려우므로 기시공된 보강형의 선형과 새로 타설되는 세그먼트의 사이각을 기준으로 선형을 관리하였다. 이때 F/T 탄성처짐량과 시공오차에 따른 보정량의 결정은 전문 선형관리업체에서 제안된 내용을 현장 설계실과 발주처에서 현장에 파견되어 상주하는 기술팀과의 협의를 통하여 결정하였다. 보강형의 선형관리 측량은 각 세그먼트마다 F/T 이동 후, 케이블 가설 후, 콘크리트 타설 전후의 4번 선형관리 측량을 시행하였다.

주경간교 보강형 가설 과정<그림 6.8.20>

1단계 : 가물막이 설치 후 먼저 확대기초를 시공하고, 강재 거푸집을 이용하여 주탑 하단부를 시공한다.

2단계 : 보강형을 가설하기 전에 사장교 주탑이 먼저 건설되어야 케이블을 보강형 세그먼트에 정착시킬 수 있으므로, 주탑 하단부 시공이 끝이 나면 주두부 시공을 준비하기 위한 주두부 가시설 설치와 그 이후 주두부 건설 작업이 진행된다.

3단계 : 세 번째 단계에서는 주두부를 임시 고정하고, 이동식 작업차를 설치한 후 구조물의 균형을 유지하면서 세그먼트를 시공한다.

4단계 : 일단 이동식 작업차가 설치되고 첫 번째 케이블이 보강형에 거치되면, 그 이후에는 케이블 가설을 통하여 구조물의 균형을 유지하면서 보강형 세그먼트를 단계별로 시공해 나간다.

5단계 : 마지막 케이블이 설치되고, 보강형 중앙부가 키 세그먼트(Key Segment)를 연결하기 전에, 교량 시점과 종점부 측경간 지보공 공법 공사(F.S.M) 구간과 측경간 키 세그먼트(Key SEG)를 현장 콘크리트로 타설하여 공사한다.

6단계 : 보강형 공사의 마지막 단계에 가면 주교량 중앙경간에 2~3m의 공간이 생기고, 양쪽에서부터 진행되어오는 두 개의 보강형의 높이에 차이가 생길 수밖에 없다. 교량 현장에서는 마지막 키 세그먼트를 공간에 끼워 넣으면서 전체 교량의 선형을 바로 잡아 양쪽 거더의 높이 차를 없앤다(제6단계). 키 세그먼트 공사가 완료되면 전체적으로 케이블의 장력 조정이 필요하게 된다.

보강형의 콘크리트 배합설계는 현장타설로 시공되고 80MPa급 콘크리트 교량에 적용한 사례가 없었기 때문에 기존의 35~50MPa급 콘크리트와는 근본적으로 다른 접근이 필요했다. 우선 급속한 보강형 공정 진행을 위해 강연선을 조기에 긴장할 수 있도록 콘트리트 타설 하루 만에 35MPa의 강도 발현이 필요하였으며, 한강의 낮은 수심에 의한 작업 바지선 사용 제약을 극복하기 위한 배관 타설에 문제가 없는 콘크리트가 필요하였다. 특히 배관 내 압력에 의한 급격한 강도 저하나 슬럼프 저하 발생 시 보강형의 품질을 확보할 수 없어 현장에서는 본 구조물 시공 전 배관 압송성 검증을 위해 길이 100m와 270m 길이의 배관 타설 시험을 수행하였다. 그 결과 5인치(12.70cm) 압력관을 적용하면 콘크리트 물성 변화나 급격한 유동성(Flow) 저하 문제가 발생하지 않음을 확인하였다.

그림 6.8.20 보강형 가설공사 순서

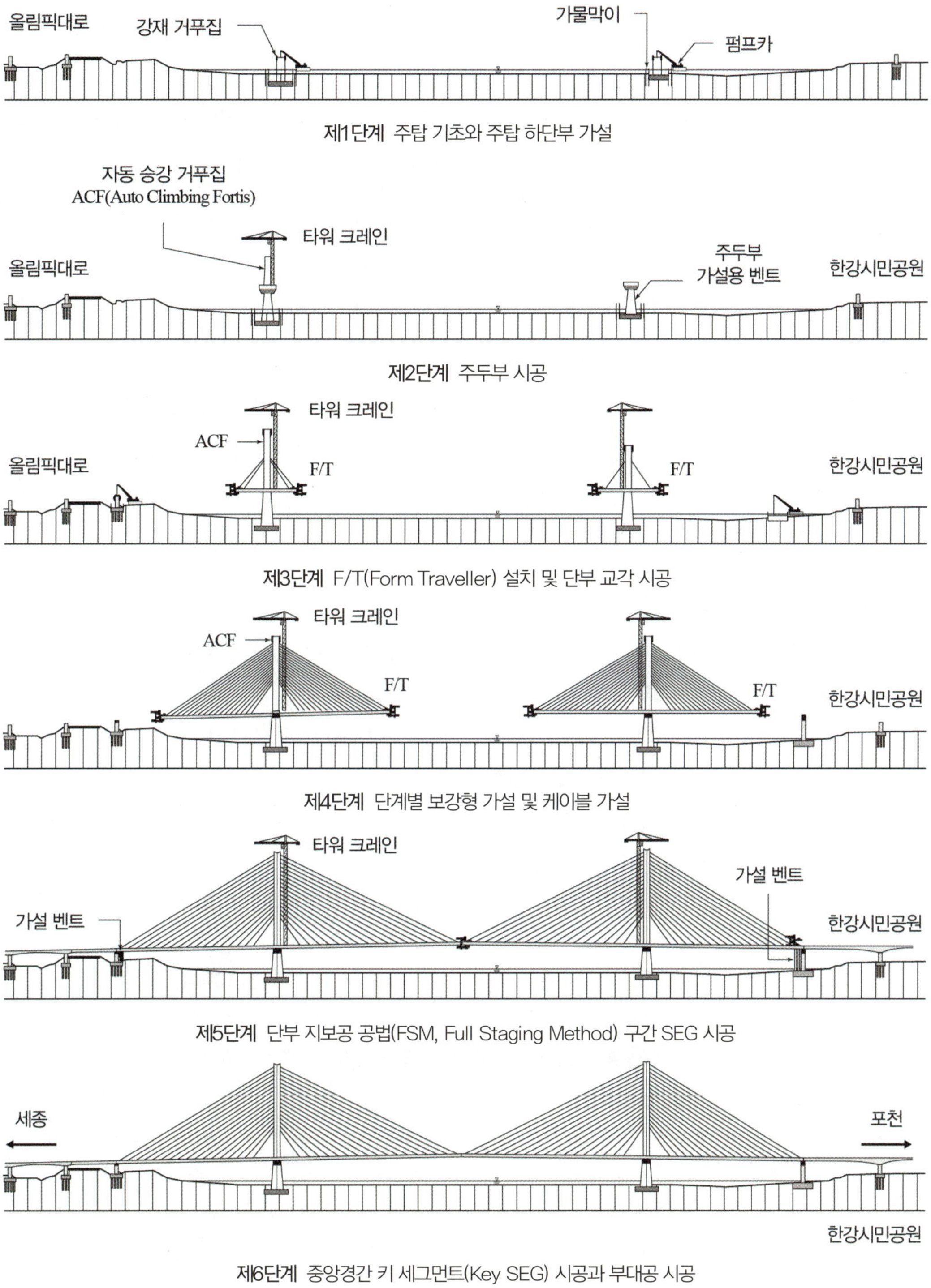

6.8.3.3 케이블 가설

고덕토평대교에는 초장대교량사업단의 연구성과인 인장강도 2,200MPa급 사장 케이블이 적용되었다. 이에 따라 초고강도 케이블 및 VSL International 케이블 시스템의 성능을 검증을 목적으로 FIB기준[2]에 따른 피로시험과 수밀시험을 수행하였다. 시공 공정을 고려하여 61Type[3]은 독일 MPA Brausweig에서, 55Type[4]은 미국 CYL Groupe에서 각각 병행하여 피로시험을 실시하였다. 또한 55Type의 수밀시험은 포스코 글로벌 R&D센터에서 수행하여 소요 성능을 검증하였다.

케이블의 장력은 보강거더 상·하연 온도차, 대기온도, 케이블 드럼 그리고 시공에 필요한 각종 건설장비 등 작업 활하중의 위치와 수량에 따라 시시각각 변동된다. 따라서 케이블 설치와 동시에 수행되는 장력 도입 관리에는 매우 세밀한 절차가 필요하다.

고덕토평대교에서는 보다 정확한 장력 도입을 위해 공정을 두 단계로 구분하였다. 첫 단계는 설계 장력의 70%를 1차 장력으로 도입하고, 다음 날 이른 새벽에 Lift-Off Test[5]를 통해 확인된 도입 장력을 무응력장[6] 기준의 신축량(Elongation)을 계산하여 나머지 설계 장력의 30%를 도입하였다.

케이블 가설 순서

1단계 : 주탑 공사가 어느 정도 진행되어 높이(바닥에서부터)가 37.80m에 도달하면 주탑과 거더 측에 정착구를 설치하고 케이블 가설 장비를 준비한다.

2단계 : 주탑과 보강형 측에 정착구가 설치되면, HDPE 덕트와 AVP[7]를 조립하고 마스터 스트랜드(Master Strand)[8]를 덕트에 삽입한다.

3단계 : 덕트에 삽입한 마스터 스트랜드는 주탑에 설치된 인장 와이어로 끌어 올려 주탑 측 정착구에 정착시킨다.

4단계 : 나머지 마스터 스트랜드 끝단은 보강형 측 정착구에 정착시킨 후 마스터 스트랜드를 긴장한다.

5단계 : 주탑과 보강형에 마스터 스트랜드가 정착된 후에는 미리 계획된 나머지 스트랜드(Normal Strand)를 주탑에 정착시킨 후

6단계 : 길이 조절을 위해 스트랜드를 절단한 뒤 보강형 정착구에 정착시키고

7단계 : 계획된 스트랜드를 긴장한다.

8단계 : 1~7단계를 반복하면서 케이블 가설을 완료한다. 모든 케이블을 정착하면 보강형 측에 캡을 설치하고 덕트에 방식을 위한 왁스를 충진한다. 장력 조정은 주탑 측 정착구에서 이루어지고, 장력 조정이 끝나면 이곳에도 캡을 설치하고 왁스로 채운다. 이러한 공사 과정이 끝나면 마감 작업을 통하여 케이블 공사가 마무리된다〈그림 6.8.21〉.

그림 6.8.21 주경간교 케이블 가설순서

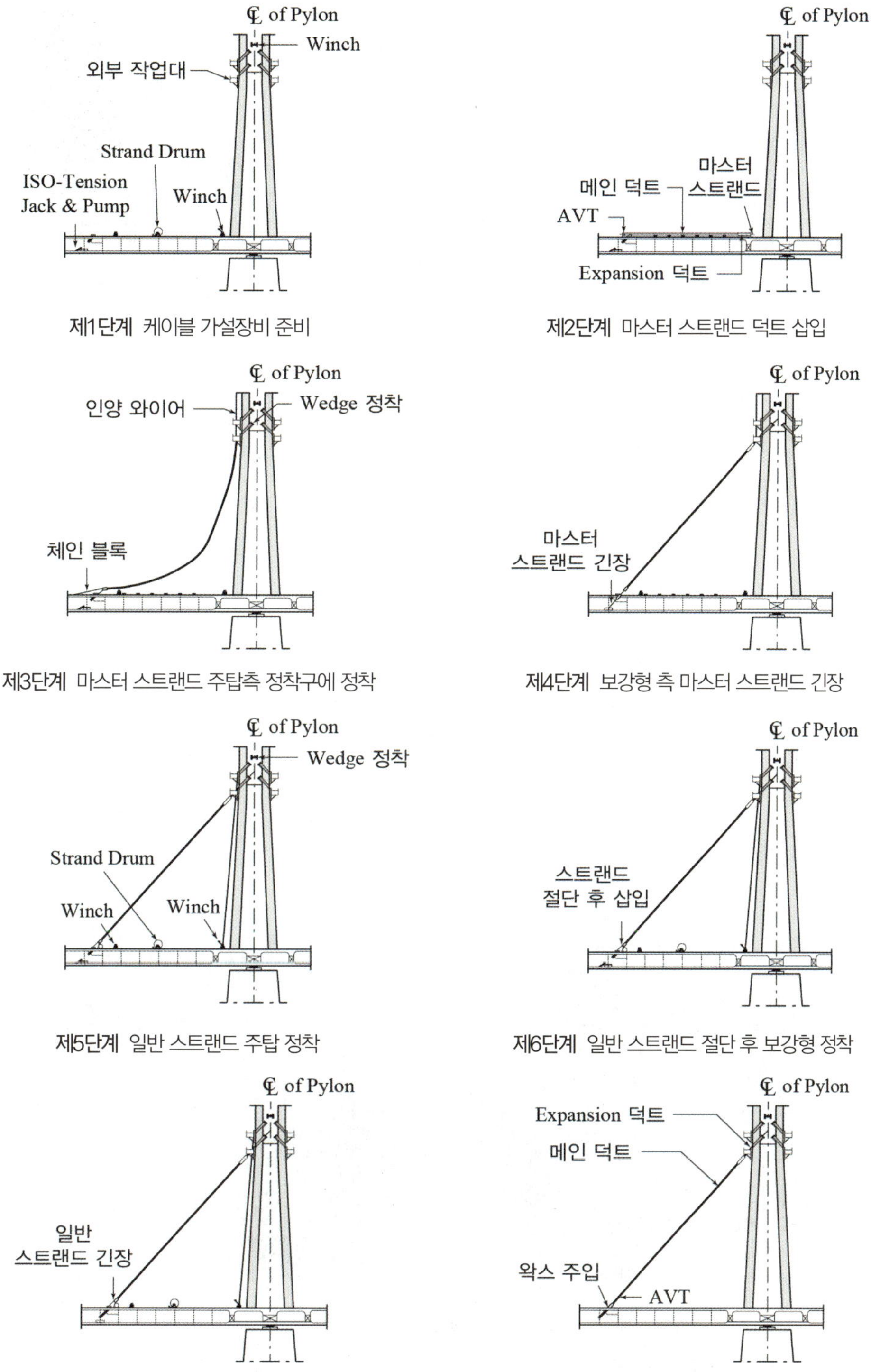

제1단계 케이블 가설장비 준비

제2단계 마스터 스트랜드 덕트 삽입

제3단계 마스터 스트랜드 주탑측 정착구에 정착

제4단계 보강형 측 마스터 스트랜드 긴장

제5단계 일반 스트랜드 주탑 정착

제6단계 일반 스트랜드 절단 후 보강형 정착

제7단계 일반 스트랜드 긴장 작업

제8단계 주탑측 장력 조정

사장 케이블은 풍우진동 등과 같이 저속의 바람에도 유해한 케이블 진동이 발생할 수 있어 케이블 진동에 대한 대처가 필요하다. 고덕토평대교에서는 CIP Recommendation 및 도로교 설계기준(한계상태설계법)에 따라 풍우진동의 위험이 낮은 길이가 80m 이하의 케이블을 제외한 200개소의 전체 케이블이 VSL International사의 마찰댐퍼[9]를 설치하여〈그림 6.8.22〉 대수 감쇠비[10]를 3% 이상 확보되도록 하였으며, 현장 진동 시험을 통해 댐퍼의 성능과 케이블의 제진 효과를 검증하였다. 아울러, 댐퍼가 설치되지 않은 길이가 80m 이하인 케이블에 대해서도, 예상과는 다른 케이블 진동현상이 발견되거나 이상기온에 따른 풍환경 변화 등에도 대처할 수 있도록 추후 댐퍼 설치가 가능한 설치 공간을 확보하였다.

그림 6.8.22 VSL 마찰댐퍼

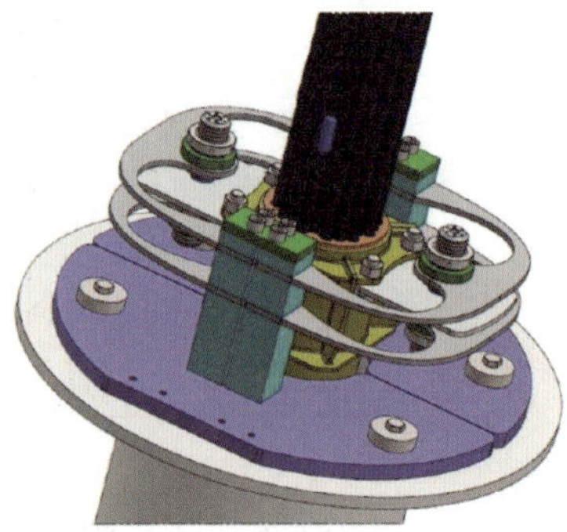

고덕토평대교 시공 시 개선된 내용으로서 당초 실시설계에서는 케이블 설치를 위한 주탑 외부 작업 발판을 케이블마다 설치되는 고정식 작업 발판이 계획되었다. 고정식 작업 발판은 설치 시와 마지막 마무리 시에만 사용되고는 공사가 완료될 때까지 방치된다. 그러나 실제 현장에서는 이 다리에 자동 승강 거푸집 시공법(ACS)과 마찬가지로 주탑별로 2개씩 이동식 작업 발판을 사용함으로써 작업 발판의 설치와 해체에 따른 고소작업의 위험을 감소시키며 경제성도 함께 도모할 수 있었다〈그림 6.8.23〉.

그림 6.8.23 이동식 케이블 공사 작업대

이동식 케이블 작업대는 주탑 거푸집과 연결되어 같이 움직인다.

케이블 교량은 중앙경간 키 세그먼트 폐합 후 장력의 관리한계인 ±10% 이하가 되도록 장력 미세조정 단계를 거친다. 케이블의 장력을 줄이는 장력 조정(De-tensioning)이 필요한 경우에는 M.S(Multi Strand) 형식의 특성상 멀티 잭을 사용하고, 정착구의 링 너트(Ring Nut)를 이용하여 조정이 가능하다. 고덕토평대교 주탑에 적용된 VSL International사의 긴장단 정착구의 링 너트의 조정용량은 40mm 이내이므로 장력 조정용량을 초과하는 경우를 대비하여 심플레이트(Shim Plate)를 미리 설치하는 등의 조치가 필요하다. 그러나 케이블이 설치되는 단계에서 어느 케이블의 장력을 얼마만큼 조정해야 할지 알 수가 없으므로 모든 케이블의 심플레이트를 설치할 경우 비경제적일 수밖에 없다. 이 다리에서는 최근에 시공된 9개 사장교의 폐합 후의 장력 조정량을 참고하여 20mm 두께의 심플레이트 설치 수량을 각 케이블로 최적화하여 적용하되 장력 조정 가능성이 큰, 길이가 250m 이상이 되는 케이블에는 최소 1개 이상의 심플레이트를 설치하였다.

6.8.4 신기술 적용

고덕대교 시공에는 초장대교량사업단 및 BIM학회와 더불어 국내 케이블교량의 테스트 베드로서 시공 BIM을 통해 부재 간의 간섭, 공정계획 수립 그리고 각종 시공계획에 반영하여 입찰 안내서에서 요구하는 작성기준(LOD, Level of Detail) 300 이상으로 적용하였다.

아울러, BIM 기반 가상현실(VR, Virtual Reality) 및 증강현실(AR, Augmented Reality) 측정온도에 의한 강도 예측시스템, 고밀도 GPS를 이용한 주탑 시공 측량, 드론 기반 디지털 현장 기록/관리, M-HPMS (Mobile-Hyundai Project Management System) 기반 현장업무 간소화, HIoS(Hyundai IoT safety system) 안전관리시스템, 360° 카메라, 그리고 GNSS 및 케이블 진동감지를 위한 영상감지시스템에 의한 유지관리계측시스템 등 스마트 건설기술의 적용을 통해 고품질의 시공관리를 도모하였다.

미주

[1] 좌굴현상 : 압축력을 받는 기둥이 예고 없이 파괴되는 현상

[2] Δf= 200MPa, f_{max}= 0.45GUTS 및 정착구 편각 = 10m rad. 200만 회 재하 후 인장. 여기서 GUTS는 프리스트레스 강연선 또는 케이블의 공칭인장강도를 말한다.

[3] 61Type : 스트랜드 61가닥으로 구성된 케이블

[4] 55Type : 스트랜드 55가닥으로 구성된 케이블

[5] Lift-off Test : VSL사 자체 케이블 장력 측정 방법

[6] 무응력장 : 자중과 프리스트레스에 의한 단면 응력이 영(zero)이 되는 순간의 케이블 길이

[7] AVP : Anti Vandalism Pipe, 거더 위에 놓인 덕트의 손상을 막기 위한 장치

[8] Master Strand : 케이블 쉬스 안에 스트랜드를 삽입하기 위한 가이드 역할을 하는 스트랜드

[9] 마찰댐퍼 : 마찰로 진동을 감쇠시키는 장치

[10] 대수 감쇠비 : 로그함수로 나타낸 진동 감쇠비

찾아보기

ㄱ

ㄴ

ㄷ

ㄹ

ㅁ

ㅂ

ㅅ

ㅇ

ㅊ

ㅋ

ㅎ

기타

영문

저자 소개

장 승 필

학력

서울대학교 공과대학 토목공학 학사

독일 슈투트가르트(Stuttgart) 공과대학교 토목공학 석사

독일 슈투트가르트(Stuttgart) 공과대학교 토목공학 박사

경력

서울대학교 공과대학 지구환경시스템 공학부 교수(1976.7.~2008.8.)

포항제철주식회사 석좌교수(1996.10.~2001.9.)

한국지진공학회 초대회장(1996.11.~2001.3.)

과학재단 한국지진공학 우수연구센터 소장(1997.7~2005.6.)

세계원자력구조역학학회 회장(1997.7.~1999.7.)

대한토목학회 회장(2001.5.~2002.4.)

원자력안전위원회 위원(2001.9.18.~2006.8.26.)

아시아 - 태평양 지진공학연구센터연합회 초대회장(2001.5.~2003.4.)

세계 교량 및 구조공학회 부회장(2005.10.~2013.9.)

인천대학교 토목환경공학부 석좌교수(2008.9.~2009.8.)

서울대학교 명예교수(2008.8.~현재)

한국공학한림원 명예회원(2008.9.~현재)

성균관대학교 초고층 - 초장대교량 학과 석좌교수(2009.9.~2012.8.)

VC 10, 초장대교량연구사업단 총괄자문위원(2009.12.~2015.12.)

한국과학기술한림원 종신회원(2014.1.~현재)

DM엔지니어링 기술고문(2016.9.~현재)

대한토목학회 건설 20 · 50 미래비전원 원장(2020.5.~2021.4.)

한양에서 서울

역사를 잇다

초판 인쇄 2025년 12월 19일
초판 발행 2025년 12월 25일

지은이 장승필
감수 김인식, 김영수, 김석기
발행처 KSCEPRESS
등록 2017년 3월 10일(제2017-000040호)
주소 (05661) 서울 송파구 중대로25길 3-16, 토목회관 7층
전화 (02) 407-4115
팩스 (02) 407-3703
홈페이지 www.kscepress.com
인쇄 및 보급처 도서출판 씨아이알(Tel. 02-2275-8603)

ISBN 979-11-91771-23-7 (93530)
정가 58,000원